高等浮选化学

胡岳华　孙　伟　刘润清　著

科学出版社

北京

内 容 简 介

　　本书系统介绍浮选化学的基本知识及近期研究成果。基于浮选化学体系所涉及的矿物、浮选剂、溶液及溶液中多元组分、气泡、相界面等单元，介绍浮选化学研究简史及发展趋势，阐明矿物及常见无机离子在溶液中的各种物理化学行为及其对矿物表面性质与浮选行为的影响，浮选剂溶液化学行为及其结构与浮选活性的关系，浮选剂在矿物表面吸附及与矿物各种相互作用溶液化学行为，细粒矿物颗粒间界面相互作用，气泡的性质、泡沫结构及矿粒与气泡的碰撞黏附，硫化矿浮选电化学及浮选化学研究的一个新领域——浮选界面组装化学，浮选理论研究的各种测试方法。

　　本书可作为矿物加工、冶金与环境工程等相关学科研究生及高年级本科生的教材或教学参考书，也可作为这些领域科研工作者从事科学研究的参考书。

图书在版编目（CIP）数据

高等浮选化学 / 胡岳华，孙伟，刘润清著. —北京：科学出版社，2024.7
ISBN　978-7-03-077399-9

Ⅰ. ①高… Ⅱ. ①胡… ②孙… ③刘… Ⅲ. ①浮选药剂 Ⅳ. ①TD923

中国国家版本馆 CIP 数据核字（2024）第 004462 号

责任编辑：刘　冉 / 责任校对：杜子昂
责任印制：徐晓晨 / 封面设计：北京图阅盛世

科 学 出 版 社 出版
北京东黄城根北街 16 号
邮政编码：100717
http://www.sciencep.com

北京九天鸿程印刷有限责任公司印刷
科学出版社发行　各地新华书店经销

*

2024 年 7 月第 一 版　　开本：787×1092　1/16
2024 年 7 月第一次印刷　　印张：37 1/4
字数：880 000

定价：198.00 元
（如有印装质量问题，我社负责调换）

前　言

《高等浮选化学》一书是本团队在浮选化学领域研究成果的概括性、系统性总结。过去20多年里，本团队针对我国复杂矿产资源清洁高效利用难题，在国家自然科学基金重大研究计划重点项目（项目名称：基于花岗岩-伟晶岩锂铍钽铌矿赋存特性的共同富集-类拜耳法浸出-集约利用基础研究，项目编号：91962223）、国家自然科学基金重点项目（项目名称：含钙镁矿物浮选基础理论研究，项目编号：50834006）、国家重点研发计划（项目名称：退役磷酸铁锂电池分选与正极材料高值化利用关键技术，项目编号：2019YFC1907800）、国家"973"计划等项目支持下，在复杂矿产资源清洁高效浮选精细分离的溶液化学、电化学、颗粒间相互作用等基础理论方面开展了系统研究，取得了许多理论和应用研究成果，牵头获得国家科学技术进步奖二等奖1项，省部级科学技术进步奖一等奖14项，作为主要骨干，参与获得国家科学技术进步奖一等奖2项，二等奖1项。本书作者还主编过本专业多部专著与教材，获得国家优秀科技图书奖、中国图书奖、国家精品教材、中国新闻出版总署"三个一百"原创出版工程奖，全国教材建设先进个人。本书主要介绍本团队一系列理论研究成果，为了将最新的理论研究成果介绍给本学科及相关学科的学生，使其受益，本书尽可能以教材编写的方式展现研究成果。

从浮选化学研究范畴来看，浮选主要涉及矿物、浮选剂、溶液及溶液中多组分、气泡、相界面等单元，本书按照这种脉络编写。第1章介绍浮选化学研究简史、进展及发展趋势；第2~3章从矿物自身的角度出发，阐明矿物在溶液中的各种物理化学行为，如表面润湿性、表面电性、溶解及溶解组分的作用，矿物的晶体结构与表面性质、解理面及与浮选剂作用的各向异性等；第4章讲述矿浆中常见无机离子的物理化学行为、在矿物表面的吸附及其对矿物表面性质与浮选行为的影响；第5章阐述浮选剂溶解与解离平衡、浮选剂各种组分分布及其浮选活性的溶液化学行为，浮选剂自身结构与浮选活性关系；第6章则从浮选剂在矿物表面的吸附、条件溶度积、反应自由能、配位反应、密度泛函计算等方面系统阐述浮选剂与矿物的各种相互作用；第7章主要针对细粒矿物颗粒间界面相互作用，阐述细粒矿物颗粒间界面相互作用的静电力、范德华力、水化排斥力、疏水引力、空间稳定化力等，DLVO理论及扩展的DLVO理论；第8章阐述气泡的性质、泡沫的形成与稳定、泡沫结构及矿粒与气泡的碰撞黏附；由于硫化矿的电化学反应性质，把硫化矿的浮选电化学单独作为第9章，主要阐述硫化矿氧化与无捕收剂浮选、硫化矿与捕收剂及调整剂相互作用的电化学机理、机械电化学行为、能带理论及分子轨道理论、各种电化学研究方法等；第10章介绍近年来浮选化学研究的一个新领域——浮选界面组装化学,阐述浮选剂在溶液及矿物相界面的组装及其物理化学行为和对浮选的重要影响;第11章系统介绍浮选理论研究的各种测试方法,对各种复杂的浮选体系,通过必要的测试方法,揭示浮选体系中各种相互作用的微观机制。

本书主要特色有以下几个方面:一是浮选化学知识体系完备,涉及与浮选体系相关的化学领域的基本理论知识,如溶液化学、电化学、表面及胶体化学、晶体化学、量子化学、能带理论等;二是各种基本理论知识的应用都有本团队的研究成果为案例;三是介绍了最新的理论研究成果,特别是用一章专门介绍了近年来提出的浮选界面组装化学;四是在每一章节简单描述了浮选化学各领域的研究热点和难点及发展趋势,浮选理论问题的基本研究方法及综合分析研究的实例。

本书研究数据图表,除极少数引自文献外,大部分来自作者本人的研究成果和本团队浮选化学方向毕业的研究生的论文,按照毕业时间先后顺序是博士李海普、刘晓文、曹学锋、蒋昊、余润兰、张芹、戴晶平、熊道陵、刘长淼、卢清华、周瑜林、张英、高志勇、杨帆、刘建东、王丽、徐龙华、韩海生、殷志刚、张谌虎、张祥峰、耿志强、陈臣、蒋巍、孙磊、亢建华、田孟杰、孟祥松、卫召、林上勇、景高贵等和硕士戴少涛、张晓萍、刘佳鹏、梅志等,在书中的图表处均有标注,作者对本团队成员的贡献表示衷心感谢。

本书以教材编写的方式展现团队研究成果,可作为矿物加工、冶金与环境工程等相关学科研究生及高年级本科生的教材或教学参考书,也可作为这些领域科研工作者从事科学研究的参考书。

著 者

2024 年 1 月

目 录

第1章　浮选化学研究概述

　　浮选是在固-液-气三相界面分离矿物的科学技术。虽然远在中国古代中药材（如朱砂、雄黄、滑石）的加工过程，工序"飞"类似于近代"表层浮选"现象，但直到 19 世纪末，全油浮选才开始工业应用于从硫化铅锌矿石中回收铅锌矿物，1902 年，泡沫浮选首次在澳大利亚应用。20 世纪 20 年代，随着水溶性捕收剂、调整剂的广泛使用，浮选开始成为大规模工业生产从各种矿石中分离富集各种金属与非金属矿物的最重要的矿物加工方法，随之，浮选基础理论研究有了较大发展。

　　浮选化学基础研究始于 20 世纪 30 年代。1930 年，Taggart 提出的"化学反应假说"（又称溶度积假说）是这方面研究的开端，也是早年浮选理论研究中影响最大的假说之一，直到今天仍为分析浮选现象和寻找新药剂的依据之一。该假说的大意是：捕收剂与矿物表面的化学反应，决定矿物的浮选行为，药剂与矿物金属离子化学反应产物的溶度积越小，作用能力越强[1]。随后，美国的 Gaudin、苏联的 Plaksin 及澳大利亚的 Wark 等人研究了矿物的润湿性与可浮性的关系，浮选剂的吸附作用机理，浮选的活化等[2-4]，美国的 Fuerstenau、Somasundaran 等人系统地研究了矿物表面电性与可浮性的关系[5-7]。20 世纪 60~80 年代前后，根据化学反应平衡式，采用图解方法，如 pM^{n+}-pH 图，$log\beta_n$-pH 图等研究浮选现象，浮选剂与矿物相互作用的机理等，这方面研究的代表人物有瑞典的 du Rietz、日本的向井兹、意大利的 Marabini 等[8-10]。而 Somasundaran 等人发现长链浮选捕收剂在矿物表面可发生半胶团吸附并对浮选及吸附产生很大影响，通过溶液平衡计算提出"离子-分子复合物"的作用机理，对长链捕收剂的作用有了更清楚的认识[11,12]。

　　从 20 世纪 30 年代至 80 年代前后，浮选领域一些重要的著作有：美国 Taggart 编著的 *Handbook of Ore Dressing*（1927 年第 1 版，1944 年第 2 版），Gaudin 编著的 *Flotation*（1932 年第 1 版，1957 年第 2 版），澳大利亚的 Sutherland 和 Wark 编著的 *Principles of Flotation*（1955 年），苏联 Bogdanov 编著的 *Theory and Technology of Flotation*（1959 年），美国 Fuerstenau 编著的 *Flotation*（1976 年）、*Principle of Flotation*（1980 年），加拿大 Lejia 编著的 *Froth Flotation*（1982 年）等。这些重要的著作及一系列相关研究奠定了浮选化学三大基本理论的基础：润湿理论、双电层理论及吸附理论。润湿理论主要研究矿物表面接触角大小、黏附感应时间、表面水化膜的形成等与可浮性关系；双电层理论主要研究矿物表面电性起源、荷电机理、表面定位离子、双电层结构、表面电位及动电位与可浮性关系等；吸附理论主要研究浮选剂在矿物表面吸附机理、吸附状态与吸附能力，用各种吸附等温线及方程进行描述。

由于溶液化学、电化学、表面化学、量子化学等学科的发展，20 世纪 80 年代以后，浮选化学理论研究得到了创新发展。溶液化学的知识在浮选化学理论的形成中起着重要作用，从解释浮选机理、浮选现象，到确定浮选最佳条件，都可以应用溶液化学的知识。因而浮选溶液化学的研究越来越受到重视[13-19]，逐步形成了浮选溶液化学理论体系。1986 年，Somasundaran 教授发表了第一篇浮选溶液化学的论文（"Solution chemistry of flotation"）。1988 年第一本《浮选溶液化学》专著出版，由王淀佐、胡岳华编著。

硫化矿浮选的基础理论研究一直是浮选化学领域研究的重点。早在 1953 年 Salamy 和 Nixon 就提出了硫化矿表面的化学作用可根据电化学机理解释，开创了浮选化学领域一个新的研究方向——硫化矿浮选电化学[20,21]。20 世纪 80 年代前后，浮选电化学更是受到了矿物加工科技工作者的长期关注，硫化矿浮选电化学研究的重要贡献是建立了混合电位模型与电化学浮选关系。硫化矿浮选电化学研究的重点内容是：硫化矿的无捕收剂可浮性、氧在硫化矿浮选中的作用、浮选剂与硫化矿的电化学作用机理[22-28]。硫化矿浮选电化学领域重要的著作有 R. Woods 1984 年编著的 Electrochemistry of Sulfide Flotation，胡岳华、孙伟等 2009 年编著的 Electrochemistry of Flotation of Sulphide Minerals、冯其明、陈建华等编著的《硫化矿物浮选电化学》等。

20 世纪 60 年代以来，细粒矿物浮选成为矿物加工研究的又一重要方向，随之出现了载体浮选、絮凝、油团聚、乳化浮选等细粒浮选新技术，细粒矿物选择性凝聚与分散问题，主要取决于颗粒间界面相互作用力与流体动力学力，胶体化学中关于颗粒凝聚与分散行为的经典的 DLVO 理论成为细粒浮选的理论基础。在 DLVO 理论中，颗粒间界面相互作用力包括静电力 V_E 和范德华力 V_W，它们的和即颗粒间相互作用的 DLVO 力，决定了颗粒间的凝聚或分散行为。进入 20 世纪 80 年代后，许多研究发现，除了静电力与范德华力外，颗粒间还存在某种特殊的相互作用力，其值为静电力或范德华力的 10~100 倍，称为非"DLVO 力"或"结构力"。在亲水体系中，主要表现为水化排斥力，在疏水体系中则为疏水引力，此外，磁引力及空间排斥力存在于磁性粒子或吸附大分子药剂的颗粒之间的相互作用中，从而提出了扩展的 DLVO 理论（EDLVO）[29-33]，这方面的专著有《颗粒间相互作用和细粒浮选》《矿物浮选原理》等。

浮选剂是浮选成功的关键之一，浮选剂作用机理及新型高效浮选剂的研究与开发一直是矿物加工科技工作者研究的重点，也是现代浮选化学的重要组成部分[34-39]。尽管溶度积假说、吸附理论、电化学理论在不同程度上解释了浮选剂作用机理，但直到 1981 年，王淀佐所著《浮选剂作用原理与应用》一书的出版才开始了原子-电子层次的浮选剂结构性能理论研究，1992 年《矿冶药剂分子设计》、1996 年《选矿与冶金药剂分子设计》的出版，使浮选剂结构性能理论研究更加完善，形成了系统的浮选剂分子设计理论，针对待处理的矿石特点，定量设计选择性浮选药剂。

近 20 年来，由于量子化学、表面及胶体化学、配合物化学、有机结构理论、晶体化学、固体物理及计算科学等学科的发展以及各种现代测试方法的出现，浮选理论研究已从分子、原子、电子层次开始研究溶液、矿物表界面、气泡及各种浮选剂分子结构和矿物表面的相互作用，浮选化学已成为最重要的浮选理论基础，已经形成了系统的浮选化学理论体系并在不断发展。由于浮选体系涉及的是矿物在溶液中与各种浮选剂的相互作用及其与气泡的碰撞黏附，无论是从溶液化学、晶体化学、电化学、量子化学，还是从表面及胶体化学、配合物化学的角度去研究各种浮选体系，都主要是围绕矿物、溶液、浮选剂、矿物/溶液界面、矿物/溶液/气泡界面等各种相互作用及作用机制展开的，涉及的主要领域可以归纳为：矿物晶体结构、溶解、表面性质，浮选剂的溶液化学行为及结构性能，浮选剂与矿物表面各种相互作用溶液化学，矿物颗粒间及与气泡间的相互作用，硫化矿浮选电化学，浮选组装表面化学等。

1.1 矿物晶体结构、溶解、表面性质

矿物表面润湿性的研究有近百年历史，但作为矿物表面最基本性质之一，润湿性仍然是研究矿物表面性质与浮选行为的基本方法，通过接触角测定，可初步判断矿物表面的亲疏水性。例如，通过对石英表面润湿性测定和表面自由能的计算可以揭示石英表面润湿性和阳离子表面活性剂种类、醇的种类及二者比例的关系[40,41]；用分子模型研究油酸离子在萤石(111)面和方解石(104)面上的自组装单分子吸附层（SAMs）构型时，发现在萤石表面形成的 SAMs 的疏水性要强于方解石表面的单分子吸附层[42]；由于白钨矿和方解石表面定位离子的不同，十二胺（DDA）在白钨矿表面的吸附更紧密，疏水性更强[43]。

矿物表面电性也是矿物表面最基本的性质之一，双电层理论仍被广泛用于浮选机理研究。药剂在矿物表面的吸附、溶液中离子的影响以及矿物的聚集分散行为等都与矿物表面电性密切相关。例如，二价、三价阳离子和胺能使白钨矿的表面电荷由负向正变化[44]；油酸等阴离子类捕收剂在带正电的萤石表面吸附并可使萤石表面的动电位发生明显负移[45]；双十二烷基二甲基氯化铵（DDDAC）等阳离子捕收剂与带负电的矿物表面之间主要靠静电力吸附[46,47]。

矿物晶体结构对其浮选有重要影响，一些矿物的解理面为非极性，表现为自然可浮，一些矿物解理面极性强，表现为亲水，不具有自然可浮性。特别是矿物晶体结构的差异，矿物不同晶面表现不同润湿性、电性及与浮选剂作用差异，对浮选的影响更加重要。辉钼矿由于层与层之间的范德华力（分子键），容易沿层间呈片状形态解离，所暴露出的解离面具有非极性和疏水性[48]。大多数矿物由于晶体结构的不同所暴露出的解离面性质差异大，基于晶体结构，通过计算矿物表面断裂键密度、层间距离、晶面表面能等可以推测矿物常见的解理面，矿物晶面的各向异性（断裂键密度、表面能、润湿性、电性、吸附性及浮选分离选择性）等，成为近年来研究的热点[49-52]。例如，萤石(111)面表面能最小，是最常见的解理面，白钨矿容易沿(112)和(001)面断裂形成解理面[53,54]；高岭石、叶蜡石、伊利石晶体表面上晶面的单位面积断裂键数皆为：$N_{Si-O(110)} < N_{Si-O(010)} < N_{Si-O(100)}$，$N_{Al-O(110)} < N_{Al-O(010)} < N_{Al-O(100)}$，其亲水性顺序为：(100)面＞(010)面＞(110)面[55,56]；从矿物晶体表面各向异性角度出发，可以对浮选药剂设计提供指导，通过调控矿物磨矿条件和粒级变化，调控高浮选活性解理面的暴露，实现选择性浮选分离[57-60]。

矿物在溶液中都有一定溶解度，特别是盐类矿物在溶液中的溶解度较大，浮选体系中，

存在各种矿物溶解离子,它们对矿物表面性质及与浮选剂的作用产生较大影响。研究表明,可用矿物溶解组分分布图、溶解度对数图,计算矿物表面理论等电点(IEP),确定表面ζ电位的变化规律及对矿物浮选行为影响。例如,白钨矿、萤石和方解石在水溶液中会发生一系列溶解反应,随 pH 值的变化,溶解组分浓度发生变化,使表面的定位离子以及表面电性发生变化,进而影响浮选行为[14,61],萤石溶出的氟离子选择性抑制方解石,对白钨矿和方解石浮选分离产生影响[62]。

矿浆中,一种矿物的溶解组分可与其他矿物表面发生化学反应,导致矿物表面转化,影响浮选分离。特别是溶解度相对较大的盐类矿物体系,如白钨矿、方解石和萤石,三种矿物溶解的钙离子及其矿物阴离子(钨酸根离子、碳酸根离子和氟离子)会在三种矿物表面发生不同反应,产生表面相互转化,从而使矿物的表面性质变得更复杂,使矿物的溶液化学行为、表面活性剂在矿物表面的吸附行为发生改变,最终导致白钨矿与方解石和萤石的浮选分离困难[63-65];在萤石、白钨矿与重晶石的浮选分离中,表面转化成氟化物可以抑制重晶石的浮选[66];矿浆中,萤石的溶解具有缓释行为,缓释过程中定向且持续在方解石表面转化的抑制作用,对菱镁矿与方解石浮选分离[67]及磷灰石与方解石的浮选分离[68]有重要影响,少量氟离子通过定向表面转化实现选择性抑制作用。

这些研究表明,矿物表面润湿性、电性的研究是对浮选体系的基本认识,矿物的晶体结构、溶解、矿物不同晶面的表面性质对浮选的影响是研究热点,研究这些过程的作用机制以及如何调控强化浮选过程将是今后研究的重点难点。

1.2 浮选剂的溶液化学行为及结构性能

矿浆中,浮选剂溶解或解离出各种组分,决定浮选剂的行为,用溶液平衡计算可确定这些组分起浮选活性的条件[69-71],一些研究者,通过溶液平衡计算,确定浮选剂解离组分分布,讨论其浮选活性。例如,通过计算 α-氨基芳基膦酸的组分分布与 pH 关系,结合浮选实验结果,确定了 α-氨基芳基膦酸对萤石的捕收机理主要是依靠静电和化学作用力,而对白钨矿和重晶石主要是化学吸附,α-氨基芳基膦酸对矿物捕收能力的顺序为:萤石>重晶石>白钨矿[72]。在白钨矿、方解石和萤石油酸浮选体系中,溶液化学计算表明,当钙离子浓度大于 1×10^{-6} mol/L,油酸浓度为 $10^{-5}\sim10^{-4}$ mol/L,pH>9.0 时,油酸钙胶体是油酸和钙离子混合体系的优势组分[73]。通过苯甲羟肟酸在水溶液体系中各水解组分的浓度对数图,分析了白钨矿浮选机理,pH<1.3 时,苯甲羟肟酸不解离,无法在表面带负电的白钨矿表面吸附,当 pH 在 4.7~13.7 范围内时,白钨矿表面的定位离子为钙离子,苯甲羟肟酸通过与钙离子发生螯合反应而吸附在白钨矿表面,使其疏水上浮[74]。

金属离子常用作浮选活化剂,它们在溶液中的水解离子组分决定其活化作用。早期的研究表明金属离子的一羟基络合物生成量最大时对应的 pH 与最佳活化 pH 一致,提出了经典活化浮选理论——一羟基络合物假说[75,76]。20 世纪 80 年代,在系统研究金属离子活化氧化矿浮选机理的过程中,发现金属氢氧化物表面沉淀可能是金属离子起活化作用的有效组分,表面沉淀的形成受界面区域金属离子的活度、界面 pH 及界面溶度积的控制,提出了金属氢氧化物表面沉淀理论模型[77]。也有研究认为在形成金属氢氧化物沉淀以前的 pH 下，金属离子主要以一羟基络合物的形式吸附，在此 pH 之后，金属离子主要以金属氢氧化物沉淀的形式吸附[78]。近年来的研究表明，金属离子对浮选过程的影响是多方面的。例如，Pb^{2+}可以活化羟肟酸对白钨矿、钛铁矿和锡石等氧化矿的浮选；而 Ca^{2+}、Fe^{3+} 和 Mg^{2+} 等金属离子可以加强水玻璃对硅酸盐脉石矿物的抑制作用；因此，通过调控金属离子的作用可以对矿物浮选行为起到定向调控作用[79,80]。研究发现，钙离子和铁离子对羧甲基纤维素钠（CMC）抑制黄铜矿的影响有明显的差异[81]；在苯甲羟肟酸分选白钨矿和萤石中，添加铅离子浮选白钨矿不浮选萤石，而不添加铅离子浮选萤石不浮选白钨矿[82]，铜离子在方铅矿表面的靶向定位可诱导果胶分子的选择性吸附，实现铜铅分离[83]。

浮选剂自身的结构对其浮选性能有决定性影响。浮选剂的价键因素、亲水-疏水因素及几何因素是影响浮选剂与矿物表面相互作用能力大小与选择性的主要结构因素。通过计算浮选剂极性基的基团电负性、浮选剂特性指数、亲水疏水平衡值，可以研究确定浮选捕收剂、抑制剂的性能[84,85]。例如，星状季铵盐捕收剂对高岭石、伊利石等铝硅酸盐矿物的捕收性能与药剂总能、亲水疏水值和药剂碳链分支结构密切相关[86]，取代基效应决定了不同碳链长度和不同取代基的叔胺对硅酸盐矿物作用的选择性[87]。近年来，为了研发新型高效捕收剂，捕收剂极性基结构与性能研究受到进一步关注[88]，通过捕收剂螯合端的总电荷及其转移度与浮选指标的关系研究，建立了快速定性评价硫化矿捕收剂浮选性能新方法[89]。研究发现氢键供体脲氰基团的引入可提升羧酸类捕收剂作用选择性，研发了氢键-配位双功能基捕收剂，在含钙矿物浮选中具有高选择性[90]。

1.3　浮选剂与矿物表面的各种相互作用

浮选剂可通过氢键、物理吸附、化学吸附或化学反应与矿物表面发生作用，从而吸附在矿物表面，改变矿物表面性质，决定矿物浮选行为与矿物间浮选分离效果。

浮选剂在矿物表面的吸附机理是关注的重点。研究没食子酸丙酯对一水硬铝石和高岭石的浮选性能和吸附机理时，发现该药剂主要通过化学作用选择性吸附在一水硬铝石表面[91]；对阳离子捕收剂在针铁矿表面的吸附行为，不考虑界面水的情况下，DDA 氢键吸附在针铁矿表面，而界面水的存在阻碍了 DDA 的界面吸附，在油酸（OL）体系中，油酸根离子能够化学吸附在针铁矿表面的铁位点上，而界面水的存在使油酸根离子通过界面水氢键吸附在针铁矿的端 H 水化表面上[92]；基于胺丁羟磷酸盐不同物种组分在二氧化硅表面的吸附行为，发现，药物和二氧化硅纳米颗粒之间的非静电吸引在低 pH 时能有效地结合药物，而在高 pH 时静电排斥则能释放药物[93]。

研究浮选剂在矿物表面的吸附作用方式有助于进一步了解浮选剂吸附作用机理，胺的阳离子组分和中性组分可以通过其碳链的疏水缔合作用在矿物表面上共吸附[94]。油酸离子在白钨矿表面的吸附方式有单配位、双配位和桥环配位三种，一般来说，三种模式的吸附稳定性和强度顺序为：桥环配位＞双配位＞单配位[95-97]。十六烷基三甲基溴化铵在 CMC 附近在石墨表面形成了彼此平行、外延生长、间距为(4.2±0.4)nm（大约为吸附的表面活性剂的两倍长度）条纹[98]。

浮选剂在矿物表面的吸附作用位点是浮选剂吸附作用选择性的关键之一，果胶对矿物表面金属离子呈现不同的螯合性能，对闪锌矿有选择性抑制作用[99]；黄铜矿表面金属位点具有更高的活性，是诱导 3-羧甲基丹宁吸附实现铜钼分离的关键因素[100]；聚苯乙烯磺酸盐与钛辉石表面相互作用在不同活性质点间存在差异性[101]；金属离子对油酸在萤石表面的吸附有重要影响性[102]。

矿物表面性质及其变化影响浮选剂的选择性吸附，研究次氯酸钙和糊精组合抑制剂对黄铁矿和方铅矿浮选分离影响时发现，硫化物表面生成的金属氧化物及氢氧化物是有机抑制剂的靶向吸附活性位点[103]；研究次氯酸钙和腐殖酸钠组合抑制剂对砷黄铁矿浮选行为的影响时，发现矿物表面预氧化能促进有机抑制剂在砷黄铁矿表面的吸附[104]；过氧化氢在硫化矿表面是否会产生亲水性的氧化层是提升钼铋浮选分离的关键[105]。

当矿物表面金属离子与浮选剂发生化学反应时，常通过计算这种反应产物的条件溶度积，预测浮选剂与矿物表面相互作用最佳条件，从而确定矿物捕收与抑制的条件。例如，螯合剂辛基羟肟酸（OHA）可与 Mn^{2+}、Fe^{2+}、Co^{2+}、Ni^{2+} 等金属离子生成难溶盐，由辛基羟肟酸锰、铁的条件溶度积与 pH 的关系可确定辛基羟肟酸吸附量及黑钨矿浮选回收率最佳条件[106]；由磷灰石、方解石与调整剂硅酸钠反应的条件溶度积，计算出方解石与磷灰石表面形成硅酸钙的临界 pH 分别为 9.0 和 11.5，从而调控溶液 pH 为 9~11.5，可实现磷灰石与方解石选择性浮选分离[107]。

一些研究通过计算这种反应的自由能变化，来预测浮选剂与矿物表面相互作用最佳条件。比如萤石、白钨矿与油酸钠的反应，通过 Ca^{2+}、Ba^{2+} 金属离子的水解反应以及油酸的加质子反应，计算得到油酸根离子与 Ca^{2+}、Ba^{2+} 作用的 ΔG-pH 图，通过反应自由能的变化，发现矿物表面解离出的 Ca^{2+}、Ba^{2+} 和油酸钠反应的最佳 pH 区间为 6~9[108]。

当矿物表面金属离子与浮选剂发生配合作用时，配合物组分分布常被用于研究浮选剂与矿物表面相互作用最佳条件，从而确定矿物捕收与抑制的条件。例如，溶液中方解石表面 Ca^{2+} 易发生羟基化，会与单宁酸抑制剂发生很强的脱水缩合反应，生成五配位的配合物，进而阻碍油酸类捕收剂的吸附，揭示了在萤石与方解石浮选分离中，单宁酸对方解石具有选择性抑制的机理[109]。

由于计算科学的发展，量子化学计算（密度泛函理论和分子动力学模拟）常被用于计算推测浮选剂在矿物表面的吸附能力与吸附构型，进而阐明浮选剂作用的微观机制[110,111]。利用分子动力学模拟研究油酸根离子在白钨矿（001）和（112）晶面的吸附时，表明在（001）晶面上，单位晶胞面积有 1 个 Ca 原子，相邻 Ca 原子间体积较大的 WO_4 表现出的空间位阻和表面氧原子的静电排斥，导致油酸根离子最稳定的吸附构型为单配位模式；在（112）晶面上，单位晶胞面积有两个 Ca 原子，且表面氧离子没有静电排斥作用，导致油酸根离子以桥环配位的形式吸附[96, 97]。研究滑石分别与水分子和十二烷基三甲基溴化铵（DTAB）的吸附作用时，发现滑石的端面具有亲水性而底面具有疏水性，亲水的端面通过静电作用吸附 DTAB，而疏水的底面通过疏水缔合作用吸附 DTAB[112]。量子化学计算表明环己基异羟肟酸的二价阴离子具有更高的原子电荷值，更高的最高占据分子轨道（HOMO）能，与钙离子具有更大的偶极矩和结合能，在白钨矿的浮选过程中，它比苯甲羟肟酸对白钨矿的捕收能力更强[113]。

上述研究表明，浮选剂在矿物表面的吸附及与矿物表面的化学反应决定了矿物浮选分离选择性，条件溶度积、反应自由能变化、配合物组分分布图不仅能揭示浮选剂与矿物表面作用产物，还能推断不同浮选剂与不同矿物间选择性作用能力差异，确定选择性分离条件。密度泛函理论计算可以揭示浮选剂在矿物表面吸附的微观结构。未来的研究重点是浮选剂与矿物表面选择性作用调控的理论研究，针对复杂浮选体系，综合考虑捕收剂、抑制剂与不同矿物表面的反应机理及微观机制，构建选择性抑制或捕收某一矿物，实现选择性分离调控的溶液化学理论。

1.4 矿物颗粒间及与气泡间的相互作用

矿物颗粒在溶液中的相互作用力主要有范德华力、静电力、水化及疏水相互作用力，DLVO 理论与扩展的 DLVO 理论是研究这些相互作用的基础，以揭示矿物颗粒在溶液中的团聚、分散行为及载体浮选、疏水聚团、剪切絮凝浮选等的机理[114-118]。

依据经典的 DLVO 理论，研究发现一水硬铝石和硅酸盐脉石颗粒间的范德华力总是吸引的，在弱碱条件下静电作用力为排斥，在弱酸性条件下静电力为吸引[119]。采用 AFM 及 DLVO 理论模型研究了滑石、白云母表面电荷的各向异性，发现对于底面，在 pH 为 6～10 时，长程力为单调的斥力且与 pH 无关，对于端面，在 pH<10 范围内，测量的斥力随 pH 减小而降低，在 pH=5.6，变为引力，端面电荷与 pH 有关[120, 121]。焦性没食子酸和单宁酸等浮选药剂在萤石（100）和方解石（104）表面吸附选择性作用差异源于药剂-界面的化学力和范德华力的平衡[122]。在捕收剂存在和强烈搅拌的条件下，粗粒与细粒间的碰撞能远远高于微细粒间的碰撞能，比较容易克服其斥力能垒而形成絮团，粗粒载体搅拌调浆后，可使-5 μm 锡石含量减少 41%，矿浆粒度分布 D_{80} 从 3.9 μm 增大到 35 μm[123]。

许多研究表明，浮选体系中，由于矿物表面疏水或亲水，存在疏水力或水化力又或其他相互作用[124, 125]，矿物颗粒间的相互作用并不完全符合经典 DLVO 理论，例如，钙、镁离子可使微细粒石英、赤铁矿矿粒发生无选择性聚沉，且随着钙、镁离子浓度升高，对微粒悬浮体系分散稳定性的破坏作用越大，此时矿粒间的非选择性聚集不符合经典的 DLVO 理论，而是通过金属氢氧化物沉淀形成的"静电桥"，即表面沉淀的桥连作用而实现的[126, 127]。在饱和盐溶液中，由于表面不对称的偶极子有序排列，不同的碱卤化物粒子之间存在水化引力[128]。通过将球形油酸钙胶体在 AFM 探针上进行修饰，测量了油酸钙在方解石、萤石表面的作用力，结果表明，油酸钙胶体与萤石表面之间的引力和附着力比在方解石表面更强、更持久，油酸钙胶体与方解石表面之间的相互作用表现为排斥力，而油酸钙和具有一定疏水性的萤石表面存在长程疏水作用力，相互作用力的显著差异解释了油酸钙胶体对萤石和方解石的选择性吸附作用[129, 130]。通过原子力显微镜，考察了二油酸钙胶体与萤石和方解石表面的作用，在二油酸钙胶体与萤石（111）面的作用力曲线中出现了一个大的长程吸引力，而在方解石（10$\bar{1}$4）面并没有发现这样的吸引力，因此萤石的可浮性优于方解石[131]。一些研究揭示了复杂水环境状态下（pH、盐浓度等），重金属离子与捕收剂在不同矿物表面（萤石、白钨矿）于纳米尺度下的相互作用（范德华作用、静电吸附、氢键作用、多官能团协同作用）的精确调控机制[132]；揭示了超细氧化铝矿粒间在表面活性剂溶液中的疏水引力归因于界面极性相互作用力，决定了超细氧化铝矿粒在浮选剂溶液中的团聚行为[133]。

矿粒与气泡的附着是浮选的基本行为。浮选过程中，浮选剂在液-气界面吸附、矿粒与气泡的碰撞、黏附、脱附及气泡捕获矿粒的概率都直接影响浮选效率，并与矿粒及气泡大小等有关[134-137]。通过矿粒-气泡作用感应时间计算以及实际测量表明微细的气泡可以有效地提高气泡与颗粒碰撞黏附的概率[138]。Na^+、K^+ 浓度的增加，会增大辉钼矿颗粒之间以及辉钼矿颗粒和气泡之间的斥力，从而导致辉钼矿颗粒与气泡的碰撞概率降低，继而造成辉钼矿的可浮性下降[139]。高效的微细粒浮选设备，一方面要使疏水性的颗粒与气泡的碰撞概率以及黏附概率得到增加与强化，另一方面要使由于表面效应所引起的、非同类矿物的颗粒之间的非选择性的异相凝聚得到减少[140]。

近年来，泡沫结构对浮选的影响成为研究热点，添加表面活性剂是调节泡沫稳定性能的最直接的方法，并且表面活性剂的浓度、分子结构以及表面活性剂之间的相互作用对泡沫的稳定性都有较大的影响。很多分子中含有—OH、—COOH、—NH_2 等极性基的表面活性剂，能够吸附于气-液界面，并使其表面张力降低[141]。苯甲羟肟酸铅配合物[$Pb_6L_8(NO_3)_3$]NO_3 与矿物表面氧原子结合形成多层吸附，并与起泡剂共吸附在气液界面，形成稳定的泡沫层[142]。

对于气泡与颗粒相互作用的研究是国内众多学者关注的对象，矿物颗粒-气泡之间的相互作用涉及固-气-液三相界面的作用，是较为复杂的动力学过程。主要是矿物颗粒与气泡相互接近至一定的距离后，在外力和表面力的作用下，颗粒-气泡之间的水化层减薄、破裂，最终形成三相接触周边而黏着[143]。在水溶液体系中，不同类型表面活性剂会在气-液界面发生相互作用从而影响整个体系的溶液性质[144,145]。将等比例的阴-阳离子捕收剂混合后泡沫量会发生变化，例如当十六烷基硫酸盐与带支链的十六烷基三甲基铵盐混合后会产生大量泡沫，而与直链的十六烷基铵盐混合时则完全不产生泡沫，表明铵盐碳链结构中的支链会直接影响其与阴离子表面活性剂相互作用的强度[146]。

1.5　硫化矿浮选电化学

在适当的矿浆氧化还原气氛与不同 pH 条件下，硫化矿表面通过发生氧化反应，生成疏水物质，导致无捕收剂浮选。这主要是由于硫化矿表面适度阳极氧化产生了中性硫分子（S^0），S^0 是疏水物质，从而使矿物实现无捕收剂浮选[147,148]。一些研究表明，硫化矿表面氧化初期形成的缺金属富硫化合物是疏水体，硫化矿表面氧化开始时，金属离子优先离开矿物晶格而进入液相，留下一个与化学计量的矿物有相同结构的缺金属富硫层，这种缺金属富硫层是疏水的，随着氧化的继续，金属离子越来越多离开晶体，进入液相，富硫程度越来越高，最终有中性硫生成在矿物表面[149,150]。也有研究认为这是硫化矿表面形成了多硫化物的原子簇的结果[151,152]。量子化学计算结果表明黄铜矿表面的铜原子不带电，硫和铁分别带负电和正电，而黄铜矿能实现无捕收剂浮选主要取决于黄铜矿表面铜带正电或者不带电两种情况[153]。

氧在硫化矿浮选中的作用备受关注。早期的研究表明，氧气的存在消耗了方铅矿表面的自由电子，使得方铅矿表面由 N 型转变为 P 型，P 型的方铅矿表面存在空穴，致使带负电的黄药离子吸附在矿物表面，氧是硫化矿与捕收剂作用的一种化学反应成分，矿物首先与氧气反应生成氧-硫产物，该产物再与捕收剂离子进行交换，氧的还原作为硫化矿表面电化学反应的阴极反应不可缺少[154-156]。在还原气氛下黄铜矿不浮，但有氧存在时，黄铜矿便变得可浮[157]。矿浆 pH 上升会促进矿物表面氧化，矿物表面氧化产物是影响辉钼矿、辉铋矿和黄铁矿不同 pH 条件下浮选行为的关键[158]。硫化矿浮选电化学的研究进一步揭示了氧的作用机制，在旋转环盘技术研究黄药存在时，金、铂、黄铁矿和方铅矿表面氧的还原过程时，在黄铁矿表面检测到了 H_2O_2 的存在，黄铁矿表面氧还原的产物以过氧化氢为主，方铅矿表面则以水为主，且黄铁矿表面氧还原电流远远大于方铅矿，并认为黄铁矿表面双黄药的生成可能与过氧化氢存在有关[159,160]；而表面氧化可以改变磁黄铁矿微区元素构成，并相应得到不同的氧化组分[161]。

捕收剂或调整剂与硫化矿物表面的电化学反应生成各种物质，电化学反应相平衡图、循环伏安曲线、交流阻抗、电极过程动力学等方法可以广泛用于这些反应的机制研究[162-164]。在硫化矿浮选体系中，矿浆电位是决定硫化矿浮选行为的最重要的控制参数[165]，硫化矿浮选电化学最重要的发现是混合电位模型的确立，即如果矿物的静电位高于捕收剂氧化的可逆电位，则在矿物表面生成捕收剂的双聚物，这种类型的矿物有黄铁矿、毒砂、铜蓝等；反之则生成捕收剂盐，这种类型的矿物有方铅矿、斑铜矿等[166,167]。例如，辉铜矿在不同的电位范围与乙黄药作用表面生成铜的黄原酸盐[168]，黄铁矿的表面形成的是双黄药[169]。捕收剂、调整剂及氧与硫化矿的相互作用一般基于混合电位模型，通过各种研究方法予以解释[170-173]。此外，硫化矿具有半导体性质、表面电子结构对表面电化学行为有重要影响，并与矿浆电化学环境有密切关系，具有 N 型半导体性质的表面对捕收剂离子没有吸附活性，具有 P 型半导体性质的表面由于大量空穴的存在对捕收剂离子有高的吸附活性，通过改变矿物半导体性质可实现对硫化矿的捕收或抑制[174-179]，并可通过矿物和浮选剂分子轨道能量值的差异来研究硫化矿与浮选剂的反应活性[180]。

由于浮选体系中，磨矿对浮选体系电化学反应有重要影响，近年来不少研究工作针对磨矿机械力作用下，硫化矿浮选体系电化学相互作用与浮选行为关系开展研究，出现了硫化矿浮选机械电化学的概念，用腐蚀电化学方法和分子轨道理论研究磨-浮体系中，机械力对矿物表面电化学反应的影响等[181]，研究表明，磨矿体系氧化还原电位的调控，可显著改善硫化矿浮选选择性[182]，磨矿介质的某些组分直接参与了矿物表面氧化还原反应，影响表面产物[183,184]。一些研究认为，磨矿体系存在电偶腐蚀的作用，磨矿介质类型、机械力的大小对矿物电极电位和表面反应电流有影响，矿物与矿物之间、矿物与介质之间存在电偶腐蚀作用，这些作用会对硫化矿表面的氧化还原反应机制产生影响，进而影响到矿物表面的疏水性和亲水性[185]。

1.6 浮选表面组装化学

近几年来，浮选剂的配位组装、多种浮选剂在固-液界面和液-气界面的组装以及矿物颗粒不同相界面的组装成为研究热点，使浮选组装化学成为一个新的研究方向。本团队的研究发现，将 Pb^{2+} 与苯甲羟肟酸组合在一起加入，形成铅离子-苯甲羟肟酸配合物捕收剂，比先加金属离子活化，再加苯甲羟肟酸，对矿物具有更强的捕收能力，浮选回收率更高，而且作用的选择性更好。进一步的研究发现，这一类捕收剂具有其自身的结构特点与性能，可以形成新的一类捕收剂，称之为金属基配位组装捕收剂，即以金属离子为头基，一种或多种阴离子捕收剂基团配位组装形成新的捕收剂。这种具有强捕收能力、高度选择性的金属离子-有机配合物捕收剂已经成功应用于钨、锡矿等矿石的浮选实践[186-188]。早在研究油酸与方解石和萤石相互作用的研究中，一些研究者发现方解石、萤石表面均形成了油酸钙沉淀，油酸钙捕收剂胶体对萤石具有比油酸钠更好的捕收剂性能，而且在一定浓度范围内对方解石几乎不具有捕收能力，可以实现萤石和方解石的浮选分离，认为油酸钙胶体沉淀物是一种捕收剂[129-131]。本团队的研究首次建立了金属离子配位浮选剂分子组装理论模型，水合金属离子与捕收剂阴离子在溶液中自组装形成金属基-捕收剂配合物，这种配合物在矿物表面吸附形成疏水表面，并揭示了配合物在氧化矿表面吸附后的矿物表面微观形貌，发现金属基配位组装捕收剂与氧化矿表面之间存在很强的相互作用[189-193]。最新的研究揭示了 Pb-MBHA（对甲基苯甲羟肟酸铅）配合物的浮选性能和吸附机理，Pb-MBHA 具有强的捕收能力、pH 适应性和发泡能力[194]。而且，在抑制剂研究中也发现了类似现象，Al-淀粉胶体抑制剂在微细粒白钨矿及方解石浮选中，具有良好的选择性[195]，$Al-Na_2SiO_3$ 在 Pb-BHA 配合物捕收剂体系下对白钨矿与方解石具有选择性抑制作用，$Al-Na_2SiO_3$ 在矿物表面发生化学吸附，与 Pb-BHA 存在协同作用[196]。

不同捕收剂的混合使用长期被用于浮选研究与生产实际，以十二胺与油酸钠按 9:1 的比例混合形成组合捕收剂，白钨矿的浮选回收率比单一捕收剂明显提高[197,198]；阴阳离子组合捕收剂应用于云母、锂辉石、长石和石英的浮选，效果明显优于油酸钠、氧化石蜡皂等单一阴离子捕收剂[199,200]。许多研究者从混合用药协同作用的角度，研究了混合捕收剂作用机理，例如，阴离子捕收剂 N-十二烷酰肌氨酸钠和十二烷酸钠对萤石浮选有协同效应，阴离子捕收剂在液体界面处的吸附受到阳离子表面活性剂的影响[201]。硫醇-黄药复合捕收剂的协同效应，可以显著提高方铅矿浮选的速度和回收率，效果远优于单一捕收剂[202]。阴离子捕收剂的加入可增加阳离子捕收剂椰油胺在锂云母矿物表面的吸附量，而减少椰油胺在石英和长石表面的吸附量，有利于锂云母的浮选分离[203]。脂肪醇与胺类捕收剂共吸附于矿物表面，极性基半径可达 45 nm，明显大于铵离子和胺分子（分别为 37 nm 和 33.8 nm）在矿物表面的吸附半径，导致矿物表面疏水性更强[204,205]。烷基三甲基氯化铵和烷基磺酸钠组合表面活性剂的表面张力和临界胶束浓度值比单一十四烷基三甲基氯化铵和烷基磺酸钠的低很多，表明组合表面活性剂的活性比单一表面活性剂更强[206]。

近年来的研究发现，不同捕收剂及捕收剂与中性分子或表面活性剂之间在固-液或液-

气界面可以通过不同作用方式形成组装吸附，与矿物晶体结构及表面性质、捕收剂及表面活性剂性能与组装比例、溶液化学环境及泡沫结构等有关，针对不同矿物形成不同组装结构与吸附构型，表现出不同的浮选性能，从而提出捕收剂界面组装的概念与模型。例如，油酸钠和十二胺在 1∶2 的摩尔比下得到的阴阳离子组装捕收剂在白钨矿和方解石的浮选分离中具有良好的选择性[207]；研究了 NaOL 和 DDA 组合捕收剂在水溶液中的自组装行为，发现 NaOL 和 DDA 在水溶液中形成团聚体结构[208]。首次发现，钙离子存在下，少量 DDA 的加入可显著提高 NaOL 浮选石英的回收率，NaOL 通过化学吸附作用于钙离子吸附的石英表面，DDA 通过电荷中和作用增强石英的疏水性[209]。

此外，一些矿物表面性质表现出晶面的各向异性，在浮选矿浆中，矿物颗粒之间不同晶面的相互作用，会出现矿物颗粒不同晶面间发生的团聚或分散现象，影响矿物的浮选行为，例如，高岭石不同晶面的表面电性差异导致高岭石在不同 pH 值下的自团聚与分散行为，称之为矿物颗粒相界面组装。研究发现不同晶面间的相互作用是影响颗粒分散和团聚的关键，通过调整晶面性质来控制颗粒分散或团聚调控这类矿物的浮选行为[210]。

1.7　浮选剂与矿物表面相互作用机理研究的现代测试方法

为了查明浮选剂与矿物表面作用的组分及微观机制，除了经典的接触角、动电位和吸附量测定外，紫外光谱、红外光谱、XPS、AES、SEM、AFM 等多种现代测试方法被用于浮选体系研究中。

红外光谱是除接触角、动电位和吸附量测定外，较早用于研究浮选剂与矿物表面相互作用的方法，至今仍是最常用的方法，包括红外透射、漫反射、内反射等，通过红外光谱吸收峰的位置及变化和强度来揭示矿物表面界面水结构及其特殊表面水化态[211]、浮选剂在矿物表面发生化学吸附或物理吸附的机理[212]、捕收剂和调整剂在矿物表面相互作用的影响机制[213]、浮选剂和矿物表面作用位点等[214]。

XPS 也是较早用于研究浮选剂与矿物表面作用机理的重要方法，通过研究药剂与矿物表面作用前后矿物表面的成分和元素价态变化来判断矿物表面性质变化及药剂与矿物表面的作用机理。单宁酸多羟基酚络合物通过与方解石表面的 $Ca(OH)^+$ 的化学相互作用选择性地吸附在方解石表面[215]。通过黄铁矿表面出现结合能为 531.7 eV 的 OH^- 峰的分析，说明黄铁矿表面具有较强的水合作用，存在一些铁的氢氧化物，表明黄铁矿表面具有轻微的氧化[216]。而辉钼矿表面存在少量的 OH^-（531.8 eV）可能为 Mo—S 键断裂所暴露出的"棱"与水作用的结果[217]。以磺化琥珀酰胺酸盐作为捕收剂时，X 射线光电子能谱（XPS）揭示了 Pb^{2+} 能够活化锡石浮选，而 Fe^{3+}、Fe^{2+}、Al^{3+}、Mn^{2+} 和 Ca^{2+} 等金属阳离子均抑制锡石浮选的机制[218]。对硅酸钠作用后的方解石表面进行 XPS 分析表明，方解石表面出现明显的 Si 2p 特征峰，同时 Ca $2p_{3/2}$ 结合能偏移 0.55eV，表明硅酸钠吸附在方解石表面为化学吸附[219]；

原子力显微镜（AFM）在 20 世纪 90 年代开始用于浮选体系机理研究，主要被用来测量固体颗粒之间的水化或疏水相互作用力曲线，以揭示颗粒间团聚或分散的机制，揭示矿物表面疏水微观机制[220-222]。研究表明，疏水表面与亲水表面之间的疏水引力远大于两个疏水表面之间的疏水引力，因此，疏水粒子很容易附着在气泡上，并在表面活性剂的作用下上浮[223]。胺浮选石英获得高回收率是因为在中性胺存在的情况下，胺吸附形成的致密单层（或半胶团），产生了一种长程疏水作用力[224]。近年来，采用原子力显微镜来研究矿物表面性质的变化、浮选剂吸附机理与构型，AFM 研究显示，在萤石表面被油酸形成的单分子吸附层完全覆盖之前，油酸双分子共聚体已经在萤石表面形成，而当油酸大于 10^{-4} mol/L 时，油酸会在萤石表面形成多层吸附[225]；糊精与辉钼矿表面作用后，会通过物理吸附的方式附着在辉钼矿的表面，并形成一个薄层，阻挡辉钼矿颗粒与气泡的碰撞接触[226]；白钨矿粉末样品的电性由其三个常见暴露面的电性决定，且三个晶面的负电性强弱与各自表面活性 O^{2-} 密度呈正相关性[227]；不同含钙矿物表面的电性差异，导致溶液中胺优势组分 RNH_3^+ 在不同矿物表面的吸附行为存在差异[228]。原子力显微镜（AFM）结合 DLVO 理论，测算了高岭石表面的荷电性质，发现(001)面在 pH>4 时，表面荷负电；而对于($00\bar{1}$)面在 pH<6 时，表面荷正电，在 pH>8 时，表面荷负电；说明了高岭石两个不同底面的荷电性具有各向异性[229]。研究捕收剂分子与萤石不同晶面作用力时，发现萤石表面断裂键密度（D_b）是决定捕收剂在不同晶面作用力差异的决定因素[230]。通过创新性地开发出原子力显微镜药剂探针偶联技术，首次实现了液相环境中高精度定量测定捕收剂、金属离子和矿物表面之间的顺序作用及配位组装作用机理，计算并建立了离子在矿物表面的吸附模型，金属离子与苯甲羟肟酸预先组装与锂辉石作用时，在吸附能方面更有优势，为组装体捕收剂的实际应用提供了理论指导[231]。

通过对矿物表面及其与浮选剂相互作用后的表面元素进行俄歇电子能谱分析，可以确定浮选剂在矿物表面的吸附作用，特别是，通过 Ar^+ 枪溅射刻蚀，进行俄歇纵向分析，可以获得浮选剂在矿物表面化学反应及其产物的信息，对浮选剂作用机理有更深入的认识。研究发现油酸钠处理后，黑钨矿表层元素由里到表，碳含量逐渐增加，元素锰的含量开始时逐渐增加，到一定值后，锰含量有所下降，而元素铁的含量始终从里到表是下降的。黑钨矿表层 Mn^{2+} 可能更易与油酸钠作用，油酸锰的生成量大于油酸铁的生成量[232]。

此外，其他一些现代表面测试技术也常用于浮选体系中，研究矿物表面性质、浮选剂结构、浮选剂与矿物表面的相互作用及矿物颗粒间的相互作用。利用电感耦合等离子体发射光谱（ICP-OES）和 XPS 研究羟肟酸类捕收剂对黑钨矿的作用机理时发现，辛基羟肟酸阴离子会取代黑钨矿（(Mn, Fe)WO_4）表面的 WO_4^{2-} 阴离子基团，进而与矿物表面上的 Mn/Fe 阳离子相互作用生成羟肟酸金属配合物，增强矿物表面疏水性[233]。用核磁共振研究了羟肟酸结构对解离和配合形式的影响，结果表明芳香基羟肟酸与烷基羟肟酸结构对解离的影响不尽相同，苯甲羟肟酸钾盐沉淀物的核磁共振（NMR）谱图中，NH 基团的质子谱信号缺失而 OH 基团的质子谱信号存在，所以苯环取代基对 NH 基团的诱导效应要强于 OH 基团[234]。次离子质谱（SIMS）用于研究捕收剂（黄药、黑药、硫氮类、硫脲等）在黄铁矿表面的吸附机理，表明，黄铁矿表面不可能只有一种疏水体存在，应该是双黄药和铁的黄原酸盐共同作用，使得黄铁矿可浮[235]。拉曼光谱和溶液离子色谱法揭示了砷黄铁矿在空气中的氧化是自发的，形成了砷和铁的氧化物，并确定存在硫（S^0）和极少量的亚硫酸盐及硫酸盐[236]。而扫描电子显微镜和 EDS 能谱揭示了次氯酸钙作用后，辉铋矿的表面粗糙度显著增加，在辉铋矿表面观察到许多密集分布的条状褶皱，辉铋矿表面除了 Bi、S 两个元素的峰外，还出现了 Cl 元素和 O 元素的峰，说明次氯酸钙与辉铋矿表面发生了作用，并在辉铋矿表面生成了含氯和氧的化合物沉淀[237]，二次离子飞行时间质谱（TOF-SIMS）进一步确定次氯酸钙作用后，辉铋矿表面 Bi$_2$S$_3$ 信号消失，其表面被其他物质覆盖形成 BiOCl[237]，该方法还用于确定新型捕收剂金属基配位组装捕收剂在碱性沉淀中的结构及在矿物表面吸附稳定存在的形态，配合物可能是以连接羟基的铅离子与矿物表面氧原子结合形成吸附[238]。液相色谱–质谱联用技术（HPLC-MS）用于表征有机抑制剂的结构[239]，电喷雾电离质谱用于确定苯甲羟肟酸与 Pb^{2+} 在溶液中形成了配合物[Pb(H$_2$O)BHA]$^+$和 [Pb(OH)BHA$_2$]$^+$[240]。

综上所述，矿物晶体结构、溶解、表面性质，浮选剂的溶液化学行为及结构性能，浮选剂与矿物表面的各种相互作用，矿物颗粒间及与气泡间的相互作用，硫化矿浮选电化学，浮选体系组装表面化学已成为浮选化学研究的主要领域，而矿物不同晶面润湿性、电性、溶解行为及与浮选剂作用的各向异性，矿物的溶解组分可与其他矿物表面发生化学反应，浮选剂及金属离子在溶液中的物理化学行为，矿物表面金属离子与不同浮选剂化学反应或相互作用最佳条件的确定与选择性调控，矿物颗粒及其与浮选剂相互作用后，在溶液中表面疏水或水化相互作用的微观机制、泡沫结构及其对矿粒与气泡的黏附影响的微观机制，氧、捕收剂或抑制剂与硫化矿物表面的电化学反应机理及选择性作用机制，金属离子-有机配合物捕收剂及功能协同缔合体组装捕收剂设计将成为浮选化学研究热点领域。

第 2 章　矿物/溶液化学与表面性质

　　浮选是利用矿物表面物理化学性质差异（特别是表面润湿性）在固−液−气三相界面，选择性富集一种或几种目的矿物，从而达到与脉石矿物分离的一种选别技术。浮选同时也是废水处理、二次资源回收的重要方法。矿物在溶液中的各种物理化学行为，如表面润湿性、表面电性、溶解及溶解组分的作用等，对矿物浮选有重要影响，本章主要讲述浮选体系中矿物/溶液化学与表面性质的基本知识及其研究的新进展。

2.1　润湿理论与浮选

2.1.1　固体表面润湿性

　　润湿是在日常生活和生产实践中最常见的现象之一。在浮选、洗涤、印染、油漆、防水等这些应用领域中，液体对固体表面的润湿性能均起着重要的作用。例如往干净的玻璃上滴一滴水，水会很快地沿玻璃表面展开，成为平面凸镜的形状。但若往石蜡表面滴一滴水，水则力图保持球形，但因重力的影响，水滴在石蜡上形成一椭圆球状而不展开。这两种不同现象表明，玻璃能被水润湿，是亲水物质；石蜡不能被水润湿，是疏水物质。

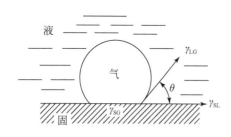

图 2-1　气泡在水中与固体表面相接触的平衡关系

　　为了判断固体表面的润湿性大小，常用接触角 θ 来度量，如图 2-1 所示。在一浸于水中的固体表面上附着一个气泡，当达平衡时气泡在矿物表面形成一定的接触周边，称为三相润湿周边。在任意二相界面都存在着界面自由能，以 γ_{SL}、γ_{LG}、γ_{SG} 分别代表固−液、液−气、固−气三个界面上的界面自由能。通过三相平衡接触点，固−液与液−气两个界面之夹角（包含水相）称为接触角，以 θ 表示。

　　固体表面接触角大小是三相界面性质的一个综合效应，当达到平衡时（润湿周边不动），作用于润湿周边上的三个表面张力在水平方向的分力必为零，其平衡状态（杨氏，Young）方程为[241]：

$$\gamma_{SG} = \gamma_{SL} + \gamma_{LG} \cos\theta$$

或
$$\cos\theta = (\gamma_{SG} - \gamma_{SL})/\gamma_{LG} \tag{2-1}$$

式中，γ_{SG}，γ_{SL} 和 γ_{LG} 分别为固-气、固-液和液-气界面自由能。

上式表明了平衡接触角与三个相界面之间表面张力的关系，平衡接触角是三个相界面张力的函数。接触角的大小不仅与固体表面性质有关，而且与液相、气相的界面性质有关。凡能引起任何两相界面张力改变的因素都可能影响固体表面的润湿性。

在不同固体表面接触角大小是不同的，接触角可以表示固体表面的润湿性：如果固体表面形成的 θ 角很小，则称其为亲水性表面；反之，当 θ 角较大，则称其为疏水性表面。亲水性与疏水性的明确界限是不存在的，只是相对的，θ 角越大说明固体表面疏水性越强；θ 角越小，则固体表面亲水性越强。

2.1.2 矿物表面润湿性与吸附水分子构型

1. 水化作用

浮选是在水介质中进行的，矿物表面润湿性与其表面和水分子间的作用密切相关。如图 2-2 所示，水分子由两个氢原子和一个氧原子组成，三个原子构成以两个质子为底的等腰三角形。其中氧的两个独对电子不成键，而形成两个负电中心，两个杂化轨道与氢成键而形成两个正极，这样形成两个正极和两个负极的四极结构，电荷集中在四个顶点。水分子具有电荷极性，且正负电荷中心相距较远，所以水分子具有较大的偶极距，属强极性分子。

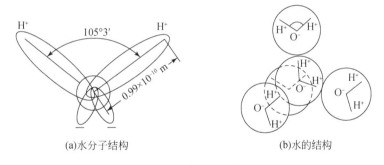

(a)水分子结构   (b)水的结构

图 2-2 水分子和水结构

不论矿物晶体断裂面上不饱和键的性质及强弱如何，都有从周围介质中得到最大补偿的趋向，矿粒表面可能与水的偶极分子发生不同性质及强度的作用使表面水化。

2. 水分子在矿物表面的吸附

当水分子与矿物表面质点的水化作用能（E）大于水分子间的缔合能（E_w）时，水分子吸附在矿物表面，水分子在矿物表面吸附排列与矿物表面的润湿性及溶液 pH 密切相关，并受表面形成氢键能力和表面静电场作用的影响[242]。

图 2-3 是水分子在亲水 SiO_2 表面 OH 伸缩振动峰 FTIR 的去卷积谱，代表四面体水分子氢键 OH 耦合伸缩振动峰相对强度值 A_{3250}/A_{3390} 和非氢键键合的游离 OH 耦合伸缩振动峰

相对强度值 A_{3610}/A_{3390} 见表 2-1。显然，在很低 pH（pH 1.9）和很高 pH（pH 12）条件下，代表四面体水分子氢键 OH 耦合伸缩振动峰相对强度值 A_{3250}/A_{3390} 较大，而非氢键键合的游离 OH 耦合伸缩振动峰相对强度值 A_{3610}/A_{3390} 较小，在这些 pH 条件下，水分子在亲水 SiO_2 表面形成氢键结构紧密定向排列。在中性 pH 区域，水分子在亲水 SiO_2 表面形成的氢键结构不是非常紧密或部分无序的。水分子在亲水性矿物表面的排列与 pH 的关系示意图见图 2-4，在 pH 1.9，以硅酸基（Si—OH）为主，水分子通过氧原子与表面氢原子形成氢键定向排列在表面；在中性 pH，以硅酸基（Si—OH）和硅氧基（Si—O—）为主，水分子通过氧原子与表面氢原子或在表面电场区域通过氢原子与表面形成氢键定向排列在表面；在 pH 12，以硅氧基（Si—O—）为主，水分子在表面电场区域通过氢原子与表面形成氢键定向排列在表面。

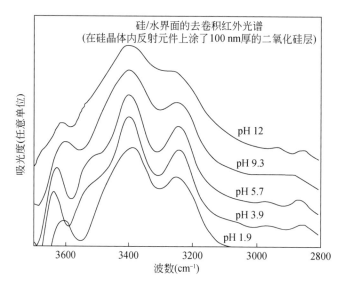

图 2-3　亲水 SiO_2 表面 OH 伸缩振动峰 FTIR 的去卷积谱

表 2-1　pH 对 SiO_2 界面水结构影响的内反射红外光谱结果

pH	OH 伸缩振动（cm^{-1}）	A_{3250}/A_{3390}（四面体水分子 OH）	A_{3610}/A_{3390}（游离 OH）
SiO_2 原位			
1.9	3383.3	0.700	0.260
3.9	3385.9	0.682	0.282
5.7	3385.5	0.687	0.289
9.3	3384.0	0.683	0.300
12	3383.1	0.750	0.250
SiO_2 悬浮液			
1.9	3370	0.822	0.233
6.1	3379	0.755	0.324
11.8	3369	0.830	0.260

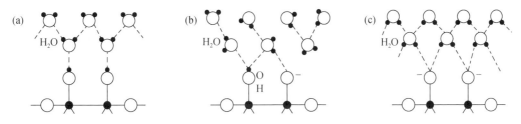

图 2-4　水分子在 SiO₂ 表面定向排列状态示意图
（a）pH 1.9；（b）中性 pH；（c）pH 12

疏水表面水分子的结构较为复杂，与疏水表面界面区域性质密切相关，将在第 7 章 7.5 节讨论疏水相互作用时一并介绍。

2.1.3　矿物表面润湿性与浮选

将一水滴滴于干净的矿物表面上，或者将一气泡引入浸在水中的矿物表面（图 2-5），就会发现不同矿物的表面被水润湿的情况不同。图 2-5 所示的是，按照接触角大小，矿物表面的亲水性由右至左逐渐增强，而疏水性由左至右逐渐增强。一些矿物（如石英、长石、方解石等）表面上水滴很易铺开，或气泡难以在其表面黏附，属于亲水性矿物；而另一些矿物（如石墨、辉钼矿等）表面则相反，属于疏水性矿物。

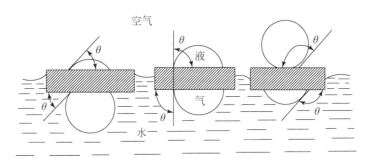

图 2-5　矿物表面润湿现象

矿物浮选分离就是利用不同矿物间表面润湿性的差别，并通过调节表面润湿性差别来实现分离的。常用添加特定浮选药剂的方法来扩大矿物间润湿性的差别，浮选药剂（包括捕收剂、起泡剂及调整剂等）对 γ_{SL}、γ_{LG} 或 γ_{SG} 有影响，从而改变矿物表面润湿性，进而改变矿物的可浮性。如有些矿物的可浮性本来不大，可用捕收剂（或加活化剂）来增大接触角以增大可浮性；有些矿物本来可浮性较好，但为强化分离而需要用抑制剂来减小接触角以降低其可浮性。

1. 捕收剂作用下矿物表面润湿性变化

pH=9.5，油酸钠和油酸钠-油酸酰胺（2∶1）浓度对白钨矿表面接触角的影响如图 2-6（a）所示。随着捕收剂浓度的增加，白钨矿表面接触角逐渐增大，表明白钨矿表面疏水性增大，白钨矿的浮选回收率也逐渐增大，如图 2-6（b）所示。而且，油酸钠-油酸酰胺（2∶1）作捕收剂比油酸钠作捕收剂时，白钨矿表面接触角更大，可浮性更好，这表明矿物表面接触角的大小与其表面润湿性及浮选行为有一致关系，油酸钠-油酸酰胺比油酸钠与白钨矿表面的作用更强。

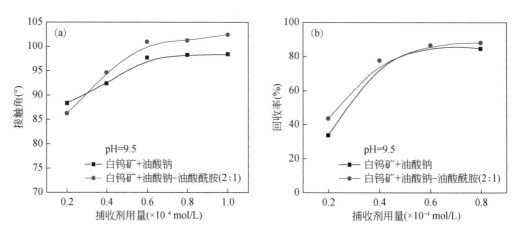

图 2-6　油酸钠和油酸钠-油酸酰胺（2∶1）浓度对白钨矿表面接触角（a）和浮选回收率（b）的影响[243]

2. 抑制剂作用下矿物表面润湿性变化

图 2-7 为中性条件下，聚丙烯酸浓度对萤石表面接触角的影响。从图中可知，随着聚丙烯酸用量的增加，萤石表面的接触角会逐渐减小。说明聚丙烯酸能够吸附在萤石表面，导致表面亲水性增加，但萤石表面接触角减小的趋势较缓，说明聚丙烯酸的吸附对萤石表面亲水性的影响有限。

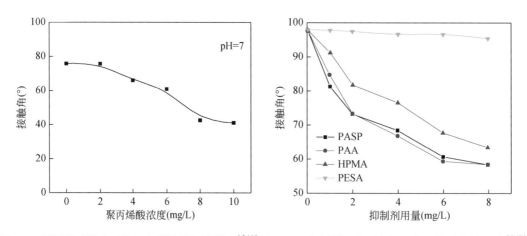

图 2-7　聚丙烯酸浓度对萤石表面接触角的影响[244]　图 2-8　抑制剂用量对方解石表面接触角的影响[245]

3. 不同药剂作用下，矿物表面润湿性变化

通过比较不同药剂作用下，矿物表面润湿性变化，可以比较不同药剂与矿物表面的作用能力。图 2-8 是当矿浆 pH 9～9.5，油酸钠用量为 20 mg/L 时，抑制剂用量对方解石表面接触角的影响。由图 2-8 可以看出，随聚环氧琥珀酸（PESA）浓度的增加，方解石的接触角基本不变，表明 PESA 几乎不影响油酸钠在方解石表面的吸附。而当聚天冬氨酸（PASP）、聚丙烯酸（PAA）和聚马来酸（HPMA）作抑制剂时，方解石的接触角大幅度下降，当浓度为 8 mg/L 时，方解石表面的接触角分别为 58.31°、57.95° 和 63.16°，从而表明这三种抑制剂的存在大大降低了油酸钠在方解石表面的吸附，使得方解石表面的亲水性增强。此外，方解石的接触角下降程度按照 PASP≈PAA>HPMA 的顺序递减，表明 PASP 和 PAA 对方解石的抑制能力将强于 HPMA。

4. 浮选药剂作用下，不同矿物表面润湿性变化

对不同矿物的浮选，通过比较在相同浮选药剂作用条件下，不同矿物之间接触角大小的变化，可以初步确定不同矿物之间的分离条件。

图 2-9（a）为 10 mg/L 聚丙烯酸条件下，pH 对萤石和方解石表面接触角的影响。从图 2-9（a）可知，随着 pH 的不断增大，萤石表面接触角会逐渐减小，其表面的亲水性也会缓慢增强。这说明在酸性或中性 pH 范围，聚丙烯酸在萤石表面的吸附不强，但在高碱性的条件下，聚丙烯酸的吸附会增加萤石的亲水性。而方解石表面被聚丙烯酸作用后，其表面的接触角在较宽 pH 范围都低，亲水性强，这说明聚丙烯酸在方解石表面的作用比萤石强，大大增强方解石的亲水性，从而抑制方解石的浮选。

图 2-9（b）为固定聚丙烯酸用量为 7.5 mg/L 时，pH 对萤石与方解石可浮性的影响，可以看出，在实验 pH 范围内，聚丙烯酸对萤石的抑制作用较小，在 pH=8 时，萤石回收率仍可达到 80% 左右。但在 pH 6～12 范围内，聚丙烯酸对方解石有强的抑制作用，其回收率下降到 15% 左右。表明适宜的聚丙烯酸用量（7.5 mg/L）和 pH，有可能实现萤石与方解石的分离。

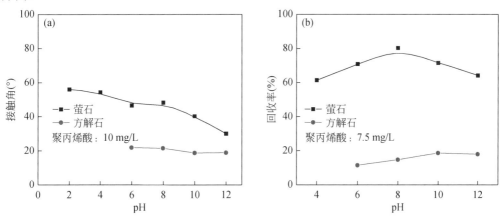

图 2-9 pH 对萤石、方解石表面接触角（a）及其浮选回收率（b）的影响[244]

上述结果表明，接触角的大小可以直观地表明矿物表面疏水-亲水性质及其可浮性大小趋势，讨论在浮选剂作用下，矿物表面润湿性的变化，比较不同药剂作用的能力及不同矿物间分离的可能性。值得注意的是，接触角的测定受测试方法（躺滴或气泡法、吊片法、渗透法等）、样品的来源与纯度、样品表面光洁度等的影响，测试结果差异较大，即使是同一矿床里的同一种矿物，不同采样时间、不同测试方法及不同制备方法，其接触角值也差异较大。因此，接触角的大小一般只反映某一种矿物（同一个光片或粉末样品）在不同溶液化学环境下表面疏水-亲水性质变化趋势或者不同矿物在各种溶液化学环境下表面疏水-

亲水性质变化的趋势。

2.2 双电层理论与浮选

2.2.1 矿物表面荷电机理

矿物在水溶液中受水偶极及溶质的作用，表面会带一种电荷，矿物表面电荷的存在影响到溶液中离子的分布，带相反电荷的离子被吸引到表面附近，带相同电荷的离子则被排斥而远离表面，于是，矿物-水溶液界面产生电位差，但整个体系是电中性的。矿物表面电荷的起源，归纳起来，主要有以下四种类型：

1. 矿物表面优先溶解

离子型矿物在水中由于表面正、负离子的表面结合能及受水偶极的作用力（水化）不同而产生非等当量向水中转移的结果，使矿物表面荷电。

2. 矿物表面优先吸附

这是矿物表面对电解质阴、阳离子不等当量吸附而获得电荷的情况，离子型矿物在水溶液中对组成矿物的晶格阴、阳离子吸附能力是不同的，结果引起表面荷电不同，因此矿物表面电性与溶液组成有关。例如白钨矿在自然饱和溶液中，表面钨酸根离子（WO_4^{2-}）较多而荷负电，如向溶液中添加钙离子（Ca^{2+}），因表面优先吸附钙离子而荷正电。又如，在用碳酸钠与氯化钙合成碳酸钙时，如果氯化钙过量，则碳酸钙表面荷正电。

3. 矿物表面吸附和电离

对于难溶的氧化物矿物和硅酸盐矿物，表面因吸附 H^+ 或 OH^- 而形成酸类化合物，然后部分电离而使表面荷电，或形成羟基化表面，吸附或解离 H^+ 而荷电。例如，水溶液中纯净的一水硬铝石矿物的表面首先与水相互作用形成羟基化表面，进而在不同的 pH 时，羟基化表面向水溶液中选择性地解离 H^+ 或 OH^-，从而决定了一水硬铝石矿物表面的荷电状况[图 2-10（a）]。又如高岭石晶体的端面通过表面组分的选择性解离而带电，这种电荷为可变电荷，其数量随介质的 pH 而变化，如图 2-10（b）所示。

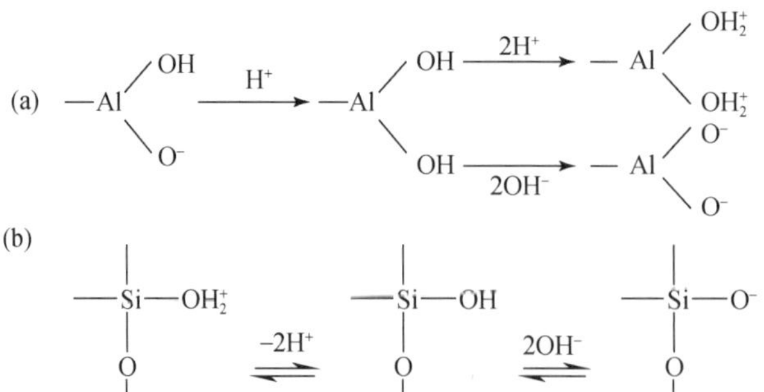

图 2-10　一水硬铝石表面（a）和高岭石晶体端面（b）的荷电机理示意图

4. 晶格取代

黏土、云母等硅酸盐矿物是由铝氧八面体和硅氧四面体的层状晶格构成。在铝氧八面体层片中，当 Al^{3+} 被低价的 Mg^{2+} 或 Ca^{2+} 取代，或在硅氧四面体层片中，Si^{4+} 被 Al^{3+} 置换，结果会使晶格带负电。为维持电中性，矿物表面就吸附某些正离子（例如碱金属离子 Na^+ 或 K^+），当矿物置于水中时，这些碱金属阳离子因水化而从表面进入溶液，故这些矿物表面荷负电。

2.2.2　矿物/溶液界面双电层

在水溶液中，矿物表面离子与极性水分子相互作用，发生溶解、解离或者吸附溶液中的某种离子，使表面带上电荷，带电的矿物表面又吸引溶液中的反离子，在固/液界面构成双电层。

1. 双电层的结构

在双电层理论发展过程中，提出过三种双电层结构模型。早在 1853 年，Helmholtz 提出了平板电容器模型。第一次定量地解释双电层的结构。1910 年 Gouy 和 1913 年 Chapman 提出了扩散的双电层结构，后来 Stern 又作了修正[246,247]。

Helmholtz 最早提出了双电层结构的模型（即平行板模型），他认为胶粒的双电层结构类似简单的平行板电容器，双电层的里层在质点表面上，相反符号的外层则在液体中，两层间距离很小，约为离子半径的数量级。尽管此模型在早期的电动现象研究中起过一定的作用，但它不能解释电动现象，不代表实验事实。Gouy-Chapman 修正了平行板模型中反离子平行地束缚在相邻质点表面的液相中的概念，提出了扩散双电层模型，认为溶液中的反离子是扩散地分布在质点周围的空间里，由于静电吸引，质点附近处反离子浓度要大些，离质点越远，反离子浓度越小，到距表面很远处（约 $1 \sim 10$ nm）过剩的反离子浓度为零。扩散双电层模型解释了电动现象，区分了热力学电位和 Zeta 电位，并能解释电解质对 Zeta 电位的影响，但它不能解释为什么 Zeta 电位可以变号，而有时还会高于表面电位的问题。Stern 认为 Gouy-Chapman 的扩散双电层可分为两层（图 2-11），一层为紧靠粒子表面的紧

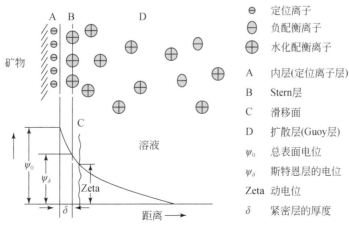

图 2-11　矿物表面的双电层结构示意图

密层（又称 Stern 层或吸附层），其厚度 δ 由被吸附离子的大小决定；另一层相似于 Gouy-Chapman 双电层中的扩散层（电位随距离的增加呈曲线下降），其浓度由本体浓度决定。由于质点表面总有一定数量的溶剂分子与其紧密结合，因此在电动现象中这部分溶剂分子与粒子将作为一个整体运动，在固-液相之间发生相对移动时有滑动面存在，尽管滑动面的确切位置并不知道，但可以合理地认为它在 Stern 层之外，并深入到扩散层之中。

2. 双电层的电位

1）表面热力学电位（ψ_0）

矿物表面与溶液之间的总电位差，由定位离子决定，这主要取决于溶液中定位离子的活度。其关系式可推导如下[248]：

设 M^+ 或 X^- 为 1-1 型矿物，如果其溶解度小，当在水溶液中平衡时，M^+ 或 X^-（即定位离子）在溶液内的活度分别为 α_{M^+} 和 α_{X^-}，则当阳离子 M^+ 吸附后，其自由能变化 ΔG 为：

$$\Delta G = \Delta G^0 + RT \ln \frac{a_{M^+}^s}{a_{M^+}} \tag{2-2}$$

式中，ΔG^0 为标准状态时自由能变化；$a_{M^+}^s$、a_{M^+} 分别为 M^+ 在表面和溶液内的活度；R 为气体常数；T 为热力学温度。

平衡状态时，化学功应等于电功，即

$$\Delta G = -F\psi_0 \tag{2-3}$$

式中，F 为法拉第常数。

于是式（2-2）变成：

$$-F\psi_0 = \Delta G^0 + RT \ln \frac{a_{M^+}^s}{a_{M^+}} \tag{2-4}$$

当 $\psi_0=0$ 时，则

$$\Delta G^0 = -RT \ln \frac{a_{M^+}^{s^0}}{a_{M^+}^0} \tag{2-5}$$

式中，$a_{M^+}^{s^0}$ 和 $a_{M^+}^0$ 分别为 $\psi_0=0$ 时，M^+ 在矿物表面和溶液中的活度。

将式（2-5）代入式（2-4），得

$$\psi_0 = \frac{RT}{F} \ln \frac{a_{M^+} \cdot a_{M^+}^{s^0}}{a_{M^+}^0 \cdot a_{M^+}^s} \tag{2-6}$$

因为 M^+ 是矿物的一个组分，其在表面的活度可假定为常数，即 $a_{M^+}^s = a_{M^+}^{s^0}$，所以式（2-6）可简化为

$$\psi_0 = \frac{RT}{F} \ln \frac{a_{M^+}}{a_{M^+}^0} \tag{2-7}$$

同样，对于阴离子 X^- 的吸附可得

$$\psi_0 = -\frac{RT}{F} \ln \frac{a_{X^-}}{a_{X^-}^0} \tag{2-8}$$

如果离子价数为 n，则式（2-7）和式（2-8）可写成：

$$\left.\begin{array}{l} \psi_0 = \dfrac{RT}{nF}\ln\dfrac{a_{M^+}}{a_{M^+}^0} \\[3mm] \psi_0 = -\dfrac{RF}{nF}\ln\dfrac{a_{X^-}}{a_{X^-}^0} \end{array}\right\} \qquad (2\text{-}9)$$

2）动电位（ζ）

当矿物-溶液两相在外力（电场、机械力或重力）作用下发生相对运动时，紧密层中的配衡离子因吸附牢固会随矿物一起移动，而扩散层将沿位于紧密面稍外一点的"滑移面"（图 2-11）移动。此时，滑移面上的电位称为"动电位"、"Zeta 电位"或"ζ 电位"。

3）零电点（PZC）

式（2-7）表明，矿物的表面电位取决于溶液中定位离子的活度。当 $a_{M^+} = a_{M^+}^0$ 或 $a_{X^-} = a_{X^-}^0$ 时，$\psi_0=0$，反之亦然。因此，当 ψ_0 为零（或表面净电荷为零）时，溶液中定位离子活度的负对数值被定义为"零电点"，用符号 PZC（point of zero charge）表示。

应该指出，矿物在水溶液中，随 pH 的变化而影响矿物的解离，因此在一定的 pH，表面电位 ψ_0 会出现为零的情况，此时称该 pH 为"零表面电位 pH"（或零电点 pH，即 pH_{PZC}），以区别于该矿物的 PZC。如果已知矿物的零电点，则可根据式（2-7）求出在其定位离子活度条件下的 ψ_0。

对于硅酸盐和氧化物矿物，如石英、刚玉、锡石、赤铁矿、软锰矿、金红石等，根据双电层的起源，一般认为 H^+ 和 OH^- 是定位离子。按式（2-7），在 25℃时，代入各常数数值，则

$$\psi_0 = 2.303 \times \frac{8.314 \times 298}{1 \times 96500}\lg\frac{[H^+]}{[H_o^+]} \qquad (2\text{-}10)$$
$$= 0.059(pH_{PZC} - pH)(V)$$

式中，pH_{PZC} 为氧化物和硅酸盐矿物的零电点 pH。

上式表明，在定位离子是 H^+ 和 OH^- 的情况下，当 pH＞PZC 时，$\psi_0<0$，矿物表面荷负电；当 pH＜PZC 时，$\psi_0>0$，矿物表面荷正电。

对于离子型矿物，如白钨矿、重晶石、萤石、碘银矿、辉银矿等，一般认为定位离子就是组成矿物晶格的同名离子，因此，计算 ψ_0 的式（2-7）可写成：

$$\psi_0 = \frac{0.059}{n}(pM_{PZC} - pM) \qquad (2\text{-}11)$$

式中，pM 为定位离子活度的负对数值；pM_{PZC} 为以定位离子活度的负对数值表示的零电点。例如有人测得重晶石的 $pBa_{PZC}=7.0$，即表示当 $a_{Ba^{2+}} = 10^{-7}$ 时，$\psi_0=0$。

4）等电点（IEP）

由于 ζ 电位的测定比较容易，故在浮选中有很重要的意义。定义当 ζ 电位等于零时，溶液中定位离子活度的负对数值为"等电点"，用符号 IEP（isoelectric point）表示，ζ 电位为零的 pH 为"等电点 pH"，即 pH_{IEP}。

2.2.3 矿物表面电性与浮选

1. 矿物在溶液中的动电行为与 pH 的关系

矿物在纯水中的动电行为一般与溶液 pH 有关。图 2-12 是赤铁矿动电位与 pH 的关系，由图 2-12 可知，赤铁矿的 PZC 约为 5.8，当 pH>5.8 时，赤铁矿表面荷负电，当 pH<5.8 时，赤铁矿表面荷正电。讨论矿物的表面电性质及其同浮选捕收剂的静电力作用时，矿物的 PZC（或 IEP）值是基本的参数，常见的矿物表面零电点或等电点 pH 列于表 2-2。

表 2-2 常见矿物表面零电点及等电点 pH[14, 86, 248, 265]

矿物	pH_{PZC} 或 pH_{IEP}	矿物	pH_{PZC} 或 pH_{IEP}
赤铁矿 Fe_2O_3	8.0, 6, 7.8, 4	孔雀石 $CuCO_3 \cdot Cu(OH)_2$	7.9
针铁矿 $FeOOH$	7.4, 6.7	菱锰矿 $MnCO_3$	10.5
刚玉 Al_2O_3	9.0, 9.4	菱铁矿 $FeCO_3$	11.2
锡石 SnO_2	4.5, 6.6	水磷铝石 $AlPO_4 \cdot 2H_2O$	4.0
金红石 TiO_2	6.2, 6.0	红磷铁矿 $FePO_4 \cdot 2H_2O$	2.8
软锰矿 MnO_2	5.6, 7.4	白钨矿 $CaWO_4$	1.8
墨铜矿 CuO	9.5	黑钨矿 $(Mn \cdot Fe)WO_4$	2~2.8
赤铜矿 Cu_2O	9.5	高岭石	3.4
锆石 $ZrSiO_4$	5.8	蔷薇辉石 $MnSiO_3$	2.8
钛铁矿 $FeTiO_2$	8.5	镁橄榄石 Mg_2SiO_4	4.1
铬铁矿 $FeCr_2O_4$	5.6, 7.2	铁橄榄石 Fe_2SiO_4	5.7
磁铁矿 Fe_3O_4	6.5	红柱石 Al_2SiO_3	7.5, 5.2
方解石 $CaCO_3$	8.2, 9.5, 6.0, 8.8	透辉石 $CaMg(SiO_3)_2$	2.8
菱镁石 $MgCO_3$	6~6.5	滑石	3.6
菱锌矿 $ZnCO_3$	7.4, 7.8	石英 SiO_2	1.8, 2.2
萤石	7.3, 8.5, 10.5	一水硬铝石	5.2~6.7
高岭石	3.6	伊利石	2.8
叶蜡石	2.5	磷灰石	2.8
重晶石	3.5	锂辉石	3.0, 2.3
钠长石	2.3	云母	1.8
硅孔雀石	2	铁闪锌矿	5.5

表 2-2 的数据表明，矿物在水溶液中表面的零电点及等电点 pH 是在一定 pH 范围内波动，这主要是不同文献报道的工作所测试的样品存在差异，这是我们在研究中需要特别注意的。

2. 捕收剂溶液中矿物表面动电位变化

1）基于 PZC 或 IEP 值为判据的矿物表面动电位变化与浮选行为

PZC 或 IEP 是矿物表面电性质的重要特征参数，当用某些以静电力吸附作用为主的阴离子型或阳离子型捕收剂浮选矿物时，PZC 和 IEP 可作为吸附及浮选与否的判据。当

pH＞PZC 时，矿物表面带负电，阳离子捕收剂能吸附并导致浮选，pH＜PZC 时，矿物表面带正电，阴离子捕收剂可以靠静电力在双电层中吸附并导致浮选。

磺酸盐、烷基硫酸盐和羧酸盐的短链同系物与氧化矿物表面为通过静电力吸附，这种吸附的特点是在氧化矿物表面荷正电的条件下，吸附才能发生。阳离子胺则在氧化矿物表面荷负电的条件下，吸附才能发生。因此，在使用这些捕收剂时，须知道有关氧化物的零电点。

在一定浓度的阳离子捕收剂溶液中，不同的 pH 条件下，一水硬铝石表面 Zeta 电位变化如图 2-13 所示。由图 2-13 可知，阳离子捕收剂（2×10^{-4} mol/L）与一水硬铝石作用之后，一水硬铝石表面 Zeta 电位向正向移动。随着溶液 pH 增大，一水硬铝石表面的 Zeta 电位增加较明显，特别是 pH 大于蒸馏水中一水硬铝石的等电点值（pH＞6.4）时，矿物表面的 Zeta 电位值增加较大。两种捕收剂比较，在十六烷基三甲基溴化铵（CTBA）溶液（2×10^{-4} mol/L）中，一水硬铝石矿物表面的 Zeta 电位在 pH 2～12 范围内皆为正值，增加较为明显；在十二胺（DDA）溶液（2×10^{-4} mol/L）中，一水硬铝石表面的 Zeta 电位也增加了，IEP 从 6.4 增至 8.5，但其表面的 Zeta 电位值明显地低于在十六烷基三甲基溴化铵溶液中的 Zeta 电位值。十六烷基三甲基溴化铵是强电解质，在宽 pH 范围内，解离成带正电的离子，易在一水硬铝石表面吸附，改变其表面动电位。另一方面，在 pH＜6.4，一水硬铝石表面带正电时，阳离子捕收剂的加入仍使其表面 zeta 电位正值略有增加，表明可能存在着氢键的作用。

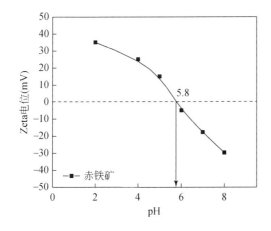

图 2-12　赤铁矿表面动电位与 pH 关系（固体浓度 0.5%，[KNO₃] 0.01 mol/L）[249]

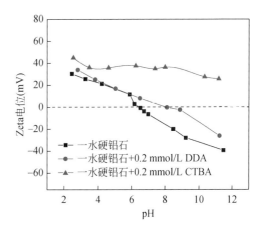

图 2-13　在阳离子捕收剂溶液中一水硬铝石的 Zeta 电位与 pH 关系[86]

在一定浓度的阴离子捕收剂溶液中，不同 pH 条件下，一水硬铝石表面的 Zeta 电位变化如图 2-14 所示。由图 2-14 可知，阴离子捕收剂（2×10^{-4} mol/L）与一水硬铝石作用之后，在 pH＜6.4 时，一水硬铝石的 Zeta 电位由正变负，没有观察到 IEP 值；在 pH＞6.4 时，一水硬铝石的表面负 Zeta 电位值也略有增加。在 pH 2～12 范围内，一水硬铝石在油酸钠溶液（2×10^{-4} mol/L）中的 Zeta 电位值比在十二烷基磺酸钠溶液（2×10^{-4} mol/L）中更负。这说明两种阴离子捕收剂在一水硬铝石表面的吸附也主要是静电作用，对于油酸钠来说，在 pH>6，一水硬铝石表面带负电时，还能使其负电位增加，也可能存在氢键或化学作用。

使用不同捕收剂，一水硬铝石浮选结果如图 2-15 所示，可以看出，pH>6.4，一水硬铝石表面带负电，以十二烷基胺醋酸盐（$2×10^{-4}$ mol/L）、十六烷基三甲基溴化铵（$2×10^{-4}$ mol/L）为捕收剂，矿物的浮选回收率也随着增大，说明捕收剂与一水硬铝石以静电作用为主。

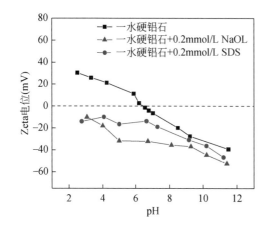

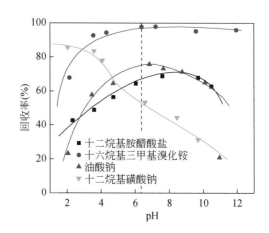

图 2-14　在阴离子捕收剂溶液中一水硬铝石的 Zeta 电位与 pH 关系[86]

图 2-15　在一定浓度的捕收剂作用下一水硬铝石的浮选回收率与 pH 关系[86]（$C=2×10^{-4}$ mol/L）

对于阴离子捕收剂油酸钠（NaOL）来说，pH<6.4 时，虽随溶液 pH 降低，矿物表面电位正值增加，静电吸附作用和氢键作用加强，但由于在 pH<5 时，油酸分子解离困难，从而使得矿物的浮选回收率随溶液 pH 降低而降低。在 pH>6.4 时，随着溶液 pH 的增加，矿物表面负电位增加，致使矿物的浮选回收率降低，但由于可能存在的化学或氢键作用，油酸根离子仍可能吸附于一水硬铝石表面，矿物仍有一定可浮性。对于阴离子捕收剂十二烷基磺酸钠（SDS）来说，pH<6.4 时，一水硬铝石可浮性好，pH>6.4 时，一水硬铝石的可浮性显著下降，说明静电吸附是十二烷基磺酸钠与一水硬铝石的主要作用机理。

2）基于动电位值研究不同矿物与捕收剂的作用能力

萤石和方解石与水杨羟肟酸（SHA）作用前后的 ζ 电位与溶液 pH 的关系如图 2-16 所示。从图 2-16 可以看出，在没有 SHA 的情况下，萤石和方解石的等电点分别为 10.1 和 8.76，在 SHA 存在下，萤石的 ζ 电位向负移了差不多 30 mV，且萤石的等电点降低到 7.7。对于方解石，与 SHA 作用前后 ζ 电位也向负移了，但仅负移了大概 5 mV。从萤石和方解石与 SHA 作用前后表面动电位负移的程度来看，SHA 与萤石的作用要强于与方解石的作用或者认为 SHA 在萤石表面吸附得更多。

水杨羟肟酸中，极性基团—CONHOH 和—OH 的 pK_a 值分别为 7.46 和 9.72[266]，所以 SHA 中的极性基团在 pH<7.46 时主要为中性羟基氨基甲酰基（—C（=O）NH—OH）和羟基（—OH）；在 7.46<pH<9.72 时，主要为羟基氨基甲酰基阴离子（—C（=O）NH—O−）和羟基（—OH）；在 pH>9.72 时，主要为羟基氨基甲酰基阴离子（—C（=O）NH—O−）和羟基阴离子（—O−）。萤石的等电点（10.1）较高，在 7.46<pH<9.72 范围，萤石表面带正

电，有利于水杨羟肟酸阴离子基团的吸附。在 pH>10.1 时，萤石本身的动电位为负值，此时加入 SHA 后，萤石的动电位还向负值方向移动，这表明萤石与 SHA 的相互作用不只是建立在纯静电相互作用的基础上，还可能存在化学吸附。

　　3）抑制剂溶液中矿物表面动电位变化

　　A. 矿物表面动电位的变化与抑制剂作用

　　图 2-17 为聚丙烯酸（PAA）作抑制剂时，矿浆 pH 对方解石表面动电位的影响。由图可知，PAA 存在时，方解石表面动电位与纯水中相比发生负移，且随 pH 升高，动电位负移程度逐渐下降，在无 PAA 的情况下，方解石的等电点为 9.2，添加 PAA 之后，方解石动电位下降至-35 mV，表明 PAA 在方解石表面发生较强吸附，将起抑制作用。

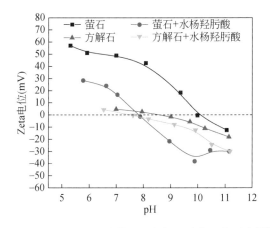

图 2-16　SHA 对萤石和方解石动电位的影响[260]　　图 2-17　PAA 作抑制剂时，方解石表面动电位随 pH 的变化关系[261]

　　B. 不同矿物表面动电位的变化与抑制剂作用选择性

　　图 2-18 给出了 2,3-二羟基丙基二硫代碳酸钠（GX2）用量对铁闪锌矿、毒砂和磁黄铁矿 Zeta 电位影响的结果，可以看出，随着 GX2 用量增加，三种矿物的动电位不断下降，毒砂的动电位变得最负，磁黄铁矿次之，铁闪锌矿变化相对较小，表明三种矿物表面对 GX2 的吸附强弱顺序是：毒砂>磁黄铁矿>铁闪锌矿。阴离子型的 GX2 在三种带负电的矿物表面吸附，并能使其负电位更大，说明 GX2 在三种矿物表面的吸附作用可能为化学吸附。

　　3. 捕收剂、抑制剂溶液中矿物表面动电位变化

　　1）动电位变化分析捕收剂、抑制剂与矿物表面的作用

　　图 2-19 是在丁黄药、木质素磺酸盐（LSC）及丁黄药与 LSC 混合体系中，不同 pH 条件下黄铁矿表面的动电位。由图可知，在水溶液中，黄铁矿的等电点为 6.5，在酸性溶液中，黄铁矿表面荷正电，碱性条件下，表面荷负电。添加丁黄药之后，黄铁矿表面的动电位变得更负，等电点降至 3，表明丁黄药在黄铁矿表面发生吸附。添加 LSC 之后，黄铁矿的动电位值降低且降低程度比在丁黄药溶液中大，说明 LSC 在黄铁矿表面的吸附强于丁黄药在黄铁矿表面的吸附。当 LSC 和丁黄药两种药剂同时存在时，黄铁矿动电位比单加其中任何一种药剂时的动电位都要负得更大，说明是两种药剂同时在黄铁矿表面吸附导致

动电位值进一步负移。

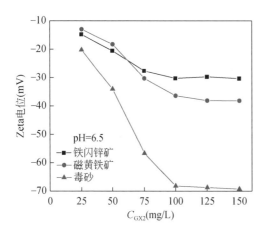

图 2-18 GX2 用量对不同矿物动电位的影响[263]

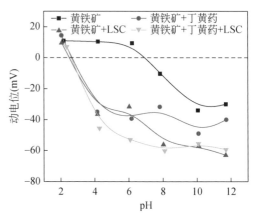

图 2-19 pH 对黄铁矿表面动电位的影响

2）不同矿物与捕收剂、抑制剂相互作用后动电位变化及分离选择性

A. 油酸钠、油酸钠-油酸酰胺、羟基膦酸对白钨矿、方解石动电位的影响与作用选择性

羟基膦酸用量为 $4 \times 10^{-5}\,\mathrm{mol/L}$，捕收剂油酸钠、油酸钠-油酸酰胺（2：1）的用量为 $0.6 \times 10^{-4}\,\mathrm{mol/L}$，白钨矿、方解石与羟基膦酸和捕收剂作用前后表面ζ电位随 pH 的变化情况如图 2-20 所示。图 2-20（a）表明，白钨矿与羟基膦酸作用后，在 pH 7～11 范围，白钨矿的ζ电位有一定负移，表明抑制剂羟基膦酸可以在白钨矿表面吸附；再加入油酸钠或油酸钠-油酸酰胺后，白钨矿的ζ电位进一步有较大负移，且与油酸钠-油酸酰胺作用后白钨矿的电位负移幅度更大，说明油酸钠或油酸钠-油酸酰胺在白钨矿表面的吸附比羟基膦酸更强，白钨矿与羟基膦酸作用后，油酸钠仍然能够在白钨矿表面吸附改变白钨矿表面ζ电位，且油酸钠-油酸酰胺的作用更强，这将使白钨矿仍可能保持良好的可浮性。

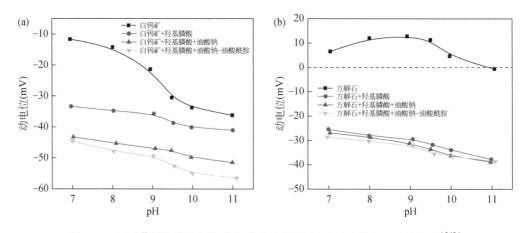

图 2-20 不同药剂作用下白钨矿（a）和方解石（b）动电位与 pH 的关系[243]

由图 2-20（b）可以看出，方解石与羟基膦酸作用后，在 pH 7～11 范围，方解石的动

电位显著降低，表明抑制剂羟基膦酸在方解石表面发生吸附；再加入油酸钠或油酸钠-油酸酰胺后，方解石的ζ电位没有进一步变化，说明羟基膦酸在方解石表面吸附后可能阻碍了油酸钠的吸附，从而可能对方解石产生抑制作用。

B. 油酸钠-盐化水玻璃对萤石、方解石动电位的影响与作用选择性

盐化水玻璃、油酸钠对萤石、方解石动电位的影响如图 2-21 所示。从图 2-21 可以看出，在不添加任何药剂的情况下，随着矿浆 pH 的升高，萤石和方解石表面ζ电位经历了从正到负的变化，其中方解石等电点为 9.8，萤石等电点为 8.5。

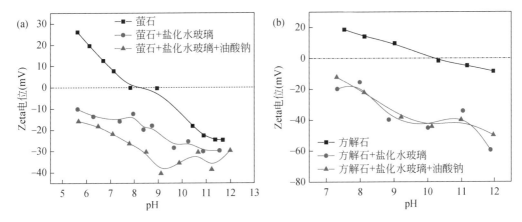

图 2-21　盐化水玻璃、油酸钠对萤石（a）和方解石（b）动电位的影响[260]

从图 2-21（a）可知，萤石矿浆中加入盐化水玻璃能够降低萤石的动电位，萤石的ζ电位有较大负移，表明盐化水玻璃可以在萤石表面吸附，加入盐化水玻璃再加入油酸钠后，萤石的动电位整体进一步负移，说明油酸钠能够吸附在盐化水玻璃作用后的萤石表面，仍将可能使萤石表面疏水上浮。

图 2-21（b）表明，方解石矿浆中加入盐化水玻璃也能够降低方解石的ζ电位，相比于萤石，盐化水玻璃加入后方解石ζ电位负移程度更大，表明盐化水玻璃在方解石表面的作用更强。而且，加入盐化水玻璃后再加入油酸钠，方解石的动电位基本不再变化，表明盐化水玻璃阻碍了油酸钠在方解石表面的吸附，将对方解石的浮选产生抑制作用。

因此，油酸钠不能吸附于盐化水玻璃作用后的方解石表面，而在盐化水玻璃作用后的萤石表面却可以吸附，这种选择性的吸附将导致萤石和方解石的浮选分离。

2.3　矿物在纯水中的溶解

矿物有一定的溶解度，特别是盐类矿物，溶解度较大。在浮选矿浆中，矿物晶格离子的溶解，对浮选过程将产生较大影响。根据矿物溶度积等热力学数据，由矿物的化学计量式和各种平衡关系，可求出矿物在一定条件下的溶解度的理论值，从而讨论矿物溶解离子对浮选的影响。

2.3.1 矿物在纯水中的溶解度

设矿物在水中处于平衡后，溶解的成分全部以离子的形式 M^{n+} 和 A^{m-} 存在，此处 M^{n+} 是矿物阳离子，A^{m-} 是矿物阴离子，则在矿物的饱和水溶液中存在下列平衡：

$$M_mA_n \Longrightarrow mM^{n+} + nA^{m-} \tag{2-12}$$

相应的平衡常数写为

$$K_{sp} = [M^{n+}]^m[A^{m-}]^n \tag{2-13a}$$

式中，K_{sp} 称为该矿物的溶度积。

对 MA 型矿物为

$$K_{sp} = [M][A] \tag{2-13b}$$

由于溶液中往往存在其他能与 M 和 A 络合的配位体，这种络合反应及 M^{n+} 水解反应和 A^{m-} 的加质子反应，都会对矿物的溶解度产生影响，这时需采用条件溶度积的概念。定义矿物的条件溶度积为

$$K'_{sp} = [M]'^m[A]'^n \tag{2-14a}$$

对 MA 型矿物为

$$K'_{sp} = [M]'[A]' \tag{2-14b}$$

式中，$[M]'$ 和 $[A]'$ 分别为矿物饱和水溶液中含 M 和 A 各组分的总浓度。

$[M]'$ 由以下关系式确定：

$$
\begin{aligned}
[M]' &= [M^{n+}] + [MOH^{(n-1)+}] + [M(OH)_2^{(n-2)+}] + \cdots + [M(OH)_m^{(n-m)+}] \\
&= [M^{n+}](1 + \beta_1[OH^-] + \beta_2[OH^-]^2 + \cdots + \beta_m[OH^-]^m)
\end{aligned}
\tag{2-15}
$$

式中，$[M^{n+}]$ 为游离金属离子浓度；β_1，β_2，$\cdots$，β_m 称为积累稳定常数，由以下金属离子水化平衡关系确定：

$$M^{n+} + OH^- \Longrightarrow M(OH)^{(n-1)+} \qquad \beta_1 = \frac{[M(OH)^{(n-1)+}]}{[M^{n+}][OH^-]}$$

$$M^{n+} + 2OH^- \Longrightarrow M(OH)_2^{(n-2)+} \qquad \beta_2 = \frac{[M(OH)_2^{(n-2)+}]}{[M^{n+}][OH^-]^2}$$

$$\cdots\cdots$$

$$M^{n+} + mOH^- \Longrightarrow M(OH)_m^{(n-m)+} \qquad \beta_m = \frac{[M(OH)_m^{(n-m)+}]}{[M^{n+}][OH^-]^m} \tag{2-16}$$

$[M]'$ 与游离金属离子浓度 $[M^{n+}]$ 之间用副反应系数 α_M 相联系，定义副反应系数 α_M 为

$$\alpha_M = \frac{[M]'}{[M^{n+}]} = 1 + \beta_1[OH^-] + \beta_2[OH^-]^2 + \cdots + \beta_m[OH^-]^m \tag{2-17}$$

$[A]'$ 由以下关系式确定：

$$[A]' = [A^{m-}] + [HA^{(m-1)-}] + \cdots + [H_mA] = [A^{m-}](1 + \beta_1^H[H^+] + \cdots + \beta_m^H[H^+]^m) \tag{2-18}$$

式中，β_1^H，$\beta_2^H \cdots \beta_m^H$ 称为积累加质子常数。由以下阴离子加质子反应平衡关系确定：

$$A^{m-}+H^+ \Longrightarrow HA^{(m-1)-} \qquad K_1^H=\frac{[HA^{(m-1)-}]}{[A^{m-}][H^+]}=\beta_1^H$$

$$HA^{(m-1)-}+H^+ \Longrightarrow H_2A^{(m-2)-} \qquad K_2^H=\frac{[H_2A^{(m-2)-}]}{[HA^{(m-1)-}][H^+]}$$

$$\beta_2^H=\frac{[H_2A^{(m-2)-}]}{[A^{m-}][H^+]^2}=K_1^H \cdot K_2^H$$

······

$$H_{m-1}A^-+H^+ \Longrightarrow H_mA \qquad K_m^H=\frac{[H_mA]}{[H_{m-1}A^-][H^+]} \qquad \beta_m^H=\frac{[H_mA]}{[A^{m-}][H^+]^m}=\prod_{i=1}^m K_i^H \qquad (2\text{-}19)$$

式中，K_1^H，K_2^H，$\cdots$，K_m^H 称为逐级加质子常数，它们与解离常数的关系为

$$K_m^H=\frac{1}{K_{a_1}}, \quad \cdots, \quad K_2^H=K_{a_{m-1}}^{-1}, \quad K_1^H=K_{a_m}^{-1} \qquad (2\text{-}20)$$

$[A]'$ 与 $[A^{m-}]$ 之间用 A^{m-} 的加质子反应的副反应系数相关联。定义副反应系数 α_A 为

$$\alpha_A=\frac{[A]'}{[A^{m-}]}=[A^{m-}](1+\beta_1^H[H^+]+\cdots+\beta_m^H[H^+]^m) \qquad (2\text{-}21)$$

因此，矿物的条件溶度积 [式（2-14a）] 变为

$$K_{sp}'=[M^{n+}]^m \alpha_M^m [A^{m-}]^n \alpha_A^n=K_{sp}\alpha_M^m \alpha_A^n \qquad (2\text{-}22)$$

对 MA 型矿物为

$$K_{sp}'=K_{sp}\alpha_M \alpha_A \qquad (2\text{-}23)$$

设 S_m 为矿物的溶解度，以 mol/L 表示，$[M]'=mS_m$，$[A]'=nS_m$，则

$$K_{sp}'=(mS_m)^m(nS_m)^n=K_{sp}\alpha_M^m \alpha_A^n \qquad (2\text{-}24)$$

$$S_m=\left(\frac{K_{sp}\alpha_M^m \alpha_A^n}{m^m n^n}\right)^{\frac{1}{m+n}} \qquad (2\text{-}25)$$

对于 MA 型矿物，则有

$$S_m=(K_{sp}\alpha_M \alpha_A)^{\frac{1}{2}} \qquad (2\text{-}26)$$

由于不同矿物的阳离子的水解及络合反应和阴离子的加质子反应存在差别，下面分别讨论不同的矿物类型的溶解度的计算。

2.3.2　各种矿物的溶解度

1. 硫化矿的溶解度

计算硫化矿的溶解度时，需考虑矿物阳离子的水解反应和阴离子 S^{2-} 的加质子反应，以方铅矿为例，在 PbS 饱和水溶液中，S^{2-} 的加质子反应为

$$S^{2-}+H^+ \Longrightarrow HS^- \qquad K_1^H=\frac{[HS^-]}{[S^{2-}][H^+]}=10^{13.9} \qquad (2\text{-}27)$$

$$HS^- + H^+ \longrightarrow H_2S \qquad K_2^H = \frac{[H_2S]}{[HS^-][H^+]} = 10^{7.02} \qquad (2\text{-}28)$$

S 的总浓度为

$$[S]' = [S^{2-}] + [HS^-] + [H_2S] \longrightarrow [S^{2-}](1 + K_1^H[H^+] + K_1^H K_2^H[H^+]^2) \qquad (2\text{-}29)$$

副反应系数为

$$\alpha_S = \frac{[S]'}{[S^{2-}]} = (1 + K_1^H[H^+] + K_1^H K_2^H[H^+]^2) \qquad (2\text{-}30)$$

Pb^{2+} 的水解反应为

$$Pb^{2+} + OH^- \longrightarrow Pb(OH)^+ \qquad \beta_1 = \frac{[PbOH^+]}{[Pb^{2+}][OH^-]} = 10^{6.3}$$

$$Pb^{2+} + 2OH^- \longrightarrow Pb(OH)_{2(aq)} \qquad \beta_2 = \frac{[Pb(OH)_{2(aq)}]}{[Pb^{2+}][OH^-]^2} = 10^{10.9}$$

$$Pb^{2+} + 3OH^- \longrightarrow Pb(OH)_3^- \qquad \beta_3 = \frac{[Pb(OH)_3^-]}{[Pb^{2+}][OH^-]^3} = 10^{13.9} \qquad (2\text{-}31)$$

Pb^{2+} 的总浓度为

$$[Pb]' = [Pb^{2+}] + [PbOH^+] + [Pb(OH)_{2(aq)}] + [Pb(OH)_3^-] \qquad (2\text{-}32)$$

$$[Pb]' = [Pb^{2+}](1 + \beta_1[OH^-] + \beta_2[OH^-]^2 + \beta_3[OH^-]^3) \qquad (2\text{-}33)$$

副反应系数为

$$\alpha_{Pb} = \frac{[Pb]'}{[Pb^{2+}]} = 1 + \beta_1[OH^-] + \beta_2[OH^-]^2 + \beta_3[OH^-]^3 \qquad (2\text{-}34)$$

方铅矿的溶解反应及溶度积为

$$PbS \longrightarrow Pb^{2+} + S^{2-} \qquad K_{sp} = 10^{-27.5} \qquad (2\text{-}35)$$

由于 PbS 溶度积很小，因 S^{2-} 加质子而引起的溶液 pH 的变化可不考虑，而将溶液的 pH 当作 7，则

$$\alpha_S = 1 + 10^{13.9}[H^+] + 10^{20.92}[H^+]^2 = 1.63 \times 10^7$$

$$\alpha_{Pb} = 1 + 10^{6.3}[OH^-] + 10^{10.9}[OH^-]^2 + 10^{13.9}[OH^-]^3 = 1.2$$

由式（2-23），方铅矿的条件溶度积为

$$K_{sp}' = 10^{-27.5} \times 1.63 \times 10^7 \times 1.2 = 6.19 \times 10^{-21} \qquad (2\text{-}36)$$

由式（2-26）方铅矿的溶解度为

$$[S_m] = [K_{sp}']^{1/2} = 7.87 \times 10^{-11}$$

同理，查阅有关离子水解平衡数据（在本书以后的计算中，有关化合物的溶度积、金属离子水解平衡、配合物等各种平衡常数，如无另外说明，均来自于附表中的数据），可算出其他硫化矿在纯水中的溶解度，见表 2-3。可以看出，硫化矿在纯水中的溶解度一般很小。

表 2-3　硫化矿在纯水中的溶解度（mol/L）

矿物	化学式	溶解度计算值（mol/L）	矿物	化学式	溶解度计算值（mol/L）
铜蓝	CuS	3.6×10^{-15}	硫铁矿	FeS	3.6×10^{-6}

矿物	化学式	溶解度计算值（mol/L）	矿物	化学式	溶解度计算值（mol/L）
辉铜矿	Cu_2S	$1.1×10^{-14}$	硫镉矿	CdS	$1.23×10^{-10}$
黄铜矿	$CuFeS_2$	$1.9×10^{-14}$	硫钴矿	$CoS(\alpha)$	$9.0×10^{-8}$
方铅矿	PbS	$7.9×10^{-11}$	针镍矿	$NiS(\alpha)$	$8.1×10^{-7}$
闪锌矿	$ZnS(\alpha)$	$1.0×10^{-9}$	辉银矿	Ag_2S	$1.4×10^{-17}$
闪锌矿	$ZnS(\beta)$		辰砂	HgS	$5.1×10^{-20}$
黄铁矿	FeS_2	$5.8×10^{-8}$			

2. 氧化物矿物的溶解度

氧化物矿物溶解度的计算主要考虑金属离子的水解反应。例如，红锌矿（ZnO）在水中的溶解反应为

$$ZnO+H_2O \Longrightarrow Zn^{2+}+2OH^- \qquad K_{sp}=10^{-16.66} \qquad (2-37)$$

先算出 ZnO 溶解度的近似值 S_m：

$$S_m = (K_{sp}/4)^{\frac{1}{3}} = 10^{-5.55} = 2.82×10^{-6}$$

由此得 $[OH^-]=2S_m=5.64×10^{-6}$，pH=8.75，此即 ZnO 饱和水溶液中 OH^- 浓度的近似值，用它来计算 α_{Zn} 的近似值：

$$Zn^{2+} + OH^- \Longrightarrow ZnOH^+ \qquad \beta_1 = 10^{5.0}$$
$$Zn^{2+}+2OH^- \Longrightarrow Zn(OH)_{2(aq)} \qquad \beta_2 = 10^{11.1}$$
$$Zn^{2+}+3OH^- \Longrightarrow Zn(OH)_3^- \qquad \beta_3 = 10^{13.6}$$
$$Zn^{2+}+4OH^- \Longrightarrow Zn(OH)_4^{2-} \qquad \beta_4 = 10^{14.8} \qquad (2-38)$$

$$\alpha_{Zn} = 1 + \beta_1[OH^-] + \beta_2[OH^-]^2 + \beta_3[OH^-]^3 + \beta_4[OH^-]^4 = 5.54 \qquad (2-39)$$

从而求得近似值

$$K'_{sp} = 10^{-16.66} × 5.54 = 10^{-15.92}$$

$$S_m = K'_{sp}/[OH^-]^2 = 3.78×10^{-6} \qquad (2-40)$$

再将 $2S_m$ 当作 OH^- 较精确的浓度，可再计算 α_{Zn}，再求 K'_{sp}，再求 S_m。这种方法叫逐步逼近法，重复计算，反复运用，最后可得到比较精确的 S_m 值。本例中，ZnO 最后的 S_m 为 $3.5×10^{-6}$ mol/L。

比照上述同样的方法，可计算出其他氧化物矿物饱和溶液的溶解度值，见表 2-4。可见，氧化物矿物的溶解度值也比较小，但相比硫化物矿物的溶解度要大些。

表 2-4　氧化物矿物的溶解度计算值

氧化物矿物	化学式	溶解度（mol/L）
赤铁矿	Fe_2O_3	$5.36×10^{-9}$
三水铝矿	$Al_2O_3·3H_2O$	$1.2×10^{-8}$
红锌矿	ZnO	$3.78×10^{-6}$
针铁矿	$FeOOH$	$1.3×10^{-8}$

氧化物矿物	化学式	溶解度（mol/L）
赤铜矿	Cu_2O	2.24×10^{-7}
墨铜矿	CuO	1.04×10^{-7}
氧化锆	ZrO_2	1.2×10^{-12}
金红石	TiO_2	7.9×10^{-12}
锡石	SnO_2	2.22×10^{-13}
氧化铅	PbO	2.45×10^{-5}

3. 盐类矿物的溶解度

盐类矿物的溶解度计算，要考虑金属离子的水解反应和阴离子的加质子反应，由于这类矿物的溶度积较大，所以，溶解的矿物阴离子的加质子反应对 pH 的影响一般也比较大。

1）碳酸盐类矿物

以菱锌矿的溶解度计算为例：

$$ZnCO_3 \Longrightarrow Zn^{2+} + CO_3^{2-} \qquad K_{sp} = 10^{-10} \qquad (2\text{-}41)$$

考虑 CO_3^{2-} 的加质子反应：

$$CO_3^{2-} + H^+ \Longrightarrow HCO_3^- \qquad K_1^H = 10^{10.33}$$
$$HCO_3^- + H^+ \Longrightarrow H_2CO_3 \qquad K_2^H = 10^{6.35} \qquad (2\text{-}42)$$

$$\alpha_{CO_3^{2-}} = (1 + K_1^H[H^+] + K_1^H K_2^H[H^+]^2) \qquad (2\text{-}43)$$

而且，由于碳酸盐矿物的溶解受大气中 CO_2 分压（取 $p_{CO_2} = 10^{-3.5}$ atm，1 atm=101 325 Pa）的影响，由

$$H_2CO_3 \Longrightarrow CO_2(g) + H_2O \qquad K_0 = 10^{1.47} \qquad (2\text{-}44)$$

得出

$$[CO_3^{2-}][H^+]^2 = 10^{-21.64} \qquad (2\text{-}45)$$

CO_3^{2-} 的初始浓度近似地从 $K_{sp, ZnCO_3}$ 求得为 10^{-5}，代入式（2-45）得 pH=8.32，于是，由式（2-40）得到锌离子水解反应副反应系数为 $\alpha_{Zn}=1.76$。由式（2-43）得到

$$\alpha_{CO_3^{2-}} = 1 + 10^{10.33} \times 10^{-8.32} + 10^{16.68} \times (10^{-8.32})^2 = 104.4$$

菱锌矿的条件溶度积为

$$K'_{sp} = 10^{-10.0} \times 1.76 \times 104.4 = 1.84 \times 10^{-8} \qquad (2\text{-}46a)$$

$$S_m = \sqrt{K'_{sp}} = 1.36 \times 10^{-4} \qquad (2\text{-}46b)$$

则游离的 CO_3^{2-} 较准确的浓度为

$$[CO_3^{2-}] = S_m / \alpha_{CO_3^{2-}} = 1.3 \times 10^{-6} \qquad (2\text{-}47)$$

代入式（2-45），可得更精确的 pH=7.88。这样，反复运算逐步逼近法，最后得，菱锌矿的 $S_m=2.24 \times 10^{-4}$，饱和溶液的 pH 为 7.65。表 2-5 中，碳酸盐类矿物饱和溶液的溶解度计算值与实测值基本一样。

2）磷酸盐类矿物

以水磷铝石为例。水磷铝石的溶解平衡为

$$AlPO_{4(S)} \Longrightarrow Al^{3+} + PO_4^{3-} \quad K_{sp} = 10^{-18.24} \tag{2-48}$$

$$PO_4^{3-} + H_2O \Longrightarrow OH^- + HPO_4^{2-} \tag{2-49}$$

$$\frac{[OH^-][HPO_4^{2-}]}{[PO_4^{3-}]} = \frac{K_W}{K_{a_3}} = 10^{-14}/10^{-12.35} = 10^{-1.65} \tag{2-50}$$

由 K_{sp} 求出 PO_4^{3-} 的初始浓度的近似值为 $10^{-9.12}$，平衡时

$$[PO_4^{3-}] = 10^{9.12} - [OH^-] \tag{2-51}$$

于是 $[OH^-]^2 + 10^{-1.65}[OH^-] - 10^{-10.77} = 0$

$[OH^-] = 10^{-8.8}$，$pH_{sat} = 5.2$

磷酸根的加质子反应：

$$PO_4^{3-} + H^+ \Longrightarrow HPO_4^{2-} \quad K_1^H = 10^{12.35}$$

$$HPO_4^{2-} + H^+ \Longrightarrow H_2PO_4^- \quad K_2^H = 10^{7.2}$$

$$H_2PO_4^- + H^+ \Longrightarrow H_3PO_4 \quad K_3^H = 10^{2.15} \tag{2-52}$$

$$\alpha_{PO_4^{3-}} = 1 + 10^{12.35}[H^+] + 10^{19.55}[H^+]^2 + 10^{21.7}[H^+]^3 = 1.43 \times 10^9 \tag{2-53}$$

Al^{3+} 存在以下反应：

$$Al^{3+} + OH^- \Longrightarrow Al(OH)^{2+} \quad \beta_1 = 10^{9.01}$$

$$Al^{3+} + 2OH^- \Longrightarrow Al(OH)_2^+ \quad \beta_2 = 10^{18.7}$$

$$Al^{3+} + 3OH^- \Longrightarrow Al(OH)_3 \quad \beta_3 = 10^{27.0}$$

$$Al^{3+} + 4OH^- \Longrightarrow Al(OH)_4^- \quad \beta_4 = 10^{33.0} \tag{2-54}$$

$$\alpha_{Al} = 1 + 10^{9.01}[OH^-] + 10^{18.7}[OH^-]^{2.0} + 10^{27.0}[OH^-]^{3.0} + 10^{33.0}[OH^-]^{4.0} = 19.2$$

水磷铝石的条件溶度积为

$$K_{sp}' = 10^{-18.2} \times 19.2 \times 1.43 \times 10^9 = 1.5 \times 10^{-8}$$

水磷铝石的溶解度为

$$S_m = \sqrt{K_{sp}'} = 1.26 \times 10^{-4}$$

同理，可以算出各种盐类矿物在纯水中的溶解度及饱和溶液的 pH，如表 2-5 所示。可见，盐类矿物的溶解度一般比相应硫化物和氧化物矿物的溶解度大得多，盐类矿物浮选矿浆中，溶解的各种离子组分就更多。而且，盐类矿物饱和溶液的 pH 或者是酸性的，或者是碱性的。这提示，盐类矿物的浮选将比硫化矿和氧化矿要复杂得多。

表 2-5　盐类矿物的溶度积和 pH_{sat}

矿物	化学式	溶解度（mol/L）		
		计算值	文献值[14]	开放体系
孔雀石	$Cu_2CO_3(OH)_2$	4.5×10^{-7}		7.9
白铅矿	$PbCO_3$	8.29×10^{-6}	6.37×10^{-6} [1]	6.65

续表

矿物	化学式	溶解度（mol/L）		
		计算值	文献值[14]	开放体系
菱锌矿	$ZnCO_3$	2.24×10^{-4}	1.3×10^{-4} [2]	7.65
菱铁矿	$FeCO_3$	2.0×10^{-5}	5.0×10^{-6}	7.44
菱锰矿	$MnCO_3$	5.23×10^{-5}		7.9
菱钴矿	$CoCO_3$	3.32×10^{-5}		7.7
方解石	$CaCO_3$	1.18×10^{-4}	1.3×10^{-4}	8.2
菱镁石	$MgCO_3$	3.22×10^{-4}		8.4
水磷铝石	$AlPO_4 \cdot 3H_2O$	1.26×10^{-6}		
红磷铁矿	$FePO_4 \cdot 2H_2O$	1.6×10^{-5}		
羟基磷灰石	$Ca_{10}(PO_4)_6 \cdot (OH)_2$	7.75×10^{-7}		
氟磷灰石	$Ca_{10}(PO_4)_6F_2$	5.38×10^{-7}		
高岭土	$H_4Al_2Si_2O_9$	2.45×10^{-7}		
硅锌矿	$ZnSiO_3$	1.55×10^{-7}		
铁橄榄石	Fe_2SiO_4	2.8×10^{-6}		
钙硅石	$CaSiO_3$	1.28×10^{-4}		
蔷薇辉石	$MnSiO_3$	2.5×10^{-5}		
重晶石	$BaSO_4$	1.05×10^{-5}	9.32×10^{-6}	
铅矾	$PbSO_4$	7.94×10^{-4}	1.45×10^{-4}	
天青石	$SrSO_4$	5.62×10^{-4}		
石膏	$CaSO_4$	4.9×10^{-3}	7.8×10^{-3}	
萤石	CaF_2	2.1×10^{-4}	2.0×10^{-4}	
白钨矿	$CaWO_4$	2.23×10^{-5}	$(1.74 \sim 3.5) \times 10^{-5}$	

2.4 矿物晶格离子溶解与表面电性

2.4.1 矿物晶格离子的溶解与表面电性

矿物表面晶格离子的溶解一方面取决于晶格离子之间的吸引力，即取决于晶格能大小，有时又叫表面自由结合能 ΔU_S，为正值；另一方面取决于离子水化能 ΔF_h，为负值。对于 MA 型矿物，ΔU_S 和 ΔF_h 分别为下列过程的自由能变化[267]：

$$M_S^+ \longrightarrow M_G^+ \quad \Delta U_S^+：表面阳离子结合能 \tag{2-55}$$

$$M_G^+ \longrightarrow M_{Aq}^+ \quad \Delta F_h^+：气态阳离子水合自由能 \tag{2-56}$$

式中，下标 S、G 和 Aq 分别指固态、气态和水溶液；M^+ 指矿物阳离子。

同理，对于矿物阴离子有

$$A_S^- \longrightarrow A_G^- \quad \Delta U_S^-：表面阴离子结合能 \tag{2-57}$$

$$A_G^- \longrightarrow A_{Aq}^- \quad \Delta F_h^-：气态阴离子水合自由能 \tag{2-58}$$

矿物表面离子的水合能为

$$\Delta G_h^+ = \Delta U_S^+ + \Delta F_h^+ \tag{2-59a}$$

$$\Delta G_h^- = \Delta U_S^- + \Delta F_h^- \tag{2-59b}$$

矿物表面离子水合能和为

$$\Delta G_h^S = \Delta G_h(M^+) - \Delta G_h(X^-) \tag{2-60}$$

因此，$\Delta G_h^S > 0$，矿物表面带正电；$\Delta G_h^S < 0$，矿物表面带负电。即根据矿物晶格离子水合能的相对大小，可以确定哪种离子优先溶解进入溶液，从而可以确定矿物表面电荷符号。根据 $\Delta G_h(M^+)$ 和 $\Delta G_h(X^-)$ 何者负值较大，相应离子的水化程度就较高，该离子将优先进入水溶液。于是表面就会残留另一种离子，从而使表面获得电荷。

对于表面上阳离子和阴离子呈相等分布的 1-1 价离子型矿物来说，如果阴、阳离子的表面结合能相等，则其表面电荷符号可由气态离子的水化自由能相对大小决定。气态离子的水化自由焓、熵变及自由能变化已有许多测定结果，表 2-6 列出了常见气态离子的水合自由焓 ΔH_h 及自由能，可见两者差别不大，在某种情况下，可用 ΔH_h 近似代替 ΔF_h。

表 2-6　气态离子的水合自由焓及自由能[267]

离子	$-\Delta H_h^0$（kcal/mol）	$-\Delta F_h^0$（kcal/mol）	离子	$-\Delta H_h^0$（kcal/mol）	$-\Delta F_h^0$（kcal/mol）
H^+	258	250.3	Ni^{2+}	500	477.1
Li^+	121	112.5	Cu^{2+}	500	481.5
Na^+	95	88.8	Zn^{2+}	485	465.9
K^+	75	71.3	Cd^{2+}	428	411.6
Rb^+	69	66.1	Hg^{2+}	430	417.2
Cs^+	61	58.4	Pb^{2+}	350	339.0
Be^{2+}	591		Al^{3+}	1109	1075.9
Mg^{2+}	456	436.9	Sc^{3+}	940	
Ca^{2+}	377	362.1	Fe^{3+}	1041	1014.2
Sr^{2+}	342	327.4	F^-	121	110.2
Ba^{2+}	308	296.7	Cl^-	90	83.0
Ag^+	112	105.4	Br^-	82	76.1
Mn^{2+}	438	420.7	I^-	71	66.7
Fe^{2+}	456	436.6	S^{2-}	330	320.8
Co^{2+}	490	467.4	WO_4^{2-}		202

注：1 kcal=4.186 kJ

由式（2-60）可以看出，如果阳离子和阴离子的表面结合能 ΔU_S 相等，则相应离子的水合能的差异由对应的气态离子水合自由能确定。于是，在该条件下，矿物表面电荷符号就可由两种离子气态水合自由能的相对大小确定。例如碘银矿（AgI）中，气态银离子的水化自由能为-441 kJ/mol，气态碘离子的水化自由能为-279 kJ/mol，因此 Ag^+ 优先转入水中，故碘银矿在水中表面荷负电。相反，钾盐矿（KCl）中气态钾离子的水化自由能为-298 kJ/mol，氯离子的水化自由能为-347 kJ/mol，Cl^- 优先转入水中，故钾盐矿在水中表面荷正电。即 ΔF_h

负值大的，易从表面溶解进入溶液，矿物表面电荷由另一种离子决定，见表 2-7。

表 2-7 碱金属卤化物的表面电荷符号：简化的晶格离子水化理论[268]

碱金属的卤化物	负的气态离子水合自由能（kJ/mol）		$-\Delta G_h^s$	表面电荷符号	
	阳离子	阴离子		预测结果	实验结果
LiF	470.7	461.08	−9.62	−	+
NaF	371.54		89.54	+	+
KF	298.32		162.76	+	+
RbF	276.56		184.52	+	+
CsF	244.35		216.73	+	+
LiCl	470.7	347.27	−121.34	−	−
NaCl	371.54		−22.6	−	+
KCl	298.32		48.95	+	−
RbCl	276.56		70.71	+	+
CsCl	244.35		102.92	+	+
LiBr	470.7	318.4	−152.3	−	−
NaBr	371.54		−53.14	−	−
KBr	298.32		20.08	+	−
RbBr	276.56		41.89	+	−
CsBr	244.35		74.05	+	+
LiI	470.7	279.07	−191.63	−	−
NaI	371.54		−92.47	−	−
KI	298.32		−19.25	−	+
RbI	276.56		2.51	+	−
CsI	244.35		34.72	+	+

大量实验表明，硫化物矿物表面在纯水中带负电，常见硫化物矿物的等电点列于表 2-8。可见，硫化物的等电点值很小，纯水中表面带负电。从表 2-6 的数据可以看出，S^{2-} 的水化能的负值均比相应硫化矿晶格阳离子的水化能小，因此，可以近似认为，硫化物晶格中，阳离子优先溶解进入水中，带上负电荷。

表 2-8 常见硫化矿的等电点[267]

硫化矿	测定方法	等电点	硫化矿	测定方法	等电点
ZnS	微电泳	<3.0	$CuFeS_2$	微电泳	2.0
ZnS	微电泳	3.0	FeS	微电泳	3.0
铁闪锌矿	微电泳	3.0~5.0	Cu_2S	微电泳	<3.0
PbS	微电泳	<3.0	MoS_2	微电泳	1.0
PbS	微电泳	3.0±1.0	NiS	微电泳	2.5~3.0
FeS_2	微电泳	3.0	Sb_2S_3	电渗	2.5±0.5
$CuFeS_2$	微电泳	<3.0	HgS	电位滴定	3.5±0.6

2.4.2　扩展的晶格离子水化理论

前面的讨论中，矿物表面电荷的符号是通过气态离子水化能的比较得出的，这里假设阴离子和阳离子的表面键能是相等的。但从表 2-7 的数据可以看出，用气态离子水化能来比较预测碱金属卤化物的电荷符号与实验测量的结果仍有部分差异，有七个例外：LiF、KCl、NaCl、KBr、RbBr、KI 和 RbI。式（2-56）中的 M_S^+ 在真空中是无水状态，但实际上这个表面离子必须考虑被部分水化。还需要考虑一个附加的反应：$M_S^+ \longrightarrow M_S^+$（部分水化），更精确的描述这个系统的总反应是：$M_S^+$（部分水化）$\longrightarrow M_{Aq}^+$。这一过程包括了离子耦合作用和晶格离子水化作用，这就是扩展的晶格离子水化理论。它所描述的电荷形成的化学过程，表示如下：

$$M_{S(ph)}^+ \longrightarrow M_{S(f)}^+, \qquad W_{i\text{-}d}(M^+) \tag{2-61}$$

$$M_{S(f)}^+ \longrightarrow M_G^+, \qquad \Delta U_S(M^+) \tag{2-62}$$

$$M_G^+ \longrightarrow M_{Aq}^+, \qquad \Delta F_h(M^+) \tag{2-63}$$

$$M_{S(ph)}^+ \longrightarrow M_{Aq}^+, \qquad \Delta G_h(M^+) \tag{2-64}$$

式中，下标 S（ph）、S（f）、G 和 Aq 表示部分水化表面状态、自由表面状态、气体状态和液体状态；$\Delta U_S(M^+)$、$\Delta F_h(M^+)$、$W_{i\text{-}d}(M^+)$ 分别表示阳离子 M^+ 的表面结合能、气态水化自由能和相互作用偶极能；$\Delta G_h(M^+)$ 表示表面阳离子的水化自由能：

$$\Delta G_h(M^+) = \Delta U_S(M^+) + \Delta F_h(M^+) + W_{i\text{-}d}(M^+) \tag{2-65a}$$

同样地，对于阴离子 X^-：

$$\Delta G_h(X^-) = \Delta U_S(X^-) + \Delta F_h(X^-) + W_{i\text{-}d}(X^-) \tag{2-65b}$$

$\Delta G_h(M^+)$ 或者 $\Delta G_h(X^-)$ 更负，相应离子则会更大程度地水解，表面则带上另一离子的电荷。即

$$\Delta G_h = \Delta G_h(M^+) - \Delta G_h(X^-) + W_{i\text{-}d}^+ - W_{i\text{-}d}^- \tag{2-66}$$

$\Delta G_h > 0$，碱金属卤化物表面带正电；$\Delta G_h < 0$，碱金属卤化物表面带负电。晶格离子水化理论认为阴阳离子是可互换的，因此表面阴阳离子的晶格能是相等的。而根据扩展的晶格离子水化理论，比较气态离子水化自由能以及部分水解的表面晶格离子的偶极作用才能确定表面电荷符号。

许多分子有电子偶极，例如，在氯化氢分子中，氯原子倾向于吸引氢的电子，因此这个分子具有永久偶极，这样的分子被称为极性分子。永久偶极分子来自于不对称分子和共价键中电子分配不均匀的分子，因此在每一种共价键中能够产生偶极矩是可能的，极性分子的偶极矩可以被定义为

$$u = ql \tag{2-67}$$

式中，l 是指两个电荷 $+q$ 和 $-q$ 之间的距离。一个带电的原子和一个极性分子之间的静电作用力表示如下[269]：

$$W_{i\text{-}d}(M^+) = -\frac{zeu\cos\theta}{4\pi\varepsilon_0\varepsilon r^2} \tag{2-68}$$

式中，u 表示偶极矩；r 表示带电离子与极性分子中心间的距离；θ 是指带电离子与极性分子中心间的连线与偶极子的角度；z 是价电数；e 是电子的电量；ε_0 是真空介电常数；ε 是溶剂的介电常数。式（2-68）表示在一些已知的介电特性的溶剂中电荷和偶极子相互作用的自由能。那么，当一个离子靠近极性分子时，在离子与偶极子角度 θ 为 0 时，作用力最大，相反，θ 为 180° 时，自由能为正值，作用力相反。

式（2-68）被用来计算碱金属卤化物和水之间的离子和偶极子的作用能。这里，水被看成简单的球形分子，半径为 0.14 nm，偶极距为 1.85 D。表 2-9 是根据空间结构和水化作用的 A、B、C 三个组计算离子偶极作用能。

表 2-9　计算碱金属卤化物中离子与水偶极子相互作用时立体和水化效应限制

模型	立体效应	水化效应	碱金属卤化物	碱金属卤化物性质		
				r^-/r^+	r^+ (nm)	n_h^+/n_h^-
A	无 $r^+>r_w=$ 0.14 nm $r^-/r^+<1.4$	无 $n_h^+/n_h^-<2$	KF	0.88	0.151	1.5～2
			RbF	0.826	0.161	1～1.5
			CsF	0.764	0.174	0.5～1
			CsCl	1.04	0.174	1～2
			CsBr	1.126	0.174	1～2
			CsI	1.26	0.174	1～2
B	显著 $r^-/r^+>1.4$ $r^+<r_w=0.14$ nm	$n_h^+/n_h^->2$	LiF	2.254	0.059	2.5～3
			NaF	1.3	0.102	2～2.5
			LiCl	3.068	0.059	5～6
			NaCl	1.775	0.102	4～5
			LiBr	3.322	0.059	5～6
			NaBr	1.922	0.102	4～5
			LiI	3.729	0.059	5～6
			NaI	2.157	0.102	4～5
			KI	1.457	0.151	3～4
C	无 $r^-/r^+<1.4$ $r^+>r_w=0.14$ nm	有 $n_h^+/n_h^->2$	KCl	1.199	0.151	3～4
			RbCl	1.124	0.161	2～3
			KBr	1.298	0.151	3～4
			RbBr	1.217	0.161	2～3
			RbI	1.366	0.161	3～4

注：碱金属和卤素离子半径来自文献［270］

1. A 组

这一组有六个碱金属卤化物盐 KF、RbF、CsF、CsCl、CsBr、CsI，离子的半径和水分子的半径相近，水化的离子的数目与卤素离子的数目的比小于 2。根据空间结构和水化作用计算来分析它们的表面电荷。空间结构的影响和碱金属离子、卤素离子、水分子的大小有关，但是，空间结构对这六种碱金属卤化物部分水化作用无关，因为，碱金属离子、卤素离子、水分子的大小很接近。另一个影响因素，水化作用主要取决于水化的离子的数目与卤素离子的数目的比。在这一组，由于这个比例小于 2，水化作用的影响可以忽略。

图 2-22 是 A 组的示意图。θ_1、θ_2 表示带电离子与极性分子中心间的连线与偶极子的角度。用来计算作用能的 θ_1、θ_2 可以通过图 2-22 中的各个三角形边的比例的反余弦值测出。这些边的长度可以通过碱金属离子、卤素离子、水分子有效的半径值得到。由这些角度值，通过式（2-68）来计算离子偶极子之间的作用能，正值为吸引能，负值为排斥能。例如，碱金属离子与偶极子角度 θ 为 0，为吸引能。碱金属离子与偶极子角度 θ 为 θ_1 时，为排斥能。一个碱金属离子与水偶极子的离子偶极子之间的作用能为吸引能和排斥能的和。同理，卤素离子与偶极子角度 θ 为 0，为吸引能，卤素离子与偶极子角度 θ 为 θ_2，为排斥能。一个卤素离子与水偶极子的离子偶极子之间的作用能为吸引能和排斥能的和。表 2-10 是计算出的碱金属离子与水偶极子和卤素离子与水偶极子相互作用能的结果。对于碱金属卤化物与水体系的离子偶极子相互作用能，能够通过碱金属离子与水偶极子和卤素离子与水偶极子相互作用能的组合得到。例如，如果碱金属离子与水偶极子相互作用能比卤素离子与水偶极子相互作用能更负，那么表面晶格离子的部分水化作用将会导致表面更负，反过来也成立。由表 2-10 可以看出，对于 A 组，碱金属离子与水偶极子相互作用能和卤素离子与水偶极子相互作用能相差（$\Delta W_{i\text{-}d}$）较小，因此，离子偶极子之间的相互作用对表面电荷符号影响较小。

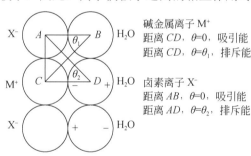

图 2-22　A 组示意图

表 2-10　碱金属离子和卤素离子与水偶极子相互作用能（模型 A）

碱金属卤化物	离子-偶极子作用能（kJ/mol）						$\Delta W_{i\text{-}d} =$ $W_{i\text{-}d}^+ - W_{i\text{-}d}^-$ （kJ/mol）
	碱金属离子-水偶极子			卤素离子-水偶极子			
	吸引	排斥	$W_{i\text{-}d}^+$	吸引	排斥	$W_{i\text{-}d}^-$	
KF	−62.61	23.67	−38.94	−71.13	22.91	−48.23	9.28
RbF	−58.52	22.43	−36.09	71.13	21.4	−49.73	13.64
CsF	−53.77	20.88	−32.89	−71.13	19.66	−51.47	18.58
CsCl	−53.77	15.54	−38.23	−51.45	15.64	−35.81	−2.42
CsBr	−53.77	14.26	−39.51	−46.96	14.58	−32.38	−7.13
CsI	−53.77	12.54	−41.23	−40.91	13.0	−27.91	−13.32

2. B 组

这组有 9 种碱金属卤化物 LiF、NaF、LiCl、NaCl、LiBr、NaBr、LiI、NaI 和 KI，它们离子的半径小于水分子，水化的碱金属离子的数目与卤素离子的数目的比大于 2，根据空间结构和水化作用计算来分析它们的表面电荷。空间结构的影响和碱金属离子、卤素离子、水分子的大小有关，空间结构对这 9 种碱金属卤化物部分水化作用有显著的影响。另一个影响因素为水化作用，主要取决于水化的碱金属离子的数目与卤素离子的数目的比。在这一组，由于空间结构的影响很大，水化作用的影响可以忽略。

图 2-23 是 B 组的示意图。表 2-11 显示的结果是由碱金属离子与水偶极子和卤素离子与水偶极子相互作用能计算出的。由式（2-68）计算碱金属离子或卤素离子与水偶极子的离子偶极子之间的吸引能和排斥能，它们的和分别是碱金属离子与水偶极子相互作用能或卤素离子与水偶极子相互作用能。表 2-11 表示，碱金属离子与水偶极子相互作用能和卤素离子与水偶极子相互作用能的差值为较大的正值（$\Delta W_{\text{i-d}}$）。这些计算说明，由于空间结构的影响，这一组中，卤素离子比碱金属离子大得多。卤素离子与水偶极子相互作用能比碱金属离子与水偶极子相互作用能更负。这九种碱金属卤化物与水的偶极子之间的作用能的值对相对水化趋势有显著的影响，因此表面电荷的符号可以通过扩展的晶格离子水化理论预测。

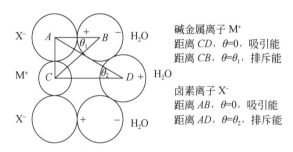

图 2-23　B 组示意图

表 2-11　碱金属离子和卤素离子与水偶极子相互作用能（模型 B）

| 碱金属卤化物 | 离子与水偶极子相互作用能（kJ/mol） | | | | | | $\Delta W_{\text{i-d}} = W_{\text{i-d}}^+ - W_{\text{i-d}}^-$ （kJ/mol） |
| | 碱金属离子/水偶极子 | | | 卤素离子/水偶极子 | | | |
	吸引能	排斥能	$W_{\text{i-d}}^+$	吸引能	排斥能	$W_{\text{i-d}}^-$	
LiF	−27.89	38.87	10.98	−71.13	21.41	−49.72	60.7
NaF	−25.49	31.0	5.51	−71.13	17.9	−53.23	58.74
LiCl	−22.24	26.54	4.3	−51.45	16.08	−35.37	39.67
NaCl	−20.27	21.74	1.44	−51.45	13.6	−37.85	39.28
LiBr	−20.67	23.71	3.04	−46.96	14.73	−32.23	35.27
NaBr	−18.95	19.67	0.72	−46.96	12.54	−34.42	35.14
LiI	−18.57	20.24	1.67	−40.91	12.97	−27.94	29.61
NaI	−17.0	16.94	−0.06	−40.91	11.07	−29.84	29.78
KI	−15.33	13.81	−1.52	−40.91	9.28	−31.63	30.11

3. C 组

这组有 5 种碱金属卤化物 KCl、RbCl、KBr、RbBr、RbI，碱金属离子的半径和水分子半径相近，水化的碱金属离子的数目与卤素离子数目的比大于 2。根据空间结构和水化作用计算来分析它们的表面电荷。空间结构的影响和碱金属离子、卤素离子、水分子的大小有关，但是，空间结构对这 5 种碱金属卤化物部分水化作用无关。另一个影响因素，水化作用，主要取决于水化的碱金属离子的数目与卤素离子的数目的比。在这一组水化作用的影响很显著。

图 2-24 是 C 组的示意图。同样，由式（2-68）计算碱金属离子或卤素离子与水偶极子的离子偶极子之间的吸引能和排斥能，它们的和分别是碱金属离子与水偶极子相互作用能或卤素离子与水偶极子相互作用能，结果见表 2-12。可以看出，碱金属离子与水偶极子相互作用能和卤素离子与水偶极子相互作用能的差值为负。这些结果说明，碱金属离子与水偶极子相互作用能比卤素离子与水偶极子相互作用能更负，这是由于碱金属离子的水化数比卤素离子的大。具有较高水化数的碱金属是在缺少任何结晶结构影响时可以容纳更多水偶极子的原因。这 5 种碱金属卤化物与水的偶极子之间的作用能的值对相对水化趋势有显著的影响，因此表面电荷的符号可以通过扩展的晶格离子水化理论预测。

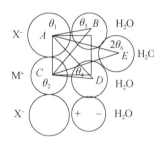

图 2-24　C 组示意图

表 2-12　碱金属离子和卤素离子与水偶极子相互作用能（模型 C）

| 碱金属卤化物 | 离子与水偶极子相互作用能（kJ/mol） | | | | | | | | $\Delta W_{\text{i-d}} = W_{\text{i-d}}^+ - W_{\text{i-d}}^-$ （kJ/mol） |
| | 碱金属离子/水偶极子 | | | | 卤素离子/水偶极子 | | | | |
	A1	A2	R	$W_{\text{i-d}}^+$	A	R1	R2	$W_{\text{i-d}}^-$	
KCl	−62.61	−23.8	16.87	−69.54	−51.45	17.13	10.27	−24.05	−45.49
RbCl	−58.52	−19.41	15.94	−61.99	−51.45	16.15	19.74	−15.56	−46.43
KBr	−62.61	−20.8	15.3	−68.11	−46.96	15.73	21.48	−9.75	−58.36
RbBr	−58.52	−19.95	14.54	−63.93	−46.96	14.91	20.6	−11.45	−52.48
RbI	−58.52	−15.59	12.58	−61.53	−46.96	13.19	16.54	−17.23	−44.3

4. 碱金属卤化物表面电荷的符号

表 2-13 中比较了扩展的晶格离子水化理论的结果和晶格离子水化理论的结果。可以看出，扩展的晶格离子水化理论结果和实验结果有更好的相符。这表明，简化的离子水化理

论对七种物质（LiF、KCl、NaCl、KBr、RbBr、KI 和 RbI）的表面电荷符号预测与实测值有偏差，离子的表面水化对总能量值（气态离子的自由能和离子偶极作用能）有显著的影响，扩展的离子水化理论可以解释这一现象。例如 LiF，它的阳离子和阴离子的气态水化自由能有 9.62 kJ/mol 的差异，通过简化的离子晶格水化理论，它的表面带负电。但是，考虑到有一个作用能为 60.7 kJ/mol 的表面离子部分水化能，根据表面离子偶极作用，总能量为 51.08 kJ/mol，表面电荷为正，这和实验的结果相吻合。这些计算说明，除了 KCl 外，所有的碱金属卤化物的表面电荷都可以通过扩展的晶格离子水化理论得到正确的结果，这个理论包括表面离子偶极相互作用。

表 2-13　扩展的晶格离子水化理论预测碱金属卤化物的表面电荷符号

碱金属卤化物	ΔG_h^s	ΔW_{i-d}	ΔG_h	表面电荷符号	
				预测结果	实验结果
LiF	-9.62	60.58	51.08	+	+
NaF	89.54	58.74	148.28	+	+
KF	162.76	9.28	172.04	+	+
RbF	184.52	13.64	198.16	+	+
CsF	216.73	18.58	235.31	+	+
LiCl	-121.34	39.67	-81.76	−	−
NaCl	-22.6	39.29	16.69	+	+
KCl	48.95	-45.49	3.46	+	+
RbCl	70.71	-46.43	24.28	+	+
CsCl	102.96	-2.42	100.5	+	+
LiBr	-152.3	35.27	-117.03	−	−
NaBr	-53.14	35.14	-18	−	−
KBr	20.08	-58.36	-38.28	−	−
RbBr	41.89	-52.48	-10.91	−	−
CsBr	74.05	-7.13	66.92	+	+
LiI	-191.63	29.61	-162.02	−	−
NaI	-92.47	29.78	-62.69	−	−
KI	-19.25	30.11	10.86	+	+
RbI	2.51	-44.3	-41.19	−	−
CsI	34.72	-13.32	21.4	+	+

从表 2-13 中可以看出，氯化钾的阳离子与阴离子水化能差值非常小，只有 3.46 kJ/mol，这可能导致在非平衡测定表面电荷符号实验中，氯化钾的表面电荷的符号由+变到−。更有趣的是，Yalamanchili 和 Miller[128] 的一项工作显示，在晶格中氧的缺陷对氯化钾表面电荷的特性影响很大，在低氧气浓度下（<60 ppm），氯化钾带正电，当氧气的浓度增加时，表面电荷的符号将会由正电变成负电。因此，小的能量值（气态离子水化自由能+离子偶极作用能）将考虑到和氧气的缺失有关的能量，这个能量将是氯化钾异常行为的原因。

2.4.3　盐类矿物的表面电荷符号

从表 2-6 可以看出，气态 Ca^{2+} 的水合自由能（−362.1 kcal/mol）比 F^- 的水合自由能

（-110.2 kcal/mol）更负。照此推论，萤石表面应该带负电，然而，许多研究表明，萤石的等电点为 9.5～10，纯水中，萤石表面有较高的正电荷。这一结果说明，用气态离子水合自由能来判断矿物表面电荷符号不总是可行的，因为在式（2-60）中，还有 ΔU_S 一项。在一般情况下，$\Delta U_S^+ \neq \Delta U_S^-$，因此严格说来，矿物表面离子溶解能力的相对大小，应由 ΔG_h^+ 和 ΔG_h^- 来确定，而不是由 ΔF_h^+、ΔF_h^- 确定。为此，必须知道 ΔU_S 的大小。

ΔU_S 的计算比较复杂，下面是常见的几个关系式[264]：

$$\Delta U_S = \frac{NAZ_M Z_A e^2}{R_{MA}}\left(1 - \frac{1}{n}\right) \tag{2-69}$$

式中，N 为阿伏伽德罗常数；A 为马德隆常数；Z_M，Z_A 分别为矿物阳离子和矿物阴离子的价数；e 为电子电荷；R_{MA} 为阳离子和阴离子的距离；n 为 Born 系数。上式适用于离子晶格能的计算。如果代入 $N=6.02\times10^{23}\,\text{mol}^{-1}$，$e=4.8\times10^{-10}\,\text{C}$，并将 R_{MA} 的单位由 cm 变成 Å，则式（2-69）变为

$$\Delta U_S = 329.7A\frac{Z_M Z_A}{R_{MA}}\left(1 - \frac{1}{n}\right) \tag{2-70}$$

n 的取值有以下规律：具有 Ar 壳层的组态离子 $n=9$；具有 Ne、He、Kr、Xe 壳层的组态离子，n 分别为 7、5、10、12。

从式（2-70）可知，计算 ΔU_S，关键是要知道 A 值，1-1 型离子晶格中阳离子和阴离子的马德隆数相同，其 $\Delta U_S^+ = \Delta U_S^-$，因而可以用 ΔF_h^+ 与 ΔF_h^- 的相对大小判别它们的溶解能力。但对于非 1-1 型矿物，阳离子和阴离子的 A 值不一样，因而 ΔU_S 存在差别。

例如，在萤石中(111)平面的表面马德隆常数对于 Ca^{2+} 和 F^- 分别是 3.01 和 1.26，$R_{Ca\text{-}F}$ 取 1.36Å，由此按式（2-70）算出 $\Delta U_S^+=1313.5$ kcal/mol，$\Delta U_S^-=523.6$ kcal/mol。由式（2-59）有

$$\Delta G_h^+=\Delta U_S^+ + \Delta F_h^+=1313.5 - 362.1=951.4(\text{kcal/mol})$$

$$\Delta G_h^- = \Delta U_S^- + \Delta F_h^- = 523.6 - 110.2 = 413.4(\text{kcal/mol})$$

可以看出，表面 F^- 的水合自由能比表面 Ca^{2+} 的水合自由能小，F^- 离子优先溶解，萤石表面将带正电。

即表面 F^- 的水化自由能比表面 Ca^{2+} 的水化自由能（正值）小。故 F^- 优先水化并转入溶液，使萤石表面荷正电。转入溶液中的 F^- 受表面正电荷的吸引，集中于靠近矿物表面的溶液中，形成配衡离子层

$$
\begin{array}{l|l}
Ca^{2+} & Ca^{2+} \\
F^- & \\
Ca^{2+} \quad +H_2O(H^+OH^-) \rightarrow & Ca^{2+} \quad \begin{array}{ll} F^- & H_2O \\ & H^+ \\ & OH^- \end{array} \\
F^- & F^- \\
Ca^{2+} & Ca^{2+} \\
F^- & F^-
\end{array}
$$

矿物表面　　　　　　　　　　矿物表面　配衡离子层

其他的例子有：白钨矿（$CaWO_4$）、方铅矿（PbS）的正离子优先转入水中，表面负离子过剩而荷负电。

但是，晶格离子的 A 值是不易求得的，因而在许多情况下，我们仍用气态离子的水合自由能的相对大小来初步判别矿物晶格离子相对溶解能力，从而确定其表面电荷符号，并且对于 1-1 型矿物常常可以获得比较好的预测结果。

2.5　矿物溶解平衡组分分布与表面电性

矿物在水中溶解，溶解组分在溶液中的浓度随 pH 变化，并决定矿物表面ζ电位的变化，从而影响其可浮性。根据溶液平衡计算，绘出各组分浓度随 pH 变化关系图，即溶解度对数图（LSD），可以讨论预测矿物表面ζ电位变化规律，进而推估其浮选性能。

2.5.1　矿物溶解度对数图与"等当点法"确定表面零电点 pH

1. 矿物溶解度对数图

以一水硬铝石为例，介绍矿物溶解度对数图的绘制。一水硬铝石为氧化矿，在水溶液中的溶解反应为：

$$AlO(OH)+3H^+ \Longrightarrow Al^{3+}+2H_2O \quad K_{sp}=10^{7.58} \tag{2-71}$$

而 Al^{3+} 在水溶液中存在式（2-54）的反应，并由式（2-54）的平衡关系，可得各组分浓度与 pH 的关系：

$$\lg[Al^{3+}] = 7.58 - 3pH$$

$$\lg[Al(OH)^{2+}] = 2.59 - 2pH$$

$$\lg[Al(OH)_2^+] = 1.72 - pH$$

$$\lg[Al(OH)_{3(aq)}] = -7.42$$

$$\lg[Al(OH)_4^-] = -15.42 + pH \tag{2-72}$$

根据上述各式，计算绘制出一水硬铝石的溶解度对数图如图 2-25 所示。由图 2-25 一水硬铝石溶解度对数图可看到，在酸性溶液中，一水硬铝石的溶解组分为正离子组分 Al^{3+}、$Al(OH)^{2+}$、$Al(OH)_2^+$，而在碱性条件下为负离子组分 $Al(OH)_4^-$。

2. "等当点法"确定表面零电点 pH

根据溶液化学原理[271,272]，对于简单的氧化矿，其理论零电点（PZC）对应于氧化矿物的高价阳离子的正一价组分 $[M^{n+}(OH)_{n-1}^+]$ 与低价阳离子的负一价组分 $[M^{m+}(OH)_{m+1}^-]$ 浓度相等的 pH。由图 2-25 可以看到，pH=6.85 时，$[Al(OH)_2^+]=[Al(OH)_4^-]$，由此可得出一水硬铝石的理论零电点 pH 为 6.85。在蒸馏水中和不同的 pH 条件下，六个产地的不同一水硬铝石样品（Di-1～Di-6）的 Zeta 电位值如图 2-26 和表 2-14 所示。可以看出，不同一水硬铝石的 Zeta 电位随 pH 的变化规律基本相同，几种不同一水硬铝石的 Zeta 电位值基本上都介于 Al_2O_3 和 SiO_2 两种高纯试剂与其 pH 相应的 Zeta 电位值之间，IEP 值的变化范围为 5.2～6.8，比"等当点法"确定的表面理论零电点 pH 偏低。

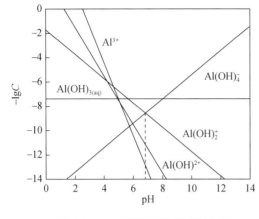

图 2-25 一水硬铝石溶解度对数图

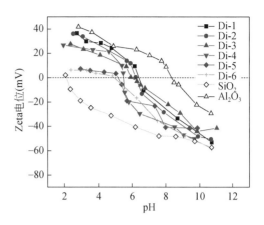

图 2-26 三氧化二铝、石英和一水硬铝石的 Zeta 电位-pH 图

表 2-14 三氧化二铝、石英和不同铝硅比的一水硬铝石的表面等电点[86]

样品	Al_2O_3	Di-1	Di-2	Di-3	Di-4	Di-5	Di-6	SiO_2
Al_2O_3/SiO_2	∞	69.99	66.28	48.37	29.65	16.04	11.21	0
pH_{IEP}	8.8	6.75	6.55	6.39	5.73	5.49	5.26	2.2

不同一水硬铝石样品的（IEP）介于 Al_2O_3 和 SiO_2 两种高纯试剂的表面等电点（IEP）值区间内，说明不同的一水硬铝石中存在各种杂质成分，X 射线衍射分析表明，矿物中的杂质主要有一些硅酸盐矿物如高岭石、叶蜡石和伊利石，其零电点都较低，表面负电位高，使一水硬铝石实测零电点向低偏离理论值。

这是由于一水硬铝石的晶格相可以与高岭石等二八面体型层状硅酸盐矿物形成复杂的镶嵌关系，一水硬铝石矿物颗粒上常连生有如伊利石、叶蜡石和高岭石等少量的含硅矿物，在颗粒表面出露的 Si—O 和 Al—O 分别与水作用形成羟基化表面，在不同的 pH 时，羟基化表面向水溶液中选择性地解离 H^+ 或 OH^-，由于在伊利石、叶蜡石和高岭石等层状硅酸盐矿物中铝常以类质同象的形式代替硅，同时其表面的硅酸根离子和铝离子的溶解速度存在有差异，而伊利石、叶蜡石和高岭石等层状硅酸盐矿物的 PZC 值一般较低，大致范围为pH 2～4，从而使连生有如伊利石、叶蜡石和高岭石等少量含硅矿物（即铝硅比低）的一水硬铝石矿物颗粒表面的 IEP 降低。一水硬铝石表面 IEP 值降低，预示它与铝硅酸盐矿物表面零电点（PZC）的差值减小，可分离 pH 范围将减小，浮选分离效率将降低，这显示了磨矿单体解离对浮选脱硅的重要性，通过磨矿单体解离，有利于增大一水硬铝石与硅酸盐矿物间零电点的差异，可增大分离 pH 范围。这些结果也说明，表 2-2 中同一种矿物不同研究工作得出的 PZC 或 IEP 值有一定差异，主要与样品纯度有密切关系。

2.5.2 矿物溶解度对数图与"等当点法"确定表面等电点

以氟磷灰石溶解为例，氟磷灰石在水溶液中存在如下平衡反应，见表 2-15。由表中氟磷灰石溶液中各平衡反应及反应常数，氟磷灰石各溶解组分浓度与晶格离子浓度关系见图

2-27。由图 2-27 可以看出，氟磷灰石饱和溶液中各组分浓度与 pF、pCa、pHPO$_4$ 的关系，当 CaF$^+$ 和 H$_2$PO$_4^-$ 浓度相等时，根据相应的晶格离子的负对数值可以确定相应的等电点。由图可得 pF=4.5，pCa=4.2，pHPO$_4$=5.8，试验测定 pF=4.6，pCa=4.4，pHPO$_4$=5.2，此结果与试验结果接近。由氟磷灰石溶解组分浓度关系图可以知道其定位离子为 Ca^{2+}、F$^-$、CaF$^+$、HPO$_4^{2-}$、H$_2$PO$_4^-$ 等。

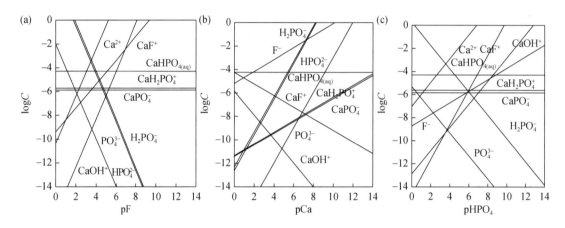

图 2-27　氟磷灰石的溶解组分浓度与 pF（a）、pCa（b）、pHPO$_4$（c）的关系

表 2-15　氟磷灰石饱和水溶液中的平衡反应（25℃）

化学反应方程式	平衡常数（lg$k$）
Ca$_{10}$(PO$_4$)$_6$F$_2$+6H$^+$ ==== 10Ca^{2+}+6PO$_4^{3-}$+2F$^-$	11.8
Ca^{2+}+H$_2$PO$_4^-$ ==== CaH$_2$PO$_4^+$	1.1
Ca^{2+}+HPO$_4^{2-}$ ==== CaHPO$_{4(aq)}$	2.7
CaHPO$_{4(s)}$ ==== Ca^{2+}+HPO$_4^{2-}$	−7.0
Ca^{2+}+2OH$^-$ ==== Ca(OH)$_{2(aq)}$	2.77
Ca^{2+}+OH$^-$ ==== CaOH$^+$	1.4
Ca^{2+}+PO$_4^{3-}$ ==== CaPO$_4^-$	6.46
Ca^{2+}+F$^-$ ==== CaF$^+$	1.9
CaF$_{2(S)}$ ==== Ca^{2+}+2F$^-$	−10.4
H$_3$PO$_4$ ==== H$_2$PO$_4^-$+H$^+$	−2.15
H$_2$PO$_4^-$ ==== H$^+$+HPO$_4^{2-}$	−7.20
HPO$_4^{2-}$ ==== H$^+$+PO$_4^{3-}$	−12.35

2.5.3　矿物溶解度对数图与"最低溶解度法"确定表面零电点 pH

1. 矿物最低溶解度图解法

以菱锌矿为例，菱锌矿在水溶液中的溶解反应：

$$ZnCO_3(s) \Longrightarrow Zn^{2+}+CO_3^{2-} \qquad K_{sp,\,ZnCO_3}=10^{-10} \qquad (2\text{-}73a)$$

$$Zn^{2+}+CO_3^{2-} \Longrightarrow ZnCO_3(aq) \qquad K_1=10^{5.3} \qquad (2\text{-}73b)$$

$$Zn^{2+}+HCO_3^- \Longrightarrow ZnHCO_3^+ \qquad K_2=10^{2.1} \qquad (2\text{-}73c)$$

$$Zn(OH)_2(s) \Longrightarrow Zn^{2+}+2OH^- \qquad K_{sp,Zn(OH)_2}=10^{-16.2} \qquad (2\text{-}73d)$$

考虑锌离子的水解反应[式（2-38）]及 CO_3^{2-} 的加质子反应[式（2-42）及式（2-43）]，确定溶液中菱锌矿各溶解组分的浓度与 pH 的关系为

$$lg[HCO_3^-]=-11.32+pH$$

$$lg[CO_3^{2-}]=-21.65+2pH \qquad (2\text{-}74)$$

$$lg[ZnCO_3(aq)]=-4.7$$

$$lg[ZnHCO_3^+]=2.43-pH \qquad (2\text{-}75)$$

$$lg[Zn^{2+}]=11.65-2pH$$

$$lg[ZnOH^+]=2.65-pH$$

$$lg[Zn(OH)_2(aq)]=-5.25$$

$$lg[Zn(OH)_3^-]=-16.75+pH$$

$$lg[Zn(OH)_4^{2-}]=-29.55+2pH \qquad (2\text{-}76)$$

由方程组式（2-74）至式（2-76），得出菱锌矿溶解组分 lgC-pH 图，见图 2-28。图 2-28 中，虚线为最低溶解度对应的 pH_{ms}=6.99。

2. "最低溶解度法"确定矿物表面零电点 pH

根据溶液化学研究，矿物最低溶解度对应于矿物表面理论零电点，图 2-28 中最低溶解度对应的 pH 6.99 是菱锌矿的理论等电点，与图 2-29 中实验值基本一致。图 2-29 是菱锌矿的 ζ 电位与 pH 的关系，随 pH 增大，菱锌矿的 ζ 电位经历了从正到负的变化，等电点（IEP）的 pH 为 7.6，碳酸盐类矿物表面电性与矿物的溶解及溶解组分的水解反应有密切关系。在低 pH 下，菱锌矿表面溶解的锌主要以 Zn^{2+}、$ZnOH^+$ 和 $ZnHCO_3^+$ 形式存在，菱锌矿表面带正电；随着 pH 的升高 pH>pH_{ms} 时，Zn^{2+} 和 $ZnOH^+$ 的含量不断下降，CO_3^{2-}、$Zn(OH)_3^-$ 和 $Zn(OH)_4^{2-}$ 的含量不断增加，由于 HCO_3^-，CO_3^{2-} 过剩，菱锌矿表面带负电；在 PZC 附近，菱锌矿表面的定位离子是 $ZnOH^+$、Zn^{2+} 和 HCO_3^-；在高 pH 下，溶液中锌离子主要以 $Zn(OH)_3^-$ 和 $Zn(OH)_4^{2-}$ 的形式存在，CO_3^{2-}、$Zn(OH)_4^{2-}$ 以及 HCO_3^- 是可能的定位离子。

2.5.4　多元组分矿物溶解度对数图与表面理论零电点 pH 的确定

以铝硅酸盐矿物为例，高岭石、叶蜡石和伊利石属硅酸盐矿物，结构比一水硬铝石复

杂，其溶解度对数图也较一水硬铝石的复杂。

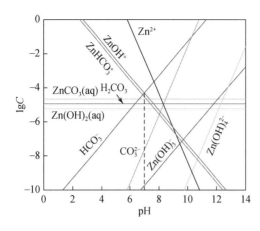

图 2-28　菱锌矿溶解组分分布图　　　　图 2-29　菱锌矿ζ电位与 pH 的关系

高岭石在水溶液中存在如下反应：

$$Al_4[Si_4O_{10}](OH)_{8(S)}+12H^+ \Longrightarrow 4Al^{3+}+4H_4SiO_{4(aq)}+2H_2O \qquad K_s=10^{6.7} \qquad (2\text{-}77)$$

Al^{3+} 在水溶液中的反应见式（2-54），而 $H_4SiO_{4(aq)}$ 存在下列反应：

$$SiO_{2(s)}+2H_2O \Longrightarrow H_4SiO_{4(aq)} \qquad K'_S=10^{-2.7} \qquad (2\text{-}78)$$

$$H^++H_2SiO_4^{2-} \Longrightarrow H_3SiO_4^- \qquad K_1=10^{12.56}$$

$$H^++H_3SiO_4^- \Longrightarrow H_4SiO_4 \qquad K_2=10^{9.43}$$

$$2H^++2H_2SiO_4^{2-} \Longrightarrow H_2(H_2SiO_4^{2-})_2^{2-} \qquad K_3=10^{26.16} \qquad (2\text{-}79)$$

根据各反应式，可计算高岭石溶液中各组分与 pH 的关系为

$$lg[Al^{3+}]=6.05-3pH$$

$$lg[Al(OH)^{2+}]=1.06-2pH$$

$$lg[Al(OH)_2^+]=-3.25-pH$$

$$lg[Al(OH)_3]=-8.95$$

$$lg[Al(OH)_4^-]=-16.95+pH$$

$$lg[H_4SiO_{4(aq)}]=-2.7$$

$$lg[H_3SiO_4^-]=-12.13+pH$$

$$lg[H_2SiO_4^{2-}]=-24.69+2pH$$

$$lg[H_2(H_2SiO_4^{2-})_2^{2-}]=-23.04+2pH \qquad (2\text{-}80)$$

由此可计算绘制高岭石的溶解度对数图，如图 2-30。由图 2-30 可知，高岭石溶液中，酸性条件下，高岭石的溶解组分主要为正离子组分 Al^{3+}、$Al(OH)^{2+}$、$Al(OH)_2^+$，而在碱性条件下，为负离子组分 $Al(OH)_4^-$、$H_3SiO_4^-$、$H_2SiO_4^{2-}$、$H_2(H_2SiO_4^{2-})_2^{2-}$。高岭石正一价组分为 $Al(OH)_2^+$，负一价组分有两个 $H_3SiO_4^-$、$Al(OH)_4^-$，因此，多元组分矿物表面理论零电点 pH 不适应于采用"等当点法"确定表面等电点 pH，采用最低溶解度法，由图 2-30 可以看出，最低溶解度对应的 pH 为 4.6。此结果接近试验所测得的高岭石的零电点 pH（图 2-31）。

图 2-31 是不同 pH 条件下，硬质和软质两种高岭石的 Zeta 电位值，硬质和软质高岭石表面 Zeta 电位随 pH 的变化规律基本相同，具有相近的表面等电点（IEP）值。几种硬质高岭石的 IEP 值的变化范围为 2.6～3.8。在较宽的 pH 范围，硬质高岭石比软质高岭石的负电位值更大。

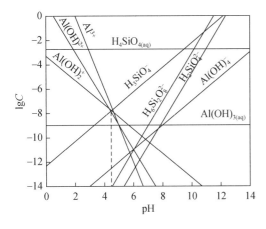

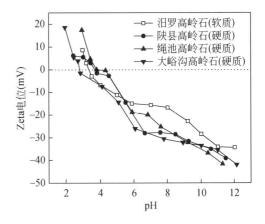

图 2-30　高岭石溶解组分浓度对数图　　　　图 2-31　不同高岭石的 Zeta 电位-pH 关系图[86]

2.5.5　矿物溶解组分浓度对数图与表面位点

通过绘制矿物溶解度对数图，采用"等当点法"和"最低溶解度法"除了可以确定矿物表面理论等电点 pH 外，还可以用于研究矿物表面作用位点的变化。以锡石溶解为例，锡石在水中的溶解反应如下[273,274]：

$$SnO_{2(s)}+2H_2O \rightleftharpoons Sn^{4+}+4OH^- \qquad K_{sp}=10^{-61.97} \qquad (2\text{-}81)$$

$$Sn^{4+}+OH^- \rightleftharpoons Sn(OH)^{3+} \qquad \beta_1=10^{15.23}$$

$$Sn^{4+}+2OH^- \rightleftharpoons Sn(OH)_2^{2+} \qquad \beta_2=10^{29.26}$$

$$Sn^{4+}+3OH^- \rightleftharpoons Sn(OH)_3^+ \qquad \beta_3=10^{42.62}$$

$$Sn^{4+}+4OH^- \rightleftharpoons Sn(OH)_{4(aq)} \qquad \beta_4=10^{55.38}$$

$$Sn^{4+}+5OH^- \rightleftharpoons Sn(OH)_5^- \qquad \beta_5=10^{56.95}$$

$$Sn^{4+}+6OH^- \rightleftharpoons Sn(OH)_6^{2-} \qquad \beta_6=10^{61.98} \qquad (2\text{-}82)$$

根据上述平衡反应可计算得出锡石饱和水溶液中各组分浓度与 pH 的关系：

$$lg[Sn^{4+}]=-5.97-4pH$$

$$lg[Sn(OH)^{3+}]=-4.74-3pH$$

$$lg[Sn(OH)_2^{2+}]=-4.71-2pH$$

$$lg[Sn(OH)_3^+]=-5.35-pH$$

$$lg[Sn(OH)_{4(aq)}]=-6.59$$

$$lg[Sn(OH)_5^-]=-19.02+pH$$

$$\lg[Sn(OH)_6^{2-}] = -27.99 + 2pH \tag{2-83}$$

根据式（2-83）方程组，绘制 25℃条件下锡石饱和水溶液的溶解度对数图，如图 2-32 所示，图中虚线为锡石溶解度曲线。在 25℃纯水中，以 HNO_3 和 NaOH 调整 pH，将锡石纯净矿物粉末置于其中溶解 72 小时，测定溶液中锡元素含量，得到不同 pH 条件下锡石的溶解度如图 2-33 所示，表明图 2-32 确定的溶解度曲线与实验测定的溶解曲线基本一致。

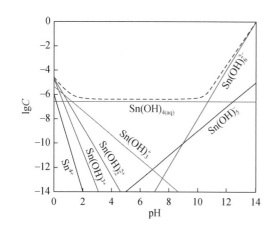 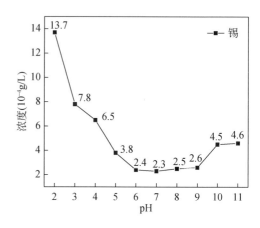

图2-32　25℃时锡石饱和水溶液中各组分浓度　　　图2-33　25℃时锡石在不同pH水中的溶解度[275]
　　　　对数与pH的关系

图 2-32 中，最低溶解度难以确定，不适应采用最低溶解度法确定其理论等电点，应用等当点法可求得锡石矿物表面的零电点 PZC 值，即饱和水溶液中 $[Sn(OH)_3^+]=[Sn(OH)_5^-]$ 时对应的 pH=6.8。

图 2-33 表明，锡石在酸性和碱性条件下的溶解度要大于中性环境，特别是随着酸度的提高，锡石的溶解度显著增加。由于锡石在水中存在溶解反应，表面会发生羟基化而形成多种表面位类型，各种表面位类型之间会根据溶液化学环境的不同而相互转化。

图 2-32 表明，当 pH<1.3 时，溶液中的 Sn 主要以 $Sn(OH)_3^+$、$Sn(OH)_2^{2+}$ 和 $Sn(OH)^{3+}$ 的形式存在，锡石表面 Gouy 扩散层的离子也主要为上述三种离子；当 1.3<pH<6.8 时，溶液中的 Sn 主要以 $Sn(OH)_3^+$ 和 $Sn(OH)_{4(aq)}$ 的形式存在，锡石表面 Gouy 扩散层的离子主要为 $Sn(OH)_3^+$；当 6.8<pH<10.7 时，溶液中的 Sn 主要以 $Sn(OH)_5^-$、$Sn(OH)_6^{2-}$ 和 $Sn(OH)_{4(aq)}$ 的形式存在，锡石表面 Gouy 扩散层离子主要为 $Sn(OH)_5^-$ 和 $Sn(OH)_6^{2-}$；当 pH>10.7 时，溶液中的 Sn 主要以 $Sn(OH)_6^{2-}$ 的形式存在，锡石表面 Gouy 扩散层的离子主要为 $Sn(OH)_6^{2-}$。锡石表面离子位点类型示意如下：

因此，矿物表面在不同 pH 条件下，表面组分会发生变化，作用位点也会相应发生变化。

2.6 矿物溶解离子对浮选过程的影响

2.6.1 溶解组分在矿物表面的反应及表面转化

浮选生产实践表明，白钨矿、萤石、方解石、磷灰石等含钙矿物及铜铅锌等氧化矿的浮选分离非常困难，这些矿物的溶解度较大，溶解组分对矿物表面性质及浮选行为产生较大影响，本节将详细介绍几个典型体系中，矿物溶解行为对表面电性与浮选行为的影响。

1. 白钨矿、萤石、方解石体系

实际矿石中，白钨矿、萤石、方解石常共生在一起，它们浮选分离困难，一方面是由于表面均有钙活性位点，另一方面，它们的溶解度较大，溶解组分对矿物表面性质及浮选行为的影响复杂。在白钨矿-萤石矿浆中，可能会发生下列反应：

$$CaF_{2(s)} + WO_4^{2-} \rightleftharpoons CaWO_{4(s)} + 2F^- \tag{2-84}$$

反应的平衡常数为

$$K = C_{F^-}^2 / C_{WO_4^{2-}} = K_{sp,CaF_2} / K_{sp,CaWO_4} = 10^{-10.41} / 10^{-9.3} = 10^{-1.11} \tag{2-85}$$

反应的自由能变化为：

$$\Delta G = -RT\ln K + RT\ln C_{F^-}^2 / C_{WO_4^{2-}} \tag{2-86}$$

若 $\Delta G < 0$，反应（2-84）向右自动进行，白钨矿溶解的 WO_4^{2-} 将在萤石表面反应生成 $CaWO_4$，条件为

$$-RT\ln K + RT\ln C_{F^-}^2 / C_{WO_4^{2-}} < 0 \tag{2-87}$$

即

$$\lg C_{WO_4^{2-}} > 1.11 + 2\lg C_{F^-} \tag{2-88}$$

$\lg C_{F^-}$ 由 $CaF_{2(S)}$ 的条件溶度积确定：

$$CaF_2 \rightleftharpoons Ca^{2+} + 2F^- \qquad K'_{sp,CaF_2} = K_{sp,CaF_2}\alpha_{Ca}\alpha_F^2 \tag{2-89}$$

$$\lg C_{F^-} = 1/3\left[\lg(K_{sp,CaF_2} \cdot \alpha_{Ca} \cdot \alpha_F^2 / 4)\right] \tag{2-90}$$

式中，α_{Ca}，α_F 分别是 Ca^{2+}，F^- 水解反应的副反应系数，由下列各式确定：

Ca^{2+} 的水解反应为

$$Ca^{2+} + OH^- \rightleftharpoons CaOH^+ \qquad \beta_1 = 10^{1.4}$$

$$Ca^{2+} + 2OH^- \rightleftharpoons Ca(OH)_{2(液)} \qquad \beta_2 = 10^{2.77} \tag{2-91}$$

Ca^{2+} 的副反应系数，由下式确定：

$$\alpha_{Ca} = 1 + \beta_1[OH^-] + \beta_2[OH^-]^2 \tag{2-92}$$

F^- 的反应为

$$F^- + H^+ \rightleftharpoons HF \qquad K_H = 10^{3.4} \tag{2-93}$$

F^- 的副反应系数，由下式确定：

$$\alpha_{\mathrm{F}}=1+10^{3.4}[\mathrm{F}^-] \tag{2-94}$$

因此，在萤石与白钨矿共存的矿浆中，若白钨矿溶解产生的 WO_4^{2-} 浓度满足式（2-88）的条件，则反应（2-84）向右进行，萤石表面将生成 $CaWO_{4(s)}$ 沉淀，称之为"表面转化"。由式（2-88）确定的曲线如图 2-34 中曲线 1 所示，称之为"表面转化临界曲线"，表示当实际矿浆中 WO_4^{2-} 浓度与 pH 的关系曲线处在曲线 1 的上方时，则式（2-88）的条件满足，发生萤石向白钨矿的表面转化。图 2-34 中曲线 2 是实测和计算确定的白钨矿澄清液中 WO_4^{2-} 浓度与 pH 的关系曲线，在 pH＞4，处于曲线 1 的上方。表明在萤石-白钨矿矿浆中，当 pH＞4 后，白钨矿溶解的 WO_4^{2-} 浓度满足式（2-88）的条件，WO_4^{2-} 在萤石表面发生化学反应生成 $CaWO_{4(s)}$，pH=4 是萤石向白钨矿表面转化的临界 pH。对于式（2-84）向左的可逆反应，同样可求出临界曲线，但对于萤石-白钨矿体系，实验测得在任一 pH 下，该反应不能发生，所以这里不再列出式（2-84）向左可逆反应的条件和曲线。

对纯白钨矿、萤石样品及萤石在白钨矿澄清液中搅拌后制得的样品进行俄歇电子能谱表面分析，结果如图 2-35。可见，纯白钨矿样品表面只出现特征峰 Ca 299 eV，W 179 eV、1745 eV，O 518 eV，纯萤石样品表面特征峰为 Ca 292 eV，F 654 eV。但萤石在白钨矿澄清液中，除了 Ca、F 特征峰外，还出现 W 178 eV、1732 eV，O 519 eV 特征峰。表明，萤石在白钨矿澄清中与 WO_4^{2-} 发生反应，表面生成 $CaWO_{4(s)}$。

同理，对于白钨矿/方解石体系，矿浆中可能存在如下反应：

$$CaCO_{3(s)}+WO_4^{2-} \Longrightarrow CaWO_{4(s)}+CO_3^{2-} \tag{2-95}$$

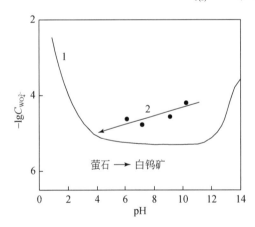

图 2-34　萤石-白钨矿体系表面转化平衡图解　　图 2-35　矿物表面组分的俄歇电子能谱分析

根据溶液平衡计算，可求出上述平衡反应的临界曲线。图 2-36 中，曲线 1 是反应（2-95）向右进行时，计算所需 WO_4^{2-} 临界浓度与 pH 的关系，表示当溶液中 WO_4^{2-} 的浓度与 pH 的关系处于曲线 1 的左边时，反应（2-95）向右进行，表面 $CaCO_{3(s)}$ 转化为 $CaWO_{4(s)}$。曲线 2 则是反应（2-95）向左进行时，计算所需 CO_3^{2-} 浓度与 pH 的关系，表示当溶液中 CO_3^{2-} 的浓度与 pH 的关系处于曲线 2 的上方时，反应向左进行，表面 $CaWO_{4(s)}$ 转化为 $CaCO_{3(s)}$。

实验测定了白钨澄清液中 WO_4^{2-} 浓度及方解石澄清液中 CO_3^{2-} 浓度，分别见图 2-36 中曲线 3 与 4。可见，曲线 3，4 与曲线 1，2 的交点在 pH 8.8。当 pH＜8.8 时，曲线 3 在曲线 1

左边，表明此时白钨矿溶解的 WO_4^{2-} 足以在方解石表面形成 $CaWO_4$ 沉淀，导致方解石表面化学组成转化。当 pH>8.8 时，曲线 4 在曲线 2 的上方，表明此时方解石溶解的 CO_3^{2-} 足以在白钨矿表面形成 $CaCO_{3(s)}$ 沉淀，导致白钨矿表面化学组成的转化。因此，pH=8.8 是方解石/白钨矿体系中，表面化学组成转化的临界 pH。

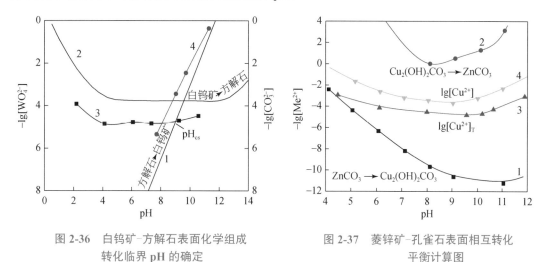

图 2-36　白钨矿-方解石表面化学组成　　　图 2-37　菱锌矿-孔雀石表面相互转化
　　　　　转化临界 pH 的确定　　　　　　　　　　　平衡计算图

2. 孔雀石、菱锌矿、方解石、白云石体系

1）孔雀石、菱锌矿体系

实际矿石中，孔雀石、菱锌矿、方解石、白云石常共生在一起，孔雀石、菱锌矿是主要有用矿物，方解石、白云石是主要脉石矿物。浮选工艺一般先浮选孔雀石，此时孔雀石与菱锌矿的选择性分离是关键。在菱锌矿/孔雀石矿浆中，可能存在如下化学反应：

$$ZnCO_3 + 2Cu^{2+} + 2OH^- \rightleftharpoons CuCO_3 + Cu(OH)_2 + Zn^{2+} \tag{2-96}$$

$$K = \frac{[Zn^{2+}]_e}{[Cu^{2+}]_e^2 [OH^-]_e^2} = 10^{23.8} \tag{2-97}$$

式中，$[Zn^{2+}]_e$，$[Cu^{2+}]_e$ 分别为平衡时 Zn^{2+}，Cu^{2+} 浓度；$[Zn^{2+}]$，$[Cu^{2+}]$ 为任一时刻 Zn^{2+}，Cu^{2+} 总浓度。则反应（2-96）的自由能变化为

$$\Delta G = -RT \ln K + RT \ln \frac{[Zn^{2+}]}{[Cu^{2+}]^2 [OH^-]^2} \tag{2-98}$$

若 $\Delta G<0$，反应（2-96）向右自动进行，孔雀石溶解的 Cu^{2+} 可在菱锌矿表面发生化学反应生成 $CuCO_3$ 或 $Cu(OH)_2$，条件为

$$\lg[Cu^{2+}] > -2.9 - pH + \frac{1}{2}\lg\alpha_{Zn^{2+}} + \alpha_{CO_3^{2-}} \tag{2-99}$$

$\alpha_{Zn^{2+}}$ 和 $\alpha_{CO_3^{2-}}$ 由式（2-39）和式（2-43）确定。

同理可得反应（2-96）向左进行的条件：

$$\lg[Zn^{2+}] > 11.64 - 2pH + 2\lg\alpha_{Cu^{2+}} + \alpha_{CO_3^{2-}} \tag{2-100}$$

$\alpha_{Cu^{2+}}$ 由下列 Cu^{2+} 平衡反应确定：

$$Cu^{2+}+OH^- \rightleftharpoons Cu(OH)^+ \qquad \beta_1 = \frac{[CuOH^+]}{[Cu^{2+}]\cdot[OH^-]} = 10^{6.3}$$

$$Cu^{2+}+2OH^- \rightleftharpoons Cu(OH)_{2(aq)} \qquad \beta_2 = \frac{[Cu(OH)_{2(aq)}]}{[Cu^{2+}]\cdot[OH^-]^2} = 10^{12.8}$$

$$Cu^{2+}+3OH^- \rightleftharpoons Cu(OH)_3^- \qquad \beta_3 = \frac{[Cu(OH)_3^-]}{[Cu^{2+}]\cdot[OH^-]^3} = 10^{14.5}$$

$$Cu^{2+}+4OH^- \rightleftharpoons Cu(OH)_4^{2-} \qquad \beta_4 = \frac{[Cu(OH)_4^{2-}]}{[Cu^{2+}]\cdot[OH^-]^4} = 10^{16.4} \qquad (2\text{-}101)$$

$$\alpha_{Cu^{2+}} = 1 + \beta_1[OH^-] + \beta_2[OH^-]^2 + \beta_3[OH^-]^3 + \beta_4[OH^-]^4 \qquad (2\text{-}102)$$

式（2-99）表明，当孔雀石溶解 Cu^{2+} 总浓度满足该式条件时，则菱锌矿在孔雀石澄清液中发生式（2-96）向右的反应，若菱锌矿溶解 Zn^{2+} 总浓度满足式（2-100），则孔雀石在菱锌矿澄清液中发生式（2-96）向左的反应。式（2-99）及式（2-100）确定的条件画成曲线见图 2-37 中曲线 1、2，图中曲线 3、4 则分别是孔雀石、菱锌矿溶解 Cu^{2+}、Zn^{2+} 总浓度。由图 2-37 可以看出，曲线 3 在曲线 1 上方，曲线 4 在曲线 2 的下方，表明，孔雀石溶解 Cu^{2+} 总浓度满足式（2-99）的条件，此时，孔雀石溶解的 Cu^{2+} 足以在菱锌矿表面发生化学反应生成 $CuCO_3$ 或 $Cu(OH)_2$。而菱锌矿溶解 Zn^{2+} 总浓度不满足式（2-100）的条件，则菱锌矿溶解 Zn^{2+} 不足以在孔雀石表面生成 $ZnCO_3$。

2）菱锌矿、方解石、白云石

浮选菱锌矿时，菱锌矿与白云石、方解石的分离是比较难的，在菱锌矿、方解石、白云石矿浆中，若白云石表面生成碳酸锌，则发生如下反应：

$$CaMg(CO_3)_2 + 2Zn^{2+} \rightleftharpoons 2ZnCO_3 + Ca^{2+} + Mg^{2+} \qquad K_{f1} = \frac{K_{sp,\,CaMg(CO_3)_2}}{K_{sp,\,ZnCO_3}} \qquad (2\text{-}103)$$

在菱锌矿澄清液中，溶解的 Zn^{2+} 在白云石表面发生化学反应生成碳酸锌沉淀的条件为

$$\lg[Zn^{2+}] > \lg K_{f1} + \frac{1}{2}\lg(K_{sp,\,CaMg(CO_3)_2}\alpha_{Ca^{2+}}\alpha_{Mg^{2+}}\alpha_{CO_3^{2-}}^2) \qquad (2\text{-}104)$$

若菱锌矿表面生成碳酸钙，则发生如下反应：

$$ZnCO_3 + Ca^{2+} \rightleftharpoons CaCO_3 + Zn^{2+} \qquad K_{f2} = \frac{K_{sp,\,ZnCO_3}}{K_{sp,\,CaCO_3}} \qquad (2\text{-}105)$$

在白云石澄清液中，溶解的 Ca^{2+} 在菱锌矿表面发生化学反应生成碳酸钙沉淀的条件为

$$\lg[Ca^{2+}] > -\lg K_{f2} + \frac{1}{2}\lg(K_{sp,\,ZnCO_3}\alpha_{Zn^{2+}}\alpha_{CO_3^{2-}}) \qquad (2\text{-}106)$$

若菱锌矿表面生成碳酸镁，则发生如下反应：

$$ZnCO_3 + Mg^{2+} \rightleftharpoons MgCO_3 + Zn^{2+} \qquad K_{f3} = \frac{K_{sp,\,ZnCO_3}}{K_{sp,\,MgCO_3}} \qquad (2\text{-}107)$$

在白云石澄清液中，溶解的 Mg^{2+} 在菱锌矿表面发生化学反应生成碳酸镁沉淀的条件为

$$\lg[Mg^{2+}] > -\lg K_{f3} + \frac{1}{2}\lg(K_{sp,\,ZnCO_3}\alpha_{Zn^{2+}}\alpha_{CO_3^{2-}}) \qquad (2\text{-}108)$$

若菱锌矿表面生成白云石，则发生如下反应：

$$2ZnCO_3 + Ca^{2+} + Mg^{2+} \Longrightarrow CaMg(CO_3)_2 + 2Zn^{2+}$$

$$K_{f4} = \frac{K_{sp,ZnCO_3}}{K_{sp,MgCa(CO_3)_2}} \tag{2-109}$$

在白云石澄清液中，溶解的 Ca^{2+}、Mg^{2+} 在菱锌矿表面发生化学反应生成碳酸钙镁沉淀的条件为

$$\lg[Ca^{2+}/Mg^{2+}] > -\lg K_{f4} + \frac{1}{2}\lg(K_{sp,ZnCO_3}\alpha_{Zn^{2+}}\alpha_{CO_3^{2-}}) \tag{2-110}$$

菱锌矿溶解锌与 pH 的关系为

$$\lg[Zn^{2+}]_T = \lg[(K_{sp,ZnCO_3}\alpha_{Zn^{2+}}\alpha_{CO_3^{2-}})^{\frac{1}{2}}] \tag{2-111}$$

白云石溶解钙、镁与 pH 的关系

$$\lg[Ca^{2+}/Mg^{2+}]_T = \lg[(K_{sp,CaMg(CO_3)_2}\alpha_{Ca^{2+}}\alpha_{Mg^{2+}}\alpha_{CO_3^{2-}}^2)^{\frac{1}{4}}] \tag{2-112}$$

将各个常数代入式（2-107）至式（2-115），得到菱锌矿/白云石体系表面相互转化平衡计算图，见图 2-38。

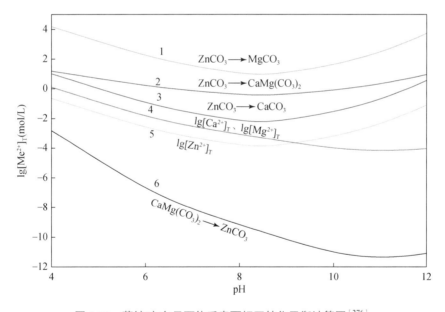

图 2-38　菱锌矿/白云石体系表面相互转化平衡计算图[276]

图 2-38 中，曲线 5 是菱锌矿溶解产生 Zn^{2+} 的浓度与 pH 的关系，曲线 6 为 Zn^{2+} 在白云石表面发生化学反应生成碳酸锌沉淀的临界条件，曲线 5 处于曲线 6 上方，说明，菱锌矿澄清液中的 Zn^{2+} 可以在白云石表面发生化学反应生成 $ZnCO_3$ 沉淀物，从而使白云石表面转化为菱锌矿的表面性质。曲线 4 为白云石溶解产生 Ca^{2+}、Mg^{2+} 的浓度与 pH 的关系，曲线 1 和曲线 3 分别为溶液中的 Mg^{2+} 和 Ca^{2+} 在菱锌矿表面发生化学反应生成碳酸镁或碳酸钙沉淀的临界条件，曲线 2 为溶液中的 Mg^{2+} 和 Ca^{2+} 在菱锌矿表面发生化学反应生成碳酸镁钙沉淀的临界条件，曲线 4 在曲线 1 下方表明在白云石澄清液中 Mg^{2+} 不足以在菱锌矿表面生成

MgCO$_3$ 沉淀，曲线 4 在曲线 3 下方表明在白云石澄清液中 Ca^{2+}不足以在菱锌矿表面生成 CaCO$_3$ 沉淀，曲线 4 在曲线 2 下方表明在白云石澄清液中 Mg^{2+}与 Ca^{2+}不足以在菱锌矿表面生成 CaMg(CO$_3$)$_2$ 沉淀，即菱锌矿表面在白云石澄清液中不会发生 ZnCO$_3$ 向 MgCO$_3$、CaCO$_3$ 或者 CaMg(CO$_3$)$_2$ 的转化。

2.6.2　表面转化与表面电性变化

1. 白钨矿/萤石体系表面转化及其对矿物表面电性的影响

图 2-39 是萤石、白钨矿在蒸馏水中及萤石在白钨矿澄清液中ζ电位与 pH 的关系。可以看出，由于表面转化，导致矿物表面电性的变化。萤石在蒸馏水中有较高正电荷，pH$_{IEP}$=10.5，但在白钨矿澄清液中，其 pH$_{IEP}$ 降至 4.5，在 pH>4 后，其表面电性的变化趋势类似于白钨矿在水中的动电位随 pH 的变化，说明萤石在白钨矿澄清液中表面可能有 CaWO$_{4(s)}$的生成。

2. 菱锌矿与孔雀石体系表面转化及其对矿物表面电性的影响

菱锌矿与孔雀石在蒸馏水中的动电位与 pH 的关系见图 2-40。两种矿物的ζ电位都随 pH 增加而降低，等电点 pH 为菱锌矿 7.6，孔雀石 8.2。菱锌矿在孔雀石澄清液中ζ电位的变化趋势类似于孔雀石，提示菱锌矿在孔雀石澄清液中表面有可能受孔雀石溶解铜离子影响，有 CuCO$_3$ 或 Cu(OH)$_2$ 生成。

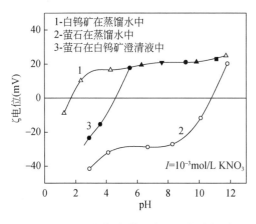

图 2-39　白钨矿/萤石在不同介质中ζ电位与 pH 的关系

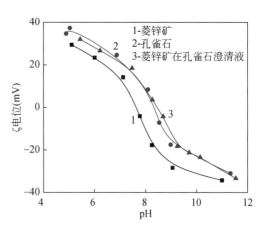

图 2-40　菱锌矿/孔雀石在不同介质中ζ电位与 pH 的关系

3. 方解石和菱锌矿体系表面转化及其对矿物表面电性的影响

图 2-41 是方解石在纯水中及在菱锌矿澄清液中的ζ电位与 pH 的关系。可见，方解石在纯水中带正电，等电点为 9.5。方解石在菱锌矿澄清液中的ζ电位比其在纯水中的ζ电位更负，等电点降低，其动电行为类似于图 2-40 中菱锌矿的动电行为，提示方解石在菱锌矿澄清液中表面有 ZnCO$_3$ 生成。

2.6.3　表面转化对矿物浮选行为的影响

1. 白钨矿/萤石

图 2-42 是油酸钠作捕收剂，白钨矿与萤石在蒸馏水中及萤石在白钨矿澄清液中浮选回收率与 pH 的关系。可以看出，白钨矿和萤石均有很好的可浮性，萤石比白钨矿浮选 pH 范围更宽。由于表面转化，导致矿物浮选行为的变化，萤石在白钨矿澄清液中的浮选行为类似于白钨矿，这使得白钨矿与萤石的浮选分离更加困难。

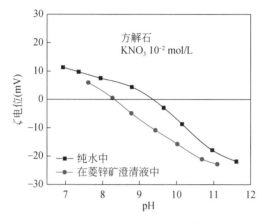

图 2-41　方解石 ζ 电位与 pH 的关系

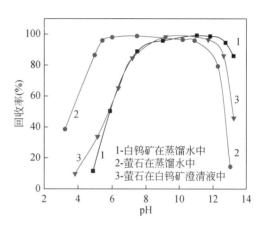

图 2-42　矿物在不同介质中浮选回收率与 pH 的关系（NaOL 10^{-4} mol/L）

2. 孔雀石/菱锌矿

图 2-43 和图 2-44 分别反映了菱锌矿在孔雀石澄清液中与孔雀石在菱锌矿澄清液中的浮选行为。由图 2-43 可见，菱锌矿在孔雀石澄清液中的浮选受到明显的活化，进一步证实

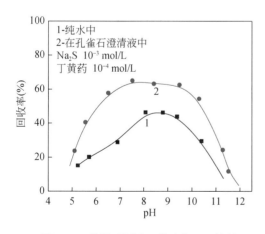

图 2-43　菱锌矿浮选回收率与 pH 的关系

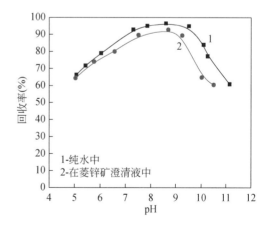

图 2-44　孔雀石浮选回收率与 pH 的关系

孔雀石溶解的 Cu^{2+} 在菱锌矿表面的固着，菱锌矿表面 $ZnCO_3$ 向 $CuCO_3$ 或 $Cu(OH)_2$ 转化。图 2-44 表明，孔雀石在菱锌矿澄清液中的浮选受到一定程度抑制，图 2-37 表明，菱锌矿

澄清液中溶解 Zn^{2+} 不足以在孔雀石表面生成 $ZnCO_3$，因而浮选受到抑制的原因不是表面转化，有可能是菱锌矿澄清液中溶解 Zn^{2+} 起着沉淀、消耗丁黄药及 Na_2S 的作用，因而对孔雀石的浮选产生抑制。因此，孔雀石与菱锌矿难以分离的主要原因是：孔雀石溶解 Cu^{2+} 可在菱锌矿表面发生化学反应，生成 $CuCO_3$ 或 $Cu(OH)_2$，对菱锌矿的浮选起活化作用，而菱锌矿溶解 Zn^{2+} 对孔雀石浮选有抑制作用。

3. 菱锌矿/方解石

图 2-45 是十二胺作捕收剂，硫化钠作活化剂，方解石在蒸馏水中及在菱锌矿澄清液中的浮选行为，图 2-46 是菱锌矿在蒸馏水中及在方解石澄清液中的浮选行为。由图 2-45 可以看出，在菱锌矿澄清液中，方解石的浮选受到明显活化，其行为类似于图 2-46 中菱锌矿本身的浮选行为。进一步证实了在菱锌矿澄清液中，方解石表面有 $ZnCO_3$ 生成。

而图 2-46 表明，菱锌矿在方解石澄清液中的浮选在高 pH 下受到抑制，图 2-38 表明，在方解石澄清液中溶解 Ca^{2+} 不足以在菱锌矿表面生成 $CaCO_3$ 沉淀，菱锌矿在方解石澄清液中的浮选受到抑制也不是由于表面转化，这可能归因于溶液中大量的 HCO_3^-，CO_3^{2-} 与胺生成胺盐对胺的消耗。

浮选分离菱锌矿/方解石是比较困难的，由于表面转化的存在，方解石在菱锌矿澄清液中的浮选受到活化；由于溶解组分的其他作用，菱锌矿在方解石澄清液中的浮选受到一定程度的抑制。若不加入其他调整剂，硫化-胺浮选分离菱锌矿/方解石是相当困难的。

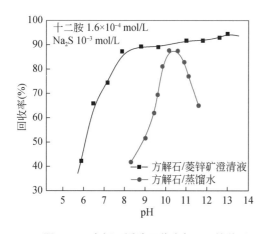

图 2-45　方解石浮选回收率与 pH 的关系

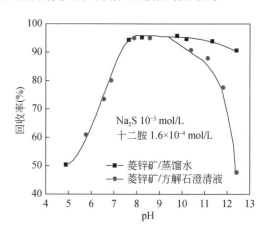

图 2-46　菱锌矿浮选回收率与 pH 的关系

4. 菱锌矿和白云石

白云石在菱锌矿澄清液和去离子水中的浮选结果如图 2-47 所示。图 2-47 中，白云石在菱锌矿澄清液中与去离子水中的浮选结果具有很大差异，白云石在菱锌矿澄清液中的浮选回收率随着 pH 的变化关系与菱锌矿在去离子水中的浮选回收率随 pH 的变化关系相近，说明白云石在菱锌矿澄清液中明显受到活化，即在菱锌矿澄清液中白云石表面有 $ZnCO_3$ 生成。由于表面转化的存在，在菱锌矿澄清液中，白云石的浮选受到显著活化，因此在菱锌矿和白云石混合矿浮选分离过程中必须选取合适的抑制剂，对白云石进行抑制，从而达到选择性分离的效果。

上述结果说明由于表面转化的存在，致使实际浮选体系（多矿物组分）中，矿物表面电性与浮选行为发生转化，导致浮选分离困难。通过溶液化学研究，确定矿物表面转化临界条件，可以预测矿物表面电性及可浮性的变化，为确定盐类矿物浮选分离条件提供理论指导。

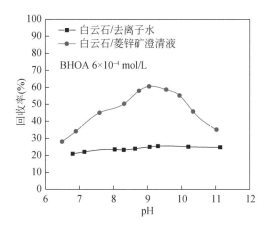

图 2-47　白云石浮选回收率与 pH 的关系[276]

第3章 矿物晶体化学与表面物理化学性质

矿物表面的物理化学性质，如表面润湿性、表面电性及界面的吸附现象等对矿物浮选行为起主导作用，矿物表面与内部的主要区别，就是矿物内部离子、原子或分子相互结合，键能得到平衡；而表面层的离子、原子或分子，朝向内部的一面，与内层有平衡饱和键能，而朝向外面的是空间，这方面的键能没有得到饱和（或补偿）。矿物表面这种未饱和的键能，导致矿物表面的物理不均一性和化学不均一性等，从而直接影响矿物表面物理化学性质。这实际上表明，矿物表面的物理化学性质都与矿物内部结晶构造有关，即与矿物的晶体化学特性有关。矿物的晶体化学特性是指矿物的化学组成、化学键、晶体结构及其与矿物物理化学性质之间的关系，是矿物最本质的特征。不同矿物的晶体结构不同，其表现的表面性质不同，决定着矿物表面化学键的类型、键能和键角。矿物晶体结构的各向异性，同一矿物晶体各晶面的表面结构不同，则其表面性质亦不相同。因此，对矿物晶体化学特征的研究对于了解矿物的物理化学性质与表面性质及对矿物浮选的影响具有重要的理论意义，研究矿物晶体化学在矿物浮选中的应用，是解决难分选矿物浮选分离的重要途径之一。

3.1 矿物的晶体结构与可浮性

3.1.1 矿物晶体结构与矿物的价键类型

矿物的表面特性与其晶体结构密切相关。研究矿物的晶体结构就是研究晶体内部质点的排列方式及它们之间通过化学键相联结的规律，包括结构中基本质点的具体数目、相对大小、在晶格中的极化程度，以及结构中化学键的类型、晶格类型、晶格能的高低等，这些晶体结构特点直接影响着矿物解离后表面的极性、不饱和键的性质和微结构的形成，引起矿物表面性质（表面电性、表面润湿性等）的差异，进而影响矿物在浮选工艺过程中的行为。

矿物的解离和断裂特性与矿物的晶体结构有着密切的关系，矿物晶体结构包括矿物内部的晶格构造、内部化学键的性质与强弱等。矿物的晶体结构与矿物的解离方向具有对应关系，一定结构的矿物晶体在外力的作用下将沿着一定的结晶方向断裂成光滑的平面，根据发生解离的难易和解离面完好的程度，解离可分为极完全解离、完全解离、中等解离、不完全解离和无解离。

　　矿石破碎时，矿物沿脆弱面（如裂缝、解理面、晶格间含杂质区等）裂开，或沿应力集中部位断裂，矿物晶体受到外力作用破碎时，主要沿着晶体结构内键合力最弱的面网之间发生断裂，如沿着相互距离较大的面网、两层同号离子相邻的面网、阴阳离子电性中和的面网、弱键连接的面网以及沿裂缝或晶格内杂质聚集的区域等处裂开形成解离面。图 3-1 列出了 5 种典型的晶体结构，现以解理面为基础，简要分析一下它们的断裂面。

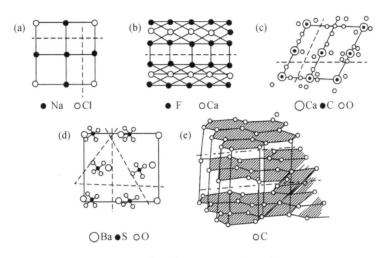

图 3-1　典型矿物晶格及可能断裂面

（a）岩盐（NaCl）；（b）萤石（CaF₂）；（c）方解石（CaCO₃）；（d）重晶石（BaSO₄）；（e）石墨（C）

　　单纯离子晶格断裂时，常沿着离子界面断裂，图中的虚线表示断裂面。例如岩盐（NaCl）为单纯离子晶格，断裂时，常沿着离子间界面断裂，在解理面上分布有相同数目的阴离子和阳离子，可能出现的断裂面如图 3-1（a）中的虚线所示。

　　萤石也是离子晶格，它的断裂主要沿图 3-1（b）中的虚线进行。由此可见，在萤石的晶格中有两种面网排列方式，一是 Ca^{2+} 与 F^- 面网相互排列，另一种是由 F^- 与 F^- 面网排列，Ca^{2+} 和 F^- 存在着较强的键合能力。F^- 间的电性相同，它们之间的静电斥力导致了晶体内的脆弱解理面。因此，当受外力作用破碎时，萤石常沿 F^- 组成的平行面网层断裂开。

　　方解石虽然也是离子晶格，但在它的晶格中含有基团 CO_3^{2-}，因 C—O 间为更强的共价键结合，所以不会沿酸根中的 C—O 共价键断开，受外力破碎时，将沿图 3-1（c）中的虚线所表示的 CO_3^{2-} 与 Ca^{2+} 交界面断裂。

　　共价晶格的可能断裂面，常是相邻原子距离较远的层面，或键能弱的层面。重晶石的碎裂如图 3-1（d）中的虚线所示，它有 3 个解理面，都是沿含氧离子的面网间发生断裂。

　　分子键是较弱的键，因此当矿物含有分子键时，常使分子键发生断裂。如石墨和辉钼矿都具有典型的层状结构，石墨断裂情况如图 3-1（e）所示，层与层间的距离（图中的垂直距离）为 0.339 nm，而层内碳原子之间相距 0.12 nm，所以容易沿层片间断裂开。

　　最常见的硅酸盐和铝硅酸盐矿物结构非常复杂，骨架的最基本单位为二氧化硅，硅氧构成四面体，硅在四面体的中心，氧在四面体的顶端，彼此联系起来构成骨架。在骨架内，原子间距离在各个方向上都相同。硅酸盐矿物中的 Si^{4+} 易被 Al^{3+} 取代，形成铝硅酸盐矿物，其硅氧四面体中硅与氧的比例，影响解理面的性质。另外，Al^{3+} 比 Si^{4+} 少 1 个正价，因此就必须引入 1 个 1 价阳离子，才能保持电中性，被引入的离子常常是 Na^+ 和 K^+，但 Na^+ 或 K^+ 处于骨架之外，骨架与 Na^+ 或 K^+ 之间为离子键，硅-氧之间为共价键，所以，此类矿物的断裂面比较复杂，如钾长石（$KAlSi_3O_8$）、钠长石（$NaAlSi_3O_8$）等。

3.1.2　矿物晶体结构、价键特性与可浮性

矿石在破碎和磨细过程中，矿物在外机械力的作用下，晶体内部化学键受到破坏，出现新的断口或较平滑的解理面，这些具有未饱和键能的断裂面是决定矿物表面润湿性与可浮性的基础。有的矿物表面呈现亲水性，有的矿物表面呈现一定的疏水性，主要取决于矿物表面键的性质。所谓天然可浮性是指矿物在不添加任何浮选药剂的情况下的浮游性，矿物的天然可浮性与其解理面和表面键性质及矿物内部的价键性质、晶体结构密切相关。

由分子键构成的分子晶体的矿物，沿较弱的分子键层面断裂，其表面不饱和键是弱的分子键，此时矿物表面以定向力、诱导力为主，其极性及化学活性较弱，对水分子吸引力较小，不易被水润湿，故称为疏水性表面，接触角在 60°～90° 之间，划分为非极性矿物，如辉钼矿、叶蜡石、滑石等。疏水性表面的矿物，天然可浮性好，但这类矿物断裂面的边缘、棱角等处，就不一定呈现疏水性。

以辉钼矿晶体结构与天然可浮性为例，图 3-2 为优化后的 2H 型辉钼矿的晶体结构，由图 3-2（a）所示单胞结构可知，在辉钼矿的晶体结构中，晶胞内钼离子的配位数为 6，即每个钼离子周围有 6 个硫离子。由钼离子组成的面网夹在相互平行且由硫离子组成的两个面网之间，共同构成一个 S—Mo—S 的结构层，形成层状结构，如图 3-2（b）所示。层内离子连接紧密，而层与层之间的范德华力（分子键）却很弱，在破碎磨矿时，辉钼矿容易沿层间呈片状形态解离，所暴露出的解离面具有非极性和疏水性，我们将这种沿 S—Mo—S 层间解离的暴露面称为"面"，即为 (001) 面。在这个解离面上没有发生电子的得失和转移，理论上呈电中性，对具有高表面能的水分子几乎无吸引力，且不易被氧化，因而具有较好的天然疏水性。而沿 Mo—S 键断裂暴露出的面称为"棱"，这种共价键裂面是极性的、亲水的，我们把这类表面称之为"异极性表面"。研究表明，辉钼矿的晶体构造导致其在受力时极易沿着层间键能较弱的分子键断裂，产生完全由硫原子组成的非极性面，造成面多棱少的情况，使得辉钼矿表现出良好天然可浮性[277-279]。

图 3-3 为无捕收剂和抑制剂存在的条件下，矿浆 pH 对辉钼矿浮选回收率的影响。由图可知，在 pH<3.0 时，辉钼矿表现出良好的可浮性，浮选回收率均在 70% 以上，在 pH=2.0 时辉钼矿的回收率达到 91%。在 pH 为 3.0～7.0 范围内，随着矿浆 pH 的增加，浮选回收率有所下降，在碱性范围内，辉钼矿的浮选回收率随着 pH 的增加而下降，在 pH=12.0 时，辉钼矿的回收率只有 61%。值得注意的是，随着磨矿细度的增加，棱面比增加，辉钼矿的表面亲水性增强，天然可浮性下降。换而言之，辉钼矿颗粒表面的棱面比是影响其天然可浮性的关键因素。

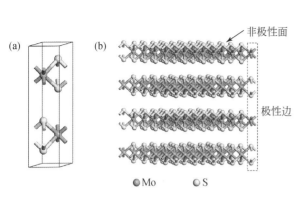

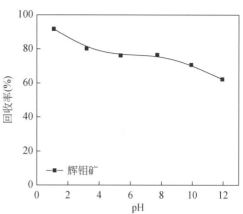

图 3-2　优化后的 2H 型辉钼矿晶体结构

（a）1×1×1 单胞；（b）5×5×2 超胞

图 3-3　无捕收剂体系下 pH 对辉钼矿浮选行为的影响（$C_{(2\#oil)}$=20 mg/L）[237]

3.1.3　矿物晶体结构与其化学键特征

上一节表明，像辉钼矿这样的矿物，在破碎磨矿时，沿层间解离暴露出的解离面具有非极性和疏水性，但大多数矿物在破碎磨矿时，暴露出的解离面具有不同的极性，与它们结构中的化学键特性有关。以铝硅酸盐矿物为例，计算矿物晶体结构中不同化学键的特征。铝硅酸盐矿物中存在三种不同类型的化学键，硅桥氧键（Si—O^{桥}）、硅非桥氧键（Si—O^{非}）以及氧与金属离子间的化学键 M—O。其中 M—O 离子键成分为主，而 Si—O^{桥}和 Si—O^{非}以共价键成分为主，三种化学键决定了铝硅酸盐矿物的基本骨架与性质。目前，化学键特征的计算方法主要有如下两种：

1. 矿物结构中阴阳离子间的静电引力计算

矿物结构中阴、阳离子间的静电引力可用库仑定律来计算，如下式[280]：

$$F = k \frac{2Ze^2}{(R_c + R_a)^2} \tag{3-1}$$

式中，F 为阳离子与阴离子间的静电引力；Z 为阳离子的电价；e 为电子的电量，e=1.60×10^{-19} C；R_c 为阳离子半径，可查文献［281］附表；R_a 为阴离子半径，对于 O^{2-}，R_a=0.135 nm；k 为常数，k=9.0×10^9 N·m^2/C^2。

由于 k、e^2 均为常数，故阴阳离子的引力只与比值 $Z/(R_c+R_a)^2$ 成正比，实际上只取决于阳离子的半径和电价数。

2. 矿物结构中 M^{n+}—O^{2-}键平均键价的计算

键价理论认为，键价的高低是衡量键强弱的一个量度，键价越高键越强，键价越低键越弱；长键与较低键价对应，短键与较高键价相对应。20 世纪 70 年代加拿大布朗（I. D. Brown）等学者给键长-键价提出了下列指数关系式[282]：

$$S = \left(\frac{R}{R_0}\right)^{-N} \text{ 或 } S = e^{-\left(\frac{R-R_0}{B}\right)} \tag{3-2}$$

式中，S 为键价；R 为键长；R_0 与 N（或 R_0 与 B）是与原子种类、价态有关的常数，见表 3-1。当知道结构中各化学键的平均键长后（各化学键的平均键长可通过 Materials studio 6.0 软件导入晶体结构后利用 Measure/Change 菜单键中的"Distance"功能键直接测量出），可以通过式（3-2）计算出各 M^{n+}—O^{2-} 键的平均键价。

表 3-1　参数 R_c、R_0、N 和 B 的数值表（罗马数字表示配位数[281]）

连 O 键	R_c	R_0	N	B
H	—	0.087	2.2	
K	0.164（Ⅻ）	0.228	9.1	—
Li	0.076（Ⅵ）	0.129		0.48
Na	0.118（Ⅷ）	0.166		0.44
Al	0.039（Ⅳ），0.0535（Ⅵ）	0.164	—	0.38
Si	0.026（Ⅳ）	0.163		0.36

　　由以上各式可计算出锂辉石、钠长石及白云母晶体结构中 M^{n+}—O^{2-} 平均键长、静电价强度、库仑力以及 M^{n+}—O^{2-} 的平均键价，结果如表 3-2 所示。表 3-2 的计算结果表明，铝硅酸盐矿物结构中 M^{n+} 静电价强度、M^{n+}—O^{2-} 键平均键长、库仑力、平均键价之间具有较好的一致性。即当结构中 M^{n+} 与 O^{2-} 之间的静电价强度越大，键的键长越短，库仑力就越大，离子间的平均键价亦越大，即其键就越强，离子之间的化学键就越难以断裂，反之亦然。可以推知：在铝硅酸盐矿物结构中，[SiO₄] 四面体 Si—O 键是最强的，当 Al 取代 Si 时，[AlO₄] 四面体中 Al—O 键的键强次之，[AlO₆] 八面体 Al—O 键的键强较弱，其他金属 M—O 键的键强最弱。所以，铝硅酸盐矿物的解离最易在 [SiO₄] 四面体骨干外的 M—O 上发生断裂，例如 Li—O、Na—O、K—O 等，而且矿物表面解离后暴露的这些金属离子也容易水化，导致矿物表面键合大量水中的羟基，所以，大部分铝硅酸盐矿物表面亲水性好[282]。

表 3-2　铝硅酸盐矿物晶体化学键特征计算结果

矿物种类	结构中 Al 的性质	阳离子 M^{n+}	静电价强度	M^{n+}—O^{2-} 平均键长（nm）	M^{n+}—O^{2-} 库仑力 F（10^{-7}N）	M^{n+}—O^{2-} 键的平均键价 S
锂辉石	Al 在硅氧骨干之外，以六配位的形式组成 [AlO₆] 八面体	Li^+	1/6	0.2230	0.57	0.42
		Al^{3+}	1/2	0.1948	3.08	0.68
		Si^{4+}	1	0.1630	11.81	1.00
钠长石	一个 Al 取代了 Si 呈 [AlO₄] 四面体，其中 Al∶Si=1∶3	Na^+	1/8	0.250	0.27	0.43
		Al^{3+}	3/4	0.173	5.01	0.88
		Si^{4+}	1	0.160	11.81	1.01
白云母	[AlO₄] 四面体和 [AlO₆] 八面体同时存在，其中 [AlO₄] 四面体与 [SiO₄] 四面体的比例为 1∶3	K^+	1/12	0.285	0.15	0.13
		$Al^{3+}{}_{VI}$	3/6	0.192	3.08	0.69
		$Al^{3+}{}_{IV}$	3/4	0.170	5.01	0.88
		Si^{4+}	4/4	0.160	11.81	1.01

3.2　矿物晶体结构与晶面断裂键密度

矿物的可浮性与矿物解离后表面暴露的断裂键类型、数量、元素种类等密切相关，而这直接取决于矿物的晶体结构及化学键断裂后的特征。研究表明，矿物的表面断裂键性质可预测矿物的解理性质和常见的暴露面，预测表面原子的化学反应活性[283-285]，因此分析矿物晶体结构不同晶面的断裂键性质对理解矿物的表面特性及可浮性具有重要的意义。

借助 MS 软件中的 Crystal Builder 模块切割不同晶面，再依据断裂键的计算原则（沿某一面网方向，使得相邻离子层之间的化学键完全断开并形成两个独立的晶面），然后根据不同晶面截面上不饱和原子的情况及周期性，可计算出矿物的不同晶面的断裂键数 N_b，用式（3-3）可计算出各个晶面的断裂键密度。计算公式如下：

$$D_b = \frac{N_b}{S} \tag{3-3}$$

式中，N_b 为某晶面单位晶胞范围内的断裂键数；D_b 为该晶面上单位面积（$1\,nm^2$）上的断裂键数；S 为该晶面上单位晶胞的面积。

当矿物受外力作用时，由于晶体内部质点的作用力场的对称性遭到破坏而断裂成不饱和键，在真空中断裂的键得不到补偿，使得晶体表层部分质点有比晶格内部质点过剩的势能。当矿物断裂表层位于浮选溶液中时，药剂分子将与矿物表面的质点作用，使表面不饱和键得到补偿。一般而言，断裂面上的断裂键愈多，断裂键密度愈大，断裂面上所表现出对浮选剂吸附的能力愈强。下面以不同晶体结构类型的矿物分别描述。

3.2.1　铝硅酸盐矿物的晶体结构与断裂键密度

1. 高岭石的晶体结构与断裂键密度

高岭石理论化学通式为 $Al_2O_3 \cdot 2SiO_2 \cdot 2H_2O$（含 Al_2O_3 39.5%，SiO_2 46.54%，H_2O 13.96%），其晶体结构式为 $Al_4[Si_4O_{10}](OH)_8$，晶体结构见图 3-4。高岭石的结构单元层属双层型（TOa 型），即一个 $[SiO_4]$ 四面体片与一个 $[AlO_2(OH)_4]$ 八面体片连结组成单元层[286,287]。根据高岭石的晶体结构特点，以常见的多型为代表进行计算，晶胞参数见表 3-3。

由图 3-4 可知，在高岭石的层间没有其他阳离子或水分子存在，而是靠氢氧-氢键连接，当矿物破碎时，在 (001) 面上，

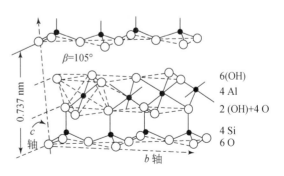

图 3-4　高岭石的晶体结构图

表 3-3　高岭石的晶胞参数

矿物	晶胞参数						
	a_0（nm）	b_0（nm）	c_0（nm）	α	β	γ	Z
高岭石	0.514	0.893	0.737	91.8°	104.5°	90°	1

只有氢键最易断裂。单位晶胞内(001)面上的氢键的断裂键数最大为6。因 $a_0=0.514$ nm，$b_0=0.893$ nm，$\gamma=90°$，则高岭石(001)面的单位面积上断裂键数 $N_{(001)}=N_{氢键}$，则断裂键密度为

$D_{氢键}=6/S_{(001)}=6/(a_0 \times b_0 \times \sin\gamma)=6/(0.514 \times 0.893 \times \sin90°)=13.07$ nm^{-2}。

在(010)面上，当矿物破碎时，Si—O 键、Al—O 键会断裂。单位晶胞内(010)面上的 Si—O 断裂键数为1，Al—O 断裂键数为2。因 $a_0=0.514$ nm，$c_0=0.737$ nm，$\beta=104°30'$，则高岭石(010)面的单位面积上断裂键数：

$N_{(010)}=N_{Si—O}+N_{Al—O}$，则断裂键密度为

$D_{Si—O}=1/S_{(010)}=1/(a_0 \times c_0 \times \sin\beta)=1/(0.514 \times 0.737 \times \sin104°30')=2.73$ nm^{-2}

$D_{Al—O}=2/S_{(010)}=2/(a_0 \times c_0 \times \sin\beta)=2/(0.514 \times 0.737 \times \sin104°30')=5.45$ nm^{-2}

$D_{(010)}=8.18$ nm^{-2}

在(110)面上，当矿物破碎时，Si—O 键、Al—O 键会断裂。由图 3-4 可知，单位晶胞内(110)面上的 Si—O 断裂键数为2，Al—O 断裂键数为4。因 $a_0=0.514$ nm，$b_0=0.893$ nm，$c_0=0.737$ nm，$\gamma=90°$，则高岭石(110)面的单位面积上断裂键数：

$N_{(110)}=N_{Si—O}+N_{Al—O}$，则断裂键密度为

$D_{Si—O}=2/S_{(110)}=2/(h \times \sqrt{a_0^2+b_0^2-2a_0b_0\cos\gamma})=2/(0.733 \times 1.030)=2.64$ nm^{-2}

$D_{Al—O}=4/S_{(110)}=4/(h \times \sqrt{a_0^2+b_0^2-2a_0b_0\cos\gamma})=4/(0.733 \times 1.030)=5.30$ nm^{-2}

$D_{(110)}=7.94$ nm^{-2}

其中 h 为晶胞(110)面内的斜高。

在(100)面上，当矿物破碎时，Si—O 键、Al—O 键会断裂。单位晶胞内(100)面上的 Si—O 断裂键数为2，Al—O 断裂键数为6。因 $b_0=0.893$ nm，$c_0=0.737$ nm，$\alpha=91.8°$，则高岭石(100)面的单位面积上断裂键数：

$N_{(100)}=N_{Si—O}+N_{Al—O}$，则断裂键密度为

$D_{Si—O}=2/S_{(100)}=2/(b_0 \times c_0 \times \sin\alpha)=2/(0.893 \times 0.737 \times \sin91.8°)=3.04$ nm^{-2}

$D_{Al—O}=6/S_{(100)}=6/(b_0 \times c_0 \times \sin\alpha)=6/(0.893 \times 0.737 \times \sin91.8°)=9.12$ nm^{-2}

$D_{(100)}=12.16$ nm^{-2}。

由以上分析表明，高岭石在(001)方向上单位面积的氢键断裂键数最大为 13.07 nm^{-2}。在(100)方向上单位面积的 Si—O 断裂键数和 Al—O 断裂键数皆最大，分别为 3.04 nm^{-2}、9.12 nm^{-2}，其次是(010)面分别为 2.73 nm^{-2}、5.45 nm^{-2}，最小是(110)面，分别为 2.64 nm^{-2}、5.30 nm^{-2}。因此高岭石晶体常常表现出(001)解理极完全，鳞片具有挠性。(110)、(010)也是常见的解理面，而难见有(100)面。

2. 锂辉石各晶面不同类型断裂键的密度

锂辉石主要晶面 [（a）（110），（b）（001），（c）（100）] 断裂键的计算示意图如图 3-5，由图 3-5 及式（3-3）可计算出锂辉石各晶面不同类型断裂键的密度，计算结果见表 3-4。由表 3-4 可知，在锂辉石单位晶胞（110）面上，当矿物碎磨时，Li—O 键和 Al—O 键会断裂。对于（001）面，Si—O 键、Li—O 键和 Al—O 键都会断裂；对于（100）面，Li—O 键和 Al—O 键断裂，而没有 Si—O 键的断裂。每个晶面断裂键数量不一样，只有（001）面断裂 Si—O 键，各个晶面的断裂键呈现各向异性。各类型断裂键密度大小顺序为：$D_{b,Li-O(100)} > D_{b,Li-O(110)} > D_{b,Li-O(001)}$；$D_{b,Al-O(100)} > D_{b,Al-O(110)} > D_{b,Al-O(001)}$。考虑不同键的键强，总断裂键密度进行修正值大小关系为：$D_{b,\Sigma Li-O+Al-O+Si-O(100)} > D_{b,\Sigma Li-O+Al-O+Si-O(001)} > D_{b,\Sigma Li-O+Al-O+Si-O(110)}$。

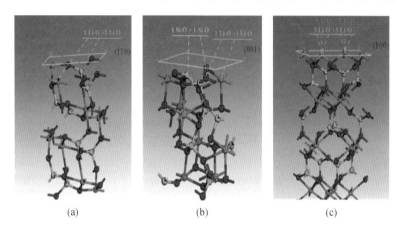

图 3-5　锂辉石主要晶面 [（a）（110），（b）（001），（c）（100）] 断裂键的计算示意图
黄色：Si；浅紫色：Li；红色：O；桃红色：Al；灰白色：H

表 3-4　锂辉石晶体各晶面不同种类的断裂键数的计算及数值[252]

断裂键	晶面	N_b	单位晶胞面积计算式	S (nm²)	D_b (nm⁻²)
	110	2	$S=0.522×0.630×\sin104.85°$	0.33	6.06
Li—O	001	2	$S=0.630×0.630×\sin83.24°$	0.38	5.26
	100	6	$S=0.522×0.841×\sin90°$	0.44	13.64
	110	4	$S=0.522×0.633×\sin104.85°$	0.33	12.12
Al—O	001	2	$S=0.630×0.630×\sin83.24°$	0.38	5.26
	100	6	$S=0.522×0.841×\sin90°$	0.44	13.64
Si—O	001	2	$S=0.633×0.633×\sin83.24°$	0.39	5.10

对于铝硅酸盐矿物，表面断裂键密度越大，矿物碎磨后不容易暴露；反之亦然，矿物晶体晶面断裂键密度越小，沿该晶面方向越容易产生解理和断裂。可以得出锂辉石 3 个晶面的解理和暴露程度大小顺序分别为：（110）＞（001）＞（100）。

3.2.2　钨酸盐矿物晶体结构与各晶面断裂键密度

黑钨矿晶体结构是单斜晶系，空间群属 C_{4}^{2h}-$P_{2/c}$，$Z=2$。黑钨矿晶体结构及各晶面投影图见图 3-6，由图 3-6（a）可以看出，氧离子形成变形的六方紧密堆积结构，这样形成的八面体空隙一半被 W 离子充填，另一半被 Fe、Mn 离子充填，Mn^{2+}、Fe^{2+} 可无限置换，为无序排列。

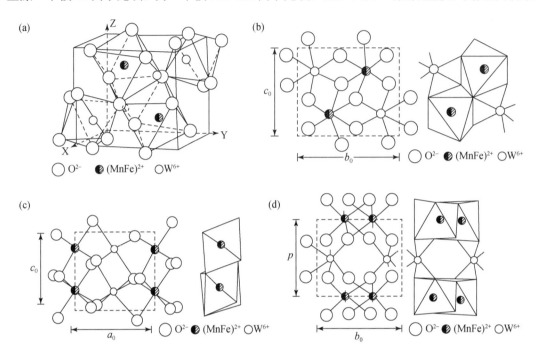

图 3-6　黑钨矿晶体结构及各晶面投影图[288]

（a）黑钨矿晶体结构图；（b）黑钨矿晶胞(100)面投影；（c）黑钨矿晶胞(010)面的投影；（d）黑钨矿晶胞(001)面的投影

根据黑钨矿晶体结构特点，可知在(100)方向是 $[WO_4]^{2-}$ 与 $(Fe, Mn)^{2+}$ 离子层的互层，层与层之间结合力相当强，如果以 A 表示 $[WO_4]^{2-}$，以 B 表示 $(Fe, Mn)^{2+}$（下同），则在(100)方向离子排列可简写为 ABAB…。图 3-6（b）是(100)面原子投影图，在氧原子与钨原子间以共价键连接，当矿物破碎时，钨氧八面体不发生破裂，而只能是氧与铁和锰之间的离子键断裂。单位晶胞内(100)面上的 (Fe, Mn)—O 断裂键数 N 为 12。X 射线衍射分析计算表明，晶胞参数为：$a_0=4.806\times10^{-10}$ m，$b_0=5.765\times10^{-10}$ m，$c_0=4.987\times10^{-10}$ m，则黑钨矿(100)面的单位面积上断裂的 (Fe, Mn)—O 键数为 12，则断裂键密度 $D_{(100)}=12/b_0c_0=0.417$。

在(010)方向是一层 $[WO_4]^{2-}$，一层 $(Fe, Mn)^{2+}$，一层 $(Fe, Mn)^{2+}$，一层 $[WO_4]^{2-}$…，可简写为 ABBA ABBA…。在 Y 方向上 $(Fe, Mn)^{2+}$ 与 W^{6+} 间距离相等，因 W^{6+} 对氧离子的结合力强，故(010)解理应在 $[WO_4]^{2-}$ 层间产生。黑钨矿晶胞(010)原子投影如图 3-6（c）所示。由图可知，(Fe, Mn)—O 断裂键数 N 为 $2\times2+2\times3+1/2\times10=15$，则断裂键密度 $D_{(010)}=15/a_0c_0=0.626$。

在(001)方向是 $[WO_4]^{2-}+(Fe, Mn)^{2+}$ 离子层互层，结合较差，但尚未达到相斥的程度，可简写为 (A+B)(A+B)…。在(001)晶面上，$(Fe, Mn)^{2+}$ 全面暴露。图 3-6（d）是(001)面投影图。在该晶面上断裂的键数 N 最多为 $4\times3+1/2\times12=18$，则断裂键密度 $D_{(001)}=18/a_0b_0=0.650$。

从断裂键密度看，(100)面会是黑钨矿常见解理面。

同样，根据白钨矿晶体结构，可以计算出白钨矿各晶面未饱和键密度如表 3-5 所示。表 3-5 表明，白钨矿各晶面未饱和键密度大小顺序为：$(101)_{Ca-WO_4}$ > (010) > (110) > $(101)_{WO_4-WO_4}$ = $(101)_{Ca-Ca}$ ≥ (111) > (112) > (001)。晶面 (101) 面网方向，沿 Ca—WO_4 层间裂开形成表面需要断裂的 Ca—O 键密度最大，达到了 24.36 nm^{-2}，层间键合强度很大，同时考虑异号离子层间存在很强的静电吸引力，当白钨矿受外力作用时，沿 Ca—WO_4 层间很难产生解理；而沿 Ca—Ca 层间，Ca—O 离子键密度较小，为 18.27 nm^{-2}，同时同号离子层间存在较大的静电排斥力，当白钨矿受外力作用时，很容易沿着 Ca—Ca 层间产生解理。沿 (111) 面网方向，相邻离子层间 Ca—O 离子键密度与 $(101)_{Ca}$ 面网接近，但层间距仅为 0.0881 nm，较难形成 (111) 解理面。(010) 和 (110) 面，表面未饱和键密度较大，仅次于 $(101)_{Ca-WO_4}$，分别为 20.12 nm^{-2} 和 18.97 nm^{-2}，较难产生沿此方向的解理和裂开。(001) 和 (112) 面具有最小的表面未饱和键密度，且晶面为电性中和面，层间距也最大，白钨矿受外力作用时，容易沿这两个晶面产生解理，是白钨矿最常见的暴露面。

表 3-5 白钨矿各晶面未饱和键数计算[96]

晶体	晶面	单位晶胞面积计算式	$A(nm^2)$	N_b	$D_b(nm^{-2})$
白钨矿	(001)	$A=0.5243×0.5243×\sin90°$	0.2749	4	14.55
	(010)	$A=0.5243×1.1376×\sin90°$	0.5964	12	20.12
	$(101)_{Ca-Ca}$	$A=0.5243×0.679×\sin112.713°$	0.3284	6	18.27
	$(101)_{Ca-WO_4}$	$A=0.5243×0.679×\sin112.713°$	0.3284	8	24.36
	$(101)_{WO_4-WO_4}$	$A=0.5243×0.679×\sin112.713°$	0.3284	6	18.27
	(110)	$A=0.679×0.679×\sin113.808°$	0.4218	8	18.97
	(112)	$A=0.679×0.742×\sin90°$	0.5038	8	15.88
	(111)	$A=0.7415×1.2526×\sin107.216°$	0.8872	16	18.03

注：A 为单位晶胞面积；N_b 为单位晶胞范围内的未饱和键数；D_b 为 1 nm^2 面积上的未饱和键；$(101)_{Ca-Ca}$，$(101)_{Ca-WO_4}$，$(101)_{WO_4-WO_4}$ 分别代表 (101) 面方向上，沿 Ca—Ca 层间、Ca—WO_4 层间和 WO_4—WO_4 层间解理形成的表面

借助 XRD 的研究发现，白钨矿晶体容易沿 (112) 面生长形成晶面，也容易沿着该面网层间断裂形成解理面[289,290]，但是在磨细的白钨矿物纯矿物样品中，也存在 (101) 暴露面。据此推断，在外力较小时，由于其层间距较小，较难沿此方向产生解理，(101) 面较难暴露，只有在外力较大，如受到破碎和细磨作用时，才会沿此方向裂开形成 (101) 解理面。

3.2.3 氧化物矿物的晶体结构与断裂键密度

以一水硬铝石为例，一水硬铝石矿物的晶体结构见图 3-7，为斜方晶系，斜方双锥晶类，金红石型双链结构（沿 C 轴成链），氧原子作六方最密堆积，最密堆积层垂直 a 轴。斜方晶胞的 a_0 等于氧原子层间距的 2 倍，阳离子 Al^{3+} 位于八面体空隙中，Al^{3+} 与氧的配位数分别为 6 和 3。由 $[Al^{3+}(O, OH)_6]$ 八面体组成的双链沿 c 轴延伸。链内八面体共棱联结，双链间以角顶相联。此外，在垂直 c 轴的平面上氧原子间具有氢氧-氢键。质子 H 分布不对

称，O—H—O 为折线状。根据一水硬铝石的主要晶体习性，一水硬铝石主要呈板状晶体，解理面(010)较为发育，主要暴露的晶面为(010)，其次为(100)、(110)、(120)和(001)等晶面。因此，分别对一水硬铝石的几个主要晶面(010)、(100)和(001)的断裂键密度进行了理论分析和计算。其晶胞参数列于表 3-6[291,292]，计算结果列于表 3-7。

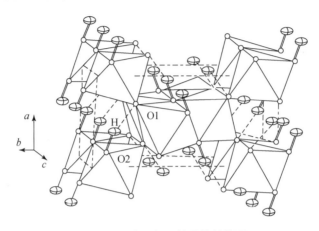

图 3-7　一水硬铝石的晶体结构图

表 3-6　一水硬铝石矿物的晶胞参数

矿物名称	晶胞参数						
	a_0（nm）	b_0（nm）	c_0（nm）	α	β	γ	Z
一水硬铝石	0.441	0.940	0.284	90°	90°	90°	4

表 3-7　一水硬铝石晶体单位晶面断裂键的类型和键数[56]

晶面	S（nm²）	键的类型	N_{min}	D（nm⁻²）	键的类型	N_{min}	D（nm⁻²）
(010)	$a_0 \times c_0$	Al—O	3	24	Al—O1	0	0
					Al—O2	3	24
		氢键	2	16			
(100)	$c_0 \times b_0$	Al—O	8	30	Al—O1	4	15
					Al—O2	4	15
		氢键	3	11.3			
(001)	$a_0 \times b_0$	Al—O	16	38.6	Al—O1	8	19.3
					Al—O2	8	19.3
		氢键	4	9.7			

注：N_{min}：断裂键数，S：单位晶胞内晶面的面积（nm²），N：单位面积的断裂键数（nm⁻²）

由一水硬铝石的晶体结构特点（图 3-7）可知：每个氧原子与三个铝原子相连接，而每个铝原子与八个氧原子相连接。铝氧八面体以共棱的方式形成平行 c 轴的双金红石链，链间以角顶相连，其中平行 c 轴的双金红石链内 O2 与 Al 距离比链间 O1 与 Al 距离要大；当配位多面体共棱，特别是共面时会降低晶体结构的稳定性，因此 O2 与 Al 间键的强度比链

O1 与 Al 间键强度要小。

在(010)方向上，O2 与 Al 间键的强度比链 O1 与 Al 间键的强度要小，当矿物破碎时，会从 Al—O2 键断裂。由图 3-7 可知，单位晶胞内(010)面上的"Al—O2"断键数为 3，氢键断键数为 2，因 a_0=0.441 nm，c_0=0.284 nm，一水硬铝石(010)晶面断键数：

$N_{(010)}=N_{Al-O1}+N_{Al-O2}$，则断裂键密度

$D_{Al-O2}=3/S_{(010)}=3/(0.284×0.441)=24.0$ nm^{-2}，

$D_{氢键}=2/S_{(010)}=2/(0.441×0.284)=16.0$ nm^{-2}，

$D_{Al-O(010)}=24.0$ nm^{-2}，$D_{(010)}=40.0$ nm^{-2}。

在(100)方向上，当矿物破碎时，Al—O1 键、Al—O2 键和氢键都得断裂。由图 3-7 可知，单位晶胞内(100)面上的"Al—O1"断键数为 4，"Al—O2"断键数亦为 4，氢键断键数为 3，因 b_0=0.940 nm，c_0=0.284 nm，则一水硬铝石(100)晶面上断键数：

$N_{(100)}=N_{Al-O1}+N_{Al-O2}+N_{氢键}$，则断裂键密度

$D_{Al-O1}=D_{Al-O2}=4/S_{(100)}=4/(0.284×0.940)=15.0$ nm^{-2}，

$D_{氢键}=3/S_{(100)}=3/(0.284×0.940)=11.3$ nm^{-2}，

$D_{Al-O(100)}=D_{Al-O1}+D_{Al-O2}=30.0$ nm^{-2}，$D_{(100)}=41.3$ nm^{-2}。

在(001)方向上，当矿物破碎时，Al—O1 键、Al—O2 键和氢键都得断裂。由图 3-7 可知，单位晶胞内(001)面上的"Al—O1"断键数为 8，"Al—O2"断键数亦为 8，氢键断键数为 4，因 a_0=0.441 nm，b_0=0.940 nm，则一水硬铝石(001)面的单位面积上断键数：

$N_{(001)}=N_{Al-O1}+N_{Al-O2}+N_{氢键}$，则断裂键密度

$D_{Al-O1}=D_{Al-O2}=8/S_{(001)}=8/(0.441×0.940)=19.3$ nm^{-2}，

$D_{氢键}=4/S_{(001)}=4/(0.441×0.940)=9.7$ nm^{-2}，

$D_{Al-O(001)}=D_{Al-O1}+D_{Al-O2}=38.6$ nm^{-2}，$D_{(001)}=48.3$ nm^{-2}。

由以上计算表明，在(010)方向上单位面积的 Al—O 断裂键数（断裂键密度）最小为 24 nm^{-2}，其次是(100)面为 30.0 nm^{-2}，最大是(001)面为 38.6 nm^{-2}。其中在(001)面上 Al—O1 断裂键密度最大为 19.3 nm^{-2}，其次在(100)面上；由于 O1 与 Al 间键强比链 O2 与 Al 间键的强度要大些，因此当矿物破碎时，在一水硬铝石的晶体上常常表现出(010)完全解理面，(010)晶面的暴露面积最大。当一水硬铝石矿物破碎磨细时，主要沿(010)面断裂，(100)和(001)等面也是常见的断裂面，表面暴露有大量的 Al—O 键和 Al—OH。因此，对于一水硬铝石来说，(010)晶面对一水硬铝石矿物的表面电性、润湿性及可浮性影响较大。三个主要晶面(010)、(100)、(001)上 Al—O 键的单位面积断裂键数有如下关系：

$D_{Al-O(010)}<D_{Al-O(100)}<D_{Al-O(001)}$。

3.2.4　碳酸盐矿物晶体结构与各晶面断裂键密度

方解石晶体结构如图 3-8 所示，a_h=0.4988 nm，c_h=1.7061 nm，$\alpha=\beta$=90°，γ=120°，Z=6。Ca^{2+} 与周围六个 CO_3^{2-} 中的 O 结合成六配位，形成不规则八面体，Ca—O 键的键长为 0.236 nm。C 与 O 结合成 3 配位，C—O 键长为 0.128 nm。通常采用四轴定向的{h, k, i,

l}表示晶面指数，其中 $h+k=-i$，如方解石常见的完全解理面为($10\bar{1}4$)，为了书写方便，方解石通常采用三轴定向的{h, k, l}晶面指数，则书写为(104)面。方解石晶面断裂键的计算结果，以及沿该面网方向，两相邻晶面之间的层间距 d，见表3-8。

由表3-8可知，方解石各晶面未饱和键密度的大小顺序为：(100)＞(110)＞(214)＞(001)＞(018)＞(104)。(104)解理面在方解石晶胞中的方位，如图3-9所示。由图可知，该晶面方向上，Ca^{2+} 与 CO_3^{2-} 以 1∶1 同层分布，属电性中和面，(104)面表面未饱和键密度是六个晶面中最小的，层间距最大，为 0.3035 nm，故方解石受外力作用时，很容易解理产生(104)面，(104)面是方解石晶体的完全解理面。对于方解石晶体，沿(104)面形成完全解理，(104)菱面体亦是其最常见的单形。

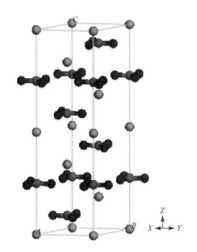 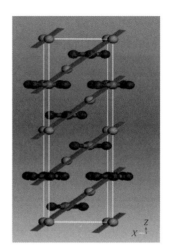

图 3-8　方解石晶体结构　　　　图 3-9　(104)解理面在方解石晶胞中的方位[96]

图中浅灰色为 Ca，黑色为 O，深灰色为 C

表 3-8　方解石各晶面断裂键密度计算结果[96]

晶体	晶面	单位晶胞面积计算式	A(nm^2)	N_b	D_b(nm^{-2})	d(nm)
方解石	(001)	$A=0.4988\times0.4988\times\sin60°$	0.2155	3	13.92	0.1422
	(018)	$A=1.2847\times0.4988\times\sin90°$	0.6408	8	12.48	0.1912
	(100)	$A=0.4988\times1.7061\times\sin90°$	0.8510	16	18.80	0.1440
	(104)	$A=0.4988\times0.8094\times\sin90°$	0.4037	4	9.90	0.3035
	(214)	$A=1.2847\times0.6375\times\sin78.908°$	0.8037	12	14.93	0.1525
	(110)	$A=0.8094\times0.6375\times\sin107.788°$	0.4913	8	16.28	0.2494

图3-10表明，沿(018)和(214)面方向上，Ca^{2+} 与 CO_3^{2-} 以 1∶1 同层排布，属电性中和面，两晶面的表面未饱和键密度较小，故生长较慢，在方解石最后的平衡形貌中容易保留，为方解石晶体的常见暴露面，(018)菱面体和(214)偏三角面体为方解石最常见的单形。沿(001)面网方向，Ca^{2+} 层与 CO_3^{2-} 层依序排列，层间静电吸引作用很强，虽然(001)面表面未饱和键密度大小中等，但沿该面网方向较难形成解理和裂开，可能由于生长较慢而在方解石最后的形貌中暴露。因此，(104)面、(018)和(214)面是方解石常见暴露面，(001)晶面在方解石的晶体样品中偶有暴露。沿(100)和(110)面网方向上，相邻离子层间 Ca—O 离子键密度大，

层间距也较小，方解石在受外力作用时，较难形成沿此方向的解理面[293-295]。

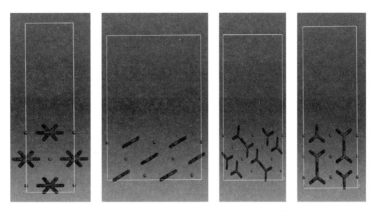

图 3-10 方解石各表面晶胞的侧视图[96]

从左到右依次为：(104)、(018)、(214)、(110)面胞

图中浅灰色为 Ca，黑色为 O，深灰色为 C

因此，根据矿物晶体结构及其晶胞参数，可以确定矿物表面断裂键类型及其数目或密度，从而初步确定矿物常见暴露面，为进一步研究矿物各晶面在溶液中与水分子及浮选剂的作用打下基础。

3.3 矿物表面断裂键性质与润湿性

3.3.1 矿物晶体常见断裂面性质与润湿性

矿物表面润湿性与矿物晶体常见断裂面性质有密切关系。以层状硅酸盐矿物为例，二八面体型层状硅酸盐矿物常见暴露面(001)晶面断裂键的特征，见表 3-9 所示。根据 Giese 黏土矿物层间键的静电模型[296,297]，可计算得出高岭石、叶蜡石和伊利石(001)层间静电能的大小为 146.54 kJ/mol、27.21 kJ/mol 和 133.98 kJ/mol，这三种二八面体型层状硅酸盐矿物(001)层间静电能的大小关系为：高岭石（TOa 型）≥伊利石（TOaT 型，含层间阳离子）＞叶蜡石（TOaT 型），可以看作是它们亲水性大小顺序。

表 3-9 三种二八面体型层状硅酸盐矿物层间断裂键的特征

矿物	晶体化学式	结构单元层	层间化学键	层间静电能（kJ/mol）
高岭石	$Al_4 [Si_4O_{10}] (OH)_8$	TOa	氢键	146.54
伊利石	$K_{1-x} (H_2O)_x \{Al_2 [AlSi_3O_{10}] (OH)_{2-x} (H_2O)_x\}$	TOaT	离子键	133.98[56]
叶蜡石	$Al_2 [Si_4O_{10}] (OH)_2$	TOaT	分子键	27.21[55]

高岭石、伊利石和叶蜡石在不同 pH 的蒸馏水中测得的接触角结果如图 3-11 所示。由图可知，三种黏土矿物的接触角大小顺序为：$\theta_{高岭石} \leqslant \theta_{伊利石} < \theta_{叶蜡石}$；可得出三种矿物表面的亲水性大小顺序为：高岭石≈伊利石＞＞叶蜡石。接触角测量的结果表明，叶蜡石有一定

天然可浮性，而高岭石和伊利石的天然可浮性较差。对照表 3-9 可知，三种二八面体型层状硅酸盐矿物随其(001)层间静电能的增大，其亲水性变大，与接触角测试的结果基本一致。

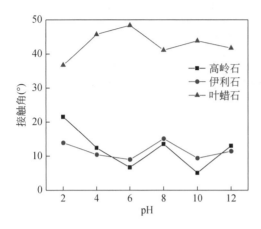

图 3-11　硅酸盐矿物在蒸馏水中的接触角与 pH 的关系[56]

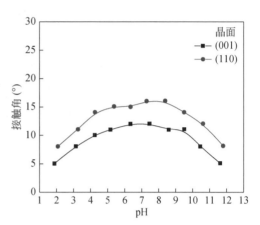

图 3-12　锂辉石常见暴露晶面在纯水中接触角随溶液 pH 的变化规律[252]

3.3.2　矿物各晶面断裂键密度与润湿性

根据杨氏方程式（2-1）可知，当捕收剂溶液相同时，γ_{LG} 是常数，而对矿物不同晶面，γ_{SG} 变化较小，也可以认为是常数。矿物表面润湿性主要取决于固液界面的表面能 γ_{SL}，而实质上则取决于矿物破裂时，单位面积上断裂键密度。矿物晶体单位晶面上的断裂键数愈多，未饱和键力就愈大，与水分子作用能力就愈强。

由 3.2.1 节可知，高岭石晶体端面上单位面积断裂键密度皆有如下关系：

$$D_{Si-O(110)} < D_{Si-O(010)} < D_{Si-O(100)}$$
$$D_{Al-O(110)} < D_{Al-O(010)} < D_{Al-O(100)}$$

由此可知：

$$\gamma_{SL(110)} > \gamma_{SL(010)} > \gamma_{SL(100)}$$

根据式（2-1），可推知：

$$\theta_{(110)} > \theta_{(010)} > \theta_{(100)}$$

因此，对于高岭石晶体端面上，表现为不同晶面润湿性的各向异性，亲水性顺序为：(100)面 >(010)面 >(110)面。

由表 3-4 可知，锂辉石矿物晶体各晶面的总断裂键密度有如下关系：

$$D_{b,\Sigma Li-O+Al-O+Si-O(100)} > D_{b,\Sigma Li-O+Al-O+Si-O(001)} > D_{b,\Sigma Li-O+Al-O+Si-O(110)}$$

可得出：$\gamma_{SL(100)} < \gamma_{SL(001)} < \gamma_{SL(110)}$

并推出：$\theta_{(100)} < \theta_{(001)} < \theta_{(110)}$

因此，锂辉石也表现出润湿性的各向异性，锂辉石各个晶面亲水性顺序为：(110)面 <(001)面 <(100)面。

锂辉石常见暴露晶面(110)面和(001)面在纯水中的接触角随溶液 pH 的变化规律如图

3-12 所示。由图 3-12 可知，不同 pH 条件下，两个晶面在纯水中的接触角均低于 20°，这与锂辉石表面具有很强的亲水性相吻合。溶液 pH 对矿物表面接触角有一定的影响，但变化不明显，仅仅在强酸和强碱条件下接触角有一定的下降。两个晶面亲水性的大小顺序为：(110)＜(001)，与通过断裂键密度大小推导出的顺序一致，说明通过表面断裂键密度可以初步预测矿物表面的润湿性。

3.3.3　捕收剂溶液中矿物不同晶面润湿性

1. 油酸钠溶液中，黑钨矿各晶面润湿性

黑钨矿晶体各晶面表现为与捕收剂作用的差异及不同晶面润湿性的各向异性。图 3-13 和图 3-14 分别是黑钨矿各晶面润湿接触角与油酸钠浓度及 pH 的关系，可以看出，黑钨矿出现较大接触角的 pH 范围在 6.5～9.0 之间，黑钨矿不同晶面润湿性存在各向异性，用油酸钠作捕收剂时，三个晶面接触角大小顺序为(001)＞(010)＞(100)，不同晶面的光片测定接触角的条件相同，因此认为，这种差异是由黑钨矿自身的晶体结构所引起的，而且，这一顺序与在纯水中不一致。由 3.2.2 可知，黑钨矿晶体各晶面单位面积断裂键密度皆有如下关系：

$$D_{Mn-O(100)}＜D_{Mn-O(010)}＜D_{Mn-O(001)}$$
$$D_{Fe-O(100)}＜D_{Fe-O(010)}＜D_{Fe-O(001)}$$

断裂面上的断裂键愈多，断裂面上所表现出对水分子或捕收剂吸附的能力愈强，因此，在纯水中，三个晶面与水分子作用大小及亲水性顺序为(001)＞(010)＞(100)。在油酸钠溶液中，则正好相反，三个晶面断裂面上的断裂键愈多，与油酸钠作用愈强，表面能降低也就愈多，即有如下关系：$\gamma_{SL(100)}＜\gamma_{SL(010)}＜\gamma_{SL(001)}$。根据式(2-1)，可推知$\theta_{(001)}＞\theta_{(010)}＞\theta_{(100)}$。这正是图 3-13 和图 3-14 所反映的三个晶面接触角大小顺序为(001)＞(010)＞(100)。

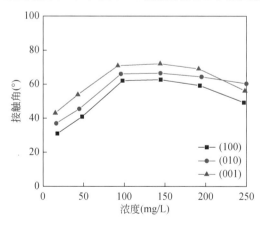

图 3-13　黑钨矿润湿接触角与油酸钠溶液浓度的关系（pH=7～8）

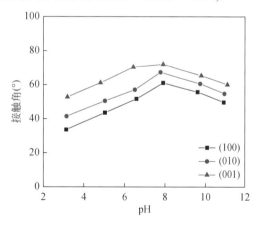

图 3-14　黑钨矿润湿接触角与溶液 pH 的关系（油酸钠浓度 100 mg/L）

2. 捕收剂溶液中，白钨矿各晶面润湿性

1）油酸钠溶液中，白钨矿各晶面润湿性

白钨矿(112)和(001)解理面在不同浓度油酸钠溶液中作用后的接触角见图 3-15。由图

3-15 可知，白钨矿与油酸钠作用后，接触角逐渐增大，表面的疏水性增强，这是由油酸离子的极性基团（羧酸基团）与矿物表面的 Ca 活性质点作用，而非极性疏水基团（长碳链）覆盖矿物表面所致。图 3-15 中的曲线存在三个不同区域，在浓度小于 1×10^{-5} mol/L 时，白钨矿两个解理面的接触角随油酸钠浓度的增加而缓慢增加，这时油酸钠浓度较低，油酸分子-离子在矿物表面发生不规律吸附。在浓度为 $10^{-5}\sim10^{-4}$ mol/L 时，白钨矿两解理面的接触角随油酸浓度增加而迅速增大，当浓度达到 10^{-4} mol/L 时，接触角达到最大，可能由于油酸离子在矿物表面形成了较致密的单分子吸附层所致。当浓度大于 10^{-4} mol/L 时，继续增大油酸钠溶液的浓度，两解理面的接触角保持稳定。而且，白钨矿晶面断裂键密度 $D_{(112)}=15.88$ 大于 $D_{(001)}=14.55$，因此，白钨矿(112)晶面比(001)晶面与油酸钠的作用强，因而，油酸钠溶液中，白钨矿(112)晶面的接触角比(001)晶面的大。

2）十二胺溶液中，白钨矿各晶面润湿性

白钨矿(112)和(001)解理面接触角与 DDA 浓度的关系见图 3-16。由图可知，随着溶液 DDA 浓度增加，白钨矿表面接触角逐渐增大，表面的疏水性增强，这是由于白钨矿表面带负电，DDA 阳离子与矿物表面通过静电作用产生吸附，使表面疏水。DDA 作用后(112)和(001)面接触角接近，与表面断裂键密度关系不大，由于静电力的作用远不如化学键作用强而且缺乏选择性，因此，白钨矿各晶面通过静电力与捕收剂作用时，其作用能力差距可能不大[96]。

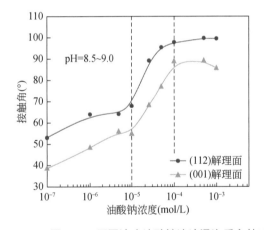

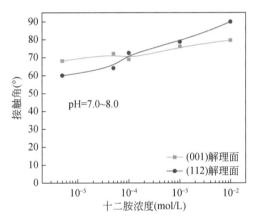

图 3-15　不同浓度油酸钠溶液浸泡后白钨矿（112）和（001）解理面的接触角[96]

图 3-16　不同浓度 DDA 溶液作用后白钨矿（112）和（001）解理面上的接触角[96]

3. 捕收剂溶液中，方解石各晶面润湿性

1）油酸钠溶液中，方解石各晶面润湿性

图 3-17 为不同浓度油酸钠溶液作用后方解石常见暴露面的接触角，由图 3-17 可知，在浓度小于 1×10^{-5} mol/L 的范围内，方解石三个常见暴露面的接触角随油酸钠浓度增加而缓慢增加。在浓度为 $10^{-5}\sim10^{-4}$ mol/L 时，随着油酸钠浓度的增加，方解石暴露面的接触角迅速增大，当浓度达到 1×10^{-4} mol/L 时，接触角达到最大，浓度继续增大，接触角基本保持不变。

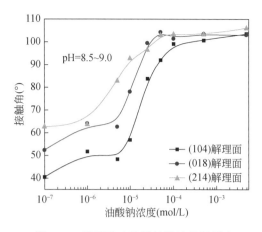

图 3-17　不同浓度油酸钠溶液作用后方
解石常见暴露面上的接触角[96]

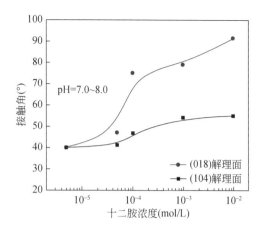

图 3-18　不同浓度 DDA 溶液作用后方解石
常见暴露面上的接触角[96]

图 3-17 还表明，方解石不同暴露面与油酸钠作用后，表面润湿性存在差异，当油酸钠浓度小于 $1×10^{-4}$ mol/L 时，各晶面接触角（疏水性）大小顺序为 (214) > (018) > (104)，方解石各晶面断裂键密度的大小顺序为：$D_{(214)}=14.93 > D_{(018)}=12.48 > D_{(104)}=9.90$，进一步表明，矿物各晶面与捕收剂作用存在差异，晶面断裂键密度愈大，与捕收剂作用愈强。当油酸钠浓度大于 $1×10^{-4}$ mol/L 后，方解石各晶面接触角接近，表明，油酸钠在各晶面的吸附已基本达到饱和，各晶面与油酸钠的作用差异性减小。

2）十二胺溶液中，方解石各晶面润湿性

方解石 (018) 晶面和 (104) 解理面接触角与 DDA 浓度的关系见图 3-18。由图可知，随着 DDA 溶液浓度增加，方解石 (018) 面接触角逐渐增大，表面的疏水性增强，而 (104) 面的接触角数值增加幅度不大。这说明 DDA 分子与 (018) 面的作用强于 (104) 面的作用，导致 DDA 分子在 (018) 面上更多的吸附，疏水性更高。

与白钨矿不同的是，在 pH 7~8 之间，方解石表面带正电，DDA 阳离子不能通过静电作用在方解石表面发生吸附，有可能通过极性基团—NH_2 与矿物表面的 Ca—O 键间形成 N—H···O 氢键在方解石各晶面发生作用，由于方解石各晶面断裂键密度（$D_{(018)}=12.48 > D_{(104)}=9.90$）差异大，极性基团—$NH_2$ 与 (018) 及 (104) 的 Ca—O 键间形成 N—H···O 氢键的能力差异较大，导致方解石 (018) 晶面比 (104) 解理面更易与 DDA 作用，(018) 晶面比 (104) 解理面接触角大，疏水性强。

3.3.4　调整剂对矿物不同晶面润湿性的影响

水玻璃作用后，油酸钠对白钨矿 (112)、(001) 晶面和萤石 (111)、(100) 晶面接触角的影响如图 3-19 所示。结果表明，不同浓度水玻璃预先作用后，对白钨矿、萤石常见暴露面与油酸作用后润湿性有较大影响，各晶面接触角随水玻璃用量增大而大幅下降，疏水性降低。白钨矿 (112) 晶面和萤石 (111)、(100) 晶面受水玻璃影响尤为显著，而白钨矿 (001) 晶面受水玻璃影响较小。如果白钨矿实际矿中暴露面以 (112) 面为主，水玻璃对白钨矿的浮选影响较大。因此，实际矿石浮选中，选择性磨矿暴露不同晶面的比例可能是影响白钨矿与萤石浮选分离的重要因素之一。

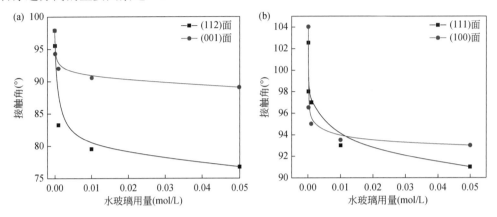

图 3-19　水玻璃对白钨矿（a）和萤石（b）两解理面与油酸钠作用后润湿性的影响

油酸钠：5×10^{-4} mol/L；pH=9.5±0.1

3.3.5　矿物主要解理面的水化

矿物不同晶面的润湿性取决于不同晶面的水化，矿物不同晶面表面结构的差异会造成它们水化层结构的差异，从而影响各晶面润湿性。矿物表面的水化主要源自于矿物表面羟基化及水分子的吸附。

1. 锡石(110)面羟基化

在锡石不同的晶面中，(110)面具有最低的表面能和表面断裂键密度，被认为是锡石最常见的暴露面。如图 3-20 所示，在真空中暴露出的锡石(110)面上，显示出与 Sn 原子两配位的桥键 O 原子、六配位的饱和 Sn 原子、三配位的体相 O 原子和五配位不饱和 Sn 原子。初始结构中，三个水分子被分别放置在锡石表面三个五配位 Sn 原子的正上方。图 3-20 是水分子在锡石(110)面吸附优化后的几何结构图。优化后，每个水分子中的 O 原子会与锡石表面五配位 Sn 原子连接在一起，并且每个水分子离解出一个 H^+，该 H^+ 会与锡石表面桥键 O 原子结合在一起，在锡石表面形成了一层致密的水化层，使锡石(110)面亲水。

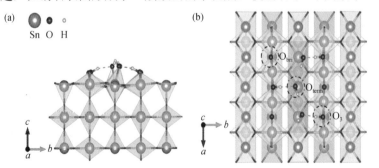

图 3-20　水分子在锡石（110）面吸附优化后的几何结构图[275]

（a）正视图；（b）俯视图

2. 方解石解理面的水化层结构

方解石(104)面的水界面以及水分子在垂直表面方向密度分布可以经分子动力学模拟获得，如图 3-21 所示。为了便于描述水分子在垂直表面方向的分布，图 3-21（b）中的 x 轴坐标原点为方解石(104)的上表面。由图可以看出，在靠近方解石(104)面位置，水分子形成了两个有序的吸附层，两个吸附层的位置分别在垂直表面 0.64 Å 和 3.30 Å 的高度，随着高度的增加，水分子的结构逐渐与水本体一致。在吸附层和水的本体之间仍存在一定密度的水分子，这表明在分子动力学模拟的时间范围内有水分子进入和离开吸附层。图 3-21（b）所示在方解石表面以下，也出现了较小的水分子密度峰，这说明有少量水分子占据了方解石表面的空位。另外，如图 3-21（a）所示，与真空下的有序结构不同，方解石(104)表面部分 Ca^{2+} 和 CO_3^{2-} 在水分子的作用下出现了位移。

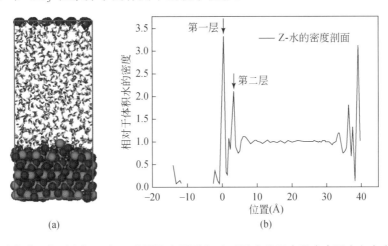

图 3-21　分子动力学平衡后方解石（104）面的水界面（a）以及水分子在垂直表面方向密度分布（b）[96]

进一步对 Ca—Ow（水分子氧）和 O—Hw（水分子氢）的径向分布函数（$g(r)$）进行分析，如图 3-22 所示。在方解石(104)面的两个吸附层距离（3.3 Å）以内，$g(r)_{Ca-Ow}$ 在 2.275 Å 位置有一个峰，$g(r)_{O-Hw}$ 分别在 1.025 Å 和 2.575 Å 位置有两个峰，两个径向分布函数其中一个峰的位置几乎重叠。因此，推测水分子在方解石表面存在两种构型：一种是水分子的氧原子与表面钙原子作用，同时水分子的氢原子与表面氧原子作用，另一种则是水分子只通过氢原子与表面氧原子作用，如图 3-23 所示。其中两个水分子通过氢原子与表面氧原子作用形成氢键的情况，可以通过方解石(104)面上水分子间 Ow—Hw 的径向分布函数进行了分析，如图 3-24 所示，图中第一个峰的位置为 1.675 Å，为氢键的峰，峰的面积表示氢键的配位数，这个峰的面积为 0.59，表示平均两个分子与同一个分子间形成一个氢键。

上述结果表明，矿物各晶面在水溶液中与水分子作用，形成羟基化或水化层，使矿物表面亲水，在捕收剂溶液中，捕收剂与矿物各晶面作用，使表面去羟基化或取代水化层，使矿物表面疏水，在调整剂溶液中，捕收剂的这种作用受到影响。

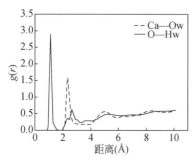 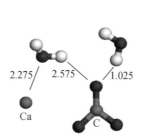 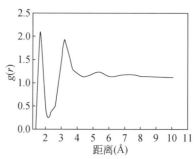

图 3-22 方解石（104）面水界面 Ca —Ow（水分子氧）和 O—Hw（水分子氢）的径向分布函数[96]

图 3-23 水分子同方解石（104）面表面原子作用构型示意图[96]

图 3-24 方解石（104）面水界面分子间 Ow—Hw 的径向分布函数[96]

3.4 矿物表面断裂键性质与表面电性

3.4.1 矿物晶体结构与理论零电点计算

1. 计算公式

根据矿物晶体结构计算矿物表面理论零电点的方法主要有 Parks 理论[272] 和 Yoon-Salman-Donnay 方程（YSD）[298]。YSD 方程如下：

$$PZC = \frac{\sigma_i}{K} + A - B \times \sum_{i=1}^{n} f_i \left(\frac{\gamma}{L}\right)_{eff}^{i} - \frac{1}{2}\sum_{i=1}^{n} f_i \lg\left(\frac{2-\gamma}{\gamma}\right)_i \tag{3-4}$$

$$\left(\frac{\gamma}{L}\right)_{eff} = \frac{\gamma}{L} + \frac{C}{B}CFSE \tag{3-5}$$

式中，σ_i 为结构特征电荷；K 为常数；f_i 为表面原子百分数；$L = \overline{L} + r$，$\overline{L}$ 为晶格内部 M—O 键的平均键长，r 取 0.101 nm（冰晶格中 O—H 间的距离）；$\gamma = z/CN$，γ 为静电强度，z 为阳离子的形式电荷，CN 为阳离子的配位数；CFSE 为配位体场稳定化能；对于复杂氧化物和氢氧化物的 PZC 计算，系数 $A=18.43$，$B=53.12$，$C=0.0298$。

2. 氧化物矿物理论零电点计算

1）一水硬铝石的理论零电点

对于一水硬铝石来说，取 $\sigma_i=0$，Al—O1 和 Al—O2 键的 f_i 值等于单位晶胞中各自键的分数[291]；即

$$f_6 = 12/24 = 0.5，\quad f_3 = 12/24 = 0.5，\quad \gamma_{Al—O1} = 2/3 = 0.6667，\quad \gamma_{Al—O2} = 1/3 = 0.3333$$

由方程（3-4）得一水硬铝石的 PZC 为 9.16，结果见表 3-10。理论计算所得一水硬铝石零电点（PZC）值与部分文献报道值相近，但与部分实验结果存在差异。

表 3-10　一水硬铝石的 PZC 理论计算值

平均键长（nm）		单位晶胞中键的数目		PZC（计算）	PZC[298,299]
Al—O1	Al—O2	Al—O1	Al—O2		9.17, 9.4,
0.19763	0.18545	12	12	9.16	7.7, 5.8

2）碳酸盐矿物理论零电点计算

对于方解石 $CaCO_3$ 晶体，Ca 质点与周围 6 个 CO_3 基团中的 6 个 O 质点形成六配位，C 质点与三个 O 质点形成三配位。计算中取 $\sigma_i=0$，$A=18.43$，$B=53.12$，$C=0.0298$。Ca 阳离子质点 $\gamma=2/6=1/3$。Ca—O 键的平均键长 $\overline{L}$ 为 0.236 nm，则 L 为 0.337 nm，$\gamma/L=0.0989$，$\lg\left(\dfrac{2-\gamma}{\gamma}\right)=\lg5=0.6990$，$f_{Ca-O}=96/132=0.8182$；C 阳离子质点 $\gamma=4/3$。C—O 键的平均键长 $\overline{L}$ 为 0.128 nm，则 L 为 0.229 nm，$\gamma/L=0.58224$，$\lg\left(\dfrac{2-\gamma}{\gamma}\right)=\lg0.5=-0.3$，$f_{C-O}=36/132=0.1818$[96]。

因此，方解石的 $PZC=18.43-53.12\,(f_{Ca-O}\times0.0989+f_{C-O}\times0.58224)-1/2\,[f_{Ca-O}\times0.69897+f_{C-O}\times(-0.3)]=8.25$。该理论计算值与一些文献报道的实验结果基本一致[300]。

3）钨酸盐矿物理论零电点计算

A. 白钨矿理论零电点计算

对于白钨矿 $CaWO_4$ 晶体，Ca 质点与周围 8 个 WO_4 基团中的 8 个 O 质点形成八配位，W 质点与 4 个 O 质点形成四配位。计算中取离子的晶体场稳定化能 CFSE=0，因为白钨矿晶体的中心离子 Ca^{2+}（d 轨道无电子）和 W^{6+}（d 轨道有 10 个电子）晶体场稳定化能为 0。

Ca 阳离子质点 $\gamma=2/8=1/4$。Ca—O1 键的平均键长 $\overline{L}$ 为 0.2436 nm，则 L 为 0.3446 nm，$\gamma/L=0.0726$，$\lg\left(\dfrac{2-\gamma}{\gamma}\right)=\lg7=0.8451$，$f_{Ca-O1}=24/84=0.2857$；Ca—O2 键的平均键长 $\overline{L}$ 为 0.2481 nm，则 L 为 0.3491 nm，$\gamma/L=0.0716$，$\lg\left(\dfrac{2-\gamma}{\gamma}\right)=\lg7=0.8451$，$f_{Ca-O2}=24/84=0.2857$；W 阳离子质点 $\gamma=6/4=3/2$。W—O 键的平均键长 $\overline{L}$ 为 0.1784 nm，则 L 为 0.2794 nm，$\gamma/L=0.5369$，$\lg\left(\dfrac{2-\gamma}{\gamma}\right)=\lg1/3=-0.477$，$f_{W-O}=0.4286$[96]。因此，白钨矿的 $PZC=18.43-53.12\,(f_{Ca-O1}\times0.0726+f_{Ca-O2}\times0.0716+f_{W-O}\times0.5369)-1/2\,[f_{Ca-O1}\times0.8451+f_{Ca-O2}\times0.8451+f_{W-O}\times(-0.477)]=3.88$，计算所得白钨矿的 PZC 值与实验测量值比较接近[301,302]。

B. 黑钨矿理论零电点计算

将黑钨矿(Mn, Fe)WO_4 按照钨锰矿 $MnWO_4$、钨铁矿 $FeWO_4$ 分别进行计算，影响 PZC 值的主要因子是"Me—O"间距和 CFSE 值。钨锰矿 $MnWO_4$、钨铁矿 $FeWO_4$ 中 Me—O 平均键长见表 3-11，再看 CFSE 值，Mn^{2+}、Fe^{2+} 的水合络离子都是高自旋的八面体，但作为配位体的水分子与 Mn^{2+}，Fe^{2+} 络合时，因 Mn^{2+} 的 d 电子数为 5，晶体场稳定能为零，即 CFSE=0，而 $Fe^{2+}(d^6)$ 则存在晶体场稳定能，CFSE=48.9 kJ/mol。计算出钨锰矿、钨铁矿理论 PZC 值见表 3-11，计算的等电点和试验结果较一致，如图 3-25，黑钨矿在较宽 pH 范围

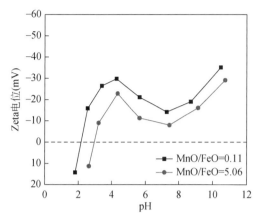

图 3-25 黑钨矿的动电位与 pH 的关系

内荷负电,等电点在 pH 2.1～2.8 之间。由于黑钨矿系列内部结构存在差异,使得它们的零电点不同,因而表现出电性的差异,高锰黑钨矿具有更低的负电位,而且,钨锰矿不存在晶体场稳定能和其晶体内部 Me—O 键长较钨铁矿内部键长大这两点本质特征,决定了钨锰矿的 PZC 值要大于钨铁矿的 PZC 值。

由于 PZC 的测量值与矿物样品的产地及纯度、测试方法、测试所选的固体百分浓度等因素有关,实验测量的矿物样品的 PZC 值一般与理论计算值有偏差。

表 3-11　黑钨矿 PZC 理论计算结果

矿物	Mn—O 平均键长	CFSE(kJ/mol)	YSD 方程计算值	试验值
$MnWO_4$	2.31×10^{-10} m	0	2.75	2.8
$FeWO_4$	0.11×10^{-10} m	48.98	1.95	2.1

3.4.2　矿物各晶面理论"零电点"计算

方程(3-5)也可以用于矿物各晶面理论零电点计算,从而了解各晶面动电性质。依据矿物各晶面断裂键的特性不同,形成电性不同的表面,从而荷电行为呈现各向异性。以锂辉石和钠长石不同晶面的 PZC 计算为例。

锂辉石和钠长石不同晶面的 PZC 的计算参数及结果分别见表 3-12 和表 3-13。由表 3-12 和表 3-13 可知,锂辉石(110)面的零电点为 1.86,(001)面的零电点为 1.36,(100)面的零电点为 4.15。钠长石(010)面的零电点为 1.27,(001)面的零电点为 1.96,(110)面的零电点为 3.07。可以看出,锂辉石和钠长石通过理论计算得出的不同晶面 PZC 值不一样,各晶面电性呈现出各向异性,有的 PZC 值差距还比较大。在浮选体系中,矿物各晶面表面电性的各向异性,会影响以静电吸附作用为主的浮选剂与矿物不同晶面的作用,也影响矿物颗粒间的相互作用,从而影响矿物整体与浮选剂的作用,对研究表面性质相近的不同矿物与浮选剂静电相互作用的微观差异,指导浮选选择性分离具有重要的作用。

表 3-12　锂辉石不同晶面理论计算 PZC 参数及计算值[252]

矿物	晶面	断裂键的分数 f			平均键长 $\bar{L}$ (nm)			静电价强度 γ			计算结果 PZC
		Li—O	Al—O	Si—O	Li—O	Al—O	Si—O	Li	Al	Si	
	110	2/6	4/6	0							1.86
锂辉石	001	2/6	2/6	2/6	0.223	0.195	0.163	1/6	3/6	4/4	1.36
	100	6/12	6/12	0							4.15

表 3-13　钠长石不同晶面理论计算 PZC 参数及计算值[252]

矿物	晶面	断裂键的分数 f			平均键长 $\overline{L}$ (nm)			静电价强度 γ			计算结果 PZC
		Na—O	Al—O	Si—O	Na—O	Al—O	Si—O	Na	Al	Si	
	010	2/4	0	2/4							1.27
钠长石	001	4/8	4/8	0	0.259	0.174	0.162	1/8	3/4	4/4	1.96
	110	4/10	4/10	2/10							3.07

3.4.3　矿物各晶面理论零电点与矿物表面理论零电点的差异

以二八面体型层状铝硅酸盐矿物为例，高岭石是由 SiO_4 四面体的六方网层与 $Al(O, OH)$ 八面体层按照 1∶1 结合而成的层状结构矿物，在高岭石颗粒破碎时，其晶体会沿(001)、(010)和(110)三个方向发生解理，其中(001)面为层面，也称底面，(010)和(110)面为端面。当矿物沿(010)或(110)面解理时，晶胞中 Al—O 键和 Si—O 键发生断裂，断面由断裂铝-氧键和硅-氧键剩余的铝离子和硅离子组成（图 3-26）。

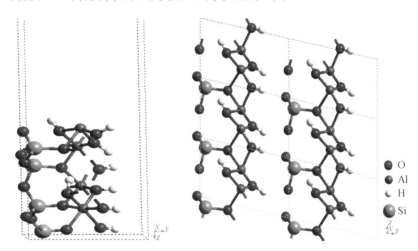

○ O
● Al
○ H
○ Si

图 3-26　高岭石(010)面结构示意图

高岭石端面荷电机理如图 2-10（b）所示，是通过表面组分的选择性解离与吸附而带电，其定位离子为 H^+ 和 OH^-，可见，其端面荷电受溶液 pH 的影响。对高岭石端面(110)或(010)，取 $\sigma_i=0$，Al—O 和 Si—O 键的 f_i 值等于单位晶胞中(110)或(010)端面上各自断裂键的分数，按照式（3-4）计算高岭石端面理论 PZC，结果列于表 3-14 中，表 3-14 同样列出了二八面体型层状硅酸盐矿物伊利石、叶蜡石的计算结果。

由表 3-14 可知，三种二八面体型层状硅酸盐矿物(110)或(010)端面上表面零电点值大小顺序为：高岭石＞伊利石＞叶蜡石，零电点值较高，如高岭石晶体端面上的零电点为7.73，端面动电位值受 pH 的影响将较大，酸性介质中荷正电，碱性介质中荷负电。

表 3-14　三种二八面体型层状硅酸盐矿物端面(110)或(010)的零电点值

矿物	端面上断裂键数的分数			平均键长（nm）			PZC（计算）	PZC（文献）
	^{6}Al—O	^{4}Al—O	^{4}Si—O	^{6}Al—O	^{4}Al—O	^{4}Si—O		
高岭石	2/3		1/3	0.1906		0.1617	7.73	7[286]，7.3[303]，
伊利石	1/2	1/8	3/8	0.1924	0.177	0.1647	6.84	
叶蜡石	1/2		1/2	0.1912		0.1618	6.26	

注：表中各晶体参数，高岭石来自 Neder 等[304]；伊利石（采用白云母的平均键长）来自 Gatti 等[305]；叶蜡石来自 Wardle 和 Brindley[306]

另一方面，当二八面体型层状硅酸盐矿物沿(001)面解理时，没有化学键发生断裂，仅层间的键断裂。理论上，这种表面是不容易带电的，但由于实际矿物中存在类质同象替换，如晶格上的 Si^{4+} 被带有较低电荷的阳离子 Al^{3+} 或 Fe^{3+} 替换，Al^{3+} 被 Mg^{2+} 或 Fe^{2+} 替换，导致晶格中正电荷不足，而使底面带永久负电，表面电位受 pH 的影响小。

因此，酸性矿浆中，高岭石颗粒的端面带正电，而层面荷负电；碱性矿浆中，颗粒的端面和层面均荷负电。图 3-27 显示了高岭石颗粒不同解理面在酸、碱性条件下的荷电情况。

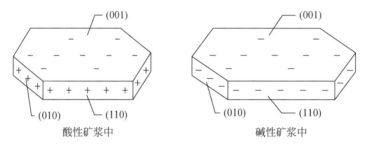

图 3-27　高岭石各解理面荷电情况示意图

然而，图 2-31 表明，实验测定的高岭石的 IEP 值的变化范围为 2.6～3.8，既不像底面那样带永久负电，又远小于端面上的等电点，这是由于实验测定的层状硅酸盐矿物颗粒所表现的 Zeta 电位是这些矿物颗粒在溶液中的整体行为，下面综合考虑单位晶胞中各断裂键，计算矿物颗粒的理论零电点。

高岭石、伊利石和叶蜡石三个二八面体型层状硅酸盐矿物中，Al—O 和 Si—O 键的 f_i 值等于单位晶胞中键的分数，σ_i 为结构特征电荷且不为零，σ_i/K 为 3.7，计算结果列于表 3-15。由计算结果可以知道，理论计算的结果与实际在蒸馏水中测量的矿物等电点值（图 2-31）比较接近。这一方面可能由于层面(001)在高岭石颗粒的总表面积中所占比例最大，对高岭石的表面电性贡献大，另一方面，高岭石晶体端面与底面的电性差异大，在溶液中，高岭石颗粒暴露的端面与底面间有可能发生团聚作用，虽然高岭石晶体端面上的等电点值较高，但带永久负电的底面使实验测定的高岭石的表面动电位负移，等电点值显著降低。

综上所述，根据矿物晶体结构特征，由 YSD 方程计算矿物表面理论零电点与一些实验测定的结果基本一致，矿物样品纯度愈高愈接近理论值。更为重要的是 YSD 方程可以计算矿物各晶面理论零电点，发现矿物各晶面表面电性的各向异性，从而有可能找到表面性质相近的不同矿物与浮选剂静电相互作用的微观差异，同时也可以揭示矿浆中矿物颗粒不同晶面之间的静电相互作用规律。

表 3-15　三种二八面体型层状硅酸盐矿物的表面零电点值

矿物	单位晶胞中键的分数			平均键长（nm）			PZC（计算）	PZC（实验）
	^{6}Al—O	^{4}Al—O	^{4}Si—O	^{6}Al—O	^{4}Al—O	^{4}Si—O		
高岭石	3/5		2/5	0.1906		0.1617	3.50	3.6
伊利石	3/7	1/7	3/7	0.1924	0.177	0.1647	2.89	2.8
叶蜡石	3/7		4/7	0.1912		0.1618	1.97	2.5

注：表中各晶体参数，高岭石来自 Neder 等[304]；伊利石（采用白云母的平均键长）来自 Gatti 等[305]；叶蜡石来自 Wardle 和 Brindley[306]

3.5　矿物晶面断裂键密度与表面能

3.5.1　矿物各晶面表面能计算

表面能是指在外力作用下沿某一晶面方向使晶体解理断裂所需能量，其大小取决于表面原子间的相互作用，与表面原子的几何结构密切相关。对于没有外力作用的表面系统，系统总表面能将自发趋向于最低化。表面能越小，说明表面的稳定性越高。一般采用密度泛函理论（DFT）和原子模拟（atomistic simulation）方法，利用 Materials Studio 等软件计算表面能，表面能 E_{surf} 的计算公式如下[307-310]：

$$E_{surf} = [E_{slab} - (N_{slab} / N_{bulk}) E_{bulk}]/2A \tag{3-6}$$

式中，E_{slab} 和 E_{bulk} 分别表示表面模型和原胞的总能量；N_{slab}，N_{bulk} 分别代表表面模型与原胞模型的总原子数；A 是表面模型沿 Z 轴方向的面积；2 表示表面模型沿 Z 轴方向有上下两个表面。表面能计算前，首先需对矿物的晶胞参数进行几何优化，如局域密度近似（LDA）、广义梯度近似（GGA）方法[311,312]，不同的方法，计算结果有一定差异。

1. 白钨矿和方解石各晶面表面能计算

在 DFT 计算中，表面晶胞中离子层数大小是决定表面能计算结果有效性的一个重要因素。综合考虑计算时间和精度的要求，本计算选取表面离子层数为 3，真空层厚度 1.2 nm，k 点密度为 5×5×1 进行表面能模拟计算。采用 GGA 近似方法计算的白钨矿和方解石各晶面的表面能结果，见表 3-16 和表 3-17。由计算结果可知，各晶面表面能的大小顺序为，白钨矿：（100）＞（110）＞（111）＞（112）＞（001）；方解石（110）＞（018）＞（214）＞（104）。

表 3-16　采用 GGA 优化计算所得白钨矿各表面晶胞总能量及相应晶面的表面能[96]

白钨矿晶面	总能量（eV）	表面晶胞内离子层数	表面晶胞厚度（nm）	晶胞内分子式	表面能（J/m²）
（001）	-4688.3468	1	0.2763	$CaWO_4$	0.4279
	-9378.3426	2	0.5526	$Ca_2W_2O_8$	0.3904
	-14068.0937	3	0.8289	$Ca_3W_3O_{12}$	0.4218
	-18757.9550	4	1.1051	$Ca_4W_4O_{16}$	0.4222

续表

白钨矿晶面	总能量（eV）	表面晶胞内离子层数	表面晶胞厚度（nm）	晶胞内分子式	表面能（J/m²）
(001)	−23447.8198	5	1.3814	$Ca_5W_5O_{20}$	0.4216
(112)	−28135.9690	3	0.9149	$Ca_6W_6O_{24}$	0.4939
(111)	−37512.5075	8	0.6943	$Ca_8W_8O_{32}$	0.5337
(110)	−14060.2764	3	0.5485	$Ca_3W_3O_{12}$	0.6086
(100)	−28132.8362	3	0.7757	$Ca_6W_6O_{24}$	0.8239

注：白钨矿原胞（分子式 $Ca_2W_2O_8$）的体系总能量为−9379.7253 eV

表 3-17　采用 GGA 优化计算所得方解石各表面晶胞总能量及相应晶面的表面能[96]

方解石晶面	总能量（eV）	表面层数	表面晶胞厚度（nm）	晶胞内分子式	表面能（J/m²）
(104)	−14827.6637	3	0.8944	$Ca_3C_3O_9$	0.4211
(018)	−14824.4078	3	0.5589	$Ca_3C_3O_9$	0.6595
(214)	−14824.4017	3	0.4452	$Ca_3C_3O_9$	0.5255
(110)	−14823.9766	3	0.7140	$Ca_3C_3O_9$	0.9260

注：方解石原胞（分子式 $CaCO_3$）的体系总能量为−4943.2860 eV

2. 锂辉石及钠长石各晶面的表面能计算

锂辉石及钠长石各晶面的表面能计算结果见表 3-18，由表 3-18 可知，计算得出锂辉石各个晶面(110)、(001)和(100)的表面能分别为 1.28 J/m²、1.57 J/m² 和 1.88 J/m²，各晶面表面能大小顺序为(110)＜(001)＜(100)。钠长石各个晶面(010)、(001)和(110)的表面能分别为 1.19 J/m²、1.23 J/m² 和 2.06 J/m²，各晶面表面能大小顺序为(010)＜(001)＜(110)。研究表明，晶体的表面能与该晶面的生长速率有关，晶面的表面能越大，其生长速度越快，越不容易在晶体最后的形貌中表现出来；而晶面的表面能越小，该晶面越容易在晶体的最后稳定形貌中暴露，即在外力作用下，所需克服的作用能最低，从而最容易沿该晶面解离。所以对于锂辉石来说，(110)面最容易产生解理，是锂辉石的最常见解理面和暴露面，(001)次之，(100)面较难解理和断裂。对于钠长石来说，(010)面和(001)面的表面能很相近，而且远小于(110)面；则(010)面和(001)面应为钠长石的最常见解理面和暴露面，而(110)面很难解理和断裂。

表 3-18　采用 GGA-PW91 优化计算所得锂辉石和钠长石各晶面的表面能[252]

晶体	晶面（eV）	表面层数	表面能（J/m²）
锂辉石	(110)	3	1.28
	(001)	3	1.57
	(100)	3	1.88
钠长石	(010)	3	1.19
	(001)	3	1.23
	(110)	3	2.06

3.5.2　表面未饱和键密度与表面能

表面能（表面自由能）是影响表面反应活性的一个重要因素，与表面未饱和键密度之间有直接关联。通过计算矿物各晶面未饱和键密度（见 3.2）与表面能，可以得到矿物各晶面未饱和键密度与表面能的关系曲线，图 3-28、图 3-29 分别是白钨矿和方解石各晶面未饱和键密度与表面能的关系曲线。由图 3-28 和图 3-29 可知，对于白钨矿、方解石晶体，表面未饱和键密度与表面能之间呈正相关性，随着表面未饱和键密度增大，表面能增加。

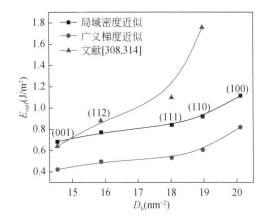

图 3-28　白钨矿表面未饱和键密度 D_b 与表面能 E_{surf} 之间的关系[96, 307, 313]

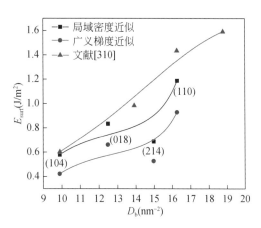

图 3-29　方解石表面未饱和键密度 D_b 与表面能 E_{surf} 之间的关系[96, 309]

3.6　浮选剂与矿物晶面相互作用的吸附动力学模拟

3.6.1　吸附动力学模拟方法

由于制备纯矿物不同晶面比较难，实际矿物纯度也难以保障，常常可以用吸附动力学模拟方法研究浮选剂与矿物各晶面的作用。吸附动力学模拟方法可以用来表述周期表所有元素之间的二体、三体以及多体作用能。UFF 力场中物质之间相互作用能可以描述为[314, 315]：

$$E = E_{bond} + E_{nonbond} \qquad (3-7)$$

式中，E_{bond} 为成键作用；$E_{nonbond}$ 为非键作用。成键作用又可进行细分：

$$E_{bond} = E_R + E_\theta + E_\omega + E_\varphi \qquad (3-8)$$

$$E_{nonbond} = E_{vdw} + E_{el} \qquad (3-9)$$

下面对以上各项一一说明。

1. 键的伸缩振动能

E_R 为键的伸缩振动能，有两种表示方式：

$$E_R = 1/2k_{ij}(r - r_{ij})^2 \tag{3-10a}$$

$$E_R = D_{ij}[e^{-\alpha(r-r_{ij})} - 1]^2 \tag{3-10b}$$

式中，k_{ij} 为力常数，$kJ/(mol \cdot nm^2)$；r_{ij} 为键长；D_{ij} 为键的分裂能，kJ/mol。

$$\alpha = [k_{ij}/2D_{ij}]^{1/2} \tag{3-11}$$

上述两式中，前者是把键的伸缩作为谐波振子（harmonic oscilltor）进行处理，后者使用莫斯函数（Morse function）进行处理，后者比前者具有更高的精确度。在计算物质间成键能时必须注意以下几个因素。

r_{ij} 表示键长，UFF 力场对键长作了如下规定：

$$r_{ij} = r_i + r_j + r_{BO} + r_{EN} \tag{3-12}$$

式中，r_i，r_j 为成键物质 i，j 的原子半径；r_{BO} 为键序修正参数：

$$r_{BO} = -\lambda(r_i + r_j)\ln(n) \tag{3-13}$$

式中，n 为成键数目；λ 为比例常数；r_{EN} 为电负性矫正系数：

$$r_{EN} = r_i r_j (\chi_i^{1/2} - \chi_j^{1/2})/(\chi_i r_i + \chi_j r_j) \tag{3-14}$$

式中，χ_i、χ_j 为 i、j 的电负性。

k_{ij} 表示力常数：

$$k_{ij} = \left(\frac{\partial^2 E}{\partial R^2}\right)_0 = 664.12 \frac{Z_i^* Z_j^*}{r_{ij}^3} \tag{3-15}$$

式中，Z_i^*, Z_j^* 为作用物质 i，j 的有效电荷。

2. 键角的扭曲、弯曲和反转能

E_θ，E_ω，E_ϕ 分别为键角的弯曲振动能、扭曲振动能和反转振动能，其中：

$$E_\theta = K_{ijkl} \sum_{n=0}^{m} C_n \cos n\theta \tag{3-16}$$

$$E_\phi = K_{ijkl} \sum_{n=0}^{m} C_n \cos n\phi_{ijkl} \tag{3-17}$$

$$E_\omega = K_{ijkl}(C_0 + C_1 \cos \omega_{ijkl} + C_2 \cos 2\omega_{ijkl}) \tag{3-18}$$

上述三式中，K_{ijkl} 为力常数；C 代表协同因子；θ，ω，ϕ 分别代表弯曲、扭曲和反转的角度。

3. 范德华力（van der Waals）E_{vdw}

$$E_{vdw} = D_{ij}\left\{-2\left[\frac{x_{ij}}{x}\right]^6 + 2\left[\frac{x_{ij}}{x}\right]^{12}\right\} \tag{3-19}$$

式中，D_{ij} 为势阱深度，kJ/mol；x_{ij} 为 i，j 的范德华半径之和；x 为与距离有关的变量。

4. 静电力 E_{el}

$$E_{el} = 332.0637(Q_i Q_j / \varepsilon R_{ij}) \tag{3-20}$$

式中，Q_i，Q_j 为 i，j 所携带的电量；ε 为介电常数；R_{ij} 为 i 和 j 之间的距离。

上述计算中，力场参数可以通过量子计算得到或通过实验得到，取决于力场的选择，不同力场的区别通常在于势能函数的不同以及由不同拟合体系和方法得到的不同的力场参数，采用不同力场计算浮选药剂与矿物表面作用能 ΔE，对于最稳定的构型，由下面方程确定[316]：

$$\Delta E = E_{complex} - (E_{surface} + E_{adsorbate})$$ （3-21）

式中，$E_{complex}$，$E_{surface}$ 和 $E_{adsorbate}$ 分别为经 MD 模拟之后矿物表面-浮选剂络合物、矿物表面晶胞和浮选剂分子的总能量。相互作用能 ΔE 的值越负，表示矿物表面和浮选剂之间的相互作用越强，浮选剂越容易在该表面吸附。

3.6.2 捕收剂与矿物不同晶面相互作用各向异性的机制

1. 捕收剂在矿物不同晶面化学吸附各向异性的机制

1）油酸离子在白钨矿(112)和(001)面的吸附行为差异

油酸根离子与含钙矿物表面 Ca 质点的作用方式一般有三种，分别为单配位（monodentate）、双配位（bidentate）和桥环配位（bridged）[317]，如图 3-30 所示。通过动力学模拟可以得到油酸在白钨矿(001)和(112)面上的最稳定吸附构型，如图 3-31、图 3-32 所示。由于 MS 软件参数设置的原因，所有吸附稳定构型中原子间的距离单位皆为 Å。

图 3-30 油酸离子与含钙矿物表面 Ca 质点作用的三种构型示意图

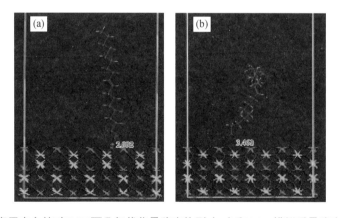

图 3-31 油酸离子在白钨矿(001)面几何优化最稳定构型（a）和 MD 模拟后最稳定构型（b）[96]

研究表明，单个液晶态油酸离子与矿物表面 Ca 质点键合时，在矿物表面的覆盖面积为 0.33 nm²[318] 或 0.32 nm²[319]。而白钨矿(001)面，单位晶胞面积上有 1 个 Ca 质点，单位晶胞面积为 0.2749 nm²，考虑单个油酸离子的覆盖面积较单位晶胞面积大，因此油酸与该表面 Ca 质点键合会占据两个表面晶胞的范围。两个晶胞范围内相邻两 Ca 质点距离 d_{Ca-Ca}

为 0.5243 nm，而油酸的羧酸基团中两个氧距离 d_{O-O} 为 0.219 nm，且由于两相邻 Ca 质点间体积较大的 WO_4 基团的空间阻碍作用及表面 O 离子的静电排斥作用，油酸离子只能与其中一个 Ca 质点发生单配位或者双配位，对该晶面上的 Ca 质点的覆盖度为 50%。MD 模拟研究表明，油酸离子与(001)面作用的最稳定作用构型为单配位，构型中 Ca—O≡ 距离为 0.3461 nm，如图 3-31（b）所示。

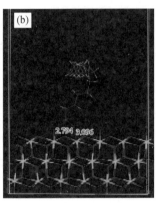

图 3-32　油酸离子在白钨矿(112)面几何优化最稳定构型（a）和 MD 模拟后最稳定构型（b）[96]

　　图 3-32 为油酸离子在白钨矿(112)面上的吸附形态。(112)面单位晶胞面积为 0.5038 nm^2，单位晶胞范围内有 2 个 Ca 质点，两 Ca 质点间距离 d_{Ca-Ca} 为 0.386 nm，且它们之间没有 O 离子的静电排斥作用，因此油酸离子的两个 O 原子分别与表面两个 Ca 质点以桥环配位形式发生作用，对表面 Ca 质点的覆盖度为 100%。几何优化后最稳定构型中，油酸离子中两个 O 与表面相邻两个 Ca 质点之间的 Ca—O≡ 和 Ca—O 键长分别为 0.2543 和 0.2490 nm，如图 3-32（a）所示。文献报道[319]，采用原子模拟计算所得白钨矿-甲酸作用构型的 Ca—O 距离在 0.22～0.281 nm 范围内。经 MD 模拟后，油酸离子的两个 O 原子与表面 Ca 质点的距离稍有增大，分别为 0.2794 nm 和 0.3096 nm，如图 3-32（b）所示，油酸与矿物表面的作用距离有所增加，主要是油酸离子长碳链的空间位阻效应所致。

　　比较 MD 模拟后表面 Ca 质点与油酸离子中 O 原子的平衡距离可知，油酸离子与(112)面作用的 Ca—O 键长更短，作用更强。采用 UFF 力场和 NVT 系统，在 Forcite 模块中进行 MD，根据公式（3-21）计算所得油酸与白钨矿(001)和(112)面的作用能如图 3-33 所示，由图可知，油酸离子与(112)面的作用能为 -368.1 kcal/mol，与(001)面的作用能为 -296.8 kcal/mol，表明油酸离子与(112)面的作用比与(001)面的作用更强。从油酸离子在两个表面的吸附配位方式来看，在(112)面上的桥环式配位较(001)面上的单配位构型更稳固，化学作用更强，吸附能更大。这与白钨矿晶面断裂键密度（$D_{(112)}=15.88$、$D_{(001)}=14.55$）大小有一致关系。(112)和(001)面上，每个 Ca 活性质点皆有两个未饱和键，因此预测每个 Ca 质点可吸附两个水分子使其由六配位变为稳定的八配位。计算两个水分子在两个表面 Ca 质点的吸附能分别为 -34.09 kcal/mol 和 -13.59 kcal/mol，远小于油酸离子的吸附能。因此，从热力学角度可以认为油酸离子可以取代预先吸附在白钨矿表面 Ca 质点上的水分子，使矿物表面疏水。

　　结合 3.2 节、3.5 节的结果，可以看出，白钨矿纯矿物粉末样中主要是以(112)和(001)解理面为主，其表面物理化学性质主要是由(112)面和(001)面决定的，(112)面和(001)面的润湿性对白钨矿表面的润湿性将起主导作用。图 3-15 中，白钨矿(112)面和(001)面的接触角随油酸钠浓度的增加而增加，其疏水性也增加，白钨矿浮选行为也显示，白钨矿浮选回收率随油酸钠浓度的增加而增加，如图 3-34 所示。此外，白钨矿晶面断裂键密度 $D_{(112)}$=15.88 大于 $D_{(001)}$=14.55，白钨矿(112)晶面比(001)晶面与油酸离子的作用能更负，而且以桥环式配位作用更强，在油酸钠溶液中，白钨矿(112)晶面的接触角比(001)晶面的大，疏水性更大，白钨矿(112)晶面比(001)晶面对白钨矿表面物理化学性质及其与浮选剂作用的影响更大。

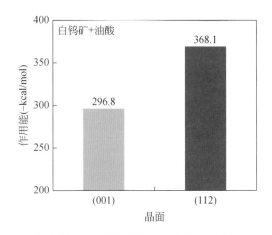

图 3-33　油酸离子与白钨矿(001)和(112)
面的作用能比较[96]

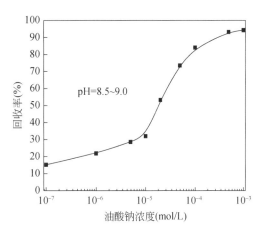

图 3-34　油酸钠作捕收剂，白钨矿的浮选
回收率与油酸钠浓度的关系[96]

2）方解石常见暴露面与油酸钠作用的各向异性

　　通过方解石表面–油根酸离子作用的分子建模，以及油酸根离子在方解石(214)、(018)和(104)面上吸附构型的几何结构优化和 MD 模拟，可以确定油酸根离子与方解石(214)、(018)和(104)面上的 Ca 质点皆形成了桥环状配位作用，且皆属于化学作用，作用强度的不同主要源自这三个常见暴露面上 Ca 质点反应活性的差异。

　　与油根酸离子键合的(018)面上的两个相邻 Ca 质点皆含有两个未饱和键，(214)面上的两个相邻 Ca 质点分别具有 1 个和 2 个未饱和键，(104)面上的两个相邻 Ca 质点皆只有 1 个未饱和键。由此推断，油酸根离子与三个晶面的作用强度大小顺序为：(018)面 >(214)面 >(104)面，根据公式（3-21），计算得油酸根离子与方解石三个常见暴露面的作用能量，

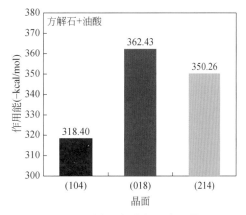

图 3-35　油酸离子与方解石常见暴露面
的作用能比较[96]

如图 3-35 所示。由图可知，油酸根离子与三个晶面的作用能分别为-362.43 kcal/mol、-350.26 kcal/mol、-318.40 kcal/mol。可以看出，油酸根离子与(018)面的作用最强，(214)面次之，(104)面最弱。对比三个油酸-矿物表面作用最稳定模型中 Ca—O═和 Ca—O 键长可知，油酸-(018)面构型中两个键长最短，油酸-(214)面构型次之、油酸-(104)面最长，键长越短，化学作用越强，因此油酸离子与(018)面的化学作用最强，与(104)面的作用最弱。

2. 捕收剂在矿物不同晶面静电吸附各向异性的机制

以十二烷基胺与白钨矿的作用为例，借助分子建模得到白钨矿表面-DDA 络合物模型，经几何优化和 MD 模拟确定了 DDA 在白钨矿(001)和(112)面上的最稳定吸附构型，如图 3-36 和图 3-37 所示。

图 3-36　DDA 分子在白钨矿(112)面几何优化最稳定构型（a）和 MD 模拟后最稳定构型（b） [96]

图 3-36（a）表明，几何结构优化后，白钨矿(112)面与 DDA 稳定作用构型中 Ca—N 距离为 0.2824 nm。在(112)面-DDA 构型中 N 质点净电荷为-0.683，而 Ca 质点为 1.194，推测 DDA 的 N 质点与表面 Ca 质点之间存在静电吸引作用。此外，Bertolasi 等[320]研究表明，N—H···O 氢键的键长（N 原子与 O 原子之间的距离）在 0.2853～0.2887 nm 之间。通常，氢键的键角在 90°～180°之间，角度越大，形成的氢键越稳定。图 3-36（a）中，DDA 分子中 N 质点与白钨矿表面离其最近 O 质点距离为 0.297 nm，且 N—H—O 之间的键角为 102.614°，可认为 DDA 分子与表面也形成了 N—H···O 氢键作用。经 MD 模拟后，得到了 DDA-(112)面作用最稳定构型，Ca—N 距离减小为 0.2657 nm，N—O 距离减小为 0.288 nm，N—H···O 氢键键角为 113.157°，如图 3-36（b）。DDA 分子中氨基（—NH₂）的另外一个 H 原子背离矿物表面，N 质点与矿物表面最近 O 质点的距离大于 0.35 nm，且 N—H—O 之间的键角小于 90°，可认为没有形成 N—H···O 氢键。因此，DDA 分子与(112)面作用时，N 质点与表面 Ca 质点发生静电吸引作用，且形成了一个中等强度的 N—H···O 氢键作用。

图 3-37（a）所示为几何结构优化后 DDA 分子与白钨矿(001)面作用的最稳定构型，Ca—N 距离为 0.4445 nm，与 DDA-(112)面作用构型相比，明显偏大。这主要是由于(001)表面 Ca 质点上方有两个净电荷为-0.555 的 O 质点，与 DDA 中带负电 N 质点间有较强的静电排斥作用所致。DDA 分子与该表面形成了两个弱的氢键作用，氢键键长（N—O 距离）分别为 0.331 nm 和 0.3533 nm，N—H···O 氢键键角为 132.076°和 124.744°。MD 模拟后，

Ca—N 距离减小为 0.3566 nm，两个氢键键长分别减小 0.2693 nm 和 0.2635 nm，如图 3-37（b）所示。因此，DDA 分子在（001）面吸附时，氨基中 N 质点与表面 Ca 质点之间有强静电吸引作用，且形成了两个较强的 N—H···O 氢键作用。

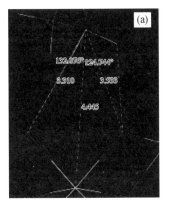

图 3-37　DDA 分子在白钨矿（001）面几何优化最稳定构型（a）和 MD 模拟后最稳定构型（b）[96]

由于（112）和（001）面上的每个 Ca 质点皆具有两个未饱和键，所带净电荷相近，与 DDA 分子中 N 质点的作用强度取决于 Ca—N 距离。由库仑定律可知，两带电质点间静电作用强度与两质点间距离的平方成反比，DDA-（112）面最稳定吸附构型中 Ca—N 距离较 DDA-（001）面构型中更短，因此 DDA 与（112）面上 Ca 质点静电吸引作用更强。然而，DDA 分子与（001）面上的氧质点形成了两个氢键作用，而在（112）面上只有一个氢键。图 3-38 是由公式（3-21）计算的 DDA 分子与白钨矿两个解理面的作用能结果，表明 DDA 与白钨矿（001）和（112）面的作用能接近。

对比图 3-33 和图 3-38 可知，与油酸根离子相比，DDA 分子与白钨矿表面的作用能要小很多，这主要是由于羧酸分子中有两个活性 O 原子与表面 Ca 质点形成很强的化学作用，还有可能形成吸附强度较大更稳定的桥环配位和双配位构型，而 DDA 分子只有 N 一个活性质点，且 Ca—N 静电吸引作用属强度较弱的物理作用，另外氢键也是一种相对较弱的作用方式。

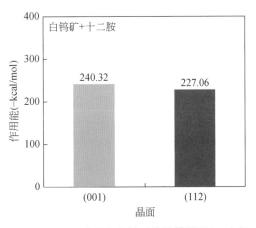

图 3-38　DDA 分子与白钨矿常见暴露面（112）和（001）面的作用能比较[96]

3.6.3　不同捕收剂在矿物不同晶面的吸附作用

根据一水硬铝石晶体结构数据，分子动力学吸附模拟计算了不同的药剂离子在一水硬铝石（010）、（100）和（001）表面上吸附能和吸附量，模拟计算结果见表 3-19 和表 3-20[86]。

表 3-19　一水硬铝石不同晶面吸附各种相关离子的吸附能（kJ/mol）

	$C_{17}H_{33}COO^-$	$C_{12}H_{25}O_3S^-$	$C_{12}H_{25}NH_2^+$	$C_{19}H_{42}BrN^+$
(010)	-43.7298	-28.8343	-27.3856	-56.65417
(100)	-67.6248	-39.6511	-42.9890	-66.0590
(001)	-76.8041	-45.1436	-57.07577	-88.7635

表 3-20　一水硬铝石不同晶面吸附各种离子的单位面积吸附量（molecules/cell）

	$C_{17}H_{33}COO^-$	$C_{12}H_{25}O_3S^-$	$C_{12}H_{25}NH_2^+$	$C_{19}H_{42}BrN^+$
(010)	2.00	1.51	1.16	2.00
(100)	2.80	2.07	2.35	2.00
(001)	2.94	2.00	2.98	2.42

由表 3-19 可以知道，一水硬铝石的(010)晶面、(100)晶面和(001)晶面，分别吸附油酸根离子（$C_{17}H_{33}COO^-$）、十二烷基磺酸根离子（$C_{12}H_{25}O_3S^-$）、十二烷基胺离子（$C_{12}H_{25}NH_2^+$）和十六烷基三甲基溴化胺离子（$C_{19}H_{42}BrN^+$）等药剂离子的吸附能（kcal/mol）大小顺序皆为：(010)晶面的吸附能＞(100)晶面的吸附能＞(001)晶面的吸附能；亦即，这些不同药剂和离子分别被吸附后，在(001)晶面上较为稳定，其次是(100)晶面。这主要是(001)晶面上单位晶面 Al—O 键的断裂键数较多，(100)晶面上单位晶面 Al—O 键的断裂键数较少，而(010)晶面上单位晶面 Al—O 键的断裂键数最少，即与表 3-7 表达的顺序一致。由表 3-20 可以知道，一水硬铝石的(010)晶面、(100)晶面和(001)晶面，分别吸附这些药剂离子的吸附量大小顺序为：(010)晶面＜(100)晶面＜(001)晶面，与表面断裂键密度顺序一致。

3.6.4　捕收剂在不同矿物晶面上的吸附行为与作用差异

1. 苯甲羟肟酸在菱锌矿、白云石和硫化锌表面的吸附作用能

通过计算油酸钠（NaOL）和苯甲羟肟酸（BHA）在菱锌矿、白云石和闪锌矿表面的吸附作用能，可以比较两种药剂分子在三种表面的吸附难易程度。选用 UFF 力场对菱锌矿和白云石晶体结构进行优化，动力学模拟在 Forcite 模块中完成，采用 NVT 方法，计算结果见表 3-21。由表 3-21 可见，油酸钠在菱锌矿(101)面和白云石(101)面的吸附作用能分别为-233.50 kcal/mol 和-37.32 kcal/mol，说明油酸钠可以在菱锌矿和白云石表面产生吸附，且油酸钠优先吸附于菱锌矿(101)面。苯甲羟肟酸在菱锌矿(101)面和白云石(101)面的吸附能分别为 87.74 kcal/mol 和 123.53 kcal/mol，说明苯甲羟肟酸不能够直接在菱锌矿或者白云石表面吸附。而苯甲羟肟酸在闪锌矿(110)面的吸附能为-14.99 kcal/mol，说明苯甲羟肟酸可以在闪锌矿(110)面上稳定吸附，即苯甲羟肟酸可以选择性地吸附在被硫化的菱锌矿表面。油酸钠和苯甲羟肟酸的组合药剂浮选被硫化的菱锌矿时，油酸钠直接吸附在未被硫化的 Zn 原子活性质点，而苯甲羟肟酸吸附在闪锌矿表面上。

表 3-21　药剂在菱锌矿(101)面、白云石(101)面和闪锌矿(110)面吸附能[276]

模型	ΔE（kcal/mol）
菱锌矿(101)+NaOL	-233.50
菱锌矿(101)+BHA	87.74
白云石(101)+ NaOL	-37.32
白云石(101)+BHA	123.53
闪锌矿(110)+ NaOL	-20.07
闪锌矿(110)+BHA	-14.99

2. 油酸钠在锂辉石和钠长石各晶面吸附能

采用 PCFF-Phyllosilicate 力场分子动力学模拟计算出锂辉石和钠长石主要暴露面与油酸钠相互作用能，结果见图 3-39。由图 3-39（a）可知，油酸钠与锂辉石常见暴露面的作用能（-kcal/mol）大小顺序为：(110) > (001)。油酸钠在各晶面吸附后，在(110)暴露面上作用能负值大，容易在(110)面上形成稳定的吸附，即吸附强度大小顺序为：(110) > (001)，与锂辉石 Al—O 断裂键各向异性分析结果相吻合。锂辉石(110)晶面上单位晶面 Al—O 键的断裂键数大于(001)，(110)面上 Al 断裂两个 Al—O，而(001)面上 Al 仅断裂 1 个 Al—O。

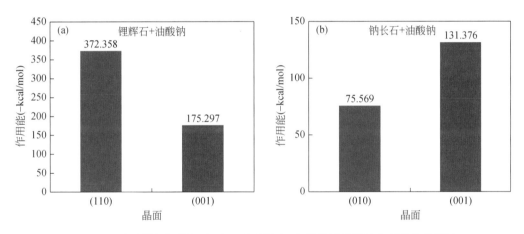

图 3-39　油酸钠与锂辉石（a）、钠长石（b）常见暴露面的作用能比较[252]

由图 3-39（b）可知，油酸钠与钠长石常见暴露面的作用能（-kcal/mol）大小顺序为：(001) > (010)。推知油酸钠与钠长石不同暴露面上发生吸附的强度顺序也为(001) > (010)，与钠长石 Al—O 断裂键各向异性的结果相一致。即由于在(010)暴露面上没有断裂 Al—O 键，没有与油酸钠发生化学吸附的活性位点，可能主要依靠氢键作用。而(001)上每个 Al 只断裂 1 个 Al—O，吸附油酸钠能力稍微强于(010)面。对于锂辉石(001)面每个 Al 也只断裂 1 个 Al—O，其与油酸钠作用能（-kcal/mol）大于钠长石(001)面，这可能与 Al 质点特性有关，即锂辉石［AlO_6］八面体中 Al_{VI} 的活性大于钠长石［AlO_4］四面体中 Al_{IV}。与锂辉石比较，钠长石两个解理面与油酸钠的相互作用能都低于锂辉石两个暴露面。可以认为，油酸钠与锂辉石各晶面的作用强于钠长石。

3.6.5 无机调整剂在不同矿物晶面的吸附与选择性抑制作用

CaO 和 NaOH 是常用无机调整剂，除用于调整矿浆 pH 外，更重要的是它们形成的高碱矿浆环境，是复杂铅锌硫化矿选择性浮选分离的关键。然而，实验研究与生产实际表明，CaO 调节的高碱环境对铅锌硫硫化矿的选择性分离效果远好于 NaOH 调的高碱环境，石灰调浆的高碱条件下，在闪锌矿和黄铁矿表面都有亲水性含钙化合物生成，而方铅矿表面并没有此类化合物形成，由此可以推测钙系化合物在矿物表面的吸附，可能是 CaO 调节的高碱环境对铅锌硫化矿的选择性分离效果远好于 NaOH 调节的高碱环境的原因。本节运用分子力场理论模拟钙系化合物和氢氧根离子在方铅矿、闪锌矿、黄铁矿表面的吸附行为，进而弄清 CaO 和 NaOH 在硫化矿浮选中的不同作用。吸附动力学模拟采用万能力场（Universal Force Field），采用 C^2 软件包的 Sorption 模块。

1. CaOH$^+$以及氢氧根在闪锌矿(110)表面吸附的动力学模拟

1）吸附能及吸附量分析

表 3-22 列出了 CaOH$^+$以及氢氧根在闪锌矿(110)表面吸附量和吸附能的动力学模拟结果，从两种离子在 ZnS(110)表面的吸附自由能分析，CaOH$^+$的吸附能为-0.46928 kJ/mol，比 OH$^-$吸附能（-0.23280 kJ/mol）大，CaOH$^+$的吸附量，0.01414 mol/cell，比 OH$^-$的 0.01146 mol/cell 大。这个结果表明，相对于 OH$^-$来说，CaOH$^+$更容易在 ZnS(110)表面吸附。这些吸附在表面的离子又与 OH$^-$和硫化矿氧化产生的 SO_4^{2-} 等离子作用形成不溶性亲水表面产物，从而导致矿物受到抑制。

表 3-22　ZnS 对氢氧根和一羟基钙单独吸附的模拟结果

吸附参数	OH$^-$	CaOH$^+$
吸附度（mol/cell）	0.01146	0.01414
吸附能（kJ/mol）	-0.23280	-0.46928
空间热（kJ/mol）	0.77502	1.01149

这显示，高碱石灰介质中，首先是 CaOH$^+$的吸附，然后与 OH$^-$以及硫化矿氧化产生的 SO_4^{2-} 等离子相互作用形成不溶性亲水表面产物 Ca(OH)$_2$、CaSO$_4$，使 ZnS 受到抑制无须再加入硫酸锌。

2）吸附质量分布云图分析

图 3-40 为 CaOH$^+$，OH$^-$两种离子吸附的质量分布云图，从质量分布云图来看，OH$^-$的云图中心距表面的距离为 0.35 nm，CaOH$^+$云图中心距表面的距离为 0.3 nm，而且 OH$^-$分布范围明显大于 CaOH$^+$，根据力场原理，吸附中心距表面的距离越近，分布范围越窄，被吸附粒子越有定域化的倾向，即被吸附粒子因受到强烈的吸附作用（距离约等于表面成键键长时，为共价作用），有固定化在某一位置的倾向，图 3-40 表明，CaOH$^+$相对于 OH$^-$来说在 ZnS 表面的吸附更有定域化倾向，即吸附作用更强。

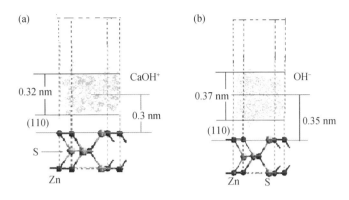

图 3-40　CaOH$^+$（a）和 OH$^-$（b）在 ZnS（110）面吸附的质量分布云图

3）共吸附模拟结果分析

为了更好地模拟实际浮选情况，进行了共吸附模拟，即两种离子的竞争吸附，共吸附模拟结果列于表 3-23，从表 3-23 可以看出，两种离子共存时，ZnS（110）表面 CaOH$^+$的吸附比 OH$^-$多。这表明，同样的高碱环境，石灰的作用比 NaOH 对闪锌矿的作用可能更强。

表 3-23　ZnS 对氢氧根和一羟基钙共吸附的模拟结果

吸附质	OH$^-$	CaOH$^+$
吸附量（mol/cell）	0.01046	0.01740
吸附能（kJ/mol）	-0.23280	-0.46928
空间热（kJ/mol）	0.77502	1.01149

2. CaOH$^+$以及氢氧根在方铅矿（100）及黄铁矿（100）表面吸附的动力学模拟

1）CaOH$^+$以及氢氧根在方铅矿（100）表面吸附的动力学模拟

表 3-24 列出了方铅矿吸附 CaOH$^+$以及氢氧根离子的模拟结果，从两种离子在 PbS（100）表面的吸附结果分析，相对于闪锌矿来说，方铅矿对于这两种离子的吸附无论是吸附能还是吸附量都大大改变，CaOH$^+$的吸附能为-0.1139 kJ/mol，OH$^-$吸附能为-0.03828 kJ/mol，低于这些组分在 ZnS 表面的吸附能，这意味着两种离子在 PbS（100）表面吸附能力与 ZnS 相比可能会降低，相应吸附量的变化验证了这一点，CaOH$^+$的吸附量为 0.00846 mol/cell，OH$^-$的吸附量为 0.00446 mol/cell，这表明，同闪锌矿相似的是，相对于 OH$^-$来说，CaOH$^+$更容易在 PbS（100）表面吸附。但它们的吸附量相对于闪锌矿几乎可以忽略不计，这提示石灰和高碱环境对方铅矿的浮选来说，影响相对较小。

表 3-24　PbS 对氢氧根和一羟基钙单独吸附的模拟结果

吸附质	OH$^-$	CaOH$^+$
吸附量（mol/cell）	0.00446	0.00846
吸附能（kJ/mol）	-0.03828	-0.1139
空间热（kJ/mol）	0.77502	1.01149

2）CaOH$^+$以及氢氧根在黄铁矿(100)表面吸附的动力学模拟

表 3-25 为黄铁矿(100)表面吸附离子的模拟结果，从吸附结果看，三种矿物中，黄铁矿对两种吸附质 OH$^-$和 CaOH$^+$的吸附量最大，分别为 0.042 mol/cell 和 0.049 mol/cell，吸附能最负，分别为-0.256 kJ/mol 和-0.611 kJ/mol，进一步说明了黄铁矿对于两种离子的亲和力。这显示高碱环境尤其是石灰环境下可以强烈抑制黄铁矿。

表 3-25　黄铁矿对氢氧根和一羟基钙单独吸附的模拟结果

吸附质	OH$^-$	CaOH$^+$
吸附量（mol/cell）	0.042	0.049
吸附能（kJ/mol）	-0.256	-0.611
空间热（kJ/mol）	0.734	0.985

3. CaOH$^+$以及氢氧根在方铅矿(100)、黄铁矿(100)及闪锌矿(110)表面选择性吸附及抑制作用

CaOH$^+$以及氢氧根在方铅矿(100)、黄铁矿(100)及闪锌矿(110)表面吸附能、吸附量、吸附质量分布云图的动力学模拟结果汇总于表 3-26。从表 3-26 可以看出，两种离子在黄铁矿表面的吸附能最负，吸附量最大，吸附质量分布云最窄，离子中心-表面距离最短，显示，两种离子在黄铁矿表面的吸附能力最强，因此，无论是 NaOH 体系，还是石灰体系，黄铁矿都会受到抑制。在闪锌矿表面，CaOH$^+$的吸附要强于 OH$^-$，这可以解释为什么氢氧化钠不能抑制闪锌矿，而加入石灰却可以抑制闪锌矿。方铅矿对于两种离子不敏感，吸附量最小，吸附能最小，这也是方铅矿在高碱环境中保持良好可浮性的原因。

表 3-26　三种硫化矿表面吸附动力学模拟结果对比

	OH$^-$			CaOH$^+$		
	PbS	ZnS	FeS$_2$	PbS	ZnS	FeS$_2$
吸附能（kJ/mol）	-0.038	-0.23280	-0.256	-0.1139	-0.46928	-0.611
吸附量（mol/cell）	0.00446	0.01046	0.042	0.00846	0.01740	0.049
云层宽度（nm）	0.70	0.37	0.32	0.63	0.32	0.28
中心-表面距离（nm）	0.75	0.35	0.3	0.65	0.30	0.3

3.6.6　有机调整剂在不同矿物晶面的吸附与作用差异

没食子酸在方解石与萤石晶面吸附能模拟结果见表 3-27。没食子酸与方解石各晶面的作用能分别为(110)面 1204.4 kJ/mol、(214)面-161.86 kJ/mol、(018)面-159.77 kJ/mol、(104)面-68.43 kJ/mol，可以看出，没食子酸与方解石各晶面的作用强度大小顺序为(110)≫(214)面≈(018)面≫(104)面，没食子酸与(110)面的作用最强，(214)、(018)面次之，(104)面最弱。这与方解石晶面断裂键密度 $D_{(110)}=16.28>D_{(018)}=14.93>D_{(214)}=12.48>D_{(104)}=9.9$ 基本一致。没食子酸在方解石各晶体表面均可吸附，从而在一定范围内增加方解石的表面亲水性能，并且占据表面方解石的活性位点，使得表面亲水。

表 3-27　没食子酸与方解石及萤石晶体表面吸附能结果[244]

	表面	吸附能（kJ/mol）
方解石	(104)	−68.43
	(018)	−159.77
	(214)	−161.86
	(110)	−1204.4
萤石	(111)-F	−59.18
	(111)-Ca	−202.13
	(110)	−122.31
	(010)	−586.74

没食子酸与萤石各晶面的作用能分别为 (010) 面 −586.74 kJ/mol、(110) 面 −122.31 kJ/mol、(111)-F 面 −59.18 kJ/mol，可以看出，没食子酸与萤石各晶面的作用强度大小顺序为 (010) > (110) 面 > (111)-F 面。这与萤石晶面断裂键密度 $D_{(010)}=25.43 > D_{(110)}=18.96 > D_{(111)}=15.48$ 基本一致。对于 (111) 面，没食子酸与萤石 (111)-Ca 面作用较强，与 (111)-F 面作用较小。

方解石 (214)、(018) 和 (104) 面；萤石 (111) 面分别为两种矿物晶体的最常见暴露面，由以上计算可知，没食子酸与萤石表面和方解石表面的常见暴露面均可发生吸附。没食子酸在方解石各晶面的吸附作用强于在萤石各晶面上的吸附。萤石常见解理面 (111) 以氟为表面原子的面则表现出吸附作用相对较小，从吸附能可知，没食子酸对方解石与萤石的不同晶面的吸附具有一定差异选择性，将有利于萤石与方解石的浮选分离。

3.6.7　浮选剂在矿物各晶面吸附作用后的表面形貌

油酸离子在方解石 (104) 面上的 AFM 吸附形貌，如图 3-41 所示。由图可知，油酸离子

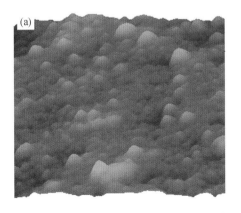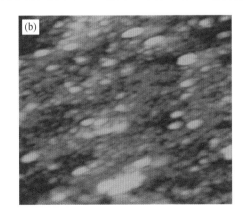

图 3-41　与油酸钠溶液作用后方解石 (104) 解理面后的 2D 图（a）和 3D 图（b）[96]

浓度为 5×10^{-5} mol/L，扫描范围为 1.66 μm×1.66 μm

在(104)面上的吸附较为平均，分子簇排布均匀。进一步缩小扫描范围，如图 3-42 所示，观察到油酸离子在(104)表面的吸附高度 2～4 nm 之间，考虑油酸离子的长度为 2.6 nm，且在(104)面上的稳定吸附状态下长碳链稍有弯曲，以及该解理面的粗糙度 R_a 为 0.805 nm，可以认为，在此浓度下，油酸钠在方解石(104)表面近似形成了单分子吸附层。图 3-43 为方解石两晶面与油酸钠溶液作用后的表面形貌。由图可知，油酸离子在(214)面上的排布较(018)面上更紧密，吸附密度更大。

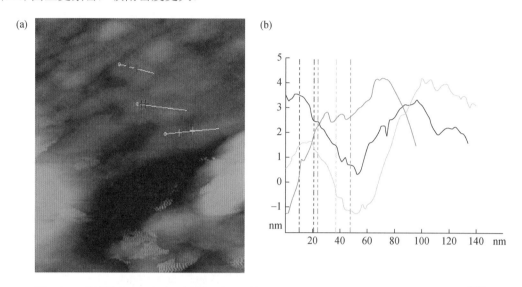

图 3-42　油酸钠在方解石(104)面吸附形貌的 2D 图（a）及其画线部分的高度图（b）[96]

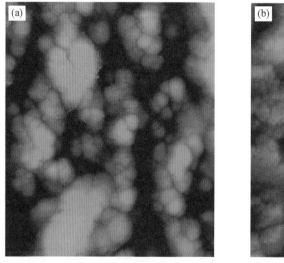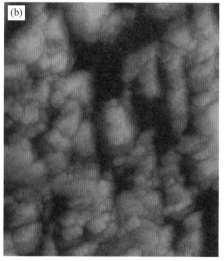

图 3-43　油酸钠在方解石（a）(018)和（b）(214)面吸附形貌 2D 图[96]

浓度 5×10⁻⁵ mol/L，5 μm×5 μm

3.6.8　矿物解理面性质与浮选剂的吸附作用

以苯甲羟肟酸在萤石、方解石主要解理面的吸附为例,萤石的(111)面和方解石的(104)分别是萤石和方解石的主要解理面,是磨矿过程中两种矿物最容易暴露的面。在 1 个单位晶胞中的萤石(111)表面上,存在 1 个 Ca 原子和 2 个 F 原子;在 1 个单位晶胞中的方解石(104)表面上,存在 2 个 Ca 原子和 2 个碳酸根。每个表面上的 Ca 密度和 Ca 元素分数及表面活性质点 Ca 的特征,列于表 3-28 中。

由表 3-28 可知,萤石(111)表面的钙密度和钙元素分数分别为 12.87 μmol/m^2 和 33.33%;方解石(104)表面上的钙密度和钙元素分数分别为 8.22 μmol/m^2 和 20%。相比于方解石表面,萤石表面上更高的 Ca 密度和 Ca 元素分数可以与更多的 BHA 作用。

表 3-28　Ca 原子在萤石和方解石常见暴露面上的分布和性质[321-323]

矿物晶面	单位晶胞面积(nm^2)	单位晶胞 Ca 原子数	Ca 密度(μmol/m^2)	Ca 元素分数(%)	两相近 Ca 原子距离(nm)	每个 Ca 原子断裂键数	每个悬键的解离能(kJ/mol)
方解石(104)	0.404	2	8.22	20	0.405	1	383.3[85]
萤石(111)	0.129	1	12.87	33.33	0.386	1	529[85]

BHA 在萤石和方解石表面的吸附除了与 Ca 原子密度和 Ca 元素分数有关外,两种矿物表面 Ca 原子的活性在 BHA 与矿物表面的吸附中也起着重要作用。在萤石(111)表面,每个钙原子与氟原子是七配位结构,但萤石晶体内部的钙原子与氟原子是八配位结构[324, 325]。而对于方解石(104)表面,每个 Ca 原子与表面上的氧原子是五配位结构,但在方解石晶体内部钙原子与氧原子是六配位结构。很显然,方解石(104)或萤石(111)表面上的每个 Ca 原子都缺一个键达到饱和,也就是说都有一个悬键,如表 3-28 所示。当通过磨矿作用形成两种矿物表面时,萤石表面的 Ca—F 键和方解石表面的 Ca—O 键发生断裂的解离能是不一样的, Ca—F 键的解离能为 529 kJ/mol,而 Ca—O 键的解离能为 383.3 kJ/mol,悬键的解离能越大, Ca 原子的活性越强。因此,萤石表面上具有活性更强的 Ca 原子可以与 BHA 发生更强的相互作用[321-325]。

在浮选溶液中 BHA 除了主要以 BHA$^-$ 形式存在外,BHA 分子也是一种形式。除了化学吸附之外,BHA 分子可以通过氢键吸附在钙质矿物上,即在萤石表面存在 N—H⋯Fs 或 O—H⋯Fs 氢键,在方解石表面上存在 N—H⋯Os 或 O—H⋯Os 氢键。F 原子的电负性最大,原子半径也要小于 O 原子,因此萤石表面的 N—H⋯Fs 或 O—H⋯Fs 氢键比方解石表面的 N—H⋯Os 或 O—H⋯Os 的氢键强。同时,BHA 分子的吸附也有利于 BHA 阴离子的吸附。

综合考虑表面的钙密度和钙元素分数、Ca 原子的活性及氢键形成,苯甲羟肟酸在萤石表面的吸附将远大于在方解石表面的吸附作用。

苯甲羟肟酸做捕收剂时,pH 及苯甲羟肟酸用量对萤石、方解石可浮性的影响见图 3-44。从图 3-44 (a) 可知,当苯甲羟肟酸作捕收剂时, 萤石的回收率先随着 pH 的增加而增加,在 pH 8.5~10 区间可浮性最好,之后随着 pH 的增加逐渐下降。而在整个 pH 范围内,方解石可浮性不超过 20%。从图 3-44 (b) 可知,随着苯甲羟肟酸用量的增加,萤石收率逐渐增加，当苯甲羟肟酸用量达到 30 mg/L 以上时，萤石的回收率超过 95%。方解石的回收率随着苯甲羟肟酸的用量增加未超过 20%，图 3-44 的结果表明，苯甲羟肟酸表现出对萤石的选择性捕收作用。

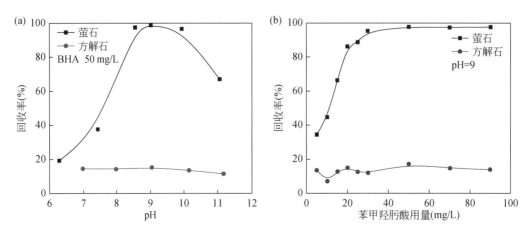

图 3-44　苯甲羟肟酸作捕收剂时，pH（a）和苯甲羟肟酸用量（b）对萤石、方解石可浮性的影响[260]

综合本章内容，矿物的矿物晶体结构与价键类型、矿物解离后表面暴露的断裂键类型、断裂键密度、表面位点性质等决定了矿物表面暴露晶面表面能、润湿性与表面电性，进而影响矿物颗粒整体表面性质与浮选行为，是矿物浮选理论研究需重点关注的内容。能否通过磨矿装备、介质及磨矿环境的改变，调控不同矿物暴露面的不同，使目的矿物易疏水性表面更多暴露，而脉石矿物易亲水性表面更多暴露是这一领域研究的难点和重点，也是这一研究的真正价值所在。

第4章　无机离子溶液化学行为及其对浮选过程的影响

　　浮选过程中，矿浆中的无机离子（金属离子和阴离子）的赋存状态及其物理化学行为是很重要的。一方面，许多无机离子是浮选剂（活化剂或者抑制剂）的有效组分；另一方面，自矿物溶解下来或水中存在的无机离子也常常显著影响浮选过程。无机离子在溶液中的水解、络合、沉淀等溶液化学行为，是研究其在矿物表面吸附及浮选作用的基础。

4.1　金属离子在溶液及界面区域的水解平衡

4.1.1　金属离子在溶液中的水解平衡

　　金属离子在溶液中发生水解反应，生成各种羟基络合物，各组分的浓度可通过溶液平衡关系求得。

1. 均相体系

金属离子的水化平衡可由式（2-15）至式（2-17）确定。

各组分的浓度为

$$[M^{n+}] = \frac{[M]'}{a_M} = \frac{[M]'}{1 + \beta_1[OH^-] + \beta_2[OH^-]^2 + \cdots + \beta_m[OH^-]^m}$$

$$\lg[M^{n+}] = \lg[M]' - \lg(1 + \beta_1[OH^-] + \beta_2[OH^-]^2 + \cdots + \beta_m[OH^-]^m)$$

$$\lg[MOH^{(n-1)+}] = \lg\beta_1 + \lg[M^{n+}] + \lg[OH^-]$$

$$\lg[M(OH)_2^{(n-2)+}] = \lg\beta_2 + \lg[M^{n+}] + 2\lg[OH^-]$$

$$\cdots\cdots$$

$$\lg[M(OH)_m^{(n-m)+}] = \lg\beta_m + \lg[M^{n+}] + m\lg[OH^-] \tag{4-1}$$

2. 多相体系

溶液中，金属离子形成氢氧化物沉淀时，各组分与 $M(OH)_{n(s)}$ 处于平衡：

$$M(OH)_{n(s)} \rightleftharpoons M^{n+} + nOH^- \qquad K_{so} = [M^{n+}][OH^-]^n \tag{4-2}$$

$$M(OH)_{n(s)} \rightleftharpoons MOH^{(n-1)+} + (n-1)OH^-$$

$$K_{S1} = [MOH^{(n-1)+}][OH^-]^{n-1} \tag{4-3a}$$

$$\cdots\cdots$$

$$M(OH)_{n(s)} = MOH_m^{(n-m)+} + (n-m)OH^-$$

$$K_{sm} = [M(OH)_m^{(n-m)+}][OH^-]^{n-m} \tag{4-3b}$$

各组分的浓度为

$$\lg[M^{n+}] = \lg K_{so} - n\lg[OH^-]$$

$$\lg[MOH^{(n-1)+}] = \lg K_{S1} + (1-n)\lg[OH^-]$$

$$\cdots\cdots$$

$$\lg[M(OH)_m^{(n-m)+}] = \lg K_{Sm} + (m-n)\lg[OH^-] \tag{4-4}$$

根据附表平衡常数的数据，根据式（4-1）及式（4-4）两组方程可求出各种金属离子水解组分的浓度与 pH 的关系，并绘出金属离子浓度对数图 lg$C$-pH 图。金属离子浓度对数图常被用于讨论金属离子溶液化学行为及在浮选体系中的作用。

4.1.2　金属离子在界面区域的水解平衡

1. 界面溶度积

在界面区域，由于电场的存在，介质的介电常数远低于溶液的介电常数，金属离子在溶液中和界面区域形成氢氧化物沉淀的条件存在差异，相应的溶度积数据也存在差别。可以用两种环境下氢氧化物沉淀的溶度积大小的比值来表示其差异性。以铅离子形成 $Pb(OH)_2$ 为例。

在溶液中，沉淀的 $Pb(OH)_2$ 存在溶解平衡：

$$Pb(OH)_{2(s)} = Pb^{2+} + 2OH^- \tag{4-5}$$

$$K_{sp} = [Pb^{2+}][OH^-]^2$$

$$\Delta G^0 = -RT\ln K_{sp} \tag{4-6}$$

式中，K_{sp} 为 Pb^{2+} 在溶液中生成氢氧化铅沉淀的溶度积（溶液环境）；ΔG^0 为 $Pb(OH)_{2(s)}$ 沉淀解离平衡时的标准自由能变化。

在矿物/水界面区域内，有

$$-\Delta G^{0\prime} = -(G^0_{Pb^{2+}} + G^\prime_{Pb^{2+}} + G^0_{OH^-} + G^\prime_{OH^-} - G^0_{Pb(OH)_2(s)} - G^\prime_{Pb(OH)_2(s)}) \tag{4-7}$$

式中，$G^\prime$ 是矿物/水界面区域内电场对标准吉布斯自由能的贡献部分。因为沉淀 $Pb(OH)_{2(s)}$ 呈电中性，电场对带电粒子的作用强，对电中性或极性物质作用比较弱，可以将 $G^\prime_{Pb(OH)_2(s)}$ 数值忽略不计，所以：

$$-\Delta G^{0\prime} = -\Delta G^0 - (G^\prime_{Pb^{2+}} + G^\prime_{OH^-}) \tag{4-8}$$

设 K^s_{sp} 为 $Pb(OH)_{2(s)}$ 表面沉淀的溶度积，则有

$$\Delta G^{0\prime} = -RT\ln K^s_{sp} \tag{4-9}$$

将两种溶度积的比值来表示其差异性：公式（4-6）与公式（4-9）的比值并取对数，得

$$\lg\frac{K_{sp}}{K^s_{sp\prime}} = \frac{G^\prime_{Pb^{2+}} + G^\prime_{OH^-}}{2.303RT} \tag{4-10}$$

James 等给出了界面区域 G' 的计算公式[326]：

$$G' = \frac{(ze)^2 N}{8\pi(r_i + 2r_w)\varepsilon_0}\left(\frac{1}{\varepsilon_i} - \frac{1}{\varepsilon_b}\right)g(\theta) \tag{4-11}$$

式中，z 为金属离子价数；e 为电子电荷；N 为阿伏伽德罗常数；r_i 为离子半径；r_w 为水离子半径；ε_0 为自由空间介电常数；ε_i 为界面区域的介电常数；ε_b 为溶液空间的介电常数；θ 为几何因子。

上述参数均为正数，并且 ε_i 小于 ε_b 值，所以 G' 为正，即

$$\lg\frac{K_{sp}}{K_{sp}^s} > 0, \quad K_{sp} > K_{sp}^s \tag{4-12}$$

也就是说，铅离子的羟基化合物在溶液中的溶度积比在界面区域内的溶度积大。因此，当溶液中有铅离子存在时，在矿物/水界面区域内会优先析出氢氧化铅沉淀。

取 $\varepsilon_0 = \dfrac{1}{36\pi\times10^9}$ C/(V·m)，$\varepsilon_i = 20$，$\varepsilon_b = 78.5$ C/(V·m)，$T = 298$ K，$N = 6.02\times10^{23}$ mol^{-1}，$e = 0.16\times10^{-13}$ C，$r_w = 1.38\times10^{-10}$ m，$g(\theta) = 0.25$，则

$$G' = \frac{z^2 N}{r_i + 2r_w}\times6.46\times10^{-7}\text{ J/mol} \tag{4-13}$$

取 $r_{OH^-} = 1.33$ Å $= 1.33\times10^{-10}$ m，则 $G'_{OH^-} = 1579.5$ J/mol。

$r_{Pb^{2+}} = 1.20$ Å $= 1.20\times10^{-10}$ m，则 $G'_{Pb^{2+}} = 6525.3$ J/mol。

将 G'_{OH^-}、$G'_{Pb^{2+}}$ 数值代入式（4-10），则

$$\lg\frac{K_{sp}}{K_{sp}^s} = pK_{sp} - pK_{sp}^s = 1.42 \tag{4-14}$$

式中，$Pb(OH)_2$ 在溶液中的溶度积 $pK_{sp} = 15.2$，在矿物/水界面区域的溶度积 $pK_{sp}^s = 16.62$。

由此，按式（4-10）可求得各种金属离子的 $\lg(K_{sp}/K_{sp}^s)$，进而得到 K_{sp}^s 的值，如表 4-1 所示。

表 4-1　金属氢氧化物的 K_{sp}，K_{sp}^s 及 PZC_e 值

金属离子	$r_i(10^{-10}$m)	$\lg(K_{sp}/K_{sp}^s)$	K_{sp}	K_{sp}^s	氢氧化物固体 PZC_e
Ca^{2+}	0.99	1.48	$10^{-5.19}$	$10^{-6.67}$	
Mg^{2+}	0.65	1.60	$10^{-11.15}$	$10^{-12.75}$	12.1
Mn^{2+}	0.80	1.55	$10^{-12.6}$	$10^{-14.15}$	12.1
Fe^{2+}	0.76	1.56	$10^{-15.1}$	$10^{-16.65}$	11.2
Co^{2+}	0.74	1.57	$10^{-14.9}$	$10^{-16.47}$	11.3
Ni^{2+}	0.72	1.58	$10^{-15.2}$	$10^{-16.78}$	10.6
Cu^{2+}	0.69	1.59	$10^{-19.32}$	$10^{-20.91}$	9.8
Pb^{2+}	1.20	1.42	$10^{-15.1}$	$10^{-16.52}$	10.0
Zn^{2+}	0.74	1.57	$10^{-16.6}$	$10^{-18.17}$	9.7
Al^{3+}	0.50	2.47	$10^{-33.5}$	$10^{-35.97}$	9.1
Fe^{3+}	0.64	2.40	$10^{-38.8}$	$10^{-41.2}$	7.8

表 4-1 数据表明，界面溶度积小于溶液溶度积约 1～3 个数量级。在给定金属离子浓度下，由 K_{sp}^s 可求出形成表面金属氢氧化物沉淀的 pH 值。表 4-1 中还列出了金属氢氧化物固体的理论零电点 PZC_e，是根据等当点法及 Parks 方法求得的。表 4-1 的数据还表明 $K_{sp}^s < K_{sp}$，说明金属离子在界面区域比在溶液中更易形成氢氧化物沉淀。

2. 界面区域金属离子的浓度

离子在界面吸附达到平衡时，离子水解过程中某组分在溶液中和界面区域也达到某种平衡，其电位化学相位是相等的。

设溶液中组分 i 的活度为 α_i，在界面区域的活度为 α_i'，二者的关系有

$$\alpha_i' = \alpha_i \exp\left(\frac{\mu_i^{0'} - \mu_i^0}{RT}\right) \tag{4-15}$$

溶液中和界面区域中的活度用浓度近似处理，那么：

$$C_i' = C_i \exp\left(\frac{\mu_i^{0'} - \mu_i^0}{RT}\right) \tag{4-16}$$

所以，离子溶液中在矿物/水界面区域内组分 i 的浓度要比 i 在溶液中的浓度更大一些。在矿物/水界面区域内，铅离子沉淀所需要的 pH 比在溶液中产生沉淀所需要 pH 更低，这一现象也可以用上述理论来解释。

4.1.3　金属离子在溶液及界面区域的水解平衡图

金属离子特别是高价金属离子在溶液中常常发生水解反应，生成各种羟基络合物，各组分的浓度可通过溶液平衡关系求得。根据金属离子的浓度对数图，可分析它们的优势组分，从而讨论其在浮选体系中的作用。根据式（4-1）和式（4-4），可以绘出 Ca^{2+}、Mg^{2+}、Fe^{2+}、Pb^{2+}、Fe^{3+}、Al^{3+} 等离子在水溶液中和在界面区域的浓度对数图，分别见图 4-1 到图 4-6。

图 4-1 为钙离子在水溶液中和在界面区域的浓度对数图，钙离子初始浓度为 $5×10^{-4}$ mol/L 时。由图 4-1（a）可知，低 pH 下，溶液中主要以 Ca^{2+} 形式存在，pH 7.9 左右

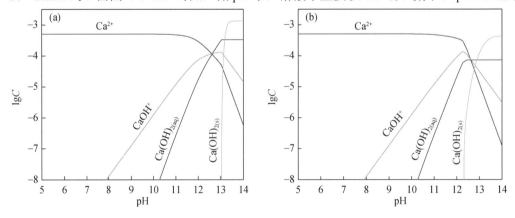

图 4-1　溶液中（a）和矿物表面（b）钙离子各组分浓度对数-pH 图

钙离子浓度：$5×10^{-4}$ mol/L

产生一羟基钙（CaOH⁺），并随着 pH 增大，CaOH⁺增多，pH 10.3 开始形成 Ca(OH)$_{2(aq)}$，pH 13 开始产生氢氧化钙沉淀。由图 4-1（b）可知，在界面区域，形成 CaOH⁺和 Ca(OH)$_{2(aq)}$的 pH 在水溶液中差不多，开始产生 Ca(OH)$_{2(s)}$沉淀的 pH 略低于在水溶液中，pH 7.9 时开始产生一羟基钙（CaOH⁺），并随着 pH 增大 CaOH⁺增多，pH 10.3 开始产生 Ca(OH)$_2$，且随着 pH 增大而增多，pH 12.3 时 CaOH⁺含量达到最大，此时开始产生 Ca(OH)$_{2(s)}$表面沉淀。

图 4-2 为镁离子在水溶液中和在界面区域的浓度对数图，镁离子初始浓度为 $5×10^{-4}$ mol/L 时，图 4-2（a）表明，pH<10 溶液中主要以 Mg²⁺存在；pH 6.7 后开始产生一羟基镁（MgOH⁺），并随着 pH 增大 MgOH⁺增多，pH 10.1 时 MgOH⁺含量达到最大，此时开始产生沉淀 Mg(OH)$_{2(s)}$；在界面区域 [图 4-2（b）]，同样是形成 MgOH⁺和 Mg(OH)$_{2(s)}$的 pH 低于在水溶液中，pH<9.3 时，主要以 Mg²⁺形式存在；pH 6.6 后开始产生一羟基镁（MgOH⁺），并随着 pH 增大 MgOH⁺增多，pH 9.3 时 MgOH⁺含量达到最大，此时开始产生 Mg(OH)$_{2(s)}$表面沉淀。

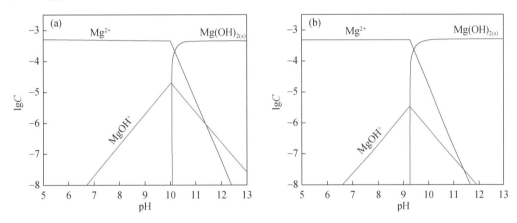

图 4-2　溶液中（a）和矿物表面（b）镁离子各组分浓度对数-pH 图

镁离子浓度：$5×10^{-4}$ mol/L

图 4-3 为亚铁离子在水溶液中和在界面区域的浓度对数图，亚铁离子初始浓度为 $5×10^{-4}$ mol/L，pH<8 时，溶液中主要以 Fe²⁺形式存在，到 pH 4.8 后开始产生一羟基亚铁（FeOH⁺），并随着 pH 值增大 FeOH⁺增多，pH 8 时 FeOH⁺达到最大，此时开始产生沉淀 Fe(OH)$_{2(s)}$。在界面区域，pH<7.3 时，矿物表面主要以 Fe²⁺形式存在，到 pH 4.8 后时开始产生 FeOH⁺，并随着 pH 增大 FeOH⁺增多，pH 7.3 时 FeOH⁺达到最大，此时开始产生沉淀 Fe(OH)$_{2(s)}$。同样是在界面区域形成 FeOH⁺和 Fe(OH)$_{2(s)}$的 pH 低于在水溶液中。

图 4-4 为铅离子在水溶液中和在界面区域的浓度对数图，铅离子原始浓度为 $5×10^{-4}$ mol/L。图 4-4（a）表明，pH<8 时溶液主要以 Pb²⁺存在；pH 3 时开始产生一羟基铅 PbOH⁺，并随着 pH 增大 PbOH⁺增多，pH 8 时 PbOH⁺含量达到最大，此时开始产生沉淀 Pb(OH)$_{2(s)}$；在界面区域 [图 4-4（b）]，铅离子的羟基络合物浓度随 pH 的增加而逐步增加，当 pH=7.6 时，界面区域 Pb(OH)⁺的浓度达到峰值，随后开始下降，而界面 Pb(OH)$_{2(s)}$开始生成，pH>11 后，Pb(OH)$_{2(s)}$的浓度又开始下降。

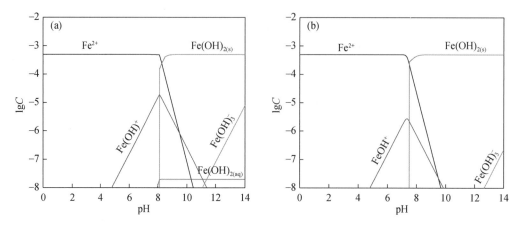

图 4-3　溶液中（a）和矿物表面（b）亚铁离子各组分浓度对数-pH 图

亚铁离子浓度：5×10^{-4} mol/L

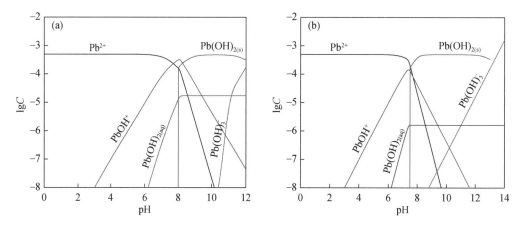

图 4-4　溶液中（a）和矿物表面（b）铅离子各组分浓度对数-pH 图

铅离子浓度：5×10^{-4} mol/L

图 4-5 为铁离子在水溶液中和在界面区域的浓度对数图，铁离子原始浓度为 5×10^{-4} mol/L。图 4-5（a）表明，pH<2.2 时，溶液中主要以 Fe^{3+} 形式存在，pH 0.3 左右开始产生 $Fe(OH)^{2+}$、二羟基 $Fe(OH)_2^+$，并随着 pH 增大而增大。pH=2.2 时，$Fe(OH)^{2+}$ 和 $Fe(OH)_2^+$ 浓度达到最大，此时开始产生形成 $Fe(OH)_{3(s)}$ 沉淀。图 4-5（b）表明，在界面区域，pH<1.4 时，主要以 Fe^{3+} 形式存在，并随着 pH 增大而减小，其次为 $Fe(OH)^{2+}$；pH 0.3 开始产生 $Fe(OH)_2^+$，pH 1.4 时 $Fe(OH)^{2+}$ 和 $Fe(OH)_2^+$ 浓度达到最大，并开始形成 $Fe(OH)_{3(s)}$ 沉淀。

图 4-6 为铝离子在水溶液中和在界面区域的浓度对数图，铝离子初始浓度为 5×10^{-4} mol/L 时。由图 4-6（a）可知，pH<3.9 溶液中主要以 Al^{3+} 形式存在，pH 0.3 左右开始产生 $Al(OH)^{2+}$，pH 2.3 左右开始产生 $Al(OH)_2^+$，并随着 pH 增大 $Al(OH)^{2+}$ 和 $Al(OH)_2^+$ 增多，在 pH 3.9 时 $Al(OH)^{2+}$ 和 $Al(OH)_2^+$ 达到最大，此时开始形成 $Al(OH)_{3(s)}$。在界面区域，pH<3.1 时，矿物表面主要以 Al^{3+} 形式存在并随着 pH 增大 Al^{3+} 减小，pH 0.3 左右开始产生 $Al(OH)^{2+}$，pH 2.3 时开始产生 $Al(OH)_2^+$，pH 3.1 时 $Al(OH)^{2+}$ 和 $Al(OH)_2^+$ 浓度达到最大，并开始形成 $Al(OH)_{3(s)}$ 沉淀。

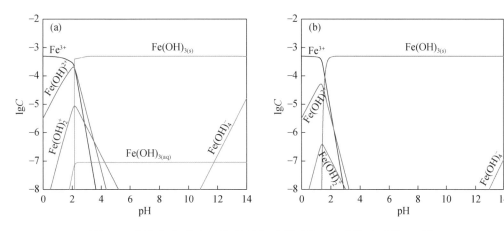

图 4-5　溶液中（a）和矿物表面（b）铁离子各组分浓度对数-pH 图

铁离子浓度：5×10^{-4} mol/L

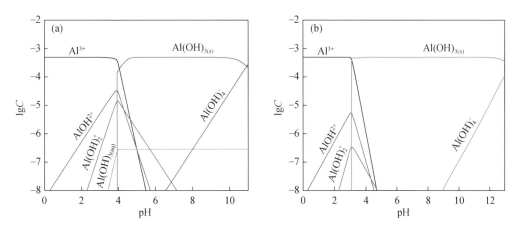

图 4-6　溶液中（a）和矿物表面（b）铝离子各组分浓度对数-pH 图

铝离子浓度：5×10^{-4} mol/L

图 4-1 到图 4-6 的结果均表明，金属离子在溶液中存在各种羟基络合物及氢氧化物，金属离子各种羟基络合物及氢氧化物沉淀在界面区域生成的 pH 均小于在溶液中生成的 pH，这些羟基络合物及氢氧化物沉淀对溶液中矿物表面性质及浮选行为会产生各种影响，金属离子各组分浓度对数-pH 图常用于讨论这些影响的规律。

4.2　无机离子在氧化矿/水界面的吸附

4.2.1　二价金属离子在氧化物矿物表面的吸附

1. 二价金属离子在矿物表面的吸附与 pH 的关系及其吸附主要组分

1）二价金属离子在一水硬铝石和高岭石表面的吸附与 pH 的关系

二价金属离子在一水硬铝石和高岭石表面的吸附结果如图 4-7 和图 4-8 所示。结果表明，酸性条件下，钙离子、镁离子在一水硬铝石和高岭石表面吸附量少，当 pH>9 后，钙、镁离子在一水硬铝石和高岭石表面的吸附量开始显著上升，并随 pH 增大一直增加。同时，钙、镁离子在一水硬铝石表面的吸附量大于其在高岭石表面的吸附。对照图 4-1 和图 4-2，可以推断，钙、镁离子在一水硬铝石和高岭石表面开始时主要以 $CaOH^+$ 或 $MgOH^+$ 发生吸附，随 pH 进一步增大，$Ca(OH)_{2(s)}$ 或 $Mg(OH)_{2(s)}$ 的生成是钙、镁离子在一水硬铝石和高岭石表面的主要吸附组分。而且，用界面区域金属离子浓度对数图比用溶液中金属离子浓度对数图来说明吸附组分更接近实验结果。既在界面区域形成的 $CaOH^+$ 和 $Ca(OH)_{2(s)}$、$MgOH^+$ 和 $Mg(OH)_{2(s)}$ 分别是钙、镁离子在一水硬铝石和高岭石表面吸附的主要组分，在界面区域 pH 7.9 时开始产生一羟基钙（$CaOH^+$），pH 10.3 开始产生 $Ca(OH)_2$，正是钙离子在一水硬铝石和高岭石表面的吸附量快速增大的 pH 区域，pH 9.3 时 $MgOH^+$ 含量达到最大，并开始产生 $Mg(OH)_{2(s)}$ 沉淀，也正是镁离子在一水硬铝石和高岭石表面的吸附量快速增大的 pH 区域。

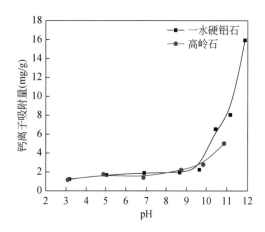

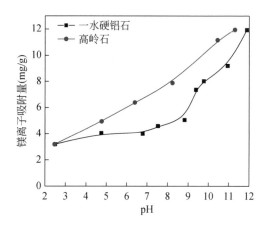

图4-7　钙离子在一水硬铝石和高岭石表面的　　　图4-8　镁离子在一水硬铝石和高岭石表面的
　　　　吸附量-pH关系图[327]　　　　　　　　　　　　　吸附量-pH关系[327]

2）二价金属离子在铁氧化矿及其氢氧化矿表面的吸附与 pH 的关系

图 4-9 为不同 pH 条件下，针铁矿和赤铁矿表面对金属铅离子和铜离子的吸附行为。由图 4-9 可知，当 pH>3 后，铜离子和铅离子在针铁矿和赤铁矿表面的吸附量随 pH 的增加而逐步增加，当 pH>6 后，铜离子和铅离子在针铁矿和赤铁矿表面的吸附量随 pH 的增加而快速增加，当 pH 8 左右时，吸附量达到峰值平台。参照图 4-4，计算 $[Cu^{2+}]$=2×10^{-5} g/L（3×10^{-4} mol/L）、$[Pb^{2+}]$=2×10^{-5} g/L（1×10^{-4} mol/L）时，$Pb(OH)_{2(s)}$ 以及 $Cu(OH)_{2(s)}$ 形成的 pH 分别为 7.84 和 6，可以看出，铜离子和铅离子在针铁矿和赤铁矿表面的吸附量快速增加的 pH 基本对应于 $Pb(OH)_{2(s)}$ 和 $Cu(OH)_{2(s)}$ 形成的 pH，当 pH=8 时，界面区域 $Pb(OH)^+$ 的浓度达到峰值。如果对照图 4-4（a），铅离子在针铁矿和赤铁矿表面的吸附量随 pH 的变化与 $Pb(OH)^+$ 和 $Pb(OH)_{2(s)}$ 开始生成的 pH 的变化有偏差，因此，可以推断铅、铜离子在针铁矿和赤铁矿表面的吸附主要以界面区域 $Pb(OH)_{2(s)}$ 和 $Cu(OH)_{2(s)}$ 为主。

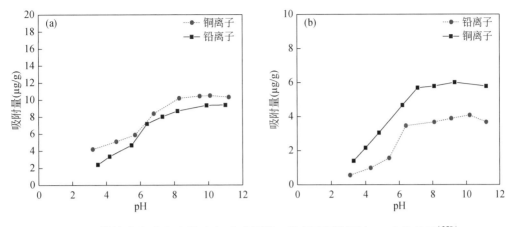

图 4-9　针铁矿（a）和赤铁矿（b）表面铜、铅离子吸附量随 pH 变化关系[259]

$[Cu^{2+}]=2\times10^{-5}\,g/L\quad[Pb^{2+}]=2\times10^{-5}\,g/L$ 固体浓度=5%去离子水

2. 二价金属离子在矿物表面的吸附与浓度的关系

25℃且 pH 为 7.0 的溶液中 Pb^{2+}、Cu^{2+} 和 Ca^{2+} 三种金属离子在锡石表面的吸附量与离子初始浓度的关系如图 4-10 所示。

图 4-10 表明，Pb^{2+}、Cu^{2+} 和 Ca^{2+} 三种金属离子在锡石表面均有吸附，随着初始浓度的增加，吸附量均不同程度地增加。不同金属离子在锡石表面的吸附量有较大差别，但都存在一个吸附量拐点，当初始浓度低于该拐点时，吸附量随着初始浓度的增加而增加，增幅较大；当初始浓度高于该拐点时，吸附量随着初始浓度的增加而趋于平衡或小幅增加。当初始浓度小于 $1\times10^{-4}\,mol/L$ 时，二价金属离子吸附量随着初始浓度的增加而增加，继续增加初始浓度至 $2\times10^{-4}\,mol/L$ 时，二价金属离子的吸附量增加缓慢，或基本不再变化。在试验范围内，三种金属离子相同初始浓度下在锡石表面的吸附量大小顺序为：$Cu^{2+}>Pb^{2+}>Ca^{2+}$，这一顺

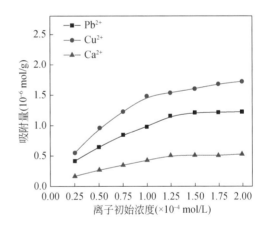

图 4-10　三种金属离子在锡石表面的吸附量与初始浓度的关系[275]

序与界面区域这些离子形成一羟基络合物及表面沉淀密切相关，在 pH 7，钙离子没有形成 $CaOH^+$ 和 $Ca(OH)_{2(s)}$、铅离子形成了 $Pb(OH)^+$、而铜离子则形成了表面沉淀 $Cu(OH)_{2(s)}$。

4.2.2　三价金属离子在矿物表面的吸附

铁离子在一水硬铝石和高岭石表面的吸附量如图 4-11 所示，由图 4-11 可知，pH<3 时，铁离子在一水硬铝石和高岭石表面的吸附量较小，pH>3 后，吸附量显著增大。当溶液 pH 大于 4 后，铁离子在矿物表面的吸附量达到最大。对照图 4-5 可以看出，pH>3 后，

铁离子在一水硬铝石和高岭石表面的吸附以 $Fe(OH)^{2+}$、$Fe(OH)_2^+$ 为主，$pH>4$ 后，吸附以 $Fe(OH)_{3(s)}$ 为主。

铝离子在一水硬铝石和高岭石表面的吸附量如图 4-12 所示，由图 4-12 可知，$pH<6$ 时，铝离子在一水硬铝石和高岭石表面的吸附量较小，$pH>6$ 后，吸附量显著增大，在 $pH\ 8\sim11$ 范围，铝离子在矿物表面的吸附量达到最大并出现平台。与铁离子吸附不同的是，$pH>11$ 后，铝离子在一水硬铝石和高岭石表面的吸附量开始下降。对照图 4-6 可以看出，$pH>6$ 后，铝离子在一水硬铝石和高岭石表面的吸附以 $Al(OH)_{3(s)}$ 为主。$pH>11$ 后，铝离子在一水硬铝石和高岭石表面的吸附推测为铝离子的主要组分 $Al(OH)_4^-$，在带负电的一水硬铝石和高岭石表面的吸附下降，但铁离子在一水硬铝石和高岭石表面的吸附不存在此现象，这是值得思考的。可能由于一水硬铝石和高岭石表面均含有 Al 元素，高 pH 下，一水硬铝石和高岭石表面组分溶解可能影响铝离子的吸附。

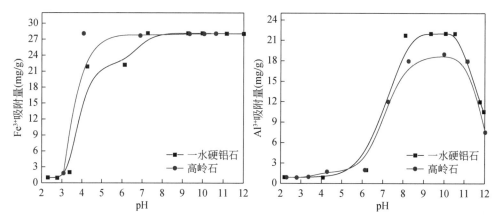

图 4-11　铁离子在一水硬铝石和高岭石表面的吸附量-pH 关系图[327]　　图 4-12　铝离子在一水硬铝石和高岭石表面的吸附量-pH 关系图[327]

4.2.3　无机阴离子在氧化矿/水界面的吸附

1. 无机阴离子在氧化矿/水界面的静电吸附

浮选中常用一些无机阴离子作调整剂，它们在氧化矿/水界面的吸附与其在溶液中的各种解离组分有关。

强酸根阴离子在矿物表面的吸附量随 pH 的增加而降低，见图 4-13，可以认为 pH 增加，矿物表面负电位增加，静电斥力增加。这里需要关注的是负一价的 Cl^- 比负二价的 SO_4^{2-} 在带正电的针铁矿表面上的吸附量大。

对于一元弱酸根阴离子，在 $pH<pK_a$ 时，阴离子的吸附量随 pH 增大增加，可认为是适合于吸附的阴离子的浓度增大的缘故；$pH=pK_a$ 时，弱酸已有 50%解离成阴离子，吸附量会出现极大；$pH>pK_a$ 后，弱酸几乎全部解离成阴离子，与矿物表面静电斥力增加，吸附量降低。

对于多元酸根阴离子，在吸附等温线与 pH 的关系曲线上，一般在对应于各级解离常数的 pH 上出现极大点或拐点，图 4-14 表明，PO_4^{3-} 在针铁矿上的吸附量然随 pH 的增加而降低。磷酸盐在溶液中存在式（2-52）的平衡关系，由式（2-52）可知，PO_4^{3-} 在针铁矿上的吸附在 pK_{a1}，pK_{a2} 及 pK_{a3} 处均有拐点。当 H_3PO_4 解离成 PO_4^{3-} 占优势后，吸附量急剧下降，可认为此时静电斥力大大增加。

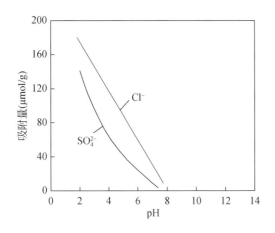
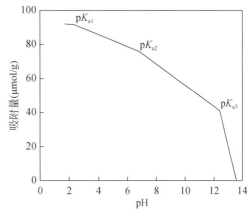

图 4-13　Cl^-，SO_4^{2-} 在针铁矿上的吸附[14]
　　　$[SO_4^{2-}]$=3×10⁻³mol/L；$[Cl^-]$=0.1 mol/L

图 4-14　磷酸盐在针铁矿上的吸附[14]

2. 氟离子在硅酸盐矿物表面的化学吸附

氢氟酸常用作阳离子捕收剂浮选硅酸盐矿物的活化剂，图 4-15 给出了氟离子在矿物表面的吸附与 pH 的关系。图 4-15 表明，在酸性条件下，氟离子在高岭石表面上的吸附量显著大于在一水硬铝石表面的吸附量，氟离子在矿物表面上的吸附随着 pH 的增加而降低。氟离子取代硅酸盐矿物表面上的羟基可以分为式（4-17）表达的如下两个过程：

$$> S-OH(表面) \xrightarrow{H^+, F^-} > S-OH\cdots H+F^- \longrightarrow > S-F+H_2O \qquad (4-17)$$

式中，$>S$ 代表矿物的表面铝或者硅活性位。

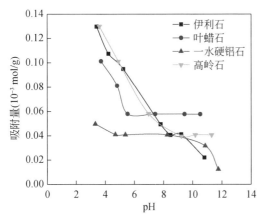

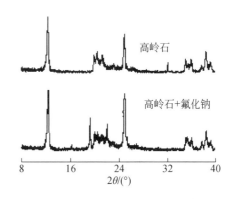

图 4-15　氟离子在矿物表面的吸附与 pH 的关系[326]

图 4-16　与酸化的氟化钠溶液作用前后高岭石的
　　　　　　XRD 图[326]

①氢氟酸的氢离子通过氢键作用与矿物表面的羟基发生作用；②氟离子取代矿物表面的羟基形成 Si—F 或 Al—F 键。

因此，酸性条件下，氟离子在矿物表面上发生吸附，并随着 pH 的增加而降低。氟离子在矿物表面上的吸附给阳离子捕收剂的吸附提供了阴离子活性位，从而促进阳离子捕收剂通过静电作用发生吸附，活化矿物的浮选。因此，氟化钠或氟硅酸钠可以活化阳离子捕收剂对硅酸盐矿物的浮选。

用 X 射线粉末衍射对经过氟化物作用的高岭石进行了物相分析，结果见图 4-16。可以看出，与氟化钠作用后的高岭石出现了新衍射峰，最强峰 d=4.62，次强峰 d=4.03 以及 d=5.47，表明生成了新相氟硅酸钠；而高岭石本身的 d=2.79 的峰位却消失了。表明氟离子取代硅氧八面体中的硅羟基形成 Si—F 键，生成稳定的 SiF_6^{2-}，该离子在矿物表面上发生吸附，显著降低矿物表面的负电位，促进阳离子捕收剂的作用。因而经过氟化物作用的硅酸盐矿物表面形成一定量的 Si—F 键（通过取代或生成的 SiF_6^{2-} 的吸附），矿物表面带负电。因此，氟离子对矿物表面的作用包括了氟离子对矿物表面羟基的取代作用以及氟离子对矿物晶体结构的化学反应。

4.2.4　无机离子在氧化矿/水界面吸附的 Stern-Graham 方程

无机离子在氧化矿/水界面的吸附量可通过计算求得，最著名的是 Stern-Graham 方程[267]。

设溶液中有多种组分，当吸附达到平衡时，某组分 i 在溶液中的化学势 μ_i 与在界面中的化学势 μ_i^S 相等，即

$$\mu_i = \mu_i^S$$
$$\mu_i^0 + RT \ln a_i = \mu_i^{0\,S} + RT \ln a_i^S \tag{4-18}$$

一般浮选剂所用的浓度很低，则 $a_i \approx C_i$，$a_i^S = \Gamma_{\delta,i}/2r$，$\mu_i^0 - \mu_i^{0S} = \Delta G_{ads,i}^0$

于是组分 i 的吸附量为

$$\Gamma_{\delta,i} = 2r_i C_i \exp\left(-\frac{\Delta G_{ads,i}^0}{RT}\right) \tag{4-19}$$

式中，$\Gamma_{\delta,i}$ 为组分 i 在 Stern 层的吸附密度，mol/cm^2；r_i 为吸附离子半径，对于金属离子则为水化离子半径 r_{hyd}，对于二元离子一般 $r_{hyd}=r_{ion}+2r_w$；C_i 为组分 i 的平衡浓度，mol/L；$\Delta G_{ads,i}^0$ 为吸附离子 i 的总自由能，包括以下各项：

$$\Delta G_{ads,i}^0 = \Delta G_{elec,i}^0 + \Delta G_{chem,i}^0 + \Delta G_{CH_2,i}^0 + \Delta G_{Solv,i}^0 + \Delta G_{H,i}^0 + \cdots \tag{4-20}$$

式中，各 ΔG^0 分别表示静电作用分量、化学作用、疏水作用、溶剂化能及氢键力。对于无机离子的吸附，主要有下列几项：

$$\Delta G_{ads,i}^0 = \Delta G_{elec,i}^0 + \Delta G_{chem,i}^0 + \Delta G_{Solv,i}^0 \tag{4-21}$$

其中，静电作用自由能分量：

$$\Delta G_{elec,i}^0 = Z_i F \Delta \psi_x$$

$$\Delta\psi_x = \frac{2RT}{ZF} \times \ln\left[\frac{\left(\exp\left(\frac{ZF\psi_0}{2RT}\right)+1\right)+\left(\exp\left(\frac{ZF\psi_0}{2RT}\right)-1\right)\exp(-\kappa x)}{\left(\exp\left(\frac{ZF\psi_0}{2RT}\right)+1\right)-\left(\exp\left(\frac{ZF\psi_0}{2RT}\right)-1\right)\exp(-\kappa x)}\right]$$

$$\psi_0 = \frac{2.3RT}{ZF}(\mathrm{pH_{PZC}} - \mathrm{pH})(\mathrm{V})$$

$$\kappa = 0.328\times10^{10}(I)^{\frac{1}{2}} \quad (\mathrm{m^{-1}})(I \text{为离子强度})$$

$$x = r_{\mathrm{ion}} + 2r_{\mathrm{w}}(\mathrm{m}) \tag{4-22}$$

近似计算时，取 $\Delta\psi_x = \zeta$

溶剂化作用自由能分量：

$$\Delta G_{\mathrm{solv},i}^0 = \left(\frac{Z_i^2 e^2 N}{16\pi\varepsilon_0}\right)\left(\frac{1}{r_i+2r_{\mathrm{w}}} - \frac{r_i}{2(r_i+2r_{\mathrm{w}})^2}\right)$$

$$\times\left(\frac{1}{\varepsilon_{\mathrm{int}}} - \frac{1}{\varepsilon_{\mathrm{b}}}\right) + \left(\frac{Z_i^2 e^2 N}{32\pi\varepsilon_0}\right)\left(\frac{1}{r_i+2r_{\mathrm{w}}}\right)\left(\frac{1}{\varepsilon_{\mathrm{S}}} - \frac{1}{\varepsilon_{\mathrm{int}}}\right) \quad (\mathrm{J/mol}) \tag{4-23}$$

式中，ε_{b} 为溶剂的介电常数，水的 ε_{b} 取 78.5；r_{w} 取 $1.38\times10^{-10}\,\mathrm{m}$；$\varepsilon_0$ 为自由空间的介电常数：

$$\varepsilon_0 = \frac{1}{36\pi\times10^9} \quad \mathrm{C/(V\cdot m)}$$

$$\varepsilon_{\mathrm{int}} = \left[\frac{\varepsilon_{\mathrm{b}}-6}{1+1.27\times10^{-7}\left(\frac{\mathrm{d}\psi}{\mathrm{d}x}\right)_x^2}\right]+6 \text{为界面的介电常数}$$

$$\frac{\mathrm{d}\psi}{\mathrm{d}x} = -2K\frac{RT}{ZF}\sinh\left(\frac{ZF\Delta\psi_x}{2RT}\right) \quad (\mathrm{V/m})$$

近似计算时，为

$$\Delta G_{\mathrm{solv},i}^0 = \frac{-e_i^2\left(1-\frac{1}{\varepsilon_{\mathrm{h}}}\right)}{2(r_i+\delta)}$$

式中，δ 是与离子和溶剂带电符号有关的常数，取为 0.8 Å。

因此，由式（4-19）可以算出金属离子某一水解组分的吸附密度，如 $\Gamma_{\mathrm{CoOH^+}}$，$\Gamma_{\mathrm{Co^{2+}}}$ 等，然后求出总的吸附密度，如：

$$\Gamma_{\mathrm{Co(II)}} = \Gamma_{\mathrm{Co^{2+}}} + \Gamma_{\mathrm{CoOH^+}} + \Gamma_{\mathrm{Co(OH)_2}} + \Gamma_{\mathrm{Co(OH)_3^-}} + \Gamma_{\mathrm{Co(OH)_4^{2-}}} \tag{4-24}$$

设 θ_i 为组分 i 的罩盖分数，θ 为金属离子所有水解组分的罩盖分数，则由 Langmuir 公式：

$$\theta_i = K_i C_i(1-\theta) \tag{4-25}$$

$$K_i = \exp\left(\frac{-\Delta G_{\mathrm{ads},i}^0}{RT}\right) \tag{4-26}$$

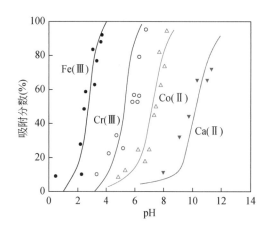

图 4-17　金属离子在 SiO_2 上的吸附计算值（实线）
与实验值（点）[14]

$[Fe(III)]=1.2\times10^{-4}\ mol/L$，$[Cr(III)]=2.0\times10^{-4}\ mol/L$
$[Co(II)]=1.2\times10^{-4}\ mol/L$，$[Ca(II)]=1.4\times10^{-4}\ mol/L$

又 $\theta=\sum\theta_i$

将式（4-25）代入得

$$\theta=\frac{\sum K_iC_i}{1+\sum K_iC_i}\qquad(4\text{-}27)$$

$$\theta_i=\frac{K_iC_i}{1+\sum\limits_i K_iC_i}\qquad(4\text{-}28)$$

由此算出 Fe(III)、Cr(III)、Co(II)、Ca(II) 在石英表面的吸附分数与 pH 的关系（图 4-17 中的实线），计算所需参数见表 4-2。由图 4-17 可知，实验测定的结果与计算值有比较对应关系。参照图 4-1 和图 4-5 计算图 4-17 中对应浓度下，铁离子、铬离子、钴离子和钙离子生成表面沉淀的 pH 分别为 1.6、5.7、7.72、12.59，可见，铁离子、铬离子、钴离子在 SiO_2 上吸附量显著增加的 pH 对应于 $Fe(OH)_{3(s)}$、$Cr(OH)_{3(s)}$、$Co(OH)_{2(s)}$ 表面沉淀开始形成的 pH，显示金属氢氧化物表面沉淀是金属离子在一些矿物表面吸附的主要组分。

表 4-2　计算金属离子在 SiO_2 上吸附所需的参数（25℃）

离子浓度 （mol/L）	r_i	ΔG_{chem}^0 （kcal/mol）	离子强度 I（mol）
Fe(III) 1.2×10^{-4}	0.64	Fe^{3+}（-8.5）	10^{-2}
Cr(III) 2×10^{-4}	0.69	Cr^{3+}，$CrOH^{2+}$（-7.0）	10^{-2}
Co(II) 1.2×10^{-4}	0.78	Co^{2+}，$CoOH^{+}$（-6.5）	3×10^{-3}
Ca(II) 1.4×10^{-4}	0.99	Ca^{2+}，$CaOH^{+}$（-7.0）	10^{-2}

4.3　无机离子对矿物表面电性及浮选的影响

4.3.1　金属离子对矿物表面电性的影响

研究表明，金属离子对氧化物矿物表面动电位的影响呈现一定规律。图 4-18 是铜离子对硅孔雀石ζ电位的影响结果，可见，硅孔雀石在纯水中带负电，IEP 在 pH 2 左右，铜离子存在下，其动电位经历了两次变号。Cu^{2+}、Zn^{2+}、Co^{2+}、Ni^{2+}、Al^{3+}、Fe^{3+} 等离子对石英表面ζ电位的影响，也有类似规律，如图 4-19 所示。在金属离子存在下，石英表面ζ电位存在三次变号分别用 CR1，CR2 及 CR3 表示。实验得出在一定浓度下，各种金属离子使石英表面ζ电位变号的 CR2 及 CR3 值列于表 4-3。表 4-3 中列出的 pH_s 是相应浓度下，由界面溶

度积 K_{sp}^s 求得的生成表面金属氢氧化物沉淀的 pH，由表 4-3 可知，CR2 一般与 pH_s 有对应关系，这表明金属离子在石英表面吸附并生成表面沉淀后，使石英表面的 ζ 电位向正方向移动，一般 CR2≥pH_s。

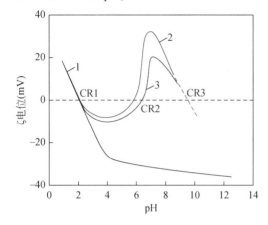

图 4-18　Cu（Ⅱ）对硅孔雀石 ζ 电位的影响[14]
1-无 Cu^{2+}；2-Cu^{2+} 浓度 $1.0×10^{-3}$ mol/L；
3-Cu^{2+} 浓度 $1.0×10^{-4}$ mol/L

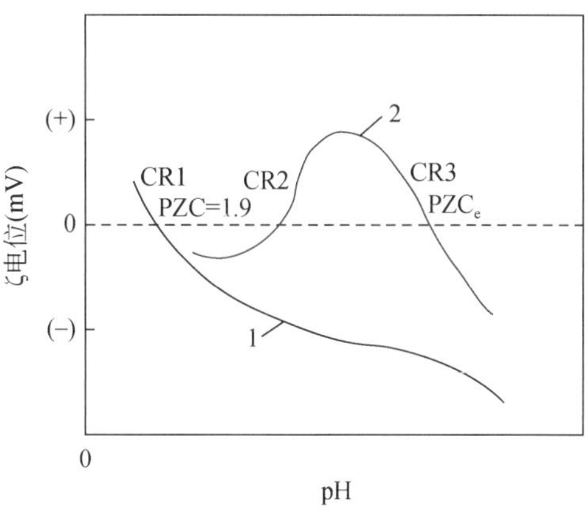

图 4-19　金属离子对石英表面 ζ 电位的影响[77]
1-在蒸馏水中；2-金属离子存在

表 4-3　金属离子存在下石英表面 ζ 电位的 CR2 及 CR3 与 pH_s 及 PZC_e 的关系

离子浓度（10^{-4}mol/L）	Cu^{2+}	Zn^{2+}	Co^{2+}	Ni^{2+}	Al^{3+}	Fe^{3+}
pH_s	5.5	6.9	7.8	7.6	3.3	1.4
CR2	5.8	7.3	7.8	8.1	3.6	1.6
PZC_e	9.8	9.7	11.3	10.6	9.1	7.8
CR3	9.8	9.5	11.2	10.6	9.0	7.8

当 pH 进一步增加，石英表面 ζ 电位会再次变号，此时，CR3 与金属氢氧化物固体的 PZC 值有对应关系，表 4-3 中，PZC_e 是表 4-1 中金属氢氧化物固体的理论 PZC。当 pH 进一步增加到氢氧化物固体的零点电 PZC_e 后，石英表面 ζ 电位也随之变负，一般 CR3≤PZC_e。因此，在金属离子存在下，石英表面在 pH_s≤pH≤PZC_e 或 CR2≤pH≤CR3 范围内带正电，在该 pH 范围内，石英表面动电行为与氢氧化物固体相似。

由上述结果可以看出：

（1）CR1 一般就是矿物表面自身的 PZC（pH_{PZC}），石英的 PZC=1.9，硅孔雀石的 PZC=2，这时金属离子还没开始吸附。

（2）CR2 则可认为是金属氢氧化物表面沉淀开始生成并吸附于矿物的 pH，导致氧化物矿物表面 ζ 电位向正值方向迅速增大并变号，由于表面沉淀的 pH 受金属离子浓度的影响，当金属离子浓度增大时，形成表面沉淀的 pH 降低，相应的 CR2 也减小。图 4-18 中，铜离子存在下，硅孔雀石表面 ζ 电位变号的 CR2 值受铜离子浓度的影响，Cu^{2+} 浓度为 $1.0×10^{-4}$ mol/L 和 $1.0×10^{-3}$ mol/L 时，CR2 值分别为 5.8 和 5.5。

（3）pH>CR2 后，氧化矿表面的动电行为类似于氢氧化物固体的动电行为，pH 增加到石英表面动电位再次变号时，对应的 CR3 一般为金属氢氧化物沉淀物的 PZC。例如，铜

离子浓度为 10^{-4} mol/L 时，氢氧化铜表面沉淀的 pH 为 5.5，pH＞CR2=5.8 后，矿物表面ζ电位向正值方向迅速增大并变正号，对应的 $Cu(OH)_{2(s)}$ 固体的 $PZC_e=9.8$，即为石英表面动电位再次变号的 CR3，矿物表面ζ电位向负值方向增大并再次变负。进一步表明表面氢氧化物沉淀是金属离子在矿物表面吸附并影响矿物表面电性的主要机理。

值得注意的是，受样品纯度、测试方法、离子价态及加入的金属离子浓度的影响，金属离子对氧化物矿物表面动电位的影响不一定出现与图 4-18 和图 4-19 完全一致的规律。图 4-20 与图 4-21 分别是三价铁离子和铝离子对一水硬铝石和高岭石表面动电位的影响。图 2-13 与表 2-2 中，已知一水硬铝石和高岭石的 PZC（CR1）分别为 6.4 和 3.4，图 4-20 与图 4-21 中，三价铁离子和铝离子显著改变了一水硬铝石和高岭石表面动电位，使一水硬铝石和高岭石表面动电位有较高的正值，没有出现 CR2，但随着 pH 的增大，一水硬铝石和高岭石表面动电位再次变负，即 CR3，基本对应于表 4-3 中氢氧化铁或氢氧化铝固体的 PZC。也就是说，图 4-20 和图 4-21 中，虽然三价铁离子和铝离子对一水硬铝石和高岭石表面动电位的影响，可能由于浓度较高，没有出现或跳过了 CR2，没有完全呈现图 4-18 和图 4-19 的规律，但 CR3 的出现也可以推测表面氢氧化物沉淀是三价铁离子和铝离子影响一水硬铝石和高岭石表面动电位的主要机理。

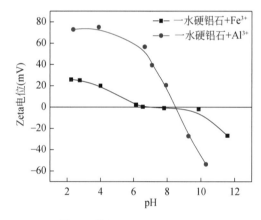 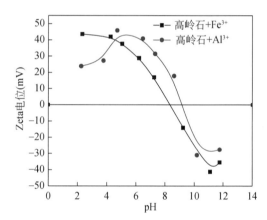

图 4-20　Al^{3+} 和 Fe^{3+} 存在时，一水硬铝石的表面动电位-pH 关系图[327]　　图 4-21　Al^{3+} 和 Fe^{3+} 存在时，高岭石的表面动电位-pH 关系图[327]

4.3.2　金属离子-浮选剂对矿物表面电性的影响

金属离子在浮选体系中的重要应用是作为活化剂改善矿物的可浮性，研究金属离子对浮选剂作用的影响有重要意义。Pb^{2+}、苯甲羟肟酸以及苯甲羟肟酸铅配合物对锡石表面动电位的影响见图 4-22，反映了经过不同药剂制度处理后，锡石表面动电位与 pH 的关系。从图 4-22 可以看出，锡石等电点在 pH 3.0 左右，当 pH＜3.0 时，锡石表面荷正电，当 pH＞3.0 时，锡石表面荷负电。而当溶液中加入 3×10^{-4} mol/L 苯甲羟肟酸后，锡石动电位在 pH 5~8 范围内发生小的负移，这说明阴离子捕收剂苯甲羟肟酸可能通过化学作用吸附在荷负电的锡石表面。当只加入 Pb^{2+} 时，锡石的动电位会整体向正向移动，变化规律与图 4-19 基本相似，在 pH 为 6.0 左右时，锡石动电位变为正值，在 pH 为 7.5 左右达到最大，然后缓慢下降，在 pH 为 8.0 左右重新变为负值，在实验 pH 范围内，锡石有三个等电点，分别在 3.0、6.0 和 8.0 左右，基本对应于 CR1、CR2 及 CR3。

Pb^{2+} 添加后接着加入苯甲羟肟酸时，相对于只有苯甲羟肟酸存在的溶液体系，锡石表面动电位正移明显，而相对于只有 Pb^{2+} 存在的溶液体系，锡石动电位负移，这说明，阴离子捕收剂苯甲羟肟酸吸附在锡石表面 Pb^{2+} 位点。而经苯甲羟肟酸铅配合物作用后，锡石表面动电位虽然相对于只有 Pb^{2+} 存在的溶液体系仍有负移，但相对于只有苯甲羟肟酸或 Pb^{2+} 和苯甲羟肟酸依次加入溶液体系，锡石表面动电位正移更明显。也说明，苯甲羟肟酸铅配合物在锡石表面吸附作用强于 Pb^{2+} 和苯甲羟肟酸依次与锡石的作用。

图 4-23 表明，没有 Pb^{2+} 时，苯甲羟肟酸对锡石的捕收作用较小，锡石回收率低，Pb^{2+} 显著活化苯甲羟肟酸与锡石的作用，显著提高了锡石的回收率。

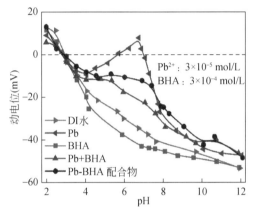

图4-22　锡石表面动电位与pH关系图[240]

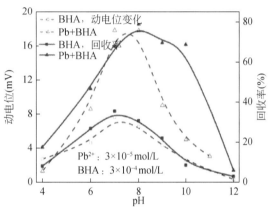

图 4-23　锡石动电位变化值、浮选回收率与 pH 关系图[240]

图 4-24 是 Pb^{2+}-苯甲羟肟酸对锂辉石表面动电位的影响。可以看出，单纯的铅离子对锂辉石动电位的影响出现图 4-19 的规律，也有三个等电点 pH：2.6、7.0 和 8.0 左右，pH 2.6 是锂辉石在纯水中的等电点，7.0 大于氢氧化铅生成的 pH，8.0 小于氢氧化铅固体的等电点，铅离子对锂辉石动电位的影响仍可归因于氢氧化铅表面沉淀的生成。

图 4-24 还表明，单纯的苯甲羟肟酸对锂辉石表面动电位的影响较小，将 Pb^{2+} 和苯甲羟肟酸依次加入溶液后，随 pH 增加和 Pb^{2+} 的吸附，苯甲羟肟酸吸附于 Pb^{2+} 活性点，锂辉石表面动电位正移，并在 pH 7~8 范围，有一个小的正向移动峰值，而当 pH>8 后，锂辉石表面负动电位值随 pH 增加而增大，但比纯水中锂辉石表面负动电位值小。经苯甲羟肟酸铅配合物作用后，锂辉石表面动电位在 pH 8~12 范围内明显正向移动，提示荷正电的苯甲羟肟酸铅配合物的吸附能力明显强于 Pb^{2+} 和苯甲羟肟酸依次加入时在矿物表面的作用。

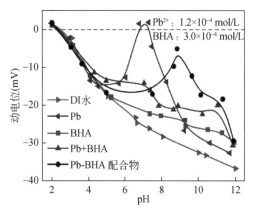

图 4-24　锂辉石表面动电位与 pH 关系图[240]　　　　图 4-25　磷灰石表面ζ电位与无机阴离子浓度的关系

4.3.3　无机阴离子对矿物表面电性的影响

无机阴离子在矿物表面的吸附，一般会使矿物表面的负ζ电位增大或者改变矿物表面性质或者直接与浮选剂发生作用，从而影响浮选剂的行为。

高价阴离子，如 WO_4^{2-}、SO_4^{2-}、PO_4^{3-} 及 CO_3^{2-} 等离子使磷灰石表面负电位值增加较大，见图 4-25，随着高价无机阴离子浓度增大，磷灰石表面负电位值增加，可以促进阳离子捕收剂通过静电力在矿物表面的吸附。

图 4-26 和图 4-27 给出了氟化钠和氟硅酸钠对一水硬铝石、高岭石 Zeta 电位的影响与 pH 的关系。从图中可以看出，氟化钠和氟硅酸钠在酸性条件下会吸附在带正电的一水硬铝石表面增大其负 Zeta 电位，在碱性条件下对一水硬铝石的ζ电位影响小。而氟化钠和氟硅酸钠在整个 pH 范围内使高岭石的负 Zeta 电位值增大，说明氟离子或氟硅酸根离子在高岭石表面发生了较强吸附。氟离子通过取代高岭石表面的羟基而吸附在矿物表面，见式

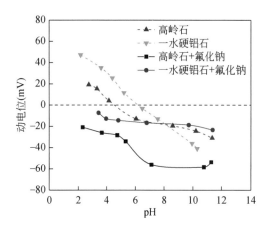

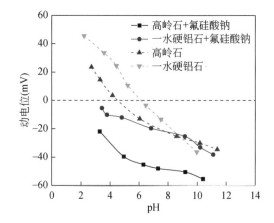

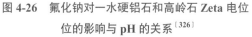

图 4-26　氟化钠对一水硬铝石和高岭石 Zeta 电位的影响与 pH 的关系[326]　　　　图 4-27　氟硅酸钠对一水硬铝石和高岭石 Zeta 电的影响与 pH 的关系[326]

（4-17），引起高岭石表面动电位的降低。由于氟离子对矿物表面的羟基位的取代，使得矿物表面的羟基位减少，因而当矿浆溶液的 pH 发生变化时，矿物表面的质子化/去质子化作用减弱，生成的 SiF_6^{2-} 的吸附，使高岭石的负 Zeta 电位值增大。

4.3.4　无机离子对矿物浮选的影响

1. 金属离子对矿物浮选的活化

一些矿物的浮选常需要采用金属离子作为活化剂，以提高捕收剂作用能力和矿物的浮选效果。图 4-28 为针铁矿和赤铁矿用羟肟酸作捕收剂时铅离子活化与未活化浮选效果对比，由图 4-28 可知，羟肟酸（2×10^{-4} mol/L）作捕收剂，没有金属离子活化时，赤铁矿与针铁矿的浮选回收率不高，针铁矿最高回收率为 40%左右，赤铁矿最高回收率为 70%左右，在整个试验 pH 范围内，赤铁矿回收率都明显好于针铁矿，表明在没有外来离子干扰的情况下，赤铁矿表面与羟肟酸的作用要强于针铁矿。铅离子可以改善两种矿物的浮选行为，在铅离子（2×10^{-4} g/L）活化下，针铁矿回收率可由 40%提高至 60%。铅离子对赤铁矿的浮选也有一定的活化作用，最大回收率可达 85%左右。活化浮选最佳 pH 范围为 8~10，是氢氧化铅表面沉淀稳定存在的 pH 范围，说明铅离子起活化作用的主要组分是氢氧化铅表面沉淀。

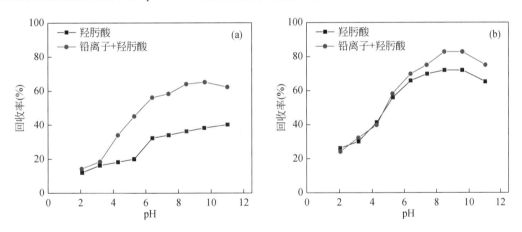

图 4-28　用羟肟酸作捕收剂时，针铁矿（a）和赤铁矿（b）用铅离子活化与未活化浮选效果对比[259]

图 4-29 为 Fe^{3+} 存在下油酸钠对锂辉石和钠长石的捕收效果，没有金属离子存在下，油酸钠对锂辉石和钠长石捕收能力较差，需要用金属离子活化。油酸钠浓度为 6×10^{-4} mol/L 的条件下，Fe^{3+}（4×10^{-5} mol/L）对锂辉石和钠长石浮选的影响见图 4-29，可以看出，随着 pH 的增加，矿物浮选回收率均逐渐增大，在 pH 7.0~8.0，回收率均达到最大值。锂辉石浮选回收率超过 90%，而钠长石的浮选回收率也有 80%左右。表明 Fe^{3+} 对油酸钠浮选锂辉石和钠长石有强的活化作用。对照图 4-5，可以看出，$Fe(OH)_{3(s)}$ 开始形成时（CR2），锂辉石和钠长石浮选回收率开始上升，并随 pH 增大而增大，$Fe(OH)_{3(s)}$ 固体的 PZCe（CR3）为 pH 8 左右，pH>8 后，$Fe(OH)_{3(s)}$ 固体表面带负电，锂辉石和钠长石浮选回收率开始下降。表明，Fe^{3+} 存在下，油酸钠对锂辉石和钠长石的捕收效果在 CR2<pH<CR3 范围较好。

2. 无机阴离子对矿物浮选的影响

图 4-30 为无机阴离子对十二胺浮选磷灰石的影响，表明，F^- 和 CO_3^{2-} 对磷灰石的阳离子捕收剂浮选影响小，而 WO_4^{2-}、SO_4^{2-}、PO_4^{3-} 对十二胺浮选磷灰石有活化作用，随这些离子浓度的增加，磷灰石回收率增加，表明高价无机阴离子的吸附可提高矿物表面负 ζ 电位（图 4-25），促进阳离子捕收剂通过静电力在矿物表面的吸附，提高矿物浮选回收率。

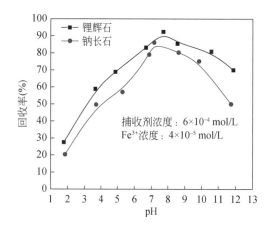

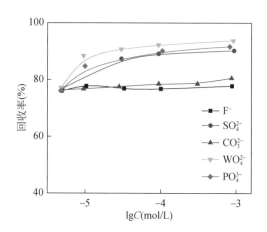

图 4-29　在 Fe^{3+} 活化条件下 pH 对锂辉石和
钠长石浮选的影响[252]

图 4-30　磷灰石回收率与无机阴离子浓度的关系
十二胺浓度 $5×10^{-5}$ mol/L，pH=7.0～7.5

4.3.5　金属离子对矿物分散凝聚影响

1. 二价金属离子对一水硬铝石分散凝聚行为影响

Ca^{2+}、Mg^{2+}、Fe^{2+}（$5×10^{-4}$ mol/L）对一水硬铝石分散凝聚行为影响见图 4-31 和图 4-32。由图 4-31 可知，pH<9 时，钙、镁离子对一水硬铝石的分散性没有影响，一水硬铝石分散凝聚行为由其自身性质决定。一水硬铝石的 PZC 在 pH 6 左右，pH<6，一水硬铝石表面带正电，并随 pH 增大，其动电位下降，因此，pH<6，一水硬铝石处于分散状态，并随 pH 增大其分散性能变差；当 pH>6 时，在 PZC 附近，一水硬铝石发生强烈凝聚。pH>9 后，钙、镁离子对一水硬铝石的分散凝聚行为有较大影响，没有钙、镁离子时，由于表面有高的负电位，一水硬铝石处于良好分散状态，在钙、镁离子存在下，一水硬铝石发生强烈聚沉。对照图 4-1 和图 4-2，可以看出，pH>9 后，表面氢氧化钙或氢氧化镁可在一水硬铝石表面生成，从而影响其分散凝聚行为。

由图 4-32 可知，pH<6 时，与图 4-31 结果相似，亚铁离子对一水硬铝石的分散性没有影响，一水硬铝石分散凝聚行为由其自身性质决定。一水硬铝石的 PZC 在 pH 6 左右，pH<6，一水硬铝石表面带正电，并随 pH 增大，其动电位下降，因此，pH<6，一水硬铝石处于分散状态，并随 pH 增大其分散性能变差；当 pH>6 时，在 PZC 附近，一水硬铝石发生强烈凝聚。pH>8 后，亚铁离子对一水硬铝石的分散凝聚行为有较大影响，没有亚铁离子时，由于表面有高的负电位，一水硬铝石处于良好分散状态，在亚铁离子存在下，一水硬铝石发生强烈聚沉。对照图 4-3，可以看出，pH>8 后，氢氧化亚铁可在一水硬铝石表面生成，从而影响其分散凝聚行为。

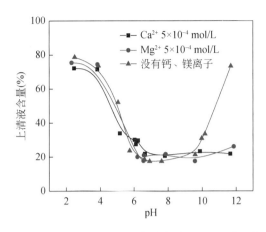

图 4-31　钙、镁离子存在条件下，pH 对一水硬铝石分散性影响[327]

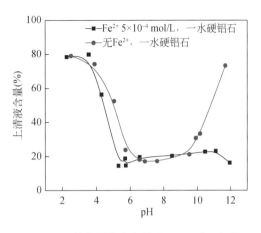

图 4-32　亚铁离子存在条件下，pH 对一水硬铝石分散性影响[327]

2. 三价离子对矿物分散凝聚行为影响

Fe^{3+}、Al^{3+}（$5×10^{-4}$ mol/L）对一水硬铝石分散凝聚行为的影响见图 4-33，在 pH 4～8 的范围内，铝离子、铁离子明显地促进了一水硬铝石的分散。对照图 4-5 和图 4-6 及图 4-20，可以看出，pH<8 左右，一水硬铝石在 Fe^{3+}、Al^{3+} 溶液中，由于表面氢氧化铁或氢氧化铝的生成，一水硬铝石表面带较高正电荷，增大了静电排斥作用，显著促进了一水硬铝石的分散，悬浮液产率高。当 pH>8 后，接近氢氧化铁或氢氧化铝表面 PZCe，一水硬铝石仍会发生凝聚。pH>10 后，铝离子对一水硬铝石的分散凝聚行为几乎没有影响，但铁离子促进了一水硬铝石的聚沉。

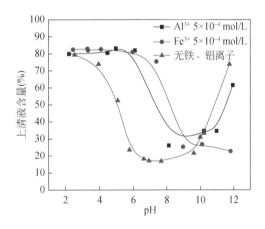

图 4-33　铁、铝离子存在条件下，pH 对一水硬铝石分散性影响[327]

4.4　金属离子在溶液中的沉淀平衡

矿山、冶炼厂的废水含有许多有害但却又有工业应用价值的重金属离子，沉淀浮选是回收这些离子的方法之一，主要是利用这些离子能与某些浮选剂形成沉淀物，它们本身可能是疏水的而上浮，也可以是外加捕收剂使它们疏水上浮。如加入碱形成氢氧化物沉淀或加入硫化剂形成硫化物沉淀，然后加入捕收剂浮选这些沉淀物。有时直接加入捕收剂作沉淀剂与金属离子形成盐的沉淀，本身疏水上浮。一般与溶液中金属离子浓度、沉淀剂的浓度、pH 及溶液的离子强度有关，浮选条件可以通过溶液化学平衡计算确定最佳范围。

4.4.1 氢氧化物沉淀与中和沉淀浮选

根据路易斯酸碱理论，水合金属离子是酸，因此，加入碱使金属离子形成沉淀的方法就叫中和沉淀法。氢氧化物沉淀的形成条件，参照 2.5.1，可用其溶解度对数图来说明，以 Cu^{2+} 为例，说明绘制溶解度对数图 LSD 和讨论中和沉淀浮选的关系。

Cu^{2+} 在溶液中存在下列平衡：

$$Cu^{2+} + OH^- \rightleftharpoons CuOH^+$$

$$\beta_1 = [CuOH^-]/[Cu^{2+}][OH^-] = 10^{6.3}$$

$$Cu^{2+} + 2OH^- \rightleftharpoons Cu(OH)_{2(aq)}$$

$$\beta_2 = [Cu(OH)_{2(aq)}]/[Cu^{2+}][OH^-]^2 = 10^{12.8}$$

$$Cu^{2+} + 3OH^- \rightleftharpoons Cu(OH)_3^-$$

$$\beta_3 = [Cu(OH)_3^-]/[Cu^{2+}][OH^-]^3 = 10^{14.5}$$

$$Cu^{2+} + 4OH^- \rightleftharpoons Cu(OH)_4^{2-}$$

$$\beta_4 = [Cu(OH)_4^{2-}]/[Cu^{2+}][OH^-]^4 = 10^{16.4}$$

$$Cu(OH)_{2(s)} \rightleftharpoons Cu^{2+} + 2OH^-$$

$$K_{sp} = [Cu^{2+}][OH^-]^2 = 10^{-18.9}$$

$$2Cu^{2+} + 2OH^- \rightleftharpoons Cu_2(OH)_2^{2+}$$

$$\beta_{22} = [Cu_2(OH)_2^{2+}]/[Cu^{2+}][OH^-]^2 = 10^{17.28} \tag{4-29}$$

由上述关系得

$$\lg[Cu^{2+}] = \lg K_{sp} - 2\lg[OH^-] = 9.1 - 2pH$$

$$\lg[CuOH^+] = 1.4 - pH$$

$$\lg[Cu(OH)_{2(aq)}] = -6.1$$

$$\lg[Cu(OH)_3^-] = -18.4 + pH$$

$$\lg[Cu(OH)_4^{2-}] = -30.5 + 2pH$$

$$\lg[Cu_2(OH)_2^{2+}] = 7.5 - 2pH \tag{4-30}$$

由式（4-30）各方程可绘出图 4-34（a），即为 $Cu(OH)_{2(s)}$ 的溶解度对数图 LSD。图中两条直虚线间的 pH 范围，亦即 $Cu(OH)_{2(s)}$ 沉淀生成量最大的 pH 范围为 7.6～12.3。在该 pH 范围内，中和沉淀后 Cu^{2+} 残余浓度最低，而且该 pH 范围，$Cu(OH)_{2(s)}$ 固体表面带正电，可以用阴离子捕收剂浮选回收氢氧化铜，如图 4-34（b）所示。用十二烷基苯磺酸钠作捕收剂，在 pH 8～11 范围，$Cu(OH)_{2(s)}$ 固体的回收率可达 90%以上，表明中和沉淀浮选法去除或回收铜离子将是有效的。

同理，可绘出 $Co(OH)_{2(s)}$ 的溶解度对数图 LSD，如图 4-35（a）所示，两条直虚线间的 pH 范围为 pH 10～13，是 $Co(OH)_{2(s)}$ 沉淀生成量最大的 pH 范围。在该 pH 范围内，中和沉淀后 Co^{2+} 残余浓度最低，而且该改 pH 范围，$Co(OH)_{2(s)}$ 固体表面带正电，也可以用阴离子捕收剂浮选回收氢氧化钴，如图 4-35（b）所示。用阴离子捕收剂 Tween 80，在 pH 9～12

范围，Co(OH)$_{2(s)}$固体的回收率可达 75%左右，表明中和沉淀浮选法还不完全有效去除或回收钴离子。

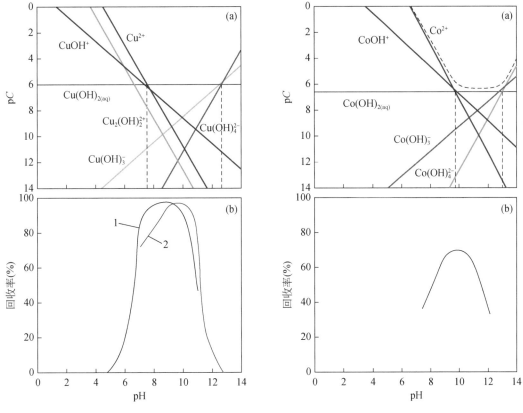

图 4-34　氢氧化铜的溶解度对数图（a）及 Cu^{2+}
沉淀浮选结果（b）[328]
1-SDBS=0.325 mol/L，[Cu^{2+}]=10 mg/L；
2-SDBS=60 mg/L，[Cu^{2+}]=120 mg/L

图 4-35　氢氧化钴的溶解度对数图（a）及 Co^{2+}
沉淀浮选结果（b）[329]
Tween 80（阴离子捕收剂）

4.4.2　金属硫化物沉淀与浮选

用形成氢氧化物沉淀的方法，溶液中残余金属离子的浓度有时达不到要求，我们知道，重金属离子的硫化物远比其相应的氢氧化物难溶，采用硫化沉淀时溶液中残余金属离子的浓度会大大降低。硫化物沉淀的最佳条件同样可通过溶液平衡计算确定，通过计算加入一定浓度的硫化剂后，溶液中残余离子浓度的多少来确定最佳条件。

设金属离子初始浓度为 C_M，加入 Na$_2$S 的初始浓度为 C_S，平衡后，残余金属离子浓度为 $[M]_T$，含硫组分的总浓度为 $[S]_T$，则平衡时满足下列关系：

$$[M]_T[S]_T = K'_{sp,MS} = K_{sp,MS}a_M a_S \tag{4-31}$$

式中，$K_{sp,MS}$，$K'_{sp,MS}$ 分别是 MS 的溶度积和条件溶度积；a_M，a_S 分别是金属离子水解反应和 S^{2-}的加质子反应的副反应系数，分别由式（2-17）式（2-30）确定。

又
$$[S]_T = C_S - C_M + [M]_T \tag{4-32}$$

代入式（4-31）得

$$[M]_T(C_S - C_M + [M]_T) = K_{sp,MS} \cdot a_M \cdot a_S \tag{4-33}$$

上式即为计算金属离子残余浓度的基本关系式，分三种情况讨论，并以 Cu^{2+}—S 体系说明。

（1）当 $C_S = C_M$ 时，即金属离子与硫化剂等当量混合

$$[M]_T = \sqrt{K_{sp,MS}a_M a_S} \tag{4-34}$$

对于 Cu^{2+}—S 体系有

$$a_{Cu} = 1 + 10^{6.3}[OH^-] + 10^{12.8}[OH^-]^2 + 10^{14.5}[OH^-]^3 + 10^{16.4}[OH^-]^4 \tag{4-35}$$
$$a_S = 1 + 10^{13.9}[H^+] + 10^{20.92}[H^+]$$

$$[Cu]_T = \sqrt{10^{-36.1}a_{Cu}a_S} \tag{4-36}$$

由此算得该条件下，溶液中残余 Cu 的总浓度和 pH 的关系，见图 4-36 曲线 1。

（2）当 $C_S > C_M$ 时，即 Na_2S 过量，由于 $[M]_T$ 与 $[S]_T$ 和 C_M 相比小得多，在式（4-33）括号里面可忽略 $[M]_T$，因此：

$$[M]_T = \frac{K_{sp,MS}a_M a_S}{C_S - C_M} \tag{4-37}$$

设 $C_{Cu} = 10^{-3}$ mol/L，在不同硫化钠浓度下可算得 $[Cu]_T$ 与 pH 的关系，见图 4-36 曲线 2，3，4，5。

（3）当 $C_M > C_S$ 时，即金属离子过量，Na_2S 浓度不够，硫全部被沉淀掉，则：

$$[M]_T = C_M - C_S + [S]_T = C_M - C_S + \sqrt{K_{sp,MS} \cdot a_M \cdot a_S} \tag{4-38}$$

设 $C_{Cu} = 10^{-3}$ mol/L，$C_S = 9.9 \times 10^{-4}$ mol/L，则可得到图 4-36 中的曲线 6。

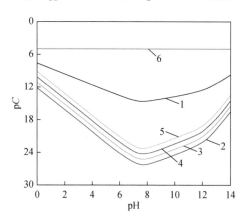

图 4-36　在 Cu^{2+} 的初始浓度为 10^{-3}mol/L 时，不同 Na_2S 浓度下，溶液中 Cu^{2+} 的残余浓度与 pH 的关系

1- $[Na_2S] = 10^{-3}$ mol/L；2- $[Na_2S] = 2\times10^{-3}$ mol/L；
3- $[Na_2S] = 1.1\times10^{-3}$ mol/L；4- $[Na_2S] = 1.01\times10^{-3}$ mol/L；
5- $[Na_2S] = 1.001\times10^{-3}$ mol/L；6- $[Na_2S] = 9.9\times10^{-4}$ mol/L

由图 4-36 可以看出，当加入 Na_2S 的浓度（9.9×10^{-4} mol/L）略小于溶液中 Cu^{2+} 浓度（10^{-3} mol/L）时，平衡后，Cu^{2+} 的残余浓度很高，约 10^{-4} mol/L。当加入等浓度的 Na_2S 时，Cu^{2+} 的残余浓度大大降低，在 pH 8 左右，最低为 2.55×10^{-15} mol/L，只要 Na_2S 的浓度稍微过量，如 1.001×10^{-3} mol/L，残余 Cu^{2+} 的浓度又进一步大大降低，在 pH 8 左右约为 3×10^{-24} mol/L。这时再增大 Na_2S 的浓度，残余 Cu^{2+} 浓度的变化就不是那么明显了。如 $[Na_2S] = 1.1\times10^{-3}$ mol/L 时，在 pH=8，残余浓度降到 10^{-26} mol/L。

由此可见，用硫化沉淀浮选时，硫化剂的浓度相对于铜离子浓度一定要过量，但只要维持某一较小的过量浓度就行了，Na_2S 用量过大会引起二次污染问题。

由图 4-36 还可知，形成 CuS 沉淀的有效 pH 范围在 6～10 之间。pH 过低，由于 S^{2-} 加质子反应，或者 pH 过高，Cu^{2+} 的羟基化反应，都将减少 CuS 沉淀的形成。

同理，还可算出金属离子与硫化剂等当量混合或 Na_2S 适当过量时，其他常见重金属离子形成硫化物沉淀后，溶液中残余浓度与 pH 的关系，见图 4-37 和图 4-38。可见，硫化物沉淀一般在 pH 7～11 范围较好，只要 Na_2S 的浓度稍为过量，残余金属离子的浓度大大降低，形成硫化物沉淀与氢氧化物沉淀相比，溶液中残余离子的浓度要低很多。当矿山、冶炼厂的废水排放要求很高时，硫化沉淀是比较有效的方法。

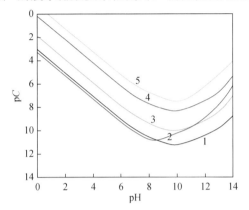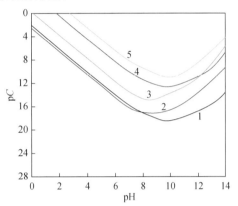

图 4-37　金属离子与 Na_2S 等量沉淀物的
溶解度（残余浓度）与 pH 的关系

$C_M=10^{-3}$ mol/L；$C_S=1.1\times10^{-3}$ mol/L

图 4-38　金属离子在过量 Na_2S 溶液中平
衡后的残余浓度与 pH 的关系

1-CdS；2-PbS；3-ZnS；4-CoS；5-NiS

一些金属离子硫化沉淀浮选的结果见图 4-39 和图 4-40。对照图 4-37 和图 4-38，可以看出，硫化沉淀浮选后，重金属离子残余浓度最小或脱除率最大的 pH 范围与图 4-37 和图 4-38 计算的重金属离子硫化沉淀最好的 pH 范围基本一致。硫化沉淀固体浮选所用的捕收剂除了常用硫化矿捕收剂外，还可以使用阴、阳离子捕收剂。

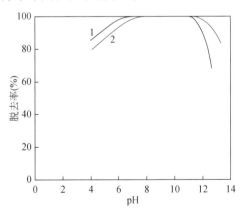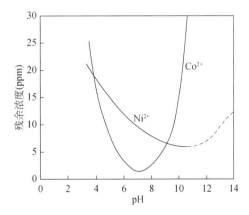

图 4-39　Cd^{2+}、Zn^{2+} 的硫化沉淀浮选[330]

1-［Cd^{2+}］=1 ppm；2-［Zn^{2+}］=100 ppm；
［Na_2S］=200 ppm；辛基癸基硝酸铵 100 ppm

图 4-40　Co^{2+} 和 Ni^{2+} 沉淀浮选结果[331]

［Co^{2+}］=100 ppm；［Na_2S］=2 当量，［黄药］=100 ppm
［Ni^{2+}］=100 ppm；［Na_2S］=2 当量，［黄药］=100 ppm

4.4.3 金属离子-表面活性剂沉淀浮选

一些捕收剂能和某些金属离子形成难溶盐沉淀物，这种沉淀物本身一般是疏水上浮的，仿照前面的计算，我们可以求出形成捕收剂金属盐沉淀后，溶液中残余离子的浓度与 pH 的关系，从而确定最佳浮选 pH 范围。

以 Cu^{2+}-丁黄药为例，设 C_{BX} 为初始丁黄药浓度，C_{Cu} 为初始 Cu^{2+} 浓度，并假定只形成 $Cu(BX)_2$。则平衡时，黄药的浓度为 $C_{BX}-2C_{Cu}+2[Cu]_T$，$[Cu]_T$ 为残余 Cu^{2+} 各组分的浓度之和，二者满足下列平衡：

$$(C_{BX} - 2C_{Cu} + 2[Cu]_T)^2[Cu]_T = K_{sp,Cu(BX)_2} a_{Cu} a_{BX}^2 \qquad (4-39)$$

丁基黄原酸铜的 $K_{sp,Cu(BX)_2} = 10^{-26.4}$，若 $C_{BX} = 2C_{Cu}$，即等量络合，全部形成 $Cu(BX)_2$，平衡时残余 Cu^{2+} 的浓度即为 $Cu(BX)_2$ 的溶解度：

$$[Cu]_T = \left(\frac{K_{sp,Cu(BX)_2} a_{Cu} a_{BX}^2}{4} \right)^{\frac{1}{3}} \qquad (4-40)$$

若 $C_{BX} > 2C_{Cu}$，如设 $C_{Cu} = 10^{-4}$ mol/L，$C_{BX} = 2.0$ mol/L，由于 $K_{sp,Cu(BX)_2}$ 很小，由 $Cu(BX)_2$ 溶解产生的 $[Cu]_T$ 相对于 $C_{BX}-2C_{Cu}$ 可忽略不计，所以由式（4-39）得该条件下残余 Cu^{2+} 各组分的总浓度为

$$[Cu]_T = \frac{K_{sp,Cu(BX)_2} a_{Cu} a_{BX}^2}{(C_{BX} - 2C_{Cu})^2} \qquad (4-41)$$

根据式（4-39）和式（4-41）绘出图 4-41，可见，形成 $Cu(BX)_2$ 沉淀最有效的 pH 范围为 4.0~11.0，最低在 pH 7 左右，此即最佳浮选 pH 范围，如图 4-42 所示。从图 4-41 还可看出，当丁黄药浓度有较大过量时，Cu^{2+} 总的残余浓度远比没有过量时低得多。要保证溶液中 Cu^{2+} 的残余浓度很小，加入黄药的量必须过量。图 4-42 表明，$Cu(BX)_2$ 回收率可以达到 80%以上。

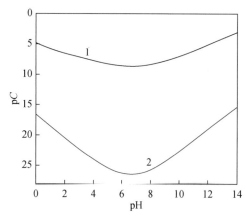

图 4-41 Cu^{2+} 在不同黄药浓度下平衡时残余浓度与 pH 的关系

$C_{Cu}=10^{-4}$ mol/L；$1-C_{BX}=2\times10^{-4}$ mol/L，$2-C_{BX}=2.0$ mol/L

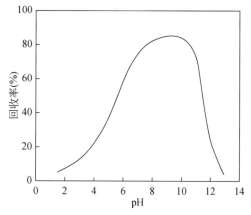

图 4-42 Cu^{2+} 用丁黄药沉淀浮选的结果[332]

$[Cu^{2+}]=10^{-4}$ mol/L；$[BX]=2$ mol/L

对于丁黄药-Zn^{2+}体系，[BX]$=2.0$ mol/L，初浓度 [Zn^{2+}]$=7.6×10^{-4}$ mol/L，同样绘出溶液中残余 Zn^{2+} 的浓度与 pH 的关系，见图 4-43，形成 $Zn(BX)_2$ 沉淀最有效的 pH 范围为 5.0～11.0，最低在 pH 7 左右，图中虚线表示形成了氢氧化锌。图 4-44 是锌离子黄药沉淀浮选的结果，Zn^{2+} 黄药浮选回收率可达 90%以上，浮选最佳 pH 范围与图 4-43 计算结果基本一致。由于 $Zn(BX)_2$ 的溶度积（$10^{-10.78}$）相对于 $Cu(BX)_2$ 较大，Cu^{2+}、Zn^{2+} 黄药浮选后，残余 Zn^{2+} 的浓度虽然较小，但远高于 Cu^{2+} 的残余浓度。

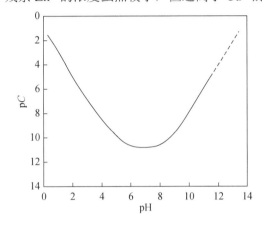

图 4-43　$Zn(BX)_2$ 沉淀形成后，溶液中残余 Zn^{2+} 的
浓度与 pH 的关系

$C_{Zn}=7.6×10^{-4}$ mol/L；$C_{BX}=2.0$ mol/L

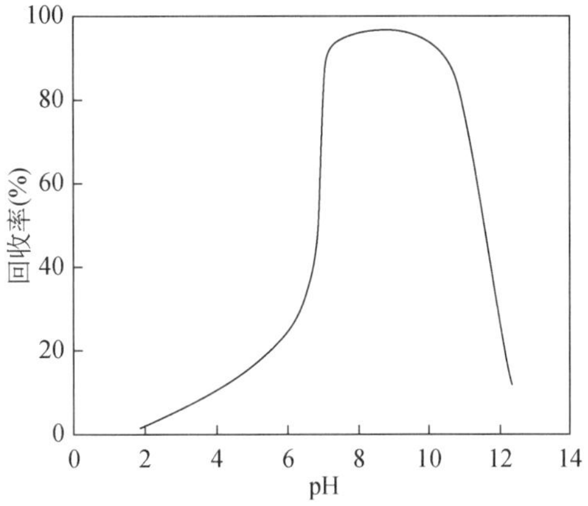

图 4-44　Zn^{2+} 用丁黄药沉淀浮选的结果[332]

[Zn^{2+}]$=7.6×10^{-4}$ mol/L；[BX]$=2$ mol/L

4.4.4　浮选剂沉淀去除 COD

一些金属氧化矿选矿废水处理的难点在于 COD 的低成本去除，COD 来源于浮选药剂，主要是捕收剂。脂肪酸和羟肟酸是常用的氧化矿浮选捕收剂，它们可和许多金属离子形成难溶盐，金属离子-表面活性剂沉淀方法不仅是用于脱除或回收重金属离子，也可以通过金属离子-表面活性剂沉淀来脱除废水中的表面活性剂，降低废水中的 COD。

1. 金属离子-脂肪酸沉淀降低废水 COD

一些金属氧化矿常用脂肪酸类捕收剂，选矿废水 COD 超标主要来源于脂肪酸，从难溶脂肪酸盐溶度积的角度考虑，钙离子、铁离子、铝离子形成脂肪酸盐沉淀可去除脂肪酸以降低废水中的 COD。通常钙离子、铁离子、铝离子相对应的脂肪酸盐越难溶，则表示相应离子沉淀脂肪酸盐药剂溶液效果越好。油酸钙、油酸铁、油酸铝的沉淀平衡反应式如式（4-42）所示。

$$CaOL_2(s) \Longrightarrow Ca^{2+}+2OL^- \qquad K_{sp,CaOL_2}=10^{-15.4} \qquad (4\text{-}42a)$$

$$FeOL_3(s) \Longrightarrow Fe^{3+}+3OL^- \qquad K_{sp,Fe(OL)_3}=10^{-34.2} \qquad (4\text{-}42b)$$

$$AlOL_3(s) \Longrightarrow Al^{3+}+3OL^- \qquad K_{sp,Al(OL)_3}=10^{-30.0} \qquad (4\text{-}42c)$$

以 Ca^{2+}-油酸盐体系为例，设加入金属离子初始浓度为 C_M，选矿废水中油酸钠的初始浓度为 C_{OL}，平衡后，S_m 为金属油酸盐的溶解度，残余金属离子总浓度$[M]_T$和 OL^-组分总浓度$[OL^-]_T$分别为S_m和$2S_m$，则平衡时满足下列关系：

$$[M]_T[OL^-]_T^2 = 4S_m^3 = K'_{sp,M(OL)_2} = K_{sp,M(OL)_2}\alpha_{Ca}\alpha_{OL}^2 \quad (4\text{-}43)$$

式中，$K_{sp,M(OL)_2}$、$K'_{sp,M(OL)_2}$分别是$Ca(OL)_2$的溶度积和条件溶度积，α_{Ca}、α_{OL}分别是钙离子水解反应和OL^-加质子反应的副反应系数。按照式（2-17），α_{Ca}由下面关系式确定：

$$Ca^{2+} + OH^- =\!=\!= Ca(OH)^+ \quad \beta_1 = 10^{1.4} \quad (4\text{-}44a)$$

$$Ca^{2+} + 2OH^- =\!=\!= Ca(OH)_2 \quad \beta_2 = 10^{2.77} \quad (4\text{-}44b)$$

$$\alpha_{Ca} = 1 + \beta_1[OH^-] + \beta_2[OH^-]^2 \quad (4\text{-}45)$$

而α_{OL}由下面关系式确定：

$$H^+ + OL^- =\!=\!= HOL \quad K_H = 10^5 \quad (4\text{-}46a)$$

$$\alpha_{OL} = 1 + K_H[H^+] \quad (4\text{-}46b)$$

式（4-43）即为计算油酸离子残余浓度的基本关系式，分两种情况讨论。

（1）当$C_{OL} = C_M$时，即金属离子与油酸钠等当量混合，由式（4-43）得

$$S_m = (K_{sp,M(OL)_2}\alpha_M\alpha_{OL}^2/4)^{\frac{1}{3}} \quad (4\text{-}47)$$

$$[OL^-]_T = 2S_m$$

由此算得该条件下，溶液中残余OL^-的总浓度和pH的关系，见图4-45曲线1。

（2）要尽可能沉淀完全油酸钠，金属离子的浓度需要超过油酸钠的浓度，理论上，油酸全部被沉淀掉，即当$C_M > C_{OL}$时，平衡后，S_m为金属油酸盐的溶解度，以mol/L表示，残余OL^-组分总浓度为$2S_m$，金属离子总浓度则为

$$[M]_T = C_M - C_{OL} + S_m \quad (4\text{-}48)$$

代入式（4-43）得

$$[OL^-]_T^2(C_M - C_{OL} + S_m) = K_{sp,M(OL)_2}\alpha_M\alpha_{OL}^2 \quad (4\text{-}49)$$

由于S_m与C_{OL}和C_M相比小得多，在式（4-49）中括号里面可忽略S_m，因此

$$[OL^-]_T^2 = K_{sp,M(OL)_2}\alpha_M\alpha_{OL}^2/(C_M - C_{OL}) \quad (4\text{-}50)$$

由式（4-50）计算上述条件下，残余油酸根离子与pH的关系，见图4-45曲线2，可以看出，在pH 6～12范围，残余油酸根离子浓度较低。

图4-46为钙离子、铁离子、铝离子在不同反应pH条件下沉淀油酸钠15小时后"上清液"COD结果。钙离子沉淀油酸钠的效果在反应pH 5～10范围内没有明显区别。氯化铁混凝油酸钠溶液在反应pH 6～8时效果较好，沉淀后上清液在此pH区间COD较低，尤其在pH为6时氯化铁混凝效果最好，混凝后溶液COD最低，COD可由235 mg/L降至17 mg/L。当pH低于6或高于8时，铁离子混凝油酸钠溶液效果变差，COD较高。同样，硫酸铝混凝油酸钠溶液在反应pH 6～8时效果较好，沉淀后上清液在此pH区间COD较低，COD可由235 mg/L最低降至11 mg/L。当pH低于6或高于8时，铝离子混凝油酸钠溶液效果变差，COD较高。钙离子、铁离子、铝离子沉淀油酸钠降低COD的pH范围，与图4-45计算确定的残余油酸根离子浓度与pH的关系较为一致。

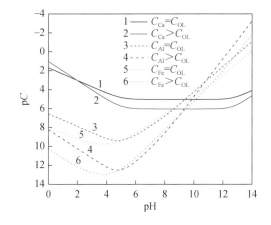

图 4-45　溶液中残余 OL⁻ 的总浓度和 pH 的关系

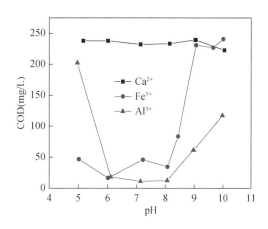

图 4-46　钙离子、铁离子、铝离子反应 pH 对油酸钠溶液混凝沉淀后 COD 的影响[333]

图 4-47 为氯化钙、氯化铁、硫酸铝用量对混凝油酸钠溶液沉淀 15 小时后"上清液"COD 结果。可见，钙离子沉淀油酸钠溶液，COD 随钙离子用量增大而减小，当氯化钙用量为理论量 25 倍时，油酸钠溶液 COD 可由 240 mg/L 降至 36 mg/L。铁离子混凝油酸钠溶液时，当氯化铁用量为理论量倍数 0.5、1、2 时，油酸钠溶液 COD 变化不明显，而当氯化铁用量大于等于理论量 3 倍时，油酸钠溶液 COD 大幅降低，由 240 mg/L 降至 23 mg/L。类似地，当硫酸铝用量为理论量倍数 0.5、1 时，油酸钠溶液 COD 基本没变化，而当硫酸铝用量大于等于理论量 2 倍时，油酸钠溶液 COD 大幅降低，由 240 mg/L 降至 19 mg/L。铁离子或铝离子混凝沉淀油酸钠溶液时，随铁离子或铝离子用量增大，油酸钠溶液的混凝沉淀效果存在突变，即在铁离子或铝离子用量低时，油酸钠溶液为浑浊的乳浊液且 COD 没有降低，当用量达到临界点后油酸钠溶液变澄清，COD 即得到大幅降低，之后再增大用量，COD 变化较小。

从以上结果可以得出，采用钙离子、铁离子或铝离子混凝沉淀油酸钠溶液，因为钙离子、铁离子或铝离子与油酸钠反应生成了相应的难溶油酸盐沉淀并从体系中沉降下来，使油酸钠得以从溶液中去除。上清液 COD 大幅降低，反应 pH 6~8 范围内，铁、铝离子混凝油酸钠溶液效果好。

2. 金属离子-羟肟酸盐配合物沉淀降低废水 COD

羟肟酸也是氧化矿常用捕收剂，常与金属离子生成配合物，表 4-4 列举了不同金属离子的羟肟酸盐配合物的稳定常数。对比其一级稳定常数值可得出羟肟酸铁配合物最稳定，其次为羟肟酸铝、羟肟酸铅，最后为羟肟酸钙。如果选矿废水中 COD 超标是由残余羟肟酸造成的话，这些离子可用于脱除羟肟酸。

表 4-4　羟肟酸盐配合物稳定常数[334]

金属离子	Pb^{2+}	Ca^{2+}	Fe^{2+}	Fe^{3+}	Al^{3+}
$LogK_1$	7.62	2.4	4.8	11.42	7.95
$Log\beta_2$	12.70		8.5	21.1	15.29
$Log\beta_3$				28.33	21.47

图 4-48 为苯甲羟肟酸与铅离子的配合物（摩尔比 1∶1）BHA-Pb 药剂溶液，在不同终点 pH 条件下沉淀 15 小时后"上清液"COD 结果。如图所示，BHA 浓度分别为 80 mg/L 和 100 mg/L 的 BHA-Pb 溶液的 COD 随 pH 的增大均呈现出先降低后升高的规律，且在 pH 为 9.0 时达到最低，BHA 浓度为 80 mg/L 时，COD 能由 177 mg/L 降至 32 mg/L；BHA 浓度为 100 mg/L 时，COD 能由 234 mg/L 降至 30 mg/L。由于 BHA-Pb 药剂主要处于胶体状态，选矿废水中有时也残留少量 BHA-Pb 胶体难以沉淀，影响废水 COD 指标，此时，需要添加其他金属离子促进苯甲羟肟酸铅配合物转化为更易沉淀的苯甲羟肟酸金属配合物。

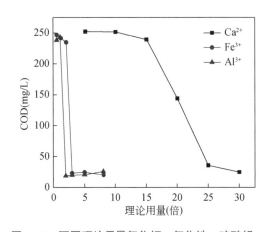

图 4-47　不同理论用量氯化钙、氯化铁、硫酸铝　　图 4-48　终点 pH 对苯甲羟肟酸铅配合物药剂溶液
　　　对油酸钠溶液混凝沉淀后 COD 的影响　　　　　　　　　　体系 COD 的影响

计算了 BHA-Pb、BHA-Ca、BHA-Fe(III)、BHA-Al 生成反应的吉布斯自由能变化，结果如表 4-5 所示。BHA-Pb、BHA-Ca、BHA-Fe(III)、BHA-Al 生成反应的吉布斯自由能变分别为-372.52 kJ/mol、-340.96 kJ/mol、-841.26 kJ/mol、-826.36 kJ/mol，均为负值，表明生成反应均可自发进行。通过比较四者 ΔG 的大小可得出 BHA-Fe 最小，其次为 BHA-Al、BHA-Pb、BHA-Ca，这说明生成 BHA-Fe(III)的反应趋势最大，其次为 BHA-Al、BHA-Pb、BHA-Ca。从而可推断出，在 BHA-Pb 溶液中添加铁离子、铝离子或钙离子时，BHA-Pb 可优先转化为 BHA-Fe(III)，其次为 BHA-Al，而不会转化为 BHA-Ca。铁离子、铝离子可以从 BHA-Pb 的悬浮液中，将苯甲羟肟酸沉淀，降低 BHA 残留量，降低溶液 COD。

表 4-5　BHA-Pb、BHA-Ca、BHA-Fe、BHA-Al 生成反应的吉布斯自由能变化[333]

	BHA-Pb	BHA-Ca	BHA-Fe	BHA-Al
ΔG	-372.52 J/mol	-340.96 kJ/mol	-841.26 kJ/mol	-826.36 kJ/mol

图 4-49 为 BHA-Ca、BHA-Fe(III)、BHA-Al 溶液 COD 与 pH 的关系，由图 4-49 可以看出，在 pH 5-8 范围内，BHA-Fe(III)溶液的 COD 均低于 BHA-Pb，而 BHA-Al 溶液 COD 与 BHA-Pb 溶液相当，BHA-Ca 溶液 COD 高于 BHA-Pb 的 COD 且基本不随 pH 变化而变化。例如当 pH 为 7 时，BHA-Pb 溶液 COD 为 210 mg/L、BHA-Ca 溶液 COD 为 230 mg/L、BHA-Fe(III)溶液 COD 为 80 mg/L、BHA-Al 溶液 COD 为 180 mg/L。可推测，铁离子能有

效降低 BHA-Pb 溶液的 COD。

图 4-50 为钙离子、铁离子、铝离子在不同反应 pH 条件下，混凝 BHA-Pb 溶液沉淀 15 小时后"上清液" COD 的结果。钙离子沉淀 BHA-Pb 溶液，上清液 COD 随 pH 的变化规律与单独 BHA-Pb 溶液 COD 随 pH 的变化规律类似，说明钙离子对溶液中 BHA-Pb 没有进一步沉淀作用。铝离子混凝 BHA-Pb 溶液，当 pH 大于 7.5 以后，上清液 COD 反而比单独 BHA-Pb 溶液 COD 还高，说明铝离子对 BHA-Pb 的去除有拮抗作用。相比钙离子和铝离子，铁离子混凝 BHA-Pb 溶液后，上清液 COD 最低，当 pH 为 7.0 时，COD 可由单独 BHA-Pb 溶液的 223 mg/L 降至 70 mg/L，之后随 pH 增大，COD 缓慢降低。

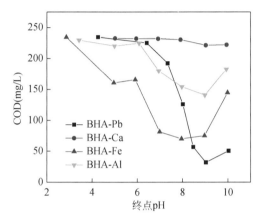

图 4-49　**BHA-Pb、BHA-Ca、BHA-Fe、BHA-Al 溶液 COD 与 pH 的关系**[333]

BHA 100 mg/L，BHA 与 Pb 摩尔比 1∶1，氯化钙、氯化铁、硫酸铝理论用量均为 5 倍，沉淀 15 小时

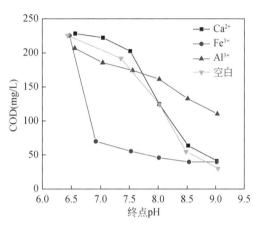

图 4-50　**钙离子、铁离子、铝离子反应 pH 对 BHA-Pb 溶液混凝沉淀后 COD 的影响**[333]

BHA 100 mg/L，氯化钙、氯化铁、硫酸铝理论用量均为 5 倍，沉淀 15 小时

不同理论用量氯化钙、氯化铁、硫酸铝混凝 BHA-Pb 溶液，沉淀 15 小时后"上清液" COD 的结果见图 4-51。由图 4-51 可以看出，钙离子沉淀 BHA-Pb 溶液，COD 随钙离子用量增大而缓慢降低，当氯化钙用量为理论量 15 倍时（氯化钙 608 mg/L），COD 由 223 mg/L 降至 145 mg/L，之后再增大氯化钙用量，COD 基本不再降低。铝离子混凝 BHA-Pb 溶液，COD 随铝离子用量增大而缓慢降低，当硫酸铝用量为理论量 30 倍时（硫酸铝 2438 mg/L），COD 由 223 mg/L 降至 76 mg/L。铁离子混凝 BHA-Pb 溶液，COD 先随铁离子用量增大而快速降低，当氯化铁用量为理论量 5 倍时（氯化铁 328 mg/L），COD 由 223 mg/L 降至 78 mg/L，之后再增

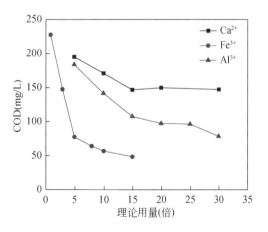

图 4-51　**不同理论用量氯化钙、氯化铁、硫酸铝对 BHA-Pb 溶液混凝沉淀后 COD 的影响**[333]

BHA 100 mg/L，反应终点 pH 均为 7.0，沉淀 15 小时

大铁离子用量，COD 降低缓慢；当氯化铁用量为理论量 15 倍时（氯化铁 984 mg/L），COD 降至 48 mg/L。

图 4-51 表明，钙离子、铝离子去除 BHA-Pb 溶液 COD 效果较差，而铁离子能有效去除 BHA-Pb 溶液的 COD，且增大铁离子用量有助于 COD 的去除。

4.5　共存离子对金属离子在溶液中沉淀平衡的影响

4.5.1　共沉淀现象

选矿、冶金废水中，往往含有多种金属离子，有些离子形成沉淀的 pH 较高，如 Pb^{2+}，Fe^{2+}，Co^{2+}，Ni^{2+}等，但当与一些易生成沉淀的离子如 Fe^{3+}、Al^{3+}等共存时，这些离子沉淀的 pH 降低，并发生共沉淀现象，然后浮选共沉淀物，以脱除这些金属离子。

图 4-52 为 Fe^{3+} 对 Pb^{2+} 沉淀浮选的影响，由图可知，用月桂硫酸钠浮选脱除 Pb^{2+} 时，在 pH=2.5，还未形成 $Pb(OH)_{3(s)}$、$Fe(OH)_{3(s)}$ 沉淀，Pb^{2+} 浓度不变化；但在 pH=5.1，Fe^{3+} 形成 $Fe(OH)_{3(s)}$ 沉淀，Pb^{2+} 在 $Fe(OH)_{3(s)}$ 胶体上吸附并发生共沉淀，就能被月桂硫酸钠捕收，Pb^{2+} 残余浓度显著降低。

当两种氢氧化物的电性相反时，也最易发生共沉淀现象，例如 Cr^{3+} 与 Fe^{3+} 的共沉淀，$Fe(OH)_{3(s)}$ 的 IEP=7.8，$Cr(OH)_{3(s)}$ 的 IEP=9.5，当 7.8<pH<9.5 时，$Fe(OH)_{3(s)}$ 固体表面带负电，而 $Cr(OH)_{3(s)}$ 固体表面带正电，在这一 pH 范围，当 Cr^{3+} 与 Fe^{3+} 共存时，易发生 $Fe(OH)_{3(s)}$ 和 $Cr(OH)_{3(s)}$ 共沉淀现象。

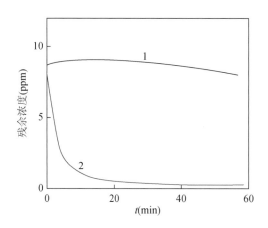

图 4-52　Fe^{3+} 对 Pb^{2+} 沉淀浮选回收的影响[14]

月桂硫酸钠 100 ppm；[Fe（Ⅲ）]=50 ppm
1-pH=2.5；2-pH=5.1

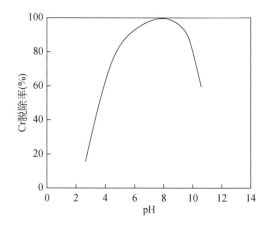

图 4-53　Cr（Ⅵ）的脱除率与 pH 的关系[14]

初始浓度 [Cr（Ⅵ）]–10 mg/L；[Fe（Ⅱ）]=50 mg/L；
[NaOL]=25 mg/L

图 4-53 是 Fe^{2+} 对 Cr^{6+} 脱除率的影响，当溶液中 Fe^{2+} 与 Cr^{6+} 共存时，容易发生如下反应：

$$Cr^{6+} + 3e \longrightarrow Cr^{3+}, \quad Fe^{2+} \longrightarrow Fe^{3+} + e$$

最终形成 $Fe(OH)_{3(s)}$ 和 $Cr(OH)_{3(s)}$ 共沉淀，由图 4-53 可以看出，沉淀完全及其浮选使 Cr 脱除率最大的 pH 范围为 7～9.5，基本对应于 $Fe(OH)_{3(s)}$ 和 $Cr(OH)_{3(s)}$ 固体 IEP 值区间（表 4-1）。

4.5.2　共存离子对沉淀平衡的影响

废水中常含有许多无机阴离子，如 Cl^-、F^-、SO_4^{2-}、CN^- 等，它们与金属离子形成可溶性络离子，从而干扰金属离子的沉淀浮选过程。

1. 共存离子对氢氧化物沉淀的影响

金属离子 M^{n+} 形成氢氧化物沉淀及与羟基络合物的平衡如关系式（2-16）。与共存阴离子 A^- 的络合平衡如下：

$$M^{n+} + A^- \Longrightarrow MA^{(n-1)+} \qquad \beta_1' = \frac{[MA^{(n-1)+}]}{[M^{n+}][A^-]}$$

$$M^{n+} + 2A^- \Longrightarrow MA_2^{(n-2)+} \qquad \beta_2' = \frac{[MA_2^{(n-2)+}]}{[M^{n+}][A^-]^2} \tag{4-51}$$

$$\cdots\cdots$$

$$M^{n+} + KA^- \Longrightarrow MA_K^{(n-K)+} \qquad \beta_K' = \frac{[MA_K^{(n-K)+}]}{[M^{n+}][A^-]^K}$$

平衡时，溶解的总金属离子浓度由式（2-15）及上式确定为

$$[M]_T = [M^{n+}] + [MOH^{(n-1)+}] + \cdots + [M(OH)_m^{(n-m)+}] + [MA^{(n-1)+}] + \cdots + [MA_K^{(n-K)+}] \tag{4-52}$$

$$= [M^{n+}](1 + \beta_1[OH^-] + \cdots + \beta_m[OH^-]^m + \beta_1'[A^-] + \cdots + \beta_K'[A^-]^K)$$

$$\alpha_M = \frac{[M]_T}{[M^{n+}]} = 1 + \beta_1[OH^-] + \cdots + \beta_m[OH^-]^m + \beta_1'[A^-] + \cdots + \beta_K'[A^-]^K \tag{4-53}$$

则

$$[OH^-]^n \cdot [M]_T = K_{sp,M(OH)_n} \cdot \alpha_M$$

$$\lg[M]_T = \lg K_{sp,M(OH)_n} + \lg a_M - n\lg[OH^-] \tag{4-54}$$

或

$$\lg[M]_T = npK_w + \lg K_{sp,M(OH)_n} + \lg \alpha_M - npH \tag{4-55}$$

根据附表热力学数据，可算出各种络合阴离子对金属氢氧化物沉淀的影响，见图 4-54 和图 4-55。可见，像 Cl^- 这样的阴离子对沉淀条件影响不大，但 CN^- 使氢氧化物沉淀生成的 pH 向高碱方向大大偏移，并随 CN^- 浓度的增大，偏移程度增大。而且，与 CN^- 有较强络合能力的金属离子，如 Zn^{2+} 受影响更大，导致难以形成氢氧化物沉淀。因此，用中和沉淀法脱除废水中金属离子时，必须先去掉像 CN^- 等络合能力很强的阴离子。

2. 共存离子对硫化物沉淀的影响

1）硫化物 MS 在含阴离子 A^- 的溶液中的溶解度

硫化物 MS 的溶解度按照式（2-26）计算为

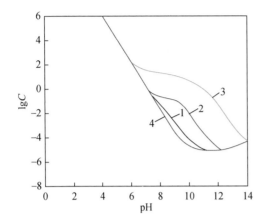

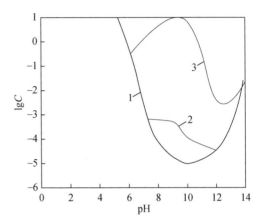

图4-54　CN^-，Cl^-对$Cd(OH)_{2(S)}$沉淀物溶解度的影响
1-［Cl^-］=10^{-1} mol/L；2-［CN^-］=10^{-4} mol/L；
3-［CN^-］=10^{-3} mol/L；4-不加CN^-

图4-55　CN^-对$Zn(OH)_{2(S)}$沉淀物溶解度的影响
1-不加CN^-；2-［CN^-］=10^{-4} mol/L；
3-［CN^-］=10^{-3} mol/L

$$[M]_T = \sqrt{K_{sp,MS} \cdot \alpha_M \cdot \alpha_S} \qquad (4\text{-}56)$$

式中，α_M 由式（4-53）确定；α_S 由式（2-30）确定。由式（4-56）求得 CN^- 对各金属硫化物沉淀的影响见图 4-56 和图 4-57，可见，CN^- 的存在使硫化物的溶解度大大增加，用硫化沉淀，残余金属离子浓度也较高，与 CN^- 有较强络合能力的金属离子，如 Zn^{2+}，Cu^{2+} 受影响更大，在 pH 5～12 范围内，CN^- 均大大影响 CuS、ZnS 的溶解度，亦即硫化沉淀。与 CN^- 络合能力较差的金属离子，如 Cd^{2+}，其硫化沉淀受到的影响相对较小。

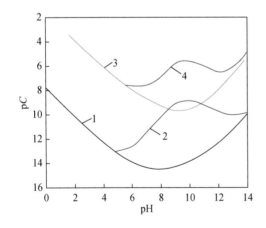

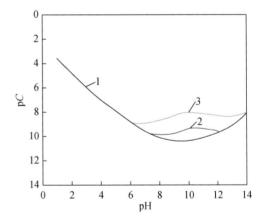

图 4-56　CN^- 存在下，CuS、ZnS 的溶解度
与 pH 的关系
1-CuS，无 CN^-；2-CuS，［CN^-］=10^{-4} mol/L；
3-ZnS，无 CN^-；4-ZnS，［CN^-］=10^{-4} mol/L

图 4-57　CN^- 存在下，CdS 的溶解度与
pH 的关系
1-无 CN^-，2-［CN^-］=10^{-4} mol/L；
3-［CN^-］=10^{-3} mol/L

2）在硫化剂过量时，络合阴离子 A⁻对 MS 溶解度的影响

溶液中共存的阴离子对硫化沉淀由较大影响，为了使阴离子的影响最小，可以考虑加入过量 Na₂S，设平衡时溶液中过量的 Na₂S 的浓度为 C_S，则

$$[M]_T C_S = K_{sp,MS} \cdot \alpha_M \cdot \alpha_S \qquad (4\text{-}57)$$

$$\lg[M]_T = \lg K_{sp,MS} - \lg C_S + \lg(\alpha_M \alpha_S) \qquad (4\text{-}58)$$

由式（4-57）和式（4-58）可求出在过量 Na₂S 存在下，CN⁻对 Cd²⁺、Zn²⁺等离子硫化沉淀的影响，见图 4-58 和图 4-59。可见，在该条件下，CN⁻仍影响硫化物的沉淀，但这时溶液中残余金属离子的浓度与图 4-56、图 4-57 相比很小，仍可以达到硫化沉淀脱除金属离子的目的。

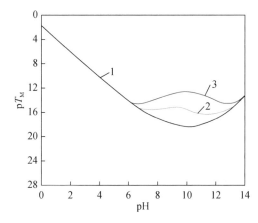

图 4-58　过量 Na₂S 存在下，CN⁻对 CdS 溶解度的影响

过量的 T_S=10⁻⁴ mol/L

1-无 CN⁻；2-［CN⁻］=10⁻⁴ mol/L；3-［CN⁻］=10⁻³ mol/L

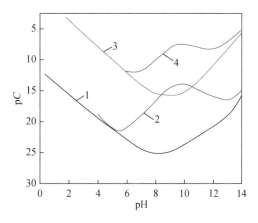

图 4-59　过量 Na₂S 存在下，CN⁻对 CuS、ZnS 溶解度的影响

过量的 T_S=10⁻⁴ mol/L

1-CuS，无 CN⁻；2-CuS，［CN⁻］=10⁻⁴ mol/L；

3-ZnS，无 CN⁻；4-ZnS，［CN⁻］=10⁻⁴ mol/L

第5章 浮选剂溶液化学及结构与性能

各类浮选剂，无论是有机的捕收剂、起泡剂、抑制剂、絮凝剂，还是以无机物为主的各种调整剂，均在矿浆溶液及矿物/溶液界面中发生作用。它们在溶液中各组分存在的状态以及基本的物理化学行为，对浮选过程有重要影响。

在浮选剂作用机理研究中，许多学说都与浮选药剂溶液化学密切相关。例如，捕收剂的离子或分子吸附，与药剂在水中解离行为及存在状态有关；长链表面活性浮选剂离子-分子复合物的浮选活性，则与药剂在溶液中的解离、缔合平衡有关。

另一方面，浮选剂的极性基与非极性基的结构显著影响浮选剂与矿物表面相互作用能力大小与选择性，取决于浮选剂的价键因素、亲水-疏水因素及几何因素，是影响浮选剂与矿物表面相互作用能力大小与选择性的主要结构因素。基团电负性、各原子的电子密度、形式电荷、前线电子密度广泛用于极性基作用能力的研究，浮选剂特性指数、亲水疏水平衡值、药剂基团直径、范德华体积被广泛用于浮选剂作用选择性的研究。

总之，浮选剂的溶液化学行为及其结构与性能，是研究浮选剂作用、控制用药过程的基础知识，具有重要意义，这也是本章所要介绍的主要内容。

5.1 溶液平衡等衡式

溶液平衡等衡式是浮选剂溶液平衡计算的基本关系式，主要有下面三种。以浮选调整剂 Na_2CO_3 为例，说明各种平衡关系。

1. 质子传递平衡

$$Na_2CO_3 + 2H_2O \rightleftharpoons H_2CO_3 + 2NaOH \tag{5-1}$$

$$H_2CO_3 \rightleftharpoons H^+ + HCO_3^- \qquad K_{a1} = \frac{[H^+][HCO_3^-]}{[H_2CO_3]} \tag{5-2}$$

$$HCO_3^- \rightleftharpoons H^+ + CO_3^{2-} \qquad K_{a2} = \frac{[H^+][CO_3^{2-}]}{[HCO_3^-]} \tag{5-3}$$

$$H_2O \rightleftharpoons H^+ + OH^- \qquad K_w = [H^+][OH^-] \tag{5-4}$$

式中，K_{a1}，K_{a2} 和 K_w 分别为碳酸的一级、二级解离常数和水的离子积。

2. 质量等衡式（MBE）

MBE 所表达的事实是：由某种加入物质所产生的各种型体浓度的总和，等于该物质的分析浓度。Na_2CO_3 的 MBE 为

$$C_{Na_2CO_3} = [H_2CO_3] + [HCO_3^-] + [CO_3^{2-}] \tag{5-5}$$

$$C_{Na_2CO_3} = [Na^+] \tag{5-6}$$

3. 电荷等衡式（CBE）

众所周知，任何电解质溶液都是电中性的，含正电荷组分的总浓度必须等于含负电荷组分的总浓度。Na_2CO_3 的 CBE 为

$$[H^+] + [Na^+] = [HCO_3^-] + 2[CO_3^{2-}] + [OH^-] \tag{5-7}$$

上式右边 $[CO_3^{2-}]$ 前的系数 2 是碳酸根为负 2 价的缘故。若合并 MBE 和 CBE，可简化代数运算，由式（5-6）和式（5-7）得

$$[H_2CO_3] + [H^+] = [OH^-] + [CO_3^{2-}] \tag{5-8}$$

上式称为 HCO_3^- 的质子等衡式（PBE）。

质子等衡式表明：一些起始物质（如 HCO_3^- 和 H_2O）得到的质子数恰好等于另一些起始物质失去的质子数。水能获得质子生成 $H_3O^+ \approx H^+$，失去质子生成 OH^-。HCO_3^- 获得质子生成 H_2CO_3，失去质子生成 CO_3^{2-}，所以其 PBE 如式（5-8）。

同理，H_2CO_3 和 H_2O 的 PBE 是

$$[H^+] = [HCO_3^-] + 2[CO_3^{2-}] + [OH^-] \tag{5-9}$$

CO_3^{2-} 和 H_2O 的 PBE 为

$$[H^+] + [HCO_3^-] + 2[H_2CO_3] = [OH^-] \tag{5-10}$$

5.2　浮选剂在溶液中的解离与水解及对溶液 pH 值影响

pH 是浮选过程调控的最重要参数之一。不同矿石类型，浮选的 pH 范围存在较大差异。由于浮选剂本身的酸碱性，它在水溶液中发生水解或解离反应，使介质 pH 发生变化，进而影响到药剂对被浮矿物的作用及药剂之间的相互作用。计算出一定浓度的某种药剂对介质 pH 改变的大小，对于实验室研究及浮选厂生产过程中矿浆 pH 调节及药剂相互作用的调控，都有重要意义。

1. 强酸强碱型浮选剂溶液的 pH

属于强酸、强碱型的浮选剂比较少。强酸性的如 pH 调整剂 HCl、H_2SO_4，捕收剂烃基磺酸 R—SO_3H 及烃基硫酸 R—O—SO_3H。强碱性的如 pH 调整剂 NaOH，捕收剂季铵类 R—$N(CH_3)^{3+}$等。

这一类浮选剂溶液的 pH，当浓度较稀时，可认为

$$C_A = [H^+] \text{ 或 } C_B = [OH^-] \tag{5-11}$$

即强酸稀溶液中氢离子浓度等于该酸的分析浓度；强碱稀溶液中氢氧根离子的浓度等于该碱的分析浓度。

2. 一元弱酸和一元弱碱浮选剂溶液的 pH

设一元弱酸为 HA，写出各种平衡关系：

解离平衡

$$HA \rightleftharpoons H^+ + A^- \qquad\qquad K_a = \frac{[H^+][A^-]}{[HA]} \qquad (5\text{-}12)$$

质量平衡

$$C_A = [A^-] + [HA] \qquad\qquad (5\text{-}13)$$

将式（5-12）代入式（5-13）得

$$[A^-] + [HA] = [A^-] + \frac{[H^+][A^-]}{K_a} = [H^+] + \frac{[H^+]^2}{K_a}$$

$$[H^+]^2 + K_a[H^+] - K_a C_A = 0 \qquad\qquad (5\text{-}14)$$

$$[H^+] = -\frac{K_a}{2} + \sqrt{\frac{K_a^2}{4} + K_a C_A}$$

对于一元弱碱 B，其解离平衡

$$BH^+ \rightleftharpoons B + H^+ \qquad\qquad (5\text{-}15)$$

$$K_a = \frac{[H^+][B]}{[BH^+]} = \frac{[H^+][OH^-][B]}{[BH^+][OH^-]} = \frac{K_w}{K_b} \qquad\qquad (5\text{-}16)$$

式中，$K_b = \dfrac{[BH^+][OH^-]}{[B]}$ 是下列反应的平衡常数：

$$B + H_2O \rightleftharpoons BH^+ + OH^- \qquad\qquad (5\text{-}17)$$

K_b 称为碱解离常数。由质量平衡

$$C_B = [B] + [BH^+] = [B]\left(1 + \frac{[BH^+]}{[B]}\right) \qquad\qquad (5\text{-}18)$$

由式（5-17）得

$$[B] = \frac{[BH^+][OH^-]}{K_b} = \frac{[BH^+]^2}{K_b} = \frac{[OH^-]^2}{K_b}$$

$$\frac{[BH^+]}{[B]} = \frac{K_b}{[OH^-]}$$

所以

$$C_B = \frac{[OH^-]^2}{K_b}\left(1 + \frac{K_b}{[OH^-]}\right) \qquad\qquad (5\text{-}19a)$$

$$[OH^-]^2 + K_b[OH^-] - K_b C_B = 0 \qquad\qquad (5\text{-}19b)$$

$$[OH^-] = -\frac{K_b}{2} + \sqrt{\frac{K_b^2}{4} + K_b C_B} \qquad\qquad (5\text{-}19c)$$

或

$$[OH^-]= -\frac{K_w}{2K_a}+\sqrt{\frac{K_w^2}{4K_a^2}+\frac{C_B K_w}{K_a}}$$ （5-19d）

由式（5-14）和式（5-19）计算常见的一元弱酸和一元弱碱浮选剂溶液的 pH 与药剂浓度的关系见表 5-1。可见在浮选浓度（$10^{-5}\sim10^{-3}$ mol/L）范围内，黄原酸、油酸等溶液呈弱酸性，而烷基胺溶液呈弱碱性。

表 5-1　常见一元弱酸、弱碱浮选剂溶液的 pH

浮选剂	解离常数 K_a	pH 浓度 mol/L					
		10^{-1}	10^{-2}	10^{-3}	5×10^{-4}	10^{-4}	10^{-5}
黄原酸	10^{-5}	3.0	3.5	4.0	4.2	4.6	5.2
油酸	10^{-5}	3.5	4.0	4.5	4.7	5.0	5.6
HCN	$10^{-9.21}$	5.1	5.6	6.1			
十二胺	$10^{-10.63}$	11.8	11.3	10.7		9.9	8.3

3. 一元强碱弱酸盐溶液的 pH

设一元强碱弱酸盐是 BA，则 PBE 为

$$[H^+]+[HA]=[OH^-]$$ （5-20）

$$[H^+]+\frac{[H^+][A^-]}{K_a}=\frac{K_w}{[H^+]}$$

$$[H^+]^2\left(1+\frac{[A^-]}{K_a}\right)=K_w$$

于是

$$[H^+]=\sqrt{\frac{K_a K_w}{K_a+[A^-]}}$$ （5-21a）

对于强碱弱酸盐

$$[A^-] \approx C_{BA}$$

所以

$$[H^+]=\sqrt{\frac{K_a K_w}{K_a+C_{BA}}}$$ （5-21b）

表 5-2 是常见强碱弱酸盐浮选剂溶液的 pH，表明这些浮选剂溶液不同程度地都呈碱性。研究表明，黄药、油酸钠对许多矿物浮选的有效 pH 范围为 7～9，而这些药剂在浮选浓度范围（$10^{-5}\sim10^{-3}$ mol/L）内，溶液中的 pH 基本上就处于它们有效浮选 pH 范围。因此，如果其他因素不影响 pH，那么，用这些药剂浮选矿物时，pH 的调控比较容易。

表 5-2　常见一元强碱弱酸盐浮选剂溶液的 pH

| 浮选剂 | 相应酸的 K_a | pH | | | | | |
| | | 浓度 mol/L | | | | | |
		10^{-1}	10^{-2}	10^{-3}	10^{-4}	10^{-5}	10^{-6}
乙黄药	10^{-5}	9.0	8.5	8.0	7.5	7.2	7.0
乙黑药	2.3×10^{-5}	8.8	8.3	7.8	7.4	7.1	7.0
油酸钠	10^{-6}	9.5	9.0	8.5	8.0	7.5	7.2
辛基羟肟酸钠	10^{-9}	11.0	10.5	10.0	9.5	9.0	8.5
氰化钠	$10^{-9.21}$	11.1	10.6	10.1	9.6	9.1	8.6

4. 多元弱酸型浮选剂溶液的 pH

多元弱酸型浮选剂通式 H_nA，它的质子传递平衡是分步进行的：

$$A^{n-} + H^+ \Longrightarrow HA^{(n-1)-} \qquad K_1^H = \frac{[HA^{(n-1)-}]}{[A^{n-}][H^+]} = \beta_1^H$$

$$HA^{(n-1)-} + H^+ \Longrightarrow H_2A^{(n-2)-} \qquad K_2^H = \frac{[H_2A^{(n-2)-}]}{[H^+][HA^{(n-1)-}]} \qquad \beta_2^H = \frac{[H_2A^{(n-2)-}]}{[H^+]^2[A^{n-}]} = K_1^H \cdot K_2^H$$

$$H_{n-1}A^- + H^+ \Longrightarrow H_nA \qquad K_n^H = \frac{[H_nA]}{[H_{n-1}A^-][H^+]} \qquad \beta_n^H = \frac{[H_nA]}{[H^+]^n[A^{n-}]} = \prod_{i=1}^n K_i^H \qquad (5\text{-}22)$$

式中，K_1^H，K_2^H，$\cdots$，K_n^H 称为逐级加质子常数，它们与解离常数的关系为

$$K_n^H = \frac{1}{K_{a1}}, \cdots, K_2^H = K_{a_{n-1}}^{-1}, K_1^H = K_{a_n}^{-1}$$

β_1^H，β_2^H，$\cdots$，β_n^H 称为积累加质子常数。

设［A］，［A］′ 分别为游离 A^{n-} 和 A′ 的总浓度：

$$C_{H_nA} = [A]' = [A^{n-}] + [HA^{(n-1)-}] + \cdots + [H_nA] = [A] + \beta_1^H[A^{n-}][H^+] + \cdots + \beta_n^H[A^{n-}][H^+]^n \qquad (5\text{-}23)$$

若溶液中仅含一种多元弱酸，则其 PBE 是

$$[H^+] = [H_{n-1}A^-] + 2[H_{n-2}A^{2-}] + \cdots + (n-1)[HA^{(n-1)-}] + n[A^{n-}] + [OH^-] \qquad (5\text{-}24a)$$

由于主要组分是 H_nA 和 $H_{n-1}A$，对于多元弱酸溶液，［OH⁻］也可忽略不计，则简化的 PBE 是

$$[H^+] \approx [H_{n-1}A^-] = \beta_{n-1}^H[A^{n-}][H^+]^{n-1} \qquad (5\text{-}24b)$$

那么

$$C_{H_nA} \approx [H_{n-1}A^-] + [H_nA] = \beta_{n-1}^H[A^{n-}][H^+]^{n-1} + \beta_n^H[A^{n-}][H^+]^n \qquad (5\text{-}25)$$

$$\frac{C_{H_nA}}{[H^+]} = \frac{\beta_{n-1}^H[A^{n-}][H^+]^{n-1} + \beta_n^H[A^{n-}][H^+]^n}{\beta_{n-1}^H[A^{n-}][H^+]^{n-1}} = 1 + K_n^H[H^+]$$

$$K_n^H[H^+]^2 + [H^+] - C_{H_nA} = 0 \qquad (5\text{-}26)$$

按式（5-26）计算一些多元酸浮选剂溶液的 pH，见表 5-3，可见，常见多元酸浮选剂溶液的 pH 呈比较强的酸性，当要在中性或碱性条件下用这类捕收剂浮选矿物或用这类调整剂抑制、分散脉石时，就需要加入一定量的碱。因此，使用这类浮选剂，矿浆 pH 的调

节和控制比较复杂。

表 5-3 多元酸浮选剂溶液的 pH

| 浮选剂分子式 | K_n^H | pH | | | | | |
| | | 浓度 mol/L | | | | | |
		10^{-1}	10^{-2}	10^{-3}	10^{-4}	10^{-5}	10^{-6}
甲苯胂酸	5×10^3	2.36	2.88	3.45	4.14	5.00	
H_3PO_4	$10^{2.15}$	1.6	2.2	3.0	3.91	4.3	
C_6H_8O（柠檬酸）	$10^{3.13}$	2.1	2.6	3.2	4.0	5.0	
$C_4O_6H_6$（酒石酸）	$10^{3.93}$	2.5	3.0	3.5	4.2	5.0	
$H_2C_2O_2$（草酸）	$10^{1.25}$	1.3	2.1	3.0	4.0	5.0	

5. 多元弱酸强碱盐浮选剂溶液的 pH

设多元弱酸强碱盐为 B_nA，A 的 PBE 是

$$[H^+]+[HA^{(n-1)-}]+2[H_2A^{(n-2)-}]+\cdots+(n-1)[H_{n-1}A^-]=[OH^-] \tag{5-27}$$

由于主要组分是 $[A^{n-}]$、$[HA^{(n-1)-}]$，而 $[H^+]$ 也可忽略不计，所以简化的 PBE 是

$$[HA^{(n-1)-}]=[OH^-] \tag{5-28}$$

又 $C_{B_nA}=[A^{n-}]+[HA^{(n-1)-}]=\dfrac{[HA^{(n-1)-}]}{K_1^H[H^+]}+[OH^-]=\dfrac{[OH^-]}{K_1^H[H^+]}+[OH^-]$

又 $[OH^-]^2+K_1^H K_w[OH^-]-K_1^H K_w C_{B_nA}=0$ \tag{5-29}

于是

$$[OH^-]=\dfrac{-K_1^H K_w}{2}+\sqrt{\dfrac{(K_1^H K_w)^2}{4}+K_1^H K_w C_{B_nA}} \tag{5-30a}$$

$$[H^+]=\dfrac{K_w}{2C_{B_nA}}+\sqrt{\dfrac{K_w^2}{4C_{B_nA}^2}+\dfrac{K_w}{K_1^H C_{B_nA}}} \tag{5-30b}$$

由上式可算出多元弱酸强碱盐溶液的 pH，一些结果见表 5-4。这些药剂在浮选中常用作抑制剂、分散剂或活化剂。

如果浮选是在碱性条件下进行，则这些药剂既可用作调整剂，又能控制 pH。例如，氧化铜、铅矿硫化浮选要求的 pH 一般在 8~10，用 Na_2S 作硫化剂，在一般浮选浓度范围内，既可起到活化作用，又不需另加 pH 调整剂。又如碳酸钠常用作 pH 调整剂、分散剂使用等，在一般浮选浓度范围内，矿浆 pH 可处于弱碱性，是许多矿物浮选分离比较适当的 pH 范围，但当浮选需在强碱性条件下进行时，如 Pb-Zn 浮选分离的高碱流程，pH 要高达 12，这时就不能用 Na_2CO_3 作 pH 调整剂。从表 5-4 可知，即使在很高浓度下，Na_2CO_3 溶液的 pH 也达不到 12。

表 5-4　常见多元弱酸强碱盐浮选剂溶液的 pH

| 浮选剂分子式 | 相应酸的 K_1^H | pH | | | | | |
| | | 浓度(mol/L) | | | | | |
		10^{-1}	10^{-2}	10^{-3}	10^{-4}	10^{-5}	10^{-6}
Na_3PO_4	$10^{12.34}$	12.6	11.9	11.0	10.0	9.0	8.0
Na_2CO_3	$10^{9.57}$	11.3	10.8	10.2	9.7	8.9	
Na_2S	$10^{13.8}$	12.9	12.0	11.0	10.0	9.0	8.0
$Na_2C_2O_2$	$10^{4.28}$	8.6	8.1	7.6	7.1		
Na_2SiO_3	$10^{12.0}$	12.4	11.8	11.0	10.0	9.0	8.0

5.3　浮选剂解离平衡与浮选 pH

浮选剂在溶液中一般会发生解离或水解，形成各种组分，它们在溶液中的状态与溶液 pH、药剂浓度等有关，对药剂的浮选性能产生直接影响。本节主要介绍简单的浮选剂的解离/水解平衡及其对浮选的影响。较为复杂的浮选剂的解离平衡更适合于用图解法，在后面章节中介绍。

5.3.1　阴离子型浮选剂解离平衡及其浮选 pH

一元弱酸型浮选剂（HA）在溶液中发生解离反应：

$$HA \Longrightarrow H^+ + A^- \qquad K_a = \frac{[H^+][A^-]}{[HA]} \qquad (5\text{-}31)$$

取对数有

$$pH - pK_a = \lg \frac{[A^-]}{[HA]} \qquad (5\text{-}32)$$

上式的浮选意义在于讨论浮选剂对矿物产生有效静电作用的 pH 条件。

（1）如果浮选剂以静电力同矿物表面作用，必须具备两个条件：一是矿物表面要带正电，即要 pH<PZC（或 IEP）；另一个要求是药剂本身需要大部分解离成为阴离子，由式（5-32）可知，这一条件通过控制 pH>pK_a，[A^-] > [HA] 达到。因此，一元弱酸型浮选剂对矿物以静电力有效作用的 pH 范围为

$$pK_a < pH < PZC$$

（2）如果药剂在矿物表面以分子吸附为主，则控制溶液 pH 条件应为 pH<pK_a，[HA] > [A^-]。

如果是一元弱酸强碱盐浮选剂 NaA，则先发生水解反应，再解离：

$$NaA + H_2O \Longrightarrow HA + NaOH \qquad (5\text{-}33)$$

其在溶液中的作用与 HA 一样。

5.3.2　阳离子型浮选剂解离平衡与浮选性能

1. 胺类捕收剂的解离平衡与捕收性能

以十二胺为例，其解离有两种形式：

酸解离式

$$\mathrm{RNH_3^+ \Longleftrightarrow RNH_{2(aq)} + H^+} \qquad K_a = \frac{[\mathrm{H^+}][\mathrm{RNH_{2(aq)}}]}{[\mathrm{RNH_3^+}]} = 10^{-10.63} \tag{5-34}$$

碱解离式

$$\mathrm{RNH_{2(aq)} + H_2O \Longleftrightarrow RNH_3^+ + OH^-}$$

$$K_b = \frac{[\mathrm{OH^-}][\mathrm{RNH_3^+}]}{[\mathrm{RNH_{2(aq)}}]} = 4.3 \times 10^{-4} \tag{5-35}$$

K_a 与 K_b 的关系为 $K_b = K_w / K_a$，对式（5-34）取对数有

$$\mathrm{pH} - \mathrm{p}K_a = \lg \frac{[\mathrm{RNH_{2(aq)}}]}{[\mathrm{RNH_3^+}]} \tag{5-36}$$

上式的浮选意义在于讨论：

1）十二胺与矿物表面的静电作用

当矿物表面带负电（pH＞PZC），且 pH＜pK_a，[RNH$_3^+$]＞[RNH$_{2(aq)}$] 时，阳离子捕收剂同矿物表面发生静电作用，矿物可浮性好，像石英、长石、刚玉的浮选。即阳离子捕收剂同矿物发生静电作用的有效 pH 范围为：pK_a＞pH＞PZC。

图 5-1 是十二胺作捕收剂时，一水硬铝石和石英的浮选回收率与 pH 的关系，由图 5-1 可知，当 pH 大于一水硬铝石和石英的 PZC 时，阳离子捕收剂十二胺的浮选效果好，十二胺的 pK_a 为 10.63，当 pH＞pK_a 时，一水硬铝石和石英的浮选效果变差。提示十二胺与一水硬铝石和石英表面的吸附以静电作用为主。

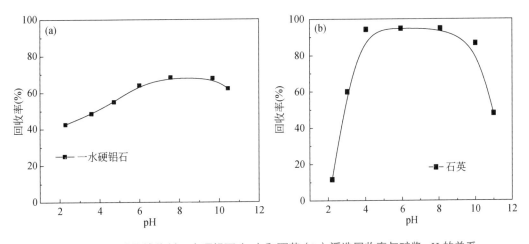

图 5-1　十二胺作捕收剂一水硬铝石（a）和石英（b）浮选回收率与矿浆 pH 的关系

2）十二胺与矿物表面离子形成分子络合物

某些矿物，如氧化锌矿硫化后用十二胺浮选的 pH 要达到 $10.5\sim11.5$，即 $\text{pH}>pK_a$，$[\text{RNH}_{2(aq)}]>[\text{RNH}_3^+]$。这时存在另一种作用机理，即十二胺分子通过其 N 原子上的孤对电子与 Zn 形成配合物 $\text{Zn}(\text{RNH}_2)_n^{2+}$。

2. 胺类捕收剂的分子沉淀

阳离子胺类捕收剂，在溶液中随其浓度的变化还会出现胺分子沉淀，有可能对其捕收性能产生一定影响。因此，讨论阳离子胺类捕收剂的浮选行为时，还需考虑其胺分子沉淀生成的影响[335]。

分子沉淀平衡：

$$\text{RNH}_{2(s)} \rightleftharpoons \text{RNH}_{2(aq)} \qquad S=[\text{RNH}_{2(aq)}] \qquad (5\text{-}37)$$

式中，S 为分子溶解度。若不考虑二聚物及离子-分子复合物的生成，则质量平衡：

$$C_T = [\text{RNH}_{2(aq)}]+[\text{RNH}_3^+]$$

式中，C_T 为加入胺的总浓度。当 $[\text{RNH}_{2(aq)}]=S$ 时，会形成胺沉淀，则生成胺分子沉淀的临界 pH，由下式确定：

$$\text{pH}_s=pK_a + \lg\left(\frac{S}{C_T - S}\right) \qquad (5\text{-}38)$$

当 $C_T=5\times10^{-5}\ \text{mol/L}$ 时，不同碳链烷基胺生成沉淀的临界 pH 由式（5-38）求得，列于表 5-5 中。由表 5-5 可以看出，在一定浓度下，不同碳链烷基胺生成胺分子沉淀的 pH 差别较大，随着烷基碳链长度的增加，生成胺分子沉淀的 pH 降低。研究表明，不同烷基碳链长度的胺对矿物浮选的影响主要是浮选的 pH 范围，与它们生成胺分子沉淀有密切关系。

表 5-5　烷基胺（$C_T=5\times10^{-5}\ \text{mol/L}$）生成沉淀的 pH

烷基胺	十胺	十二胺	十四胺	十六胺	十八胺
S（mol/L）	$10^{-3.3}$	$10^{-4.7}$	$10^{-6.0}$	$10^{-7.1}$	$10^{-8.8}$
沉淀 pH（pH_s）	—	10.5	8.9	7.9	6.6
解离常数 pK_a	10.64	10.63	10.60	10.60	10.60

烷基胺作捕收剂，磷灰石浮选回收率与 pH 的关系见图 5-2，由于磷灰石的 IEP 值较低（2.8），磷灰石表面带负电，在低 pH 下，烷基胺对磷灰石的捕收能力较强，在高 pH 下，不同碳链烷基胺浮选 pH 上限存在差别。磷灰石浮选回收率开始下降的 pH，对于十胺为 10.6，十二胺为 10.5，十四胺为 9.1，十六胺为 8.0，十八胺为 7.0，与表 5-5 中各种烷基胺生成胺分子沉淀的 pH 基本对应，在没有胺分子沉淀生成时，磷灰石浮选 pH 上限是由 pK_a 决定的，当有胺分子沉淀生成时，磷灰石浮选 pH 上限由 pH_s 决定。

同样，用十八胺浮选各种盐类矿物的结果见图 5-3，在低 pH 下，十八胺的捕收能力较强。白钨矿、重晶石、磷灰石、萤石及方解石的浮选回收率基本上都在 pH=7.0 左右开始下降，即十八胺分子沉淀生成时，其捕收能力下降。

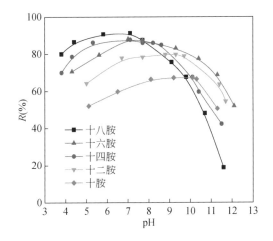

图 5-2　磷灰石浮选回收率与 pH 的关系

烷基胺 $C_T=5\times10^{-5}$ mol/L

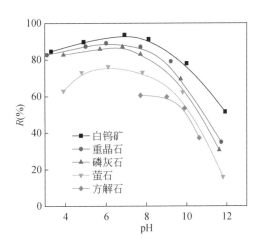

图 5-3　白钨矿、重晶石、磷灰石、萤石和方解石

浮选回收率与 pH 的关系

十八胺 5×10^{-5} mol/L

　　将各种烷基胺浮选这五种碱土金属盐类矿物的浮选 pH 上限列于表 5-6。

　　比较表 5-5 及表 5-6 可以看出,烷基胺浮选矿物的 pH 上限基本上对应于生成胺分子沉淀的 pH。当 pH>pH$_s$ 时,胺大部分生成 RNH$_{2(s)}$ 沉淀,RNH$_3^+$ 的浓度大大减少,矿物回收率开始降低。当 pH<pH$_s$ 时,胺主要以 RNH$_3^+$ 存在,矿物浮选回收率高。因此,矿物浮选中,阳离子胺类捕收剂起作用的有效组分为 RNH$_3^+$,浮选 pH 上限由式(5-38)确定。由表 5-5 可知,各种烷基胺的解离常数差别不大,因此,式(5-38)中不同碳链胺的 pH$_s$ 的差别实际上由等式右边第二项决定,即不同碳链烷基胺浮选矿物的 pH 上限的差别由 $\lg S-\lg(C_T-S)$ 决定,分子溶解度 S 愈大,pH 上限愈高,反之愈低。

表 5-6　盐类矿物阳离子捕收剂浮选 pH 上限

	十胺	十二胺	十四胺	十八胺
白钨矿	10.5	10.2	8.9	7.2
重晶石	10.5	10.4	9.3	6.9
磷灰石	10.5	10.5	9.1	7.0
方解石	10.6	10.5	9.0	6.6
萤石	10.5	10.1	8.8	6.7

5.3.3　两性捕收剂

　　两性捕收剂的解离情况不同于阴离子或阳离子捕收剂,它在溶液中,既有阴离子形态,又有阳离子形态。以烷基氨基酸为例:

　　在碱性溶液中是阴离子型:

$$RNHCH(CH_3)CH_2COOH+OH^- \rightleftharpoons RNHCH(CH_3)CH_2COO^- +H_2O$$

在酸性溶液中是阳离子型：

$$RNHCH(CH_3)CH_2COOH+H^+ \rightleftharpoons RNH_2^+CH(CH_3)CH_2COOH$$

处于阴阳平衡状态的 pH 称为两性浮选剂零电点 pH，以 pH_0 表示。研究表明，在 pH_0 处，药剂对矿物浮选行为发生转折。

（1）当 $pH_0 <$ PZC 时，与矿物发生静电力作用的有效 pH 范围为矿物表面带正电，两性捕收剂带负电，即 $pH_0 < pH <$ PZC。

（2）当 $pH_0 >$ PZC 时，与矿物发生静电力作用的有效 pH 范围为矿物表面带负电，两性捕收剂带正电，即 $pH_0 > pH >$ PZC。

一些两性捕收剂的 pH_0 值见表 5-7。

表 5-7   常见两性捕收剂的零电点 pH_0

两性捕收剂	零电点 pH_0
N-椰油-β-氨基丁酸 RNHCH(CH₃)CH₂COOH	4.1
N-十二烷基-β-氨基丙酸 C₁₂H₂₅NHCH₂CH₂COOH	4.3
N-十二烷基-β-次氨基二丙酸 C₁₂H₂₅N(CH₂CH₂COOH)₂	3.7
N-十四烷基氨基以及磺酸 C₁₄H₂₉NHCH₂CH₂SO₃H	1.0
硬脂酸氨基磺酸	6.3～6.6
油酸氨基磺酸	6.3～6.6

5.4   浮选剂在溶液中各组分分布与矿物作用优势组分

5.4.1   组分分布图解法

为了使浮选剂溶液平衡计算的结果及其与浮选的关系更加简单明了地显示出来，可以采用各种图解法。本节讨论浮选剂组分分布系数（φ）随 pH 变化的图解方法（称 φ-pH 图解法）。

按照多元弱酸型浮选剂 H_nA 的质子传递平衡 [式（5-22）]，由式（5-23）定义副反应系数为

$$\alpha_A = \frac{[A]'}{[A]} = 1 + \beta_1^H[H^+] + \beta_2^H[H^+]^2 + \cdots + \beta_n^H[H^+]^n \tag{5-39}$$

溶液中浮选剂各组分浓度占 A 的总浓度 $[A]'$ 的比例定义为分布系数 φ:

$$\varphi_0 = \frac{[A^{n-}]}{[A]'} = \frac{1}{\alpha_A} = \frac{1}{1 + \beta_1^H[H^+] + \beta_2^H[H^+]^2 + \cdots + \beta_n^H[H^+]^n}$$

$$\varphi_1 = \frac{[HA^{(n-1)-}]}{[A]'} = \frac{K_1^H[H^+][A^{n-}]}{[A]'} = K_1^H\varphi_0[H^+]$$

$$\varphi_2 = \frac{[\text{H}_2\text{A}^{(n-2)-}]}{[\text{A}]'} = \frac{\beta_2^{\text{H}}[\text{H}^+]^2[\text{A}^{n-1}]}{[\text{A}]'} = \beta_2^{\text{H}}\varphi_0[\text{H}^+]^2$$

$$\cdots$$

$$\varphi_n = \frac{[\text{H}_n\text{A}]}{[\text{A}]'} = \frac{\beta_n^{\text{H}}[\text{H}^+]^n[\text{A}^{n-}]}{[\text{A}]'} = \beta_n^{\text{H}}\varphi_0[\text{H}^+]^n \tag{5-40}$$

式中，φ_0，φ_1，φ_2，$\cdots$，φ_n 分别为各组分的分布系数，表示各组分的浓度占总浓度的分数，其值与 pH 有关。由浮选剂加质子常数的数据，可计算一系列浮选剂的组分分布图。

5.4.2　调整剂组分分布及作用优势组分

1. 碳酸钠与六偏磷酸钠在溶液中各组分分布

1）碳酸钠在溶液中各组分分布

Na_2CO_3 在溶液中存在如下反应：

$$\text{Na}_2\text{CO}_3 \Longrightarrow 2\text{Na}^+ + \text{CO}_3^{2-} \tag{5-41}$$

CO_3^{2-} 的加质子反应如式（2-42），副反应系数如式（2-43），参照式（5-40）绘出 Na_2CO_3 水解组分的分布系数 φ-pH 关系图，如图 5-4 所示。由图可见，pH<6.3 时，优势组分为 H_2CO_3；pH=6～10.3 时，优势组分为 HCO_3^-；pH>10.3 时，优势组分为 CO_3^{2-}。

2）六偏磷酸钠在溶液中各组分分布

六偏磷酸钠容易水解，其水解反应为

$$(\text{NaPO}_3)_6 + 6\text{H}_2\text{O} \Longrightarrow 6\text{NaOH} + 6\text{HPO}_3 \tag{5-42a}$$

偏磷酸水解成正磷酸反应为

$$\text{HPO}_3 + \text{H}_2\text{O} \Longrightarrow \text{H}_3\text{PO}_4 \tag{5-42b}$$

正磷酸的加质子为反应为

$$\text{PO}_4^{3-} + \text{H}^+ \Longrightarrow \text{HPO}_4^{2-} \quad K_1^{\text{H}} = 10^{12.35}$$

$$\text{HPO}_4^{2-} + \text{H}^+ \Longrightarrow \text{H}_2\text{PO}_4^- \quad K_2^{\text{H}} = 10^{7.2} \tag{5-42c}$$

$$\text{H}_2\text{PO}_4^- + \text{H}^+ \Longrightarrow \text{H}_3\text{PO}_4 \quad K_3^{\text{H}} = 10^{2.15}$$

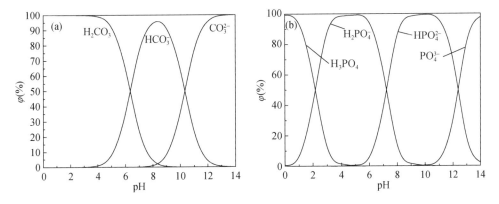

图 5-4　Na_2CO_3（a）和（NaPO_3）$_6$（b）溶液中各水解组分的 φ（分布系数）-pH 关系

副反应系数为

$$\alpha_{PO_4^{3-}} = 1 + K_1^H[H^+] + K_1^H K_2^H[H^+]^2 + K_1^H K_2^H K_3^H[H^+]^3 \tag{5-43}$$

根据式（5-43），参照式（5-40）可得六偏磷酸钠各水解组分的 φ-pH 关系图，见图 5-4（b）。可见，pH<2.15 时，H_3PO_4 是优势组分，$H_2PO_4^-$ 组分占优势的 pH 范围是 2.15<pH<7.2，HPO_4^{2-} 组分占优势的 pH 范围是 7.2<pH<12.35，pH>12.35 时 PO_4^{3-} 占优势。因此，在六偏磷酸钠溶液中，这些水解组分通过静电、氢键或络合与矿物表面作用，对矿物的表面性质及浮选行为产生影响。

2. 碳酸钠和六偏磷酸钠在溶液中与矿物表面作用的优势组分

图 5-5 给出了碳酸钠和六偏磷酸钠对一水硬铝石和高岭石 ζ 电位的影响，对照图 5-4（a）可以看出，在 HCO_3^- 组分占优势的 pH 范围（pH=6~10.3），Na_2CO_3 使一水硬铝石和高岭石表面 ζ 电位负值加大，通过改变矿物表面电位，增大矿物颗粒之间的静电斥力，增加分散性能。

六偏磷酸钠在较宽的 pH 范围使一水硬铝石和高岭石的表面动电位负值显著升高，如图 5-5（b），对照图 5-4（b）可知，其组分 $H_2PO_4^-$、HPO_4^{2-} 为主要作用优势组分。六偏磷酸钠在 pH 2~12 范围都使一水硬铝石和高岭石的表面动电位负值增加。

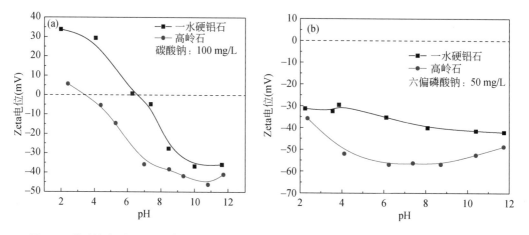

图 5-5　碳酸钠（a）和六偏磷酸钠（b）存在时，一水硬铝石和高岭石的表面动电位-pH 关系

碳酸钠与六偏磷酸钠对一水硬铝石和高岭石表面动电位的影响与它们对分散凝聚行为的影响（图 5-6）有较好的对应性，表面动电位绝对值越大，一水硬铝石和高岭石分散性越好。图 5-6 表明，当六偏磷酸钠用量为 50 mg/L 时，在整个试验 pH 范围内，一水硬铝石和高岭石的分散性能都很好，这是因为六偏磷酸钠在 pH 2~12 范围都使一水硬铝石和高岭石的表面动电位负值显著增加，将显著增加颗粒间静电排斥作用，而使颗粒充分分散。

当碳酸钠用量为 100 mg/L 时，高岭石表面动电位较高，在试验 pH 范围内，使高岭石分散性能良好。但对于一水硬铝石，pH<7，随着 pH 的减小，一水硬铝石的分散性增大，当 pH>7 时，随着 pH 的增大，一水硬铝石的分散性增大，而在 pH 6~7 范围，一水硬铝石表面动电位较小，静电排斥作用小，颗粒间将发生凝聚。

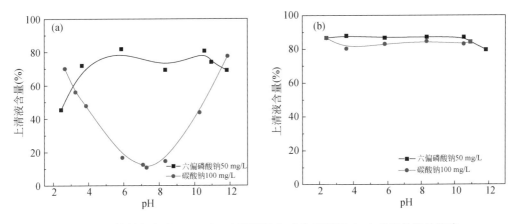

图 5-6　调整剂存在时，pH 对一水硬铝石（a）和高岭石（b）分散性能的影响

5.4.3　捕收剂组分分布、捕收作用及优势组分

1. β-氨基烷基膦酸（OAEP）的组分分布与浮选活性

β-氨基乙基膦酸在溶液中存在下列解离平衡：

$$\mathrm{RNHC_2H_4P(O)O_2^{2-} + H^+ \rightleftharpoons RNHC_2H_4P(O)O_2H^-}$$

$$\mathrm{RNHC_2H_4P(O)O_2H^- + H^+ \rightleftharpoons RNHC_2H_4P(O)(OH)_2} \qquad (5\text{-}44)$$

OAEP 的解离常数 $pK_{a1}=3.03$，$pK_{a2}=7.73$，由式（5-44）、参照式（5-40）计算求出 OAEP 各解离组分分布与 pH 的关系如图 5-7（a）所示。OAEP 为捕收剂，萤石、重晶石及白钨矿浮选结果如图 5-7（b）所示。

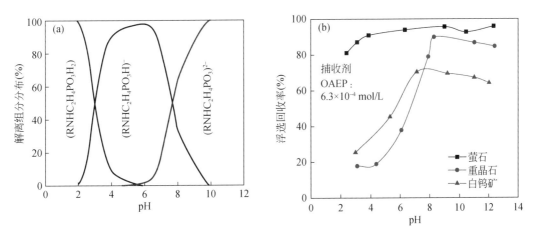

图 5-7　β-辛基氨基乙基膦酸（ONP）解离组分分布（a）和浮选萤石、白钨矿、重晶石回收率（b）与 pH 的关系

图 5-7 的结果表明，OAEP 为捕收剂时，在酸性 pH 范围，三种矿物的可浮性差别较大，选择性较好，在碱性 pH 范围，三种矿物可浮性接近。

在萤石浮选的有效 pH 范围内，OAEP 的优势组分为 (OAEP)$^-$ 及 (OAEP)$^{2-}$，而在重晶石及白钨矿浮选的有效 pH 范围内，优势组分为 $(OAEP)^{2-}$。这与三种矿物表面电性及捕收剂解离组分有关。在 3.03＜pH＜7.78 范围内，萤石表面带正电，重晶石及白钨矿表面带负电，而 OAEP 的优势组分为负一价组分 $(ONP)^-$，此时，可以认为，在该 pH 范围内，静电力起主要作用，只有萤石有较好的可浮性，而重晶石及白钨矿不浮，造成了 OAEP 在该 pH 范围内对萤石的选择性捕收作用。即组分 $RNHC_2H_4P(O)O_2H^-$ 与萤石表面的作用以静电力吸附为主。

在更高 pH 下（pH＞7.78），OAEP 的优势组分为 $RNHC_2H_4P(O)O_2^{2-}$，三种矿物均有较好可浮性，浮选回收率大小顺序为：萤石＞重晶石＞白钨矿，推测 $RNHC_2H_4P(O)O_2^{2-}$ 可在三种矿物表面发生化学吸附并改变矿物表面性质，图 5-8 的数据进一步表明，三种矿物 ζ 电位的改变值随 pH 的变化与浮选回收率随 pH 的变化有比较一致的关系。带正电的萤石表面更有利于药剂阴离子的吸附，OAEP 使萤石表面 ζ 电位值改变最大，表明 OAEP 在萤石表面的吸附能力可能最大，表现为在碱性 pH 范围，OAEP 对萤石的捕收能力最强。

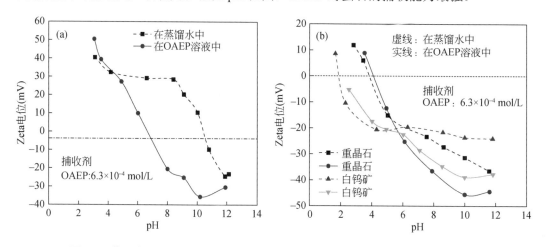

图 5-8 萤石（a）及重晶石、白钨矿（b）在 OAEP 溶液中的 ζ 电位与 pH 的关系

2. α-氨基芳基膦酸（BABP）的组分分布与浮选活性

α-氨基芳基膦酸在溶液中存在下列解离平衡：

$$R_1(R_2NH_2)CHP(O)(OH)_2 \Longrightarrow [R_1(R_2NH_2)CHP(O)(O)_2H]^- + H^+ \quad K_{a1}=10^{-6.68}$$

$$[R_1(R_2NH_2)CHP(O)(O)_2H]^- \Longrightarrow [R_1(R_2NH_2)CHP(O)(O)_2]^{2-} + H^+ \quad K_{a2}=10^{-9.86} \quad (5\text{-}45)$$

由式（5-45），按照式（5-40）计算求出 α-氨基芳基膦酸各解离组分分布与 pH 的关系如图 5-9 所示。在 pH＜6.68，BABP 的优势组分为分子 $R_1(R_2NH_2)CHP(O)(OH)_2$，在 6.68＜pH＜9.86，BABP 优势组分为 $[R_1(R_2NH_2)CHP(O)(O)_2H]^-$，pH＞9.86，BABP 优势组分为 $[R_1(R_2NH_2)CHP(O)(O)_2]^{2-}$。α-氨基芳基膦酸在萤石、白钨矿、磷灰石和方解石表面的吸附量与 pH 的关系见图 5-10。可见，α-氨基芳基膦酸在萤石、白钨矿、磷灰石表面吸附的最佳 pH 范围为 pH 6~10，α-氨基芳基膦酸在方解石表面吸附的最佳 pH 范围为 pH 9~12，吸附量大小顺序为萤石≈方解石＞白钨矿＞磷灰石。α-氨基芳基膦酸浮选萤石和白钨矿及磷灰石和方解石的结果见图 5-11。由图 5-11 可以看出，α-氨基芳基膦酸浮选萤石的最佳 pH 范围为 pH 6～10，回收率可达 95%，浮选方解石的最佳 pH 范围为 pH 8～11，回收率近 90%。而白钨矿的浮选回收率小于 50%，磷灰石的浮选回收率小于 20%。这表明，α-氨基芳基膦酸作捕收剂，萤石与白钨矿、磷灰石与方解石有可能实现浮选分离。

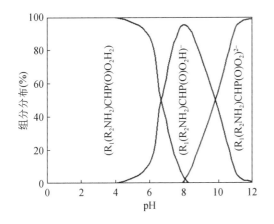

图 5-9　α-氨基芳基膦酸解离组分分布与 pH 的关系

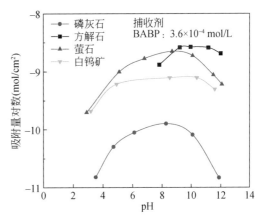

图 5-10　BABP 在萤石、白钨矿、磷灰石和方解石表面的吸附与 pH 的关系

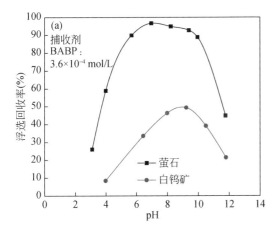

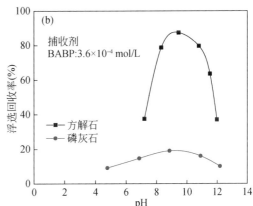

图 5-11　BABP 为捕收剂，萤石、白钨矿（a）及磷灰石、方解石（b）浮选回收率与 pH 的关系

白钨矿和磷灰石的 IEP 值低，在较宽 pH 范围带负电，而萤石和方解石的 IEP 值较高，在较宽的 pH 范围带正电，对照图 5-9、图 5-10 与图 5-11 可以看出，α-氨基芳基膦酸的主要组分 $(BABP)^-$、$(BABP)^{2-}$，在带正电的萤石、方解石表面吸附，使萤石和方解石具有较高的浮选回收率。而 $(BABP)^-$、$(BABP)^{2-}$ 在带负电的白钨矿、磷灰石表面吸附量相对较低，对白钨矿、磷灰石捕收能力低。表明 α-氨基芳基膦酸与萤石、方解石、白钨矿、磷灰石的作用以静电作用为主。

5.4.4　抑制剂组分分布、抑制作用及优势组分

单宁酸（H_3L）是常用的有机抑制剂，在水溶液中的质子化反应[122]如下：

$$H^+ + L^{3-} \Longrightarrow HL^{2-} \quad K_1^H = 10^{11.91}$$

$$H^+ + HL^{2-} \Longrightarrow H_2L^- \quad K_2^H = 10^{11.03} \quad （5\text{-}46）$$

$$H^+ + H_2L^- \Longrightarrow H_3L \quad K_3^H = 10^{8.00}$$

按照式（5-40），各组分分布系数为

$$\varphi_0 = \frac{[L^{3-}]}{[L]'} = \frac{1}{1 + K_1^H[H^+] + K_1^H K_2^H[H^+]^2 + K_1^H K_2^H K_3^H[H^+]^3}$$

$$\varphi_1 = \frac{[HL^{2-}]}{[L]'} = \frac{K_1^H[H^+][L^{3-}]}{[L]'} = K_1^H \varphi_0[H^+]$$

$$\varphi_2 = \frac{[H_2L^-]}{[L]'} = \frac{K_1^H K_2^H[H^+]^2[L^{3-}]}{[L]'} = K_1^H K_2^H \varphi_0[H^+]^2$$

$$\varphi_3 = \frac{[H_3L]}{[L]'} = \frac{K_1^H K_2^H K_3^H[H^+]^3[L^{3-}]}{[L]'} = K_1^H K_2^H K_3^H \varphi_0[H^+]^3 \quad （5\text{-}47）$$

由式（5-47）计算不同 pH 时，单宁酸各组分的分布系数如图 5-12。单宁酸作为一种三元的弱酸，在水溶液中的水解组分有四种：H_3L、H_2L^-、HL^{2-} 及 L^{3-}。当 pH 低于 5.5 时，单宁酸在水中基本上是以分子 H_3L 形式存在，随着 pH 的增加，单宁酸在溶液中发生逐级电离，pH 8～10，H_2L^- 是优势组分，pH 10～12，HL^{2-} 是优势组分，pH＞12 时，L^{3-} 是优势组分。单宁酸对萤石与方解石浮选行为的影响见图 5-13。

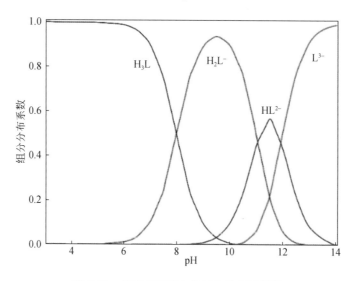

图 5-12　单宁酸溶液中各组分分布图[244]

由图 5-13（a）可知，在 pH=7.0，油酸钠用量 16 mg/L 条件下，单宁酸小于 10 mg/L

时，萤石浮选回收率从 93.09%下降到 77.83%，下降趋势不显著。然而方解石浮选回收率从 96.04%迅速下降到 9.18%。提示单宁酸作抑制剂，萤石与方解石实现分离的可能性。

由图 5-13（b）可知，油酸钠用量为 16 mg/L，单宁酸用量为 10 mg/L 时，在 pH 6～10 范围，萤石回收率均高于 65%，当 pH=8 时，萤石回收率达到 77.8%。但在 pH=6～12 范围，方解石的浮选受到较强抑制，回收率低于 20%。对照图 5-12，可以看出，在 pH 6～10 范围，单宁酸在溶液中的主要作用组分是 H_3L、H_2L^-，对萤石的抑制作用不强，当 pH>10，单宁酸在溶液中的主要作用组分是 HL^{2-} 及 L^{3-}，对萤石也产生抑制作用。而在 pH 6～12 范围，单宁酸对方解石均产生较强抑制作用，这表明，单宁酸在溶液中的水解组分：H_3L、H_2L^-、HL^{2-} 及 L^{3-} 均可能在方解石表面发生吸附。

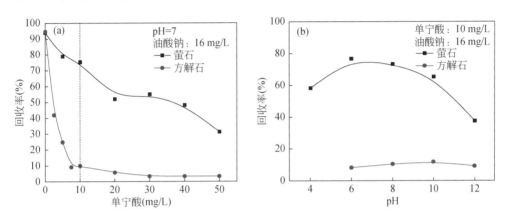

图 5-13　单宁酸用量（a）和 pH（b）对单宁酸抑制萤石和方解石性能的影响[244]

5.4.5　硫化钠组分分布及作用优势组分

Na_2S 是常见的氧化铜、铅、锌矿的硫化剂和硫化矿的抑制剂，它在溶液中先发生水解反应，然后解离：

$$Na_2S+2H_2O \Longrightarrow H_2S+2NaOH \qquad (5-48)$$

S^{2-} 的加质子反应、S 的总浓度、副反应系数之间的关系由式（2-27）到式（2-29）确定，则含硫组分分布系数为

$$\varphi_0=\frac{[S^{2-}]}{[S]'}=\frac{1}{1+K_1^H[H^+]+\beta_2^H[H^+]^2}=\frac{1}{1+10^{13.9}[H^+]+10^{20.92}[H^+]^2} \qquad (5-49)$$

$$\varphi_1=\frac{[HS^-]}{[S]'}=K_1^H\varphi_0[H^+]=10^{13.9}\varphi_0[H^+] \qquad (5-50a)$$

$$\varphi_2=\frac{[H_2S^-]}{[S]'}=K_1^H K_2^H\varphi_0[H^+]=10^{20.92}\varphi_0[H^+] \qquad (5-50b)$$

图 5-14 是硫化钠溶液中硫组分的 φ-pH 图。由图 5-14 可知，硫化钠溶液中硫组分在 pH <7.0 时主要以 H_2S 形式存在，7.0<pH<13.9 时主要以 HS^- 形式存在，pH>13.9 时主要以 S^{2-} 的形式存在。

用油酸钠与苯甲羟肟酸作捕收剂，菱锌矿浮选回收率与 pH 关系见图 5-15，在不使用硫化钠时，菱锌矿浮选最佳 pH 在 9.5 左右，此时菱锌矿回收率为 70%。添加 2500 g/t 硫化钠的条件下，菱锌矿浮选最佳 pH 在 9.3 左右，此时回收率最高为 90%，比不添加硫化钠的回收率增加 20 个百分点，由此表明，硫化钠对菱锌矿的浮选有活化作用。

对照图 5-14，在菱锌矿浮选最佳矿浆 pH 9 左右，硫化钠主要以 HS^- 的形式和矿物表面的活性金属离子 Zn^{2+} 发生反应，形成疏水性较好的 ZnS，从而活化菱锌矿的浮选。

菱锌矿表面的硫化反应过程如下：

$$ZnCO_3 + HS^- \rightleftharpoons ZnS_{(s)} + HCO_3^- \tag{5-51a}$$

$$Zn(OH)_{2(s)} + HS^- \rightleftharpoons ZnS_{(s)} + H_2O + OH^- \tag{5-51b}$$

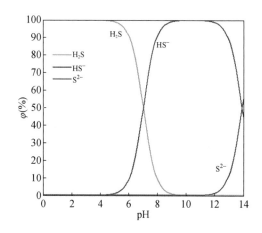

图 5-14　硫化钠溶液中硫组分的 φ-pH 图

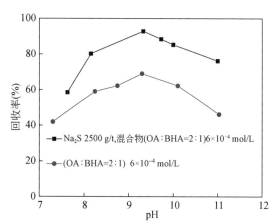

图 5-15　无硫化钠和硫化钠 2500 g/t 条件下，菱锌矿回收率随 pH 的变化

5.4.6　氟离子、铝离子在溶液中的 φ-pH 图与氟化物去除机理

冶炼废水中常含有氟离子，可以通过加入金属离子如铝离子除氟。在不同 pH 条件下，氟离子及铝离子有不同的存在形式，从而能发生不同的化学反应，导致最终除氟效果的差异。在水溶液中氟离子及铝离子水解反应如下：

$$HF \rightleftharpoons H^+ + F^- \qquad K_0 = 10^{-3.18} \tag{5-52}$$

$$Al(OH)_4^- \rightleftharpoons OH^- + Al(OH)_3 \qquad K_4 = 10^{-6}$$

$$Al(OH)_3 \rightleftharpoons OH^- + Al(OH)_2^+ \qquad K_3 = 10^{-8.3}$$

$$Al(OH)_2^+ \rightleftharpoons OH^- + AlOH^{2+} \qquad K_2 = 10^{-9.69}$$

$$AlOH^{2+} \rightleftharpoons OH^- + Al^{3+} \qquad K_1 = 10^{-9.01} \tag{5-53}$$

由式（5-52）、式（5-53）的平衡常数，根据式（5-40）可画出相应离子的 φ-pH 图，如图 5-16 所示。由图 5-16 可得出，在 pH 5～10 范围内，F^- 是优势组分，且分布系数接近 1；在 pH 5～5.7 范围内，$Al(OH)_2^+$ 是优势组分，在 pH 5.7～8 范围内，$Al(OH)_3$ 是优势组分，在 pH 8～10 范围内，$Al(OH)_4^-$ 是优势组分。

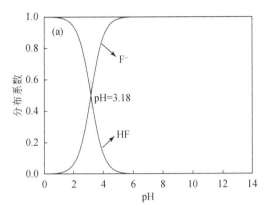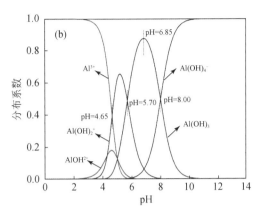

图 5-16　氟离子（a）及铝离子（b）在水溶液中 φ-pH 图

加入各种铝盐，反应 pH 和药剂用量对钨冶炼废水中氟化物去除效果的影响如图 5-17 所示。由图 5-17（a）可知，不同用量的硫酸铝/聚合氯化铝均表现出相似的除氟规律，即在反应 pH 5～9 时氟化物浓度先降低后升高，其中在反应 pH 6～7 时，氟化物浓度最低，表明硫酸铝/聚合氯化铝在此区间除氟效果最好。同时，聚合氯化铝除氟效果要好于硫酸铝。图 5-17（b）表明，随着硫酸铝/聚合氯化铝用量的增加，废水中氟离子的浓度显著降低，硫酸铝/聚合氯化铝用量同为 3 g/L 时，废水中氟离子的浓度可由 85.5 mg/L 分别降至 6.2 mg/L 和 3.3 mg/L。

对照图 5-16，在反应 pH 5～10 范围内，不同的铝离子水解组分影响了铝除氟。由铝除氟的最佳反应 pH 为 6～7，此时 $Al(OH)_3$ 是优势组分，可得出在氢氧化铝沉淀生成的 pH 区间有利于氟离子去除。

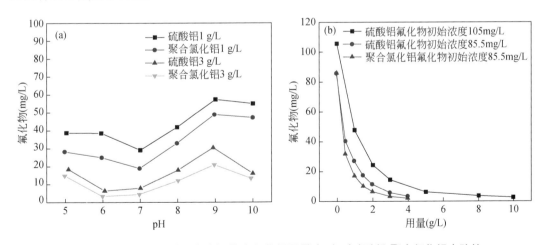

图 5-17　反应 pH（a）、硫酸铝/聚合氯化铝用量（b）对硫酸铝/聚合氯化铝去除钨冶炼废水中氟化物的影响[333]

（a）氟化物初始浓度 85.5 mg/L；（b）钨冶炼废水氟化物初始浓度分别为 85.5 mg/L、105 mg/L，反应 pH 为 6.5

5.5 浮选剂溶液各组分浓度对数图与作用优势组分

5.5.1 浮选剂溶液各组分浓度对数图

为了简单明了地表达浮选剂溶液平衡计算结果与浮选的关系，除了组分分布系数图解方法外，还可以用浓度对数图解法。浮选剂在溶液中会解离出各种组分，将各组分浓度 C 随 pH 的变化绘制成图，称浓度对数图，即 lg$C$-pH 图。设加入药剂的原始浓度为 C_T，由式（5-40）可计算出药剂某状态组分的绝对浓度大小与 pH 的关系如下：

$$[A] = \varphi_0[A]' = \varphi_0 C_T$$
$$[HA] = \varphi_1 C_T$$
$$[H_nA] = \varphi_n C_T \tag{5-54}$$

由以上各式可以得出浮选剂溶液中各组分浓度与 pH 的关系，并绘制出浓度对数图，讨论浮选剂起作用的优势组分。

5.5.2 阴离子捕收剂组分浓度对数图与作用优势组分

1. 苯甲羟肟酸溶液平衡与其浓度对数图

苯甲羟肟酸的分子式为 $C_7H_7NO_2$，苯甲羟肟酸为弱酸，温度为 25℃时，其在纯水中的溶解度为 22.5 g/L，且存在式（5-55）所示解离平衡[336]。

$$C_7H_7NO_2 \rightleftharpoons C_7H_6NO_2^- + H^+$$
$$K_a = [C_7H_6NO_2^-][H^+]/[C_7H_7NO_2] = 10^{-8.2} \tag{5-55}$$

苯甲羟肟酸在水溶液中的总浓度：

$$C_{BHA} = [C_7H_7NO_2] + [C_7H_6NO_2^-] \tag{5-56}$$

根据式（5-40）和式（5-54）可得苯甲羟肟酸在水溶液中各组分浓度：

$$[C_7H_6NO_2^-] = \frac{K_a \times C_{BHA}}{K_a + [H^+]} \tag{5-57a}$$

$$[C_7H_7NO_2] = \frac{C_{BHA} \times [H^+]}{K_a + [H^+]} \tag{5-57b}$$

取对数后进一步变换可得：

$$lg[C_7H_6NO_2^-] = lgC_{BHA} + lgK_a - lg(K_a + [H^+]) \tag{5-58a}$$

$$lg[C_7H_7NO_2] = lgC_{BHA} + lg[H^+] - lg(K_a + [H^+]) \tag{5-58b}$$

设苯甲羟肟酸的浓度为 $C_{BHA}=6\times10^{-4}$ mol/L，根据式（5-58）绘制苯甲羟肟酸溶液各组分浓度对数与 pH 关系，如图 5-18 所示。pH 对苯甲羟肟酸捕收性能的影响见图 5-19。由图 5-18 和图 5-19 可以看出，随着 pH 的提高，锡石的浮选回收率呈增加趋势，在 pH=7～9 区间内苯甲羟肟酸对锡石的捕收能力较强，在 pH=8 左右（即 pK_a）达到最大值 85%；随着 pH 的继续提高，矿浆碱性增强，锡石的浮选回收率呈降低趋势。pH 7～9 区间内，苯甲羟

肟酸分子 $C_7H_7NO_2$ 和离子 $C_7H_6NO_2^-$ 均存在，苯甲羟肟酸对石英没有任何捕收作用，但在 pH=8～11 区间内对方解石有一定捕收能力，方解石的浮选回收率达到 40%，该区间内苯甲羟肟酸主要以 $C_7H_6NO_2^-$ 阴离子的形式存在。这些结果表明，对锡石、方解石、石英，苯甲羟肟酸对锡石有选择性捕收作用。

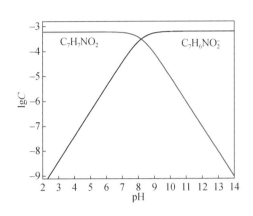

图 5-18　25℃时苯甲羟肟酸水溶液中各组分浓度对数与 pH 的关系

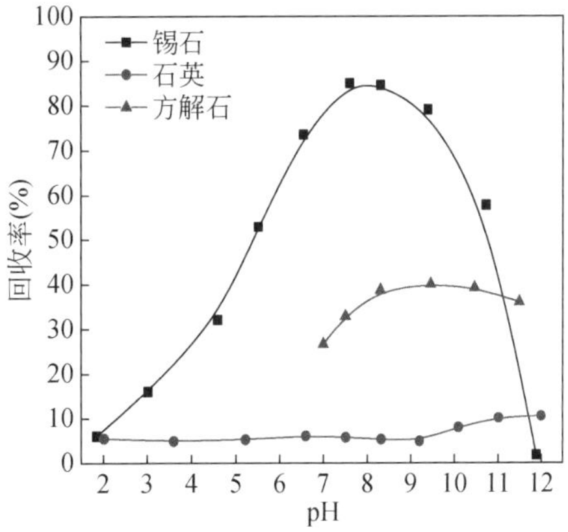

图 5-19　苯甲羟肟酸体系中 pH 对锡石、石英、方解石浮选回收率的影响[275]

2. 油酸（钠）溶液组分的 lgC-pH 图

油酸（钠）在溶液中各组分间的平衡关系比较复杂，存在溶解、解离、缔合等平衡[12]：

（1）油酸的溶解平衡：油酸的溶解度 $S=10^{-7.6}$ mol/L，通常浮选用量下，矿浆中油酸的浓度均大于溶解度，此时水溶液中溶解的油酸 $HOL_{(aq)}$ 与不溶的液态油酸 $HOL_{(l)}$ 间成饱和溶液，平衡如下：

$$HOL_{(l)} \rightleftharpoons HOL_{(aq)} \qquad S=10^{-7.6} \qquad (5\text{-}59a)$$

（2）油酸解离平衡：

$$HOL_{(aq)} \rightleftharpoons OL^- + H^+ \qquad K_a=\frac{[H^+][OL^-]}{[HOL_{(aq)}]}=10^{-4.95} \qquad (5\text{-}59b)$$

（3）油酸根离子缔合平衡：

$$2OL^- \rightleftharpoons (OL)_2^{2-} \qquad K_d=\frac{[(OL)_2^{2-}]}{[OL^-]^2}=10^{4.0} \qquad (5\text{-}59c)$$

（4）油酸离子-分子缔合平衡：

$$HOL_{(aq)} + OL^- = H(OL)_2^-$$

$$K_{im}=\frac{[H(OL)_2^-]}{[HOL_{(aq)}][OL^-]}=10^{4.7} \qquad (5\text{-}59d)$$

$$C_T=[HOL_{(aq)}]+[OL^-]+2[(OL)_2^{2-}]+2[H(OL)_2^-] \qquad (5\text{-}60)$$

将式（5-59）各式代入式（5-60）有

$$C_T = [HOL_{(aq)}] + \frac{10^{-4.95} \times [HOL_{(aq)}]}{[H^+]} + 2 \times 10^{4.0} \left[\frac{10^{-4.95}[HOL_{(aq)}]}{[H^+]} \right]^2$$

$$+ 2 \times 10^{4.7}[HOL_{(aq)}] \times \frac{10^{-4.95} \times [HOL_{(aq)}]}{[H^+]} \tag{5-61}$$

$HOL_{(l)}$ 与 $HOL_{(aq)}$ 平衡时，$HOL_{(aq)} = 10^{-7.6}$，得到：

$$[H^+]^2 = \frac{10^{-12.55} + 2 \times 10^{-15.45}}{C_T - 10^{-7.6}}[H^+] + \frac{2 \times 10^{-21.1}}{C_T - 10^{-7.6}} \tag{5-62}$$

$C_T = 4 \times 10^{-4}$ mol/L 时，计算得出 $HOL_{(l)}$ 与 $HOL_{(aq)}$ 平衡临界 pH $=9.15$。

当 pH >9.15 时，$HOL_{(aq)} \neq 10^{-7.6}$，根据式（5-61）有

$$HOL_{(aq)} = \frac{-([H^+]^2 + 10^{-4.95}[H^+]) + \sqrt{([H^+]^2 + 10^{-4.95}[H^+])^2 + 8 \times (10^{-5.9} + 10^{-0.25}[H^+])[H^+]^2 C_T}}{4 \times (10^{-5.9} + 10^{-0.25 - pH})}$$

$$= \frac{-(10^{-2pH} + 10^{-4.95 - pH}) + \sqrt{(10^{-2pH} + 10^{-4.95 - pH})^2 + 32 \times (10^{-2pH - 9.9} + 10^{-3pH - 4.25})}}{4 \times (10^{-5.9} + 10^{-0.25 - pH})} \tag{5-63a}$$

$$[OL^-] = \frac{10^{-4.95} \times [HOL_{(aq)}]}{10^{-pH}} \tag{5-63b}$$

$$[(OL)_2^{2-}] = 10^4[OL^-]^2 = \frac{10^4 \times 10^{-9.9}[HOL_{(aq)}]^2}{10^{-2pH}} \tag{5-63c}$$

$$H(OL)_2^- = \frac{10^{-0.25}[HOL_{(aq)}]^2}{10^{-pH}} \tag{5-63d}$$

当 pH ≤ 9.15 时，由式（5-59）各式得到：

$$\lg[HOL_{(aq)}] = -7.6 \tag{5-64a}$$

$$\lg[OL^-] = \lg \frac{K_a[HOL_{(aq)}]}{[H^+]} = pH - 12.55 \tag{5-64b}$$

$$\lg[(OL)_2^{2-}] = \lg K_d[OL^-]^2 = 2pH - 21.1 \tag{5-64c}$$

$$\lg[H(OL)_2^-] = \lg K_{im}[HOL_{(aq)}][OL^-] = pH - 15.45 \tag{5-64d}$$

根据式（5-63）和式（5-64）各式，计算得到，$C_T = 4 \times 10^{-4}$ mol/L 时，油酸溶液中各组分的浓度分布随 pH 的变化关系图，如图 5-20 所示。

当 pH 低于 5 时，油酸在溶液中主要存在形式是油酸分子，$5 < pH < 9$，溶液中主要组分为油酸根离子、油酸根离子二聚物、油酸分子-离子缔合物，其浓度随着 pH 上升而不断增大，当 pH $=9.15$ 时，油酸根离子、油酸根离子二聚物浓度达到最大，油酸分子-离子缔合物浓度出现极大值；当 pH 高于 9.15 时，油酸分子-离子缔合物的浓度随 pH 的上升而减小，主要组分油酸根离子、油酸根离子二聚物的浓度不再变化。

图 5-21 是 pH 对油酸钠浮选含钙矿物影响的结果，可见，在油酸用量 16 mg/L 时，萤石的回收率随着 pH 的上升迅速增大，在 pH 6～9 范围，萤石可浮性较好，最高回收率达到 90.32%，当 pH 大于 9 后，萤石的回收率随着 pH 的进一步上升而降低。对照图 5-20 可推断，油酸起捕收作用的主要组分是油酸根离子、油酸分子-离子缔合物。方解石在 pH=7～

11 范围内都具有良好的可浮性，油酸根离子、油酸根离子二聚物应是主要作用组分。油酸对绢云母没有捕收作用。

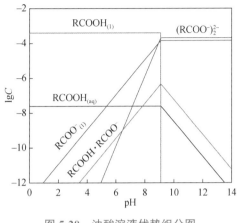

图 5-20　油酸溶液优势组分图

$C_T = 4 \times 10^{-4}$ mol/L

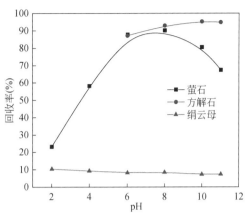

图 5-21　pH 对矿物可浮性的影响[244]

油酸钠=16 mg/L

5.5.3　阳离子捕收剂组分浓度对数图与作用优势组分

1. N, N-二烃基十二烷基叔胺的浓度对数图与捕收作用

N, N-二烃基十二烷基叔胺在水溶液中也会发生水解解离反应，溶液中既存在一部分呈离子态的胺离子，又存在一部分呈中性状态的胺分子，也存在胺分子沉淀，中性分子和离子之间比例的大小受介质 pH 的影响。

二烃基十二烷基叔胺在水中的解离方式有两种形式（以 N, N-二甲基十二烷基叔胺 DRN_{12} 为例）：

碱式解离

$$DRN_{12(aq)} + H_2O \rightleftharpoons DRN_{12}H^+ + OH^- \qquad K_b = 10^{-4.2} \qquad （5-65）$$

酸式解离

$$DRN_{12}H^+ \rightleftharpoons DRN_{12(aq)} + H^+ \qquad K_a = 10^{-9.74} \qquad （5-66）$$

同时在 DRN_{12} 的饱和溶液中，还存在下面的溶解平衡：

$$DRN_{12(s)} \rightleftharpoons DRN_{12(aq)} \qquad S = [DRN_{12(aq)}] \qquad （5-67）$$

式中，S 是分子溶解度，一般长碳链胺的分子溶解度 S 取值为 1.8×10^{-5} mol/L。

如果加入的 DRN_{12} 的初始浓度为 C_T，同时不考虑叔胺的分子-离子复合二聚物的生成，则生成沉淀之前有

$$C_T = [DRN_{12(aq)}] + [DRN_{12}H^+] \qquad （5-68）$$

根据式（5-66）可知：

$$K_a = \frac{[H^+][DRN_{12(aq)}]}{[DRN_{12}H^+]} = 10^{-9.74} \qquad （5-69a）$$

则有

$$pH - pK_a = \lg\left(\frac{[DRN_{12(aq)}]}{[DRN_{12}H^+]}\right) = \lg\left(\frac{[DRN_{12(aq)}]}{C_T - [DRN_{12(aq)}]}\right) \quad (5\text{-}69b)$$

由此可知，形成分子沉淀的临界 pH 为

$$pH - pK_a = \lg\left(\frac{[S]}{[C_T - S]}\right) \quad (5\text{-}70)$$

当 pH<pH$_s$ 时，$[DRN_{12(s)}]=0$，可知：

$$\lg[DRN_{12}H^+] = \lg C_T - \lg\left(\frac{K_a}{[H^+]} + 1\right) \quad (5\text{-}71a)$$

由于 $K_a \ll [H^+]$；假设初始加入总浓度 $C_T = 1\times10^{-4}$ mol/L，则有

$$\lg[DRN_{12}H^+] = \lg C_T - \lg\left(1 + \frac{K_a}{[H^+]}\right) = \lg C_T = -4 \quad (5\text{-}71b)$$

$$\lg[DRN_{12(aq)}] = pH - pK_a + \lg C_T = pH - 13.74 \quad (5\text{-}71c)$$

当 pH>pH$_s$ 时，

$$\lg[DRN_{12(aq)}] = \lg S = \lg 1.8\times10^{-5} \text{mol/L} = -4.745 \quad (5\text{-}72a)$$

$$\lg[DRN_{12}H^+] = \lg S - pH + pK_a = 5.0 - pH \quad (5\text{-}72b)$$

$$\lg[DRN_{12(s)}] = \lg(C_T - [DRN_{12}H^+] - S) \quad (5\text{-}72c)$$

当 pH=pH$_s$ 时，

$$[DRN_{12}H^+] = [DRN_{12(aq)}] = S \quad (5\text{-}72d)$$

由式（5-71）至式（5-72）各式可作出浓度为 1.0×10^{-4} mol/L DRN$_{12}$ 的各组分的 lg$C$-pH 曲线图，如图 5-22 所示。

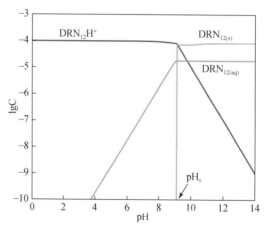

图 5-22　溶液中 DRN$_{12}$ 各组分的浓度对数与 pH 的关系

同样可以计算并绘制出溶液中 N, N-二乙基十二烷基叔胺（DEN$_{12}$）和 N, N-二丙基十二烷基叔胺（DPN$_{12}$）各组分的 lg$C$-pH 曲线图。这几种叔胺生成分子沉淀的临界 pH 列入表 5-8 中。

由图 5-22 及表 5-8 可知，当 $C_T > S$ 时，叔胺会产生分子沉淀；当 pH $<$ pH$_s$ 时，叔胺主要以阳离子状态存在，溶液中仅有极少量的中性叔胺分子，当 pH $=$ pK_a 时，叔胺阳离子的浓度开始下降；当 pH $=$ pH$_s$ 及 pH $>$ pH$_s$ 时，叔胺阳离子的浓度将急剧下降，溶解的叔胺中性分子浓度不再变化，溶液中的叔胺分子沉淀量开始增大，叔胺主要以分子沉淀状态存在。DRN$_{12}$ 的 pK_b 值为 4.26；而 DEN$_{12}$ 和 DPN$_{12}$ 的 pK_b 值[337] 则分别为 3.3 和 3.28；由此可见，就碱性强弱来讲，DEN$_{12}$ 和 DPN$_{12}$ 的碱性相近，同时要大于 DRN$_{12}$ 的碱性，DEN$_{12}$ 和 DPN$_{12}$ 出现分子沉淀 pH$_s$ 值要大于 DRN$_{12}$。

表 5-8　DRN$_{12}$、DEN$_{12}$ 和 DPN$_{12}$ 的 pK_b 及 pH$_s$

药剂	碱解离常数 pK_b	pH$_s$
DRN$_{12}$	4.26	9.1
DEN$_{12}$	3.3	10.06
DPN$_{12}$	3.28	10.08

图 5-23 和图 5-24 分别是以二烃基十二烷基叔胺为捕收剂时，一水硬铝石及高岭石的浮选行为。对照图 5-22 及表 5-8 可以看出，在 pH 7～10 范围，二烃基十二烷基叔胺对一水硬铝石有一定的捕收能力，此时，一水硬铝石表面带负电，二烃基十二烷基叔胺阳离子为主要组分，可与一水硬铝石表面发生静电吸附作用。pH $>$ 10 后，DEN$_{12}$ 和 DPN$_{12}$ 形成分子沉淀，对一水硬铝石的捕收能力下降，DRN$_{12}$ 在 pH 9.1 就开始形成分子沉淀，它对一水硬铝石的捕收能力不强，并在 pH $>$ 9 后，快速下降。二烃基十二烷基叔胺对高岭石的捕收能力较强，在酸性条件下，能更好地浮选高岭石（最高回收率达 90% 左右），DEN$_{12}$ 和 DPN$_{12}$ 在 pH $<$ 10、DRN$_{12}$ 在 pH $<$ 9.1，即在胺分子沉淀生成前，表现出较好的捕收性能。图中的 DBN$_{12}$ 二苄基十二烷基叔胺，对一水硬铝石没有捕收能力，对高岭石在酸性条件下有一定捕收能力。酸性条件下，四种十二系列叔胺对高岭石和一水硬铝石有着较好的选择性捕收作用，对高岭石捕收能力强，对一水硬铝石捕收能力弱。

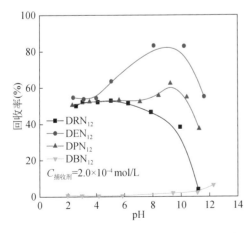

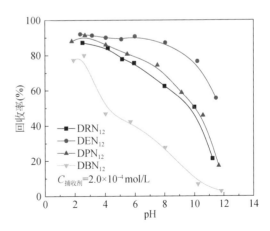

图 5-23　二烃基十二烷基叔胺为捕收剂，一水硬铝石浮选回收率与 pH 的关系[338]

图 5-24　二烃基十二烷基叔胺为捕收剂，高岭石浮选回收率与 pH 的关系[338]

2. 十二烷基-1, 3-丙二胺（DN$_{12}$）的 lg$C$-pH 图及浮选意义

DN$_{12}$ 是二元弱碱，在溶液中存在二级电离，其酸式电离如下：

$$DN_{12}H_2^{2+} \rightleftharpoons DN_{12}H^+ + H^+ \qquad K_{a1} = \frac{[H^+][DN_{12}H^+]}{[DN_{12}H_2^{2+}]} = 10^{-10.63} \qquad (5\text{-}73)$$

$$DN_{12}H^+ \rightleftharpoons DN_{12} + H^+ \qquad K_{a2} = \frac{[H^+][DN_{12}]}{[DN_{12}H^+]} = 10^{-11} \qquad (5\text{-}74)$$

在 DN$_{12}$ 的饱和溶液中，溶解平衡：

$$DN_{12(s)} \rightleftharpoons DN_{12(aq)} \qquad S = [DN_{12(aq)}] \qquad (5\text{-}75)$$

式中，S 是分子溶解度，这里 $S = 4.0 \times 10^{-5}$ mol/L。

设加入的初始总浓度为 $C_T = 1.0 \times 10^{-4}$ mol/L，则生成沉淀之前有

$$C_T = [DN_{12(aq)}] + [DN_{12}H^+] + [DN_{12}H_2^{2+}] \qquad (5\text{-}76)$$

在生成分子沉淀之前，各组分的浓度是

$$[DN_{12}H_2^{2+}] = C_T \times \varphi_0 = \frac{C_T[H^+]^2}{[H^+]^2 + K_{a1}[H^+] + K_{a1}K_{a2}} \qquad (5\text{-}77a)$$

$$[DN_{12}H^+] = C_T \times \varphi_1 = \frac{C_T K_{a1}[H^+]}{[H^+]^2 + K_{a1}[H^+] + K_{a1}K_{a2}} \qquad (5\text{-}77b)$$

$$[DN_{12(aq)}] = C_T \times \varphi_2 = \frac{C_T K_{a1}K_{a2}}{[H^+]^2 + K_{a1}[H^+] + K_{a1}K_{a2}} \qquad (5\text{-}77c)$$

式中，φ_0、φ_1 和 φ_2 分别是各组分的分布系数，即各种组分的平衡浓度与其分析浓度的比值。

在生成沉淀的临界 pH$_s$ 时，$[DN_{12(aq)}] = S$，则 pH$_s$ 由式（5-77c）确定，解相应的一元二次方程，可得

$$[H^+]_s = 1/2 \times [-K_{a1} + (K_{a1}^2 - 4K_{a1}K_{a2} + 4K_{a1}K_{a2}C_T/S)^{1/2}] \qquad (5\text{-}78)$$

pH$_s$ = 10.98

当 pH < pH$_s$ 时，$[DN_{12(s)}] = 0$，则可求得：

$$\lg[DN_{12}H_2^{2+}] = -2pH - \lg([H^+]^2 + K_{a1}[H^+] + K_{a1}K_{a2}) + \lg C_T \qquad (5\text{-}79a)$$

$$\lg[DN_{12}H^+] = -pH - \lg([H^+]^2 + K_{a1}[H^+] + K_{a1}K_{a2}) + \lg C_T - pK_{a1} \qquad (5\text{-}79b)$$

$$\lg[DN_{12(aq)}] = -\lg([H^+]^2 + K_{a1}[H^+] + K_{a1}K_{a2}) - pK_{a1} - pK_{a2} + \lg C_T \qquad (5\text{-}79c)$$

采用一定的条件，可以简化上面三式。如：

当 pH ≪ pK_{a1}，可认为 $[H^+]^2 + K_{a1}[H^+] + K_{a1}K_{a2} \approx [H^+]^2$，则

$$\lg[DN_{12}H_2^{2+}] = \lg C_T$$

$$\lg[DN_{12}H^+] = \lg C_T - pK_{a1} + pH$$

$$\lg[DN_{12(aq)}] = -pK_{a1} - pK_{a2} + \lg C_T + 2pH \qquad (5\text{-}80)$$

同样，当 p$K_{a1} \ll$ pH ≪ pK_{a2}，则

$$\lg[DN_{12}H_2^{2+}] = -pH + pK_{a1} + \lg C_T$$

$$\lg[DN_{12}H^+] = \lg C_T$$

$$\lg[DN_{12(aq)}] = pH - pK_{a2} + \lg C_T \qquad (5\text{-}81)$$

当 pH $\gg$ pK_{a2}，则

$$\lg[DN_{12}H_2^{2+}] = -2pH+pK_{a1}+pK_{a2}+\lg C_T$$

$$\lg[DN_{12}H^+] = -pH+pK_{a2}+\lg C_T \tag{5-82}$$

因 pH$>$pH$_s$，有 $[DN_{12(aq)}] = S = 4.0 \times 10^{-5}$ mol/L $\tag{5-83}$

由式（5-79）至式（5-83）可作出 DN$_{12}$ 溶液各组分的浓度对数图，示于图 5-25。

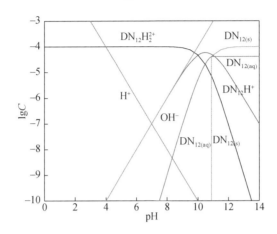

图 5-25　DN$_{12}$ 溶液各组分的浓度对数图

从图 5-25 可看出，当十二烷基-1, 3-丙二胺（DN$_{12}$）的初始浓度大于 S 时，会产生 DN$_{12}$ 的分子沉淀；当 pH$>$pH$_s$ 后，$[DN_{12}H_2^{2+}]$ 和 $[DN_{12}H^+]$ 都会急剧下降。因此，DN$_{12}$ 对矿物产生静电作用的有效 pH 范围应是 pH$_{iep}$$\leqslant$pH$\leqslant$pH$_s$。图 5-26 和图 5-27 分别是烷基-1, 3-丙二胺为捕收剂时，高岭石和叶蜡石的浮选回收率与 pH 的关系，在 4$<$pH$<$9 之间，烷基-丙二胺以二价阳离子为主要组成部分，静电吸附作用占主要地位，因矿物的表面电位随 pH 的升高而变得更负，静电吸附效果也随之加强，故捕收效果随 pH 的升高而变好；当在

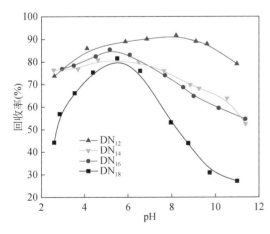

图 5-26　高岭石的回收率与 pH 的关系
（捕收剂浓度：2×10^{-4}mol/L）[339]

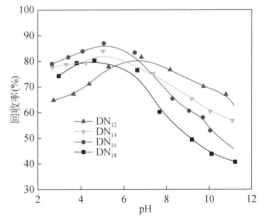

图 5-27　叶蜡石的回收率与 pH 的关系
（捕收剂浓度：2×10^{-4}mol/L）[339]

当在 pH_s＞pH＞9 之间，烷基-丙二胺二价阳离子的浓度随 pH 的升高而开始减少，即静电吸附的有效成分减少，捕收效果开始变差，回收率回落，在 pH＞pH_s 后，DN 系列药剂形成分子沉淀，静电吸附的有效成分急剧减少，浮选回收率将随 pH 值的升高而急剧下降。

5.6 浮选剂结构与性能

前几节是从浮选剂在溶液中的各种解离平衡、各组分存在的状态以及基本的物理化学行为，来讨论浮选剂作用组分及对浮选过程的影响，本节从浮选剂本身结构特点来揭示其浮选性能。

5.6.1 浮选剂结构与性能基本关系式

1. 浮选剂极性基基团电负性

当浮选剂与矿物表面作用时，浮选剂分子中直接与矿物表面作用的原子的荷电情况是影响浮选剂分子在矿物表面发生有效吸附的一个重要因素，也影响浮选剂分子与水溶液中的 H^+ 或 OH^- 之间的相互作用，而原子的荷电情况与元素的电负性密切相关。浮选剂分子极性基的基团电负性的大小，反映了浮选剂分子极性基中有关原子的荷电情况和电荷分布。有多种计算基团电负性的方法，这些方法都是考虑了分子中其他原子对键合原子的电负性的影响。其中用高尔蒂提出的公式 [式（5-84）] 所得的计算数据已成为较通用的数据系列[84, 85]。

$$x_g = 0.31\left(\frac{n^* + 1}{r}\right) + 0.50 \tag{5-84}$$

式中，n^* 是药剂分子中键合原子的有效价电子数；r 为键合原子的共价半径；x_g 代表基团电负性。

2. 浮选剂特性指数

有机浮选药剂中，极性基、非极性基对浮选药剂的性能有多方面的影响。药剂分子的疏水特性由非极性部分烃链的疏水缔合能（$n\varphi$）衡量，药剂的亲水特性，包括分子极性部分自身的水化趋势以及同矿物表面成键的亲水特性、键的离子性，可用电负性差（Δx）为判据。据 Pauling[15] 提出的理论，成键原子电负性差的平方与该键偏离典型共价键的键能差值有关，故（Δx^2）可作为药剂分子的亲水性的判据。药剂的亲水性（Δx^2）与药剂的疏水性（$n\varphi$）的对比定义为浮选剂特性指数（i）。

浮选剂特性指数的计算公式是[84, 85, 340]：

$$i_1 = \frac{\sum(x_g - x_H)^2}{\sum n\varphi} \tag{5-85}$$

或

$$i_2 = \sum(x_g - x_H)^2 - \sum n\varphi + K \tag{5-86}$$

在式（5-85）和式（5-86）中，x_g 为极性基的基团电负性；x_H 为氢原子的电负性；n 为非极性基的链长；$\varphi=1$；$K=20$。

3. 亲水-疏水平衡值

表征有机浮选药剂极性基亲水性及非极性基疏水性特征的标度，称为"水-油平衡度"即亲水-疏水平衡值（HLB），计算公式如下[84, 85, 341]：

$$HLB_1 = \sum(亲水基值) - \sum(亲油基值) + 7 \qquad (5\text{-}87a)$$

或

$$HLB_2 = \frac{\sum(无机性)}{\sum(有机性)} \times k \qquad (k \approx 10) \qquad (5\text{-}87b)$$

4. 分配系数 P

浮选药剂大部分是有机表面活性剂。在表面活性剂研究中把有机化合物在有机相（通常用正辛醇）和水相中的平衡浓度之比表征为该有机物的分配系数 P，也是反映药剂的亲水-疏水因素，在水相中的平衡浓度为药剂的亲水性，在有机相中的浓度为药剂的亲油性即疏水性。分配系数的计算公式是[85]：

$$\lg P = \sum_{i=1}^{n} f_i + \sum_{j=1}^{m} F_j \qquad (5\text{-}88)$$

式中，f_i 是碎片 i 对化合物疏水性能的影响；F_j 是结构因素对化合物疏水性能的影响。根据碎片计算法的计算原理，可以导出直链烷基原子数 N 与它的分配系数 P 之间的关系式[85]：

$$N = 1.85\lg P - A \qquad (5\text{-}89)$$

式中，A 为常数，当 $N=1$ 时，$A=0.65$；$N \geqslant 2$ 时，$A=0.87$。

以上是浮选剂结构与性能的几个主要关系式，由浮选剂极性基的结构，就可依据式（5-84）求得极性基上与矿物表面发生作用的主要原子的基团电负性，不同极性基的基团电负性值可以初步反映其作用能力大小。式（5-85）至式（5-89）中的浮选剂特性指数（i）和亲水-疏水平衡值（HLB）是浮选药剂分子亲水或疏水能力的定量判据，是药剂分子中极性基与非极性基的相对比例关系的反映，通常根据它们的大小来区分药剂的种类，估计药剂在浮选中使用时的可能用途。一般说来，抑制剂的 i_1 值和 HLB_1 值较大，i_2 值和 HLB_2 值较小；捕收剂的 i_1 值、HLB_1 值小，i_2 值和 HLB_2 值大。此外，分配系数（P）体现了化合物的亲水-疏水平衡关系，也常用于判断浮选药剂分子的亲水-疏水能力，还可用于大致推算药剂分子相当于直链烷基的碳原子数。

有关基团电负性、浮选剂特性指数、亲水-疏水平衡值、分配系数 P 的详细计算，在许多文献中有专门介绍[84, 85, 340, 341]，以下主要介绍其应用。

5.6.2　浮选剂极性基基团电负性值及其性能

淀粉是常用的大分子有机抑制剂，为了增加淀粉作用的选择性，可以对淀粉进行改性，几种改性淀粉化合物极性基的基团电负性值见表 5-9。

表 5-9　不同改性淀粉极性基基团电负性[342]

药剂	氧肟酸淀粉	羧甲基淀粉	阳离子淀粉	双醛淀粉	原淀粉
基团	氧肟酸基团	羧酸基团	季铵基	醛基	羟基
电负性 x_g	4.2	4.1	2.8	4.6	3.9

几种极性基的基团电负性按醛基、氧肟酸基团、羧酸基团、羟基和季铵基依次减小，其中醛基、氧肟酸基团和羧酸基团的电负性均大于 4，作为改性淀粉分子中的亲固基，其作用较强。各种改性淀粉对一水硬铝石浮选的抑制效果见图 5-28，可以看出，不同淀粉产品对一水硬铝石的抑制作用是有差异的，酸性条件下，它们对一水硬铝石抑制作用的强弱顺序为：氧肟酸淀粉＞双醛淀粉＞羧甲基淀粉＞阳离子淀粉＞原淀粉。在 pH=4 时，一水硬铝石的回收率分别为 16%、33.3%、39.7%、51%、63.5%，与无抑制剂时相比，回收率分别下降 48.7%、31.7%、25%、14.7% 和 1.2%。在碱性条件下，改性淀粉对一水硬铝石的浮选基本上不产生影响。原淀粉对一水硬铝石抑制作用较弱，随浓度增加，一水硬铝石的回收率降低不大。而氧肟酸淀粉、双醛淀粉在低浓度时就可显著抑制一水硬铝石，随浓度增加，抑制作用基本不变。阳离子淀粉和羧甲基淀粉在低浓度时也能显著抑制一水硬铝石，但随浓度增加，抑制作用反而减弱。这说明对淀粉的化学改性，强化了它对一水硬铝石的抑制作用，而且，药剂极性基的基团电负性越大，它们与一水硬铝石表面活性 Al^{3+} 发生化学键合的可能性就越大，药剂抑制效果就会增强。氧肟酸淀粉分子中除了有羧酸基团外，还有能与多种金属离子（包括 Al^{3+}）发生螯合的氧肟酸基团，对一水硬铝石的抑制能力也最强。双醛淀粉中的醛基很容易被氧化成羧酸基团，它与一水硬铝石间的作用不低于羧甲基淀粉，它们对一水硬铝石的抑制能力也相差不太大。阳离子淀粉和原淀粉中缺乏能与铝离子发生强烈化学键合的基团，它们的抑制性能较低。

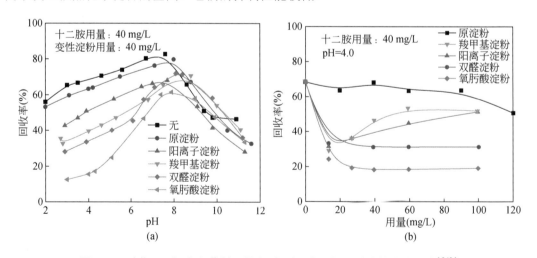

图 5-28　矿浆 pH（a）和药剂用量（b）对一水硬铝石浮选性能的影响[342]

5.6.3　浮选剂特性指数（i）值及其性能

1. 捕收剂的特性指数（i）值及其捕收性能

浮选剂特性指数（i）与浮选剂性能有一定的关系。计算烷基-1, 3-丙二胺（DN）系列和烷基丙基醚胺（ON）系列捕收剂的（i）值见表 5-10，它们的 i 值都较小，可用于非硫化矿捕收剂；图 5-29 是使用烷基-1, 3-丙二胺（DN）系列和烷基丙基醚胺（ON）系列捕收剂，高岭石的浮选回收率与药剂的 i_1 值的关系图。可看出，i_1 值增加，即药剂的亲固能力增强，高岭石的回收率也随之增加。

表 5-10　捕收剂的 i 值和 HLB 值[339]

捕收剂		i 值		HLB$_1$	HLB$_2$
		i_1	i_2		
DN	DN$_{12}$	0.437	11.56	3.36	4.7
	DN$_{14}$	0.386	9.56	2.45	4.1
	DN$_{16}$	0.345	7.56	1.54	3.7
	DN$_{18}$	0.312	5.56	0.625	3.3
ON	ON$_{12}$	0.171	7.56	2.26	3.0
	ON$_{14}$	0.151	5.56	1.35	2.6
	ON$_{16}$	0.135	3.56	0.44	2.4
	ON$_{18}$	0.122	1.56	−0.48	2.1

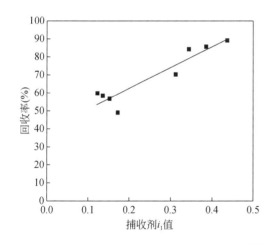

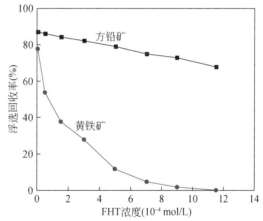

图 5-29　高岭石的回收率与捕收剂 i_1 值的关系[339]　图 5-30　羟基己基二硫代碳酸钠用量对黄铁矿和方铅矿浮选回收率的影响[239]

2. 有机抑制剂的特性指数（i）值及其抑制性能

有机抑制剂的抑制性能与其分子结构有关，主要包括抑制剂的烃基长度、亲水基团数量以及分子结构的影响，对六种不同结构的羟基烷基二硫代碳酸钠有机抑制剂的特性指数进行计算，如表 5-11，可以看出，1-羟基乙基二硫代碳酸钠、1,2-羟基丙基二硫代碳酸钠和 2,4,6-羟基环己基二硫代碳酸钠的 $i<3$，亲水性不够强，不适合作抑制剂。1,2,3-羟基丁基二硫代碳酸钠、1,2,3,4-羟基戊基二硫代碳酸钠和 1,2,3,4,5-羟基己基二硫代碳酸钠这三种抑制剂由于羟基数量较多，亲水性较强，i 值大于 3，在结构上适合作为抑制剂。

表 5-11 六种不同结构的有机抑制剂的性能指数[239]

抑制剂	1-羟基乙基二硫代碳酸钠	1,2-羟基丙基二硫代碳酸钠	1,2,3-羟基丁基二硫代碳酸钠	1,2,3,4-羟基戊基二硫代碳酸钠	1,2,3,4,5-羟基己基二硫代碳酸钠	2,4,6-羟基环己基二硫代碳酸钠
i	2.25	2.81	3.15	3.33	3.45	2.1

在 pH 9.0，乙黄药浓度为 5×10^{-5} mol/L 条件下，羟基己基二硫代碳酸钠用量对黄铁矿和方铅矿浮选回收率的影响见图 5-30。由图可见，羟基己基二硫代碳酸钠对方铅矿的抑制作用比较弱，随着羟基己基二硫代碳酸钠浓度的增加，方铅矿回收率缓慢下降，当羟基己基二硫代碳酸钠浓度达到 10×10^{-4} mol/L 时，方铅矿的回收率仍可达 70%。对于黄铁矿，羟基己基二硫代碳酸钠表现出较强的抑制作用，在 1.5×10^{-4} mol/L 较低的浓度下，黄铁矿的浮选回收率就已经小于 40%，继续增加羟基己基二硫代碳酸钠的浓度，黄铁矿回收率继续下降，在 10×10^{-4} mol/L 的浓度时，黄铁矿的回收率已经接近 0。从图 5-30 可知，在 $4 \times 10^{-4} \sim 8 \times 10^{-4}$ mol/L 时，羟基己基二硫代碳酸钠对方铅矿和黄铁矿具有比较好的选择性抑制效果。这表明，己基二硫代碳酸钠本是硫化矿的捕收剂，但由于亲水基团的引入，可以变成较强抑制剂。

图 5-31 进一步表明了多羟基、多羧基引入黄原酸盐分子中，构成的多羟基黄原酸盐系列和多羧基黄原酸盐系列有机抑制剂的 i_1 值较大，适合作为硫化矿抑制剂，i_1 值增加，即这些药剂的亲水能力增强，它们对毒砂和磁黄铁矿的抑制能力增强，毒砂和磁黄铁矿的浮选回收率也随 i_1 值增加而下降。

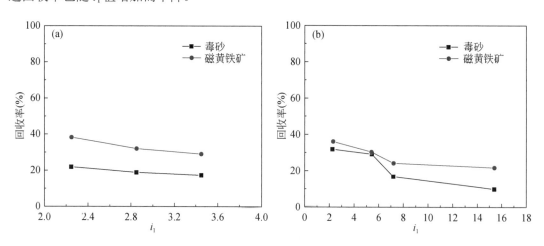

图 5-31 毒砂和磁黄铁矿的回收率与多羟基黄原酸盐 i_1 值（a）和多羧基黄原酸盐 i_1 值（b）的关系[263]

5.6.4　浮选剂亲水-疏水平衡值（HLB）及其性能

1. 捕收剂的亲水-疏水平衡值（HLB）及其捕收性能

计算烷基-1,3-丙二胺（DN）系列和烷基丙基醚胺（ON）系列捕收剂的 HLB 值见表 5-10，它们的 HLB_2 值都较大，可用于非硫化矿捕收剂；图 5-32 是使用烷基-1,3-丙二胺（DN）系列和烷基丙基醚胺类（ON）系列捕收剂，浓度为 2×10^{-4} mol/L，pH 为 5.0～5.5，高岭石的回收率与捕收剂的 HLB_2 值的关系图。可看出，HLB_2 值增加，无机性增强，高岭石的回收率也随之增加。用胺类捕收剂浮选铝硅酸盐矿物，药剂的无机性在小于一定范围时，药剂非极性链的增长有利于铝硅酸盐矿物浮选回收率的升高，而药剂的无机性在大于一定范围后，药剂非极性链的增长对浮选铝硅酸盐矿物不利。

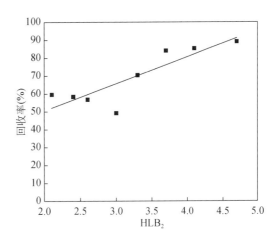

图 5-32　高岭石的回收率与药剂 HLB_2 值的关系[339]

2. 抑制剂的亲水-疏水平衡值（HLB）及其抑制性能

毒砂和磁黄铁矿的浮选回收与多羟基黄原酸盐系列和多羧基黄原酸盐系列有机抑制剂的 HLB_1 值关系见图 5-33，从图 5-33 可看出，HLB_1 值增加，即药剂的亲水能力增强，多羟基黄原酸盐和多羧基黄原酸盐对毒砂和磁黄铁矿的抑制作用增大，毒砂和磁黄铁矿的回收率也随之下降。

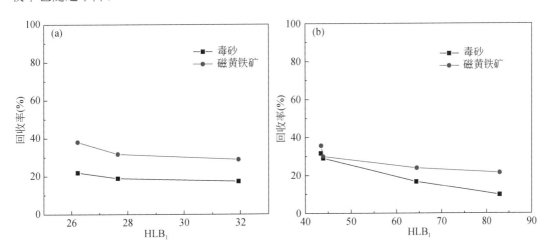

图 5-33　毒砂和磁黄铁矿的回收率与多羟基黄原酸盐 HLB_1 值（a）和多羧基黄原酸盐 HLB_1 值（b）的关系[263]

5.6.5 极性基的大小与性能

1. 极性基的几何大小

极性基的几何大小和形状对浮选药剂选择性有较大的影响,也影响其作用能力。图 5-34 是极性基大小的计算模型,利用文献[84,85]的计算方法可大致计算出几种胺类捕收剂极性基(伯胺基、仲胺基和叔胺基)的大小。计算中所用有关数据是:原子的共价半径 C(单键)0.077 nm, H 0.03 nm, N 0.07 nm;原子的范德华半径 C 0.2 nm, H 0.095 nm;键角 C—N—H 110°, R—N<112°, C—N—C 120°。计算结果列于表 5-12。可见,极性基的几何大小为仲胺基>叔胺基>伯胺基。

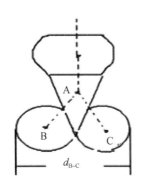

图 5-34 分子极性基大小计算模型

一般说来,分子极性基几何大小增大,药剂的选择性增强,浮选活性增强。对烷基丙二胺(DN)系列,亲固基团除了伯胺基和仲胺基能单独参与矿物表面吸附外,伯胺基和仲胺基更能联合吸附在矿物表面,这两个极性基之间的断面大小远大于单一极性基的断面大小,所以,烷基丙二胺(DN)系列的极性基断面大小实际上是由伯胺基断面大小、仲胺基断面大小和两个 N 原子之间的断面大小所构成,而且,在实际浮选中,最后一个断面大小起着决定性作用。所以,几种胺类捕收剂的选择性和浮选活性顺序大致应是:烷基丙二胺(DN)>二烃基十二烷基叔胺(DRN)>烷基丙基醚胺类(ON)。

表 5-12 几种胺类捕收剂极性基的几何大小[339]

极性基	伯胺基	仲胺基	叔胺基
断面大小(nm)	$d_{H-H}=0.36$	$d_{C-H}=0.50$ $d_{C-C}=0.68$	$d_{C-C}=0.65$

2. 极性基的体积大小

用极性基的体积大小也可以反映浮选剂作用选择性。应用 C^2 工作站中的 QSAR 模块对改性淀粉及改性聚丙烯酰胺的分子体积进行了计算,结果见表 5-13 和表 5-14。

可以看出,同系列药剂相比,阳离子药剂的体积最大,氧肟酸高分子药剂体积较含羧酸基团的药剂高,未改性的药剂原淀粉和聚丙烯酰胺体积在同系列中最小。在氧肟酸基团、羧酸基团、酰胺基团、羟基以及季铵基五种极性基中,它们的体积大小有如下顺序:季铵基>氧肟酸基>羧酸基>酰胺基>羟基。

表 5-13 改性淀粉系列药剂分子体积[342]

药剂	原淀粉	羧甲基淀粉	氧肟酸淀粉	双醛淀粉	阳离子淀粉
体积（10^{-3} nm^3）	418.757	463.350	475.389	—	544.391

表 5-14　改性聚丙烯酰胺系列药剂分子体积[342]

药剂	聚丙烯酰胺	阴离子 聚丙烯酰胺	氧肟酸 聚丙烯酰胺	两性离子 聚丙烯酰胺	阳离子 聚丙烯酰胺
体积（10^{-3} nm^3）	315.241	329.572	341.995	367.168	441.968

5.6.6　取代基的空间效应

为了改善浮选药剂作用的选择性，有时在浮选剂极性基上引入其他取代基，改变浮选药剂的几何结构，几何因素的改变可以影响浮选药剂的作用能力，但更主要的是影响浮选药剂的选择性。对于取代基的几何效应的衡量，主要是从取代基的空间几何大小来量化的，主要衡量参数包括取代基的断面尺寸，即取代基的长度和断面直径。

以二烃基十二烷基叔胺为例，计算甲基、乙基、丙基和苄基四种取代基的断面直径，计算所需原子的共价键半径和某些键之间的键角数据列入表 5-15，其中在四种取代基中，它们的 C—H、C—C 的键长及某些键角不尽相同，但差别不大，运算中，取其平均值。依据这些基本数据，计算出四种取代基的长度和断面直径，列入表 5-16，其中长度计算沿最长的碳链方向计算，断面直径按图 5-34 所示模型计算，取最大的断面直径。

表 5-15　四种取代基中相关键长键角数据[338]

取代基	甲基（—CH$_3$）	乙基（—CH$_2$CH$_3$）	丙基（—CH$_2$CH$_2$CH$_3$）	苄基（—CH$_2$C$_6$H$_5$）
键长（Å）				
C—H	1.103	1.104	1.103	1.102
C—C		1.509	1.507	1.497
环中的 C=C				1.390
环中的 C—H				1.098
键角（°）				
H—C—H	107.896	107.480	107.787	
C—C—C			111.006	
环中的 C—C—C				119.735
C=C—H				120.079

表 5-16　叔胺中取代基的空间效应参数[338]

取代基	—CH$_3$	—CH$_2$CH$_3$	—CH$_2$CH$_2$CH$_3$	—CH$_2$C$_6$H$_5$
碳链长	0.65 Å	2.159 Å	3.668 Å	6.28 Å
断面直径	1.787 Å	1.987 Å	2.187 Å	4.88 Å

对二烃基十二烷基叔胺而言，取代基的空间效应对其结合质子的过程，以及在水中的分散能力都有一定的影响作用，取代基的长度和断面直径越大，其空间体积就越大，在 N 原子周围占据的空间就越大，对叔胺结合质子不利，会降低叔胺发生加质子反应的可能性；

同时，取代基的长度和断面直径越大，其产生的空间位阻效应就越大，对叔胺在水中的溶解分散不利，会减弱叔胺的分散能力。由表 5-16 的计算结果可知，苄基的长度和断面直径最大，丙基的其次，甲基的最小，由此可见苄基取代基所产生的空间位阻效应最大，因此其对苄基叔胺的阳离子化能力和分散能力影响较大。甲基、乙基和丙基三种取代基的空间效应对二甲基十二烷基叔胺（DRN_{12}）、二乙基十二烷基叔胺（DEN_{12}）和二丙基十二烷基叔胺（DPN_{12}）的阳离子化能力及分散能力影响不是很大，这点可由三种叔胺的碱解离常数（表 5-8）相差很小来解释。

当二烃基十二烷基叔胺在水溶液发生加质子反应，转化为叔胺阳离子后，其头基（极性基）一端带有相当数量的正电荷，因此将与带负电的铝硅矿物表面产生静电作用，当头基一端与铝硅矿物表面因静电吸引而彼此相互接近时，取代基的空间位阻效应势必会对它们的相互作用带来阻碍，这种空间位阻效应所造成的结果，应该会使取代基上某些键伸缩或偏折（可能体现于键长和键角的变化）。可以推测，当叔胺阳离子与铝硅矿物表面作用时，取代基的空间体积越大，则给药剂与矿物之间的作用带来的位阻效应就越大。由表 5-16 计算结果可知，从甲基、乙基、丙基到苄基，取代基的长度和断面直径依次增大，由此可以看出，四种二烃基十二烷基叔胺中取代基带来的空间位阻效应的大小顺序为：DBN_{12}＞DPN_{12}＞DEN_{12}＞DRN_{12}。

5.7　浮选剂结构性能的量子化学计算

通过量子化学计算确定浮选剂极性基各个原子的电荷、分子最高占据轨道、最低空轨道能量等参数，讨论浮选剂的结构与性能。

5.7.1　二烃基十二烷基叔胺捕收剂结构性能的量子化学计算

用量子化学计算工作站（Hyperchem 7.5）中的单点计算功能，对四种二烃基十二烷基叔胺分子前线轨道（HOMO）能量，以及 N 原子上的净电荷（net charge）进行了计算，结果列入表 5-17。

表 5-17　二烃基十二烷基叔胺分子的 HOMO 值及 N 原子的净电荷[338]

二烃基十二烷基叔胺	DRN_{12}	DEN_{12}	DPN_{12}	DBN_{12}
N 净电荷（e）	-0.271	-0.280	-0.294	-0.221
E_{HOMO}（eV）	-4.734	-4.646	-4.494	-4.874

叔胺系列捕收剂之所以展现出阳离子捕收剂的特性，是因为叔胺能以具有孤对电子的 N 原子与具有空轨道的质子结合，从而转化为叔胺阳离子；即 N 原子的孤对电子所在的轨道与质子的空轨道重叠，发生电子的共用，从而产生反应生成叔胺阳离子，在此，N 原子的孤对电子所在的原子轨道，就相当于叔胺分子的最高占据轨道（HOMO），根据分子前线轨道理论，分子的最高占据轨道的能量（E_{HOMO}）越高，该分子越倾向于提供最高占据轨

道上的电子对给具有空轨道的其他基团，从而发生反应。N 原子是叔胺与质子发生反应的核心，对加质子反应而言，如果 N 原子上所带的负电荷越多，对质子吸引结合能力就越强，那么该叔胺的阳离子化能力就越强。

由表 5-17 的计算结果可知，四种叔胺分子的分子最高占据轨道的能量（E_{HOMO}）分别为：二甲基十二烷基叔胺 DRN_{12}（-4.734）、二乙基十二烷基叔胺 DEN_{12}（-4.646）、二丙基十二烷基叔胺 DPN_{12}（-4.494）和二苄基十二烷基叔胺 DBN_{12}（-4.874）；其中以 DPN_{12} 的分子最高占据轨道的能量最高，DBN_{12} 最低；强弱顺序为：$DPN_{12} > DEN_{12} > DRN_{12} > DBN_{12}$。同时，四种叔胺分子中，N 原子的净电荷分别为，$DRN_{12}$（-0.271）、$DEN_{12}$（-0.280）、$DPN_{12}$（-0.294）和 DBN_{12}（-0.221）；N 原子的静电荷的负值的大小与叔胺的最高占据轨道的能量强弱遵循同样的大小顺序，即 $DPN_{12} > DEN_{12} > DRN_{12} > DBN_{12}$。

当叔胺与质子相结合，转化为叔胺阳离子后，叔胺阳离子的头基一端会带上正电荷，由于取代基的诱导效应的影响，不同叔胺阳离子的头基一端的电荷分布也不尽相同，根据库仑定律，在作用距离相同时，头基端带正电荷越多的叔胺阳离子，其与带负电的矿物表面的作用能力也应当越强。为了确定叔胺阳离子的头基端的电荷分布，利用材料工作站（Material Studio 4.0）中的 $Dmol^3$ 模块，对四种叔胺阳离子（DRN_{12}^+、DEN_{12}^+、DPN_{12}^+ 和 DBN_{12}^+）的电荷分布进行量子化学计算。

计算结果如图 5-35 所示。如果分别以—CH_2—NH—R_2 作为叔胺阳离子的头基，则四种叔胺的头基分别为：—CH_2—NH—$(CH_2)_2$、—CH_2—NH—$(CH_2CH_3)_2$、—CH_2—NH—$(CH_2CH_2CH_3)_2$ 和—CH_2—NH—$(CH_2C_6H_5)_2$；对这四个头基的各个原子的电荷进行加和，结果列入表 5-18。由表 5-18 可以看出，四种叔胺的头基端的正电荷分别为：0.8621（DRN_{12}^+）、0.8644（DEN_{12}^+）、0.8683（DPN_{12}^+）和 0.8541（DBN_{12}^+）；因此，当作用距离相同时，不考虑取代基的空间位阻效应条件下，四种叔胺阳离子中以 DPN_{12}^+ 与带负电的铝硅矿物表面作用最强，DBN_{12}^+ 最弱。

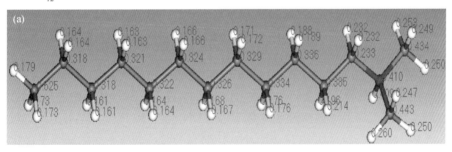

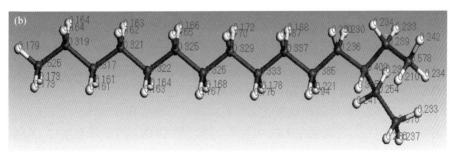

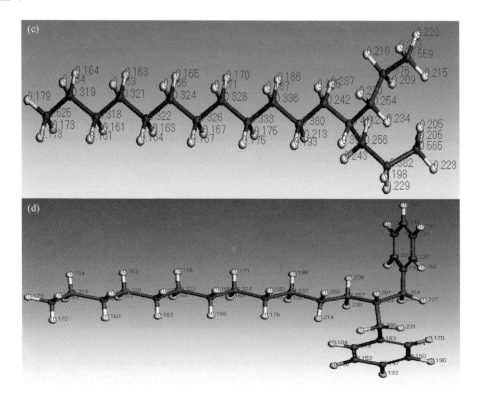

图 5-35　DRN_{12}^{+}（a）、DEN_{12}^{+}（b）、DPN_{12}^{+}（c）和 DBN_{12}^{+}（d）的电荷分布

表 5-18　二烃基十二烷基叔胺阳离子头基的电荷[338]

阳离子头基	$-CH_2NH(CH_2)_2$	$-CH_2NH(CH_2CH_3)_2$	$-CH_2NH(CH_2CH_2CH_3)_2$	$-CH_2NH(CH_2C_6H_5)_2$
电荷（e）	0.8621	0.8644	0.8683	0.8541

5.7.2　不同胺类捕收剂结构性能的量子化学计算

图 5-36 是四种多胺为捕收剂，高岭石浮选回收率与 pH 的关系。四种捕收剂对高岭石均有较强捕收能力，高岭石浮选回收率均可以到 60%以上，捕收能力顺序是：N-十二烷基-1, 3-丙二胺（DN_{12}）$>N$-十四烷基-1, 3-丙二胺（DN_{14}）$\approx N$-十六烷基-1, 3-丙二胺（DN_{16}）$>N$-十八烷基-1, 3-丙二胺（DN_{18}），用 DN_{12} 作捕收剂时，高岭石浮选回收率在较宽的 pH 范围内可以到 90%，随着碳链增长，多胺对高岭石捕收的最佳浮选区间在碱性区域变窄。

图 5-37 是用碳链长度相近而具有不同极性基团的胺类捕收剂：N-十二烷基-1, 3-丙二胺（DN_{12}）、十二烷基丙基醚胺（ON_{12}）、N, N-二甲基十二烷基胺（DRN_{12}）和 DDA 浮选高岭石时，回收率与 pH 的关系。对高岭石，这四种药剂的捕收能力顺序是：$DN_{12}>DRN_{12}>ON_{12}\approx DDA$。从图 5-37 还可以看出，$DN_{12}$ 对高岭石具有很强的捕收能力，在较宽的 pH 值范围内（pH 4~10.5），都能较好地捕收高岭石，高岭石回收率在 80%以上；ON_{12}、DRN_{12} 和 DDA 浮选趋势一致，都是随 pH 的升高而下降，但 DRN_{12} 的下降速度比 DDA 和 ON_{12}

慢一些，ON_{12}、DRN_{12} 和 DDA 与 DN_{12} 相比，对高岭石的捕收除在强酸性条件下相近外，其他 pH 条件下均比 DN_{12} 差。

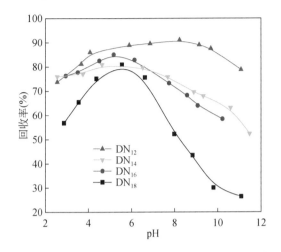
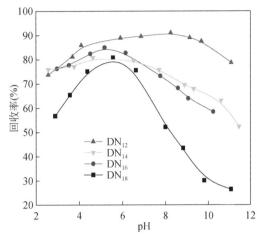

图 5-36　高岭石的回收率与 pH 的关系[339]　　图 5-37　不同胺类捕收剂浮选高岭石的结果[339]

药剂浓度为 2×10^{-4} mol/L

应用 C^2 工作站，对不同的胺类系列捕收剂进行量子化学计算。计算模型首先经过构象查找，得到其最稳定构象，然后进行量子化学结构优化而形成。计算模块使用 CNDO/2。N-烷基-1, 3-丙二胺（DN 系列）、烷基丙基醚胺（ON 系列）、N, N-烷基十二烷基胺（DRN 系列）的量化计算结果列于表 5-19。表中，Q 表示净电荷，ε_H 和 ε_L 分别表示最高占据轨道能量和最低空轨道能量，$\Delta\varepsilon=\varepsilon_H-\varepsilon_L$。

表 5-19　不同的胺类系列捕收剂分子的量化参数[339]

药剂	结构式	Q	ε_H	ε_L	$\Delta\varepsilon$
DN_{12}	$C_{12}H_{25}N^*H(CH_2)_3NH_2$	$Q_{N*}=-0.4580$，$Q_N=-0.5390$	-8.31227	3.66022	-11.97249
DN_{14}	$C_{14}H_{29}N^*H(CH_2)_3NH_2$	$Q_{N*}=-0.4750$，$Q_N=-0.5380$	-8.03090	4.57369	-12.60459
DN_{16}	$C_{16}H_{33}N^*H(CH_2)_3NH_2$	$Q_{N*}=-0.4710$，$Q_N=-0.5370$	-8.37921	4.61859	-12.99780
DN_{18}	$C_{18}H_{37}N^*H(CH_2)_3NH_2$	$Q_{N*}=-0.4710$，$Q_N=-0.5360$	-8.43499	4.62050	-13.05549
ON_{12}	$C_{12}H_{25}O(CH_2)_3NH_2$	$Q_O=-0.3790$，$Q_N=-0.5350$	-8.15553	4.67764	-12.83317
ON_{14}	$C_{14}H_{29}O(CH_2)_3NH_2$	$Q_O=-0.3640$，$Q_N=-0.5340$	-8.10029	4.61696	-12.71725
ON_{16}	$C_{16}H_{33}O(CH_2)_3NH_2$	$Q_O=-0.3620$，$Q_N=-0.5260$	-8.07008	4.30239	-12.37247
ON_{18}	$C_{18}H_{37}O(CH_2)_3NH_2$	$Q_O=-0.3520$，$Q_N=-0.5250$	-7.03962	4.72499	-11.76441
DRN_{12}	$C_{12}H_{25}N(CH_3)_2$	$Q_N=-0.3730$	-8.63309	4.65941	-12.28324
DRN_{14}	$C_{14}H_{29}N(CH_3)_2$	$Q_N=-0.3750$	-8.26601	4.67329	-12.52921

净电荷是指原子上的有效电荷减去该原子上总电荷，也叫全电荷之值，反映了原子的荷电情况，直接决定着药剂原子与矿物的静电力大小。一般药剂和矿物的净电荷越大，二者的静电作用越强，药剂的活性越高。HOMO 和 LUMO 能量（分别以 ε_H 和 ε_L 表示）在计

算化学反应以及固态中电子谱带方面起着十分重要的作用，对于许多电荷转移配合物的形成也十分重要，按照化学反应性的前线轨道理论，HOMO 能量直接与分子的电离势相关，表征了分子受亲电试剂进攻的敏感性；LUMO 能量直接与电子亲和性有关，表征分子受亲核试剂进攻的敏感性。HOMO 和 LUMO 的能量差$\Delta\varepsilon$是一个重要的稳定性指标，$\Delta\varepsilon$负值大意味着分子具有高的稳定性，在化学反应中有低的反应性，$\Delta\varepsilon$负值小说明分子较活泼，易给出电子[343]。表 5-19 表明，DN 系列分子中杂原子的净电荷随着分子的碳原子数增加而呈下降趋势，同时，分子的$\Delta\varepsilon$呈负值增大趋势，说明 DN 系列药剂随碳数增加，分子的夺取质子能力变弱，给出电子的能力变差，药剂分子与铝硅酸盐矿物作用的静电吸附能力也就随碳原子数的增加而略有增加，但分子碱性变差；ON 系列分子中净电荷随着分子的碳原子数增加而呈下降趋势，同时，分子的$\Delta\varepsilon$呈负值减小趋势，说明 ON 系列药剂随分子的碳原子数增加，分子与铝硅酸矿物的静电作用能力变强，给出电子的能力增强，因此，ON 系列药剂分子本身与带负电的矿物表面静电作用能力随碳原子数的增加而增强，碱性也略有增强；DRN 系列药剂分子中杂原子的净电荷随着分子的碳原子数增加而呈上升趋势，同时，分子的$\Delta\varepsilon$也呈负值增大趋势，说明 DRN 系列药剂随碳数增加，分子对铝硅酸盐矿物的静电作用能力变强，给出电子的能力变差，药剂分子与带负电的矿物作用的能力也就随碳原子数的增加而略有增强，但分子碱性变差。

这三种系列药剂如同十二胺一样，在有效浮选 pH 区间，在溶液中，各自的主要组分均是阳离子，其有效浮选成分是相应的阳离子。因此，我们同样利用 C^2，采用 CNDO/2 计算方法，计算了这十种捕收剂的阳离子的有关量化参数（各种药剂的阳离子是选用在有效浮选 pH 区间，即 pH 4～6，各药剂在溶液中的主要组分，即 DN 系列选为二价阳离子，ON 系列和 DRN 系列选为一价阳离子），列于表 5-20 中，表中，Z 是各组分的形式电荷。

表 5-20　不同胺类系列捕收剂分子阳离子的量化参数[339]

药剂	结构式	Z	Q	ε_H	ε_L	$\Delta\varepsilon$
$DN_{12}H_2^{2+}$	$[C_{12}H_{25}N^*H_2(CH_2)_3NH_3]^{2+}$	+2	$Q_{N^*}=-0.1260,$ $Q_N=-0.0680$	−12.55862	−3.99735	−8.56127
$DN_{14}H_2^{2+}$	$[C_{14}H_{29}N^*H_2(CH_2)_3NH_3]^{2+}$	+2	$Q_{N^*}=-0.1300,$ $Q_N=-0.1740$	−13.04188	−4.18675	−8.85513
$DN_{16}H_2^{2+}$	$[C_{16}H_{33}N^*H_2(CH_2)_3NH_3]^{2+}$	+2	$Q_{N^*}=-0.1320,$ $Q_N=-0.1920$	−13.28544	−4.02130	−9.26414
$DN_{18}H_2^{2+}$	$[C_{18}H_{37}N^*H_2(CH_2)_3NH_3]^{2+}$	+2	$Q_{N^*}=-0.1430,$ $Q_N=-0.2220$	−13.87237	−4.46893	−9.40344
$ON_{12}H^+$	$[C_{12}H_{25}O(CH_2)_3NH_3]^+$	+1	$Q_O=-0.3630,$ $Q_N=-0.1780$	−11.27014	−0.52246	−10.74768
$ON_{14}H^+$	$[C_{14}H_{29}O(CH_2)_3NH_3]^+$	+1	$Q_O=-0.3650,$ $Q_N=-0.2030$	−10.39015	−0.36082	−10.02933
$ON_{16}H^+$	$[C_{16}H_{33}O(CH_2)_3NH_3]^+$	+1	$Q_O=-0.3590,$ $Q_N=-0.2100$	−9.38548	−0.36681	−9.01867
$ON_{18}H^+$	$[C_{18}H_{37}O(CH_2)_3NH_3]^+$	+1	$Q_O=-0.3480,$ $Q_N=-0.2130$	−8.62901	−0.48708	−8.14193
$DRN_{12}H^+$	$[C_{12}H_{25}NH(CH_3)_2]^+$	+1	$Q_N=-0.0620$	−12.85548	−0.64301	−12.21247
$DRN_{14}H^+$	$[C_{14}H_{29}NH(CH_3)_2]^+$	+1	$Q_N=-0.0640$	−10.77218	−0.58015	−10.19203

　　由表 5-20 可知，DN 系列二价阳离子中杂原子的净电荷随药剂碳原子数增加而降低，同时，药剂二价离子的 $\Delta\varepsilon$ 也呈负值增大趋势，说明 DN 系列二价阳离子的阳离子性和供电子活性均随药剂碳原子数增加而降低，由于在有效浮选 pH 区间内，铝硅酸盐矿物表面呈现负电，故 DN 系列二价阳离子对铝硅酸盐矿物的静电作用能力随药剂碳数增加而减弱，氢键作用能力也随药剂碳数增加而减弱，因此，浮选高岭石时，DN 系列以 DN_{12} 的二价阳离子的静电作用能力和供电子活性最强，浮选效果最好，如图 5-36 所示是 $DN_{12} > DN_{14} > DN_{16} > DN_{18}$；DRN 系列一价阳离子中杂原子的净电荷随药剂碳原子数增加而升高，同时，药剂一价离子的 $\Delta\varepsilon$ 呈负值减小趋势，说明 DRN 系列一价阳离子对铝硅酸盐矿物的静电作用能力随药剂碳数增加而稍有减弱，但变化不大，而供电子活性随药剂碳原子数增加而略有增加，氢键作用能力稍有增强，相比之下，氢键作用的增加比静电作用的减少更明显，因此 DRN 系列的捕收能力随碳数的增加而略有增加，在实际浮选中，DRN_{14} 的浮选效果正是略好于 DRN_{12}；ON 系列一价阳离子的 $\Delta\varepsilon$ 随药剂碳原子数增加呈负值减小趋势，其 N 原子的净电荷是随碳原子数增加而增加，而 O 原子上的净电荷是随碳原子数增加而略有升高，由于 ON 系列药剂与铝硅酸盐矿物作用主要是静电作用，N 是主要的亲固原子，因此浮选能力应是 $ON_{18} > ON_{16} > ON_{14} > ON_{12}$，实际浮选结果也是如此。

　　比较表 5-19 和表 5-20，可以看出，这三种系列药剂由分子变成离子后，药剂的能量降低，稳定性增强，说明过程易于发生；$\Delta\varepsilon$ 的负值均减小，供电子反应活性增强，形成氢键的能力增大，同时，极性原子的净电荷减小，阳离子性大大增强，与铝硅酸盐矿物的静电作用能力增强，因此浮选作用能力得到了增强。这三类药剂相比较，DN 系列由于静电作用能力较强，同时形成氢键的能力也较强，故应用于高岭石浮选，效果最好，其中，DN_{12} 变成二价阳离子后，其极性原子的净电荷除 DRN_{12} 的一价阳离子外最低，阳离子性强，故与铝硅酸盐矿物的静电作用能力强，同时，该离子的 $\Delta\varepsilon$ 除 ON_{18} 的一价阳离子外最小，反映其形成氢键的能力较强，所以，其捕收铝硅酸盐矿物的能力应最强，如图 5-37 所示，DN_{12} 的效果最好；DRN 系列与铝硅酸盐矿物的静电作用能力比 DN 系列强，但供电子能力很差，几乎不能与矿物形成氢键，浮选效果比 DN 系列差；ON 系列的氢键作用能力较强，但与铝硅酸盐矿物的静电作用能力相对较弱，浮选效果并不理想。

5.7.3　改性淀粉结构性能的量子化学计算

　　应用 C^2 工作站，对不同的改性淀粉进行了量子化学计算，截取三个葡萄糖单元来代表淀粉分子，图 5-38 是直链淀粉的结构示意图。可以看出，分子中的葡萄糖单体是通过 α-1，4 苷键键合的，对该分子进行量化计算，氧原子的净电荷显示于图 5-38 中。分子中的氧有三种：半缩醛环中的氧、联结两个环的氧及与环上碳原子相连的羟基氧。三种氧原子中，羟基氧对分子最高占据轨道的贡献较大。由前线轨道理论可知，在药剂与矿物表面金属离子作用时，羟基氧的影响较强。

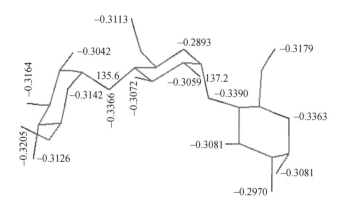

图 5-38　淀粉分子结构示意图[342]

当淀粉分子中引入羧酸基团后［图 5-39（a）］，O_{58} 由原来的羟基氧变为醚键氧，净电荷由原来的-0.3113 变为-0.3627，其他极性基团距离羧酸基团较远，所以受到的影响不大。但分子的前线轨道能量和组成均发生了改变：E_{HOMO}=-10.56 a.u.，E_{LUMO}=0.9458 a.u.；HOMO 主要由羧酸基团上的 O_{63}（94%）和 C_{60}（4%）组成。当羧酸基团发生离解后［图 5-39（b）］，因共轭作用，基团中电子的离域性提高，O_{61} 和 O_{62} 两个氧的性质几乎完全相同，所带的净电荷由原来的-0.3074、-0.2783 减小到-0.5770、-0.6358，与 C_{60} 的距离由离解前的 0.1227 nm、0.1358 nm 均化为 0.1257 nm 和 0.1263 nm，布局分布由 1.867、1.031 变为 1.531 和 1.468；由于两氧原子间的静电斥力作用，O—C—O 键角增大为 124.1°。显然，当药剂与金属离子键合时，两个氧均可作为键合原子。此时，分子的前线轨道能量与组成变为：E_{HOMO}=-4.744 a.u.，E_{LUMO}=4.19799 a.u.，HOMO 主要由羧酸基团上的 O_{63}（95%）和 C_{60}（3%）的 p 轨道组成，次占据轨道由原来的羟基氧 O_{58} 变为羧酸氧 O_{63} 组成。

阳离子淀粉的分子结构如图 5-40 所示。氨基的引入，对分子中氧原子的净电荷影响很小，最高前线占据轨道仍由分子中的羟基氧（O_{11}）组成，能量为 E_{HOMO}=-12.119 a.u.，E_{LUMO}=-5.375 a.u.。

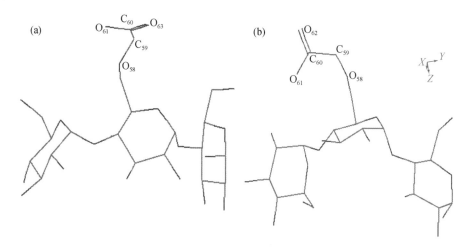

图 5-39　羧甲基淀粉分子（a）与离子（b）结构图[342]

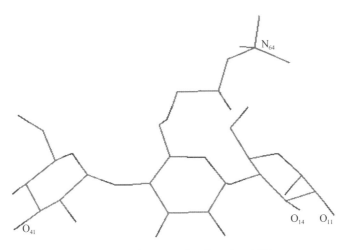

图 5-40　阳离子淀粉的结构示意图[342]

当淀粉分子中有羟肟酸基团存在时，分子中的电荷分布发生了改变。羟肟酸淀粉分子及其离子的结构示意如图 5-41，图 5-42 是羟肟酸淀粉的异构体氧肟酸淀粉分子及其离子的结构示意图。

羟肟酸淀粉分子前线轨道能量为：$E_{HOMO}=-9.37112$ a.u.，$E_{LUMO}=-2.07813$ a.u.；HOMO 主要由羟肟酸基团上的 N_{63}（74%）和 C_{60}（26%）组成。O_{61}、O_{64} 和 N_{63} 的净电荷分别为 -0.3048、-0.3305 和 -0.0991。在羟肟酸基团离解为二价负离子后，$E_{HOMO}=-1.207$ a.u.，$E_{LUMO}=1.907$ a.u.，HOMO 组成发生了改变，主要由羟肟酸基团上的 O_{63}（90%）、C_{60}（5%）和 N_{62}（4%）组成，与 O_{61}、O_{64} 和 N_{63} 相应的原子 O_{61}、O_{63} 和 N_{62} 的净电荷分别为 -0.7586、-0.7409 和 -0.2300。因 O_{61} 和 O_{63} 两个氧上均含有孤对电子，可以与 N、C 原子上的二电子发生共轭，所以基团中的两个氧性质相近，净电荷几乎相等。在与金属离子作用时，它们的地位基本相同。

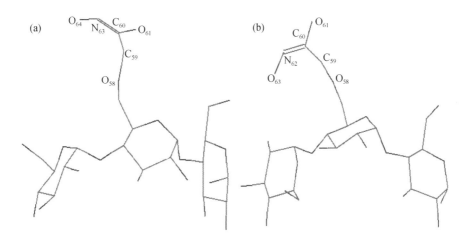

图 5-41　羟肟酸淀粉分子（a）与离子（b）结构示意图[342]

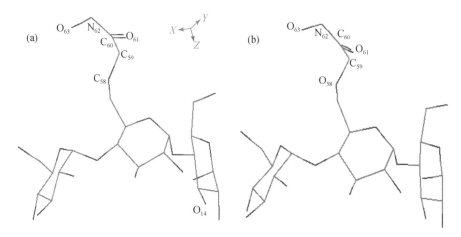

图 5-42　氧肟酸淀粉分子（a）与离子（b）结构示意图[342]

氧肟酸分子的 E_{HOMO}=-10.498 a.u.，E_{LUMO}=0.605 a.u.，与羟肟酸不同，HOMO 主要由分子中的羟基氧 O_{14}（98%）组成。但分子离解后，HOMO 改为由氧肟酸基团上的 O_{63}（98%）组成，E_{HOMO}=-10.56 a.u.，E_{LUMO}=0.9458 a.u.。氧肟酸基团中两个氧 O_{61}、O_{63} 和氮原子 N_{62} 的净电荷由原来的-0.2997、-0.2135、和-0.2043 分别变为-0.4502、-0.7450 和-0.0706。

将改性淀粉的部分分子结构参数列于表 5-21 中。

分子的形式电荷（C）表明分子作为一个整体对外显示的荷电性及其大小，它可以明显地说明物质间静电相互作用。在浮选药剂中，它对药剂与矿物的作用以及药剂间的作用是十分重要的。表 5-21 中也将药剂中对 HOMO 贡献最大的氧原子的净电荷（Q_O）列了出来（这基本上是药剂分子中净电荷最大的数值）。

表 5-21　改性淀粉的量化计算结果[342]

药剂	C	Q_O	E_{HOMO}(a.u.)	E_{LUMO}(a.u.)	ΔE(a.u.)
原淀粉	0	-0.3390	-10.7562	2.3499	-13.1061
羧甲基淀粉	0	-0.3074	-10.5600	0.9458	-11.5058
羧甲基淀粉一价负离子	-1	-0.6358	-4.7440	4.19799	-8.94199
阳离子淀粉	1	-0.3268	-12.119	-5.375	-6.744
氧肟酸淀粉	0	-0.2997	-10.498	0.605	-11.103
氧肟酸淀粉一价负离子	-1	-0.7450	-10.56	0.9458	-11.5058
羟肟酸淀粉	0	-0.3305	-9.37112	-2.07813	-7.29299
羟肟酸淀粉二价负离子	-2	-0.7580	-1.207	1.907	-3.114

注：Q_O 代表对 HOMO 轨道贡献最大的氧原子的净电荷

表 5-21 中数据表明，在羧甲基淀粉、氧肟酸淀粉或羟肟酸淀粉分子离解后，基团上的氧原子所带的净电荷均有所增加，从理论上说，这有助于提高药剂与矿物表面的静电作用，也可以增强药剂与矿物表面金属离子结合的概率及作用强度。几种药剂之间相比，羧甲基淀粉（羟肟酸淀粉、羧甲基淀粉和双醛淀粉）与矿物间的静电作用较非离子性淀粉强，并

且羟肟酸淀粉的作用最强。在几种药剂中，羟肟酸淀粉的二价负离子 ΔE 负值最小，说明其最活泼，易给出电子。

根据以上分析，在一水硬铝石表面荷正电的酸性条件下，羟肟酸淀粉与它的静电作用力最大，给予其表面金属离子电子的趋势也最大；羧甲基淀粉或双醛淀粉次之，原淀粉和阳离子淀粉的作用最差。该结果与图 5-28 中，改性淀粉在酸性条件下对一水硬铝石的抑制能力的强弱顺序一致。

第6章 浮选剂与矿物表面相互作用溶液化学

前面五章分别从矿物表面的基本物理化学性质、矿物的溶解行为、晶体结构与解理面性质以及无机离子、浮选剂在溶液中的水解、解离行为、组分分布及其结构与性能等，去认识矿物浮选现象，本章则从矿物表面与浮选剂相互作用方面，来讨论其作用本质与吸附机理，介绍研究浮选剂与矿物表面相互作用的基本理论。

6.1 浮选剂在矿物表面的吸附

吸附是指在吸附剂表面力作用下，在体系表面自由能降低的同时，吸附质从各体相向表面富集的现象，因此，吸附过程总是发生在各相的界面上。浮选体系中主要的吸附界面包括：气-固界面，例如水蒸气或各种气体在矿物表面上的吸附；气-液界面，例如起泡剂的吸附，降低表面自由能，防止气泡兼并，并形成稳定的泡沫层；液-液界面，例如表面活性剂在两种不相混溶的液体界面上的吸附，能促进某种液滴的分散；固-液界面，例如各种浮选剂在矿物表面上的吸附，改变矿物表面的物理化学性质；等等。

6.1.1 浮选剂在矿物表面吸附作用的本质

浮选剂的吸附是发生在固-液-气各相界面上的复杂物理化学过程，其中最重要的是固-液界面上浮选药剂的吸附，就吸附本质而言，主要分为物理吸附、化学吸附（反应），此外还有氢键吸附。

1. 物理吸附

凡是由分子键力（范德华力）、静电力引起的吸附都称为物理吸附。物理吸附的特征是热效应小，一般只有 21 kJ/mol 左右；吸附质易于从表面解吸，具有可逆性，无选择性，吸附速度快。例如药剂分子的吸附，双电层外层离子的静电力吸附以及半胶束吸附等属于此类。

（1）极性分子的物理吸附，弱电解质捕收剂（例如羧酸类、胺类）在水溶液中一定 pH 范围会发生解离，其解离组分通过静电力吸附于矿物表面。

（2）非极性分子的物理吸附，主要是各种烃类油中性分子的吸附。例如中性油在天然可浮性矿物（石墨、辉钼矿等）表面的吸附，其吸附力为范德华力。

2. 化学吸附

凡是由化学键力引起的吸附都称为化学吸附。化学吸附的特征是热效应大，一般在84～840 kJ/mol。吸附牢固，不易解吸，是不可逆的，具有很强的选择性。化学吸附与化学反应不同，化学吸附不能形成新"相"，吸附产物的组分与化学反应产物的摩尔式量有差别。

3. 化学反应

浮选剂在矿浆中与矿物表面离子作用发生一系列反应，反应中的一些产物在矿物表面上的吸附，在矿物表面形成新相。

4. 氢键

浮选剂通过氢键与矿物表面发生作用。

5. 半胶束吸附

当捕收剂浓度足够高时，吸附在矿物表面上的长烃链捕收剂的非极性基缔合而形成二维空间的胶束，这种吸附称"半胶束吸附"。

6.1.2　浮选剂在矿物表面的等温吸附曲线及吸附方程

浮选剂在矿物表面吸附的定量表述用吸附量（Γ）表示。对于溶液中浮选药剂在矿物表面上的吸附，吸附量用单位界面面积上吸附药剂的摩尔数（mol/cm^2）表示时，称吸附密度，或用每克矿物吸附的药剂量表示，mol/g 或 g/g。

吸附等温线是描述吸附物在界面的浓度与其在液相中平衡浓度关系的数学表达式，它是描述固液界面吸附行为的一种常用手段。虽然目前已有一些检测手段可以直接在线检测吸附层的形貌，如原子力显微镜，但仍然不能完全取代吸附等温线在研究吸附过程中的作用。通过吸附等温线，可以了解吸附物在界面的饱和吸附密度，一定吸附密度下吸附物在液相中所需达到的平衡浓度，以及吸附物的吸附取向，吸附机理等相关的信息。常见的吸附等温线有 Langmuir 吸附等温线，BET 吸附等温线，Freundlich 吸附等温线等[246, 247]。

1. 吸附等温方程

1）朗缪尔（Langmuir）单分子层吸附方程

该方程是自由气体分子在固体表面上发生单层吸附时导出的。如果气体压力是 P，则气体在固体表面的单分子层覆盖度 θ 与 P 的关系为

$$\theta = \frac{bP}{1+bP} \tag{6-1}$$

或

$$V = \frac{V_{m}bP}{1+bP} \tag{6-2}$$

式中，b 为吸附系数；V_{m} 为饱和吸附量，即表面完全被覆盖时的气体的标准状态体积；V 为气体压力为 P 时吸附气体的标准状态体积。

对于浮选中表面活性物质在固-液界面的单层吸附，吸附量 Γ 可由式（6-3）表达：

$$\frac{C}{\Gamma} = \frac{1}{b\Gamma_\infty} + \frac{C}{\Gamma_\infty}$$ （6-3）

该式表明 C/Γ 对 C 是直线关系，因此可以由其斜率及截距求出 Γ_∞ 和 b 值。Γ_∞ 和 b 值分别是饱和吸附量（达到单层吸附时吸附物的表面吸附密度）和吸附参数，C 为吸附物在液相中的平衡浓度。

典型的化学吸附是单分子层的，遵循朗缪尔吸附等温线。最初的 Langmuir 的气体吸附理论有如下三个假设：①被吸附分子之间无作用力；②吸附剂的表面是均匀的；③吸附是单分子层吸附。实际浮选体系中，表面活性剂在固-液界面吸附时这些条件都无法实现，表面活性剂分子之间以及水分子之间肯定是有相互作用。尽管如此，浮选研究表明，许多表面活性剂在固-液界面上吸附等温线仍显示出 Langmuir 吸附形式。

2）弗罗因德利希（Freundlich）吸附经验方程

这是通过总结大量试验数据而得到出的经验方程，适用于固体表面不均匀的多层吸附，在浮选中有广泛的应用。

对于固-气界面的吸附：

$$V = k \cdot P^{1/n}$$ （6-4）

对于固体自溶液中的吸附：

$$\Gamma = k \cdot C^{1/n}$$ （6-5）

式中，k 和 n（>1）都是经验常数，可用作双对数图的方法获得，$\lg\Gamma$-$\lg C$ 对数图呈线性关系。

3）BET 等温吸附方程

BET 是 Brunauer、Emmett 和 Teller 三人对 Langmuir 理论加以修正、扩展而提出的，该等温吸附方程概括了单分子层吸附和多分子层吸附的情况，符合吸附的一般规律。因此，大多数浮选药剂自溶液向矿物表面的吸附可用 BET 方程描述。

对于固-气界面的吸附，可以用直线方程表示：

$$\frac{P}{V(P_0 - P)} = \frac{1}{V_m a} + \frac{a-1}{V_m a} \cdot \frac{P}{P_0}$$ （6-6）

式中，a 为常数，其余符号同前。

由实验测定的数据，用 $\dfrac{P}{V(P_0 - P)}$ 对 P/P_0 作图，得出直线就说明该吸附规律符合 BET 方程。并可根据直线的斜率和截距求出 V_m 和 a 值。

对于固-液界面吸附，可类似地表示为

$$\frac{c}{\Gamma(c_0 - c)} = \frac{1}{\Gamma_\infty a} + \frac{a-1}{\Gamma_\infty a} \cdot \frac{c}{c_0}$$ （6-7）

式中，c_0 是饱和吸附的溶液浓度。

4）乔姆金（Temkin）方程

通常随吸附密度增加，吸附质和吸附剂之间的作用力以及吸附质分子之间的作用力均减弱。此时，吸附量与吸附质浓度之间的关系可用下式表示

$$\Gamma = a + b \cdot \lg C$$ （6-8）

这是半对数方程，Γ 对 $\lg C$ 是直线关系，由直线的截距和斜率可求出常数 a 和 b。定位离子在矿物表面双电层中吸附，较多情况下符合乔姆金式。

2. 浮选剂在矿物表面的等温吸附

1）吸附曲线

研究浮选剂在矿物表面的吸附，一般是测定浮选剂在矿物表面吸附量与药剂浓度或 pH 的关系，浮选剂在矿物表面的吸附量一般随药剂浓度的增大而增大，如图 6-1 和图 6-2 所示。

图 6-1 表明，在油酸钠浓度低于 6×10^{-4} mol/L 时，油酸根离子在菱锌矿表面的吸附量随着油酸钠浓度的增加而增大，油酸钠浓度高于 6×10^{-4} mol/L 时，其在菱锌矿表面的吸附量达到饱和，并基本保持不变。在白云石表面，油酸钠浓度低于 8×10^{-4} mol/L 时，油酸根离子在白云石表面的吸附量随着油酸钠浓度的升高而增大，油酸钠浓度为 8×10^{-4} mol/L 时吸附达到饱和，当油酸钠浓度继续上升，其在白云石表面吸附量基本保持不变。油酸根离子在菱锌矿表面的吸附量远高于在白云石表面的吸附量。在硫化钠存在下，油酸根离子在菱锌矿表面的吸附量显著降低，接近于油酸根离子在白云石表面的吸附量，油酸根离子在白云石表面的吸附量与不使用硫化钠时基本一致。而且，硫化钠存在下，油酸根离子在菱锌矿和白云石表面的吸附量随着油酸钠浓度的增加而线性增大，没有吸附饱和平台值。

图 6-2 表明，多羟基黄原酸盐 2,3-二羟基丙基二硫代碳酸钠（GX2），在低浓度时，在矿物表面吸附量随浓度增大而增大，达到一定浓度后，趋于饱和，GX2 在三种矿物表面吸附量大小顺序为：毒砂＞磁黄铁矿＞铁闪锌矿。

图 6-1 和图 6-2 虽然表明，浮选剂在矿物表面的吸附量一般随药剂用量增大而增加，但曲线形状不同，吸附达到平衡时浓度不同，提示不同浮选剂在不同矿物表面的吸附状态是不同的。

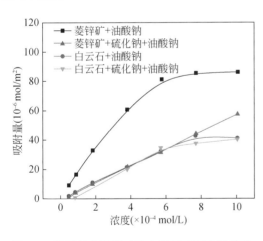

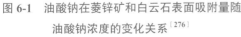

图 6-1　油酸钠在菱锌矿和白云石表面吸附量随油酸钠浓度的变化关系 [276]

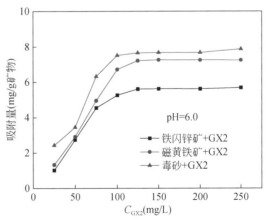

图 6-2　GX2 在硫化矿物表面的吸附量与 GX2 初始浓度的关系 [263]

2）吸附状态

测定浮选剂在矿物表面的吸附曲线后，通常可以对吸附量数据进行处理，以初步判断其吸附状态。油酸根离子在三种黑钨矿上的吸附量见图 6-3（a），可以看出，油酸钠在钨锰矿上的吸附量大于在钨铁锰矿上的吸附量，也大于在钨铁矿上的吸附量。经数据处理可以得出 lgΓ-lg$C$ 之间有线性关系，见图 6-3（b），按照式（6-5），符合 Freundlich 吸附等温式，这表明，油酸钠在黑钨矿表面存在多层吸附。

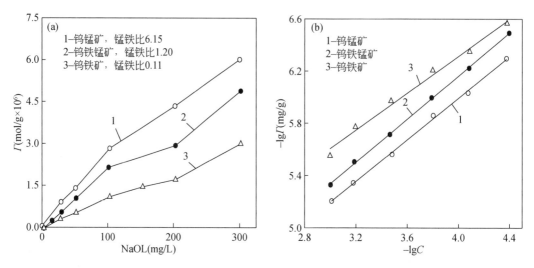

图 6-3 油酸钠在黑钨矿上的吸附等温线（a）及 Freundlich 关系（b）

图 6-4（a）所示为在温度 25℃下，聚丙烯酸和油酸钠在方解石表面上的吸附等温线，通过用 Langmuir 方程和 Freundlich 方程同时拟合表明，聚丙烯酸在方解石表面吸附结果与 Freundlich 方程拟合结果相近。而油酸钠在方解石表面吸附结果与 Langmuir 方程拟合结果相近。这提示，油酸钠在方解石表面可能是单层吸附，但是聚丙烯酸在方解石表面吸附形态明显不同，吸附强度并没有油酸钠大，推测是多层不均匀的混合吸附。聚丙烯酸在方解石表面大量不均匀吸附，阻碍后续油酸钠的单层均匀吸附。

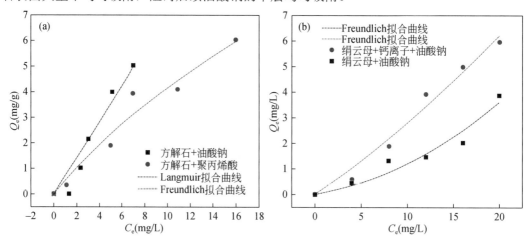

图 6-4 聚丙烯酸和油酸钠浓度对方解石表面（a）以及钙离子对油酸钠在绢云母表面（b）
吸附量的影响[244]

　　钙离子对油酸钠在绢云母表面吸附量的影响见图 6-4（b），如图所示，在温度 25℃下，油酸钠在绢云母表面的吸附等温线，通过 Langmuir 方程和 Freundlich 方程同时拟合，表明 Freundlich 方程拟合 R^2 大于 94%，因此，图上 Freundlich 方程拟合的结果更加与实际情况接近，表明油酸钠在云母表面的吸附是不均匀多层吸附，同时钙离子活化后，油酸钠在云母表面的吸附量明显增加，这说明钙离子在绢云母表面吸附，而且吸附后的钙离子能够成为油酸钠的吸附位点。

6.1.3　表面活性剂的半胶束吸附

1. 半胶束吸附理论

　　P. Somasundaran 在研究长链表面活性剂离子在刚玉和石英表面吸附时认为[6]，当离子型表面活性剂浓度较低时，离子完全靠静电力吸附在双电层外层，起配衡离子作用，因此又称为"配衡离子吸附"。在浓度较高时，表面活性剂离子的烃链相互作用，形成半胶束状态，产生半胶束吸附。这种吸附是在静电吸附作用基础上，考虑分子烃链间的缔合作用。

　　如图 6-5 所示，以十二胺在石英表面上吸附情况为例，当捕收剂浓度较低时，胺离子呈个别状态静电吸附于石英表面；浓度较高时，胺离子吸附密度增加，相互靠近，靠其非极性端分子引力而互相联合，形成半胶束。区域（b）和（c）之间转折的吸附密度相当于单分子层的十分之一范围时出现。表面活性剂的吸附密度，吸附的状态，可用式（4-19）斯特恩-格雷姆方程式来计算和描述如下：

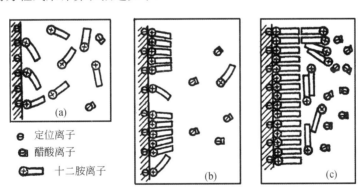

　　　　　定位离子
　　　　　醋酸离子
　　　　　十二胺离子

图 6-5　石英表面阳离子捕收剂吸附示意图

（a）个别胺离子吸附；（b）半胶束吸附；（c）多层吸附

$$\Gamma_\delta = 2rc_i \exp\left(\frac{-\Delta G_{\mathrm{ads}}^0}{RT}\right) \tag{6-9}$$

式中，c_i 为 i 药剂在溶液中的浓度；R 为气体常数；T 为热力学温度；Γ_δ 为在紧密层的吸附量；r 为 i 药剂的离子半径；$\Delta G_{\mathrm{ads}}^0$ 为吸附自由能，又可分为

$$\Delta G_{\mathrm{ads}}^0 = \Delta G_{\mathrm{elec}}^0 + \Delta G_{\mathrm{chem}}^0 + \Delta G_{\mathrm{CH_2}}^0 + \cdots \tag{6-10}$$

式中，$\Delta G_{\mathrm{elec}}^0$ 为静电力吸附自由能；$\Delta G_{\mathrm{chem}}^0$ 为化学吸附自由能；$\Delta G_{\mathrm{CH_2}}^0$ 为烃链间发生缔合作用的自由能。

由上式可得出以下结论：①药剂浓度很低时，表面活性剂仅为配衡离子吸附，只有静电力吸附自由能 ΔG_{elec}^0；②若浓度已到半胶束浓度程度，还应包括烃链间的分子键合自由能 ΔG_{chem}^0；③若表面活性剂与矿物间有化学作用，还应包括化学吸附自由能 $\Delta G_{CH_2}^0$。

图 6-6、图 6-7 是在 pH 5~6 时，季铵盐 1231、1631 和 1227 分别在高岭石、伊利石表面吸附的热力学曲线。结果表明，十二烷基三甲基氯化铵（1231）、十六烷基三甲基氯化铵（1631）和十二烷基二甲基苄基氯化铵（1227）在两种铝硅酸盐矿物表面的吸附曲线形状基本相同，浓度小于 1.0 mmol/L 很窄的范围内，吸附量迅速增加，此后随着平衡浓度的增加而缓慢增加，直至达到平衡吸附。由图 6-6 和图 6-7 可知，1231、1631 和 1227 三种阳离子捕收剂在高岭石和伊利石表面的吸附可分为两部分：第一部分为静电吸附，第二部分为阳离子捕收剂通过烷基烃链发生疏水缔合吸附。

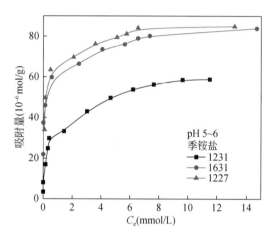
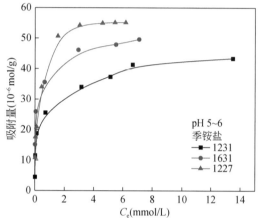

图 6-6　季铵盐在高岭石表面等温吸附线[344]　　　图 6-7　季铵盐在伊利石表面等温吸附线[344]

2. 季铵捕收剂分子在水溶液中的胶束结构

研究表明，当浓度达到一定值时，季铵捕收剂在白钨矿、高岭石、伊利石表面形成胶束[344,345]。表面胶束的大小，形状以及排列取决于表面活性剂与固相间以及表面活性剂分子间的作用[346]，这些作用同时又受溶液的状态如离子强度和 pH 的影响。溶液中胶束的尺寸和形状与单分子的结构有关，但是表面上的胶束则要受固体表面的影响。然而，表面胶束通常与高浓度条件下溶液中的胶束结构是一致的[347]。因此，可以通过研究在水溶液中的聚团结构，揭示季铵捕收剂在表面饱和吸附时形成的胶束结构特点。

图 6-8 为双十烷基二甲基氯化铵（DDAC）在水溶液中聚团结构，图 6-9 为不同时刻 DDAC 在水溶液中的胶束结构，为了清楚地展现 DDAC 的胶束结构，水分子没有显示出来。图 6-9 中列出了三个时刻的构型，第一列为初始构型，即分子动力学模拟得到的真空条件下的 DDAC 胶束，第二列为 100 ps 时的胶束结构。由图可以看出，此时，初始构型中位于胶束内部的 Cl⁻，在水分子作用下，逐渐扩散到胶束外部的水体中。同时 DDAC 分子在水分子以及 Cl⁻ 作用下，极性基团逐渐向胶束外部移动，疏水基则向内部移动。此时，由于 DDAC 分子两个基团的相对移动，胶束较初始构型变得松散。这表明真空条件下形成的胶束在水溶液中不稳定，在水分子的作用下，这个过程会一直持续下去，直至达到稳定。第

三列为 2.1 ns 时的胶束结构，此时，胶束的结构变化过程到达终点，DDAC 的极性基团已全部移动到胶束的外围，Cl⁻ 也都扩散到溶液中，非极性基团则组成了胶束的内核，而且，胶束又重新变得紧密。如图 6-9 所示，DDAC 的胶束内部没有水分子的出现。

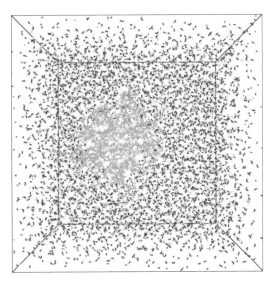

图 6-8　分子动力学平衡后水溶液中 DDAC 胶束结构[345]

C—H　　⁺Cl⁻　　⁺N　　　　H₂O

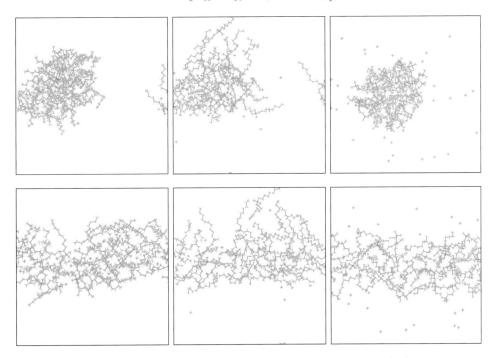

图 6-9　DDAC 水溶液中胶束的瞬时结构（水分子未显示）[345]

侧视图（上），俯视图（下）；第一列，初始结构；第二列，100 ps；第三列，2.1 ns

C—H　　⁺Cl⁻　　⁺N

6.1.4 浮选剂在矿物表面的吸附及对矿物浮选行为的影响

1. 捕收剂在矿物表面的吸附及对矿物浮选行为的影响

图 6-10 为氯化十六烷基吡啶（CPC）浓度变化对 CPC 在氧化钼和氟磷灰石表面吸附量及对矿物浮选回收率的影响。图 6-10（a）表明，pH=4 时，随着浓度的增大，CPC 在氧化钼和氟磷灰石矿物表面的吸附量也随之增大，而且，在氧化钼表面的吸附量远大于在氟磷灰石表面。图 6-10（b）表明，pH 为 4 时，随着捕收剂 CPC 浓度的增大，氧化钼浮选回收率逐渐增大，浓度为 2×10^{-4} mol/L 时，回收率达到 76%，随后基本不再变化。氧化镍在碱性条件下，浮选回收率先有小幅上升，随后基本稳定在 65% 左右。随着捕收剂 CPC 用量的增加，氟磷灰石的浮选回收率逐渐增大，但增加速度很慢，整个用量范围内，回收率不到 45%。这表明，捕收剂在矿物表面的吸附量大小与矿物浮选行为基本一致。

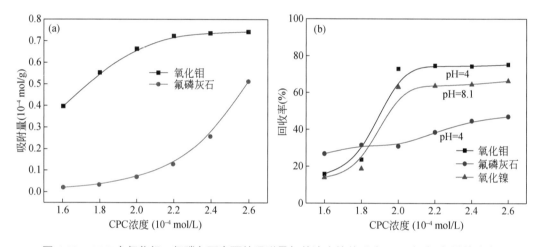

图 6-10　CPC 在氧化钼、氟磷灰石表面的吸附量与其浓度的关系（pH=4）（a）及其浓度
对矿物浮选可浮性的影响（b）[348]

2. 抑制剂在矿物表面的吸附及对矿物浮选行为的影响

图 6-11 是肼基二硫代甲酸酯（AHS）在黄铜矿和辉钼矿表面的吸附量随其浓度的变化曲线，由图 6-11（a）可知，AHS 在黄铜矿和辉钼矿表面的吸附量随着浓度的增加而增加，并在抑制剂浓度为 8×10^{-5} mol/L 时，AHS 在黄铜矿与辉钼矿的吸附量基本达到峰值，继续增加抑制剂浓度，AHS 在黄铜矿与辉钼矿表面的吸附量变化不大，此时，AHS 在黄铜矿和辉钼矿表面的饱和吸附量分别为 7.05×10^{-6} mol/m^2 和 2.72×10^{-6} mol/m^2，AHS 在黄铜矿表面的吸附量远大于在辉钼矿表面的吸附量。抑制剂 AHS 作用下，当抑制剂用量增大时，辉钼矿依然保持较好的可浮选，回收率高于 85%；而黄铜矿的回收率随着抑制剂用量的增加急剧下降，见图 6-11（b）表明，表明肼基二硫代甲酸酯对黄铜矿的抑制能力较强。当肼基二硫代甲酸酯用量为 40 mg/L 时，辉钼矿与黄铜矿的回收率差值为 82.2%，有可能实现辉钼矿与黄铜矿两种矿物的浮选分离。

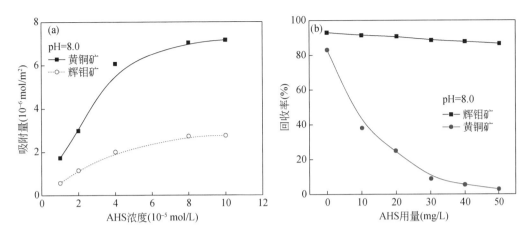

图 6-11　AHS 在黄铜矿和辉钼矿表面的吸附等温曲线（a）以及黄铜矿与辉钼矿回收率与抑制剂 AHS 用量的关系（煤油 200 mg/L）（b）[239]

图 6-12（a）是（1-甲酸钠-2-乙酸钠）丙酸钠二硫代碳酸钠（TX4）在硫化矿物表面的吸附等温线，即 TX4 在矿物表面的吸附量与其初始浓度的关系。在低浓度时，TX4 的吸附量随浓度增大而增大，达到一定浓度后，趋于饱和。TX4 在三种矿物表面吸附量大小顺序为毒砂＞磁黄铁矿＞铁闪锌矿，这正是 TX4 对三种矿物抑制作用顺序，如图 6-12（b）所示。当 TX4 浓度大于 80 mg/L 时，毒砂的浮选回收率已小于 20%，磁黄铁矿的浮选回收率已小于 30%，铁闪锌矿浮选回收率稳定在 70% 左右。

图 6-11 和图 6-12 表明，随着抑制剂浓度增加，抑制剂在矿物表面的吸附量与其抑制作用也基本有一致关系。

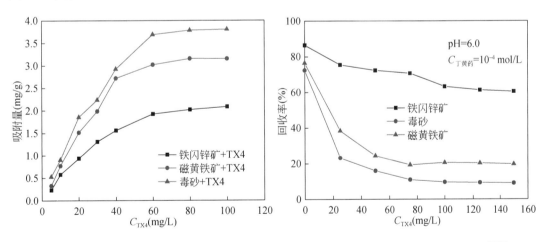

图 6-12　TX4 在硫化矿物表面的吸附量（a）和矿物浮选回收率（b）与 TX4 浓度的关系[263]

3. 捕收剂、抑制剂在不同矿物表面吸附及对矿物浮选的影响

不同抑制剂对氯化十六烷基吡啶（CPC）在氟磷灰石和氧化钼表面吸附量的影响见图 6-13，由图 6-13（a）可以看出，在 pH=4 条件下，随着抑制剂浓度的增大，CPC 在氟磷灰石表面的吸附量呈直线下降趋势，当抑制剂达到一定用量时，均可使 CPC 在氟磷灰石表面

吸附量降低到很小，随着抑制剂浓度的增大，捕收剂在氟磷灰石表面的吸附受到强烈抑制，从而抑制了氟磷灰石的浮选，抑制作用顺序为：水玻璃＜酒石酸＜六偏磷酸钠。由图 6-13（b）可以看出，在 pH=4 条件下，随着抑制剂水玻璃或六偏磷酸钠浓度的增大，CPC 在氧化钼表面的吸附量在一定抑制剂浓度范围内基本不变，随后呈下降趋势。随着酒石酸浓度的增大，CPC 在氧化钼表面的吸附量先呈下降趋势，随后变为缓慢下降，当抑制剂达到一定用量时，均可使 CPC 在氧化钼表面吸附量降低到很小。这说明浮选过程中，抑制剂用量要适当，否则对氧化钼也会产生抑制作用。

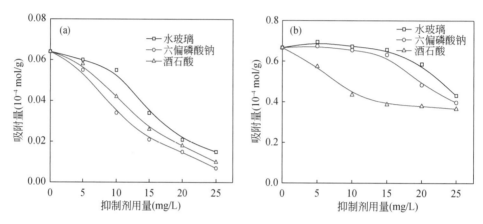

图 6-13　CPC 在氟磷灰石（a）和氧化钼（b）表面吸附量与抑制剂用量的关系[348]

（CPC 浓度 2×10^{-3} mol/L，pH=4）

图 6-14 是 pH 为 4 时，六偏磷酸钠对 CPC 浮选氧化钼、氧化镍和氟磷灰石的影响，可以看出，随着六偏磷酸钠浓度的增大，氧化钼浮选回收率变化不大。六偏磷酸钠对氧化镍的浮选抑制作用弱，使氧化镍浮选回收率略有降低。而六偏磷酸钠对氟磷灰石的抑制效果很好，随着六偏磷酸钠浓度的增大，对氟磷灰石浮选抑制效果增强，在六偏磷酸钠浓度 220 mg/L 时，氟磷灰石浮选回收率在 8%左右，从而可以实现氧化钼、氧化镍和氟磷灰石的浮选分离。

4. 离子对捕收剂吸附及矿物浮选的影响

浮选体系中，常存在各种金属离子，对浮选剂的吸附及矿物浮选产生影响。pH=7.0，苯甲羟肟酸（BHA）在锡石表面吸附量与金属离子初始浓度的关系如图 6-15 所示。图 6-15 表明，在不添加金属离子和分别添加 1×10^{-4} mol/L 金属离子的情况下，随着初始浓度的增加，苯甲羟肟酸在锡石表面的吸附量均呈增加趋势，但金属离子对苯甲羟肟酸在锡石表面的吸附有不同程度影响。不添加金属离子时，苯甲羟肟酸在锡石表面的吸附量在初始浓度 9×10^{-4} mol/L 时达到 14.68×10^{-6} mol/g。Pb^{2+} 存在下，苯甲羟肟酸在锡石表面的吸附量在初始浓度 9×10^{-4} mol/L 时达到 15.42×10^{-6} mol/g，高于不添加 Pb^{2+} 时的吸附量，即 Pb^{2+} 的存在促进了苯甲羟肟酸在锡石表面的吸附。而 Cu^{2+}、Fe^{3+}、Ca^{2+} 分别存在的条件下，苯甲羟肟酸在锡石表面的吸附量在初始浓度 9×10^{-4} mol/L 时分别为 4.40×10^{-6} mol/g、7.84×10^{-6} mol/g 和 8.96×10^{-6} mol/g，均低于不添加金属离子时的吸附量，即 Cu^{2+}、Fe^{3+}、Ca^{2+} 的存在抑制了苯甲羟肟酸在锡石表面的吸附。

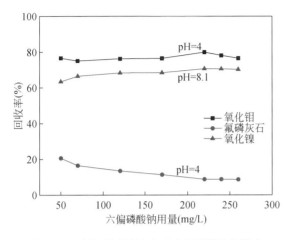

图 6-14　六偏磷酸钠浓度对矿物可浮性的影响（CPC 浓度 2×10^{-4} mol/L）[348]

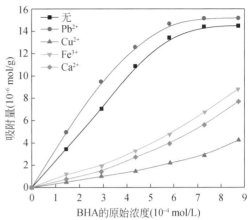

图 6-15　四种金属离子对 BHA 在锡石表面吸附量的影响（pH=7.0，$C_{离子}=1.00 \times 10^{-4}$ mol/L）[275]

6.1.5　捕收剂在矿物表面的吸附及其捕收作用机理

前几小节表明，通过测定捕收剂在矿物表面吸附等温线及浮选实验，可以初步推断浮选剂在矿物表面吸附行为及对矿物浮选行为的影响，进一步研究浮选剂在矿物表面的吸附与捕收作用机理，还需要通过更多的测试方法，查清捕收剂与矿物表面的作用机理。各种测试方法在第 11 章中有专门描述，本节介绍综合运用几种方法，研究捕收剂作用机理。

1. 苯甲羟肟酸在萤石、方解石表面的吸附及捕收作用

图 6-16 给出了 pH 对萤石和方解石表面吸附 BHA 及浮选回收率的影响结果。如图 6-16（a）所示，BHA 在萤石表面的吸附量随着 pH 的增加而先增加后减少。其中，在 pH 6~9.5 时，BHA 在萤石表面的吸附量逐渐增加；当 pH 超过 9.5 以后，BHA 的吸附量逐渐下降。在整个 pH 范围内，方解石表面吸附的 BHA 的量均低于萤石表面吸附 BHA 的量。这与纯矿物浮选实验结果［图 6-16（b）］相一致。图 6-16（b）表明，当苯甲羟肟酸作捕收剂时，萤石的回收率先随着 pH 的增加而增加，在 pH 8.5~10 区间可浮性最好，之后随着 pH 的增加逐渐下降。而在整个 pH 范围内，方解石可浮性不超过 20%。

2. 苯甲羟肟酸与萤石、方解石作用机理的红外光谱分析

BHA 的红外光谱如图 6-17 所示，从图 6-17 可知，1645.44 cm^{-1} 处是 C=O 的伸缩振动峰，1568.17 cm^{-1} 和 1489.72 cm^{-1} 处是苯环骨架的振动吸收峰，1162.39 cm^{-1} 处为 C—N 伸缩振动吸收峰，1019.99 cm^{-1} 处为 N—O 振动吸收峰，705.83 cm^{-1} 处的吸收峰为苯环上 =C—H 弯曲振动峰。

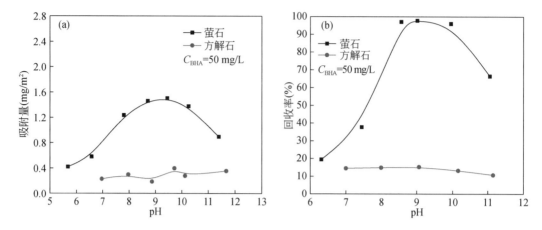

图 6-16　pH 对 BHA 在萤石和方解石表面吸附的影响（a）以及苯甲羟肟酸作捕收剂时 pH
对萤石和方解石可浮性的影响（b）[260]

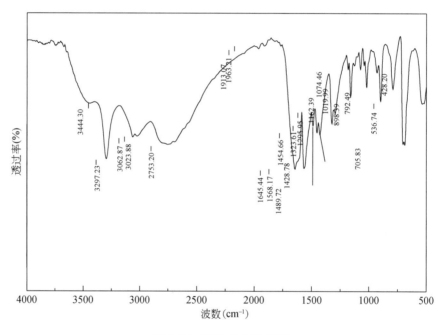

图 6-17　BHA 的红外光谱

　　萤石及其与 BHA 作用前后的红外光谱图见图 6-18。在萤石的红外光谱图中，红外的特征峰位于 1085.74 cm⁻¹ 处，在与 BHA 作用后，萤石的特征峰移动到了 1105.03 cm⁻¹ 处，位移约 20 cm⁻¹，说明 BHA 在萤石表面发生了化学吸附。

　　方解石及其与 BHA 作用前后的红外光谱图见图 6-19。在方解石的红外光谱图中，方解石的红外特征峰为 1428.36 cm⁻¹，875.83 cm⁻¹ 和 711.48 cm⁻¹ 处，分别对应于 C＝O 的面外弯曲振动，二重简并反对称振动和二重简并面内弯曲振动。在与 BHA 作用后，方解石的特征峰几乎没有发生明显的位移，说明 BHA 与方解石没有发生化学作用。

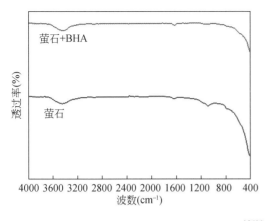

图 6-18　BHA 与萤石作用前后的红外光谱[260]

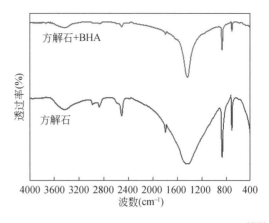

图 6-19　BHA 与方解石作用前后的红外光谱[260]

3. 苯甲羟肟酸与萤石、方解石表面作用机理的 X 射线光电子能谱分析

XPS 测试确定的 BHA 与萤石、方解石表面作用前后各组分元素的结合能和元素百分含量变化情况列于表 6-1。如表 6-1 所示，方解石表面上 C，O 和 Ca 的结合能位移不明显，这表明 BHA 没有与方解石表面作用。萤石与 BHA 反应后，萤石表面 Ca 的化学位移达到 $-0.33\,\mathrm{eV}$，说明萤石表面的化学环境发生了变化，与 BHA 相互作用后，在萤石表面上检测到 N 元素，而且 C 在萤石表面上的百分比增加，证明 BHA 在萤石表面发生化学吸附。

表 6-1　萤石和方解石表面上元素的结合能和百分比[260]

	样品	C	O	Ca	N	F
结合能 （eV）	萤石	285.41	531.52	348.23	—	684.87
	萤石+BHA	285.03	532.45	347.9	399.37	684.85
	化学位移	−0.38	0.93	−0.33	—	−0.02
	方解石	284.8	531.25	346.96	—	—
	方解石+BHA	284.8	531.22	346.94	—	—
	化学位移	0	−0.03	−0.02	—	—
百分比 （%）	萤石	7.95	20.2	30.55	—	41.31
	萤石+ BHA	28.13	17.03	19.14	0.51	35.19
	含量变化	20.18	−3.17	−11.41	0.51	−6.12
	方解石	39.34	45.48	15.18	—	—
	方解石+ BHA	38.13	46	15.87	—	—
	含量变化	−1.21	0.52	0.69	—	—

BHA 处理前后的萤石和方解石的 Ca 2p XPS 谱图如图 6-20 所示，图 6-20 中，萤石的 Ca 2p XPS 谱图由 348.02 eV 和 351.59 eV 处两个峰组成。在 BHA 处理后，Ca 2p XPS 谱带的两个峰向低电子结合能的方向移动，分别移动至 347.86 eV 和 351.45 eV。萤石 Ca 2p 谱带的移动表明 BHA 在萤石上的吸附改变了萤石表面上 Ca 原子的化学环境，进一步证明

BHA 通过与 Ca 作用化学吸附到萤石表面上。而对于方解石，Ca 2p XPS 峰出现在 347.10 eV 和 350.65 eV 附近。经 BHA 处理后，这些峰变化不明显，表明 BHA 对 Ca 在方解石表面的化学环境没有影响。

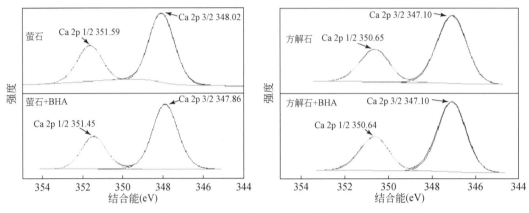

图 6-20　在 BHA 处理前后萤石和方解石的 Ca 2p XPS 峰[260]

上述结果表明，苯甲羟肟酸在萤石表面的吸附量远大于方解石，红外光谱和 XPS 进一步证明，苯甲羟肟酸在萤石表面发生化学吸附，而与方解石表面不发生作用，因此，苯甲羟肟酸对萤石的捕收能力远大于方解石。

6.1.6　捕收剂、抑制剂在矿物表面的吸附及选择性作用机理

本节介绍综合运用几种方法，研究捕收剂、抑制剂与不同矿物作用机理及选择性浮选行为。

1. 单宁酸、油酸钠在萤石、方解石表面的吸附行为

图 6-21 所示为在温度 25℃下，单宁酸和油酸钠以及单宁酸作用后的油酸钠在萤石和方解石表面上的吸附等温线。由图 6-21（a）可知，随着初始浓度的增加，单宁酸和油酸钠在萤石表面的吸附量都呈现递增的关系。通过用 Langmuir 方程和 Freundlich 方程同时拟合，表明 Langmuir 方程拟合 R^2 大于 98%，单宁酸和油酸钠各自在萤石表面的吸附符合 Langmuir 等温线，说明单宁酸和油酸钠在萤石表面的吸附为单层吸附。并且在同一原始药剂浓度下，对比两者发现，单宁酸在萤石表面的吸附量要大于油酸钠，说明单宁酸在萤石表面吸附作用较强，这可能是由于单宁酸含有大量多酚基团和羧基与矿物表面的 Ca^{2+} 发生化学键合。但是，当萤石表面与单宁酸作用后，油酸钠在萤石表面吸附时，虽然吸附量比油酸钠在未经单宁酸处理的萤石表面的吸附量要小，但是影响不大，油酸钠仍可以在经单宁酸处理的萤石表面吸附，但此时，吸附等温线符合 Freundlich 方程。这表明，油酸钠在经单宁酸处理的萤石表面不再形成均匀单层吸附。可以推测：一方面，萤石表面有足够的吸附位点，单宁酸吸附在萤石表面并不能阻碍后续油酸钠的吸附；另一方面，萤石表面先吸附的单宁酸不牢固，随着油酸钠的竞争吸附作用增强导致单宁酸解吸。

图 6-21（b）表明，单宁酸和油酸钠在方解石表面的吸附量随着初始浓度的增加而递增，油酸钠在方解石表面吸附量远远大于单宁酸。同时用 Langmuir 方程和 Freundlich 方程拟合，

表明，油酸钠在方解石表面吸附与 Freundlich 方程拟合结果相近，说明油酸钠吸附于方解石表面不是均匀的单层吸附。而单宁酸在方解石表面吸附与 Langmuir 方程拟合结果相近，说明单宁酸吸附于方解石表面可能是均匀的单层吸附。然而，在单宁酸处理后，油酸钠在方解石表面的吸附量远远低于未处理的方解石表面，也低于油酸钠在经单宁酸处理后的萤石表面的吸附量，这一现象表明，单宁酸均匀地吸附在方解石表面，占据吸附位点，阻碍了后续油酸钠在方解石表面的吸附。

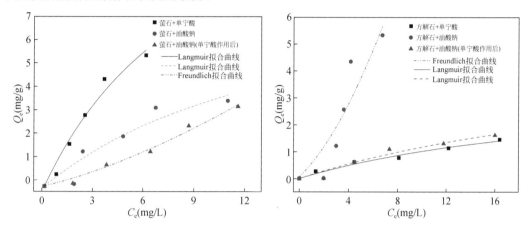

图 6-21　单宁酸与油酸钠浓度对萤石（a）和方解石（b）表面吸附量的影响[244]

2. 单宁酸对油酸钠浮选萤石与方解石的影响

在 pH=7.0，油酸钠为 16 mg/L 条件下，单宁酸用量对矿物可浮性影响见图 6-22，由图 6-22 可知，当单宁酸用量在 0～10 mg/L 时，单宁酸对萤石的抑制作用不强，萤石回收率从 93.09% 下降到 77.83%，但对方解石有很强的抑制作用，方解石的回收率从 96.04% 迅速下降到 9.18%。这与图 6-21 表现的结果是一致的。单宁酸吸附在方解石表面，阻碍了油酸钠在方解石表面的吸附，从而起抑制作用。而单宁酸吸附在萤石表面并不阻碍油酸钠的吸附，油酸钠对萤石仍有捕收作用。

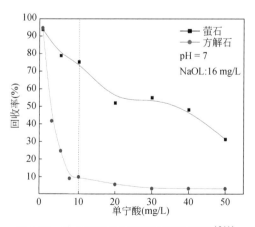

图6-22　单宁酸用量对矿物可浮性影响[244]

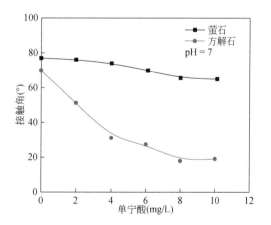

图 6-23　单宁酸浓度对萤石和方解石表面
接触角的影响[244]

3. 单宁酸、油酸钠与萤石和方解石表面选择性作用机理

1）单宁酸对萤石与方解石表面润湿性的影响

图 6-23 为中性条件下，单宁酸浓度对萤石和方解石表面接触角的影响。从图中可知，随着单宁酸用量的增加，萤石表面的接触角出现小幅度下降，说明少量的单宁酸在萤石表面的吸附不足以使萤石表面亲水，萤石仍保持较好可浮性。而随着单宁酸用量的增加，方解石表面的接触角不断减小，在 10 mg/L 时，方解石表面的接触角降低到 20°，说明单宁酸在方解石表面的吸附导致方解石表面亲水性增强，可浮性显著降低。

2）油酸钠、单宁酸作用前后，萤石和方解石表面动电位的变化

不同浮选药剂作用下，萤石和方解石表面 Zeta 电位的变化如图 6-24 所示，由图 6-24（a）可知，萤石的等电点在 7.3 左右，当矿浆 pH<7.3 时，萤石表面荷正电，容易与阴离子药剂通过静电引力发生相互作用，而矿浆 pH>7.3 时，萤石表面荷负电，阴离子药剂难以通过静电引力吸附。当溶液中加入 16 mg/L 的油酸钠时，萤石表面动电位值明显下降，当溶液中加入 10 mg/L 的单宁酸时，萤石表面动电位值也显著下降。这表明，油酸钠和单宁酸这两种阴离子型浮选剂在萤石表面的吸附改变了其表面动电位。而且，在萤石表面带负电的 pH 区域，两种阴离子型浮选剂均可以在萤石表面吸附，推测它们与萤石表面存在化学吸附作用。在溶液中加入单宁酸再加入油酸钠后，矿浆 pH<6 左右时，萤石表面的动电位与单独加油酸钠时萤石表面动电位值变化基本一致，矿浆 pH>6 后，动电位还继续下降，这说明，即使在单宁酸存在下，油酸钠仍可以与萤石表面发生较强相互作用，吸附在萤石表面，使萤石表面动电位进一步下降，萤石表面疏水上浮，正如图 6-21 的吸附量测试和图 6-22 的浮选结果所示。

由图 6-24（b）可以看出，方解石的等电点在 9.2 左右，当溶液中加入 10 mg/L 的单宁酸或 16 mg/L 的油酸钠时，方解石表面动电位值均显著下降，当加入单宁酸时，方解石表面动电位值下降幅度比油酸钠存在下更为明显，也比萤石表面相应条件下下降幅度大，表明单宁酸与方解石表面的作用比萤石强。在溶液中加入单宁酸再加入油酸钠后，方解石表面的动电位与只加入单宁酸时基本一致，推测此时单宁酸吸附在方解石表面后，阻碍了油酸钠的吸附，如图 6-21 的吸附量测试结果所示，从而抑制方解石的浮选。

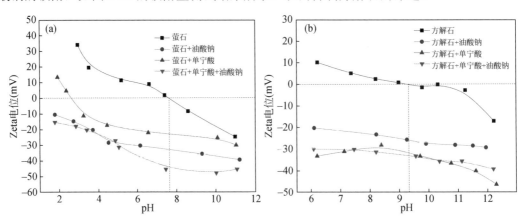

图 6-24　药剂作用前后萤石（a）和方解石（b）Zeta 电位与 pH 的关系[244]

3）萤石和方解石表面与单宁酸作用的红外光谱分析

单宁酸作用前后萤石与方解石表面红外光谱如图 6-25 所示，萤石和方解石的红外光谱中，在 2357 cm^{-1} 和 2360 cm^{-1} 附近的伸缩振动峰，是样品被空气中或者溶液中二氧化碳污染，可忽略。由图 6-25（a）可知，单宁酸图谱中，在 3395 cm^{-1} 处出现了一个宽而强的吸收峰，该峰代表羟基—OH 的伸缩振动吸收峰，表明单宁酸结构中含有大量的强极性缔合酚羟基；2940 cm^{-1} 处为饱和 C—H 伸缩振动吸收峰，与结构中多元醇骨架中亚甲基相对应；1710 cm^{-1} 处强吸收峰为典型的酯键中羧基—C=O 吸收峰；1610 cm^{-1}、1537 cm^{-1}、1442 cm^{-1} 为苯环的骨架振动；1344 cm^{-1} 和 1211 cm^{-1} 吸收峰为结构中酯键的 C—O—C 伸缩振动和酚羟基的 C—O 伸缩振动相互夹杂；866 cm^{-1} 和 750 cm^{-1} 为苯环上的 C—H 面外弯曲振动。

中性条件下，被单宁酸作用后的萤石样品，红外光谱基本没有任何变化，结合动电位试验结果，表明单宁酸吸附于萤石表面的作用不强，油酸钠竞争吸附在萤石表面的作用比单宁酸作用更强。由图 6-25（b）可以看出，中性条件下，被单宁酸作用后，方解石表面在 1703 cm^{-1}、1585 cm^{-1} 及 1192 cm^{-1} 出现新的不对称振动峰，1703 cm^{-1} 处强吸收峰为典型的酯键中羧基—C=O 吸收峰，1192 cm^{-1} 处吸收峰为酚羟基的 C—O 伸缩振动，而且，吸收峰均发生偏移，说明酚羟基在吸附过程中是重要的组成部分，单宁酸在方解石表面发生较强的化学吸附，阻碍了油酸钠在方解石表面的吸附。

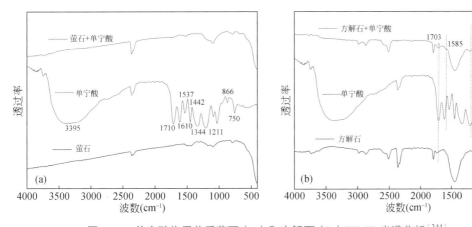

图 6-25　单宁酸作用前后萤石（a）和方解石（b）FT-IR 光谱分析[244]

4）萤石和方解石表面与单宁酸作用机理的 XPS 分析

萤石和方解石与单宁酸作用前后的 Ca 2p 的 XPS 谱图见图 6-26，由图 6-26（a）可知，萤石的 Ca 2p 光谱由两个自旋轨道的分裂峰拟合，其结合能为 Ca 2p$_{3/2}$ 的 347.99 eV 和 Ca 2p$_{1/2}$ 的 351.49 eV。与单宁酸作用后，萤石的 Ca 2p 峰值位移到更高的结合能 348.39 eV 和 351.94 eV，位移值分别为 0.4 eV 和 0.45 eV，表明钙离子周围的电子密度发生了变化，单宁酸分子与萤石表面钙质点结合。由萤石+单宁酸的 Ca 2p 图与 Ca(OH)$_2$+单宁酸图对比可知，这两者 Ca 2p 结合能差距大，说明萤石表面暴露的吸附位点 Ca 质点可能并不与羟基 Ca 类似，应是萤石表面的 Ca^{2+} 与单宁酸的羧基相作用。结合图 6-27（a）中 F 1s 谱的结果可以看出，与单宁酸作用后，萤石的 F 1s 结合能由 684.84 eV 位移至 685.24 eV，位移值为 0.40 eV，表明单宁酸与萤石表面的 Ca^{2+} 结合，使钙离子周围的电子密度发生了变化，同时引起 F 离子周边化学环境发生变化。

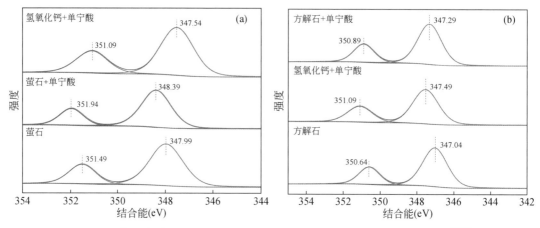

图 6-26　萤石（a）、方解石（b）与单宁酸作用前后的 Ca 2p 的 XPS 谱图[244]

　　由图 6-26（b）可知，方解石的 Ca 2p 光谱由两个自旋轨道的分裂峰拟合，其结合能量为 Ca 2p$_{3/2}$ 的 347.04 eV 和 Ca 2p$_{1/2}$ 的 350.64 eV，与单宁酸作用后，方解石表面结合能 Ca 2p$_{3/2}$ 峰位移至 347.29 eV；Ca 2p$_{1/2}$ 峰位移至 350.89 eV，均升高了 0.25 eV，表明钙离子键合的化学环境发生了变化，单宁酸与方解石表面存在化学作用。比较方解石+单宁酸的 Ca 2p 图与 Ca(OH)$_2$+单宁酸的 Ca 2p 图可知，二者较为相似，表明方解石表面的吸附位点与 Ca(OH)$_2$ 相同，由此推测方解石表面水化后产生以羟基 Ca 为主的吸附位点，与单宁酸发生较强化学作用。这一点，可从方解石的 O 1s 光谱［图 6-27（b）］中得到进一步证明，图 6-27（b）表明，方解石表面 O 1s 光谱中拟合出一个峰（531.24 eV），与单宁酸作用后，方解石的 O 1s 光谱峰 531.24 eV 位移至 531.54 eV，并显示出具有更高结合能（533.14 eV）的新峰，这表明电子已经从—C=O 转移到单宁酸的—C—OH 或 OH—C=O，而且，与 Ca(OH)$_2$+单宁酸的 O 1s 谱 531.74 eV 和 533.54 eV 基本相近，因此，方解石表面与单宁酸的相互作用主要是表面水化 Ca(OH)$^+$ 与单宁酸的—C—OH 或 OH—C=O 化学键合。

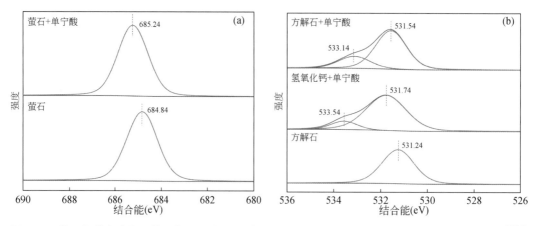

图 6-27　萤石与单宁酸作用前后的 F 1s（a）和方解石与单宁酸作用前后的 O 1s（b）的 XPS 谱图[244]

综上所述,油酸钠-单宁酸和萤石相互作用时,单宁酸通过与萤石表面的 Ca^{2+} 结合发生吸附,这种作用弱于单宁酸与方解石的作用,也弱于油酸钠与萤石表面的作用,单宁酸不能阻止油酸钠在萤石表面的吸附,使得萤石表面疏水上浮。而单宁酸与方解石表面水化 $Ca(OH)^+$ 发生较强的化学吸附,阻碍了油酸钠在方解石表面的吸附,使方解石表面亲水,从而抑制方解石的浮选。

6.2　浮选剂/矿物相互作用的溶度积理论

按照捕收剂与矿物表面化学反应的溶度积理论,药剂与矿物金属离子化学反应产物的溶度积越小,作用能力越强。而这种作用可以用"化学吸附双对数图"直观地呈现[8]。其计算基础是用溶度积大小反映药剂的作用能力,纵坐标是药剂离子与矿物金属离子反应生成沉淀物时,所需金属离子浓度的负对数 pMe^{n+},横坐标是 pH。它反映了各种药剂对矿物金属离子相对作用能力大小及作用的 pH 上限。

6.2.1　多金属硫化矿/丁黄药相互作用的化学吸附双对数图

以丁黄药(KBX)作捕收剂为例,丁黄药与硫化矿表面金属离子作用按下列反应进行:

$$Cu^{2+} + 2BX^- \rightleftharpoons Cu(BX)_2 \qquad K_{sp,Cu(BX)_2} = 10^{-26.2} \qquad (6\text{-}11a)$$

$$Pb^{2+} + 2BX^- \rightleftharpoons Pb(BX)_2 \qquad K_{sp,Pb(BX)_2} = 10^{-18.0} \qquad (6\text{-}11b)$$

$$Zn^{2+} + 2BX^- \rightleftharpoons Zn(BX)_2 \qquad K_{sp,Zn(BX)_2} = 10^{-10.43} \qquad (6\text{-}11c)$$

$$Fe^{2+} + 2BX^- \rightleftharpoons Fe(BX)_2 \qquad K_{sp,Fe(BX)_2} = 10^{-11.0} \qquad (6\text{-}11d)$$

设 $[BX^-] = 10^{-3}\,mol/L$,则

$$pCu^{2+} = 20.2 \qquad (6\text{-}12a)$$

$$pPb^{2+} = 12.0 \qquad (6\text{-}12b)$$

$$pZn^{2+} = 4.43 \qquad (6\text{-}12c)$$

$$pFe^{2+} = 5.0 \qquad (6\text{-}12d)$$

这些离子与 OH^- 反应生成氢氧化物沉淀的反应为

$$Cu^{2+} + 2OH^- \rightleftharpoons Cu(OH)_2 \qquad K_{sp,Cu(OH)_2} = 10^{-18.32} \qquad (6\text{-}13a)$$

$$Pb^{2+} + 2OH^- \rightleftharpoons Pb(OH)_2 \qquad K_{sp,Pb(OH)_2} = 10^{-15.1} \qquad (6\text{-}13b)$$

$$Zn^{2+} + 2OH^- \rightleftharpoons Zn(OH)_2 \qquad K_{sp,Zn(OH)_2} = 10^{-16.2} \qquad (6\text{-}13c)$$

$$Fe^{2+} + 2OH^- \rightleftharpoons Fe(OH)_2 \qquad K_{sp,Fe(OH)_2} = 10^{-15.2} \qquad (6\text{-}13d)$$

则

$$pCu^{2+} = -9.68 + 2pH \qquad (6\text{-}14a)$$

$$pPb^{2+} = -12.9 + 2pH \qquad (6\text{-}14b)$$

$$pZn^{2+} = -11.8 + 2pH \qquad (6\text{-}14c)$$

$$pFe^{2+}=-12.8+2pH \tag{6-14d}$$

由方程组式（6-12）和式（6-14）绘出图 6-28，下面的横线表示形成丁基黄原酸盐所需金属离子浓度小，易与丁基黄原酸盐起作用。可以看出，丁黄药与这些离子作用的大小顺序为：$Cu^{2+}>Pb^{2+}>Fe^{2+}\sim Zn^{2+}$。而横线与斜线的交点表示该金属离子在对应丁基黄原酸浓度下，形成金属丁基黄原酸盐和金属氢氧化物的临界 pH，也反映了相应金属硫化矿浮选 pH 的上限。当溶液 pH 小于该临界值时，相应矿物表面形成金属丁基黄原酸盐，矿物表面疏水；如果溶液 pH 大于该临界值时，相应矿物表面形成金属氢氧化物，矿物表面亲水受抑制。图 6-28 表明，当 $[BX^-]=10^{-3}$ mol/L，硫化铜矿在整个 pH 范围不会受抑制，丁基黄原酸铅和氢氧化铅的临界 pH 为 12.5，抑制方铅矿需要调 pH 到 12.5，而丁基黄原酸锌（铁）和氢氧化锌（铁）的临界 pH 为 8.5，黄铁矿和闪锌矿在 pH＞8.5 就会受到抑制。

上述结果可以说是高碱流程用药的基础。一些选厂，例如凡口铅锌矿，采用高碱流程，成功地优先浮选分离出 Pb、Zn，先将 pH 调到 12，闪锌矿、黄铁矿被抑制，浮选方铅矿，同时还加入 $ZnSO_4$ 以防止 Pb^{2+} 对 ZnS 的活化，然后，仍在高 pH 下，用 $CuSO_4$ 活化浮选闪锌矿，黄铁矿被抑制。从而实现了 Pb、Zn、Fe 硫化矿的选择性浮选分离。

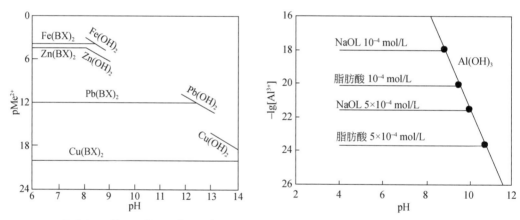

图 6-28　丁黄药与 Cu^{2+}、Pb^{2+}、Zn^{2+}、Fe^{2+} 作用　　图 6-29　不同浓度阴离子捕收剂与 Al^{3+} 作用化学吸的双对数图　　　　　　　　　　　　　　　　　　附双对数图

6.2.2　一水硬铝石/脂肪酸盐相互作用化学吸附双对数图

在脂肪酸阴离子捕收剂 A^-/一水硬铝石体系中，可存在如下反应：

$$Al^{3+}+3OH^- \Longrightarrow Al(OH)_3 \downarrow \qquad K_{sp}=10^{-33.5} \tag{6-15}$$

$$Al^{3+}+3A^- \Longrightarrow Al(A)_3 \downarrow \qquad \tag{6-16}$$

如果 A 是油酸盐（OL^-），$K_{sp.OL}=10^{-30}$，A 是脂肪酸盐（R），$K_{sp.R}=10^{-33.6}$。

油酸盐和脂肪酸盐与 Al^{3+} 作用的化学反应双对数图见图 6-29。可以看出，不同种类捕收剂和不同浓度，与 Al^{3+} 作用形成捕收剂铝盐的 pH 范围不同，形成捕收剂铝盐和氢氧化铝的临界 pH 也存在差别，因此，也可具有不同的浮选一水硬铝石的 pH 范围。表 6-2 给出了不同浓度油酸盐和脂肪酸盐浮选一水硬铝石的 pH 上限，随着捕收剂浓度增加，浮选 pH

上限增加，脂肪酸盐比油酸盐浮选一水硬铝石的 pH 上限更高。

表 6-2　不同捕收剂浮选一水硬铝石 pH 上限

捕收剂浓度（mol/L）	5×10^{-3}	10^{-3}	5×10^{-4}	10^{-4}	5×10^{-5}
油酸 pH_U	10.1	9.8	9.5	8.8	8.5
脂肪酸 pH_U	11.3	11.0	10.7	10.0	9.7

由表 6-2 可知，当油酸钠浓度为 10^{-4} mol/L、5×10^{-4} mol/L 时，浮选一水硬铝石的 pH 上限分别为 8.8、9.5，这与图 6-29 中，相应油酸钠浓度下，油酸铝和氢氧化铝形成的临界 pH 基本一致。当脂肪酸浓度为 10^{-4} mol/L、5×10^{-4} mol/L 时，浮选一水硬铝石的 pH 上限分别为 10、10.7，这与图 6-29 中，相应脂肪酸浓度下，脂肪酸铝和氢氧化铝形成的临界 pH 基本一致。超过浮选 pH 上限，一水硬铝石表面生成 $Al(OH)_3$ 变得亲水，不可浮。结合图 2-15 可以看出，一水硬铝石的等电点为 pH 6 左右，当 pH>6.2 时，一水硬铝石表面荷负电，油酸钠、脂肪酸是阴离子捕收剂，一水硬铝石仍有较好可浮性，因此，油酸钠、脂肪酸与一水硬铝石之间的作用可能存在化学或氢键作用。

6.2.3　活化剂-捕收剂作用的化学吸附双对数图

当用阴离子捕收剂浮选铝硅酸盐矿物时，常用金属离子 M^{n+} 作活化剂，金属离子在溶液中可存在如下反应。

活化剂离子 M^{n+} 同阴离子捕收剂 A^- 的反应：

$$M^{n+}+nA^- \Longrightarrow MA_n \qquad K_{sp,MA_n}=[M^{n+}][A^-]^n \tag{6-17}$$

$$-\lg[M^{n+}]=pK_{sp,MA_n}+n\lg[A^-] \tag{6-18}$$

活化剂离子同羟基离子的反应：

$$M^{n+}+nOH^- \Longrightarrow M(OH)_n \qquad K_{sp,M(OH)n}=[M^{n+}][OH^-]^n \tag{6-19}$$

$$-\lg[M^{n+}]=pK_{sp,M(OH)n}+n\lg K_w+n pH \tag{6-20}$$

根据表 6-3 中的热力学数据，当 NaOL 浓度为 5×10^{-4} mol/L 时，可以求得几种金属离子与油酸钠作用的化学吸附双对数图见图 6-30，不同金属盐具有不同作用临界 pH 上限。一水硬铝石表面生成 $Al(OH)_3$ 的 pH 上限为 9.5，Fe^{2+} 和 Pb^{2+} 生成 $Fe(OH)_2$ 和 $Pb(OH)_2$ 的 pH 上限分别为 10.8 和 12.9，Ca^{2+} 则不生成 $Ca(OH)_2$。因此，可以推测，活化浮选分离铝硅酸盐矿物与一水硬铝石的 pH 范围为：铅盐，9.5<pH<12.9；铁盐，9.5<pH<10.8；钙盐，pH>9.5。同理可求得，不同浓度油酸钠与脂肪酸盐作捕

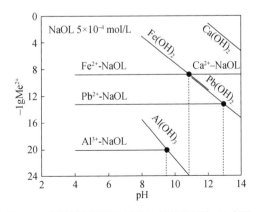

图 6-30　不同金属离子存在下油酸钠作用的 pH 上限

收剂，金属盐活化浮选铝硅酸盐矿物 pH 上限见表 6-4。比较表 6-2 的数据可见，当阴离子捕收剂浓度一定时，用铅盐、钙盐作活化剂，浮选铝硅酸盐的 pH 上限远高于一水硬铝石浮选 pH 上限，有利于分离，是较理想的活化剂。用铁盐作活化剂时，二者浮选 pH 上限差别较小，不利于选择性分离。

表 6-3　常见活化剂离子的 K_{sp,MeA_n} 和 $K_{sp,Me(OH)_n}$ 值

活化离子	Ca^{2+}	Mg^{2+}	Fe^{2+}	Pb^{2+}	Cu^{2+}
$K_{sp,Me(OH)_n}$	$10^{-5.22}$	$10^{-11.15}$	$10^{-15.1}$	$10^{-15.3}$	
K_{sp,MeA_n} 油酸	$10^{-15.4}$	$10^{-13.8}$	$10^{-15.4}$	$10^{-19.8}$	$10^{-19.4}$
K_{sp,MeA_n} 脂肪酸	$10^{-19.6}$	$10^{-17.7}$	$10^{-19.6}$	$10^{-24.4}$	10^{-23}

表 6-4　不同活化剂存在下阴离子捕收剂浮选铝硅酸盐矿物的 pH 上限（pH_U）

	油酸（mol/L）			脂肪酸（mol/L）		
	10^{-4}	5×10^{-4}	10^{-3}	10^{-4}	5×10^{-4}	10^{-3}
钙盐 Ca^{2+}（mol/L）	15.1	15.8	16.9	17.19	17.89	18.19
铅盐 Pb^{2+}（mol/L）	12.25	12.95	13.25	14.75	15.25	15.55
铁盐 Fe^{2+}（mol/L）	10.15	10.85	11.15	12.25	12.95	13.25

6.2.4　矿物表面阴离子与捕收剂阳离子的反应

阳离子铵在溶液中可与阴离子发生如下反应，以 WO_4^{2-} 为例：

$$RNH_3^+ + HWO_4^- \rightleftharpoons RNH_3HWO_{4(S)} \downarrow \tag{6-21}$$

$$2RNH_3^+ + WO_4^{2-} \rightleftharpoons (RNH_3)_2 \cdot WO_{4(S)} \downarrow \tag{6-22}$$

上述反应类似于金属离子与阴离子捕收剂的成盐反应，称之为生成了铵盐。当溶液中铵和阴离子浓度达到一定值后，溶液明显变浑浊，即产生了铵盐沉淀物。由产生沉淀所需铵及阴离子的浓度，可近似推估铵与阴离子生成铵盐的能力大小。研究表明，各种铵与 WO_4^{2-} 生成沉淀所需浓度最小，SO_4^{2-} 及 PO_4^{3-} 生成铵盐所需浓度次之，F^- 及 CO_3^{2-} 所需浓度最大，即无机阴离子与烷基铵生成铵盐的能力大小顺序为 $WO_4^{2-} > SO_4^{2-} \sim PO_4^{3-} > F^- \sim CO_3^{2-}$。

十二胺、十四胺、十八胺浮选碱土金属盐类矿物的结果见图 6-31、图 6-32。可以看出，烷基胺对这几种矿物捕收能力大小顺序为：白钨矿＞重晶石～磷灰石＞萤石～方解石，与烷基胺和相应矿物阴离子生成铵盐的能力大小顺序一致，这表明，烷基胺浮选盐类矿物的作用机理可能归因于铵阳离子与矿物阴离子生成铵盐沉淀物，单纯用静电作用是不能解释这种现象的。ζ 电位测定结果显示，磷灰石、白钨矿、重晶石在纯水中带负电，磷灰石的表面 ζ 电位荷负电较高，单用静电作用机理就难以解释烷基胺对盐类矿物的这种捕收能力大小顺序。而且，测得萤石表面 ζ 电位为正，但烷基胺对萤石却仍有一定捕收作用，这更不能用静电吸附机理解释。因此，烷基胺与矿物阴离子的成盐反应可能是盐类矿物阳离子捕收剂浮选的主要作用机理之一。

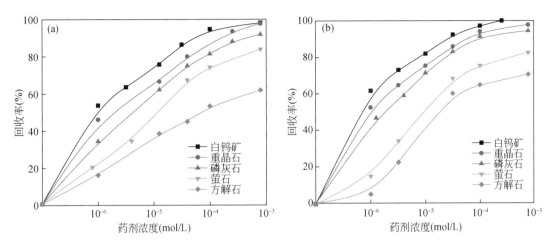

图 6-31　白钨矿、重晶石、磷灰石、方解石及萤石浮选回收率与十二胺（a）和十四胺（b）浓度的关系
（pH=6.5～7.0）

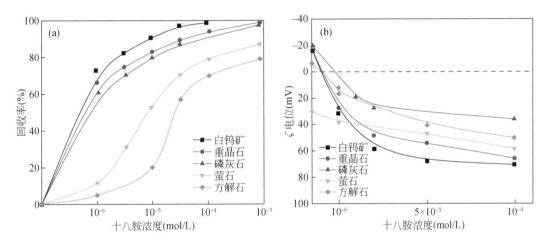

图 6-32　白钨矿、重晶石、磷灰石、方解石及萤石浮选回收率（a）和表面ζ电位（b）与十八胺浓度的关系（pH=6.5～7.0）

图 6-32（b）的结果表明，在十八胺存在下，盐类矿物表面负ζ电位变正。在蒸馏水中，白钨矿、重晶石、磷灰石的等电点 pH 分别为 1.8，3.5，2.8，在 5×10^{-5} mol/L 十八胺溶液中，等电点漂移至 pH=10.6，随着十八胺浓度的增加，带负电的盐类矿物表面ζ电位向正方向迅速增大，而且，萤石表面正ζ电位也有较大增加，这进一步说明烷基胺在盐类矿物表面的吸附是通过铵阳离子与矿物阴离子生成胺盐沉淀发生的。

6.3　浮选剂/矿物相互作用的条件溶度积理论

溶度积理论虽然可以解释一些捕收剂浮选矿物的顺序，但它在计算浮选剂与矿物表面金属离子作用时，没有考虑金属离子的水解反应和浮选剂阴离子的加质子反应，因此，用溶度积理论解释浮选剂与矿物表面的作用时，往往也存在局限性。本节在考虑金属离子的水解反应和浮选剂阴离子的加质子反应后，用条件溶度积来解释浮选剂和矿物表面金属离子的作用。

6.3.1 捕收剂与矿物表面离子化学反应最佳 pH 条件

1. 油酸钠/盐类矿物体系

油酸钠是盐类矿物浮选的常用捕收剂，在油酸钠/盐类矿物/水溶液体系中，可存在如下反应。

金属油酸盐的生成：

$$M^{n+} + 2OL^- \Longrightarrow M(OL)_{n(s)} \tag{6-23}$$

溶度积：

$$K_{sp,M(OL)n} = [M^{n+}][OL^-]^n \tag{6-24}$$

盐类矿物表面金属离子（Ca^{2+}、Ba^{2+}、Mn^{2+} 等）发生式（2-16）的水解反应，油酸根的加质子反应由式（4-46）确定，则金属油酸盐的条件溶度积为

$$K'_{sp,M(OL)n} = K_{sp,M(OL)n} \alpha_M \alpha_{OL}^n \tag{6-25}$$

式中，α_M 由式（2-17）确定，α_{OL} 由式（4-46）确定。

根据上述平衡关系，可求出金属油酸盐的条件溶度积与 pH 的关系，见图 6-33，油酸钠在盐类矿物表面的吸附量与 pH 的关系，见图 6-34，可以看出，油酸钠在盐类矿物表面的吸附与金属油酸盐的生成有密切关系，金属油酸盐条件溶度积最小的 pH 范围，正是油酸钠在盐类矿物表面吸附量最大的 pH 范围，表明油酸钠在盐类矿物表面的作用机理，可能是表面反应生成金属油酸盐。

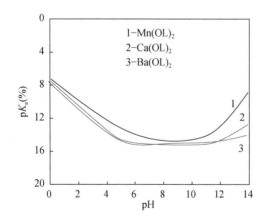
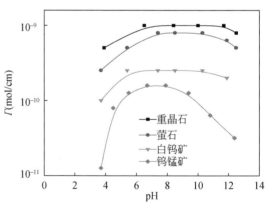

图 6-33　金属油酸盐的条件溶度积与 pH 的关系　　图 6-34　油酸钠在重晶石、萤石、白钨矿及钨锰矿上的吸附量与 pH 的关系

因此，油酸钠等脂肪酸类捕收剂，对大多数盐类矿物，具有相似的高化学反应活性，浮选盐类矿物时，油酸钠捕收能力强，选择性差。浮选实验表明，当油酸钠浓度为 10^{-4} mol/L

时，黑钨矿、萤石、方解石、磷灰石、重晶石及白钨矿的回收率均可达 90% 以上，要实现这些矿物之间的分离，必须加入各种调整剂。

2. 辛基羟肟酸/黑钨矿体系

黑钨矿表面有 Mn^{2+}、Fe^{2+}，羟肟酸根离子与金属离子的化学反应为:

$$Mn^{2+}+2OHA^- \Longrightarrow Mn(OHA)_2$$

$$K_{sp,Mn(OHA)_2}=[Mn^{2+}][OHA^-]^2=10^{-14.0} \tag{6-26}$$

$$Fe^{2+}+2OHA^- = Fe(OHA)_2$$

$$K_{sp,Fe(OHA)_2}=[Fe^{2+}][OHA^-]^2=10^{-14.0} \tag{6-27}$$

同时考虑金属离子的水解和羟肟酸阴离子的质子化反应。用条件溶度积来确定金属羟肟酸盐生成的临界条件，金属羟肟酸盐的条件溶度积由下列方程确定:

$$K'_{sp,Mn(OHA)_2}=[Mn^{2+}]_{T,e}[OHA^-]^2_{T,e}=K_{sp,Mn(OHA)_2}\alpha_{Mn}\alpha^2_{OHA} \tag{6-28a}$$

$$K'_{sp,Fe(OHA)_2}=[Fe^{2+}]_{T,e}[OHA^-]^2_{T,e}=K_{sp,Fe(OHA)_2}\alpha_{Fe}\alpha^2_{OHA} \tag{6-28b}$$

式中，$[Mn^{2+}]_{T,e}$、$[Fe^{2+}]_{T,e}$ 和 $[OHA^-]_{T,e}$ 分别为溶液中 Mn^{2+}、Fe^{2+} 的平衡浓度和羟肟酸的平衡浓度。α_{Mn} 和 α_{Fe} 分别是 Mn^{2+}、Fe^{2+} 水解反应副反应系数，由式（2-17）确定为

$$\alpha_{Me}=1+K_1[OH^-]+K_2[OH^-]^2+K_3[OH^-]^3+K_4[OH^-]^4 \tag{6-29}$$

表 6-5 给出了 Mn^{2+}、Fe^{2+} 各种水解反应的平衡常数。

表 6-5　水解反应及其平衡常数

水解反应式	平衡常数	Mn^{2+}	Fe^{2+}
$Me^{2+}+OH^- \Longrightarrow MeOH^+$	K_1	$10^{3.4}$	$10^{4.5}$
$Me^{2+}+2OH^- \Longrightarrow Me(OH)_{2(aq)}$	K_2	$10^{5.8}$	$10^{7.0}$
$Me^{2+}+3OH^- \Longrightarrow Me(OH)_3^-$	K_3	$10^{7.2}$	$10^{10.0}$
$Me^{2+}+4OH^- \Longrightarrow Me(OH)_4^{2-}$	K_4	$10^{7.3}$	$10^{9.6}$

同样，捕收剂加质子反应可以写成

$$OHA^-+H^+ \Longrightarrow HOHA \qquad K^H=10^{9.0} \tag{6-30}$$

加质子反应系数，由下列公式得出

$$\alpha_{OHA}=1+K^H[H^+] \tag{6-31}$$

因此，从式（6-27）到式（6-31）可以得到理论上形成金属羟肟酸沉淀条件溶度积的临界曲线 $(lg([Me^{2+}]_{T,e}[OHA^-]^2_{T,e}))$，如图 6-35 中虚线所示。

设 $[Mn^{2+}]_T$ 和 $[Fe^{2+}]_T$ 分别为黑钨矿表面溶解的总锰离子和总铁离子浓度，$[OHA^-]_T$ 为加入的总羟肟酸根离子浓度。则实际发生金属羟肟酸盐沉淀的条件为

$$[Mn^{2+}]_T[OHA^-]^2_T \geqslant [Mn^{2+}]_{T,e}[OHA^-]^2_{T,e} \tag{6-32a}$$

$$[Fe^{2+}]_T[OHA^-]^2_T \geqslant [Fe^{2+}]_{T,e}[OHA^-]^2_{T,e} \tag{6-32b}$$

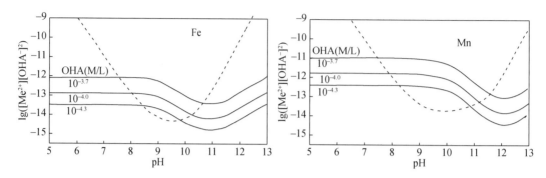

图 6-35　辛基羟肟酸与 Mn^{2+}、Fe^{2+} 生成羟肟酸盐的条件溶度积及黑钨矿表面形成羟肟酸锰盐和羟肟酸铁盐沉淀的条件

计算黑钨矿溶液中溶解的 $[Mn^{2+}]_T$ 和 $[Fe^{2+}]_T$ 时，可用钨酸锰溶解的 $[Mn^{2+}]_T$ 和钨酸亚铁溶解的 $[Fe^{2+}]_T$ 确定。考虑到 pH=9.3 是钨酸锰表面转化为氢氧化锰的临界 pH，pH=9.9 是钨酸亚铁表面转化为氢氧化亚铁的临界 pH。可以分别计算黑钨矿溶液中溶解的 $[Mn^{2+}]_T$ 和 $[Fe^{2+}]_T$。

在 pH<9.3 和 pH<9.9 时，分别用钨酸锰和钨酸亚铁的条件溶度积可以得到矿物中溶解的总 Mn^{2+} 和 Fe^{2+} 浓度，分别为

$$[Mn^{2+}]_T = \sqrt{K_{sp,MnWO_4}\alpha_{Mn}\alpha_{WO_4^{2-}}} \qquad K_{sp,MnWO_4}=1.41\times10^{-9} \tag{6-33a}$$

$$[Fe^{2+}]_T = \sqrt{K_{sp,FeWO_4}\alpha_{Fe}\alpha_{WO_4^{2-}}} \qquad K_{sp,FeWO_4}=9.12\times10^{-12} \tag{6-33b}$$

$$\alpha_{WO_4^{2-}} = 1 + \beta_1^H[H^+] + \beta_2^H[H^+]^2 \tag{6-34}$$

式中，β_1^H 和 β_2^H 为钨酸根的第一和第二质子化反应系数，由下式给出：

$$H^+ + WO_4^{2-} \Longrightarrow HWO_4^- \qquad \beta_1^H = 10^{3.5} \tag{6-35a}$$

$$2H^+ + WO_4^{2-} \Longrightarrow H_2WO_4 \qquad \beta_2^H = 10^{8.2} \tag{6-35b}$$

在 pH>9.3 和 pH>9.9 时，Mn^{2+} 和 Fe^{2+} 的平衡浓度由下列方程给出：

$$[Mn^{2+}] = \frac{K_{sp,Mn(OH)_2}\alpha_{Mn}}{[OH^-]^2} \qquad K_{sp,Mn(OH)_2}=10^{-12.6} \tag{6-36a}$$

$$[Fe^{2+}] = \frac{K_{sp,Fe(OH)_2}\alpha_{Fe}}{[OH^-]^2} \qquad K_{sp,Fe(OH)_2}=10^{-15.1} \tag{6-36b}$$

由式（6-33）到式（6-36）可以获得 $lg[Mn^{2+}]_T[OHA^-]_T^2$ 和 $lg[Fe^{2+}]_T[OHA^-]_T^2$-pH 曲线，而且，不同浓度羟肟酸，得到的曲线不同，见图 6-35 中实线。可以看出，Mn^{2+} 在 pH 8~11 范围时，Fe^{2+} 在 pH 8.5~10 范围时，黑钨矿表面溶解的总锰离子和总铁离子浓度和加入的总羟肟酸根离子浓度满足式（6-32）确定的条件，即

$$lg([Me^{2+}]_T[OHA^-]_T^2) > lg([Me^{2+}]_{T,e}[OHA^-]_{T,e}^2)$$

此时，在黑钨矿表面会形成羟肟酸锰盐和羟肟酸铁盐的沉淀，而且 pH 9 左右，是两者生成金属羟肟酸盐沉淀最佳 pH。因此，这些 pH 范围应是辛基羟肟酸在黑钨矿表面吸附并起捕收作用最佳的范围，如图 6-36 所示。

　　图 6-36 是辛基羟肟酸在黑钨矿上的吸附量和黑钨矿浮选回收率随 pH 的变化，表明，pH 在 7～9.5 范围，辛基羟肟酸在黑钨矿上的吸附量最大，对应于羟肟酸锰盐和羟肟酸铁盐沉淀生成的最佳 pH 范围。黑钨矿的浮选回收率随 pH 的增加而增加，在 pH 8.5～9.5 之间回收率达到最大值，超过此值后，黑钨矿的回收率随 pH 的增加而降低。这些结果表明，羟肟酸与黑钨矿表面离子形成羟肟酸锰盐和羟肟酸铁盐是羟肟酸捕收黑钨矿的主要作用机理。

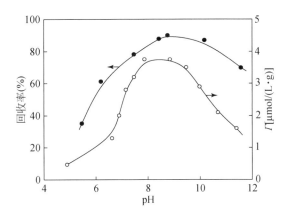

图 6-36　辛基羟肟酸在黑钨矿表面的吸附量及黑钨矿浮选回收率与 pH 的关系

6.3.2　抑制剂与不同矿物表面的反应与选择性抑制作用

1. 硅酸钠与盐类矿物表面的反应

　　水玻璃是常用的抑制剂，其主要化学成分是硅酸钠，通过计算硅酸钠与矿物表面金属离子化学反应产物的生成条件，可以讨论水玻璃与矿物表面作用最佳条件。盐类矿物磷灰石、方解石、萤石表面都含有钙离子，与硅酸钠反应都可以生成硅酸钙，但由于不同矿物表面性质的差异，生成硅酸钙的条件是不同的，通过溶液化学计算来确定硅酸钙的生成反应可用下式表示：

$$Ca^{2+}+SiO_3^{2-} \Longrightarrow CaSiO_3 \qquad K_{sp}=10^{-11.08} \qquad (6-37)$$

考虑到钙离子的水解反应式（4-44）和硅酸根的加质子反应：

$$H^++SiO_3^{2-} \Longrightarrow HSiO_3^- \qquad K_1^H=10^{12.56}$$

$$H^++HSiO_3^- \Longrightarrow H_2SiO_3 \qquad K_2^H=10^{9.43} \qquad (6-38)$$

$$\alpha_{SiO_3^{2-}}=1+K_1^H[H^+]+K_1^H K_2^H[H^+]^2 \qquad (6-39)$$

α_{Ca} 由式（4-45）确定。

　　硅酸钙的条件溶度积为

$$K_{sp}'=[Ca^{2+}]_e \cdot [SiO_3^{2-}]_e=K_{sp}\alpha_{Ca}\alpha_{SiO_3^{2-}} \qquad (6-40)$$

式中，$[Ca^{2+}]_e$ 和 $[SiO_3^{2-}]_e$ 分别为溶液中可溶性钙和硅酸盐的平衡总浓度。由式（6-40），计算出硅酸钙的条件溶度积随 pH 的变化，如图 6-37 曲线 1 所示。曲线 1 上方的区域表示发生硅酸钙沉淀的条件，亦即当溶液中矿物溶解钙离子总浓度与硅酸根总浓度的乘积的对数值 $\lg[Ca^{2+}]_T[SiO_3^{2-}]_T \geqslant \lg[Ca^{2+}]_e[SiO_3^{2-}]_e$ 时，就能产生 $CaSiO_3$ 的沉淀。

盐类矿物萤石、方解石、磷灰石表面溶解钙离子浓度 $[Ca^{2+}]_T$ 由以下平衡关系确定。萤石溶解钙离子浓度为

$$[Ca^{2+}]_T = (K_{sp,CaF_2}\alpha_{Ca}\alpha_F^2/4)^{1/3} \qquad K_{sp,CaF_2} = 10^{-10.41} \qquad (6\text{-}41)$$

α_{Ca} 同样由式（4-45）确定，F^- 加质子反应副反应系数由下式确定：

$$H^+ + F^- \rightleftharpoons HF \qquad \alpha_F = 1 + K^H[H^+] \qquad (6\text{-}42)$$

方解石溶解钙离子浓度为

$$[Ca^{2+}]_T = (K_{sp,CaCO_3}\alpha_{Ca}\alpha_{CO_3^{2-}})^{1/2} \qquad K_{sp,CaCO_3} = 10^{-8} \qquad (6\text{-}43)$$

CO_3^{2-} 的加质子反应如式（2-42），副反应系数如式（2-43）。

磷灰石溶解钙离子浓度为

$$\lg[Ca^{2+}]_T = 1/16(\lg K_{sp,Ca\text{-}Ap}\alpha_{Ca}^{10}\alpha_p^6) - 1/8pH + 1.83 \qquad (6\text{-}44)$$

式中，$K_{sp,Ca\text{-}Ap} = 10^{-11.5}$。

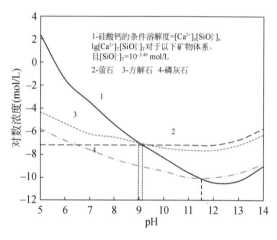

图 6-37　硅酸钙的条件溶度积及磷灰石、方解石、萤石溶解的总钙离子浓度与 $[SiO_3^{2-}]$ 的乘积与 pH 的关系

正磷酸的加质子反应为（5-42c），副反应系数如式（5-43）。

当固定硅酸盐浓度为 80 mg/L 或 $10^{-3.49}$ mol/L 时，各矿物溶解钙离子总浓度与硅酸根的总浓度的乘积的负对数值与 pH 的关系见图 6-37 中曲线 2、3、4。当曲线 2、3、4 低于条件溶度积临界曲线 1 时，不太可能在各矿物表面形成硅酸钙沉淀。曲线 2、3、4 与曲线 1 的交叉点定义了一个临界 pH，临界 pH 的意义在于，对于大于临界 pH 的饱和矿物悬浮液，$[Ca^{2+}]_T[SiO_3^{2-}]_T > [Ca^{2+}]_e[SiO_3^{2-}]_e$ 得到满足，预期矿物表面生成硅酸钙。

曲线 2 与曲线 1 的交点为 pH 9.2，即当 pH>9.2 时，$10^{-3.49}$ mol/L 硅酸钠可以在萤石表面生成硅酸钙，对萤石的浮选产生抑制作用。曲线 3 与曲线 1 的交点为 pH 9.0，即当 pH>9.0 时，$10^{-3.49}$ mol/L 硅酸钠可以在方解石表面生成硅酸钙，对方解石的浮选产生抑制作用。曲线 4 与曲线 1 的交点为 pH 11.5，即当 pH>11.5 时，$10^{-3.49}$ mol/L 硅酸钠可以在磷灰石表面生成硅酸钙，将对磷灰石的浮选产生抑制作用。

图 6-38 是硅酸钠在磷灰石及方解石表面吸附量与 pH 的关系，比较图 6-37 可以看出，在方解石表面硅酸钙容易生成的 pH 范围（9～12），正是硅酸钠在方解石表面吸附量最大的 pH 范围，硅酸钠在方解石表面的吸附量远大于在磷灰石表面的吸附量。水玻璃对磷灰石及方解石浮选的影响见图 6-39，可见，在 pH>9（硅酸钠在方解石表面生成硅酸钙的临界 pH）后，水玻璃对方解石抑制作用强，方解石浮选回收率显著下降，而水玻璃对磷灰石

的抑制作用较小，而且，要在 pH＞11.5（硅酸钠在磷灰石表面生成硅酸钙的临界 pH）后，磷灰石才被抑制。因此，虽然水玻璃与磷灰石、方解石和萤石表面的作用机理均可以认为是化学反应生成硅酸钙沉淀，但由于在这些矿物表面生成硅酸钙沉淀的 pH 范围的差异，可以在不同 pH 条件下，浮选分离这些矿物。以水玻璃为抑制剂，在 pH 大于 9.0 但小于 11.5 的条件下，磷灰石与萤石、方解石的选择性浮选分离是可行的，萤石、方解石受到水玻璃抑制，而磷灰石不受抑制。此外，当使用硅酸钠作为抑制剂时，萤石和方解石的浮选分离将是非常困难的，它们被抑制的 pH 范围基本是相同的。

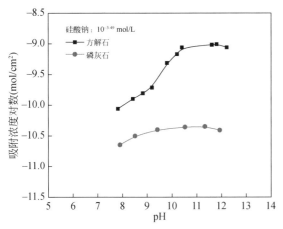 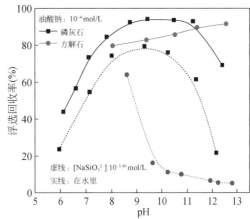

图 6-38　硅酸钠在磷灰石及方解石表面吸附量与 pH　　图 6-39　磷灰石及方解石浮选回收率与 pH 关系
的关系

2. 磷酸钠/盐类矿物的反应

磷酸盐（六偏磷酸钠、多聚磷酸钠等）也是常用的抑制剂，其主要化学成分单元是磷酸，通过计算磷酸钠与矿物表面金属离子化学反应产物的生成条件，可以讨论各种磷酸盐与矿物表面作用最佳条件。

在含有 Ca^{2+} 和 PO_4^{3-} 的溶液中磷酸钙的沉淀：

$$3Ca^{2+}+2PO_4^{3-} \rightleftharpoons Ca_3(PO_4)_{2(s)} \qquad K_{sp,Ca\text{-}P}=10^{-30.5} \qquad (6\text{-}45a)$$

对应的条件溶解度乘积为

$$K'_{sp,Ca\text{-}P}=[Ca^{2+}]_e^3[PO_4^{3-}]_e^2=K_{sp,Ca\text{-}P}\alpha_{Ca}^3\alpha_P^2 \qquad (6\text{-}45b)$$

式中，$[Ca^{2+}]_e$ 和 $[PO_4^{3-}]_e$ 分别为可溶性钙和磷酸盐的平衡总浓度，α_P 为磷酸盐质子化反应系数。由式（6-45）计算出 $Ca_3(PO_4)_2$ 的条件溶度积临界 pH 曲线，结果如图 6-40 曲线 1 所示，当溶液中含钙矿物溶解的钙离子浓度和加入的磷酸盐浓度满足 $[Ca^{2+}]_T^3[PO_4^{3-}]_T^2 \geqslant K_{sp,Ca\text{-}P}\alpha_{Ca}^3\alpha_P^2=[Ca^{2+}]_e^3[PO_4^{3-}]_e^2$ 时，即在曲线 1 上方的区域时，会产生磷酸钙沉淀。图中同样计算出了 $CaHPO_4$ 条件溶度积临界 pH 曲线，结果如图 6-40 曲线 3。

图 6-40 表明，曲线 2 与曲线 1 的交点为 pH 7.2，即当 pH＞7.2 时，0.1 mmol/L 磷酸钠可以在萤石表面生成磷酸钙，对萤石的浮选产生抑制作用。曲线 3 远高于另外两条曲线与曲线 2 没有交叉，表明在当前体系中磷酸氢钙的沉淀不太可能发生。从图 6-37 和图 6-40

可以看出，磷酸盐和硅酸盐分别在 pH＞7.2 和 pH＞9.2 对萤石产生抑制作用。

以 0.1 mmol/L 油酸盐为捕收剂，在有无水玻璃和磷酸盐时，浮选萤石的结果如图 6-41 所示。在不添加抑制剂的情况下，在 pH 5～11 范围内萤石上浮效果很好。添加 1 mmol/L 硅酸钠后，萤石在 pH＞9.0 时的浮选回收率明显下降，当添加 0.1 mmol/L 磷酸钠时，pH＞7.0 时萤石浮选回收率明显下降，这与萤石表面分别生成硅酸钙和磷酸钙的临界沉淀 pH 9.2 和 7.2 相对应，这表明，磷酸盐和硅酸盐对萤石产生抑制作用的主要机理可能是在萤石表面分别生成了磷酸钙和硅酸钙使萤石表面亲水，而且，磷酸钠对萤石浮选的抑制作用强于硅酸钠。

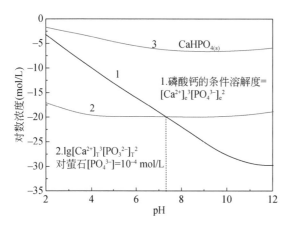

图 6-40 磷酸钙（1）、磷酸氢钙（3）的条件溶度积及萤石溶解的总钙离子浓度与 10^{-4} mol/L［PO_4^{3-}］的乘积（2）与 pH 的关系

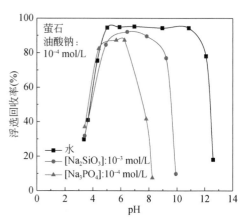

图 6-41 油酸钠作捕收剂，萤石浮选回收率与 pH 的关系

6.4 矿物/浮选剂相互作用的 ΔG-pH 图

在确定浮选剂与矿物表面金属离子化学反应发生的条件时，反应的标准自由能变化 ΔG^0 或自由能变化-ΔG 与 pH 的关系曲线也是研究矿物/浮选剂相互作用的图解法之一。

6.4.1 捕收剂与矿物表面的化学反应与捕收性能

对于菱锌矿和白云石与油酸钠的反应，可以计算油酸根与矿物表面 Zn^{2+}、Ca^{2+}、Mg^{2+} 等二价金属离子化学反应的自由能变化。油酸根与 Zn^{2+}、Ca^{2+}、Mg^{2+} 等二价金属离子 M^{2+} 在溶液中反应如式（6-23），反应的标准自由能变化为

$$\Delta G^0 = RT \ln K_S' = RT \ln K_S \cdot a_M a_{OL}^2 \qquad (6-46)$$

分别将 Zn^{2+}、Ca^{2+}、Mg^{2+} 对应油酸盐的溶度积常数、金属离子水解反应副反应系数［式（2-17）］及油酸根的副反应系数［式（4-46）］代入式（6-46）中，计算得到油酸根离子与 Zn^{2+}、Ca^{2+}、Mg^{2+} 作用的-ΔG^0-pH 图，如图 6-42。

由图 6-42 可知，油酸钠与 Zn^{2+} 作用的-ΔG^0 值，在 pH＜6 时，随 pH 的增加而增加，

在 pH 6~9 范围内 ΔG^0 基本保持在最高值 -103 kJ/mol 左右，不发生变化，当 pH>9 时，随着 pH 的增加而迅速降低。表明菱锌矿表面解离出的 Zn^{2+} 和油酸钠化学反应的最佳 pH 区间为 6~9。油酸钠与 Ca^{2+} 作用的 $-\Delta G^0$ 值，在 pH<6 时，随 pH 的增加而增加，在 pH 6~12 范围内 ΔG^0 基本保持在最高值 -87 kJ/mol 左右，不发生变化，在 pH>12 时，随着 pH 的增加而降低；油酸钠与 Mg^{2+} 作用的 $-\Delta G^0$ 值，在 pH<6 时，随 pH 的增加而增加，在 pH 6~11 范围内 ΔG^0 基本保持在最高值 -78 kJ/mol 左右，不发生变化，在 pH>11 时，随着 pH 的增加而降低。表明油酸钠和白云石表面解离出

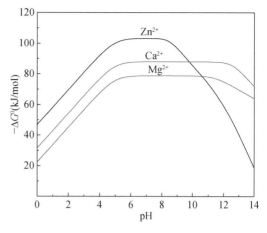

图 6-42　油酸钠与 Zn^{2+}、Ca^{2+} 及 Mg^{2+} 反应的 $-\Delta G^0$ 与 pH 的关系

的 Ca^{2+} 和 Mg^{2+} 作用的 pH 范围较宽，在 pH 6~11 范围内，都易于反应生成油酸盐。

　　菱锌矿浮选回收率随 pH 的变化情况如图 5-15 所示，在不使用硫化钠时，菱锌矿浮选最佳 pH 在 9.5 左右，此时菱锌矿回收率为 70%，矿浆 pH 的变化对菱锌矿浮选具有显著影响。在 pH 低于 9.5 时，菱锌矿回收率随着 pH 升高而迅速增大，在 pH 9.5 左右时达到最大值，当 pH 超过 9.5，菱锌矿回收率随着 pH 的进一步上升而降低，与图 6-42 中菱锌矿表面解离出的 Zn^{2+} 和油酸钠化学反应的最佳 pH 区间基本一致，表明，菱锌矿表面生成油酸锌是其疏水上浮的主要原因。此外，对照图 6-33，可以看出，几种含钙矿物浮选的 pH 范围也与油酸钠与 Ca^{2+} 作用的 $-\Delta G^0$ 值最大 pH 范围一致，表明用条件溶度积图解方法和用自由能变化图解方法均能确定浮选剂与矿物表面金属离子反应的条件，确定浮选行为。

6.4.2　硫化剂与铜、铅、锌离子的化学反应与铜、铅、锌氧化矿表面的硫化

　　从 Na_2S 的组分分布图（图 5-14）可以看出，Na_2S 起作用的主要组分是 HS^-，它在铜、铅、锌（M 表示）氧化矿表面的反应为

$$MCO_3 + HS^- \Longrightarrow MS + HCO_3^-$$

但在高 pH 下，碳酸盐矿物表面会变成氢氧化物：

$$MCO_3 + 2OH^- \Longrightarrow M(OH)_2 + CO_3^{2-} \tag{6-47a}$$

$$\frac{[CO_3^{2-}]}{[OH^-]^2} = \frac{K_{sp,MCO_3}}{K_{sp,M(OH)_2}} \tag{6-47b}$$

反应（6-47a）的临界 pH（pH_C）由式（6-47b）确定为

$$pH = \frac{1}{2}(pK_{sp,MCO_3} - pK_{sp,M(OH)_2} + \lg[CO_3^{2-}] - pK_w \qquad (6\text{-}48)$$

$[CO_3^{2-}]$ 的浓度可以按照 2.3 节的方法确定。由此得到白铅矿、菱锌矿、孔雀石三种矿物表面形成氢氧化物的 pH_C 为

$$PbCO_3—Pb(OH)_2: \qquad pH_C = 9.9$$
$$ZnCO_3—Zn(OH)_2: \qquad pH_C = 8.8$$
$$CuCO_3—Cu(OH)_2: \qquad pH_C = 7.5$$

$pH < pH_C$，活化反应按式（6-46）进行，平衡常数为

$$K_1 = \frac{[HCO_3^-]}{[HS^-]} \qquad (6\text{-}49)$$

又：

$$H^+ + CO_3^{2-} \Longrightarrow HCO_3^- \qquad K_{1C}^H = \frac{[HCO_3^-]}{[H^+][CO_3^{2-}]} \qquad (6\text{-}50a)$$

$$M^{2+} + CO_3^{2-} \Longrightarrow MCO_3 \qquad K_{sp,\ MCO_3} = [M^{2+}][CO_3^{2-}] \qquad (6\text{-}50b)$$

$$H^+ + S^{2-} \Longrightarrow HS^- \qquad K_{1S}^H = \frac{[HS^-]}{[H^+][S^{2-}]} \qquad (6\text{-}51a)$$

$$M^{2+} + S^{2-} \Longrightarrow MS \qquad K_{sp,\ MS} = [M^{2+}][S^{2-}] \qquad (6\text{-}51b)$$

将式（6-50）及（6-51）代入式（6-49）得

$$K_1 = \frac{K_{1C}^H K_{sp,MCO_3}}{K_{1S}^H K_{sp,MS}} \qquad (6\text{-}52)$$

式（6-46）反应的自由能变化为

$$\Delta G_1 = \Delta G^0 + RT \ln \frac{[HCO_3^-]}{[HS^-]} = -RT \ln K_1 + RT \ln \frac{[HCO_3^-]}{[HS^-]} \qquad (6\text{-}53)$$

根据式（6-53）

$$[HS^-] = \frac{K_{1S}^H [H^+] C_T}{1 + K_{1S}^H [H^+] + \beta_2^H [H^+]^2} \qquad (6\text{-}54a)$$

$$[HCO_3^-] = K_{1C}^H [H^+][CO_3^{2-}] \qquad (6\text{-}54b)$$

将式（6-50）至式（6-52）和式（6-54）代入式（6-53）得

$$\Delta G_1 = 2.3RT\{\lg K_{sp,MS} - \frac{1}{2}\lg K_{sp,MCO_3} + \frac{1}{2}\lg \alpha_M + \frac{1}{2}\lg \alpha_{CO_3^{2-}} - \lg C_T$$
$$+ \lg(1 + K_{1S}^H [H^+] + \beta_2^H [H^+]^2)\} \qquad (6\text{-}55)$$

式中，C_T 为加入 Na_2S 的总浓度，即 $[S^{2-}]$ 的总浓度。

在 $pH > pH_C$ 时，活化反应为

$$M(OH)_{2(s)} + HS^- \Longrightarrow MS + H_2O + OH^- \qquad (6\text{-}56a)$$

$$K_2 = \frac{K_{sp,M(OH)_2}}{K_{sp,MS} K_{1S}^H K_W} \qquad (6\text{-}56b)$$

自由能变化为

$$\Delta G_2 = -RT \ln K_2 + RT \ln \frac{[OH^-]}{[HS^-]} \qquad (6-57)$$

将式（6-54）和式（6-56）代入式（6-57）得

$$\Delta G_2 = 2.3RT\{\lg K_{sp,MS} - \lg K_{sp,M(OH)_2} - \lg C_T + \lg(1 + K_{1S}^H[H^+] + \beta_2^H[H^+]^2)\} \qquad (6-58)$$

由式（6-55）和式（6-58）可以绘出 HS^- 与孔雀石、白铅矿及菱锌矿表面金属离子在不同 pH 条件下，反应的自由能变化和孔雀石、白铅矿、菱锌矿 Na_2S 活化浮选回收率，见图 6-43 和图 6-44。由图 6-43 和图 6-44 可以看出，Na_2S 活化浮选孔雀石、白铅矿与菱锌矿的最佳 pH 范围，对应于式（6-55）和式（6-58）确定的矿物表面与 HS^- 反应生成硫化物的 pH 范围，亦即在该 pH 范围内，HS^- 与孔雀石、白铅矿及菱锌矿表面反应生成的硫化物的自由能变化负值为最大，硫化效果最好，孔雀石、白铅矿及菱锌矿浮选回收率最大。也证明了孔雀石、白铅矿和菱锌矿表面硫化机理主要是表面铜离子、铅离子或锌离子与 HS^- 反应，而且，pH 不同，表面反应的机理也不同。

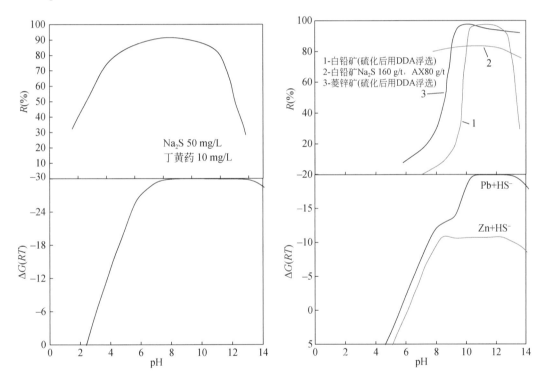

图 6-43　HS 与孔雀石表面反应的自由能变化及硫化浮选回收率与 pH 的关系

图 6-44　HS 与白铅矿及菱锌矿表面反应的自由能变化及硫化浮选回收率与 pH 的关系

6.4.3　抑制剂与矿物表面反应的自由能变化与选择性抑制

单宁酸与萤石和方解石表面反应为例，单宁酸与萤石的反应为

$$CaF_{2(s)} + H_2L^- \rightleftharpoons CaH_2L_{(s)} + 2F^- \qquad K'_{sp1} = 10^{-2.88} \qquad （6\text{-}59a）$$

反应的自由能变化ΔG_1为

$$\Delta G_1 = -RT \ln K'_{sp1} + RT \ln \frac{[F^-]^2}{[H_2L^-]} \qquad （6\text{-}59b）$$

单宁酸与方解石的反应为

$$CaCO_{3(s)} + H_2L^- \rightleftharpoons CaH_2L_{(s)} + CO_3^{2-} \qquad K'_{sp2} = 10^{-2.78} \qquad （6\text{-}60a）$$

反应的自由能变化ΔG_2为

$$\Delta G_2 = -RT \ln K'_{sp2} + RT \ln \frac{[CO_3^{2-}]}{[H_2L^-]} \qquad （6\text{-}60b）$$

式（6-59）和式（6-60）中，$[H_2L^-]$的浓度由式（5-46）单宁酸的质子化反应确定。$[F^-]$、$[CO_3^{2-}]$的浓度分别由式（6-41）和式（6-43）中萤石及方解石溶解反应确定。则有

$$\Delta G_1 = -RT \left(\ln K'_{sp1} + \frac{2}{3} \ln K_{sp1} + \frac{2}{3} \ln \alpha_{Ca^{2+}} + \ln \alpha_L - \frac{4}{3} \ln \alpha_{F^-} - \ln C_T - \frac{2}{3} \ln 4 \right) + 2\ln 2 \quad （6\text{-}61）$$

$$\Delta G_2 = -RT \left(\ln K'_{sp2} + \frac{1}{2} \ln K_{sp2} + \frac{1}{2} \ln \alpha_{Ca^{2+}} + \ln \alpha_L - \frac{1}{2} \ln \alpha_{CO_3^{2-}} - \ln C_T \right) \qquad （6\text{-}62）$$

式中，$\alpha_{Ca^{2+}}$、$\alpha_{CO_3^{2-}}$、α_{F^-}、α_L分别是钙离子、碳酸根离子、氟离子和单宁酸根加质子反应的副反应系数；C_T是单宁酸的浓度（6×10^{-6} mol/L）。由式（6-61）和式（6-62）绘出图6-45萤石和方解石与单宁酸反应的自由能变化与pH的关系。

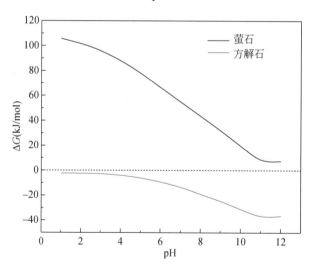

图 6-45　单宁酸与萤石和方解石反应的ΔG与pH的关系

从图6-45可知，在pH 1~12的条件下，萤石与单宁酸作用的ΔG_1一直是正值，这说明单宁酸与萤石要发生反应首先要突破能量壁垒，需要外在条件才能发生作用。而方解石与单宁酸则完全相反，方解石与单宁酸作用的ΔG_2一直为负，说明单宁酸与方解石反应能够自发进行，且随着pH的提高，ΔG_2更负，单宁酸与方解石的反应会越来越容易发生。单宁酸对萤石与方解石浮选行为的影响见图6-22，当单宁酸在0~10 mg/L时，萤石回收率从

93.09%下降到 77.83%，回收率下降趋势不显著。然而方解石回收率从 96.04%迅速下降到 9.18%。进一步从图 6-21 和图 6-25 可以看出，虽然单宁酸也在萤石表面吸附，但油酸钠的竞争吸附作用强于单宁酸，单宁酸对萤石的抑制不强。而单宁酸通过与表面钙离子发生化学反应吸附在方解石表面，占据吸附位点，阻碍了后续的油酸钠在方解石表面的吸附，对方解石有强的抑制作用。

6.4.4　金属离子沉淀反应自由能变化与废水中氟离子的去除效果

钨冶炼废水中含有氟离子，为了去除有害氟离子，可以采用钙沉淀，如加入氯化钙、石灰等，氟离子与钙离子反应生成氟化钙沉淀去除氟离子。但钨冶炼废水中也含有其他离子，如磷酸根离子，此时，磷酸根离子各种水解组分与钙离子反应生成磷酸二氢钙、磷酸氢钙及磷酸钙等。计算这些生成反应的ΔG^0-pH 图，可以分析去除氟离子的最佳条件及磷酸根离子的影响。

氟化钙生成反应：
$$Ca^{2+} + 2F^- \rightleftharpoons CaF_{2(s)} \qquad K_{sp1} = 10^{-10.41} \qquad (6\text{-}63)$$

反应的标准自由能变化为
$$\Delta G^0_{CaF_2} = RT\ln(K_{sp1}\alpha_{Ca^{2+}(1)}\alpha^2_{F^-}) \qquad (6\text{-}64)$$

磷酸二氢钙生成反应：
$$Ca^{2+} + 2H_2PO_4^- \rightleftharpoons Ca(H_2PO_4)_{2(s)} \qquad K_{sp2} = 10^{-2.74} \qquad (6\text{-}65)$$

反应的标准自由能变化为
$$\Delta G^0_{Ca(H_2PO_4)_2} = RT\ln(K_{sp2}\alpha_{Ca^{2+}(2)}\alpha^2_{H_2PO_4^-}) \qquad (6\text{-}66)$$

磷酸氢钙生成反应：
$$Ca^{2+} + HPO_4^{2-} \rightleftharpoons CaHPO_{4(s)} \qquad K_{sp3} = 10^{-7.0} \qquad (6\text{-}67)$$

反应的标准自由能变化为
$$\Delta G^0_{CaHPO_4} = RT\ln(K_{sp3}\alpha_{Ca^{2+}(2)}\alpha_{HPO_4^{2-}}) \qquad (6\text{-}68)$$

磷酸钙生成反应：
$$3Ca^{2+} + 2PO_4^{3-} \rightleftharpoons Ca_3(PO_4)_{2(s)} \qquad K_{sp4} = 10^{-28.68} \qquad (6\text{-}69)$$

反应的标准自由能变化为
$$\Delta G^0_{Ca_3(PO_4)_2} = RT\ln(K_{sp4}\alpha^3_{Ca^{2+}(2)}\alpha^2_{PO_4^{3-}}) \qquad (6\text{-}70)$$

上述各式中，$\alpha_{Ca^{2+}_{(1)}}$、$\alpha_{Ca^{2+}_{(2)}}$、α_{F^-}、$\alpha_{H_2PO_4^-}$、$\alpha_{HPO_4^{2-}}$、$\alpha_{PO_4^{3-}}$ 分别是钙离子水解反应及配合反应、氟离子及各种磷酸根离子的加质子反应的副反应系数。由下列反应确定：

$$Ca^{2+} + PO_4^{3-} \rightleftharpoons CaPO_4^- \qquad K_1 = 10^{6.48} \qquad (6\text{-}71a)$$

$$Ca^{2+} + HPO_4^{2-} \rightleftharpoons CaHPO_{4(aq)} \qquad K_2 = 10^{2.74} \qquad (6\text{-}71b)$$

$$Ca^{2+} + H_2PO_4^- \rightleftharpoons CaH_2PO_4^+ \qquad K_3 = 10^{1.4} \qquad (6\text{-}71c)$$

$$Ca^{2+} + OH^- \rightleftharpoons CaOH^+ \qquad K_4 = 10^{1.4} \qquad (6\text{-}72a)$$

$$Ca^{2+}+2OH^- \rule{1.5em}{0.4pt} Ca(OH)_2 \qquad K_5=10^{2.77} \qquad (6\text{-}72b)$$

$$H^++F^- \rule{1.5em}{0.4pt} HF \qquad K_6=10^{3.17} \qquad (6\text{-}73)$$

$$H^++PO_4^{3-} \rule{1.5em}{0.4pt} HPO_4^{2-} \qquad K_7=10^{12.35} \qquad (6\text{-}74a)$$

$$H^++HPO_4^{2-} \rule{1.5em}{0.4pt} H_2PO_4^- \qquad K_8=10^{7.2} \qquad (6\text{-}74b)$$

$$H^++H_2PO_4^- \rule{1.5em}{0.4pt} H_3PO_4 \qquad K_9=10^{2.15} \qquad (6\text{-}74c)$$

由此得到

$$\alpha_{Ca^{2+}(1)}=1+K_4[OH^-]+K_5[OH^-]^2 \qquad (6\text{-}75)$$

$$\alpha_{Ca^{2+}(2)}=1+K_1[PO_4^{3-}]+K_2K_7[PO_4^{3-}][H^+]+K_3K_7K_8[PO_4^{3-}][H^+]^2+K_4[OH^-]+K_5[OH^-]^2 \qquad (6\text{-}76)$$

$$\alpha_{F^-}=1+K_6\cdot[H^+] \qquad (6\text{-}77)$$

$$\alpha_{PO_4^{3-}}=1+K_7[H^+]+K_7K_8[H^+]^2+K_7K_8K_9[H^+]^3 \qquad (6\text{-}78)$$

$$\alpha_{HPO_4^{2-}}=\frac{\alpha_{PO_4^{3-}}-1}{K_7[H^+]} \qquad (6\text{-}79)$$

$$\alpha_{H_2PO_4^-}=\frac{\alpha_{HPO_4^{2-}}-1}{K_8[H^+]} \qquad (6\text{-}80)$$

$$[PO_4^{3-}]=\frac{C_{T(PO_4^{3-})}}{\alpha_{PO_4^{3-}}} \qquad (6\text{-}81)$$

$C_{T(PO_4^{3-})}$ 为磷酸根的总浓度（4.21×10^{-4} mol/L，40 mg/L），由以上各式，可得到氟化钙、磷酸二氢钙、磷酸氢钙及磷酸钙生成反应的标准吉布斯自由能 ΔG^0 与 pH 的关系，结果如图 6-46 所示。

由图 6-46 可以看出，在 pH 3～12 范围内，氟化钙、磷酸二氢钙、磷酸氢钙及磷酸钙生成反应的标准吉布斯自由能变化 ΔG^0 均为负值，表明这些反应在热力学上均可自发进行。在 pH 4～5.2 范围内氟化钙的 ΔG^0 负值更负，其次为磷酸钙、磷酸氢钙、磷酸二氢钙，表明在此 pH 区间生成氟化钙的反应趋势更大，其次为磷酸钙、磷酸氢钙、磷酸二氢钙，即在热力学上氟化钙最容易生成，其次为磷酸钙、磷酸氢钙、磷酸二氢钙。此时，磷酸根离子的存在对钙去除废水中氟离子的影响小，氯化钙去除含磷酸根离子的氟化钠溶液中氟化物效果好，如图 6-47 所示。在 pH 5.2～10 范围内，磷酸钙的 ΔG^0 负值更负，其次为氟化钙、磷酸氢钙、磷酸二氢钙，这表明在此 pH 区间生成磷酸钙的反应趋势更大，其次为氟化钙、磷酸氢钙、磷酸二氢钙，即在热力学上磷酸钙最容易生成，其次为氟化钙、磷酸氢钙、磷酸二氢钙。在 pH 5.2～9.6 范围内，磷酸钙的 ΔG^0 越来越负，而氟化钙基本不变，表明生成磷酸钙的反应趋势越来越大。因此当 pH 升高时，氯化钙去除含磷酸根离子的氟化钠溶液中氟化物效果变差，是因为生成磷酸钙的反应趋势大于氟化钙而影响了氟化钙的生成，如图 6-47 所示。

由图 6-47 还可以看出，在含磷酸根离子的氟化钠溶液中，当氯化钙用量为 1 g/L 时，反应 pH 对氟化物的去除有较大影响，且氟化物去除效果较差；而当氯化钙用量为 3 g/L 时，反应 pH 对氟化物的去除基本没有影响，且氟化物浓度可由 100 mg/L 降至 10 mg/L 左右。

这说明在含有磷酸根离子的氟化钠溶液中，当氯化钙用量较小时，磷酸根离子和反应 pH 都会对氯化钙除氟有影响，而当氯化钙用量较大时，则可消除磷酸根离子及反应 pH 对氯化钙除氟的影响。

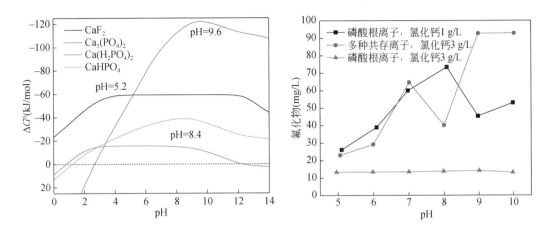

图6-46　氟化钙、磷酸二氢钙、磷酸氢钙、磷酸钙生　图6-47　磷酸根及钨冶炼废水中多种共存离子对氯
　　　　成反应的 ΔG^0 与 pH 的关系[333]　　　　　　　化钙去除含相应共存离子的氟化钠溶液中氟化物的
　　　　　　　　　　　　　　　　　　　　　　　　　影响[333]

150 mL 水样，氟化钠溶液含氟化物 100 mg/L，含多种共存离子即含图 6-46 中所述离子，氯化铁 100 mg/L，聚丙烯酰胺 2 mg/L

6.4.5　金属离子与捕收剂沉淀反应自由能变化与废水中 COD 的去
　　　　除效果

1. 溶液中生成 Fe(OL)$_2$、Fe(OL)$_3$ 和 Al(OL)$_3$ 反应的 ΔG^0-pH 与去除油酸钠溶液 COD

采用铁和铝阳极材料电絮凝去除油酸钠溶液 COD 过程中，溶解的金属离子与油酸钠反应生成金属油酸盐，从而降低溶液 COD。不同初始 pH 下 NaOL 溶液的处理效果，如图 6-48 所示。可以看出，铝-电絮凝和铁-电絮凝均可以有效去除油酸钠溶液的 COD，电解时间 10 min 之内均可以达到满意去除效果，然而不同初始 pH 下，COD 去除率大不相同。

图 6-48（a）表明，铝-电絮凝过程中，初始 pH 为酸性时，油酸钠溶液 COD 去除率在 3 min 内迅速增加达到 90%左右，随后基本保持稳定。随着初始 pH 增加，COD 去除效果明显变差，初始 pH 为 8.9 和 10.9 时，分别在 3 min 和 7 min 后溶液 COD 去除率才开始迅速增加，但最终去除率均可以达到 90%以上。

图 6-48（b）表明，铁-电絮凝过程中，随着初始 pH 的增加，COD 去除效果也呈现下降趋势，初始 pH 为 5 时，电解时间 3 min 内 COD 去除率可达到 80%以上，pH 增加至 11 时，前 7 min 内 COD 去除效果十分微弱，随后 COD 去除率迅速上升，但最终去除率略低于其他 pH 条件。

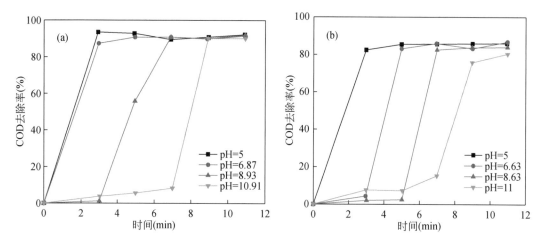

图 6-48　初始 pH 对铝-电絮凝（a）和铁-电絮凝（b）去除 NaOL 溶液 COD 的影响[349]

NaOL: 0.2 g/L, Na$_2$SO$_4$: 0.03 mol/L, NaCl: 0.002 mol/L, i: 6 mA/cm^2

Al^{3+}、Fe^{2+} 和 Fe^{3+} 均容易和油酸根离子结合生成金属-捕收剂难溶物，按照式（6-46），可以计算得到不同 pH 条件下各反应的 ΔG^0 如图 6-49 所示。从图中可以看出，在较宽的 pH 范围内，油酸钠与三种金属离子反应的 ΔG^0 均为负值，也就是说这些反应在热力学上是可以自发进行的。整体上三种反应的 $-\Delta G^0$ 均呈现先增加后下降的趋势，在 pH 为酸性和弱碱

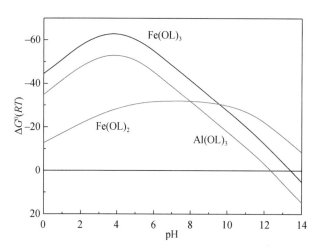

图 6-49　Al^{3+}、Fe^{2+}、Fe^{3+} 与油酸钠反应的标准吉布斯自由能随 pH 的变化

性的环境中，油酸根与 Fe^{3+} 与 Al^{3+} 反应的 ΔG^0 均负值较大，说明油酸铁和油酸铝难溶物相对油酸亚铁更容易生成，对应于图 6-48 中，铝、铁-电絮凝过程中，初始 pH 为酸性时油酸钠溶液 COD 去除率高。可以推断电絮凝过程中油酸根可能会和金属离子结合生成难溶性的金属捕收剂盐，生成的难溶物可以从溶液中沉降去除。此外，在碱性环境中随着 pH 升高，三种反应的 ΔG^0 负值逐渐降低甚至变为正值，这说明，在强碱性条件下反应难以发生，这可能是高初始 pH 条件下电絮凝去除油酸钠溶液 COD 效果变差的原因。

2. 溶液中生成 Cu（BX）$_2$、Cu（DDTC）$_2$ 反应的 ΔG^0-pH 与去除黄药溶液 COD

两种典型硫化矿物捕收剂丁黄药（BX）和乙硫氮（DDTC）溶液的 COD 均可以被铜-电絮凝技术有效去除，以 BX 为例，用 ΔG^0-pH 图研究其在铜-电絮凝过程中可能发生的化学反应以及溶液 COD 可能的去除机理。

黄原酸钾在水溶液中容易发生水解生成黄原酸，并发生解离：

$$HX \rightleftharpoons H^+ + X^- \qquad K_a = 7.9 \times 10^{-6} \qquad (6\text{-}82)$$

质量等衡式：

$$[X] = [X^-] + [HX] \qquad (6\text{-}83)$$

丁基黄原酸离子与铜离子形成金属-捕收剂难溶物的反应如式（6-11a），可以计算得到一定条件下丁基黄原酸离子与铜离子结合的吉布斯自由能变化，计算过程中考虑铜离子的水解以及黄原酸离子的加质子反应。

$$\Delta G = RT \ln K'_{sp,Cu(BX)_2} \alpha_{Cu^{2+}} \alpha_{BX^-}^2 - RT \ln[Cu^{2+}][BX^-]^2 \qquad (6\text{-}84)$$

丁基黄原酸离子与铜离子浓度均设为 1×10^{-3} mol/L，根据式（5-18）至式（5-20），Cu^{2+} 的副反应系数由式（2-17）确定，BX^- 的副反应系数由式（6-82）确定，则由式（6-84）可以计算得到丁基黄原酸离子与铜离子反应的吉布斯自由能随 pH 的变化，如图 6-50 所示。由于氢氧根离子与黄原酸离子之间存在竞争反应，生成氢氧化铜的吉布斯自由能也被计算并绘制于图 6-50 中。同样，生成丁基黄原酸铁和氢氧化铁的吉布斯自由能也被计算并绘制于图 6-50 中。

由图 6-50 可以看出，在较宽的 pH 范围内，生成 $Cu(BX)_2$ 的自由能均是负值，这说明该反应在热力学上是可以进行的。在酸性溶液环境中，随着 pH 升高，生成 $Cu(BX)_2$ 的自由能负值逐渐增大，说明此区间内生成 $Cu(BX)_2$ 的反应趋势不断增加，在碱性溶液环境中，生成 $Cu(BX)_2$ 的自由能的负值随着 pH 增加而逐渐减小，表明生成 $Cu(BX)_2$ 的趋势越来越小。且 pH＞11 时，其自由能变为正值，说明在此区间内生成 $Cu(BX)_2$ 的反应很难发生。对比生成 $Cu(BX)_2$ 和 $Cu(OH)_2$ 反应的自由能变化可以发现，在 pH＜10.2 的区间内，$Cu(BX)_2$ 的自由能的负值更大，此时生成 $Cu(BX)_2$ 的趋势大于 $Cu(OH)_2$，由此推断，铜-电絮凝过程中电解产生的铜离子可能会和黄原酸离子结合生成难溶性沉淀进而被去除，pH＜10.2 时，$Cu(OH)_2$ 负值更大，即热力学上更容易生成 $Cu(OH)_2$。

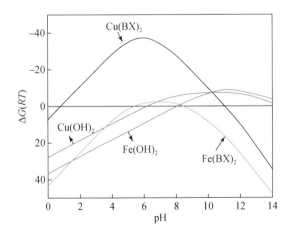

图 6-50　Cu^{2+}、Fe^{2+} 与氢氧根、黄原酸离子反应的吉布斯自由能随 pH 的变化 [349]

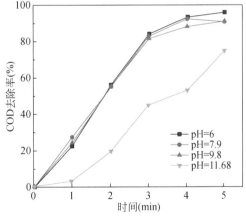

图 6-51　不同初始 pH 下 BX 溶液 COD 随铜-电絮凝处理时间的变化 [349]

BX：0.288 g/L，Na_2SO_4：0.03 mol/L，NaCl：0.002 mol/L，
i：6 mA/cm²

图 6-51 为不同初始 pH 条件下 BX 溶液 COD 随铜-电絮凝处理时间的变化规律。由图 6-51 可以看出，铜-电絮凝技术对 BX 溶液 COD 的去除效果明显，仅仅在 5 min 内即可取得良好的效果。不同的初始 pH 值条件下，COD 去除率均随着电解时间的延长逐渐增加，初始 pH 在 6~9.8 范围内，COD 去除率变化趋势几乎完全一致，前 3 min 内 COD 去除率迅速增加至 80% 以上，随后 COD 去除率增加趋势逐渐缓慢，电解时间达到 5 min 时，COD 去除率达到 90% 以上。在较高的初始 pH（11.7）下，COD 去除效果明显变差，处理时间 5 min 时，COD 去除率尚未达到 75%。丁黄药溶液在 6~9.8 很宽的 pH 范围内电絮凝去除效果基本对应于图 6-50 中生成 $Cu(BX)_2$ 的自由能负值较大的 pH 范围，只有在很高的 pH 条件（11.68）下 COD 去除效率才明显下降。

图 6-50 中，生成 $Fe(BX)_2$ 的自由能只有在 pH 为 5~8.6 之间时为绝对值较小的负值，说明相比于 $Cu(BX)_2$，热力学上生成 $Fe(BX)_2$ 的趋势很低。此时，在 pH 大于 8.4 的溶液环境中，$Fe(OH)_2$ 的自由能比 $Fe(BX)_2$ 更负，说明在此区间更容易生成 $Fe(OH)_2$ 沉淀。推测铁-电絮凝过程中生成 $Fe(BX)_2$ 的趋势则要低得多，铁-电絮凝可能无法去除 BX 溶液 COD。

6.5 浮选剂与金属离子配合组分分布与作用机理

一些浮选剂能通过与矿物表面金属离子或吸附的离子形成各级络合物起作用，通过计算绘出各配合物组分分布与 pH 的关系，可以确定在哪一 pH 范围时何种配合物组分占优势，讨论浮选剂作用机理及作用最佳条件。

6.5.1 Pb-苯甲羟肟酸配合物组分分布

当用油酸钠、羟肟酸作捕收剂时，铅离子是白钨矿、锡石等氧化矿的活化剂，研究认为铅离子与羟肟酸反应生成稳定的配合物 [350, 351]。铅离子与苯甲羟肟酸（B）形成的配合物反应如下：

$$Pb^{2+} + B^- \Longrightarrow PbB^+ \quad K_1 = \frac{[PbB^+]}{[Pb^{2+}][B^-]} = 10^{7.62} \tag{6-85a}$$

$$PbB^+ + B^- \Longrightarrow PbB_2 \quad K_2 = \frac{[PbB_2]}{[PbB^+][B^-]} = 10^{5.08} \tag{6-85b}$$

溶液中总铅离子浓度为

$$T_{Pb} = [Pb^{2+}] + K_1[Pb^{2+}][B^-] + K_1K_2[Pb^{2+}][B^-]^2 \tag{6-86}$$

各配合物组分分布系数为

$$\varphi_{Pb^{2+}} = \frac{[Pb^{2+}]}{[Pb^{2+}] + K_1[Pb^{2+}][B^-] + K_1K_2[Pb^{2+}][B^-]^2}$$
$$= \frac{1}{1 + K_1[B^-] + K_1K_2[B^-]^2} \tag{6-87a}$$

$$\varphi_{PbB^+} = \frac{[PbB^+]}{[Pb^{2+}] + K_1[Pb^{2+}][B^-] + K_1K_2[Pb^{2+}][B^-]^2} \tag{6-87b}$$

$$= \varphi_{Pb^{2+}}K_1[B^-]$$

$$\varphi_{PbB_2} = \frac{[PbB_2]}{[Pb^{2+}] + K_1[Pb^{2+}][B^-] + K_1K_2[Pb^{2+}][B^-]^2} \tag{6-87c}$$

$$= \varphi_{Pb^{2+}}K_1K_2[B^-]^2$$

根据式（6-87）计算 Pb-BHA 体系各级配合物组分的分布率，如图 6-52。可以看出，在 pH 9 左右，苯甲羟肟酸电离主要以 B^- 形式存在，如果不考虑配合物的加羟基作用，当 B^- 浓度大于 10^{-7} mol/L 小于 10^{-5} mol/L 时，铅离子主要以 PbB^+ 配合物形式存在，大于 10^{-5} mol/L 时，主要以 PbB_2 配合物形式存在。

图 6-53 为 pH 9.0±0.1，铅离子（2×10^{-4} mol/L）作活化剂、苯甲羟肟酸作捕收剂时，苯甲羟肟酸用量对白钨矿可浮性的影响。结果表明：不加铅离子，低浓度苯甲羟肟酸对白钨矿的捕收能力较弱，随着苯甲羟肟酸用量的增加，白钨矿的回收率逐渐升高，当苯甲羟肟酸浓度达 2×10^{-3} mol/L 时，白钨矿的回收率才达到 90%。铅离子能显著增强苯甲羟肟酸对白钨矿的捕收能力，当苯甲羟肟酸浓度为 6×10^{-4} mol/L 时，白钨矿的回收率就达到 90%。对照图 6-52 和图 6-53，可以看出，铅离子与苯甲羟肟酸形成 PbB_2 配合物为主时，苯甲羟肟酸对白钨矿的捕收能力最强。推测，Pb^{2+}-苯甲羟肟酸在白钨矿表面以 PbB_2 为主[334]。

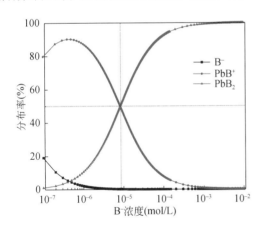

图 6-52　Pb-苯甲羟肟酸体配合物体系各级配合物的分布图

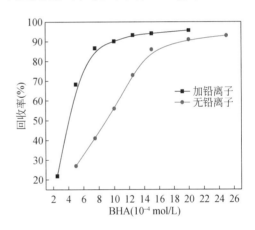

图 6-53　苯甲羟肟酸作捕收剂时，白钨矿浮选回收率与 pH 的关系[334]

6.5.2　柠檬酸与 Ca^{2+}，Ba^{2+}，Mn^{2+} 的络合反应与抑制作用

柠檬酸根离子（L^{3-}）的加质子反应为

$$H^+ + L^{3-} = HL^{2-} \qquad K_1^H = 10^{6.4} \tag{6-88a}$$

$$H^+ + HL^{2-} = H_2L^- \qquad K_2^H = 10^{4.76} \tag{6-88b}$$

$$H^+ + H_2L^- \rightleftharpoons H_3L \qquad K_3^H = 10^{3.13} \tag{6-88c}$$

$$\alpha_L = 1 + K_1^H[H^+] + K_1^H K_2^H[H^+]^2 + K_1^H K_2^H K_3^H[H^+]^3 \tag{6-89}$$

柠檬酸（H_3L）与 Ca^{2+}，Ba^{2+}，Mn^{2+} 形成各种亲水络合物的反应为

$$Me^{2+} + L^{3-} \rightleftharpoons MeL^- \qquad K_1 = \frac{[MeL^-]}{[Me^{2+}][L^{3-}]} \tag{6-90a}$$

$$Me^{2+} + HL^{2-} \rightleftharpoons MeHL \qquad K_2 = \frac{[MeHL]}{[Me^{2+}][HL^{2-}]} \tag{6-90b}$$

$$Me^{2+} + H_2L^- \rightleftharpoons MeH_2L^+ \qquad K_3 = \frac{[MeH_2L^+]}{[Me^{2+}][H_2L^-]} \tag{6-90c}$$

表 6-6　柠檬酸（H_3L）与 Ca^{2+}、Ba^{2+}、Mn^{2+} 形成各种亲水络合物的反应常数

	Ca^{2+}	Ba^{2+}	Mn^{2+}
K_1	$10^{4.8}$	$10^{2.55}$	$10^{3.7}$
K_2	$10^{3.09}$	$10^{1.75}$	$10^{2.08}$
K_3	$10^{1.1}$	$10^{0.70}$	

$$\begin{aligned}\alpha_M &= 1 + K_1[L^{3-}] + K_2 K_1^H[H^+][L^{3-}] + K_3 K_1^H K_2^H[H^+]^2[L^{3-}] \\ &= 1 + \frac{C_T}{\alpha_L}(K_1 + K_2 K_1^H[H^+] + K_3 K_1^H K_2^H[H^+]^2)\end{aligned} \tag{6-91}$$

C_T 为柠檬酸总浓度，于是各组分的分布系数为

$$\varphi_{M^{2+}} = \frac{1}{\alpha_{M^{2+}}} \times 100\%$$

$$\varphi_{ML} = K_1[L^{3-}]\varphi_{M^{2+}}$$

$$\varphi_{MHL} = K_2 K_1^H[H^+][L^{3-}]\varphi_{M^{2+}}$$

$$\varphi_{MH_2L} = K_3 K_1^H K_2^H[H^+]^2[L^{3-}]\varphi_{M^{2+}} \tag{6-92}$$

根据柠檬酸根的加质子反应及与金属离子的络合反应，由上述平衡关系求得 Ba^{2+}、Ca^{2+} 及 Mn^{2+} 与柠檬根生成各种络合物组分的分布系数与柠檬酸浓度 C_T 的关系，见图 6-54（b）与图 6-55（b）。可以看出，柠檬酸（H_3L）与 Ba^{2+}、Ca^{2+}、Mn^{2+} 络合反应主要络合组分分别为 CaL^-、MnL^- 及 BaL^-，三种离子与 L^{3-} 形成络合物的能力为 $Ca^{2+} > Mn^{2+} > Ba^{2+}$。当柠檬酸浓度为 $80\sim100$ mg/L 时，有 $96\%\sim99\%$ 的 Ca^{2+} 络合形成 CaL^-，而 Mn^{2+} 只有 $44\%\sim50\%$ 络合形成 MnL^-，Ba^{2+} 只有 $20\%\sim26\%$ 络合形成 BaL^-。因此柠檬酸将对含钙矿物有较强选择性抑制作用，起抑制作用的主要组分是形成 CaL^-。由图 6-54（a）及图 6-55（a）可见，当油酸钠浓度为 10^{-4} mol/L，柠檬酸浓度为 100 mg/L 时，重晶石的回收率可达 86%，黑钨矿的回收率可达 88%，而萤石及方解石的回收率只有 10% 左右。表明，柠檬酸根与钙离子的较强络合作用，对含钙矿物萤石及方解石有较强抑制作用。

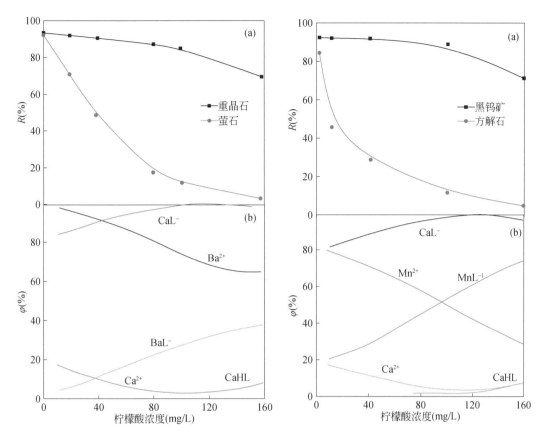

图6-54　Ba²⁺，Ca²⁺与柠檬酸形成络离子的组分分布图及柠檬酸对重晶石与萤石的抑制效果

图6-55　Mn²⁺，Ca²⁺与柠檬酸形成络离子的组分分布图及柠檬酸对黑钨矿与方解石抑制效果

图 6-56 则是同为含钙矿物的白钨矿和萤石浮选回收率与柠檬酸用量的关系，表明，油酸钠或油酸钠-油酸酰胺作捕收剂，柠檬酸用量大于 2×10^{-4} mol/L 时，萤石被抑制，萤石

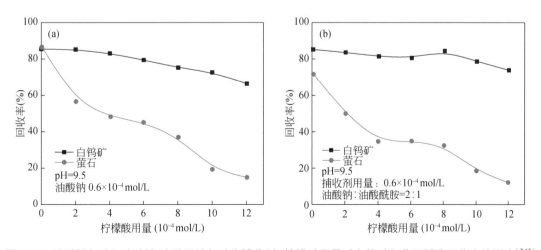

图 6-56　油酸钠（a）和油酸钠-油酸酰胺（b）作捕收剂，柠檬酸用量对白钨矿和萤石浮选回收率的影响[243]

浮选回收率随柠檬酸浓度增大而下降，柠檬酸用量大于 1×10^{-3} mol/L 时，萤石浮选回收率降到 20% 以下。但白钨矿的浮选受柠檬酸影响小，油酸钠或油酸钠-油酸酰胺作捕收剂时，白钨矿回收率仍高于 70% 或 80% 以上。虽然白钨矿表面也含有钙离子，但白钨矿表面较高的负电位，可能阻碍柠檬酸的吸附及其进一步与表面钙离子的络合，从而柠檬酸对白钨矿的抑制作用不强。

6.5.3 草酸与 Ca^{2+}，Fe^{2+}，Fe^{3+} 的络合反应及其作用

1. 草酸与 Ca^{2+}，Fe^{2+}，Fe^{3+} 的络合反应

草酸可与 Ca^{2+}，Fe^{2+}，Fe^{3+} 形成可溶性络离子或络合物，以 L^{2-} 代表草酸根，络合反应为

$$Fe^{3+} + L^{2-} \Longrightarrow FeL^+ \qquad K_1' = 10^{7.59} \qquad (6\text{-}93a)$$

$$Fe^{3+} + 2L^{2-} \Longrightarrow FeL_2^- \qquad K_2' = 10^{13.64} \qquad (6\text{-}93b)$$

$$Fe^{3+} + 3L^{2-} \Longrightarrow FeL_3^{3-} \qquad K_3' = 10^{18.49} \qquad (6\text{-}93c)$$

$$Me^{2+} + L^{2-} \Longrightarrow MeL \qquad (6\text{-}94a)$$

$$\beta_{1,CaL} = 10^{1.6}; \quad \beta_{1,FeL} = 10^{3.05}$$

$$Me^{2+} + 2L^{2-} \Longrightarrow MeL_2^{2-} \qquad (6\text{-}94b)$$

$$\beta_{2,CaL_2^{2-}} = 10^{2.69}; \quad \beta_{2,FeL_2^{2-}} = 10^{5.15}$$

以 Fe^{3+}-L^{2-} 体系为例，计算各络合组分分布系数，设 $[Fe^{3+}]'$ 代表 Fe^{3+} 组分总浓度，则

$$[Fe^{3+}]' = [Fe^{3+}] + [FeL^+] + [FeL_2^-] + [FeL_3^{3-}]$$
$$= [Fe^{3+}](1 + K_1'[L^{2-}] + K_2'[L^{2-}]^2 + K_3'[L^{2-}]^3) \qquad (6\text{-}95)$$

$$\alpha_{Fe} = \frac{[Fe^{3+}]'}{[Fe^{3+}]} = 1 + K_1'[L^{2-}] + K_2'[L^{2-}]^2 + K_3'[L^{2-}]^3 \qquad (6\text{-}96)$$

用 φ_0，φ_1，φ_2，φ_3 分别表示 Fe^{3+}，FeL^+，FeL_2^-，FeL_3^{3-} 的浓度分数，则

$$\varphi_0 = [Fe^{3+}]/[Fe^{3+}]' = 1/\alpha_{Fe} \qquad (6\text{-}97a)$$

$$\varphi_1 = K_1'[L^{2-}]\varphi_0 \qquad (6\text{-}97b)$$

$$\varphi_2 = K_2'[L^{2-}]^2\varphi_0 \qquad (6\text{-}97c)$$

$$\varphi_3 = K_3'[L^{2-}]^3\varphi_0 \qquad (6\text{-}97d)$$

设 C_T 代表加入草酸的总浓度，则

$$[L^{2-}] = C_T / \alpha_L \qquad (6\text{-}98)$$

由以上各式可求得 Fe^{3+}-草酸体系中各络合组分浓度分数见图 6-57。Fe^{2+}-草酸、Ca^{2+}-草酸体系中各络合组分浓度分数曲线也计算绘于图 6-57 中。由图 6-57 可以看出，Fe^{3+} 主要以 FeL_3^{3-} 存在，即使草酸浓度较低（10^{-4} mol/L），组分 FeL_3^{3-} 也占 80% 左右。在 Fe^{2+}-L^{2-} 体系中，草酸浓

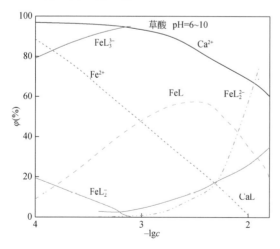

图 6-57　草酸与 Ca^{2+}，Fe^{2+}，Fe^{3+} 形成的络合组分分布与草酸浓度的关系

度大于 10^{-3} mol/L 时，FeL 占优势。草酸浓度大于 10^{-2} mol/L 时，FeL_2^{2-} 占优势。在 Ca^{2+}-L^{2-} 体系中，草酸浓度大于 10^{-2} mol/L 时，才有部分 Ca^{2+} 生成 CaL。

2. 草酸对石灰抑制黄铁矿的活化浮选机理

1）高用量石灰抑制黄铁矿的表面亲水组分及其活化浮选

铅锌硫化矿浮选常遇到的难题是黄铁矿的抑制，特别是黄铁矿含量较高时，常采用高石灰用量，黄铁矿表面由于氧化形成 $CaSO_4$，高碱作用表面生成 $Ca(OH)_2$、$Fe(OH)_3$。

为了活化石灰抑制的黄铁矿的浮选，必须消除黄铁矿表面的亲水组分，暴露出新鲜的黄铁矿表面。表 6-7 是一组有机和无机酸活化剂的活化浮选结果。可见，草酸、硫酸、磷酸是有效的活化剂，使石灰抑制的黄铁矿的可浮性得到恢复，其中草酸的活化效果最好。

表 6-7　石灰抑制黄铁矿的活化浮选实验结果

活化剂浓度 c(mol/L)	黄铁矿浮选回收率(%)				
	草酸	硫酸	磷酸	碳酸	盐酸
10^{-2}	95	89	81	56	58
1.25×10^{-2}	95	88	90	87	59

注：CaO 320 mg/L；丁黄药 10^{-5} mol/L

2）石灰-草酸体系中黄铁矿表面组分分析

图 6-58 是黄铁矿在不同药剂条件下的 XPS 全谱图，可见，高用量石灰介质中产生的 Ca 2p，Ca 2s 特征峰，在活化剂 $H_2C_2O_4$ 的作用下消失，说明黄铁矿表面起抑制作用的钙膜消失。图 6-59 是 $H_2C_2O_4$ 作用前后，黄铁矿表面碳、氧扩展谱，可以看出，经高用量 CaO 作用后的黄铁矿表面，加入 $H_2C_2O_4$ 前后的碳、氧扩展谱没有发生变化，未发现—COOH 基中的 C、O 特征峰，表明 $H_2C_2O_4$ 没有在黄铁矿表面上吸附。$H_2C_2O_4$ 活化石灰抑制的黄铁矿是由于 $H_2C_2O_4$ 与黄铁矿表面抑制组分 $CaSO_4$，$Ca(OH)_2$，$Fe(OH)_3$ 中的 Ca^{2+}，Fe^{3+} 等作用，生成某种络合物从黄铁矿表面脱附进入溶液，暴露出黄铁矿新鲜表面，起到活化作用[352]。

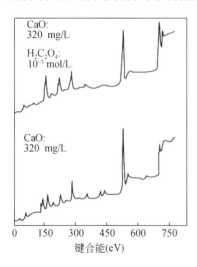

图 6-58　黄铁矿在不同药剂条件下的
　　　　　XPS 全谱图

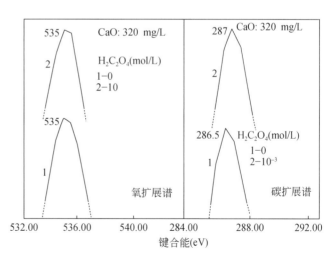

图 6-59　黄铁矿草酸作用前后碳、氧 XPS 扩展谱

6.5.4 金属离子-捕收剂配合物组分分布与捕收剂溶液 COD 去除

羟肟酸捕收剂是金属氧化物矿物和稀土浮选中广泛使用的捕收剂之一，但苯甲羟肟酸 BHA 降解困难，选矿废水中 BHA 含量高会引起 COD 超标。由于铁、铝离子能和 BHA 形成各种配合物，可以通过铝和铁阳极电絮凝技术去除 BHA 降低 COD。不同 pH 条件下铝和铁阳极电絮凝技术对 BHA 溶液 COD 去除效果如图 6-60 所示。铝-电絮凝过程中，初始 pH 在 4～8 之间时，COD 去除率变化趋势基本一致，前 30 min COD 去除速度较快，30 min 时 COD 去除率约为 80%，随着电解时间继续延长至 50 min，COD 去除率缓慢增加至 90% 左右。只有当初始 pH 值为 10 时，COD 去除效果明显较差，电解时间为 50 min 时，COD 去除率尚不足 70%。

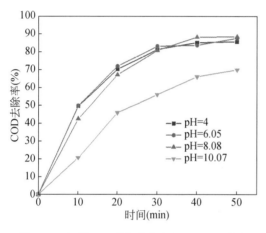

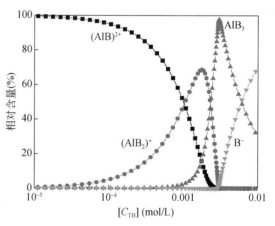

图 6-60　初始 pH 对铝-电絮凝处理 BHA 溶液 COD 影响

BHA 0.24：g/L，Na₂SO₄：0.03 mol/L，NaCl：0.002 mol/L，*i*：6 mA/cm²

图 6-61　Al-BHA 体系溶液组分分布随 BHA 总浓度变化

$C_{TAl}=1\times10^{-3}$ mol/L

捕收剂 BHA 在溶液中存在式（5-55）的解离平衡，简写为

$$HB \Longrightarrow H^+ + B^- \qquad\qquad K_a = 10^{-8.2} \qquad (6\text{-}99)$$

质量等衡式：

$$[B]=[B^-]+[HB] \qquad\qquad (6\text{-}100)$$

BHA 可以与某些金属离子结合生成金属有机配位络合物，BHA 与 Al³⁺的配位反应如下（未考虑加质子/加羟基反应）：

$$Al^{3+}+B^- \Longrightarrow (AlB)^{2+} \qquad \beta_1 = 10^{7.95} \qquad (6\text{-}101a)$$

$$Al^{3+}+2B^- \Longrightarrow (AlB_2)^+ \qquad \beta_2 = 10^{15.29} \qquad (6\text{-}101b)$$

$$Al^{3+}+3B^- \Longrightarrow AlB_3 \qquad \beta_3 = 10^{21.47} \qquad (6\text{-}101c)$$

$$C_{T,Al}=[Al^{3+}]+\beta_1[Al^{3+}][B^-]+\beta_2[Al^{3+}][B^-]^2+\beta_3[Al^{3+}][B^-]^3 \qquad (6\text{-}102)$$

$$\varphi_{Al^{3+}}=\frac{[Al^{3+}]}{[Al]}=\frac{1}{1+\beta_1[B^-]+\beta_2[B^-]^2+\beta_3[B^-]^3} \tag{6-103a}$$

$$\varphi_{(AlB)^{2+}}=\frac{(AlB)^{2+}}{[Al]}=\frac{\beta_1[B^-]}{1+\beta_1[B^-]+\beta_2[B^-]^2+\beta_3[B^-]^3}=\beta_1[B^-]\varphi_{Al^{3+}} \tag{6-103b}$$

$$\varphi_{(AlB_2)^+}=\frac{(AlB_2)^+}{[Al]}=\frac{\beta_2[B^-]^2}{1+\beta_1[B^-]+\beta_2[B^-]^2+\beta_3[B^-]^3}=\beta_2[B^-]^2\varphi_{Al^{3+}} \tag{6-103c}$$

$$\varphi_{(AlB_3)}=\frac{AlB_3}{[Al]}=\frac{\beta_3[B^-]^3}{1+\beta_1[B^-]+\beta_2[B^-]^2+\beta_3[B^-]^3}=\beta_3[B^-]^3\varphi_{Al^{3+}} \tag{6-103d}$$

溶液中初始 Al^{3+} 浓度设为 1×10^{-3} mol/L，由此可以计算得到不同 BHA 总浓度下铝配位络合物的组分分布，为简化计算，此处假设溶液中 BHA 均以阴离子形式存在，计算结果如图 6-61 所示。当 BHA 药剂浓度低于铝离子浓度时，其主要以（AlB）$^{2+}$ 形式存在与溶液中，随着药剂浓度增加，与铝离子形成的主要配位络合物种类随之改变，当药剂浓度高于 Al^{3+} 浓度且低于 2.36×10^{-3} mol/L 时，形成的主要配位络合物为（AlB$_2$）$^+$，药剂浓度继续增加至 6.16×10^{-3} mol/L 范围时，主要络合物转化为 AlB_3，当药剂浓度足够高时（＞6.16×10^{-3} mol/L），大部分 BHA 药剂未与铝离子结合，需要更高浓度铝离子才能与 BHA 络合。

当金属离子存在时，BHA 捕收剂会与金属离子结合形成不同种类的金属捕收剂配合物，可以推断，电絮凝处理初期，电解产生的金属离子浓度较少，此时溶液中形成的配合物浓度很低，随着电解产生的金属离子浓度的增加，溶液中的 BHA 可能主要以多配位数的金属捕收剂配位体形式存在，且随着金属离子浓度的增加，配位体的配位数会逐渐降低。因此，电絮凝处理 BHA 溶液过程中可能包含金属捕收剂配合物的生成以及电絮凝絮体对不同形态的捕收剂的吸附和沉降。

6.6　浮选剂与矿物表面相互作用的量子化学计算

本章前五节介绍了吸附量测定、吸附等温方程、溶度积和条件溶度积理论、浮选剂与矿物表面金属离子反应的自由能变化及配合物组分分布等方法，来研究浮选剂与矿物表面作用机理，本节参照 3.6 节，介绍密度泛函理论（DFT）及分子动力学模拟计算方法（MD）来研究浮选剂与矿物表面微观作用机理。

6.6.1　浮选剂在矿物表面的吸附构型

浮选剂在矿物表面的吸附构型影响其在矿物表面的作用，而吸附构型往往难以在线检测，一般利用分子动力学模拟方法来研究浮选剂在矿物表面的吸附构型。首先是在真空条件下进行模拟，得到浮选剂的初始吸附构型，然后，在得到的初始构型中加入水分子，模拟浮选环境下浮选剂的吸附。温度、压力、步长、表面水层厚度、矿物模型的尺寸等是需要考虑的因素，更重要的是采用的力场及力场参数。

真空条件下，TOAC（三辛基甲基氯化铵）在白钨矿表面吸附的初态和 120 ps 时的吸附构型如图 6-62 所示。由图可以看出，真空条件下，TOAC 由初始的随机位置经过 120 ps 的分子动力学模拟，吸附在白钨矿 $(101)_{WO_4}$ 面，此时，TOAC 由于分子与矿物表面原子间的范德华力以及静电力铺展在表面上，并且 TOAC 的中心 N 原子在表面 Ca 原子上方，TOAC 紧贴在矿物表面上。在水溶液中，TOAC 分子则由初始的紧贴、铺展表面，在水分子的作用下，开始有向上的位移，如图 6-63 所示。

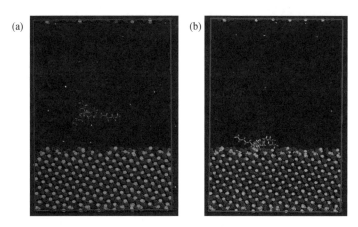

图 6-62　真空下 TOAC 在白钨矿 $(101)_{WO_4}$ 面的初态（a）及 120 ps 时的吸附构型（b）[345]

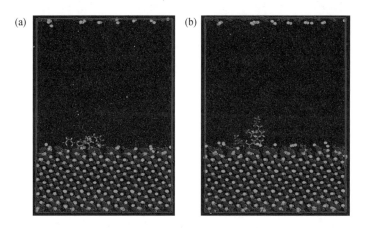

图 6-63　水溶液中 TOAC 在白钨矿 $(101)_{WO_4}$ 面的初态（a）及 1.2 ns 时的吸附构型（b）[345]

由图可以看出，在 1.2 ns 体系达到平衡时，除了中心 N 原子及其周围甲基、亚甲基呈吸附状态外，3 条长碳链的其余部分均呈现上翘的状态。整个分子基本处于以头基为作用基团，与表面垂直的构型。

真空条件下，TOAC 在方解石表面吸附的初态和 120 ps 时的吸附构型如图 6-64 所示。由图可以看出，真空条件下，TOAC 由初始的随机位置经过 120 ps 的分子动力学模拟，吸附在方解石 (104) 面，此时，TOAC 通过头基吸附在矿物表面。与白钨矿情况不同的是，TOAC 分子的长碳链末端呈现上翘的状态。由此可见，TOAC 分子与方解石 (104) 面间的作用强度不如白钨矿 $(101)_{WO_4}$。水溶液中，在水分子的作用下，TOAC 分子由初始的紧贴表面，出现了向上的位移，如图 6-65 所示。由图可以看出，在 1.2 ns 体系达到平衡时，与白钨矿的情况相比，TOAC 呈现出了更为竖直的构型，作用基团仍然是头基，但是作用的面积较在白钨矿表面小。

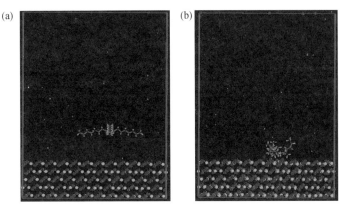

图 6-64　真空下 TOAC 在方解石 (104) 面的初态（a）以及 120 ps 时的吸附构型（b）[345]

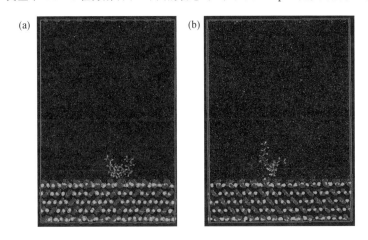

图 6-65　水溶液中 TOAC 在方解石 (104) 面的初态（a）及 1.2 ns 时的吸附构型（b）[345]

6.6.2　浮选剂、水分子在矿物表面的吸附与浮选剂的作用

溶液中，水分子也会在矿物表面发生吸附，从而影响浮选剂的吸附。为了进一步研究 TOAC 与水分子吸附的关系，对 TOAC 吸附时白钨矿 $(101)_{WO_4}$ 面的水化层结构进行了分析，如图 6-66 所示。与没有 TOAC 吸附的情况相比，TOAC 吸附时的白钨矿 $(101)_{WO_4}$ 面的水化层结构没有发生显著的变化。可能是由于单分子吸附的缘故，TOAC 对水化层的影响有限。通过对 TOAC 分子的 z 密度分布分析可知，TOAC 的吸附位置（2.2 Å）位于白钨矿 $(101)_{WO_4}$ 面水化层的第三层。由于第一、二层是水分子进入表面空穴形成的，因此，可以认为 TOAC 取代了白钨矿 $(101)_{WO_4}$ 面吸附的水分子与其直接作用。

如图 6-67 所示，TOAC 在方解石 (104) 面的吸附位置（7.035 Å）基本上处于水的本体位置，高于在白钨矿 $(101)_{WO_4}$ 面的吸附位置。一方面由于季铵捕收剂与白钨矿间作用强于方解石，另一方面则由于方解石 (104) 面与水分子的作用很强，表面水化层结构很稳定。

TOAC 与方解石间的作用（静电作用、范德华力）不足以使其取代表面第一、二层的水分子直接与方解石表面原子作用，表明 TOAC 在方解石表面的吸附相对于白钨矿(101)$_{WO_4}$弱。

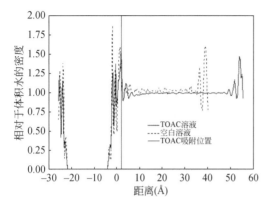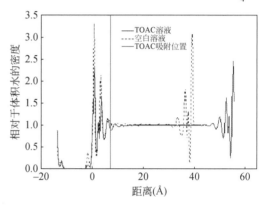

图 6-66　TOAC 为捕收剂时白钨矿(101)$_{WO_4}$表面　　图 6-67　TOAC 为捕收剂时方解石(104)表面水分
　　　　水分子在垂直方向密度分布图[345]　　　　　　　　　　　子在垂直方向密度分布图[345]

6.6.3　浮选剂与矿物表面离子的作用及选择性吸附作用机制

以木质素磺酸和铬铁木质素与 Pb^{2+}、Fe^{2+}、Cu^{2+}的作用为例，讨论它们与铜、铅、锌硫化矿的作用。利用 Material Studio 4.3 在 MMFF94 力场条件下对化合物分子进行构型分析，确定初始结构。然后用从头算法 HF 在 3-21G 基组条件下对分子进行真空条件下的构型优化，对最优结构用 DFT 方法 B3LYP 在 6-31G（d）基组条件下计算单点能。根据计算得到的 HOMO 轨道分布，确定木质素磺酸和铬铁木质素的活性位点。用同样的方法对结合了 Pb^{2+}、Fe^{2+}、Cu^{2+}的木质素磺酸和铬铁木质素分子进行构型优化以及单点能计算，考察这三种离子与木质素磺酸分子和铬铁木质素分子的作用。三种离子的初始位置为距离木质素磺酸分子和铬铁木质素分子活性位点 2 Å 左右的对称点。

1. 木质素磺酸和铬铁木质素分子的 HOMO 轨道

木质素磺酸的 HOMO 轨道是由共轭的 O 的 2p 轨道和苯环的大 Π 键构成，如图 6-68 所示，其活性位点为苯环上取代的酚羟基氧和醚氧基；铬铁木质素的 HOMO 轨道电子则主要由铬上的 d 电子提供，因此其活性位点为铬。

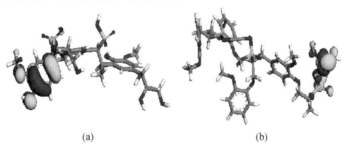

(a)　　　　　　　　　　　　　　　　(b)

图 6-68　木质素磺酸分子（a）和铬铁木质素分子（b）的 HOMO 轨道图

2. 木质素磺酸分子和铬铁木质素分子与 Pb^{2+}的作用

图 6-69 为木质素磺酸分子与铅离子结合的初始和最低能量构型，从图中可以看出，木质素磺酸分子与 Pb^{2+}作用前后，其结构没有发生显著变化，只是 Pb^{2+}与木质素分子的距离由 2.052 Å 延长为 2.475 Å。并且对结合了 Pb^{2+}的木质素磺酸分子的 HOMO 轨道以下的 10 条轨道进行了计算，也均没有 Pb^{2+}的成分，因此可以认为，Pb^{2+}与木质素磺酸分子间不存在化学作用。

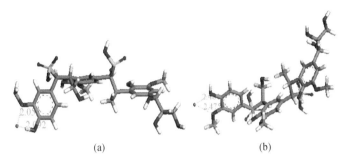

(a)   (b)

图 6-69　木质素磺酸分子结合 Pb^{2+}的初始（a）和最低能量构型（b）

图 6-70 为铬铁木质素分子与铅离子结合的初始和最低能量构型，由图 6-70 可以看出，铬铁木质素分子结合 Pb^{2+}后，Cr—O 键发生了显著的变形，并且结合 Pb^{2+}的铬铁木质素分子的能量为-9.562 eV，轨道中有 Pb^{2+}的 d 电子成分，铅离子与三价铬之间存在电子共享（图 6-71），表明两者之间有共价键形成，铬铁木质素分子与 Pb^{2+}存在化学作用。

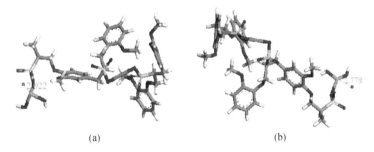

(a)   (b)

图 6-70　铬铁木质素分子结合 Pb^{2+}的初始（a）和最低（b）能量构型

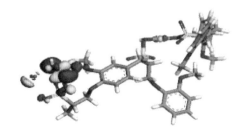

图 6-71　E=-9.562 eV 轨道图

3. 木质素磺酸和铬铁木质素分子与 Fe^{2+}的作用

木质素磺酸分子和铬铁木质素分子与 Fe^{2+}作用的初始、最低能量构型如图 6-72 和图

6-73 所示。

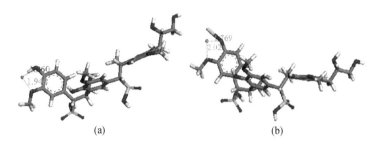

(a)　　　　　　　　　　　(b)

图 6-72　木质素磺酸分子结合 Fe^{2+} 的初始（a）和最低（b）能量构型

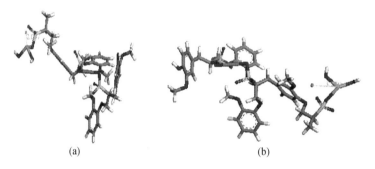

(a)　　　　　　　　　　　(b)

图 6-73　铬铁木质素分子结合 Fe^{2+} 的初始（a）和最低（b）能量构型

　　由图 6-72 可以看出，木质素磺酸分子中与 Fe^{2+} 作用的酚羟基发生了明显的变形，由初始构型的 0.960 Å 伸长为 1.769 Å，O—H 与 C—O 的键角也显著地增大。这些都表明 Fe^{2+} 与木质素磺酸分子间存在较为强烈的作用。为了进一步证明这一点，对结合了 Fe^{2+} 的木质素磺酸分子的 HOMO 轨道以下的 10 条轨道进行了计算，其中能量为-10.9844 eV 的轨道（图 6-74）包含有 Fe^{2+} 的 d 电子成分，这说明 Fe^{2+} 与木质素分子间存在电子共享，是化学作用。

　　从铬铁木质素分子与 Fe^{2+} 结合的初始和最低能量构型（图 6-73），可以看出，铬铁木质素分子结合 Fe^{2+} 后 Cr—O 键发生了显著的变形，并且结合 Fe^{2+} 的铬铁木质素分子的 HOMO 轨道中有 Fe^{2+} 的 d 电子成分（图 6-75），因此铬铁木质素分子与 Fe^{2+} 也存在有化学作用。

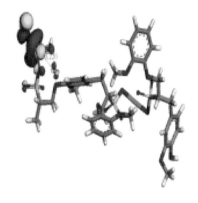

图 6-74　E=-10.9844 eV 轨道图　　　　　图 6-75　结合 Fe^{2+} 的铬铁木质素分子的 HOMO 图

4. 木质素磺酸和铬铁木质素分子与 Cu^{2+}的作用

图 6-76 为木质素磺酸分子与铜离子结合的初始和最低能量构型，由图可以看出，木质素磺酸分子与 Cu^{2+}作用前后，其结构没有发生显著变化，并且对结合了 Cu^{2+}的木质素磺酸分子的 HOMO 轨道以下的 10 条轨道进行了计算，没有发现 Cu^{2+}的成分，因此可以认为，Cu^{2+}与木质素磺酸分子间不存在化学作用。

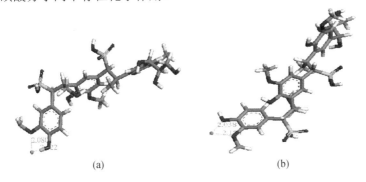

(a)　　　　　　　　　　　　　(b)

图 6-76　木质素磺酸分子结合 Cu^{2+}的初始（a）和最低（b）能量构型

图 6-77 为铬铁木质素分子与铜离子结合的初始和最低能量构型。由图可以看出，铬铁木质素分子结合 Cu^{2+}后 Cr—O 键发生了显著的变形，并且结合 Cu^{2+}的铬铁木质素分子的能量为-9.8149 eV 轨道中有 Cu^{2+}的 d 电子成分（图 6-78），因此铬铁木质素分子与 Cu^{2+}存在有化学作用。

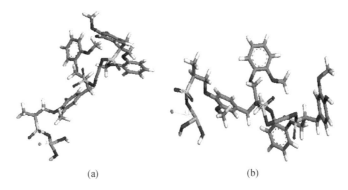

(a)　　　　　　　　　　　　　(b)

图 6-77　铬铁木质素分子结合 Cu^{2+}的初始（a）和最低（b）能量构型

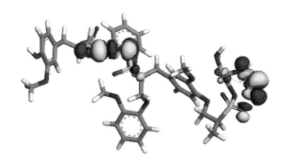

图 6-78　E=-9.8149 eV 轨道图

上述量化计算表明，铅离子和铜离子与木质素磺酸分子之间没有发生化学作用，铁离子与木质素磺酸分子之间存在电子共享，形成了共价键，说明发生了化学吸附。铬铁木质素与三种离子之间都存在电子共享，都发生了化学作用，其反应活性点位于分子中的铬元素。

5. 木质素磺酸和铬铁木质素对铜铅铁硫化矿的抑制作用

图 6-79 是在自然 pH 条件下，抑制剂木质素磺酸 LSC 用量对四种矿物浮选回收率的影响。由图可见，LSC 用量对黄铜矿的浮选影响不大，LSC 用量达 300 mg/L 时，黄铜矿的浮选回收率仍有 80%；LSC 在低用量时，对方铅矿抑制作用不强，这是因为铅离子和铜离子与木质素磺酸分子之间没有发生化学作用。但 LSC 对黄铁矿和铁闪锌矿有较强的抑制作用，这由于铁离子与木质素磺酸分子之间存在电子共享，形成了共价键，发生了化学吸附。随着 LSC 用量的增加，黄铁矿和铁闪锌矿浮选回收率逐渐下降，但当 LSC 用量为大于 75 mg/L 时，LSC 对方铅矿也有较强的抑制作用。这表明，用木质素磺酸作抑制剂时，低用量下，对黄铜矿和方铅矿与黄铁矿的分离有选择性，在高用量下，对黄铜矿与方铅矿的分离有选择性。

图 6-80 为自然 pH 条件下，抑制剂铬铁木质素 FCLS 用量对矿物浮选回收率的影响。由图可以看出，FCLS 对方铅矿、黄铁矿和铁闪锌矿都有较强的抑制作用，对黄铜矿抑制作用较小。FCLS 对方铅矿、黄铁矿和铁闪锌矿的抑制作用可认为是铬铁木质素与 Pb^{2+}、Fe^{2+} 之间较强的化学作用。虽然 Cu^{2+} 与 FCLS 之间也存在化学作用，但 FCLS 对黄铜矿的抑制作用较小。

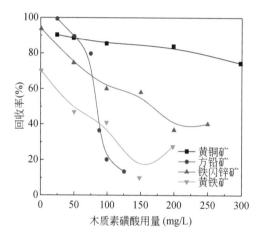

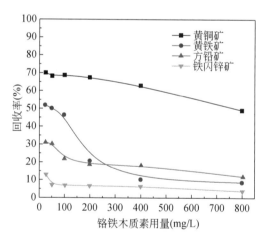

图 6-79 自然 pH 条件下，四种硫化矿物浮选回收率与 LSC 用量的关系

图 6-80 自然 pH 条件下，四种硫化矿物浮选回收率与 FCLS 用量的关系

$C_{(BX)}=1\times10^{-4}\,mol/L$，$C_{(2^{\#}油)}=10\,mg/L$，pH=5.4~6.4

6.6.4 矿物表面水化和捕收剂吸附作用机制

1. 矿物表面水化对其表面作用的影响

1）锡石表面的水化对其表面作用的影响

在锡石不同的晶面中，(110)面具有最低的表面能和表面断裂键密度，是锡石最常见的

暴露面。在真空中暴露出的锡石(110)面上，显示出与 Sn 原子两配位的桥键 O 原子、六配位的饱和 Sn 原子、三配位的体相 O 原子和五配位不饱和 Sn 原子，五配位不饱和的 Sn 原子反应活性很高。因此，用分子动力学模拟方法计算水分子在锡石(110)面上吸附的初始结构中，三个水分子被分别放置在锡石表面三个五配位 Sn 原子的正上方，如图 6-81 所示为水分子在锡石(110)面吸附优化后的几何结构图，每个水分子中的 O 原子会与锡石表面五配位 Sn 原子连接在一起，并且每个水分子离解出一个 H^+，该 H^+ 会与锡石表面桥键 O 原子结合在一起。水分子在锡石表面的吸附是一种典型的解离吸附，它对后续浮选药剂在锡石表面作用产生双重影响：一方面，水分子在锡石表面形成了一层致密的水化层，可能对苯甲羟肟酸等阴离子捕收剂在锡石表面作用产生明显的阻碍作用；另一方面，由水分子在锡石表面解离吸附产生的端基 O 原子将是与 Pb^{2+} 等离子作用的主要活性位点。

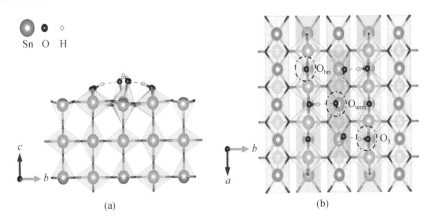

图 6-81　水分子在锡石（110）面吸附优化后的几何结构图[240]

（a）正视图；（b）俯视图

2）锂辉石(110)面水化对其表面作用的影响

在锂辉石不同的晶面中，(110)面具有最低的表面能和表面断裂键密度，是锂辉石最常见的暴露面。采用合适的力场，计算模拟吸附有 12 个水分子的锂辉石表面的初始结构［图6-82（a）］。

图 6-82（b）是水分子在锂辉石(110)面吸附优化后的几何结构。几何结构优化后，每个水分子中 O 原子都很容易与锂辉石表面 Al 原子相互作用，形成配位键，同时每个水分子都会解离出一个 H^+，H^+ 会游离到锂辉石表面 O 原子附近，与其结合在一起；从图中可以看出，表面 Al 分别与四个锂辉石晶体固有的二配位的 O 原子和一个由水分子吸附产生的一配位的羟基 O 原子结合在一起，与锡石类似、锂辉石表面也很容易发生羟基化，导致其表面亲水性强，锂辉石表面解离的端基 O 原子也将是与 Pb^{2+} 等离子作用的主要活性位点。

2. 矿物表面水化对苯甲羟肟酸吸附及作用的影响

1）锡石表面水化对苯甲羟肟酸吸附及作用的影响

在 pH 8～10 范围内，苯甲羟肟酸主要以阴离子的形式存在，苯甲羟肟酸主要通过极性基团中—NHO—C(═O)—的两个 O 原子与矿物表面作用，苯甲羟肟酸在锡石表面吸附

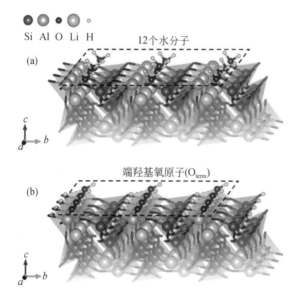

图 6-82 水分子在锂辉石（110）面吸附初始（a）和优化后（b）的几何结构图[240]

的初始构型中，其阴离子的—NHO—C(=O)—基团放置在锡石表面五配位未饱和 Sn 原子的正上方，—NHO—C(=O)—基团中两个 O 原子与 Sn 原子的距离都约为 3.6 Å，如图 6-83 所示。几何结构优化后，苯甲羟肟酸两个 O 原子与锡石表面五配位 Sn 原子的距离分别增大到了 4.818 Å 和 5.141 Å，这说明由于锡石表面形成的紧密水化层，苯甲羟肟酸受到排斥作用，但苯甲羟肟酸通过—NHO—C(=O)—基团中与 C 连接的 O 原子和锡石表面的 H 原子形成一个氢键从而吸附在矿物表面，这说明苯甲羟肟酸可以通过氢键与无金属离子存在时的锡石表面发生相互作用，由于只有一个氢键存在，苯甲羟肟酸吸附在锡石表面吸附能仅为-3.13 kcal/mol，因此，苯甲羟肟酸在未经金属离子活化的锡石表面的吸附作用不强。

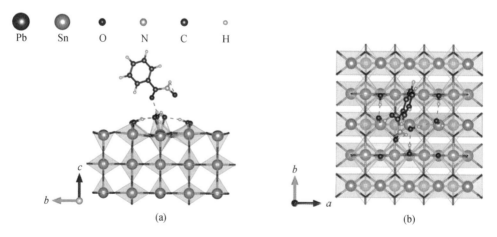

图 6-83 苯甲羟肟酸在未活化锡石（110）面吸附优化后的几何结构图[240]

（a）正视图；（b）俯视图

2）锂辉石表面水化对苯甲羟肟酸吸附及作用的影响

如图 6-84 所示，在羟基化锂辉石(110)晶面上，Li^+ 和 Al^{3+} 会暴露出来，在浮选中，锂辉石表面大多数的 Li^+ 会溶解在溶液中，所以表面 Al^{3+} 被认为是与苯甲羟肟酸作用的主要活性位点。在苯甲羟肟酸与未活化锂辉石(110)面吸附的两种初始构型［图 6-84（a）和（b）］中，苯甲羟肟酸中的—NHO—C(═O)—基团放置在表面 Al 原子正上方，基团中两个 O 原子与 Al 原子的距离都为 3 Å，在图 6-84（a）中，苯甲羟肟酸的苯环垂直于锂辉石表面，在图 6-84（b）中，苯环平行于锂辉石表面。在优化后的两个几何构型中，如图 6-84（c）所示，苯甲羟肟酸都是以其苯环平行于锂辉石表面的构型吸附在锂辉石表面，—NHO—C(═O)—基团中与 N 原子相连的 O 原子与表面 Al 原子形成一个配位键，键长为 2 Å。值得注意的是，无论是何种初始构型，在优化后的几何构型中，苯甲羟肟酸在锂辉石表面吸附构型是一样的，这表明苯甲羟肟酸是以其苯环平行于锂辉石表面的构型吸附在未活化锂辉石表面。

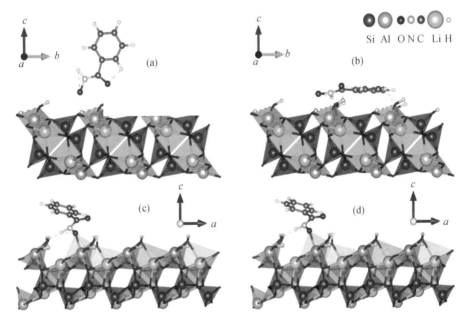

图 6-84　苯甲羟肟酸在未活化锂辉石（110）面吸附初始（a）（b）和优化后（c）（d）的几何结构[240]

6.6.5　金属离子和捕收剂在矿物表面吸附作用机制

1. 金属离子的水化

前面的计算分析结果表明，由于表面水化，一方面，水分子在锡石表面形成了一层致密的水化层，对苯甲羟肟酸在锡石表面的吸附产生了阻碍作用，苯甲羟肟酸难以直接在锡石表面吸附。另一方面，由于水化锡石表面解离吸附产生的端基 O 原子可与 Pb^{2+} 等离子作用，从而可能成为金属离子在矿物表面吸附的活性中心，影响捕收剂的作用。然而，金属离子本身在水溶液中或在矿物表面也会发生水化作用，水化的金属离子在水化的矿物表面的吸附也将对捕收剂的吸附产生影响。因此，在研究金属离子对捕收剂在矿物表面吸附影响前，先确定金属离子自身的水化现象。

Pb^{2+} 及其各种羟基化合物可以和溶液中的水分子相互作用，形成 $Pb(H_2O)_n^{2+}$ 和 $Pb(OH)(H_2O)_n^+$ 等配合物，Pb^{2+} 水化现象已经通过实验室光谱以及量子化学计算等手段进行了系统的研究[353]，水化现象会对 Pb^{2+} 及后续苯甲羟肟酸在锡石表面吸附产生重要影响。

图 6-85 是优化后 $Pb(H_2O)_{1\sim6}^{2+}$ 配合物几何结构。表 6-8 中有对应的 $Pb(H_2O)_n^{2+}$ 配合物生成反应（$Pb(H_2O)_n^{2+}+H_2O \Longrightarrow Pb(H_2O)_{n+1}^{2+}$）的热力学数据。当 $n=1\sim5$ 时，总能量变化绝对值一直都大于 20 kcal/mol。从表中可以看出，当在 $Pb(H_2O)_6^{2+}$ 配合物几何结构中继续添加一个水分子时，Pb^{2+} 内层水分子排列的几何结构会遭到破坏，在生成的 $Pb(H_2O)_7^{2+}$ 配合物中，Pb^{2+} 与新添加水分子中 O 原子距离增大到 4.534 Å，显示出 Pb^{2+} 与该水分子相互作用的能力很弱。结合几何结构和能量计算结果，可以得出：$Pb(H_2O)_{1\sim6}^{2+}$ 配合物的生成在热力学上是可行的，而第七个水分子可能在 Pb^{2+} 内层和外层水分子层之间来回移动，或者直接位于第二层水分子层内，Pb^{2+} 与水分子形成的配合物最大配位数是 $Pb(H_2O)_6^{2+}$。

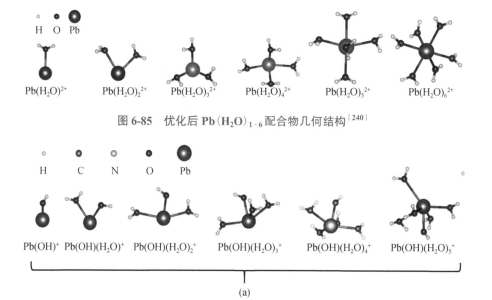

图 6-85　优化后 $Pb(H_2O)_{1-6}$ 配合物几何结构[240]

图 6-86　优化后 $Pb(OH)(H_2O)_{0-5}^+$ 几何结构图[240]

另一方面，在 pH 8~10 范围，Pb^{2+} 主要以 $Pb(OH)^+$ 形式存在于溶液中，$Pb(OH)^+$ 和 Pb^{2+} 一样会在溶液中发生水化现象，图 6-86 展示的是优化后 $Pb(OH)(H_2O)_{1\sim5}^+$ 配合物几何结构。表 6-8 中有对应的 $Pb(OH)(H_2O)_n^+$ 配合物生成反应（$Pb(OH)(H_2O)_n^+ + H_2O \Longrightarrow Pb(OH)(H_2O)_{n+1}^+$）的热力学数据。当 $n=0\sim4$ 时，总能量变化绝对值一直都大于 10 kcal/mol，这说明 $Pb(OH)(H_2O)_{1\sim5}^+$ 配合物的生成在热力学上是可行的。从表中可以发现，当在 $Pb(OH)(H_2O)_5^+$ 配合物几何结构中继续添加一个水分子时，Pb^{2+} 内层水分子排列的几何结构会遭到破坏，在生成的 $Pb(OH)(H_2O)_6^+$ 配合物中，Pb^{2+} 与新添加水分子 O 原子距离增大到 4.837 Å，这表明新添加的第六个水分子可能在 Pb^{2+} 内层和外层水分子层之间来回移动，或者直接位于第二层水分子层内。因此，在研究水化金属离子在锡石表面吸附时，具有最大水分子配位数的 $Pb(OH)(H_2O)_5^+$ 被采用作为在锡石表面吸附的主要吸附质。与 Pb^{2+} 直接作用的内层水分子的空间排布主要由 Pb^{2+} 6p 和 5d 空位轨道决定，而 Pb^{2+} 6s 轨道中的孤对电子则会使水分子优先吸附在 Pb^{2+} 的一侧。

表 6-8　气相中 $Pb(H_2O)_n^{2+}$ 和 $Pb(OH)(H_2O)_n^+$ 配合物生成反应的热力学数据[240]

铅水化组分	ΔE（kcal/mol）	最大 Pb—O 键长（Å）	铅水化组分	ΔE（kcal/mol）	最大 Pb—O 键长（Å）
$Pb(H_2O)_1^{2+}$	—	2.436	$Pb(OH)(H_2O)_1^+$	−27.6	2.482
$Pb(H_2O)_2^{2+}$	−45.4	2.474	$Pb(OH)(H_2O)_2^+$	−20.3	2.736
$Pb(H_2O)_3^{2+}$	−39.3	2.510	$Pb(OH)(H_2O)_3^+$	−19.0	2.710
$Pb(H_2O)_4^{2+}$	−30.1	2.647	$Pb(OH)(H_2O)_4^+$	−17.8	3.154
$Pb(H_2O)_5^{2+}$	−26.4	2.697	$Pb(OH)(H_2O)_5^+$	−10.8	3.094
$Pb(H_2O)_6^{2+}$	−22.1	2.706	$Pb(OH)(H_2O)_6^+$	−9.0	4.837
$Pb(H_2O)_7^{2+}$	−18.9	4.534			

2. 水化金属离子在矿物表面的吸附

1）$Pb(OH)(H_2O)_5^+$ 在羟基化锡石(110)面的吸附

羟基化锡石表面的端基 O 原子是与 Pb^{2+} 作用的主要活性位点。所以，在初始结构中，$Pb(OH)(H_2O)_5^+$ 被放置在锡石表面端基 O 原子的正上方。图 6-87 是 $Pb(OH)(H_2O)_5^+$ 在锡石(110)面吸附优化后的几何结构图。$Pb(OH)^+$ 中的 Pb 原子分别与锡石表面的一个端基和一个桥键 O 原子键合连接在一起，Pb—O 键键长分别为 3.091 Å 和 3.105 Å，几何优化结果说明端基和桥键 O 原子对于 Pb^{2+} 在锡石表面吸附具有很强的反应活性。同时，$Pb(OH)(H_2O)_5^+$

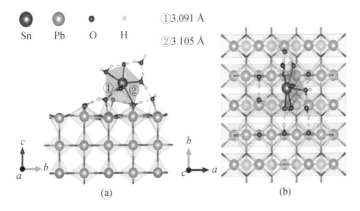

图 6-87　$Pb(OH)(H_2O)_5^+$ 在锡石(110)面吸附优化后的几何结构图[240]

（a）正视图；（b）俯视图

中的两个水分子在 Pb^{2+} 与锡石表面作用过程中会从内层水分子层脱离出去，其中，一个吸附在锡石表面，另一个通过氢键与 $Pb(OH)^+$ 水化层中剩余水分子发生相互作用。计算表明，水化 $Pb(OH)^+$ 吸附在锡石表面的吸附能为-36.78 kcal/mol，这主要是由 Pb^{2+} 与锡石表面端基和桥键 O 原子形成的两个配位键造成的，也与 $Pb(OH)^+$ 水化层中水分子与锡石表面形成的氢键有关。此时，锡石表面吸附 Pb^{2+} 将成为药剂作用的主要活性位点，表面吸附的 Pb^{2+} 周围仍有 4 个配位水分子。

2）$Pb(OH)(H_2O)_5^+$ 在羟基化锂辉石(110)面吸附

羟基化锂辉石表面的一配位羟基 O 原子是 Pb^{2+} 吸附的主要活性位点。因此，$Pb(OH)(H_2O)_5^+$ 中的 Pb 原子被放置在羟基 O 原子正上方。在优化后最稳定的几何结构 [图 6-88（a）] 中，$Pb(OH)(H_2O)_5^+$ 中的 Pb 原子与锂辉石表面羟基 O 原子形成了一个配位键（键长为 2.644 Å），同时有三个水分子从水化的 $Pb(OH)^+$ 水化层脱离。图 6-88（b）是水分子与吸附在锂辉石表面 Pb^{2+} 相互作用优化后的几何结构，另有三个水分子会与 Pb^{2+} 结合在一起（$Pb—O_w$ 键的平均键长为 3.026 Å，w 指的是三个水分子），构成 Pb^{2+} 内层水化层。

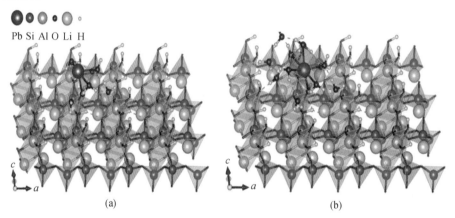

图 6-88　$Pb(OH)(H_2O)_5^+$ 在锂辉石(110)面吸附（a）和水分子与吸附在锂辉石表面 Pb^{2+} 相互作用（b）优化后的几何结构图[240]

3. 捕收剂与吸附有金属离子的矿物表面的作用

1）苯甲羟肟酸与吸附有 Pb^{2+} 的锡石(110)面的作用

吸附在锡石表面的 Pb^{2+} 是与苯甲羟肟酸作用的主要活性位点，因此在苯甲羟肟酸阴离子在吸附有 Pb^{2+} 的锡石表面吸附的初始构型中，—NHO—C（=O）—基团放置在吸附在锡石表面 Pb^{2+} 的正上方，优化后几何结构如图 6-89 所示，可以发现，Pb^{2+} 通过和端基 O 原子作用形成一个配位键（键长为 3.158 Å）吸附在锡石表面，而苯甲羟肟酸可以通过其两个 O 原子与 Pb^{2+} 水化层中的水分子形成两个氢键发生相互作用，对应的吸附能为-13.39 kcal/mol，这仅略高于苯甲羟肟酸在未活化的锡石表面吸附的吸附能；如果苯甲羟肟酸通过其两个 O 原子与 Pb^{2+} 发生强的化学键合作用，需要预先脱除 Pb^{2+} 周围水分子。也就是说 Pb^{2+} 吸附在锡石表面，虽然对苯甲羟肟酸在锡石表面吸附有活化作用，但这种作用受到 Pb^{2+} 周围水化层的影响，阻碍了苯甲羟肟酸与锡石表面吸附的 Pb^{2+} 活性点的作用，特别是对苯甲羟肟酸与铅离子的化学配位作用有阻碍作用。

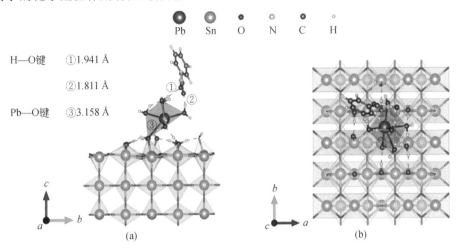

图 6-89 苯甲羟肟酸在吸附有 Pb^{2+} 的锡石（110）面吸附优化后的几何结构图[240]

（a）正视图；（b）俯视图

2）苯甲羟肟酸与吸附有 Pb^{2+} 的锂辉石（110）面的作用

吸附在锂辉石表面的 Pb^{2+} 是与苯甲羟肟酸作用的主要活性位点。因此在苯甲羟肟酸在吸附有 Pb^{2+} 的锂辉石表面吸附的初始构型中，—NHO—C（＝O）—基团放置在表面 Pb^{2+} 的正上方，基团中的 O 原子与 Pb 原子的距离都约为 3 Å。从优化后几何结构（图 6-90）中可以看出，苯甲羟肟酸通过其—NHO—C（＝O）—基团中 O 原子与 Pb^{2+} 水化层中的水分子发生相互作用，形成了一个氢键（键长为 1.661 Å），基团中的 O 原子与 Pb 原子的距离增大到了 5.351 Å 和 4.303 Å，同样也说明苯甲羟肟酸与铅离子的化学配位作用受到 Pb^{2+} 水化层的影响。

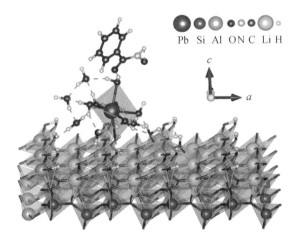

图 6-90 苯甲羟肟酸在吸附 Pb^{2+} 的锂辉石（110）面
吸附优化后的几何结构

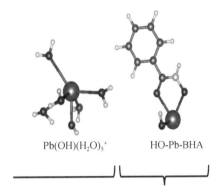

图 6-91 $Pb(OH)(H_2O)_5^+$ 和 BHA 反应生成
$Pb(OH)BHA$ 配合物几何结构图[240]

6.6.6 金属离子-捕收剂配合物在矿物表面的吸附

1. 苯甲羟肟酸与水化 Pb^{2+} 的相互作用

苯甲羟肟酸与吸附有金属离子的矿物表面作用时，苯甲羟肟酸与铅离子的化学配位作用受到 Pb^{2+} 水化层的影响，实际上，Pb^{2+} 及其各种羟基化合物可以和水分子相互作用，形成 $Pb(H_2O)_n^{2+}$ 和 $Pb(OH)(H_2O)_n^+$ 等配合物，而苯甲羟肟酸与铅离子在溶液中也可以发生化学配位作用，即苯甲羟肟酸在溶液中也可以与 $Pb(OH)(H_2O)_5^+$ 相互作用生成 $Pb(OH)BHA$ 配合物，如图 6-91 所示，反应过程中，该配合物中头基铅周围无配位水分子，该反应的吉布斯自由能变为-32.87 kcal/mol，说明该反应在热力学上是可行的，$Pb(OH)BHA$ 配合物生成释放出的能量为 81.05 kcal/mol。也就是说，溶液中，Pb^{2+} 水化产物 $Pb(OH)(H_2O)_5^+$ 与苯甲羟肟酸作用后生成的 $Pb(OH)BHA$ 配合物中，Pb^{2+} 周围不再存在配位水分子，这可能主要是因为苯甲羟肟酸烃链的疏水作用，使 $Pb(OH)^+$ 内层水化层中的五个水分子都被排开。那么，苯甲羟肟酸在溶液中与 $Pb(OH)(H_2O)_5^+$ 相互作用生成的 $Pb(OH)BHA$ 配合物和矿物表面的作用与苯甲羟肟酸与矿物表面吸附的金属离子的配位作用，对矿物表面的润湿性及可浮性的影响是有不同的。

2. 金属离子-苯甲羟肟酸配合物在矿物表面的吸附

1）$Pb(OH)BHA$ 配合物在羟基化锡石 (110) 面的吸附

如前述，锡石表面的端基 O 原子是 Pb^{2+} 吸附的主要活性位点，因此，在 $Pb(OH)BHA$ 配合物与羟基化锡石表面吸附的初始构型中，$Pb(OH)BHA$ 配合物中的 Pb 原子被放置在锡石表面端基 O 原子的正上方，图 6-92 是 $Pb(OH)BHA$ 配合物在羟基化锡石表面吸附优化后的几何结构图，如图所示，$Pb(OH)BHA$ 配合物通过其 Pb 原子吸附在锡石表面，形成了五个作用很强的配位键：与锡石表面端基 O 原子形成的两个配位键（键长分别为 2.625 Å 和 2.542 Å）、与桥键 O 原子形成的两个配位键（键长分别为 3.353 Å 和 3.236 Å）、与体相 O 原子形成的一个配位键（键长为 3.353 Å）；而图 6-89 中，苯甲羟肟酸与吸附有 Pb^{2+} 的锡石表面的作用，是由 Pb 原子通过和端基 O 原子作用形成一个配位键（键长为 3.158 Å）吸附在锡石表面，且该键长明显大于 $Pb(OH)BHA$ 配合物在锡石表面的吸附构型中 Pb 原子与端基 O 原子形成配位键的键长，由于 $Pb(OH)BHA$ 配合物吸附在锡石表面过程中形成了非常强的 Pb—O 配位键，吸附能高达-48.11 kcal/mol。这说明，$Pb(OH)BHA$ 配合物与锡石的表面相互作用，比苯甲羟肟酸与吸附有 Pb^{2+} 的锡石表面的作用能力更强。

2）$Pb(OH)BHA$ 配合物在羟基化锂辉石 (110) 面的吸附

锂辉石表面上的羟基 O 原子是 Pb^{2+} 吸附的主要活性位点。因此，在初始的几何结构中，$Pb(OH)BHA$ 配合物中的 Pb 原子放置在表面羟基 O 原子正上方，几何结构优化后如图 6-93 所示，$Pb(OH)BHA$ 配合物中的 Pb 原子与表面羟基 O 原子相互作用，形成一个配位键（键长为 2.707 Å），配合物中的 OH 基团与锂辉石表面形成了一个氢键（键长为 1.794 Å）。从几何结构优化结果可知，$Pb(OH)BHA$ 配合物以苯环垂直于锂辉石表面的构型吸附在锂辉石表面，且相互作用能力很强。与图 6-90 中苯甲羟肟酸与 Pb^{2+} 活化后锡石表面的作用比较，Pb(OH)BHA 配合物对锂辉石具有更强的作用能力[240]。

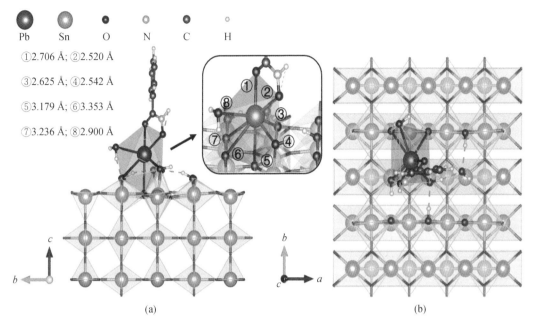

图 6-92　Pb(OH)BHA 配合物在锡石(110)面吸附优化后的几何结构图[240]

(a) 正视图；(b) 俯视图

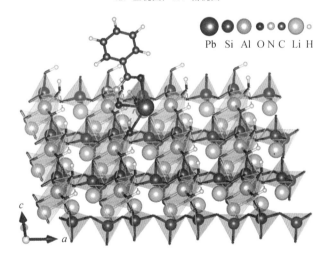

图 6-93　Pb(OH)BHA 配合物在羟基化锂辉石(110)面吸附优化后的几何结构[240]

6.6.7　矿物表面水化、金属离子和捕收剂吸附作用机制与浮选行为

1. Pb^{2+}-苯甲羟肟酸与锡石表面作用机制

图 6-94 为有无 Pb^{2+}作用时，苯甲羟肟酸用量对苯甲羟肟酸在锡石表面吸附量及锡石浮选回收率的影响。综合上述，矿物表面水化、金属离子水化及其与捕收剂的反应、水化离

子在矿物表面的吸附及其与捕收剂的作用、捕收剂及其与金属离子的配合物在矿物表面的吸附等机理的计算分析，可以揭示有无金属离子作用下，捕收剂与锡石表面的作用微观机制及浮选行为。

1）无金属离子时，苯甲羟肟酸在锡石表面吸附机理及捕收作用

没有金属离子存在时，锡石表面水化形成一层致密的水化层，苯甲羟肟酸通过其极性基中的 O 原子与锡石羟基化表面形成氢键，作用不强，从而吸附量较小，锡石浮选回收率低。从图 6-94 中可以看出，在所考察的苯甲羟肟酸用量范围（$4.5×10^{-4}～9.0×10^{-4}$ mol/L）内，没有 Pb^{2+} 时，苯甲羟肟酸在锡石表面吸附量最低，锡石可浮性较差，随着苯甲羟肟酸用量的增加，锡石回收率会逐步增加，但最高回收率不到 45%。

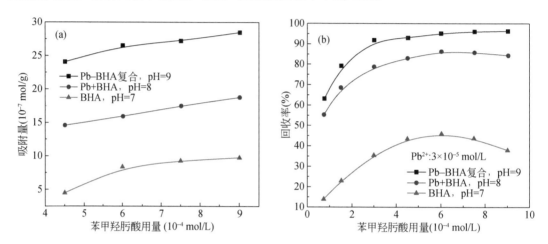

图 6-94　有无 Pb^{2+} 作用下，苯甲羟肟酸用量对苯甲羟肟酸在锡石表面吸附量（a）及锡石浮选回收率（b）的影响[240]

2）Pb^{2+} 作活化剂，苯甲羟肟酸在锡石表面吸附机理及捕收作用

当依次加入铅离子、苯甲羟肟酸时，锡石表面水化产生端基 O 原子，成为与 Pb^{2+} 作用的活性位点，水化的 $Pb(OH)^+$ 中的 Pb 原子会与端基 O 原子相互作用吸附在锡石表面成为活化位点，Pb^{2+} 周围仍存在水化层，苯甲羟肟酸通过与水化层的水分子形成氢键或依靠其疏水碳链苯环克服 Pb^{2+} 周围的水化层阻碍与 Pb^{2+} 发生化学键合作用，吸附在锡石表面，苯甲羟肟酸对锡石起捕收作用。此时，Pb^{2+} 是典型的活化剂，苯甲羟肟酸是捕收剂。图 6-95 展示了 Pb^{2+} 活化、苯甲羟肟酸在锡石表面吸附的作用模型。图 6-94 表明，加入 Pb^{2+}，再加入苯甲羟肟酸时，苯甲羟肟酸在锡石表面吸附量有较大提高，Pb^{2+} 对锡石浮选起活化作用，当 Pb^{2+} 浓度为 $3×10^{-5}$ mol/L 时，锡石浮选回收率随着苯甲羟肟酸用量的增加而加大，苯甲羟肟酸用量达到 $4×10^{-4}$ mol/L 时，锡石浮选回收率可达到 80% 以上。

3）Pb^{2+}-苯甲羟肟酸配合物在锡石表面吸附机理及捕收作用

苯甲羟肟酸配合物在锡石表面吸附作用模型如图 6-96 所示，Pb^{2+} 存在的主要形式 $Pb(OH)^+$ 会在溶液中发生水化现象，与水分子相互作用生成 $Pb(OH)(H_2O)_5^+$ 配合物。$Pb(OH)(H_2O)_5^+$ 在水溶液中与苯甲羟肟酸阴离子相互作用生成 $Pb(OH)BHA$ 配合物，头基 Pb^{2+} 周围无其他水分子，$Pb(OH)BHA$ 配合物直接在羟基化锡石表面吸附，由于不存在 Pb^{2+}

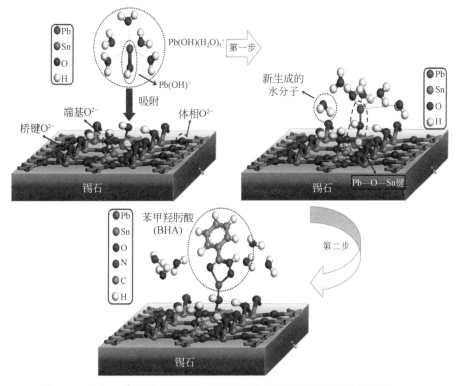

图 6-95　先加 Pb²⁺活化作用下、苯甲羟肟酸在锡石表面吸附作用模型

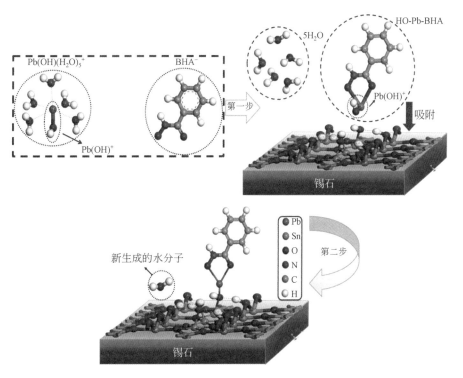

图 6-96　Pb（OH）BHA 配合物在锡石表面吸附模型[240]

水化层的干扰，Pb(OH)BHA 配合物与锡石表面相互作用的能力很强，所以在浮选中可以显著增强锡石表面的疏水性、提高锡石浮选回收率。此时，Pb^{2+}不再是典型的活化剂，而是形成苯甲羟肟酸铅配合物，成为一种新型捕收剂起捕收作用。图 6-94 表明，苯甲羟肟酸铅配合物直接作用下，苯甲羟肟酸在锡石表面吸附量最大，锡石浮选回收率均随着苯甲羟肟酸用量的增加而增大，苯甲羟肟酸用量达到 3×10^{-4} mol/L 时，锡石浮选回收率就可达到90%以上。显然，苯甲羟肟酸铅配合物的作用比铅离子和苯甲羟肟酸依次加入的捕收作用更强。

2. Pb^{2+}-苯甲羟肟酸与锂辉石表面作用机制

有无金属离子时，苯甲羟肟酸与锂辉石表面作用模型如图 6-97 所示，图 6-98 是有无 Pb^{2+}作用下，BHA 用量对 BHA 在锂辉石表面吸附量及锂辉石浮选回收率的影响，同样可以讨论有无金属离子作用下，捕收剂与锂辉石表面的作用微观机制及浮选行为。

(a)苯甲羟肟酸(BHA)以水平构型吸附于锂辉石表面

(b)BHA以垂直构型吸附于Pb^{2+}活化后的锂辉石表面

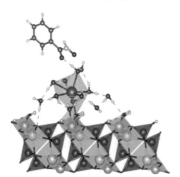

(c)由于Pb^{2+}水化层的排斥作用，BHA很难与吸附于锂辉石表面的Pb^{2+}直接作用

(d) Pb(OH)BHA配合物以垂直构型吸附于锂辉石表面

图 6-97　苯甲羟肟酸在未活化（a）和 Pb^{2+}活化后（b）（c）锂辉石表面吸附模型；Pb（OH）BHA 配合物在锂辉石表面吸附模型（d）[240]

1）无金属离子时，苯甲羟肟酸在锂辉石表面吸附机理及捕收作用

苯甲羟肟酸与未活化锂辉石表面的作用时，苯甲羟肟酸通过—NHO—C（＝O）—基团中与 N 原子相连的 O 原子与锂辉石表面 Al 原子相互作用，形成一个配位键，如图 6-97（a）

所示，虽然苯甲羟肟酸在锂辉石表面吸附量较大 [图 6-98（a）]，但苯甲羟肟酸以苯环平行于锂辉石表面的构型吸附在锂辉石表面，这种吸附构型不利于增大矿物表面疏水性，锂辉石表面疏水差，锂辉石则基本不可浮，如图 6-98（b）所示。

2）苯甲羟肟酸与 Pb^{2+} 活化后锂辉石表面的作用机制及捕收作用

苯甲羟肟酸与 Pb^{2+} 活化后锂辉石表面作用时，水化的 $Pb(OH)^+$ 中的 Pb 原子会与端基 O 原子相互作用吸附在锂辉石表面成为活化位点 [图 6-97（c）]，苯甲羟肟酸通过其—NHO—C(＝O)—基团中 O 原子与 Pb^{2+} 水化层中的水分子发生相互作用，形成了一个氢键，苯甲羟肟酸与铅离子的化学配位作用受到 Pb^{2+} 水化层的影响，但吸附在锂辉石表面的 Pb^{2+} 会改变一部分苯甲羟肟酸的吸附构型，苯甲羟肟酸烃链直立在锂辉石表面，如图 6-97（b）所示，从而增大锂辉石表面疏水性，起到活化作用，当金属离子和苯甲羟肟酸依次加入，Pb^{2+} 浓度为 $1.2×10^{-4}$ mol/L 时，锂辉石浮选回收率随着苯甲羟肟酸用量的增加而加大，当苯甲羟肟酸用量达到 $9×10^{-4}$ mol/L 时，锂辉石回收率会达到 80%。

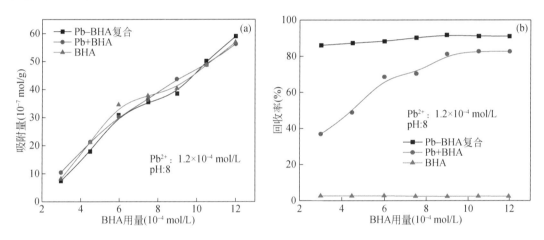

图 6-98　有无 Pb^{2+} 作用下，BHA 用量对 BHA 在锂辉石表面吸附量（a）及锂辉石浮选回收率（b）的影响[240]

3）苯甲羟肟酸铅配合物在锂辉石表面吸附机理及捕收作用

如图 6-97（d）所示，$Pb(OH)BHA$ 配合物与锂辉石表面作用时，$Pb(OH)BHA$ 配合物中的 Pb 原子与表面羟基 O 原子相互作用，形成一个配位键，$Pb(OH)BHA$ 配合物以苯环垂直于锂辉石表面的构型吸附在锂辉石表面，且相互作用能力很强，这种吸附构型有利于捕收剂分子在矿物表面形成缔合，进而显著增强矿物表面疏水性。图 6-98（b）表明，锂辉石浮选回收率均随着苯甲羟肟酸用量的增加而增大，苯甲羟肟酸用量达到 $3×10^{-4}$ mol/L 时，锂辉石回收率会就达到 80%，用量达到 $9×10^{-4}$ mol/L 时，锂辉石回收率会达到 90%。显然，苯甲羟肟酸铅配合物的作用比铅离子和苯甲羟肟酸依次加入使锂辉石表面疏水性更强。

第 7 章 细粒矿物颗粒间的相互作用与浮选

浮选体系中矿物颗粒表面间或与气泡表面间相互作用力主要包括静电力、范德华力、水化力、疏水力、空间稳定化力、磁力等等。颗粒间的相互作用影响着颗粒间的选择性絮凝、疏水凝聚、颗粒在矿浆中的分散、不同颗粒间的异凝聚及矿粒与气泡的黏附等过程，从而影响浮选分离选择性。本章重点介绍各种相互作用能（力）的理论计算关系式及其应用。

7.1 颗粒间的范德华相互作用

7.1.1 颗粒间范德华相互作用能（力）的计算式

范德华相互作用力是宏观物体间相互作用时最重要的一种力，它总是存在，宏观物体间范德华相互作用能（力）的计算主要有以下情况[269]：

（1）厚度为 δ 的两块厚板：

$$V_W = -\frac{A}{12\pi}\left[\frac{1}{D} + \frac{1}{(D+2d)^2} + \frac{2}{(D+d)^2}\right] \tag{7-1}$$

式中，V_W 为单位面积范德华相互作用能（J/m^2，mJ/m^2）；D 为两板间距离（m，nm）；A 为物体在真空中的 Hamaker 常数（J）。

（2）两个无限的厚板，即当 δ 趋于 ∞，式（7-1）变为

$$V_W = -\frac{A}{12\pi D^2} \tag{7-2a}$$

$$F_W = -\frac{A}{6\pi D^3} \tag{7-2b}$$

式中，F_W 为单位面积范德华相互作用力（N/m^2，mN/m^2）。

（3）半径分别为 R_1 和 R_2 的两球：

$$V_W = -\frac{A}{6D}\frac{R_1 R_2}{R_1 + R_2} \tag{7-3a}$$

$$F_W = -\frac{A}{6D^2}\frac{R_1 R_2}{R_1 + R_2} \tag{7-3b}$$

式中，V_W 为范德华相互作用能（J，mJ）；F_W 为范德华相互作用力（N，mN）。

如果 $R_1=R_2=R$，那么

$$V_W = -\frac{AR}{12D} \tag{7-4a}$$

$$F_W = -\frac{AR}{12D^2} \tag{7-4b}$$

（4）半径为 R 的球和无限的厚板：

$$V_W = -\frac{AR}{6D} \tag{7-5a}$$

$$F_W = -\frac{AR}{6D^2} \tag{7-5b}$$

7.1.2　Hamaker 常数

Hamaker 常数（A）是计算宏观物体间相互作用范德华能（力）的重要参数，表 7-1 是一些物质在真空中的 Hamaker 常数。由于实际体系常涉及其他介质，如矿粒在水溶液中的相互作用，因此，一些物质在其他介质中相互作用的 Hamaker 常数可由下式给出[269]：

$$A_{131} = A_{313} \approx A_{11} + A_{33} - 2A_{13} \approx \left(\sqrt{A_{11}} - \sqrt{A_{33}}\right)^2 \tag{7-6}$$

式中，A_{131} 为物质 1 在介质 3 中相互作用的 Hamaker 常数；A_{11} 和 A_{33} 为物质 1 和 3 在真空中的 Hamaker 常数。以刚玉粒子在水中相互作用的 Hamaker 常数计算为例，刚玉 $A_{11}=12\times10^{-20}$ J，水 $A_{33}=4.0\times10^{-20}$ J，那么，刚玉颗粒之间在水溶液中相互作用的 Hamaker 常数为

$$A_{131} = \left(\sqrt{12} - \sqrt{5.1}\right)^2 \times 10^{-20} = 1.45\times10^{-20} \text{ J}$$

式（7-6）表明，相同物质 1 在介质 3 中相互作用的 Hamaker 常数总为正值，因此，对应于式（7-1）至式（7-5）的范德华相互作用能总为负值，相互作用为引力。

对于物质 1 和 2 在介质 3 中相互作用的 Hamaker 常数可由下式给出：

$$A_{132} = A_{12} + A_{33} - A_{23} - A_{13} \approx \left(\sqrt{A_{11}} - \sqrt{A_{33}}\right)\left(\sqrt{A_{22}} - \sqrt{A_{33}}\right) \tag{7-7}$$

可知，当 $A_{11}>A_{33}>A_{22}$；$A_{11}<A_{33}<A_{22}$ 时，$A_{132}<0$，表示物质 1 和 2 在介质 3 中范德华相互作用能为正值，相互作用为排斥。例如，石英/辛烷/空气体系，$A_{11}=6.3\times10^{-20}$ J，$A_{33}=4.5\times10^{-20}$ J，$A_{22}=0$。

$$A_{132} = \left(\sqrt{6.3} - \sqrt{4.5}\right)\left(0 - \sqrt{4.5}\right) \times 10^{-20} = -0.82\times10^{-20} \text{ J}$$

在式（7-7）中，如果

$$A_{11}>A_{33}, \ A_{22}>A_{33}; \ A_{11}<A_{33}, \ A_{22}<A_{33}$$

则 $A_{132}>0$，表示物质 1 和 2 在介质 3 中范德华相互作用能为负值，相互作用为吸引，例如，PMMA（1）/MEK（3）/CLA（2）体系，$A_{11}=9.53\times10^{-20}$ J，$A_{33}=6.01\times10^{-20}$ J，$A_{22}=9.77\times10^{-20}$ J

$$A_{132} = \left(\sqrt{9.53} - \sqrt{6.01}\right)\left(\sqrt{9.77} - \sqrt{6.01}\right) \times 10^{-20} = 0.43\times10^{-20} \text{ J}$$

表 7-1 一些物质在真空中的 Hamaker 常数 [269, 354-357]

物质	Hamaker 常数 A（10^{-20} J）	物质	Hamaker 常数 A（10^{-20} J）
水	3.7；4.0	己烷	5.2
正庚烷	3.8	苯	5.0
正辛烷	4.5	乙醇	4.2
正十二烷	5.0	云母	10
正十四烷	5.0	CaF_2	7.0
正十六烷	5.1	（Au，Ag，Cu）	30～50
水	4.38	Al_2O_3	15.5～34.0
AgI	15.8	Fe_2O_3	23.2
CdS	15.3	$BaSO_4$	16.4
MgO	10.6	Cu	28.4
TiO_2，锐钛矿	19.7	TiO_2，金红石	11.0～31.0
KCl	6.2	KBr	5.8
石墨	31～47	$Fe(OH)_3$	18.0
SnO_2	25.6	CaF_2	6.55
硬脂酸	4.7	CaO	12.4
SiO_2	8.55～50	石英	10.6
（PMMA）	9.53	纤维素醋酸（CLA）	9.77
Polystyrene（PST）	6.5	赤铁矿	5.0
$MnCO_3$	7.05	煤	6.07

7.1.3 浮选体系中的范德华相互作用

1. 铝硅酸盐矿物晶面间的范德华相互作用

由于层状硅酸盐矿物的底面与其端面的性质存在较为明显的差异，硅酸盐矿物颗粒间的相互作用可以分为三种情况：底面与底面（F-F）、端面与底面（E-F）及端面与端面（E-E）。

当层状硅酸盐矿物颗粒的底面与底面（F-F）、端面与底面（E-F）以及端面与端面（E-E）分别在水介质中作用时，假设矿物颗粒底面的半径 r_1 为 500 nm，端面的半径 r_2 为 25 nm，可采用两个不同粒子间相互作用的模型来进行计算 [式（7-3）]。层状硅酸盐矿物的底面（Face）、端面（Edge）及水的 Hamaker 常数为 [358]：底面 $A_{11} = 8.6 \times 10^{-20}$ J，端面 $A_{22} = 15 \times 10^{-20}$ J，水 $A_{33} = 4 \times 10^{-20}$ J，则黏土的底面与底面、端面与底面及端面与端面在水中相互作用时的有效 Hamaker 常数可由下式给出：

$$A_{131} = \left(\sqrt{A_{11}} - \sqrt{A_{33}}\right)\left(\sqrt{A_{11}} - \sqrt{A_{33}}\right) = 0.87 \times 10^{-20} \text{（J）} \quad (7\text{-}8a)$$

$$A_{132} = \left(\sqrt{A_{11}} - \sqrt{A_{33}}\right)\left(\sqrt{A_{22}} - \sqrt{A_{33}}\right) = 1.75 \times 10^{-20} \text{（J）} \quad (7\text{-}8b)$$

$$A_{232} = \left(\sqrt{A_{22}} - \sqrt{A_{33}}\right)\left(\sqrt{A_{22}} - \sqrt{A_{33}}\right) = 3.51 \times 10^{-20} \text{（J）} \quad (7\text{-}8c)$$

采用两个球形颗粒间相互作用的模型来计算颗粒间的范德华相互作用能为：

底面与底面

$$V_{w(F-F)} = -\frac{A_{131}}{6D} \times \frac{R_1 R_1}{R_1 + R_1} = -\frac{3.63 \times 10^{-19}}{D}(J) \qquad (7-9a)$$

端面与底面

$$V_{w(E-F)} = -\frac{A_{231}}{6D} \times \frac{R_1 R_2}{R_1 + R_2} = -\frac{6.94 \times 10^{-20}}{D}(J) \qquad (7-9b)$$

端面与端面

$$V_{w(E-E)} = -\frac{A_{232}}{6D} \times \frac{R_2 R_2}{R_2 + R_2} = -\frac{7.31 \times 10^{-20}}{D}(J) \qquad (7-9c)$$

式（7-9）中 D 单位为 nm。由式（7-9）计算的结果见图 7-1。

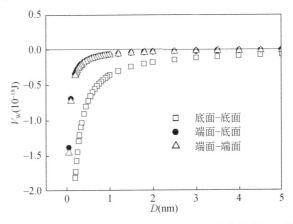

图 7-1　三种二八面体型层状硅酸盐矿物晶面间的范德华相互作用能

由图 7-1 可知，层状硅酸盐矿物颗粒底面与底面之间的距离小于 2 nm 时，相互间作用的范德华引力则急剧增加，而当其之间的距离大于 2 nm 时，相互间的范德华引力减小且变化较小；矿物颗粒端面与端面之间的距离小于 1 nm 时，相互间作用的范德华引力则也急剧增加，而当其之间的距离大于 1 nm 时，相互间的范德华引力减小且也变化较小；层状硅酸盐矿物颗粒端面与底面之间的距离小于 1 nm 时，相互间的范德华引力才急剧增加，而当其之间的距离大于 1 nm 时，相互间的范德华引力减小且变化较小；在相互作用的距离相同时，层状硅酸盐矿物各晶面间的范德华相互吸引能大小顺序为：底面与底面（F-F）>端面与端面（E-E）>端面与底面（E-F）[56, 86]。

2. 吸附表面活性剂的颗粒-颗粒间范德华相互作用

1）平板型颗粒间范德华相互作用能计算

两个吸附有表面活性剂的平板型颗粒间［图 7-2（a）］范德华相互作用能 V_{WA} 为

$$V_{WA} = -\frac{1}{12\pi} \left[\frac{A_{232}}{H^2} - \frac{2A_{123}}{(H+\delta)^2} + \frac{A_{121}}{(H+2\delta)^2} \right] \qquad (7-10)$$

式中，δ 为吸附层厚度；A_{232}，A_{123}，A_{121} 为有效 Hamaker 常数，由式（7-6）和式（7-7）确

定。对于半径分别为 R_1 和 R_2 的两球形颗粒，见图 7-2（b），范德华相互作用能为

$$V_{WA} = -\frac{1}{6} \frac{R_1 R_2}{R_1 + R_2} \left[\frac{A_{232}}{H} - \frac{2A_{123}}{(H+\delta)} + \frac{A_{121}}{(H+2\delta)} \right] \tag{7-11}$$

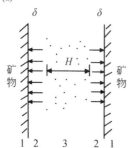 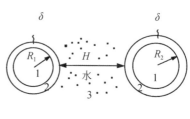

图 7-2　两个吸附有表面活性剂的平板矿粒（a）和球形矿粒（b）间相互作用示意图

2）超细白钨矿颗粒间范德华作用能计算

采用式（7-4）计算无捕收剂吸附的超细粒级白钨矿（$R=5\ \mu m=5\times10^{-6}\ m$）颗粒间相互作用的范德华相互作用能。真空中，白钨矿 $A_{11}=10\times10^{-20}\ J$，水 $A_{33}=3.7\times10^{-20}\ J$，则白钨矿在水溶液中相互作用的 Hamaker 常数为 $A=\left(\sqrt{10}-\sqrt{3.7}\right)^2\times10^{-20}=1.53\times10^{-20}\ J$。然而在实际的浮选过程中，矿物颗粒表面会存在有表面活性剂的吸附。采用式（7-11）计算吸附有油酸钠的细粒级白钨矿（$R=5\ \mu m=5\times10^{-6}\ m$）的范德华力作用能。假设油酸钠在白钨矿表面形成单分子吸附，且吸附层厚度为 $\delta=1.5\ nm$，油酸钠吸附层 $A_{22}=4.7\times10^{-20}\ J$，则

$$A_{232} = \left(\sqrt{A_{22}}-\sqrt{A_{33}}\right)^2 = \left(\sqrt{4.7}-\sqrt{3.7}\right)^2\times10^{-20} = 0.0597\times10^{-20}\ J$$

$$A_{123} = \left(\sqrt{A_{11}}-\sqrt{A_{22}}\right)\left(\sqrt{A_{33}}-\sqrt{A_{22}}\right)$$

$$= \left(\sqrt{10}-\sqrt{4.7}\right)\left(\sqrt{3.7}-\sqrt{4.7}\right)\times10^{-20} = -0.243\times10^{-20}\ J$$

$$A_{121} = \left(\sqrt{A_{11}}-\sqrt{A_{22}}\right)^2 = \left(\sqrt{10}-\sqrt{4.7}\right)^2\times10^{-20} = 0.989\times10^{-20}\ J$$

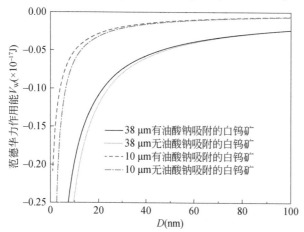

有无捕收剂吸附的超细粒级白钨矿颗粒间相互作用的范德华相互作用能与作用距离的关系见图 7-3。

由图 7-3 可知，不同粒级的白钨矿相互间范德华力作用能随着作用距离增加而减小，由于油酸钠的吸附，白钨矿颗粒间范德华力作用能降低，即表示范德华吸引势能减少；超细粒级 10 μm 白钨矿比 38 μm 白钨矿的范德华

图 7-3　不同粒级白钨矿相互作用势能与作用距离的关系[359]

力作用能降低，说明粒度越小，范德华吸引势能越小。

7.2　颗粒间静电相互作用

7.2.1　颗粒间静电相互作用能（力）计算

从热力学观点看，粒子相互接近时，静电相互作用能（V_{ER}）随间距的变化就是带电颗粒由无限远处接近到间距 D 处时体系自由能的变化。考虑到实际浮选体系中，粒子间静电相互作用能计算的复杂性，在计算粒子间静电相互作用能时，将根据相互作用的矿粒形状及作用形式的不同而用不同的计算公式[269]。

1）两平行板相同颗粒间

$$V_E = \frac{64 n_0 kT}{\kappa} \gamma_0^2 \exp(-\kappa D) \tag{7-12}$$

式中，D 为两平板间距离；n_0 为溶液中电解质浓度，它与体积摩尔浓度的关系为

$$n_0 = \frac{C_i N_A}{1000} \tag{7-13}$$

式中，N_A 为 Avogadro 常数（6.022×10^{23} mol^{-1}）；C_i 为 i 离子组分的体积摩尔浓度（mol/L）。

$$\gamma_0 = \frac{\exp\left(\dfrac{ze\psi}{2kT}\right) - 1}{\exp\left(\dfrac{ze\psi}{2kT}\right) + 1} \tag{7-14}$$

$$\kappa = \left(\frac{2e^2 N_A \sum z_i^2 C_i}{\varepsilon_0 kT}\right)^{\frac{1}{2}} = \left(\frac{4e^2 N_A I}{\varepsilon_0 kT}\right)^{\frac{1}{2}} \tag{7-15}$$

式中，ε_0 为真空中绝对介电常数，$\varepsilon_0 = 8.854 \times 10^{-12}$ C^2/(J·m)；ε_r 为分散介质相对介电常数，水介质的 $\varepsilon_r = 78.5$ C^2/(J·m)，则 $\varepsilon_\alpha = 6.95 \times 10^{-10}$ C^2/(J·m)；I 为离子强度。

$$\varepsilon_\alpha = \varepsilon_0 \varepsilon_r \tag{7-16}$$

当只有一种离子时：

$$\kappa = \left(\frac{2e^2 N_A \sum z_i^2}{\varepsilon_\alpha kT}\right)^{\frac{1}{2}} \tag{7-17a}$$

298 K 时，对于 1∶1 型电解质：

$$\kappa^{-1} = 0.304 / \sqrt{C} \tag{7-17b}$$

2）半径分别为 R_1、R_2 的同类矿粒

$$V_E = \frac{128\pi n_0 kT \gamma_0^2}{\kappa^2} \left(\frac{R_1 R_2}{R_1 + R_2}\right) \exp(-\kappa D) \tag{7-18a}$$

若 $R_1 = R_2 = R$，则

$$V_E = \frac{64\pi n_0 kT \gamma_0^2 R}{\kappa^2} \exp(-\kappa D) \tag{7-18b}$$

对于低电位表面，$\psi_0 < 25 \text{ mV}$，且 $\kappa R_1 > 10$，$\kappa R_2 > 10$，式（7-18）简化为

$$V_E = \frac{4\pi\varepsilon_\alpha R_1 R_2 \psi_0^2}{R_1 + R_2} \ln[1 + \exp(-\kappa D)] \tag{7-19a}$$

若 $R_1 = R_2 = R$，则

$$V_E = 2\pi\varepsilon_\alpha R \psi_0^2 \ln[1 + \exp(-\kappa D)] \tag{7-19b}$$

3）半径为 R 的矿粒与平板矿粒之间

$$V_E = 4\pi\varepsilon_\alpha R \psi_0^2 \ln[1 + \exp(-\kappa D)] \tag{7-20}$$

由式（7-18）至式（7-20）可以看出，在同类粒子间，$V_E > 0$，即同类粒子间的静电力为排斥，用 V_{ER} 表示。

4）半径分别为 R_1 和 R_2 的不同粒子间

$$V_E = \frac{\pi\varepsilon_\alpha R_1 R_2}{R_1 + R_2}(\psi_{01}^2 + \psi_{02}^2)\left[\frac{2\psi_{01}\psi_{02}}{\psi_{01}^2 + \psi_{02}^2}p + q\right] \tag{7-21}$$

式中：

$$p = \ln\left[\frac{1 + \exp(-\kappa D)}{1 - \exp(-\kappa D)}\right] \tag{7-22a}$$

$$q = \ln[1 - \exp(-2\kappa D)] \tag{7-22b}$$

上式适用于电位恒定，$\kappa R_1 > 10$，$\kappa R_2 > 10$ 的情形，异凝聚体系及气泡与矿粒间相互作用的静电力常用上式计算。

7.2.2 超细白钨矿颗粒间静电作用能计算

式（7-21）中，ψ_0 是表面热力学电位，25℃时，当溶液离子浓度不大时，可以用 ζ 电位代替 ψ_0。例如，白钨矿在蒸馏水中表面动电位随 pH 的变化如图 7-4 所示，可以看出，白钨矿零电点 pH_{pzc} 在 1.6 左右，当 pH=9 时，$\psi_0 \approx \zeta = -27.5 \text{ mV} = -0.0275 \text{ V}$；当 pH=5 时，$\psi_0 \approx \zeta = -17.5 \text{ mV} = -0.0175 \text{ V}$。

对于超细粒级 10 μm 的白钨矿，假设其在摩尔浓度为 $1 \times 10^{-3} \text{mol/L}$ 的 KCl 溶液中，计算其静电力作用能为

$$V_E = 2 \times 3.14 \times 6.95 \times 10^{-10} \times 5 \times 10^{-6} \times (-0.0275)^2 \times \ln[1 + \exp(-0.104D)] \text{ (J)}$$
$$= 1.65 \times \ln[1 + \exp(-0.104D)] \times 10^{-17} \text{J} = 4 \times 10^3 \ln[1 + \exp(-0.104D)] \text{ (}kT\text{)}$$

由上述关系得出 10 μm 白钨矿在 pH=9 时，颗粒间相互作用的静电力作用能与距离的关系如图 7-5 所示。图 7-5 表明，白钨矿颗粒间的静电势能一直都表现为静电斥力，且随着作用距离减小而增加，表明超细粒级 10 μm 白钨矿颗粒间相互作用的静电力斥力随距离的减小而增加。

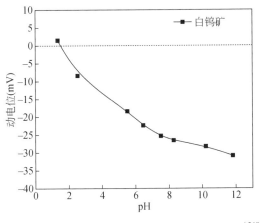

图 7-4　白钨矿表面动电位与 pH 的关系[360]

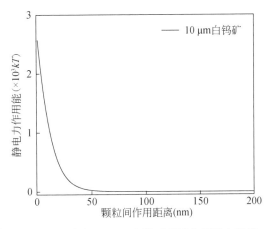

图 7-5　超细 10 μm 白钨矿相互作用静电势能与作用距离的关系

7.2.3　铝硅酸盐矿物不同晶面间静电相互作用能的计算

层状硅酸盐矿物颗粒间的静电相互作用能计算也考虑底面与底面（F-F）、端面与底面（E-F）以及端面与端面（E-E）的相互作用。层状硅酸盐矿物颗粒端面上的表面 Zeta 电位值是随着 pH 的增加而减少的，而两底面由于类质同相替代而呈永恒负电荷，使两底面的 Zeta 电位值不随着 pH 的变化而变化。因此，在溶液中 pH 等于黏土矿物的端面零电点时，矿物表面的 Zeta 电位值可近似地作为底面的表面电位值（ψ_{01}），而且认为在不同的 pH 条件下其 Zeta 电位为不变值。

层状硅酸盐矿物颗粒端面的 Zeta 电位值（近似代替热力学电位）可根据能斯特（Nernst）公式计算 [式（2-10）]，其中，三种层状硅酸盐矿物颗粒端面的 PZC 值为高岭石 7.73，伊利石 6.84，叶蜡石 6.26，则其底面和端面的电位值见表 7-2。假设黏土颗粒底面的半径 r_1 为 500 nm，端面的半径 r_2 为 25 nm，采用两个不同粒子间相互作用的模型 [式（7-21）] 来进行计算，电解质浓度取 $C=10^{-3}$，则在一定的 pH 条件下，由公式（7-21）计算层状硅酸盐矿物颗粒晶面间的静电相互作用能，结果见表 7-3 和图 7-6～图 7-8。

表 7-2　三种片状黏土矿物颗粒底面和端面的 Zeta 电位值

pH	Zeta 电位　（mV）					
	高岭石		伊利石		叶蜡石	
	$\psi_{0\,底面}$	$\psi_{0\,端面}$	$\psi_{0\,底面}$	$\psi_{0\,端面}$	$\psi_{0\,底面}$	$\psi_{0\,端面}$
2	28	338	-37	286	-36	251
7	-28	43	-37	-9	-36	-44
10	-28	-134	-37	-186	-36	-221

表 7-3　同种二八面体型黏土矿物颗粒间的静电相互作用能（V_E）与颗粒间间距的（D）关系

pH		高岭石（10^{-18} J）	伊利石（10^{-18} J）	叶蜡石（10^{-18} J）
2	底面与底面（$V_{E(F-F)}$）	0.86（$p+q$）	1.49（$p+q$）	1.41（$p+q$）
	端面与底面（$V_{E(E-F)}$）	5.98（$-0.16p+q$）	4.32（$-0.25p+q$）	3.34（$-0.28p+q$）
	端面与端面（$V_{E(E-E)}$）	6.23（$p+q$）	4.46（$p+q$）	3.44（$p+q$）
10	底面与底面（$V_{E(F-F)}$）	0.86（$p+q$）	1.49（$p+q$）	1.41（$p+q$）
	端面与底面（$V_{E(E-F)}$）	0.97（$0.40p+q$）	1.87（$0.38p+q$）	2.61（$0.32p+q$）
	端面与端面（$V_{E(E-E)}$）	0.98（$p+q$）	1.89（$p+q$）	2.66（$p+q$）

注：$p=\ln\left[\dfrac{1+\exp(-\kappa D)}{1-\exp(-\kappa D)}\right]$，$q=\ln[1-\exp(-2\kappa D)]$，$\kappa=0.104\,\mathrm{nm}^{-1}$，$D$ 单位为 nm

由表 7-3 和图 7-6 至图 7-8 可知，高岭石、伊利石和叶蜡石三种矿物相同颗粒晶面间的静电相互作用能（V_E）与颗粒间的间距（D）关系变化规律基本相同。

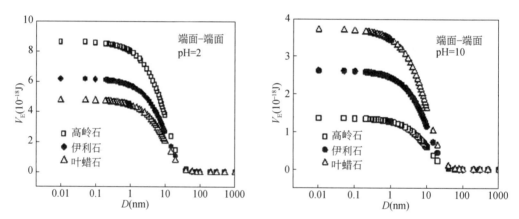

图 7-6　在一定的 pH 条件下，层状硅酸盐矿物端面与端面间的静电相互作用能

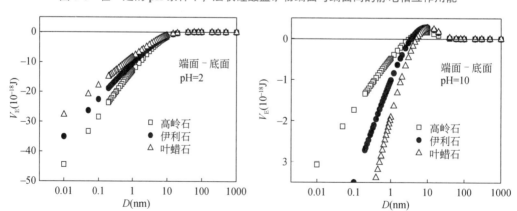

图 7-7　在一定的 pH 条件下，层状硅酸盐矿物端面与底面间的静电相互作用能

由图 7-6 可知，三种二八面体型层状硅酸盐矿物在水溶液中颗粒以端面与端面形式相

互作用的静电相互作用能（V_E）皆为正值，说明端面与端面间的静电相互作用力为斥力，其值随颗粒间间距（D）的减少而增大。在间距（D）一定时，酸性条件下，端面与端面间的静电斥力大小顺序为：高岭石＞伊利石＞叶蜡石；碱性条件下，端面与端面间的静电斥力大小顺序为：叶蜡石＞伊利石＞高岭石。

由图 7-7 可知，在酸性水溶液中，三种二八面体型层状硅酸盐矿物以端面与底面形式相互作用的静电相互作用能（V_E）皆为负值，说明层状硅酸盐矿物以端面与底面形式相互作用的静电相互作用力为吸引力，且其值随颗粒间间距（D）的减少而增大；静电相互作用引力大小顺序为：高岭石＞伊利石＞叶蜡石。碱性条件下，端面与底面间的静电相互作用能（V_E）与颗粒间间距（D）关系曲线中出现了一个势垒，说明端面与底面的静电相互作用会出现斥力，克服斥力势垒，在小于颗粒间势垒间距（D）时，端面与底面间静电相互作用为引力，其大小顺序为：叶蜡石＞伊利石＞高岭石。这表明，酸性条件下高岭石端面与底面间会有可能发生团聚，而碱性条件下有可能分散，静电相互作用是重要因素。

由图 7-8 可知，三种二八面体型层状硅酸盐矿物在水溶液中颗粒以底面与底面形式相互作用的静电相互作用能（V_E）皆为正值，说明层状硅酸盐矿物在水溶液中颗粒以底面与底面的静电相互作用力为斥力，其值随颗粒间间距（D）的减少而增大，与 pH 无关。在颗粒间间距（D）一定时，其底面与底面间的静电相互作用能（V_E）大小顺序为：$V_{E (F-F)}$（伊利石）＞$V_{E (F-F)}$（叶蜡石）＞$V_{E(F-F)}$（高岭石）；亦即其底面与底面间的静电相互作用斥力大小顺序为伊利石＞叶蜡石＞高岭石。

上述结果表明，层状硅酸盐矿物颗粒间的静电相互作用在底面与底面（F-F）、端面与底面（E-F）以及端面与端面（E-E）间表现较大差异，这对这些矿物颗粒在矿浆中的各种行为将产生重要影响。

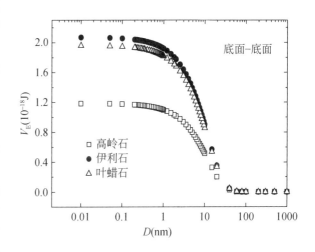

图 7-8　在一定的 pH 条件下，三种二八面体型层状硅酸盐矿物底面与底面间的静电相互作用能

7.3　DLVO 理论在浮选体系中的应用

7.3.1　DLVO 理论

DLVO 理论以胶体粒子间的相互吸引和相互排斥力为基础，当粒子相互接近时，这两种相反的作用力决定了胶体分散体系的稳定性。

若令 V_T^D 为胶体粒子间相互作用总能量，则：

$$V_T^D = V_W + V_E \tag{7-23}$$

式中，V_W 为范德华作用势能；V_E 为静电作用势能。式（7-23）表明，当矿物颗粒间相互作用的 DLVO 势能 V_T^D 大于零时，颗粒间相互作用为排斥力，颗粒将处于分散状态，当矿物颗粒间相互作用的 DLVO 势能 V_T^D 小于零时，颗粒间相互作用为相互吸引，颗粒将处于团聚状态。

7.3.2　水溶液中矿物颗粒相互作用的 DLVO 势能曲线与团聚分散行为

以一水硬铝石和高岭石颗粒间相互作用为例，计算采用的一水硬铝石和高岭石的半径为其体积平均半径，分别为 4.273 μm 和 4.709 μm，D 为颗粒间的间距，单位均为 nm。一水硬铝石和高岭石的 Hamaker 常数分别为 15.5×10^{-20} 和 8.6×10^{-20}，表面动电位值采用图 7-9 的结果。

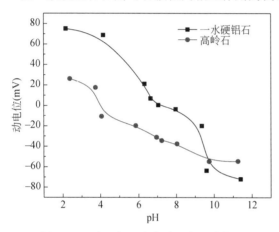

图 7-9　一水硬铝石和高岭石表面动电位
（ζ 电位）-pH 关系图[327]

1. 一水硬铝石颗粒间相互作用的 DLVO 势能

由式（7-4）和式（7-18），再根据式（7-23），计算绘出一水硬铝石颗粒间相互作用 DLVO 势能与颗粒间距离及溶液 pH 关系图，如图 7-10（a）和图 7-10（b）。由图 7-10（a）可知，当 pH 为 7 左右时（零电点左右），一水硬铝石颗粒间相互作用的 DLVO 势能为负值，这时范德华力占主导地位，不存在能垒，颗粒之间将发生同相凝聚；在酸性或碱性环境中，如 pH 为 3 或 11 时，在作用距离 $D > 1$ nm 时，一水硬铝石颗粒间相互作用的 DLVO 势能大于零，为正值，静电斥力占优势，存在势垒分别为 5×10^{-17} J 和 2.5×10^{-17} J，一水硬铝石颗粒之间相互作用为排斥。图 7-10（b）更清楚地表明，在 pH 6～9 的范围内，一水硬铝石的表面动电位较低，一水硬铝石颗粒间相互作用的 DLVO 势能有一个低谷，势能值小于零，一水硬铝石颗粒间将会发生团聚。而在酸性或碱性 pH 区域，一水硬铝石的表面动电位较高，一水硬铝石颗粒间相互作用的 DLVO 势能为正值，一水硬铝石颗粒间的相互作用为排斥，溶液中，一水硬铝石颗粒将处于分散状态。

2. 高岭石颗粒间相互作用的 DLVO 势能

高岭石微粒之间相互作用 DLVO 势能与颗粒间距离及溶液 pH 的关系，如图 7-11（a）和图 7-11（b）。图 7-11 表明，随着作用距离的接近，高岭石颗粒间相互作用的 DLVO 势能正值变大，排斥力增加，在广泛的 pH 范围内，高岭石颗粒间相互作用的 DLVO 势能均为正值，只有当 pH=4 时，高岭石相互作用的 DLVO 势能接近为零。高岭石颗粒间相互作用的 DLVO 势能曲线表明，高岭石颗粒在溶液中将处于分散状态。

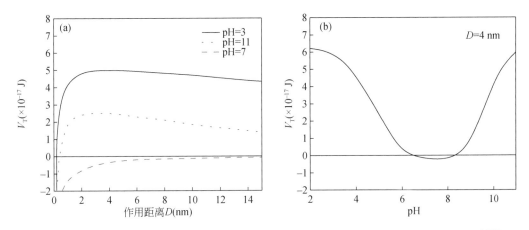

图 7-10　纯水体系下，一水硬铝石颗粒间总相互作用能与作用距离（a）及 pH（b）关系[327]

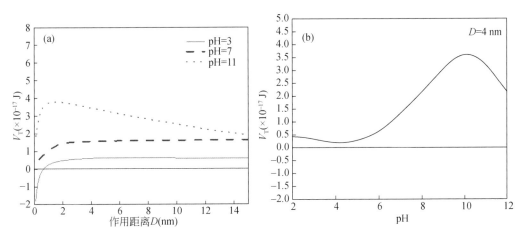

图 7-11　纯水体系下，高岭石颗粒间相互作用能与作用距离（a）及 pH（b）关系图[327]

3. pH 对一水硬铝石及高岭石分散凝聚行为影响

不同 pH 对一水硬铝石分散凝聚行为影响结果如图 7-12。从图 7-12 可以看出，在酸性或碱性条件下，一水硬铝石的抽出产率很大，即表明此时一水硬铝石的分散性很好，但是在 pH=6～9.5 的范围内一水硬铝石悬浮液的抽出产率很小，表明此时一水硬铝石发生团聚，这一现象与图 7-9 一水硬铝石颗粒间相互作用的 DLVO 势能曲线的结果是一致的，即一水硬铝石颗粒间相互作用的 DLVO 势能为排斥时，一水硬铝石颗粒在溶液中分散，当一水硬铝石颗粒间相互作用的 DLVO 势能为吸引时，一水硬铝石发生

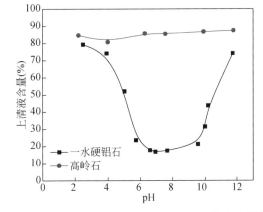

图 7-12　pH 对一水硬铝石和高岭石的分散性的影响[327]

团聚。图 7-12 的结果还表明，pH 对高岭石悬浮液的抽出产率的影响不大，各 pH 条件下，高岭石的抽出产率大,高岭石处于分散状态,这也与图 7-11 高岭石颗粒间相互作用的 DLVO 势能曲线的结果是一致的，即高岭石颗粒相互作用的 DLVO 势能均为正值，颗粒间相互作用的 DLVO 势能为排斥，高岭石颗粒在溶液中分散。

7.3.3 铝硅酸盐矿物晶面间的 DLVO 势能曲线与团聚分散行为

将层状硅酸盐矿物晶面间的范德华相互作用能以及静电相互作用能代入式（7-23），可以得出层状硅酸盐矿物晶面间的总相互作用能，结果见图 7-13 和图 7-14。

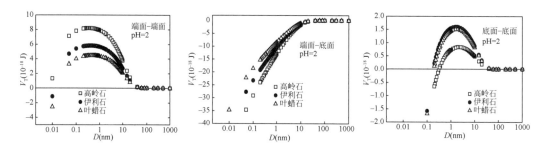

图 7-13　酸性 pH 条件下，三种层状硅酸盐矿物晶面间相互作用的 DLVO 势能曲线[56]

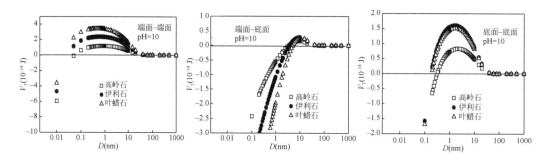

图 7-14　碱性介质中，三种层状硅酸盐矿物晶面间相互作用的 DLVO 势能曲线[56]

1. 酸性介质中各晶面间的相互作用

图 7-13 是在酸性介质中，三种层状硅酸盐矿物在水溶液中颗粒以端面与端面、端面与底面以及底面与底面形式相互作用的 DLVO 势能曲线。可以看出：虽然八面体型层状硅酸盐矿物端面与端面间范德华相互作用能为负，但静电相互作用能为正，而且，静电相互作用能比范德华相互作用能大很多，在端面与端面间总相互作用能曲线上出现了较为明显的势垒，说明矿物晶面间较难以端面与端面的形式相结合。在三种矿物中，端面与端面间的总相互作用能的势垒大小顺序为：高岭石＞伊利石＞叶蜡石；亦即在酸性条件下，三种矿物中，高岭石最难以端面与端面的形式结合，其次为伊利石，再次为叶蜡石。

在端面与底面间，总相互作用能皆为负值，即表现为引力。在三种矿物中，端面与底面间引力大小顺序为：高岭石＞伊利石＞叶蜡石。亦即在酸性条件下，三种矿物均可以端面与底面的形式发生团聚，其中，高岭石最易以端面与底面的形式团聚，其次为伊利石，再次为叶蜡石。

虽然八面体型层状硅酸盐矿物底面与底面间范德华相互作用能为负，但静电相互作用能为正，而且，静电相互作用能比范德华相互作用能大很多，导致颗粒以底面与底面形式相互作用的 DLVO 势能（V_T）曲线出现了较为明显的势垒，且其势垒大小顺序为：伊利石＞叶蜡石＞高岭石，其 DLVO 势能（V_T）曲线与 pH 无关。说明在水溶液介质中，三种层状硅酸盐矿物均难以底面与底面的形式相结合，其中伊利石最难以底面与底面的形式相结合，其次为叶蜡石，高岭石。

上述结果显示，在酸性水溶液中，二八面体型层状硅酸盐矿物只有端面-底面间范德华及静电相互作用均为负，导致总的 DLVO 势能为负，且静电相互作用起重要因素，矿物颗粒将主要以端面-底面的团聚形式存在。

2. 碱性介质中各晶面间的相互作用

图 7-14 是碱性介质中，三种层状硅酸盐矿物在水溶液中颗粒以端面与端面、端面与底面以及底面与底面形式相互作用的 DLVO 势能曲线。在碱性介质中，三种矿物端面与端面及底面与底面间范德华相互作用能为负，但静电相互作用能为正，而且，静电相互作用能比范德华相互作用能大很多，导致三种矿物端面与端面及底面与底面间总 DLVO 相互作用势垒大，相互作用为排斥。端面与底面间的相互作用的 DLVO 势能虽然低于端面与端面及底面与底面间作用的 DLVO 势能，但总 DLVO 上也有一定势垒。表明在碱性水溶液中，层状硅酸盐矿物难以发生晶面间的团聚，将主要以分散的形式存在。而且，总相互作用能的势垒大小顺序为：叶蜡石＞伊利石＞高岭石；说明碱性水溶液中，叶蜡石最难以发生晶面间的团聚，其次为伊利石，再次为高岭石。

3. 铝硅酸盐矿物的分散和团聚行为

几种铝硅酸盐矿物的分散和团聚行为见图 7-15 和图 7-16。由图 7-15 可以看出，酸性介质中，pH 小于端面零电点值时，矿物颗粒间处于团聚状态，矿物颗粒之间主要以"端面-底面"的形式发生团聚［图 7-16（a）］；因而矿物悬浮液透光率较高。随着溶液 pH 的增大，层状硅酸盐矿物悬浮液透光率减少，悬浮液分散增强。根据图 7-13 和图 7-14 的 DLVO 势能曲线，pH 在端面零电点值附近，由低变高时，端面荷电性质处于由正到零再到负的变化，这时层状矿物颗粒之间存在的相互作用能也

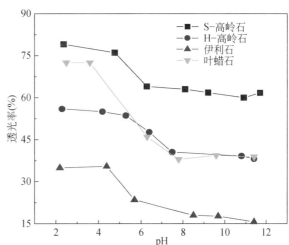

图 7-15 几种层状硅酸盐矿物悬浮液的透光率与 pH 关系图[56]

变化得较为明显，矿物颗粒亦由团聚状态向分散状态变化，矿物颗粒之间可能发生部分"端面-底面"和"端面-端面"形式结合，但作用将不强［图 7-16（b）］。碱性介质中，pH 大于端面零电点值时，这时层状矿物颗粒之间主要处于分散状态［图 7-16（c）］，矿物悬浮液透

光率明显降低，与 DLVO 理论计算的结果基本一致。

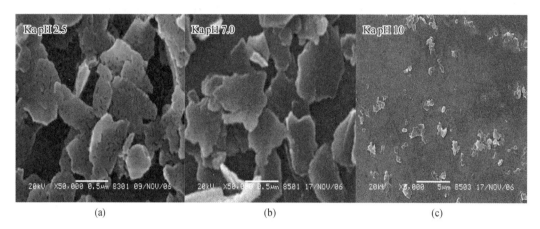

(a) (b) (c)

图 7-16 在不同 pH 水溶液条件中，软质高岭石自团聚现象的 SEM 照片[359]

（a）pH=2.5，颗粒之间主要以"Edge-Face"的形式发生团聚；（b）pH=7，颗粒之间结合形式主要为
"Edge-Face""Edge-Edge"；（c）pH=10，颗粒主要处于分散状态

7.3.4 矿粒在有无浮选剂时相互作用的 DLVO 势能及其缺陷

1. 超细粒级白钨矿相互作用的 DLVO 势能

根据 7.2.2 和 7.1.3 小节有关数据，由式（7-23），在无表面活性剂吸附时，绘出超细粒级 10 μm 白钨矿相互作用总 DLVO 能量的曲线见图 7-17。由图 7-17 可见，在无表面活性剂的条件下，在 pH=9 和 pH=5 时，超细粒级白钨矿颗粒间相互作用 DLVO 势能基本表现为斥力，超细粒级白钨矿颗粒间难以发生凝聚；只有克服势垒，在极小的作用距离时，才有可能发生颗粒间的凝聚。

在有油酸钠吸附时，绘出超细粒级 10 μm 白钨矿相互作用总能量的曲线如图 7-18 所示。

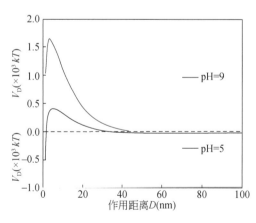

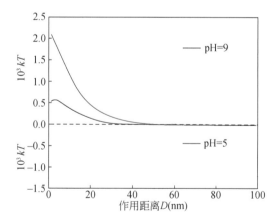

图 7-17 超细粒 10 μm 白钨矿无油酸钠吸附
时颗粒间相互作用能与距离的关系[360]

图 7-18 超细粒 10 μm 白钨矿有油酸钠吸附
时颗粒间相互作用能与距离的关系[360]

由图 7-18 可见，当油酸钠吸附在超细粒级白钨矿表面时，由于表面活性剂的吸附降低了其范德华作用能，所以无论 pH=9 或 pH=5 时，超细粒级白钨矿颗粒间的相互作用也表现为排斥，而且，其相互作用的势垒比无油酸钠吸附时更高，排斥作用更强。

但通过显微镜观察不同搅拌方式对超细粒级白钨矿聚集状态的影响，结果见图 7-19。可以看出，油酸钠用量为 1.5×10^{-4} mol/L，搅拌叶轮为 $1^{\#}$ 叶轮，搅拌时间 15 min 时，超细粒级白钨矿就已经开始形成絮团，随着搅拌速度以及搅拌时间的增加，絮团愈明显，絮团尺寸变大。这表明，根据 DLVO 理论计算的相互作用能曲线对吸附有捕收剂的矿物颗粒间的相互作用与实际情况不相符合，这提示吸附有捕收剂的矿物颗粒间可能存在其他相互作用力，影响矿物颗粒间的团聚，只考虑范德华作用势能和静电作用势能的 DLVO 理论没有考虑这一作用，并不能解释吸附有捕收剂的矿物颗粒间的团聚现象。

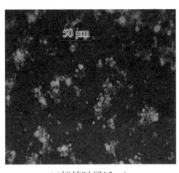
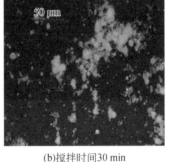

(a)搅拌时间15 min　　　　　　　(b)搅拌时间30 min

图 7-19　不同强化搅拌方式对超细白钨矿絮团的影响（搅拌速度 **2000 r/min**、矿浆浓度 **5%**）[360]

2. 吸附油酸钠的超细粒级锡石相互作用的 DLVO 势能与团聚行为

图 7-20 给出了不同油酸钠用量下，锡石 Zeta 电位的变化情况，随着油酸钠用量的增大，锡石负 Zeta 电位值增大，可以认为油酸钠已在锡石表面吸附，且吸附量随油酸钠浓度增加而变大。图 7-21 的结果表明，锡石沉降产率随油酸钠用量的增加明显增大，当油酸钠用量为 2×10^{-4} mol/L 时，锡石沉降产率达到最大值。计算不同浓度油酸钠-锡石-水体系的 DLVO

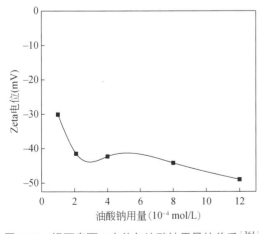
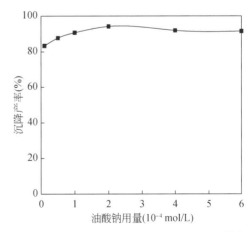

图 7-20　锡石表面 ζ 电位与油酸钠用量的关系[361]　　图 7-21　锡石沉降产率与油酸钠用量关系[361]

作用势能，结果如图 7-22，表明，随着油酸钠用量的增加，矿粒间相互作用的排斥势能越

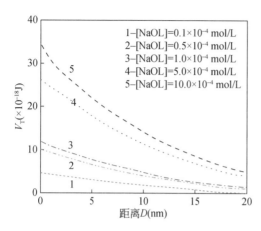

大，矿浆中颗粒间分散稳定性应增强，但图 7-21 的结果表明，吸附有油酸钠的锡石颗粒发生了明显的团聚。也就是说，DLVO 理论的解释和试验现象恰好相反，进一步表明 DLVO 理论不能完全解释有浮选剂吸附条件下矿粒的团聚、分散行为。

浮选体系中，由于矿浆中各种离子、捕收剂、调整剂在矿物表面的吸附，改变矿物表面性质，使得矿物颗粒之间的相互作用变得更为复杂，可能存在相互作用的水化力、疏水力、溶剂化作用力等，从而使得只考虑范德华和静电相互作用的 DLVO 理论难以解释复杂浮选体系中，矿

图 7-22　锡石矿粒间相互作用的 DLVO 势能[361]

物颗粒之间的团聚与分散行为，需要针对不同体系，考虑水化或疏水相互作用或其他相互作用，才能确定矿物颗粒之间总的相互作用能，进而确定颗粒间的相互作用是排斥还是吸引，才能确定颗粒间是团聚还是分散。除范德华力和静电相互作用力之外的水化或疏水相互作用力等，一般称之为非 DLVO 力（通常在大多数情况下称为"结构力"），它们在界面过程中起着更重要的作用，因为非 DLVO 力通常比范德华力大 100 倍，比静电力大10 倍或更多，尤其是在分离距离较短时，在以下章节中将重点介绍这些非 DLVO 力[362-364]。

7.4　矿物颗粒间水化相互作用

亲水矿物表面，或者分散剂、抑制剂在矿物表面的吸附，使矿物表面极性区对邻近水分子的极化作用，会形成水化力。当两矿粒接近时，会产生很强的水化斥力，其强度取决于破坏水分子的有序结构，使吸附有机物极性基去水化所需能量。

水化排斥能的计算目前还无理论推导，许多研究人员使用各种表面力仪（SFA）、原子力显微镜（AFM）和其他方法对亲水系统进行了表面力测量，并证实了亲水系统中存在水化排斥力。水化力在一些体系中呈指数衰变或呈双指数函数，大量实验研究得出的经验关系为[365-370]：

$$V_{HR} = V_{HR}^0 \exp\left(-\frac{D}{h_0}\right) \tag{7-24}$$

式中，V_{HR} 为两平板形颗粒间单位面积相互作用水化排斥能；V_{HR}^0 为水化排斥能能量常数；h_0 为衰减长度；D 为相互作用距离。

对于半径分别为 R_1 和 R_2 的球形颗粒间：

$$V_{HR} = 2\pi \frac{R_1 R_2}{R_1 + R_2} h_0 V_{HR}^0 \exp\left(-\frac{D}{h_0}\right) \tag{7-25a}$$

当 $R_1=R_2$ 时

$$V_{HR} = 2\pi R h_0 V_{HR}^0 \exp\left(-\frac{D}{h_0}\right) \tag{7-25b}$$

水化相互作用力为

$$\frac{F}{R} = 2\pi V_{H,1}^0 \exp\left(-\frac{D}{h_0}\right) \tag{7-25c}$$

由式（7-24）和式（7-25）可知，计算水化排斥能，关键是要知道 V_{HR}^0 和 h_0，有关 V_{HR}^0 和 h_0 的文献值见表 7-4。由表 7-4 可以计算求得 $R=1$ μm 的蒙脱石和石英颗粒在 10^{-4} mol/L NaCl 溶液中间水化排斥能与作用距离的关系见图 7-23，可见，水化排斥能随作用距离增加，迅速降低，随作用距离减小，迅速增大。

表 7-4 表明，水化力衰变长度通常小于 1 nm，水化相互作用的能量常数变化较大，水化力衰变取决于界面厚度及其随界面距离的变化，许多研究者证明水化力作用的有效范围小于 5 nm[369]。一些研究表明，亲水性表面的极性诱导了表面水分子强极化，并且这种诱导极化在液体中传播了一段距离，这两个表面极化层（边界层）的重叠降低了平均偶极矩，导致水的结构发生变化，从而产生排斥力，即水化斥力或亲水结构力，例如二氧化硅表面之间的水化斥力是

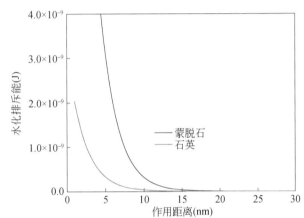

图 7-23　1 μm 蒙脱石粒子间和石英粒子间相互作用水化排斥能与作用距离的关系

由于硅-水界面上存在一层结构化的水[370, 371]；或者认为水化力源自 Stern 层反离子脱水作用[366]，或者认为介电常数随电场增大而减小，会增加双电层离子的水化自由能，从而产生额外的斥力[372]；Israelachvili[269,373] 则认为水化斥力来自于表面的强氢键基团，如水合离子或羟基（—OH）基团。这些关于界面水化相互作用的研究，虽然有不同看法，但基本认为水化力为排斥力。

表 7-4　式（7-24）和式（7-25）中有关参数值

矿物	电解质（mol/L）	V_{HR}^0（mJ/m²）	h_0（nm）
云母	$10^{-2} \sim 10^{-4}$KNO₃[365]	10	1.0
	5×10^{-4}NaCl[366]	14	0.9
	5×10^{-3}NaCl	3	0.9
石英	10^{-4}KCl[367]	1.0	1.0
	10^{-3}KCl	0.8	1.0
蒙脱石	10^{-4}NaCl[365]	4.4	2.2

但 Yalamanchili 和 Miller[128]发现，在碱金属卤化物饱和溶液中，不同的碱金属卤化物粒子之间存在水化引力，归因于表面不对称的偶极子的有序排列，这种水化引力同样存在于碱金属卤化物饱和溶液中的矿物颗粒之间。

图 7-24 和图 7-25 是石英粒子和刚玉片在碱金属卤化物饱和溶液中相互作用力与距离关系。可以看出，水化力呈现类似于式（7-25c）的指数衰减，为吸引力，并且远大于范德华相互作用力。在碱金属卤化物饱和溶液中，颗粒间不存在静电相互作用力，石英和刚玉粒子间强的水化吸引力不是范德华力，而是与离子性质及界面水结构有关。由图 7-24 和图 7-25 AFM 测定的力曲线，与式（7-25c）匹配，得出的能量常数、衰减长度见表 7-5，表中还列出了碱金属和卤化物离子的某些性质。由表 7-4 可以看出，KCl 和 CsCl 饱和溶液中石英粒子和刚玉片的相互作用力大于在 LiCl 和 NaCl 饱和溶液中的力，K^+、Cs^+水化半径、离子水化数、离子静电价均小于 Li^+、Na^+。此外，石英粒子和刚玉片在带负电的 KCl 或 LiCl 饱和溶液中的相互作用力比在带正电的 CsCl 或 NaCl 饱和溶液中的相互作用力略大。

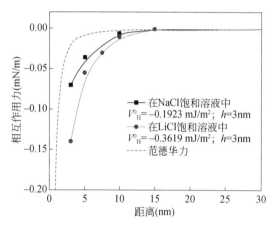

图 7-24　石英粒子和刚玉片在 LiCl 和 NaCl
饱和溶液中相互作用力与距离关系

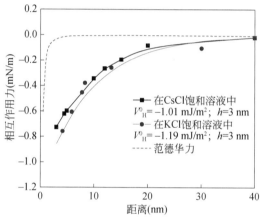

图 7-25　石英粒子和刚玉片在 KCl 和 CsCl
饱和溶液中相互作用力与距离关系

表 7-5　石英和刚玉粒子在碱金属卤化物饱和溶液中相互作用能量常数、衰减长度、碱金属和卤化物离子性质

体系	能量常数 V_0（mJ/m^2）	衰减长度（nm）	碱金属和卤化物离子性质			
			r_h^+（nm）	n_h^+	z^+/r^+	ΔX
$SiO_2/LiCl/Al_2O_3$	-0.058	3	0.38	5～6	14.71	2
$SiO_2/NaCl/Al_2O_3$	-0.031	3	0.36	4～5	10.53	2.1
$SiO_2/KCl/Al_2O_3$	-0.168	9	0.33	3～4	7.52	2.2
$SiO_2/CsCl/Al_2O_3$	-0.163	9	0.33	1～2	5.92	2.3

注：r_h^+为碱金属离子水化半径；n_h^+为碱金属离子水化数；z^+/r^+为碱金属离子静电价；ΔX 为碱金属离子和卤化物离子电负性差

这表明，石英粒子和刚玉片在碱金属卤化物饱和溶液中的相互作用力主要取决于碱金属和卤化物离子的水化半径、水化数、静电价等性质以及颗粒表面带电性质。

从表 7-5 可以看出，水化数、静电价是很重要的，水化数 4、静电价 10 可以作为一个判据，低于这些值的饱和溶液中颗粒间的水化力，大于水化数高于 4、静电价高于 10 的饱和溶液中颗粒间的水化力。

这里离子的静电价是指离子与水分子的键合能力，静电价愈大，与水分子的键合能力愈大，离子键合的水分子数愈大，离子水化数和水化半径也愈大。键合的水分子与体相水分子不断任意交换，所以，水化数是一个描述离子与水分子键合的定性概念而不是定量值。

由于强的离子-偶极子相互作用，饱和溶液中介电常数明显不同于纯水，碱金属离子周围存在溶剂化区域，水化离子周围水分子的迁移受到限制。当两个带相反电荷的颗粒接近时，两个离子表面溶剂化区域重叠，水化数和水化半径大的碱金属离子的水化将破坏水分子定向，产生的吸引水化力小于水化数和水化半径小的碱金属离子的水化产生的吸引水化力。

石英和刚玉粒子在碱金属卤化物饱和溶液中的透光率见表 7-6，显然，石英和刚玉粒子在 KCl 和 CsCl 饱和溶液中的透光率明显高于在 CsCl、NaCl 饱和溶液中的透光率，表明，由于 KCl 和 CsCl 饱和溶液中石英粒子和刚玉片的相互作用力远大于在 LiCl 和 NaCl 饱和溶液中的力，石英和刚玉粒子在 KCl 和 CsCl 饱和溶液中的团聚将明显大于在 CsCl、NaCl 饱和溶液中，导致石英和刚玉粒子在 KCl 和 CsCl 饱和溶液中的透光率明显高。同样，由于石英粒子和刚玉片在带负电的 KCl 或 LiCl 饱和溶液中的相互作用力比在带正电的 CsCl 或 NaCl 饱和溶液中的相互作用力略大，石英和刚玉粒子在 KCl 或 LiCl 饱和溶液中的透光率略高于在 CsCl 或 NaCl 饱和溶液中的透光率。

表 7-6　石英和刚玉粒子在碱金属卤化物饱和溶液中的透光率

悬浮液	透光率（%）	条件
$SiO_2/LiCl/Al_2O_3$	19	固体浓度 0.1%搅拌 5 min
$SiO_2/NaCl/Al_2O_3$	14	平衡 1 h
$SiO_2/KCl/Al_2O_3$	63	平均粒径
$SiO_2/CsCl/Al_2O_3$	55	SiO_2：3 μm；Al_2O_3：1 μm

7.5　矿物颗粒间界面疏水相互作用

7.5.1　界面疏水相互作用的经验关系式

天然疏水性矿物或吸附捕收剂的疏水性矿物表面间存在一种特殊的相互吸引力，被称为疏水相互作用力。通过对物质间相互作用力进行直接测量表明，疏水力要比范德华力大几个数量级（通常是 10～100 倍），其作用距离为 10～300 nm，且疏水力还存在一个 1～50 nm 的衰减长度。到目前为止，对于这些长程疏水力的起源尚不清楚。已经提出的关于长程疏水力的产生机制包括：吸引力来自于水分子从表面到体相时获得的自由能[374]；水化膜在疏水表面是亚稳态的，引起疏水表面附近的水分子的构型重排[375,376]；在疏水表面附近由空化引起的毛细管力[377]；捕收剂形成的致密单层（或半胶团），产生了一种长程疏水作用力[224]；也有一些研究者认为疏水力是一种短程力，主要是氢键或范德华力[378]。

疏水相互作用能的计算，目前也无理论推导，实验研究表明有如下关系：

对于两平板表面，单位面积疏水相互作用能为

$$V_{HA} = V_{HA}^0 \exp\left(-\frac{D}{h_0}\right) (J/m^2) \tag{7-26a}$$

疏水引力为

$$F_{HA} = -h_0^{-1} V_{HA}^0 \exp\left(-\frac{D}{h_0}\right) (N/m^2) \tag{7-26b}$$

对半径为 R_1 和 R_2 的两球形颗粒，则有

$$V_{HA} = 2\pi \frac{R_1 R_2}{R_1 + R_2} h_0 V_{HA}^0 \exp\left(-\frac{D}{h_0}\right) \tag{7-27a}$$

如果 $R_1 = R_2$，则有

$$V_{HA} = \pi R h_0 V_{HA}^0 \exp\left(-\frac{D}{h_0}\right) \tag{7-27b}$$

式（7-26）和式（7-27）中，V_{HA}^0 为疏水作用能量常数（J/m^2），其他符号意义同式（7-25）。有关 V_{HA}^0 和 h_0 的文献值见表 7-7。用表 7-7 数据，利用式（7-27b）计算求出 $R=1~\mu m$ 的甲基硅烷化石英粒子间疏水相互作用能与距离的关系为

$$V_{HA} = -1.49 \times 10^4 \exp\left(-\frac{D}{10.3}\right) (kT) \tag{7-28}$$

由式（7-28）画出图 7-26，可见，疏水相互作用距离较大，随距离减小，疏水作用能迅速增大，随距离增大，疏水作用能的减小比水化排斥能小，即一般疏水作用能的衰减长度 h_0 较大。

表 7-7　式（7-26）和式（7-27）中有关参数 V_{HA}^0 和 h_0 值[374, 375, 379-384]

体系	V_{HA}^0（mJ/m²）	h_0（nm）
云母表面 CTAB 单层	−22	1.0
云母表面 DHDAA 单层	−56	1.4
云母表面 DDOA 单层	−0.37～1	13～4.5
DMDCHS	−0.4	13.5
云母表面 F-碳表面活性剂	−1.0	9
自然煤表面	−1.25	10.3
甲基硅烷化 SiO₂ 表面	−1.895	10.3
锐钛矿表面油酸钠单层	−2.0	
白钨矿表面油酸单层	−7.98～−1.15	

7.5.2　浮选体系中颗粒间的界面疏水相互作用

1. 吸附捕收剂的矿物颗粒间的疏水相互作用

浮选体系中，由于矿物表面吸附捕收剂疏水，矿物颗粒间疏水相互作用也比较强。例如，白钨矿表面油酸钠单层吸附时，$V_{HA}^0 = -1.15 \sim -7.98$ mJ·m^2，故而对于吸附有油酸钠的超细粒级 10 μm 白钨矿，其颗粒间疏水相互作用的关系式为（取 $V_{HA}^0 = -1.15 \times 10^{-3}$ J/m^2，$h_0 = 10$ nm $= 1 \times 10^{-8}$ m）

$$V_{HA} = -4.390 \times 10^4 \exp(-D/10) kT \tag{7-29}$$

由上式绘出疏水相互作用能与距离的关系如图 7-27，表明，吸附油酸钠的白钨矿颗粒间存在强的疏水相互作用[359]。

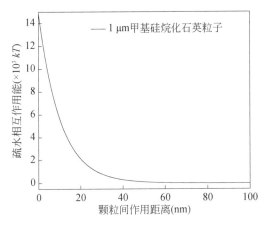

图7-26　1 μm甲基硅烷化石英粒子间疏水作用
能与作用距离的关系

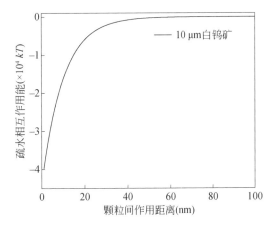

图7-27　油酸钠吸附的超细颗粒10 μm白钨矿
疏水相互作用能与距离的关系[360]

Miller 等通过将球形油酸钙胶体在 AFM 探针上进行修饰，测量了油酸钙在方解石、萤石表面的作用力，如图 7-28 所示，结果表明，油酸钙胶体与萤石表面之间的引力和附着力比在方解石表面更强、更持久，油酸钙胶体与方解石表面之间的相互作用表现为排斥力，

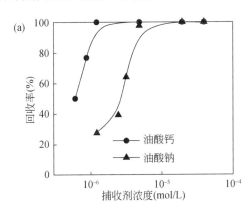

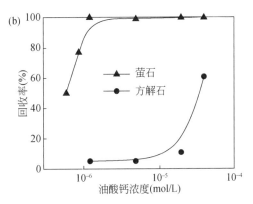

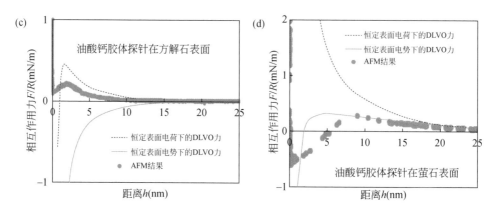

图 7-28　油酸钙胶体颗粒对萤石和方解石的捕收能力和相互作用力曲线[129-131]

（a）油酸钠和油酸钙浓度对萤石浮选的影响；（b）油酸钙浓度对萤石和方解石浮选的影响；
（c）油酸钙胶体探针在方解石表面的力曲线；（d）油酸钙胶体探针在萤石表面的力曲线

而油酸钙和具有一定疏水性的萤石表面存在长程疏水作用力，相互作用力的显著差异解释了油酸钙胶体对萤石和方解石的选择性吸附。

2. 矿物颗粒间疏水相互作用与团聚现象

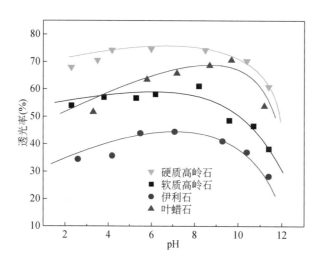

图 7-29　几种层状硅酸盐矿物悬浮液的透光率与 pH 关系图
（十二胺醋酸盐 2×10^{-4}mol/L ）[86]

图7-29 是加入十二胺（2×10^{-4}mol/L）捕收剂后，硅酸盐矿物颗粒悬浮液的透光率与 pH 的关系图。表明，与不加捕收剂比较，酸性介质中，矿物颗粒悬浮液的透光率有增加但变化不大，溶液中矿物颗粒基本处于团聚状态。也就是说，酸性介质中，硅酸盐矿物颗粒本身是处于团聚状态，捕收剂的加入对颗粒的团聚只有一定的促进作用，并以端面-底面的形式团聚，见图 7-30（a）。

在中性及碱性 pH 范围（pH=7），层状矿物矿颗粒悬浮液的透光率与不加捕收剂相比有明显增加，图 7-30（b）表明，在 pH=7 时，加入捕收剂后，层状硅酸盐矿物主要以"底面-底面"形式结合的。说明在中性、碱性介质中，无捕收剂时，矿物颗粒悬浮液以分散为主，加入捕收剂后，分散颗粒底面带负电，吸附十二胺阳离子捕收剂而发生疏水团聚。

在碱性介质中，高岭石颗粒底面带负电，通过静电引力或氢键作用吸附十二胺阳离子表面活性剂，表面活性剂的疏水端会因疏水力而发生缔合，与不加表面活性剂相比，层状矿物矿颗粒悬浮液的透光率有明显增加，碱性条件下高岭石颗粒发生了较强的团聚，以底面-底面的形式聚团，见图 7-30（c）。但当 pH 大于 10，十二胺醋酸盐（1.5×10^{-4} mol/L）

则会发生分子沉淀现象，因而矿物颗粒表面实际对药剂的吸附量则会减少，使得矿物的疏水性聚团现象减弱，矿物颗粒悬浮液的透光率有所下降。

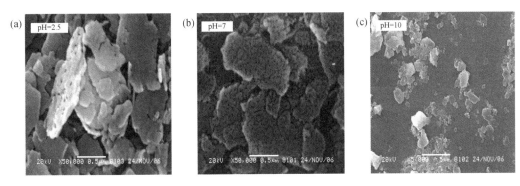

图 7-30　不同 pH 下十二胺醋酸盐溶液（1.5×10^{-4} mol/L）中，高岭石聚团现象的 SEM 照片

（a）pH=2.5，颗粒间主要以端面-底面的形式发生聚团；（b）pH=7，颗粒间主要以底面-底面的形式发生聚团；（c）pH=10，颗粒处于微弱的聚团状态

图 7-31 是中性条件下不同类表面活性剂溶液（1.5×10^{-4} mol/L）中高岭石聚团现象的 SEM 照片。比较发现，DDA、十二烷基二甲基苄基氯化胺 1227 和十六烷基三甲基溴化胺 CTAB 三者中，高岭石在 CTAB 溶液中的聚团最紧密，几乎没有单个的高岭石颗粒存在，1227 次之，DDA 较差。这主要是因为 1227 和 CTAB 是季铵盐，在水溶液中溶解时完全电离，形成季铵盐阳离子，容易在硅酸盐矿物层间交换和吸附，吸附能力强，因而季铵盐的疏水聚团效果强于烷基伯胺盐。与 1227 相比，CTAB 生成的阳离子体积更大，吸附的稳定性更强，所以 CTAB 的疏水聚团效果最好。

图 7-31　不同表面活性剂溶液（1.5×10^{-4} mol/L）中高岭石聚团现象的 SEM 照片（pH=7）[359]

（a）DDA；（b）1227；（c）CTAB

7.5.3　界面极性相互作用理论

由于颗粒间界面疏水相互作用的 V_{HA}^{0} 难以理论确定，一般是通过原子力显微镜、表面力仪测定颗粒间相互作用力，在和曲线拟合后得出 V_{HA}^{0} 和 h_{0}。van Oss 等提出了界面极性相

互作用理论来研究界面疏水相互作用并求 V_{HA}^0 [364,378]。

1. 界面极性相互作用

极性物质表面存在电子接受体与电子给予体，界面极性相互作用是电子接受体-电子给予体相互作用，或路易斯酸-碱（AB）相互作用。极性相互作用必须考虑到非对称性，物质 i 的表面能的极性分量用 γ_i^{AB} 表示，其中电子接受体（路易斯酸）表面能分量用 γ_i^+ 表示，电子给予体（路易斯碱）表面能分量用 γ_i^- 表示。

（1）两物质间：物质 1 和 2 相互作用的自由能（黏附自由能）的极性分量由下式给出：

$$\Delta G_{12}^{AB} = -2(\sqrt{\gamma_1^+ \gamma_2^-} + \sqrt{\gamma_1^- \gamma_2^+}) \tag{7-30}$$

物质 i 表面能的极性分量为

$$\gamma_i^{AB} = 2(\sqrt{\gamma_i^+ \gamma_i^-}) \tag{7-31}$$

根据 Dupre 方程，物质 1 和 2 界面张力极性分量为

$$\gamma_{12}^{AB} = \gamma_1^{AB} + \gamma_2^{AB} + \Delta G_{12}^{AB} \tag{7-32a}$$

则

$$\gamma_{12}^{AB} = 2(\sqrt{\gamma_1^+ \gamma_1^-} + \sqrt{\gamma_2^+ \gamma_2^-} - \sqrt{\gamma_1^+ \gamma_2^-} - \sqrt{\gamma_1^- \gamma_2^+}) \tag{7-32b}$$

（2）单极性表面：单极性表面（$\gamma_i^+ \approx 0$ 或 $\gamma_i^- \approx 0$），不存在 γ_i^{AB}，但它与双极性表面或与另一相反符号的单极性表面间存在相互作用。若物质 1 是 γ_i^- 单极性，物质 2 是双极性，则式（7-32）变为

$$\gamma_{12}^{AB} = 2(\sqrt{\gamma_2^+ \gamma_2^-} - \sqrt{\gamma_1^- \gamma_2^+}) \tag{7-33}$$

（3）三元体系：物质 1 和 2 浸在液体 3 中，极性相互作用能为

$$\Delta G_{132}^{AB} = 2[\sqrt{\gamma_3^+}(\sqrt{\gamma_1^-} + \sqrt{\gamma_2^-} - \sqrt{\gamma_3^-}) + \sqrt{\gamma_3^-}(\sqrt{\gamma_1^+} + \sqrt{\gamma_2^+} - \sqrt{\gamma_3^+}) \\ -(\sqrt{\gamma_1^+ \gamma_2^-} + \sqrt{\gamma_1^- \gamma_2^+})] \tag{7-34}$$

（4）矿物-水界面：由式（7-32b）有

$$\gamma_{SL}^{AB} = 2(\sqrt{\gamma_S^+ \gamma_S^-} + \sqrt{\gamma_L^+ \gamma_L^-} - \sqrt{\gamma_S^+ \gamma_L^-} - \sqrt{\gamma_S^- \gamma_L^+}) \\ = 2(\sqrt{\gamma_S^+} - \sqrt{\gamma_L^+})(\sqrt{\gamma_S^-} - \sqrt{\gamma_L^-}) \tag{7-35}$$

由于多数氧化矿、硫化矿可看成是 γ_S^- 单极性表面，则

$$\gamma_{SL}^{AB} = 2(\sqrt{\gamma_L^+ \gamma_L^-} - \sqrt{\gamma_S^- \gamma_L^+}) \tag{7-36}$$

2. 矿物表面能极性分量的确定

对于矿物-水界面，自由能 ΔG_{SL} 等于非极性 ΔG_{SL}^{LW} 和极性黏附自由能 ΔG_{SL}^{AB} 的和，即

$$\Delta G_{SL} = \Delta G_{SL}^{LW} + \Delta G_{SL}^{AB} \tag{7-37}$$

根据 Young-Dupre 方程：

$$(1 + \cos\theta)\gamma_L = -(\Delta G_{SL}^{LW} + \Delta G_{SL}^{AB}) \tag{7-38}$$

ΔG_{SL}^{AB} 由式（7-30）确定，ΔG_{SL}^{LW} 由下式给出：

$$\Delta G_{SL}^{LW} = -2(\sqrt{\gamma_S^{LW} \gamma_L^{LW}}) \tag{7-39}$$

式中，γ_S^{LW}，γ_L^{LW} 分别为矿物和液体（水）表面能的非极性分量（Lifshiz-van der Waals），

则式（7-38）变为

$$(1+\cos\theta)\gamma_L = 2(\sqrt{\gamma_S^{LW}\gamma_L^{LW}} + \sqrt{\gamma_S^+\gamma_L^-} + \sqrt{\gamma_S^-\gamma_L^+}) \tag{7-40}$$

由上式，通过测定矿物在已知 γ_S^{LW}、γ_L^+、γ_L^- 的三种液体（其中两种必须是非极性的）中的接触角，就可求出矿物表面的 γ_S^{LW}、γ_S^+、γ_S^-。则由式（7-35）或式（7-36）可确定矿物水界面张力的极性分量 γ_{SL}^{AB}。

界面相互作用能的各参数由以下关系式计算得到。对于浸没于液体（3）中的固体（1）间非极性相互作用（LW），有如下关系：

$$\Delta G_{131}^{LW} = -2\left(\sqrt{\gamma_S^{LW}} - \sqrt{\gamma_L^{LW}}\right)^2 \tag{7-41}$$

而对于浸没于液体（3）中的固体（1）间极性相互作用（AB）的关系式为

$$\Delta G_{131}^{AB} = -4(\sqrt{\gamma_L^+\gamma_L^-} + \sqrt{\gamma_S^+\gamma_S^-} - \sqrt{\gamma_S^+\gamma_L^-} - \sqrt{\gamma_S^-\gamma_L^+}) \tag{7-42}$$

当 $\Delta G_{131}^{AB}<0$ 时，表明在介质 3 中，固体（1）之间的相互作用为疏水吸引极性相互作用；当 $\Delta G_{131}^{AB}>0$ 时，则表明固体（1）间相互作用为亲水排斥极性相互作用。

3. 界面极性相互作用能与作用距离的关系

半径分别为 R_1 和 R_2 的两球形矿粒在水溶液中界面极性相互作用能 V_H 与作用距离 D 的关系为

$$V_H = 2\pi\frac{R_1 R_2}{R_1 + R_2}h_0 V_H^0 \exp\left(\frac{D_0 - D}{h_0}\right) \tag{7-43}$$

式中，h_0 为衰减长度（m，nm）；D_0 为两表面平衡接触距离；V_H^0 为界面极性相互作用能量常数，由下式给出：

$$V_H^0 = \Delta G_{131}^{AB} = -2\gamma_{SL}^{AB} \tag{7-44}$$

式（7-44）表明，当 $\gamma_{SL}^{AB}<0$ 时，$V_H^0>0$，$V_H>0$，界面极性相互作用能为排斥，对应于矿粒间水化排斥作用；当 $\gamma_{SL}^{AB}>0$ 时，$V_H^0<0$，$V_H<0$，界面极性相互作用能为吸引，对应于疏水矿粒间疏水吸引。这表明，亲水矿粒间的水化排斥作用或疏水矿粒间的疏水作用可以归因于界面极性相互作用。

值得注意的是，式（7-44）虽然可以求出界面极性相互作用能量常数，即 V_{HA}^0 疏水作用能量常数或 V_{HR}^0 水化排斥能能量常数，并由此计算颗粒间相互作用能（力），但这些能量常数值是基于接触角的测量结果，由于接触角的测定受测试方法（躺滴或气泡法、吊片法、渗透法等）、样品的纯度、样品表面光洁度等的影响，测试结果差异较大，因此，用这种方法确定颗粒间相互作用能量常数并计算颗粒间相互作用能一般只能反映这种作用的相对大小或趋势，而不能作为颗粒间相互作用能的定量判据。特别是对于亲水矿物表面，由于接触角很小，测量误差更大，不适宜采用这种方法。

4. 疏水颗粒间界面极性相互作用

表 7-8 列出了经不同表面活性剂溶液处理后的氧化铝表面在不同性质液体下的平均接触角值。经 DDA 阳离子型表面活性剂溶液处理后的氧化铝表面，在 pH>10.2 条件下，水在其表面接触角值增大，表明经 DDA 溶液处理后的氧化铝表面疏水性增强。经 SDS 阴离子型表面活性剂溶液处理后的氧化铝表面，在 pH<9 的条件下，水在其表面的接触角值随

着 SDS 的浓度增加而逐渐增大，增强了氧化铝表面的疏水性。通过测量其他液体在氧化铝表面上不同接触角值，可计算得出氧化铝表面的各个表面能分量。根据式（7-40）计算出表 7-8 中溶液条件下对应的氧化铝表面的各个表面能分量值，见表 7-9。根据式（7-41）和式（7-42）计算出对应条件下氧化铝颗粒间相互作用能参数，见表 7-10。

界面极性相互作用（疏水相互作用）力为

$$F_{AB} = 2\pi R \Delta G_{131}^{AB} \exp\left(\frac{D_0 - D}{h_0}\right) \tag{7-45}$$

式中，h_0 为衰减长度，通常疏水体系中 $h_0 = 1 \sim 10$ nm；D_0 为粒子间的最小平衡接触距离，$D_0 = 0.158$ nm 或 0.163 nm。

表 7-8　不同溶液条件下极性和非极性液体在 α-氧化铝圆片表面的前进接触角值

溶液条件		平均接触角 θ（°）			
浓度（mol/L）	pH	纯水	丙三醇	甲酰胺	二碘甲烷
SDS					
5×10^{-5}	3.4~3.6	38.8	34.2	19	34
10^{-4}	3.5~3.7	47.5	39.5	23.5	35
10^{-3}	3.6~3.8	60.5	57.5	47.6	52
3×10^{-3}	3.5~3.7	65	62		55.3
DDA					
10^{-5}	10~10.2	59	55	45	40
10^{-4}	10~10.2	81	80	72	58

表 7-9　不同溶液条件下 α-氧化铝圆片表面的各个表面能分量值

溶液条件		表面能 γ（mJ/m²）		
浓度（mol/L）	pH	γ_S^{LW}	r_S^+	r_S^-
SDS				
5×10^{-5}	3.4~3.6	5.9	1.71	5.66
10^{-4}	3.5~3.7	5.9	1.64	4.98
10^{-3}	3.6~3.8	5.25	1.22	4.68
3×10^{-3}	3.6~3.8	5.12	1.12	4.44
DDA				
10^{-5}	10~10.2	5.8	.99	4.56
10^{-4}	10~10.2	5.08	0.14	3.5

由式（7-45）及表 7-10 的数据，可以计算画出氧化铝颗粒在 SDS 及 DDA 溶液中界面极性相互作用力变化曲线，如图 7-32 所示。可以看出来，在捕收剂 SDS 及 DDA 溶液中，氧化铝颗粒间存在强的疏水相互作用力。

表 7-10 不同条件下氧化铝颗粒间相互作用能参数

体系:颗粒（1）/水（3）/颗粒（1）	药剂及浓度（mol/L）	能量参数（mJ/m²）	
		ΔG_{131}^{LW}	ΔG_{131}^{AB}
Al₂O₃/水/Al₂O₃ pH：3.5～3.7	SDS：10^{-4}	-3.031	-0.955
	SDS：10^{-3}	-0.675	-5.668
Al₂O₃/水/Al₂O₃ pH：10.2	DDA：10^{-4}	-0.338	-30.442

7.5.4 界面疏水相互作用力的机制

正如前面提到的颗粒间界面疏水相互作用力的形成机制有许多研究报道,但仍无统一的说法, 一个重要的观点是在水溶液中的疏水表面附近直接检测到了空穴（cavity）,因此,水结构效应和空化机理受到了更多的关注。有研究报道了水介质中溶解气体的存在对长程疏水力有影响,进一步间接证明了空化机理。增加疏水表面附近的亚微米级气泡浓度,可以导致空化概率的增加。研究表明,水溶液体系中的界面现象由界面水的性质决定,过去,由于难以从光谱实验结果中区分体相水和界面水,因此有关界面水光谱特征的信息很少。然而,随着傅里叶

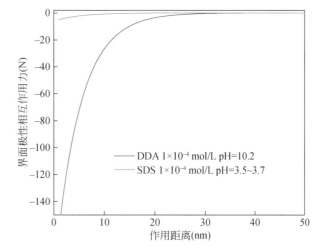

图 7-32 氧化铝颗粒/SDS、DDA 体系中界面极性相互作用力变化曲线

变换红外光谱（FTIR）、拉曼内反射光谱（IRS）的出现,以及非线性光学技术——和频振动光谱（SFG）,可以获得更多关于界面水的光谱特征信息。据报道,疏水表面附近的水分子与疏水界面间另外一个表面的相互作用不强,而是与其形成带有悬空 OH 键的氢键网络。疏水界面内的水分子间氢键强度比体相处水分子间氢键强度稍微更强[385-390]。因此,疏水表面空穴、水分子结构和疏水作用力三者之间存在一定关系,因此疏水表面水分子结构与纳米气泡形成,这些都与矿物浮选有密切关系。

1. 疏水表面纳米气泡的形成

疏水的硅晶体表面饱和丁烷重水的 FTIR/IRS 光谱如图 7-33 所示,目的是确定在饱和丁烷重水体系中疏水表面附近的溶质正丁烷的化学状态。图 7-33 中还给出了纯重水的光谱,饱和丁烷重水在亲水的氧化硅表面的 FTIR/IRS 光谱。从图 7-33 可以看出,在饱和丁烷重水的光谱上出现了四个峰,其中两个峰位于 2961 cm⁻¹ 和 2873 cm⁻¹,分别是—CH₃ 的不对

称和对称拉伸振动引起,另外两个峰位于 2930 cm⁻¹ 和 2860 cm⁻¹,分别由—CH₂ 的不对称和对称拉伸振动引起。最强峰位于 2961 cm⁻¹ 处,比游离气相丁烷低 5 个波数。与饱和丁烷重水的光谱相比,纯重水光谱上的峰位置均向低波数移动,即从 2961 cm⁻¹ 位移至 2958 cm⁻¹、从 2930 cm⁻¹ 位移至 2926 cm⁻¹ 以及从 2860 cm⁻¹ 位移至 2854 cm⁻¹。据报道,甲烷在 MgO 和 CeO 上的吸附会导致 CH 伸缩振动引起的峰位置从气态时的 2917 cm⁻¹,分别位移到 2900～2890 cm⁻¹(吸附在 MgO 上)和 2875 cm⁻¹(吸附在 CeO 上)。与饱和丁烷气体重水的光谱相比,纯重水光谱上的峰位置向低波数移动,四个峰的红外吸收强度(CH₃ 和 CH₂ 伸缩)大大降低。这表明图 7-32 中饱和丁烷气体重水的大部分红外信号可能与气相丁烷(纳米气泡)有关,而吸附丁烷的贡献很小。图 7-33 还表明亲水性硅晶体表面未检测到丁烷,该体系下未检测到红外吸收信号表明界面气体(纳米气泡)在疏水界面上才有可能存在。

穿透深度实验进一步揭示了溶解丁烷气体在疏水表面附近的分布情况,如图 7-34 所示。根据 FTIR/IRS 的原理,穿透深度(d_p)是距硅晶体内反射元件的距离,即电场幅值下降到其在表面处的 1/e 的距离。尽管 d_p 不是被采样的实际深度,但在 d_p 处获得的光谱信息能揭示最接近表面的光谱特征,并且根据电场幅值按指数衰减,远离表面的光谱信息的贡献明显较小。

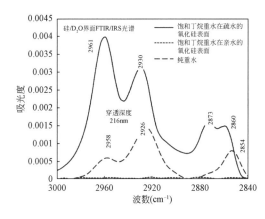

图7-33 硅/D₂O界面FTIR/IRS光谱

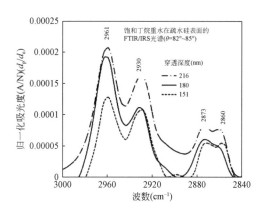

图7-34 不同穿透深度下饱和丁烷重水在疏水硅表面的FTIR/IRS光谱

考虑到有效厚度(d_e)和穿透深度(d_p)的影响,图 7-34 中每个反射光谱的红外吸收强度(A/N)都进行了归一化处理。由 FTIR/IRS 吸附密度方程可知,吸附密度恒定时,红外吸收强度(A/N)恒定。在图 7-34 的穿透深度实验中,在保持所有其他参数不变的情况下,使硅晶体内反射元件的面角发生变化,穿透深度(d_p)也会发生变化。因此,如果只检测到了吸附的丁烷,则不同穿透深度下的归一化吸附强度应该一致。但是图 7-34 中结果表明,每个反射光谱的归一化红外吸收强度不一致,而且随着穿透深度的减小而增加。这表明检测到的红外信号主要不是来自吸附的丁烷分子,而主要是来源于溶解在疏水表面的丁烷气体,这些气体更集中在靠近疏水表面的区域,这些溶解气体可能以纳米气泡(10 nm)的形式存在于疏水表面。

2. 疏水表面水的结构

研究界面水结构时,对光谱的表征是考虑 3000～3800 cm⁻¹ 之间的 OH 伸缩区域。水分子在 3200 cm^{-1}、3400 cm^{-1} 和 3600 cm^{-1} 位置处有三个主要明显的峰，代表了水结构的不同信息。以 3200 cm^{-1} 为中心的峰通常是四面体配位水分子中 OH 的对称伸缩振动引起的，该峰在冰的光谱中占主导地位，因此，其强度可以代表水分子排列中键序与冰结构类似的比例。峰中心位于为 3400 cm^{-1} 处的吸收峰是由哪种分子结构运动引起的，仍存在一些争议，这个峰可能是由于分子排列中氢键的程度较低（不完全四面体配位）引起的，可以代表水分子中键排列的无序程度。以 3600 cm^{-1} 为中心的峰一般是由于非氢键 OH（游离 OH）的伸缩振动引起。

已有研究表明，疏水表面的水分子可以参与三个 H 键，这些 H 键比体相中水分子的 H 键稍强，另一个水分子 H 上有一个悬空的、自由的 OH 键，疏水表面的水分子结构与表面疏水性程度有关。水分子结构随表面润湿性（接触角）的变化，如图 7-35 和图 7-36 所示。分别用 A_{3240}/A_{3390} 和 A_{3610}/A_{3390} 的强度比来区分氢键 OH 和非氢键 OH（游离 OH）。由图 7-35 可以看出，随着接触角的增大，A_{3610}/A_{3390} 的比值逐渐增大，但当接触角达到 60° 时，A_{3240}/A_{3390} 比值开始略有减小，之后随着接触角超过 60°，比值又略有增大。这些结果提供了水结构随润湿性变化的一些信息。

在亲水表面，水分子具有很强的表面定向性，表现为 A_{3240}/A_{3390} 的比值高，A_{3610}/A_{3390} 的比值低。当接触角增大但小于 60° 左右时，表面疏水性不足，水分子发生结构重排（不完全），A_{3240}/A_{3390} 值相对较低，A_{3610}/A_{3390} 值较高。当接触角增加到 60° 以上时，表面疏水性强，界面水分子形成不同的 H 键网络（结构完全重排），出现一个悬空 OH 键，并且两个比值都更高，尤其是 A_{3610}/A_{3390} 的比值。在图 7-34 中，穿透深度为 151 nm，疏水表面本身对水结构的影响可能不会引起水结构在如此大的距离上发生改变。然而，疏水表面附近的溶解气体以纳米气泡的形式产生了一个液/气界面，即使在距离疏水表面（气泡表面）相对较远的地方，水结构也可能发生变化，这一点从图 7-35 和图 7-36 所示的光谱中可以看出。

从图 7-34 可以明显看出，距离表面 216 nm 区域的红外吸收强度远低于距离表面 150 nm 区域的红外吸收强度。结果表明，在远离表面的区域，溶解气体比靠近表面的区域少得多。水结构穿透深度实验表明，疏水表面对水结构起影响的距离可达 200 nm 左右。

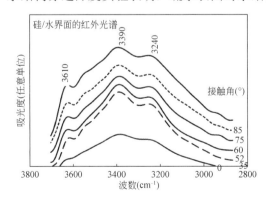

图7-35　不同疏水性（接触角）的硅/水界面的
FTIR/IRS光谱归一化后的结果

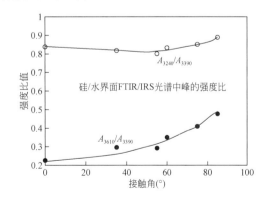

图7-36　强度比值 A_{3240}/A_{3390} 和 A_{3610}/A_{3390} 随接触角
值的变化情况

3. 长程疏水力的起因

图 7-37 用示意图展示了长程疏水力的本质。疏水表面（包括有纳米气泡存在的情况）导致水分子在界面区域形成一个具有悬空 OH 键的 H 键网络结构。溶解的气体聚集并占据在疏水表面，正是这些液/气界面引起了所观察到的水结构的变化。

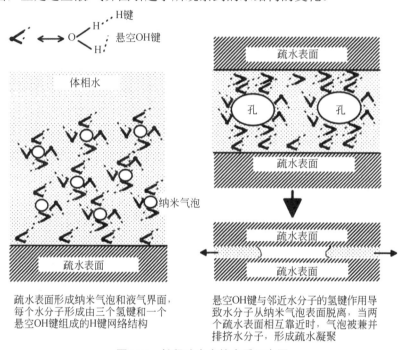

图7-37 长程疏水力的本质示意图

因此，疏水表面水结构的变化是由纳米气泡引起的，并延伸到离表面相当长的距离。这种界面结构有可能是导致长程疏水力产生的原因。FTIR/IRS 结果表明疏水表面可能存在界面气体（纳米气泡），通过 FTIR/IRS 实验也证实了纳米气泡对界面水结构的影响。疏水表面（固体或气体表面）迫使水分子形成 H 键网络结构，其中有一个悬空的 OH 键。长程疏水力有可能就是来源于疏水表面水结构的变化，这种力由疏水表面附近溶解的气体诱导产生，并且可以传递到离疏水表面很远的距离。FTIR/IRS 揭示了溶解气体更集中在靠近疏水表面的区域，以产生更多的液/气界面，因此疏水界面诱导产生了这样的水结构。当两个疏水表面相互靠近时，体相水与结构水的 H 键网络间相互作用导致水的滑移和纳米气泡的兼并形成空穴，空穴的进一步兼并产生疏水力。由于疏水表面溶解气体的浓度分布距离可达 200 nm，因此，疏水表面对水结构的影响进而对疏水力的影响距离也可达 200 nm 左右。

7.6 吸附大分子浮选剂的矿粒表面间相互作用

7.6.1 矿物表面吸附大分子浮选剂的空间稳定化作用

许多研究表明，当矿浆中大分子药剂浓度不高，矿粒表面部分罩盖大分子药剂分子时，矿粒间表现出引力，即大分子浮选剂的桥连作用，矿粒絮凝。但如果大分子药剂浓度较高，矿粒表面完全被大分子罩盖，则产生斥力作用。吸附有大分子浮选剂的矿粒表面间的斥力称为空间稳定化力（steric stabilization）或空间斥力（steric repulsion）。

吸附有大分子的矿粒表面间的排斥作用，可使矿粒分散体系更为稳定，不发生絮凝，这就是大分子药剂的空间稳定作用。因为大分子药剂吸附在矿粒表面上，形成一层大分子保护膜，包围了矿粒表面，把亲水基团伸向水中，并具有一定厚度，所以当矿粒在相互接近时的吸引力就大为削弱，排斥力增加，增加了矿粒间的稳定性。

Napper 从热力学的角度讨论大分子化合物对胶体粒子的稳定作用[391]，当大分子覆盖了溶胶粒子后，由于布朗运动，粒子间产生了碰撞，这种碰撞有两种结果，一种是斥力大于引力，溶胶仍保持稳定，另一种是引力大于斥力，引起絮凝。这两种情况可用热力学中的 Gibbs 函数来描述，第一种情况 $\Delta G_{SR} > 0$，表示体系稳定；第二种情况，$\Delta G_{SR} < 0$，表示体系不稳定，粒子吸附大分子后，若体系稳定，就要求 $\Delta G_{SR} > 0$，而

$$\Delta G_{SR} = \Delta H_{SR} - T\Delta S_{SR} \tag{7-46}$$

要满足 $\Delta G_{SR} > 0$，有三种方式，如表 7-11 所示。

第一种情况，ΔS_{SR} 和 ΔH_{SR} 均是负值，但 ΔS_{SR} 对 ΔG_{SR} 的贡献超过了 ΔH_{SR}，对体系起稳定作用的是熵，称之为熵稳定化作用。第二种情况，两者都是正的，是焓提供了体系的稳定作用，故称之为焓稳定化作用。第三种则是两者对体系的稳定性均有贡献，称之为焓-熵结合型稳定化作用。

表 7-11　胶体的稳定方式

序号	ΔH_{SR}	ΔS_{SR}	$\Delta H_{SR}^{*}/T\Delta S_{SR}$	ΔG_{SR}	稳定方式
1	−	−	<1	+	熵
2	+	+	>1	+	焓
3	+	−	1	+	焓-熵

熵稳定的物理意义可以用类似于压缩气体的方式来描述，两个粒子相互接近时，就会压缩吸附层内的大分子，被压缩的链节相似于被压缩气体分子，要对另一粒子作膨胀功，这是一个热力学自发过程，从而稳定了胶体体系。

焓的稳定性以聚氧乙烯链为例，粒子外层是聚氧乙烯链节，与水分子发生缔合作用，水分子以氢键固定在氧乙烯链上，当粒子相互靠近时，表面上氧乙烯链会相互穿插，由于链段接触使部分水分子从链上脱落成为自由水分子，而需要能量，这就需要从环境吸收能量。同时释放出来的水分子要比固定状态的水分子自由度大，这显然是一个自发过程，可使粒子体系稳定。

7.6.2　空间稳定化力（空间斥力）

R. H. Ottewil 提出计算空间排斥位能的公式为

$$V_{SR} = \frac{4\pi kTC^2}{3V_1\rho_2^2}\left(\frac{1}{2} - X_1\right)\left(\delta - \frac{D}{2}\right)^2\left(3R + 2\delta + \frac{D}{2}\right) \tag{7-47}$$

式中，C 为大分子药剂在吸附层的浓度；V_1 为溶剂的分子体积；δ 为吸附层厚度；R 为粒子半径；X_1 为 Flory-Huggins 相互作用参数。

对于良溶剂，$X_1 < 1/2$；不良溶剂 $X_1 > 1/2$，X_1 可从黏度数据求得，对于聚丙烯酰胺-丙三醇体系 $X_1 = 0.491$。

对于 SiO_2-聚丙烯酰胺 PAAm-丙三醇体系，计算的 V_{SR}-D 曲线见图 7-38，可见 SiO_2 粒子接近，$D < 2\delta$ 时，吸附的大分子层交叠，产生大的斥力。

Hesselink 等认为，吸附有大分子化合物的两颗粒相互接近时，吸附层会发生交叠，相互作用出现两种变化。图 7-39 是罩盖了大分子的两粒子接近时，吸附层相互作用的情形。

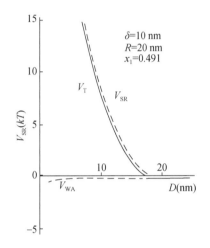

图 7-38　吸附 PAAm 的粒子间空间斥力位能曲线

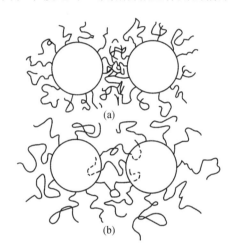

图 7-39　大分子罩盖粒子间相互作用示意图[392]

(a) 在区域 A 高浓度的渗透压效应；(b) 在区域 B 的体积限制效应

图 7-39（a）表示相斥位能来自局部浓度的增高，产生局部渗透压，所以称之为渗透压的限制效应。图 7-39（b）表示相斥位能来自被吸附的大分子的压缩变形，是构形熵的损失，称之为体积限制效应。Hesselink 等用热力学，统计力学方法得出了两平行板间体积限制效应与渗透压限制效应斥力位能公式[393]。

1. 体积限制效应斥力位能

用单位面积上自由能的变化 ΔG_{VR} 来表示相斥位能 V_{VR}。ΔG_{VR} 值来自被吸附的大分子构形熵损失，如果大分子都是等长的，共有 i 个链节，链节长度为 1，在每单位固体表面上有 ν 个尾数（环数），则单位面积上自由能变化为

$$V_{VR} = \Delta G_{VR} = 2\nu kTV(i, D) \tag{7-48a}$$

式中，D 是两粒子间的表面距离；$V(i, D)$ 称体积限制函数，若 $\dfrac{D}{(il^2)^{\frac{1}{2}}} > 1$，对于尾式为

$$V(i, D) = 2\left(\frac{1 - 12D^2}{il^2}\right)\exp\left(-\frac{6D^2}{il^2}\right) \tag{7-48b}$$

2. 渗透压限制效应斥力位能

粒子表面上大分子吸附层，由于相互接近产生部分交叉，相互穿插区域内的每个分子所占有的容积会发生变化，溶剂数量也减少，所以产生渗透压力，如图 7-39（b）所示，若令 $\langle h^2 \rangle^{1/2}$ 为大分子的末端均方根距，则单位面积自由能变化表示渗透压限制斥力位能为

$$V_{\text{OR}} = \Delta G_{\text{OR}} = 2\left(\frac{2\pi}{9}\right)^{\frac{3}{2}}(\alpha^2 - 1)kTv^2\langle h^2 \rangle M(i, D) \tag{7-49a}$$

式中，$M(i, D)$ 称混合限制函数，若 $\dfrac{D}{(il^2)^{\frac{1}{2}}} > 1$，则

$$M(i, D) = (3\pi)^{\frac{1}{2}}\left(\frac{6D^2}{il^2 - 1}\right)\exp\left(\frac{-3D^2}{il^2}\right) \tag{7-49b}$$

因而总的空间斥力位能为

$$V_{\text{SR}} = V_{\text{VR}} + V_{\text{OR}} = 2vkTV(i, D) + 2\left(\frac{2\pi}{9}\right)^{\frac{3}{2}}(\alpha^2 - 1)kTv^2\langle h^2 \rangle M(i, D) \tag{7-50}$$

要计算 V_{SR}，需要知道以下条件：

（1）每个环（或尾）链节的平均数 i。$il^2 = \langle h^2 \rangle_0 \alpha^2$，$\langle h^2 \rangle$ 为理想溶液均方末端距，正比于环的分子量 M。

（2）单位面积上吸附环（或尾）的数目 v，这里用吸附大分子的克数 W 表示，$W = v\dfrac{M}{N_A}$。

（3）溶剂质量 α，以聚苯乙烯为例：选择 $M = 10^3 \sim 10^5$，长链聚苯乙烯 $\dfrac{R_g^2}{M} \approx 7.5 \times 10^{22}\,\text{m}^2$，$R_g$ 是自由链在 θ 溶剂中的旋回半径，$\langle h^2 \rangle_0 = 6R_g^2$，$\langle h^2 \rangle = 2.12 \sim 21.2\,\text{nm}$，$W = 10^{-6} \sim 5 \times 10^{-3}\,\text{g/m}^2$。

对于不良溶剂 $\alpha = 1.2$，$W = 2 \times 10^{-4}\,\text{g/m}^2$，$M = 6000$，$\langle h^2 \rangle_0^2 = 5.2\,\text{nm}$，每个链的面积 = 50 nm^2，计算求得体积限制斥力位能与渗透压限制斥力位能曲线如图 7-40 所示。

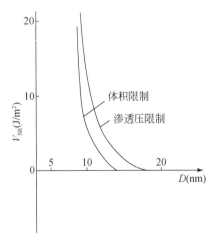

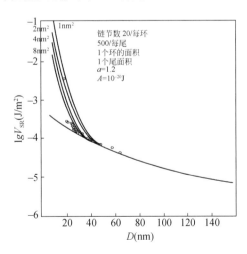

图 7-40　空间稳定化力势能曲线[393]　　　图 7-41　吸附聚乙烯醇的石英粒子间的空间斥力[394]

可见，在相同距离下，渗透限制的斥力势能大于体积限制斥力势能，所起作用的距离也要远。Sonntag 等根据 Hesselink 等的理论，计算了吸附有聚乙烯醇的石英粒子间的空间斥力，如图 7-41 所示。空间斥力与距离的关系，也呈指数衰减。一些因素影响空间斥力，如分子量，大分子化合物的分子量越大，在相同距离条件下，空间斥力越大，离子强度，在相同距离下，随电解质浓度增加，空间斥力降低，因为随电解质浓度增大，盐析效应显著，大分子化合物在固体表面吸附层厚度降低，渗透压限制效应将显著降低。

7.7 磁性颗粒间相互作用力

在外磁场作用下，磁性或弱磁性矿粒在水溶液中存在磁相互作用力，一般为引力，产生磁絮凝。Svaboda 给出的计算磁相互作用能的公式为[356]

$$V_{MA} = -\frac{32\pi^2 R^6 X^2 B_0^2}{9\mu_0 D_0^3} \tag{7-51}$$

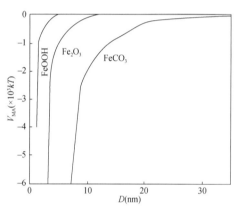

图 7-42　弱磁性矿粒间相互作用磁吸引能

式中，R 为矿粒半径；X 为矿粒体积磁化系数；B_0 为磁感应强度（T）；μ_0 为真空磁导率 $4\pi\times10^{-7}$=D/m。

半径 $R=2.5\times10^{-6}$m 的赤铁矿、针铁矿、菱铁矿，它们的体积磁化系数分别为 $X_{Fe_2O_3}=2\times10^{-2}$，$X_{FeOOH}=10^{-3}$，$X_{FeCO_3}=5\times10^{-2}$，$B_0$=0.05T。由式（7-51）计算求出这几种矿粒间磁相互作用能见图 7-42，可以看出，磁吸引能随距离缩小而迅速增大，体积磁化系数愈大，磁吸引能力愈大。

7.8 扩展的 DLVO 理论

在表面科学中的黏附、润湿、膜稳定性、胶体悬浮液的分散和聚集、浮选等体系中，颗粒间及与气泡间的作用存在水化或疏水相互作用，有些体系可能还存在磁力及空间斥力等某种特殊的相互作用力，对颗粒间界面相互作用起重要作用，经典的 DLVO 理论不能解释这些体系的相互作用机制及凝聚与分散行为，进而提出了扩展的 DLVO 理论。

7.8.1 扩展的 DLVO 理论

扩展的 DLVO 理论是在胶体分散体系中，考虑各种可能存在的相互作用力，在粒子间相互作用的 DLVO 理论的势能曲线上，加上其他相互作用项，即粒子间相互作用总能量由下式给出：

$$V_{\text{T}}^{\text{ED}} = V_{\text{E}} + V_{\text{W}} + V_{\text{H}} + V_{\text{SR}} + V_{\text{MA}} + \cdots \tag{7-52}$$

式中，V_{E} 为静电相互作用能；V_{W} 为范德华相互作用能；V_{H} 为水化相互作用能（V_{HR}）或疏水相互作用能（V_{HA}）；V_{SR} 为空间稳定化作用能；V_{MA} 为磁吸引能。当不存在 V_{SR} 和 V_{MA} 时，则

对于亲水体系：

$$V_{\text{T}}^{\text{ED}} = V_{\text{E}} + V_{\text{W}} + V_{\text{HR}} \tag{7-53a}$$

对于疏水体系：

$$V_{\text{T}}^{\text{ED}} = V_{\text{E}} + V_{\text{W}} + V_{\text{HA}} \tag{7-53b}$$

当矿物颗粒间相互作用的 EDLVO 势能 $V_{\text{T}}^{\text{ED}} > 0$ 时，颗粒间相互作用为排斥力，当矿物颗粒间相互作用的 EDLVO 势能 $V_{\text{T}}^{\text{ED}} < 0$ 时，颗粒间相互作用为相互吸引。

7.8.2　疏水矿物颗粒间相互作用的扩展的 DLVO 势能曲线

1. 超细白钨矿颗粒间相互作用的 EDLVO 势能曲线

由图 7-3、图 7-5、图 7-26，按照 EDLVO 理论，绘出超细白钨矿颗粒间相互作用的 EDLVO 势能曲线，见图 7-43。从图 7-43 可以看出，无论在溶液 pH 为 9 还是 5，因为疏水作用能的存在，导致疏水矿物颗粒间的相互作用以较强的引力为主，总的颗粒间相互作用能则基本都由疏水相互作用能提供，且随着作用距离的减小而增加。对照图 7-5，可以看出，即便是在高表面电位的情况下（静电排斥力作用强），疏水相互作用引力也能克服静电排斥力，使得超细粒级白钨矿间总的 EDLVO 能为引力，使超细粒级白钨矿间团聚。解释了由图 7-18 DLVO 势能曲线不能解释图 7-19 的实验现象。

2. 超细锡石颗粒间相互作用的 EDLVO 势能曲线

图 7-44 所示为超细锡石颗粒间相互作用的 EDLVO 势能曲线，可以看出，在不同浓度油酸钠作用下，由于锡石表面疏水，锡石颗粒间疏水相互作用起主导作用，但在低浓度

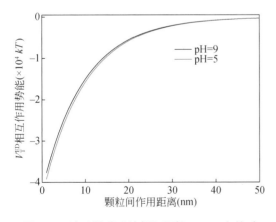

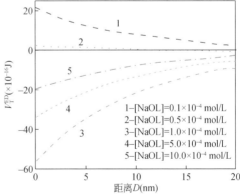

图 7-43　油酸钠吸附的超细颗粒 10 μm 白钨矿 EDLVO 相互作用势能与距离的关系

图 7-44　锡石矿粒间作用的 EDLVO 势能

（[NaOL]＜1×10⁻⁴ mol/L）时，疏水相互作用还不足以克服静电排斥作用，总的 EDLVO 势能仍为正值，锡石颗粒间相互作用仍为排斥，锡石颗粒沉降产率不高（图 7-21）。当油酸钠浓度大于 1×10⁻⁴ mol/L 时，锡石颗粒间疏水相互作用能够克服静电排斥作用，总的 EDLVO 势能为负值，而且在 [NaOL]=2×10⁻⁴ mol/L 时，矿粒间吸引势能最大，锡石矿粒相互疏水凝聚，矿粒沉降产率显著增大，解释了由图 7-22 的 DLVO 势能曲线不能解释图 7-21 实验结果的现象。但当油酸钠用量大于 5×10⁻⁴ mol/L 时，油酸钠在矿物表面的吸附有可能形成多层吸附，部分亲水基朝向溶液，降低了锡石表面疏水性，表现在 EDLVO 总的疏水吸引势能减弱，矿物沉降产率下降。

7.8.3　DLVO 和 EDLVO 势能曲线分析矿物颗粒间的分散与聚集行为

1. 超细氧化铝颗粒的聚集行为

图 7-45 和图 7-46 所示为超细氧化铝颗粒悬浮液在表面活性剂溶液和纯水溶液中颗粒粒径分布情况。由图 7-45 可知，在悬浮液 pH 为 3.5～3.7，向悬浮液中加入十二烷基硫酸钠（SDS）后，悬浮液中氧化铝颗粒的细粒级比例降低，粗颗粒比例增大。在纯水溶液中，悬浮液中氧化铝颗粒平均粒径为 1.3 μm，在 SDS 浓度为 10⁻⁴ mol/L 和 10⁻³ mol/L 的溶液中时，氧化铝颗粒平均粒径分别增大到 2.14 μm 和 2.62 μm。从图 7-46 中可以看出，加入十二烷基胺（DDA）也能使悬浮液中氧化铝颗粒粒径变大。在悬浮液 pH 为 10.2～10.5，DDA 浓度为 10⁻⁴ mol/L 时，悬浮液中氧化铝颗粒平均粒径为 1.93 μm，大于未添加 DDA 时的平均粒径（1.44 μm）。这些结果表明，在氧化铝颗粒悬浮液中加入浓度为 10⁻⁴ mol/L 的 DDA 和 10⁻⁴～10⁻³ mol/L 的 SDS 后，氧化铝颗粒之间发生了聚集。

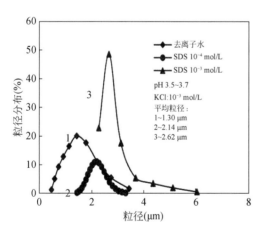

图 7-45　十二烷基硫酸钠（SDS）对悬浮液中氧化铝颗粒粒径分布的影响

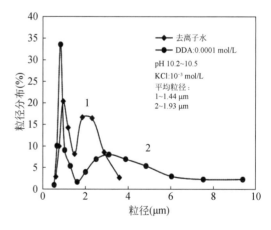

图 7-46　十二烷基胺（DDA）对悬浮液中氧化铝颗粒粒径分布的影响

2. 氧化铝颗粒的动电行为

图 7-47 所示为氧化铝颗粒在表面活性剂溶液和纯水溶液中 Zeta 电位变化情况。当 pH＜9.1 时，在纯水溶液中氧化铝颗粒表面荷正电，当 pH＞9.1 时，氧化铝颗粒表面开始荷负电。

加入 10^{-4} mol/L 的 SDS 后，在 pH>2 的范围内，氧化铝颗粒表面由带正电变为带负电，并且随着 SDS 浓度的增加，氧化铝颗粒表面电性变得更负。在浓度为 10^{-4} mol/L 的 DDA 溶液中，当 pH<9 时，DDA 对氧化铝颗粒的 Zeta 电位几乎没有影响。但当 pH>9 时，氧化铝颗粒表面电性随着溶液 pH 升高变得更正，在 pH>10.5 后，随着溶液 pH 升高,氧化铝颗粒表面电性开始变得更负。DDA 在 pH>10.5 后，在溶液中以中性胺分子沉淀为主。

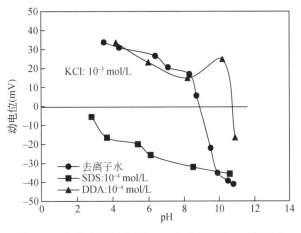

图 7-47　氧化铝颗粒表面 Zeta 电位随溶液 pH 的变化

3. 氧化铝颗粒间相互作用 DLVO 与 EDLVO 力

为了解释超细氧化铝颗粒在不同溶液中的团聚与分散行为，可以计算对应条件下的颗粒间总相互作用力。由式（7-19b）分别计算超细氧化铝颗粒间静电力 F_E，而二者间 Lifshitz-van der Waals 相互作用力为

$$F_w = \pi R \Delta G_{131}^{LW} \left(\frac{D_0}{D} \right)^2$$

式中，D_0 为粒子间的最小平衡接触距离，D_0=0.158 nm 或 0.163 nm。

极性界面相互作用力为

$$F_{AB} = 2\pi R \Delta G_{131}^{AB} \exp \left(\frac{D_0 - D}{h_0} \right)$$

式中，h_0 为衰减长度，通常疏水体系中 h_0=1～10 nm。

总 DLVO 力为

$$F_T^D = F_{LW} + F_E$$

总扩展 DLVO 力为

$$F_T^{ED} = F_{LW} + F_E + F_{AB}$$

由表 7-10 数据，按照上面关系式，可以计算出总 DLVO 力和 EDLVO 力，见图 7-48 和图 7-49。图 7-48 中曲线 2、4、6 所示，在 pH 为 3.5～3.7 时，氧化铝颗粒间 DLVO 力变化曲线表明，无论体系中是否有十二烷基硫酸钠（SDS），氧化铝颗粒间的相互作用均只存在一个小的势垒。在该 pH 范围内，无论体系中是否有 SDS，氧化铝颗粒均有可能克服势垒发生聚合。在 1.0×10^{-3} mol/L 的 SDS 溶液中，该势垒甚至比纯水中的势垒更高，意味着，在纯水中比在 1.0×10^{-3} mol/L 的 SDS 溶液甚至更容易克服势垒发生凝聚,这与图 7-45 的实验结果明显不符。图 7-48 中曲线 1、3、5 所示的是扩展 DLVO 力变化曲线，表明，在纯水中氧化铝颗粒间存在明显斥力，颗粒间不会发生凝聚，但在 SDS 溶液中氧化铝颗粒间为强烈的引力，且在浓度为 1.0×10^{-3} mol/L 的 SDS 溶液中氧化铝颗粒间的引力比浓度为 1.0×10^{-4} mol/L 时更大。这很好地解释了图 7-45 中所示的氧化铝颗粒悬浮液在表面活性剂溶液和纯水溶液中的聚集和分散行为。

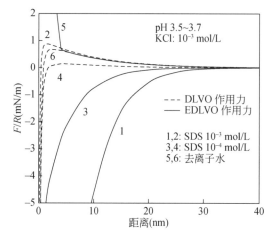

图 7-48　氧化铝颗粒/SDS 体系中 DLVO
和扩展 DLVO 作用力变化曲线

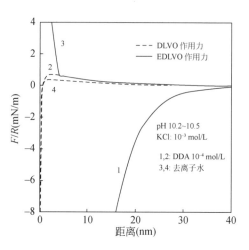

图 7-49　氧化铝颗粒/DDA 体系中 DLVO
和扩展 DLVO 作用力变化曲线

图 7-49 所示为在 pH 10.2～10.5 条件下，氧化铝颗粒间相互作用力变化情况。图中 DLVO 力变化曲线（曲线 2、4）表明，无论体系中是否有十二烷基胺（DDA），氧化铝颗粒间均存在一个小的势垒。根据 DLVO 理论，在 pH 10.2～10.5 范围内，体系中是否存在 DDA 不会影响氧化铝颗粒间的聚集和分散行为。这无法解释图 7-46 所示的氧化铝颗粒在 pH 为 10 的纯水溶液和 DDA 溶液中不同的聚集或分散行为。图 7-49 中曲线 1、3 所示为扩展 DLVO 力变化曲线，结果表明，在纯水溶液中氧化铝颗粒间存在明显斥力，但在 1.0×10^{-4} mol/L 的 DDA 溶液中存在强烈的引力，这表明吸附了 DDA 的氧化铝颗粒间发生了疏水聚集，如图 7-46 所显示的结果。

上述结果证明扩展 DLVO（EDLVO）理论可以解释超细颗粒在表面活性剂溶液中的聚集行为及在纯水溶液中的分散行为。在捕收剂溶液中，氧化铝颗粒变得非常疏水，超细氧化铝颗粒间的强疏水引力（极性界面相互作用）使颗粒在悬浮液中发生聚集。

7.8.4　细粒矿物颗粒油团聚体系中的 DLVO 及 EDLVO 相互作用

1. 细粒重晶石和方解石的油团聚
图 7-50 是重晶石、方解石油团聚回收率与油酸钠浓度的关系，用庚烷作油相，在油酸钠浓度为 $2.0 \times 10^{-4} \sim 1.0 \times 10^{-3}$ mol/L 范围，油团聚可较好地回收细粒重晶石及方解石，且重晶石比方解石的回收率更高。

2. 重晶石和方解石与庚烷之间的相互作用
重晶石和方解石与庚烷之间，除了存在静电力及范德华相互作用力外，由于油酸钠使矿物表面疏水，因此还存在疏水矿物表面与庚烷之间的疏水相互作用。

在 pH=10.0，NaCl=1.0×10^{-3} mol/L，油酸钠 5.0×10^{-4} mol/L 的溶液中，重晶石的 ζ=-55 mV 接触角为 38°，方解石的 ζ=-42 mV，接触角为 12°。庚烷的 ζ=-120 mV。重晶石的 A_{11}=16.4×10^{-20} J，γ_S^{LW}=76 mJ/m^2，方解石的 A_{11}=12.4×10^{-20} J，γ_S^{LW}=41.11 mJ/m^2，庚烷的 A_{22}=3.8×10^{-20} J，水的 A_{33}=4×10^{-20} J。由此可求得重晶石、方解石的表面能电子给予体分量 γ_S^-，分别为 23.15 mJ/m^2 和 69.4 mJ/m^2。这两种矿物在水溶液中与庚烷界面极性相互作用能量常数按 7.5.2 计算分别为-53.41 mJ/m^2 和-17.86 mJ/m^2。由此可计算重晶石、方解石在水溶液中与庚烷的各种相互作用能（R=40 μm）。

对于重晶石/水/庚烷体系：

$$V_W = 6.67 \times 10^{-18} / D$$

$$V_E = 1.52 \times 10^{-15}(0.76p + q)$$

$$V_H = -1.34 \times 10^{-15} \exp(-D/10)$$

对于方解石/水/庚烷体系：

$$V_W = 5.15 \times 10^{-18} / D$$

$$V_E = 1.41 \times 10^{-15}(0.62p + q)$$

$$V_H = -4.12 \times 10^{-14} \exp(-D/10)$$

根据 DLVO 理论，只考虑静电和范德华相互作用，由以上各式求得重晶石和方解石与庚烷相互作用的 DLVO 势能曲线 [图 7-51（a）]，可见，相互作用势能曲线上存在较大势垒。这表明，用 DLVO 理论预测该条件下细粒重晶石和方解石难以进入油相，不能说明图 7-50 的结果。

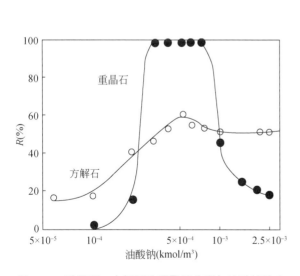

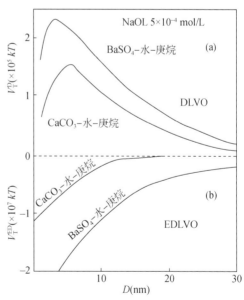

图 7-50　重晶石、方解石油团聚回收率与油酸钠浓度的关系（0.11 mm 筛），pH=10.0±0.4，1.0×10^{-3} mol/L NaCl 庚烷体积百分数 0.8

图 7-51　重晶石（或方解石）-水-庚烷相互作用的 DLVO 与 EDLVO 势能曲线

根据扩展的 DLVO 理论，由以上各式求得重晶石和方解石与庚烷相互作用的 EDLVO 势能曲线 [图 7-51（b）]，相互作用势能曲线上不存在势垒，相互作用始终为吸引，这表明，由于油酸钠使矿物表面疏水，疏水化矿物表面与油相间的疏水吸引使总的相互作用表现为引力。

另一方面，重晶石的 $\gamma_S^- = 23.15$ mJ/m^2，方解石的 $\gamma_S^- = 69.4$ mJ/m^2，矿粒间界面极性相互作用能量常数按照式（7-42）计算。

对重晶石颗粒间有 $V_{DA}^0 = -4.83$ mJ/m^2 < 0，为吸引力。对方解石颗粒有 $V_{DA}^0 = 66.27$ mJ/m^2 > 0，为排斥力。这表明，在重晶石/水/庚烷体系中，重晶石粒子间本身也存在疏水引力，产生疏水聚团，进入油相。而在方解石/水/庚烷体系中，方解石粒子间相互作用为斥力，方解石颗粒是先进入油相后，再形成油团聚。因此，图 7-50 的结果表明重晶石油团聚比方解石油团聚回收率要高得多。

7.8.5　两液萃取分离细粒矿物体系中的 DLVO 及 EDLVO 相互作用

1. 赤铁矿/石英的两液萃取分离

羟肟酸对细粒赤铁矿捕收能力强，对石英无捕收作用。用异羟肟酸钠作捕收剂，异辛烷（占总体积 15%）作油相，对赤铁矿（平均粒径 0.2 μm）和石英（平均粒径 1.8 μm）混合矿（1∶1）进行两液萃取分离，结果见图 7-52。可以看出，石英基本上不在油相富集，回收率不到 20%，而赤铁矿富集于油相，回收率达 80%～90%，品位可达 80%～90%。

2. 两液萃取体系中赤铁矿/石英的 DLVO 及 EDLVO 相互作用

赤铁矿的 $A_{11} = 23.2 \times 10^{-20}$ J，石英的 $A_{11} = 8.6 \times 10^{-20}$ J，辛烷 $A_{22} = 4.5 \times 10^{-20}$ J，水 $A_{33} = 4 \times 10^{-20}$ J，在 pH=8 左右，辛烷的 $\zeta = -120$ mV，石英 $\zeta = -120$ mV，赤铁矿的 $\zeta = -40$ mV，在 5.88×10^{-4} mol/L 羟肟酸钠溶液中，赤铁矿的接触角为 60°～70°，石英的接解角为 0°，赤铁矿的 $\gamma_S^{LW} = 76.56$ mJ/m^2，$\gamma_S^- = 7.41$ mJ/m^2，石英的 $\gamma_S^{LW} = 37.27$ mJ/m^2，$\gamma_S^- = 76$ mJ/m^2。由此可计算赤铁矿、石英在水溶液中与辛烷的各种相互作用能（$R = 1$ μm）。

对于赤铁矿/水/辛烷体系：

$$V_W = -5.67 \times 10^{-19} / D$$

$$V_E = 3.13 \times 10^{-17}(0.6p + q)$$

$$V_D = -4.61 \times 10^{-15} \exp(-D/10)$$

对于石英/水/辛烷体系：

$$V_W = -1.85 \times 10^{-19} / D$$

$$V_E = 6.30 \times 10^{-17}(p + q)$$

$$V_D = -8.65 \times 10^{-15} \exp(-D/10)$$

根据 DLVO 理论，由以上各式求得赤铁矿和石英与辛烷相互作用的 DLVO 势能曲线，见图 7-53（a）曲线。可以看出，不论是赤铁矿/水/辛烷还是石英/水/辛烷体系，DLVO 势能曲线表明这些体系中相互作用均为排斥，赤铁矿和石英颗粒都不能进入油相，不能解释图 7-52 的结果。

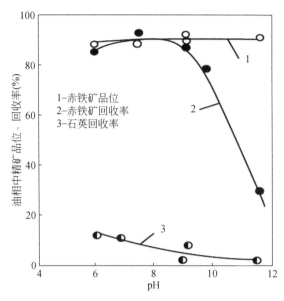

图 7-52　超细赤铁矿和石英混合矿（1 : 1）两液萃取
分离结果[395]

羟肟酸浓度5.88×10⁻⁴mol/L；异辛烷占总体积15%

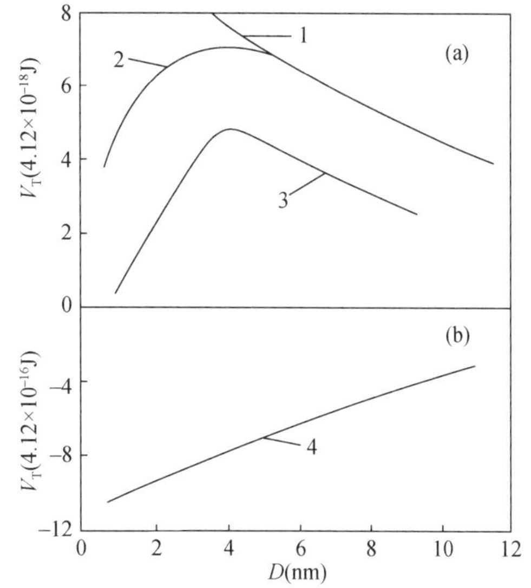

图 7-53　赤铁矿和石英与辛烷相互作用的 DLVO
及 EDLVO 势能曲线[396]

石英/水/异辛烷: 1-V_T^D ; 2-V_T^{ED} ; 赤铁矿/水/异辛烷: 3-V_T^D ; 4-V_T^{ED}

根据扩展的 DLVO 理论，在赤铁矿/水/辛烷的 EDLVO 势能曲线 V_T^{ED} 上［图 7-53（b）］不存在势垒，赤铁矿与辛烷相互作用为吸引，赤铁矿颗粒可以选择性进入油相，而在石英/水/辛烷的 EDLVO 势能曲线 V_T^{ED} 上仍存在较大势垒，石英颗粒难以进入油相。此外，根据式（7-51），赤铁矿粒子间疏水相互作用能量常数 $V_{DA}^0 = -47.02$ mJ/m² < 0，为吸引力，即细粒赤铁矿本身可产生疏水聚团，进一步增加了进入油相的趋势。

7.8.6　细粒矿物载体浮选中的 DLVO 及 EDLVO 相互作用

为了提高高岭土的白度，可采用浮选脱除高岭土中的杂质，如钛、铁等，高岭土中的钛杂质主要是锐钛矿 TiO_2，以方解石作为载体，P.Somasundaran 等的研究表明[383]，在 pH=10.1，NaOL 浓度为 0.4 g/L 时，锐铁矿的 $\zeta = -58$ mV，方解石的 $\zeta = -62$ mV，锐钛矿的 $A_{11} = 19.7 \times 10^{-20}$ J，方解石的 Hamaker 常数用表 7-1 中 CaO 的数据 $A_{22} = 12.4 \times 10^{-20}$ J，水 $A_{33} = 4 \times 10^{-20}$ J，那么

$$A_{132} = \left(\sqrt{A_{11}} - \sqrt{A_{33}} \right)\left(\sqrt{A_{22}} - \sqrt{A_{33}} \right) = 3.71 \times 10^{-20} \text{J}$$

则 –2 μm 锐钛矿与粗粒方解石相互作用的范德华势能为

$$V_W = -\frac{A_{132}R}{6D} = -3 \times 10^3 \left(\frac{1}{D} \right)$$

以 ζ 代替 ψ_0 取 $\kappa = 0.104$ m⁻¹，按式（7-19b）有

$$V_E = 7.44 \times 10^3 \left(0.998p + q \right)$$

根据 DLVO 理论，

$$V_T = -3 \times 10^3 \left(\frac{1}{D}\right) + 7.44 \times 10^3 (0.998p + q)\,(kT)$$

由上式得-2 μm 锐钛矿与粗粒方解石相互作用 DLVO 势能曲线,见图 7-54,可见,DLVO 理论预测超细锐钛矿与粗粒方解石的相互作用为排斥，锐钛矿不能在方解石上发生黏附，方解石不能作为锐钛矿的载体。

在油酸钠存在下，吸附油酸钠的锐钛矿与方解石之间疏水相互作用能量达-4×10⁻¹⁷ J, 这一常数相当于 $V_{HA}^0 = -2.0 \text{ mJ/m}^2$, 由式（7-27a）得

$$V_{HA} = 2\pi R h_0 V_{HA}^0 \exp(-D/h_0) = -6.1 \times 10^4 \exp(-D/10)$$

由此得 EDLVO 势能:

$$V_T = -3 \times 10^3 \left(\frac{1}{D}\right) + 7.44 \times 10^3 (0.998p + q) = -6.1 \times 10^4 \exp(-D/10)$$

由上式画出图 7-54 中 EDLVO 势能曲线，可见，EDLVO 理论预测，超细粒锐钛矿与粗粒方解石之间相互作用为引力，锐钛矿将在载体方解石上黏附并浮出。表 7-12 表明，方解石作为载体，浮选脱除高岭土中的 TiO₂，比常规浮选效果高，残留在高岭土中的 TiO₂ 含量减少。

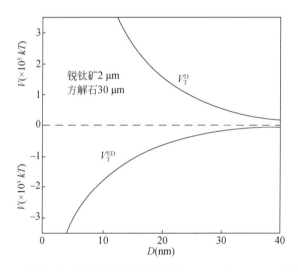

图 7-54 −2 μm 锐钛矿与粗粒方解石相互作用的 DLVO 与 EDLVO 势能曲线[383]

表 7-12 常规浮选与载体浮选脱除 TiO₂ 杂质的结果比较[397]

油酸含量（g）	0.21		0.33	
方解石 40 g-44 μm	不加	加入	不加	加入
残留在黏土产品中 TiO₂ 含量（%）	0.81	0.64	0.72	0.39
黏土矿物回收率（%）	63	96	44	92

第8章　矿粒-气泡间相互作用

泡沫是浮选不可缺少的部分，矿浆中由于空气分散，形成气泡，疏水矿粒黏附于气泡，上升到矿浆表面，聚集形成矿化泡沫层。那么，矿浆中，矿粒与气泡的相互作用（碰撞、黏附、脱附）及泡沫的稳定性、泡沫层结构等对矿化泡沫的形成及浮选效果有重要影响。本章重点介绍矿化泡沫的形成与稳定、矿物颗粒与气泡间的碰撞黏附、浮选剂在液气界面的吸附及泡沫结构对矿粒-气泡间相互作用的影响。

8.1　矿化泡沫的形成与稳定

8.1.1　泡沫的形成与稳定 [241, 246, 247]

泡沫是指气体分散在液体中的分散体系，气体是分散相，液体是分散介质。纯液体是很难形成稳定泡沫的，因为泡沫中作为分散的气体所占的体积百分数一般都超过了90%，占极少量的液体作为外相被气泡压缩成薄膜，是很不稳定的一层液膜，极易破灭。要使液膜稳定，必须加入起泡剂。

最常用的起泡剂是表面活性剂类，例如十二烷基苯磺酸钠、十二醇硫酸钠以及普通的肥皂等，都有良好的起泡性能。这类物质的溶液，表面张力很容易达到 25 mN/m 左右，同时这类分子在液膜上下两侧的气-液界面作定向排列，伸向气相的碳氢链段之间的相互吸引，使表面活性剂分子形成相当坚固的膜。这些性质对泡沫稳定性起着重要作用，见图 8-1。

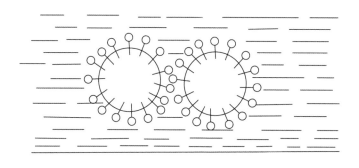

图 8-1　起泡剂分子在气泡表面吸附示意图

泡沫的稳定性是指泡沫生成后的持久性，影响泡沫稳定性的因素有以下几种。

1）表面黏度

表面黏度是指液体表面上单分子层内的黏度，通常由表面活性分子在表面上所构成的单分子层产生的，有些泡沫的表面膜具有半固体或固体性质，这种泡沫是不容易破灭的。

在作为起泡剂的表面活性剂中加入一些少量极性物质，可以提高泡沫的稳定性，这种物质叫稳泡剂。稳泡剂不仅能增加泡沫寿命，还可以使表面黏度升高，在加入稳泡剂后，泡沫寿命急剧增加，与此同时表面黏度也会相应增加，但在较高浓度时，表面黏度近于不变，此时表面黏度并不是泡沫稳定性增加的主要因素。

表面黏度无疑是生成稳定泡沫的重要条件，但也不是唯一的，而且常常有例外。例如，十二酸钠溶液表面黏度并不高，但是由此而生成的泡沫却很稳定。有时有些能生成泡沫的溶液，如果增加其表面黏度，却反而降低了泡沫的寿命，这是因为表面黏度太大，表面膜变脆，泡沫容易破裂的缘故。

2）泡沫表面的"修复"作用——Marangoni 效应

Marangoni 认为，当泡沫的液膜受外力冲击时，会发生局部变薄，变薄之处表面积增大，吸附的表面活性剂分子密度也减少，所以表面张力升高。因此表面活性剂分子向变薄部分迁移，使表面上吸附的分子又恢复到原来的密度，表面张力又降低到原有水平。在迁移过程中活性分子还会携带邻近溶液一起移动，结果使变薄的液膜又增加到原来厚度。其示意见图 8-2。

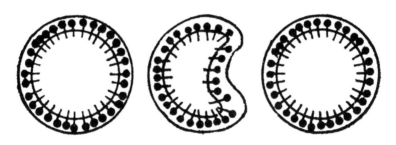

图 8-2　受外力作用时起泡剂增大气泡机械强度示意图

另一方面，表面上的活性剂浓度降低，增大了表面张力，这是一个需要做功的过程。而液膜收缩时，虽然减少了表面能，但要增加表面吸附分子浓度，这也不利于自动收缩。液膜的这种抗表面扩张和抗收缩的能力，只有在表面活性剂的分子吸附于液膜时才会发生，纯液体是不具备这种修复性能的，所以不会形成稳定泡沫。

3）液膜表面电荷影响

如果液膜的上下表面带有相同电荷，液膜受到外力挤压时，则表面上有相同电荷的排斥作用，可以防止液膜排液变薄，用离子型表面活性剂作起泡剂就有此特点。当液膜变薄时，两边表面的静电排斥起着重要作用。当然这种作用也仅在液膜较薄时才有，因为在液膜较厚时是觉察不到的。液膜中的电荷排斥力受到溶液电解质浓度的影响，因为电解质浓度能影响表面电位的分布，直接影响到液膜斥力。

4）液膜透气性

新生成的泡沫其气泡大小是不均匀的，由于曲面压力，小泡中的气压比大泡中的大，所以小气泡中的气体会扩散到大气泡中去，结果是小气泡逐渐变小以致消失，大气泡逐渐变大。由于存在曲面压力，最终所有气泡将全部消失。在整个过程中液膜是依赖于气体穿过液膜能力大小而存在的，这叫液膜的透气性。透气性与表面上吸附分子的排列紧密程度有关，排列得愈紧，则气体愈不易透过，这种膜就愈稳定。

综上所述，要使泡沫稳定必须具有较高的表面黏度、很强的"修复"能力及表面膜上的电荷排斥力。所以一种有良好的起泡稳泡性能的表面活性剂分子必须具备在吸附层内有比较强的相互吸引力，同时亲水基团有较强的水化性能。前者使液膜产生较强机械强度，后者可以提高液膜表面黏度。

起泡剂是浮选过程中必不可少的药剂。在泡沫浮选过程中，起泡剂的作用主要是促使空气在矿浆中有效地分散成细小的气泡，在气泡上升过程中防止其兼并、破灭，提高泡沫稳定性。浮选时，泡沫的稳定性要适当，不稳定易破灭的泡沫易使矿粒脱落，影响有用矿物回收率；过分稳定和过黏的泡沫，流泄作用减弱，降低泡沫层的二次富集作用，影响精矿品位，并使泡沫的运输及产品浓缩发生困难。泡沫量也要适当，泡量不足则矿物失去黏附机会且不易刮出，过量泡沫会引起溢流（俗称"跑槽"）损失。

8.1.2　矿物颗粒表面黏着功与矿化泡沫

泡沫浮选的主要过程是矿粒（或附有捕收剂的矿粒）附着气泡的过程，又叫矿化过程。若将附有捕收剂的矿粒视作一般固体，则矿化过程正是铺展润湿的逆过程，如图 8-3 所示。浮选涉及的基本现象是，矿粒黏附在气泡上并被携带上浮。矿粒向气泡附着的过程是系统消失了固-水界面和水-气界面，新生成了固-气界面，即为铺展润湿的逆过程。定义该过程体系对外所做的最大功为黏着功 W_{SG}，则

$$W_{SG}=\gamma_{LG}+\gamma_{SL}-\gamma_{SG}=-\Delta G \tag{8-1}$$

将杨氏（Young）方程式（2-1）代入式（8-1），得

$$W_{SG}=\gamma_{LG}\left(1-\cos\theta\right) \tag{8-2}$$

W_{SG} 表征矿粒与气泡黏着的牢固程度。显然，W_{SG} 越大，即（$1-\cos\theta$）越大，则固-气界面结合越牢，固体表面疏水性越强。可见，只有 $\theta>0$ 时，才有（$1-\cos\theta$）>0，才能发生气泡矿化作用使矿粒上浮，式（8-2）为矿化泡沫形成的基本条件。

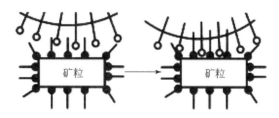

图 8-3　矿化泡沫形成过程

8.1.3　浮选剂对矿物颗粒表面黏着功的影响

1. 捕收剂作用下矿物颗粒表面黏着功（W_{SG}）

图 8-4 为不同捕收剂（50 mg/L）与钼酸钙和氟磷灰石作用的黏着功随 pH 的变化，由图 8-4 可知，捕收剂为油酸时，钼酸钙黏着功随 pH 的升高变化不大，整体保持在 51～55 mJ/m²。氟磷灰石黏着功随 pH 的升高逐渐增大，说明 pH 的增大增加了氟磷灰石表面活性，使其更易于与气泡黏附，增大了氟磷灰石的可浮性。捕收剂为 733 时，钼酸钙黏着功随 pH 的升高而有增大，但增大的并不多，即 pH 的增大使钼酸钙表面更疏水，增大其可浮性。氟磷灰石黏着功随 pH 的升高而逐渐增大，表明 733 在氟磷灰石颗粒表面的吸附增加很快。当 pH＞11 后，氟磷灰石黏着功的增大速度变缓，在 pH=12 时其黏着功达到最大的 49 mJ/m² 左右。pH=8 左右，钼酸钙黏着功与氟磷灰石黏着功差距比较大，对于浮选分离钼酸钙和氟磷灰石比较有利。

图 8-5 为捕收剂浓度对钼酸钙和氟磷灰石黏着功的影响，由图 8-5 可知，钼酸钙黏着功随着捕收剂浓度的增大而逐渐增大，并且在捕收剂浓度低于 85 mg/L 时，油酸作用下钼酸钙的黏着功小于 733 作用下钼酸钙的黏着功；捕收剂浓度大于 85 mg/L 时，油酸作用下钼酸钙的黏着功略大于 733。氟磷灰石黏着功随捕收剂浓度的增大逐渐增大，并且在捕收剂浓度低于 100 mg/L 时，油酸作用下氟磷灰石的黏着功小于 733；捕收剂浓度大于 100 mg/L 时，油酸作用下钼酸钙黏着功略大于 733。

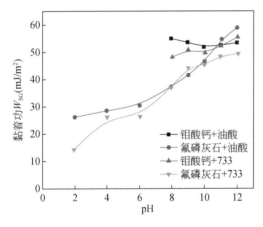

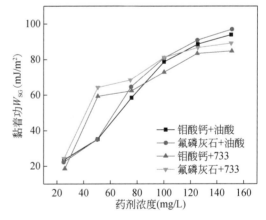

图 8-4　不同捕收剂与钼酸钙和氟磷灰石
作用的黏着功随 pH 的变化[348]

图 8-5　药剂浓度变化对药剂与钼酸钙
和氟磷灰石作用的黏着功的影响[348]

2. 调整剂对捕收剂与矿物作用黏着功 W_{SG} 的影响

图 8-6 为六偏磷酸钠对油酸和 733 与矿物表面作用黏着功随 pH 变化的影响。由图 8-6（a）可知，在试验 pH 范围内，油酸为捕收剂时，六偏磷酸钠的加入使钼酸钙黏着功降低，由原来的 50 mJ/m² 以上下降到 40 mJ/m² 左右，说明六偏磷酸钠对吸附油酸的钼酸钙颗粒与气泡的附着有一定影响，对钼酸钙浮选会产生一定抑制作用。六偏磷酸钠的加入使氟磷灰

石黏着功大幅降低，相同 pH 下，pH<8 时，黏着功下降 15 mJ/m² 左右，pH>8 时，下降幅度更大，达 20 mJ/m² 左右。说明在 pH>8 时，六偏磷酸钠使氟磷灰石颗粒附着于气泡更困难，可能对油酸浮选氟磷灰石产生较强抑制作用。

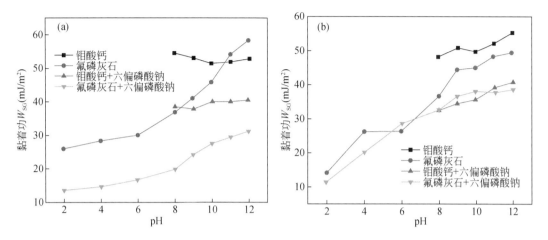

图 8-6　六偏磷酸钠对油酸（50 mg/L）（a）和 733（50 mg/L）（b）与矿物表面作用黏着功随 pH 变化的影响（六偏磷酸钠浓度 50 mg/L）[348]

图 8-6（b）为六偏磷酸钠对 733 与矿物表面作用黏着功随 pH 变化的影响，由图 8-6（b）可知，在试验 pH 范围内，六偏磷酸钠的加入使钼酸钙黏着功降低很多，由原来的 50 mJ/m² 以上下降到 35 mJ/m² 左右，说明六偏磷酸钠阻止了钼酸钙颗粒与气泡的附着，对钼酸钙浮选会产生抑制作用。六偏磷酸钠的加入使氟磷灰石黏着功降低，pH<8 时，黏着功下降比较小，pH>8 时，下降幅度变大，达 10 mJ/m² 左右。说明在 pH>8 时，六偏磷酸钠使氟磷灰石颗粒附着于气泡困难，降低其可浮性。

在 pH 8～11 范围，六偏磷酸钠作抑制剂，油酸作捕收剂时，钼酸钙和氟磷灰石的黏着功有较大差异，浮选分离是可能的。但用 733 作捕收剂时，钼酸钙和氟磷灰石的黏着功基本相近，浮选分离难以实现。

8.1.4　不同捕收剂作用下矿化气泡形貌

气泡矿化中的碰撞过程，其概率大小与矿物颗粒的尺寸、气泡的大小有关。在金属离子活化锂辉石浮选的最佳 pH 条件下，通过粒度粒形仪拍摄了添加金属离子前后，氧化石蜡皂 OPS 和组合捕收剂 MOS-10（氧化石蜡皂和脂肪酸甲酯磺酸钠 10%的组合）作用下，锂辉石矿化气泡的形貌变化，结果如图 8-7 所示。

由图 8-7 可知，当没有金属离子活化时，单位取样时间内，观察到矿化的气泡数量较少。气泡大多数吸附在较大颗粒的侧面或者尖端上。其中，尺寸相对较小的气泡容易黏附在矿物颗粒的尖端上，而尺寸相对较大的气泡容易黏附在颗粒的侧面，接触面更大，上浮力更大。当溶液中存在金属离子活化剂时，气泡矿化特征明显不同。单位取样时间内，观察到的矿化气泡数量多。气泡不仅仅吸附在较长颗粒上，而且还吸附在块状颗粒上或同时吸附多个颗粒，甚至部分颗粒上吸附了多个气泡。经过金属离子活化后，较大尺寸的气泡不仅能吸附单个较大的块状颗粒，还可以吸附多个小颗粒。在 Fe^{3+} 活化的条件下，可以明显观察到细颗粒之间的相互作用并形成絮状颗粒。这些絮状颗粒吸附在气泡上时，可以增加气泡矿化的程度，从而活化锂辉石的浮选。

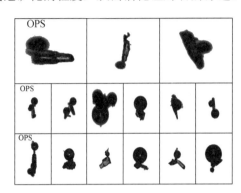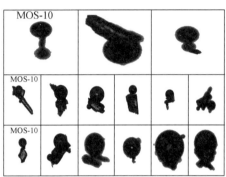

图 8-7　无金属离子时（上）、钙离子（中）、铁离子（下），不同捕收剂作用下气泡矿化特征[398]

8.2　泡 沫 结 构

泡沫结构，包括泡沫高度、体积、气泡的大小、弥散度等对矿化泡沫的形成、稳定性及选择性，进而对浮选效果有非常重要的影响，溶液表面张力、表面黏度、液相黏度、表面活性剂分子结构、液膜表面电荷、表面活性剂复配协同效应以及压力、温度、溶液 pH、搅拌冲击力、气体溶解度和渗透率等影响气泡水化膜力学性质及泡沫结构，这方面的研究还不多，本节介绍一些研究进展。

8.2.1　表面活性剂对表面张力及泡沫结构影响

1. 捕收剂对溶液表面张力的影响

辛基羟肟酸（OHA）和 Pb-BHA-OHA 配合物的溶液表面张力如图 8-8 所示。结果表明，低 OHA 浓度（＜2×10^{-5} mol/L）时，溶液表面张力值与纯水接近，变化不大。但随着 OHA 浓度的增加，OHA 溶液的表面张力显著降低，在 OHA 浓度达到 3×10^{-2} mol/L 后表面张力值不再降低，浓度在 3×10^{-2} mol/L 时表面张力值为 9.14 mN/m，因此 OHA 溶液的 CMC 值约为 3×10^{-2} mol/L。Pb-BHA-OHA 溶液表面张力随着 OHA 浓度的增加降低更为明显，在 OHA 浓度达到 2×10^{-2} mol/L 后表面张力值不再降低，最低值为 9.55 mN/m，对应的 CMC 值为 2×10^{-2} mol/L。结果表明 OHA 进入 Pb-BHA 结构中后，形成的 Pb-BHA-OHA 在气液界面上的吸附对表面张力的降低比 OHA 更为显著。CMC 值的降低表明 Pb-BHA-OHA 更容易在溶液中形成胶束，而且在气液界面上的吸附更强。

十二烷基磺酸钠（SDS）和 Pb–BHA–SDS 的溶液表面张力如图 8-9 所示。结果表明，低 SDS 浓度（<1×10⁻⁵ mol/L）时，溶液表面张力值与纯水接近，变化不大。随着 SDS 浓度的增加，SDS 溶液的表面张力显著降低，在 SDS 浓度达到 8×10⁻³ mol/L 后表面张力值不再降低，表面张力值最低值为 22.89 mN/m，因此 SDS 溶液的临界胶束浓度（CMC）约为 8×10⁻³ mol/L。Pb-BHA-SDS 溶液表面张力随着 SDS 浓度的增加降低更为明显，在 SDS 浓度达到 2×10⁻³ mol/L 后表面张力值不再降低，最低值为 14.19 mN/m，因此对应的 CMC 值约为 2×10⁻³ mol/L。图 8-9 表明，SDS 作为一种典型的表面活性剂，可以在很低的用量条件下显著降低溶液表面张力，而 SDS 进入 Pb-BHA 结构中后，形成的 Pb-BHA-SDS 新捕收剂，在气液界面上的吸附对表面张力的降低比 SDS 更为显著。CMC 值的降低表明 Pb-BHA-SDS 更容易在溶液中形成胶束。

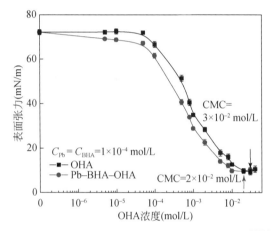

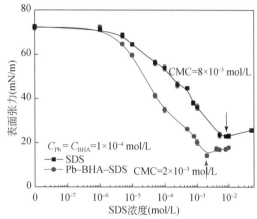

图 8-8　OHA 和 Pb-BHA-OHA 溶液的表面张力[238]　　图 8-9　SDS 和 Pb-BHA-SDS 溶液的表面张力[238]

2. 起泡剂对溶液表面张力的影响

图 8-10 为松油醇浓度对 Pb-BHA 和 Pb-BHA-OHA 溶液表面张力的影响。结果表明，即使是低浓度的 Pb-BHA 和 Pb-BHA-OHA，随着松油醇浓度的增加，Pb-BHA 和 Pb-BHA-OHA 溶液表面张力不断降低，而 Pb-BHA-OHA 溶液表面张力值的降低更为显著，这表明 Pb-BHA-OHA 与松油醇形成的组装体对溶液表面张力的降低更为明显。Pb-BHA-OHA 与松油醇在气液界面的共同吸附，有利于表面张力的降低和泡沫的形成。

松油醇浓度对 Pb-BHA 和 Pb-BHA-SDS 溶液表面张力的影响如图 8-11 所示。随着松油醇浓度的增加，Pb-BHA 和 Pb-BHA-SDS 溶液表面张力不断降低，而 Pb-BHA-

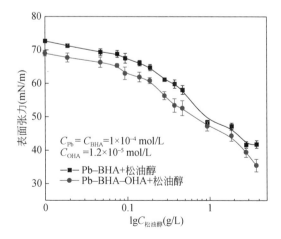

图 8-10　松油醇浓度对 Pb-BHA 和 Pb-BHA-OHA 溶液表面张力的影响[238]

SDS 溶液表面张力值的降低更为显著，这表明 Pb-BHA-SDS 与松油醇形成的组装体对溶液表面张力的降低更为明显。Pb-BHA-SDS 与松油醇在气液界面的共同吸附，有利于表面张力的降低和泡沫的形成[238]。

3. 表面活性剂对泡沫结构影响

OHA 浓度对 Pb-BHA 泡沫性能的影响如图 8-12 所示。结果表明，在松油醇存在下，但没有加入 OHA 时，泡沫的最大高度值（37 cm）和半衰期（5.5 s）较小。随着 OHA 浓度的增加，泡沫的最大高度不断增大，达到 57 cm 后开始出现一定幅度的下降，表明 OHA 的引入显著提高了 Pb-BHA 的起泡能力；泡沫的半衰期随着 OHA 浓度的增加而逐步增加，当达到 9 s 后出现小幅度下降，这表明 OHA 的引入显著提高了 Pb-BHA 的泡沫稳定性。但当 OHA 浓度过高时，泡沫最大高度和半衰期也开始下降。

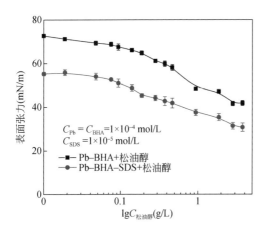

图8-11　松油醇浓度对Pb-BHA和Pb-BHA-SDS溶液表面张力的影响[238]

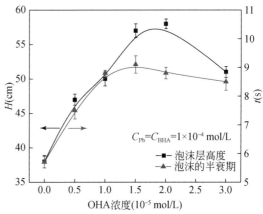

图8-12　OHA浓度对Pb-BHA泡沫性能的影响，12.5 μL/L的松油醇[238]

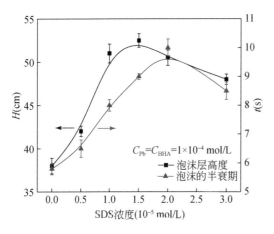

图 8-13　SDS 浓度对 Pb-BHA 泡沫性能的影响，12.5 μL/L 的松油醇[238]

对照图 8-10 可知，松油醇的加入，虽然显著降低了 Pb-BHA 配合物溶液的表面张力，但其泡沫的最大高度值和半衰期仍较小，引入 OHA 后，Pb-BHA-OHA 比 Pb-BHA 具有更强的起泡能力和泡沫稳定性。这一方面是由于 Pb-BHA-OHA 在气液界面上的吸附可以更显著降低溶液表面张力，另一方面可能是 OHA 改善了泡沫性质，最终导致 Pb-BHA-OHA 比 Pb-BHA 具有更强的起泡能力和泡沫稳定性，在浮选中有利于形成稳定的泡沫。

SDS 浓度对 Pb-BHA 泡沫性能的影响如图 8-13 所示。结果表明，随着 SDS 浓度的增加，泡沫的最大高度不断增大，达到 52 cm 后开始出现一定幅度的下降，表明 SDS 的引入显著提高了 Pb-BHA 的起泡能力；泡沫的半衰期随着 SDS 浓度的增加而逐步增加，当达到 10 s 后出现小幅度下降，这表明 SDS 的引入显著提高了 Pb-BHA 的泡沫稳定性。而当 SDS 浓度过高时，泡沫最大高度和半衰期开始下降。

对照 8-11 可知，松油醇存在下，Pb-BHA-SDS 溶液表面张力值的降低比 Pb–BHA 溶液更为显著，因此，Pb-BHA-SDS 比 Pb-BHA 具有更强的起泡能力和泡沫稳定性。从图 8-12 和图 8-13 还可以看出，虽然 OHA 和 SDS 的引入，能够提高 Pb-BHA 配合物的起泡能力和泡沫稳定性，但泡沫最大高度和半衰期值有差异，OHA 和 SDS 对泡沫性质的影响是不同的，形成了不同泡沫结构，这一点在浮选中具有重要意义。以 Pb-BHA 配合物为捕收剂，当泡沫量是影响浮选效果的重要因素时，Pb-BHA-OHA 的组装较合适。当泡沫稳定性是影响浮选效果的重要因素时，Pb-BHA-SDS 的组装更合适。

4. 不同捕收剂的起泡能力与气泡稳定性

在 pH≈6.85、捕收剂浓度为 1000 mg/L 时测试的不同捕收剂起泡能力及气泡稳定性，如图 8-14 所示。用停止通气 15 s 后的气泡层高度 Δh，代表该种捕收剂的起泡能力，起泡能力越强，则气泡层越高。用气泡层高度稳定之前气泡破灭速率表示气泡的稳定性，稳定性越差则气泡破灭越快。

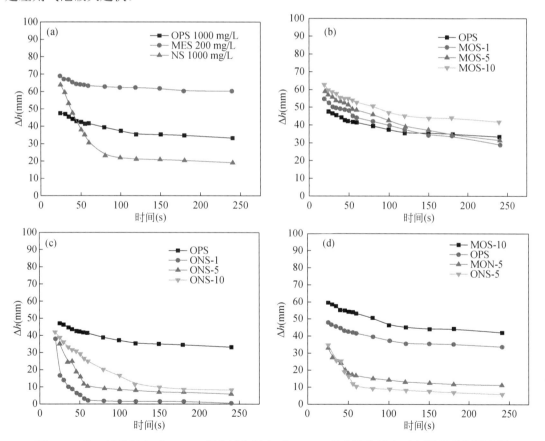

图 8-14　单一捕收剂（a）、MOS 组合捕收剂（b）、ONSs 组合捕收剂（c）以及四种不同类型捕收剂（d）的起泡稳定性

由图 8-14（a）可知，在这三种单一捕收剂中，起泡能力的强弱顺序是脂肪酸甲酯磺酸钠（MES）＞环烷酸皂（NS）＞氧化石蜡皂（OPS）。而气泡的稳定性顺序是 MES＞OPS＞NS。

图 8-14（b）中，组合捕收剂 MOS 的起泡能力均强于 OPS，组合捕收剂 MOS 是氧化石蜡皂和脂肪酸甲酯磺酸钠的组合，1、5、10 分别代表了脂肪酸甲酯磺酸钠（MES）的百分含量，MES 含量越高，组合捕收剂 MOS 起泡能力越强，起泡的稳定性与单一 OPS 相近。

图 8-14（c）显示，ONS 捕收剂的起泡能力略低于 OPS，但是稳定性则明显低于 OPS。组合捕收剂中，ONS 是氧化石蜡皂和环烷酸皂（NS）的组合，1、5、10 分别代表了环烷酸皂（NS）的百分含量，NS 的含量越高时，稳定性越差。

图 8-14（d）结果显示，在选择的四种捕收剂中，起泡能力强弱顺序是 MOS-10＞OPS＞（MON-5，ONS-5），MON-5 是氧化石蜡皂 79.2%、环烷酸皂 15.8% 和脂肪酸甲酯磺酸钠 5% 的组合。气泡稳定性高低顺序是（MOS-10，OPS）＞MON-5＞ONS-5。

上述结果表明，不同捕收剂的组合影响起泡能力和泡沫稳定性，氧化石蜡皂和脂肪酸甲酯磺酸钠的组合，增加了氧化石蜡皂的起泡能力和泡沫稳定性，而氧化石蜡皂和环烷酸皂二者的组合及与脂肪酸甲酯磺酸钠三者的组合，其起泡能力和泡沫稳定性均低于单一氧化石蜡皂[398]。

5. 油酸钠、油酸钠-油酸酰胺对溶液表面张力和起泡能力的影响

油酸钠、油酸钠-油酸酰胺两种捕收剂在不同浓度下对溶液表面张力的影响如图 8-15（a）所示。捕收剂浓度为零，即去离子水的表面张力为 72～73 mN/m，随着捕收剂浓度的增大，溶液的表面张力显著降低，且两种捕收剂溶液的表面张力降低幅度基本相同。捕收剂浓度超过 0.6×10^{-4} mol/L 后，油酸钠-油酸酰胺溶液的表面张力基本保持不变，油酸钠溶液的表面张力缓慢降低，说明油酸钠-油酸酰胺的临界胶团浓度较低，表面活性更强。

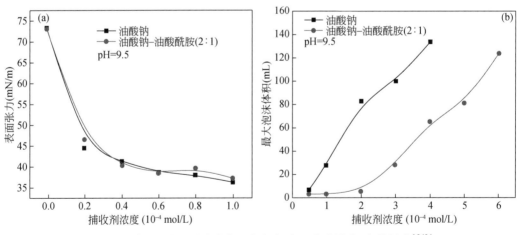

图 8-15　捕收剂浓度对溶液表面张力（a）及泡沫量（b）的影响[243]

油酸钠、油酸钠-油酸酰胺两种捕收剂在不同浓度下对泡沫量的影响如图 8-15（b）所示。油酸钠浓度为 1×10^{-4} mol/L 时，层析柱中出现明显的泡沫层，随着油酸钠浓度的增大，最大泡沫量直线上升，在油酸钠浓度为 4×10^{-4} mol/L 时，最大泡沫量达到 133.63 mL。油酸钠-油酸酰胺浓度达到 $3×10^{-4}$ mol/L 时，层析柱中才出现稳定的泡沫层，当油酸钠-油酸酰胺浓度达到 $6×10^{-4}$ mol/L 时，最大泡沫量为 122.2 mL。相比之下，油酸钠的起泡能力更强，相同浓度下泡沫量更大。在栾川白钨矿浮选实践中，使用脂肪酸类捕收剂时泡沫量大，粗精矿浓缩过程中消泡困难，造成溢流损失，油酸钠-油酸酰胺组合捕收剂起泡能力较弱，有利于粗精矿的浓缩沉降。

8.2.2　气泡的粒度分布

1. 气泡粒度分布与起泡剂浓度的关系

图 8-16A 分别为不同起泡剂浓度下气泡的影像，图 8-16B 为不同浓度起泡剂下气泡的粒度分布。结果表明，随着起泡剂浓度的增加，气泡量在增加，起泡剂浓度低时（10～20 mg/L），小于 20 μm 的气泡占多数，起泡剂浓度较高（＞20 mg/L）时，大于 20 μm 的气泡占多数，总的来看，不同浓度起泡剂下，气泡的大小分布是不均匀的，对矿物浮选速率的影响也将是多方面的。

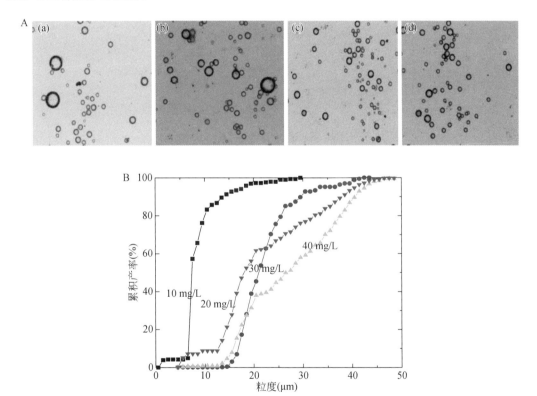

图 8-16　不同起泡剂浓度下气泡的影像（A）及粒度分布（B）[399]

起泡剂浓度：（a）10 mg/L；（b）20 mg/L；（c）30 mg/L；（d）40 mg/L

2. 不同捕收剂作用下气泡粒度分布

利用粒度粒形仪的取样、拍照和自动分析程序等功能对不同捕收剂作用下形成的气泡大小分布进行测量。由于气泡的形状在拍摄投影面近似为圆形，故采用当量面积直径表示气泡大小，结果如图 8-17 所示。

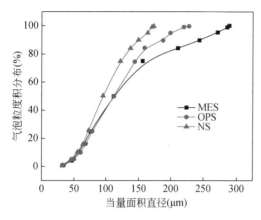

图 8-17 结果显示 OPS、MES 和 NS 三种单一捕收剂溶液中，形成的气泡的平均粒径大小顺序是 MES＞OPS＞NS，计算结果分别为 130.6 μm、116.4 μm 和 98.99 μm。在这三种捕收剂中，环烷酸皂（NS）溶液形成的气泡较小，100%小于 170 μm，平均粒径为 98.99 μm；脂肪酸甲酯磺酸钠（MES）溶液形成的气泡较大，最大约为 300 μm，平均粒径为 130.6 μm；氧化石蜡皂（OPS）溶液形成的气泡平均粒径为 116.4 μm。

图 8-17 不同捕收剂溶液气泡粒度累积分布[398]

图 8-18 结果显示组合捕收剂可以调整气泡大小。图 8-18（a）表明，氧化石蜡皂和脂肪酸甲酯磺酸钠组合捕收剂 MOS 中，三种组合捕收剂气泡的平均粒径大小顺序是 MOS-10＞MOS-5＞MOS-1，计算结果分别为

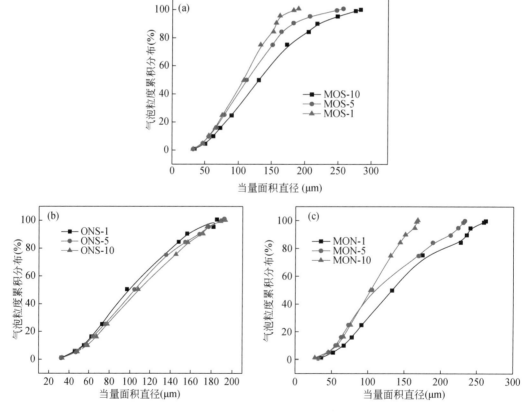

图 8-18 MOS（a）、ONS（b）和 MON（c）捕收剂溶液气泡粒度累积分布[398]

138.9 μm、118.3 μm 和 106.5 μm。MOS-1（氧化石蜡皂和 1%脂肪酸甲酯磺酸钠组合）溶液形成的气泡较小，100%小于 180 μm，平均粒径为 106.5 μm，接近单一氧化石蜡皂（OPS）溶液形成的气泡平均粒径。当 MOS 中，脂肪酸甲酯磺酸钠的比例提高到 5%和 10%时，组合捕收剂 MOS 溶液形成的气泡平均粒径为 118.3 μm 和 138.9 μm，均大于单一氧化石蜡皂（OPS）溶液形成的气泡平均粒径 116.4 μm。

图 8-18（b）表明，氧化石蜡皂（OPS）和环烷酸皂（NS）组合捕收剂 ONS 中，三种环烷酸皂（NS）百分含量不同的组合 ONS 溶液形成的气泡粒度组成相近，其平均粒径均小于 OPS 的 116.4 μm，且大于 NS 的 98.99 μm，计算得到的 ONS-1、ONS-5 和 ONS-10 三种组合捕收剂气泡平均粒径结果分别为 104.5 μm、109.0 μm 和 111.3 μm，这表明，氧化石蜡皂（OPS）和环烷酸皂（NS）的组合，对气泡粒度分布影响不大。

图 8-18（c）是氧化石蜡皂、环烷酸皂和脂肪酸甲酯磺酸钠三种捕收剂的组合 MON，结果显示三种组合捕收剂溶液形成的气泡的平均粒径大小顺序是 MON-1＞MON-5＞MON-10，计算结果分别为 144.3 μm、123.3 μm 和 103.8 μm。MON-10（氧化石蜡皂 75%、环烷酸皂 15%和脂肪酸甲酯磺酸钠 10%）溶液形成的气泡较小，100%小于 170 μm，平均粒径为 103.8 μm；MON-1（氧化石蜡皂 82.5%、环烷酸皂 16.5%和脂肪酸甲酯磺酸钠 1%）溶液形成的气泡较大，最大约为 275 μm，平均粒径为 144.3 μm；MON-5（氧化石蜡皂 79.2%、环烷酸皂 15.8%和脂肪酸甲酯磺酸钠 5%）溶液形成的气泡平均粒径为 123.3 μm，最大约为 230 μm。这表明，氧化石蜡皂、环烷酸皂和脂肪酸甲酯磺酸钠三种捕收剂不同比例的组合，可以形成平均粒径变化较大的气泡，从而对矿物浮选行为产生不同程度影响。

3. 电解产生气泡

目前控制产生气泡的尺寸较为适合的技术就是电解产生气泡，分别拍摄四种阴极孔径（38 μm、50 μm、74 μm 和 150 μm）下产生的气泡分布图像［图 8-19（a）］，分析结果如图 8-19（b）所示。

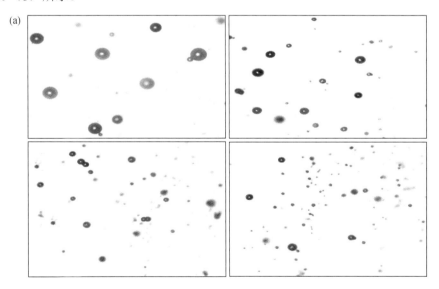
(a)

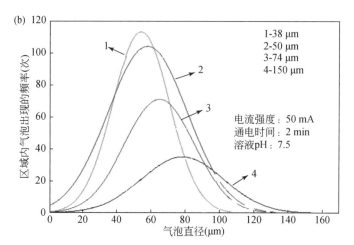

图 8-19　不同阴极孔径时的气泡尺寸分布情况（a）及其分布图（b）[359]

由图 8-19 的统计结果图可以看出，由阴极孔径电解产生的气泡尺寸相对集中，当哈里蒙德管中电解阴极孔径为 38 μm 时，所产生气泡的平均尺寸在 50 μm 左右，并且随着电解阴极孔径的增大，气泡的平均直径增大。四种阴极孔径所产生的气泡平均尺寸分别为 50 μm、58 μm、65 μm 以及 80 μm。

上述结果表明，由阴极孔径电解产生的气泡尺寸相对均匀，而且，可以通过改变阴极孔径大小调控产生的气泡大小。由此产生的电解浮选是针对细粒矿物浮选的一种方法，但其成本高难以应用。但由阴极孔径电解产生的气泡来作为研究气泡大小对浮选影响的方法还是比较可行的，因为改变起泡剂浓度或其他方法，获得的气泡大小不均一，也难以调控。

8.2.3　气泡尺寸对浮选的影响

1. 浮选速率常数与气泡大小的理论关系

一级浮选速率常数 K 由下式确定[400]：

$$K = \frac{3P_c P_a}{2d_b} \cdot V_g \tag{8-3}$$

式中，V_g 为气体的流速；一般的浮选气泡尺寸下，P_c，P_a 分别为矿物颗粒和气泡间碰撞、黏附概率；d_b 为气泡大小。由于 $P_c \propto d_p^2$，d_p 为矿物颗粒大小，由式（8-3）可知，当 P_a、d_b、V_g 一定时，K 也与 d_p^2 成正比，也就是说细粒级矿物浮选速率随粒级减小而显著降低。当细粒矿物 d_p 亦即 P_c 一定时，一方面可以提高 V_g 来提高浮选速率，但是由于 K 只随 V_g 线性增长，所以在浮选槽中为了避免跑槽现象，V_g 增加有限并不是提高浮选速率的有效途径。另一方面，当其他因素一定时，由式（8-3）可知，$K \propto d_b^{-3}$，所以，降低气泡尺寸更能有效地提高浮选速率。

2. 微细气泡对超细白钨矿浮选的影响

使用阴极孔径电解产生的气泡来研究气泡大小对浮选的影响。不同阴极孔径产生的气泡对超细粒级白钨矿浮选的影响见图 8-20。

由图 8-20 可以看出，相比于常规的挂槽浮选机浮选，38 μm 和 50 μm 阴极孔径电解所产生的微泡能够更好地浮选超细粒级的白钨矿，且 50 μm 阴极孔径产生的微泡对超细白钨矿的浮选效果最好。50 μm 阴极孔径之后，随着阴极孔径的增大，-10 μm 白钨矿的浮选回收率降低，可归因于大的阴极孔径产生了大的气泡，降低了细粒白钨矿的浮选速率。

3. 微细气泡对超细粒级黄铜矿浮选的影响

不同阴极孔径产生的气泡对超细粒级黄铜矿浮选的影响见图 8-21。

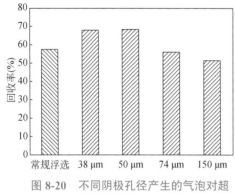

图 8-20　不同阴极孔径产生的气泡对超
细粒级白钨矿浮选的影响[360]

电流强度：50 mA；通电时间：2 min；pH=10；
油酸钠：$1.5×10^{-4}$ mol/L

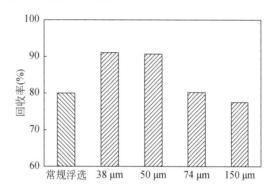

图 8-21　不同阴极孔径产生的气泡对超
细粒级黄铜矿浮选的影响[360]

电流强度：50 mA；通电时间：2 min；pH=8；
煤油：0.18 g/L

由图 8-21 的结果可以知道，相比于常规的挂槽浮选机浮选，38 μm 和 50 μm 阴极孔径电解所产生的微泡能够更好地浮选超细粒级的黄铜矿，且 38 μm 阴极孔径的对超细黄铜矿的浮选效果最佳，浮选回收率能够提高 10% 以上，达到 91% 左右。50 μm 阴极孔径之后随着阴极孔径的增大，-10 μm 黄铜矿的浮选回收率随之降低。可归因于大的阴极孔径产生了大的气泡，降低了细粒黄铜矿的浮选速率。

8.3　浮选剂在液气界面的吸附

浮选体系中，浮选剂（主要是起泡剂）分子在气液界面上吸附，亲水基在水相，其疏水链伸入气相，如图 8-22，形成泡沫液膜，浮选剂在液气界面的吸附行为对泡沫液膜的稳定性及泡沫的稳定性有重要影响。

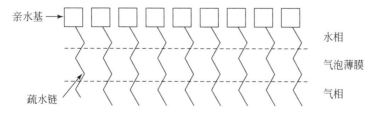

图 8-22　泡沫水化膜形成结构示意图

8.3.1 吉布斯吸附方程

溶解物质的吸附热力学基础是由吉布斯方程确定的。对于相邻的、多元组分的两相体系，当各组分在界面吸附时，如果各组分的化学位为 μ_i，摩尔数为 n_i，则在可逆过程中自由能（G）与基本状态函数，绝对温度（T）、体积（V）、压力（p）及熵（S）、表面张力（γ）的基本关系为[401]

$$dG = -SdT + Vdp + \Sigma\mu_i dn_i + \gamma dA \tag{8-4}$$

式中，A 为表面积。

对相界面的情况，设 $V=0$，则

$$dG^s = -S^s dT + \Sigma\mu_i dn_i^s + \gamma dA \tag{8-5}$$

在恒温恒压及恒组成条件下，积分式（8-5）得

$$G^s = \Sigma\mu_i dn_i^s + \gamma A \tag{8-6}$$

将式（8-6）全微分（设 A 为常数）并与式（8-5）比较，可以得

$$S^s dT = \Sigma n_i^s d\mu_i + Ad\gamma = 0 \tag{8-7}$$

用 A 除各项，则

$$d\gamma = -\frac{S^s}{A}dT - \Sigma\frac{n_i^s}{A}d\mu_i \tag{8-8}$$

设 $\dfrac{S^s}{A} = S_s$，$\dfrac{n_i^s}{A} = \Gamma_i$ 故

$$d\gamma = -S_s dT - \Sigma\Gamma_i d\mu_i \tag{8-9}$$

式中，S_s 为单位表面积的表面熵；Γ_i 为各组分的吸附量，表示稀溶液中单位表面上的浓度与溶剂浓度之差。式（8-9）就是吉布斯-杜赫姆（Gibbs-Duhem）吸附方程式，该方程将两相间的界面张力、各组分的吸附密度和化学位联系起来，适用气泡体系的固-液-气三相界面，故与浮选关系密切。由于浮选过程中的温度变化通常不显著，可假设 $dT=0$，则式（8-9）可简化为

$$d\gamma = -\Sigma\Gamma_i d\mu_i \tag{8-10}$$

8.3.2 捕收剂在气/液界面的吸附

根据式（8-10）吉布斯-杜赫姆（Gibbs-Duhem）吸附方程，由表面张力等温线可以间接计算出表面活性剂在气/液界面的饱和吸附密度。饱和吸附密度，即表面活性剂在气/液界面达到最大吸附时平均每分子所占面积，是描述表面活性剂分子在界面吸附结构的一个重要参数。饱和吸附密度越大，每分子在界面所占面积越小，表明界面分子层排列越致密。饱和吸附量（Γ_{max}）是用来评估表面活性剂在液-气界面上吸附效果的一个重要参数。根据饱和吸附量的大小可以判断表面活性剂所能吸附的最大值，所以它的大小对表面活性剂的起泡、润湿和乳化能力均有很大的影响。表面吸附量增加形成排列紧密的碳氢链层，使得

原来羟基型、表面能较高的水表面，改变为非极性、低表面能的"油"表面，因而在很大程度上改变了表面性质，使之更加接近于碳氢化合物表面。

Gibbs 吸附方程式（8-10）中，体系中某一组分化学势的变化

$$d\mu_i = RTd\ln a_i \tag{8-11}$$

式中，a 为液相中某组分的活度；R 为气体常数；T 为热力学温度。那么

$$d\gamma = -RT\sum_i \Gamma_i d\ln a_i \tag{8-12}$$

对于 1∶1 离子型表面活性剂且无其他溶剂的溶液，得到

$$\Gamma_{max} = -\frac{1}{2.303nRT}\left(\frac{\partial\gamma}{\partial\lg C}\right)_T \tag{8-13}$$

$$A_{min} = \frac{1}{\Gamma N_A} \tag{8-14}$$

式中，$(\partial\gamma/\partial\lg C)$ 是 25℃时，在表面活性剂溶液表面张力与浓度的关系曲线上，在达到 CMC 前曲线的直线部分的斜率；T 是热力学温度（298.15 K）；R 是气体常数 [8.314 J/（mol·K）]；N_A 是阿伏伽德罗常数（6.023×10^{23} mol^{-1}）；Γ_{max} 的单位是 mol/m^2 或 μmol/m^2；A_{min} 的单位是 Å^2。

1. 季铵捕收剂在气/液界面的吸附

几种季铵捕收剂及油酸钠溶液的表面张力与浓度的关系见图 8-23。表面张力等温线的转折点发生在临界胶束浓度（CMC）。溶液浓度的继续增加不会降低溶液的表面张力，因为只有表面活性剂的单分子才会导致表面张力的降低。在低于但接近 CMC 的浓度范围，表面张力等温线的斜率基本不变，这表明表面浓度已经达到了一个恒定的最大值，表面吸附已经趋于饱和。此时表面张力的继续降低主要是由于液相而不是界面的表面活性剂表面活性的提高。由式（8-13）和式（8-14）得到的几种表面活性剂在气/液界面的饱和吸附密度列于表 8-1。

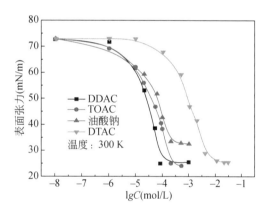

图 8-23 季铵捕收剂和油酸钠溶液的表面张力等温线[345]

表 8-1 季铵捕收剂和油酸钠在气/液界面饱和吸附密度[345]

表面活性剂	单个分子在界面所占面积 A（Å^2）	表面饱和吸附密度 Γ_{max}（μmol/m^2）
双十烷基二甲基氯化铵（DDAC）	35.35	47.0
三辛基甲基氯化铵（TOAC）	51.79	32.1
十二烷基三甲基氯化铵（DTAC）	62.07	26.7
油酸钠	52.35	31.7

表面活性剂在气/液界面的吸附构型通常满足亲水基团指向极性的液相而疏水的非极

性基团指向气相，从而达到降低界面张力的效果。由于表面活性剂分子在气液界面的排列主要依靠分子间缔合作用，因此饱和吸附密度也是分子间缔合作用的反映。饱和吸附密度越大，分子间缔合作用越强。由表 8-1 可以看出，四种表面活性剂在气/液界面饱和吸附密度依次为 DDAC>TOAC≈油酸钠>DTAC。

DTAC（十二烷基三甲基氯化铵），作为三种季铵捕收剂中最小的分子，每分子所占面积却是最大的，这表明与 DDAC 和 TOAC 相比，DTAC 在气/液界面的排布最松散，DTAC 分子间缔合作用最弱。同时，由于脂肪烃链垂直于界面时横截面积约为 20 Å^2，平躺于界面的亚甲基（—CH$_2$—）的横截面积为 7 Å^2[400]，因此可以推断，DTAC 的长碳链既不是紧密排布且垂直于气液界面也不是平躺于界面，而应该是以一定角度倾斜于界面。

DDAC（双十烷基二甲基氯化铵）分子间缔合作用最强，同时由于其分子结构对称性更高，更有利于其以垂直于界面的姿态排列，因此在三种结构的季铵盐中吸附密度最大，分子排布最致密。由甲基和亚甲基的横截面积推断，DDAC 以几乎垂直于界面的姿态排布。TOAC（三辛基甲基氯化铵）分子间缔合作用弱于 DDAC，同时由于有三条长碳链，分子的对称性较 DDAC 降低，因此吸附层的致密度低于 DDAC 但仍然高于 DTAC。油酸钠的碳链结构与 DTAC 相似，但由于碳链长度更长，分子间缔合作用更大，在气液界面排布较 DTAC 紧密。

表面活性剂分子在气/液界面吸附密度是一个描述气/液界面单分子吸附层宏观结构的数据，虽然仍无法从中得知吸附确切的构型，但是同样作为两相吸附行为，它对于解释四种捕收剂浮选性能差异以及研究捕收剂在液/固界面的吸附行为仍然很有借鉴意义。

2. 油酸钠与十二胺及其组合捕收剂在液气界面的吸附

图 8-24 为十二胺、油酸钠及几个不同摩尔比的组合捕收剂油酸钠/十二胺的表面张力对浓度对数的曲线。由式（8-13）和式（8-14）得到的单一捕收剂油酸钠和十二胺以及不同摩尔比的组合捕收剂十二胺/油酸钠的 Γ_{max} 和 A_{min} 列于表 8-2。从表 8-2 中可知组合捕收剂的 Γ_{max} 值大于单一捕收剂，组合后会使表面吸附量明显增加，表面活性提高。在所研究的几个不同配比的组合捕收剂中，当 $\alpha_{DDA}=0.5$ 时，其 Γ_{max} 值最大以及 A_{min} 最小，因为在吸附层呈阴阳离子捕收剂等摩尔比组成时达到最大电性吸引，表面吸附层分子排列更加紧密，吸附量增加达到最大值。

由此可见，阴/阳离子捕收剂组合溶液，不但消除了同电荷之间的斥力，而且形成了正、负电荷间的引力，有利于两种表面活性剂离子间的缔合，同时也就增加了疏水性。因此，在界面上的吸附增加，也使胶团更容易形成，提高表面活性。

注意表 8-1 和表 8-2 中，单一油酸钠在气/液界面的饱和吸附密度和单个分子吸附所占面积的值是不一样的，表明不同的研究工作或条件会影响浮选药剂在气/液界面的测试结果。

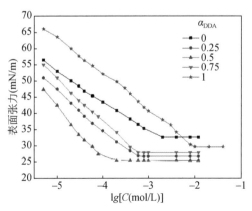

图 8-24　不同摩尔比的组合捕收剂的表面张力与浓度对数的关系曲线[252]

表 8-2　油酸钠与十二胺及其不同摩尔比组合捕收剂在气/液界面饱和吸附密度[252]

十二胺/油酸钠摩尔比	饱和吸附密度 Γ_{max} （μmol/m²）	单个分子吸附所占面积 A_{min}（Å²）
0	15.6	106.43
0.25	20.5	80.99
0.50	29.1	57.06
0.75	22.9	72.50
1.00	19.4	85.58

8.3.3　季铵捕收剂在气/液界面吸附的胶束化作用

表面活性剂在气/液界面的吸附决定其溶液表面活性，对浮选有重要影响。图 8-23 和图 8-24 表明，表面张力等温线的转折点发生在临界胶束浓度（CMC），此时表面张力一般最低，表面活性剂分子开始形成胶束。表 8-3 列出了几种季铵捕收剂溶液的最低表面张力及 CMC 值。CMC 由表面活性剂分子的疏水能力决定，而对于具有同一极性基团的表面活性剂分子，疏水能力与其疏水基团的碳原子总数和碳链结构有关。三种表面活性剂的 CMC 的顺序依次是 DDAC<TOAC≪DTAC。从疏水基团的碳原子总数分析，DTAC（十二烷基三甲基氯化铵）的碳原子数最少，为 12，因此其疏水性最弱，CMC 最高。TOAC（三辛基甲基氯化铵）的碳原子总数高于 DDAC，但疏水性却低于 DDAC，可能是由于 TOAC 的 24 个碳原子分布于 3 条碳链而 DDAC 的 20 个碳原子分布于 2 条碳链以至于 TOAC 的最大碳链长度为 8 而 DDAC 的最大碳链长度为 10。因此，对于季铵捕收剂的 CMC，除了碳原子总数，碳链的长度和布局也是一个很重要的因素。Ulas Tezel[402]对单碳链以及双碳链的季铵盐的 CMC 与其结构的关系进行了分组研究，得出相同碳原子总数的双碳链季铵盐的 CMC 高于单碳链季铵盐，为了达到同样的 CMC，双碳链季铵盐需要平均增加 4 个碳原子（每条碳链各增加 2 个）。

由表 8-3 中季铵捕收剂的最低表面张力可以看出，三种季铵捕收剂溶液的最低表面张力接近，在这一浓度，单分子开始形成胶束。根据临界胶束浓度，由下式可以计算表面活性剂的胶束化自由能[400,401]：

$$\Delta G_m = RT \ln \mathrm{CMC} \tag{8-15}$$

计算结果也列于表 8-3 中。由于表面活性剂主要通过碳链间的疏水缔合作用形成胶束，因此胶束化自由能反映了疏水缔合作用的强弱。胶束化自由能越低则疏水缔合作用越强。根据临界胶束浓度及胶束化自由能，三种表面活性剂的疏水缔合作用的强弱顺序依次为 DDAC>TOAC≈>DTAC。

表 8-4 列出了不同摩尔比的组合捕收剂和单一捕收剂的 CMC 值和 γ_{CMC} 值，可以看出，阴/阳离子组合表面活性剂能使 CMC 值和 γ_{CMC} 值降低，表面活性提高。而且，等摩尔比（1：1）的阴/阳离子表面活性剂组合显现出更低表面张力和 CMC 值，表面活性最高。可能是由于：当 $\alpha_{DDA}=0.5$ 时，阴阳离子捕收剂除了碳链间的疏水缔合作用外，由于带电的极性基之

间的静电作用，阴阳离子捕收剂极性基之间存在引力，促进了阴阳离子捕收剂间的缔合，降低了 CMC 和 γ_{CMC} 值。当 α_{DDA} 不等于 0.5 时，在组合捕收剂中会有同种电性的极性基剩余，降低了带电的极性基之间的静电作用，从而导致其他摩尔比的组合捕收剂溶液的 CMC 值和 γ_{CMC} 值低于单一捕收剂但高于等摩尔比的组合捕收剂[403, 404]。同样由式（8-15）计算油酸钠与十二胺及其不同摩尔比组合的捕收剂的胶束化自由能，也列于表 8-4 中，可见，等摩尔比的组合捕收剂胶束化自由能最低，其他摩尔比的组合捕收剂胶束化自由能低于单一捕收剂但高于等摩尔比的组合捕收剂。这些结果表明，阴/阳离子组合捕收剂与单一捕收剂相比，降低了溶液表面张力，具有较低的 CMC、γ_{CMC} 值和胶束化自由能值，而等摩尔比的组合捕收剂，具有最低的 CMC、γ_{CMC} 值和胶束化自由能值，从而促进阴/阳离子捕收剂分子间的缔合作用，增强捕收能力。

表 8-3　季铵捕收剂的 CMC 及其在气/液界面吸附胶束化自由能[345]

表面活性剂	临界胶束浓度 （mmol/L）	最低表面张力 γ（mN/m）	胶束化自由能 （kJ/mol）
双十烷基二甲基氯化铵（DDAC）	0.08	24.95	−23.52
三辛基甲基氯化铵（TOAC）	0.2	24.42	−21.23
十二烷基三甲基氯化铵（DTAC）	20	25.2	−9.75

表 8-4　油酸钠与十二胺及其不同摩尔比组合捕收剂的 CMC 及在气/液界面吸附胶束化自由能[252]

十二胺/油酸钠摩尔比 α_{DDA}	CMC（mol/L）	γ_{CMC}（mN/m）	胶束化自由能 （kJ/mol）
0	1.72×10^{-3}	32.66	−15.78
0.25	5.01×10^{-4}	26.85	−18.84
0.50	1.00×10^{-4}	25.51	−22.83
0.75	6.03×10^{-4}	28.03	−18.38
1.00	1.08×10^{-2}	29.71	−11.22

8.4　矿物颗粒与气泡间的碰撞黏附

浮选体系中，矿物颗粒与浮选药剂作用后，与气泡发生碰撞，吸附捕收剂的矿物颗粒表面疏水，与气泡碰撞发生黏附上浮，而亲水的矿物颗粒不会与气泡发生黏附，从而实现矿物间的浮选分离。这一过程中，上浮矿物颗粒的多少，亦即该矿物的浮选回收率，取决于矿物颗粒被气泡捕获的概率，又进一步取决于矿物颗粒与气泡碰撞黏附或脱附的概率。

8.4.1　矿物颗粒被气泡捕获的概率

Yoon 和 Luttrell 在研究气泡和颗粒相互作用的过程中提出，矿物颗粒被单个气泡捕获

的可能性 P 又称捕获概率，其表达式为[405-407]：

$$P = P_c \cdot P_a \cdot (1 - P_d) \tag{8-16}$$

式中，P_c 为气泡和颗粒碰撞的概率；P_a 为黏附的概率；P_d 为脱附概率。气泡与颗粒的碰撞概率 P_c 和气泡的尺寸、液相的运动状态以及矿浆的浓度等相关。它们之间的关系方程式表达为：

Stokes 流：
$$P_c = \frac{3}{2} \cdot \left(\frac{d_p}{d_b}\right)^2 \tag{8-17a}$$

中间流：
$$P_c = \left(\frac{3}{2} + \frac{4 Re_b^{0.72}}{15}\right) \cdot \left(\frac{d_p}{d_b}\right)^2 \tag{8-17b}$$

从上式可以看出，当颗粒直径 d_p 一定时，气泡与颗粒的碰撞概率 P_c 随着气泡直径 d_b 的增加而降低，即说明气泡直径越小，气泡与颗粒的碰撞概率越大，这可以视为微细颗粒微泡浮选的基础。

其中气泡的雷诺数可以表达为

$$Re_b = \frac{\rho \cdot U_b \cdot d_b}{\eta} \tag{8-18}$$

所以碰撞概率关系式简化为

$$P_c = \left(\frac{3}{2} + \frac{4}{15} \cdot \left(\frac{\rho U_b d_b}{\eta}\right)^{0.72}\right) \cdot \left(\frac{d_p}{d_b}\right)^2 \tag{8-19}$$

式中，ρ 为流体密度；η 为流体黏度；U_b 为气泡运动速度；d_p 为矿物颗粒直径；d_b 为气泡直径。

气泡与颗粒碰撞后，浮选过程还涉及气泡与颗粒接触附着的概率，Yoon 和 Luttrell[405, 406] 在计算分析气泡与颗粒滑动接触时间以及浮选的感应时间之后，给出气泡与颗粒黏附概率的关系方程式表达为

$$P_a = \sin^2 \left\{ 2 \tan^{-1} \exp\left[\frac{-\left(45 + 8 Re_b^{0.72}\right) U_b t_i}{30 R_b \left(R_b / R_p + 1\right)}\right] \right\} \tag{8-20}$$

式中，Re_b 为气泡雷诺数，范围在 $0 \sim 100$ 之间；U_b 为气泡运动速度；t_i 为感应时间；R_b 为气泡半径；R_p 为颗粒半径。

上式说明，当感应时间 t_i 一定时，气泡与颗粒的黏附概率 P_a 随着气泡、颗粒直径的减小而增加，即颗粒粒度越细、气泡尺寸越小，黏附概率越大，但气泡尺寸过小时，P_a 又会随着气泡尺寸的减小而减小。这说明，在一定范围内，微细颗粒与气泡发生有效的碰撞，就易于与气泡发生黏附。因此，气泡与微细颗粒的碰撞黏附以及微细颗粒的可浮性就主要取决于气泡与微细颗粒的碰撞概率，然而气泡与微细颗粒的碰撞概率较低，这就是微细颗粒可浮性低的主要因素。

矿物颗粒与气泡碰撞、黏附后，由于湍流流体的作用会导致颗粒从气泡上脱附，由 Woodburn [408] 给出的脱附概率关系式为

$$P_d = (d_p / d_{max})^{1/2} \quad d_p \leqslant d_{max} \tag{8-21a}$$

$$P_d = 1 \quad d_p > d_{max} \tag{8-21b}$$

式中，d_{max} 为稳定黏附在气泡上颗粒的最大粒度。上式表明，粒度越小，脱附概率越小，对于 $1 \sim 10$ μm 的颗粒而言，脱附概率近似于 $10^{-12} \sim 10^{-14}$，几乎不发生脱附。故而对于超细颗粒矿物，其与气泡碰撞、成功黏附后发生脱附的概率非常小，在某种程度上可以忽略不计，则捕收概率简化表达为

$$P = P_c \cdot P_a \tag{8-22}$$

8.4.2　超细颗粒与气泡的碰撞概率计算

矿物颗粒在水中运动时，20℃水的密度为 998.03 kg/m³，水的黏度为 1.005×10^{-3} Pa·s，气泡在水中平均运动速度取 0.25 m/s[409]，计算出矿物颗粒的碰撞概率，如图 8-25 和图 8-26 所示。可以看出，当气泡尺寸一定时（100 μm），碰撞概率与颗粒粒度的平方成正比，颗粒粒度越小，碰撞概率越低；当颗粒粒度一定时（50 μm），碰撞概率与气泡尺寸平方成反比，随着气泡尺寸的增大，碰撞概率随之减小。

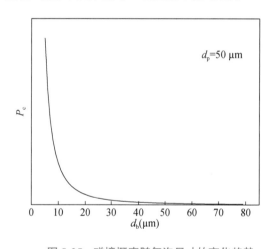
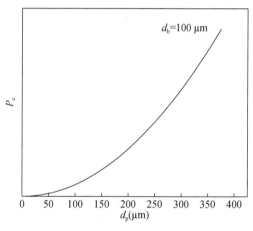

图 8-25　碰撞概率随气泡尺寸的变化趋势　　图 8-26　碰撞概率随颗粒粒度的变化趋势

当颗粒粒度为 1 μm、10 μm、38 μm、74 μm 时，以气泡直径 d_b 为横坐标，计算出不同尺寸颗粒与气泡的碰撞概率随气泡直径的变化曲线，如图 8-27 所示。从图 8-27 可以看出，对比颗粒粒度为 1 μm、10 μm、38 μm、74 μm 时的碰撞概率曲线，可以看出，颗粒与气泡的碰撞概率随着颗粒直径的减小而急剧下降，随着气泡直径的减小而迅速增加。对于直径 1 μm 的颗粒而言，$1 \sim 2$ μm 的超细气泡才能够与之发生有效的碰撞，并且碰撞概率随气泡直径的增加呈几何指数迅速减小。当气泡直径大于 15 μm 左右，其碰撞概率就已经小于 0.01，而在实际浮选体系中，是很难产生这么小的气泡的。对于超细粒级 10 μm 的颗粒，当气泡直径小于 20 μm 时，其碰撞概率大于 0.5，气泡直径为 40 μm 左右时，其碰撞概率就

已经小于 0.2。因此，要使颗粒与气泡的
碰撞概率较高，需要合适的颗粒粒度和
气泡大小。对于粒度为 10 μm、38 μm、
74 μm 的颗粒，要使颗粒与气泡的碰撞
概率大于 0.5，由图 8-27 可知，气泡直
径需小于 20 μm、110 μm、280 μm，而
且，相应的气泡尺寸越小，碰撞概率越
大。在实际浮选体系中，浮选粒度（一
般用磨矿细度-74 μm 占比%表示）范围
较宽，因此，所需要的气泡尺寸也应具
有较宽范围，以使得不同粒度矿物颗粒
与不同尺寸气泡碰撞概率尽可能大。然

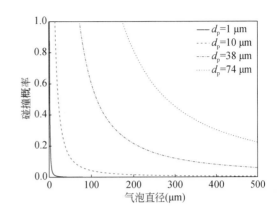

图 8-27　不同大小的颗粒与气泡碰撞概率的变化规律[359]

而，由于矿石性质复杂，一些矿石容易过粉碎，产生大量超细粒级颗粒，需要更多尺寸小
的气泡，而一些矿石较硬而且不容易过粉碎，产生的粗粒级颗粒多，需要的气泡尺寸相对
要大一些，这表明，浮选体系中，气泡的产生与其大小及分布是很重要的，不同的浮选装
备、浮选剂特别是起泡剂种类、搅拌条件、矿浆浓度等都影响气泡的产生与其大小及分布。
但浮选实践中，气泡的大小及分布仍然是最难精准调控的，浮选理论研究中也是最难精准
测定的。

8.4.3　超细颗粒与气泡的黏附概率计算

用式（8-20）计算颗粒与气泡的黏附概率时，还需要知道感应时间 t_i，当单个气泡与单
个颗粒发生碰撞时，二者之间的接触发生在非常短的时间内，通常约 10^{-2} s 甚至更短[409]，
Koh 等[410]考虑矿物颗粒表面水化膜以及矿物表面润湿性的影响，给出 t_i 的计算方程式为

$$t_i = \frac{75}{\theta} d_p^{0.6} \tag{8-23}$$

式中，θ 为矿物颗粒湿润接触角。

感应时间在很大程度上取决于矿粒的疏水性。当药剂种类和浓度一定时，t_i 值基本是不
变的，在一定的感应时间下，分别以颗粒粒度 d_p 和气泡尺寸 d_b 为变量，作出其对黏附概率
P_a 的函数图，如图 8-28 与图 8-29 所示。

由图 8-28 和图 8-29 可看出，黏附概率 P_a 随矿粒粒度的减小而增大，随气泡尺寸的减
小而减小。进一步计算颗粒粒度为 1 μm、10 μm、38 μm、74 μm 时，以气泡直径 d_b 为变量，
作出颗粒与气泡黏附概率随气泡直径的变化规律曲线，见图 8-30。

从图 8-30 可以看出，对比颗粒粒度为 1 μm、10 μm、38 μm、74 μm 时的黏附概率曲线，
发现颗粒与气泡的碰撞黏附概率随着颗粒直径的减小而大幅增加，随着气泡直径的增加而
迅速增加。对于直径 1 μm 的颗粒而言，很容易就会发生黏附，黏附概率接近 100%。对于
超细粒级 10 μm 的颗粒，可以看出超细尺寸的气泡与其黏附概率并不高，只有当气泡尺寸增
大到一定程度时，其黏附概率才大幅增加，这一点与碰撞概率恰好相反。对于粒度为 10 μm、

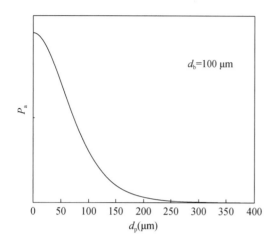

图 8-28　黏附概率随颗粒粒度的变化趋势

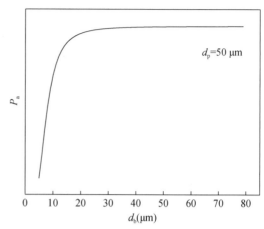

图 8-29　黏附概率随气泡尺寸的变化趋势

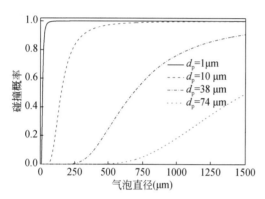

图 8-30　接触角为 90°不同大小的颗粒与气泡黏附概率的变化规律[359]

38 μm、74 μm 的颗粒，要使颗粒与气泡的黏附概率大于 0.5，由图 8-30 可知，气泡直径需大于 150 μm、650 μm、1500 μm，而且，相应的气泡尺寸越大，黏附概率越大。

结合碰撞概率和黏附概率的分析可以看出，超细粒级的颗粒发生有效碰撞黏附，需要适合尺寸的气泡，气泡过大则碰撞概率低，气泡过小则黏附概率小。超细颗粒碰撞概率小而黏附概率高，这正是超细有用矿物颗粒难以上浮而超细脉石颗粒又有一定泡沫夹带（与气泡发生异凝聚）的重要原因。

8.4.4　超细颗粒与气泡的捕集概率计算

将式（8-19）与式（8-20）代入捕集概率的关系式（8-22），得到超细颗粒与气泡的捕收概率计算曲线，如图 8-31 与图 8-32 所示。图 8-31 表明，当气泡尺寸为 100 μm，随着颗粒粒度的不断增大，捕集概率先增大后减小，有一个峰值，也就是说，当气泡尺寸一定时，能达到最佳捕集概率的颗粒粒度有一定的范围。图 8-32 表明，当颗粒粒度为 50 μm 时，随着气泡尺寸的增大，捕集概率先增后减，在一定范围的气泡尺寸内，该粒度的捕集概率达到最高值。图 8-31 和图 8-32 说明，颗粒粒度和气泡尺寸有一个最佳匹配范围，在此范围内，捕集概率达到最高。

李艳在研究微细粒高岭石浮选时发现，三种粒度的高岭石与电解气泡尺寸也存在一个最佳匹配值，0～36 μm 的高岭石拐点在 38 μm 阴极孔径处，36～45 μm 的高岭石拐点在

50 μm 阴极孔径处，45～74 μm 的高岭石拐点在 74 μm 阴极孔径处，高岭石累计回收率达到最大。从该阴极孔径开始继续增大阴极孔径，浮选累计回收率降低。并且随着阴极孔径的增大，气泡尺寸也随之增大。可以说细颗粒与小尺寸气泡相匹配能达到最高捕集效率，而粗颗粒与较大尺寸气泡匹配能达到最高捕集效率。

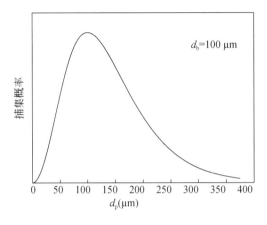

图 8-31　捕集概率随颗粒粒度的变化趋势　　　图 8-32　捕集概率随气泡尺寸的变化趋势

进一步由式（8-19）计算得到颗粒粒度分别为 1 μm、10 μm、38 μm、74 μm 时的捕集概率曲线，如图 8-33 所示。

从图 8-33 可以看出，对比颗粒粒度为 1 μm、10 μm、38 μm、74 μm 时的捕集概率曲线，发现颗粒被气泡捕集的概率基本随着颗粒直径的增加而显著增加，随着颗粒直径的减少而显著减少，而捕集概率随着气泡直径的增加，先增加后减少，并存在一个峰值。对于超细粒级 1 μm 的颗粒而言，捕集概率峰值仅为 0.00453，基本难以捕集，对于超细粒级 10 μm 的颗粒而言，捕集概率峰值也仅有 0.0114，难以有效地捕集。实际浮选体系中，小于 10 μm 超细粒级矿物颗粒属于非常难浮的粒级。38 μm 与 74 μm 的颗粒

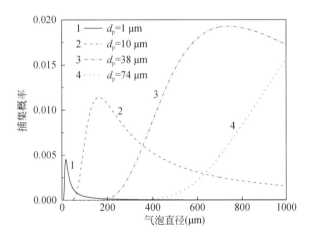

图 8-33　不同大小的颗粒与气泡相互作用捕集概率的变化规律

捕集概率显著增加。图 8-33 说明，超细粒级颗粒的可浮性的提高，仅仅靠减小气泡尺寸，难以奏效，只有减小气泡尺寸结合絮凝增大颗粒表观粒径，才能实现超细颗粒的有效浮选。

综上所述，对于矿物颗粒与气泡碰撞黏附被气泡捕集的过程，当矿物表面润湿性和流体动力学条件一定时，大颗粒与小气泡发生碰撞概率大，小颗粒与大气泡发生黏附概率大，这本是相互矛盾的，因而需要合适的颗粒粒度和气泡大小，在捕集概率上出现峰值，但图

8-33 表明，捕集概率即使在峰值，也不大。由于矿物颗粒与气泡的碰撞黏附与捕集在浮选过程中需要一定时间，能否通过调控泡沫结构来改善矿物颗粒与气泡的碰撞黏附与捕集是值得认真研究的。使超细矿物颗粒表面疏水，团聚（增大颗粒表观尺寸），引入微细尺寸的气泡，增加碰撞概率，使气泡逐步兼并形成气泡群（增加了气泡的表观尺寸）捕捉单个或多个颗粒以及多个颗粒的凝聚体，是实现超细粒级颗粒浮选的关键所在。

8.5 矿物颗粒与气泡间的相互作用

8.5.1 矿物颗粒与气泡间的相互作用的理论关系式

矿粒-气泡间在水溶液中同样存在静电力、范德华力、亲水力、疏水力的相互作用，取决于体系性质。矿粒-气泡的黏附取决于各种相互作用能的大小。

矿粒与气泡间的各种相互作用能可按照异类粒子体系来考虑。若矿粒的半径为 R_1，气泡半径为 R_2，不考虑浮选剂吸附层的影响，则矿粒-气泡在水溶液中的范德华相互作用能为

$$V_W = -\frac{A_{132}}{6D}\frac{R_1 R_2}{R_1 + R_2} \tag{8-24}$$

静电相互作用能为

$$V_E = \pi \varepsilon_\partial \left(\psi_{01}^2 + \psi_{02}^2\right)\frac{R_1 R_2}{R_1 + R_2}\left[\frac{2\psi_{01}\psi_{02}}{\psi_{01}^2 + \psi_{02}^2}p + q\right] \tag{8-25}$$

疏水相互作用能为

$$V_{HA} = 2\pi \frac{R_1 R_2}{R_1 + R_2}V_{HA}^0 \exp\left(-\frac{D}{h^0}\right) \tag{8-26}$$

水化排斥能为

$$V_{HR} = 2\pi \frac{R_1 R_2}{R_1 + R_2}V_{HR}^0 \exp\left(-\frac{D}{h^0}\right) \tag{8-27}$$

8.5.2 矿粒/水/气泡间的相互作用能（力）曲线

1. 亲水石英粒子与气泡相互作用

在 pH=10 时，石英的 $\zeta=-120$ mV，气泡的 $\zeta=-20$ mV，石英/水/气泡体系的 $A_{132}=-3.12\times10^{-21}$J，界面极性相互作用能量常数 $V_{HR}^0=1.0$ mJ/m^2，$h_0=2$ nm，可计算该条件下，$R_1=8$ μm 的石英粒子与 $R_2=100$ μm 的气泡间各种相互作用能与距离的关系。

（1）范德华相互作用能：

$$V_W = 3.83\times10^{-18}/D$$

（2）静电相互作用能：

$$V_E = 2.39\times10^{-16}\left(0.324p + q\right)$$

（3）界面极性相互作用能（水化排斥能）：

$$V_{HR} = 4.78 \times 10^{-16} \exp(D/2)$$

（4）总的相互作用能

$$V_T^{ED} = V_W + V_E + V_{HR} \qquad (8\text{-}28)$$

由式（8-28）求得各种势能曲线见图 8-34。可见，在该条件下，石英与气泡间范德华相互作用为排斥；静电相互作用能存在势垒。在 $D>10$ nm，为排斥。$D<10$nm 后，静电排斥能逐渐减小，直至变为引力；水化排斥能随 D 减小迅速增大，总相互作用能 V_T^{ED}，表现为排斥，在远距离时，V_E 是主要贡献项，在近距离时，V_{HR} 是主要贡献项。若只考虑静电力与范氏力（DLVO 理论），亲水石英粒子与气泡间在外力作用下，克服势垒，有可能变成吸引，从而得出亲水石英粒子在气泡表面黏附的结论，这与一般实验事实不符。实际上，亲水石英粒子与气泡间存在强的水化排斥力，由扩展的 DLVO 理论得出的总相互作用能 V_T^{ED}，始终为排斥，即亲水的石英粒子不能与气泡发生黏附。

2. 吸附捕收剂疏水的石英颗粒与气泡的相互作用

Yoon 的研究表明[411]，$R_1=8$ μm 的石英粒子在 pH=10，10^{-5} mol/L 十二烷基氯化铵溶液中，$\zeta=-45$ mV，$R_2=100$ μm 的气泡，$\zeta=-20$ mV，石英–水–气泡的 $A_{132}=-3.12 \times 10^{-21}$ J，$V_{HA}^0=-1.895$ mJ/m²，$h_0=10.3$ nm 范德华相互作用能为

$$V_W = 9.3 \times 10^2 \left(\frac{1}{D}\right)(kT)$$

静电相互作用能为

$$V_E = 9.5 \times 10^3 (0.742p+q)(kT)$$

疏水相互作用能为

$$V_{HA} = -2.2 \times 10^5 \exp\left(-\frac{D}{10.3}\right)(kT)$$

求得石英与气泡相互作用的各种能量曲线及总的 DLVO 与 EDLVO 势能曲线见图8-35。

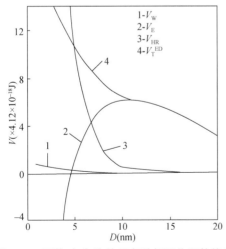

图 8-34　石英/水/气泡体系各种相互作用势能曲线

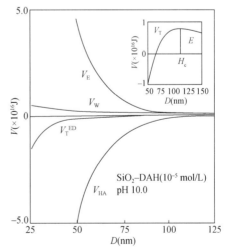

图 8-35　捕收剂存在下石英–气泡间相互作用各种能量曲线

可见，若按 DLVO 理论，V_E 是相互作用能的主要贡献项，相互作用将为排斥。但由于石英表面被捕收剂疏水化，实际上 V_{HA} 是相互作用能的主要贡献，使总相互作用能为吸引，EDLVO 理论预测此时矿粒-气泡相互作用为吸引，发生黏附。

第9章 硫化矿浮选电化学

硫化矿具有半导体性质，硫化矿浮选体系中，硫化矿物中的硫处于最低还原态-2价，在溶解氧-水溶液体系中具有不稳定性，硫化矿物表面可发生一系列氧化还原反应，浮选剂存在下，硫化矿与浮选剂的相互作用，本质上也是一个电化学过程，硫化矿自身、浮选剂与硫化矿表面发生阳极反应，在矿物表面产生疏水性或亲水性物质，溶液中的氧气从矿物表面接受电子，发生阴极反应。因此，硫化矿与浮选剂的作用机理及其浮选行为主要与这些电化学反应有关，与一般非硫化矿浮选相同的是，润湿性理论、双电层理论、吸附理论及各种溶液化学平衡理论同样可用于讨论硫化矿浮选机理，所不同的是，硫化矿浮选机制需要从电化学角度去进行深入研究才能获得更加清晰的结果。本章专门介绍硫化矿浮选电化学理论。

9.1 硫化矿氧化电化学与无捕收剂浮选

许多研究表明，一些硫化矿在无捕收剂存在下，具有较好的可浮性，称之为天然可浮性或无捕收剂可浮性。一些研究认为硫化矿的天然可浮性归因于硫化矿溶解度低，表面疏水；更多的研究认为，硫化矿的天然可浮性是硫化矿自身的半导体性质决定的，在水溶液中，硫化矿表面会氧化产生疏水物质，而表现为无捕收剂浮选行为，这种疏水物质为元素硫或多硫化物。本节将介绍硫化矿无捕收剂浮选行为、硫化矿氧化反应平衡、表面氧化产物的确定、氧化过程动力学、表面疏水产物与浮选关系等，从而明确硫化矿无捕收剂浮选行为的电化学机制。

9.1.1 硫化矿无捕收剂浮选行为

1. 硫化矿无捕收剂浮选与矿浆电位的关系

图 9-1 到图 9-3 分别是无捕收剂条件下，浮选时间 2 min，方铅矿、闪锌矿、黄铁矿浮选回收率与矿浆电位的关系。可以看出，这些硫化矿都具有一定无捕收剂可浮选性，并与矿浆电位有关。

自然 pH 下，图 9-1 表明，方铅矿在矿浆电位 170～340 mV 之间，表现出良好的可浮性（设定回收率大于 50%为可浮较好）；图 9-2 表明闪锌矿无捕收浮选较好的电位范围为 150～290 mV。与 PbS 相比，FeS_2 的适宜浮选电位区间要窄得多，起始浮选电位为 160 mV，终止电位为 180 mV，其可浮电位区间只有约 20 mV（图 9-3）。

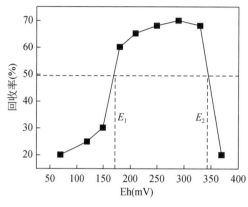

图 9-1　方铅矿无捕收剂浮选回收率随电位变化关系
KNO_3：0.1mol/L

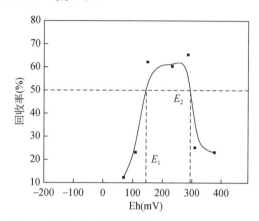

图 9-2　闪锌矿无捕收剂浮选回收率随电位变化关系
KNO_3：0.1mol/L

pH 对硫化矿无捕收剂浮选行为有较大影响，图 9-4～图 9-6 给出了不同 pH 下，铁闪锌矿、磁黄铁矿、脆硫锑铅矿无捕收剂浮选回收率与矿浆电位的关系。图 9-4 表明，在 pH＜4.7 时，铁闪锌矿只在一定的电位区域内才可实现无捕收剂浮选，当 pH=2.2 时，铁闪锌矿无捕收剂浮选较好的电位区间为 485～818 mV，当 pH=4.7 时，铁闪锌矿在 410～640 mV 范围表现较好的无捕收剂可浮性，pH＞8 后，铁闪锌矿的无捕收剂浮选变得很差。图 9-5 表明，磁黄铁矿在 pH 为 2.2、4.7、8.8、12.1 时，无捕收剂浮选起始电位分别为 420 mV、370 mV、210 mV、50 mV，浮选终止电位分别为 710 mV、500 mV、370 mV、240 mV。图 9-6 则表明，脆硫锑铅矿在 pH 为 2.2、4.7、8.8、12.1 时，无捕收剂浮选电位区间为 400～800 mV、400～610 mV、300～420 mV、100～220 mV。

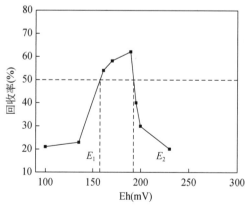

图 9-3　黄铁矿无捕收剂浮选回收率随电位变化关系
KNO_3：0.1mol/L

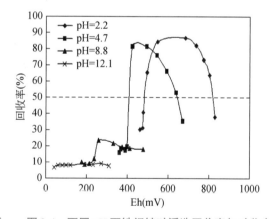

图 9-4　不同 pH 下铁闪锌矿浮选回收率与矿浆电位关系曲线[412]

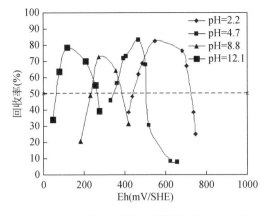
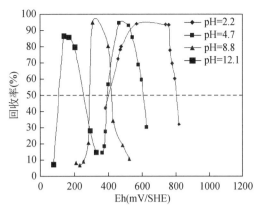

图 9-5　磁黄铁矿无捕收剂浮选回收率与矿浆 电位的关系[412]

图 9-6　脆硫锑铅矿无捕收剂浮选回收率与矿浆 电位的关系[412]

2. 硫化矿无捕收剂浮选电位上、下限与 pH 的关系

为了更清楚地表达电位和 pH 对硫化矿无捕收剂浮选行为的影响，可以用浮选回收率 Eh-pH 图来表示硫化矿无捕收剂浮选的电位-pH 区间。以回收率 R=50%为标准，认为 R>50%时，矿物是较好浮的，R<50%时，矿物不好浮，它们所对应的矿浆电位定义为浮选电位上限 Eh(u) 和电位下限 Eh(l)，二者与 pH 的关系见图 9-7 和图 9-8。可见，在某一 pH 下，只有当矿浆电位 Eh(l)<Eh<Eh(u) 时，矿物可浮性才较好。在低 pH 下，浮选电位区间位于高电位区，高 pH 下，浮选电位区间位于低电位区。在不同 pH 范围，脆硫锑铅矿无捕收剂浮选电位上限高于磁黄铁矿浮选电位上限，浮选电位下限高于磁黄铁矿浮选电位下限。在高 pH 范围，铁闪锌矿不具备无捕收剂浮选电位区间。这提示，硫化矿的浮选分离也有可能通过调控矿浆电位和 pH 区间，在无捕收剂条件下实现。

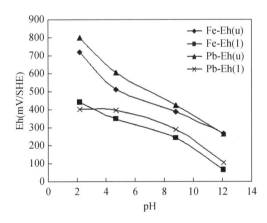
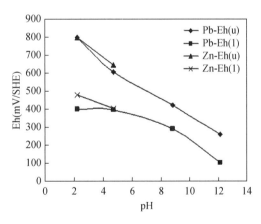

图 9-7　磁黄铁矿、脆硫锑铅矿无捕收剂 浮选电位上、下限与 pH 的关系[412]

图 9-8　脆硫锑铅矿、铁闪锌矿无捕收剂 浮选电位上、下限与 pH 的关系[412]

9.1.2 硫化矿氧化电化学平衡图与硫化矿无捕收剂浮选 Eh-pH 区间

用图解法来描述硫化矿氧化的电化学溶液平衡，常用的是电位-pH 图，即 Eh-pH 图。这种图是把各种反应的平衡电势和溶液 pH 的函数关系绘制成图，平衡电势的数值反映了物质的氧化还原能力，可以用来判断电化学反应进行的可能性。平衡电势的数值与反应物的活度有关，对有 H^+ 或 OH^- 参与的反应，电极电势将随溶液 pH 的变化而变化。从 Eh-pH 图上可以清楚地看出电化学体系中在给定条件下各种化学反应和电化学反应进行的可能性和条件。

对任何一个氧化-还原体系，半反应可写为

$$还原态=氧化态+ne \tag{9-1a}$$

更具体地说，对于组分 A、B 氧化生成组分 C、D 的半反应：

$$aA+bB=cC+dD+ne \tag{9-1b}$$

在 25℃

$$Eh = E^0 + \frac{2.303RT}{nF}\lg\frac{[D]^d[C]^c}{[A]^a[B]^b} \tag{9-1c}$$

式中，R 为气体常数；T 为热力学温度；n 为得（失）电子数；F 为法拉第常数；E^0 为标准电极电位。标准电位 E^0 与反应的标准自由能的变化（ΔG^0）有关，可以通过式（9-2）得到：

$$\Delta G^0 = -nFE^0 \tag{9-2a}$$

$$\Delta G^0 = -RT\ln K_a \tag{9-2b}$$

ΔG^0 值可由该反应中各生成物和反应物的标准生成自由能通过热力学计算求出，见式（9-2b），K_a 是电化学反应的平衡常数，各种热力学常数可以查阅附表数据或有关文献。在一个复杂的氧化还原反应体系中，会发生多个式（9-1）这样的反应，将各反应的电位 Eh 与溶液 pH 及组分浓度的关系绘成 Eh-pH 图，就可以用图来讨论该体系中各反应组分存在的 Eh-pH 区域，进而讨论体系反应机理，对于硫化矿浮选体系来说，就可以讨论浮选机理。

需要注意的是硫化矿物在水溶液中发生氧化，其中，S^{2-} 逐步氧化为价态更高的 S^0、$S_2O_3^{2-}$ 或 SO_4^{2-}。氧化为 SO_4^{2-} 的热力学反应的标准电极电位是最低的，理应优先发生，但电化学研究表明生成 SO_4^{2-} 的反应存在反应势垒。根据 Wadsworth[413] 报道的势垒为 300 kJ/mol，约 0.39 V，所以，在生成 SO_4^{2-} 的实际电位计算时需考虑该反应势垒。同理，在氧化为 $S_2O_3^{2-}$ 的过程中，反应势垒的存在也是不能避免的，根据顾帼华的报道[414]，该势垒大小为 0.45 V。下面热力学数据计算时，考虑了 SO_4^{2-} 和 $S_2O_3^{2-}$ 的反应势垒，可溶性组分浓度都采用 1×10^{-6} mol/L。

1. 黄铜矿的表面氧化反应与疏水组分

在酸性环境下，黄铜矿的氧化反应如下[181]：

$$CuFeS_2 = CuS + Fe^{2+} + S^0 + 2e \quad Eh = 0.276 + 0.0295\lg[Fe^{2+}] \tag{9-3a}$$

$$CuS = Cu^{2+}+S^0+2e \quad Eh=0.59+0.0295lg[Cu^{2+}] \qquad (9-3b)$$

在中性或弱碱性条件下，黄铜矿的氧化反应如下：

$$CuFeS_2+3H_2O = CuS+Fe(OH)_3+S^0+3H^++3e$$

$$Eh=0.536-0.059pH \qquad (9-3c)$$

$$CuS+2H_2O = Cu(OH)_2+S^0+2H^++2e$$

$$Eh=0.862-0.059pH \qquad (9-3d)$$

反应方程组式（9-3）是黄铜矿表面氧化生成单质硫的反应，当电位升高时，黄铜矿表面会发生进一步的氧化，产生亲水物质。反应式如下：

$$2CuFeS_2+3H_2O = 2CuS+2Fe^{2+}+S_2O_3^{2-}+6H^++8e$$

$$Eh=0.687-0.044pH \qquad (9-4a)$$

$$2CuS+3H_2O = 2Cu^{2+}+S_2O_3^{2-}+6H^++8e$$

$$Eh=0.845-0.044pH \qquad (9-4b)$$

$$2CuFeS_2+9H_2O = 2CuS+2Fe(OH)_3+S_2O_3^{2-}+12H^++10e$$

$$Eh=0.922-0.071pH \qquad (9-4c)$$

$$2CuS+7H_2O = 2Cu(OH)_2+S_2O_3^{2-}+10H^++8e$$

$$Eh=1.07-0.0738pH \qquad (9-4d)$$

根据系列反应式（9-3）和式（9-4）可绘制黄铜矿在水体系中表面氧化的 Eh-pH 图，见图 9-9。可以看出，黄铜矿表面在不同电位和 pH 下，被氧化生成 S^0、$S_2O_3^{2-}$ 或 SO_4^{2-} 及金属氢氧化物等，将使黄铜矿表面表现不同性质。由于元素硫的疏水性，在生成 S^0 的电位-pH 区域，黄铜矿表面将表现疏水和无捕收剂可浮性。将文献报道的黄铜矿无捕收剂浮选结果绘于图中，可以看出，黄铜矿无捕收剂浮选的电位-pH 区间，无论是在酸性环境，还是在中性或弱碱性条件下，均位于 S^0 生成的电位-pH 区间，提示元素硫有可能是黄铜矿表面疏水组分。

2. 方铅矿表面氧化反应与疏水组分

在酸性环境下，方铅矿的氧化反应如下：

$$PbS = Pb^{2+}+S^0+2e \quad Eh=0.354+0.0295lg[Pb^{2+}] \qquad (9-5a)$$

$$2PbS+3H_2O = 2Pb^{2+}+S_2O_3^{2-}+6H^++8e \quad Eh=0.726-0.044pH \qquad (9-5b)$$

$$PbS+4H_2O = PbSO_4+8H^++8e \quad Eh=0.746-0.059pH \qquad (9-5c)$$

在中性或弱碱性条件下，方铅矿的氧化反应如下：

$$PbS+2H_2O = Pb(OH)_2+S^0+2H^++2e$$

$$Eh=0.757-0.059pH \qquad (9-5d)$$

$$2PbS+7H_2O = 2Pb(OH)_2+S_2O_3^{2-}+10H^++8e$$

$$Eh=1.016-0.0737pH \qquad (9-5e)$$

根据方程（9-5）的所有反应，作方铅矿的 Eh-pH 图如图 9-10 所示。对照图 9-1，可以看出，方铅矿的无捕收剂浮选在各 pH 条件下发生的电位下限由元素硫的生成条件决定，而上限由硫代硫酸盐、氢氧化铅的生成条件决定。方铅矿发生无捕收剂浮选的 Eh-pH 区间恰好就是元素硫存在的区域，这表明元素硫也可能是方铅矿表面的疏水物质。当方铅矿表面氧化产生元素硫时，表面疏水而具有无捕收剂可浮性，当表面氧化产生硫代硫酸盐、氢氧化铅等时，表面亲水，失去可浮性。图 9-10 中还列出了文献报道的方铅矿无捕收剂浮选结果，也证明了元素硫可能是方铅矿表面的疏水物质。

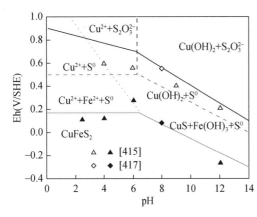 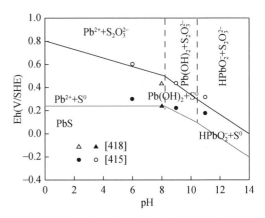

图 9-9　黄铜矿在水溶液中的 Eh-pH 图　　图 9-10　方铅矿在水溶液中的 Eh-pH 图

图中无捕收剂浮选数据来自文献［415-417］

3. 黄铁矿表面氧化反应与疏水组分

在酸性环境下，黄铁矿的氧化反应如下：

$$FeS_2 = Fe^{2+} + 2S^0 + 2e$$

$$Eh = 0.34 + 0.0295\lg[Fe^{2+}] \quad (9-6a)$$

$$FeS_2 + 3H_2O = Fe^{2+} + S_2O_3^{2-} + 6H^+ + 6e$$

$$Eh = 0.755 - 0.059pH \quad (9-6b)$$

$$FeS_2 + 8H_2O = Fe^{2+} + 2SO_4^{2-} + 16H^+ + 14e$$

$$Eh = 0.669 - 0.0674pH \quad (9-6c)$$

在碱性条件下，黄铁矿的氧化反应如下：

$$FeS_2 + 3H_2O = Fe(OH)_3 + 2S^0 + 3H^+ + 3e$$

$$Eh = 0.579 - 0.059pH \quad (9-6d)$$

$$FeS_2 + 6H_2O = Fe(OH)_3 + S_2O_3^{2-} + 9H^+ + 7e$$

$$Eh = 0.913 - 0.076pH \quad (9-6e)$$

$$FeS_2 + 11H_2O = Fe(OH)_3 + 2SO_4^{2-} + 19H^+ + 15e$$

$$Eh = 0.745 - 0.0747pH \quad (9-6f)$$

根据方程（9-6）的所有反应，黄铁矿在水溶液中的 Eh-pH 图如图 9-11 所示。对照图 9-3，可以看出，黄铁矿无捕收剂浮选与元素硫的生成条件也有密切关系，黄铁矿表面氧化生成元素硫的 Eh-pH 区间较窄，黄铁矿发生无捕收剂浮选的 Eh-pH 区间也很窄。在较广的 Eh-pH 区间，黄铁矿表面氧化产生硫代硫酸盐、硫酸盐、氢氧化铁等，黄铁矿无捕收剂可浮性较弱。图 9-11 中还列出了文献报道的黄铁矿无捕收剂浮选结果，也证明了元素硫可能是黄铁矿表面的疏水物质。

尽管导致硫化矿物无捕收剂浮选的疏水物质仍然有一些不同看法，但从浮选回收率与电位关系及 Eh-pH 图来看，硫化矿表面氧化产生了元素硫疏水物质。为了确定硫化矿表面氧化反应产物，可以采用循环伏安曲线、塔费尔曲线等多种电化学研究方法及表面成分提取等测定方法。

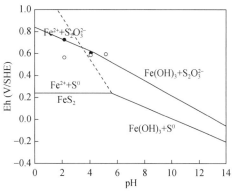

图 9-11　黄铁矿在水溶液中的 Eh-pH 图

9.1.3　循环伏安曲线研究硫化矿表面氧化组分

循环伏安法是将循环变化的电压施加于工作电极和对电极之间，记录工作电极上得到的电流与施加电压的关系曲线。根据循环伏安曲线可以判断电极反应过程的可逆性、化学反应历程、电极表面吸附等许多信息，常用来测量电极反应参数（阳极峰电流、阴极峰电流、阳极峰电位和阴极峰电位），判断其控制步骤和反应机理，观察整个电势扫描范围内可发生反应的类型及其性质特点等[419-421]。

1. 方铅矿表面的电化学氧化

图 9-12 为方铅矿阳极氧化的循环伏安曲线，由图 9-12 可以看出，方铅矿阳极氧化的起始电位为 0.15 V，与反应式（9-5a）中元素硫的生成电位接近，也是方铅矿开始浮选的电位。方铅矿的阳极电流以及阳极氧化在 0.4 V 左右显著增加，这与反应（9-5e）的电位相近，此时元素硫为亚稳态。这表明，方铅矿的进一步氧化生成了亲水的硫氧化物或氢氧化物，方铅矿的无捕收剂浮选停止，如图 9-1 所示。也有报道在所有 pH 条件下起始的氧化产物为元素硫且在酸性条件下生成 Pb^{2+}，在碱性条件下生成 $Pb(OH)_2$ 和 $HPbO_2^{2-}$ [417]。

2. 闪锌矿表面的电化学氧化

闪锌矿在无捕收剂时的循环伏安曲线列于图 9-13，闪锌矿阳极氧化的起始电位为

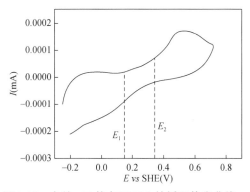

图 9-12　自然 pH 状态下 PbS 的循环伏安曲线

KNO$_3$：0.1 mol/L；扫描速率：0.5 mV/s

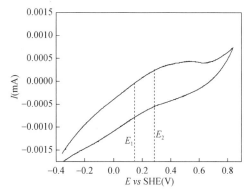

图 9-13　自然 pH 状态下 ZnS 的循环伏安曲线

KNO$_3$：0.1 mol/L；扫描速率：0.5 mV/s

0.15 V，对照图 9-2，该电位值对应于 ZnS 无捕收剂浮选电位下限，可能对应于以下反应：

$$ZnS \Longrightarrow S^0 + Zn^{2+} + 2e \quad E_0 = 0.311 \text{ V} \tag{9-7a}$$

$$ZnS + 2H_2O \Longrightarrow S^0 + Zn(OH)_2 + 2H^+ + 2e \quad E_0 = 0.645 \text{ V} \tag{9-7b}$$

假设可溶性组分为 10^{-6} mol/L，其反应电位分别为 155 mV 和 280 mV，表明 ZnS 表面氧化产生元素硫疏水的反应可能是式（9-7a）。

阳极氧化的电位峰值为 0.4 V，此时，闪锌矿表面进一步的氧化反应为

$$2ZnS + 3H_2O \Longrightarrow S_2O_3^{2-} + 2Zn^{2+} + 6H^+ + 8e \quad E_0 = 0.174 \text{ V} \tag{9-8a}$$

$$2ZnS + 7H_2O \Longrightarrow S_2O_3^{2-} + 2Zn(OH)_2 + 10H^+ + 8e \quad E_0 = 0.345 \text{ V} \tag{9-8b}$$

考虑到生成硫代硫酸根需要 0.5 V 左右的过电位，则在可溶性组分为 10^{-6} mol/L 的条件时，式（9-8a）、式（9-8b）的反应电位分别为 0.28 V 和 0.37 V，该电位值基本对应于 ZnS 无捕收剂浮选电位上限，即闪锌矿表面进一步氧化产生亲水组分，失去可浮性。

3. 黄铁矿表面的电化学氧化

FeS_2 的循环伏安曲线如图 9-14 所示，可以看出，黄铁矿阳极氧化的起始电位为 0.11 V，与 S^0 的生成反应［式（9-6a）］有关，当电位大于 0.2 V 时，阳极电流快速增大，那可能是因为反应［式（9-6b～f）］中亲水产物 $Fe(OH)_3$、SO_4^{2-}、$S_2O_3^{2-}$ 生成的结果。在 160～180 mV 区间，FeS_2 表现出一定的无捕收剂可浮性。

4. 铁闪锌矿表面的电化学氧化

图 9-15 是铁闪锌矿在 pH 4.0 的缓冲溶液中的循环伏安图。两个阳极峰（ap_1、ap_2）分别对应着铁闪锌矿氧化成硫（S^0）和硫酸根离子（SO_4^{2-}）的反应。SO_4^{2-} 峰（ap_2）因溶液中存在大量的 SO_4^{2-} 而受抑制，并在阴极存在硫的还原峰（cp_1）。

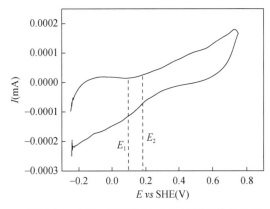

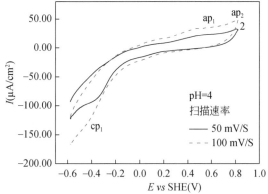

图 9-14 自然 pH 状态下 FeS_2 的循环伏安曲线　　图 9-15 铁闪锌矿电极在 pH 4.0 的缓冲溶液中的

KNO_3：0.1 mol/L；扫描速率：0.5 mV/s　　　　　　　　　循环伏安图[422]

9.1.4 硫化矿表面疏水休零价硫的存在与其可浮性关系

从硫化矿的无捕收剂浮选行为、硫化矿氧化电化学平衡相图及循环伏安曲线研究的结果，可以看出，元素硫是硫化矿表面氧化产生的疏水物质，进一步的研究从硫化矿氧化后的表面提取元素硫，以获得硫化矿无捕收剂浮选行为与元素硫生成的关系。图 9-16 给出了

pH=4.7 时，几种硫化矿的表面疏水体零价硫的存在与其可浮性关系。可以看出，硫化矿无捕收剂浮选回收率的大小与 S^0 的多少有一致的相应关系。零价硫的量越多，无捕收剂浮选回收率越高，零价硫量少，无捕收剂浮选回收率低。零价硫的量达到一定值后，无捕收剂浮选回收率达到最大然后不再改变。

图 9-17～图 9-19 是不同 pH 条件下，铁闪锌矿、磁黄铁矿、脆硫锑铅矿表面提取的疏水体零价硫量（S^0）与硫化矿无捕收剂浮选回收率的关系。

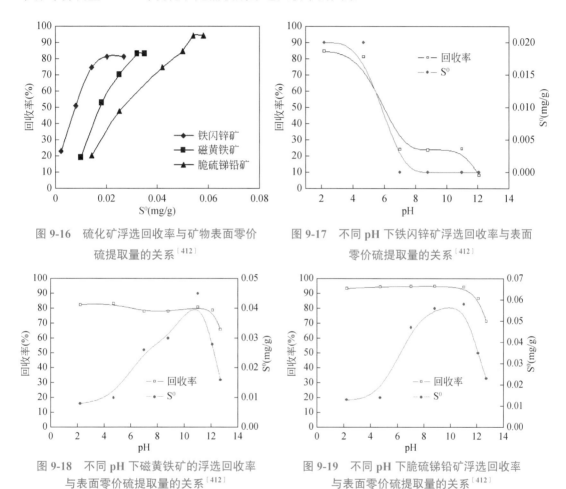

图 9-16　硫化矿浮选回收率与矿物表面零价硫提取量的关系[412]

图 9-17　不同 pH 下铁闪锌矿浮选回收率与表面零价硫提取量的关系[412]

图 9-18　不同 pH 下磁黄铁矿的浮选回收率与表面零价硫提取量的关系[412]

图 9-19　不同 pH 下脆硫锑铅矿浮选回收率与表面零价硫提取量的关系[412]

图 9-17 表明，不同 pH 下，铁闪锌矿浮选回收率与从其表面提取的零价硫的量随 pH 的变化有一致关系，均随 pH 增大而降低。而图 9-18 与图 9-19 则表明，磁黄铁矿和脆硫锑铅矿的无捕收剂浮选回收率与表面零价硫提取量并没有完全一致的对应关系。pH 低，无捕收剂浮选所需零价硫的量也低；pH 高，无捕收剂浮选所需元素硫的量也高。在强碱性介质中（pH＞12），由于 OH⁻ 强亲水性，尽管提取的元素硫的量大于酸性介质，但其无捕收剂可浮性仍低于酸性条件。

因此，元素硫的疏水作用是影响硫化矿无捕收剂浮选的主要因素，但硫化矿无捕收剂浮选回收率的高低与元素硫产生的量并没有完全对应关系。

9.1.5 塔费尔曲线研究硫化矿表面氧化

极化曲线是解释金属腐蚀的基本规律，是从腐蚀学角度对矿物表面的电化学过程进行研究。极化曲线以电极电位为纵坐标，以电极上通过的电流为横坐标获得的曲线。它表征腐蚀原电池反应的电位与反应速度电流之间的函数关系。常用的腐蚀参数有腐蚀电位、腐蚀电流密度、极化电阻、极化斜率等。腐蚀电位表示金属失去电子的相对难易程度，腐蚀电位愈负愈容易失去电子。I_{corr} 被称为腐蚀电流密度，用来表示矿物表面电化学反应进行的快慢，表征矿物的腐蚀速率。R_p 代表极化电阻，是指硫化矿表面电子传递的电阻，电阻越大，电化学反应受到的阻力越大，反之亦然。

塔费尔（Tafel）曲线一般指极化曲线中强极化区的一段。Tafel 曲线是表示电极电位与极化电流或极化电流密度之间的关系曲线。通过电流密度的对数与过电势作图称为 Tafel 图。对于较简单的电子传递过程可以应用塔费尔曲线来分析，利用其线性部分来计算出电化学过程中传递的电子数量，并通过将线性部分延长至与 η 轴相交的方式得到交换电流密度 I_0。交换电流密度表示的是从平衡状态开始系统产电的能力。因为塔费尔图有定义明确的化学计量关系，所以常利用塔费尔图来分析不太复杂的电化学活性过程。

对于式（9-1）的电极反应，当极化过电位 $\eta \geqslant 120\ \text{mV}/n$ 时，电极过程受电化学步骤控制，这时极化过电位与电流密度之间的关系服从 Tafel 方程。对于阴极极化有

$$\eta_c = \varphi_\Psi - \varphi = -\frac{2.3RT}{\alpha nF}\lg I_0 + \frac{2.3RT}{\alpha nF}\lg I_c \tag{9-9}$$

对于阳极极化有

$$\eta_a = \varphi - \varphi_\Psi = -\frac{2.3RT}{\beta nF}\lg I_0 + \frac{2.3RT}{\beta nF}\lg I_a \tag{9-10a}$$

当 $|I| \gg I_0$ 时，

$$\eta_a = -\frac{2.3RT}{\beta nF}\lg I_0 + \frac{2.3RT}{\beta nF}\lg I \tag{9-10b}$$

$$I_0 = nFKc_O\left(\frac{c_O}{c_R}\right)^{-\alpha} = nFKc_O^{1-\alpha}c_R^{-\alpha} \tag{9-11}$$

式中，η 为过电位；I_0 为交换电流密度；α，β 为电子传递系数；c_O 和 c_R 分别代表氧化态和还原态浓度；K 为电极反应速度常数，其物理意义是：当电极电势为反应体系的标准平衡电势及反应粒子为单位浓度时，电极反应的进行速度[419-421]。

图 9-20 为自然 pH（pH=7）条件下黄铁矿、方铅矿和闪锌矿的动电极化测试结果，经过拟合后的电化学参数列于表 9-1。在三种矿物中，黄铁矿的腐蚀电位最高，且腐蚀电流最大，方铅矿的腐蚀电位最低，腐蚀电流小于黄铁矿，但大于闪锌矿，闪锌矿的腐蚀电位大于方铅矿，小于黄铁矿，但腐蚀电流最小。

这表明，在较低的电位下，方铅矿表面会发生氧化，表面产生元素硫的电位较低，方铅矿具有较低的无捕收剂浮选起始电位（图 9-1）。黄铁矿和闪锌矿需要在相对较高的电位

下，表面开始氧化，具有较高的无捕收剂浮选起始电位（图 9-2 和图 9-3）。而且，黄铁矿腐蚀电流最大，表面氧化速率大，表面容易进一步氧化形成亲水组分，黄铁矿无捕收剂浮选电位区间窄，可浮性较低。

脆硫锑铅矿电极在不同 pH 的 0.1 mol/L KNO_3 溶液中（用 NaOH 调 pH）的 Tafel 曲线，见图 9-21。E_{corr}、I_{corr} 和 Tafel 斜率见表 9-2。

表 9-1　三种硫化矿在自然 pH 条件下的电腐蚀参数

矿物	I_{corr}（$\mu A/cm^2$）	E_{corr} vs SHE（mV）	b_a（mV）	b_c（mV）	R_p（kΩ）
黄铁矿	10.78	187	124	125	6.2
方铅矿	3.45	-48	122	117	13.3
闪锌矿	0.13	42	129	120	48.6

注：I_{corr} 表示腐蚀电流；E_{corr} 表示腐蚀电位；b_a 表示阳极 Tafel 斜率；b_c 表示阴极 Tafel 斜率；R_p 表示极化电阻

表 9-2　不同 pH 的 0.1 mol/L KNO_3 溶液中，脆硫锑铅矿电极的 Tafel 参数[422]

pH	E_{corr}（mV）	I_{corr}（$\mu A/cm^2$）	阳极斜率 b_a	阴极斜率 b_c
7.0（自然 pH）	85.2	0.332	0.167	0.152
9.3	55.4	1.01	0.338	0.183
10.4	35.8	1.30	0.241	0.307
11.3	-17.8	1.51	0.251	0.197

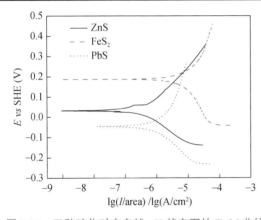

图 9-20　三种硫化矿在自然 pH 状态下的 Tafel 曲线
KNO$_3$：10^{-1}mol/L

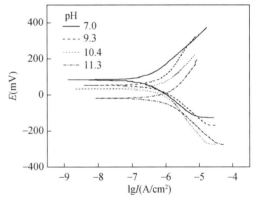

图 9-21　脆硫锑铅矿电极在不同 pH 的 0.1mol/L
KNO_3 溶液中的 Tafel 曲线[422]

由图 9-21 及表 9-2 可知，随着 pH 上升，脆硫锑铅矿的腐蚀电位 E_{corr} 负移，表面氧化起始电位降低，对应的无捕收剂浮选起始电位低（图 9-6）。

随着 pH 上升，脆硫锑铅矿的腐蚀电位 E_{corr} 负移，腐蚀电流密度增大（I_{corr}），说明 OH^- 促进阳极反应，脆硫锑铅矿表面氧化腐蚀的反应速度增大，容易形成亲水组分，因此，脆硫锑铅矿无捕收剂浮选电位区间在高 pH 时较窄。

定义缓蚀效率（η）：

$$\eta = 1 - \frac{I_{corr}}{I_{corr}^0} \tag{9-12}$$

I_{corr}^0 和 I_{corr} 分别表示自然溶液体系中和碱性溶液体系中矿物的腐蚀电流密度，就可求得 pH 分别为 7、9.3、10.4、11.3 时的缓蚀效率（η）分别为 0、-2.31、-2.92、-3.55。缓蚀效率（η）越大，缓蚀剂的缓蚀性能越好。计算出来的缓蚀效率（η）为负，说明 OH^- 是脆硫锑铅矿的腐蚀剂而不是缓蚀剂，随着 pH 增大（即 OH^- 浓度增大），缓蚀效率（η）变得更负，说明脆硫锑铅矿的腐蚀作用随 pH 增大而增强。

由于阴极斜率等于 $2.303RT/n\alpha F$，阴极斜率增大，就意味着电子传递系数 $n\alpha$ 减小。在 pH 7~10.4，阴极斜率增大，即在弱碱性条件下氢氧化物沉淀也阻碍了阴极反应，而在 pH 11.3 阴极斜率又降低，是强碱性条件下电极表面沉积的氢氧化物沉淀又出现溶解现象，使得电子在矿物电极/溶液界面之间的迁移（交换）阻力减少，$n\alpha$ 稍增大。

由于阳极斜率等于 $2.303RT/n\beta F$，阳极斜率增大，就意味着电子传递系数 $n\beta$ 减小。当 pH 为 9.3 时，阳极斜率最大，即电子传递系数最小，此时阳极反应产物主要是 $Pb(OH)_2$ 和元素硫沉积在电极表面，严重地阻碍了阳极反应。而当 pH 为 10.4 和 11.3 时，阳极斜率大致差不多，11.3 时阳极斜率又稍为增大，这可能与矿物表面的 $Pb(OH)_2$ 的大量沉积以及 $Pb(OH)_2+2OH^- \longrightarrow [Pb(OH)_4]^{2-}$ 溶解有关。

9.1.6　电化学阻抗图研究硫化矿表面氧化

交流阻抗也称电化学阻抗，是指在电化学电池处于平衡状态下（开路状态）或者某一稳定的直流极化条件下，按照正弦规律施加小幅度交流信号对电极扰动，研究电化学的交流阻抗随频率的变化关系的一种方法。该技术是一种原位分析技术，不仅对电极表面的扰动少，而且能提供较丰富的有关电极/溶液界面电化学反应机理的信息。从获得的交流阻抗数据，可以模拟电极的等效电路，并计算相应的电极反应参数。把矿物电极置于溶液中，由于矿物电极的阳极氧化和离子的迁移，整个矿物表面的电子传递的回路相当于一个电容和一个电阻并联的回路，它们的等效电路可以表示为图 9-22。图 9-22 中 R_e 为参比电极到工作电极之间的溶液电阻，C 为硫化矿双电层界面电容，R_F 为法拉第传递电阻，大多数情况下等于矿物的极化电阻，极化电阻的大小表征了矿物表面电子传递的难易程度。电化学阻抗谱有两种：一种是奈奎斯特图（Nyquist plot），另一种是波特图（Bode plot）。Nyquist 图是一个半径为 $R_F/2$ 的半圆，在数值上等于容抗弧与 X 轴的焦点，因此容抗弧半径越大，表面电阻越大[419-421]。

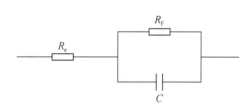

图 9-22　硫化矿阻抗测量拟合电路

自然 pH 下，三种硫化矿电位稳定在腐蚀电位时的电化学阻抗图（electrochemistry impedance spectrum，EIS）示于图 9-23，EIS 图中，纵轴表示电容，横轴表示电阻，图 9-23 表明，三种矿物的 EIS 都表现为单一的容抗弧，容抗弧半径越大，表面电阻越大。极化电阻的大小表征了矿物表面电子传递的难易程度，三种硫化矿极化电阻的大小为：闪锌矿＞方铅矿＞黄铁矿（表 9-1），表明，在自然 pH 下，三种硫化矿表面氧化形成各种亲水组分。

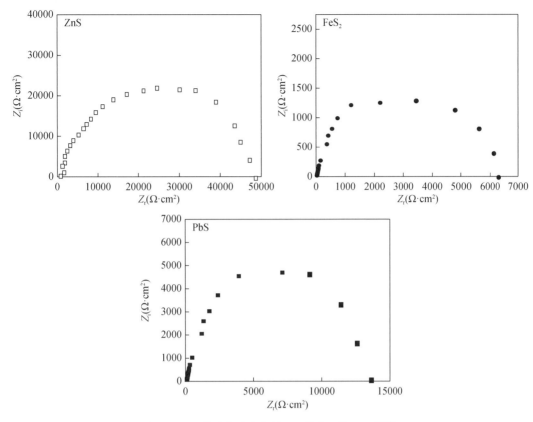

图 9-23　三种硫化矿在自然 pH 状态下的 EIS 图谱

KNO_3：10^{-1} mol/L

图 9-24 是不同 pH 下、开路条件下极化 30 分钟测得的铁闪锌矿交流阻抗图（EIS）。可以看出，铁闪锌矿表现出有吸附性中间产物的电极过程。其电化学阻抗是电化学反应电阻 R_i 和吸附有关的阻抗的并联，高频、中频、低频三个容抗弧分别对应着 Fe^{2+} 脱离固体晶格进入溶液、中间态的富硫层的形成及氢氧化物沉积进一步氧化成 SO_4^{2-}。

在 pH 7.0~9.0，EIS 谱存在明显的"中间态硫的氧化"容抗弧，并随着 pH 的增大而减小。由于中间态硫在强碱介质中容易进一步氧化为 $S_2O_3^{2-}$、SO_4^{2-} 等亲水性离子，溶于水溶液中，所以，pH 10.1 时的 EIS 谱仅显示出矿物表面固有的羟基化特征（即氢氧化物沉淀在矿物表面的沉积），电容迅速增大。而 pH 为 11 时，出现氢氧化物沉积物的部分溶解，容抗弧又稍变大。

由此可见，酸性溶液中铁闪锌矿表面晶格中的 Fe^{2+} 脱离晶格进入溶液，矿物表面留下疏水性的富硫层，因此，铁闪锌矿在酸性

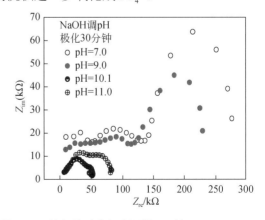

图 9-24　铁闪锌矿电极在不同 pH 的 0.1 mol/L KNO_3 溶液中的交流阻抗谱[422]

条件下应有一定的无捕收剂可浮性。但由于铁、锌易羟基化，近中性、弱碱性条件下，矿物表面是羟基化的晶格硫，亲水性加剧，可浮性迅速降低。在 pH≥10 后，由于元素 S^0 完全氧化为 $S_2O_3^{2-}$、SO_4^{2-} 等亲水性离子，并出现氢氧化物沉积物，无捕收剂可浮性能差（图9-4）。

9.2 硫化矿/硫氢捕收剂相互作用的电化学

在早期的硫化矿浮选理论研究中，硫化矿与硫氢捕收剂的相互作用，也主要是采用润湿性理论、双电层理论、吸附理论及溶液化学理论结合一些表面测试手段来进行研究，自 Salamy 和 Nixon 首次报道用伏安曲线研究某些浮选药剂与矿物电极表面作用的结果以来[20,21]，国内外学者对硫化矿物与捕收剂相互作用的电化学进行了大量研究，硫化矿与捕收剂作用的混合电位模型，成为了硫化矿浮选电化学理论研究的基础。

9.2.1 硫氢捕收剂作用下硫化矿的浮选行为

1. 电位对硫氢捕收剂浮选硫化矿的影响

用丁黄药（10^{-4} mol/L）作捕收剂，方铅矿、闪锌矿、黄铁矿、黄铜矿浮选回收率与矿浆电位的关系见图 9-25～图 9-28。

图 9-25 表明，当电位低于−50 mV 时，方铅矿可浮性很低，而在−50～0 mV，其回收率迅速升高，并在较宽的电位范围具有较好可浮性，浮选的电位上限位于 420 mV 左右，当电位高于 420 mV 时，方铅矿可浮性迅速下降。

图 9-26 表明，有捕收剂存在时闪锌矿浮选的电位范围为 0～310 mV。当电位低于 0 mV 时，闪锌矿可浮性很低，而在 0～300 mV 之间，其回收率升高，具有较好可浮性，浮选的电位上限位于 310 mV 左右，当电位高于 310 mV 时，闪锌矿可浮性迅速下降。

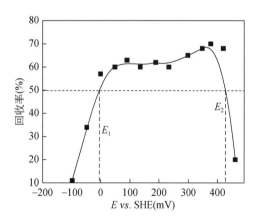

图 9-25 方铅矿在捕收剂存在下浮选回收率随矿浆电位变化的关系

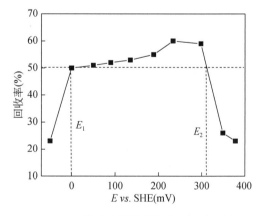

图 9-26 闪锌矿在捕收剂存在下浮选回收率随矿浆电位变化的关系

图 9-27 表明，黄铁矿在丁黄药作用下的浮选电位区间约为 100～300 mV。当电位在接近 100 mV 时，黄铁矿可浮性逐步增大，其回收率升高，并在 100～300 mV 之间，具有较好可浮性，浮选的电位上限位于 310 mV 左右，当电位高于 310 mV 时，黄铁矿可浮性迅速下降。

图 9-28 则表明，矿浆电位对丁黄药浮选黄铜矿影响不大，黄铜矿在实验的电位 250～550 mV 区间，浮选回收率都高。

上述结果还表明，用丁黄药作捕收剂，四种硫化矿均存在一定浮选的电位范围，可浮性为：黄铜矿＞方铅矿＞闪锌矿＞黄铁矿。

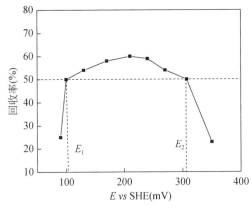

图9-27　黄铁矿在捕收剂存在下浮选回收率
随矿浆电位变化的关系

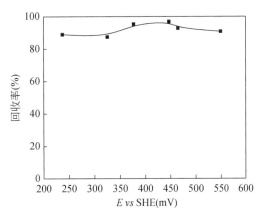

图9-28　黄铜矿在捕收剂存在下浮选回收率
随矿浆电位变化的关系

2. pH 对硫氢捕收剂浮选硫化矿的影响

在不同 pH 下，矿浆电位对硫氢捕收剂浮选铁闪锌矿与脆硫锑铅矿的影响见图 9-29～图 9-31。

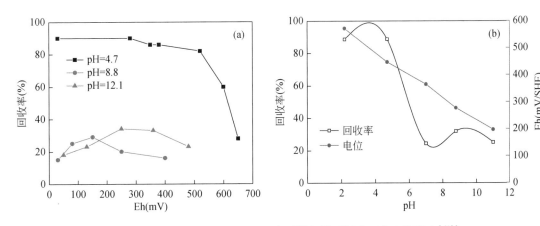

图 9-29　矿浆电位（a）和 pH（b）对铁闪锌矿浮选回收率的影响[412]

$[KEX] = 10^{-4}\,mol/L$

图 9-29（a）表明，乙黄药为捕收剂时，铁闪锌矿在 pH 4.7 和 0～0.5 V 电位区间内，

具有较好的可浮性，浮选回收率均大于 80%，电位大于 0.5 V 后，浮选回收率急剧下降。但在 pH 8.8 和 12.1，在所研究的电位范围内，铁闪锌矿可浮性都很差，回收率低于 40%。图 9-29（b）则表明，随着 pH 的增大，矿浆电位逐步降低，铁闪锌矿在 pH 2～5 范围内，具有较好的可浮性，浮选回收率均大于 80%，对应的矿浆电位较高，pH＞5 后，铁闪锌矿浮选回收率迅速下降。

以乙硫氮（10^{-4} mol/L）为捕收剂，铁闪锌矿在 pH 为 4.7、8.8、12.1 时，浮选回收率与矿浆电位关系曲线见图 9-30。可以看出，铁闪锌矿在 pH=4.7，矿浆电位大于 340 mV 小于 770 mV 范围有一定可浮性，最高回收率可达 90%。在 pH=8.8 和 pH=12.1 基本不具有可浮电位区间。

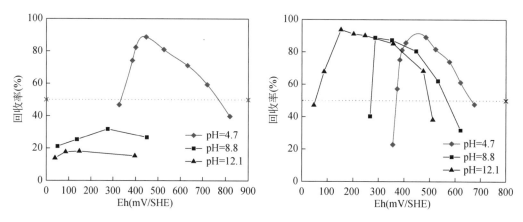

图 9-30　矿浆电位对乙硫氮浮选铁闪锌矿的影响[412]　　图 9-31　矿浆电位对乙硫氮浮选脆硫锑铅矿的影响[412]

以乙硫氮（10^{-4} mol/L）为捕收剂，脆硫锑铅矿在 pH 为 4.7、8.8、12.1 时，浮选回收率与矿浆电位关系曲线见图 9-31，可以看出，在不同的 pH 下，脆硫锑铅矿在不同的电位区域内有较好可浮性。在 pH=4.7，脆硫锑铅矿浮选起始电位较高（约 370 mV），浮选电位上限也较高（约 650 mV），在 400～500 mV 电位区间内，浮选回收率均大于 80%。随着 pH 增加，脆硫锑铅矿浮选起始电位降低，浮选电位上限也降低。在 pH=8.8 和 12.1，脆硫锑铅矿浮选起始电位分别约为 260 mV 和 50 mV，浮选电位上限分别约为 550 mV 和 500 mV。

3. 硫氢捕收剂浮选硫化矿的 pH/电位区间

上述结果表明，pH 和矿浆电位均影响硫氢捕收剂浮选硫化矿，为了更清楚地表达这种影响，可以采用浮选电位-pH 图来表达硫氢捕收剂浮选硫化矿的行为。一般以回收率 $R=50\%$ 所对应的电位定为浮选电位上限 Eh(u) 和电位下限 Eh(l)，则在某一 pH 下，只有当矿浆电位 Eh(l)＜Eh＜Eh(u) 时，才认为捕收剂对硫化矿的捕收能力较强。

图 9-32 为乙黄药和乙硫氮作捕收剂，磁黄铁矿和脆硫锑铅矿浮选的电位-pH 图。图 9-32（a）表明，捕收剂乙黄药浓度为 10^{-4} mol/L 时，磁黄铁矿与脆硫锑铅矿浮选行为相似，酸性条件下，磁黄铁矿与脆硫锑铅矿浮选电位下限接近，脆硫锑铅矿浮选电位上限略高于磁黄铁矿，碱性条件下，脆硫锑铅矿浮选电位上限（480 mV）远高于磁黄铁矿（200 mV）。在高于磁黄铁矿浮选电位上限而低于脆硫锑铅矿浮选电位上限的区域，磁黄铁矿不可浮，而脆硫锑铅矿仍可以进行浮选，这为电位调控浮选分离这两种矿物提供了可能的电位及 pH 范围。

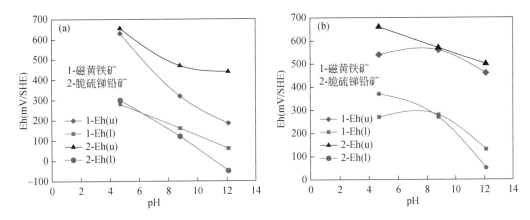

图 9-32　乙黄药（a）和乙硫氮（b）作捕收剂时，磁黄铁矿和脆硫锑铅矿浮选的电位上、下限与 pH 的关系[412]

图 9-32（b）表明，捕收剂乙硫氮浓度为 10^{-4} mol/L 时，磁黄铁矿与脆硫锑铅矿可浮矿浆电位区间与乙黄药作捕收剂时不同，在碱性条件下，二者的可浮电位区间相近。在 pH<8.8 时，脆硫锑铅矿浮选电位上限（660 mV）高于磁黄铁矿（550 mV），脆硫锑铅矿浮选电位下限（380 mV）高于磁黄铁矿（270 mV），在高于磁黄铁矿浮选电位上限而低于脆硫锑铅矿浮选电位上限的区域，磁黄铁矿不可浮，而脆硫锑铅矿仍可以进行浮选，在高于磁黄铁矿浮选电位下限而低于脆硫锑铅矿浮选电位下限的区域，脆硫锑铅矿不可浮，而磁黄铁矿仍可以进行浮选，这为电位调控浮选分离此两种矿物提供了可能的电位及 pH 范围。

以丁黄药（10^{-4} mol/L）作捕收剂，铁闪锌矿、毒砂浮选电位上下限与 pH 的关系见图 9-33。可以看出，低 pH 下，铁闪锌矿浮选电位区间位于高电位区，高 pH 下，浮选电位区间位于低电位区。低 pH 下，铁闪锌矿浮选电位区间较大，高 pH 下，浮选电位区间较小。而毒砂浮选电位区间在 pH 4.5～9.1 范围变化不大。各 pH 下，铁闪锌矿、毒砂浮选电位上下限值列于表 9-3，可以看出，铁闪锌矿与毒砂浮选分离是较难的，只有在弱酸性条件下，在高于毒砂浮选电位上限（550 mV）而低于铁闪锌矿浮选电位上限（880 mV）的区域，毒砂不可浮，而铁闪锌矿仍可以进行浮选，存在分离的条件。

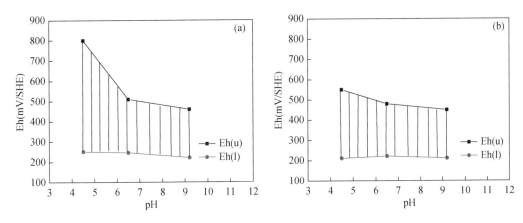

图 9-33　铁闪锌矿（a）和毒砂（b）浮选电位上、下限与 pH 的关系[263]

表 9-3　硫化矿浮选电位上、下限与 pH 的关系 [263]

矿物名称	矿浆电位区间 Eh *vs* SHE（mV）	pH		
		4.5	6.5	9.2
铁闪锌矿	Eh（u）	800	510	460
	Eh（l）	250	245	220
毒砂	Eh（u）	550	480	450
	Eh（l）	210	220	210

9.2.2　硫氢类捕收剂的电化学平衡

硫氢类捕收剂浮选硫化矿既与 pH 有关，又与矿浆电位有关，这与硫氢类捕收剂在溶液中的电化学行为有关。

在黄药水溶液中，存在下列电化学反应：

水稳定的上限为：

$$H_2O === \frac{1}{2}O_2 + 2H^+ + 2e \tag{9-13a}$$

$$Eh = 1.23 + \frac{0.059}{2}\lg\frac{a_{O_2}^{1/2}a_{H^+}^2}{a_{H_2O}} \tag{9-13b}$$

大气中氧的分压取为 0.21atm，则

$$Eh=1.22-0.59pH \tag{9-13c}$$

水稳定的下限为

$$H_2 === 2H^+ + 2e \tag{9-14a}$$

$$Eh=E^0 + \frac{0.059}{2}\lg\frac{a_{H^+}^2}{a_{H_2}} \tag{9-14b}$$

地球表面上，氢的最大可能分压 1 atm，于是

$$Eh=-0.059pH \tag{9-14c}$$

丁黄药离子氧化成丁基双黄药的反应为

$$2BX^- === BX_2 + 2e \quad E_0 = -0.1\,V \tag{9-15a}$$

$$Eh = -0.1 - 0.059\lg[BX^-] \tag{9-15b}$$

丁黄药分子氧化成丁基双黄药的反应为

$$2HBX === BX_2 + 2H^+ + 2e \quad E_0 = 0.201\,V \tag{9-16a}$$

$$Eh=0.201-0.059\lg[HBX]-0.059pH \tag{9-16b}$$

黄药分子的解离反应

$$HBX === H^+ + BX^- \quad K_a = 7.9\times10^{-6} \tag{9-17}$$

由式（9-13）到式（9-17）绘出图 9-34，并将黄铜矿、方铅矿、黄铁矿、毒砂浮选的电位上下限也画在图中，由图 9-34（a）可知，在丁基黄原酸各组分存在的 Eh-pH 区域，黄铜矿浮选的电位下限位于丁黄药离子存在的区域，浮选的电位上限位于双黄药（BX）$_2$ 存

在的区域，由此推断，丁基黄原酸在黄铜矿表面既可以生成黄原酸盐又有双黄药，但黄铜矿浮选的电位-pH 区间主要位于双黄药存在的区域，黄铜矿表面应以生成双黄药为主。方铅矿浮选的电位-pH 区间主要位于黄药离子存在的区域，方铅矿表面应以生成黄原酸铅为主，虽然在其浮选电位上限，也可能有双黄药生成。图 9-34（b）表明，黄铁矿和毒砂浮选的电位上下限基本位于 $(BX)_2$ 存在的区域，丁基黄原酸在黄铁矿和毒砂表面可能主要生成双黄药。

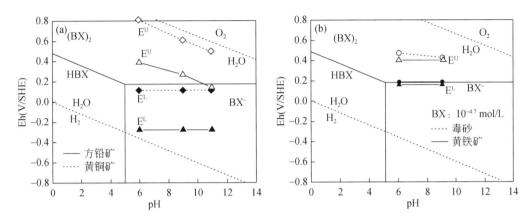

图 9-34　丁黄药电化学平衡图及黄铜矿、方铅矿（a）和黄铁矿、毒砂（b）浮选的电位上下限

9.2.3　硫化矿/硫氢捕收剂相互作用的电化学反应

上一节从硫氢类捕收剂的电化学平衡 Eh-pH 图来讨论硫氢类捕收剂浮选硫化矿作用机理，本节将从硫化矿与捕收剂的电化学反应来讨论其作用机理。

1. 硫化矿/硫氢捕收剂相互作用的电化学反应平衡

1）方铅矿与丁黄药的反应

捕收剂存在时方铅矿表面阳极氧化及其与丁黄药的反应可以表达为

$$PbS+2X^- \Longrightarrow PbX_2+S^0+2e$$

$$E_0 = -0.178 \text{ V} \quad Eh = -0.178 - 0.059 \lg [X^-] \tag{9-18a}$$

$$PbS+2X^-+4H_2O \Longrightarrow PbX_2+SO_4^{2-}+8H^++8e$$

$$E_0 = 0.233 \text{ V} \quad Eh = 0.579 - 0.059pH - 0.015 \lg [X^-] \tag{9-18b}$$

$$2PbS+4X^-+3H_2O \Longrightarrow 2PbX_2+S_2O_3^{2-}+6H^++8e$$

$$E_0 = 0.143 \text{ V} \quad Eh = 0.549 - 0.044pH - 0.0295 \lg [X^-] \tag{9-18c}$$

已知黄药浓度为 10^{-4} mol/L，假设可溶性组分为 10^{-6} mol/L，可以计算出上述三个反应的电位，分别为 58 mV，226 mV，359 mV，对照图 9-25，可以看出，PbS 的浮选电位下限，大致对应于式（9-18a）生成黄原酸铅的起始电位，可以推断，PbS 阳极氧化反应生成丁基黄原酸铅是方铅矿表面的疏水组分。

丁基黄原酸铅的分解反应为

$$PbX_2+2H_2O \Longrightarrow HPbO_2^-+X_2+3H^++2e$$

$$Eh=1.078-0.0885pH \tag{9-19a}$$

$$PbX_2+2H_2O=\!=\!=Pb(OH)_2+X_2+2H^++2e$$

$$Eh=0.8-0.059pH \tag{9-19b}$$

假设可溶性组分浓度 $HPbO_2^-$ 为 10^{-6} mol/L，可以计算出，上述两式的电位分别为 459 mV，387 mV，基本上对应于图 9-25 中方铅矿浮选的上限电位。也就是说，PbS 的浮选上限电位对应于 PbS 表面黄原酸盐的分解电位，当电位大于 380 mV 时，由于式（9-19）的两个反应的进行，PbS 表面的 PbX_2 疏水膜逐渐分解，生成亲水的 $Pb(OH)_2$ 或 $HPbO_2^-$，使方铅矿浮选回收率下降。

2）闪锌矿

闪锌矿与黄药的反应可能是

$$ZnS+2X^-=\!=\!=ZnX_2+S^0+2e \qquad E_0=-0.05\ V \tag{9-20a}$$

$$2ZnS+4X^-+3H_2O=\!=\!=2ZnX_2+S_2O_3^{2-}+6H^++8e$$

$$E_0=0.256\ V \tag{9-20b}$$

自然 pH 时，式（9-20a）、式（9-20b）的反应电位分别为 186 mV 和 20 mV，对照图 9-26，可以看出，ZnS 的浮选电位下限，大致对应于式（9-20b）生成黄原酸锌的起始电位，可以推断，ZnS 阳极氧化反应生成丁基黄原酸锌是闪锌矿表面的疏水组分。

闪锌矿浮选上限电位对应丁基黄原酸锌的分解反应：

$$ZnX_2+2H_2O=\!=\!=HZnO_2^-+X_2+3H^++2e \qquad E_0=0.956\ V \tag{9-21a}$$

$$ZnX_2+2H_2O=\!=\!=Zn(OH)_2+X_2+2H^++2e \qquad E_0=0.743\ V \tag{9-21b}$$

可溶性组分为 10^{-6} mol/L 的条件时，上述反应电位分别为 0.37 V 和 0.32 V，对照图 9-26 可见，此时的反应可能是按照式（9-21）进行，亦即，ZnS 的浮选上限电位对应于 ZnS 表面黄原酸盐的分解电位，由于式（9-21）的反应，使得闪锌矿表面的 ZnX_2 疏水膜逐渐分解，生成亲水的 $HZnO_2^-$ 或 $Zn(OH)_2$ 使闪锌矿可浮性下降。

对于硫化矿捕收剂浮选来说，每种矿物都有一个合适的浮选电位范围（电极电位），在这个电位范围，矿物表现出良好的可浮性，超出这个范围，可浮性下降，且浮选电位上下限一般都对应于矿物表面在特定电位下发生的特定反应生成不同的表面组分。

2. 硫化矿/硫氢捕收剂相互作用的电化学反应 Eh-pH 图

硫化矿与黄药等捕收剂的反应，也可以用 Eh-pH 图进行描述，以辉铜矿与乙黄药在溶液中的相互作用为例，生成乙基黄原酸亚铜的反应为

$$2Cu_2S+4X^-+3H_2O=\!=\!=4CuX+S_2O_3^{2-}+6H^++8e$$

$$E_{EX}^0=0.147\ V \tag{9-22a}$$

$$Eh=E^0-0.04425pH+0.007375lg[S_2O_3^{2-}]-0.0295lg[X^-] \tag{9-22b}$$

乙基黄原酸亚铜的电化学分解反应为

$$2CuX+CO_3^{2-}+2H_2O=\!=\!=Cu_2(OH)_2CO_3+X_2+2H^++4e \tag{9-23a}$$

$$E_{EX}^0=0.53\ V \qquad Eh=E^0-0.0295pH-0.01475lg[CO_3^{2-}] \tag{9-23b}$$

$$2CuX+4H_2O=\!=\!=2Cu(OH)_2+X_2+4H^++4e \tag{9-24a}$$

$$E_{EX}^0=0.89\ V \qquad Eh=E^0-0.059pH \tag{9-24b}$$

$$2CuX+4H_2O = 2CuO_2^{2-}+X_2+8H^++4e \tag{9-25a}$$

$$E_{EX}^0 = 1.8\ V \quad Eh = E^0 + 0.0295lg[CuO_2^{2-}] - 0.118pH \tag{9-25b}$$

高 pH 下，乙基黄原酸亚铜与羟基的反应：

$$CuX+4OH^- = CuO_2^{2-}+X^-+2H_2O \quad K_{EX}^0 = 1.45 \times 10^{-6} \tag{9-26a}$$

$$lg[OH^-] = (1/4)(lg[X^-][CuO_2^{2-}] - lg\ K) \tag{9-26b}$$

高 pH 下，氢氧化铜的分解反应：

$$Cu(OH)_2 = CuO_2^{2-}+2H^+ \quad K = 1.57 \times 10^{-31} \tag{9-27a}$$

$$Cu_2(OH)_2CO_3+2OH^- = 2Cu(OH)_2+CO_3^{2-}$$

$$K = 1.57 \times 10^3 \tag{9-27b}$$

乙黄药氧化成双黄药的反应为

$$2EX^- = EX_2+2e \quad E_{EX/(EX)_2}^0 = -0.06 \tag{9-28}$$

假设溶解组分浓度为 10^{-6} mol/L，辉铜矿与乙黄药在溶液中电化学反应的 Eh-pH 图见图 9-35，乙黄药浓度为 4.7×10^{-5} mol/L，图中辉铜矿浮选实验数据来自文献［423］。图 9-35 表明，辉铜矿浮选的电位上下限位于乙基黄原酸亚铜存在的区域，由此推断，乙基黄原酸在辉铜矿表面生成黄原酸亚铜，是表面疏水主要组分。在更高电位下，辉铜矿表面生成亲水组分 $Cu_2(OH)_2$，CuO_2^{2-}，在高 pH 下，生成 CuO_2^{2-}，$S_2O_3^{2-}$ 使辉铜矿表面亲水。而且，在较高电位下，形成的双黄药并未使辉铜矿疏水上浮。

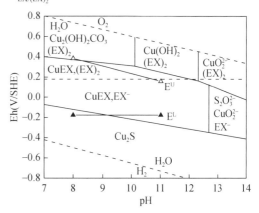

图 9-35 辉铜矿与乙黄药在溶液中电化学反应 Eh-pH 图与浮选电位上下限

9.2.4 硫化矿/硫氢捕收剂相互作用的循环伏安曲线分析

1. 黄铜矿与丁黄药的相互作用

图 9-28 表明，丁黄药（10^{-4} mol/L）为捕收剂时，黄铜矿的浮选与矿浆电位关系不大，按照图 9-34（a），丁基黄原酸在黄铜矿表面既可以生成黄原酸盐又可以生成双黄药，当黄药浓度为 200 mg/L 时，按照式（9-15a）生成双黄药的反应，计算得到电位为 45 mV，如果按照生成下式黄原酸亚铜的反应：

$$CuFeS_2+X^- = CuX+FeS_2+e \quad Eh = -0.096 - 0.059lg[X^-] \tag{9-29}$$

计算得到的电位为 77 mV。图 9-36 为黄铜矿电极在丁黄药溶液中的循环伏安曲线，扫描速率 20 mV/s，起始扫描电位为 -400 mV，由图 9-36 可知，氧化峰的起始电位大约为 80 mV。图 9-36 中所示的氧化峰位置与反应式（9-29）计算电位基本一致，因此，可以认为，在丁黄药浮选体系中，黄原酸亚铜可能是黄铜矿表面的主要疏水实体。

2. 方铅矿与丁黄药的相互作用

图 9-37 为丁黄药溶液中 PbS 的循环伏安曲线，氧化峰的起始电位大约为 100 mV，基本对应于反应式（9-18a）和图 9-25 中 PbS 浮选的电位下限，进一步表明，黄药在方铅矿表面生成黄原酸铅。图 9-37 还表明，方铅矿氧化电流快速增加的电位为 420 mV，大致对应于反应式（9-19）和图 9-25 中 PbS 浮选的上限电位，进一步证明，高电位下方铅矿表面氧化形成亲水组分 $Pb(OH)_2$ 或 $HPbO_2^-$，使得 PbS 表面的 PbX_2 疏水膜逐渐分解，可浮性降低。

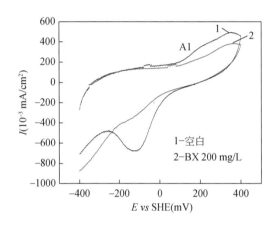

图9-36 黄铜矿电极在pH 4的缓冲溶液中的
循环伏安曲线

KNO_3：0.1 mol/L；扫描速度：20 mV/s

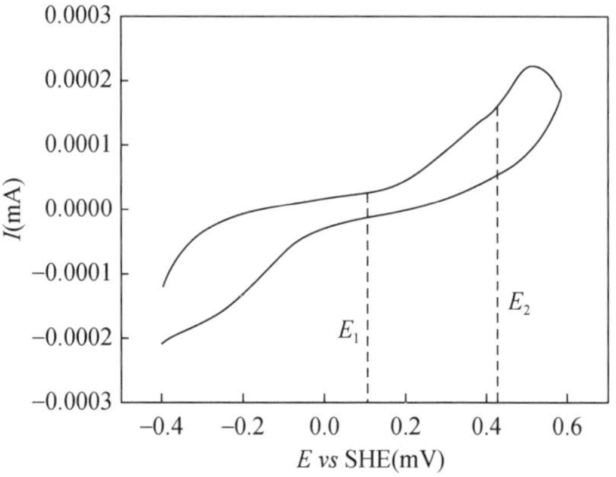

图9-37 自然pH状态下黄药存在时PbS的
循环伏安曲线

BX：10^{-4} mol/L；KNO_3：0.1 mol/L；扫描速率：0.5 mV/s

3. 闪锌矿与丁黄药的相互作用

图 9-38 为丁黄药溶液中 ZnS 的循环伏安曲线，氧化峰的起始电位大约为 0 mV，基本对应于反应（9-20b）和图 9-26 中 ZnS 浮选的电位下限值，进一步表明，黄药在闪锌矿表面生成黄原酸锌是疏水组分。图 9-38 还表明，闪锌矿氧化电流快速增加的电位为 400 mV，大致对应于反应（9-21）和图 9-26 中 ZnS 浮选的上限电位，进一步证明，高电位下闪锌矿表面氧化形成亲水组分 $Zn(OH)_2$ 或 $HZnO_2^-$，使得 ZnS 表面的 ZnX_2 疏水膜逐渐分解，可浮性降低。

4. 黄铁矿与丁黄药的相互作用

图 9-39 为丁黄药溶液中黄铁矿的循环伏安曲线，氧化峰 A1 的起始电位大约为 100 mV，基本对应于生成双黄药的反应（9-15a）和图 9-27 中 FeS_2 浮选的电位下限值，进一步表明，黄药在黄铁矿表面生成双黄药是疏水组分。图 9-39 还表明，黄铁矿氧化电流快速增加的氧化峰 A2 的起始电位为 300 mV，大致对应于反应式（9-6e）和式（9-6f）的电位及图 9-27 中黄铁矿浮选的上限电位，表明，高电位下黄铁矿表面氧化形成亲水组分 $Fe(OH)_3$、SO_4^{2-}，使得黄铁矿表面的亲水，可浮性降低。

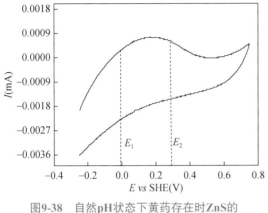

图9-38 自然pH状态下黄药存在时ZnS的循环伏安曲线

BX：10^{-4} mol/L；KNO_3：0.1mol/L；扫描速率：0.5 mV/s

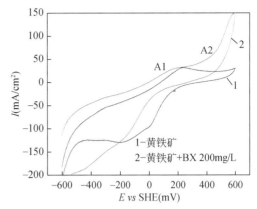

图9-39 黄铁矿电极在pH6.86缓冲溶液中与丁黄药作用的循环伏安曲线

0.1mol/L KNO_3；扫描速度 50 mV/s

5. 脆硫锑铅矿、铁闪锌矿与乙硫氮的相互作用

pH=4 且存在乙硫氮时，脆硫锑铅矿的伏安曲线见图 9-40，阳极氧化峰可能对应的电化学反应为

$$Pb_4FeSb_6S_{14}+16D^-+6H_2O \Longrightarrow 4PbD_2+FeD_2+6SbOD+14S^0+28e+12H^+ \quad E^0=-0.0043V,$$

$$Eh=-0.0043-0.0337lg[D^-]-0.0253pH=0.1511-0.0253pH \tag{9-30}$$

计算的平衡电位为 0.05 V，对照图 9-31 脆硫锑铅矿浮选的起始电位，可以推断，脆硫锑铅矿表面的疏水产物是 PbD_2、$SbOD$、FeD_2 和 S^0。

图 9-41 为铁闪锌矿电极在 pH=4 的缓冲溶液中的循环伏安图。图中有三个阳极峰。0～0.2 V 间的阳极峰是乙硫氮氧化成 D_2 的峰，对照图 9-30，可以看出，此时铁闪锌矿并未表现出疏水和可浮，可能是 D_2 不能有效地附着在矿物表面，第二个氧化峰可能对应于如下反应：

$$Zn^{2+}+D_2+2e \Longrightarrow ZnD_2 \quad E^0=0.4591 \text{ V} \tag{9-31}$$

$$Eh=0.4591+0.0295lg[Zn^{2+}]=0.282 \text{ V}$$

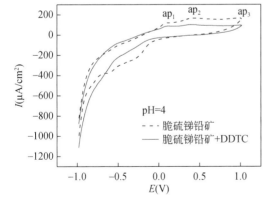

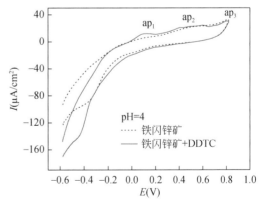

图 9-40 pH=4 时脆硫锑铅矿电极的循环伏安曲线[422] 图 9-41 pH=4 时铁闪锌矿电极的循环伏安曲线[422]

扫描速度：50 mV/s，乙硫氮浓度：0.001 mol/L

该电位值对应于图 9-30 中铁闪锌矿浮选的起始电位，表面形成了乙硫氮锌盐，疏水上浮。更高电位下氧化形成了 SO_4^{2-}，可能的电化学反应为

$$ZnFeS+7H_2O \Longrightarrow Zn^{2+}+Fe(OH)_3+SO_4^{2-}+9e+11H^+ \qquad (9-32)$$

铁闪锌矿表面氧化形成亲水组分 $Fe(OH)_3$、SO_4^{2-}，使得铁闪锌矿矿表面亲水，可浮性降低。

9.2.5　硫化矿/硫氢捕收剂相互作用的腐蚀电化学

1. 捕收剂与黄铁矿作用的腐蚀电化学

图 9-42 为不同捕收剂浓度时，黄铁矿动电极化测试结果，表 9-4 列出了曲线拟合后的有关电化学参数，可以看出：丁黄药体系中，随着捕收剂浓度的增高，腐蚀电位逐步降低，黄铁矿表面丁黄药氧化成双黄药的电位随着捕收剂浓度的增加而逐步降低，浮选的起始电位也将逐步降低。极化电阻逐渐升高，腐蚀电流逐渐下降，表明双黄药 X_2 的吸附在增加及捕收剂膜在逐渐变厚。乙硫氮体系中虽然也有类似趋势，但相对黄药来说，变化幅度不大。而且从缓蚀效率、极化电阻及腐蚀电流来看，乙硫氮对 FeS_2 的作用明显弱于黄药，其缓蚀效率明显较低。也就是说，乙硫氮对黄铁矿的捕收作用要弱于黄药对黄铁矿的捕收作用。

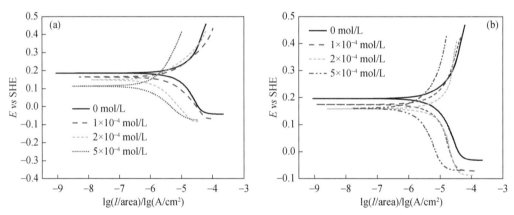

图 9-42　黄铁矿在不同浓度黄药（a）和乙硫氮（b）下的极化曲线

KNO₃：10^{-1} mol/L；pH 7

表 9-4　不同浓度黄药与乙硫氮中黄铁矿的电化学腐蚀参数

捕收剂	浓度（mol/L）	η（%）	R_p（kΩ）	E_{corr}（mV vs SHE）	I_{corr}（μA/cm²）
黄药	0	—	6.2	187	10.78
	10^{-4}	46.09	11.5	175	5.96
	2×10^{-4}	53.73	13.4	153	5.2
	5×10^{-4}	57.53	15.6	122	5.99

续表

捕收剂	浓度（mol/L）	η（%）	R_p （kΩ）	E_{corr} （mV vs SHE）	I_{corr} （μA/cm^2）
乙硫氮	0	—	6.2	187	10.78
	10^{-4}	35.74	9.5	179	6.34
	$2×10^{-4}$	36.08	9.7	164	6.13
	$5×10^{-4}$	38.61	10.1	160	6.01

注：I_{corr} 表示腐蚀电流；E_{corr} 表示腐蚀电位；R_p 表示极化电阻；η 表示缓蚀效率

丁黄药、乙硫氮在黄铁矿表面生成双黄药和双乙硫氮，其作用过程可进一步用 EIS 图谱说明，图 9-43 为黄铁矿在不同浓度黄药和乙硫氮作用下的 EIS 图谱。由图 9-43（a）可以看出，在黄铁矿-黄药体系的 EIS 图谱上存在两个容抗弧，高端容抗弧象征着电极表面与溶液双电层的充放电弛豫过程，低端容抗弧主要由电极表面特性吸附过程引起，黄药在 FeS$_2$ 表面的吸附作用可以认为存在下列反应：

$$FeS_2 + X^- \longrightarrow FeS_2 - X^-_{(吸附)} + e \tag{9-33a}$$

$$FeS_2 - 2X^-_{(吸附)} \longrightarrow FeS_2 - X_2 \tag{9-33b}$$

$$FeS_2 - X_2 \rightleftharpoons FeS_2 + X_2 \tag{9-33c}$$

高端容抗弧是由式（9-33a）电子传递及反应引起，即黄药离子首先在黄铁矿表面吸附，而低端容抗弧是由 X$_2$ 的吸附和解吸（9-33b）、（9-33c）引起，即吸附的黄药离子进一步氧化成双黄药，并在一定电位下解吸。高端容抗弧的半径随浓度增大而增大，表明 FeS$_2$ 表面黄药离子吸附增大，形成的双黄药增加，捕收剂膜在逐渐变厚，致使传导电阻增大，腐蚀电流下降。

由图 9-43（b）可以看出，在黄铁矿-乙硫氮的 EIS 图谱上，在所试验药剂浓度范围内均表现为单一容抗弧，没有低端容抗弧出现，表明乙硫氮在黄铁矿表面吸附后，与黄药相比较难氧化形成双乙硫氮，表明乙硫氮与 FeS$_2$ 作用小于黄药。

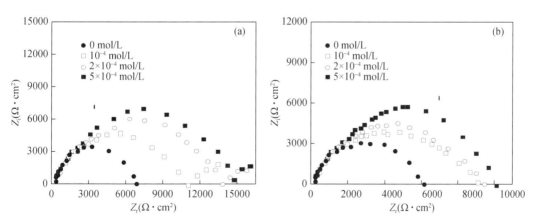

图 9-43　黄铁矿在不同浓度黄药（a）和乙硫氮（b）的 EIS 图谱

KNO$_3$：10^{-1} mol/L；pH：7

图 9-44 和图 9-45 为不同阳极极化电位下黄药和乙硫氮对 FeS_2 作用的 EIS 图。图 9-44 表明，在极化初期，黄药离子开始吸附，随着电位的增大，黄药体系的高端容抗弧逐步增大，到达 300 mV 左右时达到最大，这预示着黄药氧化逐步增强，捕收剂薄膜逐渐加厚，传递电阻增大，属于黄药薄膜生长控制阶段。340 mV 以后，容抗弧的半径又逐渐减小，传递电阻减小，属于双黄药分解与黄药薄膜溶解阶段，大于 400 mV 以后，半径显著减小，此时薄膜脱落，黄铁矿本身又开始阳极溶解，属于阳极溶解控制阶段。

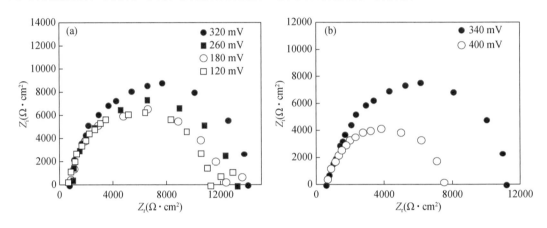

图 9-44　不同极化电位下黄药与黄铁矿作用的 EIS 图谱

pH 7；BX：10^{-4} mol/L

图 9-45 表明，随着电位的增大，乙硫氮体系中高端容抗弧逐步增大，到达 350 mV 左右时达到最大，也提示乙硫氮氧化逐步增强，390 mV 以后，容抗弧的半径又逐渐减小，大于 400 mV 以后，半径显著减小。相比黄药来说其容抗弧半径最大的电位和薄膜脱落电位较高，这可能与乙硫氮的氧化平衡电位较高有关。

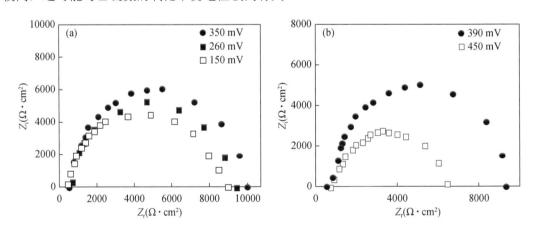

图 9-45　不同极化电位下乙硫氮与黄铁矿作用的 EIS 图谱

pH 7；DDTC：10^{-4} mol/L

图 9-46 为图 9-44 和图 9-45 中的极化电阻相对于电极电位作图，表明随着电位的增大，极化电阻逐步增大，对照图 9-27 和图 9-39 可以看出，黄铁矿浮选的起始电位基本对应于

双黄药的形成，并随着电位的增大，双黄药薄膜逐渐加厚，传递电阻增大，到达 300 mV 左右时达到最大，340 mV 以后，传递电阻减小，双黄药分解与黄药薄膜溶解，黄铁矿浮选回收率开始显著下降。

2. 捕收剂与方铅矿作用的腐蚀电化学

图 9-47 为不同捕收剂浓度时，方铅矿动电极化测试结果，表 9-5 列出了曲线拟合后的有关电化学参数，可以看出：丁黄药体系中，随着捕收剂浓度的增高，腐蚀电位逐步降低，方铅矿表面氧化与丁黄药氧化形成黄原酸铅的电位随着捕收剂浓度的增加而逐步降低，浮选的起始电位也将逐步降低，当丁黄药浓度为 10^{-4} mol/L 时，

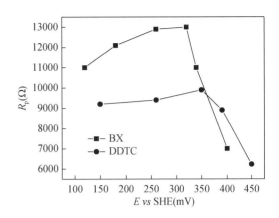

图 9-46 不同极化电位捕收剂与黄铁矿作用的极化电阻

pH 7；捕收剂：10^{-4} mol/L

其电位基本对应于图 9-25 中方铅矿浮选起始电位。随着捕收剂浓度的增高，极化电阻逐渐升高，腐蚀电流逐渐下降，表明黄原酸铅的生成在增加及捕收剂膜在逐渐变厚。乙硫氮体系中也有类似趋势，从缓蚀效率、极化电阻及腐蚀电流来看，乙硫氮对方铅矿的捕收作用与丁黄药相近。

表 9-5 不同浓度黄药与乙硫氮中 PbS 的电化学腐蚀参数

捕收剂	浓度（mol/L）	η（%）	R_p（kΩ）	E_{corr} vs SHE（mV）	I_{corr}（μA/cm²）
BX	0	—	13.4	−48	3.45
	10^{-4}	18.4	16.3	−68	1.46
	2×10^{-4}	27.47	18.2	−77	1.25
	5×10^{-4}	28.34	18.7	−94	0.99
DDTC	0	—	13.4	−48	3.45
	10^{-4}	13.15	15.2	−71	1.67
	2×10^{-4}	18.79	16.5	−81	1.42
	5×10^{-4}	27.32	18.3	−99	1.21

注：I_{corr} 表示腐蚀电流；E_{corr} 表示腐蚀电位；R_p 表示极化电阻；η 表示缓蚀效率

图 9-48 为不同捕收剂浓度下，方铅矿电化学阻抗的测试结果，由图可知：①捕收剂存在时，PbS 的阻抗谱表现为单一的容抗弧，容抗弧半径随着浓度增加而增大，表面生成的黄原酸铅或乙硫氮铅盐在增加；②同种浓度的黄药与同种浓度的乙硫氮相比，容抗弧半径较大，表明乙硫氮对方铅矿作用弱于黄药。

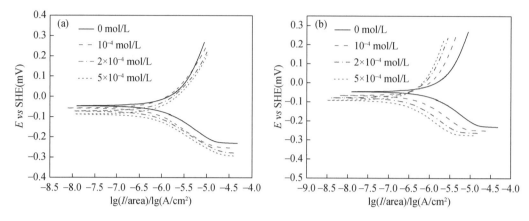

图 9-47 PbS 在不同浓度黄药（a）和乙硫氮（b）下的极化曲线

KNO_3：10^{-1} mol/L；pH 7

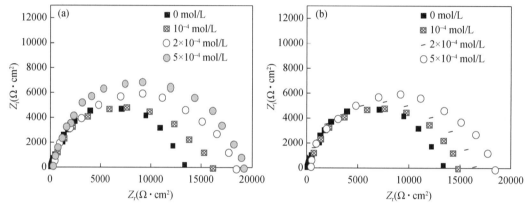

图 9-48 PbS 在不同浓度黄药（a）和乙硫氮（b）的 EIS 图谱

KNO_3：10^{-1} mol/L；pH 7

图 9-49、图 9-50 为不同极化电位下方铅矿电化学阻抗图，捕收剂与矿物表面的作用因电位不同表现出不同响应。图 9-49 表明 PbX_2 薄膜生长控制电位区间为-50～300 mV [反应式（9-18）]，随着电位的增大，黄药体系的容抗弧逐步增大，在 300 mV 左右时达到最大，这预示着黄药氧化逐步增强，捕收剂薄膜逐渐加厚，传递电阻增大，属于黄药薄膜生长控制阶段。这表明在这电位区间，捕收剂可以与 PbS 稳定作用生成黄原酸铅。350 mV 以后，容抗弧的半径又逐渐减小，传递电阻减小，属于黄原酸铅分解阶段 [反应式（9-19）]，此时 PbX_2 薄膜溶解速度增大，容抗弧半径减小，转入 PbS 溶解控制阶段，此时，其电位基本对应于图 9-25 中方铅矿浮选上限电位。

图 9-50 表明 PbD_2 的薄膜生长控制电位区间为-50～350 mV，这表明在这些区间，捕收剂可以与 PbS 稳定作用生成乙硫氮铅，超过这个区间，极化电阻又逐步减小，此时 PbD_2 薄膜溶解速度增大，容抗弧半径减小，转入 PbS 溶解控制阶段。由于乙硫氮稳定作用的电位范围更宽，表明乙硫氮相对于黄药来说，对电位有更强的适应性。

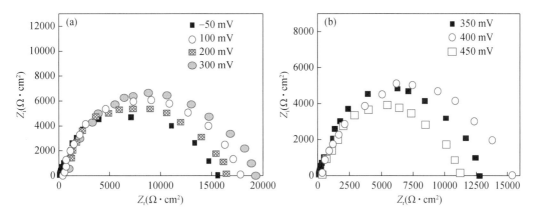

图 9-49　PbS 在黄药（10^{-4} mol/L）溶液中不同阳极极化电位下的 EIS 图谱

KNO$_3$：10^{-1} mol/L

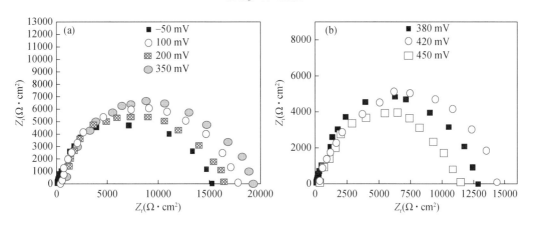

图 9-50　PbS 在乙硫氮（10^{-4} mol/L）溶液中不同阳极极化电位下的 EIS 谱

KNO$_3$：10^{-1} mol/L

图 9-51 为图 9-49 和图 9-50 中的极化电阻相对于电极电位作图，表明随着电位的增大，

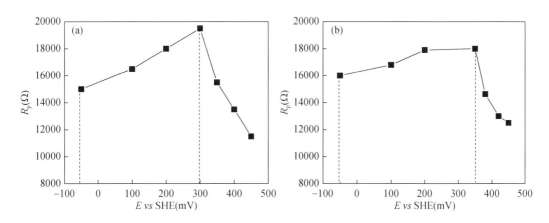

图 9-51　PbS 在黄药（a）和乙硫氮（b）中不同阳极极化电位下的极化电阻

极化电阻逐步增大，对照图 9-25 和图 9-37 可以进一步看出，丁黄药作捕收剂时，方铅矿浮选的起始电位基本对应于式（9-18a）生成丁黄原酸铅的反应。并随着电位的增大，黄原酸铅薄膜逐渐加厚，传递电阻增大，到达 300 mV 左右时达到最大，随后，传递电阻减小，由于式（9-19）的两个反应的进行，PbS 表面的 PbX_2 疏水膜逐渐分解，方铅矿浮选回收率开始显著下降。乙硫氮作捕收剂时，也有类似现象。

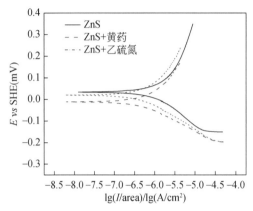

图 9-52　ZnS 在不同捕收剂下的极化曲线

KNO_3：10^{-1} mol/L；捕收剂浓度：10^{-4} mol/L

3. 捕收剂与闪锌矿作用的腐蚀电化学

图 9-52、表 9-6 为黄药和乙硫氮对 ZnS 的动电位极化测试结果。可以看出，与没有捕收剂相比，闪锌矿在与黄药作用时，其腐蚀电位有明显降低，闪锌矿表面氧化与丁黄药氧化形成黄原酸锌［反应式（9-20）］，腐蚀电流也明显变小，极化电阻升高，缓蚀效率大，表明此时电极表面已完全被黄原酸锌生成物覆盖，此时腐蚀电位对应于图 9-26 中闪锌矿浮选起始电位。与乙硫氮作用时，极化电阻、缓蚀效率、腐蚀电流没有明显变化，表明 ZnS 与乙硫氮相互作用不强。

表 9-6　不同捕收剂与 ZnS 作用的电化学参数

捕收剂	η （%）	R_p （kΩ）	E_{corr} vs SHE （mV）	I_{corr} （μA/cm²）
无捕收剂	7	48.6	42	0.13
黄药	32.02	71.5	−7	0.01
DDTC	5.7	52.3	32	0.12

注：I_{corr} 表示腐蚀电流，E_{corr} 表示腐蚀电位，R_p 表示极化电阻，η 表示缓蚀效率，NaOH 浓度 0.0002 mol/L

4. 乙硫氮与脆硫锑铅矿及铁闪锌矿作用的腐蚀电化学

图 9-53 是不同 DDTC 浓度下脆硫锑铅矿电极的交流阻抗谱（EIS），可以看出：无 DDTC 时，电化学电阻较小，而有 DDTC 时，容抗弧明显增大，电化学阻抗明显增大，增大了约 4 倍，表明 DDTC 在脆硫锑铅矿表面发生吸附，生成捕收剂金属盐。

图 9-54 是铁闪锌矿电极在 0.1 mol/L KNO_3 溶液中的交流阻抗谱。pH=7 时，与不加捕收剂相比，在捕收剂 DDTC 存在下，容抗弧急剧缩小，电化学阻抗明显减小，表明 DDTC 在矿物表面上的吸附未形成捕收剂金属盐钝化膜，DDTC 不是铁闪锌矿的有效捕收剂。

图 9-55、图 9-56 分别是脆硫锑铅矿、铁闪锌矿在 pH 7 的 0.1 mol/L KNO_3 溶液中，有无 DDTC 时通过恒电位阶跃法测得的极化电阻随电位的变化曲线。图 9-55 表明，脆硫锑铅矿在 DDTC 存在时的极化电阻比无 DDTC 时的极化电阻大得多，在 0～300 mV 间存在极化电阻的极大值，对照图 9-31，此时对应于脆硫锑铅矿浮选电位下限范围，矿物表面生成捕收剂金属盐。

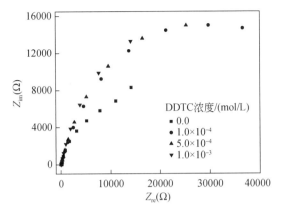

图 9-53　脆硫锑铅矿电极在不同 DDTC 浓度的 0.1 mol/L KNO₃ 溶液中的 EIS 谱[422]

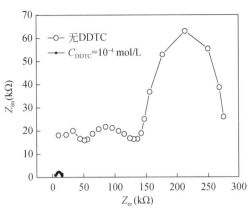

图9-54　铁闪锌矿电极在0.1 mol/L KNO₃ 溶液中有无DDTC时的EIS（pH 7）[422]

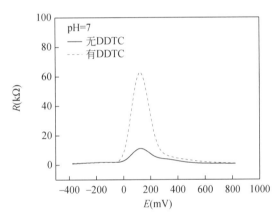

图 9-55　脆硫锑铅矿在 pH 7 的 0.1 mol/L KNO₃ 溶液中有无 DDTC 时电阻随电位的变化[422]

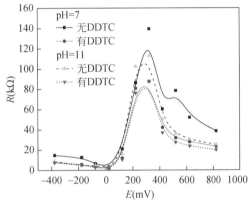

图9-56　铁闪锌矿在不同pH的0.1 mol/L KNO₃ 溶液中有无DDTC时电阻随电位的变化[422]

图 9-56 表明，铁闪锌矿在 300 mV 左右有一个极化电阻的极大值，但 DDTC 存在时的极化电阻比无 DDTC 时的极化电阻小，pH 增大，极化电阻减小，矿物氧化速度加快，DDTC 不能有效吸附在该矿物表面形成捕收剂金属盐，在 pH＞7，乙硫氮对铁闪锌矿捕收作用差，见图 9-30。

9.2.6　黄药与硫化矿表面作用的电极过程动力学

1. 黄药在黄铁矿表面氧化的电极过程动力学

研究表明，在同相溶液中，黄药分子在体相溶液中与氧气的作用是一个非常缓慢的过程，在黄铁矿表面的氧化却很快可以发生，这意味着黄铁矿对黄药的氧化有着某种催化作用，也就是说黄铁矿不仅为黄药氧化提供了反应位置和基底，而且加快了反应的速度，在电化学领域，这种现象被称为电催化。黄铁矿电催化氧化黄药的原理示于图 9-57。

图 9-57（a）表明，黄药自身氧化需要较高的活化能（ΔG_1），而在黄铁矿的存在下，

黄铁矿对黄药的特性吸附使得黄药氧化的活化能降低（ΔG_2），进而加快了氧化的速度，达到催化的效果。

图 9-57（b）为黄铁矿与黄药在不同的旋转速率下的单向伏安扫描曲线，由图 9-57（b）可以看出，在所有旋转速率下，伏安曲线都表现为一个明显的单氧化波，由于受到一些干扰因素的影响，氧化波没有明显的平顶极限电流，在此，极限扩散电流取各氧化波中电流的最大值，图 9-57（b）表明黄铁矿与黄药作用的起始电位为 0.1 V 左右，此时，黄药开始在黄铁矿表面吸附并逐步氧化成为双黄药，对应于图 9-27 中黄铁矿浮选的起始电位，为黄铁矿与黄药作用的控制步骤。在 0.1～0.3 V 之间，反应电流与旋转速率基本无关，此时，吸附的黄药被电化学催化氧化成为双黄药，根据电化学原理，此时反应受表面电子转移步骤控制，当电位大于 0.3 V 时电流随旋转速率的增大而增大，反应受传质过程控制。

根据 Levich 方程和扩散定律[420-422]，旋转圆盘电极表面可逆与不可逆反应的电流与旋转速率公式分别为

$$I = \frac{nFc_0^{\infty}D^{2/3}f^{1/2}}{1.61v^{1/6}} \tag{9-34a}$$

$$\frac{1}{I} = \frac{1}{nF\vec{k}c_0^{\infty}} + \frac{1.61v^{1/6}}{nFc_0^{\infty}D^{2/3}f^{1/2}} \tag{9-34b}$$

式中，$\vec{k}$ 为正向反应速度常数；c_0^{∞}（mol/L）为反应物体相浓度；v 为溶液运动黏度，对水溶液来说为 $10^{-2}\text{cm}^2/\text{s}$；$D$（$\text{cm}^2/\text{s}$）为离子扩散系数；$f$ 为旋转速率（rotation/s, r/s）；F 为法拉第常数。

取图 9-57（b）中的极限电流（电流最大值）I，把 I^{-1} 相对于旋转速率的 $f^{-\frac{1}{2}}$ 作图，如图 9-58（a），由图 9-58（a）看出，I^{-1} 相对于 $f^{-\frac{1}{2}}$ 作图表现为一条截距不等于 0 的直线，表明黄铁矿表面黄药氧化为不可逆过程，直线斜率为 3344.41，根据式（9-34），斜率 $= \frac{1.61v^{1/6}}{nFc_0^{\infty}D^{2/3}}$，黄药的扩散系数为 $7.46\times10^{-6}\text{cm}^2/\text{s}$，由此可以求得 n 等于 2.38，事实上，

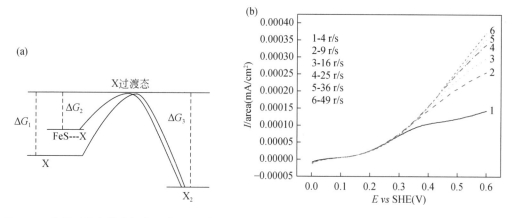

图 9-57 黄铁矿催化黄药氧化示意图（a）及不同旋转速率下黄铁矿表面黄药氧化的单向伏安曲线（b）

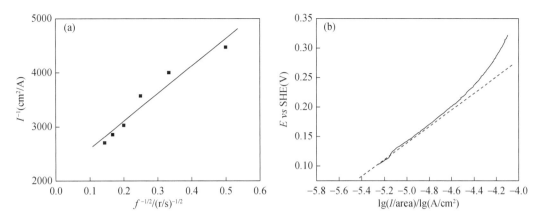

图 9-58　黄铁矿与黄药作用 I^{-1} 相对于 $f^{-1/2}$ 绘图（a）及黄铁矿与黄药作用的阳极极化曲线（b）

扫描速率：0.1 mV/s；KNO_3：0.1 mol/L；BX：2×10^{-4} mol/L；pH 7

黄药在黄铁矿表面的反应应该是整数电子反应，因此可以认为黄药在黄铁矿表面的氧化过程为一个双电子反应过程，n 等于 2，出现偏差的原因可能是由于在所试验的电位区间内还存在其他氧化反应（黄铁矿的氧化）。直线截距为 1575.93，由截距和 n 还可以求出黄药氧化的正向反应速度常数为 1.22 cm/s。

黄药在硫化矿表面的氧化如式（9-15a）为双电子反应，反应途径按照式（9-33）为黄药在 FeS_2 表面的吸附及进一步的氧化。

当反应（9-33a）为控制步骤时，反应速度可以表示为

$$\overrightarrow{v_A} = \overrightarrow{k_A} c_X (1 - \theta) \tag{9-35}$$

式中，v，k 表示反应速度和速度常数；$1-\theta$ 表示未吸附黄药分子可用于反应的表面分数，如果式（9-33b）相对于式（9-33a）总是快的，则 $1-\theta \rightarrow 1$，于是：

$$I = nFv = Fk_A c_X \exp\left(\frac{-\overrightarrow{\alpha_A} F}{RT} E \right) \tag{9-36a}$$

两边取对数，得

$$\lg I = \lg F \overrightarrow{k_A} + \lg c_X - \frac{\overrightarrow{\alpha_A} F}{2.3RT} E \tag{9-36b}$$

式（9-36b）中，$\overrightarrow{\alpha_A}$ 一般为 0.5，$\lg I$ 相对于 $\lg c_X$ 斜率为 1，表明反应相对于黄药来说是一级反应，Tafel 斜率为 $\dfrac{2.3RT}{\overrightarrow{\alpha_A} F}$，等于 120 mV。

当反应（9-33b）为控制步骤时，反应速度可以表示为

$$I = 2Fk_B \theta^2 \tag{9-37}$$

根据物质平衡，有

$$\overrightarrow{v_A} = \overrightarrow{v_A} + \overrightarrow{v_B} \tag{9-38}$$

由于 B 为控制步骤，$\overrightarrow{v_B} = \overrightarrow{v_A}$，因此可以认为反应 A 处于平衡，则有

$$\overrightarrow{k_A} c_X (1 - \theta) = \overleftarrow{k_A} \theta \tag{9-39}$$

求得

$$\theta = \frac{Kc_X \exp\left(-\dfrac{F}{RT}E\right)}{1 + Kc_X \exp\left(-\dfrac{F}{RT}E\right)} \tag{9-40}$$

式中，$K = \overrightarrow{k_A}/\overleftarrow{k_A}$，把式（9-40）代入式（9-37），有

$$I = nFv = 2Fk_B K^2 c_X^2 \exp\left(-\frac{2F}{RT}E\right) \tag{9-41a}$$

$$\lg I = \lg 2Fk_B K^2 + 2\lg c_X - \frac{2F}{2.3RT}E \tag{9-41b}$$

Tafel 斜率为 $\dfrac{2.3RT}{2F}$，等于 30 mV，$\lg I$ 相当于 $\lg c_X$ 斜率为 2，表明反应相对于黄药来说为 2 级反应。

把图 9-58（b）中极化电位处于 0.1～0.3 V 时的电流取对数（在这个电位区间内，反应受电化学步骤控制），对电位作图，示于图 9-58（b）。

由图 9-58（b）求得 Tafel 斜率为 120 mV，根据前面的分析可知，黄药在黄铁矿表面的氧化机理是按照第一种机理进行，反应式（9-33a）为控制步骤，即黄药在黄铁矿表面的吸附过程是整个反应的控制步骤，吸附过程与粒子碰撞概率、温度、表面活性点数目息息相关，这些因素又受磨矿和搅拌的制约，表明磨矿和搅拌可以影响捕收剂与黄铁矿的作用。

2. 方铅矿表面氧化形成黄原酸铅的电极过程动力学

PbS 与黄药在不同的旋转速率下的单向伏安扫描曲线示于图 9-59，可以看出，与黄铁矿相似，在所有旋转速率下，伏安曲线都表现为一个明显的单氧化波，PbS 与黄药作用的起始电位为 -0.05 V 左右，其中在 -0.05～0 V 之间，反应电流与旋转速率基本无关，反应受表面电子转移步骤控制，当电位大于 0 V 时电流随旋转速率的增大而增大，反应受传质过程控制。

取图 9-59 中的极限电流 I，把 Γ^1 相对于旋转速 $f^{1/2}$ 作图，示于图 9-60，图 9-60 表现为一条截距不等于 0 的直线，根据电化学原理，表明 PbS 表面黄药氧化为不可逆过程，直线斜率为 4907.21，根据式（9-12），斜率为 $\dfrac{1.61 v^{1/6}}{nFc_0^\infty D^{2/3}}$，因为方铅矿表面被氧化组分为 S^{2-}，所以式（9-34）中的 c_0^∞ 应该为 S^{2-} 的体相浓度。设丁基黄原酸铅的溶度积为 k_1，PbS 容度积为 k_2，则 S^{2-} 浓度 c_0^∞ 为 $c_0^\infty = \dfrac{k_2}{k_1}[X^-]$，当黄药浓度为 2×10^{-4} mol/L 时，硫离子浓度为 5×10^{-4} mol/L，S^{2-} 的扩散系数为 2.35×10^{-6} cm^2/s，由此求得反应电子数为 6.88，这表明方铅矿表面与黄药的作用过程有可能是一个多电子反应过程，或者是多个氧化反应的总和。

3. 氧气在硫化矿表面还原电极过程动力学

氧在硫化矿浮选中的作用一直是硫化矿浮选电化学研究的重要内容，无论是无捕收剂浮选还是硫化矿与捕收剂的作用，都离不开氧气的作用。研究认为，氧气在固体电极上的还原有两种路线，如图 9-61 所示。

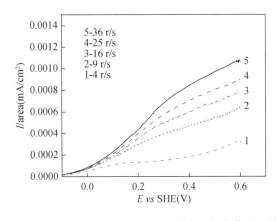

图 9-59　不同旋转速率下方铅矿表面与黄药作用的
单向伏安曲线

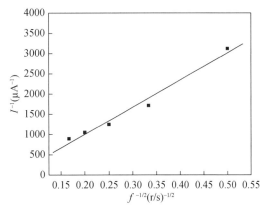

图 9-60　PbS 与黄药作用 I^{-1} 相对于 $f^{-1/2}$ 绘图

扫描速率：0.1 mV/s；KNO_3：0.1 mol/L；BX：$2×10^{-4}$ mol/L；pH 7

在第一条途径中，全部还原反应发生在一个步骤，没有可溶中间体形式，在第二种途径中会形成中间产物 H_2O_2，其中第二个步骤进行得很慢时，H_2O_2 就可以在溶液中相对稳定的存在，从而被检出。可以用旋转环盘电极技术研究氧在硫化矿电极上的还原，有的研究确认了黄铁矿表面过氧化氢的形成。也有的研究表明，并不是每一种硫化矿表面都可以检测出 H_2O_2 的存在，即使有 H_2O_2 的形成，还原的电位差异也很大，并且 H_2O_2 的析出量与捕收剂在矿物表面作用形式和吸附量有密切关系，尤其可以促进双黄药的形成和吸附[424, 425]。

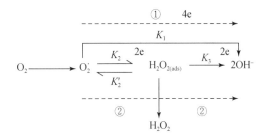

图 9-61　氧还原的两种途径

黄铁矿和方铅矿在黄药溶液中，不同旋转速率下，氧的还原单向伏安曲线见图 9-62，相应的极限电流 I^{-1} 相对于旋转速率 $f^{1/2}$ 的直线图，示于图 9-63，直线斜率分别为 5832 和 4678，氧气分子的 $D^{2/3}C_{O_2}$ 在固定离子强度下，为一常数，等于 $5×10^{-10}$ $(cm^2/s)^{2/3}$ (mol/cm^3)，代入式（9-34b），求得反应电子数分别为 3.8 和 4.4，基本上属于四个电子的反应。图 9-62（a）还表明黄铁矿的还原极化曲线表现出明显的两个还原波，第一个还原波受电子传递过程控制（电流与旋转速率无关），且在黄铁矿的腐蚀电位（0.19 V）附近就表现出可观的电流；第二个还原波受扩散控制，这表明黄铁矿表面氧的还原属于上面所提及的第二种途径，即反应分两个步骤进行，这种机理下过氧化氢可以以稳定的中间产物形式存在，可能是黄药在黄铁矿表面形成双黄药的原因之一。相比之下，图 9-62（b）表明，方铅矿表面氧的还原电流要小于黄铁矿，且只有一个明显的还原波，极限电流随旋转速率增加而增加，表明反应受扩散控制，在很高的过电位下（偏离了腐蚀电位），才表现出可观的电流，反应可能以第一种途径进行，即氧气通过一个步骤直接被还原。

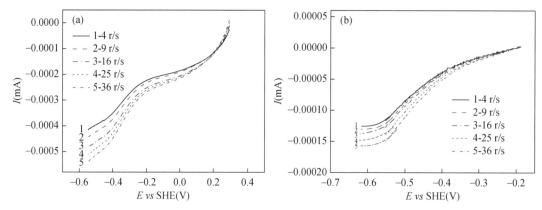

图 9-62　不同旋转速率下黄铁矿（a）和方铅矿（b）表面氧还原的单向伏安曲线

扫描速率：0.1 mV/s；KNO_3：0.1 mol/L；黄药：0.0002 mol/L；pH 7

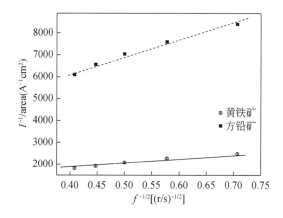

图 9-63　PbS 和黄铁矿氧还原作用 I^{-1} 相对于 $f^{-1/2}$ 绘图

9.3　硫化矿与抑制剂作用电化学

硫化矿浮选分离常用的抑制剂有石灰、硫酸锌、亚硫酸钠、重铬酸盐、硫化钠等无机抑制剂，羧甲纤维素、腐殖酸、巯基乙酸等有机抑制剂，从电化学的角度去认识这些抑制剂与硫化矿表面作用过程，有助于确定抑制作用机理和分离调控。

9.3.1　抑制剂对硫化矿浮选的影响

图 9-64 是在 pH 9.0，乙黄药浓度为 $5×10^{-5}$ mol/L 条件下，多羟基己基二硫代碳酸钠（FHT）用量对黄铁矿和方铅矿浮选回收率的影响，由图可见，多羟基己基二硫代碳酸钠对方铅矿的抑制作用比较弱，随着多羟基己基二硫代碳酸钠浓度的增加，方铅矿回收率缓慢下降，当多羟基己基二硫代碳酸钠浓度达到 $10×10^{-4}$ mol/L 时，方铅矿还有 70% 的回收率。对于黄铁矿，多羟基己基二硫代碳酸钠表现出较强的抑制作用，在 $1.5×10^{-4}$ mol/L 较低的

浓度下，黄铁矿的浮选回收率就已经小于 40%，继续增加多羟基己基二硫代碳酸钠的浓度，黄铁矿回收率继续下降，在 10×10^{-4} mol/L 时的浓度时，黄铁矿的回收率已经接近 0。从图 9-64 方铅矿和黄铁矿的回收率曲线可以看出，在浓度为 $4 \times 10^{-4} \sim 8 \times 10^{-4}$ mol/L 时，多羟基己基二硫代碳酸钠对方铅矿和黄铁矿具有比较好的选择性抑制效果。

图 9-65 列出了不同 pH 调整剂调整 pH 为 12 条件下，三种硫化矿的浮选行为，无论是用 NaOH 还是石灰调整 pH 到 12，方铅矿均表现出良好的可浮性，用石灰调整 pH 到 12 时，闪锌矿和黄铁矿被强烈抑制，此时适合优先浮铅。但用 NaOH 调整 pH 到 12 时，黄铁矿被强烈抑制，而闪锌矿仍表现出一定的可浮性。这表明，同样是调整到高 pH（12）环境，在铅锌硫化矿浮选分离中，石灰是强的抑制剂，而 NaOH 的作用选择性较差。这说明在同样的强碱性环境下，石灰和 NaOH 与方铅矿、闪锌矿及黄铁矿的作用机制是不同的。

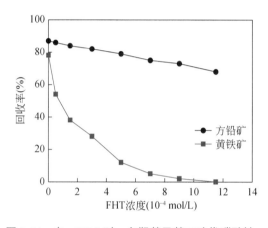

图 9-64　在 pH 9.0 时，多羟基己基二硫代碳酸钠
用量对矿物回收率的影响[239]

乙黄药浓度：5×10^{-5} mol/L

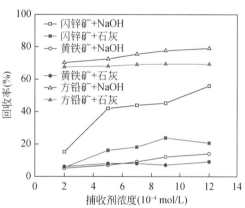

图 9-65　使用不同 pH 调整剂时铅锌硫化矿浮选
回收率与捕收剂浓度的关系

捕收剂：BX；pH 12

图 9-66 为煤油作捕收剂，次氯酸钙用量对辉钼矿、辉铋矿和黄铁矿三种硫化矿可浮性的影响。图 9-66 表明，煤油作捕收剂时，次氯酸钙对辉钼矿无明显的抑制效果，在整个用量范围内，辉钼矿的回收率均保持在 88% 以上。然而，次氯酸钙对辉铋矿表现出良好的抑制效果，在次氯酸钙用量为 0 mol/L 时，辉铋矿的浮选回收率为 81%，随着次氯酸钙用量增加至 2×10^{-3} mol/L，辉铋矿的回收率降低至 22%，随着次氯酸钙用量的进一步增加，辉铋矿的回收率稳定在 15% 左右。与此同时，次氯酸钙对黄铁矿有强的抑制作用，黄铁矿的回收率随着次氯酸钙用量的增加而降低，稳定在 10% 左右。

图 9-67 为不同 pH 条件下，次氯酸钙对辉钼矿、辉铋矿和黄铁矿三种硫化矿可浮性的影响，图 9-67 表明，在 pH 2~12 范围，次氯酸钙对辉钼矿无明显的抑制效果，次氯酸钙对辉铋矿的抑制能力受 pH 的影响较小，在 pH 4~12 的范围内，辉铋矿的浮选回收率在 15% 左右。相比之下，次氯酸钙对黄铁矿的抑制能力受 pH 的影响较大，在 pH<4.0 的范围内，次氯酸钙对黄铁矿的抑制能力较弱，黄铁矿的回收率较高，在 pH 为 2.0 时，黄铁矿的浮选回收率高达 96%，表明次氯酸钙在强酸性条件下对黄铁矿无显著的抑制效果。但在 pH>4 后，黄铁矿的浮选回收率显著下降到 10% 左右。

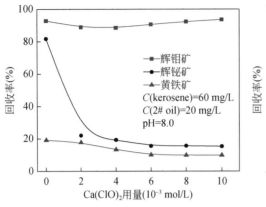

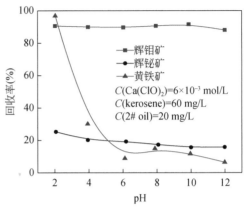

图 9-66　次氯酸钙用量对煤油浮选辉钼矿、辉铋　　图 9-67　不同 pH 条件下次氯酸钙对煤油浮选辉钼
　　　　　矿和黄铁矿的影响[237]　　　　　　　　　　　　　　　矿、辉铋矿和黄铁矿的影响[237]

9.3.2　抑制剂存在下矿浆电位对硫化矿浮选的影响

抑制剂对硫化矿浮选的抑制效果也受矿浆电位的影响。图 9-68 是 150 mg/L 的 2,3-二羟基丙基二硫代碳酸钠（GX2）作抑制剂，浓度为 10^{-4} mol/L 丁黄药作捕收剂时，矿浆电位对铁闪锌矿浮选的影响及铁闪锌矿的浮选电位-pH 图。

从图 9-68 可以看出，GX2 作抑制剂，在一定 pH 下，铁闪锌矿在一定的电位区域内可实现浮选，pH 4.5 时，可浮的电位区间较大，在 400～650 mV 范围，浮选回收率可以到达 90%以上。随 pH 增加，铁闪锌矿可浮的电位区间变小。而且，浮选回收率降低，pH 6.5 时，可浮的电位区间缩小到 350～550 mV 范围，最高回收率只有 70%。碱性条件下，可浮的电位区间进一步缩小。

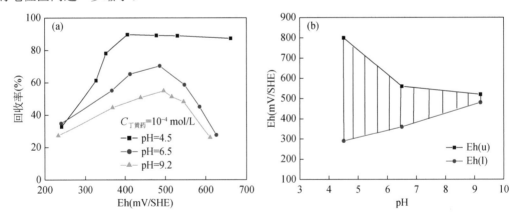

图 9-68　（a）GX2 作抑制剂铁闪锌矿浮选回收率与矿浆电位的关系；（b）GX2 作抑制剂铁闪锌
　　　　　矿浮选电位上、下限与 pH 的关系示意图

图 9-69 和图 9-70 分别是 150 mg/L 的 2,3-二羟基丙基二硫代碳酸钠（GX2）作抑制剂，浓度为 10^{-4} mol/L 丁黄药作捕收剂时，矿浆电位对磁黄铁矿和毒砂浮选的影响。可见，磁黄铁矿和毒砂在各 pH 条件下，各电位区域内可浮性差。磁黄铁矿浮选回收率不高于 40%，

而毒砂回收率不高于 30%。在低 pH 下，在可浮的电位区间内，铁闪锌矿与磁黄铁矿和毒砂有可能实现分离。

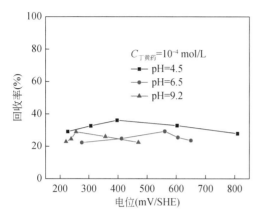

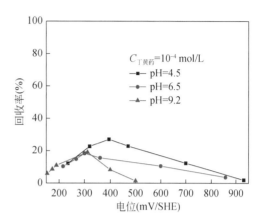

图 9-69 GX2 作抑制剂磁黄铁矿浮选回收率 与矿浆电位的关系[263]

图 9-70 GX2 作抑制剂毒砂浮选回收率与矿浆 电位的关系[263]

多羧基黄原酸盐(1-甲酸钠-2-乙酸钠)丙酸钠二硫代碳酸钠（TX4）浓度 100 mg/L 作抑制剂，丁黄药浓度 10^{-4} mol/L 作捕收剂，矿浆电位对铁闪锌矿和毒砂浮选的影响见图 9-71 和图 9-72。可以看出，在一定 pH 下，铁闪锌矿在一定的电位区域内可实现浮选，低 pH 下，可浮的电位区间较大，浮选回收率可以到达 90%以上。随着 pH 增加，可浮的电位区间变小，回收率下降。高 pH 下，在实验电位范围，可浮性都较差。而毒砂各 pH 条件下，在实验电位区域内可浮性差，回收率不高于 20%。因此，低 pH 下，在铁闪锌矿可浮的电位区间内，用多羧基黄原酸盐作抑制剂，铁闪锌矿与毒砂有可能实现分离。

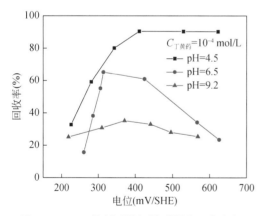

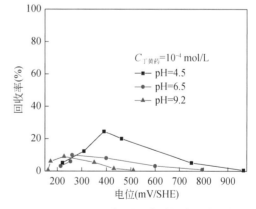

图 9-71 TX4 抑制后铁闪锌矿浮选回收率与 矿浆电位的关系[263]

图 9-72 TX4 抑制后毒砂浮选回收率与矿浆 电位的关系[263]

9.3.3 抑制剂与硫化矿电化学作用的循环伏安曲线

图 9-73 是黄铁矿表面氧化的 CV 曲线，与没有加入 FHT 时相比，加入 FHT 后，黄铁

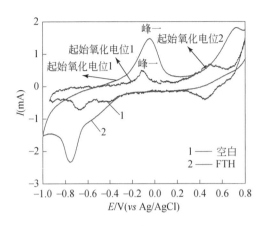

图 9-73　FHT（1×10^{-3} mol/L）与黄铁矿
作用的循环伏安曲线[239]

矿氧化峰显著增强，FHT 在-310 mV 的电位下开始出现第一个氧化峰，其峰值对应的电位为 160 mV，随着阳极氧化电位继续增加，约在 480 mV 开始出现第二个氧化峰，与不加 FHT 黄铁矿作用的 CV 曲线相比，两个氧化峰起始电位几乎吻合，但是黄铁矿表面 FHT 第一个氧化峰峰值电位略有前移，这可能是由于黄铁矿的催化性能导致，因为黄铁矿具有较高的开路电位，具有一定的催化氧化性能，从而促进了 FHT 的氧化的进行。黄铁矿表面的氧化峰明显增强，推测这个反应可能是吸附上去的 FHT 的氧化峰。也就是说，多羟基己基二硫代碳酸钠在黄铁矿表面吸附并发生氧化[239]。

图 9-74 是辉铋矿及其与次氯酸钙作用的循环伏安曲线。表明，在 pH=7，不加次氯酸钙的条件下，辉铋矿表面并未检测到明显的氧化还原峰，此条件下的辉铋矿表面并未发生氧化还原反应。但加入次氯酸钙后，辉铋矿电极在阳极扫描方向上出现一个新的氧化峰，表明此时辉铋矿的表面发生了氧化反应；并且在阴极扫描方向上并未观察到相应的还原峰，说明辉铋矿表面发生的反应不可逆，由此可以推断，辉铋矿和次氯酸钙之间发生了氧化还原反应。而且，辉铋矿表面氧化峰的电位值随 pH 发生了明显的改变，在 pH 为 4.0 时，氧化峰的电位为 207.3 mV；随着体系 pH 的增加，氧化峰的电位由 pH 4.0 时的 207.3 mV 负移至 pH 7.0 时的 167.2 mV，继续增加体系 pH 至 10.0 时，该氧化峰的信号彻底消失，辉铋矿和次氯酸钙之间的作用强度受体系 pH 的影响较大。

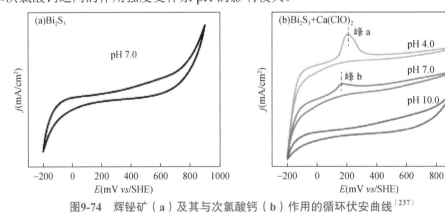

图9-74　辉铋矿（a）及其与次氯酸钙（b）作用的循环伏安曲线[237]

9.3.4　抑制剂与硫化矿电化学反应的 Eh-pH 图

1. Ca(ClO)$_2$-H$_2$O 体系下的 Eh-pH 图

在温度为 298.15 K，O$_2$ 分压为 1 atm 下，绘制 Ca(ClO)$_2$-H$_2$O 体系下的 Eh-pH 图，如

图 9-75 所示，其中涉及的各反应及其热力学平衡方程见表 9-7。

由图 9-75 所示 $Ca(ClO)_2$-H_2O 体系下的 Eh-pH 图可知，次氯酸钙在水溶液中发生电化学反应的主要元素为氯（Cl）元素。在酸性 pH 范围内，当体系电位高于 1.2 V 时，Cl 主要以 HClO 的形式存在；在碱性 pH 范围内，Cl 主要以 ClO^- 的形式存在；其他电位范围下，Cl^- 是 Cl 元素存在的主要形式。由此可以推测，在次氯酸钙与硫化矿反应的过程中，HClO 和 ClO^- 是次氯酸钙和硫化矿在不同 pH 条件下作用的主要反应物，Cl^- 应该是次氯酸钙与硫化矿反应的优先产物。

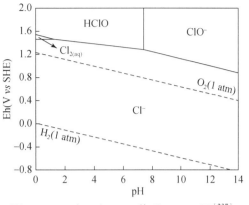

图 9-75　$Ca(ClO)_2$-H_2O 体系 Eh-pH 图[237]

$a_{Cl}=1.0\times10^{-3}$ mol/L

表 9-7　$Ca(ClO)_2$-H_2O 体系中各反应及其热力学平衡方程[237]

反应	平衡方程
$2H^++2e^-\Longrightarrow H_2$	$E=-0.0592pH$
$O_2+4H^++4e^-\Longrightarrow 2H_2O$	$E=1.229-0.0592pH$
$Cl_{2(aq)}+2e^-\Longrightarrow 2Cl^-$	$E=1.3971+0.0296\lg\alpha_{Cl_{2(aq)}}\cdot\alpha_{Cl^-}^{-2}$
$HClO+H^++2e^-\Longrightarrow Cl^-+H_2O$	$E=1.4986-0.0296pH+0.0296\lg\alpha_{HClO}\cdot\alpha_{Cl^-}^{-1}$
$ClO^-+2H^++2e^-\Longrightarrow Cl^-+H_2O$	$E=1.7189-0.0592pH+0.0296\lg\alpha_{ClO^-}\cdot\alpha_{Cl^-}^{-1}$
$2HClO+2H^++2e^-\Longrightarrow Cl_{2(aq)}+2H_2O$	$E=1.6000-0.0592pH+0.0296\lg\alpha_{HClO}^2\cdot\alpha_{Cl_{2(aq)}}^{-1}$
$ClO^-+H^+\Longrightarrow HClO$	$pH=7.44+0.0592\lg\alpha_{ClO^-}$

2. Bi_2S_3-$Ca(ClO)_2$-H_2O 体系下的 Eh-pH 图

在温度为 298.15 K，O_2 分压为 1 atm 下，绘制 Bi_2S_3-$Ca(ClO)_2$-H_2O 体系下的 Eh-pH 图，如图 9-76 所示。考虑到辉铋矿的溶解度受次氯酸钙浓度的影响较大，为此，在 $Ca(ClO)_2$-H_2O 体系 Eh-pH 图的基础上，采取以主金属元素 Bi 的离子活度为主要变量的方法，绘制了 1×10^{-4} mol/L、1×10^{-6} mol/L、1×10^{-8} mol/L 以及 1×10^{-10} mol/L 四个不同离子活度下 Bi_2S_3-$Ca(ClO)_2$-H_2O 体系的 Eh-pH 图。其中涉及的各反应及其热力学平衡方程见表 9-8。

表 9-8　Bi_2S_3-$Ca(ClO)_2$-H_2O 体系中各反应及其热力学平衡方程[237]

反应	平衡方程
$2H^++2e^-\Longrightarrow H_2$	$E=-0.0592pH$
$O_2+4H^++4e^-\Longrightarrow 2H_2O$	$E=1.229-0.0592pH$
$Bi_2S_3+6H^++6e^-\Longrightarrow 2Bi+3H_2S$	$E=-0.0985-0.0592pH+0.0099\lg\alpha_{H_2S}^{-3}$
$Bi_2S_3+3H^++6e^-\Longrightarrow 2Bi+3HS^-$	$E=-0.3054-0.0296pH+0.0099\lg\alpha_{HS^-}^{-3}$
$2BiOCl+3SO_4^{2-}+28H^++20e^-\Longrightarrow Bi_2S_3+2Cl^-+14H_2O$	$E=0.4383-0.0829pH+0.0030\lg\alpha_{SO_4^{2-}}^3\cdot\alpha_{Cl^-}^{-2}$

反应	平衡方程
$2BiOCl+3HSO_4^-+25H^++20e^- \Longrightarrow Bi_2S_3+2Cl^-+14H_2O$	$E=0.4255-0.0740pH+0.0030lg\,\alpha_{HSO_4^-}^3\cdot\alpha_{Cl^-}^{-2}$
$2Bi+3SO_4^{2-}+24H^++18e^- \Longrightarrow Bi_2S_3+12H_2O$	$E=0.4338-0.0789pH+0.0033lg\,\alpha_{SO_4^{2-}}^3$
$BiOCl+2H^++3e^- \Longrightarrow Bi+Cl^-+H_2O$	$E=0.1596-0.0395pH+0.0197lg\,\alpha_{Cl^-}^{-1}$
$Bi_2O_3+6H^++6e^- \Longrightarrow 2Bi+3H_2O$	$E=0.3765-0.0592pH$
$BiO_2^-+4H^++3e^- \Longrightarrow Bi+2H_2O$	$E=0.7474-0.0789pH+0.0197lg\,\alpha_{BiO_2^-}$
$Bi^{3+}+HClO+2e^- \Longrightarrow BiOCl+H^+$	$E=1.7555+0.0296pH+0.0296lg\,\alpha_{Bi^{3+}}\cdot\alpha_{HClO}$
$Bi_2(SO_4)_3+2HClO+4e^- \Longrightarrow 2BiOCl+3SO_4^{2-}+2H^+$	$E=1.3360+0.0296pH+0.0148lg\,\alpha_{HClO}^2\cdot\alpha_{SO_4^{2-}}^{-3}$
$Bi_2(SO_4)_3+2HClO+H^++4e^- \Longrightarrow 2BiOCl+3HSO_4^-$	$E=1.4001-0.0148pH+0.0148lg\,\alpha_{HClO}^2\cdot\alpha_{HSO_4^-}^{-3}$
$BiO^++HClO+H^++2e^- \Longrightarrow BiOCl+H_2O$	$E=1.8533-0.0296pH+0.0296lg\,\alpha_{BiO^+}\cdot\alpha_{HClO}$
$Bi_2O_3+2ClO^-+6H^++4e^- \Longrightarrow 2BiOCl+3H_2O$	$E=2.0443-0.0888pH+0.0148lg\,\alpha_{ClO^-}^2$
$Bi_2O_3+2HClO+4H^++4e^- \Longrightarrow 2BiOCl+3H_2O$	$E=1.8240-0.0592pH+0.0148lg\,\alpha_{HClO}^2$

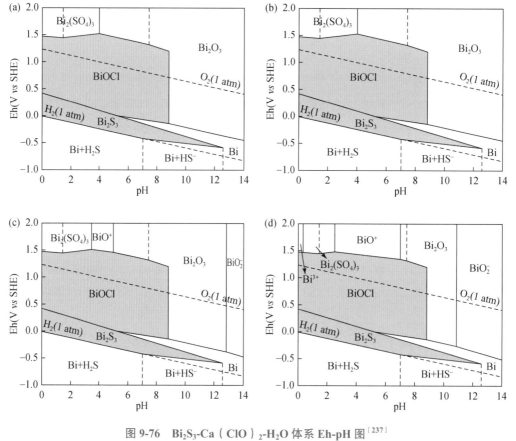

图 9-76　Bi_2S_3-Ca（ClO）$_2$-H_2O 体系 Eh-pH 图[237]

（a）α_{Bi}=1×10^{-4} mol/L；（b）α_{Bi}=1×10^{-6} mol/L；（c）α_{Bi}=1×10^{-8} mol/L；（d）α_{Bi}=1×10^{-10} mol/L

由图 9-76 所示 Bi_2S_3-Ca(ClO)$_2$-H_2O 体系下的 Eh-pH 图可知，辉铋矿（Bi_2S_3）表面的

氧化产物受 pH 和电位的影响较大，在不同 pH 和电位的条件下产生的氧化产物不同。当 pH ＜ 8.7，电位较高时，辉铋矿表面将与次氯酸钙反应生成 BiOCl。并且，随着 Bi_2S_3-Ca(ClO)$_2$-H_2O 体系中 Bi 活度的增加，BiOCl 稳定区的大小几乎没有什么太大变化。结合辉铋矿表面性质的变化以及图 9-67 浮选试验的结果可以推测，辉铋矿的抑制很可能与辉铋矿表面形成的 BiOCl 有关[237]。

9.3.5　硫化矿与抑制剂相互作用的腐蚀电化学

1. 石灰与方铅矿、闪锌矿、黄铁矿相互作用的腐蚀电化学

1）石灰介质中黄铁矿的氧化

图 9-77 分别为自然 pH（6.8）和石灰调浆 pH 为 12 时的电解质溶液中 FeS_2 的动电位极化和阻抗测量结果，图 9-77（a）表明，加入石灰后，黄铁矿的腐蚀电位负移约 150 mV，腐蚀电流密度从 10.7 μA/cm^2 降低为 6.2 μA/cm^2，缓蚀效率为 42.05%。阴极和阳极的 Tafel 斜率没有太大变化。图 9-77（b）表明，尽管阻抗图的形状没有发生变化，仍由单一容抗弧构成，但有石灰存在时容抗弧半径明显增大，电极表面反应电阻增大了约 5600 Ω，黄铁矿表面明显有氧化物生成，从而阻止黄药的吸附。

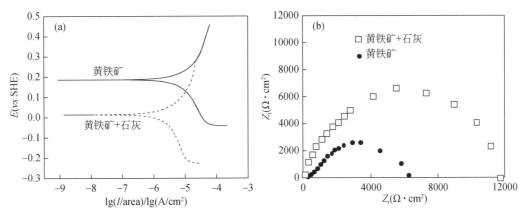

图 9-77　黄铁矿在石灰和自然状态下的 Tafel 曲线（a）及 EIS 图谱（b）

KNO$_3$：10^{-1} mol/L

石灰存在时不同阳极极化电位下黄铁矿的 EIS 结果示于图 9-78（a），图 9-78（b）为图 9-78（a）中的极化电阻相对于电极电位作图，由于在石灰体系中，黄铁矿的腐蚀电位为 20 mV，因此阳极极化从 20 mV 开始，由图 9-78 可以看出，阳极极化电位在 20～330 mV 范围内，阻抗均呈单一容抗弧，但电极表面所处控制过程却不相同，在电位为 20～250 mV，随着阳极极化电位的增加，容抗弧半径逐渐增大，表明此时生成了表面铁羟基氧化物钝化膜，表面电阻随电位的升高而增大，此时为氧化物的生长控制阶段，在 250～330 mV 范围内，因为钝化膜的溶解速度逐渐增大，容抗弧半径又逐渐减小，极化电阻随电位减小，为钝化膜溶解控制阶段。黄铁矿在石灰高碱介质中的反应可以认为是发生如下反应：

$$FeS_2 + 2OH^- \longrightarrow Fe(OH)_2 + 2S^0 + 2e \quad (9\text{-}42a)$$

$$FeS_2 + 8OH^- \longrightarrow Fe(OH)_2 + 2SO_3^{2-} + 6H^+ + 10e \quad (9\text{-}42b)$$

$$FeS_2 + 5OH^- \longrightarrow Fe(OH)_2 + S_2O_3^{2-} + 3H^+ + 6e \quad (9\text{-}42c)$$

$$FeS_2 + 10OH^- \longrightarrow Fe(OH)_2 + 2SO_4^{2-} + 8H^+ + 14e \quad (9\text{-}42d)$$

这些反应生成了铁的羟基化合物，阻碍了进一步的电子传递，尤其是氧原子与矿物表面的电子传递，因而 FeS_2 在石灰溶液中的氧化会呈现钝化特征，EIS 呈钝化特征，腐蚀电位也向负向移动，黄铁矿在石灰高碱介质中生成了铁的羟基化合物，阻止黄药的吸附与氧化，从而被抑制。

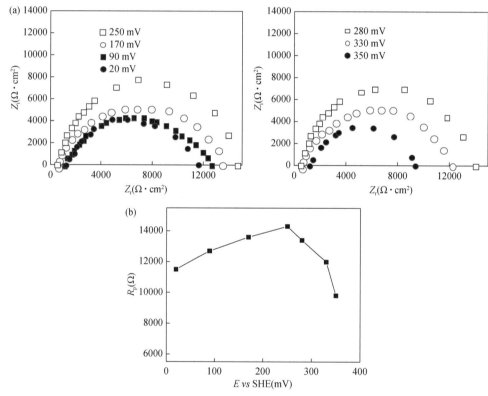

图 9-78 不同极化电位下石灰体系中黄铁矿的 EIS 图谱（a）以及石灰与黄铁矿作用的极化电阻（b）

pH 12；KNO_3：10^{-1} mol/L

2）石灰介质中方铅矿的氧化

图 9-79 分别为自然 pH（6.8）和石灰调浆（pH 11.8）中方铅矿动电位极化和电化学阻抗的测试结果，可以看出，加入石灰后，腐蚀电位出现负移，约降低 30 mV，腐蚀电流也有一定幅度减小，从 3.45 μA 降低到 2.14 μA，缓腐蚀效率为 17.9%，低于石灰对 FeS_2 的缓蚀率 42.05%，且在两种 pH 条件下，PbS 的腐蚀电流都小于 FeS_2，表明方铅矿比黄铁矿难氧化，石灰对 FeS_2 的作用更强。

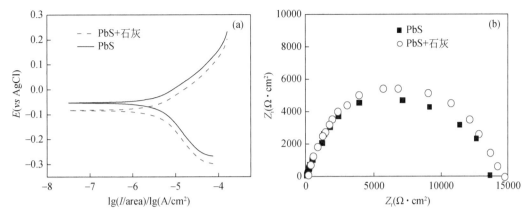

图 9-79　PbS 在石灰和自然状态下的 Tafel 曲线（a）和 EIS 图谱（b）

KNO$_3$: 10^{-1} mol/L

　　阻抗测量结果表明，加与不加石灰，PbS 的阻抗效率由单一的容抗弧构成，有石灰存在的环境中，容抗弧的半径稍稍大于自然 pH 体系。不同阳极极化电位下的 EIS 以及相应的极化电阻结果（图 9-80）表明，在不同极化电位下 PbS 的阻抗，可以细分为三个阶段，$-70 \sim 300$ mV，容抗弧半径略微增大，极化电阻缓慢增加，属于氧化膜上的生长控制阶段，

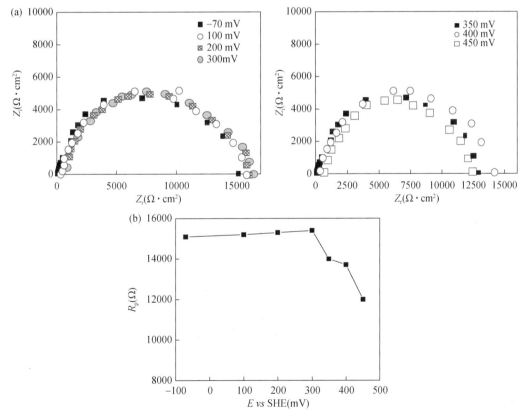

图 9-80　PbS 在石灰中不同阳极极化电位下的 EIS 图谱（a）及极化电阻（b）

KNO$_3$: 10^{-1} mol/L

300～400 mV，容抗弧半径减小，极化电阻又逐步减小，为氧化膜的溶解控制阶段，当电位大于或等于 400 mV 以后，电阻急剧减小，为膜脱落后 PbS 溶解控制阶段。

因此，在石灰调浆的溶液中，PbS 表面也可能存在如下阳极反应：

$$PbS+2OH^- \longrightarrow Pb(OH)_2+S^0+2e \tag{9-43a}$$

$$PbS+6OH^- \longrightarrow Pb(OH)_2+SO_4^{2-}+4H^++8e \tag{9-43b}$$

但总的来说，与黄铁矿相比，方铅矿与石灰的作用不强，石灰对方铅矿的抑制作用不强。

3）石灰介质中闪锌矿的氧化

图 9-81 是闪锌矿在石灰与 NaOH 溶液中动电位极化测试结果，表 9-9 列出了相应的电化学参数，可以看出，在 NaOH 和 Ca(OH)$_2$ 体系中，ZnS 的腐蚀电位负移，腐蚀电流变小，但在 Ca(OH)$_2$ 的体系中变化的幅度明显大于在 NaOH 体系中的变化幅度，这说明石灰对 ZnS 阳极溶解的缓蚀抑制作用要强于 NaOH。

ZnS 在石灰体系中的腐蚀电流明显小于 NaOH 体系，表明石灰体系 ZnS 表面电子传递电阻较大。石灰对 ZnS 的阳极溶解有较强的抑制能力，相对于其他两种矿物来说，ZnS 的极化电阻要大得多，更容易在矿物表面形成非导电性物质，锌的氢氧化物，起抑制作用。

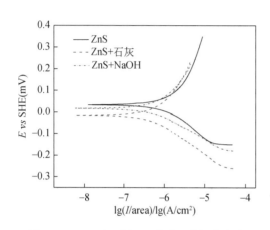

图 9-81　ZnS 在不同 pH 介质下的极化曲线

KNO$_3$：10^{-1} mol/L；NaOH：2×10^{-4} mol/L

表 9-9　不同 pH 环境下 ZnS 腐蚀的电化学参数

	pH	R_p（kΩ）	E_{corr}（mV/SHE）	I_{corr}（μA/cm^2）
	7	48.6	42	0.13
石灰	12	68.4	−12	0.03
NaOH	12	49.2	34	0.10

注：I_{corr} 表示腐蚀电流；E_{corr} 表示腐蚀电位；R_p 表示极化电阻；NaOH 浓度为 0.0002 mol/L

综上所述，闪锌矿和黄铁矿表面在石灰高碱介质中分别生成了锌、铁的羟基化合物，阻止黄药的吸附与氧化而被抑制，而方铅矿与石灰的作用不强，石灰对方铅矿的抑制作用不强，从而实现铅锌硫化矿高碱电位调控浮选分离。

2. 次氯酸钙与辉铋矿相互作用的腐蚀电化学

图 9-82 为辉铋矿在不同条件下的动电位极化曲线、Nyquist 交流阻抗谱，各条件下的 Tafel 参数及 EIS 拟合参数见表 9-10 和表 9-11。

由图 9-82（a）和表 9-10 可知，在 pH 为 7.0，无次氯酸钙时，辉铋矿的腐蚀电位 E_{corr} 为−12.0 mV，腐蚀电流 I_{corr} 为 0.776 μA，极化电阻 R_p 为 41993 Ω。腐蚀电流较小，极化电阻较大，说明辉铋矿自身的电化学活性较低，抗腐蚀能力较强，不易被氧化腐蚀。

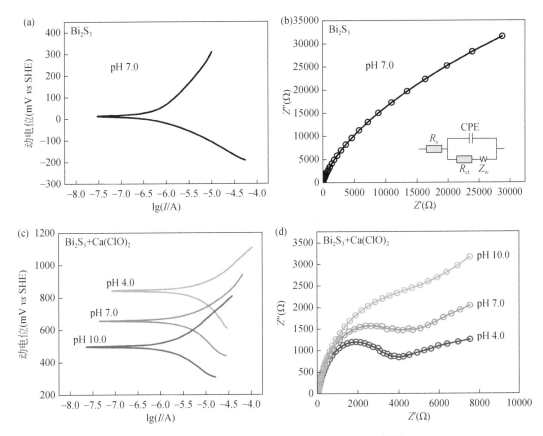

图 9-82 次氯酸钙作用前后辉铋矿电化学行为[237]

（a）动电位极化曲线；（b）Nyquist 交流阻抗谱。次氯酸钙作用下辉铋矿在不同 pH 条件下的电化学行为：（c）Tafel 极化曲线；（d）Nyquist 交流阻抗谱

表 9-10 不同条件下辉铋矿的动电位极化曲线测试参数

条件	开路电位（mV vs. SHE）	塔费尔参数				
		E_{corr}（mV vs. SHE）	I_{corr}（μA）	β_a（V/dec）	β_c（V/dec）	R_p（Ω）
Bi_2S_3（pH 7.0）	49.0	−12.0	0.776	0.253	0.106	41993
Bi_2S_3+Ca（ClO）$_2$（pH 4.0）	860.8	844.1	6.85	0.191	0.301	7420
Bi_2S_3+Ca（ClO）$_2$（pH 7.0）	691.5	659.5	6.08	0.232	0.417	10652
Bi_2S_3+Ca（ClO）$_2$（pH 10.0）	529.8	498.0	2.50	0.268	0.255	22690

注：β_a 表示阳极极化斜率；β_c 表示阴极极化斜率

表 9-11 不同条件下辉铋矿的 EIS 交流阻抗谱测试参数[237]

条件	R_s（Ω）	R_{ct}（Ω）	Z_w（Ω）	CPE	
				C_{dl}（μF）	n
Bi_2S_3（pH 7.0）	35.63	46450	$3.41×10^{-5}$	19.57	0.8301
Bi_2S_3+Ca（ClO）$_2$（pH 4.0）	32.71	3410	$1.03×10^{-3}$	26.70	0.8014
Bi_2S_3+Ca（ClO）$_2$（pH 7.0）	33.74	4010	$5.26×10^{-4}$	23.15	0.8227
Bi_2S_3+Ca（ClO）$_2$（pH 10.0）	35.21	4650	$2.99×10^{-4}$	26.35	0.8238

注：n 为 CPE 指数

图 9-82（b）为辉铋矿在 pH 7.0，无次氯酸钙时的 Nyquist 交流阻抗谱，高频区仅显示四分之一的容抗弧，电荷转移电阻 R_{ct} 为 46450 Ω，电荷转移的阻力较大，说明辉铋矿表面的氧化速率较低；低频区为一条接近 45° 的斜线，说明辉铋矿电极表面较为平整，同时也说明辉铋矿表面未发生明显的电化学反应，电极表面没有出现点蚀或形成沉淀。加入次氯酸钙后，如图 9-82（c）和表 9-10 所示，在相同的 pH 下，辉铋矿电极的开路电位迅速上升至 691.5 mV，腐蚀电位 E_{corr} 也相应地增加至 659.5 mV，腐蚀电流 I_{corr} 则提高到 6.08 μA。腐蚀电位的升高，表明辉铋矿表面发生氧化还原反应的吉布斯自由能降低，被氧化的趋势增大；腐蚀电流的增加，说明辉铋矿在次氯酸钙的作用下，表面的腐蚀速率提高，氧化程度加深。此外，从动电位极化曲线还观察到辉铋矿电极的阳极极化斜率减小，阴极极化斜率增大，对应的极化电阻 R_p 降低至 10652 Ω，远小于无次氯酸钙时的极化电阻，这说明辉铋矿作为阳极的表面电荷传递速率和传递系数增大，同时也说明次氯酸钙的存在促进了辉铋矿作为阳极时的氧化。除此之外，由图 9-82（d）所示的 Nyquist 交流阻抗谱还可以发现，次氯酸钙的加入使得辉铋矿的 Nyquist 图中出现一个明显的半圆（pH 7.0）。

根据表 9-11 中所示数据可知，次氯酸钙的加入使辉铋矿电极的电荷转移电阻 R_{ct} 降低至 4010 Ω，仅为无次氯酸钙时 R_{ct} 的十分之一，这说明辉铋矿电极表面的电荷传递阻力减小，电荷传递过程增强，即辉铋矿表面的氧化速率增加。同时，Nyquist 图中低频区的斜线不再接近于理想的 45°，这是因为辉铋矿和次氯酸钙发生了化学作用，并在其表面产生了沉淀，造成辉铋矿电极的表面粗糙度增大，从而导致辉铋矿 Nyquist 曲线中直线部分的斜率减小。由此可以推断，辉铋矿电极的腐蚀电流增大是因为辉铋矿和次氯酸钙之间发生了氧化还原反应，提高了表面电荷传递速率并增大了电荷传递系数，从而导致辉铋矿的电荷转移电阻下降，同时辉铋矿和次氯酸钙反应后的产物会沉淀在辉铋矿的表面，使其扩散电阻增大。

此外，辉铋矿和次氯酸钙之间的作用强度受体系 pH 的影响较大。在酸性条件下（pH 4.0），辉铋矿的腐蚀电流 I_{corr} 较高，阳极极化斜率和极化电阻 R_p 较低，说明酸性条件下辉铋矿和次氯酸钙的作用较强。随着体系 pH 的提高，辉铋矿的腐蚀电流降低，极化电阻增大，Nyquist 谱中半圆部分的直径逐渐增加，电极的电荷传递电阻 R_{ct} 不断增大，表明辉铋矿表面的电化学反应减弱，电极的电荷传递阻力增加；同时，扩散电阻 Z_w 减小，说明辉铋矿表面产生的沉淀减少。结合图 9-74 所示 Bi_2S_3-$Ca(ClO)_2$-H_2O 体系下的 Eh-pH 图以及辉铋矿表面的 EDS 检测结果可以推断，BiOCl 为辉铋矿和次氯酸钙作用后的主要产物。

9.4 硫化矿与捕收剂、抑制剂选择性作用电化学

浮选体系中，捕收剂和抑制剂一般是同时存在的，本节从电化学作用角度讨论捕收剂和抑制剂同时与硫化矿作用时，捕收剂和抑制剂作用的选择性。

9.4.1　捕收剂、有机抑制剂与硫化矿作用电化学

1. 丁黄药、铬铁木质素与硫化矿作用循环伏安曲线

1）黄铜矿与丁黄药、铬铁木质素的相互作用

图 9-83 为黄铜矿电极在不同 pH 缓冲溶液中的循环伏安曲线，扫描速率 20 mV/s，起始扫描电位为-400 mV。从图 9-83 可以看出：

（1）无捕收剂存在时，在 pH=4，当进行正向扫描时，约 100 mV 时观察到阳极峰，随着电位的增大，阳极电流逐渐增加，直至黄铜矿电极表面还原物的浓度接近于零，阳极电流达到峰值。当电位继续增大，电极表面附近的还原物耗尽，阳极电流衰减至最小。阳极峰的出现是由于黄铜矿按反应式（9-3a）发生氧化，由于在电化学反应体系中，与反应无关的离子及其他可溶性组分已尽可能进行消除，故假定反应的可溶性组分浓度为 1×10^{-6} mol/L，反应（9-3a）计算得到的电位为 99 mV，与图中起始氧化电位相同。在 pH 9.18 的缓冲溶液中扫描的循环伏安曲线上，出现一个阳极峰和一个阴极峰，阳极峰对应于反应式（9-3b），该式计算可逆电位为 294 mV。

在反向扫描时，出现阴极峰，反应（9-3a）的可逆反应导致了阴极峰的出现。从图中还可以看出，阴极反应的电流密度明显大于阳极反应的电流密度。对于一个可逆过程来说，氧化还原峰的大小应该基本一致。因此，可以推断反应（9-3a）可能不是完全可逆的。这是由于在酸性溶液中，铁离子优先从黄铜矿表面溶解进入液相，留下一个按化学计量与矿物有相同结构的缺金属富硫层，随着氧化过程的继续，金属离子越来越多地离开矿物晶格，富硫程度越来越高，最终在矿物表面生成中性硫，这部分元素硫没有参与黄铜矿的还原，在反向扫描时可能按以下反应还原成硫离子。在 pH=9.18 的阴极峰可能是由于反应式（9-3d）中氧化产物还原引起的。

$$H_2S = S^0 + 2H^+ + 2e$$
$$Eh = 0.142 - 0.059pH - 0.0296lg[H_2S]$$

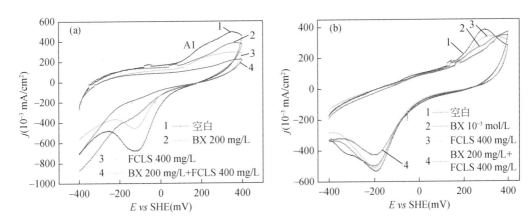

图 9-83　黄铜矿电极在 pH 4（a）和 pH 9.18（b）的缓冲溶液中的循环伏安曲线

（2）黄药存在时，与无捕收剂时相比，没有新的峰生成，相反，阴极峰消失，阳极峰电流减小。这表明黄药的添加导致了黄铜矿表面钝化膜的生成，抑制了黄铜矿的氧化。根据反应式（9-15a）和式（9-29），当黄药浓度为 200 mg/L 时，计算得到电位分别为 45 mV 和 77 mV，图中所示的氧化峰位置与反应式（9-49）计算电位基本一致，因此，可以认为，在黄药浮选体系中，黄原酸铜是黄铜矿表面主要的疏水实体。

与在酸性溶液中不同的是，当 pH 为 9.18 时，黄药的存在不能充分地影响黄铜矿循环伏安曲线的形状，这是由于在较高 pH 条件下，黄药在黄铜矿表面生成氧化膜的速度较慢，同时，这与黄铜矿在酸性和碱性条件下表面组分不同有关。在高 pH 条件下，黄铜矿表面的主要产物是铁氢氧化合物，铁氢氧化合物的存在一定程度上阻止了黄药在黄铜矿表面的吸附。添加黄药后，阳极峰消失，这是由于在阳极扫描过程中，Fe(II) 的氧化受到抑制，同样地，在阴极扫描过程中，Fe(III) 的还原也受到抑制。

（3）当添加铬铁木质素 FCLS 后，与无药剂存在时相比，在 pH=4 时，扫描曲线的形状没有发生变化，FCLS 对黄铜矿的氧化还原反应没有影响，只是氧化峰电流降低了，说明 FCLS 在黄铜矿表面发生吸附，使得表面电阻增大，但没有完全阻止黄铜矿的氧化。在 pH 9.18，黄铜矿的阳极峰仍然存在，只是氧化峰电流略有降低，这表明 FCLS 在某种程度上对黄铜矿的氧化有一定的阻碍作用，但是没有黄药作用强烈。

（4）当黄药和 FCLS 共同存在时，在 pH=4 时，扫描曲线的形状与黄药单独存在时相似，阴极还原峰消失了，氧化峰电流比前面几种体系都小，说明黄药和 FCLS 都在黄铜矿表面发生了作用，黄药作用比 FCLS 强。这就是为什么 FCLS 存在时，黄铜矿仍然可浮的原因。在 pH 9.18，黄铜矿的扫描曲线与单加黄药时形状相似，阳极峰消失，表明两种药剂同时存在时，黄药起主导作用。从图中还可以看到，在混合药剂体系中黄铜矿氧化峰电流小于单独药剂体系的电流，说明黄药和 FCLS 同时发生了作用。黄铜矿电极在不同 pH 条件下的循环伏安曲线表明，黄药的存在使得钝化膜生成并且牢固地吸附在黄铜矿电极上。

添加 FCLS 后，黄铜矿的阳极峰仍然存在，只是氧化峰电流略有降低，这表明 FCLS 在某种程度上对黄铜矿的氧化有一定的阻碍作用，但是没有黄药作用强。当两种药剂同时存在时，黄铜矿的扫描曲线与单加黄药时形状相似，阳极峰消失，黄铜矿氧化峰电流小于单独加黄药体系的电流，表明两种药剂同时存在时，黄药和 FCLS 同时发生了作用，但黄药起主导作用，FCLS 对黄铜矿的抑制作用很小，如图 9-84 和图 9-85 所示。

图 9-84 为丁黄药作捕收剂，FCLS 作抑制剂时，四种矿物浮选回收率与 pH 的关系。从图中可以看出，当 pH>4 时，FCLS 对黄铜矿抑制能力较弱；并且随着 pH 的升高抑制能力降低，黄铜矿回收率逐步增加。图 9-85 为铬铁木质素（FCLS）用量对黄铜矿浮选矿浆电位及回收率的影响。从图中可以看出，当丁黄药 $C_{(BX)}=1\times10^{-4}$ mol/L 时，随着 FCLS 用量的增加，黄铜矿的矿浆电位变化不大，稳定在 400 mV 左右，当用量达到 400 mg/L 时，矿浆电位略微下降到 360 mV，FCLS 对黄铜矿抑制作用不强，黄铜矿回收率稳定在 70%左右。

2）方铅矿与丁黄药、铬铁木质素的相互作用

图 9-86 为方铅矿电极在 pH6.86 和 pH9.18 的缓冲溶液中的循环伏安曲线。由图 9-86 可以看出：

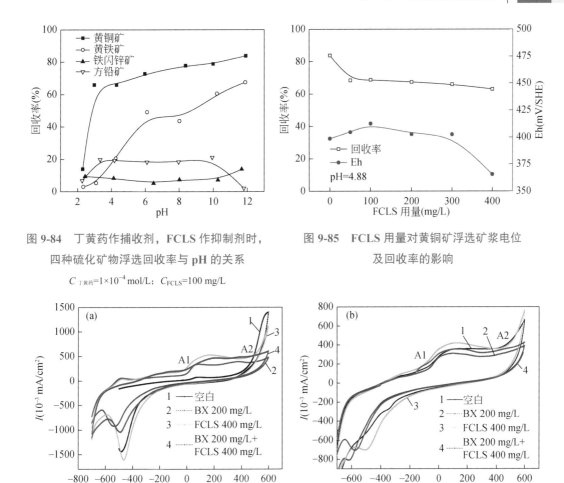

图 9-84 丁黄药作捕收剂，FCLS 作抑制剂时，四种硫化矿物浮选回收率与 pH 的关系

$C_{丁黄药}=1\times10^{-4}$ mol/L；$C_{FCLS}=100$ mg/L

图 9-85 FCLS 用量对黄铜矿浮选矿浆电位及回收率的影响

图 9-86 方铅矿电极在 pH 6.86（a）和 pH 9.18（b）的缓冲溶液中的循环伏安曲线

（1）在没有浮选药剂的溶液中，在 pH 6.86，方铅矿在电位 0～200 mV 之间出现一个氧化峰 A1，可能对应反应式（9-5a），反应式的热力学平衡电位为 177 mV，两者较为相近，所以认为方铅矿表面氧化的起始反应是式（9-5a）的反应生成元素硫。当电位增加至约 400 mV 出现的氧化峰是方铅矿表面进一步氧化成元素硫和 Pb(OH)$_2$ 形成的，氧化反应为（9-5d），对应的电位为 363 mV，与氧化峰 A2 起始氧化电位相对应。在 pH 9.18，方铅矿表面氧化的主要产物有 Pb(OH)$_2$、HPbO$_2^-$、S$_2$O$_3^{2-}$ 等。图中氧化峰 A1 是方铅矿阳极溶解生成元素硫和 Pb(OH)$_2$ 引起的，对应反应式（9-5d），该式热力学平衡电位为 215 mV，随着向正方向扫描，在电位 350 mV 左右又出现一个氧化峰，这是方铅矿氧化生成 Pb(OH)$_2$、S$_2$O$_3^{2-}$ 引起的，对应反应式（9-5e）。根据文献报道[133]，方铅矿在生成 S$_2$O$_3^{2-}$ 的过程中，存在反应势垒，考虑到生成 S$_2$O$_3^{2-}$ 的过电位，反应（9-5e）的电位为 340 mV，与图中的氧化电位值相近。

（2）与丁黄药作用后，方铅矿表面阳极峰电流明显减小，这是由于黄药与方铅矿作用后在方铅矿表面生成了疏水产物黄原酸铅。在 pH 6.86，方铅矿电极在阳极扫描过程中出现两个阳极氧化峰，第一个阳极峰 A1 的起始电位大约为 0 V。氧化反应对应于式（9-18a）。当黄药浓度为 200 mg/L 时，反应（9-18a）的热力学平衡电位为-5 mV，与图中的起始氧化电位较接近。当电位增加至约 400 mV 出现的氧化峰 A2 对应于方铅矿表面 PbX_2 疏水膜逐渐分解，生成亲水的 $HPbO_2^-$ 或 $Pb(OH)_2$，按照反应式（9-19a）和（9-19b）计算出的电位分别是 470 mV 和 395 mV。也就是说随着电位增加，方铅矿表面 PbX_2 疏水膜逐渐分解，先生成亲水的 $Pb(OH)_2$，进一步生成 $HPbO_2^-$。

在 pH 9.18，随着电位增加，方铅矿表面按照反应（9-18a）和反应（9-18c）逐步生成 PbX_2 和元素 S 及 PbX_2、$S_2O_3^{2-}$。电位 0～200 mV 出现了一个阳极主峰 A1，对应于反应式（9-18c）的电位为 100 mV。继续增大电位至 300 mV 时，阳极电流逐渐增大，这是方铅矿表面 PbX_2 疏水膜逐渐分解和溶解生成 $HPbO_2^-$ 或 $Pb(OH)_2$、$S_2O_3^{2-}$ 引起的，对应于反应式（9-19a）和式（9-19b）。电位增加至一定值后，阳极电流急剧增加，表明 S 完全溶解。在阴极扫描过程中出现的还原峰是方铅矿表面黄原酸铅还原引起的，还原产物为金属铅及黄原酸根离子。

（3）添加 FCLS 后，在 pH 6.86，与没有加入药剂时，在阳极扫描过程中方铅矿电极仍然出现两个氧化峰，第一个峰在电位-20～300 mV 区间，第二个峰在电位 500～600 mV 之间。在 pH9.18，与没有加入药剂及黄药存在时的扫描曲线相比，阳极峰电流都有所增加，说明 FCLS 加速了方铅矿的氧化。方铅矿氧化峰的位置没有发生变化，阳极峰电流升高，表明 FCLS 与方铅矿之间没有发生电化学反应，FCLS 的存在只是促进了方铅矿的氧化，FCLS 与方铅矿的作用方式可归因于化学吸附。

（4）当黄药和 FCLS 同时存在时，氧化电流密度介于分别单独使用黄药和 FCLS 之间，更接近于单独使用 FCLS 的值，说明 FCLS 在方铅矿表面起主导作用，FCLS 对方铅矿有较强的抑制作用，如图 9-84 和图 9-87 所示。

图 9-84 表明，在整个实验 pH 范围内，FCLS 对方铅矿有很好的抑制作用，矿物浮选回收率不超过 20%。图 9-87 表明，当丁黄药 $C_{(BX)}=1\times10^{-4}$ mol/L 时，随着 FCLS 用量的增加，方铅矿的矿浆电位从 260 mV 逐步上升到约 275 mV 左右，FCLS 对方铅矿的抑制作用强，方铅

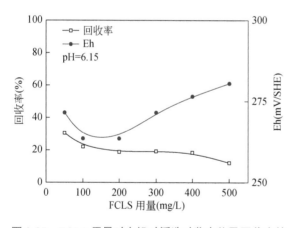

图 9-87　FCLS 用量对方铅矿浮选矿浆电位及回收率的影响

矿回收率下降到 15%左右。由此可以推断：在弱酸性和碱性条件下，FCLS 作抑制剂时，有可能实现黄铜矿和方铅矿的浮选分离。

3）黄铁矿与丁黄药、木质素磺酸钙（LSC）的相互作用

图 9-88 为黄铁矿电极在 pH 6.86 和 9.18 的缓冲溶液中与 LSC 及 LSC 和黄药混合药剂作用的循环伏安曲线。由图 9-88 可知，在 LSC 存在下，黄铁矿的伏安曲线上虽然仍出现两个氧化峰，但对照图 9-39 中黄铁矿在水溶液中的循环伏安扫描曲线可以看出，有 LSC

存在时，黄铁矿表面氧化电流显著减小，表明黄铁矿表面不溶物质增多导致表面电阻增大，此时，黄铁矿表面除了发生自身氧化之外，还可能与 LSC 反应生成表面钝化膜。而且，无论是只加 LSC 还是加入 LSC 和 BX 的混合溶液，黄铁矿的伏安曲线几乎重合，LSC 为主要作用，影响了黄药的作用，捕收剂和黄铁矿表面的电化学反应可能不能发生。

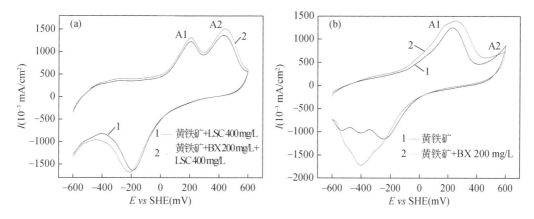

图 9-88　黄铁矿电极在 pH 6.86（a）和 pH 9.18（b）缓冲溶液中与 LSC 作用的循环伏安曲线

0.1 mol/L KNO₃，扫描速度 50 mV/s

同样，在 pH 9.18 的缓冲溶液中，黄铁矿在 LSC 体系中的表面氧化行为与在 LSC 和黄药混合药剂体系中基本相似。说明 LSC 在反应中起主要作用，LSC 的存在阻止了黄药与黄铁矿的作用，LSC 对黄铁矿有强烈的抑制作用，如图 9-89 所示。图 9-89 表明了丁黄药作捕收剂，LSC 作抑制剂时，四种硫化矿浮选回收率与 pH 的关系。从图中可以看出，LSC 作抑制剂时，黄铜矿在整个实验 pH 范围内仍保持良好的可浮性，回收率在 80% 以上，在整个 pH 范围内对黄铁矿的抑制效果都较明显。由此可以推断，在强碱性条件下，LSC 有可能实现铜硫的分离。

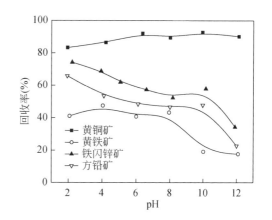

图 9-89　丁黄药作捕收剂，LSC 作抑制剂时，四种硫化矿物浮选回收率与 pH 的关系

$C_{丁黄药}=1\times10^{-4}$ mol/L，$C_{LSC}=100$ mg/L，$C_2^{\#}{}_{油}=10$ mg/L

2. 捕收剂、有机抑制剂与硫化矿相互作用的 Tafel 研究

1）方铅矿与 BX 及 FCLS 作用的 Tafel 研究

图 9-90 分别为 pH 4、pH 9.18 时，方铅矿在不同化学环境下的 Tafel 曲线。结果表明，在不同 pH 条件下，添加黄药后，腐蚀电位明显负移，此时表面阴极反应受到抑制。在高电位区有一段钝化区，可能是表面生成黄原酸铅或者元素硫所致。添加 FCLS 后，腐蚀电位负移，但阴极反应和阳极反应曲线的斜率并没有发生改变，表明此时方铅矿表

面电化学反应类型没有改变，变化的只是反应电流。BX 及 FCLS 同时添加后，曲线类型与单独添加黄药时类似，这表明 FCLS 的存在并不能限制黄药与方铅矿的相互作用，FCLS 对方铅矿的抑制作用主要是由于 FCLS 的罩盖，这与前面浮选结果和循环伏安研究结果一致。

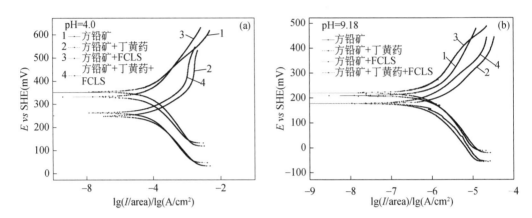

图 9-90　方铅矿电极在 pH 4（a）和 pH 9.18（b）的不同药剂体系中的 Tafel 曲线

2）黄铁矿与 BX 及 FCLS 作用的 Tafel 研究

图 9-91 为黄铁矿电极在不同 pH 缓冲溶液中与 FCLS 及 FCLS 和黄药混合药剂作用前后的极化曲线。由图可知，不同 pH 条件下，与 FCLS 作用后，黄铁矿腐蚀电位都有所降低，表面极化电阻都减小，腐蚀电流密度都增大，说明 FCLS 的存在利于体系的电子交换和传递，使得腐蚀速度加快。当 FCLS 和黄药同时存在时，极化曲线形状与黄药单独存在时相似，并且腐蚀电位值介于 FCLS 和黄药单独存在之间，说明 FCLS 存在不能阻止黄药与黄铁矿的作用，因此，FCLS 存在时，黄铁矿仍然有一定可浮性，如图 9-84 所示。在图 9-84 中，当 pH>6，丁黄药作捕收剂，FCLS 作抑制剂时，FCLS 对黄铁矿抑制能力较弱，并且随着 pH 的升高抑制能力降低，黄铁矿回收率逐步增加。

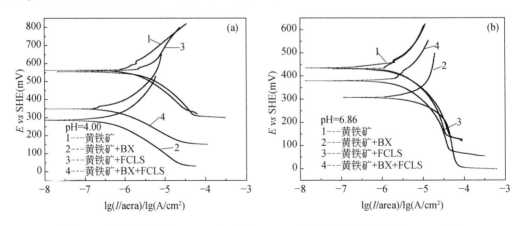

图 9-91　黄铁矿电极在 pH 4.0（a）和 pH 6.86（b）的缓冲溶液中的 Tafel 曲线

9.4.2 捕收剂、无机抑制剂与硫化矿选择性作用电化学

1. 高碱环境中捕收剂与黄铁矿的相互作用

图 9-92 和图 9-93 分别为石灰和 NaOH 调浆时，黄铁矿与捕收剂作用后的动电位极化测试以及电化学阻抗测试，可以看出，在高碱环境中，黄铁矿与捕收剂作用前后，电化学腐蚀参数变化都不太明显，捕收剂的作用均受到较强抑制。但相比之下，在 NaOH 体系腐蚀电流降低幅度略大于在石灰体系，表明黄药在 NaOH 体系对黄铁矿的缓蚀作用略强于在石灰体系，即黄药在 NaOH 体系中对黄铁矿仍有一定的捕收能力，而在石灰体系中，这种捕收能力大大降低，即用黄药作捕收剂时，石灰高碱环境对黄铁矿有强的抑制作用。而且，黄药、乙硫氮与黄铁矿作用时，腐蚀电流和腐蚀电位略有降低，容抗弧半径略有增长，表明对 FeS_2 的溶解有一定缓蚀作用，黄药的作用略好于乙硫氮。

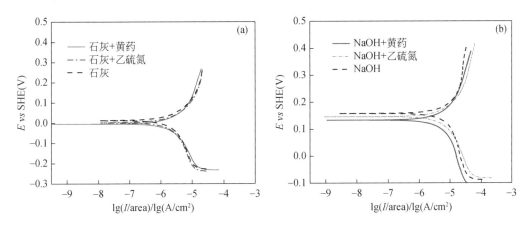

图 9-92 黄铁矿在石灰（a）和 NaOH（b）溶液中与捕收剂作用的 Tafel 曲线

KNO_3：10^{-1} mol/L；捕收剂浓度：10^{-4} mol/L；pH 12

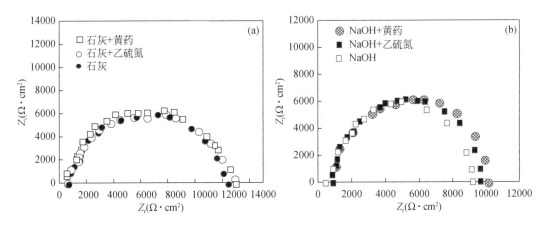

图 9-93 黄铁矿在石灰（a）和 NaOH（b）体系中与捕收剂作用的 EIS

KNO_3：10^{-1} mol/L；捕收剂浓度：10^{-4} mol/L；pH 12

2. 高碱环境中捕收剂与方铅矿的相互作用

图9-94分别为石灰和NaOH调浆中,两种捕收剂作用下方铅矿的动电位极化测试结果,相应的电化学参数列于表9-12,可以看出,与在自然pH条件下相比,黄药和乙硫氮与方铅矿在石灰和氢氧化钠的高碱环境中作用后的腐蚀电位、腐蚀电流、极化电阻没有明显差别,这表明高pH环境对方铅矿与捕收剂的相互作用没有太大影响,而高碱环境对黄铁矿与捕收剂的作用有很大的影响,这表明高碱环境可以使方铅矿与黄铁矿更好的选择性分离,这也正是高碱电位调控浮选分离方铅矿和黄铁矿的基础。图9-94和表9-12还可以看出,在高碱条件下,乙硫氮的极化曲线相对于低碱条件变化更小,腐蚀电位、腐蚀电流、极化电阻变化更小,与在自然pH条件下相比,在NaOH和石灰的高碱环境中,黄药与方铅矿作用后,腐蚀电位、腐蚀电流、极化电阻的变化值分别为9、0.14、1.2和10、0.17、1.1,乙硫氮与方铅矿作用后,腐蚀电位、腐蚀电流、极化电阻的变化值分别为3、0.03、0.1和5、0.08、0.2。这表明乙硫氮与方铅矿的作用受pH影响更小,因此用乙硫氮作为高碱条件下方铅矿的捕收剂比黄药更好,高碱环境中铅锌浮选分离时乙硫氮具有更好的选择性。

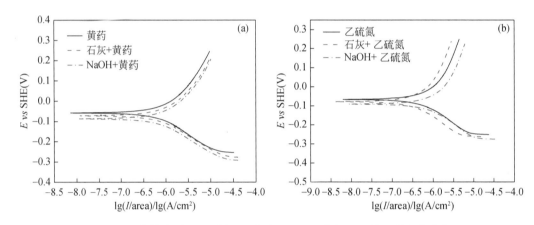

图9-94　黄药(a)和乙硫氮(b)在不同pH中与PbS作用的极化曲线

KNO$_3$: 10^{-1} mol/L; BX: 10^{-4} mol/L; DDTC: 10^{-4} mol/L

表9-12　捕收剂在不同pH环境与PbS相互作用的电化学参数

捕收剂	pH	R_p(kΩ)	E_{corr}(mV/SHE)	I_{corr}(μA/cm^2)
黄药	自然	16.3	−68	1.46
	NaOH	17.5	−77	1.32
	石灰	17.4	−78	1.29
DDTC	自然	15.2	−71	1.67
	NaOH	15.3	−74	1.64
	石灰	15.4	−76	1.59

注: I_{corr}表示腐蚀电流, E_{corr}表示腐蚀电位, R_p表示极化电阻

图9-95为石灰调整pH为12条件下,三种硫化矿的浮选行为,表明石灰调浆时,方铅矿表现出良好的可浮性,闪锌矿和黄铁矿被强烈抑制。对于闪锌矿和黄铁矿来说,捕收剂

黄药(BX)的作用效果要略好于乙硫氮（DDTC）的作用效果，而对于方铅矿来说，捕收剂乙硫氮（DDTC）的作用效果要略好于黄药(BX)的作用效果。因此，乙硫氮适合作为铅锌硫浮选分离时 PbS 的捕收剂。

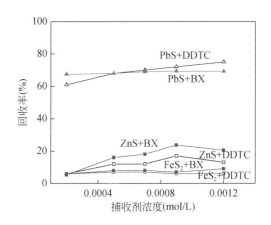

图 9-95　石灰高碱（pH12）条件下，硫化矿在不同捕收剂下的浮选行为

9.5　硫化矿与活化剂、抑制剂作用电化学

在多金属硫化矿浮选分离中，如锌硫分离，一些硫化矿，如闪锌矿、铁闪锌矿的浮选需要加入活化剂，而活化剂也对黄铁矿的浮选有活化作用，需要加入抑制剂，本节介绍硫化矿与活化剂、抑制剂作用电化学的一些研究。

9.5.1　活化剂对硫化矿浮选的影响

铜离子对铁闪锌矿及磁黄铁矿浮选的活化见图 9-96，乙黄药和硫酸铜的用量分别为 1×10^{-4} mol/L 和 2×10^{-4} mol/L。由图 9-96 可以看出，只有捕收剂乙黄药存在时，磁黄铁矿在较宽 pH 范围具有较好的可浮性，回收率在 80% 左右。铁闪锌矿只有在 pH<5 时，才有较好的可浮性，回收率在 90% 左右。经 Cu^{2+} 活化后，两种矿物在 pH 为 4~13 范围内，可浮性很好且浮选行为相似。铜离子活化后铁闪锌矿的浮选与矿浆电位有关，如图 9-97 所示，从图中可以看出，加捕收剂黄药时，铜活化的铁闪锌矿在电位 200~500 mV 区间内都有良好的可浮性。

9.5.2　铜离子活化后锌铁硫化矿浮选的电位-pH 区间

用浮选的电位-pH 区间图来表达铜离子活化后，几种硫化矿的浮选行为，见图 9-98。以浓度 10^{-4} mol/L 丁黄药作为捕收剂，浓度 10^{-4} mol/L 铜离子作为活化剂，铁闪锌矿、磁黄铁矿、毒砂在一定 pH 和一定的电位区域内可实现浮选。浮选电位上限 Eh(u) 和电位下限

Eh(l) 见表 9-13。从表 9-13 和图 9-98 可以看出，低 pH 下，三种硫化矿被活化浮选电位区间较大，高 pH 下，电位区间较小。三种硫化矿浮选电位上限随 pH 增大而减小，浮选电位下限随 pH 变化不大。从铁闪锌矿、磁黄铁矿、毒砂浮选的电位-pH 区间来看，丁黄药为捕收剂，在铜离子存在下，三种矿物浮选分离的 Eh-pH 区间较小。表明，铜离子存在下，在可浮的电位区间，铁闪锌矿与磁黄铁矿和毒砂的浮选分离很难。

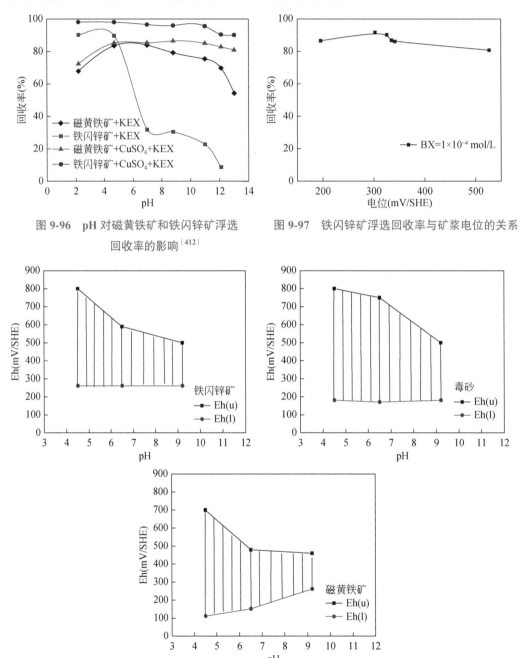

图 9-96　pH 对磁黄铁矿和铁闪锌矿浮选回收率的影响[412]

图 9-97　铁闪锌矿浮选回收率与矿浆电位的关系

图 9-98　Cu^{2+} 活化后硫化矿浮选电位上、下限与 pH 的关系示意图[263]

表 9-13　Cu^{2+}活化后丁黄药为捕收剂硫化矿浮选可浮电位区间[263]

矿物名称	矿浆电位区间 Eh（vs SHE/mV）	pH		
		4.5	6.5	9.2
铁闪锌矿	Eh(u)	>800	590	500
	Eh(l)	260	260	220
毒砂	Eh(u)	800	750	500
	Eh(l)	180	170	180
磁黄铁矿	Eh(u)	>700	480	460
	Eh(l)	110	150	260

9.5.3　抑制剂、活化剂存在下硫化矿的浮选行为与矿浆电位的关系

在多金属硫化矿浮选分离中，常常遇到铜离子活化浮选闪锌矿或铁闪锌矿，需要抑制黄铁矿、磁黄铁矿、毒砂，图 9-98 和表 9-13 表明，铜离子能同时活化这些矿物，浮选分离困难，需要加入不同抑制剂，此时，不同硫化矿在不同矿浆电位和 pH 下表现不同浮选行为，从而有可能实现分离。

1. 多羟基黄原酸盐和铜离子存在下锌铁硫化矿浮选的电位-pH 区间

Cu^{2+}浓度为 10^{-4} mol/L，多羟基黄原酸盐 GX2 浓度为 150 mg/L，丁黄药浓度为 10^{-4} mol/L 条件下，矿浆电位对三种硫化矿物浮选的影响见图 9-99，由图 9-99（a，b）可知，多羟基黄原酸盐对铜离子活化的铁闪锌矿在一定电位和 pH 范围，基本没有抑制作用，在可浮电位-pH 区间，回收率在 80%以上。在 pH 4～9 范围，其浮选电位下限在 200～300 mV，酸性条件下，浮选电位上限可达 800 mV，随着 pH 增加，浮选电位上限下降，稳定在 600 mV 左右。多羟基黄原酸盐对铜离子活化的磁黄铁矿、毒砂有较强抑制作用，磁黄铁矿浮选回收率在 40%以下，毒砂的回收率在 30%以下，而且，碱性条件下，抑制作用更强。在各 pH 下，在可浮的电位区间，铁闪锌矿与磁黄铁矿和毒砂有可能实现浮选分离。

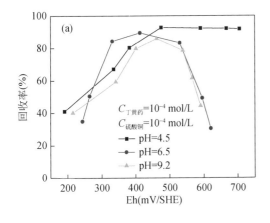
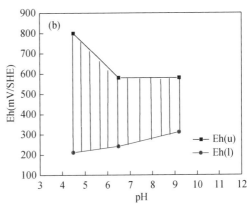

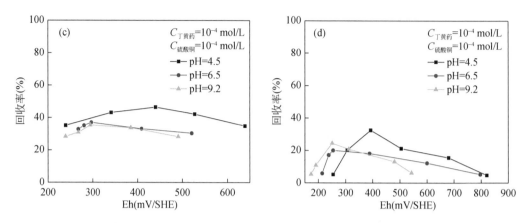

图 9-99　GX2 抑制 Cu^{2+} 活化后的铁闪锌矿（a）、磁黄铁矿（c）、毒砂（d）浮选回收率与矿浆电位的关系及铁闪锌矿浮选电位上、下限与 pH 的关系（b）[263]

2. 多羧基黄原酸盐和铜离子存在下锌铁硫化矿浮选的电位-pH 区间

Cu^{2+} 浓度为 10^{-4} mol/L，多羧基黄原酸盐 TX4 浓度为 150 mg/L，丁黄药浓度为 10^{-4} mol/L 条件下，矿浆电位对三种硫化矿物浮选的影响见图 9-100，由图 9-100（a，b）可以看出，

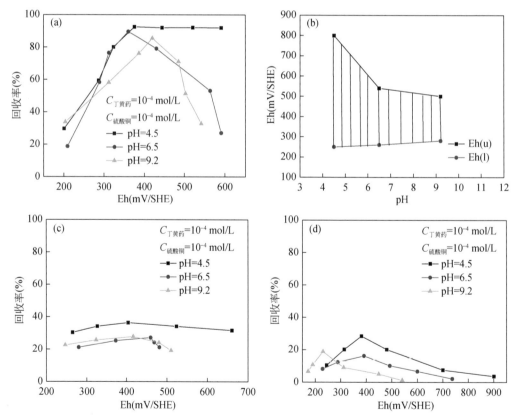

图 9-100　Cu^{2+} 活化后 TX4 抑制铁闪锌矿（a）、磁黄铁矿（c）、毒砂（d）浮选回收率与矿浆电位的关系及铁闪锌矿浮选电位上、下限与 pH 的关系（b）[263]

多羧基黄原酸盐对铜离子活化的铁闪锌矿在一定电位和 pH 范围，基本没有抑制作用，最大回收率在 80%~90%。各 pH 条件下，其浮选电位下限在 200~300 mV，酸性条件下，浮选电位上限可达 800 mV，随着 pH 增加，浮选电位上限下降，稳定在 550 mV 左右。多羧基黄原酸盐对铜离子活化的磁黄铁矿、毒砂有较强抑制作用，酸性条件下，磁黄铁矿浮选回收率在 35% 以下，毒砂的回收率在 30% 以下，而且，碱性条件下，磁黄铁矿浮选回收率在 30% 以下，毒砂的回收率在 20% 以下。在各 pH 下，在可浮的电位区间，Cu^{2+} 为活化剂，多羧基黄原酸盐为抑制剂，丁黄药为捕收剂，铁闪锌矿与磁黄铁矿和毒砂有可能实现浮选分离。

9.5.4　Cu^{2+} 活化铁闪锌矿的电化学机理

在浓度为 10^{-4} mol/L Cu^{2+} 存在时，在 0.1 mol/L KNO_3、pH 为 9.18 的缓冲溶液中，铁闪锌矿电极的循环伏安曲线（图 9-101）存在四个明显的阳极峰，表明铁闪锌矿电极表面主要体现出活化产物的电化学特性。在图 9-101 中的阴极峰 C_1、C_2 分别对应着电极反应（9-44a）、（9-44b）；而阳极峰 A_1、A_2、A_3、A_4 分别对应着电极反应（9-45）各式。

$$C_1:\ 2CuS+H^++2e \longrightarrow Cu_2S+HS^- \tag{9-44a}$$

$$C_2:\ Cu_2S+H^++2e \longrightarrow 2Cu+HS^- \tag{9-44b}$$

$$A_1:\ 2Cu+HS^- \longrightarrow Cu_2S+H^++2e \tag{9-45a}$$

$$A_2:\ Cu_2S+H_2O \longrightarrow CuS+CuO+2H^++2e \tag{9-45b}$$

$$A_3:\ CuS+H_2O \longrightarrow S\cdot CuO+2H^++2e \tag{9-45c}$$

$$A_4:\ S\cdot CuO+4H_2O \longrightarrow CuO+SO_4^{2-}+8H^++6e \tag{9-45d}$$

因此，Cu^{2+} 活化铁闪锌矿，电极表面活化产物主要是 CuS。

图 9-102 是铁闪锌矿电极在 0.1 mol/L KNO_3、pH 9.18 的硼酸缓冲溶液中，在一定的电位下保持 2 min，Cu^{2+} 作用后铁闪锌矿的循环伏安曲线。当在某一电位下活化 2 min，从阳

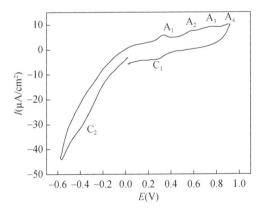

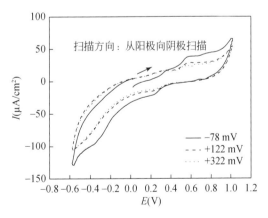

图 9-101　在缓冲溶液中 Cu^{2+} 作用后铁闪锌矿的
循环伏安曲线 [422]

扫描速率：20 mV/s，从阴极开始扫描

图 9-102　铁闪锌矿电极在硼酸缓冲溶液中，
Cu^{2+} 作用后的循环伏安曲线 [422]

扫描速率：50 mV/s，从阳极向阴极扫描

极开始扫描时，在-78 mV 活化时，阴、阳极峰电流比在电位+122 mV、+322 mV 活化时的峰电流高，这说明-78 mV 左右的活化效果明显好于后两个活化电位，即 Cu_2S 峰不明显而 CuS 峰却很突出，且 CuS 峰在-78 mV 时最明显，随着电位升高，它的峰高降低。从图可推知：①一定的低电位对 Cu^{2+} 活化是有利的，电极表面吸附的活化产物多；②低电位下的活化产物主要是 Cu_2S，而高电位下的活化产物主要是 CuS。

9.6 硫化矿浮选机械电化学

硫化矿通常用钢制棒磨机和球磨机磨矿后进行浮选，一般来说，硫化矿又都是氧化还原活性较高的半导体，因而磨矿氛围必然会对目的矿物的浮选行为产生影响。在磨矿环境中，硫化矿界面相互作用表现为一种机械电化学行为，这种行为是力学和电化学过程共同作用的结果，在冲击力和磨剥力的作用下，矿物会发生解理或脱去被氧化的表面，裸露出新鲜表面（nacent surface），并且使表面及次表层产生不同的晶格变形，影响硫化矿表面的半导体性质，进而影响其电化学行为。同样，由于体系中存在不同的矿物成分，机械力的作用促进矿物溶解，可能产生高浓度难免离子和矿物不同活性表面，使得整个磨矿环境变为一个复杂的耦合电化学系统。研究表明磨矿体系中存在两种腐蚀电偶，一种为磨剥腐蚀电偶，它是钢球介质磨剥的新鲜表面作为阳极，而没有被磨剥的表面作为阴极，另一种是矿物与钢球之间的接触腐蚀电偶，这些腐蚀电偶的存在必然也会对硫化矿表面的反应产生影响。考察机械力过程对电极过程的影响对我们揭示硫化矿浮选的表面过程有重要意义。本节介绍一种特殊的实验装置，对不同类型的腐蚀电偶以及硫化矿表面在机械力作用下表现出的电化学性质进行研究，以揭示各种影响因素对机械电化学过程的作用机制。

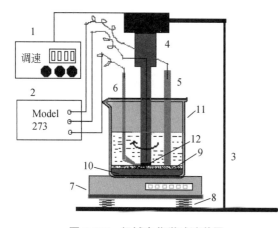

图 9-103　机械电化学试验装置

1-调速器；2-电化学测试仪；3-支架；4-高速马达；5-对电极；6-参比电极；7-数字压力计；8-升降台；9-磨剥介质；10-树脂垫；11-电解池；12-工作电极

9.6.1 机械电化学试验装置

考察机械力对硫化矿表面电化学行为的影响以及腐蚀电偶的电性质需要特殊的试验装置，作者在综合其他研究[426]的基础上设计了如图 9-103 所示试验装置。

机械电化学试验装置与常规电化学试验装置不同，它可以对电极表面施加机械力进行磨剥，这一步骤是通过调节（图 9-103）升降台来改变对电极的压力而达到目的。试验前首先对电极进行抛光和清洁，而后在电解槽中按照顺序依次加入磨矿介质、电解液和药剂，之后即可进行试验。腐蚀电偶的试验装置与常规电化学腐蚀装置相同。

9.6.2　黄铁矿在不同磨矿介质时的机械电化学行为

由于局部的机械力作用将会在材料表面产生不同的弹塑性变性，机械力的不同致使材料的腐蚀电位产生变化，电位的变化又意味着其表面状态的改变，图 9-104 到图 9-106 列出了不同磨矿介质下，不同机械压力时黄铁矿的开路电位的变化以及相应的外电路电流变化以及不同对电极时，静止条件下，黄铁矿腐蚀电位及外电路电流随时间的变化。

图 9-104（a）是以 Fe 为对电极回路的腐蚀电偶的研究结果，图 9-104（b）为以 Fe 粉为磨矿介质时的机械电化学试验结果。腐蚀电偶结果表明，Fe 为对电极时，黄铁矿表现为阴极，腐蚀电位最终稳定在-100 mV 左右，且表面出现阴极电流，即表面进行还原反应，矿物表面也因此受到保护，表面腐蚀被抑制；同时根据 9.2 节有关黄铁矿与黄药作用及黄铁矿的浮选结果的讨论可以得知，黄铁矿与黄药作用的电位范围为 100～300 mV，因此，此时黄药不易与黄铁矿作用。

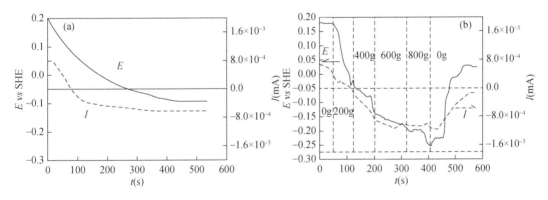

图 9-104　（a）铁为对电极时，静止条件下 FeS_2 腐蚀电位及外电路电流随时间的变化；（b）铁粉为磨矿介质时，不同机械压力对 FeS_2 开路电位变化及外电路电流变化的影响

pH 7；BX：$2×10^{-4}$ mol/L

以 Fe 粉为磨矿介质时，黄铁矿电极电位随磨矿载荷增大而降低，电极电位最低时仅-0.3 V，表面表现出强烈的还原性，阴极电流增大。根据 9.2 节的讨论可知，此时 FeS_2 的表面电位远远低于黄铁矿的可浮电位范围，因此，Fe 介质中，机械磨剥作用不利于黄药与 FeS_2 的电化学作用，也就是说，钢球磨矿环境下，不利于黄药与 FeS_2 的作用，从而有利于硫化矿浮选分离，因为黄铁矿在多金属硫化矿浮选分离中，常需要被抑制。

图 9-105（a）是以 ZnS 为对电极回路时腐蚀电偶的研究结果，图 9-105（b）是以 ZnS 为磨矿介质时的机械电化学试验结果。图 9-105（a）表明，ZnS 为对电极时，黄铁矿仍然表现为阴极，但相对于铁介质试验来说，表面阴极极化的程度较小，腐蚀电位最终稳定在 140 mV 左右，表面没有出现明显的阴极电流，根据闪锌矿的浮选电位范围，说明此时黄药依然可与闪锌矿发生作用，对黄铁矿与捕收剂的作用影响不大，黄铁矿仍可与黄药发生作用。

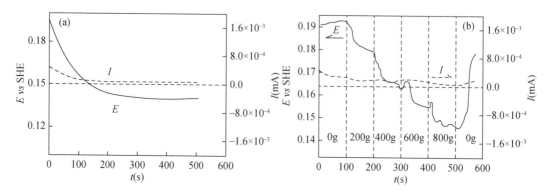

图 9-105　（a）ZnS 为对电极时，静止条件下 FeS$_2$ 腐蚀电位及外电路电流随时间的变化；（b）ZnS 为磨矿介质时不同机械压力对 FeS$_2$ 开路电位变化及外电路电流变化的影响

pH 7；BX：2×10^{-4}mol/L

图 9-105（b）表明，ZnS 为磨矿介质时，黄铁矿电极电位随磨矿载荷增大而降低，但电极电位最低时仍有 145 mV，表面没有出现明显的阴极电流，闪锌矿存在下，机械磨剥作用对黄铁矿与捕收剂的作用影响不大，黄铁矿仍可与黄药发生作用，影响锌硫浮选分离。

图 9-106（a）是以 PbS 为对电极时的腐蚀电偶研究结果，图 9-106（b）为以 PbS 为磨矿介质时的机械电化学试验结果。图 9-106 表明，以方铅矿为对电极时，黄铁矿腐蚀电位依然呈下降的趋势，与 Fe 介质相比，此时的下降幅度明显减小，但大于 ZnS 介质的变化幅度，腐蚀电位最低时仍然有 80 mV 左右。以方铅矿为磨矿介质时，黄铁矿电极电位有一定波动，总的趋势是随磨矿载荷增大而降低，电极电位最低时为 80 mV。因此，PbS 无论是为对电极，还是为磨矿介质时，黄铁矿腐蚀电位最终稳定在 80 mV 左右，此时的电位小于双黄药生成的电位，影响黄铁矿与黄药的作用。

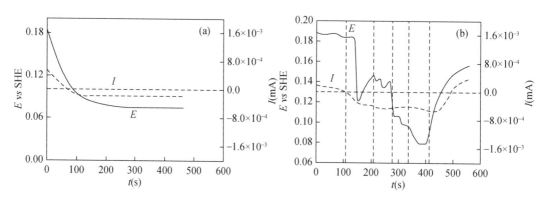

图 9-106　（a）PbS 为对电极时，静止条件下 FeS$_2$ 腐蚀电位及外电路电流随时间的变化；（b）PbS 为磨矿介质时，不同机械压力对 FeS$_2$ 开路电位变化及外电路电流变化的影响

pH 7；BX：2×10^{-4}mol/L

图 9-107 是以黄铁矿自身为磨矿介质时的机械电化学研究结果，可以看出，腐蚀电位随机械力增加而有所降低，这是因为新生表面具有更强的还原性，且新生表面与原来的表面形成微电池，导致整个表面电位降低。

与其他介质接触时，黄铁矿电位降低的原因在于腐蚀电偶的作用，其作用原理列于图 9-108 中，可见，黄铁矿、闪锌矿、方铅矿和 Fe 的静电位分别为 180 mV、50 mV、–50 mV、–440 mV，这样当黄铁矿与其他三种介质相互接触时，由于静电位较高，必然作为腐蚀电偶的阴极，其他介质作为阳极，随着反应的进行，黄铁矿表面静电位向阳极极化，其他介质的电位向阴极极化，当两者的电位相同时达到平衡。

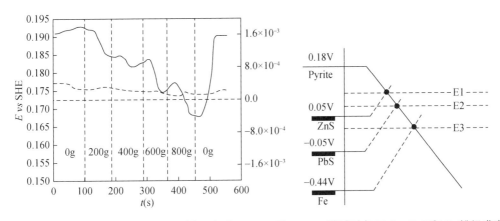

图 9-107　FeS$_2$ 为磨矿介质时，不同机械压力对 FeS$_2$
的开路电位的变化及外电路电流变化的影响
pH 7；BX：2×10^{-4} mol/L

图 9-108　黄铁矿与 PbS、ZnS 和 Fe 粉组成腐蚀
电偶时，电位的极化示意图

9.6.3　方铅矿在不同磨矿介质时的机械电化学行为

图 9-109～图 9-112 列出了不同磨矿介质下，不同机械压力时方铅矿的开路电位的变化以及相应的外电路电流变化以及不同对电极时，静止条件下，PbS 腐蚀电位及外电路电流随时间的变化。图 9-109 表明，以 Fe 粉为对电极的回路中，方铅矿表现为阴极，表面出现阴极电流，此时矿物表面也因此受到保护，表面腐蚀被抑制，方铅矿腐蚀电位最终稳定在

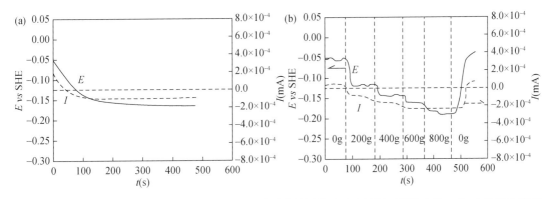

图 9-109　（a）铁为对电极时，静止条件下 PbS 腐蚀电位及外电路电流随时间的变化；（b）铁粉为磨矿
介质时，不同机械压力对 PbS 的开路电位变化及外电路电流变化的影响
pH 7；BX：2×10^{-4} mol/L

-180 mV 左右。以 Fe 粉为磨矿介质时，PbS 腐蚀电位比 Fe 粉为对电极时要低，并出现了更大的阴极电流，电极电位随磨矿载荷增大而降低，电极电位最低时仅-200 mV，表明此时方铅矿表面的阳极反应受到更强的抑制，同时根据 9.2 节的结果可以得知，方铅矿与黄药作用的起始电位-50 mV，因此，此时不利于黄药与方铅矿的作用，不利于方铅矿浮选。

图 9-110 表明，以 ZnS 为对电极时，方铅矿表现为阳极，表面有明显的阳极电流，此时表面腐蚀加剧，而适当的氧化环境有利于方铅矿的氧化，可以推断这种情况是有利于黄药与方铅矿的作用及方铅矿的浮选的。当以 ZnS 为磨矿介质时，腐蚀电位呈波动趋势，在刚施加压力时电位明显下降，稳定后电位又急剧上升，这是因为在整个过程中存在两种因素影响腐蚀电位，一种是阳极性的新生表面，一种是阴极性的磨矿介质（ZnS、FeS$_2$），刚施加压力时，新生表面增加迅速，因此电位降低，随着磨矿的稳定，新生表面增加达到平衡，此时磨矿介质与 PbS 的电偶作用又占主导地位，电位开始升高。以 ZnS 为对电极或为磨矿介质时，方铅矿腐蚀电位在-25～-60 mV，有利于黄药与方铅矿的作用及方铅矿浮选。

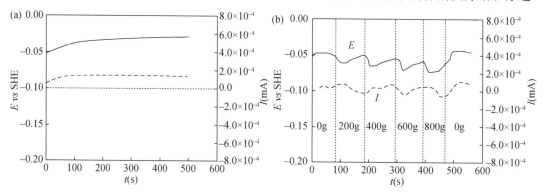

图 9-110 （a）ZnS 为对电极时，静止条件下 PbS 腐蚀电位及外电路电流随时间的变化；（b）ZnS 为磨矿介质时，不同机械压力对 PbS 的开路电位变化及外电路电流变化的影响

pH 7；BX：2×10^{-4} mol/L

图 9-111 表明，以 FeS$_2$ 为对电极的回路中，PbS 表现为阳极，且存在明显的阳极电流，方铅矿腐蚀电位为-10 mV，此时方铅矿表面与黄药的阳极反应得到加速，增强了 PbS 与黄药的作用。以 FeS$_2$ 为磨矿介质时表现出与 ZnS 磨矿介质相同的现象，施加压力时，随着磨矿时间的延长，方铅矿表面的电位首先降低，而后上升，这是两种腐蚀电位影响因素相互平衡的结果。此时方铅矿腐蚀电位比以 FeS$_2$ 为对电极的回路的低，约为-70 mV，仍有利于黄药与方铅矿的作用及方铅矿浮选。

图 9-112 表明，是以方铅矿自身为磨矿介质时，电位随摩擦载荷的增加而逐步降低，这种降低主要因为新生表面的强阳极性所致。

三种硫化矿中，PbS 具有较低的静电位（腐蚀电位），这样当它与其他硫化矿接触时就会形成腐蚀电池，由于电位低，PbS 必然成为阳极，同时由于电池电势的作用，电位开始向阴极极化，而当与电位更低的 Fe 粉接触时，情况相反，PbS 极化的示意图列于图 9-113。

上述结果表明，在多金属硫化矿浮选体系中，由于对电极和腐蚀电偶的作用，单一硫化矿物的电化学行为会受到磨矿介质及其他硫化矿的影响，实验室对单一硫化矿浮选电化学行为的研究结果，虽然重要，但有时会与实际浮选体系不一致，磨矿环境下，对电极和腐蚀电偶的作用反映了实际浮选体系多金属硫化矿间复杂的电化学作用，也是多金属硫化矿浮选分离较为复杂的原因。

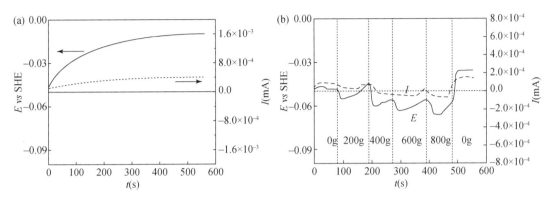

图 9-111　（a）FeS$_2$ 为对电极时，静止条件下 PbS 腐蚀电位及外电路电流随时间的变化；（b）FeS$_2$ 为磨矿介质时，不同机械压力对 PbS 的开路电位的变化及外电路电流变化的影响

pH 7；BX：2×10^{-4} mol/L

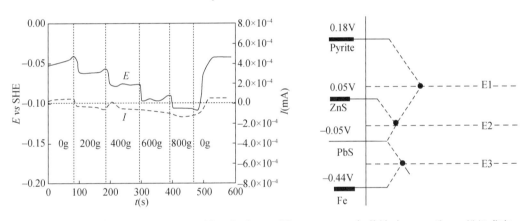

图 9-112　PbS 为磨矿介质时，不同机械压力对 PbS 的开路电位的变化及外电路电流变化的影响

pH 7；BX：2×10^{-4} mol/L

图 9-113　PbS 与黄铁矿、ZnS 和 Fe 粉组成腐蚀电偶时，电位的极化示意图

9.6.4　机械力对黄药-硫化矿电极过程的影响

图 9-114 和图 9-115 分别是黄铁矿和方铅矿在机械力条件下和非机械力条件下与黄药作用的 Tafel 曲线。

从图 9-114 可以看出，黄铁矿在非机械力作用下，Tafel 斜率为 120 mV，$\lg I_0$ 为-5.45，可以得知式（9-33a）即黄药的吸附为控制步骤。在机械力作用下，Tafel 斜率为 40 mV，$\lg I_0$ 为-5.35，式（9-33b）为控制步骤，机械力的作用在于通过增加表面活性点使得反应加快，同时影响该反应的平衡常数 K，由式（9-41b），也影响 $\lg I_0$。

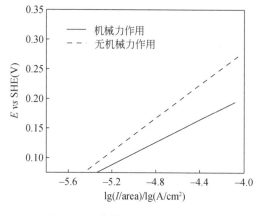 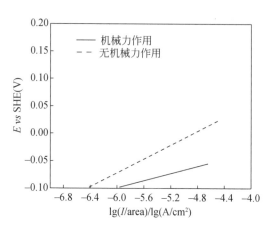

图 9-114　黄铁矿机械力作用下与非机械力　　图 9-115　方铅矿在机械力作用下与非机械力
条件下与黄药作用的电极过程　　　　　　条件下与黄药作用的电极过程

图 9-115 表明，机械力作用下方铅矿表面阳极反应的 $\lg I_0$ 由原来的-6.5 上升到-5.9（直线与 X 轴交点），Tafel 斜率由原来的-40 mV 变为-28 mV，虽然不能确定反应机理改变的形式，但反应明显在动力学上更为有利了。

9.6.5　机械力作用下硫化矿表面形貌的变化

由于不同机械力和摩擦介质会导致矿物表面电位发生变化，使得表面性质发生改变，所以运用不同粒度的介质对矿物表面进行机械力摩擦，通过表面形貌的变化考察矿物表面反应的程度，可以了解矿物表面的变化程度。研究采用介质粒度为：粗磨 Fe 介质（-70+30 μm），中磨 Fe 介质（-30+10 μm），细磨 Fe 介质（-10 μm），形貌照片为日产矿相显微装置放大 1000 倍拍摄所得。

1. 机械力作用下黄铁矿表面形貌的变化

图 9-116 为黄铁矿在不同粒度 Fe 磨矿介质下的表面形貌，从图中可以看出，当黄铁矿呈原始状态时，矿物表面很平整，没有遭到破坏，状态单一。当黄铁矿受到机械力作用时，由于摩擦作用，使得矿物表面变得不平整，由于表面存在高差，整个视域不处在同一焦点，局部出现模糊，这种现象在粗磨状态下尤为明显，此时表面最为凸凹不平。当黄铁矿受到中等粒度介质磨剥作用时，比表面积进一步增大，视域内出现彩色物质，说明矿物表面已发生了反应[201, 202]，生成新的物质，当矿物受到细磨作用时，黄铁矿颗粒细而密，且彩色物密度较大，表面反应剧烈。

2. 机械力作用下闪锌矿表面形貌的变化

图 9-117 分别为闪锌矿在原始状态、粗磨、中磨、细磨时的形貌照片，从图中可以看出，当闪锌矿在不同粒度介质的磨剥作用下，表面形貌表现出与黄铁矿相似的变化规律，不同的是在细磨状态下，闪锌矿表面的彩色化不如黄铁矿明显，表明闪锌矿表面不如黄铁矿表面活泼。这与前面的研究结论相吻合，因为三种硫化矿中，黄铁矿腐蚀最快，腐蚀电流最大。

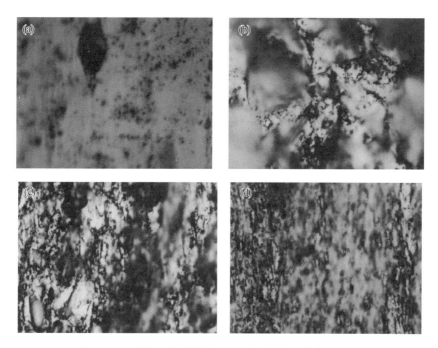

图 9-116　黄铁矿在不同粒度 Fe 磨矿介质下的表面形貌

（a）黄铁矿原始形貌；（b）黄铁矿在粗磨介质中的形貌；（c）黄铁矿在中等粒度介质中摩擦的形貌；（d）黄铁矿在小粒度介质中摩擦的形貌

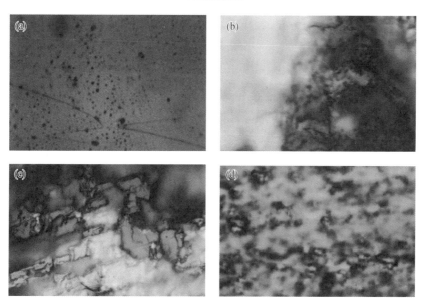

图 9-117　闪锌矿在不同粒度 Fe 磨矿介质下的表面形貌

（a）ZnS 原始形貌；（b）ZnS 在粗磨介质中的形貌；（c）ZnS 在中等粒度介质中摩擦的形貌；（d）ZnS 在小粒度介质中摩擦的形貌

3. 机械力作用下方铅矿表面形貌的变化

图 9-118 分别为方铅矿在原始状态、粗磨、中磨、细磨时的形貌照片，图中可以看出，

当方铅矿处于原始状态时，表面很平整，没有新鲜解理面，反应活性也很低，当方铅矿受粗磨作用时，矿物颗粒直径很大，比表面较小，只是在颗粒间由于比表面较大才生成了新的反应物（彩带），而当其受到中磨作用时，由于比表面进一步增大（矿粒直径变小），反应生成物更多了，当方铅矿受到细粒介质打磨时，比表面相当大，反应活性也很大，产生了众多的反应生成物。

图 9-118　方铅矿在不同粒度 Fe 磨矿介质下的表面形貌

（a）PbS 原始形貌；（b）PbS 在粗磨介质中的形貌；（c）PbS 在中等粒度介质中摩擦的形貌；
（d）PbS 在小粒度介质中摩擦的形貌

9.7　硫化矿与浮选剂相互作用的半导体能带理论

硫化矿浮选过程中，矿物/溶液界面相互作用是一个电化学过程，捕收剂在矿物表面的吸附是通过矿物表面与矿浆中氧化还原组分发生电子传递的结果。由电化学原理以及半导体能带理论可以得知，这种电子传递的过程是由矿物表面电子结构以及药剂的氧化还原活性所决定。不同矿物在不同的磨矿环境下，导致不同的表面电子结构和不同性质的表面，从而影响矿物表面与浮选剂的作用。本节以密度函数方法为工具，对不同性质的矿物表面进行量子化学计算，进而结合捕收剂的电子结构特征，对硫化矿与捕收剂之间的相互作用进行微观分子层面的讨论，揭示硫化矿浮选电化学作用的微观机理。

9.7.1　硫化矿捕收剂电子结构与性质

1. 药剂模型的建立

一般认为，硫化矿浮选过程中，捕收剂的氧化是以离子形式发生的，因此本节中捕收剂的模型是以离子形式构建，以黄药与乙硫氮为例，捕收剂携带 1 个负电荷，模型建立后，再用分子力场（MM+）方法下进行 100000000 步动力学模拟，最终构型达到稳定，模型见图 9-119。最后再采用 Gaussian 方法对捕收剂离子进行单点能（single point energy）计算。

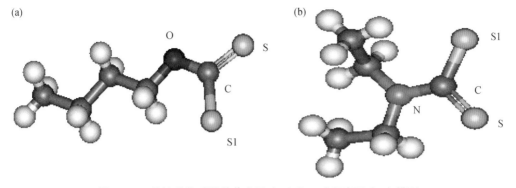

图 9-119　结构优化后的黄药离子（a）和乙硫氮离子（b）模型

2. 药剂的构型、轨道分析

乙硫氮、黄药离子的构型参数、各原子携带电荷量列于表 9-14，经过 Gaussian 计算后，黄药离子和乙硫氮离子的轨道能级分布列于图 9-120。从表 9-14 的数据可以看出：黄药和乙硫氮的负电中心均位于两个硫原子上，黄药两个硫原子携带电荷数分别为-0.6630 和-0.6680，乙硫氮两个硫原子的电荷为-0.34 和-0.35，表明黄药有更强的亲核能力。黄药中两个硫原子同碳原子、氧原子位于同一个平面，乙硫氮情况也相似，且 C—S 和 C—S1 的键序都介于 1~2 之间，表明两个碳硫键都具有部分双键性质，这提示它们之间存在共轭效应，电子在其中的运动是离域的。图 9-120 给出了黄药和乙硫氮的最高占据轨道（HOMO）和最低未占据轨道（LUMO）的能级，黄药的 HOMO 为-3.5920 eV，LUMO 为 3.5345 eV，其费米能级可以近似认为是两个轨道能级的平均值，为-0.0288 eV。乙硫氮的这三个能级分别为-3.6165 eV，3.4284 eV，-0.0940 eV，这说明相对于黄药来说，乙硫氮更加难于失去电子，因为其费米能级较低。

表 9-14　乙硫氮、黄药离子的构型参数、各原子携带电荷量

参数		黄药	乙硫氮
电荷	C	0.085	0.002
（电子电荷）	S	-0.663	-0.34
	S1	-0.668	-0.35
	O（N）	-0.178	-0.059
键长（nm）	C—S1	0.17515	0.17510
	C—S	0.16927	0.16909
	C—O 或 C—N	0.13647	0.13515
键角（°）	S—C—S1	117.4369	117.0456
键序	C—S1	1.3467	1.4428
	C—S	1.3879	1.3701
	C—O 或 C—N	1.0964	1.0443

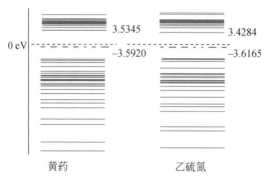

图 9-120　黄药和乙硫氮的轨道能级

图 9-121 为两种捕收剂的 HOMO 轨道空间图，这两图表明，两种捕收剂的最高占据轨道主要由硫原子的 p 轨道组成，也就是说捕收剂的还原特性主要由硫原子贡献。

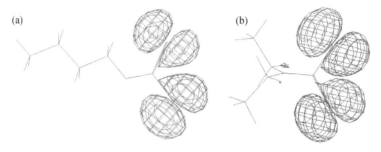

图 9-121　黄药（a）和乙硫氮（b）的 HOMO

9.7.2　硫化矿表面能带结构分析

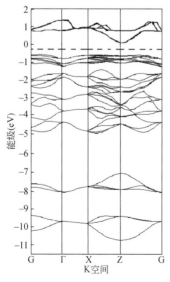

图 9-122　黄铁矿（100）表面能带结构

1. 黄铁矿表面能带结构分析

1）黄铁矿（100）表面能带结构

依据黄铁矿（100）面计算黄铁矿表面能带结构，Fe—S 键长为 0.227 nm，S—S 键长为 0.215 nm，Fe—S—Fe 键角为 115°。计算（包括模型构建）是在 SGI 工作站的 C2 软件包中进行，计算模式为水溶液模式，水化膜半径近似为单分子吸附的厚度 0.15 nm。图 9-122 为 Castep 计算所得的黄铁矿（100）面的能带结构，以及导带和价带附近部分态密度（density of state），由图 9-122 可以看出，黄铁矿的导带底位于 0.2～0.75 eV，宽度为 0.55 eV，价带顶位于 -1.0～-0.60 eV，宽度为 0.40 eV 左右，禁带宽度为 0.8 eV，接近于本征黄铁矿的禁带宽度（0.9 eV），因为没有杂质和缺陷，黄铁矿表面的费米能级可以近似认为等于导带底能级和价带顶能级的平均值，为-0.10 eV。由态密度的分布分析可以看出（图 9-123），在导带和价带附近，存在一个态密度的高峰，进一步的分析表明（partial DOS analysis），价带和导带附近的态密度主要是由 Fe 的 3d 和 S 的 2p 轨道贡献，其中 Fe 的 3d 轨道比例更大。

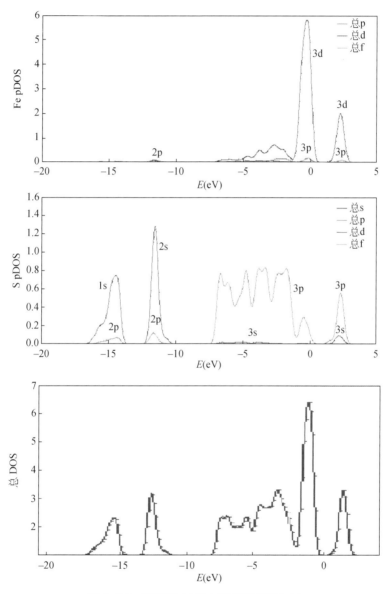

图 9-123　黄铁矿（100）表面态密度分析

2）黄铁矿表面缺陷模型及能带结构

通过前面的研究可以得知，硫化矿表面与捕收剂的作用很大程度上与表面活性有关，而表面活性与表面杂质、缺陷的类型及浓度有关，不同类型的缺陷具有不同的能带结构，而能带结构是决定硫化矿表面性质的根本原因之一。图 9-124 列出了两种不同类型黄铁矿表面缺陷的类型。

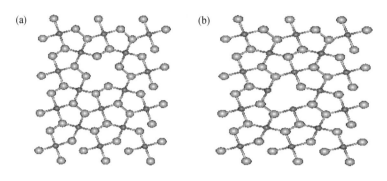

图 9-124　黄铁矿（100）面 S（a）和 Fe（b）空位缺陷模型

图 9-125 列出了两种带缺陷表面的能带结构，表明，对于 Fe 空位的黄铁矿表面来说，其表面能级较本征表面有所升高，费米能级值升高到 0.6 eV，意味着表面失电子能力增强，此时表面的还原性增强；对于 S 空位黄铁矿表面来说，可以明显地看到导带和价带相互融合，此时黄铁矿表面会表现出金属一样的性质，导电能力增强，此时表面费米能级是可调的，能级的大小取决于溶液能级。

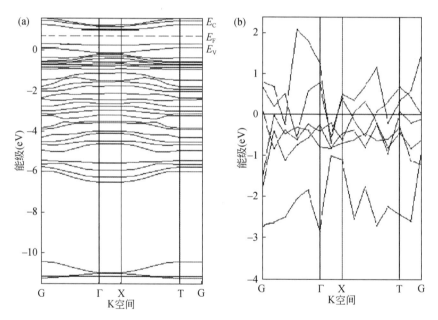

图 9-125　黄铁矿（100）面 S 空位（a）和 Fe 空位（b）缺陷能带结构

2. 方铅矿（100）表面的电子结构

1）方铅矿（100）表面电子能级图

图 9-126 为 Castep 计算所得的方铅矿（100）面的能带结构，以及导带和价带附近部分态密度，由图 9-126 可以看出，方铅矿的价带顶位于−0.491～0 eV，宽度为 0.49 eV，导带底位于 2.202～2.293 eV，宽度为 0.09 eV 左右，禁带宽度为 2.2 eV，大于本征方铅矿的禁带

宽度（0.6 eV），这也表明方铅矿电阻可能大于本征方铅矿的电阻，方铅矿表面的费米能级为 1.0 eV。由态密度的分布分析（图 9-127），在导带和价带附近，存在一个态密度的高峰，进一步的分析表明，价带和导带附近的态密度主要是由 Pb 的 6p 轨道以及 S 的 3s、3p 轨道贡献。

2）PbS 表面缺陷模型及能带结构

PbS（100）表面两种缺陷的模型示于图 9-128，图 9-129 列出了两种缺陷表面的能带结构，两图表明，对于 Pb 空位的 PbS 表面来说，其表面能级较本征表面在导带底又多出一个空能级，意味着禁带宽度降低，表面导电性增强，且费米能级较原来有所降低，表面氧化性增强。对于 S 空位 PbS 表面来说，禁带宽度变得更小，价带顶有所降低，表面导电性增强。

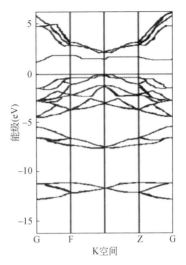

图 9-126　方铅矿（100）表面电子能级图

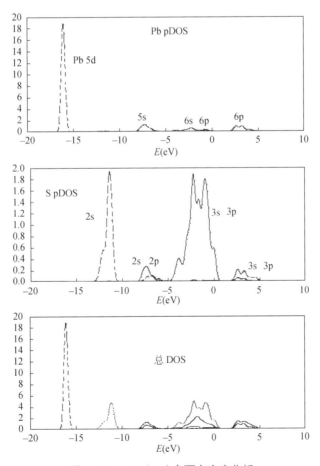

图 9-127　PbS（100）表面态密度分析

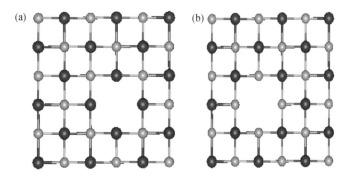

图 9-128　PbS(100)面 S 空位（a）和 Pb 空位（b）缺陷模型

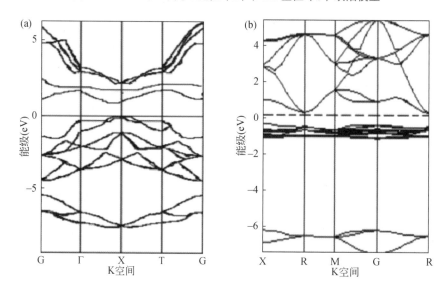

图 9-129　PbS(100)面 Pb 空位（a）、S 空位（b）时能带结构

3. 闪锌矿(110)表面的电子结构

1）闪锌矿(110)表面电子能级图

图 9-130 和图 9-131 为 Castep 计算所得的闪锌矿(110)面的能带结构，以及导带和价带附近部分态密度，由图 9-130 可以看出，闪锌矿的价带顶位于 $-1.271\sim 0$ eV，宽度为 1.271 eV，导带底位于 $2.2\sim 3.5$ eV，宽度为 1.2 eV 左右，禁带宽度为 2.2 eV，小于本征闪锌矿的禁带宽度（3.6 eV），闪锌矿表面的费米能级为 1.1 eV。由态密度的分布分析（图 9-131），在导带和满带附近，各存在一个态密度的高峰，进一步的分析表明（partial DOS analysis），价带和导带附近的态密度主要是由 Zn 的 4s、3p 以及 S 的 3s、3p 轨道贡献。这一点与黄铁矿和方铅矿较为相似。

2）ZnS 表面缺陷模型及能带结构

ZnS（110）表面两种缺陷的模型示于图 9-132，图 9-133 列出了两种缺陷表面的能带结构，两图表明，Zn 空位和 S 空位导致了电子结构变化，改变了带隙以及费米能级附近的电子结构。

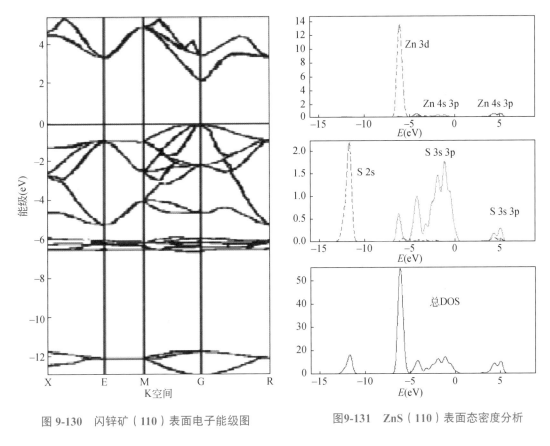

图 9-130 闪锌矿（110）表面电子能级图　　　图9-131 ZnS（110）表面态密度分析

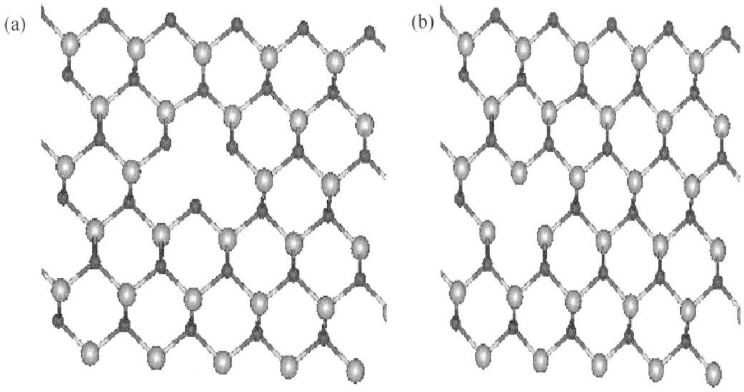

图 9-132 ZnS（110）面 S 空位（a）和 Zn 空位（b）缺陷模型

9.7.3 捕收剂与硫化矿表面电子转移的能带理论表述

1. 捕收剂与黄铁矿表面电子转移的能带理论表述

按照能带理论[427]，对于不含任何杂质和缺陷的"本征半导体"，在绝对零度时价带上所有的能级全部被电子填满，而导带是全空的，两个带之间隔着不允许电子量子态存在的禁

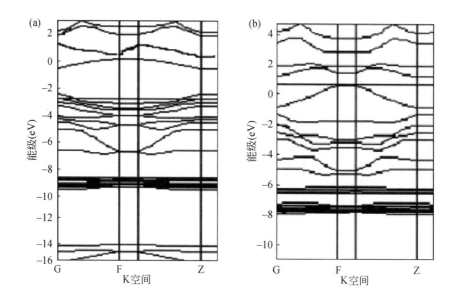

图 9-133　ZnS（110）面 Zn 空位（a）和 S 空位（b）时能带结构

带，若温度高于绝对零度，则由于热激发，电子有可能获得大于禁带宽度的能量而进入导带，使半导体材料具有一定的导电能力。价带电子被激发进入导带后，在价带中留下了空位，称为“空穴”，因此，半导体中可以出现两类载流子：导带中的自由电子及价带中的空穴。

在半导体/溶液界面上，可能出现两类电荷传递反应，即导带中的电子传递反应和价带中的空穴传递反应，

$$R^- e \rightleftharpoons O \tag{9-46}$$

$$R + h^+ \rightleftharpoons O \tag{9-47}$$

式中包含了电极内的载流子被溶液中的离子捕获，以及溶液中的离子向电极中注入电子这两种相反的过程，如果按照半导体中参加反应的载流子类型划分，则可分为多子交换反应和少子交换反应，n 型半导体电极上的导带电子交换反应为多子交换反应式（9-46），而涉及价带中空穴的交换反应则为少子交换反应式（9-47），令 $i_{(c)}^0$ 和 $i_{(v)}^0$ 分别为导带和价带的交换电流密度，根据电化学的基本原理，不难列出类似公式：

$$
\begin{aligned}
i_{(c)}^0 = i_{k(c)}^0 = i_{a(c)}^0 \\
= k_{k(c)} c_O^0 \int_{E_c}^0 K(E) Z_{(-)}(E) W_O(E) \mathrm{d}E \\
= k_{a(c)} c_R^0 \int_{E_c}^0 K(E) Z_{(+)}(E) W_R(E) \mathrm{d}E
\end{aligned}
\tag{9-48}
$$

$$
\begin{aligned}
i_{(v)}^0 = i_{k(v)}^0 = i_{a(v)}^0 \\
= k_{k(v)} c_O^0 \int_{-\infty}^{E_V} K(E) Z_{(-)}(E) W_O(E) \mathrm{d}E \\
= k_{a(c)} c_R^0 \int_{-\infty}^{E_V} K(E) Z_{(+)}(E) W_R(E) \mathrm{d}E
\end{aligned}
\tag{9-49}
$$

式中，$i_{k(c)}^0$、$i_{a(c)}^0$、$i_{k(v)}^0$、$i_{a(v)}^0$ 分别为导带和价带中平衡时的阴、阳极电流密度；$Z_{(-)}(E)$、$Z_{(+)}(E)$

分别表示半导体中被电子占据和未占据的能级密度函数；$W_O(E)$ 和 $W_R(E)$ 则分别表示溶液中氧化态能级和还原态能级的分布函数；c_R^0 和 c_O^0 分别为溶液中氧化态和还原态的平衡浓度；$K(E)$ 是概率因子（或称为频率因子）。

因为电子传递主要发生在半导体带边附近很窄的能量范围内，只有在距带边不超过 kT 范围内的能级上电子的交换速度最大，故可用下列公式近似地表示各种电流：

$$i_{(c)}^0 = i_{k(c)}^0 = i_{a(c)}^0 = k_{k(c)}c_O^0 K(E_c)W_O(E_c)n_s^0 = k_{a(c)}c_R^0 K(E_c)W_R(E_c)n_s^0 \qquad （9-50）$$

$$i_{(v)}^0 = i_{k(v)}^0 = i_{a(v)}^0 = k_{k(v)}c_O^0 K(E_v)W_O(E_v)p_s^0 = k_{a(v)}c_R^0 K(E_v)W_R(E_v)p_s^0 \qquad （9-51）$$

式中，n_s^0 和 p_s^0 为半导体表面的电子和空穴浓度，平衡时体系总交换电流则为导带和价带交换电流之和：

$$i^0 = i_{(c)}^0 + i_{(v)}^0$$

由于界面两边能带位置不可能完全对称，一般情况下往往只有一种交换电流占主要地位。对于不同禁带宽度的半导体来说，由于带边位置的变化，可改变界面两侧电子能级的对应情况，从而改变反应的性质。以黄铁矿与黄药、乙硫氮离子之间的相互作用而言，其能级相互作用示意图示于图 9-134。图中左侧为黄铁矿不同性质表面导带和价带位置，右侧分别为黄药、乙硫氮的前线轨道能级分布，由于温度大于绝对零度，因此黄铁矿表面会出现电子的热跃迁，致使价带顶和导带底出现一定数量的空穴和电子。

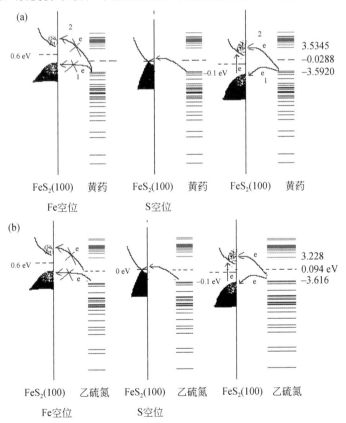

图 9-134 黄铁矿（100）面与黄药（a）及乙硫氮（b）之间电子转移的能带表述

依据混合电位模型，捕收剂在黄铁矿表面会发生式（9-15a）反应。图 9-134（a，b）表明，对于本征黄铁矿表面来说，黄药离子和乙硫氮离子的费米能级高于表面的费米能级，因此电子将由捕收剂向黄铁矿表面转移，捕收剂失去电子后生成捕收剂的双聚物，这种转移存在两种途径，根据能级匹配原则，电子更倾向于以第一种方式进行转移，也就是说，此时的电子转移是由价带控制。式（9-51）表明，价带控制电流取决定于半导体表面的空穴浓度 p_s^0、半导体中被电子占据和未占据的能级密度函数 $Z_{(-)}(E_v)$、$Z_{(+)}(E_v)$；溶液中氧化态能级和还原态能级的分布函数 $W_O(E_v)$、$W_R(E_v)$ 以及溶液中氧化态和还原态的平衡浓度 c_R^0 和 c_O^0，就固定浓度的捕收剂而言，除 p_s^0 外，其他参数都为常数，反应主要取决于半导体表面的空穴浓度。即此时黄铁矿和黄药、乙硫氮体系的交换电流以价带交换电流为主。图 9-134 还暗示相对于乙硫氮来说，黄药的 HOMO 比乙硫氮的 HOMO 距离本征黄铁矿的价带顶更近，进而表明黄药比乙硫氮更容易在黄铁矿表面释放电子，因此，黄药对黄铁矿捕收能力更强。

对于 S 空位的黄铁矿(100)表面来说，由于矿物表面导带与价带交叠，表面具有金属性质，费米能级等于黄药和乙硫氮的能级，禁带的消失使得矿物电子跃迁变得很容易，价带附近会存在较高的空穴浓度，黄药的电子向黄铁矿表面的传递变得更加容易，这种类型的缺陷会加速黄药与表面的作用。

对于 Fe 空位的黄铁矿表面来说，由于表面费米能级升高，捕收剂的电子难以向矿物表面传递，此时捕收剂与矿物表面的作用会受到抑制。

电位调控浮选工艺正是利用磨矿过程中各种复杂的表面相互作用，使得矿物能级发生变化，进而强化了对黄铁矿的抑制。

2. 捕收剂与方铅矿作用的能带表述

根据混合电位模型，捕收剂在方铅矿表面会发生式（9-18a）反应，该反应表明有捕收剂存在的环境中，捕收剂并不能在方铅矿表面释放电子，图 9-135 表明，所有情况下，黄药离子和乙硫氮离子的费米能级低于方铅矿表面的费米能级，因此电子将不能由捕收剂向方铅矿表面转移。捕收剂虽然不能和矿物表面发生电子传递，但依然可以通过共价键和其他方式与矿物发生作用。

3. 捕收剂与闪锌矿作用的能带表述

捕收剂在闪锌矿表面的反应是双黄药机理与捕收剂盐机理的混合，即在矿物表面既有可能生成捕收剂金属盐，也有可能生成捕收剂的双聚物，反应的方向取决于矿物表面能级与捕收剂浓度和种类（因为不同浓度和种类的捕收剂费米能级也不相同）。电子传递机理示意于图 9-136。

图 9-136 表明，对于本征闪锌矿和存在硫空位的表面来说，闪锌矿的费米能级高于黄药和乙硫氮离子的费米能级，因此捕收剂难以通过电子传递与 ZnS 表面作用，当闪锌矿表面存在 Zn 空位时，表面能级低于药剂离子能级，电子将由黄药向闪锌矿表面转移，这种转移存在两种途径，根据能级匹配原则，电子更倾向于以第一种方式进行转移，也就是说，同黄铁矿相似，此时的电子转移是由价带控制，反应主要取决于半导体表面的空穴浓度，即闪锌矿和黄药体系的交换电流以价带交换电流为主。

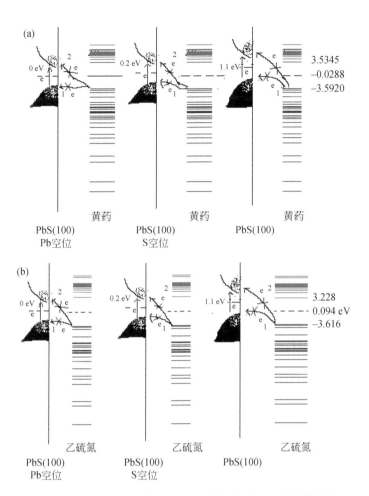

图 9-135　方铅矿与黄药（a）及乙硫氮（b）作用的能带表述

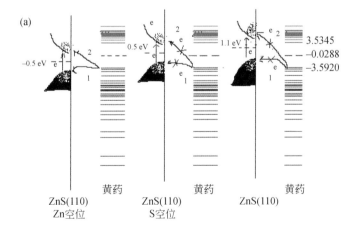

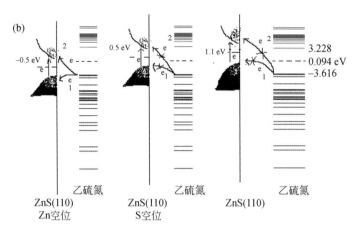

图 9-136　闪锌矿与黄药（a）及乙硫氮（b）作用的能带表述

9.7.4　捕收剂与硫化矿表面电子转移的机制

1. 捕收剂与黄铁矿表面间电子转移的机制

1）捕收剂与黄铁矿表面间电子转移的模型

能带理论可以解释药剂在矿物表面得失电子的可能性，但发生电子传递的前提是药剂可以在矿物表面发生吸附，如果吸附势垒过高，那么即使电子传递在热力学上是可行的，在动力学上进行的速度也会很慢。图 9-137 是黄药在黄铁矿表面由距表面 1.5 nm 处向 0.2 nm 处逐步接近的最初和最终模型。

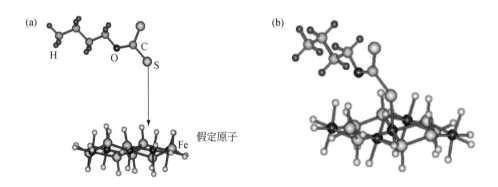

图 9-137　黄药分子与本征黄铁矿表面作用的初始模型（a）与最终模型（b）

2）捕收剂与黄铁矿表面电子转移的微观机制

图 9-138 给出了三种不同类型的黄铁矿（100）面进行黄药和乙硫氮逐步接近模拟的能量-距离曲线（所有计算由 Gaussian98 完成，方法为 MP2，基组函数为 6-31G**）。

图 9-138 中横轴表示距离，纵轴表示总能量，总能量越低表示状态越稳定，图 9-138（a）表明，对于本征黄铁矿表面来说，随着黄药分子向表面的接近，总能量逐步降低，在 0.6 nm 处出现一个较高的势垒，越过势垒，总能量继续降低，在 0.23 nm 处到达能量最低

点，继续接近，能量迅速升高，这表明黄药在黄铁矿表面的吸附首先需要克服表面的势垒，势垒越高，吸附速度越慢。相比较而言，对于硫空位的黄铁矿表面，其表面势垒高度有明显降低，表明在这种表面状态下，黄药的吸附会高于本征表面。对于 Fe 空位的表面来说，随着黄药分子向表面的靠近其总能量会逐步升高，表明这种状态下黄药不易发生吸附。

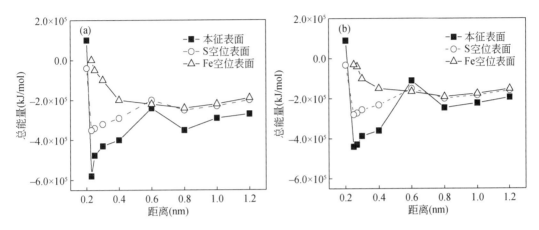

图 9-138　不同性质黄铁矿表面与黄药（a）和乙硫氮（b）相互作用的能量-距离曲线

图 9-138（b）表明了 DDTC 在黄铁矿表面的吸附与黄药的吸附有相同的趋势，即在 Fe 空位表面吸附难以进行，而在本征表面和 S 空位表面都可以进行吸附，但相对来说，DDTC 吸附的能垒明显高于黄药吸附的能垒，这表示 DDTC 与黄铁矿作用很慢，对黄铁矿捕收能力比黄药低。

图 9-139（a）为本征黄铁矿表面与黄药相互作用的电子差密度图，所谓电子差密度图表示两个分子作用前后各原子电子云密度的变化，图 9-139 中深色表示正值，即作用后原子云密度增加，浅色表示负值，即作用后原子云密度减少，从图 9-139（a）可以看出，作用后黄药的硫原子电子云密度降低，Fe 原子电子云密度增加，形成共价键，形成稳定吸附，且共价电子由硫原子提供。稳定吸附后，依据能带理论，黄药继续失去电子，形成双黄药。

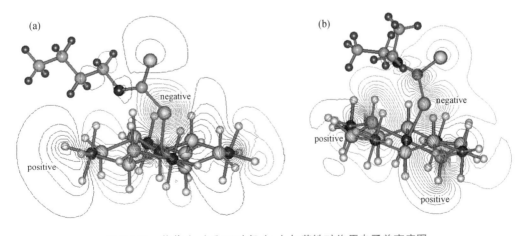

图 9-139　黄药（a）和乙硫氮（b）与黄铁矿作用电子差密度图

图 9-139（b）为本征黄铁矿表面与乙硫氮相互作用的电子差密度图，从图中可以看出，两者相互作用后乙硫氮的硫原子电子云密度降低，Fe 原子电子云密度增加，形成共价键，形成稳定吸附，且共价电子由硫原子提供。稳定吸附后，依据能带理论，乙硫氮继续失去电子，形成双乙硫氮。

2. 捕收剂与 PbS 表面电子转移的微观机制

图 9-140 为本征 PbS 表面与黄药和乙硫氮相互作用的电子差密度图，表明黄药和乙硫氮上的硫原子电子云密度降低，而 PbS 表面 Pb 原子电子云密度升高，这说明药剂与矿物的作用是由捕收剂的硫原子提供共用电子形成共价键导致吸附。

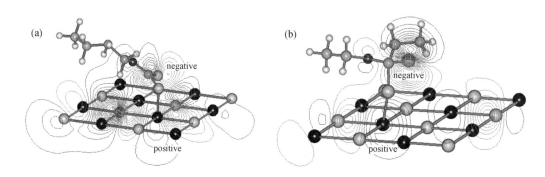

图 9-140　黄药（a）和乙硫氮（b）与方铅矿相互作用的电子差密度图

图 9-141 给出了三种不同类型的 PbS(100)面进行 BX 和 DDTC 逐步接近模拟的能量-距离曲线。图 9-141 表明，相对于方铅矿来说，捕收剂在 PbS 本征表面的吸附更为容易，因为吸附能垒很低，对于硫空位的 PbS 表面来说，吸附没有势垒，捕收剂在矿物表面的吸附作用很强，由图可知，这种吸附作用属于共价作用，吸附的结果是形成捕收剂盐类产物。根据能带理论，发生吸附后，由于捕收剂能级低于矿物表面能级，因此捕收剂不能继续失去电子，因此捕收剂盐是捕收剂与 PbS 作用的最终产物。

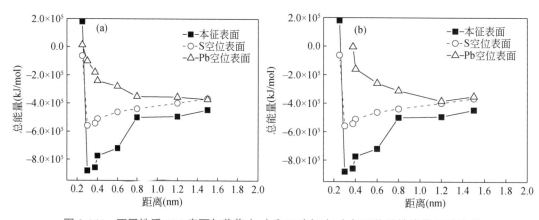

图 9-141　不同性质 PbS 表面与黄药（a）和乙硫氮（b）相互作用的能量-距离曲线

3. 捕收剂与闪锌矿表面电子转移的图解

图 9-142 是闪锌矿表面与黄药之间电子差密度图，图中表明，对于闪锌矿-捕收剂体系

来说，在 Zn 与捕收剂 S 原子之间，存在共有电子，且电子由硫原子提供，因为 S 原子的电子云密度在作用后增值为负值。图 9-143 给出了三种不同类型的 ZnS（110）面进行 BX 和 DDTC 逐步接近模拟的能量-距离曲线。图 9-143 表明，黄药在 ZnS 本征表面可以发生吸附，药剂与矿物表面最佳距离为 0.27 nm，但在 0.7 nm 处有一个较高的能垒，暗示黄药捕收闪锌矿时，上浮速度比方铅矿和黄铁矿慢。S 空位的表面吸附势垒较低，有利于黄药与矿物表面的作用。图 9-143（b）表明，乙硫氮在所有类型的 ZnS 表面都难以稳定吸附，只是在距表面 0.7 nm 处有一个微弱的不稳定吸附（因为 0.7 nm 远远大于标准的 Zn—S 键长）。

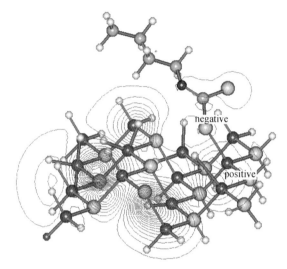

图 9-142　黄药与闪锌矿相互作用的电子分布差密度

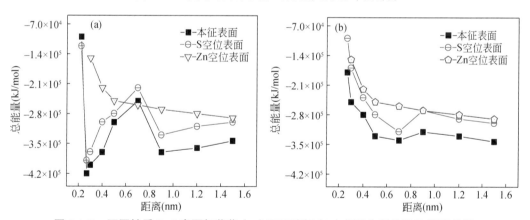

图 9-143　不同性质 ZnS 表面与黄药（a）和乙硫氮（b）相互作用的能量-距离曲线

第 10 章　浮选界面组装化学

　　本章将系统介绍近年来浮选化学一个新的重要研究方向，浮选界面组装化学，研究金属离子与浮选剂的配位组装、浮选剂在固/液/气界面的组装以及矿物颗粒不同晶面的界面组装对矿物浮选行为的影响。已有研究发现将 Pb^{2+} 与苯甲羟肟酸组装形成铅离子-苯甲羟肟酸配合物捕收剂，比先加金属离子活化，再加苯甲羟肟酸，对矿物具有更强的捕收能力，而且，这一类捕收剂具有其自身的结构特点与性能[186-196]。阴、阳离子捕收剂及捕收剂与中性分子的混合使用长期被用于浮选研究与生产实际，混合用药协同作用及不同药剂通过烃链缔合形成共吸附被认为是主要作用机理[199-205]。但近年来的研究发现，不同捕收剂及捕收剂与中性分子或表面活性剂之间在固/液或液/气界面可以通过不同作用方式形成组装吸附，与矿物晶体结构及表面性质、捕收剂及表面活性剂性能与组装比例、溶液化学环境及泡沫结构等有关，针对不同矿物形成不同组装结构与吸附构型，表现出不同的浮选性能[208, 209, 428, 429]。此外，矿物不同晶面表现各向异性，矿物颗粒在矿浆中不同晶面间会出现某种界面组装行为，对其浮选性能产生较大影响。这些研究成果逐步形成了浮选界面组装化学，本章将分节介绍这方面的知识。

10.1　阴阳离子型捕收剂在矿物/溶液界面的不同组装机理与捕收性能

10.1.1　阴阳离子型捕收剂组装行为与捕收性能

　　阳离子捕收剂常用于硅酸盐矿物的浮选，例如，十二胺用作云母和石英浮选分离的捕收剂，效果较好，但浮选是在强酸性条件下进行的，对浮选设备有严重的腐蚀性，同时，十二胺浮选泡沫黏性大、稳定性很强，且泡沫量大，很长时间难以破裂，对浮选作业过程产生不利影响。近年来，一些组合捕收剂被用于硅酸盐类矿物的浮选分离，例如，用阴阳离子组合捕收剂浮选分离云母、长石和石英等，十八胺和十二烷基苯磺酸钠分选长石和石英时，用硫酸代替了传统的氢氟酸做调整剂[198-201]。本小节以云母和石英为例，介绍阴阳离子型组合捕收剂对不同矿物浮选行为的影响及其组装机理。

1. 十二胺和油酸钠组合对云母和石英的浮选性能

图 10-1 是十二胺和油酸钠为组合捕收剂时,矿浆 pH 与捕收剂浓度对云母浮选的影响。由图 10-1(a)可以看出,当十二胺浓度固定为 1×10^{-4} mol/L 时,十二胺在酸性条件下对云母有较强捕收能力,在碱性条件下,云母浮选回收率显著下降。但十二胺和油酸钠为组合捕收剂时,随着油酸钠用量的增大,云母浮选回收率随之上升,当十二胺与油酸钠组合摩尔比例为 1∶2 和 1∶3 时,云母的浮选回收率在所研究的 pH 范围内均维持在 90%左右。油酸钠显著提高了十二胺在较低浓度时在碱性条件下对云母的捕收剂能力。

图 10-1(b)表明,当 pH 固定在 9.5~10,单独使用油酸钠作捕收剂,云母基本不可浮,浮选回收率很低。单独使用十二胺作捕收剂,云母浮选回收率随药剂浓度的增大呈上升的趋势,在十二胺浓度为 4×10^{-4} mol/L 时,云母浮选回收率接近 100%。十二胺和油酸钠摩尔比例为 1∶3 时,云母浮选回收率随十二胺和油酸钠组合药剂浓度的增大而增大,组合药剂浓度为 4×10^{-4} mol/L 时,云母浮选回收率在 90%左右。表明,十二胺和油酸钠组合是浮选云母的高效捕收剂。

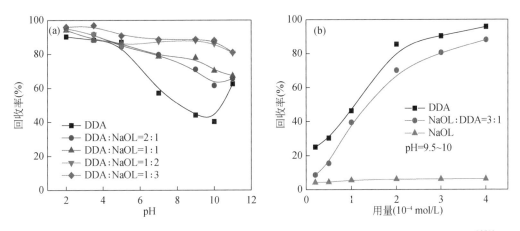

图 10-1　十二胺和油酸钠组合时,云母浮选回收率与 pH(a)及捕收剂浓度(b)的关系[254]

图 10-2 是十二胺、油酸钠及其组合药剂为捕收剂时,石英的浮选回收率与矿浆 pH 及捕收剂浓度的关系。其中,组合捕收剂中十二胺的浓度固定为 1×10^{-4} mol/L。由图 10-2(a)可以看出,十二胺对石英有较强捕收能力,当十二胺浓度不变时,随着油酸钠用量的增大,石英的浮选回收率开始下降。当阴离子和阳离子捕收剂摩尔比小于 2 时,阳离子胺类捕收剂起主要作用,石英浮选回收率比较高。当油酸钠和十二胺的摩尔比大于 2 时,石英的可浮性显著降低。当油酸钠和十二胺的摩尔比为 3 时,石英的浮选回收率在所研究的 pH 范围内均维持在 20%以下,表明,油酸钠的存在抑制了十二胺对石英的捕收。

图 10-2(b)表明,当矿浆 pH 固定在 9.5~10,随着十二胺浓度增大,石英浮选回收率稳定在 95%以上,而油酸钠对石英没有捕收作用。

图 10-1 和图 10-2 的结果表明,十二胺和油酸钠单独使用时,十二胺对云母和石英均有较强捕收能力,对云母和石英的浮选分离没有任何选择性。但当油酸钠和十二胺摩尔比为 3 时,石英的浮选回收率仅有 10%左右,而云母可获得 90%的回收率,可以看出,阴离

子捕收剂油酸钠和阳离子捕收剂十二胺的组合，无须在强酸性条件下，也可能有效地浮选分离云母和石英。

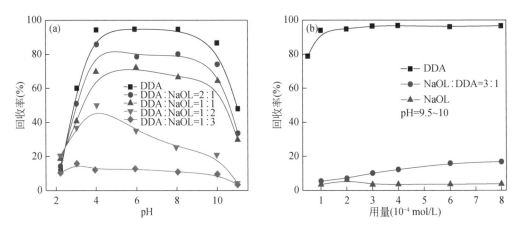

图 10-2 十二胺和油酸钠组合时，石英浮选回收率与 pH（a）及捕收剂浓度（b）的关系[254]

2. 十二烷基三甲基氯化铵和油酸钠组合对云母和石英的浮选性能

图 10-3 是十二烷基三甲基氯化铵、油酸钠及其组合为捕收剂时，云母和石英的浮选回收率与捕收剂浓度的关系，其中矿浆 pH 为 5.5～6。由图 10-3（a）可以看出，十二烷基三甲基氯化铵对云母捕收能力强，云母回收率可以达到 95% 左右。油酸钠对云母基本没有捕收剂能力，而十二烷基三甲基氯化铵和油酸钠组合时，随着捕收剂浓度的增大，云母浮选回收率呈先升高后下降的趋势，捕收能力没有单独使用阳离子捕收剂好。

图 10-3（b）表明，十二烷基三甲基氯化铵对石英有较强捕收作用，浓度大于 4×10^{-4} mol/L 时，石英浮选回收率可达 95% 左右。当油酸钠与十二烷基三甲基氯化铵为组合捕收剂时，石英的浮选回收率在 50% 以下。可见，在一定浓度范围内（$3\times10^{-4}\sim6\times10^{-4}$ mol/L），油酸钠与十二烷基三甲基氯化铵组合捕收剂对云母的捕收能力显著高于对石英的捕收能力，表现一定选择性，但比十二胺和油酸钠组合捕收剂对云母和石英选择性要差。

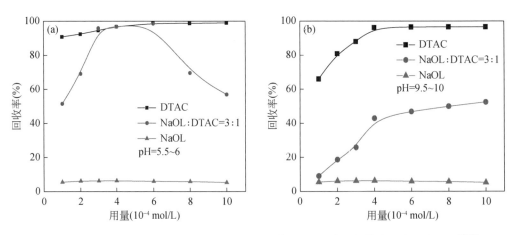

图 10-3 DTAC 和 NaOL 组合时，云母（a）石英（b）回收率与捕收剂浓度的关系[254]

3. 油酸钠和十二胺浮选锂辉石和长石

油酸钠和十二胺组合捕收剂同样对锂辉石和长石表现不同捕收性能。图 10-4 是单独使用油酸钠、十二胺作捕收剂,锂辉石和长石浮选回收率与 pH 的关系曲线。从图 10-4 可以看出,油酸钠为捕收剂时,在整个浮选 pH 范围内,锂辉石和钠长石可浮性差,回收率低。而用阳离子捕收剂十二胺时,锂辉石和长石可浮性很好,在中性 pH 区域,浮选回收率都在 90% 左右。因此,单独使用阳离子捕收剂十二胺或阴离子捕收剂油酸钠均无法有效地实现锂辉石和长石的浮选分离。

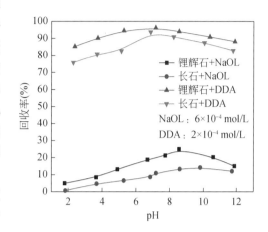

图 10-4　pH 对捕收剂油酸钠和十二胺浮选锂辉石和长石的影响[252]

图 10-5(a)是 pH 为 8.5 左右,组合捕收剂油酸钠/十二胺浓度为 6×10^{-4} mol/L 条件下,锂辉石和长石浮选回收率与油酸钠和十二胺摩尔比的关系。从图中可以看出,对于锂辉石,随着组合捕收剂中十二胺比例下降,锂辉石浮选回收率只略有下降,维持在 80% 左右。但组合捕收剂中油酸钠和十二胺的配比对长石的回收率有很大的影响,随着组合捕收剂中十二胺比例下降,长石的回收率从油酸钠:十二胺=1:1 时的 92.12% 迅速下降到油酸钠:十二胺=6:1 时的 25.18%,油酸钠:十二胺=10:1 时的 20%。表明,油酸钠的存在抑制了十二胺对长石的捕收。组合捕收剂浮选分离锂辉石和长石,阴离子捕收剂油酸钠与阳离子捕收剂十二胺的最佳摩尔组合比为 6:1～10:1。

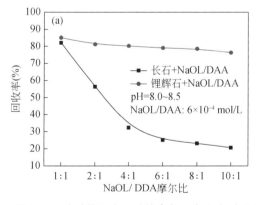

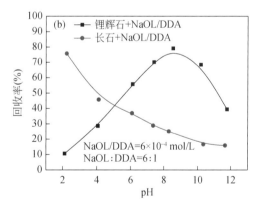

图 10-5　油酸钠和十二胺的摩尔组合比(a)和 pH(b)对锂辉石和长石浮选回收率的影响[252]

图 10-5(b)是组合捕收剂浓度为 6×10^{-4} mol/L,油酸钠与十二胺摩尔比为 6:1 时,锂辉石和长石的回收率与 pH 的关系曲线。从图中可以看出,锂辉石的回收率先随着 pH 的增加从 pH=2.18 时的 10.58% 增加到 pH=8.55 的 79.15%,后随 pH 的继续增加,锂辉石回收率下降,在 pH=11.78 时,锂辉石的回收率下降为 39.49%。长石的回收率则随着 pH 的增加

而不断减少，从 pH=2.23 时的 75.84% 一直降低到 pH=11.67 时的 15.97%。可知，对于组合捕收剂浮选分离锂辉石和长石最适宜的 pH 范围在 8.5 左右。

上述浮选实验结果表明，阳离子捕收剂对云母、长石、石英等硅酸盐矿物均有较强捕收能力，缺乏选择性，而阴离子捕收剂对这些硅酸盐矿物基本没有捕收作用，单独使用阴、阳离子型捕收剂，这些硅酸盐矿物间的浮选分离较难实现。但当阳离子捕收剂与阴离子捕收剂组合使用时，对云母、长石、石英等硅酸盐矿物的捕收能力表现出了明显差异，并与阴离子捕收剂组合比例密切相关。阴阳离子捕收剂组合有可能是这些硅酸盐矿物间选择性分离的选择性捕收剂。可以推测，阴阳离子捕收剂的组合在硅酸盐矿物浮选中的作用，明显不同于传统组合用药的协同作用机理，它们在不同硅酸盐矿物/溶液界面表现不同的作用机制，才可能导致不同硅酸盐矿物间浮选行为的差异，可以认为是阴阳离子型捕收剂在不同硅酸盐矿物/溶液界面不同的组装行为，表现为捕收性能差异。

10.1.2 阴阳离子组装捕收剂对矿物表面电性的影响

图 10-6 是云母和石英表面动电位、浮选回收率与 pH 的关系。由图 10-6（a）可知，云母在纯水中带负电，其零电点在 pH=2 左右。随着溶液 pH 升高，云母表面负的动电位增强；在十二胺溶液中，云母可以通过静电作用吸附十二胺阳离子捕收剂，导致云母表面电位变正。图 10-6（a）中，在组合捕收剂（4×10^{-4} mol/L，NaOL/DDA=3∶1）溶液中，在 pH=2～5 的酸性条件下，云母表面动电位高于在纯水中的表面动电位，此时，由于油酸主要以分子形式存在，组合捕收剂的吸附对表面电位的贡献主要是带正电的十二胺阳离子。在 pH>5 时，组合捕收剂作用后的云母表面动电位比在纯水中的表面动电位负值略有增大，表明，除了十二胺阳离子，油酸钠阴离子组分在云母表面也有吸附作用。在这些 pH 范围，云母浮选回收率一直在 90% 以上，表明，十二胺和油酸钠组合捕收剂在云母表面的吸附提高了云母浮选回收率。

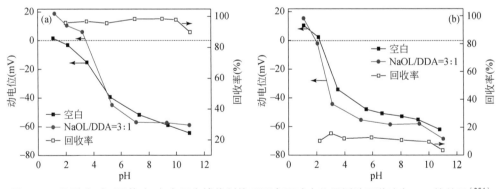

图 10-6　云母（a）、石英（b）在组合捕收剂体系下表面动电位及浮选回收率与 pH 的关系[254]

由图 10-6（b）可以看出，石英的零电点在 pH=2.5 左右，随着溶液 pH 升高，石英表面羟基化程度增大，导致石英表面负电性增强。同样，在十二胺溶液中，石英可以通过静电作用吸附十二胺阳离子捕收剂，导致石英表面电位变正。但图 10-6（b）表明，在 pH=4～

11 范围内，在组合捕收剂（$4×10^{-4}$ mol/L，NaOL/DDA=3∶1）溶液中，石英表面动电位和纯水中相比是负移的，表明，十二胺和油酸钠组合捕收剂在石英表面发生了吸附，而且油酸钠阴离子组分在石英表面吸附作用较强，但在此条件下石英浮选回收率很低，表明组合捕收剂在石英表面的吸附不但没有使石英表面疏水上浮，反而使石英回收率降低。

10.1.3　阴阳离子捕收剂在矿物表面的组装吸附行为

图 10-7 分别为不加十二胺时油酸本身及固定十二胺浓度 $1×10^{-4}$ mol/L，加入不同浓度油酸钠，十二胺本身和油酸在云母和石英表面吸附量的变化。

由图 10-7（a）可以看出，十二胺在带负电的云母表面吸附量较大，而由于油酸根离子和云母表面都带负电，产生静电排斥作用，油酸根离子在云母表面的吸附量很低，这也是油酸钠对云母浮选效果差的原因。但在矿浆 pH=9.5～10 范围内，十二胺浓度固定在 $1×10^{-4}$ mol/L 的情况下，随着油酸钠药剂浓度增加，油酸根离子在云母表面吸附量显著增大，可见，十二胺可以促进油酸根离子在云母表面的吸附，同时，油酸钠不影响十二胺的吸附。

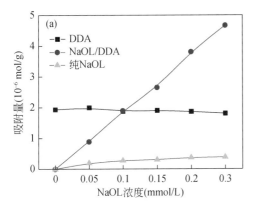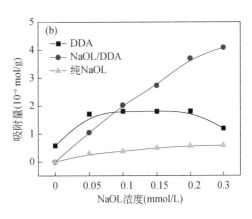

图 10-7　十二胺浓度固定不变，组合捕收剂中各组分在云母（a）和石英（b）表面的吸附量随
油酸钠浓度的变化（pH=9.5～10，30℃）[254]

图 10-7（b）表明，只添加油酸钠，油酸根离子在石英表面的吸附量也很低，油酸钠对石英浮选效果差。在矿浆 pH=9.5～10 范围内，十二胺浓度为 $1×10^{-4}$ mol/L 时，十二胺在石英表面发生吸附，石英浮选回收率接近 100%。十二胺浓度固定在 $1×10^{-4}$ mol/L 的情况下，随着油酸钠浓度增加，油酸根离子在石英表面吸附量显著增大，十二胺在石英表面吸附量变化不大，可见，十二胺同样可以促进油酸根离子在石英表面的吸附。油酸钠在较低浓度下，使十二胺在石英表面的吸附略有增大，当油酸钠浓度增加到十二胺的三倍，即 $3×10^{-4}$ mol/L 时，十二胺在石英表面的吸附量开始下降，这和十二胺和油酸根离子在云母表面吸附有不同。值得注意的是，对照图 10-1 和图 10-6 还可以看出，在十二胺存在下，油酸根离子在云母和石英表面的吸附量接近，但对云母和石英的表面电性及浮选行为的影响有很大不同。进一步表明阴阳离子组合捕收剂在硅酸盐矿物浮选中的作用，不是简单的协同，在不同硅酸盐矿物/溶液界面的作用应该有明显不同的组装吸附机制。

10.1.4　阴阳离子组装捕收剂作用下矿物表面润湿性变化

图 10-8 为云母和石英表面接触角随捕收剂浓度变化曲线，其中，矿浆 pH 为 9.5～10。由图 10-8（a）可以看出，在十二胺溶液中，云母表面接触角随捕收剂浓度增大而增大，达到 $1×10^{-4}$ mol/L 时，接触角达到 90°左右，不再变化。在组合捕收剂溶液中，云母表面接触角与在十二胺溶液中类似。这表明，无论在十二胺溶液还是在组合捕收剂溶液中，云母表面接触角变化不大，云母表面吸附十二胺或组合捕收剂产生较强的疏水性，从而可浮性好。

图 10-8（b）表明，在十二胺溶液中，石英表面接触角随捕收剂浓度增大而增大，达到 $1×10^{-4}$ mol/L 时，接触角大于 60°，再增加浓度接触角变化不大。而随着组合捕收剂中油酸钠比例的增大，石英表面接触角变小，当十二胺和油酸钠配比为 1∶3 时，石英表面接触角仅有 25°左右，疏水性显著降低。这表明，石英表面吸附十二胺产生较强的疏水性，从而可浮性好，但阴阳离子捕收剂在石英表面的吸附组装，反而降低了其疏水性，从而可浮性变差。

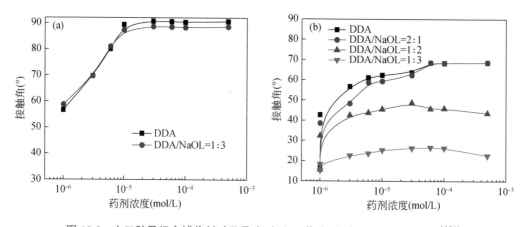

图 10-8　十二胺及组合捕收剂对云母（a）和石英（b）表面接触角的影响[254]

图 10-9 为捕收剂浓度 $2×10^{-4}$ mol/L 时，pH 对白云母表面接触角的影响。从图 10-9 可以看出，只添加油酸钠，白云母接触角很小。与十二胺作用后，白云母接触角先随 pH 的增加而缓慢增加，这是由于云母表面零电点很低，在酸性区间随着 pH 的增长，表面负电增强，而十二胺又是以离子形式存在，因此十二胺与云母表面静电作用增强使得其在云母表面吸附增强，最终导致接触角增大，当 pH>8 以后，白云母的接触角维持在 90°左右。在 pH<8，经过组合捕收剂十二胺/油酸钠作用后的白云母表面的接触角明显高于单用十二胺作用后的接触角，从而提高矿物表面的疏水性。当 pH>8 以后，白云母的接触角也维持在 90°左右。

上述结果表明，阴阳离子组合捕收剂在不同硅酸盐矿物表面的吸附组装，可以使有些矿物表面疏水性提高，可浮性提高，而使有些矿物表面疏水性下降，可浮性降低。

　　有趣的是，对照图 10-1、图 10-6 和图 10-7，在十二胺存在下，油酸根离子在云母和石英表面的吸附量基本一样，但云母和石英表现出明显不同的表面电性、润湿性及浮选行为，可以推测，油酸钠和十二胺组合捕收剂在云母和石英表面的作用不是由其吸附量大小决定，而是由其不同的吸附构型来决定的，亦即，油酸钠和十二胺组合捕收剂在云母和石英表面的吸附存在不同的组装行为，称之为阴阳离子型捕收剂在矿物/溶液界面的组装。

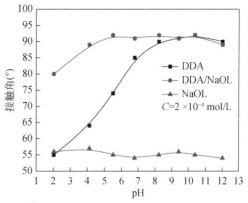

图 10-9　溶液 pH 对与捕收剂作用后白云母表面接触角的影响

10.1.5　阴阳离子型组装捕收剂作用下矿物表面区域微极性的变化

　　不同矿物间的浮选分离是基于矿物表面润湿性的差异而实现，表面活性剂在矿物表面的吸附会进一步扩大矿物表面间的这种极性差异，上节表明，油酸钠和十二胺组合捕收剂在云母和石英表面的吸附有可能存在不同的组装行为，为了探讨这种组合捕收剂在不同矿物表面吸附后矿物表面间的微极性差异，使用荧光探针技术进行了研究。

　　图 10-10 是 pH=9.5～10 时，云母和石英上层清液中芘荧光强度与加入组合表面活性剂浓度的关系图，其中，组合表面活性剂中十二胺与油酸钠的比例为 1:3。

　　由图 10-10（a）可以看出，在所测的浓度范围内，芘在云母上清液中的荧光强度随着药剂浓度的增加而降低，当药剂浓度在 1×10^{-5} mol/L 时，药剂在上清液中具有较强的荧光强度，随着药剂浓度的增加，上清液中的荧光强度逐渐降低，4×10^{-4} mol/L 时达到最低值。芘在云母上清液中荧光强度很低，可以推测出芘被增溶到云母矿物表面的吸附层，所以在

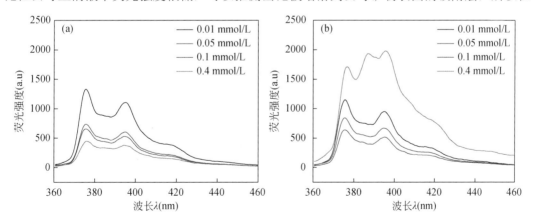

图 10-10　不同浓度组合捕收剂（十二胺/油酸钠=1/3）与云母（a）和石英（b）作用后芘分子荧光光谱关系图[254]

所测的浓度范围内，组合捕收剂分子大部分吸附在了云母表面，导致溶液中药剂含量较低。

由图 10-10（b）可以看出，当药剂浓度小于 $1×10^{-4}$ mol/L 时，随着药剂浓度的增加，芘在石英上清液中的荧光强度逐渐降低，$1×10^{-4}$ mol/L 时达到最低值；可以推测出芘被增溶到石英矿物表面的吸附层，组合捕收剂也大部分吸附在了石英表面。当药剂浓度达到 $4×10^{-4}$ mol/L 时，芘在上清液中的荧光强度急剧增强，远大于芘在云母上清液荧光强度，表明，在此浓度下，组合捕收剂在云母表面的吸附量大于在石英表面的吸附量。

由荧光探针结果可见，十二胺和油酸钠组合捕收剂在云母和石英表面也都发生了吸附作用，对比图 10-7 可以看出，虽然组合捕收剂中，除了高浓度油酸钠的条件外，十二胺和油酸钠在云母和石英表面的吸附量差不多相同，但荧光探针技术反映出，组合捕收剂在云母表面的吸附作用大于在石英表面的吸附作用。

10.1.6 阴阳离子型捕收剂在矿物表面的吸附组装构型及吸附能

1. 十二胺和油酸钠捕收剂在云母和石英表面的吸附组装构型及吸附能

研究捕收剂在矿物表面的吸附构型，分子动力学模拟计算是常用的方法，本节以十二胺阳离子、油酸根阴离子作为研究对象，研究组合药剂在云母和石英表面的吸附组装构型，并计算药剂在矿物表面的吸附能，选择十二胺和油酸钠比例为 1：2 进行模拟计算。

在真空条件下，组合药剂分子在云母(001)面 2 ns 时的吸附构型如图 10-11（a）所示。由图可以看出，真空条件下，药剂分子碳链与云母表面原子的范德华力作用及静电作用，使其平铺在云母表面，十二胺极性基的中心原子氮原子向云母表面的 $[Si_4Al_2]$ 六元环方向移动，稳定地吸附在六元环上方。相比较十二胺，油酸分子的极性基也吸附在云母表面，但是吸附位置离云母表面较远，说明油酸在云母表面的吸附比十二胺弱，但是由于和十二胺碳链的疏水缔合作用、云母表面铝、钾离子的作用，油酸仍可以吸附在云母表面。

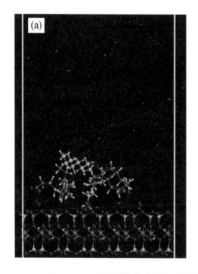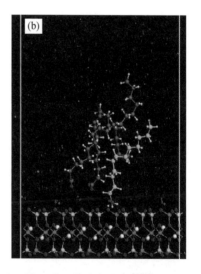

图 10-11 阴阳捕收剂在云母(001)面的吸附组装稳定构型[254]

（a）真空条件下；（b）水溶液中

　　将真空条件下得到的吸附终态加上水溶液，作为水溶液体系的初态。在水溶液中，组合药剂分子在云母表面 2 ns 时的吸附构型如图 10-11（b）所示。模拟过程发现，在 1 ns 时，吸附构型已经达到平衡，再进行 1 ns 模拟，模拟处于平衡阶段，结构没有发生变化。所以，认为在 2 ns 时，组合药剂分子在云母表面的吸附构型是稳定构型。由图 10-11（b）可以看出，在 2 ns 体系达到平衡时，十二胺阳离子和油酸根阴离子可以共同吸附在云母表面。十二胺的极性基—NH_3、油酸根的—COO^-吸附在云母表面，3 条碳链均呈现上翘的状态。整个结构处于以极性基为作用基团，分子链与表面垂直的构型，十二胺与油酸根分子链间还可能存在疏水缔合作用，这种组装构型将使云母表面疏水。

　　在真空条件下，组合药剂分子在石英(010)表面 2 ns 时的吸附构型如图 10-12（a）所示。由图可以看出，真空条件下，组合捕收剂分子吸附在石英表面，碳链平铺在石英表面。十二胺阳离子极性基通过静电作用、氢键作用与石英表面氧作用，油酸的极性基则通过与十二胺阳离子静电作用吸附在石英表面。可见，在真空条件下，组合捕收剂在石英表面的吸附构型和云母类似。

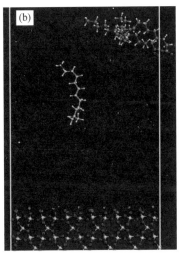

图 10-12　阴阳离子捕收剂在石英(010)面的吸附组装稳定构型[254]

(a) 真空条件下；(b) 水溶液中

　　水溶液中组合药剂分子在石英表面的 2 ns 时的吸附构型如图 10-12（b）所示。在水分子的作用下，十二胺阳离子和油酸根离子构型和位置发生了变化，这两种药剂分子都离开了石英表面，这说明组合药剂在石英表面的吸附作用比较弱，而且不稳定，容易在石英表面解吸。从石英表面原子可以看出，石英解离面仅由硅和氧两种原子组成，没有金属原子，在组合捕收剂条件下，油酸根离子在石英表面受到静电排斥，导致油酸根离子和石英作用很弱，这种吸附组装构型不能使石英表面疏水。

　　在水溶液中，十二胺和油酸钠组合捕收剂在云母和石英表面吸附构型有很大的差异，为了进一步描述药剂分子与矿物表面的吸附作用，定量计算了药剂分子在这两种矿物晶面的吸附能。吸附能反应药剂分子与矿物表面的结合强度，其数值越负，说明药剂分子吸附越稳定。吸附能可由下列公式计算得出：

$$\Delta E = \frac{E_{\text{complex}} - (E_{\text{surface}} + E_{\text{reagent+water}})}{N_{\text{reagent}}} \qquad (10\text{-}1)$$

式中，E_{complex}，E_{surface} 和 $E_{\text{reagent+water}}$ 分别是包含药剂分子的矿物表面体系的能量，未吸附药剂分子时矿物晶体表面的能量和孤立的药剂分子在水溶液中的能量。

表 10-1 为十二胺、油酸及组合药剂在云母(001)和石英(010)面的吸附能。可以看出，十二胺分子和十二胺阳离子在云母(001)表面吸附能为-66.97 kcal/mol 和-126.58 kcal/mol，说明十二胺分子和十二胺阳离子都可以在云母表面吸附，且十二胺阳离子在云母表面作用强度大于十二胺分子。一方面，十二胺阳离子和云母表面存在静电作用，另一方面，相比较十二胺分子极性基中两个氢原子，十二胺阳离子极性基中三个氢原子离云母表面氧原子距离更近，都可以形成氢键，这也说明十二胺阳离子更容易与云母(001)面作用。

表 10-1 还表明，组合药剂分子在云母(001)面吸附能为-203.82 kcal/mol，比十二胺阳离子吸附能更负，说明组合药剂分子在云母(001)面作用更强，更容易在云母表面吸附。由吸附距离可见，组合药剂中，十二胺阳离子中三个氢原子离云母(001)面氧原子距离相差不大，说明组合药剂中十二胺阳离子吸附作用没有受到油酸根离子的影响，可以稳定地吸附在云母表面，与氧原子形成氢键作用。油酸分子极性基中氧原子与云母表面铝原子作用最近，说明云母表面的铝原子和油酸根离子产生了作用，有可能是组合药剂中油酸在云母表面稳定吸附的重要原因之一。

十二胺分子和十二胺阳离子在石英表面的吸附能为-35.59 kcal/mol 和-88.69 kcal/mol，低于十二胺分子和十二胺阳离子在云母(001)表面的吸附能，且通过极性基中氢原子离石英表面氧原子的距离可见，只有两个氢原子距离较近，第三个氢原子距离较远，进一步说明十二胺阳离子在石英表面的吸附形态与在云母表面的不同。通过对组合药剂分子在石英(010)面上的吸附发现，在真空条件下，组合药剂分子可以在石英表面吸附，但是在水溶液中，它们有离开石英表面的趋势。所以，只在真空环境下计算了它们在石英(010)面的吸附能。可见，组合药剂分子在石英表面的吸附能为-25.23 kcal/mol，十二胺和油酸根离子组合与石英表面作用比较弱。这种较弱的相互作用在吸附量和动电位测定时，是难以确定的，表现为十二胺和油酸钠组合捕收剂在云母和石英表面的吸附量及对云母和石英动电行为的影响相近，但云母和石英表现了不同的表面润湿性及可浮性。

表 10-1 药剂在云母(001)面和石英(010)面吸附能和吸附位置[254]

模型	ΔE（kcal/mol）	吸附距离（Å）
云母(001)+DDA	-66.97	H_1 1.807；H_2 2.098
云母(001)+DDAH	-126.58	H_1 1.388；H_2 1.492；H_3 1.545
云母(001)+ DDAH/OL	-203.82	H_1 1.366；H_2 1.425；H_3 1.514 Al-O 4.547；Al-O 4.347
石英(010)+ DDA	-35.59	H_1 2.224；H_2 2.107
石英(010)+ DDAH	-88.69	H_1 1.418；H_2 1.437；H_3 1.794
石英(010)+ DDAH/OL（真空下）	-25.23	—

2. 十二胺和油酸在云母和石英表面的组装结构

1）十二胺和油酸在云母表面的组装结构

为了进一步准确模拟组合药剂在云母和石英表面的吸附及聚集状态，可以对多个药剂分子在云母和石英表面的吸附行为进行模拟。

图 10-13 是模拟时间为 2 ns 时，十二胺和油酸组合药剂在云母(001)面的吸附构型图，为了直观地观察药剂分子的吸附构型和聚集行为，十二胺和油酸个数分别为 5 个和 10 个。

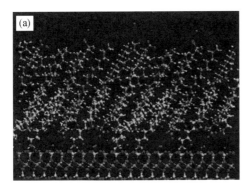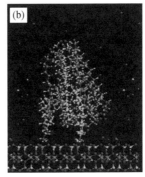

图 10-13　水溶液中组合药剂在云母(001)面的吸附终态[254]

（a）正视图；（b）侧视图

在模拟的初始阶段，组合药剂分子在水溶液中团聚在一起，随着模拟时间的进行，药剂分子向云母表面靠近，在 t=4 ns 时，在云母表面吸附达到平衡。由图 10-13 可见，组合药剂中全部的十二胺阳离子基团和绝大部分的油酸根极性基都吸附在云母表面。整体上药剂分子的疏水碳链几乎垂直于云母表面分布，形成一个紧密的分子层，组合药剂中疏水碳链缔合在一起，形成半胶束状态。这些组装结构增强了云母表面的疏水性，从而有利于云母的浮选。

油酸根离子的极性基离云母表面的距离比十二胺极性基远一些，说明组合药剂体系下，十二胺阳离子起主导作用，油酸根离子通过碳链疏水缔合作用、十二胺阳离子静电作用及云母表面铝原子的作用吸附在云母表面，十二胺和油酸根可以稳定地吸附在云母表面，这和吸附量的结果是一致的。大部分油酸根离子的极性基吸附在云母表面，只有少量的油酸根离子极性基朝向水溶液，由于药剂外围碳链占主要作用，所以这些外围的亲水基不影响云母表面整体的疏水性。

2）十二胺和油酸在石英表面的组装结构

图 10-14 展示了模拟时间为 2 ns 时，组合药剂在石英(010)面的吸附构型图。十二胺和油酸根离子的个数和云母体系是一致的，分别为 5 个和 10 个。

从图 10-14 可以看出，在水分子和石英综合作用下，十二胺阳离子趋向于吸附在石英表面，吸附在石英表面的十二胺阳离子的极性基中三个氢原子与石英表面氧原子间的作用距离为 1.440 Å，1.386 Å 和 2.325 Å，距离最近的两个氢原子与石英表面氧原子形成氢键，具有较强的作用力，使组合药剂分子在石英表面附近，但离石英表面距离比云母表面远。油酸根离子与十二胺阳离子通过碳链的疏水缔合作用分布在石英表面附近，形成团聚结构，其中，碳链组成团聚结构的内核，而组合药剂中油酸根离子极性基朝向水溶液，形成亲水结构，这和石英接触角测试及浮选结果相一致，组合药剂在石英表面形成亲水聚团状结构，使石英表面亲水，导致浮选回收率低。

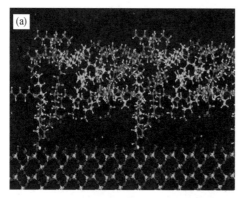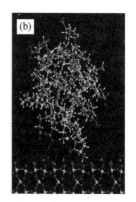

图 10-14　水溶液中组合药剂在石英(010)面的吸附终态[254]

(a) 正视图；(b) 侧视图

通过对十二胺和油酸组合捕收剂在云母和石英表面组装吸附模拟可以看出，组合捕收剂中，十二胺和油酸根离子均在云母表面吸附，可以推测，十二胺离子优先吸附在云母表面，降低了云母表面的负电性，有利于油酸根离子的吸附，云母表面的金属离子、十二胺阳离子基团与油酸根阴离子基团的吸引及十二胺与油酸根离子烃链间的缔合作用促进了油酸根离子的吸附，从而在云母表面形成稳定的捕收剂组装吸附层，可认为是阳离子捕收剂与阴离子捕收剂在矿物/溶液界面的正组装，使云母表面疏水，见示意图 10-15（a）。

而在石英表面，虽然十二胺阳离子也可以优先吸附，但油酸根离子的吸附显然不同于在云母表面，由于石英表面不存在金属离子，油酸根离子受到静电排斥作用，远离石英表面，又受到吸附的十二胺烃链与油酸根离子烃链间缔合作用的影响又回到石英表面，导致组合捕收剂十二胺和油酸根离子在石英表面的吸附形成亲水团聚构型，使石英表面亲水，可认为是阳离子捕收剂与阴离子捕收剂在矿物/溶液界面的负组装，如图 10-15（b）所示。

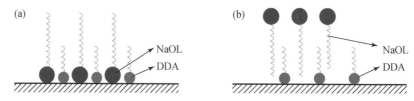

图 10-15　阴阳离子型捕收剂不同的界面组装构型，实现相似性质矿物表面润湿性差异化示意图

（a）云母；（b）石英

10.2　捕收剂-中性分子在固/液/气界面的组装机理与捕收性能

在浮选黑钨矿、白钨矿、锡石、萤石、磷灰石、方解石等矿物时，捕收剂和非离子型

表面活性剂（如聚氧乙烯化合物、醇、中性油等）的组合使用，通过不同类型药剂在固/液界面或气/液界面的组装可以改善浮选效果[204, 205, 430-433]，本节介绍捕收剂-中性分子在固/液/气界面的组装行为和机制。

10.2.1 中性有机分子对捕收剂性能的影响

1. 苯甲羟肟酸和辛醇对锡石的捕收性能

图 10-16（a）是苯甲羟肟酸和辛醇的用量均为 6×10^{-4} mol/L，活化剂硝酸铅用量为 1×10^{-4} mol/L，起泡剂松油醇用量为 3×10^{-5} mol/L 时，锡石浮选回收率与矿浆 pH 的关系。可见，苯甲羟肟酸是锡石的良好捕收剂，在 pH 7～9 的区间内，锡石的回收率达到 89%以上；而辛醇本身对锡石基本无捕收能力，在试验 pH 区间内，锡石的回收率不足 5%。

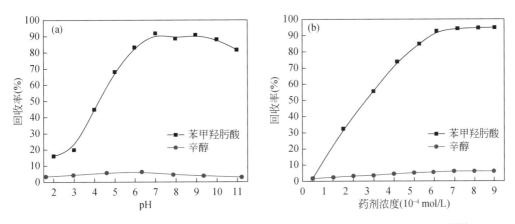

图 10-16 矿浆 pH（a）和药剂浓度（b）对苯甲羟肟酸和辛醇浮选锡石的影响[275]

图 10-16（b）是 pH 为 7.0 左右，活化剂硝酸铅用量为 1×10^{-4} mol/L，起泡剂松油醇用量为 3×10^{-5} mol/L 时，锡石浮选回收率与捕收剂浓度的关系。表明，苯甲羟肟酸浮选锡石时，随着药剂浓度的增加，锡石的浮选回收率随之升高，当浓度达到 6×10^{-4} mol/L，锡石回收率已经达到 92%，继续增加药剂浓度，回收率增长不明显；而增加辛醇用量，锡石的回收率并没有提高，始终低于 5%。这表明，非离子型浮选剂辛醇对锡石无捕收性能。但是，辛醇与苯甲羟肟酸组合使用时，对苯甲羟肟酸的捕收性能会产生影响。

图 10-17 为不同浓度辛醇对苯甲羟肟酸浮选锡石的影响，表明，随着辛醇用量由 0 增加至 6×10^{-5} mol/L，锡石浮选回收率增大，或者，锡石达到相同回收率时，苯甲羟肟酸的用量逐步降低。如锡石回收率同样达到 92%，当不添加辛醇时，苯甲羟肟酸用量为 6×10^{-4} mol/L [图 10-16（b）]；添加 6×10^{-5} mol/L 辛醇时，苯甲羟肟酸用量则为 3.7×10^{-4} mol/L。这表明虽然辛醇对锡石没有捕收能力，但辛醇和苯甲羟肟酸一起作用时，能够显著降低捕收剂苯甲羟肟酸的用量，并且能够使锡石保持较高的回收率。

2. 十二胺及其与醇的组合捕收剂对云母的捕收性能

图 10-18 是在矿浆 pH=6±0.5 的条件下，不同碳链的醇分子（辛醇 OCT、癸醇 DEC、

十二醇 DOD、十四醇 TER）与 DDA 组合浮选云母时，云母浮选回收率与组合药剂总浓度的关系。结果表明，云母回收率随组合捕收剂浓度的增加而增加，而且，不同碳链的醇与 DDA 组合时，浮选云母的效果存在明显差异，在保持组合捕收剂总浓度相等的情况下，OCT、DEC、DOD 与 DDA 的组合捕收剂浮选云母的效果均好于单独使用 DDA，表明 OCT、DEC、DOD 对 DDA 的捕收能力有促进作用。而 TER 与 DDA 组合的捕收剂浮选云母的效果比单独使用 DDA 时差，表明，TER 对 DDA 的捕收能力有降低作用。当总药剂浓度达到 10^{-4} mol/L，用 OCT、DEC 与 DDA 的组合捕收剂浮选云母时，回收率可达到 80% 以上；用 DOD 与 DDA 的组合时，回收率只有 49%；而用 TER 与 DDA 的组合，云母回收率（33%）更是低于单独使用 DDA 时的回收率（41%）。OCT、DEC 与 DDA 组合捕收剂浮选云母时效果较好。

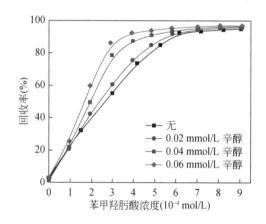

图 10-17　pH 7.0，不同浓度辛醇对苯甲羟肟酸
浮选锡石的影响[275]

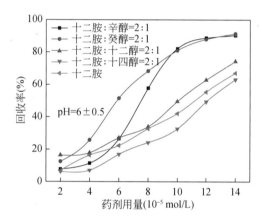

图 10-18　不同碳链的醇与十二胺组合为捕收剂
时云母浮选回收率与其总浓度的关系[428]

图 10-19 是在组合药剂总浓度为 10^{-4} mol/L 的条件下，OCT 与 DDA 以不同比例组合浮选云母时，矿浆 pH 对回收率的影响。结果表明，单独用 DDA 浮选云母时，随着 pH 的增大其回收率先减小后增大。强酸性环境下云母回收率保持在 80% 以上，在中性及弱碱性环境下云母回收率开始急剧下降，并在 pH 为 10 左右达到最低。而单独使用 OCT 时，云母完全不浮。使用 DDA/OCT 组合捕收剂，在中性及弱碱性环境下云母回收率有着明显的提升，另外，OCT 与 DDA 以不同比例组合作为捕收剂时，对云母的捕收效果也存在明显差异，在 pH 为 6 的条件下，DDA∶OCT=1∶1 时，浮选效果提升不显著，但 DDA∶OCT=2∶1 时浮选效果明显提高，云母浮选回收率接近 90%。

图 10-20 为 pH=6±0.5，使用 DDA/OCT 组合捕收剂时，不同比例的 OCT 与 DDA 对云母、石英、长石以及高岭石浮选行为的影响。其中，DDA 浓度在浮选云母时固定在 10^{-4} mol/L，在浮选石英、长石时固定在 10^{-5} mol/L，在浮选高岭石时固定在 10^{-3} mol/L。从图中可以看出，4 种矿物在使用 DDA/OCT 的组合捕收剂后，浮选回收率均有不同程度的上升，随着 C_{OCT}/C_{DDA} 比例的增大，4 种矿物浮选回收率增大，C_{OCT}/C_{DDA} 比例达到 1 后，浮选回收率基本不再变化，说明胺与醇的组合捕收剂对多种硅酸盐矿物的浮选均有较强捕收作用。

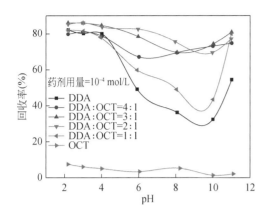
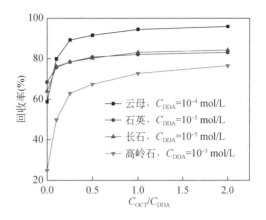

图10-19　用不同比例的辛醇-十二胺组合捕收剂时　图10-20　组合捕收剂中 C_{OCT}/C_{DDA} 比例对硅酸盐矿
　　　　pH对云母浮选回收率的影响[428]　　　　　　　　　物浮选回收率的影响[428]

上述浮选实验结果表明，非离子型表面活性剂与阴、阳离子捕收剂的组合使用，能改善矿物的浮选效果，而且，浮选性能与中性分子的烃链结构、组合比例及矿物种类等密切相关。胺与醇的组合药剂中，碳链较短的醇 DEC、OCT 比较长的醇 DOD、TER 使云母回收率更高。提示，不同非离子型表面活性剂与阴、阳离子捕收剂在不同矿物表面存在不同组装行为。

10.2.2　捕收剂和中性有机分子的界面组装对矿物表面性质的影响

1. 捕收剂和中性有机分子的界面组装对矿物表面动电位的影响

图 10-21 分别为纯水、DDA、OCT 和 DDA/OCT 存在的条件下，云母表面动电位随 pH 的变化情况，其中，总药剂浓度均保持为 10^{-4} mol/L。可以看出，纯水中云母在所考察的 pH 范围内几乎都带负电，等电点在 pH 为 2.0 左右。在 DDA 溶液中，云母表面动电位整体向正偏移，在 pH<10 时变为正值，等电点正移至 pH 10 左右，说明 DDA 通过静电力吸附在带负电的云母表面从而使其表面电位变号。而 OCT 对云母表面动电位几乎没有影响，在 OCT 溶液中，云母表面动电位与云母在纯水中的表面动电位接近，表明单独的 OCT 基本不在云母表面吸附。在 DDA 与 OCT 组合药剂溶液中，云母表面电位也向正偏移但正移幅度小于单独用十二胺的情况，等电点正移至 pH 6 左右。说明，总药剂浓度保持为 10^{-4} mol/L 时，DDA/OCT（2∶1）组合药剂中，阳离子 DDA 的浓度下降，云母表面动电位正移幅度减小。

图 10-22 是 DDA 分别与 OCT、DEC、DOD、TER 组合条件下，云母矿物表面动电位随 pH 的变化情况，其中，总药剂浓度均保持为 10^{-4} mol/L。从图 10-22 可以看出，不同碳链的醇与 DDA 组合条件下，云母表面动电位值随 pH 的变化与单独用 DDA 相似，发生正移，但彼此之间存在差异。在相同条件下，云母表面动电位正移从大到小排列为（DDA/DOD）＞（DDA/TER）＞（DDA/DEC）≈（DDA/OCT），即胺与醇的组合药剂中，碳链较长的 DOD、TER 醇比较短的 DEC、OCT 醇使云母表面动电位正移幅度更大。由于中性的醇分子不影响

云母表面动电位，由图 10-21 和图 10-22 的结果可以推测，胺与醇分子的组合在云母表面发生吸附，使云母表面动电位正移，而碳链较长的 DOD、TER 醇比较短的 DEC、OCT 醇应该使 DDA 在云母表面吸附更多，才能使云母表面动电位正移幅度更大。

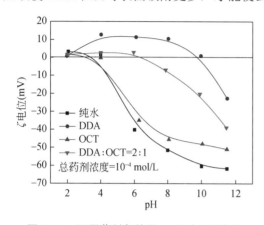

图10-21　不同药剂条件下，pH对云母表面动电位的影响[428]

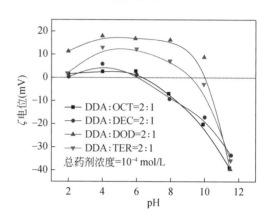

图10-22　胺与不同醇组合条件下pH对云母表面动电位的影响[428]

2. 捕收剂和中性有机分子的界面组装对矿物表面接触角的影响

图 10-23 为单独用 DDA、OCT 和 DDA/OCT 组合药剂时，其浓度对云母表面接触角的影响，pH 控制在 6±0.5，横坐标为药剂总浓度的对数值。由图 10-23 可知，单独加 OCT，在药剂浓度小于 10^{-2} mol/L 时，云母表面接触角随着药剂浓度的增大增加缓慢，在药剂浓度高达 10^{-2} mol/L 时，云母表面接触角才达到 65° 左右。在 DDA、DDA/OCT 组合药剂存在下，云母表面接触角均随着药剂浓度的增加而逐渐增大，在总药剂浓度相同的条件下，使用 DDA/OCT 组合药剂时，云母表面接触角均高于单独使用 DDA 的情况。在浓度（10^{-6}～10^{-2} mol/L）范围内，浓度相同情况下，接触角从大到小顺序排列为（DDA/OCT）＞DDA≫OCT；同为 DDA/OCT 组合，DDA/OCT 比例不同也会影响接触角大小，从大到小顺序排列为（DDA：OCT=2：1）＞（DDA：OCT=1：1）＞（DDA：OCT=1：2），也就是说，DDA/OCT 组合比单独用 DDA 使云母表面更疏水。

图 10-24 为 DDA 分别与 OCT、DEC、DOD、TER 组合的条件下，其药剂浓度对云母表面接触角的影响，其中各组合药剂中胺与醇的比例均为 2：1。结果表明，对于各组合药剂来说，随着浓度增大，云母表面接触角均先增大然后趋于平衡而基本保持不变。其中，在低浓度下（10^{-6}～10^{-5} mol/L），对于不同组合药剂，其浓度对云母表面接触角的影响存在差异，云母表面接触角从大到小依次排列为（DDA/DOD）＞（DDA/TER）＞（DDA/DEC）＞（DDA/OCT），此顺序反映了矿物表面的疏水程度。即胺与醇的组合药剂中，碳链较长的 DOD、TER 醇比较短的 DEC、OCT 醇使云母疏水性更大。高浓度下（＞10^{-5} mol/L），对于不同组合药剂，其浓度及碳链长度对云母表面接触角的影响较小。

上述捕收剂和中性有机分子组合药剂对云母表面性质的影响结果表明，胺与醇分子在云母表面的吸附，使云母表面ζ电位正移，使云母表面更疏水，提高了云母可浮性。值得注意的是，碳链较长的 DOD、TER 醇比较短的 DEC、OCT 醇使云母表面ζ电位正移幅度更大，疏水性更大。但胺与醇的组合药剂中，碳链较短的醇 DEC、OCT 比较长的醇 DOD、TER 使云母回收率更高。这提示，当使用捕收剂和中性有机分子组合药剂时，当矿物表面足够疏水后（接触角均达到较大值），组合药剂的捕收能力并不与中性有机分子碳链长度直接相关，而可能取决于捕收剂和中性有机分子在界面的吸附组装结构。

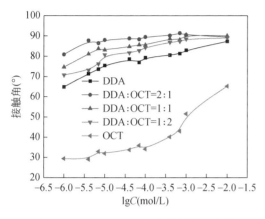

图 10-23　DDA/OCT 组合药剂时，药剂总浓度对云母表面接触角的影响[428]

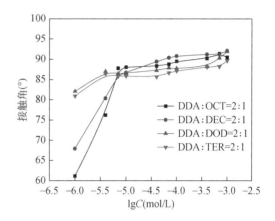

图 10-24　DDA/醇组合药剂时，药剂总浓度对云母表面接触角的影响[428]

10.2.3　捕收剂和中性有机分子在矿物表面的吸附组装

1. 组合药剂中胺与醇分子在云母表面的吸附

图 10-25 是 pH=6 左右，单独使用 DDA 以及 DDA 与 OCT、DEC、DOD、TER 组合的条件下（胺与醇的比例均为 2∶1），DDA 和醇分子的吸附量随药剂初始浓度的变化。图 10-25（a）表明，DDA 的吸附量随药剂初始浓度的增加而上升。在相同药剂浓度的情况下，各组合药剂中 DDA 在云母表面的吸附量要明显高于单独使用 DDA 的情况，这说明醇的加入确实提升了 DDA 在云母表面的吸附量；然而组合药剂中醇种类的不同并不会显著影响 DDA 的吸附量。图 10-25（b）表明，本不在云母表面吸附的醇类分子，在 DDA 存在的情况下

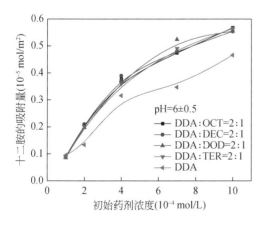

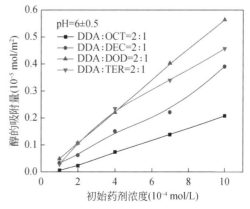

图 10-25　各组合药剂中 DDA（a）和醇（b）在云母表面吸附量随药剂初始浓度的变化[428]

均发生了不同程度的吸附，吸附量随药剂初始浓度的增加而上升，其中吸附量从大到小排列为 DOD≈TER＞DEC＞OCT，即在 DDA 存在下，碳链较长的 DOD、TER 醇比较短的DEC、OCT 醇在云母表面吸附量更大，解释了碳链较长的 DOD、TER 醇比较短的 DEC、OCT 醇使云母表面 ζ 电位正移幅度更大，疏水性更大的现象。但不能解释对 DDA 浮选云母的影响，却是碳链较短的 DEC、OCT 醇比较长的 DOD、TER 醇好，进一步提示不同非离子型表面活性剂与阴、阳离子捕收剂可能在矿物/溶液/气界面存在不同组装行为。

2. 组合药剂中辛醇和苯甲羟肟酸在锡石表面的吸附组装

1）辛醇对苯甲羟肟酸在锡石表面吸附量的影响

活化剂硝酸铅用量为 $1×10^{-4}$ mol/L，起泡剂松油醇用量为 $3×10^{-5}$ mol/L，辛醇对苯甲羟肟酸在锡石表面吸附量的影响如图 10-26 所示。

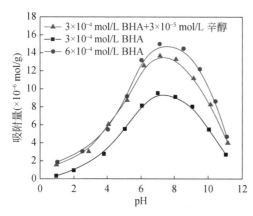

图 10-26　辛醇对苯甲羟肟酸在锡石表面吸附量的影响与 pH 的关系[275]

图 10-26 中，在 pH 为 7.0 左右，当苯甲羟肟酸初始浓度为 $6×10^{-4}$ mol/L 时，其在锡石表面的吸附量达到的最大值为 $15.1×10^{-6}$ mol/g；当苯甲羟肟酸初始浓度为 $3×10^{-4}$ mol/L，其在锡石表面的吸附量达到的最大值为 $9.6×10^{-6}$ mol/g，此时，如果添加 $3×10^{-5}$ mol/L 的辛醇，苯甲羟肟酸在锡石表面的吸附量达到的最大值为 $13.4×10^{-6}$ mol/g，较未添加辛醇时提高了近 40%，即添加 $3×10^{-5}$ mol/L 的辛醇，苯甲羟肟酸在锡石表面的吸附量达到相同值时，其用量差不多减少了一半。表明适量辛醇能够增加苯甲羟肟酸在锡石表面的吸附量，使得锡石浮选回收率提高，从而达到在保证锡石浮选回收率的情况下降低苯甲羟肟酸用量的效果。

2）辛醇与苯甲羟肟酸在锡石表面吸附组装

锡石与辛醇作用前后的红外光谱如图 10-27（a）所示。辛醇的红外光谱图中，3200 cm^{-1}处的吸收峰为 O—H 伸缩振动；2916 cm^{-1} 和 2869 cm^{-1} 处的吸收峰为 C—H 伸缩振动峰；1413 cm^{-1} 处的吸收峰为 O—H 弯曲振动峰；971 cm^{-1} 处的吸收峰为 C—O 伸缩振动峰。通过对比锡石与辛醇作用前后的红外光谱，发现二者基本没有变化，表明辛醇在锡石表面没有发生吸附，因而辛醇本身对锡石基本无捕收能力（图 10-16）。

锡石与苯甲羟肟酸和辛醇共同作用前后的红外光谱如图 10-27（b）所示。在作用后的红外光谱图中，3313 cm^{-1} 处的吸收峰为苯甲羟肟酸 N—H 伸缩振动峰叠，较原 3300 cm^{-1}偏移了 13 cm^{-1}；3237 cm^{-1} 处的吸收峰为辛醇的 O—H 伸缩振动峰，较原 3200 cm^{-1} 偏移了 37 cm^{-1}，该吸收峰的出现表明了辛醇在锡石表面发生了吸附，并且与苯甲羟肟酸中的 N 原子形成了氢键缔合。由此推测，辛醇与苯甲羟肟酸在锡石表面的吸附组装模型，如图 10-28所示。辛醇中的 O—H 与苯甲羟肟酸中的 N 原子形成了氢键，共同吸附于锡石表面，而且，由于辛醇具有长链结构，可与苯甲羟肟酸烃链发生缔合，促进苯甲羟肟酸在锡石表面的吸附，使其吸附排列更为有序和紧密，有效吸附量增加，从而增强了锡石的可浮性。

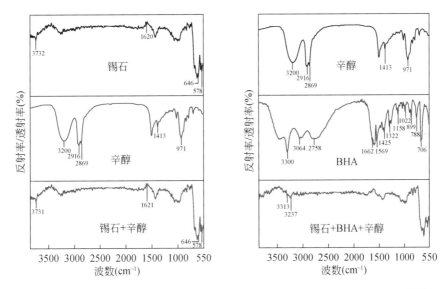

图 10-27 锡石与辛醇（a）及与苯甲羟酸/辛醇（b）作用前后的红外光谱图[275]

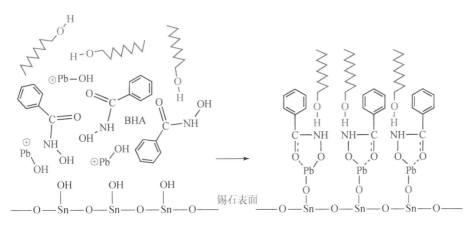

图 10-28 苯甲羟肟酸和辛醇在锡石表面的吸附组装模型[275]

10.2.4 捕收剂和中性有机分子在液/气界面的吸附组装

1. DDA、OCT 及其组合药剂溶液的表面张力等温线

图 10-29 是 DDA、OCT 溶液以及二者以 2∶1 及 1∶2 的比例组合而成的药剂溶液的表面张力等温线（常温下），图中虚线位置为各药剂溶液的 CMC 值，其值列于表 10-2。可以看出，DDA/OCT 组合药剂溶液的 CMC 值要明显低于单独的 DDA 溶液或者 OCT 溶液的 CMC 值，且当组合药剂中 DDA 所占比例更大时其 CMC 值下降更多。CMC 值越小，意味着药剂的疏水性越大，表明表面活性剂分子中非极性基比例较大，捕收性较强。当 DDA 与 OCT 作为组合捕收剂使用，且组合药剂中 DDA/OCT 为 2∶1 时，CMC 值最低，捕收性能最强，这与云母纯矿物浮选的结果相吻合。

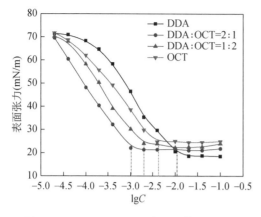

图10-29 DDA、OCT及其组合药剂溶液的
表面张力等温线[428]

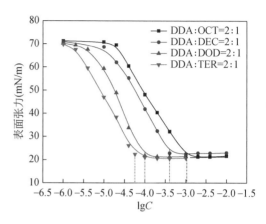

图10-30 不同醇与DDA组合药剂溶液的表
面张力等温线[428]

表10-2中，各药剂溶液的最低表面张力即为图10-29中各表面张力等温线的稳定最低值，其顺序从小到大为 DDA<（DDA：OCT=2：1）<（DDA：OCT=1：2）<OCT，这说明DDA的表面活性强于OCT，且二者组合药剂溶液的表面活性与其中DDA所占比例呈正相关。

由CMC值，根据式（8-15）能够计算出药剂的胶束化自由能，药剂分子之间之所以能形成胶束主要是靠碳链间的疏水缔合作用，因此胶束化自由能大小能够反映疏水缔合作用的强弱，该胶束化自由能越低则意味着疏水缔合作用越强。如表10-2胶束化自由能数据所示，4种药剂组合的疏水缔合作用的强弱依次为：（DDA：OCT=2：1）>（DDA：OCT=1：2）>OCT>DDA，说明DDA与OCT组合后，药剂分子之间的疏水缔合作用会增强，这与二者在固液界面的吸附导致吸附量增加的结果是相吻合的。

表 10-2　DDA、OCT 及其组合药剂溶液的 CMC 及其相关参数

药剂	临界胶束浓度（mmol/L）	最低表面张力（mN/m）	胶束化自由能（kJ/mol）
DDA	12.59	18.60	−10.84
DDA：OCT=2：1	1.12	21.36	−16.84
DDA：OCT=1：2	2	23.12	−15.40
OCT	4.47	24.67	−13.41

2. 不同醇与十二胺组合药剂溶液的表面张力等温线

图 10-30 是 DDA 分别与 OCT、DEC、DOD、TER 组合药剂溶液的表面张力等温线，图中虚线位置为各溶液的 CMC 值，其值以及其他相关参数列于表 10-3。从图 10-30 和表 10-3 结果可以看出，当 DDA 与碳链较长的醇混合后，溶液 CMC 值的下降程度要更大，药剂的胶束化自由能更负，在四种 DDA 与醇分子的组合药剂中，CMC 值及胶束化自由能由小到大的顺序是十四醇 TER<十二醇 DOD<癸醇 DEC<辛醇 OCT，也是疏水缔合作用的强弱顺序，这与图 10-24 接触角的结果和图 10-25（b）中醇分子的吸附结果基本一致，即胺与醇的组合药剂中，由于 CMC 值及胶束化自由能较低，烃链缔合作用较强，碳链较长

的 DOD、TER 醇比较短的 DEC、OCT 醇在云母表面吸附量更大，使云母表面 ζ 电位正移幅度更大，表面疏水性更强。但仍不能解释图 10-18 中，云母的浮选效果却是较短的 DEC、OCT 与 DDA 的组合药剂更好的原因，进一步提示十二胺与不同醇分子在云母浮选体系中，可能在矿物/溶液/气界面存在不同组装行为。

表 10-3　不同醇与 DDA 组合药剂溶液的 CMC 及其相关参数

药剂	临界胶束浓度 (mmol/L)	最低表面张力 (mN/m)	胶束化自由能 (kJ/mol)
DDA∶OCT=2∶1	1.12	21.36	-16.84
DDA∶DEC=2∶1	0.398	22.84	-19.41
DDA∶DOD=2∶1	0.1	21.47	-22.83
DDA∶TER=2∶1	0.058	20.77	-24.18

3. 不同醇与十二胺不同组合药剂溶液的泡沫性质

图 10-31 是 DDA、OCT 以及二者以不同比例组成的药剂溶液的 pH 对溶液泡沫量的影响，总药剂浓度均控制在 10^{-4} mol/L。从图中可以看出，DDA 的起泡性能随着 pH 增大呈先增大后减小的趋势，而 OCT 溶液则完全相反。但 DDA 与 OCT 二者组合溶液的泡沫量在不同 pH 区间所呈现的现象也略有不同：在酸性条件下（pH≤4.5），DDA 与 OCT 组合后对溶液的起泡性能有着明显的促进作用，表现为组合溶液的泡沫量要高于单独 DDA 或者 OCT 溶液；在弱酸性及中性条件下（4.5＜pH≤8），组合药剂溶液产生的泡沫量介于单独用 DDA 和 OCT 溶液之间，其中 DDA 与 OCT（2∶1）组合药剂溶液产生的泡沫量与单独用 DDA 接近，具有较高的泡沫量；在碱性条件下（pH＞8），组合药剂及 DDA 溶液的泡沫量均处于较低水平。

图 10-32 是 DDA 分别与 OCT、DEC、DOD、TER 以 2∶1 比例组成组合药剂溶液的药剂总浓度对泡沫量的影响。从图中可以看出，DDA/OCT、DDA/DEC 组合药剂溶液的泡沫量随着药剂总浓度的升高而升高，且在浓度达到 10^{-4} mol/L 时基本达到饱和，上升趋势开始变缓，这与图 10-18 的浮选结果较为吻合；而 DDA/DOD、DDA/TER 组合药剂溶液的泡沫量随着浓度上升几乎没有变化，而且一直保持在较低水平，此现象一定程度上解释了为何碳链较长的 DOD、TER 比较短的 DEC、OCT 在云母表面吸附量更大并使云母表面疏水性更强，但其浮选效果却是碳链较短的 DEC、OCT 和 DDA 的组合比碳链较长的 DOD、TER 与 DDA 组合更好的矛盾。正是因为 DDA/DOD、DDA/TER 组合药剂溶液的起泡性能相对较差，使得其作为捕收剂时的浮选性能反而比 DDA/OCT、DDA/DEC 组合药剂差。

从中性有机分子对捕收剂浮选性能的影响、捕收剂和中性有机分子组合药剂对矿物表面性质的影响、组合药剂在矿物表面的吸附及组合药剂溶液的表面活性与泡沫性质等结果，可以看出，非离子型表面活性剂本身并不会在矿物表面发生吸附，从而对矿物表面电性及润湿性影响不大，对矿物不具备捕收能力，但有较强表面活性及起泡性。特定的捕收剂可以在特定的矿物表面发生吸附，改变矿物表面动电位与润湿性，从而使矿物具有较好可浮性。中性有机分子对捕收剂在矿物表面的吸附产生影响，进而对矿物表面电性、润湿性及可浮性产生影响，在组合药剂中，中性分子和捕收剂的组合比例、中性分子种类及烃链结构，特别是在固/液/气界面的行为，对组合药剂捕收性能有较大影响。一般认为非离子型表面活性剂通过碳链之间的疏水缔合作用与捕收剂发生共吸附现象，形成协同效应[430-433]，本节的结果也观察到有类似现象，醇的加入提高了 DDA 在云母表面、苯甲羟肟酸在锡石表面的吸附量，而本不在云母、锡石表面吸附的醇类分子，在 DDA 或苯甲羟肟酸存在的情况下，也在云母或锡石表面均发生了不同程度的吸附，但它们不是简单的烃链缔合形成共吸附对矿物浮选产生影响。

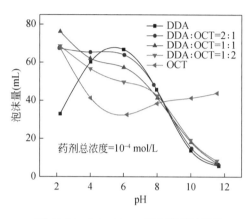

图 10-31　DDA/OCT 组合药剂溶液的 pH 对泡沫量的影响

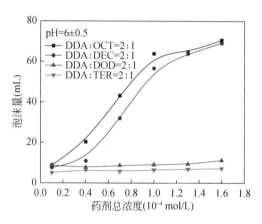

图 10-32　不同醇与 DDA 组合药剂总浓度对溶液泡沫量的影响

对于苯甲羟肟酸和辛醇浮选锡石的体系，短链捕收剂苯甲羟肟酸烃链之间的缔合作用小，辛醇是通过其分子中的 O—H 与苯甲羟肟酸中的 N 原子形成了氢键，组装吸附于锡石表面，由于辛醇的长链结构及其烃链间缔合，或与苯甲羟肟酸烃链间的缔合作用，促进苯甲羟肟酸在锡石表面的吸附和锡石表面的疏水性及可浮性。

对于十二胺和不同醇分子组合浮选云母的体系，碳链较长的 DOD、TER 醇比较短的 DEC、OCT 醇溶液的表面张力及在溶液中的胶束化自由能更低，它们与 DDA 在云母表面的吸附组装，使云母表面电位正移幅度更大，接触角更大，这些均说明捕收剂与中性分子间至少存在疏水缔合作用使二者在矿物表面共吸附形成吸附层。然而，值得注意的是，胺与醇的组合药剂中，即使是碳链较长的 DOD、TER 比较短的 DEC、OCT 使云母动电位正移幅度更大，表面疏水性更大，但云母的浮选效果却是短链 OCT、DEC 与 DDA 组合的捕收剂较好，即使同样是 OCT 与 DDA 的组合，云母的浮选效果还与组合比例有关，这些现象是不能简单用烃链缔合-共吸附机理来解释的。疏水缔合作用取决于烃链间缔合能，烃链每增加一个—CH_2—，缔合能将增加 0.6 kcal/mol，因此，碳链较长的 DOD、TER 醇比较短的 DEC、OCT 醇在云母表面的烃链缔合-共吸附作用强并能使云母表面疏水性更强，但浮选行为相反。可以推测胺与醇分子在云母表面吸附组装所造成的表面亲疏水性变化很可能不是影响云母浮选行为的决定因素。这些现象提示，中性有机分子和捕收剂的组合使用，对矿物表面性质及浮选行为的影响，不但取决于中性有机分子和捕收剂在固/液界面的吸附组装结构，还可能与它们在液/气界面吸附组装行为密切相关。在 DDA 与不同醇分子组合药剂浮选云母的体系中，DDA 及其与醇分子在液/气界面的不同组装行为，导致组合药剂溶液的泡沫性质存在较大差异，碳链较短的 DDA/OCT、DDA/DEC 组合药剂溶液的泡沫量远大于碳链较长的 DOD、TER 与 DDA 组合药剂溶液的泡沫量，使得碳链较短的 DDA/OCT、DDA/DEC 组合药剂浮选云母的效果好于碳链较长的 DOD、TER 与 DDA 组合药剂。

10.3 多种阴离子捕收剂在矿物/溶液界面的组装与捕收性能

1. 油酸钠和苯甲羟肟酸组合药剂的捕收性能

不同条件下，捕收剂浓度对菱锌矿和白云石浮选回收率的影响见图 10-33。图 10-33（a）表明，菱锌矿浮选回收率随捕收剂浓度增大而增大，油酸钠和苯甲羟肟酸组合药剂（BHOA）比 NaOL 的捕收作用要强，当浓度为 6×10^{-4} mol/L 时，油酸钠和苯甲羟肟酸组合药剂为捕收剂时，菱锌矿的回收率为 70%，单用油酸钠时，菱锌矿的回收率只有 50%。硫化钠对菱锌矿的回收率有显著影响，添加 2500 g/t 硫化钠之后，菱锌矿的回收率比不添加硫化钠时高出约 20%，在硫化钠存在下，油酸钠和苯甲羟肟酸组合药剂对菱锌矿的捕收性能与油酸钠相近。

图 10-33（b）表明，白云石浮选回收率随捕收剂浓度增大而增大，使用油酸钠为捕收剂，是否添加硫化钠对白云石浮选影响不大，在捕收剂浓度低于 4×10^{-4} mol/L 时，白云石难以上浮，回收率低于 20%，油酸钠浓度在 4×10^{-4} mol/L 至 6×10^{-4} mol/L 区间，白云石浮选回收率急剧上升至 90% 以上，当油酸钠浓度高于 6×10^{-4} mol/L 时，白云石浮选回收率基本保持不变。以 BHOA 作为捕收剂时，不添加硫化钠，在 BHOA 浓度低于 6×10^{-4} mol/L（所含油酸钠浓度为 4×10^{-4} mol/L）时，白云石浮选回收率低于 30%，BHOA 浓度在 $6\times10^{-4}\sim$ 10^{-3} mol/L 区间（对应油酸钠浓度 $4\times10^{-4}\sim6.33\times10^{-4}$ mol/L）白云石回收率急剧上升达 90%，加入硫化钠后，白云石的浮选回收率有所降低。

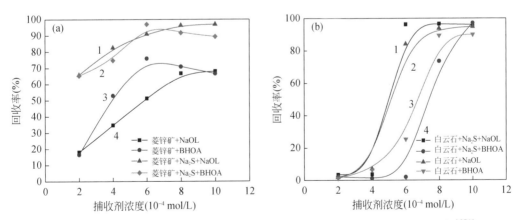

图 10-33 菱锌矿（a）和白云石（b）浮选回收率随捕收剂浓度的变化（pH=9）[276]

由图 10-33 还可以看出，当油酸钠浓度为 6×10^{-4} mol/L 时，菱锌矿回收率为 50%，白云石回收率为 85%，油酸钠对白云石的捕收能力强于菱锌矿。而当组合药剂 BHOA 浓度为

6×10^{-4} mol/L 时，菱锌矿回收率 75%，白云石回收率为 30%，组合捕收剂对菱锌矿的捕收能力强于白云石。加入硫化钠后，当油酸钠浓度为 6×10^{-4} mol/L 时，菱锌矿回收率为 90%，白云石回收率为 90%，此时，油酸钠对白云石的捕收能力与菱锌矿基本一样；但当组合药剂 BHOA 浓度为 6×10^{-4} mol/L 时，菱锌矿回收率 95%，白云石回收率为 2%，硫化钠存在下，组合捕收剂对菱锌矿的捕收能力远强于白云石。因此，单用油酸钠为捕收剂，无论有无硫化钠存在，浮选分离菱锌矿和白云石是没有选择性的，而使用组合捕收剂 BHOA，菱锌矿与白云石的可浮性差距较大，特别是在硫化钠存在下，浮选分离菱锌矿和白云石是可能的。

上述结果表明，油酸钠和苯甲羟肟酸在菱锌矿和白云石表面存在不同吸附组装结构，在硫化钠存在下，这种组装结构又会发生变化。

2. 油酸钠和苯甲羟肟酸在矿物表面的吸附行为

图 10-34 是组合药剂中油酸钠和苯甲羟肟酸在菱锌矿和白云石表面的吸附量随 BHOA 浓度的变化，可见，吸附量随捕收剂浓度增大而增大。图 10-34（a）表明，硫化钠存在下，油酸根离子在菱锌矿表面的吸附量小于没有硫化钠时的吸附量，说明硫化钠抑制了组合捕收剂中油酸根离子在菱锌矿表面的吸附。硫化钠存在下，油酸根离子在白云石表面的吸附量小于没有硫化钠时的吸附量，说明硫化钠降低了组合捕收剂中油酸根离子在白云石表面的吸附，降低了白云石的可浮性。此外，组合药剂中，油酸根离子在菱锌矿表面的吸附量大于在白云石表面的吸附量。

图 10-34（b）表明，无论是否存在硫化钠，组合药剂中，苯甲羟肟酸在白云石表面的吸附量很低，而苯甲羟肟酸在菱锌矿表面吸附量较大，在 BHOA 浓度低于 6×10^{-4} mol/L 时，苯甲羟肟酸在菱锌矿表面的吸附量随着 BHOA 浓度增加而增大，当 BHOA 浓度高于 6×10^{-4} mol/L 时基本达到饱和，吸附量不再随 BHOA 浓度的增加而增大。

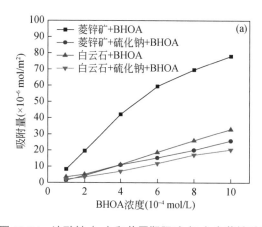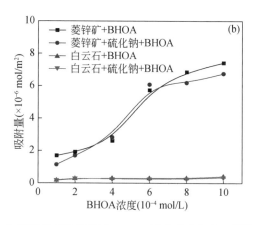

图 10-34　油酸钠（a）和苯甲羟肟酸（b）在菱锌矿和白云石表面吸附量随 BHOA 浓度的变化关系[276]

图 10-35 是菱锌矿和白云石与苯甲羟肟酸作用后的红外光谱图。图 10-35（a）表明，在 688.47 cm^{-1} 和 1604.51 cm^{-1} 两处出现了新的吸收峰，688.47 cm^{-1} 处的吸收峰为苯环上 ═C—H 面外弯曲振动峰，1604.51 cm^{-1} 处的吸收峰为 C═O 伸缩振动峰，而且，该峰向低波数有较大移动，表明苯甲羟肟酸在菱锌矿表面发生了化学吸附。图 10-35（b）表明，白

云石与苯甲羟肟酸作用前后的红外光谱没有发生变化，说明苯甲羟肟酸不能在白云石表面发生吸附。

因此，硫化钠存在下，苯甲羟肟酸在菱锌矿表面吸附而不在白云石表面吸附，而且，油酸根离子在菱锌矿表面的吸附量大于在白云石表面的吸附量，可能是组合药剂对菱锌矿有较强捕收作用而对白云石捕收能力差的主要原因，使得菱锌矿的可浮性远好于白云石，当 BHOA 浓度为 6×10^{-4} mol/L 时，菱锌矿回收率为 95%，白云石回收率为 2%，浮选分离菱锌矿和白云石是可能的。

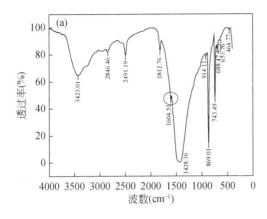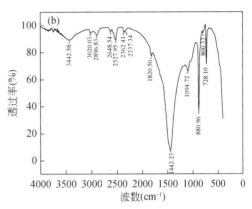

图 10-35　菱锌矿（a）和白云石（b）与苯甲羟肟酸作用后的红外光谱[276]

3. 油酸和苯甲羟肟酸在矿物表面的吸附组装

采用分子动力学模拟进一步探讨油酸和苯甲羟肟酸在菱锌矿、白云石以及被硫化的菱锌矿表面的吸附组装行为。计算了油酸和苯甲羟肟酸分别与菱锌矿、白云石和硫化锌表面的吸附作用能，计算结果见表 10-4。

由表 10-4 可见，油酸根离子在菱锌矿(101)面和白云石(101)面的吸附作用能分别为 -233.50 kcal/mol 和 -37.32 kcal/mol，说明油酸根离子可以在菱锌矿和白云石表面自发产生吸附，且油酸根离子优先吸附于菱锌矿(101)面。苯甲羟肟酸在菱锌矿(101)面和白云石(101)面的吸附能分别为 87.74 kcal/mol 和 123.53 kcal/mol，说明苯甲羟肟酸直接在菱锌矿或白云石表面的吸附有一定的能垒。

表 10-4　药剂在菱锌矿(101)面、白云石(101)面和硫化锌(110)面吸附能[276]

模型	ΔE（kcal/mol）
菱锌矿(101)+OL	-233.50
菱锌矿(101)+BHA	87.74
白云石(101)+OL	-37.32
白云石(101)+BHA	123.53
硫化锌(110)+OL	-20.07
硫化锌(110)+BHA	-14.99

苯甲羟肟酸在硫化锌(110)面的吸附能为-14.99 kcal/mol，说明苯甲羟肟酸可以在硫化锌表面吸附，即苯甲羟肟酸可以选择性地吸附在被硫化的菱锌矿表面，苯甲羟肟酸与硫化锌作用的吸附能为负值，而与碳酸锌作用的吸附能为正值，说明硫化后促进了苯甲羟肟酸在菱锌矿表面吸附，即油酸钠和苯甲羟肟酸的组合药剂浮选被硫化的菱锌矿时，油酸钠直接吸附在未被硫化的 Zn 原子活性质点，而苯甲羟肟酸选择性地吸附在被硫化的 Zn 原子活性质点，从而使组合捕收剂选择性提高。

油酸根离子和苯甲羟肟酸分子在硫化锌(110)面的吸附作用情况如图 10-36 所示。由图 10-36 可以看出，油酸根离子和苯甲羟肟酸分子在硫化后的菱锌矿表面吸附组装是：油酸根和苯甲羟肟酸分子的 O 原子在菱锌矿的 Zn 原子上方，表明油酸根通过羧基中的 O 原子和硫化锌的 Zn 原子作用，苯甲羟肟酸通过羟肟酸根中的氧原子与硫化锌表面的 Zn 原子作用。

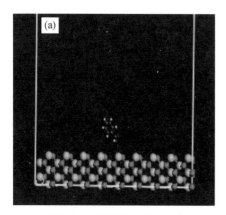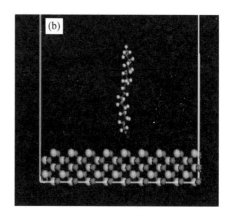

图 10-36　水溶液中，苯甲羟肟酸（a）与油酸根离子（b）在硫化锌(110)面的吸附终态（隐去水分子）

10.4　捕收剂和调整剂在矿物/溶液界面的组装

10.4.1　捕收剂和调整剂与矿物表面元素作用差异及吸附组装

1. 六偏磷酸钠对捕收剂浮选铝硅矿物的影响

1）六偏磷酸钠对十二胺浮选铝硅矿物的影响

六偏磷酸钠 SHMP（聚合度 65）的用量对十二胺浮选铝硅矿物的影响见图 10-37。可以看出，随着六偏磷酸钠用量的增加，一水硬铝石的浮选回收率下降，可浮性降低，对于高岭石，浮选回收率先增加，当六偏磷酸钠的用量超过 100 mg/L 时，高岭石的浮选回收率开始显著下降。因此，在阳离子捕收剂从铝土矿中反浮选高岭石时，六偏磷酸钠调整剂的用量以 30～100 mg/L 为最佳。

2）六偏磷酸钠对油酸钠浮选铝硅矿物的影响

六偏磷酸钠对油酸钠浮选一水硬铝石和高岭石的影响见图 10-38 和图 10-39，图 10-38 表明，低浓度六偏磷酸钠（<1.5×10⁻⁶ mol/L）对油酸钠浮选一水硬铝石抑制作用小，一水硬铝石浮选回收率在 80% 以上。但随着用量的增加，六偏磷酸钠对一水硬铝石的抑制作用

增强,一水硬铝石的浮选回收率显著下降,当六偏磷酸钠浓度为 $6×10^{-6}$ mol/L,一水硬铝石的浮选回收率降低到 20%。图 10-39 表明,六偏磷酸钠对油酸钠浮选高岭石有较强抑制作用。在用油酸钠作捕收剂,正浮选铝土矿分离一水硬铝石和高岭石时,调整剂六偏磷酸钠的用量应保持在较低水平,六偏磷酸钠用量的增加不利于一水硬铝石和高岭石的正浮选分离。

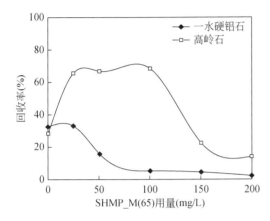

图 10-37　SHMP_M(65)的用量对单矿物浮选性能的影响[326]

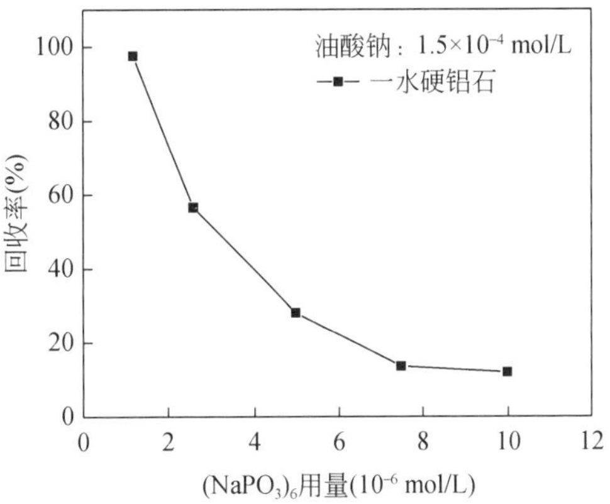

图 10-38　油酸钠作捕收剂,六偏磷酸钠用量对一水硬铝石浮选回收率的影响(pH=6.4～7.8)[299]

如上所述,无论用十二胺反浮选分离高岭石和一水硬铝石,还是用油酸钠正浮选分离一水硬铝石和高岭石,六偏磷酸钠均可以作抑制剂,反浮选中,六偏磷酸钠抑制一水硬铝石,正浮选中,六偏磷酸钠抑制高岭石。这种现象和六偏磷酸溶液组分与阴、阳离子捕收剂在矿物表面的吸附组装行为差异及对表面性质影响差异有关。

2. 六偏磷酸溶液组分在矿物表面的吸附

六偏磷酸溶液组分在一水硬铝石和高岭石上的吸附量与溶液 pH 的关系见图 10-40。由图可知,六偏磷酸溶液组分在一水硬铝石上和高岭石上的吸附量均在酸性条件下高一些,

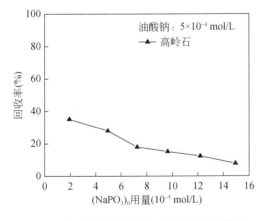

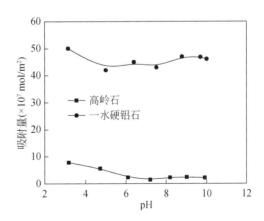

图 10-39　油酸钠作捕收剂,六偏磷酸钠用量对高岭石浮选回收率的影响(pH=6.4～7.8)[299]

图 10-40　六偏磷酸溶液组分在一水硬铝石和高岭石表面上的吸附量与 pH 的关系

在 pH 5~10 范围基本不变。但是，六偏磷酸溶液组分在一水硬铝石上的吸附量明显大于在高岭石上的吸附量，这可能是一水硬铝石的表面铝原子丰度为 31.2%，高岭石的表面铝原子丰度为 18.2%，而一水硬铝石表面的硅原子丰度为 3.8%，高岭石表面的硅原子的丰度为 13.7%。一水硬铝石表面的铝原子丰度是高岭石的 1.7 倍[299]，六偏磷酸溶液组分在一水硬铝石和高岭石上的吸附与表面的铝原子丰度有关。虽然六偏磷酸溶液组分在一水硬铝石上的吸附量明显大于在高岭石上的吸附量，但在十二胺反浮选分离高岭石和一水硬铝石和油酸钠正浮选分离一水硬铝石和高岭石时，表现不同抑制行为，进一步提示六偏磷酸溶液组分与阴、阳离子捕收剂在铝土矿浮选中，在一水硬铝石和高岭石表面可能存在不同组装吸附行为。

3. 六偏磷酸钠对一水硬铝石和高岭石 Zeta 电位的影响

六偏磷酸钠对一水硬铝石和高岭石 Zeta 电位的影响见图 10-41。可以看出，六偏磷酸钠改变了一水硬铝石和高岭石的 Zeta 电位，与六偏磷酸钠作用后，在实验 pH 范围内，一水硬铝石和高岭石的 Zeta 电位变得更负，受 pH 影响较小。说明六偏磷酸溶液组分吸附于矿物表面，并引起矿物表面电位改变。在没有六偏磷酸溶液组分吸附和罩盖的情况下，十二胺在一水硬铝石上的吸附作用强，一水硬铝石的 Zeta 电位正移。与六偏磷酸钠作用后的一水硬铝石再与十二胺作用后，电位变化不明显，说明经六偏磷酸钠作用后的一水硬铝石与十二胺作用很弱，十二胺在一水硬铝石表面吸附较差，也就是说，六偏磷酸溶液组分在一水硬铝石上的吸附阻止了十二胺进一步吸附，当六偏磷酸钠存在时，由于六偏磷酸溶液组分的吸附和罩盖在一水硬铝石上犹如形成一层隔离膜，阻止了十二胺的吸附，由于六偏磷酸钠的强亲水性，使得一水硬铝石亲水，从而起到抑制作用。与六偏磷酸钠作用后的高岭石再与十二胺作用后，Zeta 电位有较大上升，说明与六偏磷酸钠作用后的高岭石与十二胺仍然有一定的作用，因此，在六偏磷酸钠作用后，十二胺对高岭石仍有一定的捕收能力，这与浮选试验结果一致。

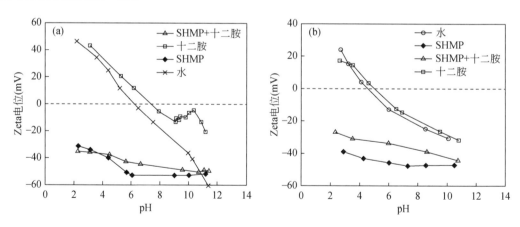

图 10-41　六偏磷酸钠、十二胺对一水硬铝石（a）及高岭石（b）Zeta 电位的影响与 pH 的关系[326]

以上结果表明，十二胺在与六偏磷酸钠作用后的高岭石上，有一定的吸附，而在与六偏磷酸钠作用后的一水硬铝石上几乎没有吸附。也就是说，六偏磷酸钠阻止了十二胺在一水硬铝石上的吸附，而并没有完全阻止十二胺在高岭石上的吸附，这就促使我们对六偏磷酸溶液组分和十二胺在矿物表面上的吸附组装机理作进一步的探讨。

4. 六偏磷酸钠在矿物表面作用的红外光谱

一水硬铝石和高岭石的红外光谱以及它们与六偏磷酸钠作用后的红外光谱分别见图 10-42 和图 10-43。可以看出,六偏磷酸钠的红外光谱图中出现了 875 cm^{-1}、1083 cm^{-1}、1146 cm^{-1} 和 1265 cm^{-1} 等峰位,它们分别对应于六偏磷酸分子中的桥氧 P—O—P 的非对称伸缩振动、桥磷 O—P—O 的对称伸缩振动、端 PO_3 的峰位和桥磷 O—P—O 的非对称伸缩振动峰位。与六偏磷酸钠作用后的一水硬铝石和高岭石的红外光谱图中都出现了 880 cm^{-1}、1083 cm^{-1} 和 1267 cm^{-1} 三个较强的属于六偏磷酸的特征峰,并且桥氧和桥磷的特征峰均向波数较大的方向发生了化学位移,而 1007 cm^{-1} 和 1146 cm^{-1} 两个较弱的特征峰可能被一水硬铝石或高岭石的峰位所屏蔽。这表明六偏磷酸溶液组分在一水硬铝石和高岭石上的吸附是一种化学作用。可推断六偏磷酸溶液组分与一水硬铝石或高岭石的化学作用是 P—O 键与矿物表面的 Al 原子形成 P—O—Al 键。由于一水硬铝石表面全部是铝和氧原子,足够高浓度的六偏磷酸溶液组分可以完全与矿物表面的铝原子发生化学作用并罩盖在矿物表面,阻止十二胺的吸附。而高岭石矿物是一种层状结构的硅酸盐矿物,其 (001) 面和 (00$\bar{1}$) 面分别为硅氧四面体和铝氧八面体层,六偏磷酸只与表面铝发生化学作用,而不与表面硅发生作用。因此,在高岭石浮选过程中,作为调整剂的六偏磷酸钠可在铝氧八面体层 (00$\bar{1}$) 面上发生吸附,而不与硅氧四面体发生作用。

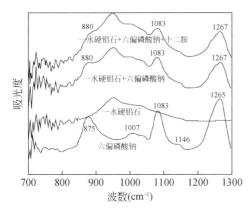

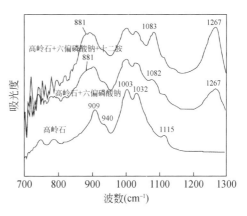

图 10-42 六偏磷酸钠、一水硬铝石以及一水硬铝石与六偏磷酸钠、十二胺作用的红外光谱图[326]

图 10-43 高岭石以及高岭石与六偏磷酸钠、十二胺作用的红外光谱图[326]

因此,经过六偏磷酸钠作用后的高岭石表面呈现为:铝氧八面体层 (00$\bar{1}$) 面被六偏磷酸溶液组分完全罩盖,而聚合度高的六偏磷酸钠有桥连作用,使高岭石通过 (00$\bar{1}$) 面团聚,硅氧四面体层仍然是一个裸面。因此,十二胺仍然可与硅氧四面体层 (001) 面发生吸附作用,使得高岭石仍然具有一定的可浮性。

5. 六偏磷酸钠溶液组分与阴、阳离子捕收剂在矿物表面的吸附组装

通过 Zeta 电位、红外光谱及吸附量测定可知,六偏磷酸钠溶液组分通过与矿物表面的铝原子发生化学吸附,降低矿物表面的动电位,在表面铝原子丰度相对较高的一水硬铝石的表面吸附密度大,在铝原子丰度较低的硅酸盐矿物表面吸附量较低。

当六偏磷酸钠的用量很低时，六偏磷酸钠溶液组分仅罩盖部分矿物表面的铝原子，表面铝原子丰度较高的一水硬铝石表面剩余的表面铝活性位仍然较高，而表面铝原子丰度较低的高岭石表面的铝原子丰度就很低。若采用优先与矿物表面的铝原子发生作用的阴离子捕收剂，如油酸钠，当经较低浓度的六偏磷酸钠的作用后，油酸根离子仍然能较好的与一水硬铝石发生吸附，因而一水硬铝石的可浮性较好。而高岭石表面由于铝活性位点较少，较低用量的六偏磷酸钠就罩盖了高岭石表面的铝活性位，不利于油酸根离子的吸附，从而抑制了高岭石的浮选。

矿物经过高浓度的六偏磷酸钠作用后，一水硬铝石及高岭石表面的铝原子活性位被六偏磷酸钠溶液组分完全罩盖，不能与油酸钠作用，高浓度的六偏磷酸钠完全抑制了一水硬铝石和高岭石的浮选，低用量的六偏磷酸钠的溶液组分在矿物表面的吸附及其对阴离子捕收剂油酸在矿物表面吸附的影响用示意图表示如图 10-44（a）。

当六偏磷酸钠的用量比较高时，六偏磷酸钠与矿物表面的铝原子的作用进一步增强，表面铝原子丰度较高的一水硬铝石表面吸附的六偏磷酸钠溶液组分密度较高，可能被六偏磷酸钠溶液组分完全罩盖，而表面铝原子丰度较低的高岭石表面的铝活性位也可能被六偏磷酸钠的吸附完全罩盖，但表面剩下一定量的硅氧原子位。当采用阳离子捕收剂时，如十二胺，由于一水硬铝石的表面被六偏磷酸钠溶液组分完全罩盖，十二胺不能在一水硬铝石表面发生吸附，一水硬铝石被抑制，而高岭石由于依然剩下一定量的硅氧原子在矿物表面上，与捕收剂十二胺发生作用。因此，足够高浓度的六偏磷酸钠抑制了一水硬铝石的浮选而在一定程度上对高岭石的可浮性影响小，高岭石仍表现较好可浮性。高用量的六偏磷酸钠的溶液组分在矿物表面的吸附及其对十二胺在矿物表面吸附的影响见示意图 10-44（b）。

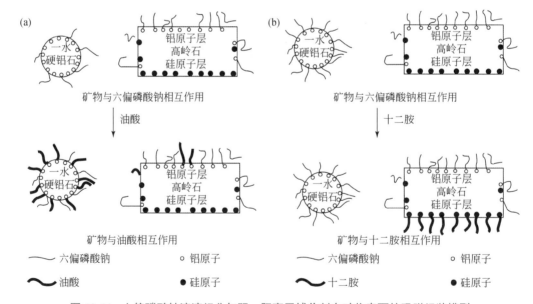

图 10-44　六偏磷酸钠溶液组分与阴、阳离子捕收剂在矿物表面的吸附组装模型

（a）低用量的六偏磷酸钠在矿物表面的吸附及其对捕收剂油酸钠在矿物表面吸附的影响示意图；（b）高用量的六偏磷酸钠在矿物表面的吸附及其对十二胺在矿物表面吸附的影响示意图

因此，油酸钠正浮选分离一水硬铝石和高岭石时，六偏磷酸钠是高岭石的抑制剂，十二胺反浮选分离高岭石和一水硬铝石时，六偏磷酸钠是一水硬铝石的抑制剂，这种现象和六偏磷酸钠溶液组分与阴、阳离子捕收剂在矿物表面的吸附组装行为差异及对表面性质影响差异密切相关。

10.4.2　捕收剂与大分子抑制剂在矿物/溶液界面的吸附组装

一般情况下，无机和有机抑制剂对矿物的抑制作用是由于抑制剂在矿物表面的吸附，使矿物表面亲水性增大，或者是阻碍了捕收剂的吸附，但一些大分子抑制剂的作用却与其和捕收剂在矿物表面的不同吸附组装行为密切相关。表 10-5 列出了变性淀粉与捕收剂十二胺在一水硬铝石表面共吸附时吸附热的计算数据。可以看出，变性淀粉无论是与十二胺共吸附，还是与十二胺和水共吸附，变性淀粉的吸附热仍然较大，同时十二胺的吸附热也较大。说明在变性淀粉与十二胺共存时，二者对一水硬铝石均具有较强的作用。这一结果显示变性淀粉没有对捕收剂十二胺在一水硬铝石表面的吸附进行抑制，十二胺的存在也不阻碍变性淀粉在一水硬铝石表面的吸附。但变性淀粉对十二胺浮选一水硬铝石产生了明显的抑制作用，如图 10-45（a）所示。不同类型淀粉对一水硬铝石均有抑制作用，酸性条件下，它们对一水硬铝石抑制作用的强弱顺序为氧肟酸淀粉＞双醛淀粉＞羧甲基淀粉＞阳离子淀粉＞原淀粉。在 pH=4 时，一水硬铝石的回收率分别为 16%、33.3%、39.7%、51%、63.5%，与无抑制剂时相比，回收率分别下降 48.7%、31.7%、25%、14.7%和 1.2%。

这一现象使我们推断，当淀粉药剂与捕收剂十二胺共同在一水硬铝石表面发生吸附组装时，捕收剂十二胺处于吸附层的底层，紧靠矿物表面，淀粉药剂位于外层，淀粉表现出对十二胺的罩盖而起抑制作用。

表 10-5　淀粉类药剂与十二胺在一水硬铝石（010）表面共吸附计算数据[342]

编号	药剂	吸附热（kJ/mol）	编号	药剂	吸附热（kJ/mol）
1	十二胺	-41.3066	5	十二胺	-37.6924
	氧肟酸淀粉一价负离子	-49.2051		阳离子淀粉	-53.7051
	水	-2.5194		水	-4.96969
2	十二胺	-34.3361	6	十二胺	-38.7828
	氧肟酸淀粉一价负离子	-49.1418		阳离子淀粉	-44.2658
3	十二胺	-32.3604	7	十二胺	-48.4211
	羧甲基淀粉一价负离子	-32.4963		原淀粉	-48.0354
	水	-4.2134		水	-3.95996
4	十二胺	-38.8616	8	十二胺	-43.6713
	羧甲基淀粉一价负离子	-33.5585		原淀粉	-47.301

变性淀粉的主链是由葡萄糖单体环通过糖苷键联结而成，因为环状结构的存在，高分子的刚性增加，加之淀粉本身也具有螺旋环结构，它在矿物表面的吸附形态多是环式吸附，

这种结构对小分子捕收剂具有很好的罩盖作用，所以即使有捕收剂吸附，也不能提高矿物表面的疏水性，矿物不浮。再者，淀粉分子中的支链淀粉分子带有众多支链，更增加了对捕收剂的掩盖作用，这种抑制作用模型可用图 10-45（b）表示。

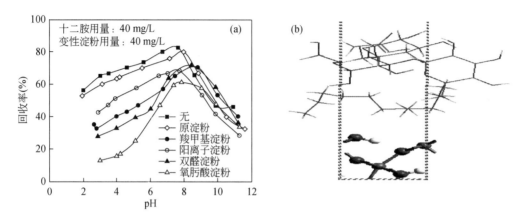

图 10-45 矿浆 pH 对一水硬铝石浮选性能的影响（a）以及淀粉与十二胺在一水硬铝石表面吸附组装示意图（b）[342]

10.5　金属基配位组装捕收剂结构、性能与作用机理

许多理论研究和浮选生产实践表明，一些金属离子可以用作矿物浮选的活化剂，加入到矿浆中的金属离子活化剂会预先吸附在矿物表面，增加矿物表面的活性位点，进而提高捕收剂在矿物表面的吸附量和矿物浮选回收率。例如，在氧化矿浮选中，二价铅离子能够活化多种矿物（白钨矿、黑钨矿、钛铁矿、金红石、锡石等），是氧化矿浮选的常用活化剂。一般认为，在较低的 pH 时起活化作用的主要组分为 $Pb(OH)^+$，在较高的 pH 时活化组分主要为氢氧化铅沉淀。近年来的研究发现，将 Pb^{2+} 与苯甲羟肟酸组合在一起加入，形成铅离子苯甲羟肟酸配合物捕收剂，比先加金属离子活化，再加苯甲羟肟酸，在相同药剂用量下，对矿物具有更强的捕收能力，浮选回收率更高，而且作用的选择性更好。进一步的研究发现，这一类捕收剂具有其自身的结构特点与性能，可以形成新的一类捕收剂，称之为金属基配位组装捕收剂，即以金属离子为头基，一种或多种阴离子捕收剂基团配位组装形成新的捕收剂。本节将对金属基配合物组装捕收剂的捕收性能、结构特点、物化性质等最新的研究成果进行系统介绍。

10.5.1　金属基配位组装捕收剂的概念及捕收性能

1. 金属离子对矿物浮选的活化

图 10-46 为苯甲羟肟酸作捕收剂时，不同金属离子对白钨矿可浮性的影响。图 10-46（a）表明，无金属离子时，苯甲羟肟酸作捕收剂（$C_{BHA}=5\times10^{-4}\,mol/L$），对白钨矿捕收能力

不强，但大部分金属离子对白钨矿有一定的活化作用，铅离子对白钨矿的活化效果最为显著，活化顺序为 $Pb^{2+}>Ca^{2+}>Mn^{2+}\approx Fe^{3+}\approx Al^{3+}>Cu^{2+}$，金属离子活化苯甲羟肟酸浮选白钨矿最佳 pH 区间为 8.5～10。图 10-46（b）为铅离子作活化剂、苯甲羟肟酸作捕收剂时，苯甲羟肟酸用量对白钨矿可浮性的影响。结果表明，苯甲羟肟酸用量大于 5×10^{-4} mol/L 后，对白钨矿具有一定的捕收能力，随着苯甲羟肟酸用量的增加，白钨矿的回收率逐渐升高并达到 90%以上，但是用量较大。硝酸铅能够显著增强苯甲羟肟酸对白钨矿的捕收能力，使得苯甲羟肟酸在低用量下，也对白钨矿有较好的捕收作用，大大地降低捕收剂用量。

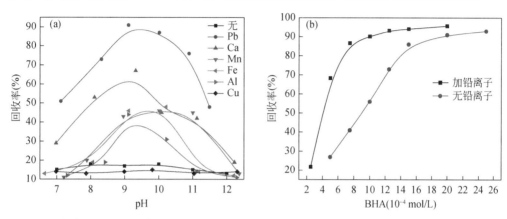

图 10-46　（a）苯甲羟肟酸作捕收剂时，金属离子对白钨矿可浮性的影响；（b）有无硝酸铅时苯甲羟肟酸用量对白钨矿回收率的影响[334]

$C_{金属离子}=1\times10^{-4}$ mol/L，$C_{BHA}=5\times10^{-4}$ mol/L；$C_{硝酸铅}=2\times10^{-4}$ mol/L，pH9.0±0.1

2. 金属离子-捕收剂不同组合方式对捕收性能的影响

1）Pb^{2+}-苯甲羟肟酸不同作用方式下，锡石的浮选行为

图 10-47 是 Pb^{2+}-苯甲羟肟酸不同作用方式下，pH 及苯甲羟肟酸用量对锡石浮选的影响，结果表明，当单独使用苯甲羟肟酸（BHA）捕收剂时，锡石回收率会先随着 pH 的增加而增加，后随着 pH 的增加而下降，在 pH 为 7 时，回收率最大才为 35.37%，在整个实验的 pH 范围内，锡石的回收率都不高。随着苯甲羟肟酸用量的增加，锡石回收率会逐步增加，当苯甲羟肟酸用量为 6×10^{-4} mol/L 时，锡石回收率可以达到 45%左右，表明苯甲羟肟酸对锡石捕收能力不强。当将 Pb^{2+} 和苯甲羟肟酸捕收剂（Pb^{2+}+BHA）依次加入矿浆后，在 pH 6～10 范围内，锡石的回收率会明显升高，说明 Pb^{2+} 对苯甲羟肟酸浮选锡石有明显的活化效果，锡石回收率在 pH 为 8 时达到最大为 78.77%；并随着苯甲羟肟酸用量的增加，锡石回收率会逐步增加，当苯甲羟肟酸用量为 6×10^{-4} mol/L 时，锡石回收率可以达到 82%左右。当使用苯甲羟肟酸铅配合物（Pb-BHA complex）为捕收剂时，在 pH 8～9 的范围内，锡石浮选回收率明显增大，在 pH 为 9 左右，其回收率达到最大为 91.79%；而且，随着苯甲羟肟酸用量的增加，锡石的浮选回收率最大可达 95%。显见，苯甲羟肟酸铅配合物比 Pb^{2+} 先活化，再加苯甲羟肟酸捕收锡石的作用更强。

图 10-48 是 pH 8.8 左右，起泡剂用量 5×10^{-4} μL/L，Pb^{2+} 用量对锡石浮选的影响。可以看出，锡石浮选回收率随着 Pb^{2+} 用量增加逐步增加，表明了 Pb^{2+} 对锡石浮选的活化效果。

同样，与先加入 Pb^{2+} 活化再加苯甲羟肟酸捕收锡石相比，苯甲羟肟酸铅配合物作为捕收剂时，锡石浮选回收率更高。不过，Pb^{2+} 用量过高时锡石浮选回收率也会降低。

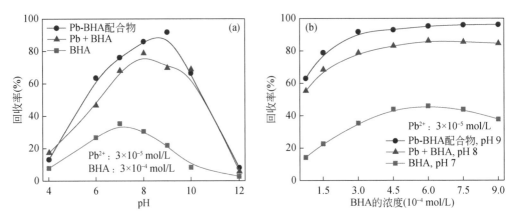

图 10-47　不同药剂制度下，pH（a）和苯甲羟肟酸用量（b）对锡石回收率的影响[240]

2）Pb^{2+}-苯甲羟肟酸不同作用方式下，白钨矿的浮选行为

图 10-49 为 pH 8.8 左右，BHA 和硝酸铅组装加药与顺序加药对白钨矿可浮性的影响。可以看出，白钨矿浮选回收率随着 Pb^{2+} 用量增加逐步增加，表明了 Pb^{2+} 对白钨矿浮选的活化效果。同样，与先加入 Pb^{2+} 活化再加苯甲羟肟酸捕收白钨矿相比，苯甲羟肟酸铅配合物作为捕收剂时，白钨矿浮选回收率更高。但 Pb^{2+} 用量过高时，白钨矿浮选回收率也会降低。

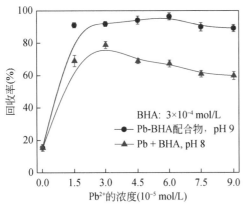

图10-48　组装加药与顺序加药，Pb^{2+} 用量对锡石回收率的影响[240]

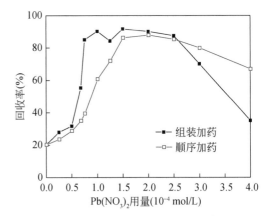

图10-49　组装加药与顺序加药，Pb^{2+} 用量对白钨矿回收率的影响[334]

pH 8.8±0.2，起泡剂用量 12.5 ml/L

图 10-50 是 Pb^{2+}-苯甲羟肟酸不同作用方式下，白钨矿浮选速率差异。从图 10-50 可以看出，pH=9，苯甲羟肟酸铅配合物作捕收剂时，白钨矿浮选速率很快，浮选时间只有 60 s 时，累计浮选回收率已达 81%，最终的累计浮选回收率可达 95%。而硝酸铅和 BHA 分开顺序加药时，白钨矿的浮选速率要慢很多，浮选时间为 60 s 时，累计浮选回收率 60%，而

且最终的累计浮选回收率仅有 77.2%。因此，Pb^{2+}–苯甲羟肟酸配合物可以显著提升白钨矿的浮选速率。虽然 pH=7 时，白钨矿的浮选速率降低，累计浮选回收率低于 pH=9 的回收率，但 Pb^{2+}–苯甲羟肟酸配合物为捕收剂时白钨矿的浮选速率比 Pb^{2+} 先活化，再加苯甲羟肟酸为捕收剂时高。

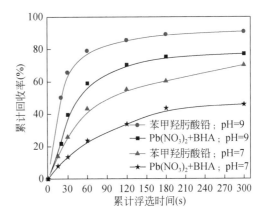

图 10-50　Pb^{2+}–苯甲羟肟酸不同作用方式下，白钨矿累计浮选回收率与浮选时间的关系[334]

BHA：1.5×10^{-4} mol/L；Pb(NO$_3$)$_2$：1.0×10^{-4} mol/L；松油醇 12.5mL/L

3）Pb^{2+}–苯甲羟肟酸不同作用方式下，锂辉石浮选行为

图 10-51 是 Pb^{2+}–苯甲羟肟酸不同作用方式下，pH 及苯甲羟肟酸浓度对锂辉石浮选的影响。从图 10-51（a）中可以看出，当不加 Pb^{2+}，单独使用苯甲羟肟酸（BHA）捕收剂时，在实验 pH 范围内，锂辉石几乎不可浮。当先加入 Pb^{2+}，再加苯甲羟肟酸为捕收剂时，在 pH 8 左右，锂辉石被活化，具有一定的可浮性，浮选回收率达到约 36%。当使用苯甲羟肟酸铅配合物捕收剂时，锂辉石浮选回收率在 pH 为 8 时达到 85.96%。图 10-51（b）表明，当 Pb^{2+} 不存在时，即使苯甲羟肟酸用量增加，锂辉石并不可浮。当预先加入 Pb^{2+} 对锂辉石进行活化时，随着苯甲羟肟酸用量增加，锂辉石回收率增加，当苯甲羟肟酸用量达到 9×10^{-4} mol/L 时，锂辉石回收率会趋于稳定约为 80%。在实验用量范围内，苯甲羟肟酸铅配合物为捕收剂时，锂辉石浮选回收率一直保持在 85% 以上，当苯甲羟肟酸用量大于 7.5×10^{-4} mol/L 时，锂辉石回收率可达 90%。图 10-51 结果表明，Pb^{2+} 对苯甲羟肟酸捕收锂辉石具有一定的活化作用，苯甲羟肟酸铅配合物为捕收剂比 Pb^{2+} 先活化，再加苯甲羟肟酸为捕收剂时对锂辉石捕收能力更强。

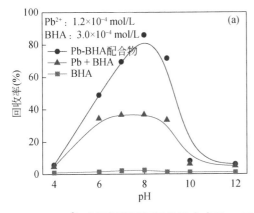
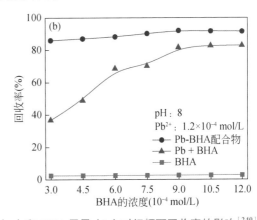

图 10-51　Pb^{2+}–苯甲羟肟酸不同作用方式下，pH（a）和 BHA 用量（b）对锂辉石回收率的影响[240]

3. 金属基配合物组装捕收剂概念的提出

Pb^{2+}–苯甲羟肟酸不同作用方式下，锡石、白钨矿与锂辉石的浮选行为表明了这样一个

事实，苯甲羟肟酸作捕收剂，Pb^{2+}对锡石、白钨矿与锂辉石浮选有明显的活化作用，但苯甲羟肟酸和 Pb^{2+} 预先组装成的苯甲羟肟酸铅配合物捕收剂比传统的 Pb^{2+} 先活化后加苯甲羟肟酸捕收的作用更强。这提示：苯甲羟肟酸和 Pb^{2+} 在矿物浮选中存在不同的作用方式，导致不同的矿物浮选效果，显然，其作用机制也不同，两种作用方式可用图 10-52 的示意图表示。

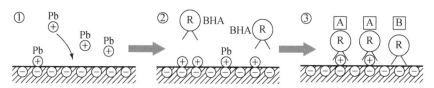

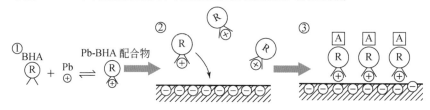

图 10-52 Pb^{2+}-苯甲羟肟酸与矿物表面两种作用方式示意图

模型一，属于经典活化浮选模型，溶液中的 Pb^{2+} 以 $PbOH^+$ 或 $Pb(OH)_2$ 形式吸附在锡石、白钨矿等矿物表面，BHA 阴离子与矿物表面的铅质点反应形成"O，O"五元环，起捕收作用。模型二，金属离子-捕收剂配位组装，溶液中的 Pb^{2+}、$PbOH^+$ 及 $Pb(OH)_2$ 与 BHA 阴离子配体反应形成金属基配合物，直接在矿物表面吸附。两种模型看上去最终都是通过铅离子作为活性质点实现苯甲羟肟酸在矿物表面的吸附，但是金属离子-捕收剂配位组装形成的配合物在溶液中的配位组装、配合物结构及在矿物表面的吸附作用，明显不同于模型一，这种由金属离子-捕收剂配位组装形成的配合物可以认为是一种新的捕收剂，称之为金属基-捕收剂配位组装捕收剂，简称为金属基配位组装捕收剂。在以下各节中，将介绍金属基配位组装捕收剂的结构、物化性能及与矿物表面的作用。

10.5.2 金属基配位组装捕收剂分子结构与物化性质

1. 金属基配位组装捕收剂分子（Pb/BHA=1∶1）单晶的晶体化学

1）苯甲羟肟酸铅配合物（Pb/BHA=1∶1）单晶分子结构及堆积方式

金属基配位组装捕收剂是一种具有三维空间拓扑结构的金属基有机配合物，由金属离子作为节点规则连接有机物形成空间网状结构。配合物的单晶结构解析采用 X 射线结构分析方法，通过培养配合物的单晶，而后对单晶进行 X 射线衍射和单晶结构解析，得到配合物晶体学数据、分子结构与堆积方式，并分析配合物中分子的配位环境与弱相互作用。

配合物单晶的 X 射线结构分析包括配合物晶体结构分析、配合物分子结构分析、配合物的氢键作用分析等。配合物晶体结构分析可以得到配合物的晶体学数据以及主要的键长键角数据等；配合物分子结构分析可以得到配合物的单分子结构、金属离子的配位环境，以及配合物分子的空间堆积方式。

苯甲羟肟酸铅配合物的晶胞结构如图 10-53 所示，配合物化学式为 $C_{56}H_{47}N_{12}O_{28}Pb_6$，分子量为 2579.19。每个晶胞结构中有 4 个配合物单分子。

在（Pb/BHA=1∶1）配合物分子中，6 个铅离子与 8 个配体和 4 个硝酸根进行配位形成 $Pb_6L_8(NO_3)_4$ 的配合物结构（图 10-54）。Pb^{2+} 与配体 L 的氧原子配位形成非平面"O，O"五元环配合物。Pb^{2+} 在配合物中的配位环境如图 10-55 所示，配合分子中有 6 个 Pb^{2+} 中心，所有 Pb^{2+} 都与氧原子配位，Pb—O 键长范围为 2.377～2.789 Å，最短键长为 Pb2—O7，最长键长为 Pb5—O14。其中，Pb1、Pb2、Pb3 和 Pb6 离子为五配位结构，Pb4 和 Pb5 离子为七配位结构。Pb1、Pb2 和 Pb6 离子与配体 L 的氧原子配位，而 Pb3、Pb4 和 Pb5 离子与配体 L 和 NO_3^- 的氧原子配位，其 O—Pb—O 角范围为 58.58°～158.02°，最小键角为 O15—Pb4—O16，最大键角为 O28—Pb6—O18。邻近配合物分子通过 Pb—O 键的连接结合，产生一个三维扩展的具有重复结构的聚合物（图 10-56）。

图 10-53　苯甲羟肟酸铅配合物晶胞结构[238]

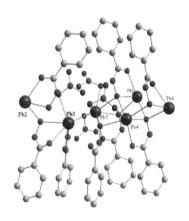

图 10-54　苯甲羟肟酸铅配合物的分子结构[238]

所有的氢原子被省略

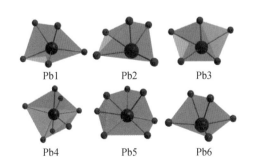

图 10-55　铅离子的配位环境图[238]

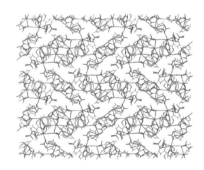

图 10-56　苯甲羟肟酸铅配合物的三维扩展堆积图[238]

2）苯甲羟肟酸铅配合物单晶分子内的氢键分析

配合物分子内部及分子之间存在着一定数量的氢键。在配合物结构中，配体中的氮原子为氢键给体，配体或硝酸根中的氧原子为氢键受体，形成 N—H…O 氢键，如表 10-6 所示。氢键给体 N—H 全部来自于配体，而 O 来自于配体中的羟基氧原子或 NO_3^- 的羟基氧。其中，N1—H1…O2、N14—H14…O4 和 N14—H14…O17 为分子内氢键（图 10-57），其键长分别为 2.771、2.977 和 2.968Å；N8—H8…O12 和 N4—H4…O11 为分子间氢键，其键长分别为 2.818 Å 和 2.734 Å。氢键对于配合物结构的稳定具有重要作用，对于配合物分子在空间上的扩展也具有间接稳定作用。

表 10-6　配合物内的氢键键长（Å）和键角（°）

D—H…A	D—H(Å)	H…A(Å)	D…A(Å)	D—H…A(°)
N1—H1…O2	0.88	2.10	2.771（8）	132
N14—H14…O4	0.88	2.41	2.977（6）	122
N14—H14…O17	0.88	2.28	2.968（9）	134
N8—H8…O12	0.88	2.12	2.818（9）	136
N4—H4…O11	0.88	2.11	2.734（6）	127

2. 金属基配位组装捕收剂胶体沉淀物的结构

上节表明金属基配位捕收剂具有单晶结构，然而，实际浮选体系中，一般不会将活化剂金属离子与捕收剂制备成单晶使用，而是在溶液中，简单制备形成配合物沉淀并呈现胶体分散液形态。因此，该胶体沉淀物的结构与物化性质决定了其与矿物表面的作用。

1）苯甲羟肟酸铅配合物捕收剂胶体沉淀物分子官能团

通过对苯甲羟肟酸铅沉淀物的红外光谱和 XPS 能谱分析，研究沉淀物的元素化学态与官能团。配合物沉淀及其单晶的红外光谱如图 10-58 所示，表明，配合物的单晶在 3298.32 cm^{-1}、3059.89 cm^{-1}、2755.42 cm^{-1}、1765.55 cm^{-1}、1619.34 cm^{-1}、1568.08 cm^{-1}、1382.98 cm^{-1}、1157.19 cm^{-1}、1019.90 cm^{-1}、900.73 cm^{-1}、687.92 cm^{-1} 和 540.28 cm^{-1} 处出现了谱峰。而在沉淀物中，在 3568.03 cm^{-1}、3469.23 cm^{-1}、3205.12 cm^{-1}、2919.71 cm^{-1}、1766.50 cm^{-1}、1641.10 cm^{-1}、1600.60 cm^{-1}、1565.94 cm^{-1}、1378.80 cm^{-1}、1112.74 cm^{-1}、700.04 cm^{-1} 和 620.97 cm^{-1} 处出现了谱峰，其中，3568.03 cm^{-1}、3469.23 cm^{-1}、3205.12 cm^{-1} 为 O—H 键不对称伸缩振动，2919.71 cm^{-1} 为 O—H 对称伸缩振动（分子内 O—H—O 拉伸），1766.50 cm^{-1} 和 1641.10 cm^{-1} 为 C=N 或 C=O 伸缩振动，1400～1600 cm^{-1} 为苯骨架弯曲振动，1378.80 cm^{-1} 为 O—H 弯曲振动，1112.74 cm^{-1} 为 C—N 伸缩振动，700.04 cm^{-1} 为 C—H 弯曲振动，620.97 cm^{-1} 处为 O—Pb 伸缩振动。因此，配合物主要官能团的特征峰都出现在了沉淀物中，表明沉淀物的官能团种类与单晶基本一致，然而，官能团的谱峰出现了一定程度的位移，表明沉淀物中官能团或元素化学态与单晶存在一定程度的不同。

苯甲羟肟酸铅配合物沉淀的 O、N 和 Pb 元素的 XPS 图谱分析如图 10-59 所示。由图 10-59（a）可以看出，沉淀物中氧元素的化学态有三种，分别是 N—O、C=O、Pb—O，对应结合能为 532.24 eV、531.24 eV 和 529.79 eV。氮元素谱图 [图 10-59（b）] 中，氮元素的化学态有两种,分别是 C—N 和 N—O(或 C=N),对应结合能为 400.51 eV 和 398.98 eV。铅元素谱图如图 10-59 (c) 所示,铅元素出现两个分裂峰,分别是 Pb 4f$_{5/2}$ 和 Pb 4f$_{7/2}$,对应结合能为 143.38 eV 和 138.50 eV。O、N 和 Pb 元素的 XPS 综合分析结果表明沉淀中 BHA 与铅离子发生配位,形成"O,O"五元环配合物。沉淀物的红外光谱和 XPS 分析结果表明,沉淀中配合物的官能团和 O、N 和 Pb 元素的化学态与晶体结构中一致。

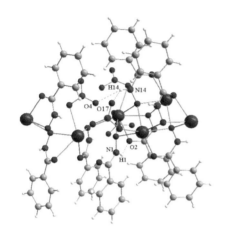

图 10-57　苯甲羟肟酸铅配合物分子内氢键示意图[238]

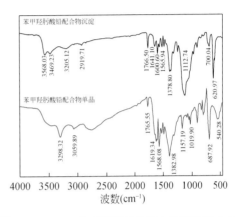

图 10-58　苯甲羟肟酸铅配合物沉淀及单晶的红外光谱[238]

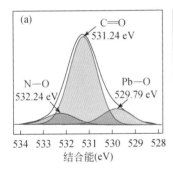

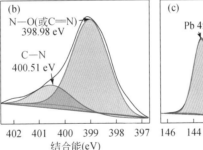

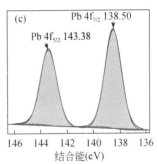

图 10-59　苯甲羟肟酸铅配合物沉淀的元素 O(a)、N(b)和 Pb(c)的 XPS 图谱分析[238]

2)金属基配合组装捕收剂胶体沉淀物分子内配位结构

苯甲羟肟酸铅配合物沉淀的质谱分析如图 10-60 所示。在质谱图中,横坐标为质荷比 m/z,而纵坐标为离子流强度。对于配合物的正离子模式质谱,配合物分子及其碎片带单电荷,因此质荷比 m/z 即为离子的质量。根据质谱图中各个分子或离子碎片的出峰位置,可以得到对应离子的分子量,并根据分子离子峰和碎片离子峰来推测配合物的分子结构。在 100～400 的低 m/z 图谱区,在 265.26 处出现了 $Pb(OH)_2+Na^+$ 的峰,这证明了沉淀中的 $Pb(OH)_2$ 存在。在 400～1100 的中等 m/z 图谱区,m/z 为 422.03、679.03、823.08 和 1022.04 处出现的峰可对应为 $PbL(OH)_2+2Na^+$、$PbL_3(OH)+2Na^+$、$Pb_2L_3+H^+$ 和 $Pb_2L_4(OH)+2Na^+$。在 1100～1600 的高 m/z 图谱区,m/z 为 1165.09、1220.81、1360.06、1508.11 和 1582.19 处

出现的峰可对应为 $Pb_3L_4^+$、$Pb_3L_4(OH)+K^+$、$Pb_3L_5(OH)_2+Na^+$、$Pb_4L_5^+$、$Pb_4L_5(OH)_3+Na^+$。因此，根据分子量最大的峰所对应的 $Pb_4L_5(OH)_3$ 结构，以及低分子量区域出现的 Pb_3L_4、$Pb_3L_4(OH)$、$Pb_3L_5(OH)_2$ 和 Pb_4L_5 等 $Pb_4L_5(OH)_3$ 结构的碎片，可以推测配合物在碱性沉淀中以 $Pb_4L_5(OH)_3$ 的结构存在。

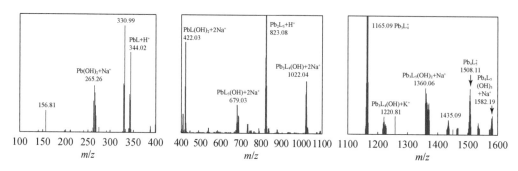

图 10-60　苯甲羟肟酸铅配合物沉淀的质谱分析[238]

3）金属基-捕收剂配合物胶体沉淀物分子构型的量子化学计算

通过苯甲羟肟酸铅沉淀物的红外光谱、XPS 和质谱分析，确定了沉淀物中配合物结构式为 $Pb_4L_5(OH)_3$。然而，该分子式对应的分子构型并不能确定，需要通过量子化学计算对单晶结构中符合 $Pb_4L_5(OH)_3$ 主体结构的分子在溶液条件下进行构型的优化，以得到液相中配合物结构的空间构型。

配合物单晶结构中有两种 $Pb_4L_5(NO_3)_3$ 结构的分子，在此基础上通过将硝酸根替换为羟基，得到如图 10-61 所示两种初始构型为 $Pb_4L_5(OH)_3$ 的分子结构。通过量子化学计算对构型 1 和构型 2 在隐式溶剂模型条件下的液相结构进行优化，得到优化后的分子结构也示于图 10-61 中。结果表明，构型 1 和构型 2 在优化后虽然整体构型变化不大，但原子空间位置、键长、键角等参数结构都发生了一定程度的改变，对比构型 1，构型 2 的空间结构更加紧凑。两种优化构型的总能量及前线轨道分析如表 10-7 所示，结果表明构型 1 的总能量为 -3089.01 a.u.，而构型 2 为 -3089.12 a.u.，构型 2 体系能量更低，表明构型 2 结构更加稳定。构型 1 的 HOMO 和 LUMO 能量分别为 -0.15166 a.u. 和 -0.12602 a.u.，构型 2 的 HOMO 和 LUMO 能量分别为 -0.17314 a.u. 和 -0.16303 a.u.。LUMO 能量可以用来衡量化合物得电子能力的强弱，对于配合物来说，LUMO 可以衡量铅离子得电子的能力，构型 2 的 LUMO 能量更低表明构型 2 更容易得电子，在与氧原子的吸附反应过程中具有更强的活性。E_{HOMO}-E_{LUMO} 能带隙可以用来衡量一个分子是否容易被激发，带隙越小分子越容易被激发。而 E_{HOMO}-E_{LUMO} 能带隙结果表明，构型 1 和构型 2 的能带隙分别为 -0.02564 a.u. 和 -0.01011 a.u.，表明构型 2 能带隙更高，分子结构更稳定。因此，体系总能量与 E_{HOMO}-E_{LUMO} 能带隙计算结果表明构型 2 为更加稳定的配合物分子结构。

图 10-61 还给出了两种优化构型的 LUMO 图，结果表明构型 1 的 LUMO 主要分布在 Pb1，而构型 2 的 LUMO 在多个铅离子，其中 Pb4 分布最多。表 10-8 为两种优化构型的 Hirshfeld 电荷和 Mulliken 电荷，结果表明构型 1 中 Pb4 的 Hirshfeld 电荷最多，为 0.9553，构型 2 中 Pb4 的 Hirshfeld 电荷最多，为 0.9319，Mulliken 电荷与 Hirshfeld 电荷的计算结论

一致。因此，LUMO 和 Hirshfeld 电荷分析表明，构型 2 中 Pb4 所带正电荷最多，在与氧原子的吸附反应过程中具有更强的活性。

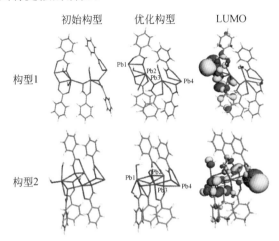

图 10-61　苯甲羟肟酸铅配合物两种构型在溶液中的优化构型和 LUMO 图[238]

表 10-7　苯甲羟肟酸铅配合物两种优化构型的总能量、HOMO 和 LUMO 能量[238]

	总能量（a.u.）	E_{HOMO}（a.u.）	E_{LUMO}（a.u.）	$E_{HOMO}-E_{LUMO}$（a.u.）
构型 1	−3089.01356	−0.15166	−0.12602	−0.02564
构型 2	−3089.11800	−0.17314	−0.16303	−0.01011

表 10-8　苯甲羟肟酸铅配合物两种优化构型的 Hirshfeld 电荷和 Mulliken 电荷[238]

		Hirshfeld 电荷	Mulliken 电荷
构型 1	Pb1	0.9013	0.835
	Pb2	0.4224	0.055
	Pb3	0.5033	−0.302
	Pb4	0.9553	0.872
构型 2	Pb1	0.4836	0.317
	Pb2	0.6982	0.422
	Pb3	0.5279	0.085
	Pb4	0.9319	0.898

综上所述，对于苯甲羟肟酸铅配合物液相结构解析可以得到如下结论：沉淀物的红外光谱、XPS 和质谱分析表明配合物结构为 $Pb_4L_5(OH)_3$，量子化学计算表明构型 2 为更加稳定的配合物分子结构。

4）金属基配合组装捕收剂胶体沉淀物的动电行为

苯甲羟肟酸铅配合物及同等药剂浓度下非晶质胶粒（氢氧化铅）沉淀的表面电位如图 10-62 所示。

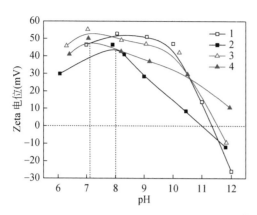

图 10-62　Pb-BHA 配合物胶体动电位与 pH 关系[334]

1-Pb(NO$_3$)$_2$0.75×10^{-4} mol/L 溶液；2-配合物溶液：Pb(NO$_3$)$_2$0.75×10^{-4} mol/L+BHA1.5×10^{-4} mol/L；3-Pb(NO$_3$)$_2$1.5×10^{-4} mol/L 溶液；4-配合物溶液：Pb(NO$_3$)$_2$1.5×10^{-4} mol/L+BHA1.5×10^{-4} mol/L

由图 10-62 可以看出，在弱碱性及碱性条件下配合物胶体表面动电位为正，并且小于同等浓度的铅离子沉淀物胶体动电位。但在强碱性条件下，恰好相反，配合物表面动电位高于铅离子沉淀物胶体表面电动电位。曲线 2 的配合物是以 0.75×10^{-4} mol/L 的 Pb(NO$_3$)$_2$ 和 1.5×10^{-4} mol/L 的 BHA 进行配比形成胶体或沉淀物的动电位曲线，在 pH＜11 时，配合物的表面动电位为正，并且小于同等药剂浓度的铅离子沉淀物胶体，动电位的最高值出现在 pH=8 时。当 pH＞11 时，配合物表面的动电位为负。曲线 4 的配合物是以 1.5×10^{-4} mol/L 的 Pb(NO$_3$)$_2$ 和 1.5×10^{-4} mol/L 的 BHA 进行配比生成胶体或沉淀物的动电位曲线，其规律与曲线 2 相似，但是在测试 pH 范围内，均高于曲线 2 的动电位，曲线 4 的最高值出现在 pH=7.2 左右。上述结果表明：配合物胶体或沉淀与氢氧化铅胶体或沉淀具有类似的荷电规律，且不同配比条件下的配合物的动电位有一定的差异。

本节从金属离子-捕收剂配位组装形成的配合物的单晶及其在溶液中的胶体沉淀物的结构与物化性质研究结果，证明了由金属离子-捕收剂配位组装形成的配合物，是一种新型捕收剂，定义为金属基配位组装捕收剂，其特殊的配位结构和物化性质，将决定其与矿物表面的作用及矿物的浮选行为。

10.5.3　金属基配位组装捕收剂与矿物表面的作用机理

1. 金属基配位组装捕收剂与矿物表面的作用

金属基配位组装捕收剂（苯甲羟肟酸铅）与白钨矿表面作用前后的红外光谱图如图 10-63 所示。白钨矿的红外光谱中，808.54 cm^{-1} 和 440.08 cm^{-1} 为钨酸根的特征峰，而 3425.01 cm^{-1} 为白钨矿表面水分子的 O—H 键不对称伸缩振动。白钨矿与捕收剂作用后，在 3424.94 cm^{-1}、1598.59 cm^{-1}、1561.73 cm^{-1}、1403.35 cm^{-1}、1150.82 cm^{-1}、806.70 cm^{-1} 和 439.80 cm^{-1} 等位置出现了明显的特征峰。其中，3424.94 cm^{-1}、806.70 cm^{-1} 和 439.80 cm^{-1} 相对于白钨矿被配合物处理前的特征峰有了一定程度的位移。而 1598.59 cm^{-1}、1561.73 cm^{-1} 为苯骨架弯曲振动，1403.35 cm^{-1} 为 O—H 弯曲振动，1150.82 cm^{-1} 为 C—N 伸缩振动，这些配合物捕收剂特征峰的出现，表明配合物的主要官能团都出现在白钨矿表面。

进一步，用 XPS 考察配合物在白钨矿表面的作用，XPS 全谱如图 10-64 所示，XPS 元素结合能如表 10-9 所示。XPS 全谱分析表明，白钨矿被配合物处理后，表面出现了 Pb 4f 和 N 1s 的峰，这表明了配合物在白钨矿表面的吸附。而结合能数据分析表明，白钨矿表面被配合物作用前后 O 1s、Ca 2p、W 4f、Pb 4f 和 N 1s 的结合能变化（ΔE）分别为+0.55 eV、

+0.19 eV、+0.12 eV、+0.22 eV 和-0.14 eV，其中 Pb 4f 和 O 1s 的结合能位移最为显著，表明配合物在白钨矿表面的吸附是以氧原子为活性位点，组装捕收剂（苯甲羟肟酸铅）头基 Pb 元素与 O 活性点作用。

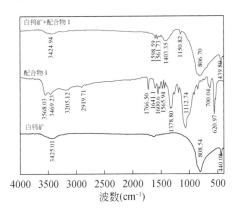

图 10-63　苯甲羟肟酸铅配合物在白钨矿表面
作用前后的红外光谱图[238]

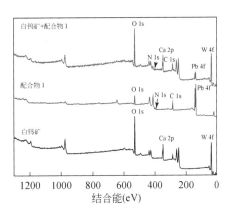

图 10-64　苯甲羟肟酸铅配合物在白钨矿表面
作用前后的 XPS 全谱[238]

表 10-9　苯甲羟肟酸铅配合物在白钨矿表面作用前后的结合能[238]

元素	白钨矿	配合物	白钨矿+配合物	ΔE（eV）
C 1s	284.8	284.8	284.8	0
O 1s	530.31	531.26	530.86	+0.55
Ca 2p	346.86		347.05	+0.19
W 4f	35.31		35.43	+0.12
Pb 4f		138.50	138.72	+0.22
N 1s		398.99	398.85	-0.14

2. 苯甲羟肟酸铅配合物捕收剂在矿物表面的吸附构型

对白钨矿表面吸附苯甲羟肟酸铅配合物前后的 O 1s、N 1s 和 Pb 4f 图谱进行分析，可以进一步揭示配合物在矿物表面的吸附构型，如图 10-65 所示。图 10-65（a）表明，白钨矿被配合物处理前，表面出现两种氧元素的化学态，其中 531.79 eV 和 530.29 eV 位置的峰对应白钨矿表面的 Ca—O 键和 W—O 键。图 10-65（b）表明，白钨矿被配合物处理后，表面出现了五种氧元素的化学态，其中 531.82 eV 和 530.71 eV 位置的峰对应白钨矿表面的 Ca—O 键和 W—O 键，532.21 eV、531.25 eV 和 529.70 eV 位置的峰对应配合物在白钨矿表面吸附后形成的 N—O 键、C—O 键和 Pb—O 键三种氧元素化学态。图 10-65（c）表明，白钨矿被配合物处理后，表面出现了两种氮元素的化学态，400.47 eV 和 398.84 eV 位置的峰对应配合物中的 C—N 键和 N—O 键（或 C=N 键，两者的结合能十分接近因此不予以区分）两种氮元素化学态。图 10-65（d）表明，白钨矿表面被配合物处理后，在 143.60 eV 和 138.72 eV 出现了铅元素的两个分裂峰 Pb 4f$_{5/2}$ 和 Pb 4f$_{7/2}$，与配合物中 Pb 4f 的两个峰相比均位移了+0.22 eV。N—O 键、C—O 键、C—N 键和 Pb—O 键的出现，表明白钨矿表面出现的配合物的官能团中元素的化学态与配合物的单晶结构和液相结构一致。红外光谱与 XPS 结果分析表明，配合物液相结构中苯环、配体的羟肟基团和铅离子都出现在了白钨矿表面，表明苯甲羟肟酸与铅离子所形成五元环配合物结构吸附在了白钨矿表面。

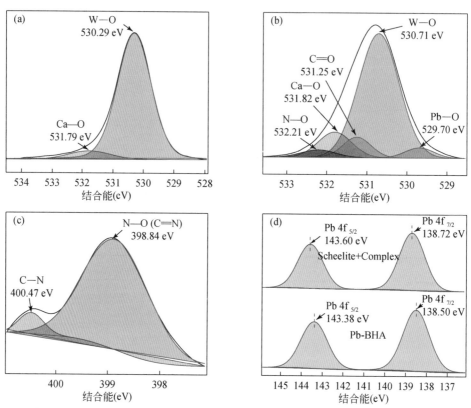

图 10-65　苯甲羟肟酸铅与白钨矿表面作用前后的 XPS 元素结合能图谱分析[238]

(a)(b) O 1s；(c) N 1s；(d) Pb 4f

　　进一步，通过苯甲羟肟酸铅配合物在矿物表面吸附的 TOF-SIMS 质谱图（图 10-66），来表征矿物表面的元素成分、分子结构、分子键等信息。在 100～300 的低 m/z 区域，m/z 为 207.91、224.91 和 281.03 处的离子碎片峰可对应为 Pb^+、PbO^+ 和 $Pb(OH)_2+K^+$；在 300～750 的中等 m/z 区域，m/z 为 343.94、429.79、446.78、653.76 和 670.64 处的离子碎片峰对应为 $PbL+H^+$、$PbLO_4+Na^+$、$PbLO_4+K^+$、PbL_3+K^+ 和 PbL_3O+K^+；在 750～1700 的高 m/z 区域，m/z 为 895.35、1117.67、1187.73、1341.88、1546.55 和 1561.80 处的离子碎片峰可对应为 $Pb_2L_3(OH)_2+K^+$、$Pb_2L_5+Na^+$、$Pb_3L_4+Na^+$、$Pb_3L_5+K^+$、$Pb_4L_5+K^+$、$Pb_4L_5(OH)_3+H^+$，质谱图中 m/z 最大的区域在 1600 附近，因此，1561.80 处出现的 $Pb_4L_5(OH)_3+H^+$ 可认为是分子离子峰，而 343.94、653.76、893、1118.62 和 1341.63 等位置处出现的 $PbL+H^+$、PbL_3+K^+、$Pb_2L_3(OH)_2+K^+$、$Pb_2L_5+Na^+$、$Pb_3L_4+Na^+$、$Pb_3L_5+K^+$h 和 $Pb_4L_5+K^+$ 峰是 $Pb_4L_5(OH)_3$ 对应的离子碎片峰。这表明配合物以 $Pb_4L_5(OH)_3$ 的结构吸附在矿物表面并稳定存在，配合物可能是以连接羟基的铅离子与矿物表面氧原子结合形成吸附，这种大的捕收剂分子结构吸附在

矿物表面，导致矿物表面疏水性强，可浮性好。

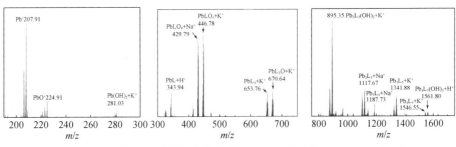

图 10-66　苯甲羟肟酸铅配合物在白钨矿表面吸附的 **TOF-SIMS** 图谱

10.5.4　金属离子-捕收剂及金属基配位组装捕收剂与矿物表面作用微观机制的量子化学计算

前面几节的研究表明，铅离子与苯甲羟肟酸配位组装的捕收剂，比先加金属离子活化，再加苯甲羟肟酸，对矿物具有更强的捕收能力，是新的一类捕收剂，具有其自身的结构特点与性能，与矿物表面的作用方式不同，但最终都会形成苯甲羟肟酸与铅离子所形成的五元环配合物结构吸附在矿物表面，本节通过量子化学计算进一步揭示两种作用方式差异的微观本质。

已有金属离子活化矿物浮选的机理研究表明，金属离子先吸附在矿物表面，然后，捕收剂再吸附在金属离子活性位点。通常，矿物表面是水化的，金属离子在溶液中也是水化的，以往的研究一般忽视了这一点。研究金属离子在矿物表面的吸附及随后捕收剂的吸附，必须考虑到矿物表面的水化、金属离子的水化及金属离子吸附后矿物表面的水化，才能揭示金属离子-捕收剂与矿物表面不同作用的微观机制。

1. 金属离子-捕收剂与矿物表面作用微观机制的量子化学计算

1）Pb^{2+} 和 $Pb(OH)^+$ 的水化现象

Pb^{2+} 及其各种羟基化合物可以和溶液中的水分子相互作用，形成 $Pb(H_2O)_n^{2+}$ 和 $Pb(OH)(H_2O)_n^+$ 等配合物，水化现象会对 Pb^{2+} 及后续苯甲羟肟酸在锡石表面吸附产生重要影响。Pb^{2+} 水化现象已经通过实验室光谱以及量子化学计算[354]等手段进行了系统的研究，本节采用第一性原理密度泛函理论计算确定 Pb^{2+} 和 $Pb(OH)^+$ 与内层水分子直接作用形成的 $Pb(H_2O)_n^{2+}$ 和 $Pb(OH)(H_2O)_n^+$ 配合物的几何结构和水分子配位数。

图 10-67 展示的是优化后 $Pb(H_2O)_{1\sim6}^{2+}$ 配合物几何结构。表 10-10 中有对应的 $Pb(H_2O)_n^{2+}$ 配合物生成反应（$Pb(H_2O)_n^{2+} + H_2O \Longrightarrow Pb(H_2O)_{n+1}^{2+}$）的热力学数据。当 $n=1$-5 时，总能量变化绝对值一直都大于 20 kcal/mol。从表中可以看出，当在 $Pb(H_2O)_6^{2+}$ 配合物几何结构中继续添加一个水分子时，Pb^{2+} 内层水分子排列的几何结构会遭到破坏，在生成的 $Pb(H_2O)_7^{2+}$ 配合物中，Pb^{2+} 与新添加水分子 O 原子距离增大到 4.534 Å，显示出 Pb^{2+} 与该水分子相互作用的能力很弱。结合几何结构和能量计算结果，可以得出如下三条结论：$Pb(H_2O)_{1\sim6}^{2+}$ 配合物的生成在热力学上是可行的；第七个水分子可能在 Pb^{2+} 内层和外层水分子层之间来回

移动，或者直接位于第二层水分子层内，$Pb(H_2O)_6^2$ 在 Pb^{2+} 与水分子形成的配合物中占绝大部分。

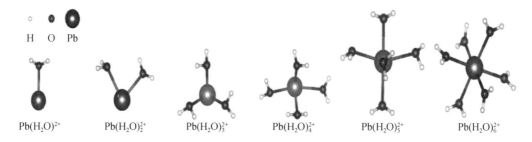

图 10-67　优化后 $Pb(H_2O)_{1\sim6}^{2+}$ 配合物几何结构[240]

研究表明，在 pH 8～10 范围内，$Pb(OH)^+$ 一般被认为是主要的吸附质，对浮选起活化作用。$Pb(OH)^+$ 和 Pb^{2+} 一样会在溶液中发生水化现象，图 10-68（a）展示的是优化后 $Pb(OH)(H_2O)_{0\sim5}$ 配合物几何结构。表 10-10 中有对应的 $Pb(OH)(H_2O)_n$ 配合物生成反应（$Pb(OH)(H_2O)_n^+ + H_2O = Pb(OH)(H_2O)_{n+1}^+$）的热力学数据。当 $n=0\sim4$ 时，总能量变化绝对值一直都大于 10 kcal/mol，这说明 $Pb(OH)(H_2O)_{1\sim5}^+$ 配合物的生成在热力学上是可行的。当在 $Pb(OH)(H_2O)_5^+$ 配合物几何结构中继续添加一个水分子时，Pb^{2+} 内层水分子排列的几何结构会遭到破坏，在生成的 $Pb(OH)(H_2O)_6^+$ 配合物中，Pb^{2+} 与新添加水分子 O 原子距离增大到 4.837 Å，这表明新添加的第六个水分子可能在 Pb^{2+} 内层和外层水分子层之间来回移动，或者直接位于第二层水分子层内。因此，在后续的量子化学计算中，在 $Pb(OH)(H_2O)_{0\sim5}$ 配合物中，具有最大水分子配位数的 $Pb(OH)(H_2O)_5^+$ 被采用作为在锡石表面吸附主要的吸附质。与 Pb^{2+} 直接作用的内层水分子的空间排布主要由 $Pb^{2+}6p$ 和 $5d$ 空位轨道决定，而 $Pb^{2+}6s$ 轨道中的孤对电子则会使水分子优先吸附在 Pb^{2+} 的一侧。

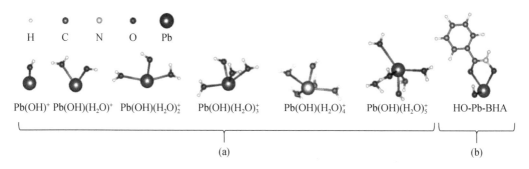

图 10-68　优化后 $Pb(OH)(H_2O)_{0-5}^+$（a）和 $Pb(OH)BHA$（b）配合物几何结构图[240]

2）矿物表面的水化

A. 锡石(110)面水化

在锡石不同的晶面中，(110)面具有最低的表面能和表面断裂键密度，所以被认为是锡石最常见的暴露面，如图 10-69（a）所示，锡石(110)面上，显示出与 Sn 原子两配位的桥键 O 原子、六配位的饱和 Sn 原子、三配位的体相 O 原子和五配位不饱和 Sn 原子，五配位不饱和的 Sn 原子由于反应活性很高,在溶液中很容易与水分子发生相互作用。初始结构中,三个水分子被分别放置在锡石表面三个五配位 Sn 原子的正上方。图 10-69 是水分子在锡石(110)面吸附优化后的几何结构图。优化后,每个水分子中的 O 原子会与锡石表面五配位 Sn 原子连接在一起,此为锡石表面端基 O 原子的由来,并且每个水分子离解出一个 H^+,该 H^+ 会与锡石表面桥键 O 原子结合在一起。水分子在锡石表面的吸附是一种典型的解离吸附,它对后续浮选药剂在锡石表面作用产生双重影响:一方面,水分子在锡石表面形成了一层致密的水化层,对苯甲羟肟酸在锡石表面作用产生明显的阻碍作用;另一方面,由水分子在锡石表面解离吸附产生的端基 O 原子是与 Pb^{2+} 等离子作用的主要活性位点。

表 10-10　气相中 $Pb(H_2O)_n^{2+}$ 和 $Pb(OH)(H_2O)_n^+$ 配合物生成反应的热力学数据

$Pb(H_2O)_n^{2+}$	ΔE（kcal/mol）	最大 Pb—O 键长（Å）	$Pb(OH)(H_2O)_{0-5}^{2+}$	ΔE（kcal/mol）	最大 Pb—O 键长（Å）
$Pb(H_2O)_1^{2+}$	—	2.436	$Pb(OH)(H_2O)_1^+$	−27.6	2.482
$Pb(H_2O)_2^{2+}$	−45.4	2.474	$Pb(OH)(H_2O)_2^+$	−20.3	2.736
$Pb(H_2O)_3^{2+}$	−39.3	2.510	$Pb(OH)(H_2O)_3^+$	−19.0	2.710
$Pb(H_2O)_4^{2+}$	−30.1	2.647	$Pb(OH)(H_2O)_4^+$	−17.8	3.154
$Pb(H_2O)_5^{2+}$	−26.4	2.697	$Pb(OH)(H_2O)_5^+$	−10.8	3.094
$Pb(H_2O)_6^{2+}$	−22.1	2.706	$Pb(OH)(H_2O)_6^+$	−9.0	4.837
$Pb(H_2O)_7^{2+}$	−18.9	4.534	—	—	—

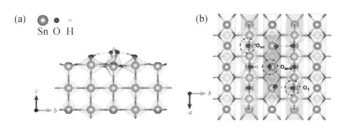

图 10-69　水分子在锡石(110)面吸附优化后的几何结构图[240]

(a) 正视图；(b) 俯视图

B. 锂辉石(110)面水化

在锂辉石不同的晶面中,(110)面具有最低的表面能和表面断裂键密度,是锂辉石最常见的暴露面。采用合适的力场,计算模拟吸附有 12 个水分子的锂辉石表面的初始结构[图 10-70 (a)]。

图 10-70 (b)是水分子在锂辉石(110)面吸附优化后的几何结构。几何结构优化后,每个水分子中 O 原子都很容易与锂辉石表面 Al 原子相互作用、形成配位键,同时每个水分子都会解离出一个 H^+,H^+ 会游离到锂辉石表面 O 原子附近,与其结合在一起;从图中可以看出,表面 Al 分别与四个锂辉石晶体固有的二配位的 O 原子和一个由水分子吸附产生的一配位的羟基 O 原子结合在一起,与锡石类似、锂辉石表面也很容易发生羟基化,导致

其表面亲水性强，苯甲羟肟酸等阴离子捕收剂有可能不能吸附在锂辉石表面，锂辉石表面解离的端基 O 原子也将是与 Pb^{2+} 等离子作用的主要活性位点。

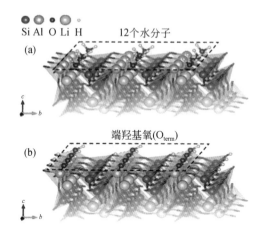

图 10-70　水分子在锂辉石（110）面吸附初始（a）和优化后（b）的几何结构图[240]

3）$Pb(OH)(H_2O)_5^+$ 在水化的矿物表面的吸附

A. $Pb(OH)(H_2O)_5^+$ 在水化的锡石（110）面的吸附

羟基化锡石表面的端基 O 原子是与 Pb^{2+} 作用的主要活性位点，在初始结构中，$Pb(OH)(H_2O)_5^+$ 被放置在锡石表面端基 O 原子的正上方。图 10-71 是 $Pb(OH)(H_2O)_5^+$ 在锡石（110）面吸附优化后的几何结构图。从图中可知，$Pb(OH)^+$ 中的 Pb 原子分别与锡石表面的一个端基和一个桥键 O 原子键合连接在一起，Pb—O 键键长分别为 3.091 和 3.105 Å，几何优化结果说明端基和桥键 O 原子对于 Pb^{2+} 在锡石表面吸附具有很强的反应活性。同时，$Pb(OH)(H_2O)_5^+$ 中的两个水分子在 Pb^{2+} 与锡石表面作用过程中会从内层水分子层脱离出去，其中一个吸附在锡石表面、另一个通过氢键与 $Pb(OH)^+$ 水化层中剩余水分子发生相互作用。经计算，水化 $Pb(OH)^+$ 吸附在锡石表面的吸附能为 -36.78 kcal/mol，这主要是由 Pb^{2+} 与锡石表面端基和桥键 O 原子形成的两个配位键造成的，此外也与 $Pb(OH)^+$ 水化层中水分子与锡石表面形成的氢键有关。

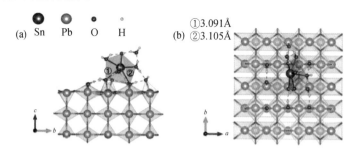

图 10-71　$Pb(OH)(H_2O)_5^+$ 在锡石（110）面吸附优化后的几何结构图[240]

（a）正视图；（b）俯视图

B. $Pb(OH)(H_2O)_5^+$ 在水化的锂辉石（110）面吸附

水化锂辉石表面的一配位羟基 O 原子是 Pb^{2+} 吸附的主要活性位点。因此，

Pb(OH)(H₂O)₅⁺中的 Pb 原子被放置在羟基 O 原子正上方。在优化后最稳定的几何结构[图 10-72（a）]中，Pb(OH)(H₂O)₅⁺中的 Pb 原子与锂辉石表面羟基 O 原子形成了一个配位键（键长为 2.644 Å），同时有三个水分子从水化的 Pb(OH)⁺水化层脱离。图 10-72（b）是水分子与吸附在锂辉石表面 Pb²⁺相互作用优化后的几何结构，另有三个水分子会与 Pb²⁺结合在一起（Pb—Oᵥᵥ键的平均键长为 3.026 Å，w 指的是三个水分子），构成 Pb²⁺内层水化层。

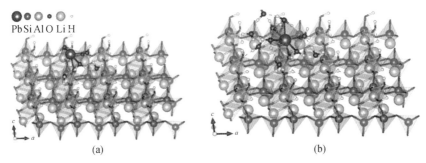

图 10-72　Pb(OH)(H₂O)₅⁺在锂辉石(110)面吸附（a）和水分子与吸附在锂辉石表面 Pb²⁺相互作用（b）优化后的几何结构图[240]

4）苯甲羟肟酸在矿物表面的吸附

A. 苯甲羟肟酸在锡石(110)面的吸附

a）苯甲羟肟酸在水化的锡石(110)面的吸附

研究表明，在 pH 8～10 范围内，苯甲羟肟酸主要以阴离子形式存在于溶液中，并通过—NHO—C(═O)—基团中的两个 O 原子与锡石、白钨矿等氧化矿表面 Sn、Ca 等金属质点形成配位键。所以，在苯甲羟肟酸在未活化的锡石表面吸附的初始构型中，其阴离子的—NHO—C(═O)—基团放置在锡石表面五配位未饱和 Sn 原子的正上方，—NHO—C(═O)—基团中两个 O 原子与 Sn 原子的距离都约为 3.6 Å。如图 10-73（a）和（b）所示，几何结构优化后，苯甲羟肟酸两个 O 原子与锡石表面五配位 Sn 原子的距离分别增大到了 4.818 Å 和 5.141 Å，这说明由于锡石表面形成了紧密的水化层，苯甲羟肟酸受到排斥作用而无法吸附在锡石表面。从图中可以看出，苯甲羟肟酸通过—NHO—C(═O)—基团中与 C 连接的 O 原子和锡石表面的 H 原子形成一个氢键从而吸附在矿物表面，这说明苯甲羟肟酸主要通过氢键与未活化的锡石表面发生相互作用。由于只有一个氢键存在，苯甲羟肟酸吸附在锡石表面吸附能仅为-3.13 kcal/mol，说明苯甲羟肟酸在未活化的锡石表面吸附作用不强，苯甲羟肟酸对未活化的锡石、白钨矿的捕收能力不强。

b）苯甲羟肟酸在吸附有铅离子的锡石(110)面的吸附

吸附在锡石表面的 Pb²⁺是与苯甲羟肟酸作用的主要活性位点，因此，在苯甲羟肟酸阴离子在 Pb²⁺活化后锡石表面吸附的初始构型中，—NHO—C(═O)—基团放置在吸附在锡石表面 Pb²⁺的正上方，如图 10-73（c）和（d）所示，从优化后几何结构中可以看出，苯甲羟肟酸通过其两个 O 原子与 Pb²⁺水化层中的水分子发生相互作用、形成两个氢键，对应的吸附能为-13.39 kcal/mol，这比苯甲羟肟酸在未活化的锡石表面吸附的吸附能更负，苯甲羟肟酸先通过与 Pb²⁺水化层中的水分子形成氢键吸附于铅离子活性位点，此时，Pb 原子与锡石表面的一个端基和一个桥键 O 原子键合形成的 Pb—O 键键长为 3.158 Å，略大于没有捕收剂作用时的键长。此外，由于捕收剂烃链的疏水作用，可能存在进一步的去水化作用，最终可能导致苯甲羟肟酸与铅离子形成五元环配合物结构吸附在矿物表面起活化作用，苯甲羟肟酸的捕收能力提高，这也说明由于需要进一步去水化，Pb^{2+} 周围的水化层也会对苯甲羟肟酸与其作用产生阻碍作用。

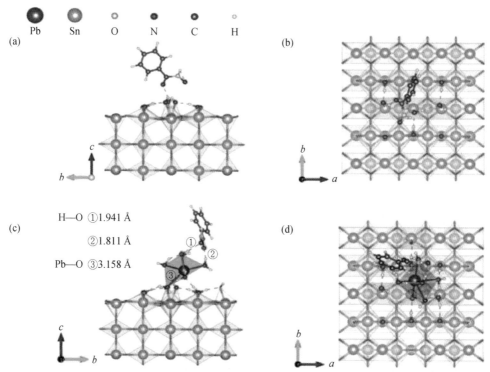

图 10-73　苯甲羟肟酸在未活化 [（a）正视图；（b）俯视图] 和 Pb^{2+} 活化后 [（c）正视图；（d）俯视图] 锡石(110)面吸附优化后的几何结构图[240]

B. 苯甲羟肟酸在锂辉石(110)面的吸附

a）苯甲羟肟酸在水化的锂辉石(110)面的吸附

如图 10-74 所示，在羟基化锂辉石(110)晶面上，Li^+ 和 Al^{3+} 会暴露出来，在浮选中，锂辉石表面大多数的 Li^+ 会溶解在溶液中，所以表面 Al^{3+} 被认为是与苯甲羟肟酸作用的主要活性位点。在苯甲羟肟酸与未活化锂辉石(110)面吸附的两种初始构型 [图 10-74（a）和（b）] 中，苯甲羟肟酸中的—NHO—C(＝O)—基团放置在表面 Al 原子正上方，基团中两个 O 原子与 Al 原子的距离都为 3 Å，在图 10-74（a）中，苯甲羟肟酸的苯环垂直于锂辉石表面，在图 10-74（b）中，苯环平行于锂辉石表面。在优化后的两个几何构型中，如图 10-74（c）和 10-74（d）所示，苯甲羟肟酸都是以其苯环平行于锂辉石表面的构型吸附在锂辉石表面，—NHO—C(＝O)—基团中与 N 原子相连的 O 原子与表面 Al 原子形成一个配位键，键长为 2 Å。值得注意的是，无论是何种初始构型，在优化后的几何构型中，苯甲羟肟酸在锂辉石表面吸附构型是一样的，这表明苯甲羟肟酸是以其苯环平行于锂辉石表面的构型吸附在未活化锂辉石表面。

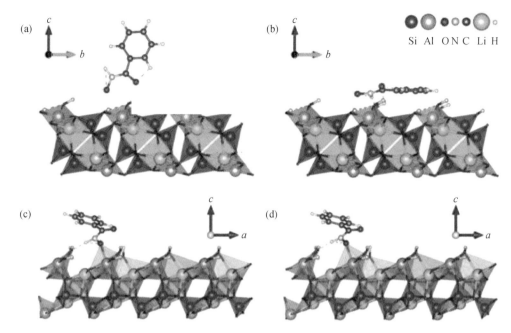

图 10-74 苯甲羟肟酸在未活化锂辉石(110)面吸附初始（a 和 b）和优化后（c 和 d）的几何结构[240]

b）苯甲羟肟酸与吸附有 Pb²⁺ 的锂辉石(110)面的作用

吸附在锂辉石表面的 Pb^{2+} 是与苯甲羟肟酸作用的主要活性位点。因此在苯甲羟肟酸在吸附有 Pb^{2+} 的锂辉石表面吸附的初始构型中，—NHO—C(═O)—基团放置在表面 Pb^{2+} 的正上方，基团中的 O 原子与 Pb 原子的距离都约为 3 Å。从优化后几何结构（图 10-75）中可以看出，苯甲羟肟酸通过其—NHO—C(═O)—基团中 O 原子与 Pb^{2+} 水化层中的水分子发生相互作用，形成了一个氢键（键长为 1.661Å），基团中的 O 原子与 Pb 原子的距离增大到了 5.351 Å 和 4.303 Å，同样也说明苯甲羟肟酸与铅离子的化学配位作用受到 Pb^{2+} 水化层的影响。

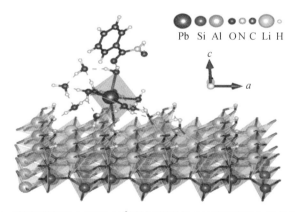

图 10-75 苯甲羟肟酸在吸附 Pb²⁺ 的锂辉石(110)面吸附优化后的几何结构

2. 金属基配位组装捕收剂与矿物表面作用微观机制的量子化学计算

1）苯甲羟肟酸与水化 Pb(OH)⁺相互作用

如图 10-68（b）所示，苯甲羟肟酸与 Pb(OH)(H₂O)₅⁺相互作用生成 Pb(OH)BHA 配合物，反应过程中，Pb(OH)⁺内层水化层中的五个水分子都被排开，该反应的吉布斯自由能变为-32.87 kcal/mol，说明该反应在热力学上是可行的，Pb(OH)BHA 配合物生成释放出的能量为 81.05 kcal/mol。

2）Pb(OH)BHA 配合物在水化的矿物表面的吸附

A. Pb(OH)BHA 配合物在水化的锡石(110)面的吸附

如前述，锡石表面的端基 O 原子是 Pb²⁺吸附的主要活性位点，因此，在 Pb(OH)BHA 配合物在羟基化锡石表面吸附的初始构型中，Pb(OH)BHA 配合物中的 Pb 原子被放置在锡石表面端基 O 原子的正上方。图 10-76 是 Pb(OH)BHA 配合物在羟基化锡石表面吸附优化后的几何结构图，如图所示，Pb(OH)BHA 配合物通过其 Pb 原子吸附在锡石表面，形成了五个作用很强的配位键，与锡石表面端基 O 原子形成的两个配位键（键长分别为 2.625 Å 和 2.542 Å）、与桥键 O 原子形成的两个配位键（键长分别为 3.353 Å 和 3.236 Å）、与体相 O 原子形成的一个配位键（键长为 3.353 Å）。而在苯甲羟肟酸与 Pb²⁺活化后锡石表面吸附优化后的构型［图 10-73（c，d）］中，Pb 原子只是通过和端基 O 原子作用形成一个配位键（键长为 3.158 Å）吸附在锡石表面，且该键长明显大于 Pb(OH)BHA 配合物在锡石表面的吸附构型中 Pb 原子与端基 O 原子形成的配位键的键长。由于 Pb(OH)BHA 配合物吸附在锡石表面过程中形成了非常强的 Pb—O 配位键，所以吸附能高达-48.11 kcal/mol。这说明 Pb(OH)BHA 配合物与锡石表面相互作用能力很强。

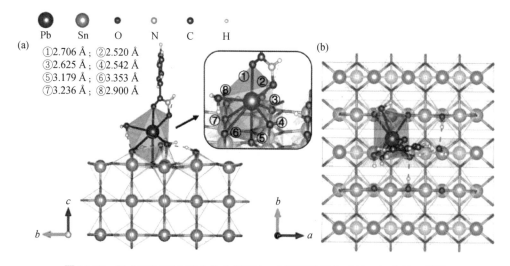

图 10-76　Pb(OH)BHA 配合物在锡石(110)面吸附优化后的几何结构图[240]

（a）正视图；（b）俯视图

B. Pb(OH)BHA 配合物在羟基化锂辉石(110)面的吸附

锂辉石表面上的羟基 O 原子是 Pb²⁺吸附的主要活性位点。因此，在初始的几何结构中，Pb(OH)BHA 配合物中的 Pb 原子放置在表面羟基 O 原子正上方，几何结构优化后如图 10-77

所示，Pb(OH)BHA 配合物中的 Pb 原子与表面羟基 O 原子相互作用，形成一个配位键（键长为 2.707 Å），配合物中的 OH 基团与锂辉石表面形成了一个氢键（键长为 1.794Å）。从几何结构优化结果可知，Pb(OH)BHA 配合物以苯环垂直于锂辉石表面的构型吸附在锂辉石表面，且相互作用能力很强。与图 10-75 中苯甲羟肟酸与 Pb^{2+} 活化后锂辉石表面的作用比较，Pb(OH)BHA 配合物对锂辉石具有更强的作用能力[240]。

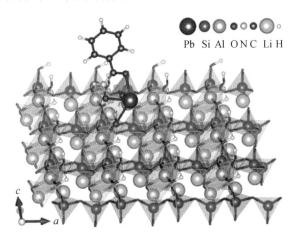

图 10-77 Pb(OH)BHA 配合物在羟基化锂辉石(110)面吸附优化后的几何结构[240]

3. 矿物表面水化、金属离子和捕收剂吸附作用微观机制与浮选行为

1）Pb^{2+}-苯甲羟肟酸与锡石表面作用机制

图 10-78 为有无 Pb^{2+} 作用时，苯甲羟肟酸用量对苯甲羟肟酸在锡石表面吸附量的影响，综合上述矿物表面水化、金属离子水化及其与捕收剂的反应、水化离子在矿物表面的吸附及其与捕收剂的作用、捕收剂及其与金属离子的配合物在矿物表面的吸附与浮选行为等的计算分析，可以揭示有无金属离子作用下，捕收剂与锡石表面的作用微观机制及浮选行为。

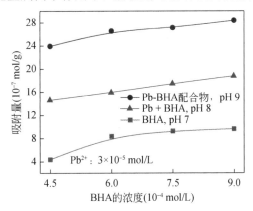

图 10-78 有无 Pb^{2+} 时，苯甲羟肟酸用量对苯甲羟肟酸在锡石表面吸附量的影响[240]

A. 无金属离子时，苯甲羟肟酸在锡石表面吸附微观机制及捕收作用

没有金属离子存在时，锡石表面水化形成一层致密的水化层，苯甲羟肟酸通过其极性基中的 O 原子与锡石羟基化表面形成氢键，作用不强，从而吸附量较小，锡石浮选回收率低。

从图 10-78 和图 10-47 中可以看出，在所考察的苯甲羟肟酸用量范围（$4.5×10^{-4}$～$9.0×10^{-4}$ mol/L）内，没有 Pb^{2+} 时，苯甲羟肟酸在锡石表面吸附量最低，锡石可浮性较差，随着苯甲羟肟酸用量的增加，锡石回收率会逐步增加，但最高回收率不到 45%。

B. Pb^{2+} 作活化剂，苯甲羟肟酸在锡石表面吸附微观机制及捕收作用

当依次加入铅离子、苯甲羟肟酸时，锡石表面水化产生端基 O 原子，成为与 Pb^{2+} 作用的活性位点，水化的 $Pb(OH)^+$ 中的 Pb 原子会与端基 O 原子相互作用吸附在锡石表面成为活化位点，Pb^{2+} 周围仍存在水化层，苯甲羟肟酸通过与水化层的水分子形成氢键或依靠其疏水碳链苯环克服 Pb^{2+} 周围的水化层阻碍与 Pb^{2+} 发生化学键合作用，吸附在锡石表面，苯甲羟肟酸对锡石起捕收作用。此时，Pb^{2+} 是典型的活化剂，苯甲羟肟酸是捕收剂。图 10-79 展示了 Pb^{2+} 活化、苯甲羟肟酸在锡石表面吸附的作用模型。图 10-79 表明，加入 Pb^{2+}，再加入苯甲羟肟酸时，苯甲羟肟酸在锡石表面吸附量有较大提高，Pb^{2+} 对锡石浮选起活化作用，当 Pb^{2+} 浓度为 $3×10^{-5}$mol/L 时，锡石浮选回收率随着苯甲羟肟酸用量的增加而加大，苯甲羟肟酸用量达到 $4×10^{-4}$ mol/L 时，锡石浮选回收率可达到 80% 以上。

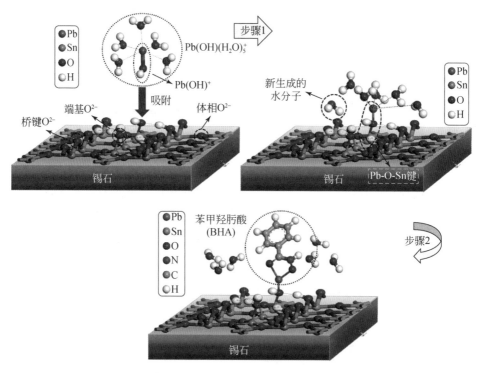

图 10-79　先加 Pb^{2+} 活化作用下、苯甲羟肟酸在锡石表面吸附作用模型

C. Pb^{2+}－苯甲羟肟酸配合物在锡石表面吸附微观机制及捕收作用

苯甲羟肟酸配合物在锡石表面吸附作用模型如图 10-80 所示，Pb^{2+} 存在的主要形式 $Pb(OH)^+$ 会在溶液中发生水化现象，与水分子相互作用生成 $Pb(OH)(H_2O)_5^+$ 配合物。$Pb(OH)(H_2O)_5^+$ 在水溶液中与苯甲羟肟酸阴离子相互作用生成 $Pb(OH)BHA$ 配合物，头基 Pb^{2+} 周围无其他水分子，$Pb(OH)BHA$ 配合物直接在羟基化锡石表面吸附，由于不存在 Pb^{2+}

水化层的干扰，Pb(OH)BHA 配合物与锡石表面相互作用的能力很强，所以在浮选中可以显著增强锡石表面的疏水性，提高锡石浮选回收率。此时，Pb^{2+}不再是典型的活化剂，而是形成苯甲羟肟酸铅配合物，成为一种新型捕收剂起捕收作用。图 10-80 表明，苯甲羟肟酸铅配合物直接作用下，苯甲羟肟酸在锡石表面吸附量最大，锡石浮选回收率均随着苯甲羟肟酸用量的增加而增大，苯甲羟肟酸用量达到 3×10^{-4} mol/L 时，锡石浮选回收率就可达到 90%以上。显然，苯甲羟肟酸铅配合物的作用比铅离子和苯甲羟肟酸依次加入的捕收作用更强。

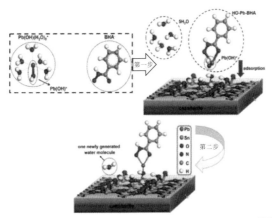

图 10-80　Pb(OH)BHA 配合物在锡石表面吸附模型[240]

2）Pb^{2+}-苯甲羟肟酸与锂辉石表面作用机制

有无金属离子时，苯甲羟肟酸与锂辉石表面作用模型如图 10-81 所示，图 10-82 是有无 Pb^{2+}作用下，BHA 用量对 BHA 在锂辉石表面吸附量及锂辉石浮选回收率的影响，同样可以讨论有无金属离子作用下，捕收剂与锂辉石表面的作用微观机制及浮选行为。

A. 无金属离子时，苯甲羟肟酸在锂辉石表面吸附机理及捕收作用

苯甲羟肟酸与未活化锂辉石表面的作用时，苯甲羟肟酸通过—NHO—C(═O)—基团中与 N 原子相连的 O 原子与锂辉石表面 Al 原子相互作用，形成一个配位键，如图 10-81（a）所示，虽然苯甲羟肟酸在锂辉石表面吸附量较大［图 10-82（a）］，但苯甲羟肟酸以其苯环平行于锂辉石表面的构型吸附在锂辉石表面，这种吸附构型不利于增大矿物表面疏水性，锂辉石表面疏水差，锂辉石则基本不可浮，如图 10-82（b）所示。

B. 苯甲羟肟酸与 Pb^{2+}活化后锂辉石表面的作用机制及捕收作用

苯甲羟肟酸与 Pb^{2+}活化后锂辉石表面作用时，水化的 $Pb(OH)^+$中的 Pb 原子会与端基 O 原子相互作用吸附在锂辉石表面成为活化位点，苯甲羟肟酸通过其—NHO—C(═O)—基团中 O 原子与 Pb^{2+}水化层中的水分子发生相互作用，形成了一个氢键，苯甲羟肟酸与铅离子的化学配位作用受到 Pb^{2+}水化层的影响，但吸附在锂辉石表面的 Pb^{2+}会改变一部分苯甲羟肟酸的吸附构型，苯甲羟肟酸烃链直立在锂辉石表面，如图 10-81（b）所示，从而增大锂辉石表面疏水性，起到活化作用，当金属离子和苯甲羟肟酸依次加入，Pb^{2+}浓度为 1.2×10^{-4} mol/L 时，锂辉石浮选回收率随着苯甲羟肟酸用量的增加而加大，当苯甲羟肟酸用量达到 9×10^{-4} mol/L 时，锂辉石回收率会达到 80%。

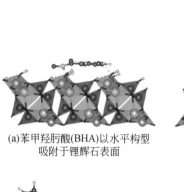
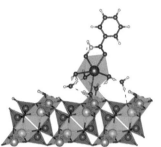

(a)苯甲羟肟酸(BHA)以水平构型
吸附于锂辉石表面

(b)BHA以垂直构型吸附于
Pb²⁺活化后的锂辉石表面

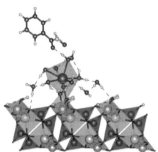

(c)由于Pb²⁺水化层的排斥作
用，BHA很难与吸附于锂辉石表
面的Pb²⁺直接作用

(d)Pb(OH)BHA配合物以垂直构型
吸附于锂辉石表面

图 10-81　苯甲羟肟酸在未活化（a）和 Pb²⁺活化后（b 和 c）锂辉石表面吸附模型；Pb（OH）BHA 配合物在锂辉石表面吸附模型（d）[240]

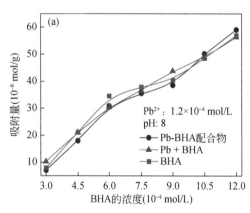
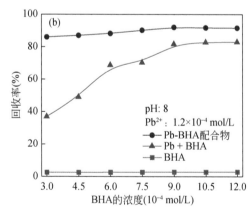

图 10-82　有无 Pb²⁺作用下，BHA 用量对 BHA 在锂辉石表面吸附量（a）及锂辉石浮选回收率（b）的影响[240]

C. 苯甲羟肟酸铅配合物在锂辉石表面吸附机理及捕收作用

如图 10-81（c，d）所示，Pb(OH)BHA 配合物与锂辉石表面作用时，Pb(OH)BHA 配合物中的 Pb 原子与表面羟基 O 原子相互作用，形成一个配位键，Pb(OH)BHA 配合物以苯环垂直于锂辉石表面的构型吸附在锂辉石表面，且相互作用能力很强，这种吸附构型有利于捕收剂分子在矿物表面形成缔合，进而显著增强矿物表面疏水性。图 10-82 表明，锂辉石浮选回收率均随着苯甲羟肟酸用量的增加而增大，苯甲羟肟酸用量达到 3×10^{-4} mol/L 时，锂辉石回收率会达到 80%，用量达到 9×10^{-4} mol/L 时，锂辉石回收率会达到 90%。而且，苯甲羟肟酸铅配合物的作用比铅离子和苯甲羟肟酸依次加入使锂辉石浮选回收率更高。

10.5.5　金属基多配体组装捕收剂的结构与性能

前面几节重点针对金属离子与一种捕收剂形成的金属基配位组装捕收剂，阐明了其结构、物化性质、捕收性能及与矿物表面作用机理。研究发现，这种组装结构中，捕收剂可以有几种，可称之为金属基多配体组装捕收剂。本节将以十二烷基硫酸钠和苯甲羟肟酸与铅离子组装形成的 Pb-BHA-SDS 多配体组装捕收剂为例，阐述金属基多配体组装捕收剂的捕收性能、结构、物化性质及与矿物表面作用机理。

1. Pb-BHA-SDS 多配体捕收剂对白钨矿浮选的捕收行为

研究表明，十二烷基硫酸钠（SDS）对白钨矿、方解石和萤石均有较强捕收能力，缺少选择性，苯甲羟肟酸铅对白钨矿及方解石有较强的捕收能力，但对萤石的捕收作用不强。将 BHA 与 SDS 混合，然后与 Pb^{2+} 混合，形成新的 Pb-BHA-SDS 配合物捕收剂，SDS 用量对 Pb-BHA 配合物浮选白钨矿的影响见图 10-83（a），结果表明当 BHA 和 Pb^{2+} 浓度为 1.0×10^{-4} mol/L 时，在不添加 SDS 的情况下，白钨矿回收率仅为 63.75%。随着 SDS 用量的增加，白钨矿回收率逐渐增加而后趋于稳定，当 SDS 的用量为 1×10^{-5} mol/L 时，白钨回收率为 91.45%，相比不添加 SDS 的回收率提高了 27.7 个百分点。因此，少量 SDS 的加入显著提高了 Pb-BHA 配合物对白钨矿的捕收能力，这表明同等药剂用量条件下，Pb-BHA-SDS 比 Pb-BHA 具有对白钨矿更强的捕收能力。

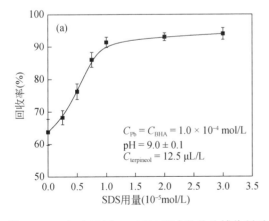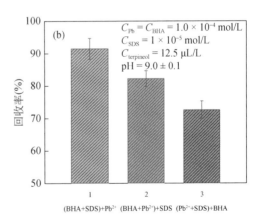

图 10-83　（a）采用 Pb-BHA 配合物作为捕收剂时，SDS 用量对白钨矿浮选的影响；（b）BHA、SDS 和 Pb^{2+} 的组装方式对白钨矿浮选回收率的影响[238]

BHA、SDS 和 Pb^{2+} 的不同组装方式对白钨矿浮选回收率的影响如图 10-83（b）所示，三种药剂组装方式依次分别为：①两种捕收剂 BHA 和 SDS 先组合而后与 Pb^{2+} 组合；②苯甲羟肟酸铅与 SDS 的组装，BHA 和 Pb^{2+} 先组合而后与 SDS 组合；③Pb^{2+} 和 SDS 先配位组装成十二烷基硫酸铅，而后与 BHA 组装。结果表明三种药剂的组合方式显著影响了 Pb-BHA-SDS 对白钨矿的浮选效果，这三种组装方式下，白钨矿的浮选回收率分别为 91.45%、82.17%和 72.51%，即以第一种方式，BHA 和 SDS 先组合，而后与 Pb^{2+} 组合，对白钨矿捕收能力最强，浮选回收率最高。而第三种组装方式的效果相对较差。

2. Pb-BHA-SDS 多配体捕收剂结构分析

在配合物捕收剂胶体分散体系中，胶体粒子由多个分子构成，配合物在液相中形成由多个分子构成的缔合体，形成缔合体胶束。SDS 浓度对 Pb-BHA-SDS 胶体颗粒直径的影响如图 10-84（a）所示，结果表明，在没有 SDS 引入时，Pb-BHA 的胶体粒径为 297.8 nm，而随着 SDS 浓度的增大，Pb-BHA-SDS 胶体粒径随之增大，其中在 SDS 浓度为 1×10^{-5} mol/L 时胶体粒径为 359.55 nm。Pb-BHA 和 SDS 浓度为 1×10^{-5} mol/L 时的 Pb-BHA-SDS 的胶体粒径分布直方图如图 10-84（b）所示。Pb-BHA 的胶体粒径主要分布在 200~450 nm 范围内，其中 70%的胶体粒径分布在 255~342 nm 范围内，而在 0~150 nm 之间也分布有少量的胶粒。Pb-BHA-SDS 的胶体粒径分布在 200~600 nm 范围内，其中 80%的胶体粒径分布在 295~458 nm 范围内。这表明 Pb-BHA-SDS 胶体的粒径更大，且分布更为集中。图 10-84 的 Pb-BHA-SDS 胶体粒径分析表明，SDS 在配合物结构中的引入显著增大了配合物胶体粒径，并使得胶体粒径分布更加集中。

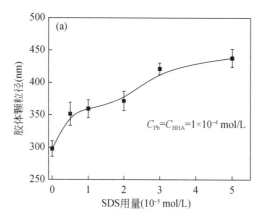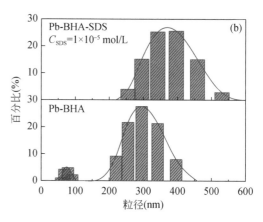

图 10-84 （a）SDS 浓度对 Pb-BHA-SDS 胶体颗粒直径的影响（pH=9.0 碱性浊液）；（b）Pb-BHA 和 Pb-BHA-SDS 的胶体粒径分布直方图[238]

3. 多配体捕收剂的官能团

图 10-85（a）为 SDS 和 Pb-SDS 配合物的红外光谱图。在 SDS 的图谱中，2851.65 cm^{-1} 和 2920.12 cm^{-1} 处的峰分别是 C—H 烷基链的对称和非对称伸缩振动，在 1223.08 cm^{-1} 和 1082.65 cm^{-1} 处的峰是 S=O 对称伸缩振动的特征峰，而在 991.89 cm^{-1} 和 830.95 cm^{-1} 处的峰分别是 C—O—S 和 S—O 的伸缩振动的特征峰。当 SDS 与铅离子结合时，1223.08 cm^{-1}、1082.65 cm^{-1}、991.89 cm^{-1} 和 830.95 cm^{-1} 的峰分别位移到 1213.66 cm^{-1}、1055.42 cm^{-1}、986.20 cm^{-1} 和 818.40 cm^{-1}，这表明—S=O 和—S—O 的电子向 Pb^{2+} 方向移动，形成 Pb-SDS

配合物。

　　图 10-85（b）为 Pb-BHA 和 Pb-BHA-SDS 的红外光谱图。在 Pb-BHA 的光谱中，在 3469.23 cm^{-1} 和 3205.12 cm^{-1} 处的峰为 N—H 的伸缩振动，1766.50 cm^{-1} 和 1641.10 cm^{-1} 处的峰为 C=N 或 C=O 的伸缩振动，1400～1600 cm^{-1} 处的峰为苯骨架的弯曲振动，1112.74 cm^{-1} 处的峰为 C—N 的伸缩振动。在 Pb-BHA 配合物中加入 SDS 后，仍可观察到 BHA 的主要特征峰，并在 2924.21 cm^{-1}、2853.00 cm^{-1}、1219.13 cm^{-1}、1023.83 cm^{-1}、780.46 cm^{-1} 处出现新的峰，这些新的峰为 SDS 中烷基链的 C—H 和 S=O 和 S—O 的特征峰。这些结果表明 SDS 进入了 Pb-BHA 的结构中。此外，新峰的波数与 Pb-SDS 配合物中对应峰的波数更接近，表明 SDS 与 Pb-BHA 配合物中的铅离子形成了配位。因此，红外光谱结果表明 BHA 和 SDS 与 Pb^{2+} 配合形成了多配体配合物。

　　进一步通过 Pb-BHA-SDS 的 XPS 全谱图、ESI-MS 质谱分析等，表明 SDS 的氧原子与铅离子配位，形成了铅基多配体配合物，在碱性沉淀中以 Pb$_4$(BHA$_1$)$_5$(SDS$_2$)(OH)$_2$ 的结构存在。

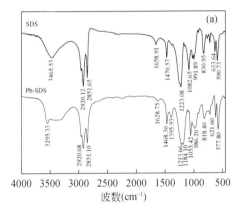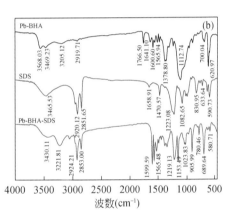

图 10-85　SDS 和 Pb-SDS 配合物（a）及 Pb-BHA 和 Pb-BHA-SDS 配合物（b）红外光谱图[238]

4. Pb-BHA-SDS 在白钨矿表面的吸附形貌及疏水性

　　综合 Pb-BHA-SDS 在白钨矿表面吸附的红外光谱、XPS 图谱分析等可知：Pb-BHA-SDS 在矿物表面的吸附强度更强，铅离子依然是 Pb-BHA-SDS 配位组装捕收剂的头基，通过铅离子与白钨矿表面的氧原子键合发生吸附，而且，Pb-BHA-SDS 在白钨矿表面的吸附强度高于 Pb-BHA，使得矿物表面疏水性增强。Pb-BHA-SDS 胶体在白钨矿表面吸附形成粒度更大的山峰状凸起吸附质，SDS 长链烷基的引入显著增强了 Pb-BHA-SDS 结构中非极性基的疏水能力，使得 Pb-BHA-SDS 在白钨矿表面的吸附增强了白钨矿的疏水性。

　　白钨矿表面吸附 Pb-BHA-SDS 后的 AFM 图见图 10-86。图 10-86（a）（b）为 2 μm×2 μm 白钨矿表面的 AFM 2D 和 3D 高度图，表明白钨矿表面吸附 Pb-BHA-SDS 后出现捕收剂胶体的山峰状凸起，但相比 Pb-BHA 有一定程度的集中。AFM 高度图分析表明，白钨矿表面吸附 Pb-BHA-SDS 后的表面平均粗糙度为 R_a=7.75 nm，均方根粗糙度 R_q=10.5 nm，最大高度粗糙度 R_{max}=66.9 nm。图 10-86（c）为白钨矿表面的 AFM 2D 高度图的横截面分析，结果表明在截面上 Pb-BHA-SDS 捕收剂胶体的峰宽在 0～400 nm 范围内，峰高在 60～80 nm

范围内，表明 Pb-BHA-SDS 在白钨矿表面形成的吸附质粒度（或体积）大，这和胶体粒径分析结果一致，即 Pb-BHA-SDS 胶体的粒径比 Pb-BHA 更大，其在白钨矿表面形成粒度更大的吸附质。SDS 长链烷基的引入显著增强了 Pb-BHA-SDS 结构中非极性基的疏水能力，使得 Pb-BHA-SDS 在白钨矿表面的吸附增强了白钨矿的疏水性。

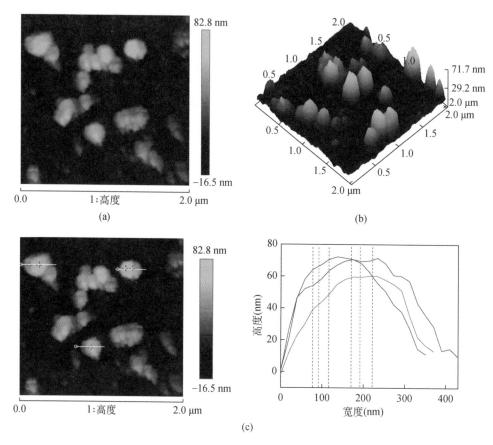

图 10-86　白钨矿表面吸附 Pb-BHA-SDS 后的 AFM 2D 高度图（a）；AFM 3D 高度图（b）和 AFM 高度图横截面分析（c）[238]

5. 多配体捕收剂 Pb-BHA-SDS 中 SDS 的配位作用机理

为了进一步厘清 Pb-BHA-SDS 组装捕收剂中，SDS 与铅离子的配位作用，采用不能与铅离子形成配位但具有同样链长的十二醇来进行对比。首先比较 SDS 和十二醇对 Pb-BHA 浮选白钨矿的影响，如图 10-87 所示，结果表明，随着十二醇用量的增加，白钨矿的浮选回收率先出现小幅上升后开始下降，整体上没有增加 Pb-BHA 对白钨矿的捕收作用，而随着 SDS 用量的增加，Pb-BHA 对白钨矿的捕收能力显著提高，白钨矿浮选回收率显著增加。这表明，SDS 与 Pb-BHA 组合使用，并不能简单归因于 SDS 烃链的疏水缔合作用，有可能是与 BHA 一样，和铅离子配位作用在一起，形成 Pb-BHA-SDS 配位组装捕收剂。

　　分别采用动电位、接触角和表面张力测定了在 Pb-BHA、Pb-BHA 和 SDS 组合及 Pb-BHA 和十二醇组合下，白钨矿表面的动电位、接触角及溶液表面张力，结果如表 10-11。可以看出，Pb-BHA-DOD 对吸附 Pb-BHA 后的白钨矿的动电位及接触角的影响很小，对 Pb-BHA 溶液表面张力影响也小，表明，十二醇的引入未能影响到 Pb-BHA 的作用。但 Pb-BHA-SDS 使白钨矿的动电位进一步正移，使白钨矿表面接触角加大，而且，SDS 显著降低了 Pb-BHA 溶液表面张力，增加了 Pb-BHA 表面活性。这表明，以 $Pb_4(BHA_1)_5(SDS_2)(OH)_2$ 存在的多配体 Pb-BHA-SDS 捕收剂中，SDS 有重要作用。

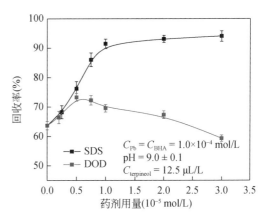

图 10-87　SDS 和十二醇（DOD）的用量对 Pb-BHA 浮选白钨矿的影响[238]

表 10-11　SDS 和十二醇对 Pb-BHA 溶液表面张力及白钨矿表面性质的影响

	动电位（mV）	差值 Δ（mV）	接触角（°）	差值 Δ（°）	表面张力（mN/m）	差值 Δ（mN/m）
白钨+Pb–BHA	−11.45		82.79		72.32	
白钨+Pb–BHA-SDS	−6.73	+4.72	86.87	+4.08	56.58	−15.74
白钨+Pb–BHA–DOD	−12.55	−1.1	83.25	+0.46	69.71	−2.61

　　注：$C_{Pb}=C_{BHA}=1.0\times10^{-4}$ mol/L，$C_{SDS}=C_{DOD}=1\times10^{-5}$ mol/L，pH=9.0 ± 0.1

10.5.6　不同金属基配位组装捕收剂捕收性能

1. Fe^{3+}、Cu^{2+} 与苯甲羟肟酸组装捕收剂对锡石的浮选行为

　　图 10-88 是 Fe^{3+} 与苯甲羟肟酸在不同作用方式下，对锡石浮选的影响，可见，当预先加入 Fe^{3+} 作用后，在整个试验的 pH 范围内，苯甲羟肟酸捕收能力提高，锡石的回收率会明显升高，这说明 Fe^{3+} 与 Pb^{2+} 一样对锡石浮选有活化作用。当使用苯甲羟肟酸铁配合组装捕收剂时，锡石回收率会先随着 pH 增加而急剧升高，在 pH 为 9 时达到最大 88.44%，与（Fe+BHA）相比，锡石最大回收率增大了 10% 左右，且最佳浮选 pH 发生了改变，这说明苯甲羟肟酸铁配合物对锡石具有很强的捕收能力，且对锡石起捕收作用的有效成分发生了改变。在 pH=8，当 Fe^{3+} 和苯甲羟肟酸依次加入时，随着 Fe^{3+} 用量的增加，锡石回收率首先会急剧增加，而当 Fe^{3+} 浓度大于 6×10^{-5} mol/L 时，锡石回收率会缓慢下降。但用苯甲羟肟酸铁组装捕收剂时，当 Fe^{3+} 浓度大于 6×10^{-5} mol/L，锡石回收率会趋于稳定约为 92%，在该 Fe^{3+} 用量范围内，锡石回收率增大了 10%～20%。这说明苯甲羟肟酸铁也是一种金属基配位组装捕收剂。

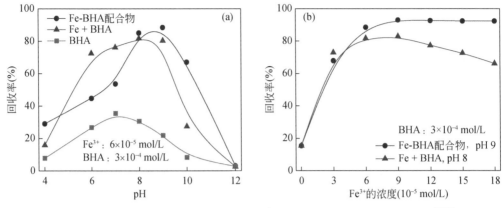

图 10-88　不同药剂制度下，pH（a）和 Fe^{3+} 用量（b）对锡石回收率的影响[240]

图 10-89 是 Cu^{2+} 与苯甲羟肟酸在不同作用方式下，对锡石浮选的影响，可以看出，当苯甲羟肟酸捕收锡石的浮选体系中存在 Cu^{2+} 时，无论是预先加入 Cu^{2+}，再加苯甲羟肟酸作用，还是以苯甲羟肟酸铜配合物作用，在整个实验 pH 和 Cu^{2+} 用量范围内，锡石浮选都会受到明显的抑制。这表明，并不是所有的金属离子与捕收剂的配位都可形成有效的捕收剂。

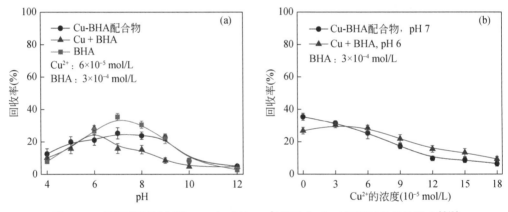

图 10-89　不同药剂制度下，pH（a）和 Cu^{2+} 用量（b）对锡石回收率的影响[240]

Cu^{2+} 仅能与苯甲羟肟酸阴离子（A^-）生成一配位的苯甲羟肟酸铜配合物（$[CuA]^+$），$[CuA]^+$ 的稳定常数为 $10^{7.55}$；而 Fe^{3+} 可以与 A^- 分别生成一配位、二配位和三配位的苯甲羟肟酸铁配合物（$[FeA]^{2+}$、$[FeA_2]^+$ 和 $[FeA_3]$），$[FeA]^{2+}$、$[FeA_2]^+$ 和 $[FeA_3]$ 的累积稳定常数分别是 $10^{11.08}$、$10^{19.90}$ 和 $10^{27.20}$。从形成的配合物配位体的数目和稳定常数大小可以看出，Cu^{2+} 与苯甲羟肟酸配位作用远弱于 Fe^{3+}，在传统加药方式（Cu+BHA）中，与表面端基和桥键 O 原子作用而吸附在锡石表面的 Cu^{2+} 因为配位饱和可能不会再与溶液中苯甲羟肟酸发生反应。当 Cu^{2+} 与苯甲羟肟酸阴离子（A^-）生成一配位的苯甲羟肟酸铜配合物时，Cu^{2+} 很可能已经处于配位饱和的状态，导致其很难与矿物表面非金属原子（例如 O 原子）发生配位作用，所以 Cu^{2+} 对锡石浮选具有抑制作用。其作用机制还不很清楚，仍需要进一步研究。

2. Fe³⁺与苯甲羟肟酸的配位组装捕收剂在锡石表面的吸附

图 10-90 是 Fe³⁺作用下，苯甲羟肟酸用量对苯甲羟肟酸在锡石表面吸附量影响的结果。图中结果显示，同样，当加入 Fe³⁺，再加入苯甲羟肟酸时，苯甲羟肟酸在锡石表面吸附量有较大提高，在苯甲羟肟酸铁配合物直接作用下，苯甲羟肟酸在锡石表面吸附量最大。苯甲羟肟酸铁配合物对锡石具有很强的捕收能力同样是因为在配合物体系下苯甲羟肟酸在锡石表面吸附量大。

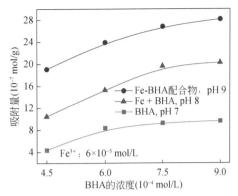

图 10-90　Fe³⁺作用下，苯甲羟肟酸用量对苯甲羟肟酸在锡石表面吸附量的影响[240]

10.6　矿物颗粒相界面的表面组装化学

10.6.1　层状硅酸盐矿物不同相界面的组装与浮选机制

1. 十二胺在高岭石和云母表面的吸附

十二胺（浓度 10^{-2} mol/L）在高岭石表面吸附的红外光谱示于图 10-91。图 10-91（a）表明，高岭石与十二胺作用后的红外光谱除出现相应矿物谱带外，还出现甲基和亚甲基的峰（2928 cm⁻¹，2850 cm⁻¹），这表明十二胺已在矿物表面发生了吸附。不同 pH 下，高岭石与十二胺作用的红外光谱如图 10-91（b）所示，随 pH 增加，甲基及亚甲基的吸收峰的强度增加，表明十二胺在高岭石表面吸附量随 pH 增加而增加，这种吸附行为符合静电相互作用理论，即随着 pH 增加，高岭石表面负 Zeta 电位增加（见图 10-92），十二胺阳离子吸附量增加。

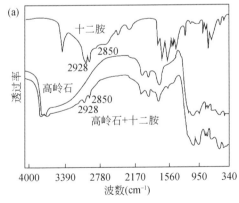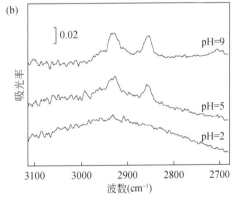

图 10-91　（a）高岭石及十二胺作用后的红外光谱；（b）不同 pH 下高岭石与十二胺作用的红外光谱[344]

图 10-93 是 DDA 初始浓度为 10^{-4} mol/L 时，DDA 在云母表面的吸附量随 pH 的变化。从图中可以看出，DDA 在云母表面的吸附量随着 pH 的上升而上升，在 pH>6 时即趋于饱

和而不再变化。同样，由于云母零电点较低，在所考察的 pH 范围内带负电，随着 pH 升高，表面负电增强。在酸性条件下 DDA 以离子形式存在，因此带负电的云母表面与带正电的 DDA 静电作用增强，使得 DDA 吸附量增大，吸附行为也基本符合静电相互作用理论。

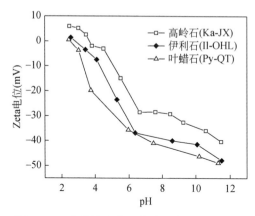

图 10-92　在蒸馏水中三种矿物的 Zeta 电位
与 pH 关系图[86]

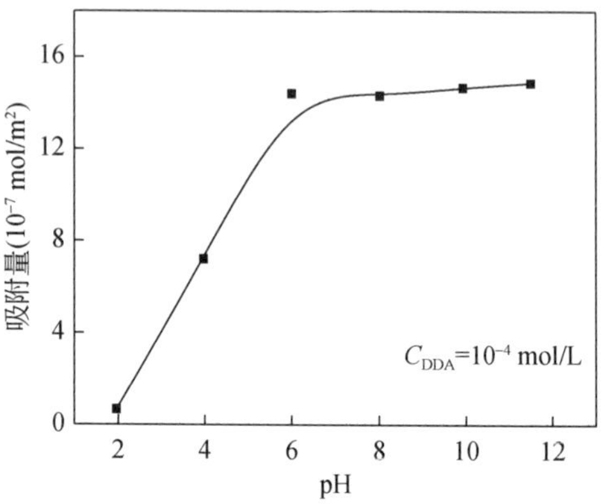

图 10-93　DDA 在云母表面吸附量随 pH 的变化[428]

2. 铝硅酸盐矿物的浮选行为

十二烷基胺（2×10^{-4} mol/L）为捕收剂，高岭石、伊利石和叶蜡石浮选结果如图 10-94。可以看出，以十二烷基胺为捕收剂时，在不同的 pH 条件下，高岭石、伊利石和叶蜡石三种二八面体型层状硅酸盐矿物的回收率大小关系为伊利石＜硬质高岭土＜叶蜡石。几种矿物在酸性条件下的浮选回收率皆比碱性条件下的要好，虽然随溶液 pH 的增加，矿物表面负 Zeta 电位值增加了（图 10-92），十二胺阳离子吸附量增加了 [图 10-91（b）]，但高岭石的可浮性反而下降。

同样，分别使用十二胺 C_{12}、十八胺 C_{18} 浮选云母，当伯胺浓度控制在 10^{-4} mol/L 水平时，云母在酸性区间的可浮性要明显好于中性及碱性区间，见图 10-95。单独使用 C_{12} 浮选

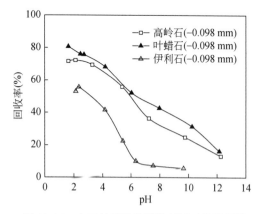

图 10-94　十二烷基胺为捕收剂时矿物的浮选
回收率与 pH 的关系[344]

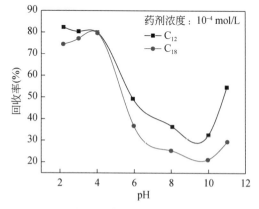

图 10-95　伯胺为捕收剂时云母浮选回收率
与 pH 的关系[428]

云母，在强酸性条件下（pH≤4），回收率保持在 80% 以上；pH 在中性及弱碱性范围时（6≤pH≤10），回收率急剧下降并随着 pH 的增加单调递减，在 pH 为 10 左右时达到最低（32.33%）。在整个浮选范围内，C_{18} 具有和 C_{12} 相似的趋势，但后者的捕收效果要明显优于前者。

根据经典的浮选理论，采用阳离子捕收剂浮选氧化矿，特别是硅酸盐矿物时，矿物与捕收剂之间的静电作用是主导作用，在矿物表面荷负电时，矿物与阳离子捕收剂作用强，可浮性好。显然，这几种硅酸盐矿物与阳离子捕收剂的静电相互作用符合经典浮选静电吸附作用理论，但浮选行为出现明显差异，不符合浮选静电作用理论，这就需要进一步研究阳离子胺类捕收剂与高岭石、云母等层状硅酸盐矿物作用的过程机制。

3. 高岭石 (001) 及 (00$\bar{1}$) 面的性质

高岭石的结构单元层属双层型，单元层由一个 $[SiO_4]$ 四面体片与一个 $[AlO_2(OH)_4]$ 八面体片连接组成，层与层之间通过氢键相连。当高岭石晶体断裂时，沿三个方向产生解理面 (001)、(010) 和 (110)，图 10-96 为三个解理面的最佳解理位置。其中 (001) 晶面为晶体的底面（basal surface），(110) 和 (010) 晶面为晶体的端面（edge surface）。由于断裂位置和方向不同，因此，对于这三种解理面来说，其性质也有较大差异。从图 10-96 可以看出，当矿物沿 (001) 面发生解理时，没有化学键发生断裂，只是层面的 6 个氢键发生断裂，表面的 Si—O 键和 Al—O—H 键均为饱和；当矿物沿 (010) 面解理时，每个解理面晶胞有三个 Al—O 键和一个 Si—O 键发生断裂，在解理面上产生了三个 Al—O 悬空键和一个 Si—O 悬空键；而沿 (110) 方向发生解理时，每个晶胞会有四个 Al—O 键和两个 Si—O 键发生断裂，产生四个 Al—O 悬空键和两个 Si—O 悬空键。矿物的解理与解理面的断裂键数目和键能密切相关，断裂键数目越多，键能越大，解理越难发生，从上面的分析可以得知，对于高岭石来说，最容易产生解理的方向是 (001) 面，其次是 (010) 面，再者是 (110)。 因此，(001) 底面对矿物的表面性质影响最大，其他解理面的影响居次。由于高岭石的结构单元层属双层型，因此存在两种性质不同但数量相等的 (001) 底面，从图 10-96（c）可以看出，黑线上下表面的原子排布大不相同，它们分别代表高岭石的两种 (001) 底面，为了便于区分，我们称之为 (001) 和 (00$\bar{1}$) 底面，其结构示于图 10-97。

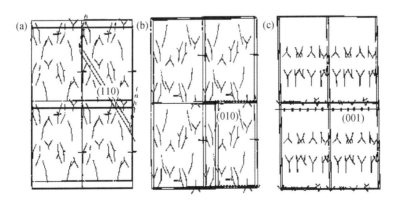

图 10-96　高岭石晶体解理后的端面 (110) (010) 和底面 (001)

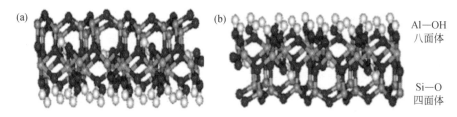

图 10-97　高岭石(001)（a）及(00$\bar{1}$)（b）底面原子排布

图 10-97（a）表明，高岭石的(001)面以［SiO$_4$］四面体为主，每个晶胞面中含有 6 个饱和氧原子，由于氧原子具有较高的电负性，因此(001)面非常容易通过氢键吸附氢离子，或通过静电力吸附正离子。

图 10-97（b）表明，高岭石的(00$\bar{1}$)面以［AlO$_2$(OH)$_4$］为主，每个晶胞面中含有 6 个氢原子，由于氢原子具有较低的电负性，因此(00$\bar{1}$)面非常容易通过氢键吸附含高电负性原子（O、F、N）的离子（OH$^-$、—NH$_2$、F$^-$等）。由于富含氢原子和氧原子，高岭石(001)和(00$\bar{1}$)面还有一个共同的特征，即很高的亲水性，因为它们可以通过高表面密度（每个晶胞最多 6 个）的氢键而发生强烈作用。

4. 不同 pH 条件下高岭石颗粒相界面组装

在酸性条件下，高岭石的端面由于吸附 H$^+$而携带正电荷，而(001)和(00$\bar{1}$)底面由于类质同象而携带永久性负电荷，此时端面和底面由于静电力的作用而会发生自团聚。由于端面存在大量的悬挂氧原子，因此端面更容易与(00$\bar{1}$)面的 Al—O—H 键发生团聚，因为在静电作用的同时，端面的悬挂氧原子容易与(00$\bar{1}$)面的表面氢原子发生氢键作用，以"端面-底面"的形式发生团聚（图 7-16），其团聚行为示意于图 10-98（a），这种团聚行为对高岭石的浮选行为有重要影响。在碱性条件下，端面和底面都携带负电荷，（端面吸附 OH$^-$），因此各颗粒之间因静电作用而相互排斥，使得高岭石在溶液中充分分散。其行为示于图 10-98（b）。由于高岭石不同晶面的表面电性差异导致高岭石在不同 pH 下的自团聚与分散行为，称之为矿物颗粒相界面组装。

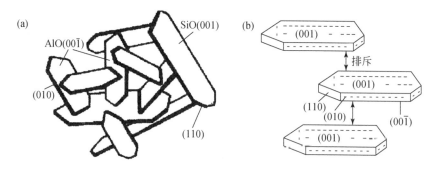

图 10-98　（a）酸性条件下高岭石(00$\bar{1}$)底面与端面的团聚示意图；（b）碱性条件下高岭石的分散示意图

5. 高岭石(001)和(00$\bar{1}$)表面与十二胺作用的量子化学模拟

高岭石存在两种性质不同但数量相等的(001)底面，即(00$\bar{1}$)及(001)面。为了考察高岭石不同解理表面对胺类捕收剂的作用能力，运用量子化学动力学方法进行了捕收剂在不同高岭石解理面的吸附行为模拟。研究了十二胺分子逐步靠近高岭石不同表面时总能量的变化，研究采用的计算模型列于图 10-99。

计算结果示于图 10-100。图 10-100（a）为十二胺分子在高岭石(001)、(00$\bar{1}$)表面的吸附能量-距离曲线。图中横轴表示距离，纵轴表示总能量，总能量越低表示状态越稳定，图 10-100（a）表明，对于(001)表面来说，随着十二胺分子向表面的接近，总能量逐步降低，在 0.27nm 处出现一个较高的势垒，越过势垒，总能量继续降低，在 0.15 nm 处到达能量最低点，继续接近，能量迅速升高，这表明十二胺分子在高岭石表面的吸附需要克服一定的表面势垒，但总的来说，在热力学上是可以作用的。对于(00$\bar{1}$)表面而言，随着药剂分子向矿物表面的逐步逼近，总能量出现不规则的变化趋势，而且能量有升高的倾向，表明高岭石(00$\bar{1}$)表面不易与十二胺作用。

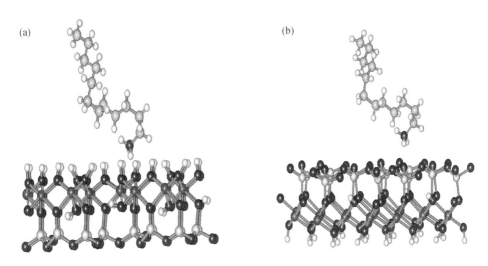

图 10-99　高岭石(00$\bar{1}$)表面（a）及高岭石(001)表面（b）与十二胺作用模型

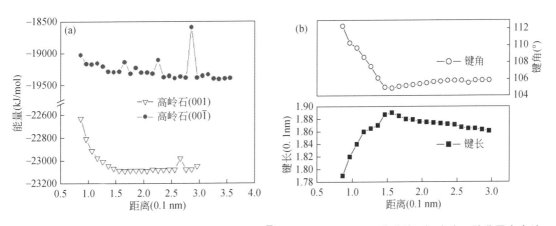

图 10-100　（a）十二胺分子在高岭石(001)、(00$\bar{1}$)表面吸附的能量-距离曲线；（b）十二胺分子在高岭石(001)表面吸附时键长键角的变化[344]

图 10-100（b）为十二胺分子向高岭石(001)表面接近时，表面作用点 Si—O 键键长和 Si—O—Si 键角的变化。根据化学键理论，当电子云在两个原子之间聚集时，它们之间就形成了化学键，对于一个已知的化学键来说，其键长与键角基本上都是固定不变的，只有当这个体系受到外来攻击时这些参数才有可能发生变化。图 10-100（b）表明，当胺分子向高岭石(001)表面靠近时，它的键长和键角都有明显变化，分别从原来的 0.1861 nm 和 105.86° 变化到 0.1891 nm 和 104.9°，由此可以推测由于高岭石表面 O 原子和胺分子的作用，导致高岭石表面原子发生重构，表面 Si—O 原子之间化学键减弱，致使键长和键角发生变化。

6. 不同 pH 条件下高岭石相界面的组装及与十二胺的相互作用模型

由上面的计算和分析可以推理出不同 pH 下，高岭石与十二胺的作用机制，以解释高岭石可浮性异常的机理。

当高岭石与十二胺共存时，酸性条件下，高岭石(00$\bar{1}$)底面与(010)和(110)端面相互吸引，产生团聚，同时减少了矿物总表面中(010)、(110)和(00$\bar{1}$)面的比例，使得(001)面成为决定高岭石表面性质的主要因素，根据前面计算得知，(001)面与十二胺具有特殊的亲和力，因此，此时高岭石表面会因吸附十二胺而疏水。其作用模型见图 10-101（a），表现为酸性条件下，高岭石可浮性好。

碱性条件下，所有的解理面都携带负电，(001)、(010)和(110)端面会因静电力的作用或氢键作用吸附十二胺分子，模拟计算结果表明，此时高岭石(00$\bar{1}$)底面很难与十二胺分子发生作用，这使得分散在溶液中的高岭石表面一部分呈疏水状态，另一部分呈亲水状态，不同颗粒(001)面所吸附的捕收剂的疏水端会因疏水力而发生缔合，产生疏水絮凝，减少了矿物的疏水表面，更多地暴露亲水的(00$\bar{1}$)及(010)和(110)面，使得矿物难以被浮选。也就是说，高岭石在碱性条件下可浮性不好的原因不是因为它没有与捕收剂发生作用，而是因为存在两种不同性质的底面，导致捕收剂吸附量增加，但回收率却下降。

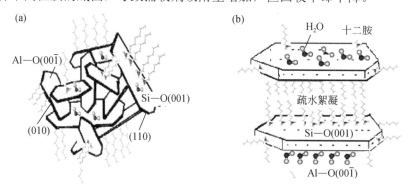

图 10-101　酸性条件下（a）及碱性条件下（b）十二胺与高岭石作用的模型

同样，云母底面带永久负电，而端面因含有大量的 Al—O 和 Si—O 断裂键，因此，在酸性条件下，云母底面带负电而端面带正电，在矿浆中云母端面和底面会因为静电力相互吸引而发生团聚行为。而在碱性条件下，云母的底面和端面均带负电，在矿浆中云母的端面和底面相互排斥使得其在矿浆中分散。

图 10-102 表明，在十二胺存在的情况下，pH 较低时云母矿物有着十分明显的聚团行

为，并且从聚团形状中可以直接观察到云母片存在端面与底面的交错叠加行为。随着 pH 的逐渐升高，原本聚团的颗粒开始分散，在强碱性环境下云母颗粒几乎已经呈完全分散状态。因此，由于高岭石、云母等硅酸盐矿物颗粒在溶液中存在不同相界面的组装及与捕收剂不同的作用方式，表现出特殊的浮选行为，酸性条件下，可浮性好，碱性条件下，可浮性差。

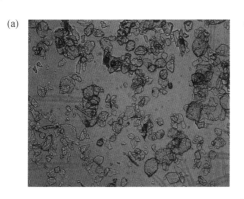 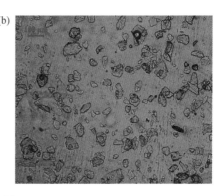

图 10-102　显微镜下云母颗粒的团聚分散行为[428]（ $C_{DDA}=10^{-4}$ mol/L，放大倍数均为 20 ）

(a) pH=3；(b) pH=10

10.6.2　高岭石相界面组装的调控及其浮选的活化

1. 高岭石相界面组装的调控

由于高岭石存在两种性质不同但数量相等的(001)底面，即(00$\bar{1}$)及(001)面，而(00$\bar{1}$)表面不易与十二胺作用，(001)表面与十二胺作用强，因此，可以通过相界面组装调控，使高岭石颗粒在溶液中尽可能暴露(001)面，减少(00$\bar{1}$)面。如果高岭石颗粒的团聚是发生在(00$\bar{1}$)面间，则(00$\bar{1}$)面可以大大减少。图 10-74b 表明，高岭石的(00$\bar{1}$)面以 $[AlO_2(OH)_4]$ 为主，是容易通过氢键吸附含高电负性原子（O、F、N）的离子（OH$^-$、—NH$_2$、F$^-$等），因此，通过含有这些官能团的大分子药剂，有可能吸附于(00$\bar{1}$)面，形成(00$\bar{1}$)面间的组装团聚。

以十二胺与聚丙烯酰胺在高岭石(001)和(00$\bar{1}$)面的吸附为例，分子动力学模拟计算了十二胺与各种聚丙烯酰胺在高岭石(001)和(00$\bar{1}$)底面的吸附热，结果见表 10-12。

表 10-12 表明，在聚丙烯酰胺类药剂与十二胺进行共吸附时，聚丙烯酰胺和阳离子聚丙烯酰胺将优先吸附于高岭石(00$\bar{1}$)面，见图 10-103。

由图 10-103 可以看出，碱性条件下，非离子聚丙烯酰胺和阳离子聚丙烯酰胺在高岭石的吸附量较大，高于氧肟酸聚丙烯酰胺、两性离子聚丙烯酰胺和阴离子聚丙烯酰胺，表明药剂与矿物间静电力、氢键作用可能是主要的。

聚丙烯酰胺类药剂在高岭石(00$\bar{1}$)表面的吸附，特别是在碱性条件下，有可能使矿粒发生(00$\bar{1}$)面间团聚，而十二胺优先吸附于高岭石(001)面，其作用模型可用图 10-104 表示。

表 10-12　药剂在高岭石表面共吸附的计算数据[342]

编号	药剂	吸附热（kJ/mol）		编号	药剂	吸附热（kJ/mol）	
		(001)	(00$\bar{1}$)			(001)	(00$\bar{1}$)
1	十二胺	−57.5002	−61.0531	4	十二胺	−55.8856	−49.5641
	羟肟酸聚丙烯酰胺二价负离子	0	−46.3553		两性聚丙烯酰胺离子	−15.8894	−13.8555
2	十二胺	−58.4152	−54.4284	5	十二胺	−73.0189	−49.1136
	阴离子聚丙烯酰胺二价负离子	−16.5121	−16.7472		氧肟酸聚丙烯酰胺二价负离子	−20.1503	−9.39304
3	十二胺	−56.4594	−54.3714	6	十二胺	−75.178	−47.2971
	聚丙烯酰胺	0	−27.3427		阳离子聚丙烯酰胺	−74.5359	−125.759

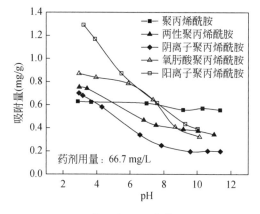

图 10-103　聚丙烯酰胺类药剂在高岭石表面的吸附量[342]

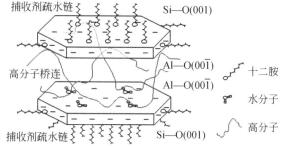

图 10-104　大分子药剂调控高岭石相界面与捕收剂吸附示意图

高岭石矿浆在添加药剂前后的颗粒团聚的电镜扫描结果见图 10-105，从图 10-105（a）可以看出，在酸性介质中，虽然没有加入高分子药剂，由于高岭石颗粒的端面带正电，而层面荷负电，颗粒间会通过静电引力凝聚在一起，发生端面-层面间的团聚。在加入阴离子聚丙烯酰胺和两性离子聚丙烯酰胺后，从图 10-105（b）和图 10-105（c）可以看出，高岭石的絮团明显增大，大的絮团上还黏附有小絮团，说明高分子确实对高岭石颗粒具有团聚作用。

2. 聚丙烯酰胺对高岭石相界面组装及浮选行为的调控

聚丙烯酰胺类药剂在高岭石(00$\bar{1}$)表面的吸附，有可能使矿粒发生(00$\bar{1}$)面间的团聚，而十二胺优先吸附于高岭石(001)面，使矿物表面疏水，将能提高十二胺对高岭石的捕收能力。图 10-106 是用十二胺作捕收剂，高岭石在不同聚丙烯酰胺作用下浮选回收率随 pH 的变化曲线。可以看出，聚丙烯酰胺类药剂均显著提高了高岭石的回收率，几种药剂相比，非离子、阴离子、阳离子聚丙烯酰胺显著提高了高岭石的浮选回收率，它们在 pH=4 时可将高岭石的回收率从 61%提高到 90%以上，碱性条件下，可从 15%提高到 70%～90%。

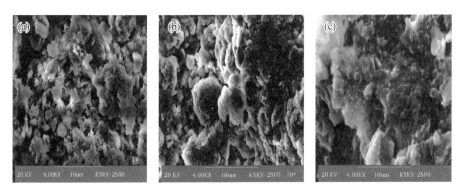

图 10-105　高岭石矿浆扫描电镜图[86]

(a)无药剂加入；（b）阴离子聚丙烯酰胺；（c）两性离子聚丙烯酰胺

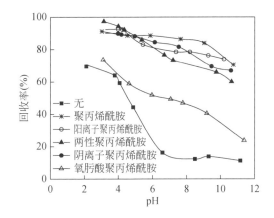

图 10-106　矿浆 pH 对高岭石浮选性能的影响[342]

聚丙烯酰胺药剂用量：33.3 mg/L，十二胺用量：40 mg/L

第11章 浮选剂与矿物表面相互作用机理的表面分析方法

浮选药剂与矿物表面的相互作用机理是浮选理论研究中最重要的方面，虽然根据表面及胶体化学、配合物化学、有机结构理论、晶体化学、量子化学、固体物理及计算科学的知识，通过矿物基本浮选行为、润湿性、表面电性、吸附、溶液化学行为及电化学行为等的研究，是确定浮选药剂与矿物表面相互作用机理的基本方法，但对许多复杂浮选体系，更需要各种现代测试方法去表征或证明这些作用机理，更清楚地从微观层面揭示浮选药剂与矿物表面相互作用本质，指导浮选分离实践。本章介绍浮选药剂与矿物表面相互作用机理研究常用的现代测试方法。

11.1 浮选剂与矿物表面相互作用的光谱分析

11.1.1 浮选剂与矿物表面相互作用的紫外可见光谱分析

分子的紫外可见吸收光谱是由于分子中的某些基团吸收了紫外可见辐射光后，发生了电子能级跃迁而产生的吸收光谱。由于各种物质具有各自不同的分子、原子和不同的分子空间结构，其吸收光能量的情况也就不会相同，因此，每种物质就有其特有的、固定的吸收光谱曲线，可根据吸收光谱上的某些特征波长处的吸光度的高低判别或测定该物质的含量，这就是分光光度定性和定量分析的基础。分光光度分析就是根据物质的吸收光谱研究物质的成分、结构和物质间相互作用的有效手段。它是带状光谱，反映了分子中某些基团的信息，可以用标准光图谱再结合其他手段进行定性或定量分析。

在浮选剂与矿物表面相互作用研究中，紫外可见光谱分析主要用于测定浮选药剂在矿物表面的吸附量，可以通过测定浮选剂在矿浆中的残余浓度，计算浮选药剂在矿物表面的吸附量；也可以直接提取矿物表面组分，用紫外可见光谱分析其结构或测定吸附量；从而研究浮选剂在矿物表面的吸附组分与吸附能力。

1. 捕收剂在矿物表面的吸附行为及疏水机理

图 11-1 是乙硫氮（DDTC）水溶液的标准紫外分光光度曲线。从图可见，在 256 nm、280 nm 和 203 nm 处有三个的吸收峰，203 nm 峰对应着 DDTC 的紫外分解，256 nm、280 nm 峰的吸光度值与 DDTC 的浓度有良好的线性关系。脆硫锑铅矿与 DDTC 相互作用后，测得水溶液的紫外光谱为图 11-2。当 pH<9.3 时，水溶液中残留的乙硫氮量都很少，乙硫氮的

残留量分别约为：2.1%（pH 4.0）、1.4%（pH 7.0）、4.3%（pH 9.3）。可见，乙硫氮捕收剂大部分吸附在脆硫锑铅矿的表面，且在中性 pH 时吸附量最大；但在饱和 Ca(OH)$_2$ 溶液中，约 96% 的乙硫氮捕收剂都残留在水溶液中，难以附着在脆硫锑铅矿的表面，Ca(OH)$_2$ 明显抑制 DDTC 在矿物表面的吸附。

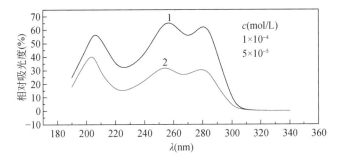

图 11-1　DDTC 水溶液的标准紫外分光光度曲线[422]

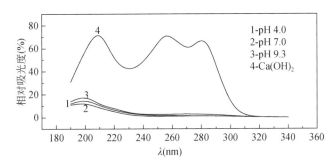

图 11-2　脆硫锑铅矿与 DDTC 相互作用后，水溶液的紫外分光光度曲线[422]

为了鉴定矿物表面的吸附产物，取一定量的乙硫氮（D⁻）溶液，加适量的 H$_2$O$_2$ 使之氧化成双乙硫氮（D$_2$），用环己烷萃取，测得的紫外光谱，见图 11-3，230 nm 处的吸收最强，260 nm 处的吸收次之，280 nm 处的吸收最弱。因此，230 nm 处峰可作为鉴定双乙硫氮分子的特征紫外吸收峰，260 nm 峰则是双乙硫氮分子和乙硫氮金属盐的叠合峰。

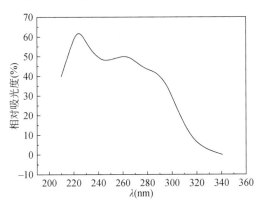

图 11-3　DDTC 经 H$_2$O$_2$ 氧化后，用环己烷萃取的紫外分光光度曲线[422]

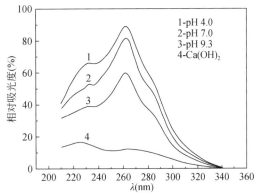

图 11-4　铁闪锌矿与 DDTC 相互作用后，环己烷萃取矿物表面产物的紫外分光光度曲线[422]

图 11-4 是环己烷萃取铁闪锌矿表面吸附的 DDTC 紫外分光光度曲线,分别在约 230 nm、260 nm 和 280 nm(肩峰)处存在紫外吸收峰。与双乙硫氮的紫外光谱图中的三个紫外吸收峰 228 nm、260 nm 和 280 nm 处比较可知,铁闪锌矿表面的吸附产物是双乙硫氮分子和 DDTC$^-$金属盐。矿物表面吸附的捕收剂的量随 pH 的升高而降低,乙硫氮与铁闪锌矿相互作用后,230 nm 处的峰高低于 260 nm 处的峰高,这说明,铁闪锌矿表面疏水物质除了双乙硫氮分子外,还有乙硫氮金属盐存在。

2. 捕收剂结构分析

第 10 章的结果表明,苯甲羟肟酸铅配合物对锡石和锂辉石有很强的捕收能力。采用紫外可见光谱可以研究苯甲羟肟酸铅配合物溶液组成成分。

采用等摩尔连续法对苯甲羟肟酸铅配合物溶液组成进行测定,结果见图 11-5。从图 11-5(a)可知,当母液为 Pb^{2+}溶液时,随着苯甲羟肟酸浓度的增加,吸收峰的强度和宽度都会增加。根据图 11-5(a)测定的结果,绘制出波长为 230 nm 处的吸光度与苯甲羟肟酸浓度变化关系图,见图 11-5(b),从图中极限斜率的交点推断出溶液中配合物 Pb∶BHA 化学计量比为 0.42∶0.58,接近 1∶1。从图 11-5(c)显示的结果可知,当母液为苯甲羟肟酸

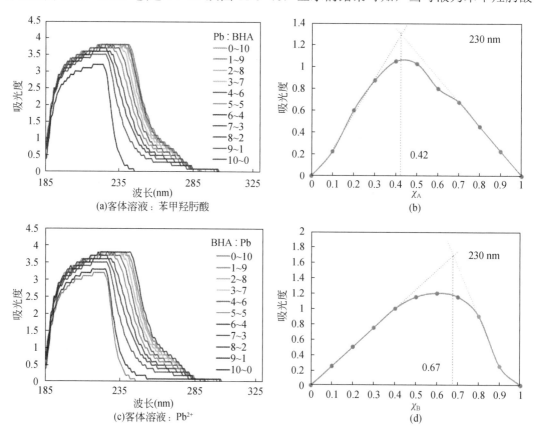

图 11-5　主客体不同物质量之比的情况下、波长在 185～325 nm 范围内的紫外可见光谱[客体:苯甲羟肟酸溶液(a)、Pb^{2+}溶液(c)];等摩尔连续法中吸光度与苯甲羟肟酸摩尔分数(b)和 Pb^{2+}摩尔分数(d)关系图[334]

溶液时，随着 Pb^{2+} 浓度的增加，吸收峰的强度和宽度会明显增加。根据图 11-5（c）测定的结果，绘制出波长为 230 nm 处的吸光度与 Pb^{2+} 浓度变化关系图，见图 11-5（d），从图中极限斜率的交点可以推断出溶液中配合物 Pb：BHA 化学计量比为 0.33：0.67，接近 1：2。综合上述紫外吸收光谱实验结果，可以推断出在苯甲羟肟酸与 Pb^{2+} 反应过程中，首先会先形成 $Pb(BHA)^+$ 配合物，当苯甲羟肟酸过量时，会接着形成 $Pb(BHA)_2$ 配合物。

采用摩尔比法测定苯甲羟肟酸铅配合物溶液组成，结果见图 11-6。从图 11-6 结果可知，随着苯甲羟肟酸浓度增加，苯甲羟肟酸与 Pb^{2+} 反应过程分为三个阶段，当苯甲羟肟酸浓度较低时，$Pb(BHA)^+$ 配合物会首先生成；当苯甲羟肟酸与 Pb^{2+} 比例超过 1：1 时，溶液中会接着形成 $Pb(BHA)_2$ 配合物；当比例超过 2.5：1 时，配位比不确定、更高配位的配合物会最终形成。

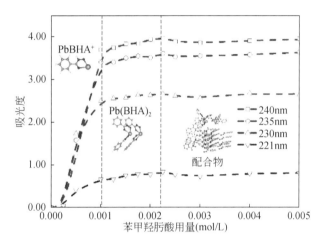

图 11-6　Pb^{2+} 浓度为 10^{-3} mol/L、在波长为 221 nm、230 nm、235 nm 和 240 nm 处
紫外吸光度与苯甲羟肟酸用量关系图[334]

11.1.2　捕收剂与矿物表面相互作用的红外光谱分析

在电磁波谱中，波长范围为 0.75～1000 μm、介于可见光与微波之间的电磁辐射称为红外光。根据红外辐射定律，任何物体，只要物体高于 0 K，都要向周围环境发射红外光谱，只是随温度不同，辐射特性发生变化而已。红外波段按波长又可分为三个区：近红外区（0.78～2.5 μm）、中红外区（2.5～25 μm）及远红外区（25～1000 μm）。近红外光谱是粒子的电子态跃迁和分子的倍频振动产生的；中红外光谱是分子振动态跃迁产生的；而远红外光谱是分子转动能级跃迁或晶格振动产生的。多数无机固体红外光谱只涉及中红外区，大多数化合物的化学键振动能级的跃迁发生在这一区域，在此区域出现的光谱为分子振动光谱，即红外光谱。红外光谱测试采用 KBr 压片法，漫反射法及内反射法等。

用红外光谱研究浮选剂在矿物表面吸附机理时，一般要知道浮选剂与矿物自身的红外光谱以及浮选剂与矿物作用后的红外光谱。一些浮选剂的红外光谱图已有大量研究，并录入了红外标准谱图,可以查阅文献。但实验用浮选剂及矿物一般纯度相对较低,实验中仍需要完成这三个红外光谱图,以利于比较。

红外光谱主要用于研究浮选剂在矿物表面吸附作用机理(物理吸附或化学吸附等);研究不同矿物表面吸附作用产物、作用差异与选择性;研究捕收剂、调整剂同时在不同矿物表面的吸附作用机理及选择性作用机制。

1. 捕收剂在矿物表面吸附作用机理

图 11-7(a)是油酸钠的红外特征光谱。图中,723.32 cm^{-1} 处的吸收峰是—COO$^-$的面内弯曲振动吸收峰,1425.3 cm^{-1} 和 1449.51 cm^{-1} 处的吸收峰是—COO$^-$的对称伸缩振动峰,1561.01 cm^{-1} 处的吸收峰是—COO$^-$的非对称伸缩振动峰。而在 2923.09 cm^{-1} 和 2851.93 cm^{-1} 处的吸收峰分别是—CH$_3$—和—CH$_2$—的对称伸缩振动峰。油酸钠官能团主要有—CH$_3$、—CH$_2$、C—H、═C—H、—COO—、—ONa 等官能团。图 11-7(b)是白云石单矿物在 0~4000 cm^{-1} 范围内的红外光谱,图 11-7(c)是白云石与油酸钠作用后的红外光谱图。除了白云石所含 CO$_3^{2-}$ 的特征吸收峰外,还在 2922.60 cm^{-1} 和 2854.18 cm^{-1} 处出现—CH$_3$—和—CH$_2$—的伸缩振动峰,表明油酸钠在白云石表面产生了吸附。而且,在 1425.33 cm^{-1} 和 1449.51cm^{-1} 处的吸收峰向低波数移动,可能是油酸根基团—COO$^-$在白云石表面发生化学吸附。

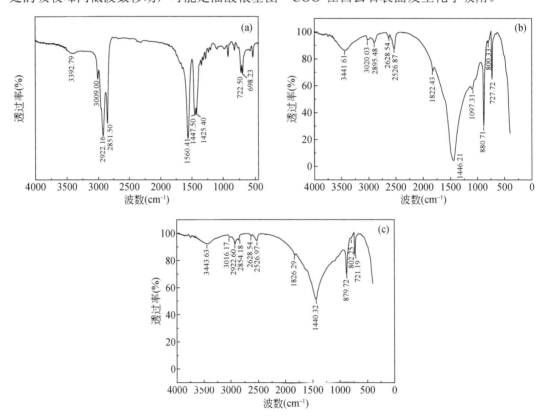

图 11-7 油酸钠(a)、白云石(b)及油酸钠在白云石表面作用后(c)的红外光谱[276]

2. 捕收剂在不同矿物表面吸附作用产物及作用差异

图 11-8 为黄铜矿与丁黄药及杂醇黄药作用前后的红外光谱。由图中曲线 2 可知,黄铜矿与丁黄药作用后,在 1035 cm^{-1},1093 cm^{-1},1197 cm^{-1} 处可以观察到吸附产物的特征峰,基本位于金属黄原酸盐特征峰区域,可以确定吸附产物为黄原酸铜。由曲线 3 可知,黄铜矿与杂醇黄药作用后黄原酸铜特征峰不明显,杂醇黄药对黄铜矿作用比丁黄药差。

图 11-9 为黄铁矿与丁黄药及杂醇黄药作用前后的红外光谱。从图中可以看出,黄铁矿与这两种黄药作用的特征吸收峰基本相似,在约 2962 cm^{-1},1465 cm^{-1},1372 cm^{-1},1264 cm^{-1},1096 cm^{-1},1033 cm^{-1} 处出现了相同的特征峰,2962 cm^{-1},1465 cm^{-1} 分别归属于甲基中 C—H 反对称伸缩振动,亚甲基中 C—H 剪切振动,1372 cm^{-1} 属于—C—C—骨架振动。1240 cm^{-1},1096 cm^{-1} 和 1033 cm^{-1} 的特征峰属于双黄药的特征峰,说明黄药与黄铁矿作用产物是双黄药。

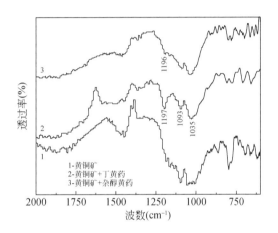

图11-8　黄铜矿与黄药作用的红外光谱

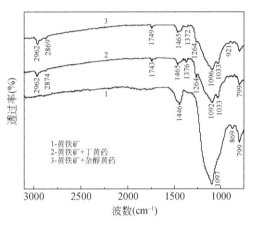

图11-9　黄铁矿与黄药作用的红外光谱

图 11-10 为方铅矿与丁黄药及杂醇黄药作用前后的红外光谱。由图可知,方铅矿与两种黄药作用的红外光谱基本相似。图中 2961 cm^{-1} 和 1438 cm^{-1} 处的吸收峰是黄药甲基中 C—H 不对称变形振动,1370 cm^{-1} 是甲基中 C—H 对称变形振动引起的。626 cm^{-1} 和 605 cm^{-1} 为 C—S 振动。乙基黄原酸铅的特征峰在 1208 cm^{-1},1112 cm^{-1},1020 cm^{-1},双黄药的特征吸附峰是 1020 cm^{-1} 和 1240 cm^{-1}。图中 1000~1200 cm^{-1} 处的特征峰与黄原酸铅的特征吸收基本一致,只是位置稍有偏移,这是黄药中亚甲基振动引起的。由此可以推断黄药与方铅矿

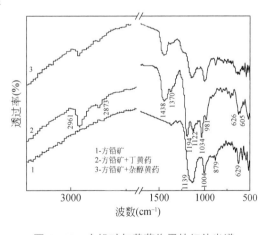

图 11-10　方铅矿与黄药作用的红外光谱

作用产物为黄原酸铅。与杂醇黄药作用后黄原酸铅特征峰强度比丁黄药小,表明,杂醇黄药对方铅矿作用比丁黄药差。

11.1.3 调整剂与矿物表面相互作用的红外光谱分析

1. 抑制剂作用机理的红外光谱分析

图 11-11 是肼基二硫代甲酸乙酯酸钠（AHS）和 AHS-Cu^{2+} 络合物及黄铜矿与 AHS 作用前后红外光谱图。由图 11-11（a）可知，AHS 硫酮基团附近的酰亚胺上有一个氢原子（—NH—C（＝S）—），这种官能团在溶液中不稳定，会发生分子内部重排反应（—N＝C—SH）。AHS 红外光谱图表明，3437 cm^{-1} 是氨基（—NH_2）对称与不对称伸缩振动峰，在 2650～2500 cm^{-1} 范围内没有发现巯基特征峰（—SH），这表明在固体状态下，AHS 主要以硫酮形式存在。C—N 与 N—N 复合伸缩振动特征峰出现在 1579 cm^{-1} 和 1417 cm^{-1}，1386 cm^{-1} 是 C—N—N 伸缩振动峰。1251 cm^{-1}，1056 cm^{-1}，934 cm^{-1}，和 901 cm^{-1} 的吸收峰归属于 C—H，C＝S，[C＝S+C—S]，C—S 伸缩振动峰。AHS 与 Cu^{2+} 反应后，C＝S 吸收峰（1056 cm^{-1}）消失，3442 cm^{-1} 的弱吸收峰是 NH/NH_2 伸缩振动峰。另外，在 1589 cm^{-1} 和 1379 cm^{-1} 出现了新的吸收峰，相对于 AHS 的 C—N、N—N 和 C—N—N 复合振动峰向低波数方向分别迁移了 10cm^{-1} 和 38cm^{-1}。这些特征吸收峰的变化表明，当 AHS 与 Cu^{2+} 发生反应时，官能团 NH_2—NH—C（＝S）—S—R 发生重排生成 NH_2—N＝C（—SH）—S—R，铜离子与硫和氮原子反应生成五元环螯合物，同时 S—H 键断裂并释放出氢离子到溶液中。

图 11-11（b）表明，当黄铜矿与 AHS 作用后，在黄铜矿表面出现了 C＝N、N—N、C—N—N 混合振动吸收峰。同时，C＝S 双键吸收峰（1056 cm^{-1}）向高波数迁移了 39 cm^{-1}，这表明硫原子参与成键。另外，在 1578 cm^{-1} 和 1386 cm^{-1} 出现了新的 C＝N、N—N、C—N—N 复合吸收峰，这些峰与 AHS-Cu^{2+} 络合物的红外特征峰相近，表明 AHS 分子结构中的氮原子可能参与反应（—NH_2）生成氮铜键。表明，AHS 主要通过硫和氮原子与黄铜矿表面的铜离子发生化学反应，生成稳定的五元环络合物，同时巯基（—S—H）氢键断裂并释放出氢离子。

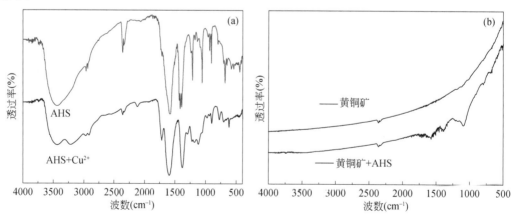

图 11-11 AHS 和 AHS-Cu^{2+} 络合物（a）及黄铜矿与 AHS 作用前后（b）红外光谱图[239]

2. 抑制剂在不同矿物表面吸附作用选择性的红外光谱分析

聚丙烯酸与萤石、方解石表面作用前后红外光谱如图 11-12 所示，未被处理过的纯矿物萤石和方解石的红外光谱中,在 2357 cm^{-1} 和 2360 cm^{-1} 附近的伸缩振动峰,认为是样品被空气中或者溶液中二氧化碳污染,可忽略。聚丙烯酸样品的红外特征峰出现在—C=O 的 1618 cm^{-1},—C—O 的 1108 cm^{-1} 以及—OH 弯曲带出现在 1275 cm^{-1}。

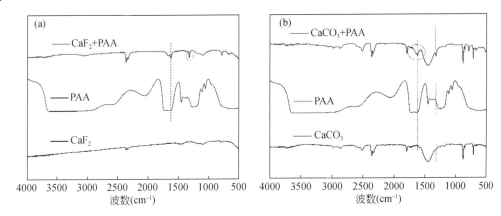

图 11-12 聚丙烯酸作用前后萤石(a)及方解石(b)FT-IR 光谱图[244]

图 11-12(a)表明,中性条件下,与聚丙烯酸作用后,萤石表面在 1618 cm^{-1} 和 1108 cm^{-1} 区域出现新的不对称振动峰,归因于聚丙烯酸中的 C=O 和 C—O 结构,但是峰的位置在萤石表面并没有改变,只有—OH 的弯曲振动峰有较小的位移。可以推断聚丙烯酸吸附于萤石表面是物理吸附。由图 11-12(b)可知,中性条件下,与聚丙烯酸作用后,方解石表面在 1627 cm^{-1} 和 1319 cm^{-1} 出现新的不对称振动峰,归因于—C=O 特征峰拉伸振动,而且,特征峰位置发生了偏移,特别是—OH 的弯曲峰能带从 1275 cm^{-1} 到 1319 cm^{-1},向高能带偏移了 44 cm^{-1},这说明聚丙烯酸在方解石表面发生化学吸附。上述结果表明,聚丙烯酸同时与萤石和方解石作用时,聚丙烯酸对方解石的抑制作用更强。

11.1.4 捕收剂、调整剂与矿物表面相互作用的红外光谱

1. 捕收剂、调整剂在矿物表面竞争吸附的红外光谱分析

铁闪锌矿、2,3-二羟基丙基二硫代碳酸钠(GX2)的红外光谱见图 11-13,铁闪锌矿与 GX2、丁黄药、Cu^{2+} 作用的红外光谱见图 11-14。

图 11-13 中,2,3-二羟基丙基二硫代碳酸钠(GX2)的红外光谱图上,1449 cm^{-1}、1352 cm^{-1} 分别为 CH$_3$ 的不对称弯曲振动或者 CH$_2$ 的剪式摇摆振动,877 cm^{-1} 是 CH$_2$ 面外变形振动,1639 cm^{-1}、1022 cm^{-1} 是 C=S 伸缩振动吸收峰,1022 cm^{-1} 是 C=O 伸缩振动吸收峰,2944 cm^{-1} 是 C—H 反对称伸缩振动,3412 cm^{-1} 是分子间氢键缔合的—OH 伸缩振动峰。

图 11-14 中,曲线 1 表明,铁闪锌矿与 GX2 作用后,可以观察到吸附产物的特征峰,1465 cm^{-1} 分别为 CH$_3$ 的不对称弯曲振动或者 CH$_2$ 的剪式摇摆振动,3420 cm^{-1} 是分子间氢键缔合的 O—H 伸缩振动,877 cm^{-1} 是 CH$_2$ 面外变形振动,1639 cm^{-1}、1022 cm^{-1} 为—C=S 的伸缩振动吸收峰。说明在铁闪锌矿表面既存在亲矿的—C=S 吸收峰又存在亲水的—OH 吸收峰,GX2 在铁闪锌矿表面发生了吸附。

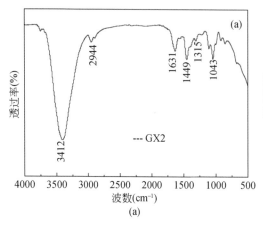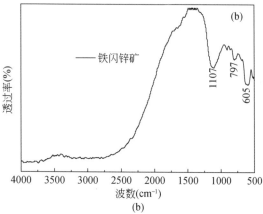

图 11-13　GX2（a）及铁闪锌矿（b）红外光谱图[263]

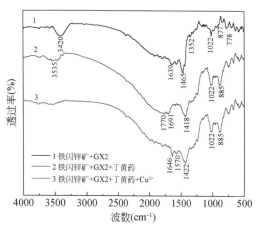

图 11-14　铁闪锌矿与 GX2 及丁黄药作用的红外光谱[263]

图 11-14 中曲线 2 表明，铁闪锌矿与 GX2 及捕收剂丁黄药作用后，可以观察到吸附产物的特征峰，1416 cm^{-1} 分别为 CH_3 的不对称弯曲振动或者 CH_2 的剪式摇摆振动，3435 cm^{-1} 是分子间氢键缔合的 O—H 伸缩振动，885 cm^{-1} 是 CH_2 面外变形振动，1022 cm^{-1} 为—C=S 的伸缩振动吸收峰，1691 cm^{-1}、1770 cm^{-1} 可能是 C=S 伸缩振动也可能是 C=O 伸缩振动。亲矿的特征吸收峰—C=S 加强了，而亲水的特征吸收峰—OH 减弱了，说明在铁闪锌矿+GX2+BX$^-$体系中，有机抑制剂 GX2 与捕收剂 BX$^-$之间存在竞争吸附。

图 11-14 中曲线 3 表明，在铜离子存在下，在铁闪锌矿+GX2+BX$^-$体系中，可以观察到吸附产物的特征峰，1422 cm^{-1} 分别为 CH_3 的不对称弯曲振动或者 CH_2 的剪式摇摆振动，885 cm^{-1} 是 CH_2 面外变形振动，1022 cm^{-1} 为—C=S 的伸缩振动吸收峰，1646 cm^{-1} 可能是 C=S 伸缩振动也可能是 C=O 伸缩振动。而不存在亲水的特征吸收峰—O—H，这是由于黄原酸盐与铜离子作用而导致的 C—O—C 伸缩振动峰向高波数移动而致，因此铁闪锌矿表面生成物应该为 $Cu(EX)_2$，因此，GX2 对 Cu^{2+} 活化铁闪锌矿的丁黄药浮选，基本上不存在抑制作用，如图 9-99（a）所示。

2. 捕收剂、调整剂对不同矿物作用选择性的红外光谱分析

1）木质素磺酸钙、黄药与黄铜矿及黄铁矿的选择性作用

图 11-15（a）为木质素磺酸钙（LSC）的红外光谱。图中在 3600 cm^{-1} 处较宽的谱带为 O—H 伸缩振动，由于醇羟基的 O—H 伸缩振动主要在 3600 cm^{-1}，而酚羟基的伸缩振动比醇羟基振动低 50～100 cm^{-1}，木质素磺酸钙中既含有醇羟基又含有酚羟基，使得在 3600 cm^{-1} 处特征带变宽。图中 3400～3100 cm^{-1} 区间出现一个宽而强的吸收峰是苯环中 C—H 伸展振动引起的。2937 cm^{-1} 归属于亚甲基中 C—H 不对称伸缩振动。在 1650～1500 cm^{-1} 区间的

吸收峰为芳环骨架中 C═C 伸缩振动，一般可根据该吸收峰的存在与否来鉴别有无芳环的存在。1461 cm⁻¹ 处的特征峰为和醚基相连的甲基 C—H 不对称变形振动，1362 cm⁻¹ 处的吸收峰是由甲基 C—H 对称变形振动或者是磺酸基团中 SO₂ 反对称伸缩振动引起的，1273 cm⁻¹ 为芳香醚中 C—O—C 反对称伸缩振动。1114 cm⁻¹ 为芳环中 C—H 面内弯曲振动，1044 cm⁻¹ 为 S═O 伸展振动吸收峰，900～690 cm⁻¹ 处的群峰为芳环中 C—H 面外弯曲振动引起的，该处峰的强弱与芳环中 H 的个数有关，615 cm⁻¹ 为 C—S 键伸缩振动吸收峰。

图 11-15（b）为黄铜矿与 LSC 及与 LSC、黄药作用前后的红外光谱。从图中曲线 2 可知，黄铜矿与 LSC 作用后，在 1092 cm⁻¹，1031 cm⁻¹ 处吸收峰增强，这是由于芳环中 C—H 面内弯曲振动引起的，在 801 cm⁻¹，779 cm⁻¹ 出现的峰是由芳环中 C—H 面外弯曲振动引起的，在 620 cm⁻¹ 处的特征峰属于 C—S 伸展振动，这说明 LSC 在黄铜矿表面发生了吸附。图中曲线 3 在 1195 cm⁻¹、1121 cm⁻¹ 和 1031 cm⁻¹ 处出现几个微弱的吸附峰，这几个峰属于黄原酸铜的特征峰，图中没有发现 LSC 特征峰，说明黄药与 LSC 在黄铜矿表面存在竞争吸附，虽然 LSC 单独与黄铜矿作用时，可在黄铜矿表面发生吸附，但捕收剂同时存在时，黄药阻止了 LSC 在黄铜矿表面的吸附，因此，LSC 对黄药浮选黄铜矿几乎没有抑制作用，如图 9-89 所示。

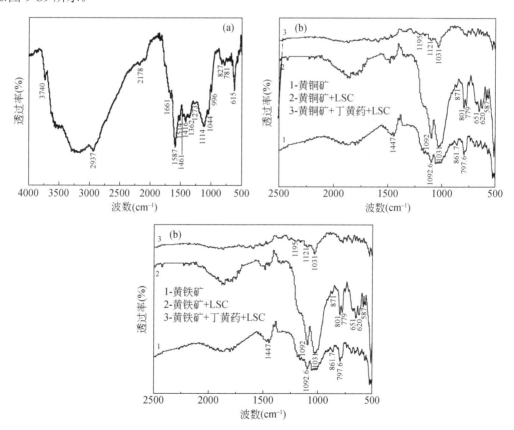

图 11-15 （a）LSC 的红外光谱；（b）黄铜矿与 LSC 作用前后的红外光谱；（c）黄铁矿与 LSC 作用前后的红外光谱

图 11-15（c）为黄铁矿与 LSC 及与 LSC、黄药作用前后的红外光谱。曲线 2 中，黄铁矿与 LSC 作用后，在 916 cm^{-1} 和 894 cm^{-1} 处出现微弱的 C—H 面外弯曲振动吸收，说明黄铁矿与 LSC 作用较弱。当黄药与 LSC 同时存在时，在 1591 cm^{-1}，1515 cm^{-1}，1463 cm^{-1} 及 1269 cm^{-1} 处出现 LSC 的特征峰，分别为芳环骨架中 C═C 振动、甲氧基中 C—H 不对称变形振动和芳香醚中 C—O—C 反对称伸展振动。从图中可以看出，在 1094 cm^{-1} 和 1035 cm^{-1} 处出现双黄药的特征峰，这表明 LSC 和丁黄药同时吸附在黄铁矿表面。LSC 存在时双黄药的特征吸收峰明显减弱，说明 LSC 的存在对双黄药的形成有阻碍作用。黄铁矿与 LSC 作用后表面没有磺酸铁的生成，这表明 LSC 对黄铁矿的抑制是通过竞争吸附来减少黄药在矿物表面的吸附，从而使得黄铁矿的可浮性降低，如图 9-89 所示。

2）聚天冬氨酸、油酸钠与白钨矿、萤石和方解石的选择性作用

图 11-16 为白钨矿与聚天冬氨酸（PASP）作用前后的红外光谱图。在白钨矿的红外光谱中，443.55 cm^{-1} 处为钨酸根离子的 W—O 键面外弯曲振动吸收峰，1200～700 cm^{-1} 处为 W—O 键的伸缩振动带。与油酸钠作用后，白钨矿的红外光谱在 2925.6 cm^{-1} 和 2854.8 cm^{-1} 处出现了甲基和亚甲基的伸缩振动吸收峰，在 3288 cm^{-1} 处出现了羟基的特征峰，在 1546.63 cm^{-1}

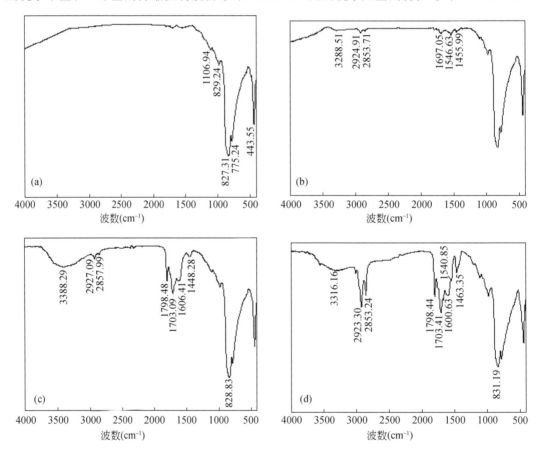

图 11-16　白钨矿的红外光谱图[245]

（a）白钨矿；（b）白钨矿+油酸钠；（c）白钨矿+PASP；（d）白钨矿+PASP+油酸钠

和 1697.05 cm^{-1} 处出现了 C=O 基团的伸缩振动吸收峰，其中 1546.63 cm^{-1} 处的吸收峰为油酸根在白钨矿表面作用生成 (RCOO)$_2$Ca 所致，1697.05 cm^{-1} 处的吸收峰为自由的—COOH 吸附所致。因此，油酸根在白钨矿表面发生了化学吸附。与 PASP 作用后，白钨矿的红外光谱中出现了多处新的吸收峰，且位置与油酸钠作用时基本一致，在 2925.6 cm^{-1} 和 2854.8 cm^{-1} 处出现了甲基和亚甲基的伸缩振动吸收峰，在 3388 cm^{-1} 处出现了羟基的特征峰，1703 cm^{-1}，1606 cm^{-1}，1448 cm^{-1} 处出现了 C=O 键的特征吸收峰，从而表明 PASP 在白钨矿表面发生了化学吸附，且吸附方式与油酸钠相同，即通过分子中的羧基与白钨矿表面的钙质点生成羧酸钙而吸附。在与 PASP、油酸钠作用后，白钨矿的红外光谱中 2925.6 cm^{-1} 和 2854.8 cm^{-1} 处的甲基和亚甲基的吸收峰显著增加，1703 cm^{-1} 的吸收峰亦增强，1448 cm^{-1} 处的吸收峰偏移到 1463 cm^{-1}，且在 1540.8 cm^{-1} 处出现了 (RCOO)$_2$Ca 的特征吸收峰，由此可见，抑制剂 PASP 作用后，油酸根仍可吸附在白钨矿表面，对油酸钠浮选白钨矿影响较小。

图 11-17 为萤石与 PASP 作用前后的红外光谱图。在萤石的红外光谱中，1083 cm^{-1} 处的吸收峰为萤石的特征峰，而 1400~1600 cm^{-1} 的吸收带以及 3424 cm^{-1} 处羟基的吸收峰表

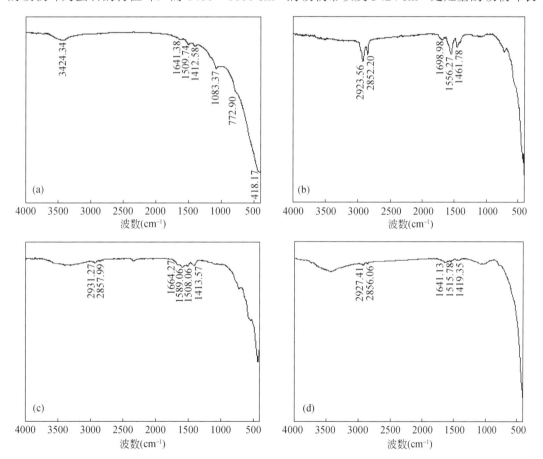

图 11-17　萤石的特征吸收峰[245]

（a）萤石；（b）萤石+油酸钠；（c）萤石+PASP；（d）萤石+PASP+油酸钠

明样品中水的存在。与油酸钠作用后，萤石的红外光谱（b）中在 2852 cm^{-1} 和 2923 cm^{-1} 处出现亚甲基和甲基的吸收峰，且在 1461 cm^{-1}，1556cm^{-1} 和 1699 cm^{-1} 附近出现 C=O 基团的伸缩振动吸收峰，表明油酸根在萤石表面发生化学吸附。与 PASP 作用后，萤石的红外光谱（c）中也在 2858 cm^{-1} 和 2931cm^{-1} 处出现亚甲基和甲基的吸收峰，C=O 基团在 1550 cm^{-1} 附近的伸缩振动吸收峰偏移至 1589 cm^{-1} 处，但是吸收峰的强度较弱，且并没有出现 C=O 基团在 1460 cm^{-1} 和 1700 cm^{-1} 附近的伸缩振动吸收峰。表明，PASP 在萤石表面的吸附既有物理吸附又有化学吸附。萤石在与 PASP 和油酸钠作用后，虽然萤石的红外光谱图中出现了甲基和亚甲基的吸收峰，但强度较单独与油酸钠作用时明显减弱，此外，并没有检测出明显的 C=O 基团的伸缩振动吸收峰，因此，PASP 的存在阻碍了油酸根在萤石表面的化学吸附，将对油酸钠浮选萤石产生抑制作用。

图 11-18 为方解石与 PASP 作用前后的红外光谱图。由图 11-18（a）可知，1452.38 cm^{-1} 为 CO$_3^{2-}$ 引起的非对称伸缩振动，877.12 cm^{-1} 和 712.62 cm^{-1} 分别为面外弯曲振动和面内弯曲振动。与油酸钠作用后，在方解石表面 2922 cm^{-1} 处出现甲基伸缩振动吸收峰，但是—COOH 中 C=O 在 1703 cm^{-1} 和 1562 cm^{-1} 和 1450 cm^{-1} 等几处特征峰消失，可能被宽而强

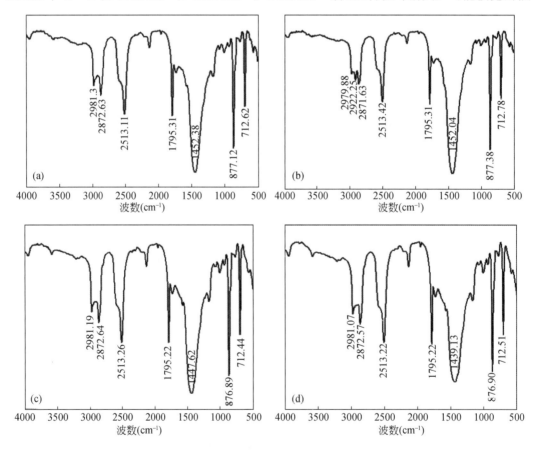

图 11-18　方解石的红外光谱图[245]

（a）方解石；（b）方解石+油酸钠；（c）方解石+PASP；（d）方解石+PASP+油酸钠

的 CO_3^{2-} 的吸收峰覆盖，所以油酸根可能以化学作用的方式吸附于方解石表面。与 PASP 作用后，方解石的红外光谱图中并没有出现新的特征吸收峰，可能有两个原因，一是 PASP 的特征吸收峰被 CO_3^{2-} 的吸收峰覆盖，二是 PASP 主要通过物理吸附作用在方解石表面，pH=9 时，方解石表面荷正电，因此带负电的 PASP 可以通过静电引力吸附在方解石表面。方解石在与 PASP、油酸钠作用后，方解石的红外光谱图中并没有出现新的特征吸收峰，与单独油酸钠作用的红外光谱图相比较，2922 cm^{-1} 处的吸收峰消失，从而表明 PASP 的存在阻碍了油酸根在方解石表面的吸附，从而可能抑制方解石的浮选。

　　聚天冬氨酸（PASP）对白钨矿、萤石和方解石浮选行为的影响见图 11-19，由图 11-19（a）可知，随着 PASP 用量逐步增大，白钨矿的浮选回收率略微下降，当其用量≥6 mg/L 后，白钨矿浮选回收率仍保持在 85%左右，表明 PASP 对白钨矿浮选的抑制作用较弱。而随 PASP 用量增加，萤石和方解石的可浮性显著降低，当 PASP 用量为 8 mg/L 时，萤石和方解石的浮选回收率分别为 8.51%和 4.65%，表明 PASP 对萤石和方解石的浮选具有强烈的抑制作用。

　　图 11-19（b）是 PASP 和油酸钠用量为 6 mg/L 和 20 mg/L 时，矿浆 pH 对白钨矿、萤石和方解石浮选行为的影响。随 pH 升高，白钨矿的浮选回收率逐渐增加，且在 pH=7～10 之间达到最大值，约为 85%，之后稍有下降。方解石在试验 pH 范围内均受到 PASP 的强烈抑制，可浮性变差，浮选回收率显著降低，均小于 10%。而萤石在 pH<9 时具有良好的可浮性，回收率约为 80%，当 pH>9 时，回收率大幅度下降，表明 PASP 在碱性条件下对萤石有较强的抑制作用。因此，PASP 在白钨矿与萤石和方解石的浮选分离中将表现出良好的选择性，其对三种含钙矿物的抑制作用大小顺序为方解石＞萤石＞白钨矿。聚天冬氨酸作抑制剂，有望实现白钨矿与萤石和方解石的浮选分离。

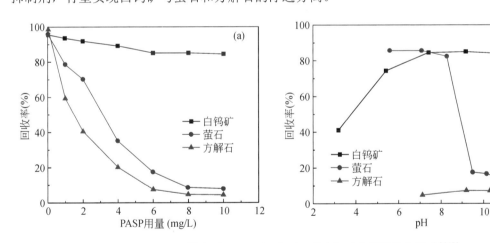

图 11-19　PASP 用量（a）及 pH（b）对三种含钙矿物浮选行为影响[245]

3）次氯酸钙对丁黄药在不同矿物表面吸附行为的影响

　　图 11-20 为次氯酸钙对丁黄药在辉铋矿和辉钼矿表面吸附行为影响的 FTIR 谱图。由图可知，在丁黄药的 FTIR 红外谱图中，位于 2961 cm^{-1} 和 2869 cm^{-1} 处的两个峰分别代表丁基黄原酸分子结构中—CH_3 上 C—H 的不对称伸缩振动和对称伸缩振动，出现在 1464 cm^{-1} 和 1373 cm^{-1} 处的两个峰分别为—CH_3 的不对称变形振动和对称变形振动，出现 1303 cm^{-1}

和 1260 cm⁻¹ 处的两个峰为烷烃结构中—CH$_2$ 的面外摇摆振动，在 1149 cm⁻¹ 和 1072 cm⁻¹ 处出现的两个吸收强度高、形状尖锐的振动峰对应为丁黄药中的 C—O—C 的对称和不对称伸缩振动，在 1108 cm⁻¹ 处出现的尖锐吸收峰为 C=S 振动，在 900～1000 cm⁻¹ 范围内出现的一系列强度较弱的信号峰为—CH$_3$ 的摇摆振动，波数在 748 cm⁻¹ 的峰为 C—S 的振动峰。

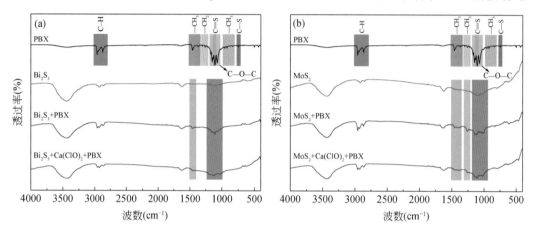

图 11-20　次氯酸钙对丁黄药吸附行为的影响[237]

(a) 辉铋矿；(b) 辉钼矿

未与丁黄药作用前，辉铋矿和辉钼矿表面除吸附水和结晶水中的 O—H 振动峰外没有检测到其他的振动峰。与丁黄药作用后，在辉铋矿表面检测到—CH$_3$ 不对称变形振动峰（1463 cm⁻¹），C—O—C 的对称和不对称伸缩振动峰（分别位于 1150 cm⁻¹ 和 1060 cm⁻¹），以及 C=S 振动峰（1112 cm⁻¹）；在辉钼矿的表面则检测到—CH$_3$ 不对称和对称变形振动峰（分别位于 1461 cm⁻¹ 和 1376 cm⁻¹），—CH$_2$ 的面外摇摆振动（1263 cm⁻¹），C—O—C 的对称和不对称伸缩振动峰（1145 cm⁻¹ 和 1023 cm⁻¹），以及 C=S 振动峰（1109 cm⁻¹）；说明丁黄药在辉铋矿和辉钼矿的表面都发生了吸附作用，增强两种矿物的表面疏水性。

在辉铋矿依次与次氯酸钙和丁黄药作用后，在辉铋矿表面仍能检测到部分丁黄药特征峰，表明被次氯酸钙作用后的辉铋矿表面仍能与丁黄药发生吸附作用，但峰形弥散，峰位偏移较大，且峰的强度较弱，说明丁黄药在与次氯酸钙作用后的辉铋矿表面的吸附作用较弱，吸附量减少。相比之下，辉钼矿表面与次氯酸钙和丁黄药先后作用后，在其表面检测到的—CH$_3$，—CH$_2$，C—O—C，以及 C=S 振动峰在峰形、强度等方面变化较小，说明次氯酸钙对丁黄药在辉钼矿表面的吸附行为影响较小，丁黄药仍能与次氯酸钙作用过的辉钼矿表面发生较强的吸附作用。表现为辉钼矿的浮选回收率不受次氯酸钙的影响，保持较高回收率，而辉铋矿的浮选回收率有所降低，如图 9-67 所示。

11.1.5　捕收剂在矿物表面的吸附与矿浆电位关系的红外光谱分析

1. 乙黄药在磁黄铁矿表面吸附与矿浆电位关系

乙黄药主要的吸收峰为：C—O—C 伸缩振动 1100～1172 cm⁻¹；C=S 伸缩振动 1049 cm⁻¹

和 1008 cm^{-1}，当乙基双黄药形成时，C═S 伸缩振动降至 1019 cm^{-1} 和 998 cm^{-1}；C—O—C 伸缩振动增至 1240～1290 cm^{-1}。当黄原酸铁形成时，C═S 伸缩振动降至 1029 cm^{-1} 和 1005 cm^{-1}。图 11-21 为乙黄药在磁黄铁矿表面吸附的红外光谱。可见，在 pH=8.8，磁黄铁矿表面均出现乙基双黄药的特征吸附峰 1020 cm^{-1}、1240 cm^{-1} 和 1260 cm^{-1}。并且，随着电位的降低，反射峰的强度也随之减弱，双黄药的吸附减少，但峰的位置变化很小，可以推断，尽管电位下降，峰的强度下降，但表面生成物的种类仍然是双黄药，没有改变。这说明双黄药是磁黄铁矿表面吸附的主要产物。

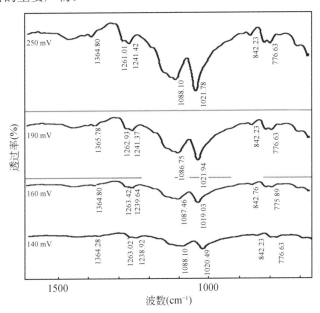

图 11-21　不同电位下磁黄铁矿吸附乙黄药的红外光谱[412]

pH=8.8；[KEX] =5×10^{-3}mol/L

2. 脆硫锑铅矿表面乙基黄原酸铅的生成及其与矿浆电位的关系

当黄原酸铅形成时，C—O—C 伸缩振动增大至 1112 cm^{-1} 和 1207 cm^{-1}，C═S 伸缩振动降至 1018 cm^{-1} 和 996 cm^{-1}，黄原酸铅的特征吸附峰为 1018 cm^{-1}、1112 cm^{-1} 和 1207 cm^{-1}。图 11-22 为乙黄药在脆硫锑铅矿表面吸附的红外光谱。可见，在 pH=4.7 时，脆硫锑铅矿表面在 1207cm^{-1}、1112cm^{-1} 和 1018cm^{-1} 附近出现了特征吸附，这与黄原酸铅的特征吸附峰吻合，说明在脆硫锑铅矿表面有黄原酸铅生成。图 11-22 还表明，随着电位的降低，黄原酸铅的特征峰的强度也随之减弱，这表明黄药的吸附减少。尽管如此，但峰的位置变化很小，可以推断，尽管电位下降，峰的强度下降，但表面生成物的种类没有改变，这说明黄原酸铅是乙黄药在脆硫锑铅矿表面吸附的主要产物。

11.1.6　红外吸收光谱强度与捕收剂的作用

图 11-23 为 pH 对乙黄药在磁黄铁矿表面吸附的 FTIR 信号强度（以 1020 cm^{-1} 反射峰的强度为基准）及磁黄铁矿浮选回收率的影响，红外吸收光谱强度反映了浮选剂吸附的强

弱，由图 11-23 可以看出，在一定 pH 范围，红外吸收光谱信号强度与磁黄铁矿浮选回收率有一定的对应关系，在弱酸性范围，红外信号最强，磁黄铁矿浮选回收率最大。

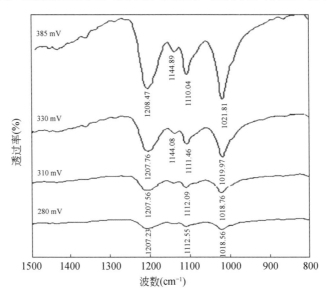

图 11-22　不同电位下脆硫锑铅矿吸附乙黄药的红外光谱[412]

pH=4.7；[KEX]=5×10⁻³mol/L

图 11-24 为 pH 对乙黄药在脆硫锑铅矿表面吸附的 FTIR 信号强度（以 1021 cm⁻¹ 反射峰的强度为基准）及其浮选回收率的影响，可以看出，信号强度与回收率有一定的对应关系，在弱酸性范围，红外吸收光谱信号强度最强，脆硫锑铅矿浮选回收率最大，不过，脆硫锑铅矿浮选回收率随 pH 值的变化与红外吸收光谱信号强度变化并不一一对应。

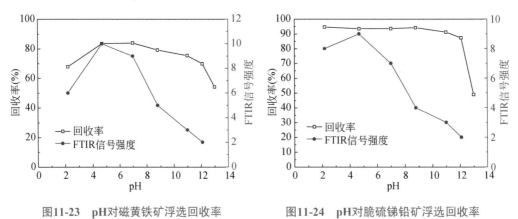

图11-23　pH对磁黄铁矿浮选回收率
及 FTIR 信号强度的影响[412]

图11-24　pH对脆硫锑铅矿浮选回收率
及 FTIR 信号强度的影响[412]

11.1.7　浮选剂与矿物表面相互作用的拉曼谱研究

拉曼散射是光照射到物质上发生的非弹性散射所产生的。单色光束的入射光光子与分子相互作用时可发生弹性碰撞和非弹性碰撞，在弹性碰撞过程中，光子与分子间没有能量交换，光子只改变运动方向而不改变频率，这种散射过程称为瑞利散射。而在非弹性碰撞过程中，光子与分子之间发生能量交换，光子不仅改变运动方向，同时光子的一部分能量传递给分子，或者分子的振动和转动能量传递给光子，从而改变了光子的频率，这种散射过程称为拉曼散射。拉曼散射分为斯托克斯散射和反斯托克斯散射，通常的拉曼实验检测到的是斯托克斯散射，拉曼散射光和瑞利光的频率之差值称为拉曼位移。拉曼位移就是分子振动或转动频率，它与入射线频率无关，而与分子结构有关。每一种物质有自己的特征拉曼谱，拉曼谱线的数目、位移值的大小和谱带的强度等都与物质分子振动和转动能级有关。拉曼光谱产生的原理和机制都与红外光谱不同，但它提供的结构信息却是类似的，都是关于分子内部各种简正振动频率及有关振动能级的情况，从而可以用来鉴定分子中存在的官能团。

图 11-25 为次氯酸钙与辉铋矿作用前后的拉曼光谱图。由图可知，在次氯酸钙作用前，辉铋矿的拉曼光谱中出现两个特征光谱带，一个位于 71 cm^{-1} 处，另一个出现在拉曼位移为 $100\sim150$ cm^{-1} 的范围内，是典型的辉铋矿拉曼活性中的声子振动模式[434]。在次氯酸钙作用后，辉铋矿的拉曼光谱峰形发生了显著的变化，$100\sim150$ cm^{-1} 范围内的特征峰发生变形，并在 142 cm^{-1} 处出现微弱的 A_{1g} 模式振动信号，该信号为 BiOCl 中的 Bi—O 键[435]，表明辉铋矿与次氯酸钙作用后表面会生成具有 Bi—O 键的化合物。

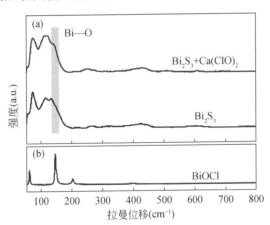

图 11-25　（a）次氯酸钙作用前后辉铋矿的拉曼光谱图；（b）氯氧化铋拉曼光谱图[237]

11.1.8　浮选剂与矿物表面相互作用的和频振动光谱分析

和频振动光谱（SFG）是将一束频率固定的可见光（ω_1）和一束频率可调的红外光（ω_2）共同作用于界面分子，在相位匹配时产生频率为（$\omega_1+\omega_2$）的和频信号。通过检测红外光谱变化时和频信号的变化得到矿物/水界面的和频振动光谱，可以对矿物界面水分子及药剂分子的吸附行为进行表征。

研究表明，在空气/纯水界面的 SFG 光谱中，3250 cm^{-1} 和 3450 cm^{-1} 两个位置出现宽峰，在 3700 cm^{-1} 位置出现窄峰。3700 cm^{-1} 位置的峰普遍被认为是为伸向空气、未结合氢键的自由 O—H 键伸缩振动峰，3250 cm^{-1} 宽峰具有类似于体相冰的结构，而 3450 cm^{-1} 宽峰具有类似于体相水的结构。3700 cm^{-1} 处的自由水峰可以在一定程度上反映溶液与空气接触的气液界面上水分子的排布情况，而 3280 cm^{-1} 和 3400 cm^{-1} 的冰态水峰和液态水峰可以在一定程度上反映溶液体相内水分子的排布情况，通过对三个峰强度及位置的变化可以对气液界面上药剂的分布进行研究[436-439]。

图 11-26（a）为 BHA、Pb^{2+} 和 Pb-BHA 的 SFG 光谱。在图中纯水的 SFG 光谱中，3280 cm^{-1}、3400 cm^{-1} 和 3700 cm^{-1} 处出现三个明显的光谱峰。BHA 浓度为 1×10^{-4} mol/L 的 SFG 光谱信号与纯水的信号相似，表明 BHA 对气液界面水分子的排布没有显著影响，这可能是由于 BHA 分子倾向于分布在溶液体相，而在气液界面分布较少。Pb^{2+} 浓度为 1×10^{-4} mol/L 时的 SFG 光谱信号有一定程度的减弱，特别是冰态水峰和液态水峰，表明铅离子在溶液中影响了界面水分子的排布，这可能是铅离子分布在溶液体相内部对两个 O—H 键同时形成氢键结构的水分子的排布产生了一定的影响。Pb-BHA 配合物溶液的 SFG 光谱信号峰与纯水的信号峰同样十分相似，表明 Pb-BHA 对气液界面水分子的排布没有显著影响，这表明 Pb-BHA 分子可能倾向于分布在溶液体相，而在气液界面的分布较少。不同浓度松油醇的 SFG 光谱如图 11-26（b）所示，结果表明随着松油醇浓度由 10^{-6} mol/L 增加到 10^{-4} mol/L，SFG 光谱的峰强度有一定程度的减弱，特别是冰态水峰和液态水峰，这表明松油醇分子在界面的吸附对界面水分子受力产生了影响。

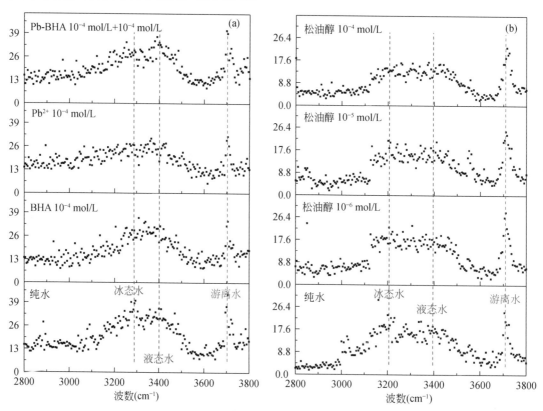

图 11-26 （a）BHA、Pb^{2+} 和 Pb-BHA 的 SFG 光谱；（b）不同浓度松油醇的 SFG 光谱[238]

Pb-BHA 配合物和松油醇组装体的 SFG 光谱如图 11-27 所示,表明当松油醇和配合物混合时,SFG 光谱有明显的变化。当配合物与 10^{-5} mol/L 的松油醇混合时,3720 cm^{-1} 处的自由水峰强度减弱,而在 3280 cm^{-1} 和 3400 cm^{-1} 处的冰态水峰和液态水峰强度有一定程度的增强,同时在 2900 cm^{-1} 附近出现明显的 C—H 有机物的信号峰。当配合物与 10^{-4} mol/L 的松油醇混合时,3720 cm^{-1} 处的自由水峰强度十分微弱,而在 3200 cm^{-1} 附近的冰态水峰强度进一步增强,同时 2900 cm^{-1} 附近的 C—H 有机物信号峰进一步增强。因此,当配合物与松油醇共存时,水溶液气液界面上水分子的排布情况发生了重大变化,在界面的自由羟基数量急剧减少,而出现 C—H 有机物信号峰,这表明气液界面被配合物与松油醇的组装体所占据。

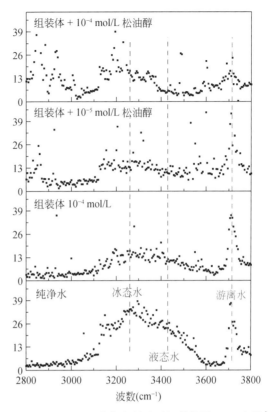

图 11-27　Pb-BHA 配合物和松油醇组装体的 SFG 光谱[238]

11.2　浮选剂与矿物表面相互作用机制的 XPS 分析

X 射线光电子能谱法(X-ray photoelectron spectroscopy,XPS)又称化学分析电子能谱法(electron spectroscopy for chemical analysis,ESCA),是用特征波长的 X 射线辐照固体样品,然后按动能收集从样品中发射的光电子,给出光电子能谱图。在 X 射线路经途中,通过光电效应,使固体原子发射出光电子,这些光电子在穿越固体向真空发射过程中,要经历一系列弹性和非弹性碰撞,因而只有表面下一个很短距离(~2 nm)的光电子才能逃逸出来。这一本质就决定了 XPS 是一种表面灵敏的分析技术。入射的软 X 射线能电离出内层以上电子,并且这些内层电子的能量是高度特征性的,会因原子所处的化学环境不同而引起结合能的变化,在谱图上表现为谱峰的位移,这一现象称为"化学位移"。由于光电子能谱(XPS、UPS)中各主峰都与相应的离子态(M$^+$)对应,所以利用化学位移可以鉴定元素存在的化学结合状态。同时,化学环境的变化将使一些元素的光电子谱双峰间的距离发生变化,这也是判定化学状态的重要依据之一。另外,通过对 XPS 谱峰强度的积分可以计算出各原子质量浓度,原子质量浓度的变化也能直接反映出离子的变化情况。X 射线光电子能谱可对矿物表面元素成分进行定性、半定量和价态分析,从而获取矿物表面的信息,研究浮选药剂与矿物作用前后矿物表面的成分和元素价态变化,根据元素成分与价态变化来推断浮选药剂与矿物表面的吸附机理，浮选剂在不同矿物表面作用差异与选择性机制。

11.2.1 捕收剂与矿物表面相互作用的 XPS 分析

1. 捕收剂与矿物表面作用产物的 XPS 分析

图 11-28（a）为方铅矿与丁黄药作用前后表面铅的扩展谱。由图可知，结合能 137.7 eV 处的峰为 Pb $4f_{7/2}$，结合能 142.5 eV 的峰为 Pb $4f_{5/2}$，该峰为方铅矿中铅的特征值。图中结果显示方铅矿与黄药作用前后，Pb 4f 扩展谱峰没有发生化学位移，但峰的强度有所降低，表明黄药的吸附不能改变方铅矿表面铅的化学价态，黄药在方铅矿表面的吸附可能是单层化学吸附。

图 11-28（b）为方铅矿与丁黄药作用前后表面硫的 XPS 扩展谱。在结合能 161.4 eV 处观察到一个对称峰，该峰属于 S 2p。与丁黄药作用后，在不同结合能下出现 S 2p 扩展谱峰，表明方铅矿表面上硫的化学态不止一种。结合能为 161.4 eV 的峰对应于 PbS 中的硫（S^{2-}），结合能为 166.4 eV 的峰对应于 SO_3^{2-} 中的硫（S^{4+}），结合能为 167.4 eV 的峰对应于 SO_4^{2-} 中的硫（S^{6+}），这表明方铅矿与黄药作用后，表面部分硫氧化为 SO_3^{2-} 和 SO_4^{2-}。

上述结果表明，方铅矿与丁黄药的作用有可能按照式（9-18c）进行，生成黄原酸铅和 $S_2O_3^{2-}$。

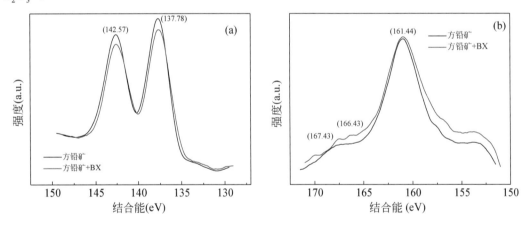

图 11-28　方铅矿与丁黄药作用后表面铅（a）和表面硫（b）XPS 扩展谱

2. 捕收剂在不同矿物表面的吸附作用差异

对苯甲羟肟酸（BHA）作用前后的萤石、方解石表面进行 XPS 检测，BHA 处理前后萤石和方解石各组分元素的结合能和元素百分含量变化如表 11-1 所示，方解石表面上 C、O 和 Ca 的结合能位移不明显，这表明 BHA 没有与方解石表面作用。萤石与 BHA 反应后，萤石表面 Ca 的化学位移为-0.33 eV，说明萤石表面 Ca 的化学环境发生了改变，而且在与 BHA 相互作用后，在萤石表面上检测到 N 元素，而且 C 在萤石表面上的百分比增加，证明了 BHA 在萤石表面发生化学吸附。

表 11-1　萤石和方解石表面上元素的结合能和百分比[260]

	样品	C	O	Ca	N	F
结合能（eV）	萤石	285.41	531.52	348.23	—	684.87
	萤石+BHA	285.03	532.45	347.9	399.37	684.85
	化学位移	-0.38	0.93	-0.33	—	-0.02
	方解石	284.8	531.25	346.96	—	—
	方解石+ BHA	284.8	531.22	346.94	—	—
	化学位移	0	-0.03	-0.02	—	—
百分比（%）	萤石	7.95	20.2	30.55		41.31
	萤石+BHA	28.13	17.03	19.14	0.51	35.19
	含量变化	20.18	-3.17	-11.41	0.51	-6.12
	方解石	39.34	45.48	15.18	—	—
	方解石+ BHA	38.13	46	15.87	—	—
	含量变化	-1.21	0.52	0.69	—	—

　　BHA 处理前后的萤石和方解石的 Ca 2p XPS 谱图如图 11-29 所示。图 11-29 中，萤石的 Ca 2p XPS 谱图由 348.02 eV 和 351.59 eV 处两个峰组成。在与 BHA 作用后，Ca 2p XPS 谱带的两个峰向低电子结合能的方向移动，分别移动至 347.86 eV 和 351.45 eV。萤石 Ca 2p 谱带的移动表明 BHA 在萤石上的吸附改变了萤石表面上 Ca 原子的化学环境，进一步证明 BHA 通过与 Ca 作用化学吸附到萤石表面上。而对于方解石，Ca 2p XPS 峰出现在 347.10 eV 和 350.65 eV 附近。经 BHA 作用后，这些峰基本没有变化，表明 BHA 对 Ca 在方解石表面的化学环境没有影响，BHA 不在方解石表面发生吸附。

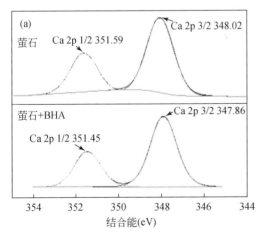 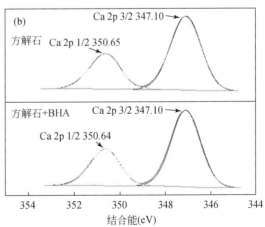

图 11-29　在 BHA 处理前后萤石和方解石的 Ca 2p XPS 峰[260]

（a）萤石；（b）方解石

3. 不同捕收剂在矿物表面吸附作用差异的 XPS 分析

白钨矿与油酸钠、油酸钠-油酸酰胺作用前后的 XPS 全谱如图 11-30 所示。未与药剂反应前，白钨矿表面的碳元素可能是空气中二氧化碳污染所致。白钨矿与油酸钠、油酸钠-油酸酰胺作用前后，白钨矿表面各元素价电子结合能、原子含量及其变化值如表 11-2 和表

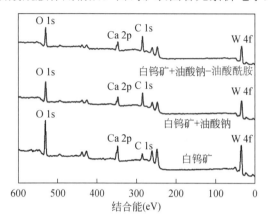

图 11-30　白钨矿与油酸钠、油酸钠-油酸酰胺作用前后的 XPS 全谱图[243]

11-3 所示。与油酸钠作用后，白钨矿表面 O 1s、W 4f 和 Ca 2p 的结合能发生较小变化，位移分别为-0.03 eV、-0.07 eV、-0.09 eV。但白钨矿表面各元素的原子含量发生显著变化，碳元素的原子含量增加到 26.48%，氧、钨和钙元素的原子含量分别减少18.21%、3.95%和4.33%，说明油酸根在白钨矿表面发生了吸附。与油酸钠-油酸酰胺作用后，白钨矿表面 O 1s、W 4f 和 Ca 2p的结合能发生显著的变化，位移分别达到-0.24 eV、-0.26 eV 和-0.32 eV，白钨矿表面碳元素的原子含量增加到 32.01%，氧、钨和钙元素的原子含量分别减少 22.54%、

4.92%和 5.54%，此外氮元素的原子含量增加 1%，说明油酸钠-油酸酰胺在白钨矿表面发生了较强的化学吸附，油酸酰胺促进了油酸根在白钨矿表面的作用。

表 11-2　白钨矿与油酸钠作用前后表面元素结合能、原子含量及其变化情况[243]

元素	白钨矿		白钨矿+NaOL		差值Δ	
	键合能（eV）	原子分数（%）	键合能（eV）	原子分数（%）	键合能（eV）	原子分数（%）
C 1s	284.8	22.76	284.8	49.24	0	26.48
O 1s	530.38	52.28	530.35	34.07	-0.03	-18.21
W 4f	35.37	11.88	35.3	7.93	-0.07	-3.95
Ca 2p	346.94	13.08	346.85	8.75	-0.09	-4.33

表 11-3　白钨矿与油酸钠-油酸酰胺作用前后表面元素结合能、原子含量及其变化情况[243]

元素	白钨矿		白钨矿+NaOL-油酸酰胺		差值Δ	
	键合能（eV）	原子分数（%）	键合能（eV）	原子分数（%）	键合能（eV）	原子分数（%）
C 1s	284.8	22.76	284.8	54.77	0	32.01
O 1s	530.38	52.28	530.14	29.74	-0.24	-22.54
W 4f	35.37	11.88	35.11	6.96	-0.26	-4.92
Ca 2p	346.94	13.08	346.62	7.54	-0.32	-5.54
N 1s	—	—	399.57	1	—	1

为了进一步研究捕收剂在白钨矿表面吸附后对白钨矿表面元素结合能的影响，分别对白钨矿与油酸钠、油酸钠-油酸酰胺反应前后的 Ca 2p、O 1s 和 C 1s 图谱进行分峰拟合，结果如图 11-31～图 11-33 所示。白钨矿表面 Ca $2p_1$ 和 Ca $2p_3$ 两个钙结合能的峰分别位于346.94 eV 和 350.51 eV，O 1s 结合能的峰位于 530.39 eV，其中 530.39eV 结合能峰值是白

钨矿中 W—O 键对应的结合能[440, 441]。与油酸钠作用后，白钨矿表面 Ca 2p$_1$ 和 Ca 2p$_3$ 两个钙结合能的峰分别发生-0.23 eV 和-0.21 eV 的位移，O 1s 结合能的峰发生-0.09 eV 的位移。与油酸钠-油酸酰胺作用后，白钨矿表面 Ca 2p$_1$ 和 Ca 2p$_3$ 结合能的峰分别发生-0.47 eV 和-0.47 eV 的位移，O 1s 结合能的峰发生-0.31 eV 的位移。与油酸钠、油酸钠-油酸酰胺作用后，白钨矿表面 C 1s 峰的强度显著增强，并且分别在结合能为 288.17 eV 和 288.06 eV 处出现新的峰，新出现的峰是由油酸钠或油酸酰胺分子结构中—C=O 键引起的[442]。进一步说明油酸钠和油酸钠-油酸酰胺在白钨矿表面发生了化学吸附，且油酸钠-油酸酰胺与白钨矿的作用更强。

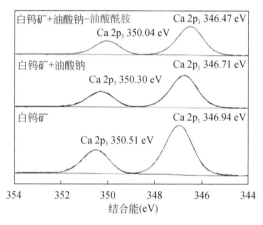

图 11-31　白钨矿与油酸钠、油酸钠-油酸酰胺作用前后的 **Ca 2p** 分峰拟合图谱[243]

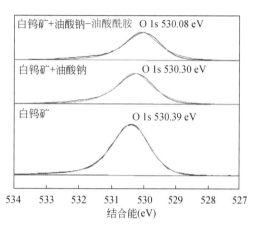

图 11-32　白钨矿与油酸钠、油酸钠-油酸酰胺作用前后的 **O 1s** 分峰拟合图谱[243]

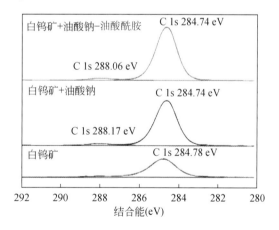

图 11-33　白钨矿与油酸钠、油酸钠-油酸酰胺作用前后的 **C 1s** 分峰拟合图谱[243]

11.2.2　抑制剂与矿物表面作用机制的 XPS 分析

1. 抑制剂在矿物表面的化学吸附

图 11-34 为方铅矿与 FCLS 作用前后表面铅和表面硫的 XPS 扩展谱。从图 11-34 可以

看出，方铅矿与 FCLS 作用后，方铅矿表面 Pb 4f 结合能向低能方向位移 0.1 eV，位移值小于仪器误差值，说明与 FCLS 作用前后，铅的存在形式没有发生变化。方铅矿与 FCLS 作用后，Pb 4f 峰变弱，这是由于 FCLS 在方铅矿表面发生覆盖引起的。由图 11-34（b）可知，方铅矿与 FCLS 作用后，在结合能 161.3 eV 处硫（S^{2-}）的峰明显减弱；在结合能 167.6 eV 左右的峰对应于 S^{6+} 明显增强。说明 FCLS 在方铅矿表面发生了吸附，或者促进了方铅矿的氧化，使得表面 +6 价硫增多。

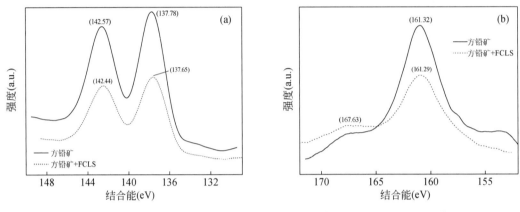

图 11-34　方铅矿与 FCLS 作用后表面铅（a）和表面硫（b）XPS 扩展谱

表 11-4 所示为与聚天冬氨酸（PASP）作用前后，方解石表面 Ca 2p、O 1s 和 C 1s 的结合能及原子含量。由表 11-4 可知，方解石表面 Ca 2p 和 O 1s 的结合能分别为 346.71 eV、和 531.25 eV。与 PASP 作用后，Ca 2p 的结合能变为 346.88 eV，位移为 0.17 eV，远大于仪器误差值，表明 PASP 在方解石表面发生化学吸附。此外，经 PASP 作用后，方解石表面 C 和 Ca 原子的含量降低 2.76% 和 1.23%，而 O 的含量增加 2.83%，表明 PASP 通过其结构中含有的大量羧基基团与方解石表面的钙质点作用而发生吸附。

表 11-4　方解石与 PASP 作用前后表面原子含量（%）[245]

样品	元素	结合能（eV）	含量（%）
方解石	C 1S	284.8	37.75
	Ca 2p	346.71	16.2
	O 1s	531.25	46.05
方解石+PASP	C 1S	284.8	34.99
	Ca 2p	346.88	14.97
	O 1s	531.24	48.88
	N 1s	399.99	1.16
变化值	C 1S	0	-2.76
	Ca 2p	0.17	-1.23
	O 1s	-0.01	2.83
	N 1s	—	—

图 11-35 为与 PASP 作用前后，方解石表面 C 1s 的 XPS 谱图。由图 11-35（a）可知，方解石表面的 C 1s 峰拟合出 4 个峰，其中 284.79 eV 处的峰为 C—C 键的特征峰，286 eV

处的峰为 C—OH 键的特征峰，288 eV 处的峰为 C=O 键的特征峰，289.29 eV 处为碳酸盐的特征峰。与 PASP 作用后，方解石表面的 C 1s 谱亦拟合出 4 个峰，结合能分别为 284.79 eV，286.04 eV，288.2 eV 和 289.36 eV。与纯方解石表面相比较，图 11-35（b）中位于 288.2 eV 和 286.04 eV 两处代表羧基的特征峰面积明显增加，表明 PASP 在方解石表面发生了化学吸附。

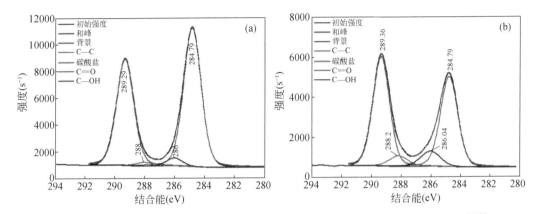

图 11-35　方解石表面的 C 1s 谱（a）及与 PASP 作用后方解石表面的 C 1s 谱（b）[245]

2. 抑制剂与矿物表面元素选择性反应及作用模型的 XPS 分析[239]

1）AHS 在黄铜矿表面吸附的 X 射线光电子能谱分析

图 11-36 是肼基二硫代甲酸乙酯酸钠（AHS），黄铜矿及黄铜矿与药剂作用前后的 XPS 全谱图。由图 11-36 可知，AHS 主要由 C、O、N、S 和 Na 元素组成，全谱图中没有发现其他杂质元素。黄铜矿与 AHS 作用前后表面的 C、O、N、S 和 Cu 等元素含量如表 11-5 所示，分析结果可知，黄铜矿与药剂作用后表面的 C、N 元素含量增加了 5.27% 和 9.51%，而 O、S 和 Cu 元素含量分别降低了 10.54%、3.99% 和 0.39%。当黄铜矿与 AHS 作用后，其表面的氮含量增加值较大，这充分证明 AHS 吸附在黄铜矿表面。

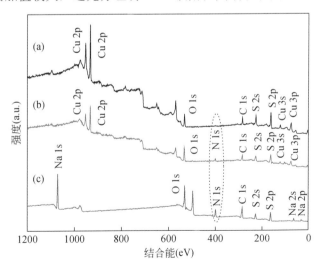

图 11-36　AHS，黄铜矿与 AHS 作用前后能谱图[239]

（a）作用前；（b）作用后；（c）AHS

表 11-5　黄铜矿与 AHS 作用前后表面元素含量[239]

样品	表面元素含量（%）				
	C	O	N	S	Cu
作用前	34.82	33.65	0.00	19.35	12.17
作用后	40.09	23.25	9.51	15.36	11.78
变化值	5.27	-10.4	9.51	-3.99	-0.39

2）AHS 分子中键合原子 N、S 与黄铜矿表面铜离子发生反应的 XPS 分析

A. 氮元素 N 1s 及硫元素 S 2p 的扩展谱

AHS，AHS-Cu^{2+}，黄铜矿与 AHS 作用前后的 N 1s XPS 图谱如图 11-37（a）所示。AHS 分子结构中有两个处于不同化学环境的氮原子，其 N 1s 能谱经分峰拟合后得到两个峰，分别是 398.78 eV（—NH_2）和 400.24 eV（—NH—（C=S）—）；当 AHS 与铜离子反应后，相应的峰向高结合能方向分别位移至 399.75 eV 和 400.99 eV，这表明 AHS 分子结构中氮原子周围的电子云密度发生了变化。黄铜矿的 N 1s 谱图表明，黄铜矿表面没有明显的峰，当黄铜矿与 AHS 作用后，黄铜矿表面的 N 1s 图谱可以拟合成两个峰，相应的结合能分别是 399.67 eV 和 400.93 eV，这与 AHS-Cu^{2+}络合物中氮的结合能接近（399.75 eV 和 400.99 eV）。这表明，黄铜矿表面的铜离子与 AHS 发生化学反应，从而导致 AHS 分子内部氮原子的化学环境发生变化，表明在 AHS 与黄铜矿表面的铜离子发生反应生成络合物时，官能团（—NH_2）中的 N 原子参与了反应。

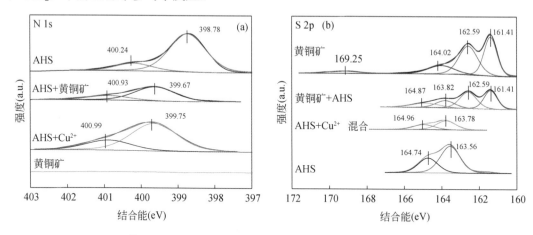

图 11-37　AHS-Cu^{2+}络合物、黄铜矿与 AHS 作用前后的 N 1s（a）和 S 2p（b）XPS 谱图[239]

图 11-37（b）是 AHS、AHS-Cu^{2+}络合物以及黄铜矿与 AHS 作用前后的 S 2p 能谱图。由图 11-33（b）可知，黄铜矿表面有很多含硫中间产物。S 2p 的能谱中在结合能为 161.41 eV 处出现了明显的 S^{2-} 峰，二硫化物 162.59 eV（S_2^{2-}），单质硫和多硫化物 S_n^{2-}/S^0（164.02 eV），在结合能 169.25 eV 处是硫酸根（SO_4^{2-}）的特征峰，这说明黄铜矿表面已经发生氧化反应[443-445]。拟合 AHS 的 S 2p 能谱图，得到两个特征峰，其结合能分别是 163.56 eV

（—S—）和 164.74 eV（—NH—C（＝S）—）。当黄铜矿吸附 AHS 后，黄铜矿表面的 S 2p 能谱经过分峰拟合处理后，得到四个峰，结合能分别是 161.41 eV，162.59 eV，163.82 eV 和 164.87 eV。其中前面两个结合能主要是黄铜矿自身的 S 2p 特征峰[444]，而结合能在 163.82 eV 和 164.87 eV 处归属于 AHS 中硫的特征峰；与 AHS 中 S 2p 结合能相比，分别向高能方向移动了 0.26 eV 和 0.13 eV。AHS-Cu^{2+}络合物的 S 2p 能谱经过拟合后得到二个峰，结合能分别是 163.78 eV 和 164.96 eV。与作用后的黄铜矿 S 2p 结合能相比较，AHS-Cu^{2+}络合物的 S 2p 结合能向高结合能方向移动了 0.09 eV 和-0.04 eV。这表明，AHS 吸附在黄铜矿表面的反应机理与 AHS 与铜离子反应相似，表明在 AHS 与黄铜矿表面的铜离子发生反应生成络合物时，硫酮官能团（—NH—C（＝S）—）中的硫原子参与了化学反应。

B. 铜元素 Cu 2p 及铁元素 Fe 2p 扩展谱

从黄铜矿能谱图 [图 11-38（a）] 可知，Cu 2p 能谱结合能分别在 932.30 eV（Cu 2p$_{3/2}$）和 952.17 eV（Cu 2p$_{1/2}$），氯化铜的 Cu 2p 能谱结合能分别在 933.89 eV 和 953.99 eV。与氯化铜的 Cu 2p 结合能相比较，AHS-Cu^{2+}络合物中 Cu 2p 结合能分别向低能方向迁移了 1.66 eV 和 1.72 eV，这表明 AHS 与铜离子反应后增加了铜离子的电子云密度。当黄铜矿吸附 AHS 后，其 Cu 2p 结合能分别向低能方向迁移到 932.17 eV 和 952.01 eV，该结合能与 AHS-Cu^{2+}络合物的 Cu 2p 结合能相近。这种铜离子的结合能向低能方向迁移的现象被认为是铜离子（Cu（Ⅰ），Cu（Ⅱ））周围的电子云密度发生了改变，其主要原因是 AHS 分子中氮原子与硫原子与铜离子生成配合物，于是增加了铜离子周围的电子云密度。这进一步表明，AHS 与黄铜矿表面的吸附可能是与铜离子发生化学作用。

图 11-38（b）中，黄铜矿与 AHS 作用前后的 Fe 2p 能谱，结合能为 711.59 eV 是铁羟基氧化物（Fe(Ⅲ)—O—OH）[446]。由此可知，黄铜矿表面被氧化生成氧化物，除了铁氧化物外，还存在铁的硫化物，其结合能为 707.69 eV，文献报道表明可能是 Fe（Ⅲ）—S（708.2 eV）[445]，FeS（707.4 eV）[444] 和 FeS_2（707.5 eV）[447]。分析 AHS 作用后黄铜矿的 Fe 2p 能谱图可知，AHS 的吸附并没有改变 Fe 2p 的结合能。因此，AHS 吸附在黄铜矿表面，但是并没有改变黄铜矿表面铁原子的化学状态。黄铜矿表面吸附的 AHS 分子没有显著改变黄铜矿晶格中铁原子的电子云密度。由此可知，AHS 吸附在黄铜矿表面时，铁原子可能没有参与反应。

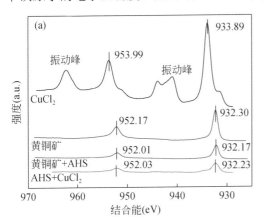
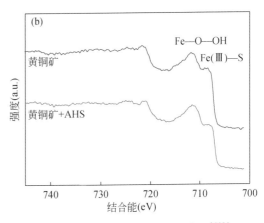

图 11-38　$CuCl_2$，AHS-Cu^{2+}络合物，黄铜矿作用前后 Cu 2p（a）和 Fe 2p（b）能谱图[239]

3）AHS 亲水基团中氧元素 O 1s 能谱

AHS，AHS-Cu^{2+}络合物及黄铜矿与 AHS 作用前后的 O 1s 能谱图如图 11-39 所示。黄铜矿表面的 O 1s 能谱图可以拟合成三个组分，其结合能分别是 533.56 eV，532.03 eV 和 530.83 eV，分别对应的是水中氧（H_2O），羟基氧（—OH）和氧化物（SO_4^{2-}）[448, 449]。由此可知，黄铜矿表面发生了轻微的氧化反应，其表面有氧化物生成。经过抑制剂（AHS）处理后的黄铜矿，其表面的 O 1s 能谱图有两个组分，其结合能分别是 532.68 eV 和 531.35 eV，表明抑制剂分子结构中的羰基氧（C=O）和羧酸根中的羟基氧（C—O）出现在黄铜矿表面，与文献报道结果一致[450, 451]。另外，AHS-Cu^{2+}络合物的 O 1s 结合能分别是 531.42 eV 和 532.62 eV，表明 AHS 分子中氧原子的结合能与黄铜矿吸附 AHS 后的 O 1s 能谱基本一致（531.38 eV 和 532.60 eV）。由此可知，当 AHS 吸附在黄铜矿表面时，其羧基（—COO$^-$）没有参与反应，而作为亲水基亲水，导致黄铜矿表面亲水，起抑制作用。

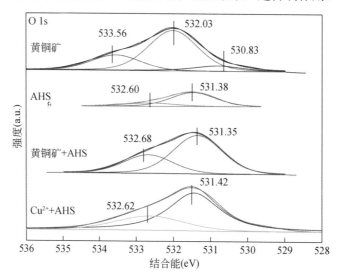

图 11-39　AHS，AHS-Cu^{2+}络合物，黄铜矿与 AHS 作用前后 O 1s 能谱图[239]

4）AHS 在黄铜矿表面吸附抑制作用模型

综合图 11-14 和本节 XPS 的结果，可以推断 AHS 在黄铜矿表面吸附作用模型。肼基二硫代甲酸乙酯酸钠（AHS）是一种阴离子化合物，在碱性条件下主要以带负电的结构式存在（NH$_2$—NH—C(=S)—S—CH$_2$—COO）$^-$。图 11-14 表明，AHS 通过极性基团中硫和氮原子与铜离子反应生成五元环螯合物在黄铜矿表面发生化学吸附。XPS 的结果进一步证明了在 AHS 与黄铜矿表面的铜离子发生反应生成络合物时，硫酮官能团（—NH—C(=S)—）中的硫原子及官能团（—NH$_2$）中的 N 原子参与了化学反应。而且，AHS 与黄铜矿表面的铁离子不发生反应，AHS 吸附在黄铜矿表面时，其羧基（—COO$^-$）没有参与反应，而作为亲水基亲水。AHS 在黄铜矿表面的化学吸附作用模型如图 11-40 所示。

3. 抑制剂与不同矿物表面选择性作用的 XPS 分析

聚丙烯酸作用前后萤石与方解石表面 Ca 2p 的 XPS 谱图如图 11-41 所示。由图 11-41（a）可以看出，纯矿物萤石的 Ca 2p$_{1/2}$ 和 Ca 2p$_{3/2}$ 峰位于 348.04 eV 和 351.54 eV。在萤石表

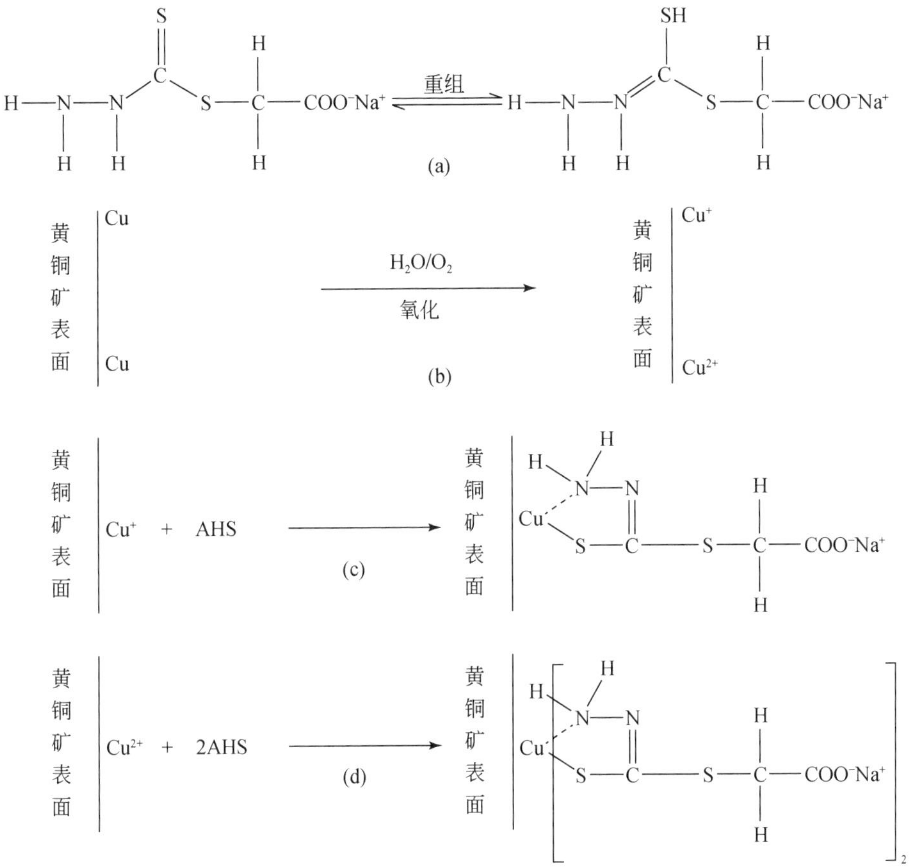

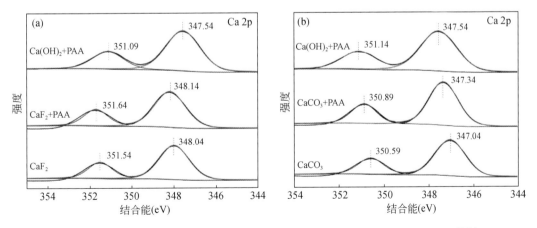

图 11-40　AHS 吸附在黄铜矿表面的吸附模型[239]

图 11-41　萤石（a）和方解石（b）与聚丙烯酸作用前后的 Ca 2p 的 XPS 谱图[244]

面与聚丙烯酸作用后，发现萤石的 Ca 2p$_{1/2}$ 和 Ca 2p$_{3/2}$ 峰位于 348.14 eV 和 351.64 eV，化学结合能位移仅为 0.1 eV。进一步由萤石与聚丙烯酸作用前后的 F 1s 的 XPS 谱图 [图 11-42（a）] 可知，萤石与聚丙烯酸作用前后的 F 1s 峰完全没有变化，说明聚丙烯酸并没有化学吸附于萤石表面。

由图 11-41（b）可以看出，方解石的 Ca 2p$_{1/2}$ 和 Ca 2p$_{3/2}$ 峰位于 347.04 eV 和 350.59 eV。与聚丙烯酸作用后，发现方解石的 Ca 2p$_{1/2}$ 和 Ca 2p$_{3/2}$ 峰位于 347.34 eV 和 350.89 eV，化学结合能位移明显，进一步由方解石与聚丙烯酸作用前后的 O 1s 的 XPS 谱图 [图 11-42（b）] 可知，不仅聚丙烯酸作用后的方解石的 O 1s 峰发生 0.3 eV 位移，还出现新的峰在 533.14 eV，此峰可归因于聚丙烯酸与方解石表面生成的结合水。证明聚丙烯酸化学吸附于方解石表面。

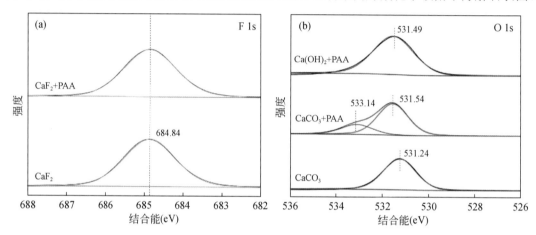

图 11-42　（a）萤石与聚丙烯酸作用前后的 **F 1s** 的 **XPS** 谱图；（b）方解石与聚丙烯酸作用前后的 **O 1s** 的 **XPS** 谱图[244]

11.2.3　捕收剂、抑制剂与矿物表面作用的 XPS 分析

图 11-43 为黄铜矿与丁黄药及铬铁木质素（FCLS）作用前后表面铜、铁、硫、碳的 XPS 扩展谱。从图 11-43（a）中可以看出，黄铜矿与丁黄药及 FCLS 作用后，铜的化学态没有发生改变，在结合能 932.3 eV 峰为 Cu 2p$_{3/2}$。图 11-43（b）显示，黄铜矿与药剂作用后铁元素的存在形式也没有发生改变，在结合能约 711.8 eV 处的峰为 Fe 2p$_{3/2}$。而黄铜矿与药剂作用前后表面硫的扩展谱表明 [图 11-43（c）]，黄铜矿表面可能发生了氧化，表面硫以两种形式存在，结合能 162.4 eV 左右的峰对应于黄铜矿中的硫，结合能在 169.3 eV 处的峰对应于 Fe$_2$(SO$_4$)$_3$ 中的硫。黄铜矿与黄药及 FCLS 作用后，169.3 eV 处的峰消失，表明黄药和 FCLS 存在阻止了黄铜矿的自身氧化。

图 11-43（d）为黄铜矿与黄药及 FCLS 作用后表面碳的 XPS 扩展谱。从图中可知，在结合能 285.0 eV 处出现了 C 1s 谱峰，黄铜矿与 FCLS 作用后，该峰明显强于黄铜矿与黄药作用后的峰，说明 FCLS 在黄铜矿表面发生了吸附。

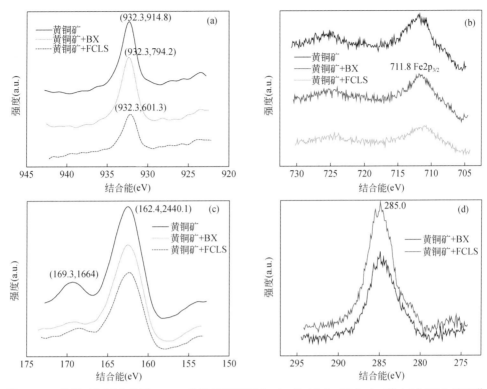

图 11-43　黄铜矿与丁黄药及 FCLS 作用后表面铜（a）、铁（b）、硫（c）、碳（d）XPS 扩展谱

11.2.4　金属离子对捕收剂作用影响的 XPS 分析

方解石和萤石与 BHA 和 Pb^{2+} 作用前后的 XPS 全谱图见图 11-44。从图 11-44（a）可知，在没有 Pb^{2+} 存在的情况下，方解石与 BHA 作用的能谱图上几乎没有检测到 N 1s 峰，说明纯净的方解石表面几乎不与 BHA 作用。但在加入 Pb^{2+} 后，方解石表面出现了明显的 Pb 4f 峰，表明 Pb^{2+} 在方解石表面发生了明显的吸附作用，而且，在 Pb^{2+} 作用后，方解石经与 BHA 反应，在表面检测到了明显的 N 1s 峰，说明 BHA 能够在 Pb^{2+} 作用后的方解石表面发生吸附。

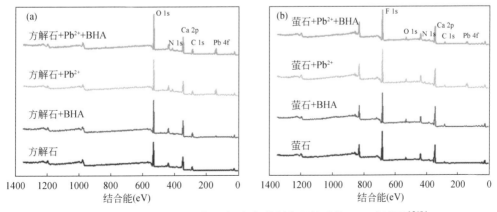

图 11-44　方解石（a）和萤石（b）与药剂作用前后的 XPS 全谱图[260]

从图 11-44（b）可以看出，在加入 Pb^{2+} 后，萤石表面出现了明显的 Pb 4f 峰，表明 Pb^{2+} 与萤石表面发生了吸附作用。与方解石和 BHA 作用不同的是，不管有没有 Pb^{2+} 存在的情况下，萤石与 BHA 作用的能谱图上都检测到 N 峰，说明 BHA 能够与纯净的萤石和被 Pb^{2+} 作用的萤石发生作用。

用 XPS 谱峰强度积分方法测定方解石与药剂作用前后表面原子含量及变化见表 11-6。从表 11-6 可知，方解石单独与 BHA 作用后，在表面只有少量的 N 元素，说明此时 BHA 在方解石表面发生了微弱的吸附，而当 Pb^{2+} 作用后的方解石，与 BHA 作用后表面的 N 元素从 0.31% 增加到了 1.36%，增幅明显，说明 Pb^{2+} 存在的方解石表面有利于 BHA 的吸附。

表 11-6 方解石与 BHA 和 Pb^{2+} 作用前后表面各元素分析[260]

元素	方解石（%）	方解石+BHA（%）	方解石+Pb^{2+}（%）	方解石+Pb^{2+}+BHA（%）
Ca	14.78	16.47	15.42	15.94
C	28.78	28.77	28.17	26.94
O	56.44	54.45	55.39	54.91
Pb	—	—	1.01	0.85
N	—	0.31	—	1.36

表 11-7 方解石与 BHA 和 Pb^{2+} 作用前后表面元素结合能变化[260]

元素	方解石 结合能（eV）	方解石+BHA 结合能（eV）	方解石+Pb^{2+} 结合能（eV）	方解石+Pb^{2+}+BHA 结合能（eV）
Ca2p	346.86	346.86	346.85	346.86
C1s	289.31	289.38	289.39	289.41
O1s	531.28	531.26	531.23	531.3
Pb4f	—	—	138.38	138.4
N1s	—	400.12	—	399.14

根据能谱计算方解石表面及药剂作用后各元素价电子结合能及化学位移见表 11-7。从表 11-7 可知，方解石与 BHA 作用后表面的各元素结合能变化很少，说明它们的化学环境没有发生明显的变化，推测此时 BHA 在方解石表面应该发生的是物理吸附为主。而当 Pb^{2+} 作用后，表面元素的结合能发生了明显变化，说明 BHA 与 Pb^{2+} 作用后的方解石表面发生了化学作用。为了具体研究 BHA 与 Pb^{2+} 作用的表面的化学变化，对方解石与 Pb^{2+} 作用后的表面及与 BHA 作用前后的 Pb $4f_{7/2}$ 峰进行了分峰拟合，见图 11-45。

由图 11-45（a）可知，在 Pb^{2+} 作用后的方解石表面，Pb $4f_{7/2}$ 峰可以分为在 138.47 eV、139.31 eV 和 137.87 eV 处的三个峰，分别对应的化学环境为 $PbCO_3$[122]、$Pb(NO_3)_2$[123] 和 $Pb(OH)_2$[124]。从各峰所占的比例来看，主要以 $PbCO_3$ 的峰面最多，说明表面的 Pb^{2+} 主要与 CO_3^{2+} 发生化学反应。从已有资料来看，方解石表面在溶液中，Ca^{2+} 会有一部分溶解进入到溶液中，在 Pb^{2+} 存在时，Pb^{2+} 很有可能替代了溶解 Ca^{2+} 后剩下的空位与 CO_3^{2+} 发生反应生成 $PbCO_3$。

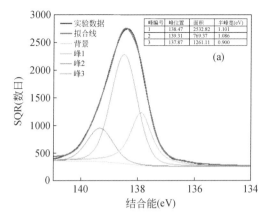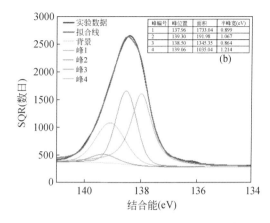

图 11-45　方解石与 Pb²⁺作用后（a）及与 Pb²⁺-BHA 作用后（b）表面 Pb 4f$_{7/2}$ 分峰拟合[260]

由图 11-45（b）可知，相比于图 11-45（a），在 138.50 eV、139.30 eV 和 137.96 eV 分别出现 PbCO₃、Pb(NO₃)₂ 和 Pb(OH)₂ 外，还出现了一个新峰，在 139.06 eV 位置，这个峰可能归属于 BHA 与方解石表面的 Pb²⁺发生的螯合反应。

用 XPS 谱峰强度积分方法测定萤石与药剂作用前后表面原子含量及变化见表 11-8。从表 11-8 可知，萤石单独与 BHA 作用后，在表面有 1.11% 含量的 N 元素，说明此时 BHA 在萤石表面发生了吸附。而当 Pb²⁺作用后的萤石，与 BHA 作用后表面的 N 元素从 1.11% 减少到了 1.01%，说明 Pb²⁺作用后的萤石表面不利于 BHA 的吸附，也就是 Pb²⁺存在时，BHA 在萤石表面的吸附量略有下降。

表 11-8　萤石与 BHA 和 Pb²⁺作用前后表面各元素分析[260]

元素	萤石（%）	萤石+BHA（%）	萤石+Pb²⁺（%）	萤石+Pb²⁺+BHA（%）
F	56.8	53.44	54.74	54.98
Ca	26.09	25.18	25.11	24.65
C	12.17	13.82	12.32	12.37
O	4.94	6.45	6.89	6.49
Pb	—	—	0.93	0.5
N	—	1.11	—	1.01

根据能谱计算萤石表面及药剂作用后各元素价电子结合能及化学位移见表 11-9。从表 11-9 可知，萤石与 BHA 作用后，表面各元素结合能变化较大，说明它们的化学环境发生明显的变化，推测此时 BHA 在萤石表面发生了化学吸附。而当 Pb²⁺作用后，表面元素的结合能也发生了变化，说明 BHA 与 Pb²⁺作用后的萤石表面也发生了化学作用。为了具体研究 BHA 与 Pb²⁺作用后表面的化学变化，对萤石与 Pb²⁺作用后的表面与 BHA 作用前后的 Pb 4f$_{7/2}$ 峰进行了分峰拟合，见图 11-46。

表 11-9　萤石与 BHA 和 Pb²⁺作用前后表面元素结合能变化[260]

元素	萤石结合能（eV）	萤石+BHA 结合能（eV）	萤石+Pb²⁺结合能（eV）	萤石+Pb²⁺+BHA 结合能（eV）
F 1 s	684.99	684.73	685.07	685.09
Ca 2p	348.01	347.76	348.08	348.11
C 1 s	284.92	284.81	284.95	285.05
O 1 s	531.94	531.72	531.42	532.07
Pb 4f	—	—	138.34	138.25
N 1 s	—	400.4	—	400.33

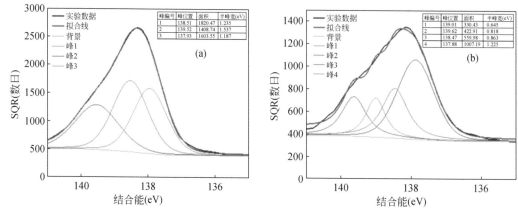

图 11-46　萤石与 Pb²⁺作用后（a）再与 BHA 作用（b）表面 Pb 4f$_{7/2}$ 分峰拟合[260]

由图 11-46（a）可知，在 Pb²⁺作用后的萤石表面，Pb 4f$_{7/2}$峰可以分为在 138.51 eV、139.52 eV 和 137.93 eV 处的三个峰，分别对应的化学环境为 PbF₂、Pb(NO₃)₂ 和 Pb(OH)₂。从各峰所占的比例来看，三者含量差不多，以 PbF₂ 占比最多。

由图 11-46（b）可知，相比于图 11-46（a），在 138.47 eV、139.62 eV 和 137.88 eV 分别出现 PbF₂、Pb(NO₃)₂ 和 Pb(OH)₂ 外，还出现了一个新峰，在 139.01 eV 位置，这个峰可能归属于 BHA 与萤石表面的 Pb²⁺发生的螯合反应。

对比图 11-45 和图 11-46，从 BHA 与 Pb²⁺作用后的方解石和萤石表面 Pb 4f$_{7/2}$峰的分峰拟合来看，在方解石表面，新出现的峰的面积为 1035.04，而在萤石表面，新出现的峰的面积为 330.43，结合表 11-6 和表 11-8 中表面中 N 元素的变化，可以发现 Pb²⁺的存在促进了 BHA 与方解石的作用而减弱了 BHA 与萤石的作用。

11.2.5　调整剂与矿物表面作用的 XPS 分析

硫化钠在菱锌矿和白云石表面作用前后的 XPS 图谱如图 11-47 和图 11-48。所示。图 11-47（a1）和（a2）分别是菱锌矿和硫化钠作用前和作用后的 X 射线光电子能谱全谱，（b1）和（c1）分别是菱锌矿的 Zn 2p 和 S 2p 的光谱；（b2）和（c2）分别是菱锌矿与硫化钠作用后的 Zn 2p 及 S 2p 的光谱。比较图 11-47（a1）和（a2）可知，硫化后的全元素光谱在 162 eV 处出现新的吸收峰，该处为硫元素的吸收峰，比较（b1）和（b2）可知，菱锌矿和硫化钠作用后 Zn 2p 的光谱发生了显著变化，（b1）中只有在 1021.8 eV 出现 $ZnCO_3$ 中 Zn 的吸收峰，（b2）中将 Zn 2p 光谱进行分峰拟合后发现，与硫化钠作用后，除了检测到 $ZnCO_3$ 中 Zn 的吸收峰，还观察到 1025 eV 处出现新的吸收峰，表明生成了新的含锌化合物，可能是硫化钠在菱锌矿表面作用生成的 ZnS。比较图 11-47（c1）和（c2）可知，菱锌矿与硫化钠作用后的 S 2p 光谱在 161.9 eV 出现了对应 ZnS 的吸收峰，说明有 ZnS 的生成。综合菱锌矿与硫化钠作用前后的 Zn 2p 与 S 2p 光谱结果，表明菱锌矿和硫化钠作用后，S^{2-} 与菱锌矿表面的 Zn^{2+} 发生化学反应生成了 ZnS。

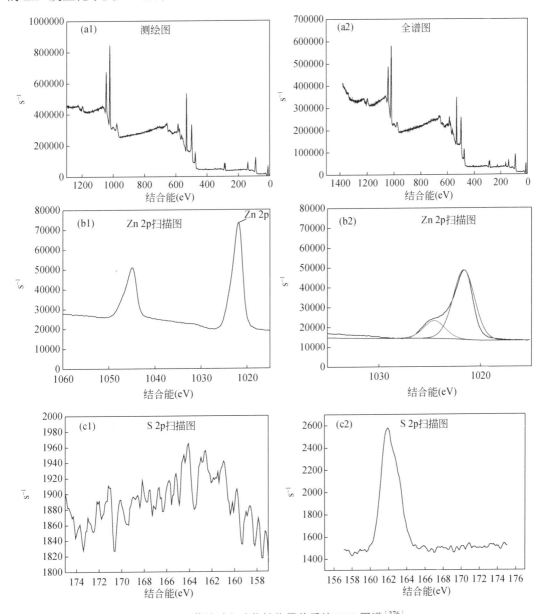

图 11-47　菱锌矿和硫化钠作用前后的 XPS 图谱[276]

图 11-48（a1）和（a2）分别是白云石和硫化钠作用前和作用后的 X 射线光电子能谱全谱，(b1)、(c1) 和（d1）分别是白云石单矿物的 Ca 2p、Mg 1s 和 S 2p 的光谱；(b2)、(c2) 和（d2）分别是白云石与硫化钠作用后的 Ca 2p、Mg 1s 和 S 2p 的光谱。比较图 11-48（b1）和（b2）可知，白云石和硫化钠作用前后的光谱基本没有发生变化，图 11-48（d2）亦表明在白云石表面检测不到硫的存在，因此硫化钠和白云石不会发生化学反应生成硫化物。

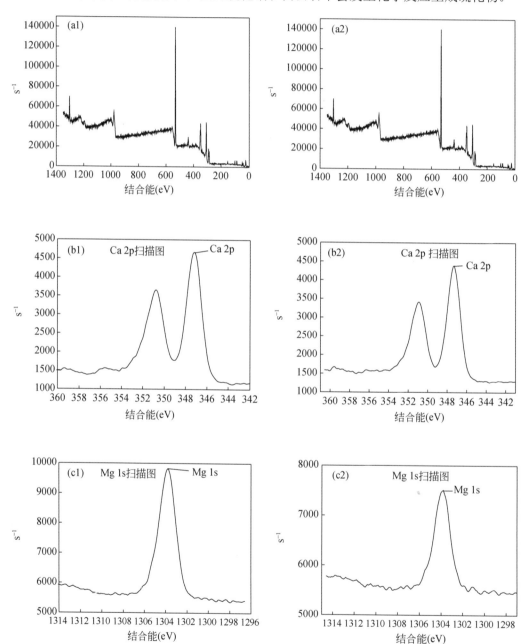

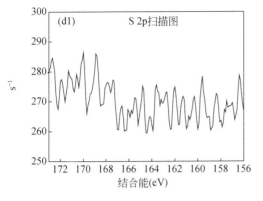
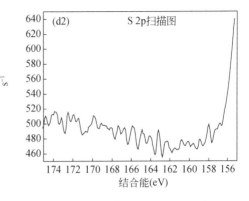

图 11-48　白云石与硫化钠作用前后的 XPS 图谱[276]

11.3　浮选剂与矿物表面相互作用的 AES 分析

在高能电子束与固体样品相互作用时，原子内壳层电子因电离激发而留下一个空位，较外层电子会向这一能级跃迁，原子在释放能量过程中，可以发射一个具有特征能量的 X 射线光子，也可以将这部分能量传递给另一个外层电子，引起进一步电离，从而发射一个具有特征能量的俄歇电子，检测俄歇电子的能量和强度，可以获得有关表层化学成分的定性和定量信息。俄歇电子能谱仪具有很高表面灵敏度，通过正确测定和解释 AES 的特征能量、强度、峰位移、谱线形状和宽度等信息，能直接或间接地获得固体表面的组成、浓度、化学状态等多种信息。在浮选界面化学研究中，通过对矿物表面及其与浮选剂相互作用后的表面元素进行俄歇电子能谱分析，可以确定浮选剂在矿物表面的吸附作用，特别是，通过 Ar^+ 枪溅射刻蚀，进行俄歇纵向分析，可以获得浮选剂在矿物表面化学反应及其产物的信息，对浮选剂作用机理有更深入的认识。

11.3.1　捕收剂在矿物表面的吸附与化学反应的 AES 分析

以油酸钠与黑钨矿作用为例，三种黑钨矿原矿的俄歇电子能谱见图 11-49。图 11-49（a）中，三种黑钨矿原矿样品表面出现元素钨、铁、锰、氧的特征峰。经油酸钠处理后，样品表面不仅出现元素钨、铁、锰、氧的特征峰，还出现有元素碳的特征峰，见图 11-49（b）。对于图 11-49（a）中的钨锰矿，特征峰能量值为 W：1748 eV，Mn：617 eV，Fe：716 eV，O：548 eV。油酸钠处理后，特征峰能量值发生偏移，为 W：1725 eV，Mn：588 eV，Fe：708 eV，O：515 eV，并出现新元素碳的特征峰 C：279 eV。这表明，油酸钠处理后，黑钨矿表面的确存在含碳化合物，即生成了油酸锰或油酸铁。

上述经油酸钠处理过的黑钨矿再经 Ar^+ 枪溅射刻蚀一定时间后，碳峰消失，可求出含碳吸附层厚度约为 12～13.5 nm。而一般油酸分子链长为 3.87 nm，此吸附层厚度约相当于三个单分子层。但这并不表明是紧密定向排列的三个单分子层，局部区域可能形成岛状多层吸附，超过三个单分子层。另有局部区域的吸附又可能不足三个单分子层，但宏观上表现为约三个单分子层吸附，表明，油酸根离子有可能与黑钨矿表面铁、锰发生化学反应生成金属油酸盐。

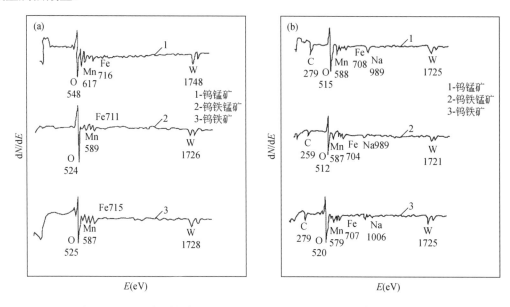

图 11-49　三种黑钨矿原矿（a）及其与油酸钠作用后（b）的 AES 图

对黑钨矿表面油酸盐吸附层再进行俄歇纵向分析，结果见图 11-50，可见，油酸钠处理后，黑钨矿表层元素由里到表，碳含量逐渐增加，元素锰的含量开始时逐渐增加，到一定值后，锰含量有所下降，而元素铁的含量始终从里到表是下降的。半定量计算求出样品表面元素的原子百分浓度，得出表层锰铁比。可以看出，经油酸钠处理的黑钨矿表层锰元素相对富集，处理以后，锰铁比增加。钨锰矿、钨锰铁矿、钨铁矿原矿表层锰铁比分别为 3.05、0.33、0.13，经油酸钠作用后，锰铁比分别提高到 4.35、1.14 和 0.35。这表明，黑钨矿表层 Mn^{2+} 可能更易与油酸钠作用，油酸锰的生成量大于油酸铁的生成量。

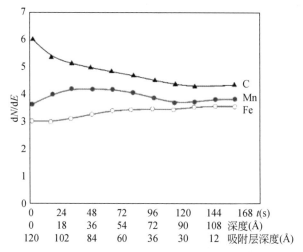

图 11-50　黑钨矿表面油酸盐吸附层俄歇纵向分析

在黑钨矿：钨锰矿-钨锰铁矿-钨铁矿类质同象系列中，由于锰铁比的变化引起其晶体物化性质的变化。钨锰矿中的 Mn—O 键长大于钨铁矿中的 Fe—O 键长。在钨锰矿中，平均 Mn—O 键长为 2.31 Å，在钨铁矿中，平均 Fe—O 键长为 2.05 Å。因此，浮选矿浆中，黑钨矿断裂表层将更易暴露出 Mn^{2+} 与捕收剂作用。

11.3.2 金属离子在矿物表面的吸附与化学反应

图 11-51 为 pH=8.8 时，乙黄药与铁闪锌矿作用的俄歇电子能谱图，在图 11-51 中，给出了溅射 0.1 min 和 1.0 min 时，铁闪锌矿的俄歇电子能谱图。因为对铁闪锌矿测试的一分钟时间内，所有深剥离度的谱图中各元素峰的强度几乎是相同的，也就是说：在离表面 2.5 nm 的深度范围内，各元素含量几乎相同。而且由图中可以看出，代表 C 的谱峰强度一直很弱，表明元素 C 的含量很低，由此可以说明，只有乙黄药存在时，乙黄药与铁闪锌矿作用很微弱。

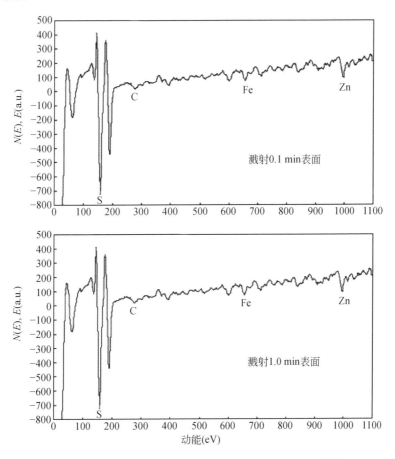

图 11-51 铁闪锌矿与乙黄药作用的俄歇电子能谱图[412]

pH=8.8；［KEX］=10^{-2}mol/L

图 11-52 为 pH=8.8 时，经硫酸铜活化后，铁闪锌矿与乙黄药作用不同溅射时间的俄歇

电子能谱图。由不同的刻蚀深度和各元素相对含量作图见图 11-53。可以看出，C 的谱峰强度，随着深度的增加而减弱，当溅射时间为 0.4 min 时（即深度为 1 nm），C 的谱峰消失。可以推论，乙黄药与铁闪锌矿作用只在距离表面 1 nm 的表层发生了吸附。Fe 的谱峰强度随着深度的增加而增加，当溅射时间为 0.4 min 时（即深度为 1 nm），Fe 的谱峰强度基本趋于稳定。Zn 的谱峰强度同样随着深度的增加而增加，当溅射时间为 0.4 min 时（即深度为 1 nm），Zn 的谱峰强度也基本趋于稳定。而 Cu 的谱峰强度随着深度的增加而减弱，当溅射时间为 0.8 min 时（即深度为 2 nm），Cu 的谱峰强度消失。由此可以推论，在距离表面 1 nm 的深度内，Cu^{2+} 置换了铁闪锌矿晶格内的 Fe 和 Zn，而使得 Fe 和 Zn 的含量降低，从而 Cu^{2+} 与乙黄药发生化学反应，生成溶解度很低的黄原酸铜盐，致使铁闪锌矿表面疏水。由此还可以推论，铁闪锌矿中的铁也参与了 Cu^{2+} 的置换，所以，铁的含量在铁闪锌矿的浮选中应该还是有影响的。

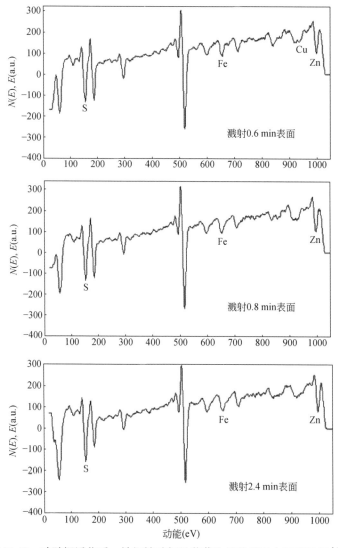

图 11-52　硫酸铜活化后，铁闪锌矿与乙黄药作用的俄歇电子能谱图[412]

pH=8.8；[KEX] =10^{-2}mol/L；[$CuSO_4$] =10^{-2}mol/L

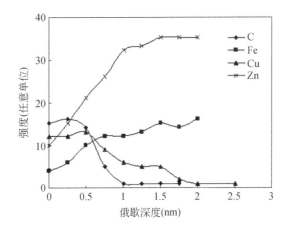

图 11-53 硫酸铜活化，铁闪锌矿与乙黄药作用后俄歇深度分析[412]

11.3.3 调整剂在矿物表面的吸附与化学反应

高岭石与氟化钠作用的俄歇电子能谱见图 11-54（a）。从图中可以看出，与氟化物作用后，高岭石表面能谱上 77.37 eV 处的峰值强度明显减弱，此峰位置对应着矿物表面的铝元素，由于俄歇电子的强度与样品中该原子的浓度有线性关系，说明与氟化钠作用后的高岭石矿物表面的铝含量发生了不同程度的减少。俄歇电子能谱测试结果也表明了氟化物对硅酸盐矿物表面有一定的清洗作用。

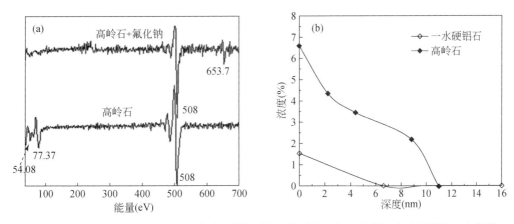

图 11-54 （a）与氟化钠作用前后高岭石的俄歇电子能谱图；（b）氟元素在高岭石和一水硬铝石表面吸附的浓度-深度分布[326]

当高岭石与氟化钠作用后，由于氟化物络合矿物表面铝并溶解表面组分，侵蚀和清洗矿物表面。因此，经过氟化物作用的矿物表面的铝被溶解进入溶液，氟离子以氟硅酸根的形式吸附在矿物表面，图 11-54（a）表明，测得的氟俄歇电子能量为 653.7 eV，大于氟元素的俄歇峰位 647 eV，表明氟离子与矿物表面的作用是化学作用。氟是电负性最强的元素，当其与硅形成共价键时，氟原子上的电子云向硅元素偏移，离子半径变小，因而化学位移增大。

根据俄歇电子能谱，计算出氟元素在矿物表面不同深度上的含量分布如图 11-54（b），表明，氟离子扩散到高岭石的颗粒内部中，在与给定浓度的氟化钠溶液作用相同时间后，氟离子扩散至高岭石的深度大约为 11 nm，氟离子与高岭石表面发生较强化学反应。图 11-54（b）还表明，氟离子与一水硬铝石的作用不强。

因此，氟离子在层状硅酸盐矿物中的扩散并不是简单的浓差扩散，而与矿物的晶体结构以及矿物的表面活性位有关。氟离子与矿物表面的硅活性位作用时，只发生简单的氟离子取代矿物表面的羟基的作用；而氟离子与矿物表面的铝活性位作用时，除了取代羟基外，还继续溶解矿物的表面铝。因此，发生在晶体结构层内部的硅氧四面体上氟取代反应与铝氧八面体上的反应速度存在差异。在硅氧四面体层面上，氟离子由表面向晶体结构层内部扩散并取代活性位上的羟基；在铝氧八面体层面上，一方面，氟离子由表面向晶体结构层内部扩散并取代活性位上的羟基，另一方面，溶蚀的铝离子要通过层空隙由晶体结构层内部向外扩散。由于氟离子的扩散、取代以及溶蚀作用，使得硅酸盐矿物表面带负电，活化了阳离子捕收剂对硅酸盐矿物的浮选。

对于一水硬铝石，由于其晶体结构是 O^{2-} 和 OH^- 共同呈六方最紧密堆积（堆积层垂直 a 轴），Al^{3+} 充填其 1/2 的八面体空隙。[$AlO_3(OH)_3$] 八面体以共棱的方式联结成平行于 c 轴的八面体双链，氟离子在晶体结构中的扩散速度特别慢，因此氟离子几乎只在一水硬铝石的表面发生吸附。

11.4 浮选剂与矿物表面相互作用的 AFM 分析

原子力显微镜（AFM）是表面成像和测定存在于原子和分子之间的力的重要工具，在矿物浮选体系中，主要用于研究各种条件下矿物表面形貌和矿物颗粒间相互作用力的测定。

11.4.1 矿物表面形貌

1. 白钨矿（112）和（001）解理面表面形貌

扫描范围为 2 μm×2 μm 时，白钨矿（112）解理面表面形貌的 AFM 扫描图像，如图 11-55 所示。由图可知，（112）解理面的粗糙度 R_a 为 0.532 nm，（112）解理面非常光滑和平坦，因此推测白钨矿沿（112）面非常容易产生解理，（112）面是白钨矿的常见暴露面。

白钨矿（001）解理面表面形貌的 AFM 扫描图像，见图 11-56。由图可知，白钨矿（001）解理面不平整，存在大量由于挤压和摩擦形成的剪切痕，表现为条纹沟壑状，粗糙度 R_a 为 2.08 nm，远大于（112）解理面。比较（001）和（112）解理面的微观形貌，可以看出，（112）解理面较（001）解理面更平滑，说明在外力作用下，沿（112）面解理更容易产生，这可能与沿两个晶面方向相邻离子层的层间距不同有关。沿（112）面网方向，层间距为 0.3114 nm，较（001）方向的 0.2844 nm 更大，在浮选前的磨矿工艺环节，矿物会沿着层间距较大的晶面方向产生解理。

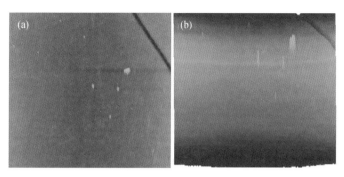

图 11-55　白钨矿（112）解理面表面形貌的高度图（a）及 3D 图（b）（扫描范围为 2 μm × 2 μm）[96]

R_a=0.532 nm

图 11-56　白钨矿（001）解理面表面形貌图（a）及 3D 图（b）（扫描范围为 5 μm×5 μm）[96]

R_a=2.08 nm

在蒸馏水中浸泡 2 h 后，白钨矿两个解理面的 AFM 图，如图 11-57 所示。表明，与解理时产生的新鲜表面相比，两解理面的溶解行为不明显，矿物的溶解优先发生在表面能过剩的活性位点，如台阶和晶界等处。白钨矿（112）解理面本身比较平滑，表面能过剩的台阶很少，因此溶解行为较弱。白钨矿（001）面上虽然有很多台阶和条纹，但水化能更大的 Ca^{2+} 层被体积较大的 WO_4^{2-} 四面体离子层覆盖，很难通过溶解进入溶液。因此，两个解理面的溶解行为都很弱。

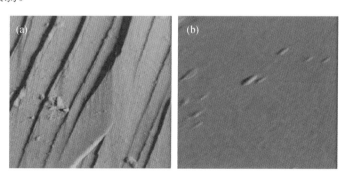

图 11-57　白钨矿（001）（a）和（112）（b）解理面在蒸馏水中浸泡 2 h 后的
AFM 图（扫描范围 5 μm×5 μm）[96]

2. 萤石晶体常见暴露面的表面微观形貌研究

萤石晶体（100）面的 AFM 形貌图，如图 11-58 所示。萤石晶体常呈现（100）立方体单形，立方体晶面上常出现与棱平行的嵌木地板式条纹，这种形貌导致了该晶面粗糙度较大，R_a 达到了 3.20 nm。萤石晶体形态具有标型特征，它随着生长环境介质的 pH 和离子浓度的变化而变化。在碱性溶液中结晶时，F⁻起主导作用，而发育成 F⁻面网密度大的（100）立方体。

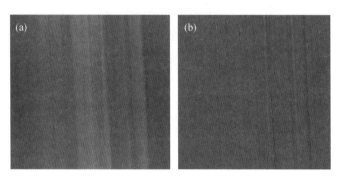

图 11-58　萤石（100）晶面表面形貌的高度图（a）及轮廓算术平均偏差图（b）（扫描范围 2 μm×2 μm）[96]

R_a=3.20 nm

萤石（111）解理面的 AFM 扫描图像，如图 11-59 所示。由图 11-59（a）可知，萤石（111）解理面的 AFM 微形貌表现为台阶状，且台阶较为平整光滑，粗糙度 R_a 为 2.83 nm。图 11-59（a）中划线部分的高度，如图 11-59（b）所示，台阶的高度为 0.315 nm 的整数倍，刚好对应 F⁻-Ca²⁺-F⁻离子层高度的整数倍，说明萤石在（111）方向上是沿重复单位 F⁻-Ca²⁺-F⁻离子层间解理的。

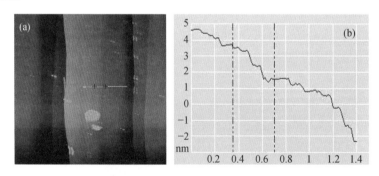

图 11-59　（a）萤石（111）解理面表面形貌的高度图；（b）图（a）中划线部分的高度图（扫描范围 5 μm×5 μm）[96]

R_a=2.83 nm

在蒸馏水中浸泡 2 h 后，萤石（100）晶面和（111）解理面的 AFM 扫描图像，如图 11-60 所示。由图 11-60（a）可知，（100）晶面溶解现象显著，表面的嵌木板式条纹已经不明显，取而代之的是溶解形成的许多深度和大小不等的蚀坑，粗糙度增加到 6.29 nm。与（100）晶面不同的是，在蒸馏水中浸泡 2 h 后，AFM 观察表明，（111）解理面的溶解现象不很明显，如图 11-60（b）所示，这与垂直于表面的偶极矩带电情况、表面的未饱和键密度和表面自由能有关。沿（100）面方向，由于 F⁻ 层和 Ca²⁺ 层依次排列，因此每一离子层都存在带电的偶极矩，因此表面能较高，导致表面不稳定，容易发生溶解行为。而沿（111）面方向，重复单位为 F⁻-Ca²⁺-F⁻ 离子层，每个离子层偶极矩表现为中性，故表面较稳定。

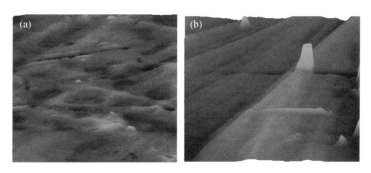

图 11-60　萤石（100）晶面（a）（扫描区域：5 μm×5 μm，R_a=6.29 nm）和（111）解理面（b）（扫描区域：1.7 μm×1.7 μm，R_a=0.897 nm）在蒸馏水中浸泡 2 h 后的 AFM 图[96]

11.4.2　与捕收剂作用后矿物表面形貌的 AFM 研究

1. 白钨矿常见暴露面与油酸钠溶液作用后表面形貌

在油酸钠浓度 $5×10^{-5}$ mol/L 条件下，采用 AFM 观察油酸根离子在白钨矿（112）和（001）解理面上的吸附形貌，如图 11-61 所示。

由图 11-61 可知，油酸根离子组分在（112）解理面上的吸附更均匀，排布更紧密，相比之下，在（001）解理面上的排布较为稀疏。研究表明，油酸根离子在（112）和（001）面上的吸附密度分别为 1.985 nm⁻² 和 1.819 nm⁻²，因此在（112）面上的吸附密度更大，排列更紧密。进一步缩小扫描范围，确定油酸离子在两晶面上的吸附形态，如图 11-62 和图 11-63 所示。

（112）面 1.7 μm ×1.7 μm　　　　（001）面 1.5 μm ×1.5 μm

图 11-61　白钨矿（112）和（001）解理面与 $5×10^{-5}$ mol/L 油酸钠溶液作用后的 AFM 图[96]

图 11-62（a）表明，在 0.5 μm×0.5 μm 的扫描范围内，白钨矿（112）解理面与浓度为 $5×10^{-5}$ mol/L 的油酸钠溶液作用后，油酸离子在该表面上分布较均匀，排列很紧密。油酸离子在（112）面上的吸附高度在 2.5 nm 左右，如图 11-62（b）所示。Chennakesavulu 等[452]研究表明，单个油酸离子的长度为 2.6 nm。MD 模拟研究表明，油酸离子在（112）面

达到吸附的稳定状态时，碳链不严格垂直于表面排布，发生了一定程度的弯曲。在 $0.5\ \mu m \times$ $0.5\ \mu m$ 的扫描范围内，白钨矿（112）解理面的粗糙度 R_a 在 0.5 nm 左右，如图 11-55 所示。可认为 2.5 nm 的吸附高度对应油酸离子在（112）面的吸附形式为单分子层吸附。

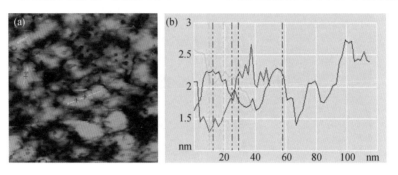

图 11-62　油酸组分在白钨矿（112）面吸附形貌 2D 图（a）及（a）图中画线部分的高度图（b）[96]

图 11-63 表明，油酸离子在（001）解理面上的吸附高度为 4 nm 左右，这可能是由于该解理面的粗糙度 R_a 较大（2.08 nm）。

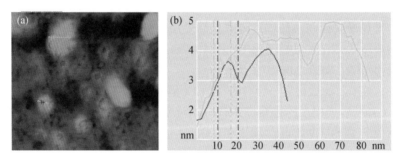

图 11-63　油酸组分在白钨矿（001）面吸附形貌的 2D 图（a）及（a）图中画线部分的高度图（b）[96]

　　综上所述，与浓度为 5×10^{-5} mol/L 的油酸钠溶液作用后，在白钨矿（112）和（001）解理面上均有可能形成油酸的单分子吸附层。Rao 和 Forssberg 研究表明，在 pH 为 9.0 的条件下，油酸钠溶液浓度小于 5×10^{-5} mol/L 时，油酸离子在白钨矿粉末样表面的吸附主要以单层吸附为主，并有少量的双层吸附[453]。油酸离子在某个矿物表面上的单分子层吸附密度越大，与该表面的作用越强，其在该表面上的排列越紧密，此时矿物表面接触角也越大，疏水性越强。与浓度为 5×10^{-5} mol/L 的油酸钠溶液作用后，油酸离子在白钨矿（112）和（001）面上均呈单分子层吸附，与（112）面的作用能更大，且在（112）解理面上的排列更紧密，该表面越疏水，接触角越大，如图 3-15 所示。

2. 萤石常见暴露面与油酸钠溶液作用后表面形貌

　　图 11-64 为萤石（111）解理面和（100）晶面与浓度为 5×10^{-5} mol/L 的油酸钠溶液作用后表面形貌的 AFM 3D 图。由图 11-64（a）可知，油酸离子在（111）面上吸附的分子簇大小和高度排布均匀。这主要是由于该表面为新鲜的解理面，在 $1.7\ \mu m \times 1.7\ \mu m$ 的扫描范围内，与药剂作用前的表面粗糙度 R_a 小于 1 nm，且在水溶液中表面溶解现象不明显

[图 11-60（b）]，表面更平整光滑。在同样的扫描范围内，（100）晶面的粗糙度 R_a 约为 1.15 nm，且该晶面的表面溶解现象比较显著 [图 11-60（a）]，导致与油酸钠溶液作用后表面的油酸离子簇分布不很整齐，如图 11-64（b）所示。对比 3D 图可知，在（111）解理面上油酸离子簇的排列更紧密，证实油酸离子在（111）面的吸附密度稍大。

图 11-64　油酸钠在萤石（a）（111）和（b）（100）面吸附形貌的 3D 图[96]

图 11-65 所示，1.7 μm×1.7 μm 的扫描范围内，与浓度为 5×10^{-5} mol/L 的油酸钠溶液作用后，萤石（111）解理面的 2D 图及图中划线部分的高度图。考虑到油酸根离子的理论计算长度为 2.6 nm、解理面的不平整性（R_a 小于 1nm），图 11-65（b）中所示的高度轮廓在 5～6 nm 之间的吸附分子簇，基本对应油酸离子的双层吸附高度。进一步缩小扫描范围为 0.5 μm× 0.5 μm，如图 11-66（a）所示，观察到油酸离子在（111）解理面上的吸附高度在 2～3 nm 之间，如图 11-66（b）所示，对应油酸离子的单分子层吸附高度。这表明在浓度为 5×10^{-5} mol/L 的作用条件下，油酸根离子在（111）解理面上的吸附主要以单分子层吸附为主，也有少量双分子层吸附，Chennakesavulu 等[452]的研究发现，浓度小于 1×10^{-4} mol/L 的油酸钠溶液与萤石（111）解理面作用后，油酸离子在（111）面上同时存在单分子层和双分子层吸附。Miller 等[97]研究表明，在浓度为 2×10^{-6}～2×10^{-5} mol/L，油酸离子在萤石表面形成了致密的单分子吸附层，本研究所选用的油酸钠浓度超过了上述范围，萤石表面同时存在单分子层和双分子层吸附。

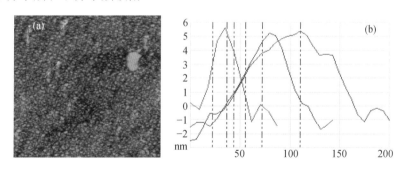

图 11-65　油酸钠在萤石（111）面吸附形貌的 2D 图（a）及（a）图中画线部分的高度图（b）[96]

图 11-67 所示为 1.7 μm×1.7 μm 的扫描范围内，与浓度为 5×10^{-5} mol/L 的油酸钠溶液作用后，萤石（100）晶面的 2D 图及图中划线部分的高度图。图 11-67（b）中，油酸根离子

在（100）晶面上吸附形成的分子簇高度在 3 nm 左右，考虑到油酸离子的长度及表面粗糙度（R_a 约为 1.15 nm）等因素，可以认为图中的高度范围对应于油酸根离子在该晶面上的单分子层吸附。

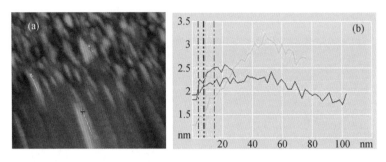

图 11-66　油酸根离子在萤石（111）面吸附形貌的 2D 图（a）及（a）图中画线部分的高度图（b）[96]

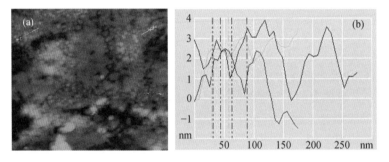

图 11-67　油酸根离子在萤石（100）面吸附形貌的 2D 图（a）及（a）图中画线部分的高度图（b）[96]

3. 白钨矿与十二烷基胺作用后表面形貌的 AFM 研究

图 11-68 所示为在 1.67 μm×1.67 μm 的扫描范围内，在 $1×10^{-4}$ mol/L 的 DDA 水溶液中，DDA 与白钨矿（112）解理面和方解石（104）解理面作用后表面形貌的 3D 图。吸附在矿物表面的 DDA 分子或离子的疏水基会相互作用发生烃链缔合，形成半球状的聚集体。图 11-68（a）表明，DDA 组分在白钨矿（112）面上以半球状和短棒状的胶束为主，吸附的分子簇排列紧密、分布均匀。而在方解石（104）表面上，DDA 分子则以半球状形态吸附，分子簇排列稀疏，

图 11-68　DDA 组分在白钨矿（112）(a) 和方解石（104）面 (b) 上吸附形貌的 3D 图[96]

如图 11-68（b）所示。对比可知，白钨矿表面 DDA 组分吸附密度更大，暴露出来的亲水表面很少，导致在 DDA 溶液中作用后白钨矿疏水性更强，接触角值更大，而方解石表面由于 DDA 分子排布密度较小，致其疏水性较弱。

对吸附在白钨矿（112）面上的 DDA 组分进行深入观察的结果，如图 11-69。图 11-69（a）中画线部分吸附 DDA 组分的高度分别为 2.214 nm、2.114 nm 和 2.185 nm，如图 11-69（b）所示。考虑与 DDA 水溶液作用前新鲜（112）解理面的粗糙度 R_a 为 0.532 nm，DDA 分子的理论长度为 1.70 nm[454]，则这三个高度刚好对应了 DDA 组分在白钨矿表面的单分子层吸附。另外，图中亮点部分（箭头所指部分）的 DDA 吸附组分高度在 3.9～6.0 nm，可认为形成了双分子或多分子吸附层。

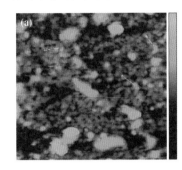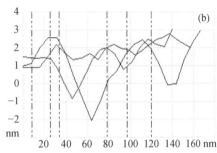

图 11-69　DDA 组分在白钨矿（112）面吸附形貌的 2D 图（a）及图中画线部分的高度图（b）[96]

浓度 1×10⁻⁴ mol/L，扫描范围 1.67 μm×1.67 μm

11.4.3　不同金属基配位组装捕收剂在白钨矿表面的吸附

白钨矿表面吸附 Pb-BHA 后的 AFM 图如图 11-70 所示。图 11-70（a）（b）为 2 μm×2 μm 白钨矿晶体表面的 AFM 2D 和 3D 高度图，结果表明，白钨矿表面吸附 Pb-BHA 后出现捕收剂胶体的山峰状凸起，这些凸起在 14.7～52 nm 的高度范围内稀疏地分布于白钨矿表面。AFM 高度图分析表明，白钨矿表面吸附 Pb-BHA 后的表面平均粗糙度 R_a=8.42 nm，均方根粗糙度 R_q=11.4 nm，最大高度粗糙度 R_{max}=63.8 nm，这表明白钨矿表面吸附 Pb-BHA 后粗糙度大幅度增加，峰谷之间的差值显著增大。图 11-70（c）为白钨矿晶体表面的 AFM 2D 高度图的横截面分析，结果表明在分析截面上，捕收剂胶体的峰宽在 0～350 nm 范围内，峰高在 40～50 nm 范围内，直观地表现出 Pb-BHA 在白钨矿表面的吸附形貌。

白钨矿表面吸附 Pb-BHA-OHA 后的 AFM 图如图 11-71 所示。图 11-71（a）（b）为 2 μm×2 μm 白钨矿表面的 AFM 2D 和 3D 高度图，表明白钨矿表面吸附 Pb-BHA-OHA 后同样出现捕收剂胶体的山峰状凸起。AFM 高度图分析表明，白钨矿表面吸附 Pb-BHA-OHA 后的表面平均粗糙度 R_a=6.84 nm，均方根粗糙度 R_q=9.58 nm，最大高度粗糙度 R_{max}=62.3 nm，这表明白钨矿表面吸附 Pb-BHA-OHA 后粗糙度大幅度增加。但与 Pb-BHA 相比有小幅度下降，表明 Pb-BHA-OHA 对白钨矿表面的覆盖度略低于 Pb-BHA。图 11-71（c）为白钨矿表面的 AFM 2D 高度图的横截面分析，结果表明在分析截面上，Pb-BHA-OHA 捕收剂胶体的峰宽

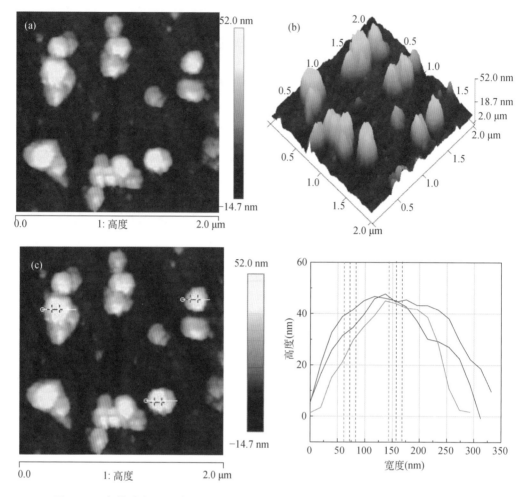

图 11-70　白钨矿表面吸附 **Pb-BHA** 后的 **AFM 2D** 高度图（a）、**AFM 3D** 高度图（b）
和 **AFM** 高度图横截面分析（c）[238]

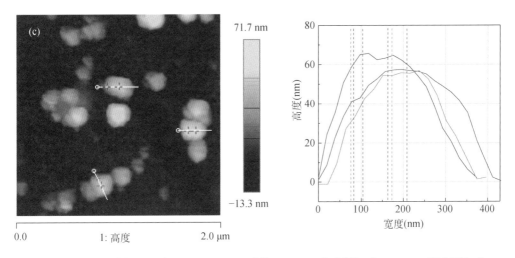

图 11-71　白钨矿表面吸附 Pb-BHA-OHA 后的 AFM 2D 高度图（a）、AFM 3D 高度图（b）
和 AFM 高度图横截面分析（c）[238]

在 0～400 nm 范围内，峰高在 50～70 nm 范围内，表明 Pb-BHA-OHA 在白钨矿表面形成的
吸附质粒度（或体积）比 Pb-BHA 更大。

11.4.4　浮选剂与矿物表面相互作用力

用原子力显微镜力-位移曲线，来确定表面黏附力。理想情况下，探针微悬臂固定端与
样品之间的位移量就是探针微悬臂的弯曲量，根据 Hooke 定律得到黏附力计算式为[455]：

$$F_a = k_e l$$

式中，k_e 为探针微悬臂弯曲弹性常数；l 为探针微悬臂从不弯曲状态到跳离样品表面过程中
的位移量。根据 Johnson-Kendall-Roberts（缩写为 JKR）黏附理论公式[61]：

$$F_a = -\frac{3}{2}\pi R W_{12}$$

式中，W_{12} 为接触界面单位面积上的黏附能；R 为探针针尖的曲率半径。取探针的曲率半径为
40 nm。一水硬铝石在不同溶液中浸泡后的表面黏附力和单位面积上的黏附能结果见表 11-10。

表 11-10　一水硬铝石在不同溶液中浸泡后的表面黏附力和单位面积上的黏附能

溶液	蒸馏水	十二胺 （2×10^{-4}mol/L）	油酸钠 （2×10^{-4}mol/L）
表面黏附力（nN）	18.8	8.4	4
黏附能/面积（J/m^2）	0.100	0.045	0.021

由表 11-10 可以知道，经十二胺溶液和油酸钠溶液浸泡之后，一水硬铝石矿物表面的
平均黏附力和单位面积上的平均黏附能比在蒸馏水中的平均黏附力和单位面积上的平均黏
附能都有明显地减小，一水硬铝石矿物在三种溶液中浸泡之后平均黏附力和单位面积上的

平均黏附能的大小顺序为：蒸馏水＞十二胺（2×10^{-4} mol/L）＞油酸钠（2×10^{-4} mol/L）；根据高能表面和低能表面的划分标准，可以知道一水硬铝石属于高能表面，而经捕收剂浸泡之后，则变为低能表面。

Hu Wenjihao 等首次采用 AFM 胶体探针方法测量了溶液中 BHA/Pb-BHA 与锂辉石（110）面的力曲线，通过合成 N-羟基-4-巯基苯甲酰胺，实现了 BHA 分子在探针上的修饰，如图 11-72 所示。结果表明，BHA 与 Pb^{2+} 活化的锂辉石表面的黏附能为 1.99 mJ/m^2，而 Pb-BHA 配合物与锂辉石（110）的黏附能为 3.77 mJ/m^2，这从动力学角度证明了 Pb-BHA 配合物在矿物表面吸附更强。因此，热力学和动力学研究证明了配合物浮选模型优于活化浮选模型[231]。

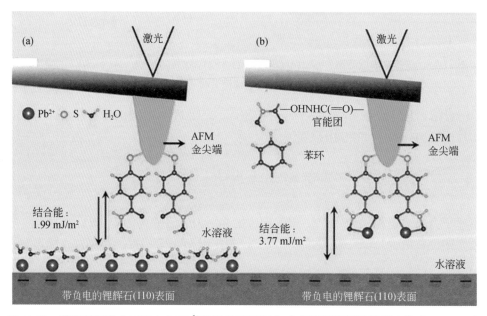

图 11-72　苯甲羟肟酸（BHA）与 Pb^{2+} 活化的锂辉石（a）及苯甲羟肟酸铅配合物（Pb-BHA）与锂辉石（b）表面间作用力

为了进一步揭示 d-PDA/Fe(Ⅲ) 涂层在基体上的吸附和沉积机制，Zhang 等用 SFA 研究了 d-PDA/Fe(Ⅲ) 复合物与云母基质之间的黏附和内聚相互作用机制，如图 11-73 所示。使用 SFA 获得了两个表面之间在接近和分离过程中的力-距离分布。在缓冲溶液（0.1 mol/L 乙酸钠缓冲液，pH=5.5，添加 0.25 mol/L 硝酸钾和 1 mmol/LBis-Tris）中，云母表面的 dPDA/Fe(Ⅲ) 复合物涂层非常平坦和稳定。为了研究 d-PDA/Fe(Ⅲ) 配合物在云母表面的沉积，在不对称配置下测量了 d-PDA/Fe(Ⅲ) 涂层云母和裸云母之间的黏附力。在表面接近过程中只检测到排斥，这可能是由于静电排斥和空间排斥。接触 3 分钟后，进行这两个表面的分离，并观察到弱黏附（$F/R \sim -0.58$ mN/m）[图 11-73（a）]。检测到的 d-PDA/Fe(Ⅲ) 配合物和云母表面之间的黏附很可能是由于氢键作用。为了进一步了解 d-PDA/Fe(Ⅲ) 的生长沉积和吸附，测量了两个涂有 d-PDA/Fe(Ⅲ) 复合物的云母表面之间的界面相互作用。在接近过程中没有检测到明显的排斥，而检测到与分离相关的强黏附（$F/R \sim -7.08$ mN/m）[图 11-73（b）]。

实验进行了多次接近分离循环，并记录了两个 d-PDA/Fe(III)表面之间的力 [图 11-73（c）]。研究发现，第一次循环后内聚力降低，这可能归因于与接触相关的沉积分子的构象重排。在 SFA 测量中，使用含有 Fe(III)离子的缓冲溶液作为液体介质来研究金属离子的影响。当引入低浓度的 Fe(III)离子（10 μmol/L）时，内聚力急剧下降至 2.52 mN/m。这种黏附可归因于 d-PDA 的邻苯二酚基团与 Fe(III)离子之间的配位相互作用。当 Fe(III)的浓度进一步增加到 100 μmol/L 时，内聚力变弱至约-1.0 mN/m [图 11-73（d）]。这种内聚力的减弱表明 Fe(III)离子对表面相互作用的影响大大降低。测量的黏附力和内聚力可能是 dPDA/Fe(III)复合物在基底上快速吸附和沉积的主要驱动力。这些结果表明，Fe(III)离子在 d-PDA/Fe(III)复合物在基质表面沉积过程中非常重要。

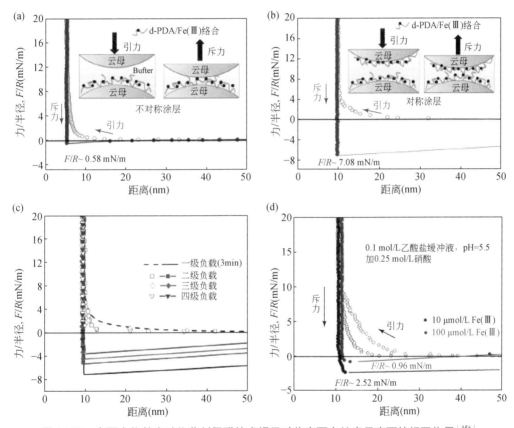

图 11-73　表面力仪基底矿物药剂偶联技术揭示矿物表面在纳米尺度下的相互作用[456]

（a）d-PDA/Fe(III)涂层与云母基体表面附着力的 SFA 测量，嵌入的图像说明了附着力测量的过程；（b）d-PDA/Fe(III)配合物内部内聚力的 SFA 测量；（c）接近-分离循环过程内聚力的测量；（d）对称涂层之间的 SFA 测量，该涂层含有 0.1 mol/L 乙酸缓冲液（pH 5.5），该缓冲液含有 0.25 mol/L KNO_3 和 10 或 100 μmol/L Fe(III)离子

11.5　浮选剂与矿物表面相互作用的离子质谱研究

飞行时间-二次离子质谱（time of flight secondary ion mass spectroscopy，TOF-SIMS）是一种通过离子束轰击样品表面并产生二次离子（包括中性原子、离子、电子和分子）的

分析手段，不同质荷比（m/z）的二次离子在离子飞行通道中的飞行速度不同，从而实现不同质荷比（m/z）二次离子的高效分离，并利用飞行时间检测器检测其中极少量的二次离子质荷比，最终得到样品表面组成及成分的信息。二次离子质谱已经广泛应用分析化学、材料科学，环境科学、生命科学和地球科学等领域[457, 458]。矿物浮选分离主要取决于矿物表面的亲水性和疏水性，矿物表面的性质往往可以通过添加浮选药剂来改变。二次离子质谱作为一种获取样品表面有价信息的技术手段，在矿物加工领域已经得到广泛的应用[459-461]。通过分析矿物表面的离子碎片，能够初步判断药剂吸附在矿物表面的吸附成分和吸附量，最终确定浮选药剂在矿物表面的吸附机理。飞行时间二次离子质谱仪具有优异的杂质检测灵敏度、良好的深度辨析率、小面积分析、检测元素范围广和优良的动态范围等优点；其局限性主要对样品具有破坏性、无化学键联信息、分析仅限于元素、样品必须是固体且在真空中兼容和分析的元素必须是已知的。

11.5.1　抑制剂与矿物表面微观作用机理飞行时间二次离子质谱分析

1. 抑制剂 AHS 与黄铜矿及辉钼矿的选择性作用

黄铜矿吸附 AHS 后表面的飞行时间-二次离子质谱正离子和负离子图谱如图 11-74 所示。所有的图谱均在高分辨率条件下测试，图谱中仅仅记录了强度比较高的碎片峰。正离子图谱中［图 11-74（a）］，质谱记录范围为 $0\sim400$（m/z），正离子质谱碎片峰值分别是 Fe^+（m/z 56），Cu^+（m/z 63），Cu^+（m/z 65），$C_3H_3ON_2S_2^+$（m/z 147），$C_3HONS_2^+$（m/z 131），$C_2HONS_2^+$（m/z 119），$C_2HOS_2^+$（m/z 105）。分析正离子碎片峰可知，在 AHS 作用后的黄铜矿表面能检测到 AHS 的碎片；由此可知，AHS 吸附在黄铜矿表面。药剂作用后的黄铜矿，其表面负离子质谱碎片［图 11-74（b）］范围为 $0\sim200$（m/z）。质谱碎片峰值分别为 C^-（m/z 12），CH^-（m/z 13），N^-（m/z 14），O^-（m/z 16），OH^-（m/z 17），C_2^-（m/z 24），C_2H^-（m/z 25），CN^-（m/z 26），S^-（m/z 32），SH^-（m/z 33），CNS^-（m/z 58），C_2N_2（^{63}Cu）$^-$（m/z 115），C_2N_2（^{65}Cu）$^-$（m/z 117），C_2N_2S（^{63}Cu）$^-$（m/z 147），C_2N_2S（^{65}Cu）$^-$（m/z 149），$C_2N_2S_2$（^{63}Cu）$^-$（m/z 179），$C_2N_2S_2$（^{65}Cu）$^-$（m/z 181）。分析负离子碎片可知，当黄铜矿吸附抑制剂 AHS 后，其表面被 AHS 所覆盖。除此之外，AHS-Cu 的碎片峰也出现在黄铜矿表面，如 C_2N_2（^{63}Cu）$^-$（m/z 115），$C_2N_2^{65}Cu^-$（m/z 117），C_2N_2S（^{63}Cu）$^-$（m/z 147），C_2N_2S（^{65}Cu）$^-$（m/z 149），$C_2N_2S_2$（^{63}Cu）$^-$（m/z 179），$C_2N_2S_2$（^{65}Cu）$^-$（m/z 181）。更加有趣的是，AHS-Cu^{2+}络合物的碎片中铜同位素 ^{63}Cu 和 ^{65}Cu 均成对出现。除此之外，在 AHS 吸附后的黄铜矿表面没有发现明显的 AHS 与铁离子的碎片峰。这些结果表明黄铜矿表面的铜离子可能与 AHS 通过 S 和 N 原子生成了螯合物覆盖在黄铜矿表面，进一步指明了图 11-40 AHS 吸附在黄铜矿表面的吸附模型。

辉钼矿吸附 AHS 后表面的飞行时间-二次离子质谱正离子和负离子图谱如图 11-75 所示。在高分辨率条件下测试相应的离子质谱图，并记录信号强度较高的碎片。正离子图谱中［图 11-75（a）］，质谱记录范围为 $0\sim400$（m/z），正离子质谱碎片峰值分别是 Na^+（m/z 23），NH_3^+（m/z 17），NH_4^+（m/z 18），Mo^+（m/z 98）。分离正离子质谱碎片可知，辉钼矿表面并

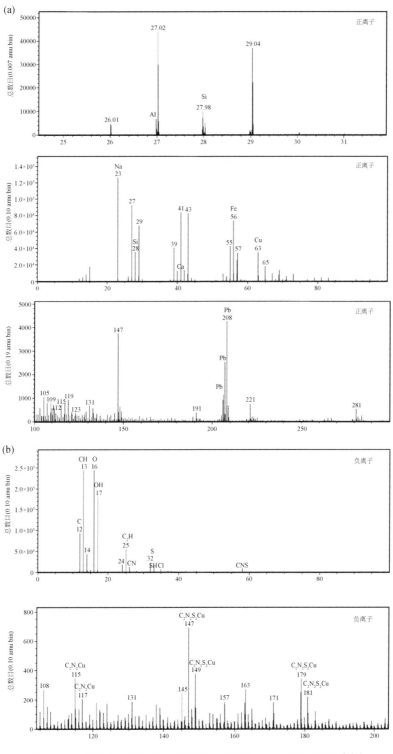

图 11-74　黄铜矿吸附抑制剂后表面飞行时间-二次离子质谱图[239]

（a）正离子；（b）负离子

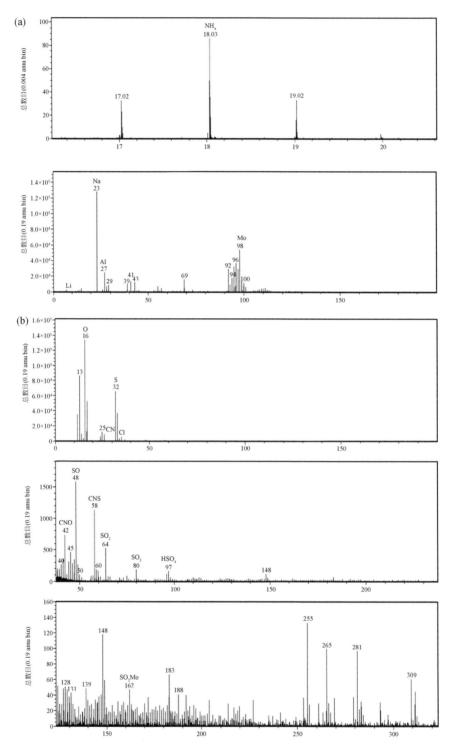

图 11-75　辉钼矿吸附抑制剂后表面飞行时间-二次离子质谱图

（a）正离子；（b）负离子

没有检测到明显的抑制剂与钼离子作用后的特征碎片。药剂作用后的辉钼矿，其表面负离子质谱［图 11-75（b）］碎片范围为 0～200（m/z）。其离子质谱碎片有 CH⁻（m/z 13），O⁻（m/z 16），CN⁻（m/z 23），S⁻（m/z 32），CNO⁻（m/z 42），SO⁻（m/z 48），CNS⁻（m/z 58），SO₂⁻（m/z 64），SO₃⁻（m/z 80），HSO₄⁻（m/z 97），SO₂Mo⁻（m/z 162）。分析负离子质谱碎片可知，辉钼矿表面有少量 AHS 的离子质谱碎片峰，主要包括 CN⁻（m/z 23），CNO⁻（m/z 42）和 CNS⁻（m/z 58）。分析辉钼矿表面正负离子质谱图可知，抑制剂 AHS 在辉钼矿表面的吸附量很少，其原因可能吸附在辉钼矿表面的 AHS 是物理吸附，物理吸附在辉钼矿表面的 AHS 在样品制备过程中被清洗掉。

2. 次氯酸钙与辉铋矿表面作用机理

溶液化学计算和热力学分析表明，次氯酸钙与辉铋矿表面作用后产生 Bi^{3+}、Cl^- 和 SO_4^{2-} 离子。其中，SO_4^{2-} 离子以自由离子的形式溶解并稳定存在于水介质中，而矿物表面产生的 Bi^{3+} 和 Cl^- 会进一步络合然后水解形成 BiOCl。图 11-25 表明，在次氯酸钙作用后，辉铋矿的 Raman 光谱峰中出现 BiOCl 中的 Bi—O 键，表明辉铋矿与次氯酸钙作用后表面会生成具有 Bi—O 键化合物。对次氯酸钙作用前后的辉铋矿表面进行飞行时间二次离子质谱（TOF-SIMS）分析，实验结果如图 11-76 和图 11-77 所示。

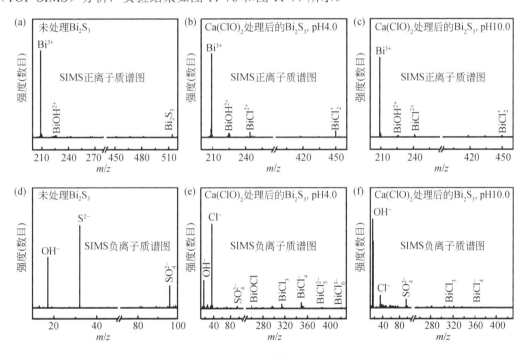

图 11-76　（a）辉铋矿表面 TOF-SIMS 正离子质谱图；（b）在 pH 4.0 条件下用次氯酸钙处理辉铋矿表面后的 TOF-SIMS 正离子质谱图；（c）在 pH 10.0 条件下用次氯酸钙处理辉铋矿表面后的 TOF-SIMS 正离子质谱图；（d）辉铋矿表面 TOF-SIMS 负离子质谱图；（e）在 pH 4.0 条件下用次氯酸钙处理辉铋矿表面后的 TOF-SIMS 负离子质谱图；（f）在 pH 10.0 条件下用次氯酸钙处理辉铋矿表面后的 TOF-SIMS 负离子质谱图[237]

图 11-76（a）和（d）为次氯酸钙作用前辉铋矿表面 TOF-SIMS 质谱图。如图所示，在次氯酸钙作用前，辉铋矿表面正离子主要有 Bi^{3+} 和 $BiOH^{2+}$，负离子主要有 OH^-、S^{2-} 和 SO_4^{2-}。

其中 Bi^{3+} 和 S^{2-} 由辉铋矿表面溶解产生，$BiOH^{2+}$ 源于 Bi^{3+} 水解，OH^- 为辉铋矿表面吸附的氢氧根离子，SO_4^{2-} 的存在说明辉铋矿表面发生了轻微的氧化。由图还可发现，辉铋矿表面 $BiOH^{2+}$ 的信号强度最弱，辉铋矿表面的水解产物较少，较难通过水解产生 $Bi(OH)_3$ 覆盖层。与此同时，在辉铋矿表面检测到 Bi_2S_3 分子信号，说明此时的辉铋矿表面没有被其他物质覆盖，进一步证明辉铋矿表面不会产生 $Bi(OH)_3$。

图 11-76（b）（e）为酸性条件下，用次氯酸钙处理辉铋矿表面后的 TOF-SIMS 质谱分析结果。图 11-76（b）表明，次氯酸钙作用后，辉铋矿表面 Bi_2S_3 信号消失（信号极弱），表明其表面被其他物质覆盖；此时，辉铋矿表面正离子除 Bi^{3+} 和 $BiOH^{2+}$ 外还发现 $BiCl^{2+}$ 和 $BiCl_2^+$；在负离子质谱图中 ［图 11-76（e）］，辉铋矿表面 S^{2-} 信号消失（信号极弱），OH^- 和 SO_4^{2-} 的信号强度减弱，同时出现 Cl^-、$BiCl_3$、$BiCl_4^-$、$BiCl_5^{2-}$、$BiCl_6^{3-}$ 和 $BiOCl$ 的信号峰。可以推断，S^{2-} 的信号消失是因为辉铋矿表面的硫元素被次氯酸钙氧化成 SO_4^{2-} 溶于水介质中；OH^- 信号减弱是因为辉铋矿表面吸附了其他离子；$BiOCl$ 的存在证实了次氯酸钙和辉铋矿作用后会产生 $BiOCl$；而 Bi_2S_3 的信号消失，则是因为辉铋矿表面被 $BiOCl$ 覆盖，形成具有一定厚度的覆盖层，在 TOF-SIMS 检测中，离子束无法穿透 $BiOCl$ 覆盖层轰击到矿物内部，因而检测不到 Bi_2S_3；Cl^-、$BiCl^{2+}$、$BiCl_2^+$、$BiCl_3$、$BiCl_4^-$、$BiCl_5^{2-}$、$BiCl_6^{3-}$ 等的出现，证实了在辉铋矿和次氯酸钙的作用过程中，会产生 $BiCl_i^{3-i}$ 这种形式的中间体。

图 11-76（c）（f）为碱性条件下用次氯酸钙处理辉铋矿表面后的 TOF-SIMS 质谱分析结果。由图可知，在 pH 10.0 条件下，用次氯酸钙处理辉铋矿表面后，在其表面能检测到 Bi^{3+}、$BiOH^{2+}$、$BiCl^{2+}$、$BiCl_2^+$ 等正离子的信号 ［图 11-76（c）］，但信号强度相对较弱，这说明在碱性条件下辉铋矿和次氯酸钙的作用强度有所减弱。结合图 9-75 可知，这可能是因为碱性条件下的含氯组分主要为 ClO^-，而 ClO^- 在碱性条件下的氧化性要弱于酸性条件下的 $HClO$，从而导致次氯酸钙和辉铋矿的作用强度减弱。图 11-76（f）为辉铋矿表面负离子质谱图，由图可知，辉铋矿在碱性条件和次氯酸钙作用后，其表面的 OH^- 和 SO_4^{2-} 的信号增强，Cl^-、$BiCl_3$、$BiCl_4^-$ 等的信号强度较酸性条件下的信号强度有所减弱，同时，$BiOCl$、$BiCl_5^{2-}$ 和 $BiCl_6^{3-}$ 的信号消失（或极弱），该结果进一步证实辉铋矿和次氯酸钙在碱性环境作用较难形成 $BiOCl$ 亲水层。

图 11-77 为不同条件下辉铋矿表面 TOF-SIMS 分子片段。由图 11-77（a）可知，在次氯酸钙作用前，辉铋矿表面正、负离子信号较强，颜色明亮，正离子的分布与 Bi^{3+} 分布较为一致，表明辉铋矿表面正离子主要为 Bi^{3+}；负离子的分布与 S^{2-} 较为一致，说明辉铋矿表面负离子主要为 S^{2-}。除此之外，还分布较多的 OH^- 和 SO_4^{2-} 负离子以及少量的 $BiOH^{2+}$ 正离子，$BiOH^{2+}$ 的存在说明辉铋矿表面溶出的 Bi^{3+} 会发生水解，SO_4^{2-} 说明辉铋矿表面有轻微的氧化。

图 11-77（b）为酸性条件下次氯酸钙作用后辉铋矿表面 TOF-SIMS 分子片段。由图可知，被次氯酸钙处理后，辉铋矿表面总的正离子片段的颜色变暗，说明辉铋矿表面 Bi^{3+}、$BiOH^{2+}$ 等离子的分布减少。同时，OH^- 和 SO_4^{2-} 片段的明亮度降低，表面负离子的分布与 Cl^- 的分布较为一致，说明此时辉铋矿表面的负离子主要为 Cl^-。除此之外，在辉铋矿的表面出现 Cl^-、$BiCl^{2+}$、$BiCl_2^+$、$BiCl_3$、$BiCl_4^-$、$BiCl_5^{2-}$、$BiCl_6^{3-}$ 和 $BiOCl$ 等离子和分子的碎片信号，并且 $BiCl_3$、$BiCl_4^-$ 和 $BiOCl$ 的分子片段颜色较为明亮，分布较多，表明次氯酸钙

能有效的改变辉铋矿表面的物质组成，同时也证实了次氯酸钙和辉铋矿作用会产生 Bi—Cl 络合物（$BiCl_i^{3-i}$）和 BiOCl。

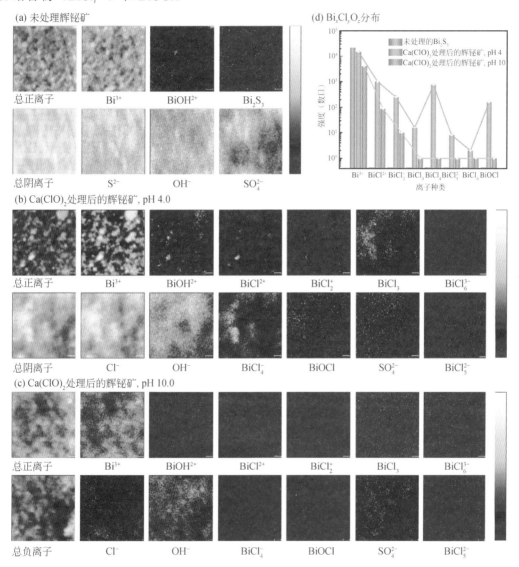

图 11-77（a）未处理辉铋矿表面 TOF-SIMS 面扫结果；（b）在 pH 4.0 条件下用次氯酸钙处理辉铋矿表面后的 TOF-SIMS 面扫结果；（c）在 pH 10.0 条件下用次氯酸钙处理辉铋矿表面后的 TOF-SIMS 面扫结果；（d）不同条件下辉铋矿表面 $Bi_xCl_yO_z$ 含量的分布情况[237]

　　图 11-77（c）为碱性条件下用次氯酸钙处理辉铋矿表面后的 TOF-SIMS 分子片段。由图可知，在碱性条件下，辉铋矿表面的正离子主要为 Bi^{3+}，负离子主要为 OH^-、SO_4^{2-} 和 Cl^-，表面正、负离子碎片的颜色深度较酸性条件下的颜色更深，分子片段的颜色更为暗淡，$BiCl^{2+}$、$BiCl_2^+$、$BiCl_3$、$BiCl_4^-$、$BiCl_5^{2-}$、$BiCl_6^{3-}$ 和 BiOCl 等物质的分子片段的颜色接近黑色，说明次氯酸钙和辉铋矿在碱性条件下的作用强度要弱于酸性条件下的作用强度。对比不同条件下 Bi—Cl 络合物的信号强度可知 [图 11-77（d）]，碱性条件下辉铋矿表面各 Bi—Cl

络合物的信号强度急剧下降，尤以 BiCl$_4^-$ 和 BiOCl 的下降最为明显，由此可以判断，次氯酸钙与辉铋矿在碱性条件下也有一定的作用，但作用相对较弱。一方面，这可能是因为碱性条件下次氯酸钙中的含氯组分主要以 ClO$^-$ 的形式存在，而 ClO$^-$ 在碱性条件下的氧化性要弱于酸性条件下的 HClO，因而导致次氯酸钙氧化能力下降，和辉铋矿的作用能力减弱；另一方面，由溶液化学和热力学计算可知，次氯酸钙和辉铋矿表面作用产生的 Bi—Cl 络合物在碱性条件下不能水解产生 BiOCl 沉淀，因而无法形成有效的亲水性 BiOCl 覆盖层，故而导致次氯酸钙的抑制效果减弱。

TOF-SIMS 分析结果充分证实了溶液化学和热力学分析中的推论，即次氯酸钙与辉铋矿表面作用的过程中会产生 Bi—Cl 络合物中间体，该中间体在酸性和弱碱性条件下会进一步水解产生亲水性物质 BiOCl，并形成有效的沉淀层，覆盖在辉铋矿的表面，从而降低辉铋矿的表面疏水性，增加其表面亲水性，造成辉铋矿的可浮性降低；随着体系碱性的增强，次氯酸钙与辉铋矿的作用减弱，产生的 Bi—Cl 络合物减少，并不再生成亲水性的 BiOCl 覆盖层，最终导致辉铋矿的可浮性增加，抑制效果减弱。

图 11-78 为丁黄药和乙硫氮作捕收剂时，pH 对次氯酸钙抑制能力的影响。由图可知，在丁黄药作捕收剂的条件下，次氯酸钙对辉铋矿的抑制能力受 pH 的影响较大，在 pH 为 2.0 时，辉铋矿的浮选回收率仅为 4%；随着矿浆 pH 的增加，次氯酸钙对辉铋矿的抑制效果减弱，辉铋矿的浮选回收率增加；在矿浆 pH 为 12.0 时，辉铋矿的浮选回收率高达 89%，此时次氯酸钙对辉铋矿几乎没有抑制效果。

在乙硫氮作捕收剂的条件下，在矿浆 pH 小于 9.0 的条件下，次氯酸钙对辉铋矿均能表现出较好的抑制效果。在强碱性条件下的抑制效果减小。在丁黄药和乙硫氮作捕收剂的条件下，次氯酸钙对辉钼矿无明显抑制效果，辉钼矿的回收率保持在 85% 以上。

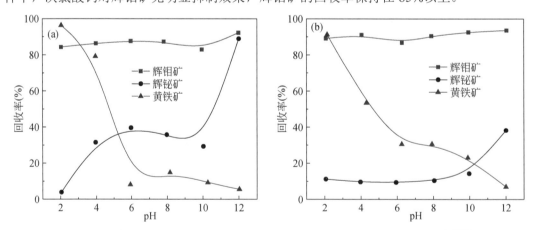

图 11-78　次氯酸钙作抑制剂 pH 对辉钼矿、辉铋矿和黄铁矿浮选行为的影响[237]

（a）丁黄药；（b）乙硫氮

11.5.2　捕收剂与矿物表面微观作用机理 TOF-SIMS 图谱分析

Pb-BHA-SDS 在矿物表面吸附的 TOF-SIMS 质谱图如图 11-79 所示。配体 L$_1$ 代表 BHA，

配体 L_2 代表 SDS。在 $100\sim300$ 的低 m/z 区域，m/z 为 207.97、224.98 和 280.96 处的离子碎片峰可对应为 Pb^+、$PbOH^+$ 和 $Pb(OH)_2+K^+$；在 $300\sim1000$ 的中等 m/z 区域，m/z 为 344.03、446.95、528.92、653.88、670.90 和 895.87 处的离子碎片峰对应为 $Pb(L_1)+H^+$、$Pb(L_1)(OH)_2+3Na^+$、$Pb(L_1)(L_2)+2Na^+$、$Pb(L_1)_3O_2+Na^+$ 和 $Pb(L_1)_3(L_2)O^+$；在 $1000\sim1400$ 的高 m/z 区域，m/z 为 1117.82、1141.85、1198.89 和 1340.81 处出现的峰对应为 $Pb_2(L_1)_5+Na^+$、$Pb_2(L_1)_5+2Na^+$、$Pb_3(L_1)_4(OH)_2{}^+$、$Pb_3(L_1)_3(L_2)+2Na^+$；在 $1300\sim1900$ 的高 m/z 区域，m/z 为 1365.70、1492.91、1565.28、1716.29 和 1797.07 处出现的峰可以对应为 $Pb_3(L_1)_5(OH)+2Na^+$、$Pb_3(L_1)_4(L_2)(OH)+2Na^+$、$Pb_3(L_1)_5(L_2)^+$、$Pb_4(L_1)_4(L_2)(OH)_2+2Na^+$、$Pb_4(L_1)_5(L_2)+Na^+$。因此，质谱图中 m/z 最大的峰为 1797.07 处出现的 $Pb_4(L_1)_5(L_2)+Na^+$，该峰可认为是分子离子峰的主要碎片，而 1800 以下的 m/z 区域出现了多个含有羟基的碎片峰，因此可以推测 $Pb_4(L_1)_5(L_2)(OH)_2$ 是配合物的分子结构，而 $Pb(L_1)(OH)_2$、$Pb(L_1)(L_2)$、$Pb(L_1)_3(L_2)O$、$Pb_3(L_1)_3(L_2)$、$Pb_3(L_1)_4(L_2)(OH)$ 和 $Pb_4(L_1)_4(L_2)(OH)_2$ 等是 $Pb_4(L_1)_5(L_2)(OH)_2$ 对应的离子碎片峰。因此，Pb-BHA-SDS 在矿物表面以 $Pb_4(L_1)_5(L_2)(OH)_2$ 的结构吸附在矿物表面。

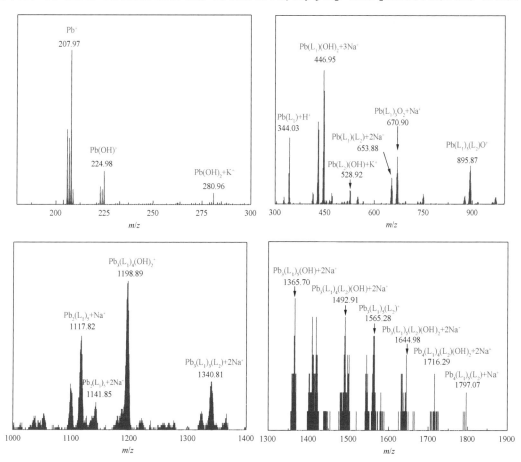

图 11-79　Pb-BHA-SDS 在白钨矿表面吸附的 TOF-SIMS 图谱[238]

因此，SDS 通过与铅离子结合进入 Pb-BHA 结构，形成结构为 $Pb_4(L_1)_5(L_2)(OH)_2$ 的铅基多配体配合物，该配合物在矿物表面形成结构为 $Pb_4(L_1)_5(L_2)(OH)_2$ 的吸附质。

11.5.3　金属基配合物捕收剂结构的电喷雾电离质谱（ESI-MS）分析

1. 苯甲羟肟酸与 Pb^{2+} 在溶液中生成配合物

采用电喷雾电离质谱手段对 Pb^{2+} 与苯甲羟肟酸摩尔比例不同的苯甲羟肟酸-Pb^{2+} 混合溶液进行检测分析，如图 11-80（a）所示。结果表明，当 Pb^{2+}∶BHA 为 1∶2 时，$[Pb(H_2O)BHA]^+$ 和 $[Pb(OH)BHA_2]^+$ 会在溶液中形成，图 11-80（a）插图显示的 $[Pb(OH)BHA_2]^+$ 理论计算结果和实验检测一致，再次证实了该 Pb^{2+} 配合物会在苯甲羟肟酸与 Pb^{2+} 反应中生成；图 11-80（b）表明，当 Pb^{2+}∶BHA 为 1∶1 时，$[PbBHA]^+$ 是生成最主要的配合物，$[Pb(OH)BHA]$ 和 $[Pb(OH)_2BHA]$ 也会在溶液中形成。在图 11-80（a）中，可以清晰地发现 $Pb(OH)(H_2O)_6^+$ 的存在，为 Pb^{2+} 在溶液产生水化现象提供最直接的证据，$[PbBHA]^+$、$[Pb(OH)BHA]$ 和 $[Pb(OH)_2BHA]$ 等一系列配合物产生会破坏 Pb^{2+} 水化层。

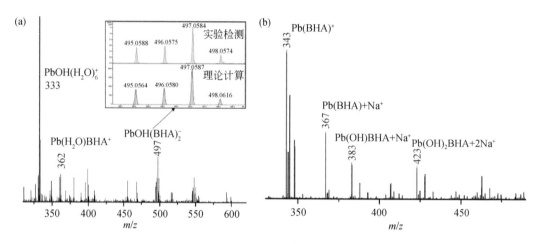

图 11-80　苯甲羟肟酸与 Pb^{2+} 混合溶液质谱图（Pb^{2+}∶BHA 为 1∶2（a）和 1∶1（b））[240]

图（a）中的插图显示的是理论计算和实验检测比较结果

2. Pb-BHA-SDS 配合物沉淀的 ESI-MS 图谱分析

Pb-BHA-SDS 沉淀的 ESI-MS 质谱分析如图 11-81 所示。Pb-BHA-SDS 沉淀的质谱图主要峰值出现在 m/z 为 1400~1900 的区域。1400~1700 的 m/z 图谱区，m/z 为 1418.81、1450.84、1462.90、1581.84 和 1684.88 处出现的峰可对应为 $Pb_4(L_1)_4+2Na^+$、$Pb_3(L_1)_4(L_2)(OH)+2H^+$、$Pb_3(L_1)_4(L_2)O_2^+$、$Pb_3(L_1)_5(L_2)O_2^+$ 和 $Pb_4(L_1)_4(L_2)(OH)+2Na^+$。1700~1900 的 m/z 图谱区，m/z 为 1807.80、1847.82 和 1875.70 处出现的峰可对应为 $Pb_4(L_1)_5(L_2)(OH)_2^+$、$Pb_4(L_1)_5(L_2)(OH)_2+K^+$ 和 $Pb_4(L_1)_5(L_2)(OH)_2+3Na^+$。因此，根据分子量最大的峰所对应的 $Pb_4(L_1)_5(L_2)(OH)_2$ 结构，以及低分子量区域出现的 $Pb_4(L_1)_4$、$Pb_3(L_1)_4(L_2)(OH)$、$Pb_4(L_1)_4(L_2)(OH)$ 和 $Pb_4(L_1)_5(L_2)(OH)_2$ 等 $Pb_4(L_1)_5(L_2)(OH)_2$ 结构的碎片，可以推测配合物在碱性沉淀中以 $Pb_4(L_1)_5(L_2)(OH)_2$ 的结构存在。

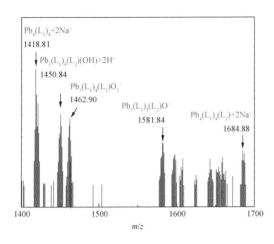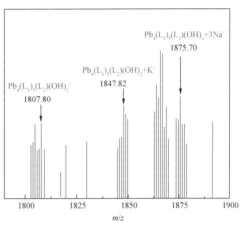

图 11-81　Pb-BHA-SDS 沉淀的质谱分析（L_1 代表配体 BHA、L_2 代表配体 SDS)[238]

这表明，SDS 通过与铅离子结合进入 Pb-BHA 结构，形成结构为 $Pb_4(L_1)_5(L_2)(OH)_2$ 的铅基多配体配合物。

3. Pb-BHA-OHA 配合物沉淀 ESI-MS 图谱分析

Pb-BHA-OHA 沉淀的 ESI-MS 质谱分析如图 11-82 所示。Pb-BHA-OHA 沉淀的质谱图主要峰值出现在 m/z 为 1300～1700 的区域。1300～1500 的 m/z 图谱区，m/z 为 1358.90、1373.80、1420.80 和 1461.90 处出现的峰可对应为 $Pb_3(L_1)_4(L_2)(OH)_2+H^+$、$Pb_3(L_1)_5(OH)_2+K^+$、$Pb_3(L_1)_4(L_2)(OH)_3+2Na^+$ 和 $Pb_3(L_1)_5(L_2)+2H^+$。1500～1700 的 m/z 图谱区，m/z 为 1582.90、1597.80、1606.80、1685.90 和 1700.70 出现的峰可对应为 $Pb_4(L_1)_5(OH)_3+Na^+$、$Pb_4(L_1)_5(OH)_3+K^+$、$Pb_4(L_1)_5(OH)_3+2Na^+$、$Pb_4(L_1)_5(L_2)(OH)+H^+$ 和 $Pb_4(L_1)_5(L_2)(OH)_2^+$。因此，根据分子量最大的峰所对应的 $Pb_4(L_1)_5(L_2)(OH)_2$ 结构，以及低分子量区域出现的 $Pb_3(L_1)_4(L_2)(OH)_2$、$Pb_3(L_1)_5(OH)_2$、$Pb_4(L_1)_5(OH)_3$、$Pb_4(L_1)_5(OH)_3$ 和 $Pb_4(L_1)_5(L_2)(OH)$ 等 $Pb_4(L_1)_5(L_2)(OH)_2$ 结构的碎片，可以推测配合物在碱性沉淀中以 $Pb_4(L_1)_5(L_2)(OH)_2$ 的结构存在。

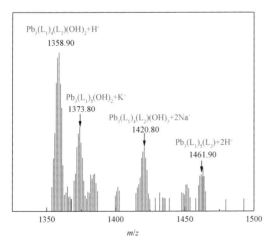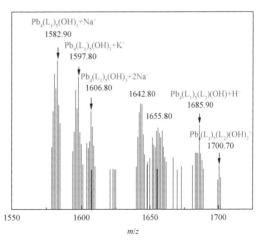

图 11-82　Pb-BHA-OHA 沉淀的质谱分析（L_1 代表配体 BHA、L_2 代表配体 OHA)[238]

11.6 矿物表面特性的扫描电镜与能谱分析

扫描电镜是聚焦电子束在试样表面逐点扫描成像，由电子枪发射出的电子束，在加速电压的作用下，经过电磁透镜会聚成一个细小的电子探针，在末级透镜上部扫描线圈的作用下，电子探针在试样表面作光栅状扫描。高能量电子与所分析试样物质相互作用，会产生各种信息。所获得各种信息的二维强度和分布与试样的表面形貌、晶体取向及表面状态等因素有关，所以通过接收和处理这些信息，便可以得到表征试样微观形貌的扫描电子图像。在高能量电子束照射下，样品原子受激发就会产生特征 X 射线，不同元素所产生的 X 射线一般都不同，所以相应的 X 射线光子能量就不同，只要能通过某种探测器测出 X 射线光子的能量，就可以找到相对应的元素。这就是对元素进行定性和定量分析的理论基础。能完成这一检测工作的装置就称为 X 射线能量色散谱分析仪。早期单纯用于拍摄样品形貌照片的扫描电子显微镜（以下简称扫描电镜/SEM）和进行成分测定的 X 射线能量色散谱分析仪（以下简称能谱仪/EDX）及计算机技术结合为一体的带能谱分析的扫描电镜能够对样品的形态分布进行微观分析同时又能对样品中不同组成成分进行定性及半定量分析。

11.6.1 矿石中主要矿物的嵌布特征

扫描电镜广泛用于分析矿石中矿物的嵌布特征，以某风化钨矿和复杂锡矿石为例。图 11-83 为钨矿石中白钨矿扫描电镜图片，白钨矿是原矿中主要的含钨矿物之一，可见，白钨矿主要产出于石英脉和石英脉两侧的砂岩中，呈不规则粒状、次圆粒状产出。样品中白钨矿主要呈单体颗粒状态，也有与石英、萤石、绢云母以连生体和包裹体形式存在的。值得一提的是，在风化矿块中，白钨矿具有溶蚀现象，可见白钨矿呈碎粒状与黏土矿物一起充填在溶蚀孔洞中，大多较细，且分散。

图 11-83 钨矿石中白钨矿石扫描电镜图片[360]

（a）单体白钨矿；（b）白钨矿与石英连生；（c）白钨矿被石英、云母包裹

图 11-84 为钨矿石中黑钨矿扫描电镜图片，表明，风化钨中大部分黑钨矿均具有程度不一的氧化蚀变，黑钨矿晶格中二价铁变为三价铁。黑钨矿主要呈残晶状，粒度较细，多小于 10 μm，属微粒分布类型。黑钨矿晶型大多不完整，且与褐铁矿连生，两者多呈逐渐变化的过渡关系。由于黑钨矿褐铁矿化，风化黑钨矿磁性较正常黑钨矿弱，并且磁性变化大，因此本矿石中黑钨矿与褐铁矿难以磁选分离。含钨褐铁矿呈胶体多孔状、土状微细粒分布。含钨硬锰矿与含钨褐铁矿嵌布状态相近，主要是含锰的黑钨矿氧化生成，含钨硬锰矿比含钨褐铁矿粒度略粗，呈细-微细粒分布，两者均与云母嵌布关系密切。图 11-83 和图 11-84 矿物的嵌布特征表明，该风化钨矿适合采用浮选方法回收钨。

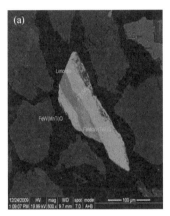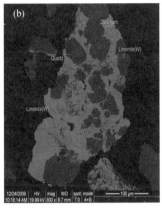

图 11-84　钨矿石中黑钨矿扫描电镜图片[360]

（a）黑钨矿与褐铁矿连生；（b）含钨褐铁矿充填于碎裂状石英中；（c）含钨硬锰矿被云母包裹

图 11-85 为某含锡矿石中主要矿物嵌布形式的电子显微镜照片。锡主要以独立矿物的形式赋存在穆吉斯通石、黝锡矿和锡石中，Sn 元素含量约 0.65%。穆吉斯通石呈浅黄色，均质胶态，集合体粒状，具有玻璃-油脂光泽，是黝锡矿氧化蚀变的产物，主要呈稠密浸染状分布，或沿黝锡矿裂隙分布，常与孔雀石、蓝铜矿及锡石等混杂分布，粒径范围是 10～500 μm，如图 11-85（a,c,e）所示。黝锡矿呈黑色金属光泽，残余在穆吉斯通石和孔雀石中，很少呈独立颗粒存在，其边缘和裂隙常蚀变为穆吉斯通石，粒径范围是 4～600 μm，如图 11-85（a）和（b）所示。锡石呈浅褐黄色，少数为无色，具有油脂-金刚光泽，呈星散浸染状分布，或以集合体细脉状沿矿石裂隙分布，粒径范围是 14～200 μm，如图 11-85（c）所示。

铜主要以独立矿物的形式赋存在孔雀石、蓝铜矿、穆吉斯通石和黝锡矿中，Cu 元素含量约 0.66%。孔雀石呈翠绿色，玻璃光泽，不均匀浸染状与黝锡矿混杂分布，或集合体细脉状沿矿石裂隙及石英颗粒之间分布，粒径范围是 4～800 μm，如图 11-85（b）和（d）所示。蓝铜矿呈天蓝色，玻璃光泽，以集合体形态与穆吉斯通石和石英混杂分布，粒径范围是 10～300 μm，见图 11-85（e）。

白云石、石英和方解石是主要的脉石矿物。白云石含量为 61.2%，是含量最高的脉石矿物，呈浅灰色，玻璃光泽，半自形粒状，颗粒之间彼此紧密镶嵌，晶体混浊，粒径范围是 60～250 μm，见图 11-85（f）。石英呈白色，玻璃光泽，主要呈脉状产出，粒度大小不

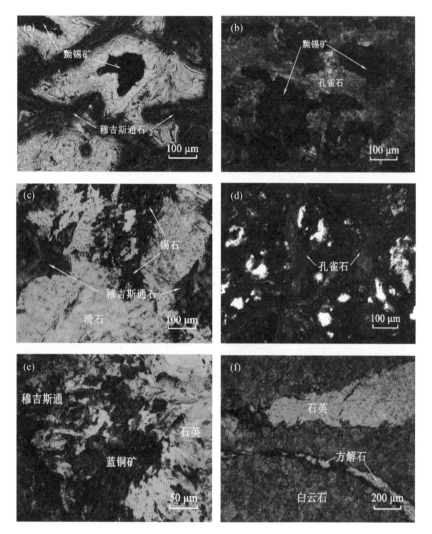

图 11-85　某含锡矿石中主要矿物嵌布形式的电子显微镜照片[275]

等，分布不均匀，粒径大于 4 μm，如图 11-85（e）和（f）。方解石同样呈白色，玻璃光泽，它形粒状，集合体脉状，沿矿石裂隙分布，粒径大于 4 μm，如图 11-85（f）。

根据锡矿石中主要矿物嵌布关系，铜锡目的矿物和脉石矿物粒度分布范围大，部分粗粒级的铜锡矿物可以通过重选回收，重选的尾矿浮选回收细粒级锡铜。

11.6.2　不同粒级矿物解理面性质与其浮选行为差异性的表面分析

对粗粒级（45～75 μm）和细粒级（0～19 μm）两种粒级的锂辉石和钠长石分别进行扫描电镜分析，结果分别见图 11-86 和图 11-87。图 11-86（a）、（b）两图分别为 45～75 μm 粒级和 0～19 μm 粒级的锂辉石矿物，可以看出，45～75 μm 粗粒级的锂辉石呈长柱状，主要的解理面是端面(110)面，(110)面数量相对多，所占的比例大；而 0～19 μm 细粒级的锂辉石矿物表面形貌发生了明显的变化，锂辉石呈短柱状，底面(001)暴露了很多，比起粗粒级底面(001)面增加很明显，(001)面逐渐占主要比例。因此，长柱状粗粒级 45～75 μm 的锂辉石(110)面暴露的多，吸附油酸钠能力强 [图 3-41（a）]，浮选效果好；而短柱状细粒级 0～19 μm 的锂辉石(001)面暴露得多，与油酸钠作用弱。

图 11-86　不同粒级锂辉石 SEM 图（放大倍数 1000×）[252]

（a）45～75 μm；（b）0～19 μm

图 11-87（a）、（b）分别为 45～75 μm 粒级和 0～19 μm 粒级的钠长石矿物的 SEM，可以看出，45～75 μm 粗粒级的钠长石呈大厚板状，主要的解理面和暴露面是端面(010)面，(010)面数量相对多，所占的比例大；而 0～19 μm 细粒级的钠长石矿物表面形貌发生了明显的变化，钠长石开始呈小粒状，似短柱状，底面(001)暴露了很多，比起粗粒级底面(001)面增加很明显，(001)面逐渐占主要比例。因此，大厚板状粗粒级 45～75 μm 的钠长石(010)面暴露得多，吸附油酸钠能力弱 [图 3-41（b）]，浮选效果不好；而小粒状（似短柱状）的细粒级 0～19 μm 的钠长石(001)面暴露的多，与油酸钠作用相对强些。

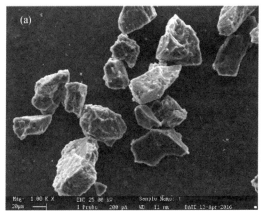

图 11-87　不同粒级钠长石 SEM 图（放大倍数 1000×）[252]

（a）45～75 μm；（b）0～19 μm

图 11-88 是油酸钠和活化剂 Fe^{3+} 作用下，pH 对不同粒级锂辉石和钠长石浮选的影响，

由图 11-88（a）可以看出，38～75 μm 粗粒级锂辉石浮选效果好，随后粒度减小，浮选回收率下降，粒度越小，浮选回收率越小。例如，在粗粒级 38～45 μm 粒级范围内，锂辉石最高浮选回收率为 90% 左右；在细粒级 0～19 μm 粒级范围内，锂辉石最高浮选回收率只为 60% 左右。具体的不同粒级锂辉石浮选回收率大小顺序为：38～45 μm>45～75 μm>19～38 μm>0～19 μm。

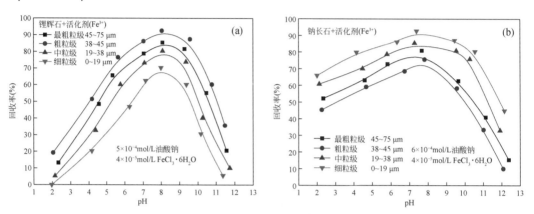

图 11-88　在油酸钠和 Fe^{3+} 作用下，pH 对不同粒级锂辉石（a）和钠长石（b）浮选的影响[252]

由图 11-88（b）可以看出，粒度对钠长石浮选行为的影响也比较明显，两个粗粒级钠长石的回收率均小于细粒级钠长石的回收率，而且最细粒级（0～19 μm）的钠长石浮选回收率最好。不同粒级钠长石浮选回收率大小顺序为：0～19 μm>19～38 μm>45～75 μm>38～45 μm。可见，粒度对钠长石浮选行为的影响与锂辉石刚好相反，即粗粒级的锂辉石浮选效果好，而细粒级的钠长石浮选效果好。

图 11-88 中，不同粒级锂辉石和钠长石浮选行为的差异，与图 11-83 及图 11-84 所反映的不同粒级锂辉石和钠长石所暴露晶面及与油酸钠作用的差异基本一致。

11.6.3　带能谱分析的扫描电镜进行矿石物相分析

用 FEI MLA 650 型矿物解离分析仪（MLA）进行详细的工艺矿物学研究，MLA 系统为带能谱分析的扫描电镜，由一台 Quanta650 扫描电镜、一台 Bruker Quantax 200 能谱仪和 MLA 3.1 自动分析软件组成，通过自带的背散射电子图像及能谱分析，结合图像分析技术进行数据计算和处理，可以获得矿石的矿物组成及含量、嵌布特征、有价元素的含量及赋存状态、典型矿物颗粒形状及图像等工艺矿物学参数，为矿石的高效选矿技术开发提供重要依据。

1. 石煤矿中钒和碳的物质形态

用 MLA 仪器对高钙风化石煤和高碳石煤进行钒的物相分析，分析结果列于表 11-11。从钒的物相分析结果可知，矿样中钒主要分布在云母类矿物（钒云母、白云母），钒的占有率为 80% 以上，少量分布在针铁矿、钙钒石榴子石、$V_2O_5-Fe_2O_3$、黄钾铁钒和钛铁矿。由结果可见，该石煤钒矿中钒相对比较富集，将含钒云母类矿物用选矿的方法选出，就可以将绝大部分的钒进行预先富集。

表 11-11　矿石中钒元素的化学物相分析结果[254]

矿物	V₂O₅ 品位（%）		分布率（%）	
	风化石煤	高碳石煤	风化石煤	高碳石煤
钒云母	0.22	0.48	34.67	52.57
白云母	0.35	0.32	55.16	35.61
含钒针铁矿	0.033	0.05	5.20	5.05
钙钒石榴子石	0.009	0.04	1.42	4.24
钒钛矿	0.01	0.01	1.58	1.00
V_2O_5-Fe_2O_3	0.01	0.01	1.58	0.94
黄钾铁矾	—	0.0041	—	0.45
含钒钛铁矿	0.0025	0.0013	0.39	0.14
总计	0.63	0.91	100	100

表 11-12 为矿石中碳元素的化学物相分析结果，结果表明碳在该石煤中主要以有机碳的形式存在，这和石煤的形成有关。除了泥质、硅质、钙质等无机物外，藻类及一些原始的动、植物等有机质也是形成石煤的重要物质，这些物质在还原气氛下形成可燃的有机碳岩。但是由于石煤大都具有高灰、高硫和低热值的特点，是一种劣质的煤，如果要加以利用，还应该进一步富集。

表 11-12　矿石中碳的化学物相分析[254]

矿物分类	C（%）	分布率（%）
碳酸盐	2.11	15.14
有机碳	11.83	84.86
合计	13.94	100

2. 硅质石煤中含钒矿物的嵌布特征

1）钒云母

图 11-89 为石煤钒矿中钒云母主要存在形式和嵌布关系，钒云母颗粒粒度差异较大，既有微细粒的颗粒，也有较大的颗粒，主要呈不规则形状产出，少量是已经解离的单体颗粒，大部分与石英、长石嵌布在一起。少量钒云母和石英、长石、钙铁榴石、钙钒榴石、黄铁矿紧密共生在一起，钙铁榴石和钙钒榴石呈短脉状集合体沿矿石层理延伸充填于钒云母中，黄铁矿主要以微细粒浸染状分散在钒云母和长石的表面。由分析结果可见，钒云母结晶较好，嵌布关系比较简单，主要和长石、石英、黄铁矿共生，另外，矿石中大部分的含钒钙钒榴石、含钒褐铁矿和钒云母共生在一起，钒云母颗粒粒度在浮选范围内，可以通过浮选的方法将钒云母和钙钒榴石、含钒褐铁矿一同富集。

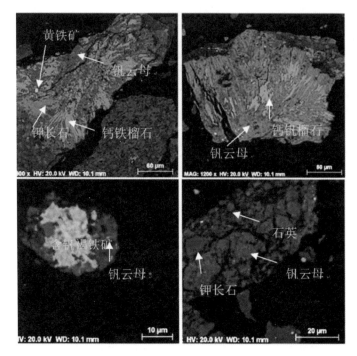

图 11-89　石煤中钒云母矿物嵌布特征[254]

2）含钒白云母

白云母是该石煤矿石中除石英以外主要的硅酸盐类矿物，也是石煤钒矿中最主要的含钒矿物。由于矿石中的钒是以类质同象的形式取代云母和黏土类中的 Al^{3+} 以及其他金属离子，所以白云母中含钒量是可变的，且比钒云母中的钒含量低得多。图 11-90 为石煤钒矿中常见的含钒云母类矿物扫描电镜图像，可以看出，相比较钒云母，含钒云母中钒的品位较低，钒含量在 1%～5%，硅含量在 40%～50%，铝含量在 5%左右，另有少量的 Fe、Mg 和 Ti。

由图 11-90 还可以看出，除了钒含量上的差异，含钒云母和钒云母的形态、粒度及赋存状态也有很大的差异。石煤中含钒云母粒度非常小，主要是呈微晶和隐晶质的形式存在，主要和微粒石英、长石、黏土矿物、炭质等组成团状颗粒集合体，颗粒大小在 5 μm 左右。一部分鳞片状含钒白云母分布在石英、长石等脉石矿物表面，另有少量的含钒云母呈针状产出。石煤中含钒白云母嵌布粒度很小，分散细微，多呈 5 μm 以下的微粒片状，与石英等脉石矿物紧密共生。

3）钒铁氧化物、钒钛氧化物和含钒褐铁矿

钒的载体矿物除了白云母外，还有微量的钒铁氧化物。钒铁氧化物是钒的独立矿物，主要组成成分为 V、Fe、O，钒铁氧化物中钒的含量在 10%左右，Fe_2O_3 的含量在 50%左右。如图 11-91 所示，钒铁氧化物主要呈圆球状、星点状和环状产出。V-Fe 氧化物的嵌布粒度较细，一般为 10 μm 左右，认为钒铁氧化物是胶体老化后的非晶质体。

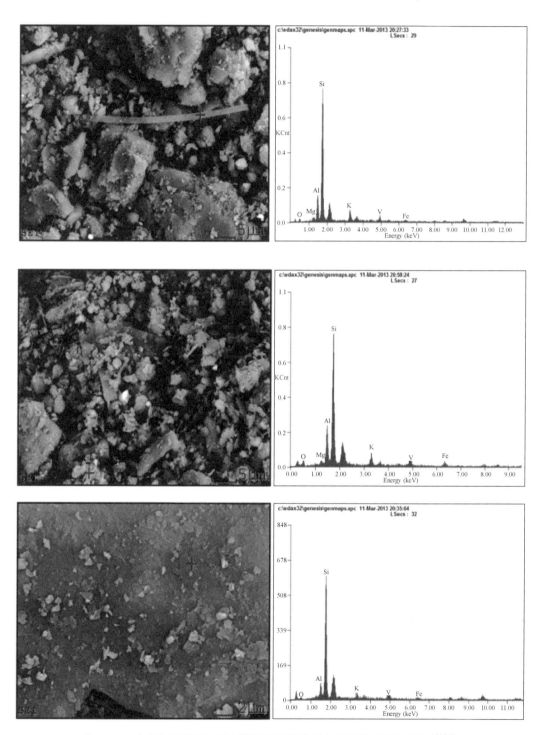

图 11-90　含钒白云母的扫描电镜图像及能谱图（白云母–长石–石英）[254]

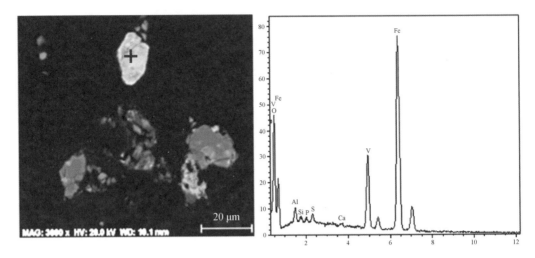

图 11-91　V-Fe 氧化物的扫描电镜图像及能谱图[254]

钒的载体矿物还有 5% 左右的钒钛氧化物和含钒褐铁矿。钒钛氧化物和钒铁氧化矿的成因类似，也是钒的独立矿物，电子探针表明，钒钛氧化物中钒的含量在 20% 左右，TiO_2 的含量在 60% 左右，另外钒钛氧化物中还含有少量的铁，Fe_2O_3 的含量在 1% 左右。钒钛氧化物不是一个矿物晶体，而是微细粒的钒、钛氧化物的集合体。图 11-92 是石煤矿石中典型的钒钛氧化物扫描电镜图像及电子能谱图。钒钛氧化物主要呈脉状、浸染状、鲕状、不规则形状分布在石煤矿石中，与石英、重晶石、炭质及长石等矿物共生密切。

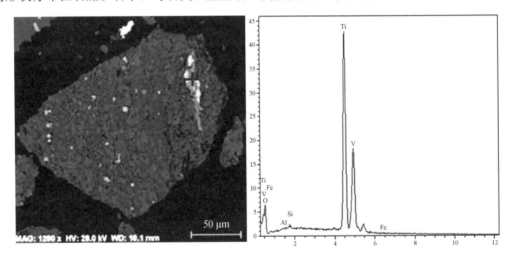

图 11-92　V-Ti 氧化物的扫描电镜图像及能谱图[254]

石煤中褐铁矿也是含钒矿物之一，不同的是，含钒褐铁矿不是钒的独立矿物，钒主要是以吸附状态存在，所以，含钒褐铁矿中钒的含量比较低，V_2O_5 的含量在 2% 左右。图 11-93 为典型褐铁矿嵌布显微镜图像。含钒褐铁矿在矿石中主要呈脉状、胶状、颗粒状、浸染状与长石、石英、黄铁矿、黏土矿物共生。

含钒矿物主要是钒云母及含钒白云母，其次是含钒铁矿、钛铁矿等。石煤中的钒主要以三价钒为主，有部分四价钒，很少见五价钒的存在。由于三价钒的离子半径（64 pm）与 Al 的离子半径（39 pm）及 Fe 的离子半径（61 pm）相差很小，且化学性质相似，所以在石煤中，云母等铁铝矿物的硅氧四面体结构中类质同象代替较广泛，其中的 Fe、Al 被 V 取代较为普遍。而五价的钒主要是以吸附的状态存在于石煤氧化铁、褐铁矿中。根据上述各种含钒矿物的嵌布特征，通过选矿的方法，可以用不同的方法将云母类含钒矿物和铁矿类含钒矿物分别选出，然后用不同的浸出方法进行提钒，提高石煤钒矿浸出效率，降低浸出成本。

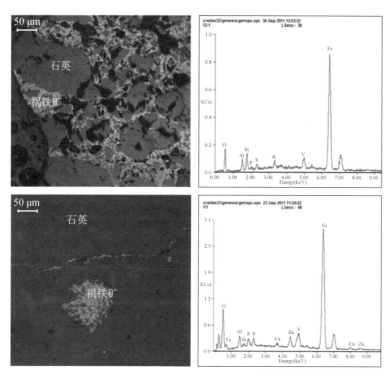

图 11-93　褐铁矿显微镜图像及能谱图[254]

11.6.4　浮选剂与矿物表面作用后表面形貌和 EDS 能谱图

图 11-94 为次氯酸钙作用前后辉铋矿表面形貌 SEM 图和 EDS 能谱图。从图 11-94（a）和图 11-94（b）可以看出，未经次氯酸钙作用辉铋矿表面相对光亮平滑，表面分散着少量无定形颗粒。由 EDS 能谱图［图 11-94（c）］可知，辉铋矿表面只有 Bi、S 两个元素，半定量分析结果显示 Bi、S 原子浓度比较接近辉铋矿理论组成的化学计量 3∶2，表明辉铋矿样品纯度较高，矿物样品表面未被氧化和污染。在次氯酸钙作用后，如图 11-94（d）和（e）所示，辉铋矿的表面粗糙度显著增加，在辉铋矿表面观察到许多密集分布的条状褶皱。此外，图 11-94（f）的 EDS 能谱图显示辉铋矿表面除了 Bi、S 两个元素的峰外，还出现了 Cl 元素和 O 元素的峰，说明次氯酸钙与辉铋矿表面发生了作用，并在辉铋矿表面生成了含氯和氧的化合物沉淀。

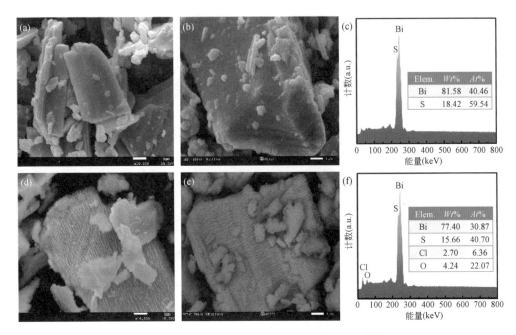

图 11-94 辉铋矿表面 SEM 图和 EDS 能谱图[237]

（a～c）次氯酸钙作用前；（d～f）次氯酸钙作用后

图 11-95 为次氯酸钙作用前后辉钼矿表面形貌和 EDS 能谱图。从图 11-95（a）和（b）可以看出，未经次氯酸钙作用的辉钼矿表面较为平滑，表面分散着少量不规则片状颗粒。图 11-95（c）为辉钼矿表面的 EDS 能谱图，由图可知，辉钼矿表面只有 Mo、S 两个元素，半定量分析结果显示 Mo、S 原子浓度比较接近辉钼矿理论组成的化学计量 2∶1，表明辉

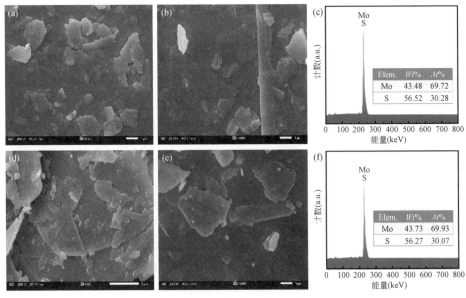

图 11-95 辉钼矿表面 SEM 图和 EDS 能谱图[237]

（a～c）次氯酸钙作用前；（d～f）次氯酸钙作用后

钼矿样品纯度较高，矿物样品表面未被氧化和污染。在次氯酸钙作用后，如图 11-95（d）和（e）所示，辉钼矿的表面形貌未发生明显变化，表面粗糙度没有增加。同时，EDS 能谱也未检测其他元素或杂质，说明次氯酸钙对辉钼矿表面形貌和元素组成的影响小，或者说，次氯酸钙与辉钼矿表面不发生作用。

11.7　矿物组成及晶体结构的 X 射线衍射分析

在矿物浮选体系中，X 射线衍射分析主要用于矿石中矿物的组成及矿物晶体结构、结晶情况与纯度等的确定。

11.7.1　实际矿石样品 X 射线衍射分析

典型石煤矿的 X 射线衍射图谱见图 11-96 所示。由图可以看出，矿石主要由非金属矿物组成，主要矿物成分为石英，其次为长石、云母、蒙脱石等，含有少量的金属氧化物，如黄铁矿，没有发现钒的自身独立矿物，高钙风化石煤中含有方解石、白云石，都是耗酸物质。

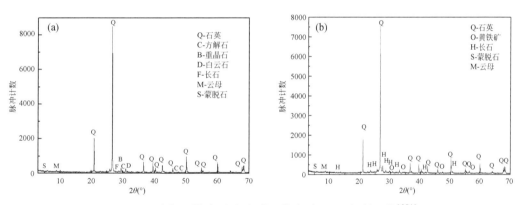

图 11-96　高钙石煤（a）和高碳石煤（b）XRD 衍射图谱[254]

11.7.2　矿石中矿物结晶情况的 X 射线衍射分析

黑色岩系镍钼矿中钼含量 3.45%、镍含量 1.65%，碳含量达 10%以上，镍钼矿中钼、镍物相分析结果见表 11-13 和表 11-14，钼矿物主要分布在硫化钼矿物中，有近 20%存在于氧化钼矿物中；镍矿物中硫化镍分布率约 60%，其余分布于氧化镍矿物和硅酸盐矿物中。这些结果表明，这种矿石好像属于高品位钼镍硫化矿，应该很好浮选分离回收，但实际上，黑色岩系镍钼矿是非常难浮选分离的矿石。矿石的 X 射线衍射图谱见图 11-97，图中并未看到钼、镍矿物的衍射峰，说明钼、镍矿物并不是以晶质状态存在的，矿石中的钼镍硫化物不是典型的好浮的结晶好的硫化矿，而是非晶型或不定型。矿石中主要矿物有石英、氟磷灰石、方解石、黄铁矿、云母等。决定了这一类矿石难以选别。

表 11-13　原矿钼矿物物相分析[348]

物相	品位（%）	分布率（%）
硫化钼中钼（MoS$_x$）	2.78	80.12
氧化钼中钼（MoO$_x$）	0.69	19.88
总钼（Mo）	3.47	100.00

表 11-14　原矿镍矿物物相分析[348]

物相	品位（%）	分布率（%）
硫化镍中镍	0.96	57.93
氧化镍中镍	0.25	15.43
硅酸盐中镍	0.44	26.64
总镍	1.65	100.00

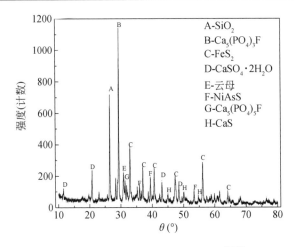

图 11-97　镍钼矿 X 射线衍射图谱[348]

11.7.3　软质与硬质高岭石的结晶度指数的分析

由于高岭石产出的地质条件不同，其晶体结构的有序度亦可不同。影响有序度的因素较多，主要有层堆垛无序、阳离子分配无序、非平面层结构、机械无序等。目前高岭石的有序度较为广泛采用的方法是利用 Hinckley（1963）方法来测定高岭土的结晶指数，并普遍认为结晶度大于 0.9 时表明高岭土是有序的[104-106]。对不同产地的高岭土进行了 X 射线衍射分析，并利用 Hinckley（1963）方法测定了高岭石的结晶度指数（表 11-15）。

由表 11-15 可知，软质高岭土中的高岭石的结晶度指数较硬质高岭土中的高，软质高岭土中的高岭石的结晶程度要较硬质高岭土中的好。河南铝土矿层中产出的高岭石主要为结晶度较低的硬质高岭石。

表 11-15　高岭土中高岭石的结晶度指数

样号	产地	名称	主要物相组成	结晶度指数
Ka-ML	湖南汨罗	软质高岭土	高岭石	1.00
Ka-JX	河南郏县	硬质高岭土	高岭石	0.77
Ka-DYG	河南大峪沟	硬质高岭土	高岭石（80%），伊利石（15%）	0.74
Ka-MC	河南渑池	硬质高岭土	高岭石（85%），伊利石（10%）	0.82

11.7.4　单矿物样品纯度的 X 射线衍射分析

对取自山西省孝义市矿区的一水硬铝石和高岭石矿样，经捶碎后，再经人工挑选在搅拌磨中湿磨，经水筛、低温烘干后得一水硬铝石和高岭石样品。采用 X 射线衍射（XRD）分析仪对样品进行物相分析，其结果见图 11-98。从 XRD 分析结果可以看出两种单矿物的纯度都很高，只含有少量锐钛矿，而基本不含其他杂质矿物。

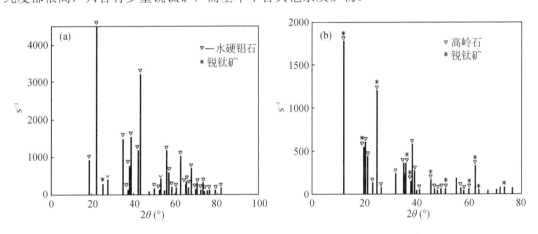

图 11-98　一水硬铝石（a）和高岭石（b）的 XRD 分析图谱

11.7.5　铝土矿选矿尾矿增白产品的 X 射线衍射分析

铝土矿选矿存在大量含硅酸盐矿物的尾矿，但铝土矿选矿尾矿的白度通常只有 20% 左右，难以利用，造成尾矿白度较低的主要因素是尾矿中的有机物及高的铁含量。通过煅烧及除铁的方法可以提高尾矿的白度，其中包覆法增白是比较可行的方法之一。根据铁的酸式磷酸盐或磷酸盐为白色或浅黄白色，采用向尾矿中添加磷酸的办法增白尾矿。

煅烧尾矿与磷加入量分别为 2.9% 和 4.5% 的典型增白尾矿（白度分别为 72.3% 和 72.6%）的 XRD 谱示于图 11-99。煅烧尾矿的物相为刚玉、锐钛矿、石英及赤铁矿。

与煅烧尾矿相比较，增白尾矿的 XRD 谱仍显示了刚玉、锐钛矿及石英的衍射峰，但其 XRD 基线噪声增大，氧化铝衍射峰强度降低，赤铁矿衍射峰消失，同时在 $2\theta=19.974°$、$20.980°$、$22.611°$ 出现了 $AlPO_4$ 的衍射峰。

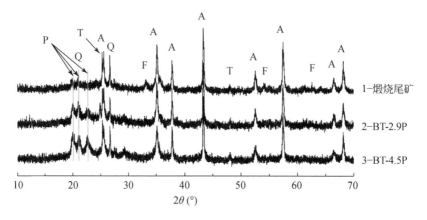

图 11-99　样品 XRD 谱[462]

A-刚玉；F-赤铁矿；T-锐钛矿；Q-石英；P-AlPO₄

XRD 结果表明，磷酸与尾矿中的赤铁矿反应生成了无定形磷酸盐或其他无定形物质，与部分一水硬铝石及高岭石反应生成结晶相 AlPO₄，且其生成量随磷含量的增加而增多。由于 XRD 不能识别无定形物质的存在及种类，因此，此处不能排除增白尾矿中无定形 AlPO₄ 及无定形多磷酸盐的存在。因此，增白样品中的 AlPO₄ 部分应是一水硬铝石与磷酸反应生成，部分是高岭石与磷酸反应生成。煅烧尾矿与增白尾矿中，石英的衍射峰强度无变化，表明磷酸与石英未发生反应。

11.8　荧光探针法原位研究捕收剂溶液中矿物表面极性

11.8.1　荧光探针法和荧光探针芘

荧光探针法是指利用荧光物质经过适当的光激发后，发射出荧光，而发射的荧光特征在于对探针的直接环境敏感，这种敏感度再来探测环境。

探针的荧光发射光谱表示在激发光波和强度一定的条件下，荧光发射强度 I_F 随发射光波长的变化。发射光谱能说明反映基态振动能级的精细结构，光谱中不同荧光峰的强度比和这些峰的波长对探针环境的极性敏感程度不同，这种敏感度可用来推测有关探针的环境的极性信息。荧光探针法早被用以研究胶束溶液的微环境结构及其化学组成。对表面活性剂溶液进行荧光探针研究其目的在于获得存在于溶液体系中的粒子（大多数情况下是胶束）的微极性和微黏度方面的信息，这些研究主要包括测定胶束增溶了的探针的荧光光谱和荧光偏振。

芘是一种疏水性物质，具有很强的荧光性，是研究微环境的良好探针。它能形成激发物，而且在水中的溶解度只有 7×10^{-7} mol/L。在 335 nm 处激发后，芘的单体在溶液中荧光发射光谱中出现五个电子振动峰。第一个和第三个电子振动峰强度之比 I_3/I_1 对溶剂的极性非常敏感，其比值在疏水环境中比在亲水环境中高。在水溶液中 $I_3/I_1 = 0.5 \sim 0.6$，在胶束中为 $0.8 \sim 0.9$，而在非极性溶剂（环己烷）中大于 1。由于这一比值能反映所处环境的极性强弱，因而被称为极性参数[16]。有机的荧光物质如芘能增溶于表面活性剂胶束和吸附在矿物表面的表面活性剂微环境中，其探测的环境极性强弱称为"微极性"。

图 11-100 是芘在水溶液中的荧光发射光谱。芘在水溶液中的荧光光谱第一个峰很强，第三个峰比较弱，其比值 $I_3/I_1=0.58$。

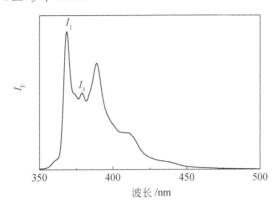

图 11-100　芘在水溶液中的荧光发射光谱[344]

11.8.2　硅酸盐矿物在阳离子捕收剂中的表面极性研究

芘的荧光光谱 I_3/I_1 的大小与探针所处的微环境极性大小密切相关，比值越大，极性越小，对于矿物来说，比值越小，矿物表面疏水性越强。

表 11-16 是 pH=5～6 时，在不同浓度的十二烷基伯胺盐溶液中，四种矿物表面芘荧光光谱的 I_3/I_1。由表 11-16 可知，在十二烷基伯胺盐溶液中，当其浓度是 2×10^{-4}～2×10^{-3} mol/L 范围时，一水硬铝石表面芘的 I_3/I_1 变化小，且都小于 0.65，芘处于极性环境，说明十二烷基伯胺在一水硬铝石表面没有形成胶束吸附。而当十二烷基伯胺浓度由 2×10^{-3} mol/L 升高到 5×10^{-3} mol/L 时，芘的 I_3/I_1 由 0.645 增加到 0.760，芘所处微环境极性变小，说明在此浓度范围，十二烷基伯胺在一水硬铝石表面的吸附量增加，并开始形成半胶束吸附，而十二烷基伯胺浓度为 1×10^{-2} mol/L 时，芘的 I_3/I_1 增大到 1.09，为非极性环境，十二烷基伯胺在一水硬铝石表面形成了胶束吸附。

表 11-16　在不同浓度的十二烷基伯胺溶液中，铝硅矿物表面芘荧光光谱的 I_3/I_1（pH=5～6）[344]

十二胺浓度（mol/L）	芘荧光光谱 I_3/I_1			
	一水硬铝石	高岭石	叶蜡石	伊利石
2×10^{-4}	0.62	0.8	0.95	0.76
5×10^{-4}	0.62	0.81	0.95	0.80
1×10^{-3}	0.65	0.82	0.99	0.85
2×10^{-3}	0.65	0.87	0.99	0.94
5×10^{-3}	0.76	0.91	1.04	0.99
1×10^{-2}	1.09	1.02	1.04	1.06

表 11-17 是 pH=5～6 时，在不同浓度的十四烷基伯胺盐溶液中，四种矿物表面芘荧光光谱的 I_3/I_1。

表 11-17　在不同浓度的十四烷基伯胺溶液中，铝硅矿物表面芘荧光光谱的 I_3/I_1（pH=5～6）[344]

十四胺浓度 (mol/L)	芘荧光光谱 I_3/I_1			
	一水硬铝石	高岭石	叶蜡石	伊利石
2×10^{-4}	0.64	0.76	0.95	0.76
5×10^{-4}	0.63	0.81	0.96	0.80
8×10^{-4}	0.66	0.82	0.98	0.89
1×10^{-3}	0.71	0.83	0.98	0.92
2×10^{-3}	1.09	0.94	1.02	0.96

由表 11-17 可知，在低浓度时，一水硬铝石表面的芘的 I_3/I_1 较小，此时一水硬铝石表面为极性环境，随着浓度由 8×10^{-4} mol/L 增加到 1×10^{-3} mol/L，I_3/I_1 由 0.66 增加到 0.71，当浓度增加到 2×10^{-3} mol/L 时，I_3/I_1 为 1.09，说明此时一水硬铝石表面为非极性环境，疏水性强，其浓度比使用十二烷基胺达到非极性环境所需的浓度低。

在十二烷基伯胺和十四烷基伯胺溶液中，pH=5～6 时，芘在一水硬铝石表面的 I_3/I_1，随着其浓度的升高从 0.62 增大到 1.0 以上。芘的 I_3/I_1 变化可比较清楚地说明十二烷基伯胺盐和十四烷基伯胺阳离子捕收剂在一水硬铝石表面的吸附行为。在低浓度时，阳离子捕收剂以单个离子通过静电作用吸附于矿物表面，其表面极性大，随着阳离子捕收剂浓度的升高，阳离子捕收剂在一水硬铝石表面的吸附量增加，一水硬铝石表面的极性降低，I_3/I_1 值达到 0.8 左右时，阳离子捕收剂在一水硬铝石表面可能形成半胶束吸附，形成胶束的阳离子捕收剂分子数随着其浓度的增加而增加，直至 I_3/I_1 值大于 1，表面完全疏水。在形成胶束吸附时，是通过烷基伯胺非极性基烃链之间的缔合作用，由于十四烷基伯胺比十二烷基伯胺多了两个—CH_2，其缔合作用能较十二烷基伯胺高，所以十四烷基伯胺在一水硬铝石表面形成胶束吸附的浓度比十二烷基伯胺低。

由表 11-16 和表 11-17 可知，在十二烷基伯胺和十四烷基伯胺溶液中，当浓度高于 2×10^{-4} mol/L 时，高岭石和伊利石表面芘的 I_3/I_1 值都大于 0.75，处于极性和胶束溶液之间。并随十二烷基伯胺盐和十四烷基伯胺盐浓度增加时，芘的 I_3/I_1 值增加，当十二烷基伯胺浓度增加到 1×10^{-2} mol/L，I_3/I_1 大于 1.00，而在十四烷基伯胺盐溶液中，浓度为 2×10^{-3} mol/L 时，高岭石和伊利石表面芘 I_3/I_1 分别为 0.94 和 0.96。在叶蜡石表面芘的 I_3/I_1，在所测十二烷基伯胺和十四烷基伯胺浓度范围，都要大于 0.95，并随着十二烷基伯胺和十四烷基伯胺浓度的升高而增加，最终大于 1。显然与一水硬铝石一样，随着其浓度的升高，十二烷基伯胺和十四烷基伯胺在高岭石、伊利石和叶蜡石表面形成了胶束吸附。

在十二烷基伯胺盐和十四烷基伯胺盐溶液中，在低浓度时，芘的 I_3/I_1 在一水硬铝石表面最小，说明一水硬铝石表面极性最大，亲水性最强，而浓度升高到一定值后，一水硬铝石表面芘的 I_3/I_1 超过了三种铝硅酸盐矿物。十二烷基伯胺盐和十四烷基伯胺盐在一水硬铝石表面达到半胶束吸附时，其疏水性比其他三种铝硅酸盐矿物强。低浓度时，三种铝硅酸盐矿物表面的 I_3/I_1 的值顺序为叶蜡石>伊利石≈高岭石，则说明其疏水性顺序为叶蜡石<伊

利石≈高岭石。

11.9　浮选剂结构及矿物表面反应物的核磁共振分析

11.9.1　小分子有机聚羧酸的 ^{1}H NMR

为了表征几种小分子聚羧酸的结构，采用 ASCEnd^{TM} 500 核磁共振波谱仪分析了它们的核磁共振氢谱。采用重水作溶剂，采用 Tsp（$(CH_3)_3Si—CD_2CD_2—CO_2Na$）为内标。

图 11-101（a）为聚天冬氨酸 PASP 的 ^{1}H NMR，谱图显示，在 $\delta=4.80$ ppm 处为溶剂峰，1.36 ppm 与 1.55 ppm 处为脂肪族烃链上的亚甲基质子吸收峰，2.65 ppm 为与氨基相连的 H，在 $\delta=4.0\sim4.7$ ppm 之间出现了两组共振峰，这是 PASP α 型和 β 型结构中的 CH 上的 H 的位移。

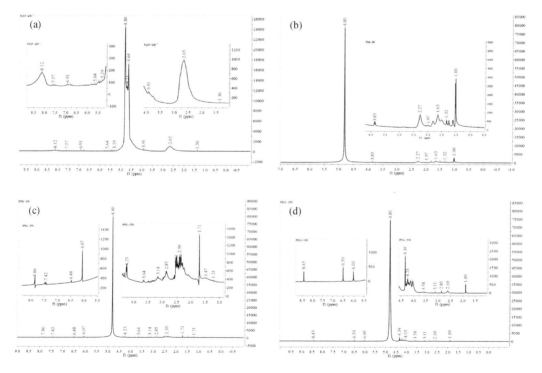

图 11-101　聚天冬氨酸（a）、聚丙烯酸（b）、聚马来酸（c）和聚环氧琥珀酸（d）的核磁共振氢谱[245]

图 11-101（b）为聚丙烯酸 PAA 的 ^{1}HNMR，在 $\delta=4.80$ ppm 处为溶剂峰，$\delta=1.0\sim1.5$ ppm 处为烷烃（甲基、亚甲基）上 H 的特征峰，2.27 ppm 处为羧基相连的 C 原子上的 H 产生的吸收峰。

图 11-101（c）为水解聚马来酸 HPMA 的 ^{1}HNMR。谱图显示，4.80 ppm 处为溶剂峰；1.21 ppm 和 1.47 ppm 处为烷烃上的 H，3.0~4.5 ppm 之间为与酯键相连的碳上的 H。

图 11-101（d）为聚环氧琥珀酸 PESA 的 ^{1}H NMR。该谱图显示，4.80 ppm 处为溶剂峰；

2~3 ppm 之间为与羰基相连的碳原子上的 H，4~5 ppm 之间为酯键中与氧直接相连的 H。

四种小分子聚羧核磁共振氢谱图的结果显示，这些聚羧酸分子中的官能团主要为—NH₂、—COOH、—OH 等，它们可与含钙矿物表面发生作用。这些小分子有机抑制剂的分子结构中，在尽可能小比例的碳氢骨架上带有数量较多的极性基，并且极性基位于分子的两端或遍布整个分子中，一部分极性基与矿物表面发生亲固作用，其余极性基朝外，形成亲水性吸附层，达到抑制作用。

11.9.2 新型铜钼浮选有机抑制剂结构的核磁共振分析

肼基二硫代甲酸乙酯酸钠（AHS）、4-氨基-3-巯基-1，2，4-三嗪-5-酮（ATDT）、4-氨基-3 巯基-1，2，4-三唑（AMT）是新型铜钼浮选有机抑制剂，为了鉴别合成产物的分子结构，对制备的三种化合物进行了 ^{1}H NMR 和 ^{13}C NMR 分析。

1. 核磁共振氢谱

采用氘代水或氘代 DMSO 作为溶剂，对各样品中氢原子进行归属鉴定，核磁共振氢谱分析结果见表 11-18，样品的结构式及对应的氢原子编号见图 11-102。

表 11-18　化合物核磁共振氢谱分析结果[239]

样品	H 编号	基团	氢原子数	δ
AHS	1	CH₂	2	3.83
ATDT	1	CH=N	1	7.67
AMT	1	NH₂	2	5.62
	2	CH	1	8.37
	3	NH	1	13.6

注：AHS 和 ATDT 采用氘代水作为溶剂，AMT 采用氘代 DMSO 作为溶剂

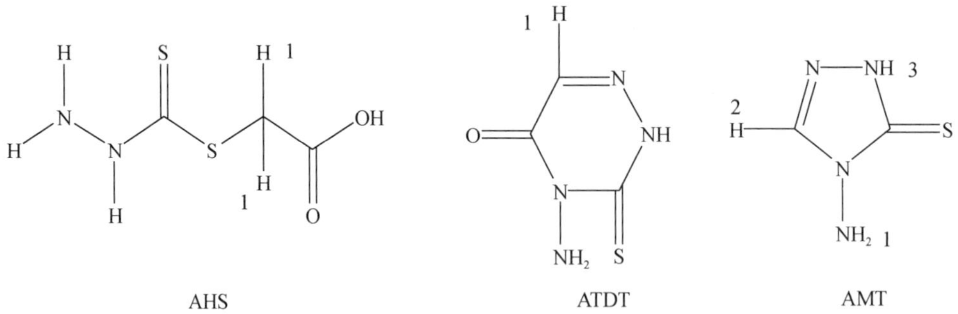

图 11-102　AHS、ATDT 和 AMT 氢谱归属分析[239]

由核磁氢谱分析结果可知，AHS、ATDT 和 AMT 三种化合物的氢在相应的氢图谱中均有各自的归属，表明三种化合物的氢原子在化合物分子结构中匹配度较高。

2. 核磁共振碳谱分析

采用氘代水或氘代 DMSO 作为溶剂，对各样品中碳原子进行归属鉴定，样品的结构式

及对应的 C 原子编号见图 11-103，分析结果见表 11-19。

表 11-19　化合物核磁共振碳谱分析结果[239]

样品	对应 C 编号	基团	碳原子数	δ
	1	CH₂	1	39.4
AHS	2	C=O	1	168.2
	3	C=S	1	174.5
	1	CH=N	1	137.4
ATDT	2	C=O	1	150.6
	3	C=S	1	170.8
AMT	1	CH=N	1	142.1
	2	C=S	1	165.7

注：AHS 和 ATDT 采用氘代水作为溶剂，AMT 采用氘代 DMSO 作为溶剂

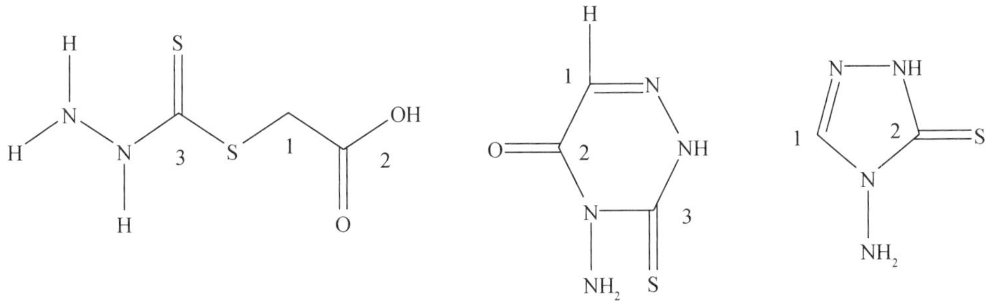

图 11-103　AHS、ATDT 和 AMT 碳谱归属分析[239]

从核磁共振碳谱分析结果可知，AHS、ATDT 和 AMT 三种化合物的碳原子在碳谱图中均有各自的归属。

综上所述，肼基二硫代甲酸乙酯酸钠（AHS）的主要官能团为 C=O、C=S，4-氨基-3-巯基-1, 2, 4-三嗪-5-酮（ATDT）主要官能团为 CH=N、C=O、C=S，4-氨基-3 巯基-1, 2, 4-三唑（AMT）主要官能团为 CH=N、C=S、NH₂、NH。

11.9.3　铝土矿选矿尾矿增白产品的核磁共振分析

^{31}P NMR 方法对探测含磷的 Al、Si 分子筛结构及 P 在分子筛中的作用具有极高的灵敏度，由于 ^{31}P 原子核的化学位移强烈地依赖于相邻原子的几何位置及状态，因此 ^{31}P MAS NMR 被广泛地用来研究 Al 磷酸盐、Si—Al 磷酸盐及 P-ZSM-5 沸石分子筛。为了进一步确定增白样品中是否存在无定形 AlPO₄，进行了 BT-2.9P 和 BT-4.5P 两样品的 ^{31}P NMR 谱测试（图 11-104）。两个样品的谱图非常相似，在 $\delta=-29$ ppm 出现强度较强的共振峰，在 $\delta=+2\sim$ -14 ppm 很宽范围内出现弱的共振吸收峰。磷含量高的样品（BT-4.5P）吸收峰强度稍高于

磷含量低的样品共振峰强度。

由于 $AlPO_4$ 结构及种类的多样性，因而它们的 ^{31}P NMR 也不尽相同。例如，$AlPO_4$-31 的 ^{31}P MAS 出现在 $\delta=-26.20$ ppm 和在 $\delta=-31.83$ ppm；$AlPO_4$-16 的 ^{31}P MAS NMR 出现在 $\delta=-20$ ppm 和 $\delta=-30$ ppm；$AlPO_4$-14 的 ^{31}P MAS NMR 出现在 $\delta=-19.7$ ppm 和 $\delta=-29.5$ ppm；$AlPO_4$-5 的 ^{31}P MAS 出现在 $\delta=-30$ ppm，等等；另外，Wang 等运用高岭石制备 SAPOs 分子筛时发现，反应产物非晶态时的 ^{31}P MAS 出现在 $\delta=-9.5$ ppm，表现为宽化的共振峰。James G. Longstaffe 等在晶化制备 $AlPO_4$-5 时发现，非晶态时 ^{31}P MAS 出现在 $\delta=+2\sim-19$ ppm 范围内。

从 $AlPO_4$ 的 ^{31}P NMR，发现晶态 $AlPO_4$ 的 ^{31}P NMR 峰一般出现在 $\delta=-20$ ppm 和 $\delta=-30$ ppm 处，非晶态 $AlPO_4$ 的 ^{31}P NMR 一般在 $\delta=+2\sim-19$ ppm 范围内，呈现宽化的共振峰。因而可以认为 BT-2.9P 和 BT-4.5P 两样品的 ^{31}P NMR 中，$\delta=-29$ ppm 为结晶 $AlPO_4$ 的共振吸收峰，这与 XRD 结果一致；而 $\delta=-4$ ppm，-6 ppm，-9 ppm 为无定形 $AlPO_4$ 的吸收峰。从而可知增白样品中同时含有结晶 $AlPO_4$ 和无定形 $AlPO_4$。

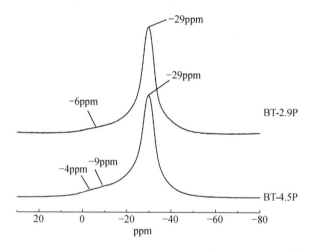

图 11-104　样品 BT-2.9P 和 BT-4.5P 的 ^{31}P 核磁共振谱[462]

附　表

附表 1　常见浮选剂的解离常数

1. 黄原酸的解离常数

烷基黄原酸	K_a 值	测定者	烷基黄原酸	K_a 值	测定者
甲基	3.4×10^{-2}	真岛宏	乙基	3.0×10^{-3}	Last
乙基	2.9×10^{-2}		戊基	1.0×10^{-6}	
丙基	2.5×10^{-2}		乙基	1.0×10^{-5}	M. C. Fuerstenau
丁基	2.3×10^{-2}		丙基	1.0×10^{-5}	
戊基	1.9×10^{-2}		丁基	7.9×10^{-6}	
异丙基	2.0×10^{-2}		戊基	1.0×10^{-6}	
乙基	5.2×10^{-4}	Nixon			
戊基	2.5×10^{-5}				

2. 其他含—SH 药剂的解离常数

浮选剂	K_a 值	浮选剂	K_a 值
乙基黑药	2.3×10^{-5}	苯并噻唑硫醇	5.0×10^{-7}
	2.4×10^{-2}	巯基乙酸	1.98×10^{-4}
丙基黑药	1.78×10^{-2}	辛基硫醇	$10^{-11.8}$
SN-9#	1.6×10^{-7}	SN-9#	$10^{-5.6}$
Z-200	3.02×10^{-12}	己基硫醇	$10^{-6.5}$

3. 脂肪酸的解离常数

脂肪酸	K_a 值	脂肪酸	K_a 值
HCOOH	2.1×10^{-5}	$C_6H_{13}COOH$	1.30×10^{-5}
CH_3COOH	1.83×10^{-5}	$C_7H_{15}COOH$	1.41×10^{-5}
C_2H_5COOH	1.32×10^{-5}	$C_8H_{15}COOH$	1.1×10^{-5}
C_3H_7COOH	1.50×10^{-5}	$C_{12}H_{23}COOH$	5.1×10^{-6}
C_4H_9COOH	1.56×10^{-5}	油酸	1.0×10^{-6}
$C_5H_{11}COOH$	1.4×10^{-5}		$10^{-4.95}$

4. 脂肪胺的解离常数

脂肪胺	K_b 值	脂肪胺	K_b 值
壬胺	4.4×10^{-4}	十五胺	4.1×10^{-4}
癸胺	4.4×10^{-4}	十六胺	4.0×10^{-4}
十一胺	4.4×10^{-4}	十八胺	4.0×10^{-4}
十二胺	4.3×10^{-4}	溴化十六烷基吡啶	3.0×10^{-3}
十三胺	4.3×10^{-4}	N-甲基十二胺	1.0×10^{-3}
十四胺	4.2×10^{-4}	二甲基十二胺	5.5×10^{-5}

5. 其他浮选剂的解离常数

浮选剂	K_a 值	浮选剂	K_a 值
HCN	$10^{-9.21}$	$CH_3CONHOH$	$10^{-9.42}$
烃基膦酸	$10^{-2.6}\sim10^{-2.9}$	$C_5H_{11}CONHOH$	$10^{-9.64}$
铜铁试剂	$10^{-4.16}$	$C_6H_{13}CONHOH$	$10^{-9.67}$
		$C_7H_{15}CONHOH$	$10^{-9.44}$
		$C_8H_{17}CONHOH$	$10^{-10.98}$

附表 2　常见浮选剂及其相应酸的加质子常数

浮选剂	加质子常数		浮选剂	加质子常数		
	$\lg K_1^H$	$\lg K_2^H$		$\lg K_1^H$	$\lg K_2^H$	$\lg K_3^H$
H_2S	13.9	7.02	H_2WO_4	3.5	4.7	
H_2CO_3	10.33	6.35	H_2CrO_4	6.49	6.73	
H_2SiO_3	13.1	9.86	柠檬酸	6.396	4.761	3.13
$C_2H_2O_4$	4.27	1.25	磷酸	12.35	7.199	2.15
酒石酸	4.37	3.93	甲苯胂酸	2.68	3.70	
苹果酸	5.097	3.46	琥珀酸	5.64	4.21	
8-羟基喹啉	9.90	5.01				

附表 3　金属离子羟基络合物稳定常数（25℃）

金属离子	$\lg K_1$	$\lg \beta_2$	$\lg \beta_3$	$\lg \beta_4$	pK_{sp}
Mg^{2+}	2.58	1.0			11.15
Ca^{2+}	1.4	2.77			5.22
Ba^{2+}	0.6				3.6

金属离子	$\lg K_1$	$\lg \beta_2$	$\lg \beta_3$	$\lg \beta_4$	pK_{sp}
Mn^{2+}	3.4	5.8	7.2	7.3	12.6
Fe^{2+}	4.5	7.4	10.0	9.6	15.1
Co^{2+}	4.3	8.4	9.7	10.2	14.9
Ni^{2+}	4.1	8.0	11.0		15.2
Cu^{2+}	6.3	12.8	14.5	16.4	19.32
Zn^{2+}	5.0	11.1	13.6	14.8	15.52~16.46
Pb^{2+}	6.3	10.9	13.9		15.1~15.3
Cr^{3+}	9.99	11.88		29.87	30.27
Al^{3+}	9.01	18.7	27.0	33.0	33.5
Fe^{3+}	11.81	22.3	32.05	34.3	38.8
Ce^{3+}	5.9	11.7	16.0	18.0	21.9
Zr^{4+}	14.32	28.26	41.41	55.27	57.2
La^{3+}	5.5	10.8	12.1	19.1	22.3
Ti^{4+}	14.15	27.88	41.27	54.33	58.3

附表4 矿物及化合物的溶度积

化合物	pK_{sp}	化合物	pK_{sp}	化合物	pK_{sp}
MnS（粉红）	10.5	$MnCO_3$	9.30	$FeWO_4$	11.04
MnS（绿）	13.5	$FeCO_3$	10.68	$AlPO_4 \cdot 3H_2O$	18.24
FeS	18.1	$ZnCO_3$	10.0	$Ca_{10}(PO_4)_6F_2$	118
FeS_2	28.3	$PbCO_3$	13.13	$Ca_{10}(PO_4)_6(OH)_2$	115
CoS（α）	21.3	$CuCO_3$	9.63	$CaHPO_4$	7.0
CoS（β）	25.6	$CaCO_3$（方解石）	8.35	$FePO_4 \cdot 2H_2O$	36.0
NiS（α）	19.4	$CaCO_3$（霞石）	8.22	Fe_2O_3	42.7
NiS（β）	24.9	$MgCO_3$	7.46	FeOOH	41.5
NiS（γ）	26.6	$CoCO_3$	9.98	ZnO	16.66
Cu_2S	48.5	$NiCO_3$	6.87	CaF_2	10.41
CuS	36.1	$CaSO_4$	4.62	$ZnSiO_3$	21.03
$CuFeS_2$	61.5	$BaSO_4$	9.96	Fe_2SiO_4	18.92
ZnS（α）	24.7	$PbSO_4$	6.20	$CaSiO_3$	11.08
ZnS（β）	22.5	$SrSO_4$	6.50	$MnSiO_3$	13.20
CdS	27.0	$CaWO_4$	9.3	HgS	53.5
PbS	27.5	$MnWO_4$	8.85	Ag_2S	50.0

附表 5 金属离子-无机、有机配位体络合物稳定常数

1. 氰化物（CN⁻）

金属离子	$\lg \beta_1$	$\lg \beta_2$	$\lg \beta_3$	$\lg \beta_4$	$\lg \beta_6$
Fe^{2+}					35.4
Ni^{2+}	7.03				31.06
Fe^{3+}					43.6
Cu^+		16.26	21.6	23.1	
Zn^{3+}	5.3	11.7	16.7	21.6	
Cd^{2+}	6.01	11.12	15.65	17.92	
Cu^{2+}				26.7	
Pb^{2+}	2.4				

2. 草酸（L²⁻）

金属离子	平衡	$\lg K$	金属离子	平衡	$\lg K$
Mg^{2+}	$ML/M \cdot L$	2.76	Fe^{2+}	$ML/M \cdot L$	3.05
	$ML_2/M \cdot L^2$	4.24		$ML_2/M \cdot L^2$	5.15
Ca^{2+}	$ML/M \cdot L$	1.60	Fe^{3+}	$ML/M \cdot L$	7.59
	$ML_2/M \cdot L^2$	2.69		$ML_2/M \cdot L^2$	13.64
	$MHL/M \cdot HL$	1.84		$ML_3/M \cdot L^3$	18.49
	$M(HL)_2/M$	1.8		$MHL/M \cdot HL$	4.35
Mn^{2+}	$ML/M \cdot L$	3.2	Pb^{2+}	$ML/M \cdot L$	4.91
	$ML_2/M \cdot L^2$	4.4		$ML_2/M \cdot L^2$	6.76

3. 磷酸根（PO₄³⁻）～（L³⁻）

金属离子	平衡	$\lg K$	金属离子	平衡	$\lg K$
Mg^{2+}	$ML/M \cdot L$	3.4	Ca^{2+}	$ML/M \cdot L$	6.46
	$MHL/M \cdot HL$	1.8		$MHL/M \cdot HL$	2.74
	$MH_2L/M \cdot H_2L$	0.7		$MH_2L/M \cdot H_2L$	1.4
	$M \cdot HL/MHL(H_2O)_{(s)}$	-5.82		$M \cdot HL/MHL(H_2O)_{(s)}$	-6.58
Fe^{3+}	$MHL/M \cdot HL$	8.30	Cu^{2+}	$MHL/M \cdot HL$	3.3
	$MH_2L/M \cdot H_2L$	3.47		$MH_2L/M \cdot H_2L$	1.3
	$M \cdot L/ML(H_2O)_{2(s)}$	-26.4	Zn^{2+}	$MHL/M \cdot HL$	2.4
Fe^{2+}	$MHL/M \cdot HL$	3.6		$MH_2L/M \cdot H_2L$	1.2
	$MH_2L/M \cdot H_2L$	2.7		$M^3 \cdot L^2/M_3L_2 \cdot (H_2O)_{4(s)}$	-35.3
	$M^3L_2/M_3L_2(H_2O)_{8(s)}$	-36.6	Pb^{2+}	$MHL/M \cdot HL$	3.1
Ba^{2+}	$M \cdot HL/MHL_{(s)}$	-7.4		$MH_2L/M \cdot H_2L$	1.5
				$M^3 \cdot L^2/M_3L_{2(s)}$	-43.53
				$M \cdot HL/MHL_{(s)}$	-11.43

4. 柠檬酸 $C_6H_8O_4 \sim$ （H_3L）

金属离子	平衡	lg K	金属离子	平衡	lg K
Mg^{2+}	ML/M $\cdot$ L	3.25	Fe^{3+}	ML/M $\cdot$ L	11.50
	MHL/M $\cdot$ HL	1.60	Zn^{2+}	ML/M $\cdot$ L	4.98
	MH_2L/M $\cdot$ H_2L	0.84		MHL/M $\cdot$ HL	2.98
Ca^{2+}	ML/M $\cdot$ L	4.68		ML_2/M $\cdot$ L^2	5.90
	MHL/M $\cdot$ HL	3.09		MH_2L/M $\cdot$ H_2L	1.25
	MH_2L/M $\cdot$ H_2L	1.10	Pb^{2+}	ML/M $\cdot$ L	4.08
Ba^{2+}	ML/M $\cdot$ L	2.55		ML_2/M $\cdot$ L^2	6.1
	MHL/M $\cdot$ HL	1.75		ML_3/M $\cdot$ L^3	6.97
	MH_2L/M $\cdot$ H_2L	0.79		MHL/M $\cdot$ HL	2.97
Mn^{2+}	ML/M $\cdot$ L	3.70		MH_2L/M $\cdot$ H_2L	1.51
	MHL/M $\cdot$ HL	2.08		MH_2L_2/M $\cdot$ H^2L	8.9
Fe^{2+}	ML/M $\cdot$ L	4.4		MH_4L_2/MH_2L_2 $\cdot$ H^2	6.7
	MHL/M $\cdot$ HL	2.65			

5. 酒石酸 $C_4O_6H_4 \sim$ （H_2L）

金属离子	平衡	lg K	金属离子	平衡	lg K
Mg^{2+}	ML/M $\cdot$ L	1.36	Zn^{2+}	ML/M $\cdot$ L	2.68
	MHL/M $\cdot$ HL	0.92		ML_2/M $\cdot$ L^2	2.2
Ca^{2+}	ML/M $\cdot$ L	1.80	Pb^{2+}	ML/M $\cdot$ L	2.60
	MHL/M $\cdot$ HL	1.11		ML_2/M $\cdot$ L^2	4.0
Mn^{2+}	ML/M $\cdot$ L	2.49		MHL/M $\cdot$ HL	1.76
Fe^{2+}	ML/M $\cdot$ L	2.2		MHL_2/ML_2 $\cdot$ H	3.5
	ML_2/M $\cdot$ L^2	2.50		ML $\cdot$ OH/M $\cdot$ L_2	1.1
Fe^{3+}	ML/M $\cdot$ L	5.73			

6. 8-羟基喹啉

金属离子	Fe^{2+}	Mn^{2+}	Co^{2+}	Ca^{2+}	Fe^{3+}	Ni^{2+}	Cu^{2+}	Pb^{2+}	Zn^{2+}
lg K_1	8.71	8.28	10.55	7.3	14.52	11.4	12.10	9.02	8.52
lg β_2	16.83	15.45	19.66	19.2	11.3	21.34	23.0		15.84
lg β_3	22.13			13.2	33.9				

7. 1-亚硝基-2-萘酚

金属离子	Ag^+	Co^{2+}	Cu^{2+}	Zn^{2+}	Cd^{2+}	Ni^{2+}	Mn^{2+}	Mg^{2+}
$\lg K_1$	7.74	10.67	12.52	9.32	6.18	8.69	7.10	6.05
$\lg \beta_2$		22.81	23.37	17.02	11.38	16.95		10.77
$\lg \beta_3$						23.05		

8. 羟肟酸盐

金属离子	Ca^{2+}	Fe^{2+}	Al^{3+}	Fe^{3+}	La^{3+}	Ce^{3+}	Sm^{3+}
$\lg K_1$	2.4	4.8	7.95	11.42	5.16	5.45	5.96
$\lg \beta_2$		8.5	15.29	21.1	9.33	9.79	10.73
$\lg \beta_3$			21.47	28.33	11.88	12.8	14.41

9. 磺基水杨酸（$C_7H_6O_6S$）H_3L

金属离子	Al^{3+}	Fe^{3+}	Mn^{2+}	Zn^{2+}	Cu^{2+}	Fe^{2+}
$\lg K_1$	13.20	14.64	5.24	6.05	9.52	5.90
$\lg \beta_2$	22.80	25.18	8.24	10.65	16.45	9.90
$\lg \beta_3$	28.89	32.12				

附表 6　浮选剂-金属盐难溶物的溶度积

1. 乙基黄原酸盐的溶度积 pK_s

金属离子	Cu^{2+}	Ag^+	Au^{2+}	Zn^{2+}	Cd^{2+}	Hg^{2+}	Co^{3+}	Fe^{2+}
pK_s	24.2	18.6	29.2	8.2	13.56	37.77	41.0	7.10
金属离子	Co^{2+}	Ni^{2+}	Pb^{2+}	Sn^{2+}	Sb^{3+}	Bi^{3+}	Tl^{4+}	Cu^+
pK_s	24.2	12.5	16.7	14.70	24.0	9.61	7.46	19.28

2. 金属黄原酸盐的溶度积 pK_s

金属离子 ＼ 黄药	丙基	异丙基	丁基	异丁基	戊基	己基	辛基	壬基	月桂基
Ag^+	18.6	18.6	19.5	19.2	19.7	20.8	20.4	22.6	23.8
Pb^{2+}		17.8	18.0	17.3	17.6	20.3	21.3	24.0	26.3
Cu^{2+}		24.7	26.2	26.3	27.0	29.0		30.0	37.0
Ni^{2+}		13.4			14.5	16.5	17.7	22.3	23.0
Co^{2+}						14.3		21.3	

金属离子＼黄药	丙基	异丙基	丁基	异丁基	戊基	己基	辛基	壬基	月桂基
Fe^{2+}								11.0	
Zn^{2+}	9.47	9.68	10.43	10.43	11.81	12.90	15.82	16.2	
Cu^+			20.39	20.39					
Hg^{2+}	38.55		39.14	39.14	40.27				

3. 乙基黑药金属盐的溶度积 pK_s

金属离子	Cu^+	Ag^+	Au^+	Zn^{2+}	Cd^{2+}	Hg^{2+}	Fe^{2+}
pK_s	15.85	15.92	26.22	4.92	8.12	31.89	1.82
金属离子	Co^{2+}	Ni^{2+}	Cu^{2+}	Pb^{2+}	Sn^{2+}	Bi^{3+}	Ti^{4+}
pK_s		3.77	16.0	11.66	9.82	11.12	1.92

4. 二乙基二硫代氨基甲酸盐的溶度积 pK_s

金属离子	Cu^+	Ag^+	Au^+	Zn^{2+}	Cd^{2+}	Hg^{2+}	Fe^{2+}	Cu^{2+}	Pb^{2+}	Bi^{3+}
pK_s	21.19	20.36	33.64	16.07	21.21	43.85	16.07	30.85	22.85	51.0

5. 油酸盐的溶度积 pK_s

金属离子	K^+	Ag^+	Pb^{2+}	Cu^{2+}	Zn^{2+}	Cd^{2+}	Fe^{2+}
pK_s	5.7	10.9	19.8	19.4	18.1	17.3	15.4
金属离子	Ni^{2+}	Mn^{2+}	Ca^{2+}	Ba^{2+}	Mg^{2+}	Al^{3+}	Fe^{3+}
pK_s	15.7	15.3	15.4	14.9	13.8	30.0	34.2

6. 金属脂肪酸盐的溶度积 pK_s

金属离子	K^+	Ag^+	Pb^{2+}	Cu^{2+}	Zn^{2+}	Cd^{2+}	Fe^{2+}
$C_{15}H_{31}COO^-$	5.2	12.2	22.9	21.6	20.7	20.2	17.8
$C_{17}H_{35}COO^-$	6.1	13.1	24.4	23.0	22.2		19.6
金属离子	Ni^{2+}	Ca^{2+}	Ba^{2+}	Mg^{2+}	Mn^{2+}	Al^{3+}	Fe^{3+}
$C_{15}H_{31}COO^-$	18.3	18.0	17.6	16.5	18.4	31.2	34.3
$C_{17}H_{35}COO^-$	19.4	19.6	19.1	17.7	19.7	33.6	

7. 碱土金属脂肪酸盐的溶度积 pK_s

脂肪酸碳数	C_8	C_9	C_{10}	C_{11}	C_{12}	C_{13}	C_{14}	C_{16}	C_{18}
Mg^{2+}			9.35		10.48		13.08	15.77	18.33
Ca^{2+}	6.57	8.10	9.32	10.90	12.16	13.30	14.66	17.42	19.69
Sr^{2+}					11.02		13.37	16.16	18.60
Ba^{2+}					11.46		14.15	17.11	19.60

8. 烷基磺酸钙镁的溶度积 pK$_s$

烷基磺酸碳数	C$_8$	C$_9$	C$_{10}$	C$_{11}$	C$_{12}$	C$_{14}$	C$_{16}$
Mg^{2+}					9.69	9.62	14.6
Ca^{2+}	8.21	8.12	8.10	8.55	10.33	13.54	15.80

附表 7　离子及化合物的自由能数据$\Delta G_{f,298}^0$

1. 一些离子的自由能数据$\Delta G_{f,298}^0$

离子	ΔG_f^0（kcal/mol）	离子	ΔG_f^0（kcal/mol）	离子	ΔG_f^0（kcal/mol）
Al^{3+}	−115.0	F$^-$	−66.08	S^{2-}	21.96
HAs$_4^{2-}$	−169.0	H$^+$	0	SO$_3^{2-}$	−116.1
Ba^{2+}	−134.0	I$^-$	−12.35	SO$_4^{2-}$	−177.34
Be^{2+}	−85.2	Fe^{2+}	−20.30	S$_2$O$_3^{2-}$	−127.2
Bi^{3+}	14.83	Fe^{3+}	−2.52	HS$^-$	3.01
Br$^-$	−24.574	Pb^{2+}	−5.81	Th^{4+}	−175.2
Cd^{2+}	−18.58	HPbO$_2^-$	−81.0	Sn^{2+}	−6.275
Ca^{2+}	−132.18	Mn^{2+}	−54.4	Sn^{4+}	0.65
CO$_3^{2-}$	−126.22	Mg^{2+}	−108.99	Ti^{2+}	−75.1
HCO$_3^-$	−140.31	Hg^{2+}	39.38	WO$_4^{2-}$	−220.0
Cl$^-$	−31.350	Ni^{2+}	−11.53	Zn^{2+}	−35.184
Cr^{3+}	−51.5	OH$^-$	−37.595	Zr^{4+}	−142.0
Co^{2+}	−12.8	K$^+$	−67.466	HCuO$_2^-$	−61.40
Co^{3+}	28.9	Ag$^+$	18.430	CuO$_2^{2-}$	−43.3
Cu$^+$	12.0	Na$^+$	−62.589	HSO$_4^-$	−179.94
Cu^{2+}	15.53	Sr^{2+}	−133.2		

2. 一些化合物的自由能数据$\Delta G_{f,298}^0$

化合物	ΔG_f^0（kcal/mol）	化合物	ΔG_f^0（kcal/mol）	化合物	ΔG_f^0（kcal/mol）
Al(OH)$_3$	−271.9	CuO	−30.4	H$_2$O	−56.69
Al$_2$O$_3$	−376 77	Cu$_2$O	−34.98	KCl	−97.592
Al$_2$O$_3$·H$_2$O	−435.0	Cu(OH)$_2$	−85.3	Ag$_2$S	−9.62
Al$_2$O$_3$·3H$_2$O	−554.6	Cu$_2$(OH)$_2$CO$_3$	−216.44	H$_2$S	−7.892
Al$_2$Si$_2$O$_5$(OH)$_4$	−884.5	CuS	−11.7	Zn(OH)$_2$	−133.63
Sb$_2$S$_3$	−32.0	Cu$_2$S	−20.6	ZnS	−47.4

化合物	ΔG_f^0 (kcal/mol)	化合物	ΔG_f^0 (kcal/mol)	化合物	ΔG_f^0 (kcal/mol)
As_2S_3	−32.46	Fe_2O_3	−177.1	ZnO	−76.88
As_2S_2	−32.15	Fe_3O_4	−242.4	$PbSO_4$	−193.89
$Ba(OH)_2$	−204.7	$Fe(OH)_3$	−166.0	PbO_2	−52.34
$BaSO_4$	−323.4	FeS	−23.32	$ZnCO_3$	−174.8
$Cd(OH)_2$	−112.46	FeS_2	−36.00	$FeTiO_3$	−268.9
CdS	−33.6	PbO	−45.25	WO_3	−182.47
$Ca(OH)_2$	−214.22	$Pb(OH)_2$	−100.6	SnO_2	−123.2
$CaSO_4$	−315.56	PbS	−22.15	SiO_2	−192.4
$CaCO_3$	−269.78	$PbCO_3$	−149.7	H_4SiO_4	−300.3
$CaMg(CO_3)_2$	−520.5	$Mn(OH)_2$	−147.34	$PbCrO_4$	−203.6
CO_2	−94.2598	$MnCO_3$	−195.4	$FeWO_4$	−250.4
CoO	−49.0	$Mg(OH)_2$	−199.27	$CaWO_4$	−368.7
$Cd(OH)_2$	−109.0	NiS	−17.7	CaF_2	−277.7
Co_2S_3	−19.8				

附表中各种化合物的溶度积、金属离子水解平衡、配合物等各种平衡常数，离子及化合物的自由能数据等主要来自于下列文献：

Arthur E. 1964. Martell, Stability Constants of Metall-Ion Complexes. Organic Ligands.

Fuerstenau D W, Fuerstenau M C. 1985. The Principles of Flotation.

Fuerstenau M C, Flotation A M. 1976. Gaudin Memorial Volume AIME. Vol.1. Inc., N.Y.

Garrels R M, Christ C L. 1965. Solutions, Minerals and Equilibria. New York: Harper & Row: 403-429.

Smith R M, Martell E. 1976. Critical Stability Constants, lnorganic Complexes. Vol.4. New York, Plenum Press.

Somasundaran P. 1975. Interfacial Chemistry of Particulate Flotation. AIChE, 71(150).

Vanghan D J, Craig J R. 1978. Mineral Chemistry of Metals sulphides. Lobdon: Cambridge University Press: 51-62, 376-412.

参 考 文 献

［1］Taggart A F, et al. Amer. Inst. Min. Metall. Engrs. Tech. Publ., 1930, 312: 3-33.

［2］Gaudin A M. Flotation. New York: McGill-Hill Book Co., 1932: 552.

［3］Wark I W. Principles of Flotation. Melbourne: Australasian Inst. Min. Metall, 1938: 346.

［4］Plaksin I N, Bessonov SV. //Schulman J H. Proc. 2nd Intl Cong. on Surf Act. Vol 3. 1957: 361-367.

［5］Fuerstenau M C, et al. Trans. AIME, 1968, 241: 319-323.

［6］Somasundaran P, Agar G E. J. Coll. Inter. Sci., 1967, 24: 433-440.

［7］Fuerstenau D W. Pure Appl Chem, 1970, 24: 135.

［8］du Rietz C. Proc. Xlth. Int. Miner. Process. Congr., Rome, 1975, 1: 395-403.

［9］向井兹, 若松贵英, 高桥克侑. 水瓁会志, 1972(8): 17，324.

［10］Marabini A M, et al. Jones M J, Oblatt R. //Reagents in the Minerals Industry. Rome, Itally, 1984: 125-136.

［11］Somasundaran P, Healy T W, Fuerstenau D W. J. Phy. Chem., 1964, 68: 3562-3566.

［12］Somasundaran P, et al. J. Coll. Inter. Sci., 1984, 99: 128-138.

［13］Somasundaran P. Advances in Mineral Processing, Proceedings of a Symp., Honoring N. Arbiter on His 75th Birthday. New Orleans, USA, 1986: 137-153.

［14］王淀佐, 胡岳华. 浮选溶液化学. 长沙: 湖南科学技术出版社，1988: 343.

［15］Pugh R, Stenius P. Inter. J. Miner. Process., 1985, 15(3): 193-218.

［16］胡岳华, 王淀佐. 中南矿冶学院学报, 1992, 23(3): 273-279.

［17］Fuerstenau D W. Adv Colloid Interfac, 2005, 114-115: 9.

［18］王淀佐, 胡岳华. 中南矿冶学院学报, 1992, 23(1): 24-30.

［19］Shi Q, Zhang G, Feng Q, et al. Inter. J. Miner. Process., 2013,119: 34-39.

［20］Salamy S G, Nixon J C. The application of electrochemical methods to flotation research. Recent Developments in Mineral Dressing. London: Institution of Mining and Metallurgy, 1953: 503-516.

［21］Salamy S G, Nixon, J C. Aust. J. Chem., 1954, 7: 146-156.

［22］王淀佐, 胡岳华, 李柏淡, 等. 有色金属, 1991(4): 21-26.

［23］张芹, 胡岳华, 顾帼华, 等. 矿冶工程, 2004, 24 (5): 42-44.

［24］Woods R. J. Phys. Chem., 1971, 75: 354-362.

［25］Woods R, Hpe G A, Brown G M. Colloid. Surface. A, 1998, 137: 329-337.

［26］王淀佐, 孙水裕, 胡岳华. Collectorless Flotation, 资源处理技术(日本): 英文, 1992, 39(1): 31-35.

［27］Sun Shuiyu, Wang Dianzuo, Li Bodan. J. Cent. South Inst. Min. Metall, 1993, 24(4): 466-471.

［28］Poling G W. //Flotation A M. Gaudin Memorial Volume M. C. Fuerstemau(ed.), AIME, 1976, 1: 334-363.

［29］Besseling N A M, Lyklema J. Pure Appl. Chem., 1995, 67(6): 881-888.

［30］Claesson P M, Blom C E, Herder P C, et al. J. Coll. Inter. Sci., 1986, 114(1): 234-242.

［31］Rutland M, Waltermo A, Claesson P. Langmuir, 1992, 8: 176-183.

［32］秦奇武, 胡岳华. 矿冶工程, 1998, 18(4): 20-24.

［33］胡岳华, 徐竞. 有色矿冶, 1994, 10(2): 16-21.

［34］胡岳华, 王淀佐. 有色金属: 选矿部分, 1989(4): 10-13.

［35］Jiang Yuren, Yin Zhigang, Yi Yunlai, et al. Minerals Engineering, 2010, 23(10): 830-832.

［36］Pugh R J. Inter. J. Miner. Process., 1989, 25: 101-130.

［37］Weissenborn P K. Inter. J. Miner. Process., 1996, 47: 197-211.

［38］Nagaraj D R, Rothenberg A S, Lipp D W, et al. Inter. J. Miner. Process., 1987, 20: 291-308.

［39］孙伟, 胡岳华, 覃文庆, 等. 矿产保护与利用, 2000(3): 42-46.

［40］Zdziennicka A, Jańczuk B. Mater. Chem. Phys., 2010, 124(1): 569-574.

［41］Zdziennicka A, Jańczuk B. J. Coll. Inter. Sci., 2011, 354(1): 396-404.

［42］Rai B. Mol. Simulat., 2008, 34(10-15): 1209-1214.

［43］Gao Zhiyong, Sun Wei, Hu Yuehua. Miner. Eng., 2015, 79: 54-61.

［44］Hiçyilmaz C, Özbayoglu G. Min. Eng., 1992, 5(8): 945-951.

［45］Pugh R, Stenius P. Inter. J. Miner. Process., 1985, 15(3): 193-218.

［46］Zhang Ying, Wang Yuhua, Li Shiliang. Inter. J. Mining Sci. Technol., 2012, 22(2): 285-288.

［47］Hu Yue hua, Yang Fan, Sun Wei. Miner. Eng., 2011, 24(1): 82-84.

［48］Johnson S B, Franks G V, Scales P J, et al. Inter. J. Miner. Process., 2000, 58(1): 267-304.

［49］Gao Zhiyong, Sun Wei, Hu Yuehua. Trans. Nonferrous Metals Soc. China, 2017, 24(9): 2930-2937.

［50］Gao Zhiyong, Li Chengwei, Sun Wei, et al. Colloid. Surf. A 2017, 520(5): 53-61.

［51］Hu Yuehua, Liu Xiaowen, Xu Zhenghe. Miner. Eng., 2003, 16(3): 219-227.

［52］Wu H, Renno A D, Foucaud Y, et al. ACS Omega, 2021, 6: 4212-4226.

［53］Rai B, Rao T K, Krishnamurthy S, et al. J. Coll. Inter. Sci., 2002, 256(1): 106-113.

［54］De Leeuw N H, Parker S C, Rao K H. Langmuir, 1998, 14(20): 5900-5906.

［55］刘晓文, 胡岳华. 矿物岩石, 2005, 25(1): 10-13.

［56］刘晓文. 一水硬铝石和层状硅酸盐矿物的晶体结构与表面性质研究. 长沙: 中南大学, 2003.

［57］Xu Longhua, Tian Jia, Wu Houqin, et al. Adv. Colloid Interface Sci., 2018, 256: 340-351.

［58］Xu Longhua, Tian Jia, Wu Houqin, et al. J. Coll. Inter. Sci., 2017, 505: 500-508.

［59］Cong Wang, Jian Deng, Liming Tao, et al. Miner. Eng., 2022, 188: 107827.

［60］李跃林, 韩聪, 翟庆祥, 等. 金属矿山, 2016, 45(3): 77-81.

［61］石伟, 黄国智. 非金属矿, 2000, 23(4): 11-12.

［62］Wang R, Wei Z, Han H, et al. Miner. Eng., 2019, 132: 84-91.

［63］张治元, 王博. 西部探矿工程, 1994, 6(6): 9-11.

［64］张治元, 王博. 江西有色金属, 1997, 11(3): 20-23.

［65］张治元, 王博, 傅景海. 金属矿山, 1995, 226(4): 38-41.

［66］Wang R, Sun W, Han H, et al. Miner. Eng., 2021, 166.

［67］Wang R, Han H, Sun W, et al. Miner. Eng., 2022, 185.

［68］Wang R, Lu Q, Sun W, et al. Miner. Eng., 2022, 176.

［69］Wang P, Qin W, Ren L, et al. Trans. Nonferrous Metals Society of China, 2013, 23(6): 1789-1796.

［70］胡岳华, 王淀佐. 有色金属, 1989, (4): 10-13.

［71］胡岳华, 王淀佐. 有色金属, 1996, 48(2): 40-44.

［72］胡岳华, 王淀佐. J. CSIMM, 1990, 21(4): 375-380.

［73］Sun Wenjuan, Han Haisheng, Sun Wei, et al. Miner. Eng., 2022, 175: 107274.

［74］高玉德, 邱显扬, 冯其明. 有色金属（选矿部分）, 2003, 4: 28-31.

［75］Fuerstenau M C, Miller J D, Pray R E, et al. Trans. AIME, 1965, 232: 359-364.

［76］Fuerstenau M C, Rice D A, Somasundaran P, et al. Institution of Mining and Metallurgy, Transactions, 1965, 74: 381-391.

［77］胡岳华, 王淀佐. 中南矿冶学院学报, 1987, 18(5): 501-508.

［78］董宏军, 陈荩. 有色金属, 1996, 48（2）: 35-40.

［79］Feng Q, Zhao W, Wen S, et al. Sep. Purif. Technol., 2017, 178: 193-199.

［80］EL-Salmawy M S, Nakahiro Y, Wakamatsu T. Miner. Eng., 1993, 6(12): 1231-1243.

［81］Wang Changtao, Liu Runqing, Zhai Qilin, et al. Miner. Eng., 2022, 184: 107667.

［82］Fan X, Rowson N A. Miner. Eng., 2000, 13(2): 205-215.

［83］Wang Changtao, Liu Runqing, Wu Meirong, et al. Miner. Eng., 2021, 173, 107299.

［84］王淀佐. 浮选药剂作用原理及应用. 北京: 冶金工业出版社, 1982.

［85］王淀佐, 林强, 蒋玉仁. 选矿与冶金药剂的分子设计. 北京: 冶金工业出版社, 1996.

［86］胡岳华, 王毓华, 王淀佐. 硅酸盐矿物浮选化学. 北京: 科学出版社, 2004.

［87］曹学锋, 刘长淼, 胡岳华. 中南大学学报（自然科学版）, 2010, 41(2): 411-415.

［88］Pradip, Rai B. Inter. J. Mine. Process., 2003, 72(1): 95-110.

［89］Zhang Wanjia, Cao Jian, Wu Sihui, et al. Sep. Purif. Technol., 2022, 287: 120563.

［90］Zhang Wanjia, Feng Zhitao, Yang Yuhang, et al. J. Coll. Inter. Sci., 2021, 585: 787-799.

［91］Fei Lyu, Jiande Gao, Ning Sun, et al. Miner. Eng., 2019, 131: 66-72.

［92］Zhang H, Sun W, Zhu Y, et al. Langmuir, 2021, 37: 10052-10060.

［93］Ahmed K, Inamdar S N, Rohman N, et al. Chem. Chem. Phys. 2021, 23: 2015-2024.

［94］Gao Z Y, Sun W, Hu Y H. Miner. Eng., 2015, 79: 54-61.

［95］高跃升, 高志勇, 孙伟. 中国有色金属学报, 2016, 26(2): 415-422.

［96］高志勇. 三种含钙矿物晶体各向异性与浮选行为关系的基础研究. 长沙: 中南大学, 2013.

［97］Lu Y, Drelich J, Miller J D. J. Coll. Inter. Sci., 1998, 202(2): 462-476.

［98］Manne S, Cleveland J, Gaub H, et al. Langmuir, 1994, 10(12): 4409-4413.

［99］Wang Changtao, Liu Runqing, Sun Wei, et al. Miner. Eng., 2021, 170: 106989.

［100］Wang Changtao, Liu Runqing, Wu Meirong, et al. Miner. Eng., 2021, 162: 106747.

［101］Wang Z, Xu R, Wang L. J. Mol. Liquids, 2020, 6: 165.

［102］Foucaud Y, Lainé J, Filippov L O, et al. J. Coll. Inter. Sci., 2021, 583: 692-703.

［103］Wang Changtao, Liu Runqing, Khoso Sultan Ahmed, et al. Miner. Eng., 2020, 150: 106274.

［104］Lin Shangyong, Liu Runqing, Bu Yongjie, et al. Minerals, 2018, 8(10).

［105］Lin Shangyong, Liu Runqing, Sun Wei, et al. Minerals, 2018, 8(9): 402.

［106］Hu Yuehua, Wang Dianzuo, Xu Zhenghe. Miner. Eng., 1997, 10(6): 623-633.

［107］Hu Yuehua, Chi Ruan, Xu Zhenghe. Ind. Eng. Chem. Res., 2003, 42(8): 1641-1647.

［108］胡岳华, 王淀佐. 矿冶工程, 1990, 10(2): 20-23.

［109］Zhang Chenhu, Sun Wei, Hu Yuehua, et al. J. Coll. Inter. Sci., 2018, 512: 55-63.

［110］叶志平. 有色金属(选矿部分), 2000(5): 35-39.

［111］Dominguez H. Phys. Chem. B, 2007, 111(16): 4054-4059.

［112］Du H, Miller J D. Int. J. Miner. Process., 2007, 84(1): 172-184.

［113］Zhao Gang, Zhong Hong, Qiu Xianyang, et al. Miner. Eng., 2013, 49: 54-60.

［114］Rodrigues R T, Rubio J. Miner. Eng., 2003, 16(8): 757-765.

［115］Du Shuhua, Luo Zhenfu. Inter. J. Mining Sci. Technol., 2013(2): 25-32.

［116］郭建斌. 矿冶工程, 2003, 23(3): 30-35.

［117］赵志勇. 科技创新与应用, 2012(30): 119-120.

［118］余木龙, 胡平. 有色金属, 1988, 40(2): 43-52.

［119］骆兆军, 胡岳华, 王毓华, 等. 中国有色金属学报, 2001, 11(4): 680-683.

［120］Yan L, Englert A H, Masliyah J H, et al. Langmuir, 2011, 27(21): 12996-13007.

［121］Zhao H, Bhattacharjee S, Chow R, et al. Langmuir, 2008, 24(22): 12899-12910.

［122］He J, Hu Y, Sun W, et al. Miner. Eng. 2020, 156: 106485.

［123］梁瑞录, 石大新. 有色金属, 1990(3): 23-31.

［124］卢寿慈, 宋少先, 戴宗福. 武汉钢铁学院学报, 1991, 14(1): 1-6.

［125］卢寿慈, 宋少先. 武汉钢铁学院学报, 1991, 14(1): 7-14.

［126］方启学. 国外金属矿选矿, 1998, 6: 42-45.

［127］Van Lierde A. Inter. J. Miner. Process., 1980(10): 235-243.

［128］Yalamanchili M R, Miller J D. //Moudgil B M, Somasundaran P. Dispersion and Aggregation: Fundamentals and Applications. Proceedings of the Engineering Foundation Conferences, 1992. Florida, Mar. 15-20, 154-168.

［129］Fa K, Jiang T, NaLaskowski J, et al. Langmuir, 2003, 19(25): 10523-10530.

［130］Fa K, Nguyen A V, Miller J D. J. Phys Chem B, 2005, 109(27): 13112-13118.

［131］Fa K Q, Nguyen A V, Miller J D. Int. J. Miner. Process, 2006, 81: 166-177.

［132］He Jianyong, Sun Wei, Zeng Hongbo, et al. Miner. Eng., 2022, 179:107424.

[133] Hu Yuehua, Dai Jingping. Miner. Eng., 2003, 16(11): 1167-1172.
[134] Luttrell G H. Miner. Process. Extractive Metall. Review, 1989, 5(1-4): 101-122.
[135] Feteris S M, Frew J A, Jowett A. Inter. J. Miner. Process. 1987, 20(20).
[136] 沈政昌. 有色金属(选矿部分), 2005(5): 33-35.
[137] Hornsby D T, Leja J. Coal Preparation, 1984, 1(1): 1-19.
[138] George P, Nguyen A V, Jameson G J. Miner. Eng., 2004, 17(8): 847-853.
[139] Zhu H, Li Y, Lartey C, et al. Miner. Eng., 2020, 148: 106182.
[140] 何廷树, 陈炳辰. 中国矿业, 1994, 3(4): 32-35.
[141] Le H, Jenkins P, Ralston J. Inter. J. Miner. Process., 2000, 59(4): 305-325.
[142] Wei Z, Sun W, Wang P, et al. Chem. Eng. J., 2021, 426.
[143] Nosrati A, Addai-Mensah J, Skinner W. Chem. Eng. J., 2009, 152(2-3): 406-414.
[144] Hanumantha Rao K, Forssberg K S E. Inter. J. Miner. Process., 1997, 51(1-4): 67-79.
[145] Zhao S, Zhu H, Li X, et al. J. Coll. Inter. Sci., 2010, 350(2): 480-485.
[146] Leja J. Surface chemistry of froth flotation. Plenum Press, 1982.
[147] Gardner J R, Woods R. J. Electroanal. Chem., 1979, 100: 447-459.
[148] Peter S. //Bockris J O M, Rand D A J, et al. Trends in Electrochemistry. New York and London: Plenum Press, 1997: 408.
[149] Biegler T, Horne M D. The Electrochemical Society, 1985, 132: 1363-1369.
[150] 孙水裕, 王淀佐, 李柏淡. 金属学报, 1993, 29(9): B389-B393.
[151] Chander S, Khan A. Inter. J. Mineral Process, 2000: 45-55.
[152] Buckley A N. //Richardson P E. Electrochemistry in Mineral and Metal Processing, 1984, The Electrochemical Society , Inc. NJ, 286-302.
[153] 丁敦煌, 李天瑞. 中国有色金属学报, 1994(3): 36-40.
[154] Buckley A N, Hamilton I C, Woods R. Dev. Miner. Process., 1985, 6: 41-60.
[155] Finkelstein N P, Allsion S A, Lovell V M, et al. //Somasundaran P, Grieves R B. Advances in Interf Pheno. of Particulate/Solution/Gas Systems New York: AIChE, 1975, 71(150): 165-175.
[156] Tolun R, Kitchener J A. IMM,1964: 313-322.
[157] Trahar W J. Inter. J. Miner. Process., 1983, 11: 57-74.
[158] Lin Shangyong, Wang Chenwen, Liu Runqing, et al. Appl. Surf. Sci., 2022, 577: 151756.
[159] Ahlberg E, Broo A E. Inter. J. Miner. Process, 1996, 47: 33-47.
[160] Ahlberg E, Broo A E. J. Electrochem. Soc., 1997, 144(4): 1281-1286.
[161] Mycroft J R, Nesbitt H W, Pratt A R, Geochimica et Cosmochimica Act, 1995, 59: 721-733.
[162] 周仲柏, 陈永言. 电极过程动力学基础教程. 武汉: 武汉大学出版社, 1989: 252-309.
[163] 张芹, 胡岳华. 有色金属, 2004(2): 4-6.
[164] 王淀佐, 胡岳华, 李泊淡, 等. 有色金属, 1991, 43(4): 34-39.
[165] 孙水裕, 王淀佐, 李柏淡. 中国有色金属学报, 1992, 2(2): 21-25.
[166] Allison S A, Goold L A, Nicol M J, et al. Metal Trans., 1972, 3: 2613-2618.
[167] Allison S A, Finkelstein N P. Trans. IMM, Section C, 1969, 78: 181-184.
[168] Leppinen J O, Basilio C I, Yoon R H. Int. J. Miner. Process., 1989, 26: 259-274.
[169] Hanson J S, Fuerstenau D W. 18th International Mineral Processing Congress (IMPC), Parkville, Victoria, Australia, 1993: 657-661.
[170] Hu Qingchun , Wang Dianzuo, LI Baidang. Int. J. Miner. Process., 1992, 34: 289-305.
[171] Ralston J. Miner. Eng., 1994, 5: 715-735.
[172] Woods R. //Jones M H, Woodcock J T. Principle of Mineral Flotation, The Wark Symposium. Australas Inst. Min. Metal., Parkvile, Victoria, Australia, 1984, 40: 91115.
[173] Morey M S, Grano S R, Ralston J, et al. Miner. Eng., 2001, 14(9): 1009-1017.
[174] Richardson P E, Yoon R H, Li Y-Q. Inter. Miner. Process. Congr., 1993:757-766.
[175] 陈述文. 八种不同产地黄铁矿晶体特性与可浮性关系. 长沙: 中南矿冶学院, 1982.
[176] 凌竞宏, 胡庚熙. 中南矿冶学院学报, 1988, 19(1): 10-14.
[177] Richardson P E. J. Electrochem. Soc., 1985, 132(6): 1350-1356.

［178］肖奇, 邱冠周, 胡岳华, 等. 物理学报, 2002, 51（9）: 2134-2137.

［179］肖奇, 邱冠周, 胡岳华, 等. 高压物理学报, 2002, 16(3): 188-193.

［180］Yang X, Albijanic B, Liu G, et al. Miner. Eng., 2018, 125: 155-164.

［181］Hu Yuehua, Sun Wei, Wang Dian-zuo. Electrochemistry of Flotation of Sulphide Minerals, Beijing&Verlag Berlin Heidelberg: Tsinghua University Press&Springer, 2009.

［182］Beyzavi A N. 国外金属矿选矿, 1989, 2: 39.

［183］Lui A W, Hoey G R. Can. Met. Quart., 1973, 12: 185.

［184］Lui A W, Hoey G R. Can. Met. Quart., 1975, 14: 281.

［185］Majima H. Can. Met. Quart., 1969, 8: 269-273.

［186］Han H, Hu Y, Sun W, et al. Inter. J. Miner. Process., 2017, 159: 22-29.

［187］胡岳华, 韩海生, 田孟杰, 等. 矿产保护与利用, 2018(1): 42-47.

［188］Wei Z, Sun W, Han H, et al. Miner. Eng., 2021, 160.

［189］Tian Mengjie, Gao Zhiyong, Sun Wei, et al. J. Coll. Inter. Sci., 2018, 529: 150-160.

［190］He Jianyong, Han Haisheng, Zhang Chenyang, et al. Appl. Surf. Sci., 2018, 458: 405-412.

［191］Tian Mengjie, Gao Zhiyong, Khoso Sultan Ahmed, et al. Miner. Eng., 2019, 143: 106006.

［192］Wei Z, Hu Y, Han H, et al. J. Coll. Inter. Sci., 2020, 562: 342-351.

［193］Han H, Xiao Y, Hu Y, et al. Miner. Eng., 2020: 145.

［194］Wei Z, Sun W, Han H, et al. Chem. Eng. Sci., 2021: 234.

［195］Wang R, Sun W, Han H, et al. Colloid. Surface. A, 2022: 648.

［196］卫召, 孙伟, 韩海生, 等. 中国有色金属学报, 2020, 30(12): 3006-3017.

［197］Dong Liuyang, Jiao Fen, Qin Wenqing, et al. Appl. Surf. Sci., 2018, 444: 747-756.

［198］董留洋, 覃文庆, 焦芬, 等. 矿冶工程, 2018, 38(4): 61-64.

［199］Hanumantha Rao K, Forssberg K S E. Inter. J. Miner. Process., 1997, 51(1-4): 67-79.

［200］刘凤春, 刘家弟. 中国矿业, 2000, 9(3).

［201］Helbig C, Bajdauf H, Mahnke J, et al. Inter. J. Miner. Process., 1998, 53(3): 135-144.

［202］McFadzean B, Castelyn D G, O'Connor C T. Miner. Eng., 2012, 36-38: 211-218.

［203］冯金妮. 锂云母高效捕收剂的选择及机理研究. 赣州: 江西理工大学, 2013.

［204］Vidyadhar A, Rao K H, Chernyshova I V. Colloid. Surface. A, 2003, 214(1-3): 127-142.

［205］Vidyadhar A, Rao K H, Chernyshova I V, et al. J. Coll. Inter. Sci., 2002, 256(1): 59-72.

［206］Alexandrova L, Rao K H, Forsberg K S E, et al. Colloid. Surface. A, 2011, 373(1-3): 145-151.

［207］Wang J, Gao Z, Gao Y, et al. 2016, 98: 261-263.

［208］Wang L, Xu R, Liu R, et al. Molecules, 2021, 26: 7117.

［209］Li Wang, Guodong Wang, Peng Ge, et al. Colloid. Surface. A, 2022, 632: 127771.

［210］Hu Yuehua, Sun Wei, Li Haipu, et al. Miner. Eng., 2004, 17(9-10): 1017 -1022.

［211］Hu Yuehua, Lu Yongjiang, Veeramasuneni S, et al. J. Coll. Inter. Sci., 1997, 190(1), 224-231.

［212］Free M L, Miller J D. Inter. J. Miner. Process., 1996, 48(3-4): 197-216.

［213］周晓彤, 李英霞, 邓丽红, 等. 中国矿业, 2014, 2(23): 107-111.

［214］高玉德, 邱显扬, 夏启斌, 等. 广东有色金属学报, 2001(2): 92-95.

［215］Zhang C, Wei S, Hu Y, et al. J. Coll. Inter. Sci, 2017, 512: 55-63.

［216］Naveau A, Monteil-Rivera F, Guillon E, et al. J. Coll. Inter. Sci., 2006, 303(1): 25-31.

［217］Suyantara G P W, Hirajima T, Miki H, et al. Colloid. Surface. A, 2018, 554: 34-48.

［218］Choi Woo-Zin, Jeon Ho-Seok, Zeng Qinghua, et al. Geosystem Eng., 1998, 1(1): 53-57.

［219］张英, 胡岳华, 王毓华, 等. 中国有色金属学报, 2014, 9: 2366-2372.

［220］Tsao Y H, Yang S X, Evans D F. Langmuir, 1991, 7: 3154-3159.

［221］Ducker W A, Xu Z, Israelachvili J N. Langmuir, 1994, 10: 3279-3289.

［222］Yoon R H, Ravishankar S A. J. Coll. Inter. Sci., 1996, 179: 391-402.

［223］Tsao Y H, Evans D F, Wennerstrom H. Langmuir, 1993, 9: 779-785.

［224］Ravishankar S A, Nord Kaolin Co, Jeffersonville G A, et al. 126 th SME Annual Meeting, Phoenix, Arizona, USA, 1996.

［225］Sayan P. Crys. Res. Technol., 2010, 40(3): 226-232.

［226］Beaussart A, Parkinson L, Mierczynska-Vasilev A, et al. J. Coll. Inter. Sci., 2012, 368(1): 608-615.

［227］Gao Zhiyong, Hu Yuehua, Sun Wei, et al. Langmuir, 2017, 32(25): 6282-6288.

［228］Gao Z, Sun W, Hu Y. Miner. Eng., 2015, 79: 54-61.

［229］Gupta V, Miller J D. J. Coll. Inter. Sci., 2010, 344(2): 362-371.

［230］Zhiyong Gao, Lei Xie, Xin Cui, et al. Langmuir, 2018, 34: 2511-2521.

［231］Hu Wenjihao, Tian Mengjie, Cao Jian, et al. Langmuir, 2020, 36: 8199-8208.

［232］李云龙, 王淀佐, 彭明生, 等. 中南矿冶学院学报, 1990, 21(2): 157-163.

［233］Meng Q, Feng Q, Shi Q, et al. Miner. Eng., 2015, 79: 133-138.

［234］Shenderovich V A, Ryaboi V I, Kriveleva E D, et al. General Chem. USSR, 1979, 49: 1530.

［235］Nagaraj D R, Brinen J S, Int. J. Miner. Process., 2001, 63: 45-57.

［236］Costa M C, Botelho do Rego A M, Abrants L M. Int. J. Miner. Process, 2002, 65: 83-108.

［237］林上勇. 柿竹园难处理钼-铋硫化矿强化分选理论及应用研究. 长沙: 中南大学, 2022.

［238］卫召. 多配体金属基捕收剂的设计开发及在钨矿浮选中的应用. 长沙: 中南大学, 2022.

［239］殷志刚. 新型硫化钼除杂有机抑制剂设计开发与应用实践. 长沙: 中南大学, 2017.

［240］田孟杰. 金属离子有机配合物捕收剂在锡石、锂辉石表面作用机理. 长沙: 中南大学, 2019.

［241］李葵英. 界面与胶体化学. 哈尔滨: 哈尔滨工业大学出版社, 1998.

［242］Du Q, Freysz E, Shen Y R. Phy. Rev. Lett., 1994, 72(2): 238-241.

［243］亢建华. 油酸钠-油酸酰胺组合捕收剂在白钨矿浮选中的作用机理及应用. 长沙: 中南大学, 2019.

［244］张谌虎, 绢云母-含炭质方解石-萤石矿浮选抑制剂的作用与实践. 长沙: 中南大学, 2017.

［245］陈臣. 小分子聚羧酸与含钙矿物作用机理及在白钨矿浮选中的应用. 长沙: 中南大学, 2017.

［246］沈钟, 王果庭. 胶体与表面化学. 2 版. 北京: 化学工业出版社, 1997: 54-76.

［247］段世铎, 谭逸玲. 界面化学. 北京: 高等教育出版社, 1990.

［248］Fuerstenau D W, Fuerstenau M C. The Principles of Flotation. 1985.

［249］刘文莉. 氧化矿及其氢氧化矿表面吸附机理研究. 长沙: 中南大学, 2016.

［250］胡岳华, 孙伟, 刘晓文, 等. 中国有色金属学会会刊: 英文版, 2003, 13(6): 1430-1434.

［251］胡岳华, 徐竞. 矿冶工程, 1992, 12(2): 23-26.

［252］徐龙华. 伟晶岩铝硅酸盐矿物的强化浮选分离基础理论研究. 长沙: 中南大学, 2016.

［253］胡岳华, 王淀佐. 矿冶, 1996, 5(1): 28-33, 84.

［254］王丽. 硅质石煤钒矿选矿富集新技术及基础. 长沙: 中南大学, 2015.

［255］胡岳华, 王淀佐. 中南矿冶学院学报: 英文版, 1990, 21(4): 375-381.

［256］Hu Y, Liu X, Xu Zhenghe. Miner. Eng., 2003, 16(3): 219-227.

［257］Zhong Hong, Liu Guangyi, Xia Liuyin, et al. Miner. Eng., 2008, 21(12-14): 1055-1061.

［258］Hu Yuehua, Yang Fan, Sun Wei. Miner. Eng. 2011, 24(1): 82-84.

［259］Schubert H, Baldauf H, Kramer W, et al. Inter. J. Miner. Process., 1990, 30(3-4): 185-193.

［260］蒋巍. 尾矿伴生萤石浮选的基础研究与工业应用. 长沙: 中南大学, 2017.

［261］张英. 含钙矿物浮选分离抑制剂结构与性能研究. 长沙: 中南大学, 2011.

［262］Peterson H D, Fuerstenau M C. Trans. Soc. Min. Engs., 1965, 232: 388-392.

［263］熊道陵. 黄原酸基有机抑制剂的设计合成及其与锌铁硫化矿相互作用机理研究. 长沙: 中南大学, 2006.

［264］Al M D, Vinogradov J, Jackson M D. Adv. Colloid Interface Sci., 2017, 240: 60.

［265］徐竞. 中南工业大学学报, 1995, 26(5): 589-594.

［266］Dutt N K. Bul.l Chem. Soc. JPN, 2006, 40(10): 2280-2283.

［267］Fuerstenau M C. A. M. Gaudin Memorial Volume AIME, Inc., N. Y., 1976, 1.

［268］Veeramasuneni S, Hu Y, Miller J D. Surf. Sci., 1997, 382: 127-136.

［269］Israelachvili J N. Intermolecular and Surface Forces. Second Edition. Academic Press, Harcourt Brace & Company, Publishers, 1991: 450.

［270］Evans Jr H T. Ionic radius in crystals. In: Handbook of Chemistry and Physics, D R. Lide (Editor in chief), 73 RD Edition. CRS Press Inc, 1992/1993: 12-18.

［271］胡岳华, 王淀佐. 有色金属, 1993, 45(2).

［272］Parks G A. Chem. Rew., 1965, 65(2): 177-198.

［273］Klintsova A P, Barsukov V L. Geochem. Int., 1973, 10(5): 540-547.

［274］刘玉山, 陈淑卿. 地质学报, 1986(1): 78-88.

［275］孙磊. 浮选剂分子/离子在锡石表面的组装机理及应用. 长沙: 中南大学, 2017.

［276］张祥峰. 氧化锌矿表面硫化-捕收剂络合组装浮选. 长沙: 中南大学, 2017.

［277］Triffett B, Veloo C, Adair B J I, et al. Miner. Eng., 2008, 21(12-14): 832-840.

［278］Zanin M, Ametov I, Grano S, et al. Inter. J. Miner. Process., 2009, 93(3-4): 256-266.

［279］Castro S, Lopez-Valdivieso A, Laskowski J S. Inter. J. Miner. Process., 2016, 148(48-58).

［280］孙传尧, 印万忠. 硅酸盐矿物浮选原理. 北京: 科学出版社, 2001, 4: 38-39.

［281］邵美林. 鲍林规则与键价理论. 北京: 高等教育出版社, 1993.

［282］Brown I D, Shannon R D. Acta Crystallographica Section A 1973, 29(3): 266-282.

［283］Moon K S, Fuerstenau D W. Inter. J. Miner. Process., 2003, 72(1): 11-24.

［284］Hung A, Muscat J, Yarovsky I, et al. Surf. Sci. 2002, 513(3): 511-524.

［285］Rai B, Sathish P, Tanwar J, et al. J. Colloid Interf. Sci., 2011, 362(2): 510-516.

［286］Newman A C D. Chemistry of Clays and Clay Minerals . London: Longman Group UK Limited, 1987: 168-169.

［287］王濮, 潘兆橹, 翁玲宝, 等. 系统矿物学. 中册. 北京: 地质出版社, 1984: 380-460.

［288］李云龙, 彭明生, 王淀佐, 等. 有色金属, 1990(4).

［289］Mogilevsky P. Philosophical Magazine, 2005, 85(30): 3511-3539.

［290］Longo V M, Gracia L, Stroppa D G, et al. J. Phys. Chem. C, 2011, 115(41): 20113-20119.

［291］Rodeick J H. Phys. Chem. Minerals, 1979, 5: 179-200.

［292］Rosso K M, Rustad J R. American Mineralogist, 2001, 86: 312-317.

［293］Beruto D, Giordani M. J. Chem. Soc., Faraday Transactions, 1993, 89(14): 2457-2461.

［294］Bruno M, Massaro F R, Rubbo M, et al. Crystal Growth & Design, 2010, 10(7): 3102-3109.

［295］Stipp S L, Hochella J, Michael F. Geochimica Et Cosmochimica Acta, 1991, 55(6): 1723-1736.

［296］Giese R F. Clays and Clay Minerals, 1975, 23: 165-166.

［297］Giese R F. Clays and Clay Minerals, 1973, 21: 145-149.

［298］Yoon R H, Salman T, Donnay G. J. Coll. Inter. Sci., 1979, 70(3): 483-493.

［299］张国范. 铝土矿浮选脱硅基础理论及工艺研究. 长沙: 中南大学, 2001.

［300］Darbha G K, Schäfer T, Heberling F, et al. Langmuir, 2010, 26(7): 4743-4752.

［301］胡岳华, 王淀佐. 有色金属(选矿部分), 1989(4): 10-13.

［302］Hu Y, Xu Z. Inter. J. Miner. Process., 2003, 72(1-4): 87-94.

［303］Wieland E, Stumm W. Geochimica et Cosmochimica Acta., 1992, 56: 3339-3355.

［304］Neder R B, Burghammer M, Grasl TH, et al. Clays and Clay Minerals, 1999, 47(4): 487-494.

［305］Gatti M, Ferraris G, Ivaldi G. Eur. J. Mineral, 1989, 1: 625-632.

［306］Wardle R, Brindley G W. American Mineralogist, 1972, 57: 732-750.

［307］Cooper T G, de Leeuw N H. Surf. Sci., 2003, 531(2): 159-176.

［308］Arya A, Carter E A. Surf. Sci., 2004, 560(1): 103-120.

［309］De Leeuw H N, Parker C S. J. Chem. Soc Faraday Transactions, 1997, 93(3): 467-475.

［310］Shelef M. Chem. Rev., 1995, 95(1): 209-225.

［311］Ceperley D M, Alder B J. Phys. Rev. Let., 1980, 45(7): 566-569.

［312］Perdew J P, Chevary J A, Vosko S H, et al. Phys. Rev. B, 1992, 46(11): 6671.

［313］Cooper T G, de Leeuw N H. Langmuir, 2004, 20(10): 3984-3994.

［314］Casewit C J, Colwell K S. J. Am. Chem. Soc., 1992, 114: 10035-10046.

［315］Casewit C J, Colwell K S. J. Am. Chem. Soc., 1992, 114: 10046-10055.

［316］Rath S S, Sinha N, Sahoo H, et al. Appl. Surf. Sci., 2014, 295: 115-122.

［317］Rai B. Molecular Modeling for the Design of Novel Performance. Florida: CRC Press, 2012: 140.

［318］Rao K H, Forssberg K S E. Miner. Eng., 1991, 4(7-11): 879-890.

［319］Rezaei Gomari K A, Denoyel R, Hamouda A A. J. Coll. Inter. Sci., 2006, 297(2): 470-479.

［320］Bertolasi V, Gilli P, Ferretti V, et al. Acta Crystallographica Section B, 1994, 50(5): 617-625.

［321］张英, 胡岳华, 王毓华, 等. 中国有色金属学报, 2014, 9: 2366-2372.

［322］冯其明, 周清波, 张国范, 等. 中国有色金属学报, 2011, 21(2): 436-441.

［323］Zhang C, Wei S, Hu Y, et al. J. Coll. Inter. Sci., 2017, 512: 55-63.

［324］Bo F, Luo X, Wang J, et al. Miner. Eng., 2015, 80: 45-49.

［325］周文波, 程杰, 冯齐, 等. 非金属矿, 2013, 3: 31-32.

［326］陈湘清. 硅酸盐矿物强化捕收与一水硬铝石选择性抑制的研究. 长沙: 中南大学, 2004.

［327］周瑜林. 金属离子对铝硅矿物选择性分散影响的理论研究与实践. 长沙: 中南大学, 2011.

［328］周志良. 铜（Ⅱ）、铁（Ⅲ）和硫酸根离子的沉淀浮选研究. 长沙: 中南工业大学, 1986.

［329］Jurkiewicz K, Int. J. Miner. Process., 1986, 17: 67-81.

［330］向井兹, 张积寿. 国外金属矿选矿, 1974, 2: 13-21.

［331］易兵兵. 金川镍钴冶炼废水的综合治理. 长沙: 中南工业大学, 1986.

［332］郭永文, 崔顺姬. 有色金属, 1986, 4: 18-23.

［333］孟祥松. 钨矿选冶废水中典型污染物去除技术及基础研究. 长沙: 中南大学, 2021.

［334］韩海生. 苯甲羟肟酸铅配合物捕收剂在钨矿浮选中的应用及其作用机理研究. 长沙: 中南大学, 2016.

［335］胡岳华, 王淀佐. 中南矿冶学院学报, 1990, 21(2): 31-38.

［336］邱显扬, 程德明, 王淀佐. 矿冶工程, 2001, (3).

［337］姚允斌. 物理化学手册. 上海: 上海科学技术出版社, 1985: 765.

［338］刘长淼. 铝硅矿物的叔胺类捕收剂的合成、性能及作用机理研究. 长沙: 中南大学, 2009.

［339］曹学峰. 铝硅酸盐矿物捕收剂的合成及结构-性能研究. 长沙: 中南大学, 2003.

［340］王淀佐, 白世斌. 有色金属（选冶部分）, 1983(2): 47-53.

［341］王淀佐. 有色金属（选冶部分）, 1977, (8): 42-45.

［342］李海普. 改性高分子药剂对铝硅矿物浮选作用, 机理及其结构-性能研究. 长沙:中南大学, 2002.

［343］俞庆森, 朱龙观. 分子设计导论. 北京: 高等教育出版社, 2000.

［344］蒋昊. 铝土矿浮选过程中阳离子捕收剂与铝矿物和含铝硅酸盐矿物作用的溶液化学研究. 长沙: 中南大学, 2004.

［345］杨帆. 季铵捕收剂在白钨矿浮选中的应用及其作用机理研究. 长沙: 中南大学, 2013.

［346］Manne S, Gaub H E. Science, 1995, 270(5241): 1480-1482.

［347］Manne S, Schffer T, Huo Q, et al. Langmuir, 1997, 13(24): 6382-6387.

［348］刘建东. 黑色岩系镍钼矿浮选基础理论研究与应用. 长沙: 中南大学, 2014.

［349］景高贵. 电絮凝法处理典型选矿废水的应用基础研究. 长沙: 中南大学, 2022.

［350］吴卫国, 孙传尧, 朱永楷. 有色金属, 2006(4): 81-85.

［351］高玉德, 邱显扬, 钟传刚, 等. 中国钨业, 2012(2): 10-14.

［352］胡岳华, 王淀佐. 中南工业大学学报, 1995, 26(2): 176-180.

［353］Wander M C, Clark A E. Inorganic Chemistry, 2008, 47(18): 8233.

［354］Visser J. Adv. Coll. Inter. Sci., 1972, 3: 331.

［355］Van Oss C J, Chaudhury M K, Good R J., Chem. Rev., 1998, 88: 927-941.

［356］Svoboda J. Int. J. Miner. Process., 1981, 8: 377-390.

［357］Israelachvili J N. Nature, 1982, 300: 341-342.

［358］骆兆军, 胡岳华, 王毓华, 等. 中国有色金属学报, 2001, 11(4): 680-683.

［359］张晓萍. 微细粒高岭石与伊利石疏水聚团的机理研究. 长沙: 中南大学, 2007.

［360］耿志强. 高能量输入对超细颗粒矿物浮选的影响机制及应用研究. 长沙: 中南大学, 2017.

［361］戴少涛. 微细粒锡石-石英、方解石的凝聚与分散及选择性絮凝分离研究. 长沙:中南大学, 1997.

［362］Yotsumoto H, Yoon R H. J. Coll. Inter. Sci., 1993, 157: 426-433.

［363］Hato M, Murata M, Yoshida T. Coll Surf. A: Physicochem. Eng. Aspects, 1996, 109: 345-361.

［364］Van Oss C J, Giese R F, Costanzo P M. Clays Clay Miner., 1990, 38: 151-160.

［365］Churaev N V, Derjaguin B V. J. Coll. Inter. Sci. 1985, 103(2): 542-553.

［366］Pashley R M. Adv. Coll. Interface Sci. 1982, 16: 57-62.

［367］Rabinovich Y I, Derjaguin B V, Churaev N V. Adv. Coll. Interface. Sci. 1982, 16: 63-78.

［368］Ruchenstein E, Schiby D. Chem. Phy. Lett, 1983, 95(4/5): 439-443.

［369］Cevc G, Hauser M, Kornyshev A A. Langmuir, 1995, 11(8): 3103-3110.

［370］Schiby D, Ruckenstein E. Chem. Phy. Lett, 1983, 95(4/5): 435-438.

［371］Ducker W A, Senden T J, Pashley R M. Langmuir, 1992, 8: 1831-1836.

［372］Basu F, Sharma M M. J. Coll. Inter. Sci., 1994, 165: 355-366.

［373］Israelachvili J. Surf. Sci. Rep. 1992, 14: 109-159.

［374］Christenson H K, Claesson P M. Sciences, 1988, 239: 390-392.

［375］Pashley R M, McGuiggan P M, Ninham B V. Science, 1985, 229: 1088-1089.

［376］Xu Z, Yoon R H. J. Coll. Inter. Sci., 1989, 132 (2): 532-541.

［377］Yaminsky V V, Ninham B W. Langmuir, 1993, 9: 3618-3624.

［378］Van Oss, C J, Good R J. J. Dispersion Sci. Tech. 1988, 9: 355-362.

［379］Claesson P M, Herder P C, Blom C E, et al. J. Coll. Inter. Sci., 1987, 118(1): 68-79.

［380］Rabinovich Y I, Derjaguin B V. Colloids Surfaces 1988, 30: 243-251.

［381］Claesson P M, Christenson H K. J. Phy. Chem. 1988, 92(6): 1650-1664.

［382］Xu Z, Yoon R H. J. Coll. Inter. Sci., 1990, 134(2): 427-434.

［383］Somasundaran P. Min. Engng., Eng. 1984: 1177-1186.

［384］Warren L J. J. Coll. Inter. Sci., 1975, 50(2): 307-318.

［385］Karaman M, Ninham B W, Pashley R M. J. Phys. Chem., 1996, 100: 15503.

［386］Wallqvist A. Chem. Phys. Lett., 1990, 165(5): 437-441.

［387］Nickolov Z S, Earnshaw J C, McGarvey J J. Coll Surf. A: Phys. Eng. Aspects, 1993, 76: 41-49.

［388］Du Q, Freysz E, Shen Y R. Science, 1994, 264: 826-828.

［389］Maeda H, Maeda Y. Langmuir, 1996, 12: 1446-1452.

［390］Nickolov Z S, Earnshaw J C, McGarvey, et al. J. Raman Spectro, 1994, 25(10): 837-844.

［391］Napper D H. J. Coll. Inter. Sci., 1977, 58(2): 390.

［392］Otsubo Y. I. Coll. Inter. Sci., 1986, 112(2): 380-386.

［393］Hesselink F T, et al. J. Phy. Chem., 1971, 75(14): 2094-2103.

［394］Sonntag H, et al. Adv. Coll. Inter. Sci., 1982, 16: 381-390.

［395］Raghavan S, et al. Advances in Interfacial Phenomena AIChE Symp, Series, 1975, 71(150).

［396］胡岳华, 王淀佐. 矿冶工程, 1995, 15(3): 29-33.

［397］Chia Y H, et al. //Subhas M G. Ultrafine Grinding and Sep of Industrial Minerals. AIME, 1983: 119-131.

［398］梅志. 锂辉石浮选行为及其机理研究. 长沙: 中南大学, 2015.

［399］戴晶平. 凡口铅锌矿选矿废水资源化利用研究. 长沙: 中南大学, 2006.

［400］Yoon R H, Mao L. J. Colloid Interf. Sci., 1996, 181(2): 613-626.

［401］Rosen M J. Surfactants and Interfacial phenomena. Hoboken, Ney Jersey: John Wiley & Sons, Inc., 2004.

［402］Tezel U. Fate and effect of quaternary ammonium compounds in biological systems. Georgia Institute of Technology, 2009.

［403］Sohrabi B, Gharibi H, Tajik B, et al. J. Phys. Chem. B, 2008, 112(47): 14869-14876.

［404］Wang X, Wang R, Zheng Y, et al. J. Phys. Chem. B, 2013, 117(6): 1886-1895.

［405］Tao D, Luttrell G H, Yoon R H. I Inter. J. Miner. Process., 2000, 59(1): 25-43.

［406］Yoon R H. Inter. J. Miner. Process., 2000, 58(1-4): 129-143.

［407］Pan L, Jung S, Yoon R H. Inter. J. Mine. Process., 2011, 93(2): 37-41.

［408］Banford A W, Aktas Z, Woodburn E T. Powder Technology, 1998, 98(1): 61-73.

［409］Schulze H J. Mineral Processing, 1984(4): 348.

［410］Koh P T L, Schwarz M P. Minerals Engineering, 2006, 19(6-8): 619-626.

［411］Yoon R H. J. Colloid Interf. Sci., 1990, 134, 2: 427-434.

［412］张芹. 铅锑锌铁硫化矿电化学浮选行为及表面吸附的研究. 长沙: 中南大学, 2004.

［413］Wadsworth M E, Duby P. //Somasundaran P. Advances in Mineral Processing. Proceedings of a symp. Honoring Abiter N on his 75th birthday. New Orleans, 1986: 216-227.

［414］顾帼华. 硫化矿磨矿-浮选体系中的氧化-还原反应与原生电位浮选. 长沙: 中南工业大学, 1988.

［415］Sun Shuiyu, Li Baidan, Wang Dianzuo. J. Cent. South. Inst. Min. Metall, 1990, 21(5): 473-478.

［416］Feng Qiming, Chen Jin, Xu Shi. J. CSIMM, 1991, 22(3) suppl: 28-35.

［417］Trahar W J. //Jones M H, Woodcock J T. Principles of Mineral Flotation, The Wark symposium. Australa. Inst. Min. Metall. . Parkville, Victoria. Australia, 1984: 117-135.

［418］Guy P J, Trahar W J. Inter. J. Miner. Process, 1984, 12: 15-38.

［419］沈慕昭. 电化学基本原理及其应用. 北京: 北京师范大学出版社, 1987.

［420］巴德, 等. 电化学方法: 原理及应用. 北京: 化学工业出版社, 1986.

［421］藤岛. 电化学测定方法. 陈震, 译. 北京: 北京大学出版社, 1995.

［422］余润兰. 铅锑铁锌硫化矿浮选电化学基础理论研究. 长沙: 中南大学, 2004.

［423］Basiollio C, Pritzker M D, Yoon R H. SME-AIME Annual Meeting, New York, NY, Preprint No.85-86, 1985.

［424］Ahlberg E, Broo A E. Inter. J. Miner. Process., 1996, 47: 33-47.

［425］Biegler T, Rand D A, Woods R. Electrochem. Interf. Electrochem., 1975, 60:151-163.

［426］Kneer E A, J. Electrochem. S, 1997, 144: 3041-3049.

［427］孙瑛, 张长桥. 半导体化学. 济南: 山东科学技术出版社, 1993.

［428］Fuerstenau D W, Fuerstenau M C. //King R P, Ed. Principles of Flotation, Inst. Min. Metall. Johannesburg, 1982: 109-158.

［429］Yu F, Wang Y, Zhang L, et al. Minerals Engineering, 2015: 7-12.

［430］Blom A, Warr G G. Langmuir, 2006, 22(16): 6787-6795.

［431］Xu Q, Vasudevan T V, Somasundaran P. J. Coll. Inter. Sci., 1991, 142(2): 528-534.

［432］Somasundaran P, Fu E, Xu Q. Langmuir, 1992, 8(4): 1065-1069.

［433］Huang L, Maltesh C, Somasundaran P. J. Coll. Inter. Sci., 1996, 177(1): 222-228.

［434］Jia Z, Chen W, Liu T, et al. J.Wuhan University of Technology-Mater Sci Ed, 2016, 31(4): 765-772.

［435］Tao J-Y, Han Q-F, Huang X-Q, et al. J Nanosci Nanotechnol, 2018, 18(6): 4022-4029.

［436］Du Q, Superfine R, Freysz E, et al. Phys. Rev. Lett., 1993, 70(15): 2313-2316.

［437］邓罡华, 王鸿飞, 郭源. 化学进展, 2012, 24(10): 1865-1879.

［438］冯冉冉. 气/液界面水分子及氢键的和频振动光谱研究. 北京: 中国科学院大学, 2009.

［439］Gan W, Wu D, Zhang Z, et al. J. Chem. Phys., 2006, 124.

［440］Meng Qingyou, Feng Qiming, Shi Qing, et al. Minerals Engineering, 2015, 79(1): 133-138.

［441］Capece Angela M, Polk James E. J. Electron Spectr. Related Phenomena, 2014, 197(1): 102-105.

［442］Alexander Morgan, Payan Sylvie, Tran Manh Duc. Surf. Interf. Anal., 1998, 26(13): 961-973.

［443］Yang Y, Harmer S, Chen M. Minerals Engineering, 2014, 69: 185-195.

［444］Ghahremaninezhad A, Dixon D G, Asselin E. Electrochimica Acta, 2013, 87(1): 97-112.

［445］Yang Y, Harmer S, Chen M. Hydrometallurgy, 2015, 156: 89-98.

［446］Kalegowda Y, Chan Y L, Wei D H, et al. Surf. Sci., 2015, 635: 70-77.

［447］Karthe S, Szargan R, Suoninen E. Appl. Surf. Sci., 1993, 72(2): 157-170.

［448］Mielczarski J A, Cases J M, Alnot M A, et al. Langmuir, 1996, 12(10): 455-479.

［449］Deng M, Karpuzov D, Liu Q, et al. Surf. Interf. Anal., 2013, 45(4): 805-810.

［450］Fairthorne G, Fornasiero D, Ralston J, et al. Anal. Chim. Acta, 1997, 346(2): 237-248.

［451］Ma X, Hu Y, Zhong H, et al. Appl. Surf. Sci., 2016, 365: 342-351.

［452］Chennakesavulu K, Raju G B, Prabhakar S, et al. Inter. J. Miner. Process., 2009, 90(1-4): 101-104.

［453］Rao K H, Forssberg K S E. Colloids and Surfaces, 1991, 54(1): 161-187.

［454］刘臻, 刘够生, 于建国. 云母表面吸附烷基伯胺对其疏水性的影响. 物理化学学报, 2012, 28(1): 201-207.

［455］白春礼, 田芳, 罗克. 扫描力显微术. 北京: 科学出版社, 2000: 33-150.

［456］Zhang Peibin, Hu Wenjihao, Wu Min, et al. Langmuir, 2019, 10: 1021.

［457］华鑫. 基于飞行时间-二次离子质谱的生物表面分析新方法. 南京: 东南大学, 2015.

［458］包泽民. TOF-SIMS 二次离子检测技术研究. 长春: 吉林大学, 2016.

［459］Chelgani S C, Hart B. Minerals Engineering, 2014: 1-11.

［460］Kalegowda Y, Chan Y L, Wei D H, et al. Surf. Sci., 2015, 635: 70-77.

［461］Liu G, Qiu Z, Wang J, et al. J. Coll. Inter. Sci., 2015, 437: 42.

［462］卢清华. 铝土矿选矿尾矿增白及功能性颜、填料制备及其应用性能. 长沙: 中南大学, 2010.

后 记

谨以此书献给恩师王淀佐院士。

恩师王淀佐院士从事矿物加工事业七十余年，创立了现代浮选药剂分子设计理论，并在浮选溶液化学、浮选电化学、硫化矿生物冶金、细粒浮选理论及相关领域矿物加工技术等方面取得了卓越成就。先后当选为中国科学院院士、中国工程院院士、美国工程院外籍院士、俄罗斯科学院外籍院士、俄罗斯工程院外籍院士。恩师一生忠诚于党的教育事业，培养了一大批矿物加工领域的青年人才，对我国矿物加工事业发展做出了卓越贡献。在王淀佐院士精心指导下，我及团队成员先后完成了《浮选溶液化学》(全国优秀科技图书二等奖)、《颗粒间相互作用与细粒浮选》(全国图书奖)、《铝硅矿物浮选化学与铝土矿脱硅》、*Electrochemistry of Flotation Sulphide Minerals*(入选新闻出版总署第三届"三个一百"原创出版工程)等专著的出版，并与学院老师一起先后完成了《资源加工学》(普通高等教育"十五"国家级规划教材)、《矿物资源加工技术与设备》("十二五"普通高等教育本科国家级规划教材)、《矿物浮选》(教指委规划教材)等教材的出版。这些专著与教材对矿物加工专业人才培养及从事矿物加工专业的科技工作者，起到了应有的作用。衷心感谢恩师王淀佐院士的教诲。但他终因病医治无效，于2023年10月25日8时23分在北京逝世。他渊博的知识、严谨的治学态度使学生们终身受益，本团队谨以此书献给恩师王淀佐院士，以表达对恩师的深切怀念。本书也是我本人的收官之作，感谢长期以来关心我们团队发展的学界同仁。

胡岳华

2024年5月